Helmut Müller

Konstruktive Gestaltung und Fertigung in der Elektronik

Band 1: Elementare integrierte Strukturen

Konstruktive Gestaltung und Fertigung in der Elektronik

Herausgegeben von Helmut Müller

Die Innovationen der Elektronik haben heute ihren Schwerpunkt in der Prozeßtechnik, in der Kommunikationstechnik und Datentechnik. Die Reihe *„Konstruktive Gestaltung und Fertigung in der Elektronik"* will deshalb einem notwendigen Informationsbedürfnis im Entwicklungsbereich der konstruktiven Gestaltung elektronischer Produkte und ihrer Fertigung entsprechen und anwendungsbezogenes Wissen für die Hochschulen und die Praxis aufbereiten.

Helmut Müller

Konstruktive Gestaltung und Fertigung in der Elektronik

Band 1
Elementare integrierte Strukturen

Mit 456 Bilder, 80 Tafeln und
zahlreichen Arbeitsdiagrammen im Anhang

Springer Fachmedien Wiesbaden GmbH

CIP-Kurztitelaufnahme der Deutschen Bibliothek

Müller, Helmut:
Elementare integrierte Strukturen/Helmut Müller. –
Braunschweig, Wiesbaden: Vieweg, 1981.
(Konstruktive Gestaltung und Fertigung in der
Elektronik; Bd. 1)
ISBN 978-3-663-01997-8 ISBN 978-3-663-01996-1 (eBook)
DOI 10.1007/978-3-663-01996-1
NE: GT

1981

Ursprünglich erschienen bei Friedr. Vieweg & Sohn Verlagsgesellschaft mbH, Braunschweig 1981
Softcover reprint of the hardcover 1st edition 1981

Satz: Vieweg, Braunschweig / Wiesbaden

ISBN 978-3-663-01997-8

Vorwort

Band 1 der Reihe „Konstruktive Gestaltung und Fertigung in der Elektronik" spricht Studenten und in der Industrie Tätige an, die mit der konstruktiven Gestaltung elementarer integrierter Strukturen befaßt sind.

Dabei sind unter elementaren integrierten Strukturen jene Formen der Verdrahtungs- und Schaltungsintegration zu verstehen, die beispielsweise unter den Bezeichnungen gedruckte Schaltungen, gedruckte Verdrahtungen, Multilayer, preßlaminierte Mikrowellenschaltungen, flexible gedruckte Schaltungen die Basis ökonomischer Systemkonzeptionen der Elektronik bilden. Integrierte Halbleiterschaltungen werden als integrierte Strukturen höherer Ordnung hiervon nicht berührt.

Ich lege besonderen Wert auf die Feststellung, daß dieses Buch als ein Konstruktionswerk konzipiert ist. Demgemäß sind die zahlreichen Problemlösungen aus der Praxis durch aussagekräftige Konstruktionszeichnungen, Diagramme und Tabellen belegt. Die verschiedenen Schaltungen des analog- und digitalelektronischen Bereichs werden exemplarisch behandelt. Die auswertbaren Arbeitsdiagramme und Tabellenwerke im Anhang runden in diesem Sinne das Werk für praxisorientiertes Lernen und Arbeiten ab.

Auf zwei Aspekte möchte ich noch besonders hinweisen: Die konstruktive Gestaltung elementarer integrierter Strukturen ist nur unter strenger Beachtung der elektromagnetischen Randbedingungen optimal durchführbar, und konstruktives Gestalten erfordert Einblick in die verfahrenstechnologischen Wirkungszusammenhänge.

Konsequenterweise bemühe ich mich daher, der Verfahrenstechnologie einen angemessenen Platz und der Dimensionierung der verschiedensten Leiter- und Elementstrukturen einen weiten Raum zu geben.

Helmut Müller

Dortmund, im November 1980

Inhaltsverzeichnis

Schreibweise der verwendeten Formelzeichen

A	Querschnitt, Fläche
A	Durchmesser nichtmetallisierter Löcher (DIN 40803)
A	Leiterdicke (IPC-ML-910)
$A^{\square}$	quadratische Fläche, Schichtelement
AR	minimale Ringbreite der Anschlußfläche (US-STD.)
a	Leiterabstand, Spaltabstand zwischen den Leitern
a	Breite des Basisleiters (Streifenleiter)
a	charakteristisches Maß der mittleren Windung
ä	Ätzgrad
a_k	Koppeldämpfung
B	Leiterbreite (IPC-ML-910)
B	Dimensionierungsbreite
B	Bildweite
BD	Bilddimension
b	Leiterbreite
b	Schichtungsdicke von Substraten (Streifenleiter)
C	Kapazität
C	Abstand Lochachse / Bezugslinie (DIN 40803)
C	coplanarer Leiterabstand (IPC-ML-910)
C'	Kapazitätsbelag
C^*	spezifische Kapazität
Cpp	Plattenkapazität (Streifenleiter)
Cf	Streukapazität (Streifenleiter)
c_0	Lichtgeschwindigkeit
D	Leiterdurchmesser
D	Lochabstand (DIN 40803)
D	Leiter / Lochabstand (IPC-ML-910)
d	Dicke des unkaschierten Basismaterials, Substratdicke
d	Gewebedicke (Siebdruck)
d	Durchmesser des metallisierten Loches (DIN 40803)
d_0	Durchmesser des Innenleiters (Streifenleiter)
$\underline{E}$	elektrische Feldstärke
$\vec{E}$	Vektor der elektrischen Feldstärke
E	Versatz Loch / Anschlußfläche (DIN 40803)
E	planarer Leiterabstand (IPC-ML-910)
F	Lage des Bildes zum Bezugssystem (DIN 40803)
F	Ringbreite innerer Anschlußflächen (IPC-ML-910)
FL	Bildposition (US-STD.)
F_k	Feuchtekoeffizient
f	Frequenz
G	Leiterbreite (DIN 40803)
G	Ringbreite äußerer Anschlußflächen (IPC-ML-910)
G	Gegenstandsweite
g	Ganghöhe
H	Leiterabstand (DIN 40803)
H	Lochdurchmesser (US-STD.)
H	Durchmesser innerer Anschlußflächen (IPC-ML-910)
HL	Lochtoleranz (US-STD.)
h	Dicke des unkaschierten Basismaterials, Substratdicke (Kondensatoren, Streifenleiter)
h	Überhang
I	elektrischer Strom, Stromeffektivwert
$\underline{I}$	Komplexer Effektivwert, Stromzeiger
I	Lagegenauigkeit (DIN 40803)
I	Durchmesser externer Anschlußflächen (IPC-ML-910)
K	elektrische Leitfähigkeit (Bilddokumentationen)
K	Lochtoleranz (IPC-ML-910)
L	Induktivität
L'	Induktivitätsbelag
L	Anzahl der Lagen (US-STD.)
L	Durchmesser des nichtmetallisierten Loches (IPC-ML-910)
L	Verbindungslängen bei Lötverbindungen
l	Leiterlänge
M	Gegeninduktivität
M	Reproduktionsmaßstab
M	Durchmesser des metallisierten Loches (IPC-ML-910)
m	Ordnungsindex: Zahl der Anschlußtopologien
m	Maschenweite (Siebdruck)
N	Windungszahl
N	Zähnezahl
n	Ordnungsindex: Zahl der Orientierungsachsen
P	Leistung
P_v	Verlustleistung
$P_v^{\square}$	Verlustleistung des Schichtelements
P	Gesamtdicke der Leiterplatte (IPC-ML-910)
PH	Durchmesser des durchmetallisierten Loches (US-STD.)
PM	Packungsmodul

Q	Güte
Q_L	Spulengüte
Q_C	Kondensatorgüte
R	elektrischer Widerstand
R′	Widerstandsbelag
R_0	elektrischer Widerstand bei gleichförmiger Erregung
R_0	Oberflächenwiderstand
R'_0	Widerstandsbelag bei gleichförmiger Erregung
$R^{\square}$	Schichtwiderstand, spezifischer Oberflächenwiderstand
$R_{\sim}$	Wechselstromwirkwiderstand
R	Rückätzung (US-STD.)
$\overline{R}_{pu}$	Positionierstreubreite
r	Radius
r	Reflexionsfaktor
$\underline{r}$	komplexer Reflexionsfaktor
r.F.	relative Feuchte
S	Leiterabstand (US-STD.)
S	Schwärzung
Smn	Streufaktor (S_{11}, S_{12}, S_{21}, S_{22})
$\underline{S}$mn	komplexer Streufaktor
S_1	Dimensionierungsgröße Rechteckspule
S_2	Dimensionierungsgröße Rechteckspule
SH	Leiter / Lochabstand (US-STD.)
SL	minimaler Leiterabstand innerer Lagen (US-STD.)
T	Temperatur
T	Transparenz
T	Gesamtdicke der Leiterplatte (US-STD.)
T	Fertigungskonstante (IPC-ML-910)
TA	minimaler Anschlußflächendurchmesser (US-STD.)
$\overline{T}_{eu}$	Einfahrtoleranz
T_k	Temperaturkoeffizient
T_m	Lagetoleranz (DIN 7184)
t	Zeit
t	Folienstärke, Kaschierungsdicke, Leiterdicke
$\tan\delta$	Verlustfaktor
$\tan\delta_C$	Verlustfaktor des Kondensators
U	elektrische Spannung, Spannungseffektivwert
$\underline{U}$	komplexer Effektivwert, Spannungszeiger
u	Unterätzung
VD	Vorlagendimension
v	Geschwindigkeit, Phasengeschwindigkeit
v_{ph}	Phasengeschwindigkeit
v	Kaschierungsdicke
v	Überwuchs
W	Leiterbreite (US-STD.)
w	Leiterbreite (Streifenleiter)
w_{eff}	Wirksame Leiterbreite (Streifenleiter)
w	Wuchsgrad
x	Unterätzung
x, y, z	Ortskoordinaten
Z	elektrische Impedanz, Scheinwiderstand
$\underline{Z}$	komplexer Widerstand
Z_L	Wellenwiderstand
Z_0	Wellenwiderstand
z	Ausbreitungsrichtung (eines Leiters, einer Welle)
α	Dämpfungsbelag
δ	Verlustwinkel
ϵ	Dielektrizitätszahl
ϵ_r	relative Dielektrizitätszahl
$\epsilon_{r_{eff}}$; ϵ_{eff}	effektive relative Dielektrizitätszahl
ν	äquivalente Leitschichtdicke
κ	elektrische Leitfähigkeit
λ	Wellenlänge
λ_0	Wellenlänge des freien Raumes
μ	Permeabilität
μ_r	relative Permeabilität
ρ	spezifischer Widerstand
ρ_D	spezifischer Durchgangswiderstand
τ	Laufzeit
τ'	Laufzeitkonstante
φ	Phasenwinkel
φ	Potential
ω	Kreisfrequenz

1 Einführung

1.1 Technikgeschichtliche Aspekte

Alle Bemühungen einer ersten Integration bei elektronischen Systemen und Systemkomponenten entstanden vor dem Hintergrund, die arbeitsintensiven, fehlerbehafteten manuellen Verdrahtungen durch solche flächenhaften Leiterstrukturen auf geeigneten Isolierstoffträgern zu ersetzen, die in wirtschaftlicher Serienfertigung zu identischen elektrischen Eigenschaften führen. Ein darüber hinausgehendes Bemühen zielte darauf ab, nicht nur die Verdrahtung, sondern die vollständige Schaltung, also auch die wesentlichen Bauelemente R, L, C, durch eine geeignete flächenhafte Schaltungsstruktur darzustellen. Auch für diese forderte man Wirtschaftlichkeit, Identität und Herstellbarkeit in Serie.

Werden beide Grundkonzeptionen realisiert unter der Prämisse einer möglichst hohen Leiterdichte je Flächeneinheit oder allgemein einer maximalen/optimalen Strukturdichte je Flächeneinheit, so sind elementare integrierte Strukturen verwirklicht.

Historisch basieren die Entwicklungen hierzu auf den Ideen und Patenten von *Paul Eisler* aus den 40er- und 50er-Jahren. *Eislers* Intension war auf zwei Konzeptionen ausgerichtet, auf die Darstellung einer vollständigen flächenhaften Schaltungsstruktur und, was sehr wesentlich ist, deren Herstellung durch die Anwendung von bekannten Drucktechniken. Damit waren das Schaltungsdrucken und definitiv die gedruckten Schaltungen geboren. Das Prinzip der gedruckten Schaltung fand eine erste Anwendung bei militärischem elektronischen Gerät während des zweiten Weltkrieges. In den Jahren 1947/48 wurden durch Untersuchungen des US National Bureau of Standards eine Vielzahl von Verfahren zur Herstellung von Leiter- und Schaltungsstrukturen dokumentiert [1.1], die zwar keineswegs alle den Grundkonzeptionen *Eislers* entsprachen, immerhin aber den Durchbruch der Ideen signalisierten. Als Isolierstoffträger traten häufig Keramik oder Glassubstrate auf, als leitender Werkstoff Leitsilber in den verschiedensten Konsistenzen. Welche Gestaltungsmöglichkeiten bereits in diesem frühen Entwicklungsstadium die neue Technik bot, zeigt als europäischer Beitrag die geniale Arbeit von *I. A. Sargrove* aus dem Jahr 1947 [1.2]. In Bild 1.1 ist die Schaltungsstruktur eines vollautomatisch zu fertigenden Rundfunkempfängers nach *Sargroves* Konstruktionsideen ausschnittsweise dargestellt. Erkenntlich ist, daß bis auf die aktiven Elemente (Hochvakuumröhren), alle Bauelemente und Verbindungen auf einem zweiseitigen Isolierstoffträger entweder durch leitende Niederschläge oder pastose Aufdrucke (Widerstände) dargestellt sind. Durchkontaktierungen werden durch Rohrniete vorgenommen. Vertiefungen des Isolierstoffträgers stellen eine hinreichende Kondensatorkapazität sicher. Die störenden Komponenten des Entwurfs sind die Röhrenkontaktierungen. Hier zeigt sich, daß der Transistor als adäquateres Element der Bestückung noch fehlte.

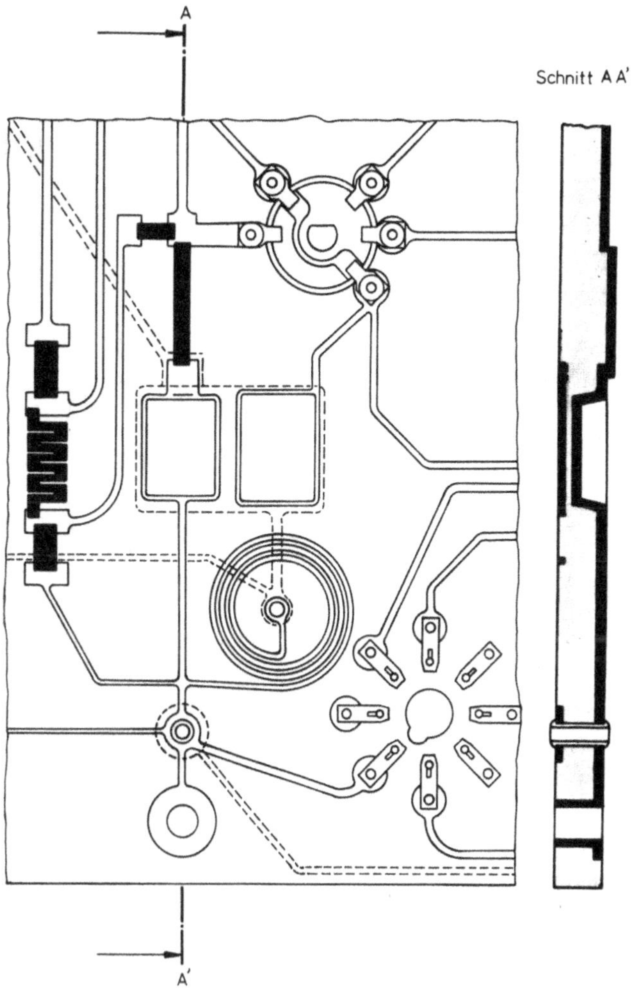

Bild 1.1 Ausschnitt des Sargrove'schen Konstruktionsentwurfs eines Rundfunkempfängers von 1947

Viele der damals erprobten Verfahren erwiesen sich als unbrauchbar, andere wiederum bildeten die Grundlage der später Bedeutung erlangenden reinen und hybriden Dickschichttechnik. Aber erst die Erfindung metallfolienkaschierter Isolierstoffträger brachte unter Anwendung der Folienätztechnik den eigentlichen Durchbruch in den frühen 50er Jahren.

Diese Verfahrenstechnologie, die auch heute noch von Bedeutung ist, und die wir als Vollsubtraktivverfahren einstufen, hat folgenden Prozeßverlauf, Bild 1.2. Auf einem kupferkaschierten Isolierstoffträger, meist hochwertige Papierlaminate, wird die Kupferfolie mit einem ätzfesten Abbild der Leiter- oder Schaltungsstruktur bedruckt. Hierzu wendete man anfänglich die Druckverfahren Siebdruck und Offsetdruck an. Das bedruckte Material setzt man dann einem Ätzvorgang aus, der alle unbedeckten Kupferflächen auflöst, so daß als Metallstruktur die bedruckten Bereiche verbleiben. Nach einem Reinigungsvorgang steht dann die reine Kupferstruktur auf dem Isolierstoff zur Verfügung.

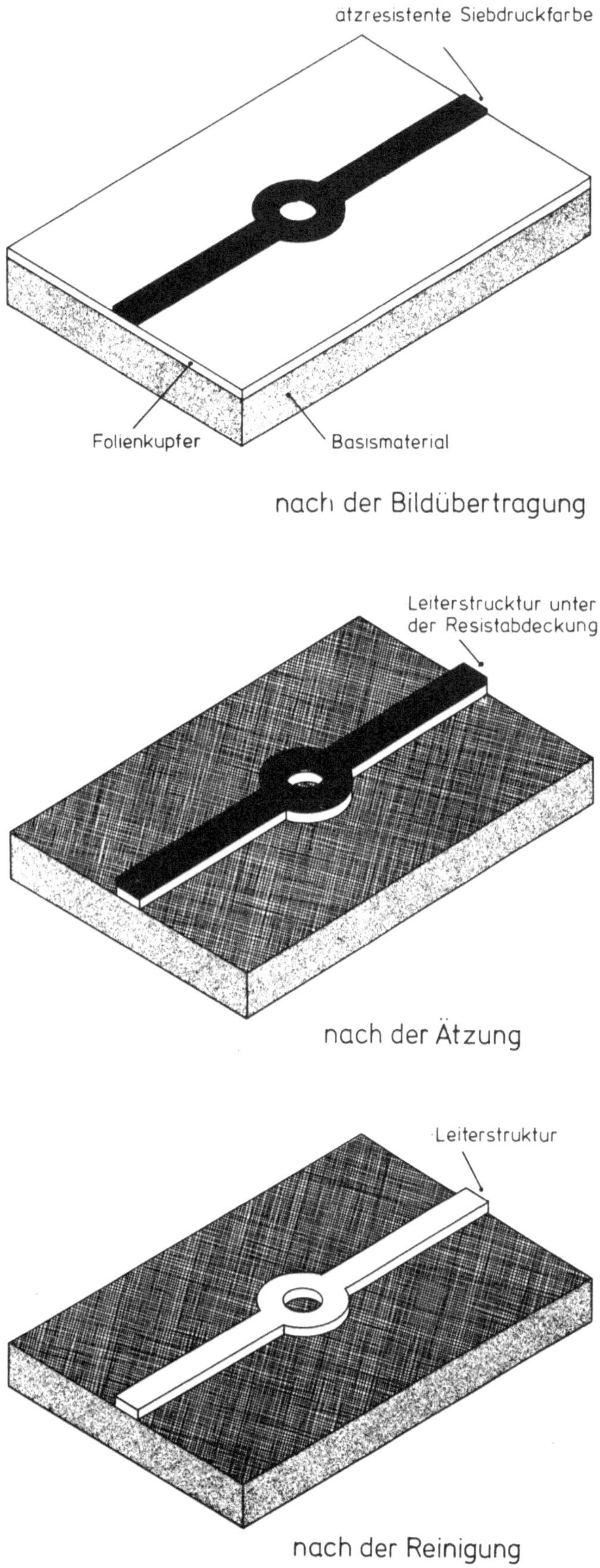

Bild 1.2 Prinzipielle Folge des Vollsubtraktivverfahrens

Die Druckwerkzeuge selbst enstanden aus Konstruktionsvorlagen, sog. Druckvorlagen, die anfänglich, je nach geforderter Genauigkeit, als vergrößerte Zeichnungen oder Klebekompositionen angefertigt wurden. Hierbei legte man frühzeitig schon der gewünschten Leiterstruktur als Konstruktionshilfe ein orthogonales Liniennetz, das sog. Raster, zugrunde.

Die beschriebene Technologie fand sehr rasch Anwendung in fast allen Sektoren der Unterhaltungselektronik, dies umso mehr, als der Transistor die Röhre verdrängte.

In der Folgezeit wurden die gedruckten Schaltungen komplexer, die Genauigkeitsanforderungen höher. Durch die Entwicklung ätzresistenter photoempfindlicher Schichten wurde das sehr präzise Photodruckverfahren möglich, das den Genauigkeitsanforderungen entsprach. Gleichzeitig begann die Evolution der Digitalelektronik, und mit ihr entstand der Wunsch nach zweiseitigen Leiterstrukturen mit funktionssicherer Durchkontaktierung. Während man anfänglich die Durchkontaktierungen beider Strukturseiten durch eine Niettechnik löste, entstanden in den frühen 60er Jahren durch die Fortschritte in der Kunststoffmetallisierung die Möglichkeiten der chemischen Kupferbeschichtung der Lochwandungen des Isolierstoffes und zusammen mit elektrochemischen Verstärkungsverfahren, funktionsfähige Zwischenverbindungen zweiseitiger gedruckter Schaltungen. Diese Verfahrenstechnologie blieb anfänglich gebunden an die zweiseitige metallkaschierte Isolierstoffplatte mit den relativ großen Kaschierungsdicken des Kupfers von 0,035 mm und 0,070 mm, die ätztechnisch strukturiert werden mußten. Dies wiederum erforderte den intensiven Schutz der zu strukturierenden Leiter und Zwischenverbindungen. Als ätzresistente Abdeckschichten wurden galvanisch abgeschiedene Metallresiste angewandt, die selektiv auf die Leiter und Zwischenverbindungen aufgebracht werden. Als Metallschichten setzte man vornehmlich Zinn-, Zinn/Blei-, Nickel-, Nickel/Gold-Schichten ein.

Dieses Verfahren, das nachfolgend als Hybridverfahren definiert wird, ist heute noch wegen seiner unproblematischen Handhabe verbreitet. Bildserie 1.3 demonstriert den Prozeßablauf für den wirtschaftlichen Siebdruck. Der kupferkaschierte Isolierstoff wird gestanzt oder gebohrt, die Oberflächen und Lochwandungen werden für eine Kupferabscheidung aktiviert. Sodann wird chemisch Kupfer abgeschieden bis eine Schichtdicke von 0,005 mm bis 0,008 mm erreicht ist, Bild 1.3a und b. Dann erfolgt der Siebdruck einer ätzresistenten Farbe als ein Leitungsnegativ, Bild 1.3c. In diese Gräben wird galvanisch Kupfer abgeschieden bis eine Schichtdicke um 0,020 mm erreicht ist. Dabei entsteht als Eigenart des Siebdruckes ein Aufpilzen der Struktur. Nach der Kupferabscheidung wird ein Metallätzresist galvanisch aufgebracht. Schließlich erfolgt nach dem Entfernen der Siebdruckfarbe die endgültige Strukturierung durch Ätzen, Bild 1.3d–f.

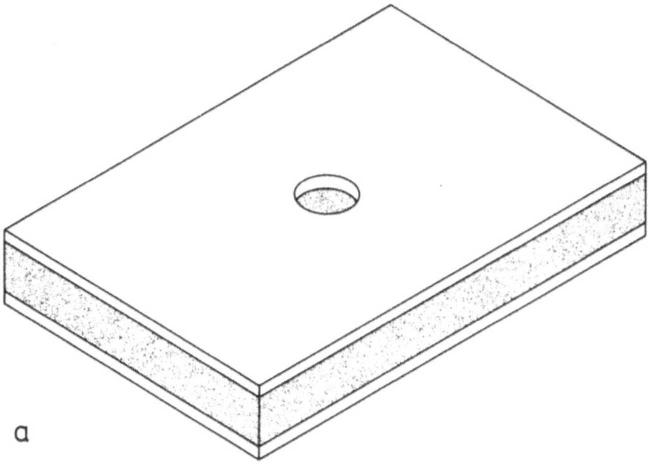

a

Stanzen (Bohren) des Cu-kaschierten Basismaterials

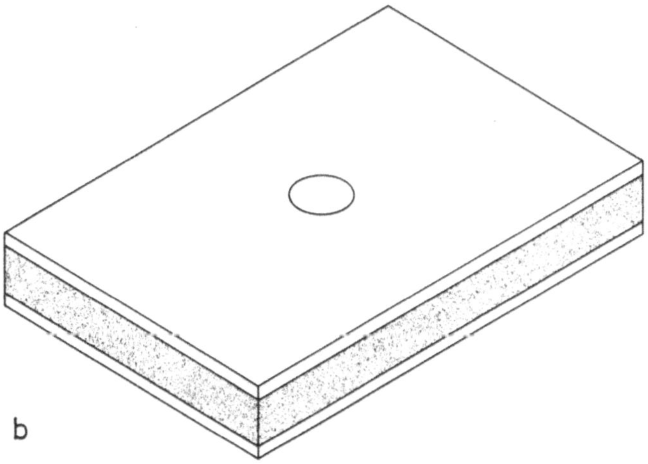

b

Aktivieren und chem. Abscheidung von Kupfer

c

Bildübertragung des Strukturbildes durch galvanoresistente Siebdruckfarbe

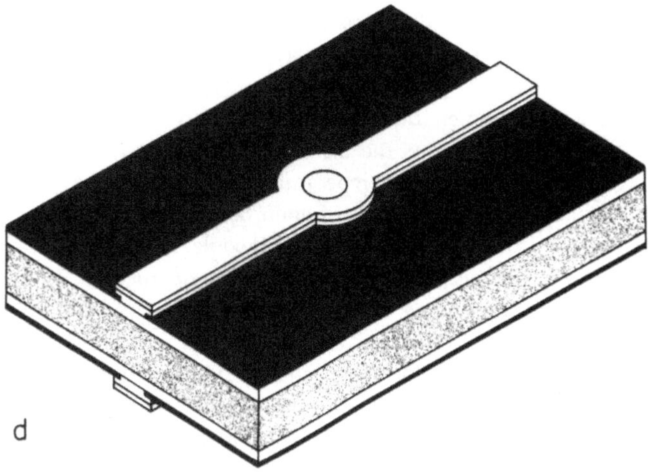

d

galvan. Abscheidung von Kupfer und Metallätzresist

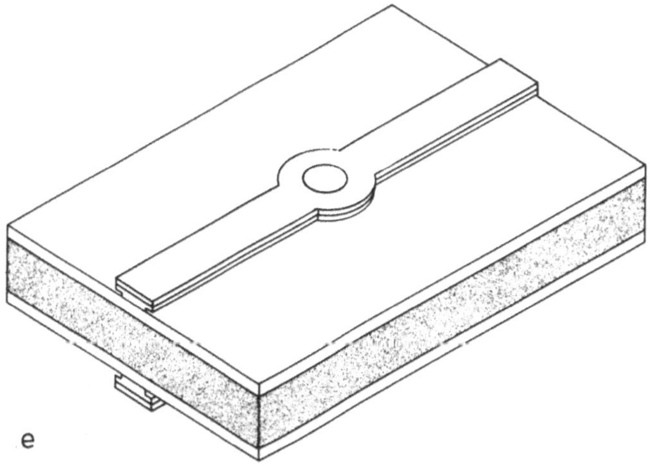

e

Reinigung der Siebdruckfarbe

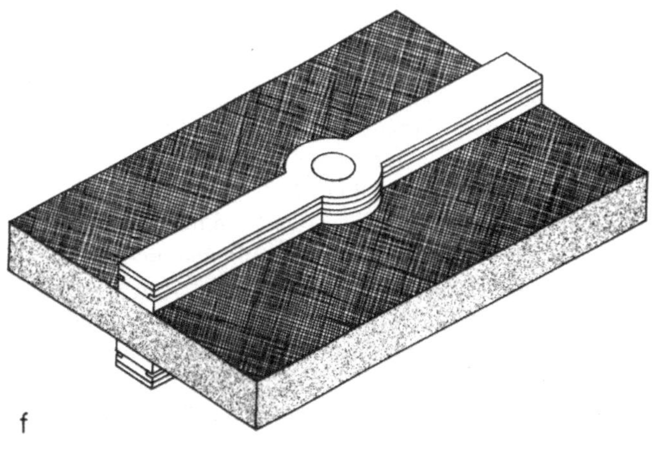

f

Strukturierung durch Ätzen

Bild 1.3 Prozeßfolge des Hybridsubtraktivverfahrens

Hand in Hand mit der Entwicklung der Durchkontaktierung ging eine intensive Forschungsarbeit über immer hochwertigere und der Prozeßtechnologie angepaßtere Werkstoffe einher. Es kamen die glasfaserverstärkten Kunstharzlaminate auf den Markt, die die unterschiedlichsten Anforderungen in Richtung Temperatur, Feuchte oder Betriebsfrequenz erfüllten. Seit den frühen 60er Jahren sind neben starren Isolierstoffträgern auch flexible Materialien entwickelt, die als Basismaterial flexibler gedruckter Schaltungen, insbesondere für flexible Verdrahtungssysteme im Fahrzeugbau von Interesse erscheinen.

In der Mitte der 60er Jahre schaffte die Planartechnologie die Grundlage für integrierte Halbleiterschaltungen. Es entstanden nach und nach Schaltkreis-Familien mit standardisierten integrierten Schaltungen, die sog. Standard-IC. Diese Bauelemente führten zu einer beispielhaften Evolution auf allen Teilbereichen der Herstellung gedruckter Verdrahtungen und Schaltungen. Es entstanden Leiterstrukturen mit immer geringerer Leiterbreite und geringerem Leiterabstand, und es entstanden die Mehrebenen-Schaltungen (Multilayer), beides Ausdruck gesteigerter Strukturdichte je Flächen- und Volumeneinheit. In Bild 1.4 ist das Strukturskelett eines Multilayer dargestellt. Bild 1.5 zeigt die Trendentwicklung zu immer höherer Schaltungsintegration bei Multilayer.

In der Konstruktionstechnik begann eine neue Epoche insoweit, als man die Druckwerkzeugherstellung mit numerisch gesteuerten Lichtzeichenmaschinen durchführte. Das Verfahren basiert auf der Digitalisierung der ingenieurmäßig erstellten Druckvorlagen auf Digitalisiereinrichtungen, wobei die Strukturinformation in numerische Information gewandelt wird, die von einer Lichtzeichenmaschine sodann in ein Druckwerkzeug oder in ein Druckoriginal hoher Präzision umgesetzt wird. Als Folgeschritt setzten Entwicklungen ein, die auch die Entwurfsperson vollständig oder teilweise überflüssig machten. Gemeint sind die rechnergenerierten Entwurfsverfahren mit oder ohne Interaktion des Entwurfsingenieurs, deren Entwicklung noch keineswegs abgeschlossen ist, und denen zukünftig eine ganz besondere Bedeutung zukommt. Ein Schema der geübten Verfahren zur Herstellung der Druckwerkzeuge/Druckoriginale zeigt das Bild 1.6.

Anfang der 70er Jahre sind die Strukturierungsverfahren anwendungsreif, die die Leiterstrukturen und Zwischenverbindungen durch reine chemische Aufbauverfahren selektiv herstellen. Diese Technologien, als additive Verfahrensprozesse bezeichnet, waren in ihrer Entwicklung zwangsläufig. Sie sind eng verbunden mit den Forschungsarbeiten der Kollmorgen Corporation, Photocircuits Division [1.3].

In den frühen 50er Jahren begann in der Mikrowellentechnik eine Entwicklung zu neuen Leitungsformen, die technologisch der der gedruckten Schaltungen sehr verwandt ist. Da es in der Anwendung nicht nur um den klassischen Fall

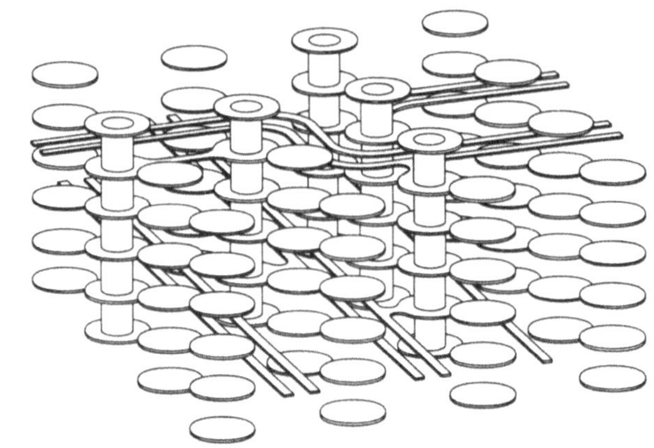

Bild 1.4 Strukturskelett (Leiter und Druckkontaktierungen) eines Multilayer

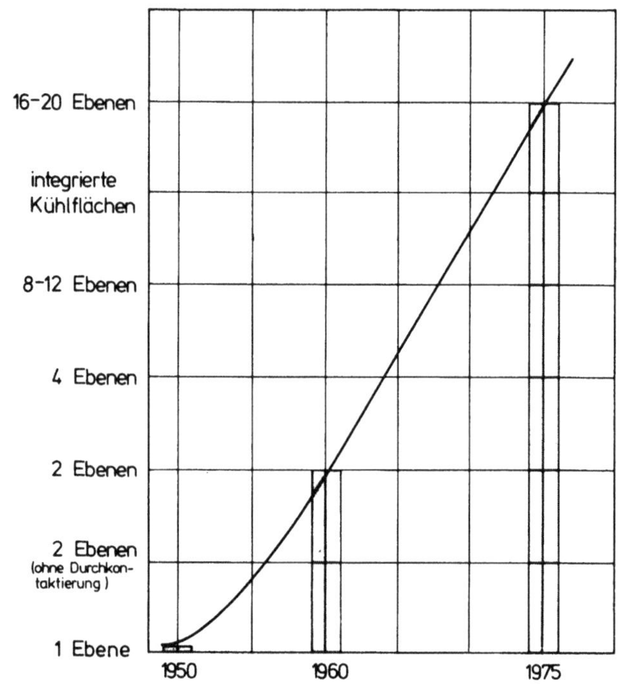

Bild 1.5 Trendentwicklung zu höherer Schaltungsintegration bei elementaren integrierten Strukturen, dargestellt am Beispiel der Multilayerentwicklung

der Energiefortleitung, sondern insbesondere um den Bauelementecharakter der Leitungen (L, C, R) geht, ist die Bezeichnung Schaltung zutreffend. Diese Leistungsformen, bekannt unter den Namen Microstrip, Triplate und Stripline, häufig im muttersprachlichen Bereich als Streifenleiter bezeichnet, leiteten den Integrationsprozeß der Mikrowellentechnik ein, indem auch der Halbleiteraspekt eine ganz besondere Rolle spielt. Die strenge Berechnung dieser Leitungsformen gelingt in den 60er Jahren und ist verbunden mit den Namen *H. A. Wheeler* [1.4] und *S. B. Cohn* [1.5]. In den 70er Jahren werden neue integrationsfreundliche

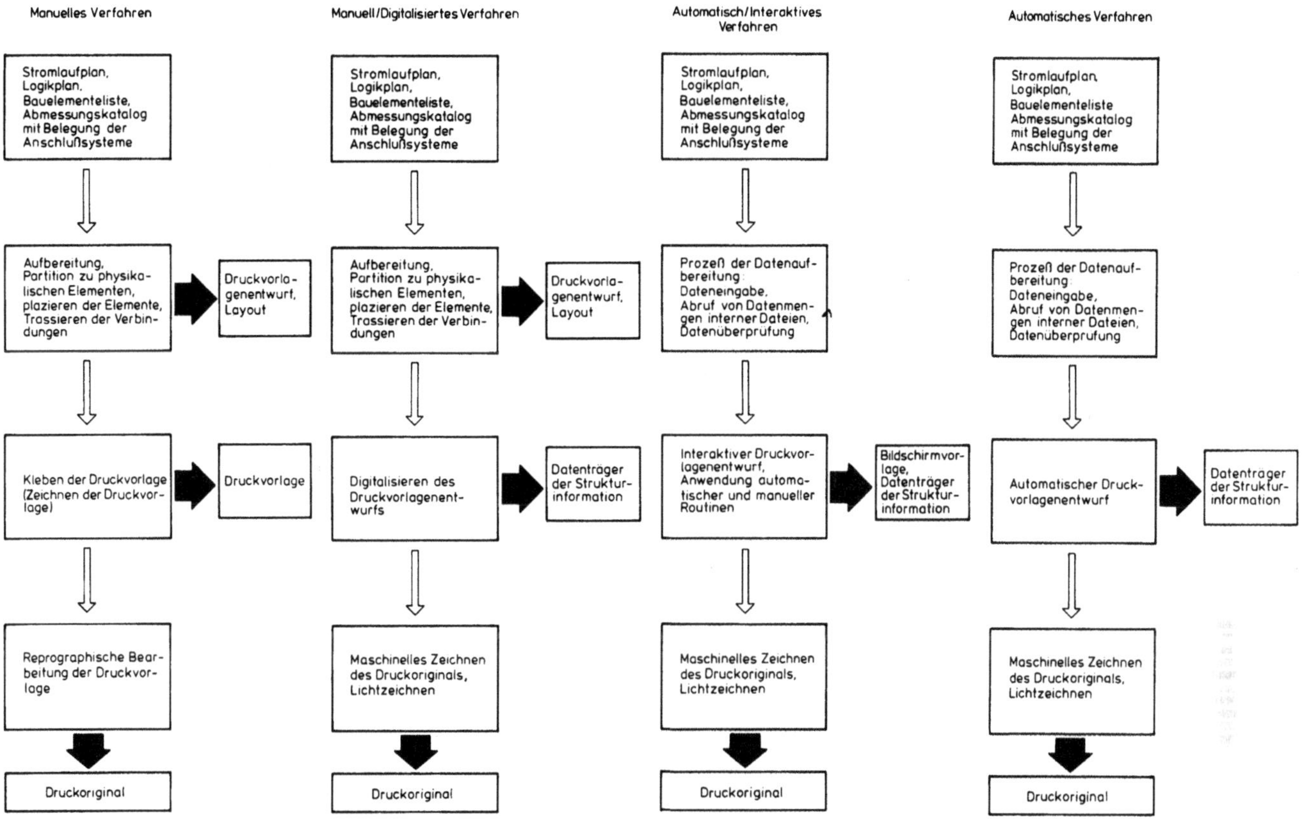

Bild 1.6 Schema angewandter Verfahren zur Herstellung der Druckwerkzeuge/Druckoriginale

Leitungsformen wie etwa die Schlitzleitung und die coplanare Leitung vorgeschlagen. Bild 1.7 zeigt die Entwurfsvorlage für eine komplexe Leiterstruktur in Mischtechnik, in der verschiedene Leitungsformen miteinander auftreten (Finline-Technik).

1.2 Prospektive Aspekte

Die zukünftige Entwicklung elementarer integrierter Strukturen wird je nach unterscheidbaren Sektoren der Elektrotechnik unterschiedlich ablaufen. Im Bereich digitalelektronischer Schaltungen wird man die Strukturbreite sicherlich noch deutlicher jenseits von 0,3 mm Breite und Abstand festlegen, und auch die reinen Zwischenverbindungen wird man extrem klein dimensionieren. Breitendimensionen bei 0,1 mm sind zwar durchaus herstellbar, jedoch dürften hier ganz entscheidend die elektrischen Leitungsparameter wie auch Wärmebewegung und Vibration eine Grenze setzen.

Die Digitalelektronik wird sicherlich zukünftig immer stärker durch großintegrierte Halbleiterschaltkreise (LSI-IC) beeinflußt werden. Diese Schaltkreise, die dem Sinne nach keine Bauelemente mehr sind, sondern Systemkomponenten, werden sich auch auf die Entwicklung der elementaren

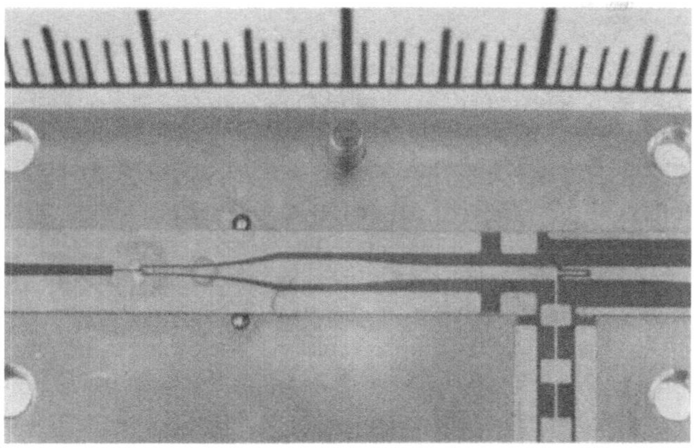

Bild 1.7 Mikrowellenmischer (Ka-Band); Komplexe Leiterstruktur unter Anwendung verschiedener Leitungsarten.

integrierten Strukturen auswirken. So dürfte die übersteigerte Mehrebenenschaltung kaum eine Bedeutung als Bauelementeträger bekommen, wohingegen sie als Gestellrückverdrahtung in weiten Bereichen interessant wird.

In dem Maße, in dem schnelle digitalelektronische Schaltungen Anwendung finden, werden die Leiterstrukturen nach den Leitungsformen der Mikrowellentechnik konzi-

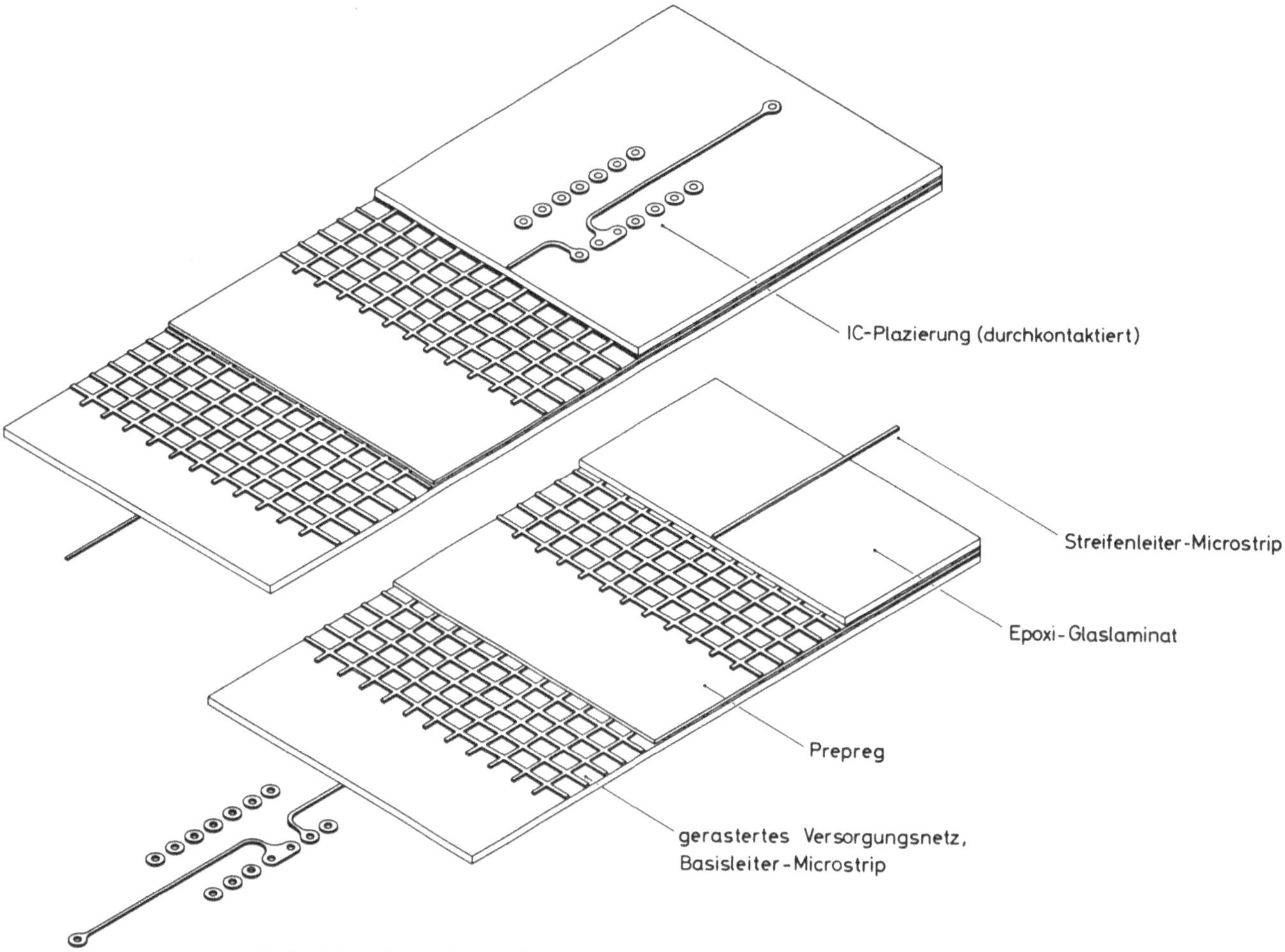

Bild 1.8 Multilayer für schnelle digitalelektronische Schaltungen in Microstrip-Technik mit gerastertem Basisleiter

piert werden. Dies bedeutet den Übergang zu einem neuen Typ von Multilayer, der nach Wellenwiderstand der Leiter und Störsicherheit der Leiteranordnung konstruiert ist. Einen entwickelten Multilayer dieser Art zeigt Bild 1.8. Angewandt wird eine modifizierte Microstrip-Technik mit einem gerasterten Basisleiter, der gleichzeitig ein Versorgungsnetz darstellt [1.6]. Zwei solcher Strukturformen bilden laminiert einen störsicheren 4-Ebenen-Multilayer.

In der Mikrowellentechnik kann die Technologie des Verpressens von strukturierten Substraten zu vielschichtigen Anordnungen zur Herstellung sehr leichter und hermetisch gekapselter Schaltungen herangezogen werden, die für die Luft- und Raumfahrt von Interesse sein dürften. Derartige Preßlaminate würden die bislang angewandte Technik der Kapselung durch schwere, kostenintensive, in spannender Bearbeitung gewonnene Gehäuse ersetzen [1.7]. Bild 1.9 zeigt einen Bandpaß für eine Mittenfrequenz um 700 MHz als Preßlaminat. Die hermetische Kapselung erfolgt durch eine rundum Metallisierung Cu-Au auf chemischem und elektrochemischem Wege. Die Terminierung geschieht durch eine besondere SMA-Buchsenkonstruktion. Das Gewicht der Anordnung beträgt 180 g.

Bild 1.9 Bandpaß in Preßlaminattechnik (Mikrowellenmultilayer).

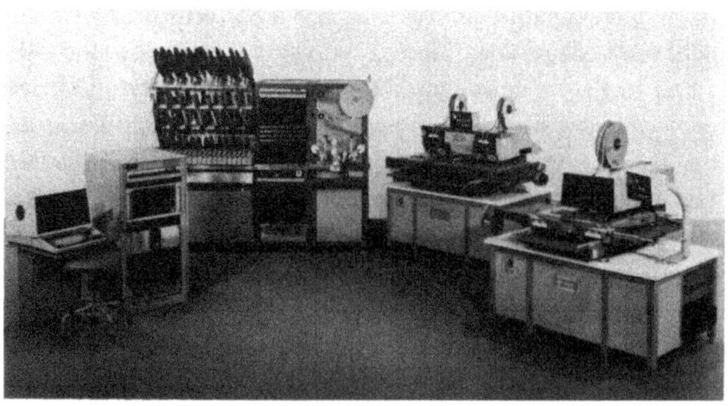

Bild 1.10 Satellite-Bestückungsanlage bestehend aus Sequenzer, Einkopf- und Doppelkopfmaschinen.

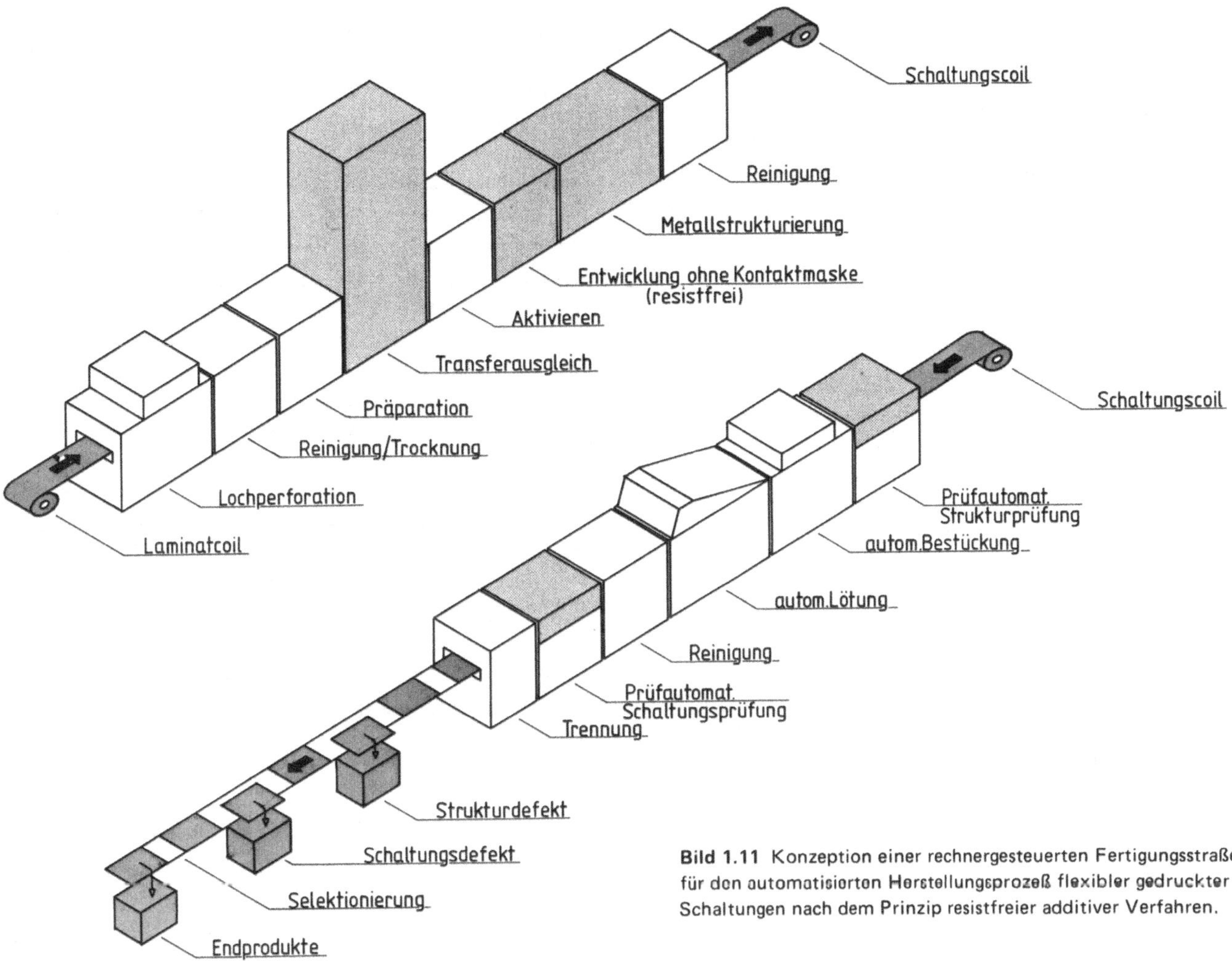

Bild 1.11 Konzeption einer rechnergesteuerten Fertigungsstraße für den automatisierten Herstellungsprozeß flexibler gedruckter Schaltungen nach dem Prinzip resistfreier additiver Verfahren.

Im Bereich der Prozeßtechnologie wird sich der Trend zu additiven Verfahren fortsetzen. Es ist anzunehmen, daß nach der erfolgreichen Einführung dieses Verfahrens in die Großserienfertigung der Unterhaltungselektronik, gerade auf diesem Sektor der Durchbruch erfolgt. Ob die jüngsten Erfolge auf dem Gebiet der Strukturdarstellung ohne Resistmasken bei additiven Prozessen eine neue Epoche des Prozeßgeschehens anzeigen, muß noch abgewartet werden. Immerhin liegen die Vorzüge solcher Verfahren auf der Hand [1.8]. Sie sind durch die geringe Anzahl der Prozeßschritte sicherlich angezeigt.

Ein konstruktiv weites Betätigungsfeld wird zukünftig dem Problem der Bauelementebestückung zukommen. Geht man von einer mittleren Rate der Lohnkosten je handbestücktem Bauelement von 5 Pfennigen bei steigender Kostentendenz aus, so übersteigt dieser Wert bereits für bestimmte Bauelemente den der Herstellung. Dies wird zwangsläufig zur automatischen Bestückung mit den heute ausgereiften Bestückungssystemen, siehe Bild 1.10, oder mit neuen Maschinensystemen führen. Möglicherweise wird die Frage der Bestückung zu einer zentralen Problemfrage der Elektronik. Dies kann zu einer Lösungssuche in Richtung Großintegration oder aber auch in Richtung konstruktiver Anpassung anregen, wobei die konstruktive Anpassung sich einmal auf die Bauelementenormung und zum anderen aber auf den bestückungsgerechten Strukturentwurf bezieht.

Von bestimmten Einsatzaparametern, unter anderem von dem der konstruktiven Gestaltbarkeit, werden zukünftig bestimmte Trendentwicklungen, wie Schaltungen mit flexiblen Isolierstoffträgern oder aber Verdrahtungstechnologien wie die Multiwire-Technik, abhängen. Bei flexiblen gedruckten Schaltungen, deren Materialproblematik im wesentlichen ausgeräumt erscheint, wird sich zeigen müssen, ob sie als Verdrahtungssysteme auch im Bereich der Nachrichtenverarbeitungs- und Übertragungstechnik Eingang finden.

Aus Gründen einer angepaßten Fertigungsökonomie darf man erwarten, daß flexible Schaltungen an Bedeutung zunehmen, denn prospektiv sind hier Serienfertigungsprozesse vorstellbar, die als kontinuierliche Bandprozesse ablaufen. Eine rechnergesteuerte Fertigungsstraße zeigt Bild 1.11 (Fertigungskonzeption).

2 Werkstoffe, Basismaterialien, Substrate

2.1 Definitionen, Klassifikationen

Werkstoffbasis elementarer integrierter Strukturen sind einmal Schichtpreßstoffe als Isolationslaminate, die aus mehreren Lagen eines Verstärkungsmaterials bestehen, das mit duroplastischen oder thermoplastischen Kunststoffen imprägniert ist. Als Verstärkungsmaterialien sind Papier, Baumwolle, Glasgewebe und Glasvliese in der Anwendung. Durch die Verstärkungsmaterialien, die auch als Trägerwerkstoffe für die Kunststoffimprägnate bezeichnet werden, sind wesentliche Qualitäts- und Anwendungsmerkmale vorgeprägt. Als duroplastische Kunststoffe, auch unter der Kennzeichnung duromere Harze gebräuchlich, finden Phenolharze, Epoxidharze, Polyesterharze, Siliconharze und als thermoplastische Kunststoffe Polytetrafluoräthylen Verwendung. Schichtpreßstoffe der beschriebenen Form werden unter der Gruppierung der starren Werkstoffe zusammengefaßt.

Neben den starren Werkstoffen mit Verstärkungs- oder Trägermaterial finden flexible Isolationswerkstoffe in der Form von Kunststoffolien Verwendung. Folienmaterialien sind duromere Harze der Polyester- und Polyimidgruppen.

Die beschriebenen Werkstoffe werden allgemein als Basismaterial, seltener als Substrat bezeichnet. Definitiv sind diese Bezeichnungen als Ausgangsmaterial, Trägermaterial, Schichtträger, Trägersubstanz, Unterlage aufzufassen. DIN 40 804 definiert Basismaterial als Isolierwerkstoff, der als Träger des Bildes dient. Dabei kann der Werkstoff starr und flexibel sein. Generell soll für die weitere Betrachtung folgende Begriffsdefinition gelten:

> Basismaterialien oder Substrate sind Isolierwerkstoffe in starrer oder flexibler Form, die als Träger der Leiter- und Elementstruktur dienen.

Nach dieser Definition ist eine erste Werkstoffklassifikation möglich, Tafel 2.1.

Die Klassifizierung der Werkstoffe ist ferner im Hinblick auf die Verfahrenstechnologie der Herstellung der Leiter und Bauelemente zu treffen. Man unterscheidet in diesem Zusammenhang zwischen metallkaschiertem und unkaschiertem Basismaterial.

Unter metallkaschiertem Basismaterial hat man Isolationswerkstoffe zu verstehen, die einseitig oder beidseitig mit Metallfolien haftend bedeckt sind. Als Kaschierungsmetalle kommen im wesentlichen Aluminium-, Nickel- und Kupferfolien zur Anwendung. Eine Aluminiumkaschierung dient hauptsächlich der Verlustwärmeabfuhr. In der Verfahrenstechnologie dient sie dem Schutz speziell präparierter Basismaterialien.

Die Großanwendung der Metallkaschierung ist auf Kupferfolien konzentriert. Folienkupfer weist einen Reinheitsgrad von mindestens 99,8 % auf und wird durch elektrolytische Abscheidung aus schwefelsauren Bädern gewonnen. Die gebräuchlichen Folienstärken sind Tafel 2.2 zu entnehmen:

Tafel 2.2: Gebräuchliche Folienstärken von Kupferkaschierungsfolien

Folienstärke (Nennwerte)	Toleranzbereich
5 µm	–
18 µm	15 µm ... 24 µm
35 µm	30 µm ... 40 µm
70 µm	62 µm ... 78 µm

Während kupferkaschiertes Basismaterial den subtraktiven Strukturierungsverfahren dient (siehe Verfahrensbeschreibung in Kapitel 3), erfährt unkaschiertes Basismaterial weiterhin eine unterschiedliche Anwendung und Klassifizierung.

Tafel 2.1: Werkstoffklassifikation starrer und flexibler Basismaterialien

Werkstoffe	Imprägnate Bindemittel	Verstärkungsmaterialien Trägerwerkstoffe	Werkstoffbezeichnung	Handelsbezeichnung
starre Basismaterialien (Substrate)	Phenolharz	Baumwollpapier Zellulosepapier	Phenolharzhartpapier	
	Epoxidharz	Baumwollpapier Zellulosepapier	Epoxidharzhartpapier	
		Glasgewebe	Epoxidharzglashart-gewebe	
	ungesättigtes Polyesterharz	Glasgewebe Glasvlies		Cimclad Polyprint
	Polytetrafluoräthylen	Glasgewebe Glasvlies	PTFE glasfaser-verstärkt	Teflon glasfaserverstärkt
flexible Basismaterialien (Substrate)	Polyesterharz			Mylarfolie
	Polyimidharz			Kaptonfolie

Für die additiven Strukturierungsverfahren sind Oberflächenbeschichtungen mit Haftvermittlern oder auch Materialpräparationen mit Katalysatoren für den chemischen Metallisierungsprozeß in der Anwendung. Daneben wird starres Basismaterial für den Schichtaufbau von Streifenleitern in Metallgehäusen verwendet und als sog. Klebeprepegs bei der Herstellung von Mehrebenenschaltungen eingesetzt. Die hieraus abgeleitete Klassifizierung zeigt Tafel 2.3.

Je nach Verwendung des Verstärkungsmaterials und der Kunststoffimprägnate haben sich bestimmte Materialkurzbezeichnungen verbreitet, die international uneinheitlich sind, aber durchgehend gebraucht werden. Sie beruhen auf unterschiedlichen Normungen, Standards und Herstellerspezifikationen. Als Deutsche Normen sind DIN 7735 und DIN 40 802 maßgebend. Letztere ist mit der IEC-Empfehlung 249 vergleichbar. Als Anforderungsnormen des Auslandes sind von Bedeutung:

NEMA LI-1 (National Electrical Manufactures Association)
MIL-P-13 949 (Defence Supply Agency)
BS-4584 (British Standards)
Anforderungen nach UL (Underwriters Laboratories)
Empfehlungen nach IEC (International Electrotechnical Commision)

Eine auf dieser Basis erstellte Bezeichnungssynopse zeigen die Tafeln 2.4 und 2.5.

2.2 Angewandte Basismaterialien

Phenolharzhartpapier. Dieses Basismaterial ist von der Anwendungsdauer und der Menge her als das klassische Material zu bezeichnen. Es wird aus Baumwollpapier oder gebleichtem Natronzellulosepapier als Verstärkungsmaterial und plastifiziertem Phenolharz als Bindemittel gefertigt. Der Werkstoff weist hervorragende Bearbeitungsmerkmale für Konturenschnitte und Loch- und Konturenstanzungen auf, was ihn, neben einem günstigen Preis, von Anfang an für die Großserienfertigung auf dem Sektor der Unterhaltungselektronik prädestinierte. Stand ursprünglich die einseitig kaschierte Ware, die subtraktiv strukturiert wurde im Mittelpunkt, so führte die stetig steigende Anwendung integrierter Schaltkreise in der Unterhaltungselektronik und die damit verbundene Notwendigkeit der chemischen Durchkontaktierung und zweiseitigen Strukturgestaltung zu einer beispielhaften Werkstoffentwicklung bei Phenolpapier. Im Vordergrund steht hierbei die dimensionsgenaue Kaltstanzbarkeit der Löcher bei Raumtemperatur oder bei maximal 40 °C.

Die chemische Durchkontaktierung ist bei Phenolpapier nicht problemlos. Hinzu kommt, daß die Plastifizierung des Bindemittels, die die guten Schnitt- und Stanzeigenschaften bedingt, sich nachteilig auf die Durchbiege- und Dimensionsstabilität bei thermischer Dauer- und kurzzeitiger Hochbelastung auswirkt.

Tafel 2.3: Werkstoffklassifikation kaschierter und unkaschierter Basismaterialien

Werkstoff	Metallkaschierung	Materialpräparationen	Anwendungen
metallkaschiertes Basismaterial	Aluminium		Abfuhr von Verlustwärme, Oberflächenschutz
	Kupfer		subtraktive Strukturierungsverfahren
unkaschiertes Basismaterial		Haftvermittler beschichtet	additive Strukturierungsverfahren
		kernkatalysiert	
		vollkatalysiert	
		Rohmaterial	Streifenleiter in Metallgehäuse
		Harzkomponente im Zwischenzustand	Klebeprepregs für Mehrebenenschaltungen

Tafel 2.4: Bezeichnungssynopse unkaschierter Basismaterialien

	unkaschierte Basismaterialien			
Harz	Phenolharz	Epoxidharz	Epoxidharz	Epoxidharz
Verstärkungsmaterial	Papier	Papier	Glasgewebe	Glasgewebe
Werkstoffkennzeichen nach DIN 7735	HP 2063	HP 2361.1	HGW 2372	HGW 2372.1 HGW 2372.2 HGW 2372.4

Tafel 2.5: Bezeichnungssynopse kupferkaschierter Basismaterialien

	kupferkaschiertes Basismaterial							
Harz	Phenolharz	Epoxidharz	Epoxidharz	Epoxidharz	Epoxidharz	Epoxidharz	Polytetrafluoräthylen	Polyimidharz
Verstärkungsmaterial	Papier	Papier	Glasgewebe	Glasgewebe	Glasgewebe	Glasgewebe	Glasgewebe Glasvlies	
Werkstoffkennzeichen nach: DIN 40 802	PF-CP 02	EP-CP 01	EP-GC 01		EP-GC 02			
NEMA-LI 1	FR 2	FR 3	G 10	G 11	FR 4	FR 5		
MIL-P-13949 E		PX	GE	GB	GF	GH	GT/GR	PY

Die Problematik der Durchkontaktierung bei Phenolpapier hat verschiedene Ursachen. Verantwortlich hierfür ist wiederum die Plastifizierung des Phenolharzes, die einmal die Beständigkeit des Bindemittels gegen chemische Bäder und Lösungsmittel verringert, zum anderen zu einer erheblichen Steigerung des Ausdehnungskoeffizienten transversal zum Laminat führt. Weiterhin spielen die Haftung von Bindemittel und Verstärkungsmittel und die eingeschlossene Feuchtigkeit eine entscheidende Rolle.
Zum Vergleich der beiden Tafeln 2.4 und 2.5 ist anzumerken, daß unter der Kennzeichnung HP 2063, DIN 7735 ein Werkstoff mit nicht selbstverlöschender Eigenschaft und unter FR 2 NEMA-LI-1 ein Werkstoff mit selbstverlöschender Eigenschaft (FR, flame retarding) gemeint ist.

Epoxidharzhartpapier. Die Anwendung von Epoxidharz als Bindemittel bei sonst beibehaltenem Verstärkungsmaterial Baumwollpapier oder Zellulosepapier, führt zu einer Verbesserung der Biegefestigkeit und der thermischen Belastbarkeit. Dieses Basismaterial ist nur mit selbstverlöschender Eigenschaft, FR 3 NEMA-LI-1, handelsüblich. Im Gegensatz zu Phenolpapier bedarf es bei Kupferkaschierungen keines besonderen Kupferklebers. Bei geeigneter Formulierung des Bindemittels kann die Kupferfolie direkt auf das Laminat gepreßt werden. Der Werkstoff ist von weißlicher Farbe.

Epoxidharzglashartgewebe. Dieses Basismaterial wird fast ausschließlich zur Herstellung von gedruckten Schaltungen komplexer Struktur mit chemischer Durchkontaktierung angewandt. Darüber hinaus wird es in Form von Klebeprepregs geringer Laminatdicke für die Herstellung von Mehrebenenschaltungen verwendet.
Als Verstärkungsmaterialien dienen Glasseidengewebe einer besonders alkaliarmen Glassorte. Garne, Webart, Gewicht und Webgüte sind genormt [2.1]. Die Normen sind in ihrem Aussagewert kritisch einzuschätzen. Da sie Mindesteigenschaften beschränkten Umfanges beschreiben, ist über die spezifische Zusammensetzung der Laminate von Hersteller zu Hersteller keine Erkenntnis zu gewinnen [2.2].

Bei Epoxidharzglashartgeweben unterscheidet man zwei Typenserien, solche mit und ohne selbstverlöschenden Eigenschaften (FR 4, FR 5 und G 10, G 11). Die Typen FR 5 und G 11 sind Hochtemperaturwerkstoffe.
Bei Epoxidglaslaminaten haben die stetig steigenden Anforderungen der konstruktiven Entwicklung zu einem Problemkreis geführt, der durch folgende Eigenschaften beschreibbar ist [2.3], [2.4]:

1. Maßbeständigkeit, im Wechselwirkungszuammenhang von Wölbung, Verwindung, Wärmedehnung,
2. Haftfestigkeit des Folienkupfers,
3. Bohr- und Stanzbarkeit,
4. Lagenbindung,
5. Measling, Laminatfestigkeit im Wechselwirkungszusammenhang von durch Feuchte induziertem und chemisch induziertem Measling,
6. Grenztemperatur,

Auch hier ist wie im Falle des Phenolpapiers in den letzten Jahren entscheidende Forschungsarbeit geleistet worden, so daß die Feststellung nicht unbegründet ist, daß ein ausgewogenes Werkstoffangebot vorliegt, um den gegenwärtigen Anwendungserfordernissen gerecht zu werden. Dieses Statement ist sicherlich nicht auf Dauer haltbar, denn die Weiterentwicklung der Halbleiterelektronik wird auch für die elementaren integrierten Strukturen neue Marken setzen. Auf einzelne Problempunkte wird später noch einzugehen sein. An dieser Stelle sei auf die Bohrbarkeit bei Epoxidglas verwiesen. Eine einwandfreie Durchkontaktierung wird entscheidend von der Qualität der Bohrung beeinflußt. Die hier notwendigen Qualitätsanforderungen beziehen sich auf:

- Gratfreie Bohrlochumrandung,
- glatte geschlossene Bohrlochwandung,
- schmierfreie Bohrlochwandung (Harzschmierfilm),
- Langzeitkonstanz der Bohrer.

Bei mangelhafter Bindung von Glasfasern und Harz entstehen im Wandungsbereich der Löcher Ausbrüche an den

Fasern mit teilweise kapillaren Wirkungen. Hierdurch kommt es zu Feuchteeinbrüchen, die beim Lötprozeß eruptieren. Harzschmierfilme hindern die Katalysierung der Lochwandungen mit Metallkeimen. Die Verhinderung von Schmierfilmen erfordert eine Optimierung der Harzeigenschaften [2.5]. Die Langzeitkonstanz der Bohrer ist nicht nur eine Frage des Glasgehalts, sondern auch der Harzformulierung.

Die Verwendung von Epoxidglas als Basismaterial für Mehrebenenschaltungen bezieht sich sowohl auf die unkaschierten Klebeprepregs, wie auch auf kupferkaschierte Laminate. Auf beiden Feldern sind erhebliche Fortschritte, was die minimale Laminatstärke, die Gleichmäßigkeit der Verarbeitung und den Ätz- und Preßverzug betrifft, gemacht worden. Die Dickengrenze der Laminate liegt bei 0,050 mm der Preßverzug bei maximal $5 \cdot 10^{-4}$.

PTFE-Glashartgewebe, PTFE-Glasvlies. Die Anwendung von Polytetrafluoräthylen als Bindemittel bei Basismaterialien beruht auf den ausgezeichneten elektrischen Eigenschaften des Werkstoffs. Dies ist durch eine in weiten Frequenzgrenzen konstante Dielektrizitätszahl und einen sehr geringen dielektrischen Verlustfaktor begründet. Hierbei zeigen Laminate mit Glasvliesverstärkung das günstigere Verhalten (RT-duroids). Die absolute Höhe der Dielektrizitätszahl liegt bei 2,5. Die genannten Eigenschaften weisen den Werkstoff als für die Mikrowellentechnik prädestiniert aus, was auch seine Hauptanwendung ausmacht.

Neben den an sich schlechten mechanischen Eigenschaften, signifikant durch Kaltfließverhalten, ist der hohe Erweichungspunkt des Kunststoffs für Hochtemperaturanwendungen von Interesse. Die Dauerstandstemperaturgrenze liegt bei + 260 °C.

Polyimidfolien. Beim Aufbau flexibler gedruckter Schaltungen reduziert sich das Werkstoffangebot im wesentlichen auf Trägermaterialien auf Polyester- und Polyimidbasis. Der Begriff Trägermaterial ist hier der zutreffende, da in Bezug auf die echte Flexibilität nur Folien als Träger der Kaschierungsmetalle, die mit Klebern auf die Trägerfolie aufgebracht werden, in Frage kommen. Laminatformen mit Verstärkungsmaterialien wie Glasgewebe, können nur zu halbflexiblen Schaltungen geringer Biegebeanspruchung führen. Neben dem Merkmal der Flexibilität fordert man für die Trägermaterialien eine hohe Lösungsmittelbeständigkeit, geringe thermische und ätzbedingte Schrumpfung, eine hohe thermische Kurzzeitbelastung und geringe Wasseraufnahme. An die Kleber werden vergleichbare Anforderungen gestellt. Hier besteht das Problem der Versprödung, was die Flexibilität beeinträchtigt.

Die geforderten Werkstoffeigenschaften werden von Polyimidfolien und angepaßten Klebern weitgehend erfüllt. Die Trendentwicklungen neuerer Art [2.6], [2.7] führten zu Werkstoffdaten wie:

- Minimale Lötzeit bei 290 °C von 10 Sekunden,
- Wasseraufnahme 3 % bei 0,025 mm Foliendicke,
- Kupferhaftfestigkeit von 2,5 N/mm,
- 1000 Biegungen nach IPC TM 650 2.4.3A,
- Schrumpfung durch Ätzung 0,15 % ... 0,2 %.

Folien für flexible Schaltungen werden in den Dicken 13 µm ... 125 µm mit Kupferkaschierungen üblicher Stärken (18 µm, 35 µm, 70 µm) gefertigt. Neben den eigentlichen Kaschierungsträgern werden aus dem gleichen Werkstoff kleberbeschichtete Deckfolien in den Stärken 25 µm ... 75 µm hergestellt.

Folienkupfer. Das Kaschierungsmetall Kupfer wird mit einem Reinheitsgrad von 99,8 % und höher durch elektrolytische Abscheidung aus schwefelsauren Bädern gewonnen. Die den Abscheidungskatoden zugewandte Folienseite ist dabei glatt, die abgewandte Seite zeigt eine Dendritenstruktur. Diese fertigungsmäßig bedingte Rauhigkeit wird durch eine Nachbehandlung, das sog. Treatment, vergrößert, um die Haftung mit dem Basismaterial zu steigern. Der durch die Nachbehandlung auftretende Oxidtransfer ins Laminat ist bei heutigen Treatments weitgehend ausgeschlossen.

2.3 Werkstoffeigenschaften

2.3.1 Elektrische Eigenschaften

Die für die konstruktive Gestaltung bedeutsamen elektrischen Eigenschaften übersteigen die durch Normung und Spezifikationen festgelegten Merkmale. So ist es beispielsweise für die Leiterauslegung relativ unbedeutend die Dielektrizitätszahl nach DIN 40 802 zu kennen, da es sich hierbei um einen maximalen Richtwert für eine bestimmte Frequenz handelt. Für die Leiterauslegung interessiert notwendigerweise die Dielektrizitätszahl des angewandten Laminats konkret und in Variation im Betriebsfrequenzbereich.

Auf den Richtwertcharakter sehr vieler Spezifikationen sei hier besonders hingewiesen und in diesem Zusammenhang noch einmal festgestellt, daß die Qualitätsmerkmale innerhalb der Normungen einen Freiraum haben.

Oberflächenwiderstand R_0. Die Isolationseigenschaften an der Oberfläche, parallel zur Laminatrichtung, werden durch den Oberflächenwiderstand R_0 bei gleichförmiger Erregung beschrieben. Mittels eines Kreisflächenelektrodensystems wird R_0 aus dem Quotienten der gemessenen Spannungs- und Stromwerte gebildet. Ein vergleichbares Elektrodensystem zeigt Bild 2.1. Die Polaritätslage verdeutlicht den Meßvorgang zur R_0-Bestimmung und zur Ermittlung des spezifischen Durchgangswiderstandes. Die Isolationseigenschaften einer Struktur werden häufig durch kammförmige Leiteranordnungen gemessen. In Bild 2.2 ist ein vollständiges Testfeld für flexible Schaltungen nach IPC dargestellt [2.8]. Die Schaltungsrückseite verzeichnet die einzelnen Teststrukturen, die teilweise noch besprochen werden.

Der Oberflächenwiderstand wird unter verschiedenen Klimabedingungen gemessen; er ist temperaturabhängig. Je nach Basismaterial und Klimazustand liegen die R_0-Werte zwischen 10^{12} Ω und 10^{14} Ω bei Raumtemperatur.

Der sehr hohe Widerstand beruht auf einer Ionenleitung, die durch Verunreinigungen entsteht. Die Ionenleitung wird weiterhin durch niedermolekulare Ionenbestandteile bestimmt, die in Form von Katalysatoren von Monomeren auftreten. Auffallend ist die Erscheinung abnehmenden Widerstandes mit steigender Temperatur, ein Phänomen, das sich über das Platzwechseltheorem erklären läßt [2.9].

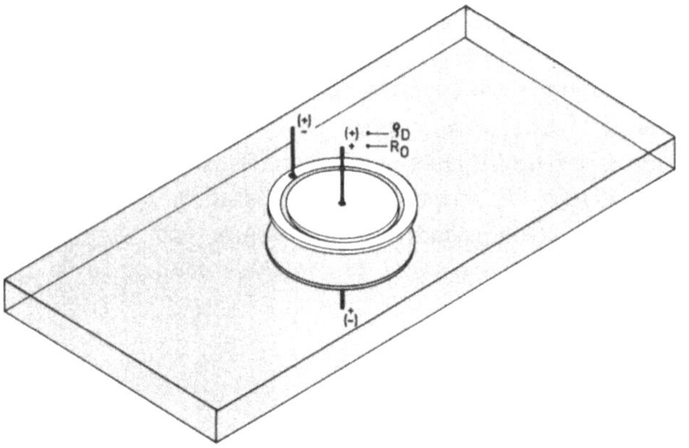

Bild 2.1 Elektrodensystem zur Messung von R_0 und ρ_D mit der zutreffenden Potentiallage der Meßanordnung.

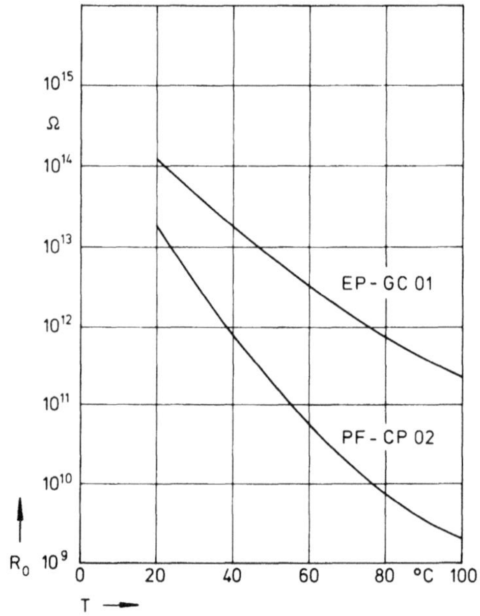

Bild 2.3 Abhängigkeit des Oberflächenwiderstands R_0 von der Temperatur für die Werkstoffe PF-CP 02 und EP-GC 01.

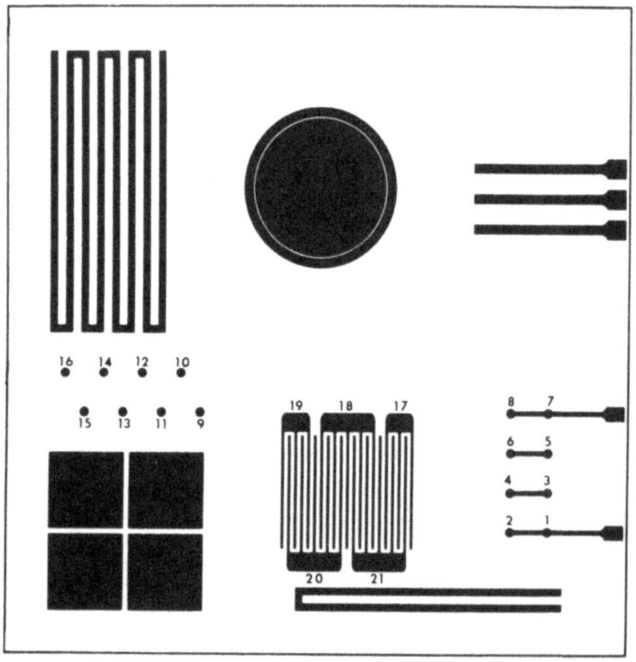

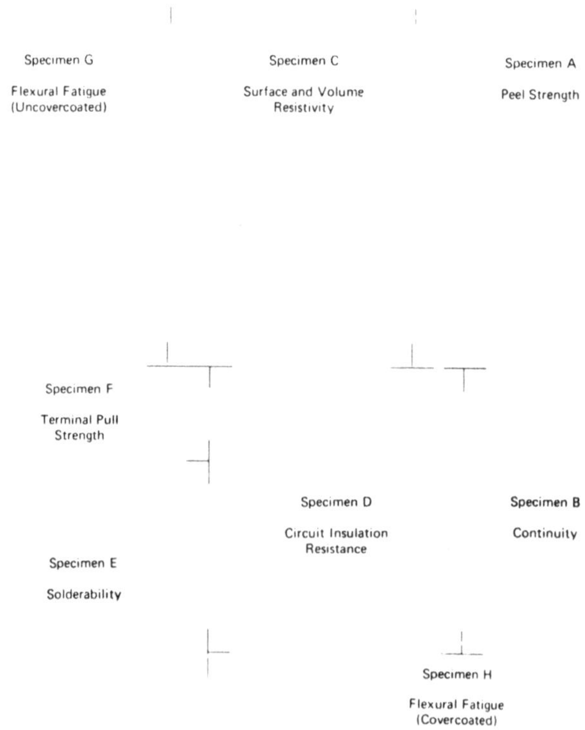

Bild 2.2 Testfeld einer flexiblen Schaltung nach IPC-A-600 C/1978.

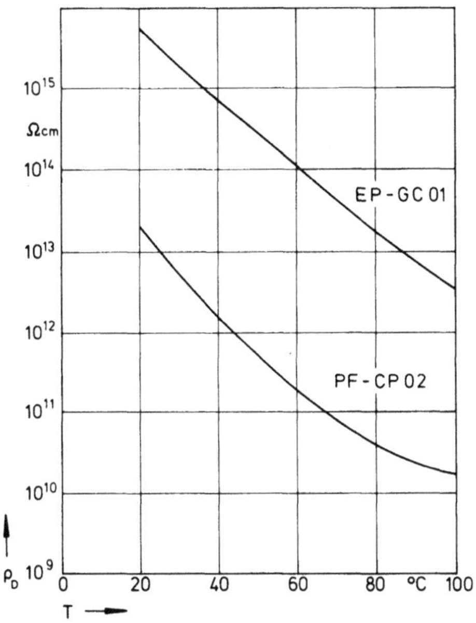

Bild 2.4 Abhängigkeit des spezifischen Durchgangswiderstands ρ_D von der Temperatur für die Werkstoffe PF-CP 02 und EP-GC 01.

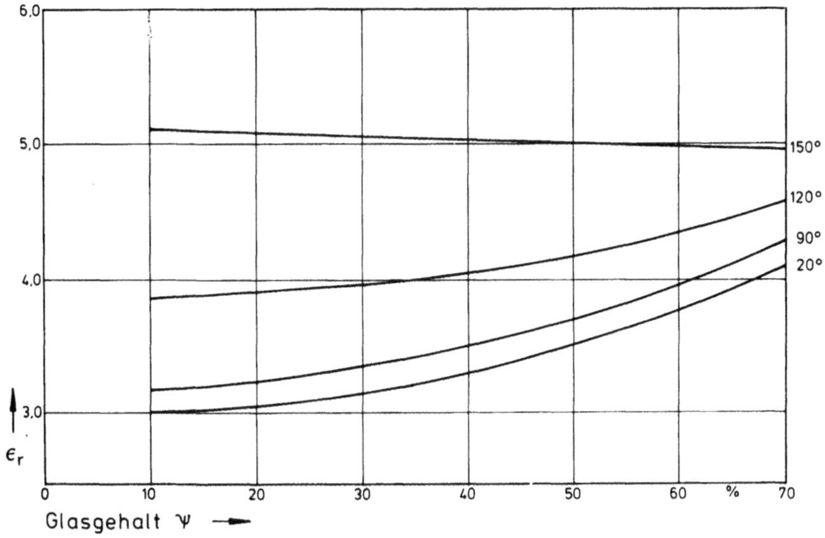

Bild 2.5 Tendenzdiagramm ϵ_r (Gew. %; T)

Da schon bei veränderter relativer Luftfeuchtigkeit die Ionenleitfähigkeit zunimmt, führen derartige Änderungen zur Abnahme des Oberflächenwiderstandes. Vergleichbares gilt für jede Alterungsart mit Wasseraufnahme.

Spezifischer Durchgangswiderstand ρ_D. Nach der Potentiallage des Bildes 2.1 wird der spezifische Durchgangswiderstand ρ_D bei gleichförmiger Erregung ermittelt. Die Angaben erfolgen in der Einheit Ωcm.
Auch für den Durchgangswiderstand sind Klimabedingungen vorgeschrieben. Die ρ_D-Werte liegen zwischen 10^{13} Ωcm und 10^{16} Ωcm bei Raumtemperatur. Der Durchgangswiderstand ist temperaturabhängig. Die Bilder 2.3 und 2.4 zeigen die Größen R_0 und ρ_D in Abhängigkeit der Temperatur für Materialien PF-CP 02 und EP-GC 01 [2.10].

Dielektrizitätszahl ϵ_r. Diese Stoffgröße des Laminats wird mittels Stoffkonstantenmeßgeräten unter Anwendung definierter Elektrodenformen bestimmt. Definitiv ist ϵ_r gleich dem Verhältnis der Kapazitäten eines laminatgefüllten zu einem ungefüllten Elektrodensystem. Die Größe ist von verschiedenen Parametern abhängig und findet in den Werkstoffnormungen nur als maximaler Richtwert bei einer Frequenz und Temperatur ihren Niederschlag. In der Auslegung der Leiterstrukturen werden vielfältige Parameterabhängigkeiten häufig nicht beachtet, was in einem Schaltungsfehlverhalten seine Auswirkung findet.
Die Höhe der Dielektrizitätszahl ist vom Gewebeanteil abhängig. Tendenziell ist zu erwarten, daß bei glasverstärkten Harzlaminaten bei hoher Dielektrizitätszahl und niedrigem Verlustfaktor für Glas ($\epsilon_r = 6{,}3$, $\tan\delta = 1{,}8 \cdot 10^{-3}$) im Vergleich zu einer niedrigen Dielektrizitätszahl für Reinharze ($\epsilon_r = 2{,}5$), ein hoher Glasanteil zu hohem ϵ_r und niedrigem $\tan\delta$ führt.
Diese Feststellung gilt nur unter bestimmten Randbedingungen. Da es bei den dielektrischen Eigenschaften eine vergleichbare Analogie der Temperatur- und Frequenzabhängigkeit gibt, sind alle Betrachtungen unter der Wechselwirkung von Temperatur und Frequenz zu führen. Die Tendenzdiagramme der Bilder 2.5 und 2.6 lassen allgemein folgende Schlüsse zu [2.11]:

> Die Zunahme der Dielektrizitätszahl glasfaserverstärkter Epoxilaminate mit steigendem Glasgehalt wird mit steigender Temperatur immer geringer.

> Die Frequenzabhängigkeit der Dielektrizitätszahl glasfaserverstärkter Epoxilaminate wird mit steigender Temperatur immer größer.

Arbeitsdiagrammme über die Abhängigkeit von ϵ_r (f; T) gebräuchlicher Basismaterialien sind im Anhang A2 niedergelegt; sie beziehen sich auf unterschiedliche Werkstoffe [2.12]. Ein für Frequenzbetrachtungen bis in den GHz-Bereich empirisch gefundenes Diagramm [2.13] des Werkstoffs EP-GC 02 (Epoxiglas FR 4-NEMA LI 1) zeigt Bild 2.7. Das Diagramm hat sich als brauchbar erwiesen und ist im Frequenzbereich um 1 GHz und 10 GHz mehrfach verifiziert [2.14].

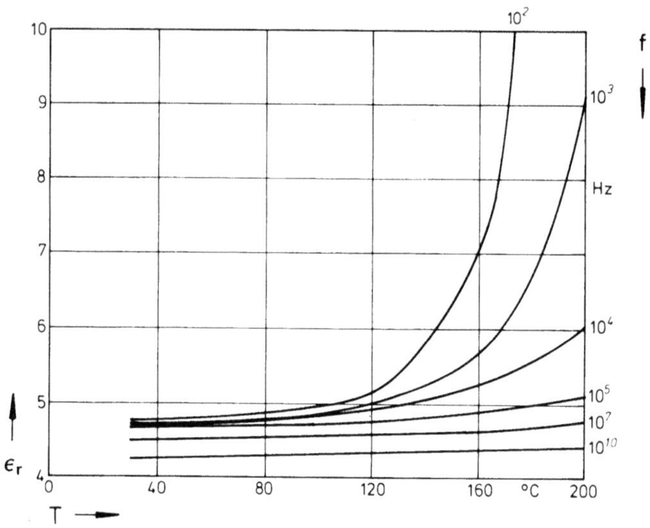

Bild 2.6 Tendenzdiagramm ϵ_r (f; T)

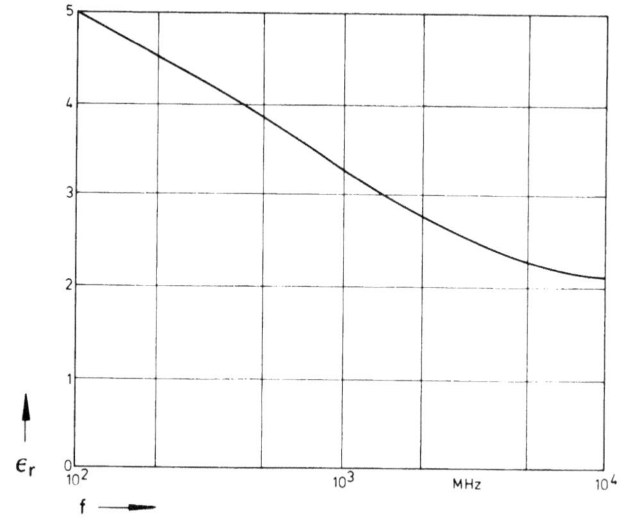

Bild 2.7 Verifiziertes Diagramm der Funktionsabhängigkeit ϵ_r (f) für den Werkstoff EP-GC 02 (FR 4-NEMA LI 1).

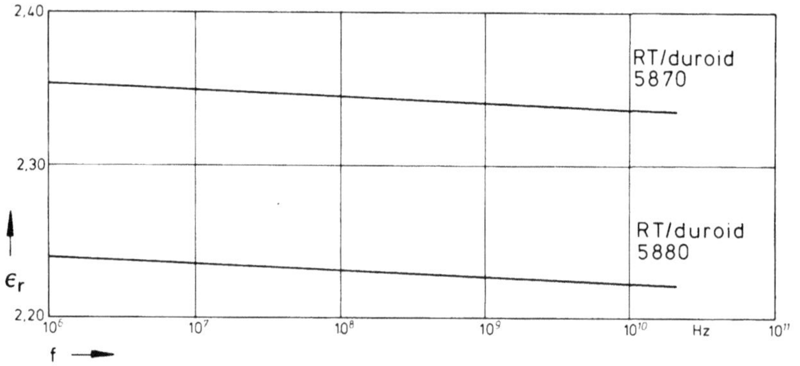

Bild 2.8 Funktionsdiagramm ϵ_r (f) des Werkstoffs RT-duroids. Die hervorragende Konstanz der Dielektrizitätszahl des Teflon-Laminats wird deutlich.

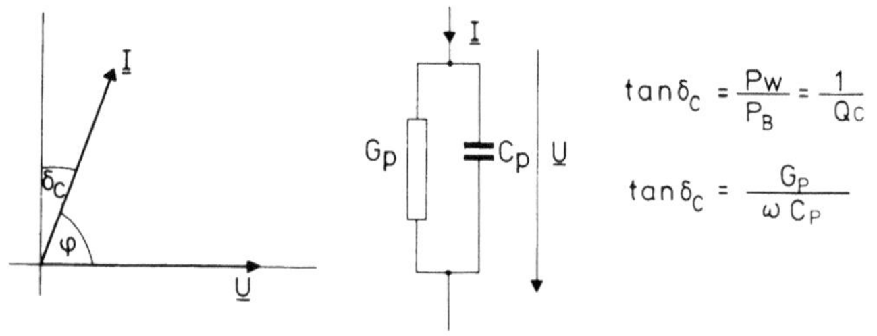

Bild 2.9 Zusammenhänge der Kenngrößenbestimmung dielektrischer Verluste.

Die Frequenz- und Temperaturabhängigkeit der dielektrischen Eigenschaften ist für viele Anwendungen unerwünscht, insbesondere für Hochfrequenz- und Hochtemperaturanwendungen. Günstig verhalten sich hier Laminate mit den Bindemitteln der Basis Silicon und Polytetrafluoäthylen. Bild 2.8 zeigt ein ϵ_r (f)-Diagramm für das Teflonglasvlies-Laminat RT-duroids [2.15]. Die hervorragenden Eigenschaften dieses Werkstoffs werden hierbei deutlich. Sofern die gezeigten Diagramme für die konstruktive Gestaltung von Bedeutung sind, werden sie im Anhang A2 aufgeführt.

Dielektrischer Verlustfaktor $\tan\delta$. Ausgehend von einem Kondensatormeßsystem mit der Werkstoffüllung des Basismaterials, ist der Verlustfaktor des Systems definitiv gleich dem Verhältnis der aufgenommenen Wirkleistung zur Blindleistung. Hierbei wird der Ergänzungswinkel δ zum Phasenverschiebungswinkel φ als Kenngröße herangezogen. Bild 2.9 stellt die Zusammenhänge dar. Die Wirkleistungsaufnahme kann ersatzweise durch einen Verlustleitwert, die Blindleistungsaufnahme durch einen idealen Kondensator dargestellt werden. Es ergibt sich dann die physikalisch sinnvolle Parallelersatzdarstellung des Bildes 2.9.
Die Verlustursachen des Systems, die repräsentativ für die Verluste des Werkstoffs stehen, sind einmal durch die end-

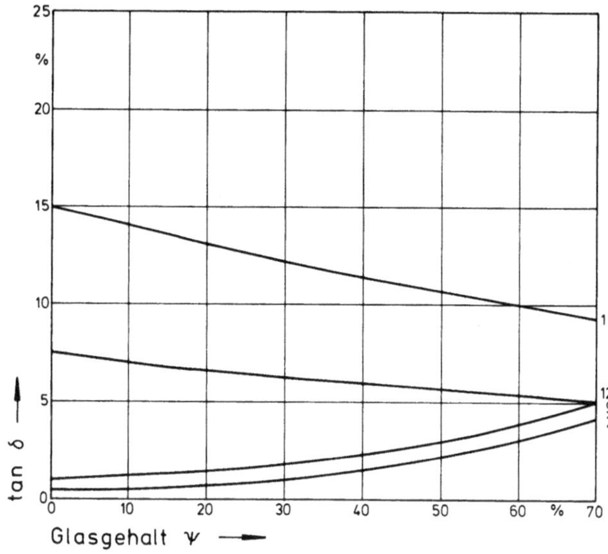

Bild 2.10 Tendenzdiagramm tan δ (Gew. %; T)

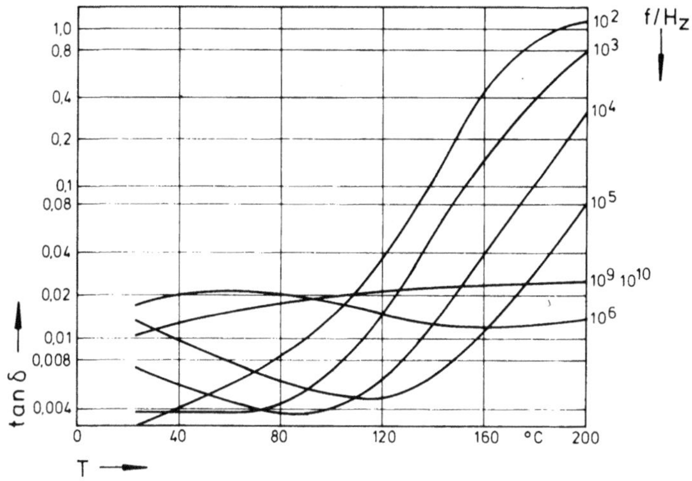

Bild 2.11 Tendenzdiagramm tan δ (f; T)

liche Leitfähigkeit κ des Dielektrikums, zum anderen durch die Umpolungsverluste bei wechselförmiger Erregung bedingt. Sinngemäß spricht man von Isolationsverlusten und dielektrischen Verlusten und analog lassen sich unterschiedliche Verlustfaktoren angeben ($\tan\delta_\kappa$; $\tan\delta_\epsilon$). Bei höherfrequenten Anwendungen bilden die Umpolungsverluste den Hauptanteil, so daß gilt $\tan\delta \equiv \tan\delta_\epsilon$.

Im allgemeinen gilt wie im Falle von ϵ_r, daß der Verlustfaktor vom Glasgehalt der Frequenz und der Temperatur abhängig ist. Die Tendenzdiagramme der Bilder 2.10 und 2.11 lassen nun folgende Schlüsse zu:

> Der dielektrische Verlustfaktor glasfaserverstärkter Epoxilaminate zeigt nur mit steigender Temperatur eine abnehmende Tendenz bei steigendem Glasgehalt.

> Bei hohen Frequenzen zeigt der Verlustfaktor glasfaserverstärkter Epoxilaminate ein temperaturunabhängiges Verhalten. Bei niedrigen Frequenzen steigt der Verlustfaktor mit steigender Temperatur.

Arbeitsdiagramme über die Abhängigkeit von tan δ (f; T) interessierender Basismaterialien sind im Anhang A2 niedergelegt [2.16], [2.17].

2.3.2 Mechanische Eigenschaften, Fertigungstechnische Eigenschaften

Unter diesem Abschnitt sollen jene Eigenschaften, Kenngrößen und Abhängigkeiten behandelt werden, die für die fertigungstechnischen Anwendungen der Basismaterialien von Bedeutung sind. Die mechanischen Eigenschaften umfassen dabei auch die thermischen.

Dimensionsbeständigkeit. Hierunter sind Erscheinungen zu verstehen wie Wölbung, Verwindung, Wärmedehnung, in Wechselwirkung und unter der Randbedingung einer ein- und zweiseitigen Kaschierung, der Temperatur, der Gewebeart.

Wölbung tritt grundsätzlich bei einseitig kaschierten Materialien auf. Infolge der unterschiedlichen Ausdehnungskoeffizienten der Kupferfolie und der Laminate ergeben sich positive und negative Wölbungen je nach Laminattyp. Der Ausdehnungskoeffizient von Kupfer beträgt $17 \cdot 10^{-6} \frac{1}{K}$ der von Papierlaminaten liegt darüber, der von Glasgewebelaminat darunter. Daher zeigen Epoxi-Glaslaminate eine negative Wölbung, Phenol-Papierlaminate eine positive Wölbung schon im Anlieferungszustand.

Im Gegensatz zur Wölbung tritt Verwindung auch bei zweiseitig kaschierten Materialien auf. Sie ist besonders bei Gewebelaminaten zu beobachten und beruht auf Deformationen des Gewebes.

Dehnungsausgleich durch Ätzstrukturierung ist bei zweiseitig kaschierten Basismaterialien festzustellen. Bei 1,6 mm starkem Epoxiglas sind Dehnungen von 0,1 mm/m in Kettrichtung und 0,05 mm/m in Schußrichtung festgestellt worden. Der Dehnungsausgleich ist von der Folienstärke und der Leiterstruktur abhängig, kann demnach nicht generell angegeben werden. Gleichwohl bleibt er ein zu berücksichtigender Konstruktionsfaktor. Inwieweit sich durch Tempern kompensierende Schrumpfungen einstellen ist fallweise zu überprüfen.

Eine weitere kritische Dehnungserscheinung ist die Wärmedehnung des Laminats. Während in Längs- und Querrichtung parallel zum Laminat der Ausdehnungskoeffizient durch die Trägerbindung gering und näherungsweise gleich ist, stellt er sich in senkrechter Richtung zum Laminat um ein vielfaches größer und vom Erweichungsverhalten ab-

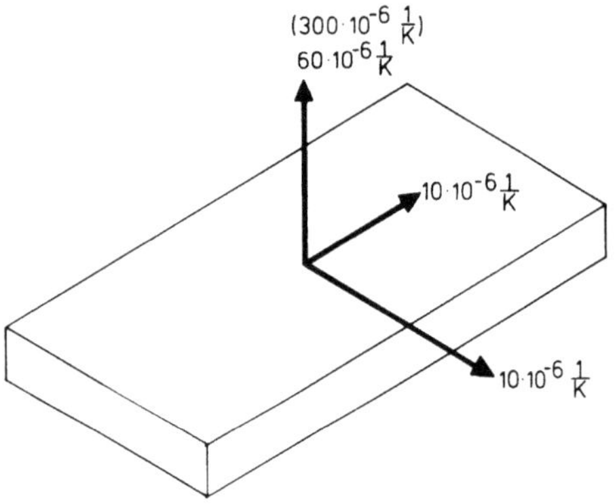

Bild 2.12 Dehnungsverhalten von Epoxilaminaten der Spezifikation G 10-NEMA-LI 1.

hängig dar. Untersuchungen des Dehnungsverhaltens an Epoxilaminaten der Spezifikation G 10-NEMA-LI 1 zeigt Bild 2.12 [2.18]. Bis zum Eintritt des Erweichungsbereiches oberhalb von 90 °C liegen die Koeffizienten bei $10 \cdot 10^{-6} \frac{1}{K}$ und senkrecht zum Laminat bei $60 \cdot 10^{-6} \frac{1}{K}$. Dann steigt diese orthogonale Komponente auf $300 \cdot 10^{-6} \frac{1}{K}$ bei 160 °C. Diese erhebliche Zunahme des Ausdehnungskoeffizienten bedeutet eine Dickenzunahme des Laminats in gleicher Richtung von ca. 0,050 mm. Mit Erscheinungen dieser Art muß bei kurzzeitigen Hochbelastungen während des Lötens gerechnet werden. Konstruktiv und technologisch sind die Zwischenverbindungen durchkontaktierter Leiterplatten so zu dimensionieren, daß der erheblichen Laminatausdehnung widerstanden wird und keine Bruchbildungen auftreten.

Haftfestigkeit des Folienkupfers. Das Haftvermögen der Kupferfolie auf der Laminatoberfläche wird über die Abreißkraft von Prüfstreifen geätzter Folien gemessen. Alle Normungen sehen hierfür bestimmte Geometrien und Verfahren vor, siehe Bild 2.2 und DIN 40 802 Teil 1. Die Haftfestigkeit wird unter genormten Randbedingungen untersucht. Von besonderem Interesse sind Spezifikationen der Hersteller, die von Normungen nicht berührt werden, die aber die unterscheidbaren Merkmale der Basismaterialien ausmachen. In Tafel 2.6 sind typische Kennwerte der Haftfestigkeit unter Grenzbedingungen angegeben [2.19].

Bohr- und Stanzbarkeit. Zur Bohrbarkeit wurde in Abschnitt 2.2 berichtet. Das Stanzen sowohl von Konturen, wie auch von Löchern, ist mit der Gefahr der Delaminierung verbunden, insbesondere bei Glasgewebelaminaten. Daher ist es für einwandfreie Stanzungen notwendig, daß die Glasendbehandlung und die Harzelastizität optimal aufeinander eingestellt sind. Harzversprödungen sind nur bei Phenolpapier durch Erwärmung auszugleichen. Bei Epoxiglas ist dies wirkungslos. Zu qualitativen Aussagen über die Stanzbarkeit werden Prüfschnitte, beispielsweise nach DIN 53488, herangezogen.

Beurteilungskriterien sind:
1. Rißbildung,
2. Rückfederverhalten,
3. Delamination,
4. Folienverbund.

Lötbadbeständigkeit. Diese Werkstoffeigenschaft wird bei kupferkaschierten Basismaterialien in einem simulierten Siliconöltest durchgeführt. Hierbei wird ein Probekörper mit einer definierten Strukturanordnung in ein Siliconölbad von 260 °C eingebracht und nach der Herausnahme auf Blasenbildung unter der Folie und auf Aufblättern des Basismaterials hin untersucht. Die Verweilzeit im Ölbad beträgt für Phenolpapier und Epoxipapier 10 Sekunden, für Epoxiglas 20 Sekunden. Die Lötbadbeständigkeit ist positiv zu bewerten, wenn nach diesen Zeiten keine Blasenbildung und keine Aufblätterung feststellbar ist. Typische Materialwerte liegen bei Phenollaminaten bei 20 ... 30 Sekunden und bei Epoxilaminaten bei > 180 Sekunden.

Measling. Eine Reihe von Verarbeitungsschritten wie Löten, Biegebeanspruchung, Chemikalieneinwirkungen führen bei Epoxiglas zu Fleckenbildungen (measlings) in Form von hellen Punkten oder Kreuzen unter der Oberfläche des Basismaterials. Wie auch induziert, sie sind ein Zeichen mangelhafter Harz-Gewebehaftung. Sie lassen sich durch einen Kochtest nach IPC-Spezifiktationen überprüfen.
In diesem Zusammenhang sei auf weitere laminatbezogene Werkstoffmerkmale wie Blistering, Crazing, Delamination, Haloing und deren Erkennung durch Inspektionsbeispiele nach IPC-A-600 C, Guidelines for Acceptability of Printed Boards, hingewiesen.

Grenztemperatur. Typische Temperaturgrenzwerte teilweise nach UL-Bedingungen zeigt Tafel 2.7.

2.4 Normungen, Prüfungen

Die wesentlichen deutschen Normungen sind unter DIN 7735 und DIN 40 802, Teil 1 und Teil 2, erfaßt. Bedeutsam sind ferner die Normungen, Spezifikationen und Standards nach NEMA, MIL, UL, IEC und die in den Arbeitsgruppen von IPC und EIPC erarbeiteten Empfehlungen, die natürlich vor dem Hintergrund der Normenwerte entstanden. Ausgewählte Dokumentationen von US-Spezifikationen sind in Anhang A2 aufgeführt. Es kann nicht Aufgabe dieses Buches sein, hierüber detailliert zu berichten. Den konstruktiv Tätigen wird jedoch empfohlen, das Normenwerk verfügbar zu haben.
Es sei auch noch einmal daran erinnert, daß die Normen nur Anforderungsrichtwerte beinhalten, so daß es häufig zur anwendungsspezifischen Beurteilung des Basismaterials notwendig ist, die Herstellerspezifikationen zu kennen.
In einer Synopse werden, sofern möglich, unterschiedliche Normungen miteinander verglichen, Tafel 2.8. Die Über-

Tafel 2.6: Haftvermögen des Folienkupfers gebräuchlicher Basismaterialien

Basismaterialien (NEMA-LI 1)	Haftvermögen des Folienkupfers 35 µm typische Werte					
	Anlieferungszustand N/mm	10 s Ölbad 260 °C N/mm	20 s Ölbad 260 °C N/mm	bei 100 °C N/mm	bei 125 °C N/mm	bei 260 °C N/mm
FR 2	1,9	1,8		1,45		
FR 3	1,95	1,8		1,00		
FR 4	1,75		1,75		1,2	0,13

Tafel 2.7: Positive Grenztemperaturen von angewandten Basismaterialien

Basismaterialien (NEMA-LI 1)	positive Grenztemperatur
FR 2	105 °C
FR 3	110 °C
FR 4	130 °C
FR 5	150 °C
PTFE glasfaserverstärkt	260 °C
Polyimidfolie	260 °C
Polyesterfolie	120 °C

sicht legt offen, daß Prüfverfahren und Kennwertdefinitionen von Norm zu Norm differieren oder gar fehlen. Dies zeigt die Beurteilungsschwierigkeiten für Werkstoffanwender auf, macht aber auch die Notwendigkeit einer übergreifenden internationalen Normung deutlich.
Bei Einsicht der deutschen Normen wird deutlich, daß DIN 40 802 für metallkaschiertes Basismaterial, in der Spezifizierung kupferkaschiertes Material, zutreffend ist. Damit ist die Normenanwendung auf den subtraktiven Strukturierungsbereich beschränkt. Es fehlt eine deutsche Normung für den additiven Bereich. Hier sei der Anwender vorerst auf die IPC-Empfehlung, Printed Wiring Design Guide, 12/1977, Section 4 und IPC-TR-575, Additive Process Evaluation, verwiesen.

2.5 Grundfragen der Werkstoffbearbeitung

Die mechanischen Bearbeitungsverfahren, die heute in der Anwendung sind, beziehen sich auf:

1. Schneiden und Sägen,
2. Stanzen,
3. Bohren,
4. Fräsen.

Die werkstoffgerechte Auswahl des Verfahrens wird nach ökonomischen und qualitativen Gesichtspunkten getroffen.

Schneiden und Sägen. Basismaterialien der verschiedensten Zusammensetzung und der Standarddicke 1,6 mm lassen sich auf Schlagscheren einwandfrei verarbeiten. Wirtschaftlich sind auch Schneidvorgänge mit Rollenscheren. Die Schnittgenauigkeit liegt bei Normalscheren bei ± 0,2 mm als typischem Wert. Neuere Scheren mit Servokontrolle weisen Schnittgenauigkeiten von ± 0,050 mm auf. Größere Tafelzuschnitte werden vornehmlich durch Sägen hergestellt. Papierlaminate werden mittels Sägeblättern aus Schnellschnittstahl und Hartmetallbestückung, Glasgewebelaminate aus Gründen der hohen Werkzeugabnutzung mittels Trennscheiben bearbeitet.

Stanzen. Man unterscheidet zwischen Lochen, dem eigentlichen Lochstanzen, dem Stanzen von Schlitzen und Aussparungen und dem Konturenstanzen, dem Stanzen der Plattenkontur.
Stanzen ist das klassische Fertigungsverfahren der Massenproduktion von Papierlaminaten, die bei Raumtemperatur einwandfrei bearbeitbar sind. Dem Stanzen bei Raumtemperatur wird aus Gründen der Maßstabilität und der Wirtschaftlichkeit der Vorzug vor Verfahren mit leicht angewärmten Stanzgut (60 °C) gegeben.
Als Stanzmaschinen sind Exzenterpressen und hydraulische Pressen im Einsatz; als Werkzeuge Folgeschnitte und Komplettschnitte. Die Werkzeugwahl ist entscheidend von der Komplexität der zu strukturierenden Schaltung, der Konturenvielfalt der Leiterplatte und der Stückzahl abhängig.
Ein besonderes Problem des Stanzens von Löchern ist die Materialrückfederung. Unter Rückfederung versteht man den Materialrückfluß nach Rücknahme der Stanznadel. Diese Erscheinung der Lochverengung ist vom Material, seiner Dicke und dem Nadeldurchmesser abhängig. Erfahrungswerte liegen für 1,6 mm starke Basismaterialien mit einem Nadeldurchmesser von 1 mm bei:

Phenolpapier	Epoxipapier
+ 0,1 mm	± 0,05 mm
− 0,05 mm	

Engtolerierte Lochdurchmesser müssen mit zwei Stempeldurchmessern erarbeitet werden.

Tafel 2.8: Synopse internationaler Normungen für das Basismaterial G10/FR 4, NEMA-LI 1

Kenngrößen des Basismaterials G10/FR 4 Dicke 1,6 mm Kaschierung 35 μm Cu	Einheit	Grenzbedingung	Richtwerte nach DIN 40 802	 NEMA-LI 1	 MIL-P13949E
Oberflächenwiderstand R_O Vorbehandlung C96/40/93	Ω	min.	$5 \cdot 10^{10}$	10^{10}	10^{10}
spezifischer Durchgangswiderstand ρ_D Vorbehandlung C96/40/93	Ωcm	min.	10^{12}	10^{12}	10^{12}
Dielektrizitätszahl ϵ_r bei 1 MHz Vorbehandlung C96/40/93 Vorbehandlung D24/23		max.	5,5	5,4	5,4
Verlustfaktor tan δ bei 1 MHz Vorbehandlung C96/40/93 Vorbehandlung D24/23		max.	0,035	0,035	0,030
Elektrolytische Kantenkorrosion DIN 53 489		max.	AN 1,4		
Haftvermögen der Kupferfolie nach: 20 s Ölbad 260 °C 20 s Lötbad 260 °C 2 min Tridampf, 125 °C 260 °C	N/mm	min.	1,4 1,4	 1,42 0,89	 1,42 0,89
Blasenbildung nach Hitzeschock bei 260 °C Dauer ohne Blasenbildung	s	min.	20	20	20
Biegefestigkeit längs quer	N/mm²	min.	300 300	420 350	350 280
Wasseraufnahme E-24/50 + D-24/23 E-1/150 + D-24/23	mg %	max.	20	 0,25	 0,25
Brennbarkeit Nachbrenndauer (hor.) Nema (vert.) UL (vert.)	s Klasse		10	 0	15

Ein besonderer Stanzvorgang ist die Herstellung des Referenzlochsystems oder Fanglochsystems, auf das sich die gesamte Fertigungsfolge bezieht. Hierzu wendet man automatisch zentrierende Referenzloch-Stanzpressen an. Diese Pressen arbeiten mit Positionierabweichungen der Referenzlöcher von: ± 0,025 mm bei lichtdurchlässigem Material und ± 0,050 mm bei lichtundurchlässigem Material.

Bohren. Die steigende Anwendung von Epoxiglasgeweben und einer Feinleitertechnik mit sehr kleinen Lochdurchmessern wird zukünftig immer mehr zum Einsatz numerischgesteuerter Bohrmaschinen führen. Die Gründe liegen in der hohen Lochqualität und der Lochpositionsgenauigkeit, ferner in einer nicht zu unterschätzenden Fertigungsflexibilität gegenüber Stanzen.

Das Bohren von Hand über optische Kontrolleinrichtungen oder mittels Schablonen wird der Laborfertigung und Kleinserienfertigung vorbehalten bleiben, während die Serienfertigung den NC-Mehrspindelbohrmaschinen gehört; häufig kombiniert mit Fräseinrichtungen. Bild 2.13 zeigt eine Mehrspindelbohrmaschine. Die Leiterplattenzuschnitte werden zu Paketen verstiftet und je Spindel ein Zuschnittpaket positioniert. Maschinentisch oder Bohrspindel werden mit

hoher Positionsgeschwindigkeit in den Raumachsen verfahren. Vorherrschend ist die x-y-Positionierung des Maschinentisches (also des Zuschnittpaketes) und die z-Positionierung der Bohrspindel.
Um den hohen Anforderungen komplexer Leiterstrukturen zu genügen, werden folgende Positioniertoleranzen der Bohrmaschine gefordert,

X/Y-Orthogonalität:	0,005 mm auf 300 mm Länge
Z-Orthogonalität zur Ebene-X/Y:	0,005 mm auf 25 mm Höhe
Positioniergenauigkeit X/Y:	± 0,005 mm
Repetiergenauigkeit:	± 0,003 mm

Als Bohrwerkzeug werden Vollhartmetallbohrer eingesetzt. Über Schneidengeometrie, Schnittgeschwindigkeit, Durchmesser/Bohrtiefenverhältnis, Bohrerdrehzahl sind eine Reihe empirischer Untersuchungen durchgeführt worden [2.20], [2.21], [2.22].
Wie im Falle gestanzter Löcher ist auch bei gebohrten ein Fangstiftsystem erforderlich.

Fräsen. Zur Fertigung der Plattenkontur werden neuerdings Fräsmaschinen eingesetzt, die im Prinzip den Bohrmaschinen aufbaumäßig ähneln, weshalb sie häufig als kombinierte Systeme auftreten. Die steigende Anwendung von Fräsmaschinen ist besonders bei Epoxiglasgeweben zu beobachten. Die erreichbare Konturengenauigkeit liegt bei ± 0,060 mm ... ± 0,10 mm.

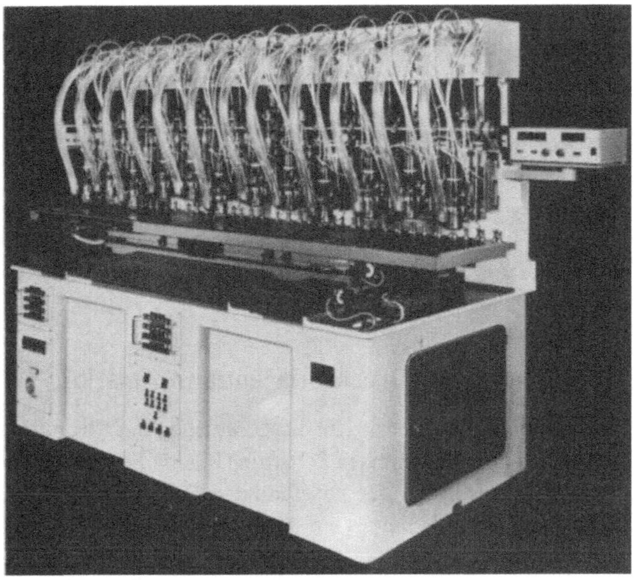

Bild 2.13 Numerisch gesteuerte Mehrspindelbohr- und Fräsmaschine.

3 Verfahrenstechnologische Grundlagen

Das Prozeßgeschehen zur Herstellung integrierter Strukturen setzt sich aus einer Vielzahl von Verfahrensschritten zusammen, die sehr unterschiedliche Wissenschaftsdiziplinen berühren. Der Kern der Verfahren läßt sich mit dem heute gebräuchlichen Begriff Technologie, als jenem interdisziplinären Verfahrensbereich der Ingenieur- und Naturwissenschaften, beschreiben. Das Wissen um die Verfahrensschritte ist, wenn auch nur exemplarisch, unabdingbare Voraussetzung für das Verständnis der Konstruktionszusammenhänge.

3.1 Schaltungs-, Druckvorlagentransformation

Eingangsverfahrensschritt ist die Umsetzung des Stromlaufplanes einer elektronischen Schaltung in eine Zeichnung der Leiterstruktur oder der vollständigen Schaltungsstruktur. Zeichnung soll hierbei als ein übergeordneter Begriff aufgefaßt werden.

Während der Stromlaufplan das Ergebnis des Entwicklungsprozesses der Schaltung darstellt, ist die Druckvorlage das Ergebnis des konstruktiven Entwicklungsprozesses. Beide Prozesse sind gekennzeichnet durch die Notwendigkeit eines hohen Maßes als kreativem Verhalten. Dies trifft im konstruktiven Prozeß insbesondere für alle Entwurfsarbeiten ohne Interaktion mit einem Rechner zu. In Bild 3.1 ist die Umsetzung in einem Flußdiagramm dargestellt.

Es wird zwischen den Entwicklungsbereichen Schaltung und Konstruktion unterschieden. Die Unterscheidung entspricht weitgehend den Realmodellen der Industrie. Im Entwicklungsbereich Schaltung entsteht nach Abschluß der Entwurfsarbeiten der Schaltung ein Stromlaufplan nach DIN 40 719. Die Informationen dieses Planes und die allgemeinen Gestaltungsparameter stellen die Eingangsdaten zur Transformation in einen Entwurf der Druckvorlage der Leiterstruktur oder der Schaltungsstruktur dar. International gebräuchlich ist für Entwurf auch Layout. Aus dem Layout wird die eigentliche Druckvorlage entwickelt. Gleichzeitig ist das Layout Ausgangsschritt für eine Reihe von Fertigungszeichnungen. Der Entwurf der Druckvorlage wie auch die Druckvorlage selbst stehen unter den Randbedingungen der Gestaltungsparameter der Vorlage. Schließlich wird aus der Druckvorlage das Druckoriginal und das Druckwerkzeug im Maßstab 1 : 1 gewonnen.

3.1.1 Druckvorlagenentwurf/Layout

Die Transformation zur Druckvorlage führt in weiten Anwendungsbereichen über den Druckvorlagenentwurf, das Layout. Der letztere Ausdruck ist der Drucktechnik und der Druckgrafik entlehnt.

Ein Layout ist die skizzenhafte oder grobe Darstellung des Leiterbildes oder des Schaltungsbildes mit allen wesentlichen Merkmalen der Druckvorlage.

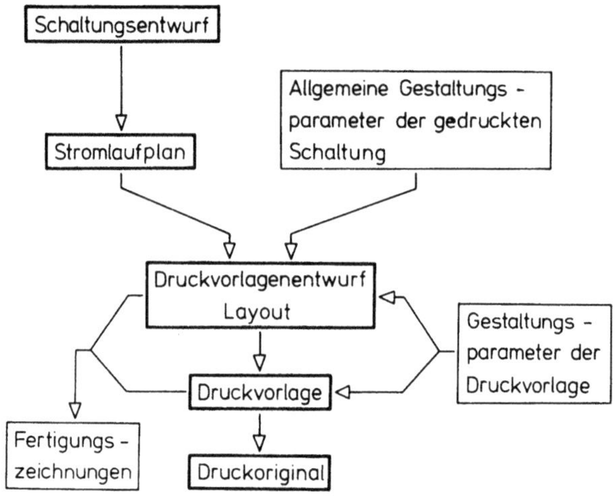

Bild 3.1 Prinzipschema der Verfahrensfolge der Schaltungs/Druckvorlagen-Transformation.

Die Darstellungsmerkmale des Layouts sind:

Darstellungsmaßstab. Aus Gründen einer hinreichenden Form- und Positionsgenauigkeit des Leiterbildes werden die Druckvorlagen in einem Vergrößerungsmaßstab, meist 2 : 1; (4 : 1); (8 : 1); 10 : 1; (20 : 1); dargestellt. Es ist empfehlenswert, den Maßstab des Layout dem anzupassen.

Rasterentwurf. Nach DIN 40 801 sollen die Anschlußflächen der Bestückungselemente auf Rasterkreuzungspunkte zentriert werden. Dem gesamten Leiterbild wird daher ein orthogonales Liniennetz, das Raster, zugrunde gelegt, das, entsprechend dem jeweiligen Linienabstand, maßstabbezogene Linienkreuzungen erzeugt.

Bild 3.2a und Bild 3.2b zeigen Raster mit einem Linienabstand orthogonal von 2,54 mm (0,100 Zoll), sog. Zollraster. Metrische Raster sind ebenfalls üblich.

In Bild 3.2a ist jede 4. Linie hervorgehoben; in Bild 3.2b jede 10. Linie. Auf diese Weise lassen sich sehr einfach maßstäbliche Eintragungen in das Raster vornehmen. Dies verdeutlichen auch die eingezeichneten Anschlußflächen (Lötaugen).

So ist Bild 3.2a für den Vergrößerungsmaßstab 4 : 1 und Bild 3.2b für den Vergrößerungsmaßstab 10 : 1 kennzeichnend.

Originalabmessungen. Alle Bestückungselemente werden im Layout mit den Originalabmessungen oder den maßstabmäßig verzerrten Originalabmessungen der Anschlußelektroden einbezogen.

Leitungsführungsprinzip. Überall dort, wo automatisierte Herstellungsverfahren der Druckvorlagen angewandt werden, ist eine Leitungsführung orthogonal, entsprechend der Linienorientierung des Rasters, zu empfehlen. Bild 3.3 verdeutlicht das Führungsprinzip.

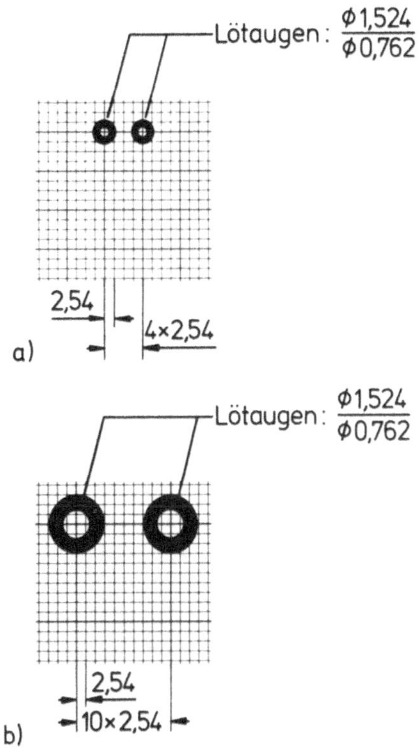

Bild 3.2 a) + b) Darstellung von Anschlußflächen im Raster bei unterschiedlichem Abbildungsmaßstab; a) Maßstab 4:1; b) Maßstab 10:1.

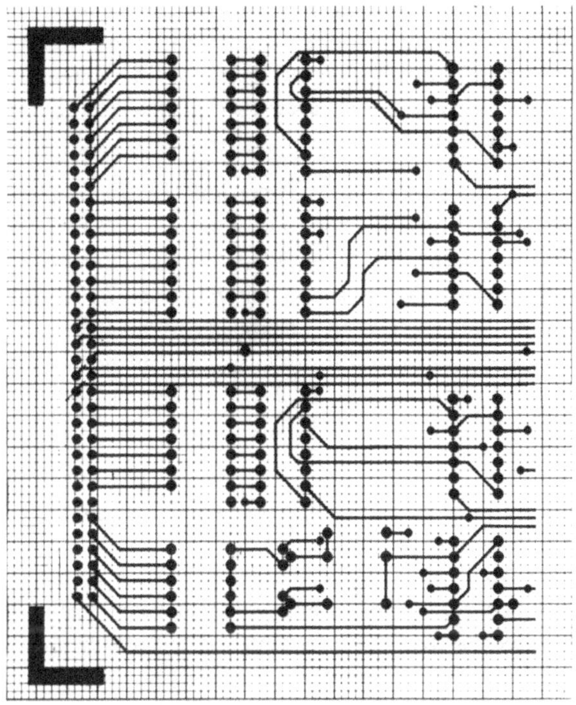

orthogonal mit 45° Schrägtrassierung

Bild 3.3 Leitungsführungsprinzip, dargestellt am Beispiel dreier Anwendungsformen; rein orthogonal; orthogonal mit 45°-Schrägtrassierung; frei komponiert.

Leitungsführungsprinzip

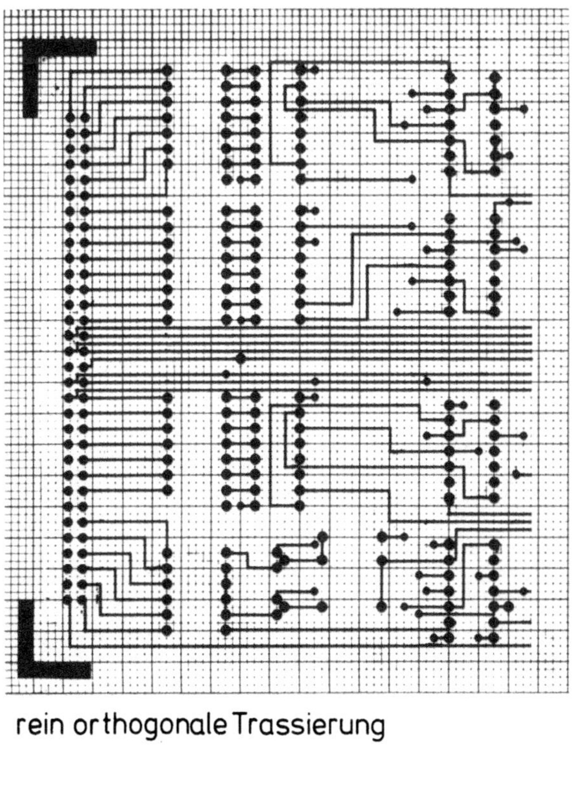

rein orthogonale Trassierung

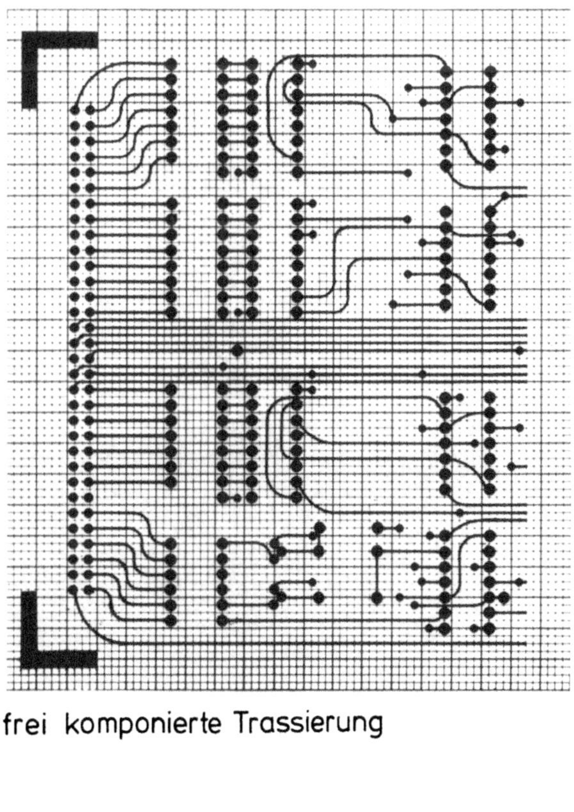

frei komponierte Trassierung

Ordnungsprinzip. Die Bestückungselemente werden im Layout nach bestimmten Prinzipien geordnet. Diese können vorgegeben sein durch eine automatische Bestückung der Elemente oder durch eine spezifische Platzbelegung integrierter Bausteine.

Funktionalität. Die Leiter- und Schaltungsstrukturen sind im Layout so konzipiert, daß beispielsweise die Abstände nach den Kriterien der Koppeldämpfung, die Längen der Leiter nach dem Gesichtspunkt der zulässigen Leitungsinduktivität, die Leiterbreiten im Hinblick auf die thermische Belastbarkeit ausgelegt sind. Da ein Layout immerhin eine grobe zeichnerische Darstellung ist, werden die exakten Strukturdaten in besonderen Datenlisten dem Druckvorlagenentwurf beigegeben.

Dokumentation. Da ein Layout nicht nur Ausgangspapier für die Druckvorlage ist, sondern auch für eine Reihe weiterer Fertigungsunterlagen, so ist die Ausführung auf dimensionsstabilem Zeichenfilm mit vorgegebenem Rasteraufdruck zweckmäßig. Dies stellt einmal eine sinnvolle Archivierung sicher und erlaubt wegen der Maßhaltigkeit des Zeichenmaterials eine exaktere Anwendung automatisierter Zeichenverfahren.
Dem Layout muß nach den Darlegungen eine zentrale Bedeutung im Prozeßgeschehen eingeräumt werden. Seine Erstellung ist eine bedeutsame Ingenieuraufgabe, deren Kreativkomponente nicht eindringlich genug herausgestellt werden kann. Daß einem endgültigen Layout mögliche weitere Layouts vorausgingen, ist eine Frage der Komplexität des Stromlaufplanes, der Veranlagung zu synthetischem Denken und der Erfahrung.
Bild 3.4 zeigt das Layout einer Mischerschaltung mit aktivem Ringmischer und konzentrierten Spulen in einem frühen Entwurfsstadium (2. Vorentwurf).
Obwohl noch sehr grob und einem Raster nicht angepaßt, sind bereits wesentliche Merkmale auffindbar:

Darstellungsmaßstab. Maßstab 2:1.

Ordnungsprinzip. Ordnung von Mischer-IC und den Spulen L_3, L_4, L_5.

Funktionalität. Auslegung der Leiterstruktur in einer Schirmungsmasse wegen des Hochfrequenzcharakters der Schaltung.
Bild 3.5 zeigt das endgültige Layout der Mischerschaltung. Aus der Grobdarstellung ist eine Entwurfsform entstanden, die sich im wesentlichen nur in der Farbgebung und der Form- und Positionsgenauigkeit von der Druckvorlage unterscheidet. Die Darstellungsmerkmale sind ausgeprägter vorhanden.
Das Layout einer digitalelektronischen Schaltung zeigt Bild 3.6, die zugehörige Datenliste mit den Strukturdaten ist im Bild 3.7 aufgeführt. Es handelt sich um eine Schaltung mit zwei strukturierten Ebenen (B-Ebene: Bestückungsebene; L-Ebene: Lötebene), eine sog. zweiseitige gedruckte Schaltung. Auch hier sind wieder die Entwurfskriterien eines Layout bestimmbar:

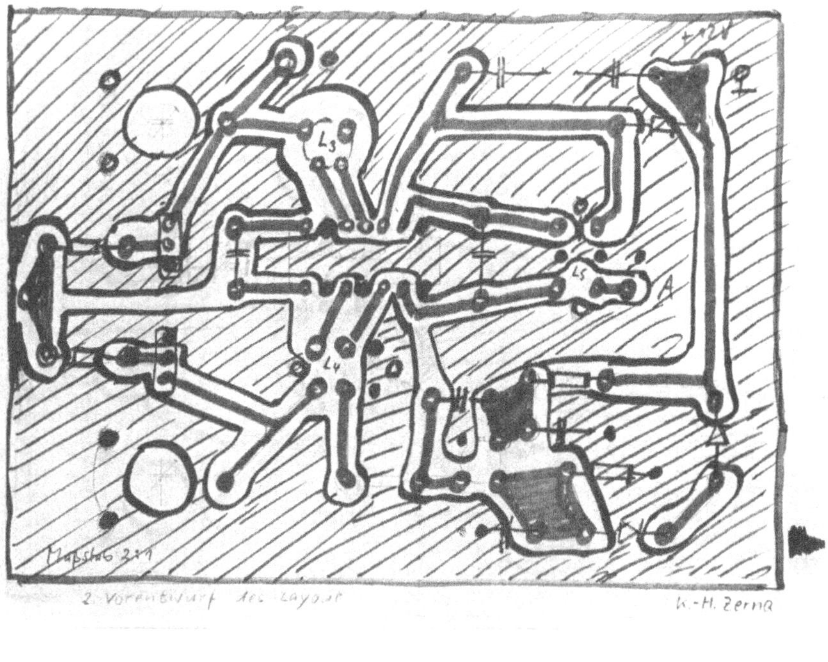

Bild 3.4
Layout einer Mischerschaltung in einem frühen Entwurfsstadium (2. Vorentwurf).

Darstellungsmaßstab. Maßstab 2 : 1.

Rasterentwurf. Alle Anschlußflächen (IC, Bauelemente, Stecker) liegen in einem Rasterkreuzungspunkt.

Originalabmessungen. Alle Bestückungselemente sind mit ihren Originalabmessungen der Anschlußflächen (Positionen) maßverzerrt eingetragen. Die Leiterbreiten und Lötaugenbreiten müssen einer Strukturliste entnommen werden.

Die Abmessungen der Leiterplatte sind durch Ecken-Konturen mit Maßangaben (E1) festgehalten.

Leitungsführungsprinzip. Die Leitungsführung erfolgt im Raster. Richtungswechsel erfolgen unter 45°.

Funktionalität. Die exakten Strukturdaten werden in der Strukturdatenliste aufgeführt. Diese Liste vermerkt auch die Darstellungsfarben, da zweiseitige Schaltungen zweckmäßig in einem Layout erfaßt werden.

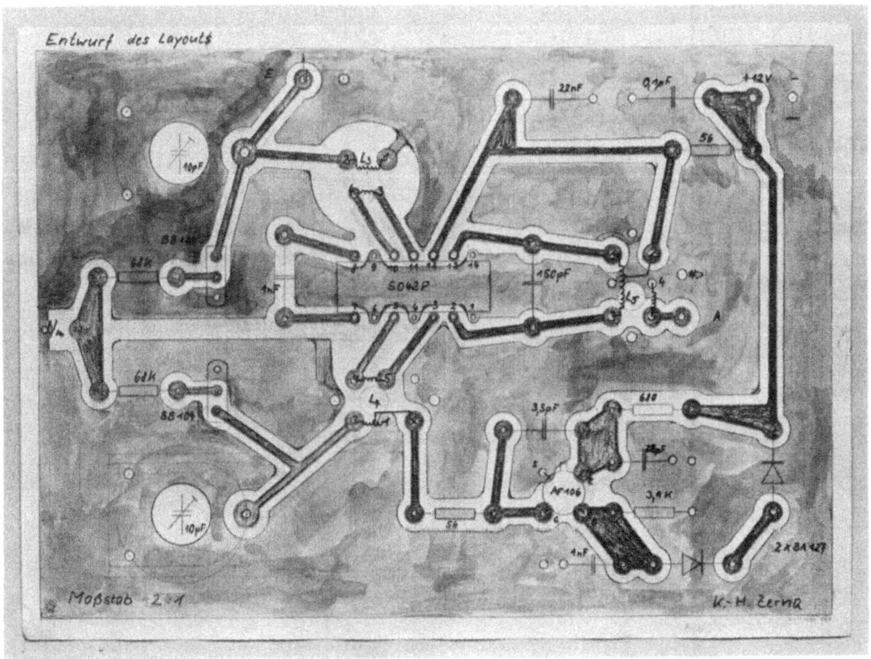

Bild 3.5
Endgültiges Layout der Mischerschaltung

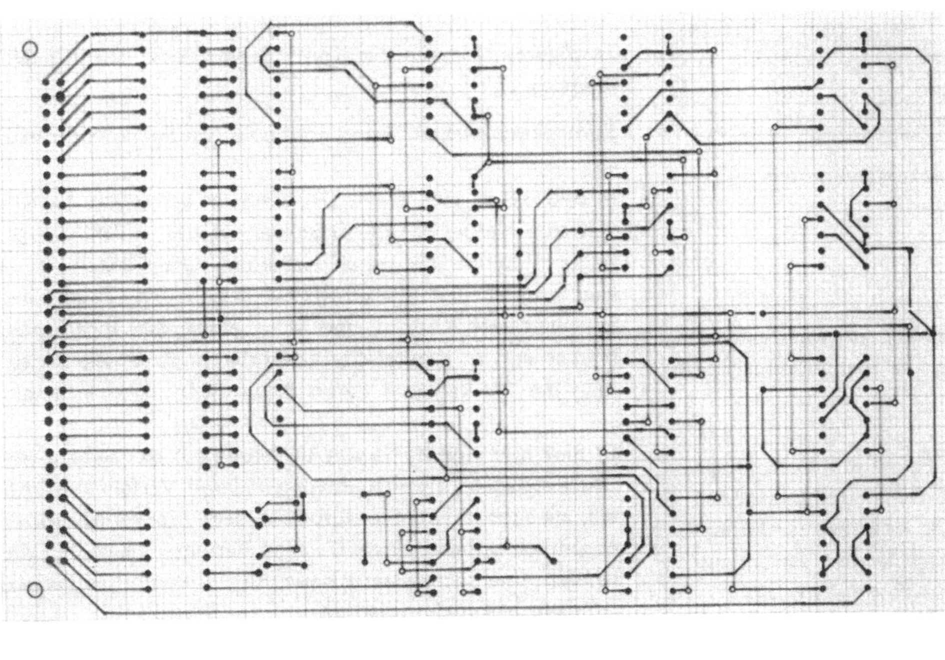

Bild 3.6
Layout einer digitalelektronischen Schaltung; Mehrfarbendarstellung beider Strukturseiten auf einer Entwurfsfolie; Symbolvariation unterschiedlicher Bohrungen und Anschlußflächen.

Strukturdaten

Fachhochschule Dortmund
Fachbereich Nachrichtentechnik
Schwerpunkt: Prozeßelektronik
Layout - Bezeichnung: Digitaluhr Nr: 01-78
Bearbeiter: Dröscher Datum: 12.4.78
Prüfer: Datum:

Entwurfsmaßstab: 2:1
Rastereinteilung im Maßstab 1:1 2,50 mm ☐ 2,54 mm ☒
Anzahl der strukturierten Ebenen je Platte 1☐ 2☒

Durchkontaktierung: ja ☒ nein ☐
Plattenabmessungen: 160 mm × 100 mm

Ansicht auf Ebene: [B]
(Bestückungsebene B, Lötebene L)

Leiterbahnen:

Farbe	Breite	Toleranz	Fertigungskl.	auf Ebene
Rot	0,3 mm	±0,05 mm	3-MIL	L
Gelb	mm	mm		
Braun	mm	mm		
Grün	mm	mm		
Blau	0,3 mm	±0,05 mm	3-MIL	B
Schwarz	mm	mm		

Anschlußflächen:

Lötaugen:

Symbol	Bohrungs-Φ	Augen-Φ	Toleranz	Fertigungskl.
●	1,0 mm	1,6 mm	mm	3-IPC
○	0,6 mm	0,9 mm	mm	3-IPC
	mm	mm	mm	
	mm	mm	mm	

Steckerflächen: (direkte Stecker)

Farbe	Abmessungen		Mittenabstand	Polzahl
Rot	mm ×	mm	mm	
Blau	mm ×	mm	mm	
Schwarz	mm ×	mm	mm	

Bild 3.7 Liste der Strukturdaten; Ergänzungsinformation zum Layout nach Bild 3.6.

3.1.2 Druckvorlage

Ist das Layout nach den Regeln der Entwurfssystematik, die noch näher zu besprechen sind, erstellt, wird hieraus die Druckvorlage entwickelt.

> Eine Druckvorlage ist das in Form- und Positionsgenauigkeit der Leiter, Anschlußflächen und gedruckten Bauelemente präzisierte Abbild des Layout. Darüber hinaus enthält die Druckvorlage für den Fertigungsprozeß notwendige Marken und Testfiguren.

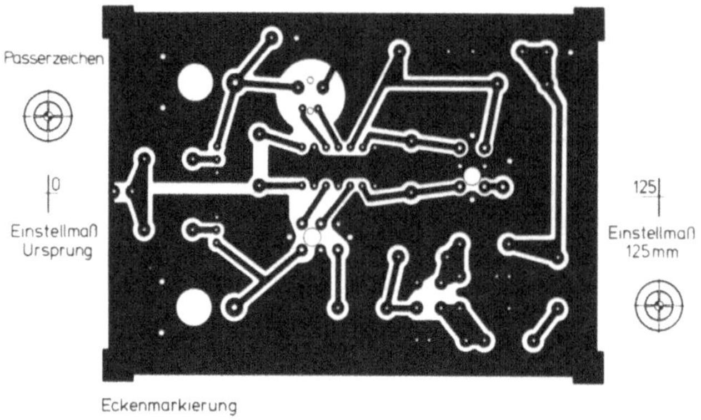

Bild 3.8 Druckvorlage der Mischerschaltung; Schwarz/Weiß-Zeichnung des Layouts nach Bild 3.5.

Neben dieser auf Leiter- und Schaltungsbild bezogenen Definition, sind unter Druckvorlagen auch jene Strukturvorlagen zu verstehen, die sich auf das Abdeckungsbild und das Beschriftungsbild beziehen. Jedes der genannten Strukturbilder erhält eine eigene Druckvorlage.
Als Fertigungsmarken und Testfiguren sollte die Druckvorlage enthalten:

Einstellmaß. Ein Maß für die Reproduktion. Meßstrecken Anfangs-, Endwerte im Maßstab 1 : 1 über große Distanz.

Umrißmarkierung. Linien- oder Kantenmarkierung für den Plattenzuschnitt.

Fotopasser. Zeichen zur Überprüfung von Reproduktion und Belichtung.

Positionierungspasser. Kontrollmarken zur Positionierung von verschiedenen Druckvorlagen zu einer gemeinsamen Muttervorlage. Kontrollmarken zur Positionierung von Druckwerkzeugen und Basismaterial.

Testfiguren. Figuren zur Kontrolle von Ätzung und Metallisierung.

Firmenkennzeichen. Firmensymbole, Fertigungsnummern, etc.
In Bild 3.8 ist eine solche Druckvorlage dargestellt. Es handelt sich hierbei um die Druckvorlage des in Bild 3.5 gezeigten Layouts der Mischerschaltung. Die Darstellung ist eine manuell erstellte Schwarzweißzeichnung (Tusche auf hochwertigem Karton) und weist einige der angeführten Marken auf. In Kapitel 4 wird auf die fundamentale Bedeutung der Marken und deren Anwendung näher eingegangen.
Es gibt nun eine Reihe von Verfahren zur Herstellung von Druckvorlagen, die sich sowohl in ihren Verfahrensschritten, als auch in ihrem Endprodukt, der Druckvorlage selbst, wesentlich unterscheiden. Da allen Verfahren, auch den einfachen, eine angemessene Bedeutung zukommt, sollen sie nunmehr besprochen werden.

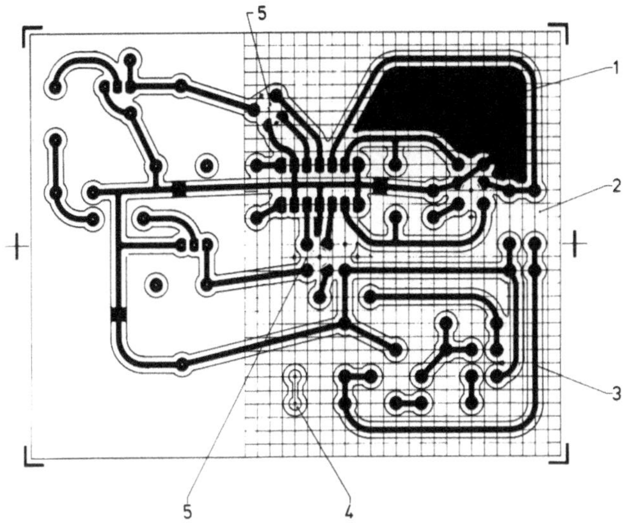

Bild 3.9 Ausschnitt der manuellen zeichnerischen Gestaltung einer Druckvorlage in einem frühen Entwicklungsstadium.

3.1.3 Manuelles Zeichenverfahren

3.1.3.1 Schwarzweißverfahren

Beim manuellen Zeichenverfahren handelt es sich um ein Verfahren, das den bekannten Zeichenverfahren der Konstruktionstechnik entspricht. Als Zeichengeräte werden Stand- und Tischzeichenmaschinen, neuerdings auch Zeichenplatten verwendet. Damit sind auch die Zeichentechniken festgelegt.

So wird beispielsweise die genaue Positionierung eines Lötauges durch Zirkelbenutzung, die Umrißgestaltung eines Leiters mit Hilfe von Auszugslinealen und die Positionierung einer Lochgruppe durch Winkelvermaßung im Raster durchgeführt.

Als Zeichenunterlagen werden weiße Zeichenpapiere oder Kartons und Polyesterzeichenfolien benutzt. Aufgedruckte Blau- oder Braunraster sind für die Zeichenarbeit sehr hilfreich. Ihre Farbgebung ist so gewählt, daß sie beim Reproduktionsvorgang ausfallen.

Zeichenunterlagen auf Papier- oder Kartonbasis sollten den Charakter von Federzeichnungspapier haben und ihre Leimungsintensität sollte der Strukturfarbe Schwarz angepaßt sein. Zeichenfolien auf Polyesterbasis zeichnen sich im Gegensatz zu Zeichenpapier durch eine hohe Dimensionsstabilität gegenüber Temperatur- und Feuchteinflüssen aus. Um die Dimensionsstabilität von Zeichenpapier zu erhöhen, sind laminierte Kartons entwickelt worden, deren Kern aus Metall oder Kunststoff besteht.

Als „Strukturfarbe" ist Tusche gebräuchlich, die in jedem Fall mattschwarz und volldeckend sein muß. Dabei ist es wichtig, daß der Schwarz/Weiß-Übergang möglichst abrupt, im Idealfall sprunghaft, ausgebildet ist. Die Einflußgrößen, die das Übergangsverhalten steuern, sind:

- Grad der Transparenz der Folie,
- Rauhigkeit der Folie,
- Dichte der Strukturfarbe.

Die Dichtesteuerung des Farbauftrags ist abhängig von der Präzision der Zeichenwerkzeuge, das Verlaufen des Farbauftrags von der Faserstruktur und der Leimungsqualität. Welche Bedeutung dem Schwarzweißübergang zukommt, mag die Forderung der Schärfe der Fotowerkzeuge verdeutlichen. Entsprechend einer Empfehlung des EIPC [3.1] soll der Übergangsbereich für normale Leiterstrukturen 10 μm, für hochwertige Leiterstrukturen 4 μm und für extrem hochwertige Leiterstrukturen 0,5 μm betragen.

In Bild 3.9 ist ein Ausschnitt der manuellen zeichnerischen Gestaltung in einem sehr frühen Entwicklungsstadium wiedergegeben. Die Schaltung, die der Druckvorlage zugrunde liegt, ist eine Hochfrequenzschaltung mit einem hohen Anteil an Schirmungsflächen. Die auf dem Bildrand verzeichneten Bezugszahlen sollen auf folgende Darstellungsgegebenheiten hinweisen:

1. Schirmungsfläche, bereits in schwarzer Farbe angelegt und über eine Anschlußfläche an den zentralen Masseleiter geführt.
2. Weitere Schirmungsflächen, noch nicht schwarz eingefärbt, sondern erst in ihren Konturen angelegt. Stegverbindungen führen zum zentralen Masseleiter.
3. Leiter in Schirmungsfläche eingebettet und schwarz angelegt.
4. Leiter in Schirmungsfläche eingebettet, noch nicht geschwärzt und nur in Konturen angelegt. Führung des Leiters und Positionierungen der Lötaugen erfolgen rasterkonform.
5. Konstruktions-Hilfsverfahren zur Festlegung der Bohrungsgruppen von Spulenkörpern, deren einzelne Bohrungen nicht in einem Rasterkreuzungspunkt liegen.

Die Darstellungen des Bildes 3.9 weisen sehr deutlich auf die Problematik der Anlage manuell gezeichneter Druckvorlagen hin. Jede Einzelheit muß nach den angemessenen Regeln technischen Zeichnens konstruiert werden. Jeder Leiter, jede Anschlußfläche, jede Schirmungsfläche muß farbig angelegt werden. Da in einem vergrößernden Maßstab gezeichnet wird, sind beispielsweise die Leiter meist so breit, daß sie nicht immer in einem Vorgang ausgezogen werden können. Besonders problematisch sind Einschwärzungen von Großflächen.

Eine bewährte Methode der Ausführung besteht darin, die Konturen der Leiter und Flächen mit Tusche-Zeichengeräten in möglichst feiner Linienbreite zu konstruieren und anschließend die Zwischenbereiche volldeckend auszufüllen. Hierbei ist erfahrungsgemäß die Linienbreite nicht überhöht anzusetzen. Tuschelavierungen sollten in jedem Fall unterbleiben, Tafel 3.1.

Tafel 3.1: Tuscheausführungen von Strukturdetails

Linienbreite bei Tuscheausführungen von Leitern, Anschlußflächen, Schirmungsflächen	
Konturen	Zwischenbereiche
0,15 mm bis 0,3 mm	0,3 mm bis 0,6 mm

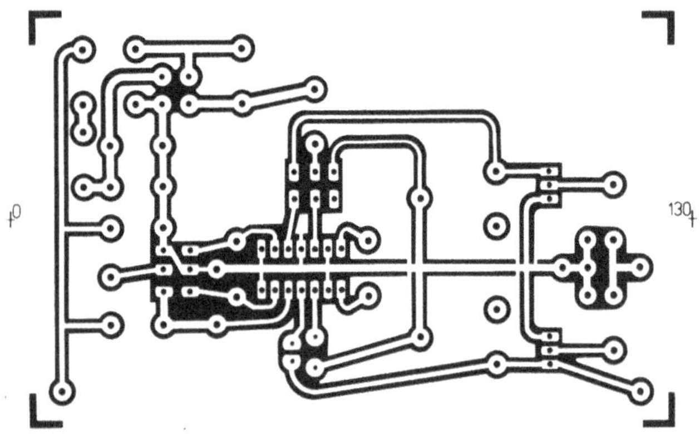

Bild 3.10 Negativdarstellung einer Druckvorlage bei hohem Schirmungsanteil der Struktur.

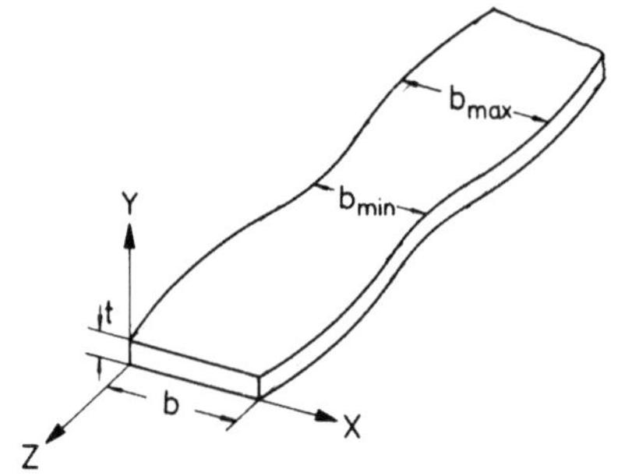

Bild 3.11 Leiter in einem Bezugssystem; Geometriedaten des Leiters; mögliche Abweichungsarten von der Idealgeometrie.

Die Erfahrungswerte stützen sich auf Untersuchungen an der Fachhochschule Dortmund mit Tuschezeichengeräten nach DIN 6775 und Tuschefedern bei verschiedenen Karton- und Folienqualitäten. Hierbei sind die Einflußgrößen des Schwarzweißübergangs als entscheidende Kriterien herangezogen worden. Es erwiesen sich die Ziehfedergeräte gegenüber den Rohrfedergeräten überlegen. Die Konturenschärfe ist deutlicher ausgeprägt, der Übergangsbereich bei vergleichbaren Strichbreiten enger und, was von besonderer Bedeutung ist, über die Distanz eines Striches zeigt die Feder eine geschlossenere, gleichmäßigere Fließeigenschaft. Bei Rohrfedern sind häufig Abbrüche im Fließverhalten zu beobachten, die vermutlich auf Verkantungen zurückzuführen sind.

Ein elegantes Verfahren der Ausführung großflächiger Strukturen ist die Negativdarstellung. Bild 3.10 zeigt eine solche Druckvorlage. Hier sind im Gegensatz zu Bild 3.8 die Isolationsbereiche geschwärzt. Trotz wesentlicher Reduzierung der Schwärzungsflächen bleibt der zeichnerische Aufwand einer präzisen Konturendarstellung erhalten. Die Vorlage läßt sich, falls erforderlich, fotografisch in eine Positivdarstellung leicht umwandeln.

3.1.3.2 Genauigkeitserwartungen

Der Betrachtung liegen die Norm DIN 7184 „Form- und Lagetoleranzen" sowie internationale Standardisierungen und Empfehlungen zugrunde, die im Kapitel 4 eingehend behandelt werden.

> Bei Leiterstrukturen unterscheidet man zwischen zwei Abweichungsarten: der Abweichung von der gewünschten Form oder Gestalt der Leiter und Anschlußflächen, und der Abweichung von der gewünschten Lage oder Position der Leiter und Anschlußflächen im Raster.

Beide Abweichungsarten sind nur bedingt isoliert wirksam. Bei Anschlußflächen treten sie immer gemeinsam auf. In den Bildern 3.11 und 3.12 werden die Arten verdeutlicht. In Bild 3.11 ist der Leiter innerhalb eines Bezugssystems mit Breite b und Dicke t in Ausbreitungsrichtung z dargestellt. Er weist eine gegensinnig auftretende Breitenzu- und -abnahme auf mit den Grenzwerten b min und b max. Diese Darstellung gibt nicht die einzig mögliche Formabweichung wieder. Gleichsinnige Breitenänderungen oder gemischte Breitenänderungen und, im Sinne der Norm DIN 7184, Abweichungen von der Geradheit sind möglich, so daß ein Formenbild des Leiters entsteht, das durch b min/b max-Angaben oder b-Toleranzangaben keineswegs hinreichend beschrieben wird.

Bild 3.12 zeigt die Positionsabweichungen von Anschlußfläche und Bohrung zu einem fehlerfrei angenommenen Raster und die daraus folgende Deformation des Lötaugenringes von der Idealform. Die Abweichung der Mittelpunkte von der fehlerfreien Position im Bezugsraster darf innerhalb einer Toleranzfläche um die fehlerfreie Position liegen. Die Toleranzfläche ist eine Kreisfläche; sie ist die Schnittfläche eines Toleranzzylinders in der Zeichnungsebene. Die Toleranzflächen von Bohrung und Anschlußfläche sind ungleich. In der Darstellung 3.12, links oben, ist die Abweichung des Lötaugenmittelpunktes maximal gewählt (auf Kreiskontur, unter 45°, 2. Quadrant). Die Darstellung 3.12, rechts oben, zeigt eine kleinere Toleranzfläche der Bohrung und wiederum die maximale Wahl der Abweichung des Bohrungsmittelpunktes (auf Kreiskontur, unter 45°, 4. Quadrant). Überlagert man beide Darstellungen, so entsteht die Darstellung Mitte unten. Sie zeigt ein Lötauge mit stark deformiertem Ring und einer minimalen Ringbreite unter 45°, 4. Quadrant.

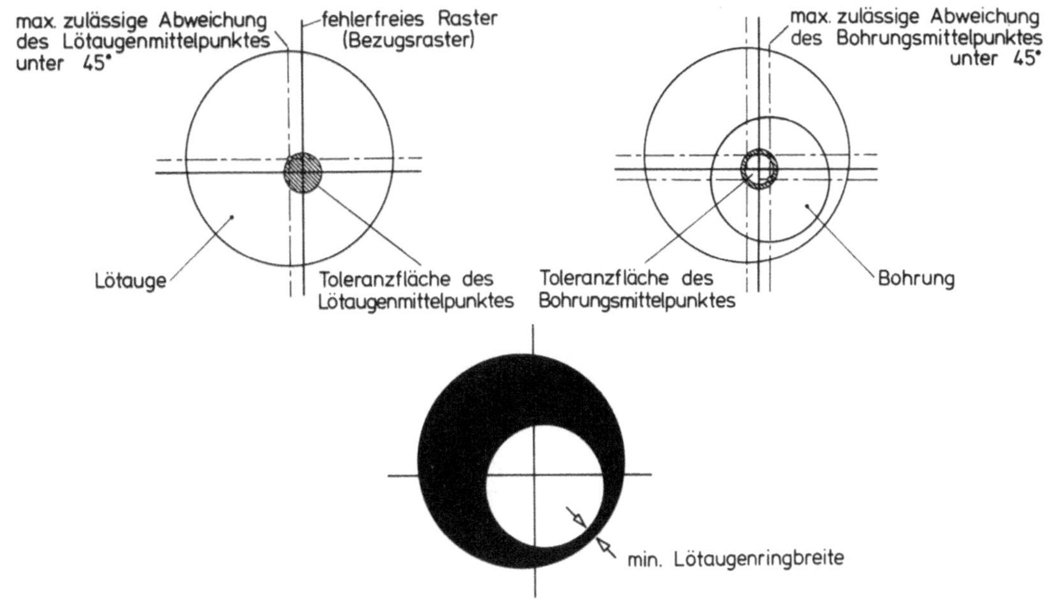

Bild 3.12
Positionsabweichungen von Anschlußfläche und Loch (Bohrung) in einem fehlerfreien Raster unter Grenzbedingungen.

Tafel 3.2: Kette der Positionsabweichungen

Positionsabweichungen		
Gedruckte Schaltung	maximal zulässige Exzentrizität Bohrung/Lötauge	0,150 mm bis 0,250 mm
Druckwerkzeug	geforderte Positionsgenauigkeit	0,020 mm bis 0,050 mm
Druckvorlage	geforderte Positionsgenauigkeit in 1 : 1	≦ 0,020 mm

Hiermit ist das zentrale Fertigungsproblem von Mehrebenenschaltungen skizziert, nämlich die maximal zulässige Exzentrizität von Bohrungsbild und Anschlußflächenbild und ihre Wechselwirkungszusammenhänge mit den einzelnen Fertigungsphasen.

So kommt der Lageabweichung, hier in der Form der Positionsabweichung, bei Schaltungen mit mehr als einer Strukturebene besonderes Gewicht zu. Bei diesen Schaltungen liegt die zulässige Exzentrizität zwischen der einzelnen Bohrung und ihrer Anschlußfläche zwischen 0,150 mm und 0,250 mm, und das über die gesamte Schaltungsebene. Aber auch die Formabweichung sollte in ihrer Auswirkung nicht gering eingeschätzt werden. So führen beispielsweise Formabweichungen bei definierten Leiterstrukturen zu erheblichen Inhomogenitäten des Wellenwiderstandes.

Fügt man die gesamte Abweichungskette des Herstellungsprozesses zusammen und analysiert sie unter dem Gesichtspunkt der angestrebten Loch-Anschlußflächenexzentrizität von 0,150 mm bis 0,250 mm, so lassen sich die Genauigkeitsanforderungen an das eigentliche Druckoriginal oder Druckwerkzeug mit 0,020 mm bis 0,050 mm ableiten. Zieht man in diese Betrachtung den Transformationsprozeß von der Druckvorlage zum Druckwerkzeug ein und analysiert die hier auftretenden Fehler, so ergibt sich schließlich eine notwendige Zeichengenauigkeit der Druckvorlage bezogen auf den Maßstab 1 : 1 von ≦ 0,020 mm im Hinblick auf die Positionsabweichung, Tafel 3.2.

Damit ist eine der extremsten Forderungen an die Zeichentechnik erhoben. Es stellt sich nunmehr die Frage nach dem manuell zeichentechnisch Erreichbaren. Die Information hierüber ist eher dürftig. Es gibt einige Erfahrungswerte, die in der Literatur findbar sind, aber von systematischen Untersuchungen, vor allem auch unter ergonomischen Gesichtspunkten ist nichts bekannt. In IPC-D-310, [3.2], wird der Zeichenfehler (Normalfehler) für die Positionierung einer Anschlußfläche bei bloßem Auge mit 0,015 Zoll (0,381 mm) um die fehlerfreie Position angegeben. In EIPC MEC-001 [3.3] werden unter dem Sachverhalt ‚China Ink Drawing' die Toleranzen für die Linienbreite mit ± 0,100 mm und für die Position mit ± 0,200 mm genannt. Die Angabe in [3.2] ist hierbei als der Durchmesser des zylindrischen Toleranzbereiches um die fehlerfreie Position anzusehen.

Untersuchungen an der Fachhochschule Dortmund über die Zeichengenauigkeiten bei studentischen Leistungsnachweisen, soweit sie die Entwicklung von Druckvorlagen zum Gegenstand hatten, zeigten:

1. Die kumulative Positioniergenauigkeit beträgt 0,150 mm um die fehlerfreie Position.
2. Die Formabweichungen der Leiter liegen in einem Streubereich von ± 0,200 mm.

Die Genauigkeitserwartung wäre ohne eine Betrachtung der Dimensionsstabilität der Zeichnungsträgermaterialien un-

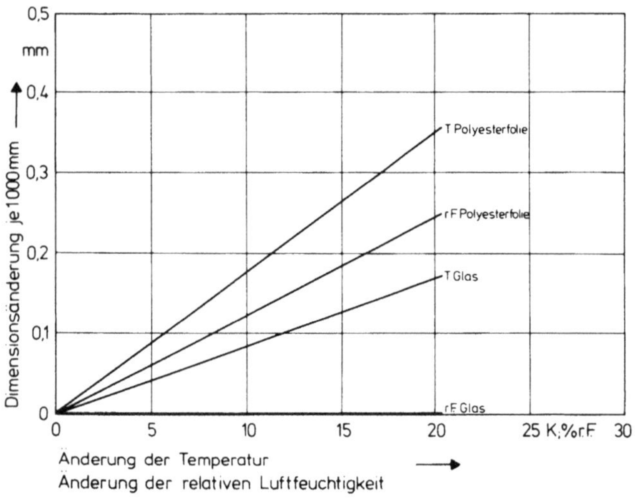

Bild 3.13 Dimensionsstabilität von Polyesterfolie und Glas in Abhängigkeit vom Temperatur- und Feuchteeinfluß.

vollständig. Zwar ist es nicht möglich, hinreichende Angaben über Zeichnungsträger auf Papierbasis zu machen, da keine gesicherten Daten verfügbar sind, immerhin kann man bei Papierlaminaten, die zur Stabilisierung Aluminium oder Kunststoffolien enthalten, davon ausgehen, daß zumindest das Temperaturverhalten des stabilisierenden Materials das Gesamtverhalten des Zeichnungsträgers bestimmt. Offen bleibt die Frage des Wechselwirkungszusammenhangs zwischen den Schichtmaterialien bei Temperatur- und Feuchteeinfluß.

Bei den heute üblichen Zeichnungsträgern auf Polyester- oder Triacetatbasis liegen gesicherte Ergebnisse empirischer Untersuchungen über den Änderungsmechanismus vor. Dies gilt besonders für die sehr verbreiteten Polyesterfolien.

In Bild 3.13 ist die Dimensionsänderung je Meter Polyesterfolie in Abhängigkeit von der Temperaturänderung und der Änderung der relativen Luftfeuchtigkeit angegeben. Die Kurven sind als mittlere Kurven anzusehen. Von Produkt zu Produkt sind geringfügige Schwankungen zu erwarten. Im Vergleich dazu wird das Verhalten von Bleiglas betrachtet. Das ausgezeichnete Temperaturverhalten und das Fehlen jeder Abhängigkeit von der Luftfeuchte ist für dieses Material bezeichnend.

Im Hinblick auf die Genauigkeitsforderungen, beispielsweise auf die zulässige Exzentrizität bei Mehrebenenschaltungen, macht dieses Diagramm deutlich, daß Maßänderungen der Zeichnungsträger selbst bei kleinen Änderungsgrößen der Temperatur und Luftfeuchte bereits so kritisch werden, daß die Bedingungen, unter denen der Zeichnungsprozeß klimatisch abläuft, in die Klimabetrachtung des Gesamtprozesses einzubeziehen sind. Hieraus könnte die Forderung abzuleiten sein, daß der Zeichenprozeß klimatisiert werden muß.

Über Polyesterzeichenfolien und deren Änderungsverhalten lassen sich folgende signifikanten Merkmale aufzeichnen:

(1) Ideales Raumklima

Temperaturbereiche: 20 °C bis 25 °C; (20 °C)

Bereich der relativen Luftfeuchtigkeit: 40 % bis 50 %; (45 %)

(2) Maßveränderungen durch Temperatureinfluß

(2.1) Maßveränderungen infolge Temperatureinfluß sind eingeschränkt reversibel.

(2.2) Bei sehr hohen Temperaturen oberhalb 40 °C bis 50 °C treten Dimensionsschrumpfungen auf, die irreversibel sind.

(2.3) Maßveränderungen bei sehr niedrigen Temperaturen (bis − 20 °C) sind reversibel.

(2.4) Der Temperaturkoeffizient ist positiv.

Erhöhung der Temperatur bedeutet Materialdehnung; Erniedrigung, Materialschrumpfung.

(2.5) Die Dimensionsänderung ist längenabhängig:

$$\Delta l = T_K\,(T_1 - T_2)\,l$$

(2.6) Die Dimensionsänderung ist unabhängig von der Folienstärke.

(3) Maßveränderungen durch Luftfeuchteeinfluß

(3.1) Maßveränderungen infolge Änderung der relativen Luftfeuchte sind reversibel (Relaxation ausgeschlossen).

(3.2) Der Feuchtekoeffizient ist positiv.

Erhöhung der Feuchte bedeutet Materialdehnung; Erniedrigung, Schrumpfung.

(3.3) Die Dimensionsänderung ist längenabhängig:

$$\Delta l = F_k\,(rF_1 - rF_2)\,l$$

(3.4) Die Dimensionsänderung ist abhängig von der Foliendicke, Tafel 3.3.

Tafel 3.3: Dimensionsänderung von Polyesterzeichenfolie bei Feuchteeinfluß

Foliendicke	Längenänderung in % bei Δ r.F. = 1 %
0,050 mm	0,003
0,100 mm	0,002
0,180 mm	0,001

(4) Kompensationseffekt

Grundsätzlich überlagern sich beide Änderungsmechanismen gleichsinnig. In der Praxis gibt es jedoch häufig Betriebsfälle, bei denen punktuell eine Erhöhung der Temperatur mit einer Erniedrigung der relativen Luftfeuchte einhergeht. Dies ist z.B. bei Lichttisch-Zeichenmaschinen der Fall. Hierdurch kann es zu einer Kompensation beider Einflüsse kommen.

(5) Maßanpassung

Die Zeichenfolien sollten vor Bearbeitung an das Klima des Arbeitsplatzes angepaßt werden. Dabei vollzieht sich der Anpaßprozeß an die Temperatur rascher als an die Raumfeuchte. Eine grobe Übersicht über die Anpaßdauer an eine geänderte relative Luftfeuchtigkeit zeigt die Übersicht der Tafel 3.4.

Tafel 3.4: Dauer der Maßanpassung bei Feuchteinfluß

Foliendicke	ca. Zeitdauer der Maßanpassung			
	40 %	60 %	80 %	100 %
0,100 mm	5 min.	15 min.	60 min.	300 min.
0,180 mm	20 min.	60 min.	200 min.	800 min.

(6) Alterung

Die Haltbarkeit der Zeichenfolien ist stark vom Raumklima und dessen Konstanz abhängig. Bei 20 °C und 45 % r. F. wird extrapoliert von einer Haltbarkeit von 80 bis 100 Jahren ausgegangen.

Abschließend zeigt Bild 3.14 in einer besonderen Übersichtsgrafik das zeichnerisch Erwartbare im Kontext mit Klima und Genauigkeitsbegrenzungen. Aufgetragen werden positive Maximalwerte oder kumulative Werte mit Erwartungsbreiten für verschiedene Informationsquellen, die am Kopf der Grafik verzeichnet sind. Die maximale Positionsabweichung für Druckvorlagen von ≦ 0,020 mm bezogen auf den Maßstab 1 : 1 ist als starke Linie hervorgehoben. Die getönte Fläche gibt den Bereich an, in den die Genauigkeiten der Zeichenverfahren fallen müssen, wenn die geforderten Positionsgenauigkeiten der Druckwerkzeuge von 0,020 mm bis 0,050 mm erfüllt werden sollen.

Die Quellen IPC D-310 und EIPC MEC-001 wurden bereits herangezogen [3.2],[3.3]. Die Informationen zu FH Dortmund basieren auf empirischen Untersuchungen an Konstruktionsarbeiten zur Erreichung eines Leistungsnachweises, wobei ausschließlich Zeichnungen hoher Qualität herangezogen wurden (Notendurchschnitt sehr gut und gut).

Diesen Genauigkeitsangaben werden Herstellerangaben [3.4] über Qualitätsmerkmale von Präzisionsrastern auf Polyesterzeichenfilm und auf Glasplatten gegenübergestellt. Die beiden oberen schwarzen Rauten geben die kumulative Genauigkeit der Linien auf eine Länge von 1524 mm und 914 mm, die untere schwarze Raute die Toleranz von Linie zu Linie bei Polyesterfilm wieder. Das obere Quadrat bezeichnet die kumulative Genauigkeit der Linien auf eine Länge von 1219 mm und das untere Quadrat die Toleranz von Linie zu Linie bei Glasrasterplatten.

Schließlich wird am rechten Rand der Grafik die Dimensionsstabilität von Polyester-Fotofilm unter Klimatisierungseinfluß angegeben, so wie sie von EIPC-MEC-001 aufgeführt wird. Zur Verdeutlichung, es handelt sich hier nicht um einen Polyester-Zeichenfilm, sondern um einen Polyester-Fotofilm, jenen mit Fotoemulsion beschichteten Film, der der Druckwerkzeugherstellung dient. Die Stabilitätsdaten dieses Films sind nun zweifach zu deuten. Einmal können die Angaben über die Druckvorlagen verglichen werden mit der Dimensionsstabilität des Filmmaterials, in das sie transformiert werden, zum anderen kann das Zeichenmaterial der Druckvorlagen, der Polyester-Zeichenfilm, in seiner klimaabhängigen Dimensionsstabilität beurteilt werden, da die Stabilitätsangaben des Fotofilms näherungsweise auch für den Zeichenfilm gelten.

Zusammenfassend lassen sich die Aussagen der Grafik in folgende Richtungen interpretieren:

1. Die geforderte Zeichengenauigkeit (Positionsgenauigkeit) wird nicht erreicht. Die Positionsabweichung liegt um den Faktor 10 über der maximal zulässigen Abweichung. Die Positionsabweichung ist teilweise größer als die Formabweichung.

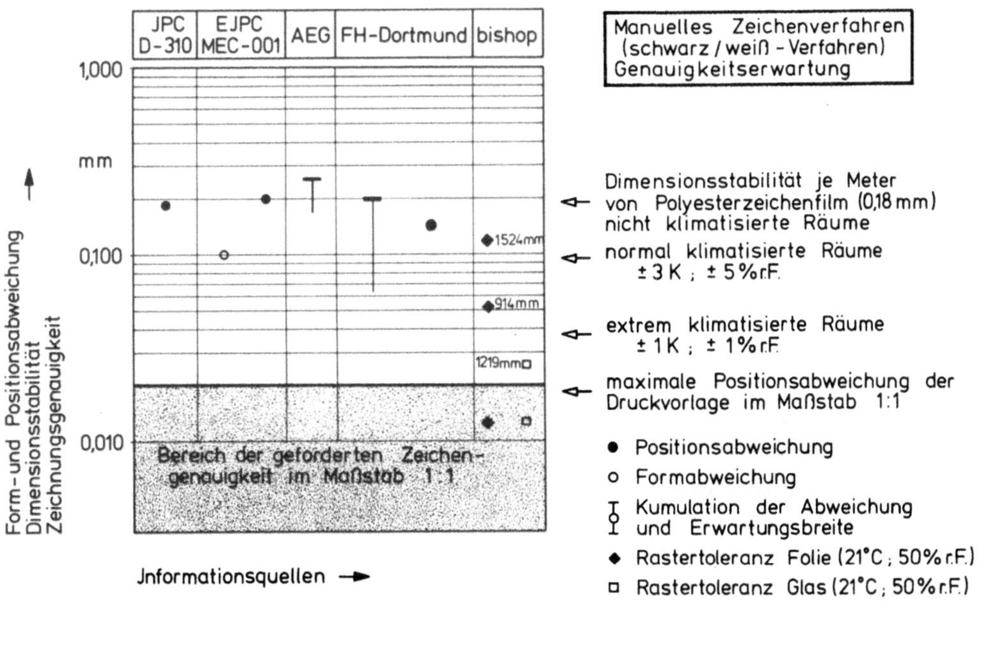

Bild 3.14 Übersichtsgrafik der Genauigkeitserwartungen des manuellen Zeichenverfahrens.

Hieraus läßt sich die Erkenntnis gewinnen, daß erst eine mit dem Vergrößerungsfaktor 10 oder mehr gezeichnete Druckvorlage, die dann nach dem Verfahren des Abschnittes 3.2.1 reprografisch in ein Druckoriginal umgesetzt wird, den geforderten Genauigkeitsbereich erreicht. Damit ist die erste Definition des Vergrößerungsfaktors (Vergrößerungsmaßstab) möglich:

$$\text{Vergrößerungsfaktor} = \frac{\text{Betrag der maximalen fehlerhaften Positionsabweichung}}{\text{Betrag der maximal zulässigen Positionsabweichung des Druckoriginals}}$$

Der Quotient ist im Zähler und Nenner ergänzt zu denken durch den Zusatz: *Vom fehlerfreien Raster.*
Diese Definition ist sinngemäß auf Formabweichung zu übertragen und anzuwenden, wenn die Formabweichungen die Positionsabweichungen wirkungsmäßig überdekken, wie beispielsweise bei Mikrowellenstrukturen.

$$\text{Vergrößerungsfaktor} = \frac{\text{Betrag der maximalen fehlerhaften Formabweichung}}{\text{Betrag der maximal zulässigen Formabweichung des Druckoriginals}}$$

2. Auf Punkt 1 bezogen und konkret angewandt bedeutet dies, daß zum Beispiel das Anschlußflächenbild einer Europakarte 1 (100 mm X 160 mm) im Vergrößerungsformat 1 000 mm X 1 600 mm und größer gezeichnet werden muß. Damit ist nicht nur der Genauigkeitsaufwand umrissen, sondern man liegt hier bereits an der Grenze der Aufspannmöglichkeit der Vorlagenhalter der größten Reprokameras.
3. Die bisherige Interpretation ging von einem fehlerfreien Raster aus. Die Grafik weist aber aus, daß dem nicht so ist. Um im Beispiel zu bleiben, bei einem Vergrößerungsfaktor 10, (10 : 1), werden auf ein Bezugssystem hin betrachtet Flächenbereiche auftreten (1 500 mm Abstand vom Bezugssystem), deren Raster um 0,100 mm fehlerhaft ist, so daß die Positionsabweichung hier auf 0,300 mm ansteigen kann.
4. Zieht man die Dimensionsstabilität des Zeichenfilms beispielsweise bei nicht klimatisierten Räumen in Betracht, so liegen diese in der Größenordnung von 0,200 mm –0,300 mm und sind selbstverständlich in die Betrachtungen zur Positionsabweichung einzubeziehen. Sofern der Bildübertragungsprozeß in einem anderen Klima ohne ausreichende Akklimatisation stattfindet, werden Fehler in das Druckoriginal übernommen. Auch dann sind bleibende Fehler unvermeidlich, wenn klimatisch angepaßt gearbeitet wurde, die Klimatisierung aber nicht den extremen Ansprüchen genügt. Wegen der allseitigen Dehnung/Schrumpfung des Zeichenfilms ergeben sich sehr komplizierte Fragen zur Positionierung von Druckwerkzeug und Übertragungsmittel.

3.1.4 Klebeverfahren

3.1.4.1 Schwarzweißverfahren

Die Forderung nach dimensionsgenauer Strukturdarstellung führte frühzeitig zur Anwendung von vorgefertigten klebefähigen Leiterstreifen und Struktursymbolen auf Kreppapier- oder Kunststoffbasis. Die lichtundurchlässigen Streifen und Symbole sind in einer ganzen Palette unterschiedlicher Formen und Abmessungen erhältlich, Bild 3.15. Als Dimensionstoleranzen nennen die Hersteller die in Tafel 3.5 angeführten Daten.

Tafel 3.5: Dimensionstoleranzen von Klebesymbolen

Leiterstreifen: garantierte Breitentoleranz	für b ≦ 6 mm: ± 0,050 mm für b ≧ 6 mm: ± 0,130 mm
Symbole: garantierte Strukturtoleranz	± 0,050 mm
Steckersymbole: garantierte Längentoleranz	für l ≧ 300 mm: ± 0,130 mm

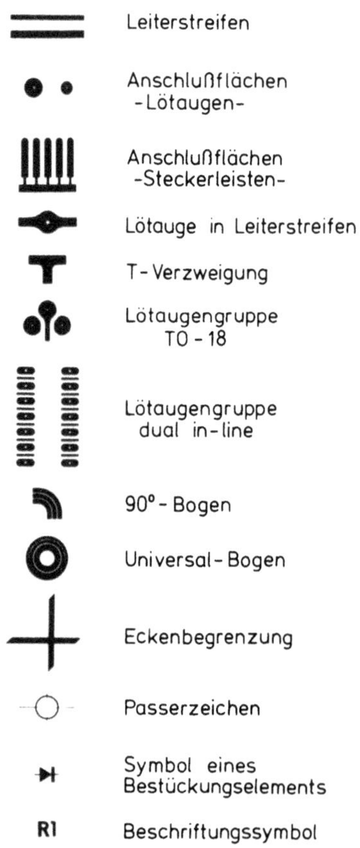

Bild 3.15
Ausschnitt angewandter Struktursymbole des Klebeverfahrens.

Bild 3.16 Vorbereitende Phase zur Herstellung der Klebekomposition einer Druckvorlage; das auf einer Rasterfolie erstellte Layout dient auf einem Leuchttisch als Konstruktionsvorlage.

Bild 3.17 Beispiel für eine frei komponierte Druckvorlage ohne Layoutvorlage.

Die Anwendung der Streifen und Symbole zur Klebekomposition einer Druckvorlage läuft prinzipiel nach folgenden Verfahrensschritten ab:

1. Das auf dimensionsstabiler Rasterfolie erstellte Layout wird auf einer planen Unterlage mit einer klaren Polyesterfolie abgedeckt und mit der Unterlage rutschfrei verbunden. Als Unterlage eignet sich besonders der Leuchttisch. Wichtig ist, daß im Layout die Rasterkreuzungen zur Positionierung der Anschlußflächen sichtbar sind. In Bild 3.16 wird eine solche vorbereitende Phase verdeutlicht.
   Abwandlungen des geschilderten Verfahrensschrittes, etwa in der Form, daß die Klebekomposition direkt auf einer Rasterfolie erstellt wird, oder frei mit unterlegter Rasterfolie komponiert wird, sind üblich. Bild 3.17 zeigt eine frei komponierte Durckvorlage.

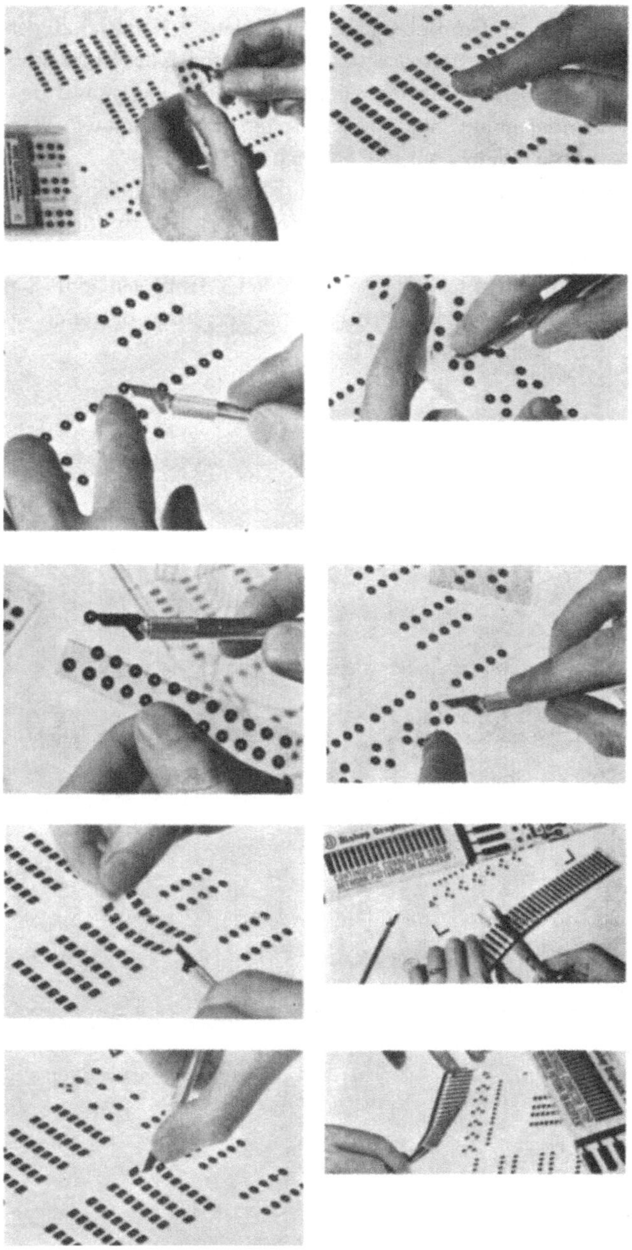

Bild 3.18 Bildserie angewandter Arbeitsschritte der Anschlußflächenpositionierung; von Hand, mittels Pinzette oder Positioniermesser werden die Symbole oder Symbolgruppen von Magazinstreifen her positioniert.

2. Die Anschlußflächen werden über ihr Mittenloch per Hand oder mit Hilfe einer Pinzette von Magazinstreifen her positioniert. Bild 3.18 zeigt den Arbeitschritt.
3. Die Positionierung von Symbolgruppen, die keinen eindeutigen Bezug zum verwendeten Raster haben, erfolgt über Vorkonstruktionen mittels geeigneter Symbolschablonen oder mittels reiner Positionierungssymbole.

Beide Hilfsmittel sind in den Bildern 3.19 und 3.20 dargestellt. Das letztere zeigt einen Vorgang der Vorpositionierung mit Positionssymbolen (dual in line). Am Druckvorlagenrand sind weitere Arten (Potentiometer, Transistor, Widerstand) erkenntlich.

4. In die komponierte Struktur der Anschlußflächen, werden die Leiterstreifen von Hand oder über Rollmagazine eingefügt. Als Werkzeug dient ein Schnittmesser. Die Kreppstruktur der Leiterstreifen erlaubt ein einfaches Gestalten von Leiterbogen und Kurvenzügen. Diesen Arbeitsschritt zeigt Bild 3.21.
5. Passerzeichen, Positionierungszeichen, Beschriftungen, etc. werden vergleichbar zu Schritt 2 komponiert.
6. Die geklebte Druckvorlage wird durch eine Sichtkontrolle mit einem Mikroskop oder einer Meßlupe überprüft. Gegebenenfalls werden Positionen von Symbolen durch Abheben von der Unterlage und Neufestlegen korregiert. Bild 3.22 zeigt ein Vermessen der Struktur mit Meßlupe und Präzisionsmaßstab.

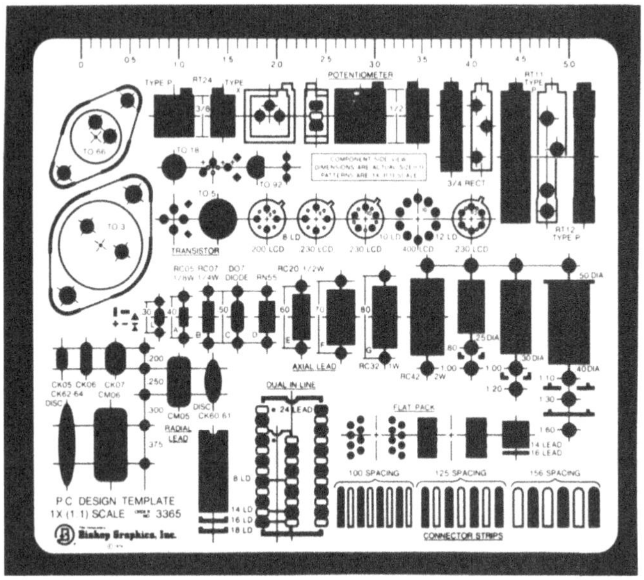

Bild 3.19 Symbolschablone; Hilfsmittel zur Positionierung von Symbolen und Symbolgruppen durch Vorzeichnen.

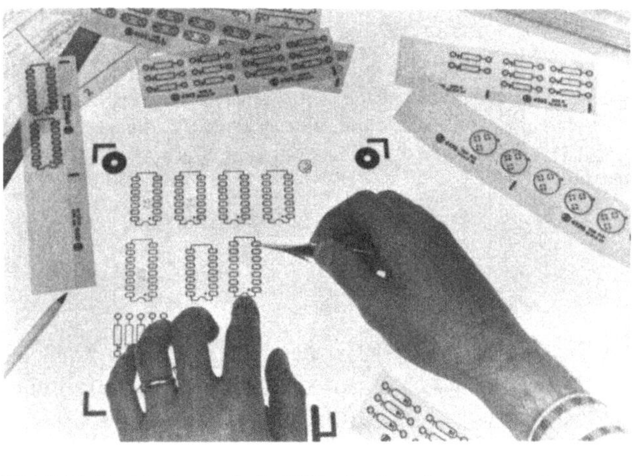

Bild 3.20 Positioniersymbole; Hilfsmittel zur Layouterstellung durch Vorpositionierung der verschiedensten Anschlußsysteme der Bauelemente

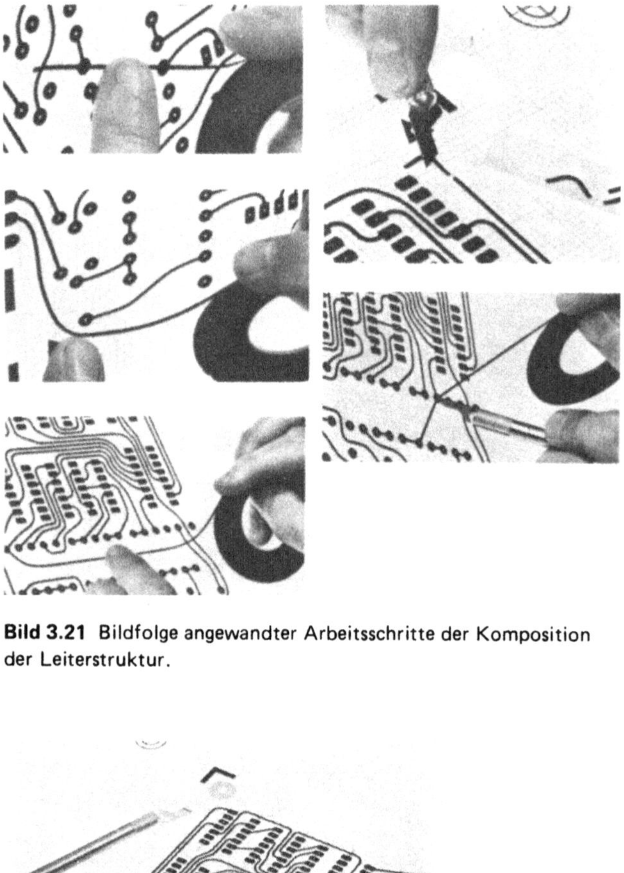

Bild 3.21 Bildfolge angewandter Arbeitsschritte der Komposition der Leiterstruktur.

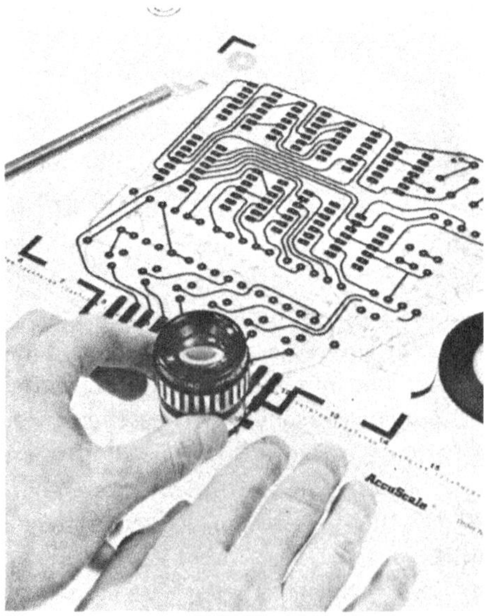

Bild 3.22 Überprüfen der Klebekomposition auf Positionsgenauigkeit mit Meßlupe und Präzisionsmaßstab.

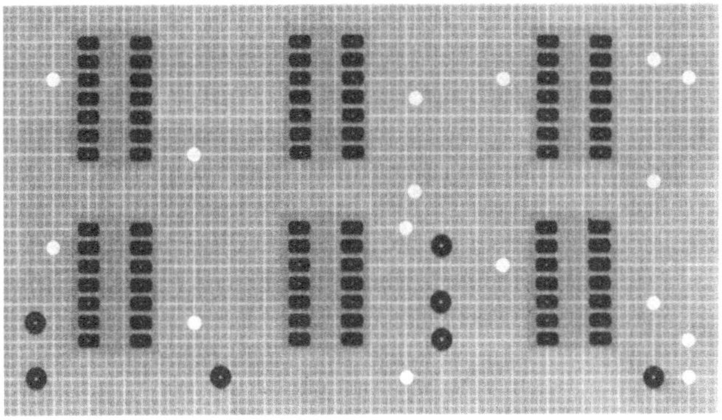

Bild 3.23 Symbolpositionierung auf ergonomisch günstigen Negativrasterfolien.

7. Bei Arbeiten am Leuchttisch verbleibt die fertige Druckvorlage mindestens 200 Minuten im Raumklima, bevor eine Weiterverarbeitung erfolgt.
   Die Verfahrensfolge und die hohe Dimensionsstabilität lassen das Klebeverfahren vordergründig als eine anwendungsfreundliche und präzise Methode erscheinen. Kritisch analysiert zeigt das Klebeverfahren jedoch eine Reihe von Problembereichen.

Positionierung. Die Positionierung von Anschlußflächen, beispielsweise von Lötaugen, ist der zentrale Problembereich. Ohne optische Hilfsmittel und ohne Setzwerkzeuge ist die erreichbare Genauigkeit schlechter als bei manuellen Zeichenverfahren. Erfahrungen an der FH-Dortmund mit einem entwickelten Setzwerkzeug zeigten, daß, infolge nicht unerheblicher Randverklebung des Mittenloches der Lötaugen, eine reibungslose und exakte Symbolführung an den Positionierort erhebliche Schwierigkeiten bereitete. Bekannt wurden auch Metallsetzgitter als Positionierungshilfe.
Ein ganz besonderes Problem stellt die notwendige hohe Konzentration des Fachpersonals über die gesamte Setzzeit dar. Nachweislich treten sehr rasch Augenermüdungen auf, die die Positioniergenauigkeiten beeinträchtigen. Die Industrie hat dem Rechnung getragen und hat in jüngster Zeit Rasterfolien entwickelt, die in Grauflächen ein durchscheinendes weißes Raster aufweisen. Dadurch wird die Treffwahrscheinlichkeit der Positionierung erhöht und die Augenermüdung herabgesetzt. Bild 3.23 zeigt eine solche Folie mit positionierten Lötaugen und einer Leiterstruktur.

Leitungsführung. Die Leitungsführung von Hand oder mit dem Rollmagazin ist in Bezug auf exakte Abstandsverhältnisse nicht unproblematisch. Eine vergleichsweise Anwendung von Linealen wie in der manuellen Zeichentechnik ist nicht möglich. Dies trifft insbesondere für Kurvenzüge zu. Außerdem neigen Kreppstreifen bei unsachgemäßer Handhabe dazu, bei Zugbelastung zu deformieren und randunscharf zu werden, ein Kriterium erhöhter Leiterbreitentoleranz, das von der Grundidee vorfabrizierter Streifen abweicht.

Konturenschärfe. Ein häufig zu beobachtender Mangel bei Klebesymbolen besteht in einem Ausfließen des Klebers über die Symbolstrukturen hinaus, was zu Staubansammlungen um die Kontur führt. Diese Staubzonen lassen sich bei der Transformation zum Druckwerkzeug nur bedingt fotografisch ausschließen, wodurch die Konturenschärfe der geklebten Struktur abnimmt.
In diesem Zusammenhang ist auf eine sorgfältige Handhabe geklebter Druckvorlagen hinzuweisen, damit keine Fließverschiebungen der Struktur auftreten. Insbesondere sind die Druckvorlagen nur in horizontaler Lage zu archivieren.

3.1.4.2 Multicolor-Verfahren

Bei Zweiebenen- und Mehrebenenschaltung besteht das Fertigungsproblem darin, die Exzentrizität zwischen dem Bohrungsbild und dem Bild der Anschlußflächen auf ein bestimmtes Maß an Ungenauigkeit zu begrenzen. Der Problemkreis ist nur dann richtig beschrieben, wenn es sich um die Exzentrizität beider Schaltungsebenen zum Lochbild, im Falle der Zweiebenenschaltung, und im Falle der Mehrebenenschaltung, um die Exzentrizität aller Schaltungsebenen zum Lochbild handelt. Damit ist die zentrale Frage eines Positionierungsverfahrens angesprochen, das die Exzentrizität der einzelnen Ebenen zueinander minimiert und über den gesamten Transformationsprozeß bis hin zum eigentlichen Schaltungsdruck angewandt wird.
Eine Form der Problemlösung besteht in der Anwendung farbiger Leiterstreifen und Symbole in einer einzigen Druckvorlage für beide Schaltungsebenen und deren farbselektive fotografische Umsetzung in zwei Fotowerkzeuge. Als Strukturfarben der beiden Ebenen werden Rot und Blau (sog. Rot/Blau-Technik) und in jüngster Zeit auch Gelb und Violett angewandt. Als dritte Farbe tritt Schwarz auf. Alle Anschlußflächen, die beiden Ebenen gemeinsam sind, werden als schwarze Symbole geklebt. Bild 3.24 zeigt eine Druckvorlage in Rot/Blau-Technik, und Bild 3.25 zeigt die hieraus gewonnenen beiden Druckwerkzeuge.
Die Gestaltung einer Druckvorlage in Multicolortechnik erfolgt nach folgenden Verfahrensschritten:

1. Auf einer Rasterfolie werden alle Anschlußflächen und jedes Strukturdetail, das beiden Schaltungsebenen gemeinsam ist, positioniert. Hierzu werden Symbole in Schwarz gewählt.
2. Die Leiterstruktur der Bestückungsseite wird beispielsweise in Blau in die Struktur der Anschlußflächen komponiert.
3. Die Leiterstruktur der Lötseite wird anschließend in Rot in die bestehende Struktur aus schwarzen Anschlußflächen und blauen Leiterstreifen komponiert. Die dabei

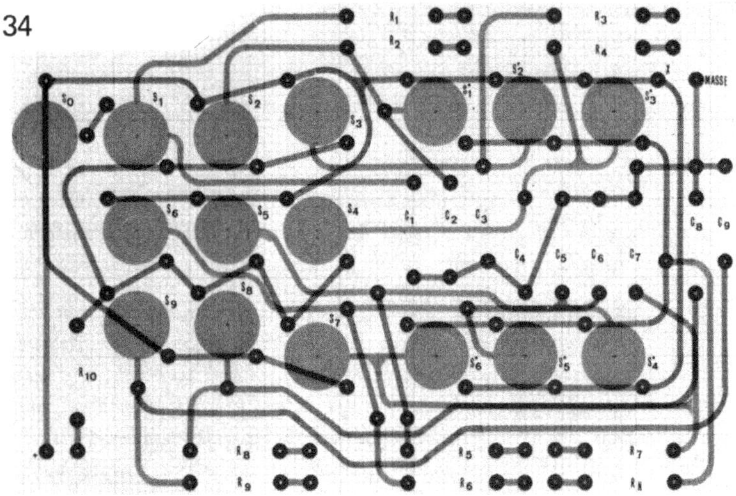

Bild 3.24
Druckvorlage für die Schaltung einer Tastenvorwahl in Rot/Blau-Technik.

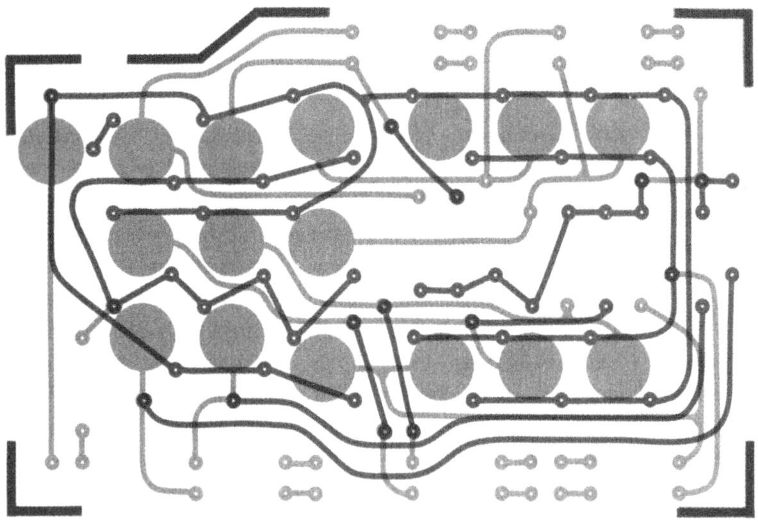

Bild 3.25
Die farbselektiv gewonnenen Druckwerkzeuge aus der Druckvorlage des Bildes 3.24 als Leitungspositive.

Bild 3.26
Übersichtsgrafik der Genauigkeitserwartungen der Klebeverfahren.

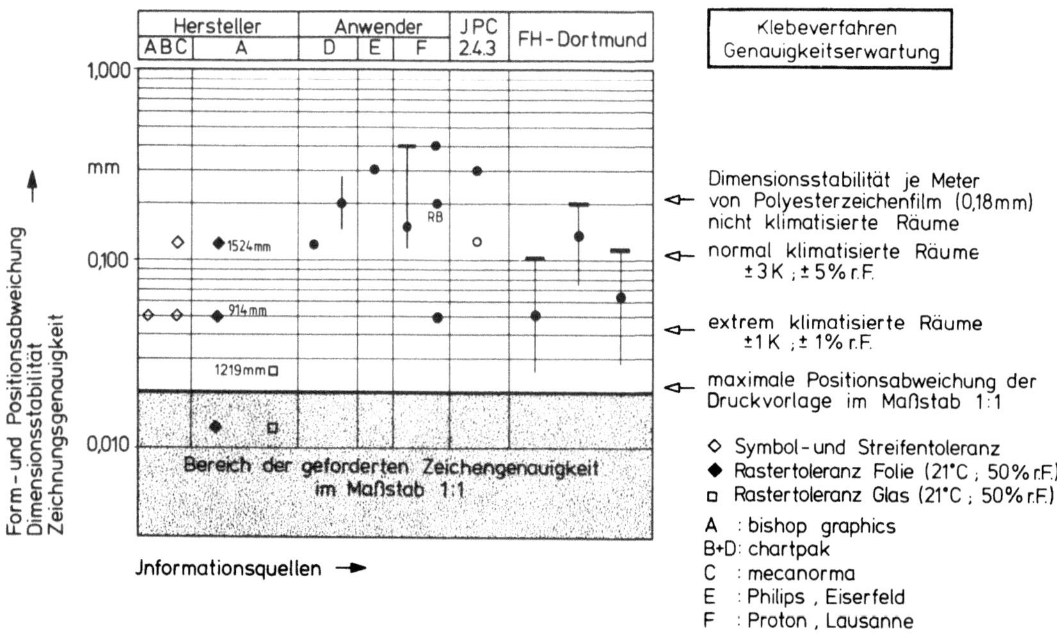

auftretenden Kreuzungen roter und blauer Streifen sind zulässig. Eine Mehrfachkreuzung über drei hinaus sollte aus optischen Gründen unterbleiben.

4. In einer Reprokamera wird die Druckvorlage unter Verwendung von Farbauszugsfiltern in zwei Fotowerkzeuge getrennt, wobei das eine Werkzeug die Anschlußflächenstruktur und die Leiterstruktur der Bestückungsseite (Blau + Schwarz), das andere Werkzeug die gleiche Anschlußflächenstruktur und die Leiterstruktur der Lötseite (Rot + Schwarz) aufweist. Damit haben beide Fotowerkzeuge die exakt gleich positionierten Anschlußflächen.

Damit ist die Frage nach der Minimisierung der Exzentrizität nicht vollständig beantwortet, insbesondere nicht die eines den gesamten Fertigungsprozeß begleitenden Positionierungsverfahrens. Immerhin ist ein bedeutender Problembereich lösbar.

B. N. Ellis, F. Wollner und *M. Savill* haben sich kritisch mit der Rot/Blau-Technik auseinandergesetzt, [3.5]. Ein Teil der Argumentation trifft für Neuentwicklungen nicht mehr zu, ein anderer Teil bleibt auch weiterhin gültig und wird durch Erfahrungen an der FH-Dortmund bestätigt:

1. die farbigen Leiterstreifen lassen sich nicht in Rundungen auslegen,
2. jede Rundung muß durch vorgefertigte Bogen approximiert werden,
3. Trennstellen zwischen Bogen und Leiterstreifen müssen überlappend angelegt werden,
4. Überlappungen weisen eine andere Farbtönung auf,
5. dreifach Überlappungen sind meist unzulässig,
6. der zeitliche Aufwand der Druckvorlagengestaltung übersteigt den der reinen Schwarztechnik erheblich,
7. der Kostenaufwand für Klebematerial und selektive Fotoreproduktion ist höher als der seperater Verfahren.

3.1.4.3 Genauigkeitserwartung

Die Betrachtung knüpft an die in Abschnitt 3.1.3.2 dargestellten vergleichbaren Sachverhalte an. Die verfügbaren Informationen stammen von den Herstellern der Klebematerialien, aus Kreisen der Anwender, schließlich von Empfehlungen internationaler Gremien und aus Erfahrungen der FH-Dortmund. In Bild 3.26 werden die Genauigkeitserwartungen grafisch zusammengefaßt. Die Grafik führt nicht nur die Positionsabweichungen auf, sie macht auch Aussage über Streifen- und Symboltoleranz. Diese Toleranzen sind als Formtoleranzen anzusehen. Schließlich stellt die Grafik die Abweichungen und Formtoleranzen den Toleranzen der Klebevorlage, dem Polyesterfilm, gegenüber. Die nicht näher bezeichneten Symbole entsprechen denen des Bildes 3.14. Die hellen Rauten sind in der Eingangsbetrachtung zum Klebeverfahren tabelliert [3.5], [3.7], [3.8].

Man kann unschwer erkennen, daß die Positionierung der Lötaugen sehr fehlerhaft ist und im Mittel schlechter als beim manuellen Zeichenverfahren. Die Abweichungen streuen zwischen 0,200 mm und 0,400 mm. Von Interesse sind die Angaben des Anwenders D und F. Bei D handelt es sich bei der Angabe 0,120 mm um Ergebnisse mit Metallsetzgitter [3.9] ein Verfahren, das kaum noch eingesetzt wird. Die kumulative Angabe ist ohne Begrenzung des Erwartungsbereiches [3.10]. Auf den Anwender F wurde bereits hingewiesen. Die Information links zeigt, daß der Fehler zu 95 % bei 0,150 mm kumuliert und der Rest bis 0,400 mm ausweicht. Die Angaben in der Spalte rechts beziehen sich auf eine zweiseitige Leiterstruktur bei einer Plattengröße von 300 mm X 200 mm für separat geklebte Druckvorlagen (oben), einer Druckvorlage in Rot/Blau-Technik (RB, mitte) und einer Druckvorlage nach der bei Proton entwickelten CK-Technik. In der Publikation werden Angaben gemacht, die nach der Reproduktion aus 2 : 1 Klebekompositionen auf den Fotowerkzeugen gewonnen wurden. Dementsprechend sind in der Grafik 3.26 die Positionsabweichungen in ihrer tatsächlichen Größe aufgeführt. Es überrascht die hohe Präzision des CK-Verfahrens, die es erlaubt mit Vergrößerungsfaktoren von 2 nahezu die geforderte Zeichengenauigkeit zu erreichen.

Die an der FH-Dortmund gewonnenen Abweichungen basieren auf Klebetests, die von studentischen Hilfskräften ausgeführt wurden. Konkret wurden je 10 Klebesymbole eines Spitzenfabrikats unter variierten Bedingungen von unterschiedlichen Personen auf Präzisionsrasterfolien eines Spitzenfabrikats positioniert und anschließend mit Meßmikroskopen gegen die jeweils fehlerfrei angenommene Rasterkreuzung vermessen. Die Ergebnisse zeigen:

Meßreihe 1. Positionieren der Einzelsymbole direkt auf der Rasterfolie ohne Lupe.
Kumulativer Fehler: 0,05480 mm

Meßreihe 2. Positionieren der Einzelsymbole direkt auf der Rasterfolie mit Lupe.
Kumulativer Fehler: 0,05240 mm

Meßreihe 3. Rasterfolie unter einer Glasplatte (3 mm dick), über der Glasplatte Klarsichtfolie. Positionieren der Einzelsymbole auf Klarsichtfolie ohne Lupe.
Kumulativer Fehler: 0,141 mm

Meßreihe 4. Wie Meßreihe 3, jedoch mit Setzlupe.
Kumulativer Fehler: 0,0648 mm

Meßreihe 5. Klarsichtfolie über Rasterfolie. Positionieren der Einzelsymbole auf Klarsichtfolie ohne Lupe.
Kumulativer Fehler: 0,0649 mm

Meßreihe 6. Wie Meßreihe 5, jedoch mit Setzlupe.
Kumulativer Fehler: 0,453 mm

Die Meßreihen 1, 3 und 5 sind in der Grafik des Bildes 3.26 mit den Erwartungsbreiten berücksichtig. Hier zeigt sich,

daß die Positioniergenauigkeit für Klebesymbole durchaus annehmbare Werte erreicht. Dies wiederum läßt eine Anwendung des Maßstabes 2 : 1 als ausreichend erscheinen. Damit ist auch das Protonverfahren bestätigt.
Einschränkend ist hier allerdings anzumerken, daß derartig hohe Positioniergenauigkeiten von den Entwurfspersonen nur über mittlere Arbeitsphasen erbracht werden konnten.
Die Positionsgenauigkeit von Symbolgruppen, beispielsweise von IC-Gruppen, in einem fehlerfrei angenommenen Präzisionsrasterbereich ist sehr stark von der Qualität der Klebesymbole abhängig. Hier konnten Positionsfehler für ein Fabrikat bis zu 0,0508 mm und für ein zweites Fabrikat bis zu 0,280 mm ermittelt werden. Bei Symbolgruppen scheint die sorgfältige Beachtung der Qualität geboten. Andererseits kann man feststellen, daß die Komposition einer Gruppe aus Einzelsymbolen die genaueren Ergebnisse erbringt.

3.1.5 Schneideverfahren

Seit Jahrzehnten benutzt die Druckgrafik zur Herstellung von Freistellmasken, Ausschnitten, Retuschen, Farbtrennungen, usw., die sogenannte Schneidemaskiertechnik. Bei dieser Technik werden Kunststoff-Folienlaminate bestehend aus einer transparenten Trägerfolie und einer farbigen lichtundurchlässigen Maskierfolie (sog. Emulsion) verwendet. Diese Laminate werden in der Freihand-Schneidetechnik mit Hilfe von Drehmessern geschnitten und dort strukturhaft durch Abheben getrennt, wo eine Belichtung stattfinden soll.
Die verschiedenen Qualitäten der Folienlaminate unterscheiden sich nach:

Schichtfarbe. Rote, lichtundurchlässige Folien, haufig Acetatfolien, sprechen auf orthochromatische Filme im Kontakt- wie im Reproverfahren an. Folien in der Schichtfarbe Orange zeichnen sich durch sehr gute Farbunterscheidung aus; sie sind aber nur bedingt lichtundurchlässig.

Klebstoff. Die Laminierung der Folien geschieht mittels Kleber. Man verwendet zähe Kleber, die Details bis 0,050 mm auf der Trägerfolie zu halten vermögen und weiche Kleber, die ein müheloses Abziehen (Strippen) größerer Flächen garantieren. Beiden Klebern ist gemeinsam, daß sie immer mit der Farbfolie verbunden bleiben, wodurch eine Korrektur oder ein Trägerwechsel möglich ist. Die Trägerfolie bleibt frei von Kleberrückständen.

Trägerfolienqualität. Polyester-Trägerfolien sind selbstklebend, PVC-Trägerfolien nicht. Polyesterfolien besitzen auch die höhere Dimensionsstabilität.

Trägerdicke. Polyesterfolien werden in Dicken von 0,090 mm bis 0,180 mm verwendet. Die dickeren Qualitäten eignen sich wegen der planeren Auflage besser für das Schneiden auf Koordinatographen.

Bei der Herstellung passiver und aktiver elektronischer Bauelemente und Komponenten, wie beispielsweise Schichtschaltungen, hat sich die Maskiertechnik für die Darstellung von Druckvorlagen frühzeitig durchgesetzt. Die Anwendung der Maskiertechnik der Druckgrafik findet hier noch in dem Terminus Maskentechnik ihren Niederschlag.
Eingrenzend muß man feststellen, daß die Anwendungsbereiche der Schneideverfahren, im wesentlichen auf integrierte Strukturen höherer Ordnung und auf Mikrowellenstrukturen beschränkt sind. Bei elementaren Strukturen findet man nur spezielle Anwendungen. Hier sind es meist Druckvorlagen für die Lötstopp-Lakierung, die Oberflächenmetallisierung und für Schaltungen mit großen Schirmungsflächen.
Bild 3.27 zeigt eine Druckvorlage, die in einer Mischtechnik aus Kleben und Schneiden entstanden ist. Es handelt sich um eine HF-Schaltung mit hohem Schirmungsaufwand, analogem IC und konzentrierten Spulen. Als interessantes Detail ist zu erkennen, daß es sich bei der Klebetechnik um die Multicolortechnik handelt, und daß nicht nur gemeinsame Anschlußflächen in Schwarz, sondern auch seitenbezogene Anschlußflächen in Rot und Blau auftreten.
Die eigentliche Schnittmethode, das Führen des Messers in dem Folienlaminat und das Abheben (Stripping) der vollständig umschnittenen Kontur, zeigen die folgenden Darstellungen. In Bild 3.28 wird verdeutlicht, daß der Andruck des Messers so erfolgen muß, daß nur die Farbfolie und der Kleber geschnitten werden. Bild 3.29 zeigt, daß eine exakte Eckenstruktur durch Überschneiden erreicht wird. Die Schnittlinien sind in der Reproduktion unsichtbar. Das Abheben der Farbfolie erfolgt mit dem Schnitt- oder Retuschiermesser.

3.1.5.1 Manuelles Schneideverfahren

Das Schneideverfahren in der Form des manuellen Schneidens ist in der Elektronik wenig verbreitet. Für reine Labormuster von Mikrowellenschaltungen jedoch hat sich das Verfahren bewährt. An der FH-Dortmund werden Mikrowellenstrukturen seit langem auf Lichtflächen-Zeichenmaschinen mit hinreichender Qualität geschnitten. Die Methode ist der manuellen Zeichentechnik durchaus verwandt. Anstelle des Tuschezeichengerätes tritt das Messer. Dementsprechend kann man in einem ersten Überblick mit den gleichen Genauigkeiten wie im Falle der Schwarz/Weiß-Zeichentechnik rechnen.
Bild 3.30 zeigt eine im Maßstab 8 : 1 geschnittene Druckvorlage für einen zweistufigen Mikrowellenverstärker. Charakteristisch sind gestreckte und mäanderförmige Leiterstreifen und unterschiedliche große Flächen als Kontaktbereiche und Kondensatorelektroden.
Der Problembereich ist beschreibbar durch extrem schmale Leiter in der Größenordnung bis 0,100 mm mit engster Breitentoleranz und Leiter exakt definierter Länge. Der-

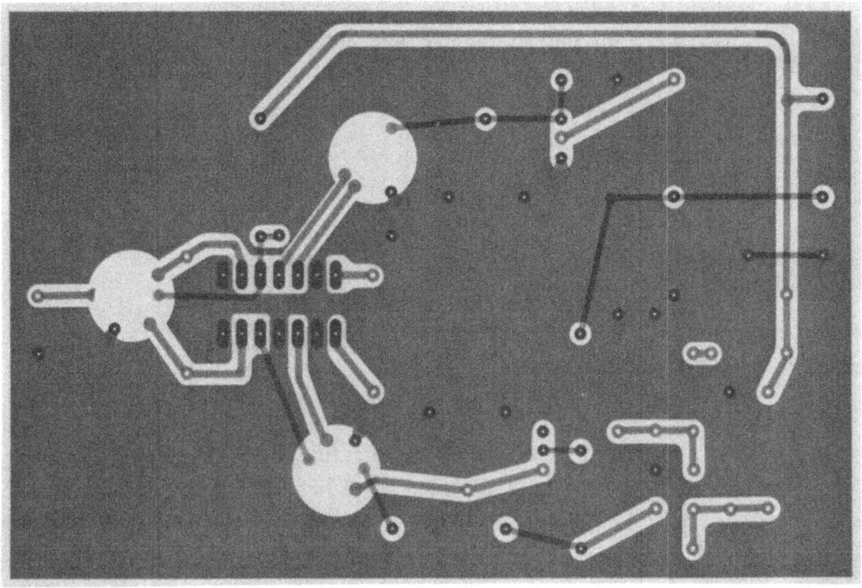

Bild 3.27
Druckvorlage einer HF-Schaltung, entstanden über eine Mischtechnik aus Kleben und Schneiden.

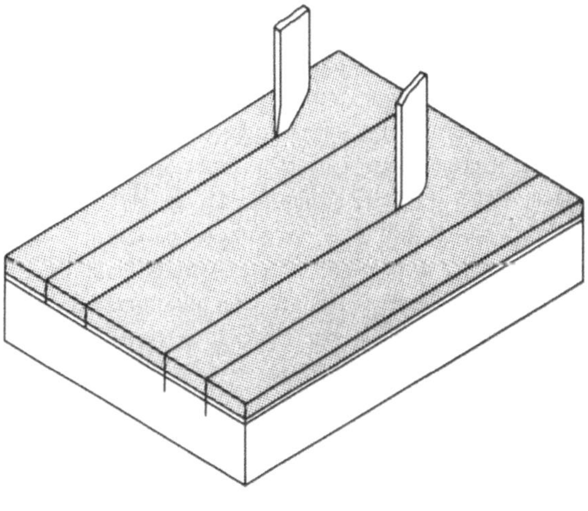

Bild 3.28 Schnittmethode: falscher und richtiger Messerandruck (Schneiden in Farbfolie und Kleber).

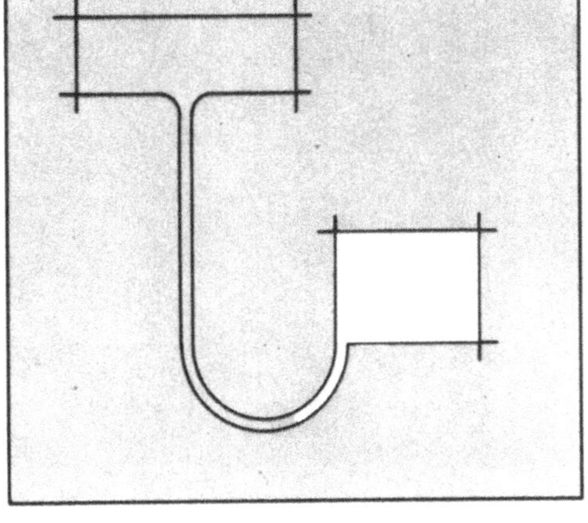

Bild 3.29 Schnittmethode: exakte Eckenkontur durch Überschneiden.

artige Strukturgenauigkeiten sind nur bei entsprechender vergrößerter Schnittdarstellung erreichbar.

Erfahrungsgemäß lassen sich bei mittleren Strukturdimensionen für den Betriebsfrequenzvereich um 1 GHz Vergrößerungsmaßstäbe ≦ 10 : 1 und für den Betriebsfrequenzbereich um 10 GHz Vergrößerungsmaßstäbe ≧ 20 : 1 anwenden. Bei Leiterbreiten ≦ 5 mm in der Vergrößerung hat sich die Verwendung von metrischen Rasterfolien mit einem Rasterabstand von 1 mm (Raster schwarz) als Unterlage der Schnittlaminate bewährt. Im Falle von Leitern um 1 mm in der Vergrößerung, wenden wir an der FH-Dortmund ein Annäherungsverfahren mit gutem Erfolg an, das in Bild 3.31 illustriert wird. Die Tafeln 3.6 und 3.7 listen die Daten geschlossen auf.

Tafel 3.6: Vergrößerungsmaßstäbe für Mikrowellenstrukturen

Vergrößerungsmaßstab	
Betriebsfrequenzbereich	Maßstab
1 GHz	≦ 10 : 1
10 GHz	≧ 20 : 1

Tafel 3.7: Hilfsmittel der Strukturdarstellung von Mikrowellenschaltungen

Darstellung von Leiterbreiten		
Leiterbreite	Maßstab	Hilfsmittel
≧ 5 mm	Vergrößerungsmaßstab	mm-Raster
~ 1 mm	Vergrößerungsmaßstab	Annäherungsverfahren

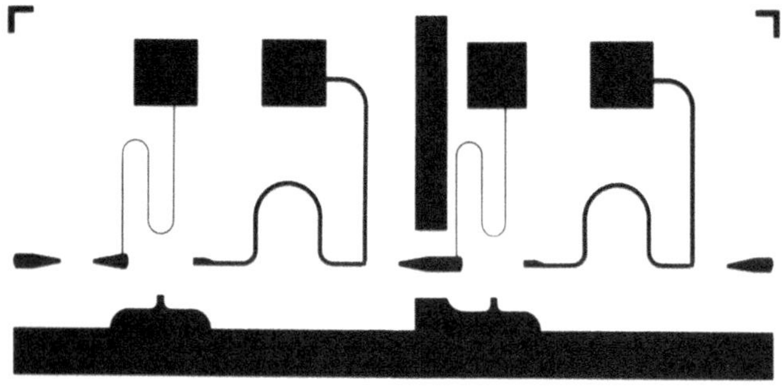

Bild 3.30 Druckoriginal einer Mikrowellenschaltung (2-stufiger Verstärker), gewonnen aus einer Druckvorlage, die durch manuelles Schneiden im Maßstab 8:1 entstand.

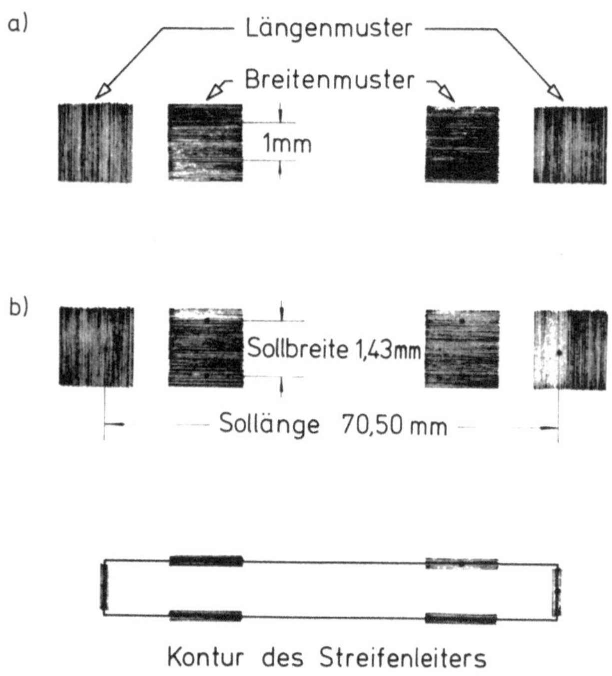

Bild 3.31 a) u. b) Annäherungsverfahren für manuelles Schneiden;
a) Anlegen eines Strichmusters für Breite und Position;
b) Vermessen des Strichmusters und Ausziehen der Struktur unter einer Arbeitslupe.

Auf einer Zeichenfolie, die als Unterlage der Schnittfolie dient, wird die Gesamtstruktur mit Ziehfedern in den Stärken 0,1 mm bis 0,15 mm konstruiert. Ferner wird im Bereich extrem schmaler Leiter je ein Strichmuster feinster Linien für Breite und Position (Länge) gezogen. Siehe hierzu Bild 3.31a. Mit einer Meßlupe wird das Muster auf Koinzidenz zur erforderlichen Breite und mit einem Koinzidenzmaßstab oder mit Präzisionsmaßstäben und Meßlupe auf erforderliche Länge untersucht und markiert, siehe Bild 3.31b. Im Anschluß daran wird unter einer Arbeitslupe der Streifenleiter ausgezogen. Siehe Bild 3.31b. Die Folie wird im weiteren Arbeitsablauf unter einer Arbeitslupe, der konstruierten Kontur folgend geschnitten und gestrippt.

Die mit diesem Verfahren erreichbaren Schnittgenauigkeiten sind kumulativ den Aufzeichungen der Tafel 3.8 entnehmbar.

Tafel 3.8: Kumulative Schnittgenauigkeiten

Schnittgenauigkeit	
Leiterbreite	± 0,100 mm
Leiterlänge	± 0,200 mm

3.1.5.2 Schnittkoordinatographen (manuell)

Seit ca. 50 Jahren werden für genaue Darstellungsverfahren in der Kartographie manuell betätigte Schnittkoordinatographen eingesetzt. Mit steigenden Genauigkeitsforderungen integrierter Strukturen griff man in der Elektronik auf diese Präzisionszeichengeräte zurück. Bild 3.32 zeigt einen typischen Vertreter dieser Gerätefamilie. Die Zeichenwerkzeuge werden auf orthogonal führbaren Wagen manuell bewegt (Zeichnen in rechtwinkligen Koordinaten). Hierbei wird die Bewegung über Meßritzel und Meßzahnstange an einer Meßscheibe sichtbar gemacht. Feinbewegungsschrauben ermöglichen eine genaue Positionierung. Zur Zeichnung in Polarkoordinaten dient ein Drehtisch, dessen Auflagefläche aus einer durchscheinenden Spiegelglasfläche besteht. Da Koordinatographen als vollwertige Präzisionsmaschinen anzusehen sind, erlauben sie Arbeitsverfahren mit Bleimine, Kugelschreiber, Tuschezeichengerät und Schneide- und Graviereinrichtung. In der Elektronik ist die Anwendung im wesentlichen auf Schneide- und Graviereinrichtungen beschränkt. Hierher ist auch die Bezeichnung Schnittkoordinatograph verständlich.
Als Genauigkeitskriterium wird bei Koordinatographen die Punktierungsgenauigkeit definiert. Hierunter ist jene Genauigkeit zu verstehen, mit der ein Punkt innerhalb

Bild 3.32 Schnittkoordinatograph (manuell)

eines genau bestimmten Arbeitsbereiches positioniert werden kann. Die Punktiergenauigkeit ist als Orthogonaltoleranz einzustufen. Typische Genauigkeiten sind Tafel 3.9 zuentnehmen.

Tafel 3.9: Punktiergenauigkeit von Schnittkoordinatographen

Punktiergenauigkeit		
Gerätetyp	orth. Toleranz	Auflagebereich
Drehtisch/XY	± 0,020 mm	ϕ 800 mm 850 mm X 850 mm
XY	± 0,030 mm	1500 mm X 2200 mm

Eine Erleichterung zur Positionierung stellen Koordinatographen mit digitaler Positionsanzeige dar. Hier werden die Stellungen der XY-Wagen durch Digitalanzeige kenntlich gemacht. Das kleinste Weginkrement wird mit 0,010 mm angegeben. In Bild 3.32 ist eine solche Anzeigeeinrichtung sichtbar.

3.1.5.3 Genauigkeitserwartung

Nach den Darlegungen dieses Abschnittes beruhen die Angaben über Form- und Positionsabweichungen manueller Schneideverfahren der Grafik Bild 3.33 ausschließlich auf Erfahrungswerte einer Quelle (FH-Dortmund) und eines Anwendungsbereiches (Mikrowellenschaltungen). Dabei kumuliert die Formabweichung bei 0,100 mm während die Positionsabweichung, die hier als Längenabweichung anzusehen ist, bei 0,200 mm kumuliert. Die Grenze der Erwartungsbreite ist für beide Abweichungen fast gleich.

Bei den Herstellerangaben Aristo und Liton handelt es sich um Angaben über die Punktiergenauigkeit und über Formabweichungen bei Schichtgravuren [3.11], [3.12].
Es ist bezeichnend, daß bei rein manuellen Schneideverfahren die Genauigkeiten von manuellen Schwarz/Weiß-Zeichenverfahren sich annähernd wiederholen. Mit Hilfe von Koordinatographen ist das manuelle Verfahren nun in seiner Genauigkeit so erheblich zu steigern, daß die geforderte Zeichengenauigkeit kumulativ erreicht wird. Dies ist auch Grund dafür, daß häufig mittels Koordinatographen Druckoriginale direkt erzeugt werden. Die hohe Präzision der Koordinatographen macht sie für weite Bereiche der Laborfertigung unentbehrlich.

3.1.6 Maschinelles Zeichenverfahren

Die Analyse der Genauigkeitserwartung aller rein manuellen Darstellungsverfahren läßt folgende Feststellung zu:

1. die geforderte Zeichengenauigkeit ist im Maßstab 1 : 1 nicht erreichbar,
2. die Druckwerkzeuge sind nur über einen Transformationsprozeß vergrößert ausgeführter Druckvorlagen darstellbar,
3. ökonomisch sind manuelle Verfahren teilweise bedenklich,
4. rein manuelle Verfahren sind innovationshemmend.

Von diesen Feststellungen ausgehend, ist das Bedürfnis nach maschinellen Zeichenverfahren angepaßter Genauigkeit hochaktuell und läßt sich durch zwei Zielsetzungen formulieren. Siehe hierzu Bild 3.34.

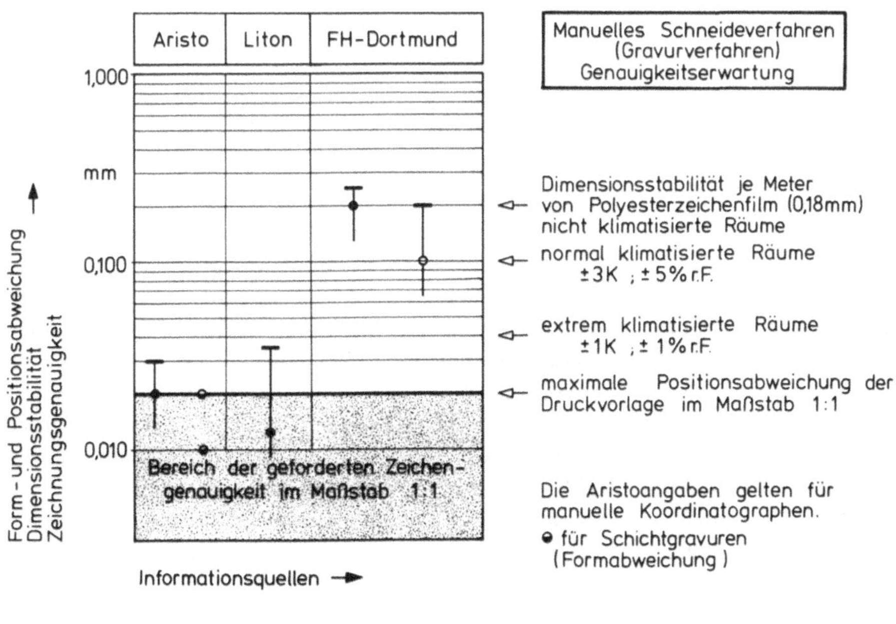

Bild 3.33
Übersichtsgrafik der Genauigkeitserwartungen der Schneideverfahren.

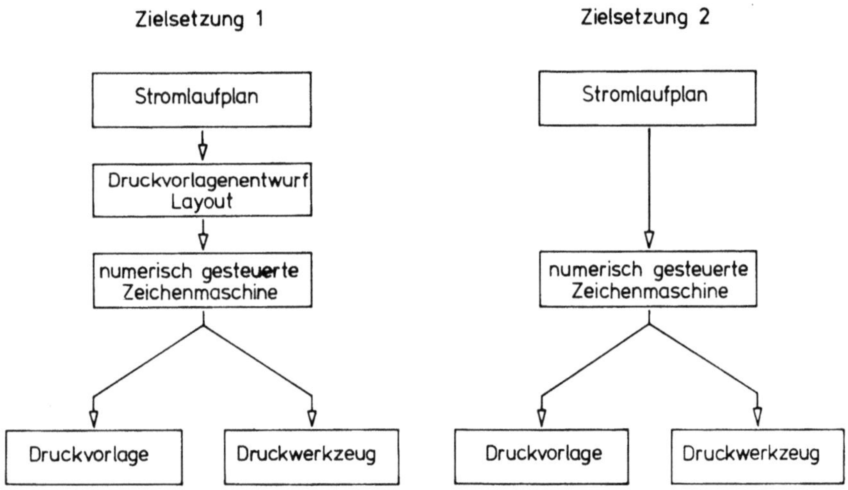

Bild 3.34
Zielsetzungen zur Anwendung maschineller Zeichenverfahren bei der Herstellung von Druckvorlage, Druckoriginal oder Druckwerkzeug.

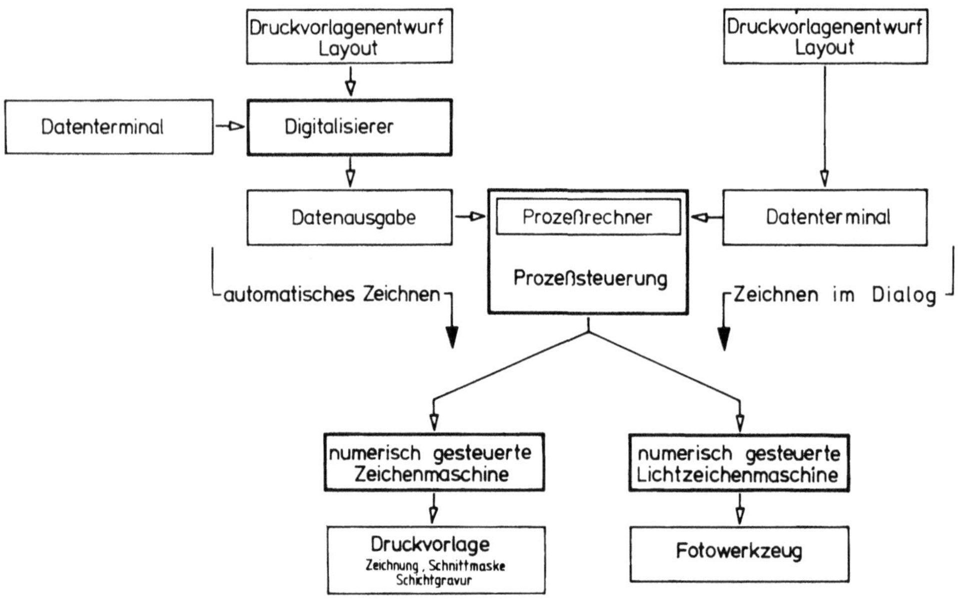

Bild 3.35
Typische Systemkonzeption für maschinelle Zeichenverfahren der Qualitäten automatisches Zeichnen und Zeichnen im Dialog.

Zielsetzung 1 geht von einem Druckvorlagenentwurf aus, der aus dem Stromlaufplan entwickelt wird. Die im Druckvorlagenentwurf enthaltene Strukturinformation wird dann in numerische Information gewandelt und eine numerisch gesteuerte Zeichenmaschinen erstellt maschinell eine Druckvorlage oder ein Fotowerkzeug.

Zielsetzung 2 schließt den Arbeitsschritt des Entwurfs der Druckvorlage aus. Durch direkten Übergang aus der Schaltungsinformation in numerische Information erfolgt die vollständige Informationswandlung. Wiederum generiert eine numerisch gesteuerte Zeichenmaschine eine Druckvorlage oder ein Fotowerkzeug. Beide Zielsetzungen sind nur lösbar mit Rechnerhilfe. In Bild 3.35 wird eine detaillierte System- und Datenflußbetrachtung aufgezeigt, die auf Zielsetzung 1 abhebt und weitgehend typisch ist für maschinelle Zeichenverfahren der Elektronik, des Maschinen- und Schiffsbaus und der Kartographie.

Die Systemkonzeption weist zwei Betriebsprogramme auf, dementsprechend sind zwei unterschiedliche Zeichenverfahren verfügbar. Ausgangsinformation beider Verfahren ist die Strukturinformation des Layout. Der Prozeßschritt des Transformierens des Stromlaufplanes in ein Layout in der Definition des Abschnitts 3.1.1 ist nicht aufgehoben. Dem Prozeßweg – automatisches Zeichnen – folgend, wird die Strukturinformation mittels eines Digitalisierers in numerische Information gewandelt. Zusatzinformationen, wie zum Beispiel Beschriftungen, Text, Schaltbefehle, können über eine Tastatur alphanumerischer Zeichen eingegeben werden. Als Datenausgabegeräte kommen Datenschreibmaschinen, Lochstreifenstanzer und Magnetbandgerät infrage. Die so verarbeitete Information fließt der Prozeßsteuerung mit integriertem Prozeßrechner zu, indem angepaßte Dateneingabegeräte, meist schnelle Lochstreifenleser, benutzt werden.

Das Betriebsprogramm für automatisches Zeichnen verfügt meist über folgende aufrufbare Zeichen-Funktionen:

- Linearinterpolation,
- Zirkularinterpolation,
- Parabolische Interpolation,
- Ebenenauswahl bei Zirkularinterpolation,
- Art des Linienzeichnens,
- Nullpunktvorwahl,
- Koordinaten absolut,
- Koordinaten inkremental,
- Koordinatendrehung,
- usw.

Die Prozeßsteuerung aktiviert entsprechend der eingegebenen und verarbeiteten Information die Antriebe der Präzisionszeichenmaschine, beispielsweise die Schrittschaltantriebe der Quer- und Längsbewegung bei XY-Zeichenmaschinen (XY-Plotter), ferner die Aktion der Zeichenwerkzeuge.
Auf dem Prozeßweg – Zeichnen im Dialog – wird die Strukturinformation durch eine gedankliche Transformation des Operators, mittels spezifischer Sprachen für die Definition von Strukturelementen, über Datenschreibmaschine eingegeben. Der verfügbare Befehlsumfang deckt folgende Elemente ab:

- gerade Linie,
- Anschlußradien,
- Kreisbogen,
- Vollkreis,
- Tangente an den Kreis,
- usw.

Das Ergebnis des Zeichenvorgangs ist eine Druckvorlage hoher Präzision in einem wählbaren Maßstab, häufig im Maßstab 1 : 1, die in ein Fotowerkzeug umgesetzt werden muß. Entsprechend der Auswahl der Zeichenwerkzeuge sind Tuschezeichnungen mit feinsten Linienbreiten, Grobzeichnungen mit Kugel oder Faserschreiber, aber auch hochpräzise Schnitt- und Gravurzeichnungen mittels tangentialgesteuerter Schneide- und Gravureinrichtungen ausführbar. Bei der Anwendung numerisch gesteuerter Lichtzeichenmaschinen ist das Ergebnis direkt ein Fotowerkzeug als Leitungspositiv höchster Genauigkeit. Diese Zeichenmaschinen verwenden als Zeichnungsträger lichtempfindliche Filme oder Glasplatten, die mittels eines Lichtstrahles strukturiert werden. Nach der Entwicklung des Zeichnungsträgers stehen Fotowerkzeuge mit Positioniergenauigkeiten im Maßstab 1 : 1 von 0,010 mm bis 0,020 mm zur Verfügung.
In Bild 3.36 ist eine Gerätekonzeption einer numerisch gesteuerten Zeichenmaschine abgebildet, die dem beschriebenen Systemaufbau weitgehend entspricht. Das Detailbild 3.37 zeigt den Vorgang einer Schnittmaskenherstellung unter Anwendung einer tangentialgesteuerten Schneide- und Gravureinrichtung und die digitale Koordinatenanzeige.

Bild 3.36 Automatische Zeichenanlage Aristomat 205 G und interaktives Bildschirmsystem CD 400.

Bild 3.37 Schnittmaskenherstellung unter Anwendung einer tangentialgesteuerten Schneide- und Gravureinrichtung.

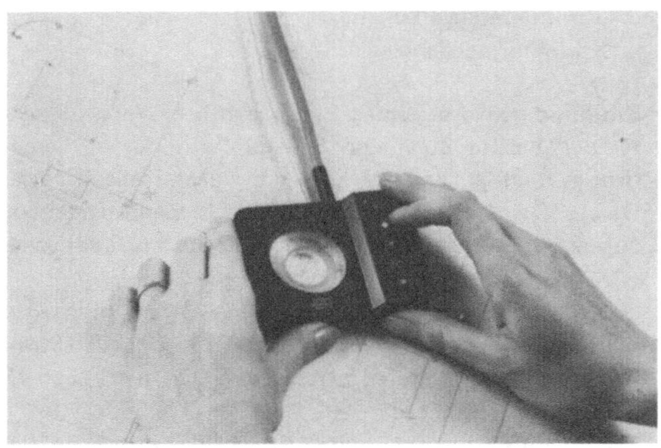

Bild 3.38 Sensor und Meßautomatik einer Digitalisiereinrichtung.

3.1.6.1 Digitalisieren

Definitiv ist Digitalisieren die Wandlung der Struktur- oder Geometrieinformation in numerische Information, geeignet zur Rechnersteuerung oder ganz allgemein zur Aktivierung numerisch gesteuerter Maschinen. Damit ist zum Ausdruck gebracht, daß die Ausgabeinformation eines Digitalisierers über die Anwendung zur Steuerung von Zeichenmaschinen hinausgeht und beispielsweise zur Steuerung von Bohrmaschinen herangezogen werden kann.

Die Informationswandlung geschieht auf einem signalsensibilisierten Tableau, dem Digitalisierfeld, mittels Sensoren und einer Meßelektronik. Die Sensibilisierung ist unterschiedlich. Man kennt induktiv wirkende Schleifensysteme, Rastersysteme mit magnetostriktiver Wirkung, kapazitive Systeme und Spulensysteme mit Servosteuerung. Bild 3.38 zeigt ein Digitalisierfeld mit Sensor, Meßautomatik und Datenausgabe. Digitalisieren ist als operationsbezogener Verfahrensschritt arbeitsintensiv und fehleranfällig. Dies trifft insbesondere für Strukturen mit hoher Flächendichte der Leiter und Anschlußflächen zu. *B. G. Atherton* [3.13] hat in seiner Betrachtung über Fakten und Fiktionen des Digitalisierens diesen Arbeitsprozeß kritisch kommentiert und insbesondere Erfahrungswerte über Digitalisierfehler und deren Ursachen genannt.

Auf der Basis von 2750 zu digitalisierenden Positionen legt *Atherton* die Fehlerrate bei 5 falsch digitalisierten Positionen fest, um mit einem einzigen Korrekturdurchlauf eine fehlerfreie Digitalisierung zu erreichen.

In der Tat ist erfahrungsgemäß mit heutigen Digitalisiereinrichtungen nur einmal die Druckvorlage zu korregieren, um zu einem fehlerfreien Exemplar zu kommen. Dies trifft auch auf sehr komplexe Leiterstrukturen zu, die 2000 bis 4000 zu digitalisierende Positionen in einem 2,5 mm- oder 2,54 mm-Raster aufweisen.

Voraussetzungen für einen einmaligen Korrekturdurchlauf sind:

1. Arbeitsorganisation
2. Arbeitsplatzgestaltung
3. Strukturdatenvorbereitung
4. Korrekturmöglichkeiten.

Strukturdatenvorbereitung. Eine wesentliche Voraussetzung für die Digitalisierung einer Schaltungsstruktur ist die eindeutige und auffindbare Festlegung aller maßabhängigen Details. Dies betrifft Leiterbreiten wie Leiterabstände, Lötaugenposition wie Lötaugenrand, Steckeranschlußflächen wie Steckerbefestigung, Leiterverlauf wie Leiterlänge.

Jede dieser Strukturinformationen muß zweifelsfrei in numerische Information wandelbar sein. Dabei ist allen Strukturdetails ein Rasternetz zuzuordnen. Dies trifft auch für die Leitungsführung zu.

Man sollte sich prinzipiell zur Entwurfsregel machen, daß alle Positionen und Strecken Rasterbezug haben.

Es ist fraglich, ob eine Grobdarstellung des Layout nach Bild 3.6, selbst unter Beigabe einer Strukturdatenliste nach Bild 3.7, ein hinreichender Druckvorlagenentwurf für die Digitalisierung darstellt. Empfehlenswert ist bei komplexen Strukturen, deren zu digitalisierende Positionen oberhalb von 2000 Positionen liegen, in jedem Fall ein detailliert konstruierter Vorlagenentwurf. In Bezug auf Digitalisierfehler spielt notwendigerweise der Entwurfsmaßstab eine Rolle. Es hat sich als zweckmäßig erwiesen, den Maßstab auf 2 : 1 festzulegen. Üblich sind die Maßstäbe 2 : 1 und 4 : 1.

Und noch eine Regel sollte man beachten. Es ist unzulässig in den Druckvorlagenentwurf Freiheitsräume der Gestaltung einzubauen, denn Digitalisieren schließt „Kunstformen" wie angeschnittene Lötaugen, Leiterverengungen, usw. aus.

Korrekturmöglichkeiten. Wesentlich für die Dämpfung der Fehlerraten ist die Kontrolle der digitalisierten Struktur und die Möglichkeit des Operators interaktiv in die Digitalisierung einzugreifen. Derartige Möglichkeiten bieten die Digitalisiergeräte der zweiten und dritten Generation, die interaktiven Digitalisiergeräte und schließlich die interaktiven Bildschirmarbeitsplätze für das rechnerunterstützte Gestalten. Auf diese Gerätefamilie wird in Kapitel 5 näher eingegangen.

3.1.6.2 Lichtzeichenmaschinen

Die Antwort auf die Frage nach einer problemorientierten optimalen Lösung der Zeichentechnik, kann nur in einer Lichtzeichentechnik liegen. Dieses Verfahren bietet die Möglichkeit der direkten Herstellung eines Druckoriginals (Druckwerkzeugs) angepaßter Genauigkeit im Maßstab 1 : 1. Hierbei wird der reprografische Prozeß der Druckvorlagentransformation in ein Druckoriginal (Druckwerkzeug) ausgeschlossen. Gleichzeitig gewinnt man bei Lichtzeichenverfahren eine Reihe wesentlicher Vorzüge gegenüber anderen:

1. hohe Strukturpräzision in Maßgenauigkeit und Konturenschärfe,
2. hohe Varianz der Struktursymbole, wie Breitensymbole, Beschriftung, Passer, usw.,
3. hohe Arbeitsgeschwindigkeit.

Bild 3.39 zeigt eine bewährte Konstruktion einer Präzisions-Lichtzeichenmaschine. Die Zeichenvorlage wird auf einem Tisch in einer Ausrichtung bewegt, während das Zeichenwerkzeug an einem Portalschlitten orthogonal darüber bewegt wird. Die Bewegungen werden durch elektronisch gesteuerte Antriebe vorgenommen, deren Position laufend vermessen wird. Dadurch erreicht man extreme Positioniergenauigkeiten von < 0,020 mm.

Als Zeichenvorlage dienen vornehmlich orthochromatische Planfilme mit sehr steiler Gradation. Zeichenwerkzeug ist im übertragenen Sinne ein Lichtzeichenkopf, der den Ausgang eines faseroptischen Lichtleiters als Lichtquelle, einen Kondensor, einen Lichtreglungssensor und auf einer Objektscheibe die Struktursymbole aufnimmt. Bild 3.40 zeigt einen Lichtzeichenkopf mit Objektscheibe als Träger der Objekte oder Struktursymbole, die in die Ebene des Films abgebildet werden und dort das Strukturbild darstellen. Der Vorgang der Objektabbildung, der Objektsteuerung und der Beleuchtungsstärkeregelung zeigt Bild 3.41. Die eigentliche Lichtquelle befindet sich in einer Box auf dem Portal.

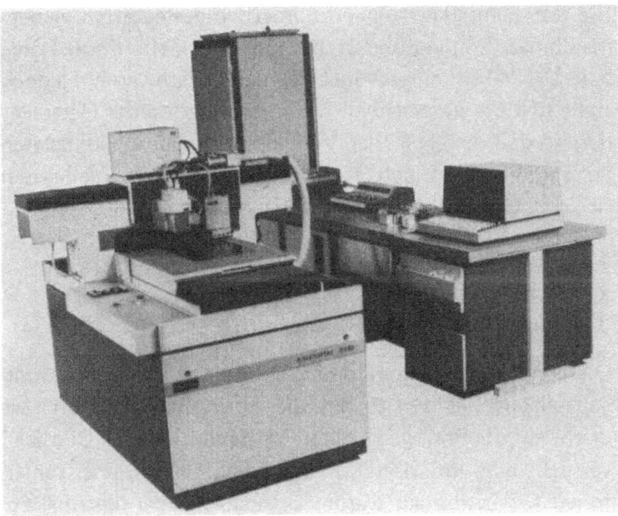

Bild 3.39 Präzisions-Lichtzeichenmaschine Aristomat 8330.

Bild 3.40 Lichtzeichenkopf einer Lichtzeichenmaschine Aristomat 8330 mit Objektscheibe als Träger der Struktursymbole.

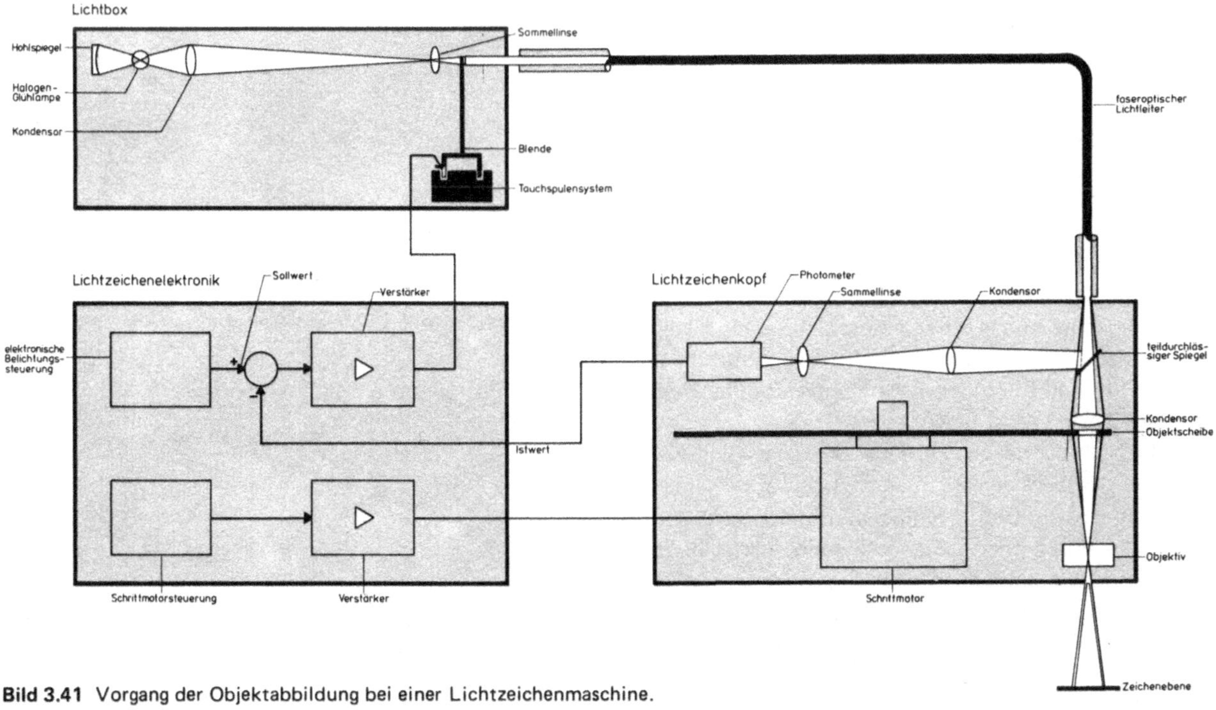

Bild 3.41 Vorgang der Objektabbildung bei einer Lichtzeichenmaschine.

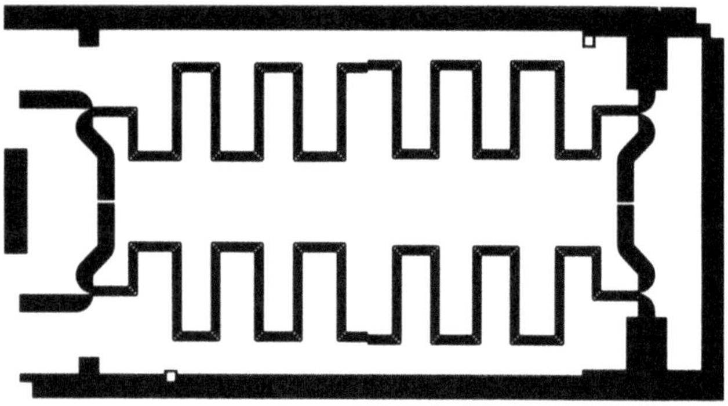

Bild 3.42 Lichtgezeichnete Kopplerstruktur extremer Strukturdichte und Breite.

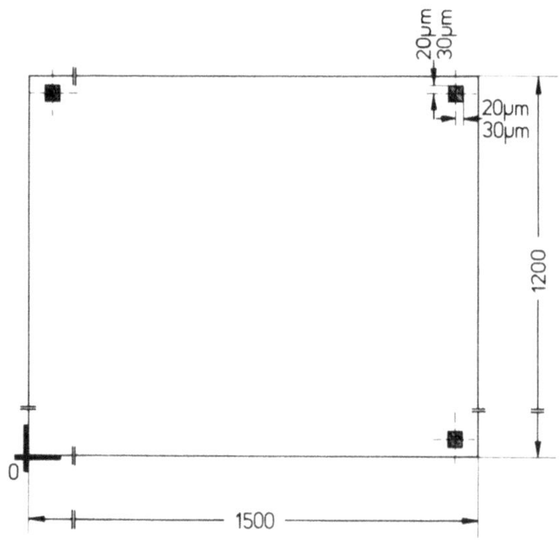

Bild 3.43 Interpretation des Genauigkeitsmerkmals: Punktiergenauigkeit.

Der Lichtzeichenvorgang läuft nun prizipiell so ab, daß im Falle des Linienbelichtens (Linienzeichnens) der Lichtpunkt über das Fotomaterial bewegt wird und hierbei die Beleuchtungsstärke proportional der Zeichengeschwindigkeit geregelt wird. Beim Zeichnen von Symbolen (Symbolbelichten) wie beispielsweise bei Lötaugen, wird bei stillstehender Maschine durch Blitzen eines definierten Helligkeitswertes das abzubildende Objekt auf den Fotofilm fixiert. In [3.14] und [3.15] wird die Lichtzeichenmaschine der vorgestellten Art näher beschrieben.

Auf eine spezielle Anwendung soll hier besonders hingewiesen werden. Lichtzeichenmaschinen erlauben das Aneinandersetzen von Linien. Das ist einmal von Interesse für Leiterbreiten, die durch entsprechende Symbole des Objektträgers direkt nicht darstellbar sind, zum anderen für das Darstellen großflächiger Strukturen, wie Schirmungsflächen usw. Weiterhin sind aber auch vergrößerte Strukturen (10 : 1) durch Aneinanderfügen darstellbar, und damit wird die Lichtzeichentechnik beispielsweise für die Mikrowellentechnik hochinteressant. War es bislang nicht möglich verkoppelte Strukturen mit Originalabmessungen der Leiterbreiten und Abstände von 0,050 mm bis 0,100 mm in Schneideverfahren darzustellen, da derartige Streifen weder strippfähig noch haftfähig sind, so erlaubt die Lichtzeichentechnik dies bei vergrößertem Maßstab. Bild 3.42 zeigt eine Kopplerstruktur extremer Dichte und Breite lichtgezeichnet.

3.1.6.3 Genauigkeitserwartung

Die Darstellungsgenauigkeit numerisch gesteuerter Zeichenmaschinen kann grundsätzlich in den Definitionskatalog von DIN 4184 eingeordnet werden. Erschwerend jedoch stellt sich die unterschiedliche Interpretation der Hersteller dar, so daß ein genereller Vergleich von Genauigkeitsdaten nur mit Vorbehalt getroffen werden kann. Prinzipiell lassen sich drei Genauigkeitsangaben analysieren:

1. Positionier- oder Punktiergenauigkeit,
2. Zeichengenauigkeit,
3. Reproduzierbarkeit.

Die erste Angabe nimmt Bezug auf die Lage- oder Positionsgenauigkeit, die zweite auf die Formgenauigkeit und die dritte auf die Formgenauigkeit im Repetitionsfall. Bild 3.43 versucht eine Interpretation des Falles 1. Von einer fehlerfreien 0-Position aus werden orthogonal oder diagonal Positionen auf dem Zeichnungsträger angefahren und dort ein

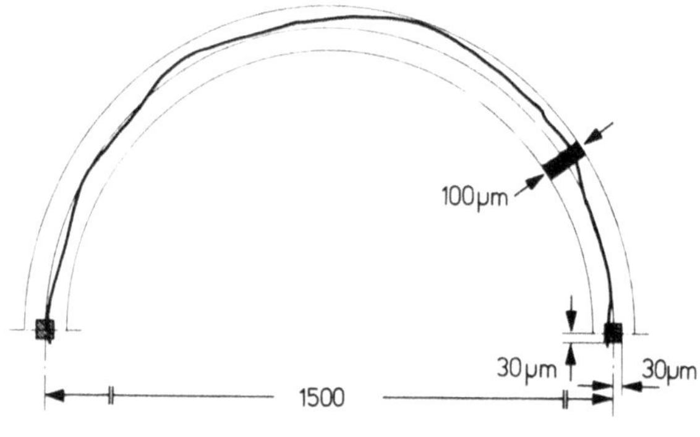

Bild 3.44 Interpretation des Genauigkeitsmerkmals: Zeichengenauigkeit.

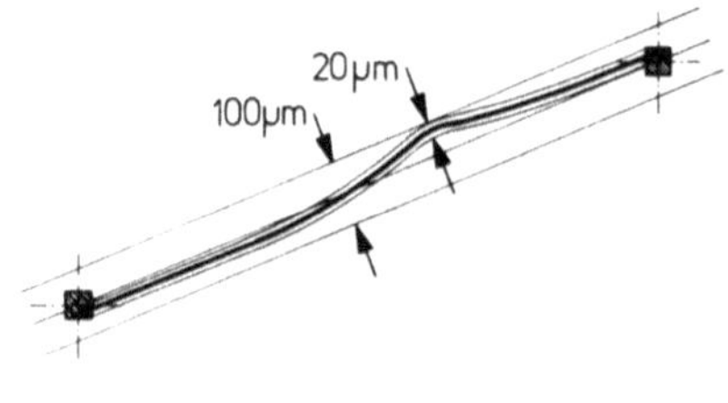

Bild 3.45 Interpretation des Genauigkeitsmerkmals: Reproduzierbarkeit.

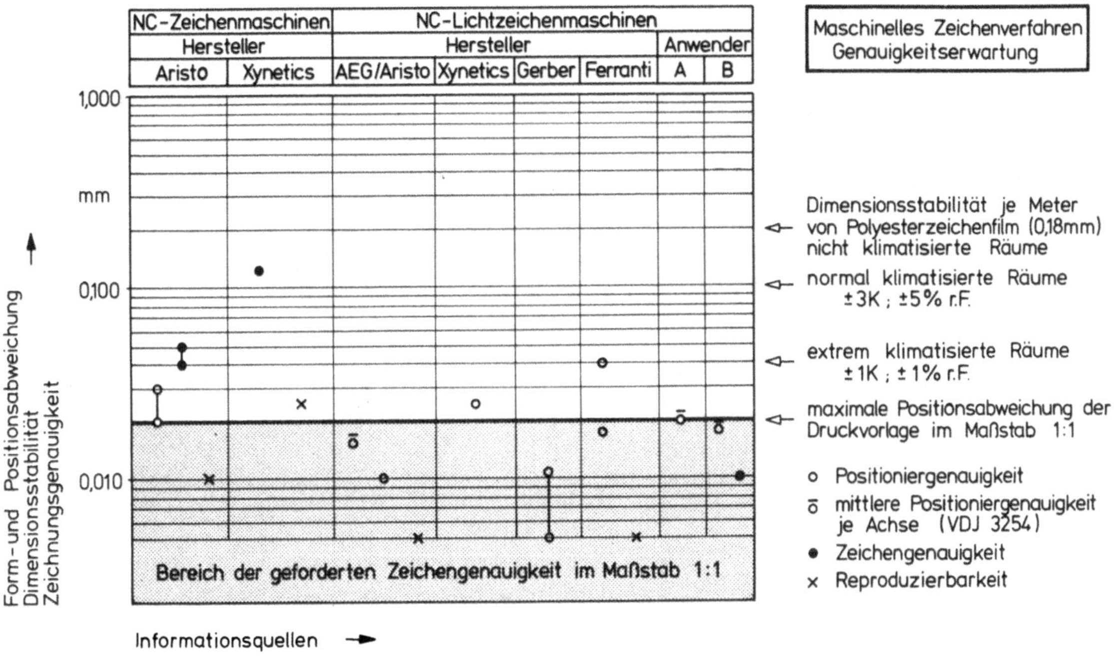

Bild 3.46 Übersichtsgrafik der Genauigkeitserwartungen der maschinellen Zeichenverfahren.

Punkt positioniert. Die Dimensionen der Anfahrstrecken liegen bei Längen bis 1 500 mm. Die Angabe sagt nun aus, daß der Punkt innerhalb eines Abweichungsquadrates (Toleranzfeld) definierter Kantenlänge positioniert wird.

Bild 3.44 versucht eine Interpretation des Falles 2. Ausgehend von einer Position wird ein Halbkreis gezeichnet, dessen Durchmesser durchaus die Größe der Längsausdehnung des Zeichnungsträgers annehmen kann. (z.B. 1 500mm). Bedingt durch Massenträgheitseffekte infolge vorgegebener Zeichengeschwindigkeit, liegt der gezeichnete Strich innerhalb eines Abweichungsringes (Toleranzfeld) definierter Breite. Für die Anfangs- und Endposition gilt das unter Fall 1 Gesagte sinngemäß.

Bild 3.45 interpretiert Fall 3. Wird die Position 2 zum wiederholten Mal zeichnend angefahren, so liegt die Strichmenge innerhalb eines Toleranzschlauches definierter Breite.

Abgesehen von einer Einordnung in eine bestimmte Norm, ist die einheitliche Bestimmung der Abweichungen von entscheidender Bedeutung. Hier bietet sich die VDI-Richtlinie 3254 [3.7] über die Genauigkeitsangaben bei numerisch gesteuerten Werkzeugmaschinen an.

Auf dieser Basis beginnen die Anwender in jüngster Zeit Kriterien-Kataloge aufzustellen. Die Beurteilungsgrößen sind eine Positionsstreubreite $\bar{R}_{PU}$ und eine Einfahrtoleranz $\bar{T}_{EU}$.

In der Grafik des Bildes 3.46 sind Genauigkeitsangaben von numerisch gesteuerten Zeichen- und Lichtzeichenmaschinen dargestellt, die nachfolgend im einzelnen erörtert werden.

Numerisch gesteuerte Zeichenmaschinen.

Aristo. Die Angaben beziehen sich auf das Präzisionszeichensystem 100, die Zeichenmaschinensteuerung Aristograph 202 und die tangentialgesteuerte Gravier- und Schneideeinrichtung ZBA 373 [3.16]. Die Breite der Positioniergenauigkeit ist abhängig vom Arbeitsbereich. Dieser variiert von 850 mm X 850 mm bis 1 200 mm X 1 500 mm. Für die Zeichengenauigkeit gilt Vergleichbares.

Xynetics. Die Angaben dieses Herstellers beziehen sich auf die Magnetkissen-Zeichenmaschine Modellreihe 1 000 [3.17]. Die Angaben "accuracy" und "repeatability" werden hier als Positioniergenauigkeit und Reproduzierbarkeit interpretiert.

Numerisch gesteuerte Lichtzeichenmaschinen.

AEG/Aristo. Die Informationen beziehen sich auf die AEG-Maschine NCT 2022, die Lichtzeicheneinrichtung AEG LZE 113/LZE 114, die vergleichbare Aristo-Maschine Aristomat 206 und die entsprechenden Steuerungen Geagraph [3.18], [3.19]. Die Daten sind wieder arbeitsbereichbezogen. Der zugrunde liegende Bereich beträgt 500 mm X 700 mm. Die Angabe ,mittlere Positionsabweichung' bezieht sich auf die AEG-NCT 2022 und wird nach VDI 3254 mit ≦ 0,015 mm genannt.

Xynetics. Gemeint ist der gleiche Maschinentyp, jedoch mit einem Laser-Positionierer [3.20].

Gerber. Die Streubreite der Positioniergenauigkeit hängt wiederum ab von der Größe des Arbeitsbereichs. Dieser wird im schlechteren Fall mit 400 mm X 558 mm und im besseren mit 152 mm X 152 mm genannt. Die Daten beruhen auf Definitionen und Messungen nach NMTBA (National Tool Builder's Association) [3.21].

Anwender A und B. Die Daten beziehen sich auf die AEG-Maschine und Untersuchungen über mittlere Positioniergenauigkeit nach VDI 3254. Interessant ist die Angabe der Zeichengenauigkeit von ± 0,010 mm, die für einen Leiterbereich von 0,2 mm bis 4 mm ermittelt wurde. Zusammenfassend verdeutlicht die Grafik die hohe Zeichenpräzision numerisch gesteuerter Zeichenmaschinen. Während Zeichenmaschinen mit allgemeinem Zeichengerät die geforderte Genauigkeit nahezu erreichen, erfüllen Lichtzeichenmaschinen die gestellte Bedingung.

> Das unter 3.1.3.2 aufgezeigte Problem ist grundsätzlich direkt lösbar.

Immerhin sind die Lösungswege bei den unterschiedlichen Maschinentypen unterschiedlich. Die Lichtzeichenmaschine erstellt an sich direkt ein Fotowerkzeug oder Druckwerkzeug als Leitungspositiv. Im Anschluß an diesen Vorgang folgen jedoch meist Kontaktkopierprozesse zur positiv/negativ-Wandlung und/oder Arbeitsmaskenherstellung. Bei Zeichenmaschinen mit üblichen Zeichenwerkzeugen werden Druckoriginale besonderer Art erstellt, nämlich Konturlinien-Druckoriginale, die so nicht verwendbar sind. Ist die Zeichengenauigkeit nicht hinreichend (siehe Grafik) muß eine Druckvorlage (vergrößerter Maßstab) gezeichnet werden. Vergleichbar ist die Betrachtung bei Schneide-/Gravurverfahren. Hier ist zwar auch ein Druckwerkzeug oder Fotowerkzeug grundsätzlich direkt herstellbar, aus Gründen nicht hinreichender Genauigkeit (siehe Grafik) wird man in aller Regel jedoch eine Druckvorlage herstellen. Druckvorlagen erfordern aber reprofotografische Umsetzungsprozesse, an die sich dann noch Kontaktkopierprozesse anschließen. Wertet man die Lösungswege kritisch, so darf man feststellen:

> Das angepaßte Zeichenverfahren ist das Lichtzeichenverfahren.

3.2 Bildübertragung

Nach DIN 40804 [3.23] ist ein Bild:
„(Die) Gestalt der Leiter- und Nichtleiterbilder auf einer Leiterplatte oder einem Nutzen. Der Begriff bezeichnet auch die bildliche Darstellung auf den entsprechenden Fertigungsmitteln und Unterlagen."
Ein Leiterbild ist definitiv:
„(Die) Gestalt des elektrisch leitenden Werkstoffes in einer Ebene einer gedruckten Schaltung."

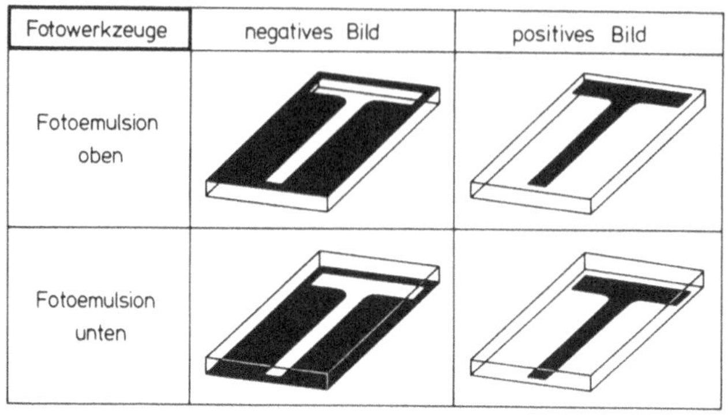

Bild 3.47 Bildinterpretationen der Definitionen positives Bild und negatives Bild.

Weiterhin definiert DIN 40804:
Negatives Bild
„Bild auf dem Druckwerkzeug, in dem das Leiterbild lichtdurchlässig ist."
Positives Bild
„Bild auf einem Druckwerkzeug, bei dem das Leiterbild lichtundurchlässig ist."

Man muß demnach unterscheiden zwischen einem Leiterbild, das als Metallstruktur in Form einer gedruckten Verdrahtung oder gedruckten Schaltung auf einem Basismaterial vorliegt und einem Leiterbild das in irgendeiner strukturierten Form auf den Fertigungsmitteln fixiert ist, geeignet, die Bildübertragung auf metallkaschiertes oder unkaschiertes Basismaterial vorzunehmen.

> Allgemein bezeichnet man jede Art der Bildübertragung als Drucken.

Die strukturierte Form der Fertigungsmittel, hierunter sind allgemein Druckwerkzeuge zu verstehen, ist verfahrensspezifisch unterschiedlich. Die in der Norm genannten lichtdurchlässigen und lichtundurchlässigen Leiterbilder von Druckwerkzeugen beziehen sich im wesentlichen auf Fotowerkzeuge. Im Bild 3.47 sind die Definitionen am Beispiel einer T-Verzweigung näher illustriert und insbesondere nach Lage der Fotoemulsion hin unterschieden. Positives und negatives Bild in Variation mit der Emulsionslage oben oder unten sollten in der Anwendung nur in diesem Sinne benutzt werden. Die Lage der Emulsion zum Übertragungsmittel ist entscheidend für die Präzision der Bildübertragung.

3.2.1 Fotodruckverfahren

Das Fotodruckverfahren wendet zur Bildübertragung die bekannten Methoden der fotografischen Informationsspeicherung an. Diese bilderzeugenden Prozesse, bei denen lichtempfindliche Schichten durch elektromagnetische Strahlung im sichtbaren und unsichtbaren Bereich so struk-

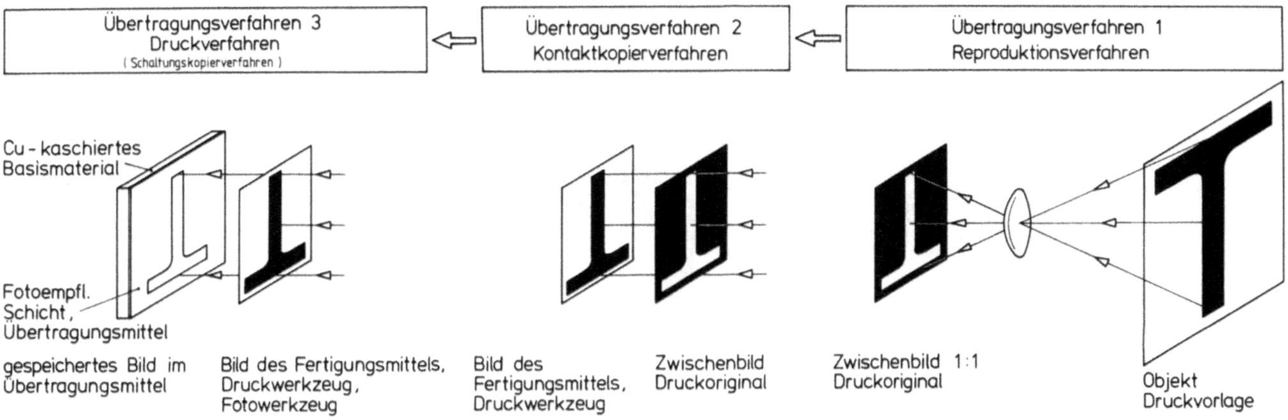

Bild 3.48 Bildübertragungskette bei Anwendung einer vergrößert dargestellten Druckvorlage.

turiert werden, daß von einem abzubildenden Objekt ein reelles Bild erzeugt wird, sind für die Herstellung hochpräziser Leiterstrukturen von entscheidender Bedeutung geworden.

3.2.1.1 Übertragungskette

Die Bildübertragungskette, die kettenhafte Folge der Prozeßschritte zur Bildübertragung, ist mehrstufig variant, je nach Ausgangsstufe der Zeichenvorlage, nach Wirkungstyp der lichtempfindlichen Schicht und nach angestrebter Art der Metallstrukturierung, Tafel 3.10.

Bild 3.48 geht von einer Druckvorlage in vergrößertem Maßstab aus, beispielsweise von einer Klebevorlage. Die Druckvorlage zeigt das Leitungspositiv einer T-Verzweigung, die als schwarze Klebekomposition auf Klarsichtfolie aufgebracht ist. In der ersten Stufe erfolgt eine Umsetzung in ein Druckoriginal im Maßstab 1 : 1. Dieser Verfahrensschritt wird mit Hilfe einer Reproduktionskamera gewonnen. Das Ergebnis ist ein Leitungsnegativ (Filmnegativ).

Ausgehend von der Notwendigkeit eines Leitungspositivs für den Herstellungsprozeß der Metallstrukturierung, wird in einer zweiten Übertragungsstufe mittels eines Kontaktkopierverfahrens eine Schwarzweißwandlung vorgenommen. Das Ergebnis des Kopierverfahrens ist ein Druckwerkzeug mit einem positiven Bild der Leiterstruktur (Filmpositiv). An diesen Beispielen wird der definitive Unterschied zwischen Druckwerkzeug (Fotowerkzeug) und Druckoriginal deutlich.

Als letzte Stufe folgt die Bildübertragung auf die fotoempfindliche Schicht, die auf die Metallkaschierung des Basismaterials aufgebracht ist. Da die Fotoschicht hier nur die Funktion eines Mittels zur Metallstrukturierung hat, das Bild im eigentlichen Sinn strukturhaft auf dem Basismaterial entstehen soll, wird sie Übertragungsmittel genannt. Zur Strukturierung bedarf es der dauerhaften Speicherung des Bildes im Übertragungsmittel. Übertragungsverfahren 3 ist das eigentliche Druckverfahren. Dieses Verfahren wird auch Schaltungskopierverfahren genannt.

In Bild 3.49 ist die Vorlage ein Druckoriginal, beispielsweise die Zeichenvorlage einer NC-Lichtzeichenmaschine als Leitungspositiv (Filmpositiv). Da zur beispielhaften Metallstrukturierung ein Leitungsnegativ erforderlich ist, wird in einer ersten Stufe über ein Kontaktkopierverfahren ein Leitungsnegativ als Druckwerkzeug gewonnen. Die zweite und letzte Stufe ist der des Bildes 3.48 vergleichbar.

Welcher Art die Strukturierung des Übertragungsmittels ist, hängt entscheidend vom Wirkungstyp der Fotoemulsion ab. An dieser Stelle werden vorerst die belichteten und unbelichteten Bereiche der Emulsion als Ausgangsschritt einer Metallstrukturierung betrachtet.

Die Übertragungsketten können über den Rahmen der beiden Arten hinaus vielfältig variiert auftreten. Von Bedeutung sind beispielsweise Verfahrensstufen, bei denen aus Ursprungsdruckwerkzeugen Arbeitsdruckwerkzeuge hergestellt, oder bei denen Vielfachdruckwerkzeuge in einem Nutzenkopierverfahren erzeugt werden. Bild 3.50 zeigt ein Vielfachdruckwerkzeug.

Als Erkenntnis der dargestellten beispielhaften Übertragungsketten sollte feststehen, daß vergrößert ausgeführte Druckvorlagen eines Reduktionsschrittes bedürfen, daß die Übertragungskette länger und grob wertend auch fehlerhaf-

Tafel 3.10: Varianz der Bildübertragung

Bildübertragungskette, mehrstufig variant infolge:	
Stufe der Vorlagenherstellung	Druckvorlage Druckoriginal Druckwerkzeug
Wirkungstyp der Fotoschicht	+/–
Art der Metallstrukturierung	Ätzprozeß Galvanoprozeß Mischprozeß

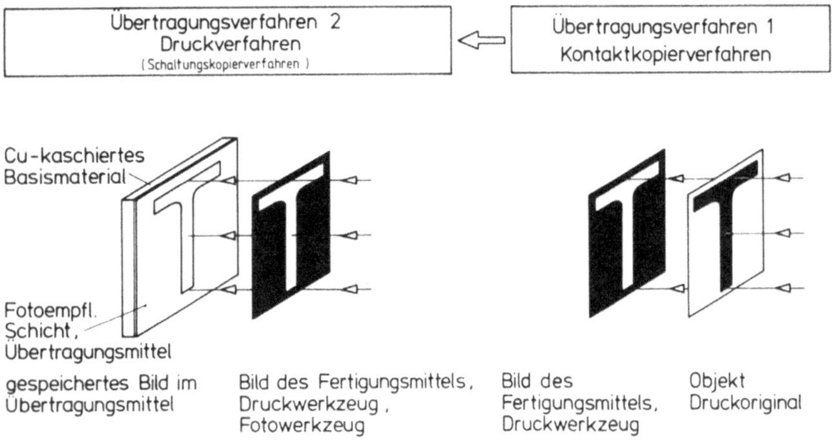

Bild 3.49 Bildübertragungskette bei Anwendung eines Druckoriginals.

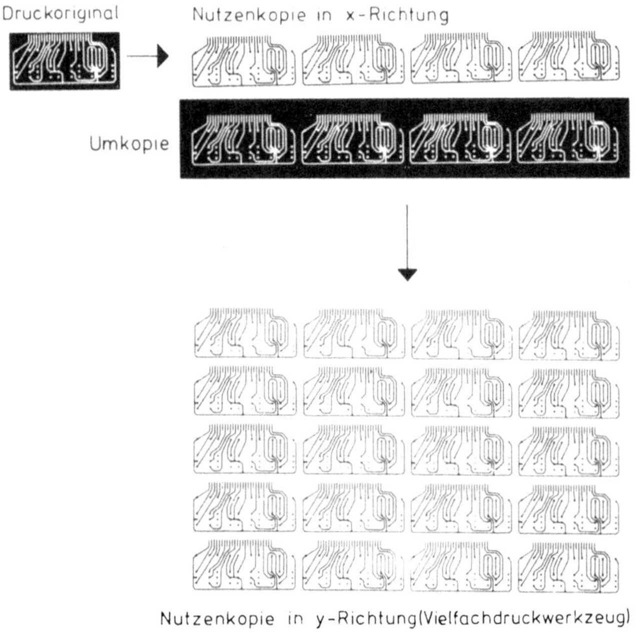

Bild 3.50 Vielfachdruckwerkzeug, gewonnen über ein Nutzenkopierverfahren.

Bild 3.51 Reproduktionskamera für Arbeiten in der Elektronik

ter ist, als die mit lichtgezeichneten Druckoriginalen. Ohne Kenntnis der Fehlerursachen und -größen und ohne Einsicht in deren Korrigierbarkeit, kann dies zu einer Fehleinschätzung des Reproduktionsverfahrens führen. In der Tat weist dieses Verfahren eine sehr hohe Arbeitsgenauigkeit auf, bietet interessante Korrekturmöglichkeiten und findet weitgehend Anwendung in der industriellen Serien- und Laborfertigung.

Bild 3.51 zeigt das optische Gerät zur Druckvorlagenreduktion in ein Druckoriginal oder Druckwerkzeug, die Reproduktionskamera. Ihre Funktionselemente sind:

1. ein zentrales Stativ hoher Stabilität, der Vakuum-Objekthalter oder Druckvorlagenhalter mit Höhen- und Seitenbewegung und Verkantungsmöglichkeiten (auf dem Stativ in Stativrichtung verfahrbar),
2. ein Kamerakasten mit Vakuum-Filmhalter oder Glasplattenhalter und Mikromeßeinrichtung, geeignet einen Zweiraumaufbau zu realisieren, bei dem Bedienpult und Kamerakasten sich in einer Dunkelkammer befinden,
3. ein Bedienpult mit Handrädern für die Bewegung der Laufwagen von Objektivträger und Vorlagenhalter und der Mikroverstelleinrichtung beider Laufwagen,
4. eine Beleuchtungseinrichtung für Durchsicht- und Aufsichtbeleuchtung und der Lichtsteuerung auf dem Bedienpult.

Die Bedingungen für eine Reproduktion mit extremer Genauigkeit sind vielfältig [3.24], [3.25], [3.26] und teils mechanischer, teils mechanisch-optischer, teils fotografisch-optischer Natur. Eine wesentliche Bedingung sei herausgegriffen und diskutiert. Es ist dies die Maßstabs- und Schärfeeinstellung.

Es sei an die bekannten Zusammenhänge der Bilderzeugung durch optische Abbildung erinnert. Der Reproduktionsmaßstab M ergibt sich aus Bildweite B und Gegenstandsweite G und aus Vorlagendimension VD und Bilddimension BD. Ein optisch scharfes Bild ist dann erreicht, wenn die Bedingung $\frac{1}{B} + \frac{1}{G} = \frac{1}{F}$ erfüllt ist. Den Funktionszusammenhang zwischen B, G, M und F drücken die Beziehungen aus:

$$B = (1 + M)\,F; \quad G = \left(1 + \frac{1}{M}\right) F$$

Beide Weiten B und G sind für einen bestimmten Reproduktionsmaßstab M einzustellen. Damit ist das Problem der Scharfeinstellung auf ein Problem der Scharfabbildung geführt, daß über Spezialobjektive und Reduktionseinsatzkameras lösbar ist.

Die Fehler, die bei Reproduktionsverfahren auftreten, sind reine Formabweichungen, primär in der Art von Längenabweichungen, die mechanisch-optische Ursachen haben. Durch spezielle Einstellverfahren und Meßeinrichtungen werden diese Abweichungen bei 0,005 mm bis 0,010 mm gehalten. Die Längenabweichungen werden von einer zweiten Formabweichung, der Leiterbreitenabweichung überdeckt, die fotografisch-optische Ursachen hat. Hier sind die Kontrastübertragung der Objektive und das Auflösungsvermögen der Fotoemulsion verantwortlich.

Im Anwendungsbereich elementarer integrierter Strukturen mit Reproduktionsmaßstäben bis 1 : 10 sind Toleranzforderungen an das Druckoriginal in folgenden Strukturbereichen einzuhalten; Tafel 3.11.

Tafel 3.11: Toleranzanforderungen an das Druckoriginal

Längentoleranz	± 0,010 mm auf 300 mm Strukturlänge
Breitentoleranz	± 0,020 mm auf 0,150 mm Strukturbreite

Reproduktionsverfahren bieten nun eine Reihe interessanter Möglichkeiten der Prozeßverfeinerung:

1. Maßstabkorrektur bei Umwelteinflüssen. Wie in Kapitel 3.1.3.2 ausgeführt, unterliegen Zeichenfolien erheblich Feuchte- und Temperatureinflüssen, die zu unerwünschten Maßstababweichungen führen. Bei linearen und achsgleichen Änderungen können diese reprografisch korrigiert werden.

2. Kompensation der Formabweichungen bei Metallstrukturierungen. Bei der Metallstrukturierung können je nach Verfahren Formabweichungen positiver oder negativer Wirkung auftreten. Wenn diese Abweichungen über die Gesamtstruktur konstant sind, lassen sie sich durch Strichbreitenwandler während des Reproduktionsprozesses kompensieren.

3. Rückvergrößerung zur Druckwerkzeugkorrektur. Häufig sind die Fehler auf Druckwerkzeugen so gering, daß beispielsweise eine erneute Digitalisierung nicht zu vertreten ist. Nach einer Rückvergrößerung des Druckwerkzeuges in einem vertretbaren Maßstab erfolgt die Korrektur manuell.

Die in den Übertragungsketten auftretenden Kontaktkopierverfahren nutzen prinzipiell die Erzeugung eines optischen Bildes durch Schattenwurf und dessen Speicherung. Derartige Abbilder sind nur unter bestimmten Bedingungen scharf. Dies betrifft den Abstand von Objekt- und Bildebene und die Apertur der auffallenden Strahlung. In diesem Zusammenhang ist die Lage der Emulsionen von Druckwerkzeug und Kopierfilm von Wichtigkeit.

Bild 3.52 und 3.53 verdeutlichen die Zusammenhänge. Bei der Schichtenfolge FEFE (Folie, Emulsion, Folie, Emulsion) des Bildes 3.52 erreicht man eine seitenrichtige Kopie, die je nach Wirkungstyp der Emulsion eine Negativ- oder Positivkopie ist. Kehrt man die Schichtenfolge um, so daß nach Bild 3.53 die Schichtung FEEF auftritt erreicht man seitenverkehrte Kopien unter der Voraussetzung einer Ansicht auf die Emulsion.

Trotz vielfältiger Anwendung wird der Begriff seitenverkehrt häufig mißverstanden und damit irrtümlich benutzt. Das Problem liegt darin, daß für Ungeübte das Erkennen einer Emulsionslage schwierig ist, und daß die Struktursymbole immer Quer- und Längssymmetrien aufweisen. Dies wird in den Bildern 3.52 und 3.53 am Buchstaben H deutlich, der eine Quer- und Längssymmetrie aufweist. Erst der unsymmetrische Buchstabe F und seine Plazierung bezeichnen die seitenverkehrte Buchstabenfolge.

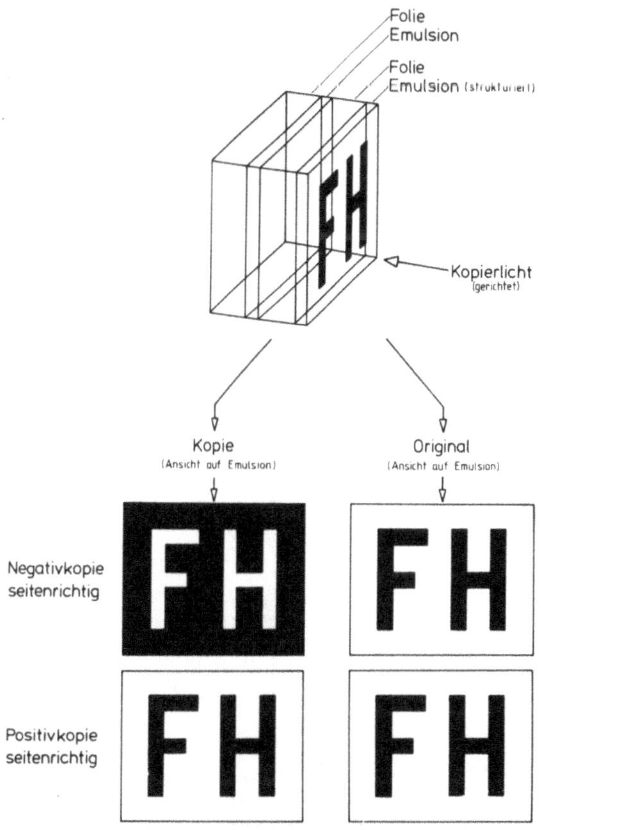

Bild 3.52 Zusammenhang zwischen der Lage der Emulsionen von Druckwerkzeug und Kopierfilm und dem Kopierbild; Schichtenfolge FEFE (Folie, Emulsion, Folie, Emulsion).

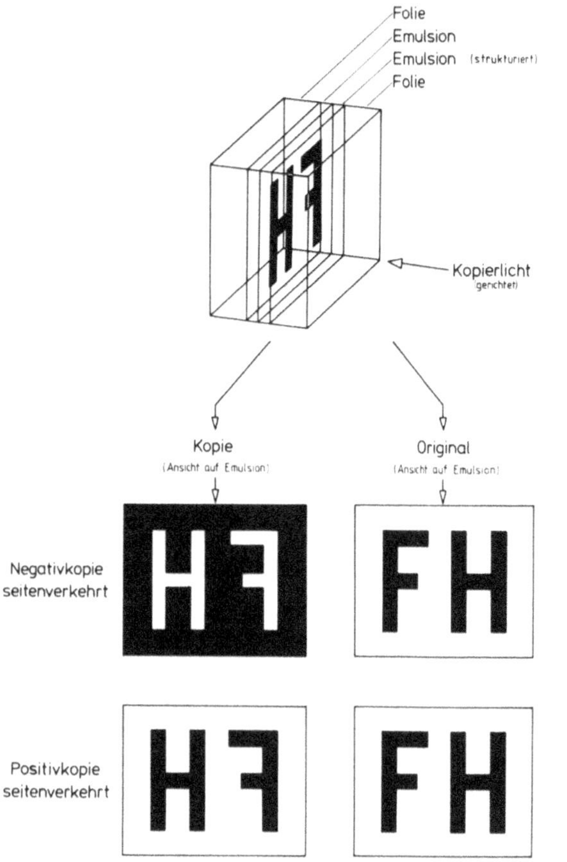

Bild 3.53 Zusammenhang zwischen der Lage der Emulsionen von Druckwerkzeug und Kopierfilm und dem Kopierbild; Schichtenfolge FEEF.

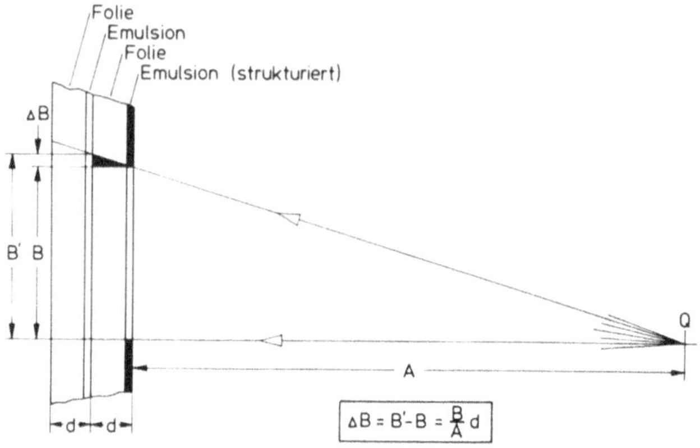

Bild 3.54 Abbildungsvergrößerung beim Kopieren mit der Schichtenfolge FEFE.

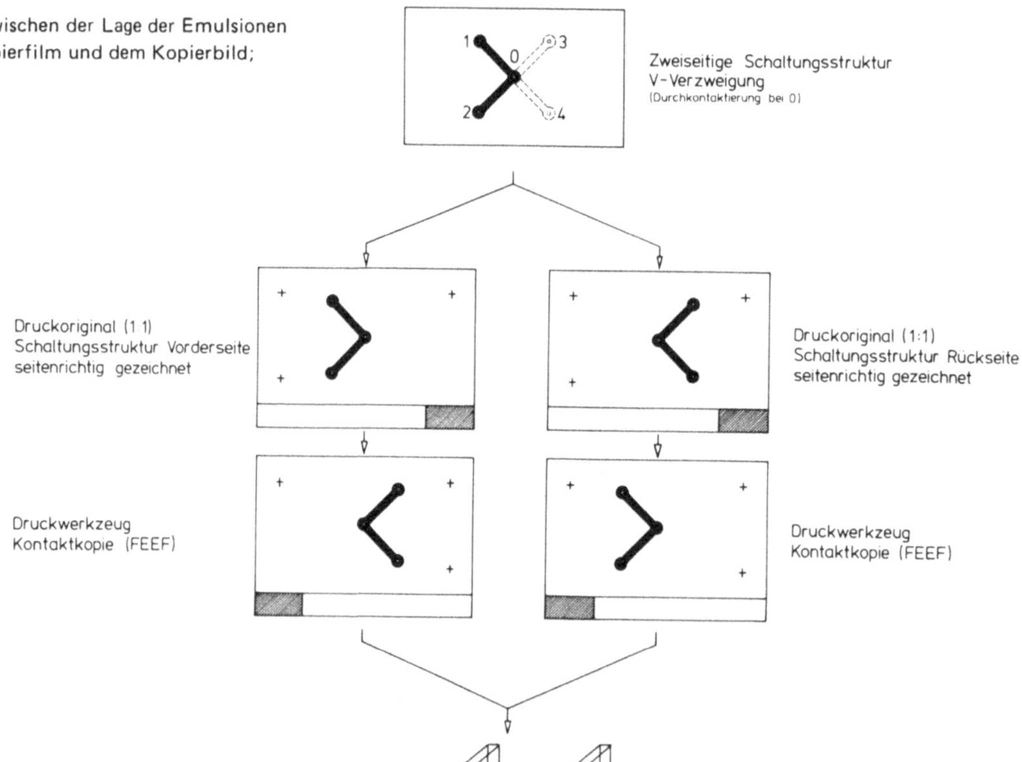

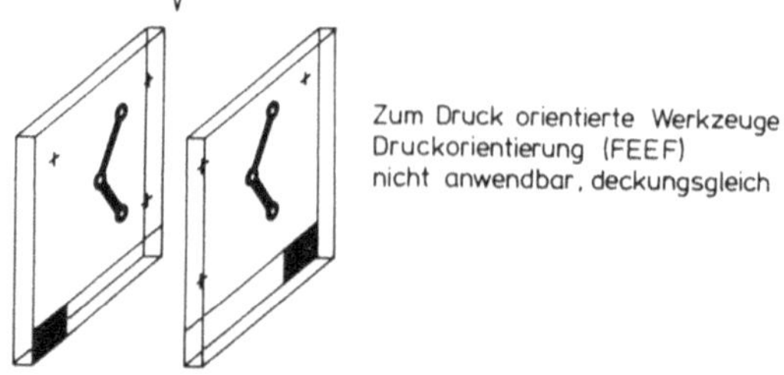

Bild 3.55 Beispiel einer zweiseitigen Schaltungskopie in der optimalen Schichtenorientierung FEÜ–ÜEF; Fall zweier seitenrichtiger Druckoriginale (Druckwerkzeuge), (Folie, Emulsion, Übertragungsmittel, Übertragungsmittel, Emulsion, Folie).

Als Merkregel sollte man beachten:

Ein Druckwerkzeug ist dann seitenverkehrt, wenn bei Ansicht auf die Emulsionslage die Beschriftung seitenverkehrt ist.

Die Schichtenfolge ist aus einer weiteren Sicht von wesentlicher Bedeutung. Zwar ergibt die Folge FEFE ein seitenrichtiges Bild, jedoch besteht hier je nach Folienstärke und Grad der Lichtkollimierung die Gefahr der Abbildungsvergrößerung. Dies wird in Bild 3.54 verdeutlicht. Die Spaltstruktur des Druckwerkzeugs wird in der Emulsion der Kontaktfolie beispielsweise durch die zentralperspektivischen Anteile der Strahlungsquelle Q um den Anteil Δ B vergrößert abgebildet. Die Vergrößerungen können durchaus in die Größenordnung von 0,010 mm kommen. Es ist deshalb besonders wichtig, daß die Emulsionen aufeinander liegen, also die Folge FEEF auftritt.
Konsequenterweise gilt dies auch für das Druckverfahren (Schaltungskopierverfahren). Hier sollte in jedem Fall, insbesondere bei Präzisionsschaltungen die Schichtenfolge Übertragungsmittel – Emulsion – Folie (ÜEF) angewandt werden.

Präzisions-Schaltungsdruck Schichtfolge des Fotowerkzeugs
Übertragungsmittel – Emulsion – Folie

Auf diesen Sachverhalt wiesen die Bilder 3.55, 3.56 und 3.57 anhand von Positivkopien (Schwarz/Schwarz-Kontaktkopien der Druckoriginale) hin. Zugrunde liegt eine V-Verzweigung, die je auf der B-Seite (Bauelementeseite) und L-Seite (Lötseite) strukturiert werden soll (Anschlußlötaugen der zutreffenden Ebene 1, 2 und 3, 4). Die Verzweigung ist bei 0 durchkontaktiert.
Es besteht demnach die Aufgabe, von zwei lösungsgerechten Druckvorlagen (Druckoriginalen) ausgehend, zwei Fotowerkzeuge zu erzeugen, die nach der Schichtenregel (ÜEF) orientiert, die richtige Metallstrukturierung ermöglichen. In der Schichtung beider Fotowerkzeuge zueinander tritt dann wieder die bekannte Folge FEEF auf.
In Bild 3.55 sind für jede Schaltungsseite Druckvorlagen gezeichnet und in Druckoriginale umgesetzt worden. Die Zeichnung erfolgte jeweils seitenrichtig. Man beachte hierzu das angedeutete Schriftfeld und die drei Passerkreuze. Von beiden Druckoriginalen werden Kontaktkopien als Druckwerkzeuge angefertigt. Es entstehen seitenrichtige Kopien. Werden die Druckwerkzeuge nunmehr zum Schaltungsdruck optimal orientiert (FEÜ – ÜEF oder FEEF), so erkennt man, daß deckungsgleiche Strukturen gespeichert werden. Der Prozeßschritt ist nicht anwendbar. Man beachte hierbei, daß die Passerkreuze keine Deckung haben.
Wird nun eine der beiden Kontaktkopien ein zweites Mal positiv kopiert wie in Bild 3.56, rechts, so entsteht ein seitenverkehrtes Druckwerkzeug. Dieses und das zweite Druckwerkzeug (links) ergeben nunmehr eine anwendbare Schichtung FEEF. Die Passerkreuze sind in Deckung.
In Bild 3.57 ist der Ausgangsschritt zwei Druckoriginale, die seitenrichtig und seitenverkehrt (rechts) gezeichnet sind (man beachte die Passerkreuze rechts). Hieraus werden über Kontaktkopien bei der optimalen Kopierlage FEEF Druckwerkzeuge gewonnen, die zum Schaltungsdruck optimal orientiert, die gewünschte Anwendung FEÜ – ÜEF gewährleisten.
Abschließend zeigt Bild 3.58 den prinzipiellen Aufbau eines Präzisionskontaktkopiergerätes mit dem folgende Kopierarbeiten durchführbar sind:

- Schwarz-/Weiß-Umkehrkopie,
- Schwarz-/Schwarz-Kopie,
- Verfielfachung,
- Kontrasterhöhung.

3.2.1.2 Genauigkeitsanforderungen für Fotowerkzeuge

Entscheidend für die Genauigkeit einer Leiterstruktur ist die Qualität des Druckwerkzeugs, im Bereich des Fotodrucks allgemein Fotowerkzeug genannt. Das EIPC hat in seiner Publikation MEC-001 [3.27] Qualitätskriterien aufgestellt, die auszugsweise in abgewandelter Interpretation wiedergegeben werden. Zur weiteren Vertiefung ist die Quelle [3.28] empfehlenswert.
Der Begriff Werkzeug (Druckwerkzeug, Fotowerkzeug) wird hier bewußt gewählt um auszudrücken, daß, in welcher materiellen Form auch immer, die Vergleiche zu traditionellen mechanischen Werkzeugen erlaubt und zweckmäßig sind. So wird bei Fotowerkzeugen beispielsweise das Merkmal der Dauerstandsfestigkeit sinngemäß interpretiert wie bei mechanischen Werkzeugen. Andererseits umfaßt dieser neue Werkzeugbegriff spezielle Eigenschaften wie Transparenz, Opazität, Schwärzung und Dichte [3.29].
Immerhin ist MEC-001 als eine vorläufige Empfehlung aufzufassen, die einer weiteren Ausgestaltung bedarf.

Werkzeugmerkmale.

1. Konturenschärfe. Als Maß wird die Übergangsbreite zwischen der Schwärzung S = 0,1 und der Schwärzung S = 2,5 gewählt. Schwärzung S und Transparenz T stehen in dem Funktionszusammenhang $S = \lg \frac{1}{T}$. Es wird zwischen der Schwärzung bei Auflicht und Durchlicht unterschieden, Tafel 3.12.

2. Form und Lagetoleranzen. Als Formtoleranz treten die Breiten- und Rundungstoleranz auf. Die Breitentoleranz wird allerdings immer eingeschränkt für Strukturbreiten < 0,5 mm angewandt und als Strichbreitentoleranz angegeben. Oberhalb von 0,5 mm sind Strichbreiten als reine Län-

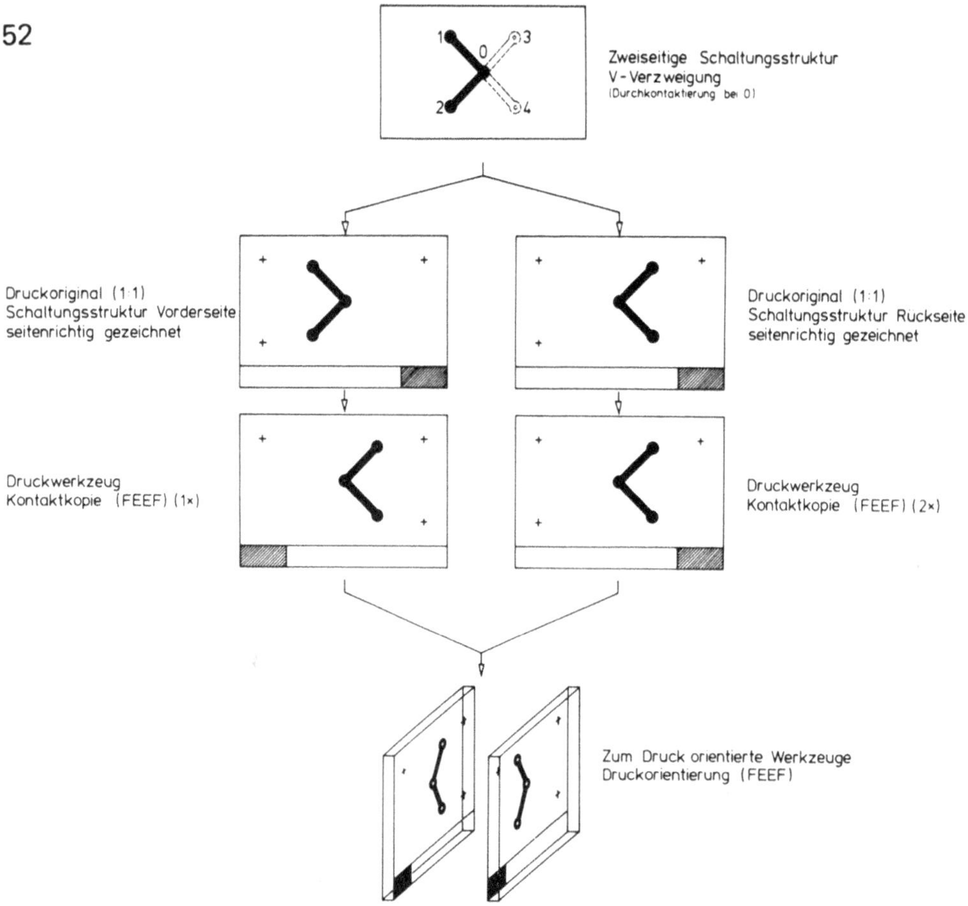

Bild 3.56
Beispiel einer zweiseitigen Schaltungskopie in der optimalen Schichtenorientierung FEÜ–ÜEF; Fall der zweifachen kopiertechnischen Wandlung jeweils eines Druckoriginals.

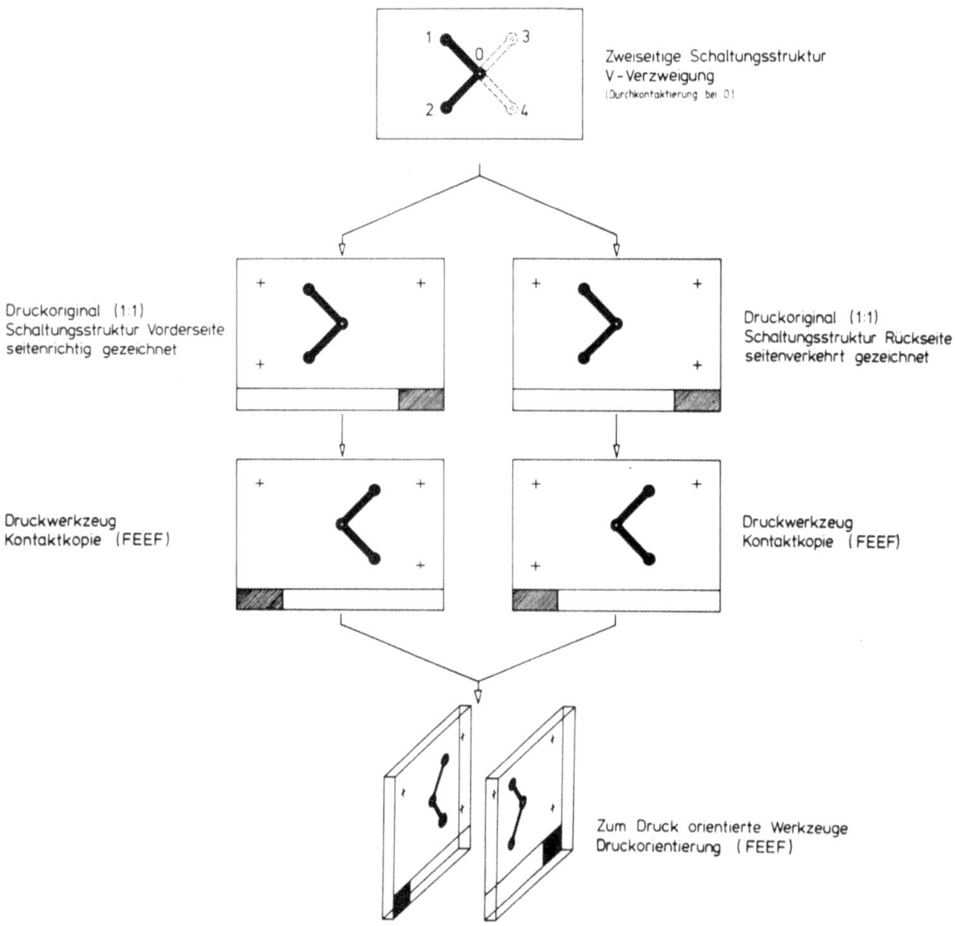

Bild 3.57
Beispiel einer zweiseitigen Schaltungskopie in der optimalen Schichtenorientierung FEÜ–ÜEF; Fall zweier seitenungleicher Druckoriginale als Ausgangsfertigungsmittel.

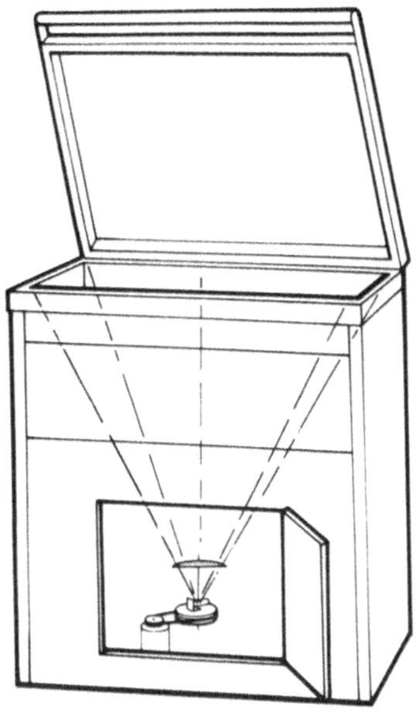

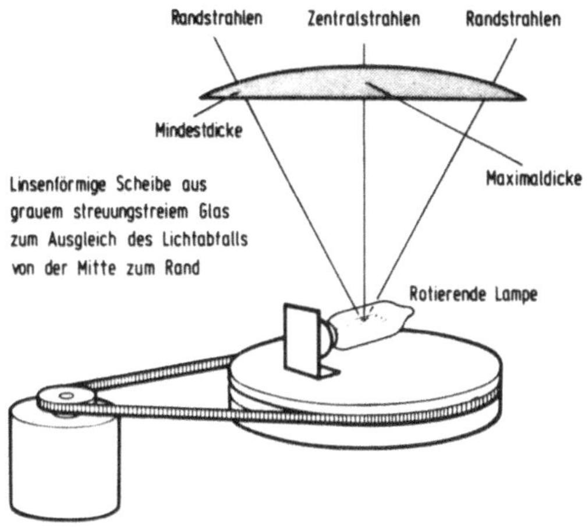

Bild 3.58 Prinzipaufbau eines Präzisionskontaktkopiergerätes.

Tafel 3.12: Anforderung an die Konturenschärfe

Konturenschärfe	
Anforderung	Übergangsbreite
normal	0,010 mm
hoch	0,004 mm
extrem hoch	0,0005 mm

Tafel 3.13: Form- und Lagetoleranzen

Strichbreitentoleranz b < 0,5 mm	
Anforderung	Toleranz
normal	± 0,020 mm
hoch	± 0,008 mm
extrem hoch	± 0,001 mm

Eckenrundung	
Anforderung	Rundungsradius
normal	0,015 mm
hoch	0,005 mm
extrem hoch	0,0005 mm

Längen- oder Lagentoleranz (Positionstoleranz) für Längen l, (b) oder Positionsabstände l	
Anforderung	Toleranz
normal	$\pm\left(0{,}030 + 4 \cdot 10^{-4} \frac{l}{mm}\right)$ mm
hoch	$\pm\left(0{,}010 + 4 \cdot 10^{-5} \frac{l}{mm}\right)$ mm
extrem hoch	$\pm\left(0{,}002 + 2 \cdot 10^{-5} \frac{l}{mm}\right)$ mm

gen einzuordnen und als solche längentoleriert. Wichtig ist, daß Längen und Lagen (Positionen) mit einem Toleranzfeld abgedeckt werden, Tafel 3,13.

3. Dauerstandfestigkeit. Die Kopierfestigkeit für fototechnische Filme wird im Minimum bei 100 Kopien und im Maximum bei 2 000 Kopien angesetzt.

4. Maßbeständigkeit gegen Klimaeinflüsse. Temperatur und Feuchteeinflüsse auf Folien und Gläsern wurden im Zusammenhang mit den Genauigkeitserwartungen der Zeichenverfahren behandelt. Bei fototechnischen Folien und Gläsern, also bei geschichteten Materialien, sind die Klimaeffekte ähnlich. Hinzu kommen allerdings Einflüsse des Verarbeitungsprozesses, die nicht unerhebliche Maßveränderungen zur Folge haben können. Schließt man Verarbeitungseinflüsse aus, so lassen sich unter bestimmten Bedingungen folgende längenabhängige Abweichungsgrenzen einhalten, Tafel 3.14.

Zur Einhaltung der Genauigkeitsforderung stehen bei fototechnischen Produkten heute hervorragende Qualitäten zur Verfügung. Die beim Schaltungsdruck elementarer Art ausschließlich verwandten Fotowerkzeuge auf Filmbasis, lassen sich in zwei Gruppen einteilen, in solche mit Lithemulsion und solche mit Lineemulsion bei unterschiedlichem Wirkungsmechanismus [3.30]. Insbesondere die Line-Polyesterfilme sind für die Erzeugung von Fotowerkzeugen von besonderer Bedeutung geworden, da vor allem der Prozeßablauf in der Belichtungs- und Entwicklungsphase sich problemloser gestaltet. Eine im Vergleich zu Lithfilmen hohe Belichtungstoleranz und ein breiter Entwicklungsspielraum ohne Strichbreitenvariation sind zwei der hervorstechenden Merkmale dieses Filmtyps. Nachfolgend einige Daten eines Linefilms [3.31]:

Copyline High Definition Polyester-Film HDU 3p.

- Polyesterunterlage: 0,180 mm
- Emulsion: 0,004 mm (Gesamtdicke)

Low-Gel-Emulsion:
- Emulsion mit geringem Gelantinegehalt,
- stabilisierte Emulsion,
- ausgezeichnete Maßhaltigkeit,
- niedriger Temperatur- und Feuchtekoeffizient,
- Einfluß der Verarbeitung + 0,050 $\frac{mm}{m}$ bis – 0,100 $\frac{mm}{m}$

Non-Scattering-Emulsion:
- Reduzierung des Streulichteffektes,
- optimale Schärfe,
- Auflösungsvermögen 300 Linien/mm,
- hohe Transparenz,
- steile Gradation,
- Zulässigkeit kurzer Belichtungszeiten,
- extrem geringer Grundschleier,
- ausgezeichnete UV-Durchlässigkeit.

Praxisnaher Bearbeitungsspielraum,
Optimale Kantenschärfe,
Hervorragende Eignung für Belichtungsautomaten.
Die im Zusammenhang mit der Emulsionsstabilität angesprochene Maßhaltigkeit fototechnischer Filme bedarf einer allgemeinen Erörterung in Erweiterung der in Kapitel 3.1.3.2 gemachten Änderungsmechanismen.
Zwar sind die von Zeichenfilmen her bekannten Effekte wie Anpaßeffekte, Maßänderung bei Lagerung, punktuelle Kompensationseffekte bei Arbeitsgeräten und Schockeffekte auch hier wirksam, auch sind die Änderungsraten im Mittel vergleichbar, nunmehr jedoch treten Maßveränderungen hinzu, die durch Filmverarbeitung wie Entwickeln, Fixieren, Wässern, Trocknen bedingt sind. Bei diesen Prozessen vollziehen sich materielle Änderungen der Emulsion, deren Dehnungs-/Schrumpfungsverhalten sich wandelt, was wiederum zu einem geänderten Wechselwirkungsverhalten zur Trägerfolie führt. Hieraus sich ergebende Maßveränderungen sind irreversibel.
Sofern nun der Verarbeitungsprozeß nach den spezifischen Änderungseigenschaften der Filme hin gesteuert wird, lassen sich die Maßveränderungen minimieren. Gesteuerter Teilprozeß ist der Trocknungsprozeß, konkret die Temperatur und relative Feuchte des Trocknungsschrankes. Die Steuerung läßt sich auf eine Größe reduzieren (meist die Temperatur), wenn die zweite für den Gesamtprozeß konstant bleibt. Grundlage sind empirisch gefundene, produktspezifische Nullpunktkurven. Bild 3.59 zeigt eine solche Kurve. Sie sagt aus, daß für alle Punkte der Kurve Maßhaltigkeit, für niedrige Trockentemperatur und hohe relative Feuchte Schrumpfung, und für hohe Trockentemperatur und niedrige relative Feuchte Dehnung auftritt.
Beispielshaft sind zwei Anwendungsfälle in Bild 3.60 herausgegriffen, wobei zu beachten ist, daß das Verarbeitungsklima vor Trocknung und das Verarbeitungsklima nach Trocknung gleich sein muß. Die Zahlenbeispiele beziehen sich auf Bild 3.59.

Tafel 3.14: Maßbeständigkeit gegen Klimaeinflüsse

Fototechnische Filme, Polyesterbasis, 0,18 mm	
Klimabedingung	Längenabweichung
nicht klimatisierte Räume ME	$\pm 2 \cdot 10^{-4} \frac{l}{mm}$ mm
normal klimatisierte Räume ± 3K; ± 5 % r.F.	$\pm 1 \cdot 10^{-4} \frac{l}{mm}$ mm
extrem klimatisierte Räume ± 1K; ± 2 % r.F.	$\pm 3 \cdot 10^{-5} \frac{l}{mm}$ mm

Fototechnische Glasplatten	
Klimabedingung	Längenabweichung
nicht klimatisierte Räume ME	$\pm 3 \cdot 10^{-5} \frac{l}{mm}$ mm
normal klimatisierte Räume ± 3K; ± 5 % r.F.	$\pm 2 \cdot 10^{-5} \frac{l}{mm}$ mm
extrem klimatisierte Räume ± 1K; ± 2 % r.F.	$\pm 1 \cdot 10^{-5} \frac{l}{mm}$ mm

3.2.1.3 Übertragungsmittel

In Kapitel 3.2.1.1 wurde einführend dargelegt, daß zur strukturhaften Entstehung eines Bildes auf dem Basismaterial (Leiterbild, Schaltungsbild) eine fotoempfindliche Schicht dient, in der das Bild dauerhaft gespeichert wird. Die Speicherung erfolgt durch Belichtung mittels elektromagnetischer Strahlung (sichtbares Licht, UV-Licht, Laserlicht), wobei die Bildstruktur des Fotowerkzeugs die belichteten und unbelichteten Schichtbereiche des Übertragungsmittels festlegt. In den belichteten Bereichen erfolgt je nach Wirkungstyp eine fotoinduzierte Vernetzung zu unlöslichen Polymeren oder zu löslichen Substanzen. Ein anschließender Entwicklungsprozeß stellt die gewünschte Struktur frei. Die Dauerhaftigkeit der freigestellten Struktur des Übertragungsmittels ist notwendige Voraussetzung für die zur Metallstrukturierung angewandten Prozesse des Galvanisierens und Ätzens.

> Die gespeicherte Struktur im Übertragungsmittel soll eine Resistenz gegenüber Galvano- oder/und Ätzprozessen aufweisen.

Im angelsächsischen Sprachraum versteht man unter „resist" eine Beschichtung, Schutzbeschichtung, ein Abdeckmittel; unter „photoresist" eine lichtempfindliche Beschichtung [3.32]. Diese Termini haben sich in unserer Fachsprache verfestigt. So sind Fachwörter wie Trockenresist, Flüssigresist, Fotoresistsysteme, usw. weit verbreitet.

In Zusammenhang mit der Bildinterpretation der Bilder 3.48 und 3.49 und früher wurde von unterschiedlichen Wirkungstypen des Übertragungsmittels gesprochen. Man unterscheidet zwei Wirkungstypen, die mit den Merkmalen negativ und positiv belegt sind.

Der Wirkungsmechanismus eines negativen Übertragungsmittels oder eines negativen Fotoresist ist der, daß alle belichteten Flächen eine hohe chemische Resistenz aufweisen, während alle unbelichteten Flächen chemisch löslich sind.

Die chemisch resistenten Bereiche werden durch den Entwicklungsprozeß freigestellt. Bei einem positiven Fotoresist ist der Wirkungsmechanismus umgekehrt. Alle belichteten Flächen sind in einem Entwickler löslich, während die nicht belichteten Bereiche chemisch resistent sind.

Belichtung und Entwicklung deuten das Prozeßgeschehen der Resisttechnologie an, das nach folgenden Prozeßschritten abläuft, Bild 3.61.

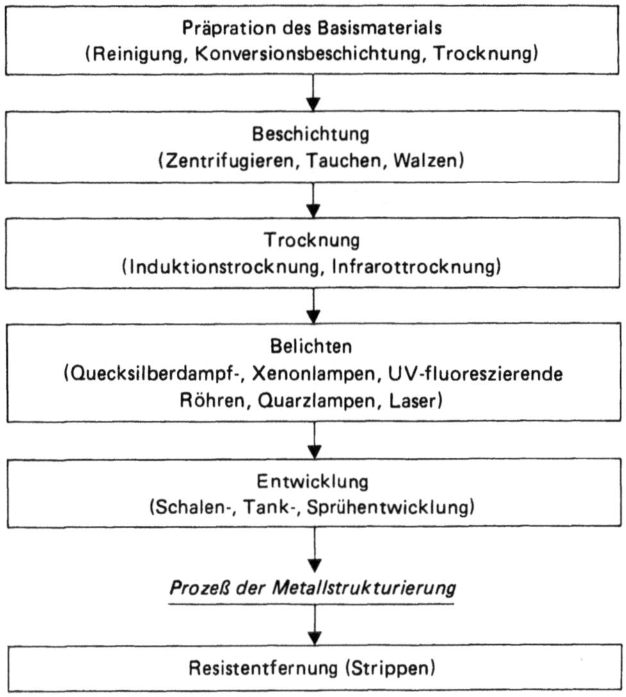

Bild 3.61 Prozeßablauf des Fotodrucks.

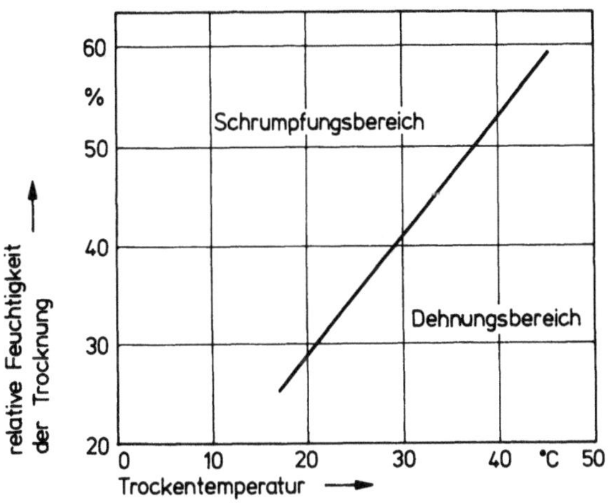

Bild 3.59 Produktspezifische Nullpunktkurve eines Filmmaterials für Fotowerkzeuge zur Beurteilung der Filmmaßhaltigkeit.

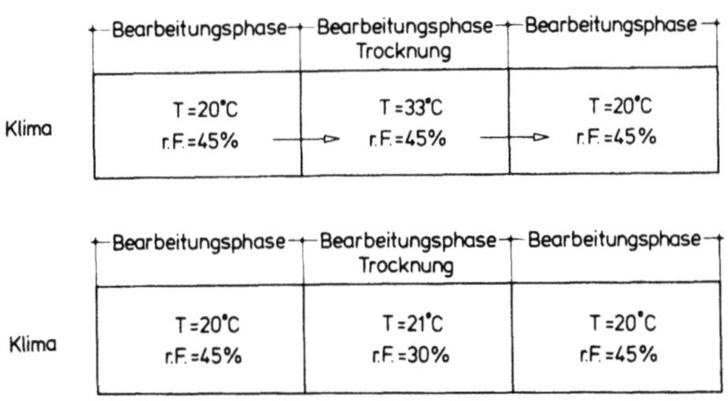

Bild 3.60 Beispiele für das Verarbeitungsklima von Fotowerkzeugfilmen.

Der Wechselwirkungszusammenhang Resist-Fotowerkzeug ist nun der, daß vier Strukturbilder des Übertragungsmittels je nach Wirkungstyp und Art des Leiterbildes (positives, negatives Leiterbild) möglich sind. Die Bilder 3.62 bis 3.65 demonstrieren dies.

Grundsätzlich entstehen bei beiden Resistwirkungstypen Gräben und Dämme, wobei immer dann ein Damm auftritt, wenn Resist und Bildvorzeichen übereinstimmen, Tafel 3.15.

In der weitergehenden Interpretation durchaus symbolisch gemeint, sind Gräben geeignet etwas aufzunehmen, während Dämme etwas abzudecken vermögen.

So werden Gräben bei den Verfahren der Metallstrukturierung genutzt, um Leiterstrukturen und vollständige Schaltungsstrukturen aufzubauen, während mit Hilfe von Dämmen durch Abbauverfahren Leiterstrukturen dargestellt werden.

Damit erlaubt die Resisttechnologie einen wesentlichen Einstieg in die Technologie der Metallstrukturierung.

Aufbauverfahren, Verfahren also, die Gräben nutzen, sind geprägt durch stromlose und strombehaftete (galvanische) Prozesse der Metallisierung, hingegen arbeiten Abbauverfahren, Verfahren also, die Dämme anwenden, mit Ätzprozessen. Beide Verfahren treten in Mischprozessen in zeitlicher Folge auf, Tafel 3.16.

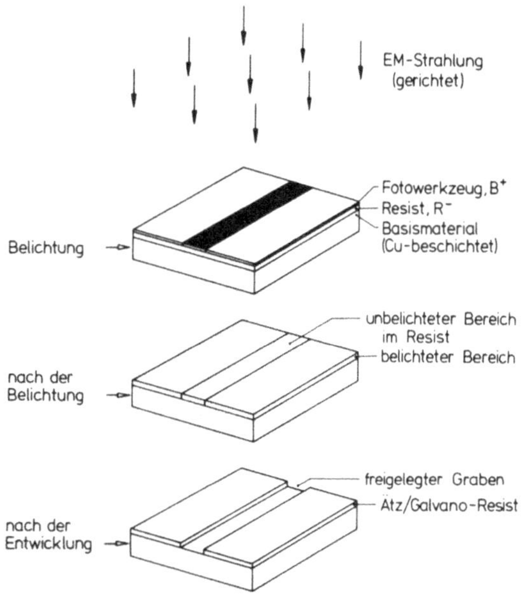

Bild 3.62 Wechselwirkungszusammenhang Fotoresist-Fotowerkzeug; Fall R^-; B^+

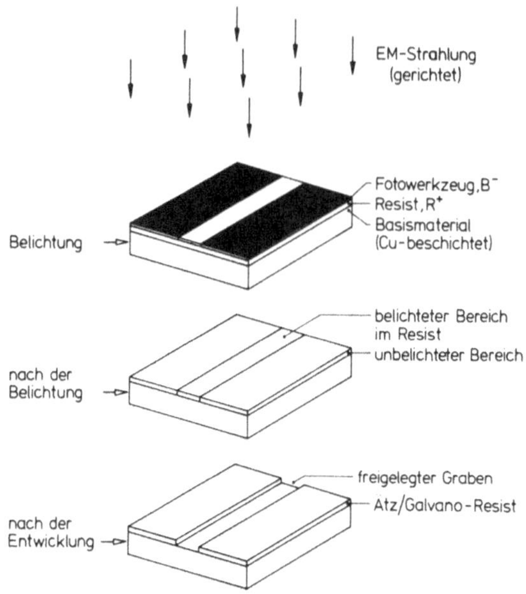

Bild 3.64 Wechselwirkungszusammenhang Fotoresist-Fotowerkzeug; Fall R^+; B^-

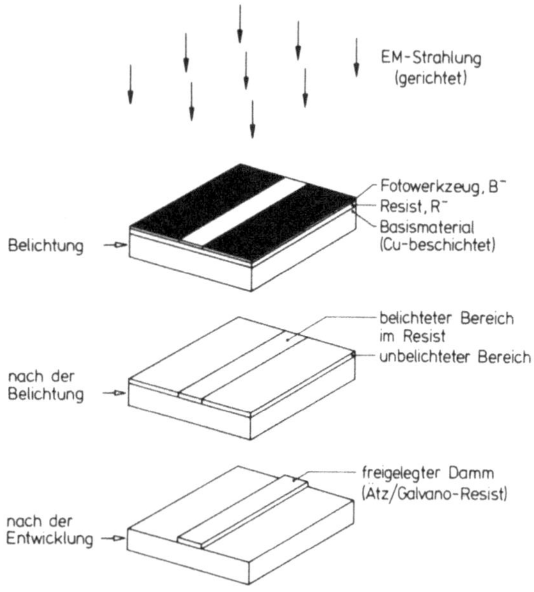

Bild 3.63 Wechselwirkungszusammenhang Fotoresist-Fotowerkzeug; Fall R^-; B^-

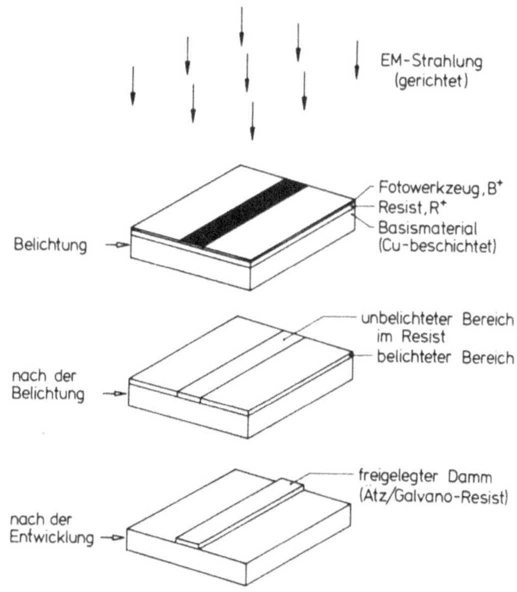

Bild 3.65 Wechselwirkungszusammenhang Fotoresist-Fotowerkzeug; Fall R^+; B^+

Weiterhin sind bereits jetzt Qualitätsmerkmale für das Fertigungsmittel „Resist" abzuleiten:

1. Genauigkeit des Graben/Dammprofils im Vergleich mit den Genauigkeitserwartungen der Druckwerkzeuge,
2. Flankenresistenz von Damm und Graben,
3. Galvano- und Ätzresistenz der Resistflächen,
4. Haftvermögen der Resistflächen.

3.2.1.3.1 Flüssige Übertragungsmittel

Positive Resistsysteme, positive Fotolacksysteme.

Positiv wirkende Fotoresiste sind vorwiegend vom Typ Kresolformaldehyd-Novolackharze, Carboxymethyläther von Phenol- oder Kresolharzen oder Acrylderivate.
Zu den physikalisch-chemischen Grundlagen siehe [3.33], [3.34], [3.35], [3.36].

Tafel 3.15: Resistwirkungstypen

	$Bild^+$	$Bild^-$
$Resist^+$	Damm	Graben
$Resist^-$	Graben	Damm

Tafel 3.16: Resistwirkungstypen und Metallstrukturierungsverfahren

Verfahren der Metallstrukturierung		Struktur des Resist
Aufbauverfahren	stromlos	Graben
	Galvanoverfahren	
Abbauverfahren	Ätzverfahren	Damm
Mischverfahren	stromlos	Graben Damm
	Galvanoverfahren	
	Ätzverfahren	

Tafel 3.17: Schichtdicken von Resistsystemen angewandter Verfahren

Verfahren	Schichtdicken
Gedruckte Schaltungen (Ätzverfahren)	3,75 µm bis 5 µm
Gedruckte Schaltungen (Galvanoverfahren)	7,5 µm bis 12,5 µm
Mikrowellenschaltungen (Ätzverfahren)	2 µm bis 4 µm
Ätzen von Siliziumdioxid	0,75 µm bis 1,25 µm
Formteilätzen	5 µm bis 12,5 µm

Tafel 3.18: Dickenabweichung der Beschichtungsverfahren

Verfahren	Dickenabweichung
Tauchen	50 %
Aufgießen	37 %
Schleudern	37 %
Sprühen (Hand)	33 %
Zentrifugieren	14 %
Sprühen (automatisch)	5 %
Walzen	< 5 %

Flüssige Fotoresiste eignen sich wegen ihrer hohen Auflösung hervorragend zur Herstellung feinster Leiterbreiten. Resiststrukturierungen mit Breiten in der Größenordnung um 0,001 mm sind erreichbar. Diese hohe Empfindlichkeit erfordert exakte Resistbeschichtung und Belichtung [3.37].

Die Möglichkeiten, die flüssige Resistsysteme eröffnen, werden im Anwendungsbereich elementarer integrierter Strukturen nicht ausgeschöpft. Immerhin ist es ein interessanter Aspekt, daß in der Mikrowellentechnik beispielsweise eine Leiterbreite von 0,127 mm ± 0,001 mm im Resistsystem durchaus zu erreichen ist.
Prozeßschritte bei positiven Fotolacksystemen:

1. Reinigung. Eine sorgfältige Oberflächenbehandlung der Basismaterialien ist eine Grundvoraussetzung für ein einwandfreies Arbeiten des Resistsystems und damit Voraussetzung für optimale Ergebnisse der Galvano- und Ätzprozesse. Der Arbeitsraum sollte deshalb staubfrei sein. Spuren von Fett und anderen Verunreinigungen beeinträchtigen die Haftung und damit die Resistenz. Bei kupferkaschiertem Basismaterial sind richtungsorientierte Riefen und Erhebungen zu meiden, da hieraus Unterbrechungen des Resist und Durchschläge beim Galvanoprozeß resultieren. Die Oberfläche sollte daher eine einheitliche Oberflächenbeschaffenheit aufweisen, was mittels nicht kratzenden, wasserdispergierbaren Schleifmitteln und meist schwabbelnder Schleifbewegung erreichbar ist.

2. Beschichtung. Die Dicke der Lackschicht wird nach drei Kriterien gewählt:

- hinreichende Dicke um optimale Resistenz zu erreichen,
- hinreichende Dicke um optimale Auflösung zu erreichen,
- hinreichende Dicke, die eine sichere Fertigungshandhabe garantiert.

Aus den Kriterien wird ersichtlich, daß die Wahl der Schichtdicke ein Kompromiß ist.
Die üblichen Schichtdicken zeigt die Zusammenstellung [3.38], die teilweise ergänzt wurde in Tafel 3.17.
Die Beschichtungsverfahren sind vielfältig. Neben den klassischen Verfahren des Aufgießens und Schleuderns sind das Sprühbeschichten, das Eintauchbeschichten und das Walzbeschichten üblich. Das Tauchbeschichten eignet sich besonders für die beidseitige Beschichtung. Der Vorgang ist jedoch nicht ganz ohne Problematik, da die Dicke zwischen dem oberen und unteren Teil des beschichteten Basismaterials keilförmig ungleich ist. Durch mehrfaches Beschichten und oben/unten-Umkehr kann dieser Nachteil ausgeglichen werden.
Die Beschichtung von Basismaterial mit Durchkontaktierungsbohrungen mit einem flüssigen Resist ist nur mit einem Walzenbeschichter sicher möglich. Hierbei ist die Viskosität des Lackes zu überwachen. Walzenbeschichtung (rollercoating) ist ein sicheres und präzises Verfahren. Präzisionsbeschichter garantieren eine definierte Schichtdicke von zum Beispiel 0,001 mm. In Bild 3.66 ist ein rollercoater für die Beschichtung des Basismaterials dargestellt. Die nachfolgende Tafel 3.18 gibt einen Überblick über die Dikkenabweichung der einzelnen Beschichtungsverfahren [3.39].

Bild 3.66 Walzenbeschichtungsgerät

3. Trocknung. Da ein Wechselwirkungszusammenhang zwischen Belichten, Entwickeln und Trocknen besteht, ist die optimale Gestaltung des Trocknungsprozesses von Wichtigkeit. Nicht ausreichende Trocknung führt zu Nadellöchern und zur Minderung der Haftfestigkeit, Übertrocknung zum Anstieg der Belichtungszeit.

4. Belichtung. Die spektrale Empfindlichkeit positiver Fotolacke liegt im nahen UV-Bereich (350 μm bis 450 μm). Zur Belichtung eignen sich alle Quellen mit einem genügend hohen Anteil emittierender UV-Strahlung.
Der Wirkungsmechanismus wurde bereits grundsätzlich angesprochen:

- unbelichtete Strukturflächen unterliegen keiner chemischen Veränderung,
- der Entwickler löst die belichteten, einer fotochemischen Reaktion unterzogenen Bereiche, auf,
- unbelichtete Strukturbereiche bleiben lichtempfindlich, eine Mehrfachbelichtung ist möglich.

Die Belichtung ist, vergleichbar mit der Trocknung, produktspezifisch optimal einzustellen. Die hierzu eingehenden Parameter sind Spektralempfindlichkeit, Resistdicke und Strahlungsintensität der Quelle. Unterbelichtung führt zu unvollständiger Reaktion in den belichteten Resistbereichen und damit zu Rückständen, Überbelichtung kann zu Breitenverringerungen führen. Der letztgenannte Effekt ist bei gedruckten Schaltungen vernachlässigbar, da er gegenüber den Fertigungstoleranzen klein ist. Im Falle von Mikrowellenschaltungen kann er allerdings von Bedeutung werden, da Strukturveränderungen um 10 μm bereits die Funktion beeinträchtigen. Zur optimalen Einstellung der Belichtungszeit ist die Anwendung von Stufengraukeil oder Testmarke angebracht.

5. Entwicklung. Die belichteten Strukturen werden mit wässerigen alkalischen Lösungen entfernt. Hierzu wendet man die Tank- oder Sprühentwicklung an. Die Entwicklungszeiten liegen je nach Resistdicke bei 1 bis 2 Minuten und sind stark temperaturabhängig. Nach der Entwicklung ist ausreichend zu wässern und zu trocknen.
Das wässerige Entwicklungssystem ist Ursache mit für die hervorragende Auflösung und Kantenschärfe positiver Fotolacksysteme.

6. Resistentfernung (Strippen). Ein Vorzug positiver Fotolacksysteme ist die einfache Resistentfernung. Was bei anderen Resistsystemen zu einem problematischen Prozeßschritt wird, ist hier mit einfachen Lösungsmitteln erreichbar. Häufig findet auch die Tatsache der Wiederbelichtbarkeit der verbleibenden Resistflächen Anwendung zur Resistentfernung, indem nach Abschluß der Ätz- oder Galvanoprozesse erneut belichtet und entwickelt wird.

Negative Resistsysteme, negative Fotolacksysteme.

Man spricht von negativ wirkenden Fotolacksystemen, wenn die aktiven Bestandteile des Lackes, lichtempfindliche Polymere, unter Strahlungseinfluß unlöslich gemacht werden. Zu den physikalisch-chemischen Grundlagen siehe: [3.33], [3,34], [3.36], [3.40], [3.41].
Grundsätzlich bedarf es bei negativen Fotolacksystemen des gleichen Prozeßablaufs vom Reinigen bis zum Strippen, wie bei positiven Systemen, was am Beispiel eines Industrieproduktes [3.42] nachfolgend exemplarisch demonstriert wird.

Copyrex RN 20. Negativ arbeitender Fotolack, bestehend aus einem filmbildenden und lichtempfindlichen Polymeren, das in einem organischen Lösungsmittel gelöst ist. Copyrex RN 20 ist in zwei Einstellungen lieferbar, die sich nach Feststoffgehalt, Viskosität und Reinheit unterscheiden. Die Einstellung RN 20–14 ist für Standardarbeiten geeignet. Die Einstellung RN 20–6 ist ein hochreiner Lack für hohes Auflösungsvermögen bei Schichtdicken um 1 μm bis 2 μm.

1. Auflösungsvermögen. In Bild 3.67 ist das Auflösungsvermögen dargestellt. Es zeigt das stark ansteigende Darstellungsvermögen mit abnehmender Schichtdicke.

2. Reinigung und Vorbehandlung zu beschichtender Oberflächen. Spuren von Fett und anderen Verunreinigungen beeinträchtigen die Haftung und Ätzresistenz. Bei Kupfer und seinen Legierungen hat sich die Reinigung mit nicht kratzenden, wasserdispergierbaren Schleifmitteln unter Zuhilfenahme einer Bürste oder Schwabbel bewährt. Die gereinigten Unterlagen sind anschließend unter Fließwasser abzuspülen und abzubürsten. Die Oberflächen sollen das Wasser gleichmäßig annehmen. Abschließend wird das Wasser mit Preßluft entfernt. Eine trockene Reinigung mit Schleifmitteln ist ebenfalls möglich. Der Schleifstaub ist sorgfältig zu entfernen. Harte und glatte Oberflächen sollten nach der Reinigung leicht angeätzt werden. Die nachfolgende Zusammenstellung gibt einen Einblick in die chemische Vorbehandlung vor der Beschichtung, Tafel 3.19.

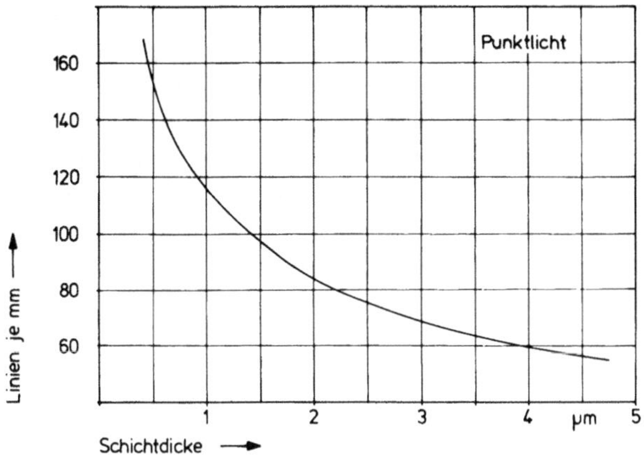

Bild 3.67 Auflösungsvermögen eines negativ wirkenden Fotolacks in Abhängigkeit von der Schichtdicke.

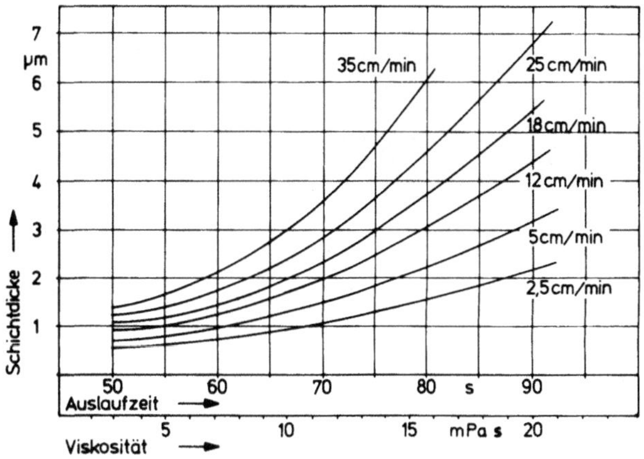

Bild 3.70 Schichtdicke eines negativ wirkenden Fotolacks bei Tauchbeschichtung in Abhängigkeit von Viskosität, Auslaufzeit und Ziehgeschwindigkeit.

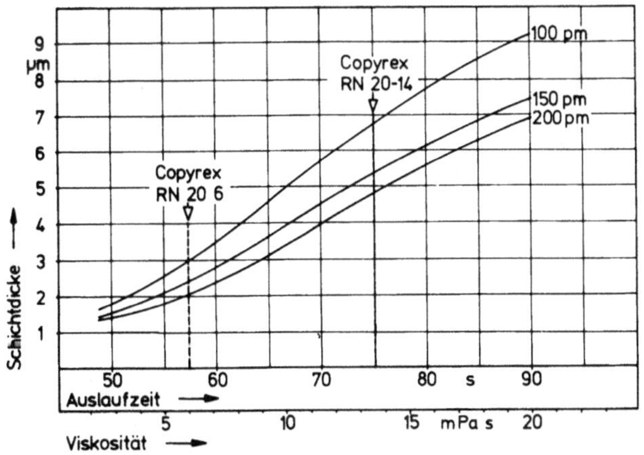

Bild 3.68 Schichtdicke eines negativ wirkenden Fotolacks in Abhängigkeit von der Viskosität für eine Beschichtung durch Schleudern.

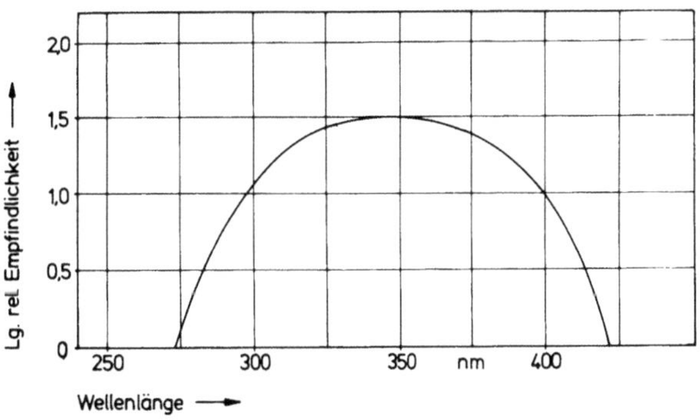

Bild 3.71 Spektralempfindlichkeit für den Fotolack Copyrex RN-20.

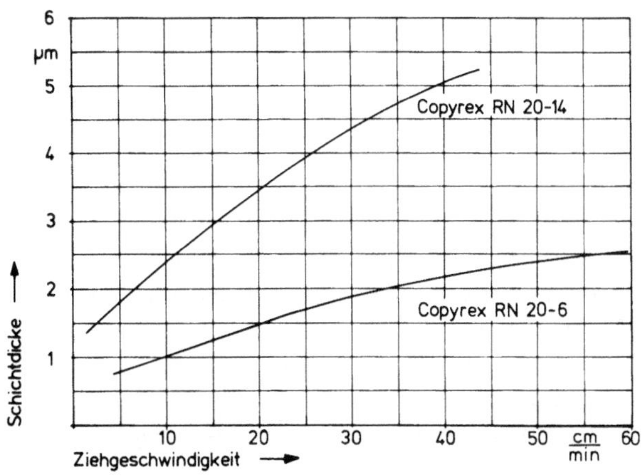

Bild 3.69 Schichtdicke eines negativ wirkenden Fotolacks in Abhängigkeit von der Ziehgeschwindigkeit für zwei unverdünnte Lackeinstellungen bei Tauchbeschichtung.

Tafel 3.19: Vorbehandlung harter und glatter Oberflächen

Metall	Lösung	Temperatur	Zeit
Kupfer Messing Bronze	1 Teil konz. Salzsäure (37 %) 3 Teile Wasser	Raumtemperatur	30 s
Chrom			3 min
Nickel Martinstahl Fe-Legierungen	1 Teil Phosphorsäure (85 %) 3 Teile Wasser	70 °C	3 min

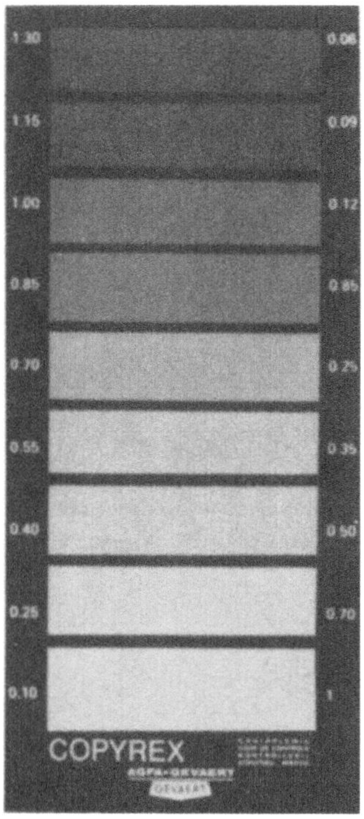

Bild 3.72
Prüfstreifen zur Ermittlung der erforderlichen Belichtungszeit.

3. Beschichtung. Der Fotolack ist mit allen üblichen Beschichtungsverfahren aufzubringen. Die Viskosität des Lakkes kann durch Mischen mit einem Verdünner dem Beschichtungsverfahren angepaßt werden.

3.1 Beschichtung durch Schleudern. In Bild 3.68 ist die Schichtdicke als Funktion der Viskosität aufgetragen, Parameter ist die Geschwindigkeit der Schleudereinrichtung. Die beiden Einstellzustände RN-20-6 und RN-20-14 sind besonders betont. Erkenntlich ist, daß die Einstellung RN-20-6 mit einer Viskosität von 6 mPas sich für extrem dünne Schichten 2 μm bis 3 μm und damit für hohe Auflösung eignet.

3.2 Beschichtung durch Tauchen. Die Parameter der Tauchbeschichtung, Ziehgeschwindigkeit und Viskosität, sind in Zusammenhang mit der Schichtdicke in den Bildern 3.69 und 3.70 dargestellt. Bild 3.69 zeigt die Schichtdicke in Abhängigkeit der Ziehgeschwindigkeit für die unverdünnten Einstellungen Copyrex RN-20-14 und Copyrex RN-20-6. In Bild 3.70 wird die Schichtdicke abhängig gemacht von der Viskosität, der Auslaufzeit (Auslauf aus einem Viskositätsbecher nach DIN 52 211) und der Ziehgeschwindigkeit.

3.3 Walzenbeschichtung. Copyrex RN-20 ist für Walzenbeschichtung ungeeignet.

4. Belichtung. Die spektrale Empfindlichkeit von Copyrex RN-20 zeigt Bild 3.71. Zur Belichtung eignen sich entsprechend alle Strahlungsquellen, die einen hohen Anteil an UV-Strahlung emittieren, zum Beispiel Kohlebogenlampen, Quecksilberdampflampen, Xenonbrenner, etc. Die Belichtungszeit ist abhängig von der Schichtdicke, der UV-Intensität der Quelle, der Absorption des Belichtungsgerätes und des Fotowerkzeugs. Andruckmethoden des Fotowerkzeugs mittels dicker Glasplatten sind nicht empfehlenswert, da Glas einen Großteil des wirksamen UV-Lichtes absorbiert.
Die erforderliche Belichtungszeit ist zweckmäßig über fotografischen Graukeil zu bestimmen. Der Hersteller liefert entsprechende Graukeile als Entscheidungsmittel. Bild 3.72 zeigt einen solchen Prüfstreifen. In einem relativ langen Zeitraum (4 Minuten) wird ein entsprechend beschichtetes Basismaterial mit Hilfe des Graukeils als Fotowerkzeug belichtet. Nach der Entwicklung sucht man den Flächenbereich (Graustufe) der einwandfrei geschlossen ist und einen metallischen Glanz aufweist. Der neben der optimalen Fläche aufgeführte Zahlenfaktor ergibt mit der Test-Belichtungszeit multipliziert die Sollbelichtungszeit.

5. Entwicklung. Als Entwicklungsverfahren werden die Schalen- oder Tankentwicklung, die Sprühentwicklung und die Dampfsprühentwicklung angegeben. Hierzu wird ein Copyrex RN-20-Entwickler angewandt, der direkt eine kontrastreiche, eingefärbte Strukturkopie liefert. Bei Raumtemperatur und bewegtem Entwickler beträgt die Entwicklungszeit ca. 2 Minuten. Anschließend wird mit kaltem Wasser gewässert und mit Preßluft getrocknet. Nach weiterer Trocknung an der Luft von ca. 15 Minuten kann das entwickelte Material weiterverarbeitet werden. Ein Ausheizen oder Einbrennen der Schichten ist im allgemeinen nicht erforderlich. Die Entwicklungszeiten lassen sich durch Sprühentwicklung erheblich verkürzen.

6. Metallstrukturierung.

6.1 Ätzen. Die verbleibenden Resistbereiche zeichen sich durch hohe Widerstandsfähigkeit gegen alle gebräuchlichen Ätzsubstanzen aus. Nicht nur Eisen(3)-Chlorid, sondern auch höhere Konzentrationen an Salpetersäure oder Mischungen derselben mit Eisen(3)-Chlorid greifen die Schichten nicht an. Gegenstehende Beobachtungen haben ihre Ursachen in unzureichender Lackhaftung.

6.2 Galvanisieren. Die verbleibenden Resistbereiche sind für alle alkalischen und sauren Elektrolyte verwendungsfähig, speziell für cyanidische Versilberung, saure cyanidische Vergoldung, Verkupferung, Vernickelung und Verzinnung. Als Schichtdicken werden 6 μm bis 8 μm empfohlen. Zur Verbesserung der Galvanoresistenz sollen die Resistbereiche ca. 30 Minuten bei 80 °C bis 120 °C gehärtet werden. In Bezug auf die Stromdichten werden bei sauren Kupferbädern Stromdichten bis 4 A/10^2cm^2 und bei sauren Goldbädern bis 0,9 A/10^2cm^2 als unkritisch angesehen.

7. Strippen. Zur Resistentfernung wird der Cyporex 20/30 Lackentferner angewandt. Für die mechanische Entfernung der Resistbereiche wird eine vorherige Quellbehandlung mit Copyrex RN 20 Verdünner empfohlen.

3.2.1.3.2 Feste Übertragungsmittel

Bei allen hervorragenden Eigenschaften flüssiger Übertragungsmittel, wie Auflösungsvermögen, hohe Resistenz dünnster Schichten und Haftvermögen, kommt eine kritische Analyse nicht umhin, die Nachteile deutlich zu machen. Sie liegen einmal in einem schädlichen Einfluß von Staub, wodurch sich während des Galvanoprozesses Durchschläge im Resistbereich ergeben, die zu Metallpilzen ausarten. Zum anderen führen material-ökonomische Aufbauverfahren (pattern plating) [3.43] zu einem sogenannten Aufpilzen der Strukturen. Bild 3.73 zeigt prinzipiell einen solchen Aufpilzprozeß, bei dem die Resistschicht überwachsen und bei einem anschließenden Ätzprozeß ausgeprägte Flankenkavernen ausgebildet werden. Das eigentliche Leiterprofil ist sehr stark defomiert, die Leitungseigenschaften entsprechen nicht den geforderten, und es besteht die Gefahr des Abbruchs des Überhangs. Damit werden beispielsweise die durch hohe Packungsdichte und kurze Signallaufzeiten geprägten Schaltungen der Digitalelektronik zu problematischen Strukturen.

Aus dieser Sachlage heraus entstand der Wunsch nach genügend dicken Resistschichten, die einen Aufpilzeffekt ausschließen. Ein weiterer Nachteil flüssiger Übertragungsmittel ist der, daß Lacke bei Durchkontaktierungen sicher nur mit Walzenbeschichtern aufzubringen sind, weil bei anderen Beschichtungsverfahren die Gefahr des unerwünschten Resisteinlaufs in die Kontaktierbohrungen besteht. Dies, und dic Notwendigkeit die Galvanodurchschläge zu reduzieren, erfordern eine Mehrfachbeschichtung bis zu 5 Schichten, die bei positiven Fotolacken mit aufwendigen Zwischentrocknungen verbunden sind. Hieraus erwuchs die Forderung nach einem Fotoresist trockener Form und ausreichender Dicke. Damit war die Intension der Verwendung von Festfilm-Resistsystemen geboren.

Negative Festfilm-Resistsysteme. Als nichtflüssige oder feste Fotoresistsysteme bezeichnet man allgemein lichtempfindliche Schichten unterschiedlicher Dicke in Folienform. Zum Schutz werden diese Fotofolien beidseitig durch transparente Schutzfolien abgedeckt. Ein Festfilm-Resistsystem hat also einen Sandwichaufbau von drei Schichten. Bei dem System Riston [3.44] besteht der Aufbau aus einer 0,025 mm dicken transparenten Polyolefin-Schutzschicht, dem Festresist in Dicken von 0,018 mm bis 0,072 mm und einer 0,025 mm dicken transparenten Mylarschutzschicht (Polyesterfolie). Bild 3.74 demonstriert den Aufbau und die Tafel 3.20 gibt eine Übersicht über Riston-Produktabstufungen.

Alle erwähnten Resiste haben einen negativen Wirkungsmechanismus. Positive Festresiste sind als anwendungsreif unbekannt. Nahezu alle heute genutzten Resiste weisen entsprechende Einfärbungen auf. Dadurch entstehen nach der Belichtung sichtbare Bilder, beruhend auf der Farbkontrastierung belichteter und unbelichteter Bereiche, was für

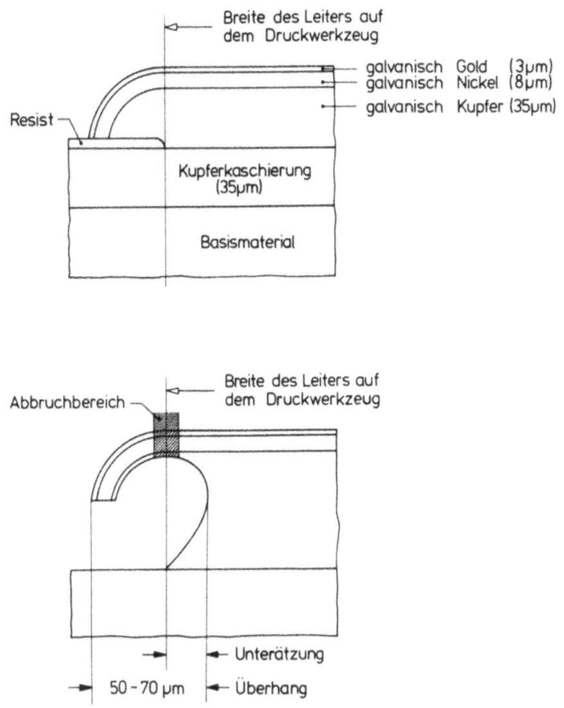

Bild 3.73 Überwuchs-(Aufpilzen) und Unterätzerscheinungen bei der Anwendung dünner Flüssigresistsysteme.

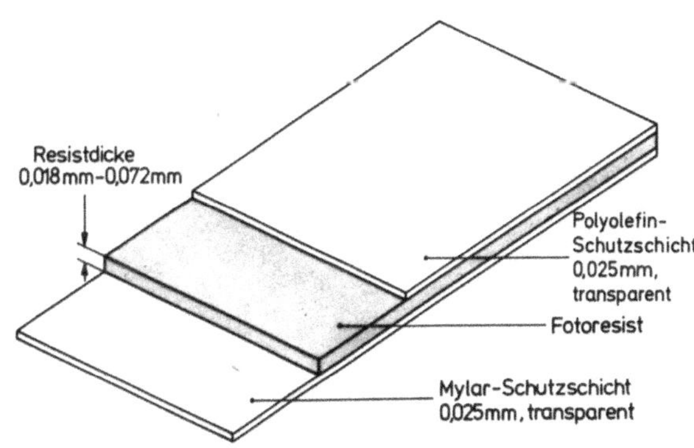

Bild 3.74 Aufbau eines Festfilm-Resistsystems.

Tafel 3.20: Übersicht über Riston-Festfilmprodukte

Typ	Farbe	Resistdicke	Entwickler
Riston 6	rot	0,018 mm	Lösungsmittel
Riston 14	blau	0,032 mm	Lösungsmittel
Riston 18 S	blau	0,045 mm	Lösungsmittel
Riston 30 S	rubinrot	0,072 mm	Lösungsmittel
Riston 211 R	rot	0,025 mm	wässerige Lösung
Riston 215 R	rubinrot	0,038 mm	wässerige Lösung
Riston 218 R	rot	0,048 mm	wässerige Lösung

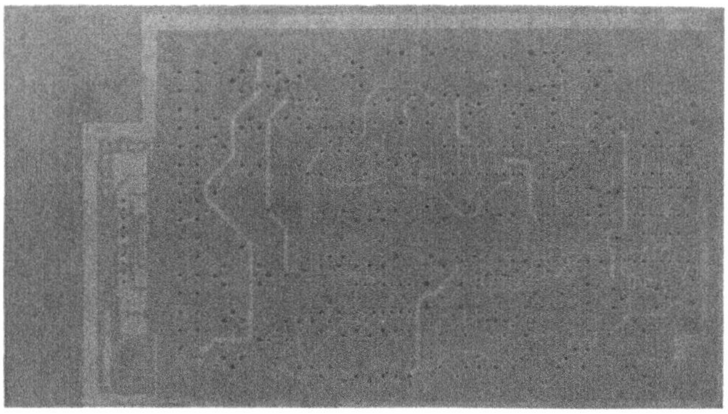

Bild 3.75 Eine mit einem Festfilmresist beschichtete Basismaterialplatte; deutlich erkenntlich sind die angestrebten Strukturdetails und die Bohrungen nach dem Belichtungsvorgang.

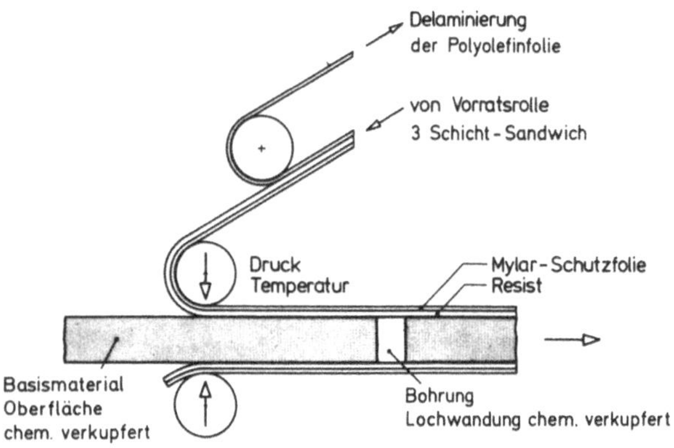

Bild 3.76 Vorgang der Festresistbeschichtung.

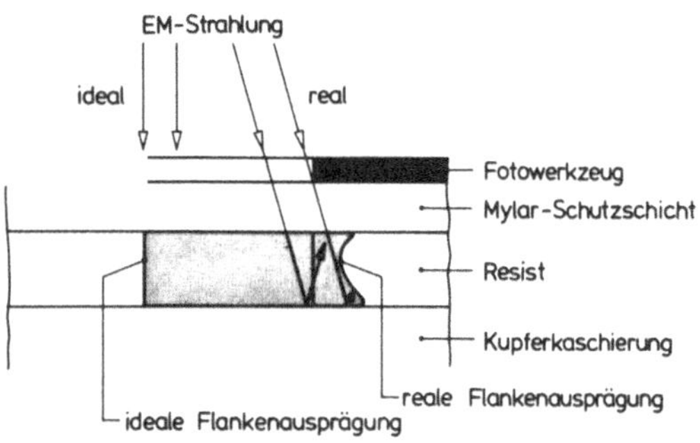

Bild 3.77 Problemkreis Belichtung bei Festfilm-Resistsystemen.

Kontrollprozesse von großem Wert ist. Bild 3.75 zeigt eine mit Riston (blau) beschichtete Platte nach der Belichtung.

Das Auflösungsvermögen der Festresiste ist geringer als bei Flüssigresisten. Bei optimalen Bedingungen lassen sich Leiterbreiten von 0,100 mm bis 0,150 mm erreichen. Die Herstellung feinster Leiterbreiten ist mit der Lösung des Problems der Haftung der polymerisierten Resistbereiche verbunden.

Die Prozeßführung gestaltet sich vergleichbar der von flüssigen Resisten:

1. Reinigung und Vorbehandlung zu beschichtender Oberflächen. Bei Festresistsystemen treten besondere Probleme der Resisthaftung auf, die bei flüssigen Resisten unbekannt sind. Resisthaftung ist die zentrale Frage der Anwendung in kritischen galvanischen Bädern wie beispielsweise in Goldbädern. Die Haftung wird bestimmt durch den physikalischen Effekt der Resistverankerung oder Verhakung und durch den Effekt einer chemischen Bindung. Hierfür müssen die Oberflächen frei sein von Oxiden und Fetten. Entfernungen werden auf dem bereits geschilderten Weg vorgenommen, während Desoxidation chemisch durch saure organische Mittel erreicht wird. Diese Reinigungsstufe ist auch für nicht metallkaschiertes Basismaterial, beispielsweise kleberbeschichtetes Material, zu durchlaufen.
Thermische Aushärteprozesse (Backprozesse) zur erhöhten Verfestigung des Resist bei extremer galvanischer Beanspruchung ist weitgehend unnötig geworden. Teilweise wird in solchen Extremfällen noch mit Haftvermittlern zwischen Resist und Oberfläche gearbeitet.

2. Beschichtung. Die Beschichtung erfolgt mit Laminatoren. Die Polyolefinfolie wird zunächst delaminiert und dann das verbleibende Zweischicht-Sandwich unter Druck und Temperatur aufgegeben. Bild 3.76 zeigt den Vorgang prinzipiell. Die Temperatur liegt bei 100 °C bis 120 °C und die Durchlaufgeschwindigkeit bei 2 m/min. Für kritische Galvanobäder ist ein Aufwärmen des Basismaterials empfehlenswert. Hierdurch verhindert man das augenblickliche Erstarren des in teigigem Zustand befindlichen Resist beim Aufwalzen auf das Basismaterial und damit eine Haftminderung.

3. Belichtung. Die spektrale Empfindlichkeit liegt zwischen 320 nm und 420 nm. Sie ist wesentlich selektiver als die flüssiger Resiste mit einem ausgeprägten Maximum bei 360 nm. Dies erfordert eine besondere Auswahl der Strahlungsquelle. Bei der Dicke des Resist und der Polyester-Schutzfolie (z.B. 0,070 mm) ist ein Höchstmaß an Parallelität erforderlich. Damit wird der Anwendungskatalog der Quellen auf beispielsweise Quecksilber-Mitteldrucklampen mit Lichtkollimator und Abtasteinrichtung (scanner) eingeschränkt. Diffuse Lichtquellen führen zu erheblicher Unterstrahlung des relativ dicken Schichtaufbaus und damit zu einer ganz erheblichen Einschränkung des Auflösungsvermögens. In Bild 3.77 sind diese Probleme dargestellt. Um optimale Belichtung zu erreichen nennt *F. v. Unger* einen Katalog von Maßnahmen [3.45] die in ihren heute relevanten Punkten wiedergegeben werden:

1. „Kollimierung des Lichtes durch Linsen, Spiegel, Gitter (Bild 5)."
2. „Wahl einer spektral günstigen Lichtquelle oder filtrieren des Lichtes. Licht das nicht direkt zur Polymerisation des Resist beiträgt, erwärmt alle Materialien und führt so

zur Verbreiterung der Leiterzüge und damit zur Verschlechterung der Auflösung (Bild 6)."

3. „Verwendung von Gläsern, Filmen und Folien mit äußerst geringem Absorptions- und Streuvermögen im UV-Bereich anstelle solcher mit hoher Absorption und hoher Streuung."
4. „Wahl von geeignetem Fotomaterial mit hoher Dichte und der Emulsion zum Resist gewandt."
5. „Erhöhung des Anpreßdruckes im Vakuumrahmen, wobei absolute Staubfreiheit gewährleistet sein soll."
6. „In besonderen Fällen Entfernung der Mylarschicht wodurch Unterstrahlungen wesentlich vermindert werden können."
7. „Optische Abbildung einer Fotomaske direkt auf die Resistschicht anstelle einer Kontaktkopie."

Auch bei Festresistsystemen ist die Anwendung des Graukeils zur optimalen Belichtungseinstellung zweckmäßig [3.46].

4. Entwicklung. Vor dem Prozeß der Lösung oder Auswaschung der unpolymesierten Resistbereiche, wird die Polyester-Schutzfolie abgelöst. Als Entwickler kommen Lösungsmittel wie Trichloräthan oder für bestimmte Resistgruppen alkalisch wässerige Lösungen in Frage. Letztere gewährleisten ein problemloseres, umweltfreundlicheres Entwickeln. Trotzdem gestaltet sich das Entwickeln zu einem problemhafteren Prozeß als bei dünnen Flüssigresistschichten. Eine Schalenentwicklung scheidet aus. Angepaßte Entwicklungsgeräte sind Kaskaden-Sprühentwickler. *H. Nitsch* weist auf die Problematik des Entwicklungsprozesses hin [3.47].

5. Metallisierung.

5.1 Ätzen. Die belichteten polymerisierten Resistbereiche sind gegen die gebräuchlichen Ätzmedien beständig. *H. Maurischat* weist allerdings auf die zerstörende Wirkung stark oxidierender und heißer Säuren hin [3.48].

5.2 Galvanisieren. Die Erfahrung in der Anwendung hat gezeigt, daß bei hinreichender Polymerisation und Oberflächenbehandlung eine einwandfreie Resistenz gegen die gegenwärtig verwendeten Elektrolyten besteht. *K. Maurischat* nennt als Galvanokriterien für eine Resisthaftung und damit eine Auswahl der Galvanoverfahren [3.49]:

„In sauren oder leicht alkalischen Lösungen und Elektrolyten (pH 0–11) ist die Resisthaftung besser als in stark alkalischen Bädern. Temperaturschwankungen im Bereich von Raumtemperaturen bis 80 °C haben keinen direkten Einfluß auf die Haftung.

Eine anodische oder katodische Entwicklung von Gasen beeinträchtigt die Resisthaftung unter bestimmten Bedingungen stark."

Er nimmt weiterhin Bezug auf die für Festresiste kritische galvanische Goldabscheidung.

Neben der Frage der galvanischen Abscheidung, also dem Aufbau von Schaltungsstrukturen an sich, interessiert wesentlich die Präzision des Aufbaus im Vergleich zur Strukturvorgabe des Fotowerkzeugs. Damit ist die Frage nach dem Grabenprofil des Festresist gestellt. Die das Profil bestimmenden Parameter sind einmal Belichtungsparameter, wie Strahlungsintensität, Strahlungsausrichtung und Strahlungszeit, und zum anderen Schichtaufbau und Relfexionseigenschaften der Oberfläche des Basismaterials.

Bild 3.75 ermöglicht einen Einstieg in die Zusammenhänge. Nach Herstellerinformation [3.50] ist anzunehmen, daß die Polymerisation in drei Zonen in zeitlicher Folge abläuft. Sie beginnt nahe der Schutzschicht, dann im Bereich des Basismaterials infolge von Reflexionen, schließlich im Mittelbereich des Resist. Dabei sind zwei Polymerisationsformen typisch: eine Zunge im Bereich der Schutzschicht und eine konkave Wölbung (Meniskus) im Bereich des Basismaterials. Je nach Belichtungsdauer erfahren diese formtypischen Bereiche Verschiebungen in Richtung einer Grabenerweiterung oder Verengung. *H. Nitsch* berichtet von einer Untersuchung über die Breitenvariation von Zungen (Spaltbreite) und Wölbungen (Basisbreite) in Abhängigkeit von der Belichtung [3.51]. In der Interpretation der zitierten Quellen stellt sich ein Grabenprofil ein wie es in Bild 3.78 demonstriert wird.

In der Darstellung wird zwischen Kopf (K) und Fuß (F) des Resist unterschieden und die jeweiligen Abweichungen (A) werden benannt (KA-Kopfabweichung; KFA-Kopf-Fußab-

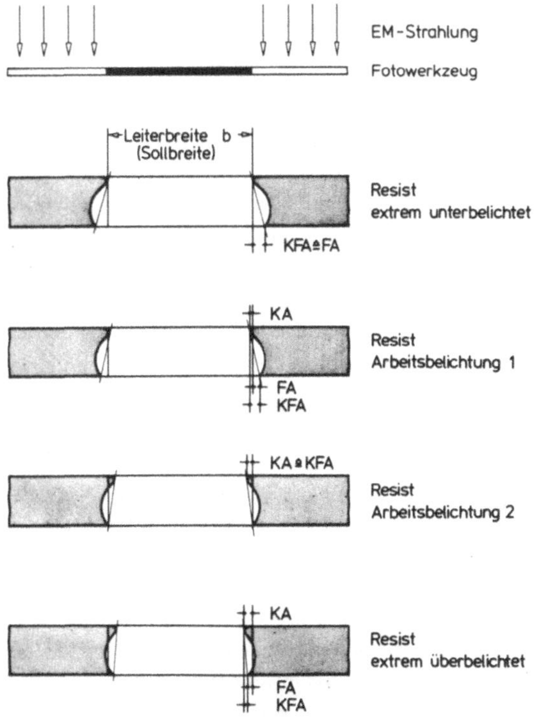

Bild 3.78 Typische Ausbildung des Grabenprofils eines Festfilm-Resistsystems bei Variation der Belichtung.

Bild 3.79 Strukturaufbau in einem Festresistgraben.

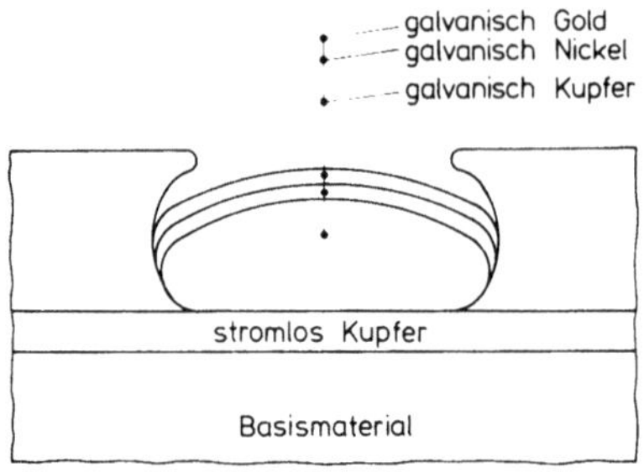

Bild 3.80 Abscheidung aus Kupferpyrophosphatbädern in Festresistgräben und Schutz der Kupferflanken durch ein Nickel/Gold-Metallresist.

weichung; etc.). Die Arbeitsbelichtung ist relativ breit. Sie stellt in jedem Fall einen Kompromiß zwischen den annehmbaren Abweichungen dar.
In derartigen Resistgräben lassen sich nun Leiterstrukturen aufbauen, die bei hinreichender Resistdicke keinen Überwuchs (Aufpilzen) aufweisen. Dies zeigt das Schliffbild 3.79. Dabei ist die Abscheidung je nach Elektrolyt unterschiedlich. Einfache Elektrolytzusammensetzungen wie beispielsweise bei Kupfersulfatbädern zeigen eine konkave Benetzung, während bei Kupferpyrophosphatbädern und vergleichbaren komplexen Bädern die Benetzung mit konvexem Meniskus abläuft. Letzterer Effekt kann nun zum Schutz abgeschiedener Kupferflanken gegen Unterätzung ausgenutzt werden, indem das Schutzresist Nickel/Gold sich über die Kupferschulter legt wie dies Bild 3.80 demonstriert.

6. Strippen. Der Prozeß der Resistentfernung erfordert einen höheren Aufwand als bei flüssigen Resistsystemen. Dies ist alleine schon aus der Dicke der Resistschicht zu erklären. Das Strippen wird darüber hinaus dadurch erschwert, daß Resiste thermisch ausgehärtet werden. Dies ist jedoch bei Resisten der jüngeren Generation unnötig. Wie bereits besprochen gehört in diese Generation jene Resistgruppe, die sich durch wässerige alkalische Lösungen strippen läßt. Nicht nur aus Gründen einer problemlosen, ökonomischen und umweltfreundlichen Resistentfernung ist dies von Bedeutung. Hierdurch werden empfindliche Dünnschichtlaminate, wie beispielsweise für flexible und Multilayer-Schaltungen, wesentlich mehr geschützt als bei Strippverfahren, die in speziellen Durchlaufmaschinen unter hohem Sprühdruck mittels chlorierten Kohlenwasserstoffen ablaufen.
Auf den Verbleib des polymerisierten Resist auf dem Basismaterial bei reinen Aufbauverfahren hat *M. Weinhold* hingewiesen [3.52]. Er geht dabei von den elektrischen Eigenschaften des Resist aus, die denen von Epoxi-Glassubstraten gleichen, Tafel 3.21.

Tafel 3.21: Elektrische Eigenschaften von Resistschichten

	Dielektrizitätszahl	Verlustfaktor	spez. Widerstand
FR 4, G 10	4,79211	0,02112	$6{,}7 \cdot 10^{15}$ Ωcm
Riston 110 S	4,75424	0,02246	$3{,}2 \cdot 10^{15}$ Ωcm
Riston 120 S	4,65374	0,02299	$2{,}0 \cdot 10^{15}$ Ωcm

Es lassen sich sicher eine Reihe von Anwendungen nennen, die auch von technischer Bedeutung sind, wie beispielsweise in der Mikrowellentechnik bei symmetrischen Streifenleitungen. Allerdings fehlen noch gesicherte Erkenntnisse über die Dauerstandsfestigkeit und die Frequenzabhängigkeit von Dielektrizitätszahl und Verlustfaktor.

3.2.2 Siebdruckverfahren

Die Methode bildhafte Strukturen über einen Farbdurchdruck mittels eines feinmaschigen Siebes zu erzeugen (sog. Siebdruck) ist auch für den wirtschaftlichen Schaltungsdruck großer Serien von ganz entscheidender Bedeutung geworden. Die allgemeine Bedeutung des Siebdrucks ist hinreichend beschrieben worden. Unter der Bezeichnung Serigraphie wurde der Siebdruck zu einem belebenden aber auch irritierenden Element der Kunstszene.
Ein Vergleich der angewandten Druckverfahren macht die Vorzüge der pastosen Auftragung der Druckfarbe für den Schaltungsdruck deutlich, sofern nur die Druckfarbe resistente Eigenschaften für den Galvano- und Ätzprozeß aufweist.
Bild 3.81 demonstriert den grundsätzlichen Vorgang des Schaltungssiebdrucks. Auf einem starren oder selbstspannenden Rahmen wird das Sieb oder Gewebe fixiert. Als Gewebe sind in der Leiterplattentechnik Polyester- oder Edelstahlgewebe im Einsatz. Das Druckwerkzeug, traditionell als Schablone bezeichnet, wird beim Schaltungsdruck fototechnisch über lichtempfindliche Kunststoffemulsionen

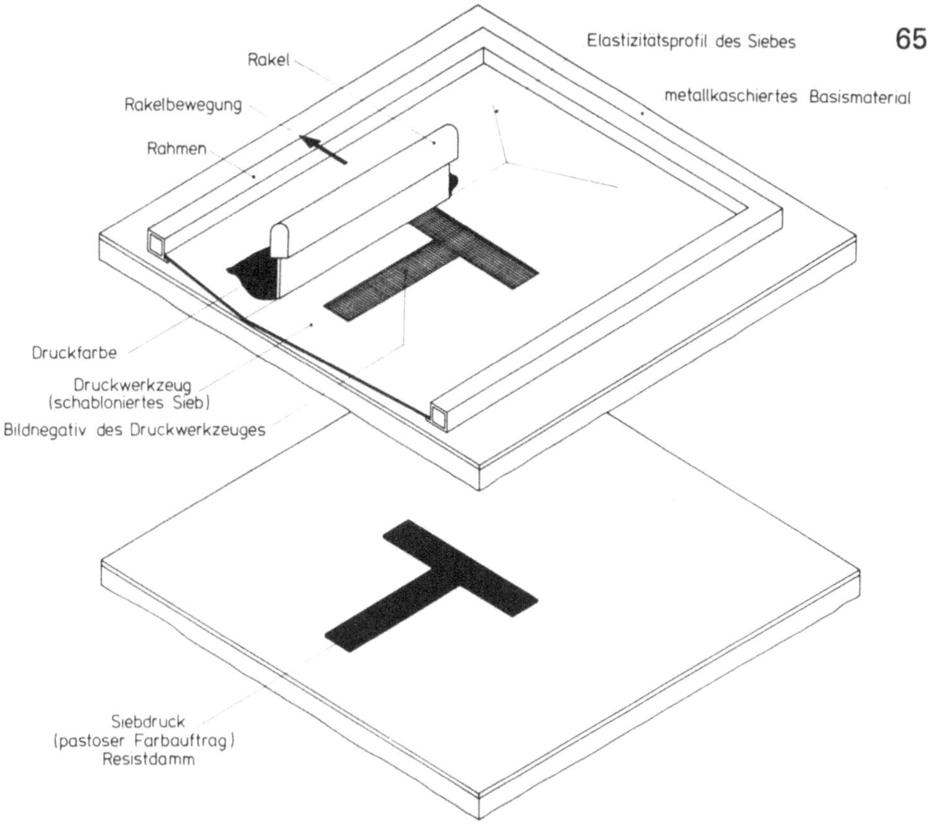

Bild 3.81
Grundprinzip des Siebdrucks in der Anwendung auf den Schaltungsdruck

Bild 3.82 Siebdruckautomat für die Leiterplattenfertigung.

oder Filme hergestellt. Ergebnis dieses Prozesses ist ein schabloniertes Sieb, hier in der Form einer T-Verzweigung, das als Bildnegativ den pastosen Farbauftrag auf einem metallkaschierten Basismaterial ermöglicht. Der Farbauftrag erfolgt durch die abstreifende Bewegung der Druckfarbe mit einer Rakel. Sehr entscheidend ist bei diesem Abstreifvorgang das Elastizitätsprofil des Siebes. Die Druckqualität, insbesondere die Strukturfeinheiten, sind vom Absprungverhalten des Siebes abhängig. Ein angepaßtes Elastizitätsprofil erreicht man durch entsprechende Wahl des Gewebes, wie auch der Rahmenfixierung. Das in Bild 3.81 dargestellte prinzipielle Verfahren entspricht dem Handruck. Bei Serienfertigungen wendet man automatisierte oder teilautomatisierte Siebdruckmaschinen an, die den Fertigungsbelangen der gedruckten Schaltungen entsprechend mit hochgenauen Positionseinrichtungen ausgestattet sind. Bild 3.82 zeigt eine Siebdruckmaschine.

3.2.2.1 Übertragungskette

Das in Abschnitt 3.2.1.1 über die Varianz der Übertragungskette beim Fotodruck Gesagte, gilt hier in besonderer Weise. Da die Herstellung der Druckwerkzeuge, das Schablonieren, fototechnisch erfolgt, sind auch die allgemeinen Betrachtungen des Fotodruckverfahrens sinngemäß zu übertragen. Folgerichtig muß die Übertragungskette um eine Stufe jeweils länger sein als beim Fotodruck. Bild 3.83 zeigt die Übertragungskette für den Fall eines Eingangsdruckoriginals in der Form eines Bildpositiv (Filmpositiv) einer NC-Lichtzeichenmaschine in 1 : 1. Da zur beispielhaften Metallstrukturierung ein Leitungsnegativ erforderlich ist wird in einer ersten Stufe über ein Kontaktkopierverfahren ein Leitungsnegativ als Druckwerkzeug gewonnen.
Dieses Negativ dient als Fotowerkzeug der Bildübertragung der zweiten Stufe, dem Schablonierverfahren. Hierbei wird in einer fotoempfindlichen Schicht, die auf das Gewebe aufgebracht ist, das Strukturbild dauerhaft gespeichert. Wie noch näher verständlich wird, ist die fotoempfindliche Schicht ein erstes Übertragungsmittel des Prozesses. Nach dem Entwicklungsprozeß steht das dauerhaft gespeicherte Bild, ein Bildpositiv, als Druckwerkzeug zur Verfügung. Man kann selbstverständlich beim ersten Übertragungsmittel von einem Resist sprechen. Danach ist die T-Verzwei-

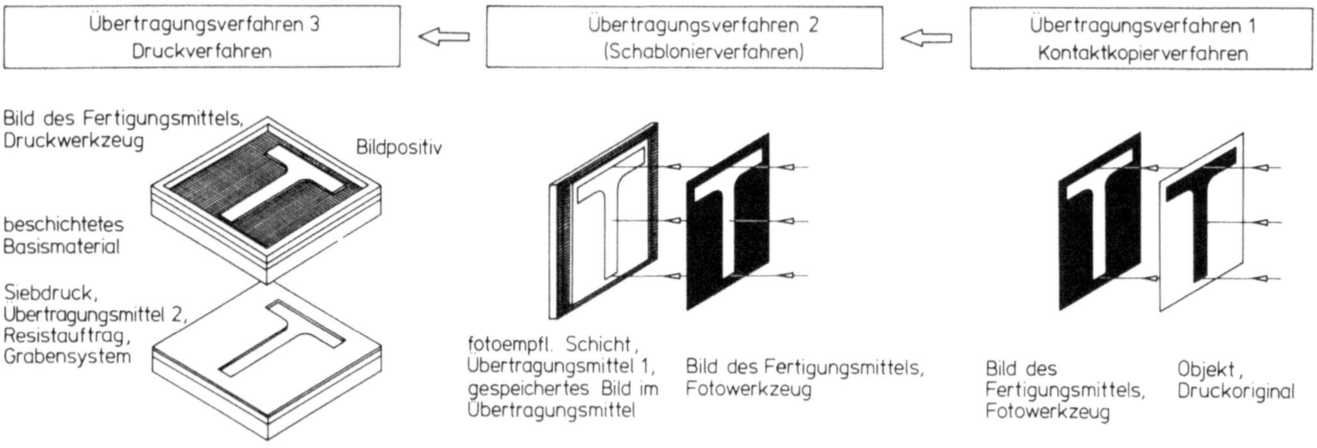

Bild 3.83 Bildübertragungskette bei Anwendung eines Druckoriginals.

gung des Druckwerkzeugs ein Resistdamm, das Druckwerkzeug selbst ein B^+, unter der Voraussetzung, daß das erste Übertragungsmittel ein R^- ist.
In der dritten Stufe der Übertragungskette, dem eigentlichen Schaltungssiebdruck, wird das zweite Übertragungsmittel, die pastose Druckfarbe, durch den Abstreifvorgang auf das beschichtete Basismaterial übertragen. Im konkreten Fall entsteht ein Grabensystem. Auch hier kann die Anwendung des Begriffs Resist zutreffend und wohl begründet sein, wenn die Druckfarbe die Aufgabe hat, resistent gegen Ätzprozesse oder gegen Galvanoprozesse zu sein.
Welcher Art die Strukturierung des Übertragungsmittels ist, hängt entscheidend vom Bildtyp des Fotowerkzeugs und dem Wirkungstyp der fotoempfindlichen Schichtung der Schablone ab.

3.2.2.2 Genauigkeitsanforderungen für Druckwerkzeuge

Auch im Falle des Siebdrucks ist die Genauigkeit der Struktur eine Frage der Genauigkeit des Druckwerkzeuges. Da dieses über Fotoprozesse gewonnen wird, kann formal die Genauigkeit des Siebdruckes nicht die des Fotodrucks erreichen. Die eigentlichen Ursachen fehlerhafter Strukturgestaltung liegen im letzten Schritt der Übertragungskette, dem eigentlichen Druckverfahren. Über die Druckwerkzeuge des Siebdrucks gibt es keine ausgeweiteten Anforderungskataloge und Standards wie im Falle der Druckwerkzeuge des Fotodrucks. Weithin wird der Siebdruck, auch bei Schaltungsdruckern, als eine Kunst verstanden, die sich deshalb der Normung entzieht.

> Nach gegenwärtigem Stand der Technik liegt die Grenze des Präzisions-Siebdrucks bei Strukturbreiten und Abständen ≧ 0,250 mm.

Grundsätzlich gelten auch hier die Werkzeugmerkmale:

- Konturenschärfe,
- Form- und Lagetoleranz,
- Dauerstandsfestigkeit,
- Maßbeständigkeit gegen Klimaeinflüsse.

Um einen Einblick in die Genauigkeitsproblematik zu geben sei Bild 3.84 und seine Kenngrößendefinitionen betrachtet. Dargestellt ist ein Siebdruckgewebe, das schablonenhaft das Bildpositiv eines Leiters und einer Anschlußfläche für einen Additivprozeß enthält. Kenngrößen und Gewebeschnitte ergänzen das Bild.
Wie bereits angedeutet, wendet der Schaltungsdruck Polyestergewebe als monofile Gewebe und Edelstahlgewebe an. Es gibt eine Reihe von Gründen, die dem Stahlgewebe den Vorzug geben, u.a. die Schwierigkeiten statischer Aufladung der Kunststoffgewebe bei Verwendung bestimmter Siebdruckverfahren. Die Fadenzahl je Längeneinheit bestimmt die Strukturgenauigkeit. Beim Ätz- und Galvanoresist hoher Genauigkeit liegen die Fadenzahlen bei 120 bis 160 je Zentimeter, während sie beim Kennzeichnungsdruck wesentlich geringer sind.
Bei einem Metallgewebe mit einer Fadenzahl von 120/cm des Gewebetyps T (thick), liegt der Fadendurchmesser bei 0,040 mm, betragen die Maschenöffnung m = 0,043 mm, die offene Fläche A = 27 % und die Gewebedicke d = 0,057 mm.
Die Konturenschärfe der Fotoschablone und damit des Strukturbildes hängt bei Kunststoffgeweben von den Reflexionseigenschaften des Gewebes ab. Um Unterstrahlungen des Fotowerkzeugs zu vermeiden, werden die Gewebe eingefärbt. In Bild 3.85 ist der Einfluß eines gelb gefärbten Gewebes auf die Genauigkeit der Schablonenstruktur in einer Mikroaufnahme dargestellt.

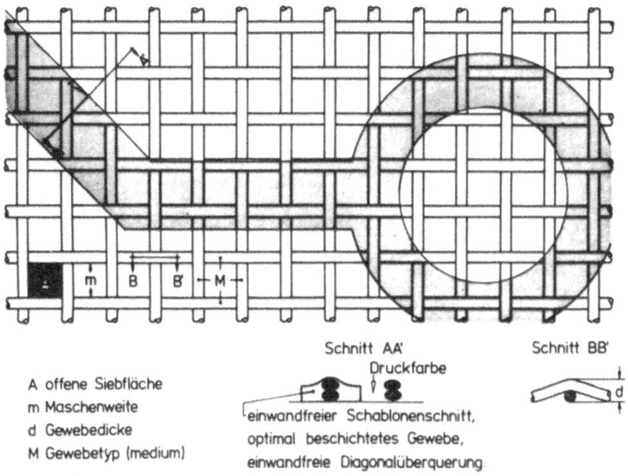

Bild 3.84 Genauigkeitsproblematik und Kenngrößendefinition bei Druckwerkzeugen des Siebdrucks.

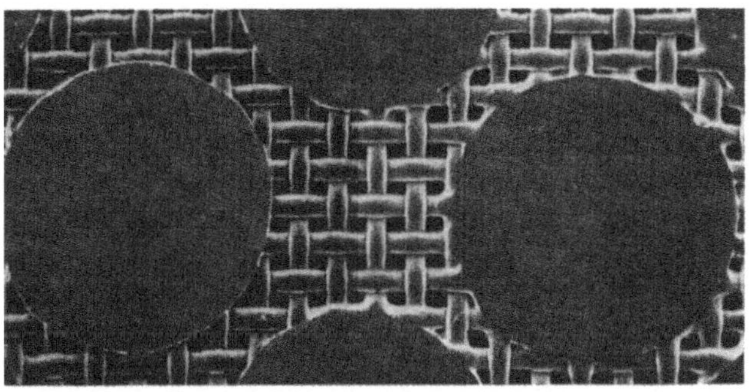

Bild 3.85 Einfluß eines gelb eingefärbten Gewebes auf die Genauigkeit der Schablonenstruktur.

Im Schnittbereich AA' und der entsprechenden Randdarstellung wird eine weitere Genauigkeitsproblematik deutlich, die einwandfreie Gewebebeschichtung. Wie die Darstellung zeigt, ist es für die Druckqualität wichtig, daß die Gewebemaschen diagnoal einwandfrei überquert werden und die Schablone die Druckseite des Gewebes volldeckend ausfüllt. Ist dies nicht der Fall, zeigt das Druckbild eine sägezahnförmige Kontur.

3.2.2.3 Übertragungsmittel

Nach den Darlegungen im Abschnitt 3.2.2.1 muß man von zwei Übertragungsmitteln sprechen, einmal von dem des Schablonenverfahrens und zum anderen von dem des Druckverfahrens.
Bei der Herstellung der Fotoschablone unterscheidet man drei Verfahren:

Direktverfahren. Beim Direktverfahren verwendet man Kunststoffemulsionen, die vor der Verarbeitung mit Sensibilisatoren lichtempfindlich gemacht werden. Nach Vorbehandlungen des Gewebes werden die Lösungen mit Beschichtungsrinnen aufgetragen, getrocknet, meist mehrfach beschichtet, danach üblich belichtet und mit wechselndem Wasserdruck entwickelt.

Indirektverfahren. Hier ist der Ausgangsschritt die Belichtung eines lichtempfindlichen Filmes abseits von dem im Rahmen fixierten Gewebe. Nach der Belichtung erfolgt die Entwicklung des Filmes mit Wasser und die Übertragung des nassen Filmes auf das Gewebe.

Direkt/Indirektverfahren. Dieses Verfahren ist heute sehr weit verbreitet und eine Mischform der vorstehenden Verfahren. Die in der Direkt/Indirektmethode erstellten Schablonen weisen in Konturenschärfe und Dauerstandsfestigkeit hervorragende Eigenschaften auf.
Beim zweiten Übertragungsmittel, der eigentlichen Siebdruckfarbe, muß man nach Anwendungsart vielfältig unterscheiden in:

- Ätzresist,
- Galvanoresist,
- Ätz/Galvanoresist,
- Lotresist (Lötstopplack),
- Lötlack,
- Kennzeichnungsfarbe.

Bei den Ätz- und Galvanoresistsystemen unterscheidet man zwischen Strippverfahren über Lösungsmittel oder mittels alkalischer Medien. Den alkalischen Medien kommt aus Gründen geringer Umweltbelastung die größere Bedeutung zu.
In Bild 3.86 wird der Verfahrensablauf des Siebdrucks, beginnend mit der Schablonenherstellung, für zwei unterschiedliche Fotowerkzeuge B^+; B^- demonstriert. Hierbei werden Definitionen getroffen, die die Verfahrenskennzeichnung systematisieren. Das erste Übertragungsmittel ist als Fotoresist ein R^-. Für die Druckfarbe, das zweite Übertragungsmittel, wird generell ein R^+ festgesetzt.
Ausgehend von einem Bildnegativ (B^-) des Fotowerkzeugs entsteht ein Resistdamm (B^+) beim Druckwerkzeug. Nach dem Druckvorgang entsteht ein gedrucktes Grabenumfeld. Man spricht auch von einem Negativdruck, da auf dem beschichteten Basismaterial ein Graben (Grabensystem) zur Strukturierung freibleibt. Genutzt wird ein Negativdruck für den Strukturaufbau von Leitern und Zwischenverbindungen im additiven Prozeßbereich.
Ausgehend vom Bildnegativ des Fotowerkzeugs liegt die Bildkette vor:

$B^- \rightarrow B^+ \rightarrow B^-$

Im Falle eines Fotowerkzeugs als Bildpositiv, ist der inverse Vorgang zu beobachten. Endergebnis ist ein Positivdruck wie er für den Strukturaufbau durch reines Ätzstrukturieren angewandt wird. Hier ist die Bildkette:

$B^+ \rightarrow B^- \rightarrow B^+$

Von dieser Erkenntnis ausgehend, ist eine Systematik vergleichbar der des Fotodruckverfahrens möglich:

Fotowerkzeug	B^+	B^-
Schaltungsdruck	Damm	Graben
	B^+ Positivdruck	B^- Negativdruck

3.3 Verfahren zur Metallstrukturierung

3.3.1 Verfahrensordnung

Nachdem in Abschnitt 3.2 jene Technologien besprochen wurden, die zu einer dauerhaften Bildspeicherung in Resistsystemen führen, soll nunmehr die Erzeugung der Metallstruktur behandelt werden. Es wurde zwischen Aufbau und Abbauverfahren unterschieden und definitiv wurden Ätzverfahren, chemisch/galvanische Verfahren und Kombinationen beider, sog. Mischverfahren oder Hybridverfahren, eingeführt. Alle Verfahren der Metallstrukturierung beziehen sich auf die Erzeugung wiederkehrender Strukturelemente. Die nachfolgende Tafel 3.22 stellt die Elemente und ihre Oberflächen den möglichen Strukturierungsverfahren gegenüber. Abgesehen von der Strukturierung des Widerstandes und der Oberflächen sind alle Elemente bis auf die Zwischenverbindung durch je drei Verfahren herstellbar. Diese Tatsache berührt eine der zentralen Fragen der Verfahrensauswahl.

Denn überall dort, wo zwischen zwei oder mehreren Ebenen Zwischenverbindungen notwendig sind, ist zur Durchkontaktierung nur ein chemisch/galvanisches Verfahren anwendbar. Zwischenverbindungen aber sind unabdingbare Voraussetzung für die Erfordernisse einer Leiterplatte mit hoher Element- und Leiterdichte und sicherer Elementekontaktierung. In Bild 3.87a und b sind die beiden Zwischenverbindungsarten dargestellt.

Eine zweite zentrale Frage der Verfahrensauswahl berührt die Herstellung feiner Leiterstrukturen mit homogenen Geometriedaten der Breite und des Abstandes und der Darstellung von Zwischenverbindungen mit einem angepaßten Lochtiefen/Lochdurchmesser-Verhältnis. Auch diese Fragestellung führt auf eine Verfahrenswahl im Sinne chemisch/galvanischer Verfahren, rein chemischer Verfahren oder Hybridverfahren. Leiterprofile der Art des Bildes 3.73 sind keineswegs mehr annehmbar.

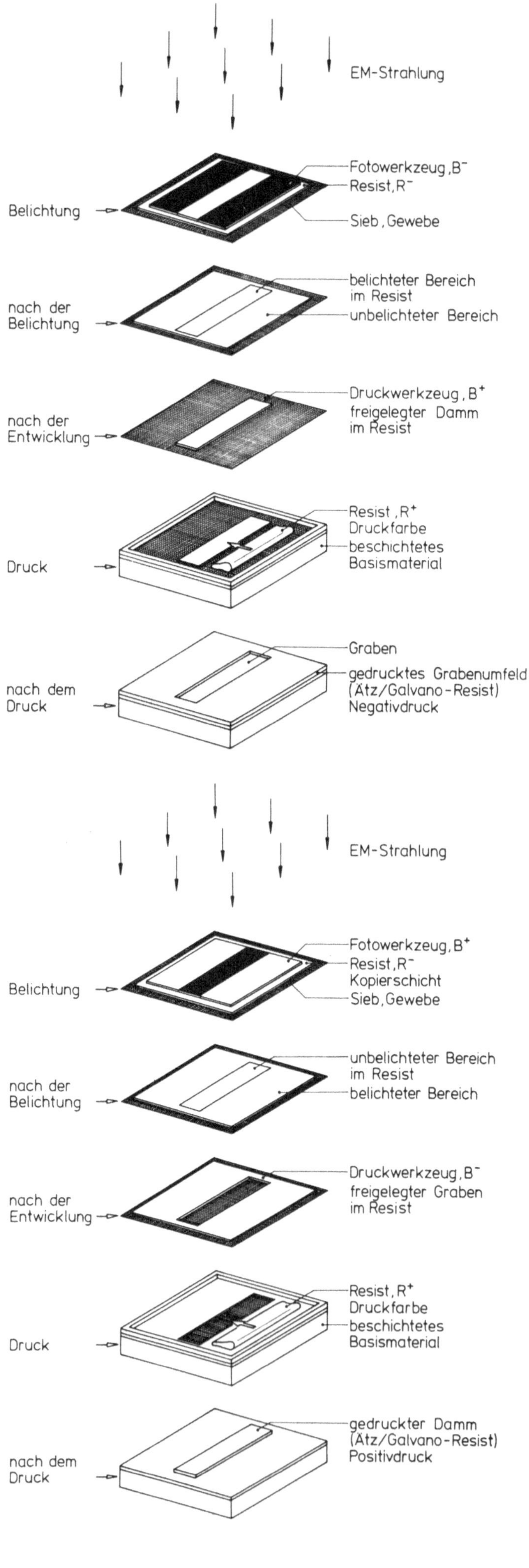

Bild 3.86
Prozeßgeschehen des Siebdrucks in der Leiterplattenfertigung.

Tafel 3.22
Strukturelemente und ihre Strukturierungsverfahren

Struktursymbolik:
Ä Ätzverfahren
CH chemisches Verfahren
G elektrochemisches Verfahren
● zutreffend

Strukturelemente	Strukturierungsverfahren		
	Ätzverfahren (Ä)	Chemisch/galvan. Verfahren (CH), (G)	Mischverfahren, Hybridverfahren (CH), (G), (Ä)
Leiter	●	●	●
Anschlußfläche	●	●	●
Kontaktfläche	●	●	●
Schirmungsfläche	●	●	●
Zwischenverbindung der Ebenen		●	●
Widerstand	●		
Kondensator	●	●	●
Spule	●	●	●
Strukturoberflächen	(Ä)	(CH), (G)	(CH), (G), (Ä)
Leiteroberfläche		●	
Oberfläche der Anschlußfläche		●	
Kontaktoberfläche		●	

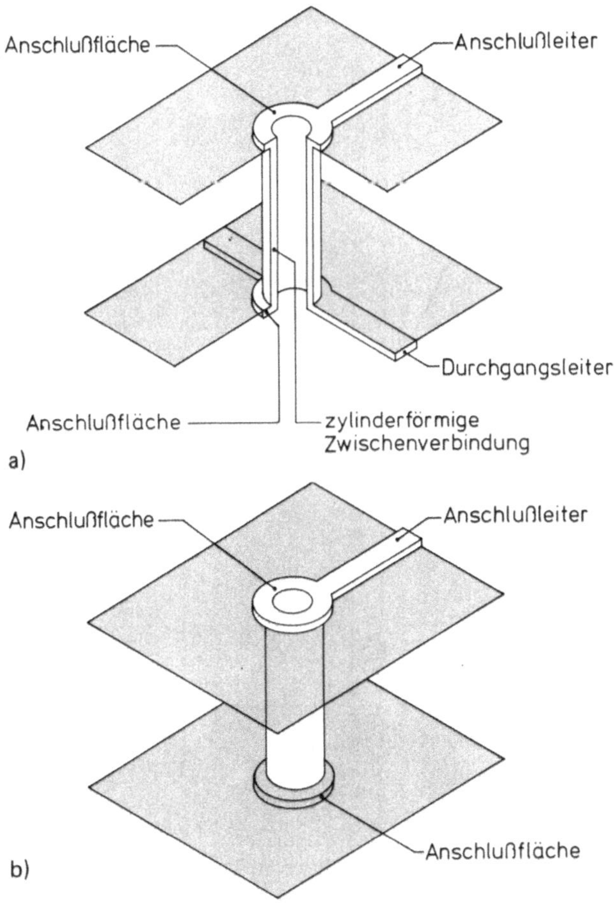

Bild 3.87 a) u. b) Zwischenverbindungsarten; a) mit dem Übergang in eine zweite Strukturebene; b) als reine Aufnahme für Bauelementanschlüsse.

Schließlich richtet sich eine dritte Frage auf die Wirtschaftlichkeit des Verfahrens, auf Rationalisierungsmöglichkeiten und auf die Rohstoff- und Umweltbedingungen. Dieser sehr komplexe Bereich ist heute derjenige, der zu Verfahrensinnovationen motiviert, die durch chemische Verfahren ohne äußere Resistsysteme gekennzeichnet sind.

Zur Strukturierung stehen nun eine Fülle von Verfahren zur Verfügung, die sehr unterschiedlichen Wirkungsablauf aufweisen, sich in ständiger Weiterentwicklung befinden und eine stetige Ergänzung erfahren. Herstellerkurzbezeichnungen, sich widersprechende Zuordnung zu Wirkungsgruppen und eine teilweise unzureichende Information bei Neuentwicklungen erschweren die Übersicht. Die folgende Zusammenfassung versucht Einsicht in die Verfahren zu vermitteln und eine terminologische Ordnung aufzustellen, Tafel 3.23.

Die Tafel geht von dem Ordnungsprinzip der kupferkaschierten und nicht kupferkaschierten Basismaterialien aus. Sinngemäß werden dadurch die Verfahrensbereiche mit vornehmlich abbauendem Charakter (Subtraktiver Bereich) und vornehmlich aufbauendem Charakter (Additiver Bereich) beschrieben. Diese wiederum teilen sich auf in reine Verfahren (Vollverfahren) und solche mit Mischcharakter (Hybridverfahren). Abgesehen von einem Strukturierungsverfahren mit Dünnschicht-Kupferkaschierung (0,005 mm), das noch keineswegs anwendungswürdig erscheint (in der Übersicht nicht dargestellt), sind damit Mißdeutungen, die durch die Bezeichnung ‚Semi' auftreten ausgeschlossen. Denn grundsätzlich sind mit ‚Semi' die Verfahrensspezifika unscharf beschrieben. Zum anderen bleibt es unerklärlich, warum die Bezeichnung nicht für den subtraktiven Bereich (Semi-Subtraktiv) eingeführt wurde.

Tafel 3.23: Verfahrenssynopse und terminologische Ordnung

Verfahren	Terminologische Ordnung	Basismaterial	Resist-anwendung	Strukturierungsfolge	Zwischen-verbindung	Angewandte Verfahren	Gebrauchseinordnung
1	Vollsubtraktiv	Kupfer kaschiert	•	Ä			Subtraktiv
2	Hybridsubtraktiv	Kupfer kaschiert	•	CH → G → G → Ä	•		Subtraktiv
3	Hybridsubtraktiv	Kupfer kaschiert	•	CH → G → Ä	•	Noviganth-Schering	Subtraktiv
4	Hybridsubtraktiv	Kupfer kaschiert, Kern katalysiert	•	Ä → CH	•	CC4 – NT – 1	(Additiv)
5	Volladditiv	Kern katalysiert, Oberflächen katalysiert	•	CH	•	CC4 – Standard	Additiv
6	Volladditiv	beschichtet mit Epoxi-buttercoat	•	CH	•	EDB Direct Bond-Process	Additiv
7	Volladditiv	beschichtet mit Epoxi-buttercoat (Strukturfolien bedeckt)	•	CH	•	Pladd II	Additiv
8	Hybridadditiv	haftvermittlerbeschichtet (Transferfolien bedeckt)	•	CH → G → Ä	•	CC4 – Unclad Ruwel-Unclad	Semiadditiv
9	Hybridadditiv	beschichtet mit Epoxi-buttercoat (Strukturfolien bedeckt)	•	CH → G → Ä	•	EDB – Pladd II – Varianten	Semiadditiv
10	Volladditiv	Vollkatalysiert (Nichtedelmetallkeime)		CH	•	Photoforming-Process	Additiv
11	Volladditiv	beschichtet mit imprägnierterm-buttercoat		CH	•	PDR – Physical Development by Reduction	Additiv

Strukturierungssymbolik:
Ä Kupferätzung
CH chemische Verkupferung
G elektrochemische Verkupferung, elektrochemische Resistbeschichtung
• zutreffend

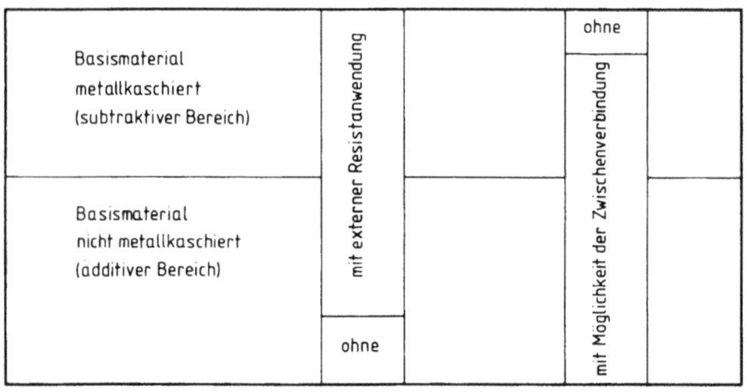

Bild 3.88 Verdeutlichung der terminologischen Ordnung nach Tafel 3.23

Nunmehr sind eindeutige Verfahrensdefinitionen möglich die beispielsweise für den additiven Prozeßbereich lauten:

Additive Prozeßverfahren. Verfahren zur Strukturierung eines Leiter- oder Schaltungsbildes durch selektiven Aufbau auf nicht metallkaschiertem Basismaterial.

Volladditives Verfahren. Additives Verfahren, bei dem das vollständige Leiter- oder Schaltungsbild durch chemische Metallabscheidung entsteht.

Hybridadditives Verfahren. Additives Verfahren, bei dem das Leiter- oder Schaltungsbild durch eine Kombination chemischer und elektrochemischer Metallabscheidung und durch Metallätzung entsteht.

Das Ordnungsprinzip läßt sich in zwei weitere Richtungen ausschöpfen. Einmal in die Gruppen der Verfahren, die mit einem äußeren Resist arbeiten oder nicht, und in Gruppen mit und ohne Möglichkeit der Zwischenverbindung. Bild 3.88 zeigt eine entsprechende Grafik zur Verdeutlichung. Bei den CC 4-Verfahren sind die Hybridversionen mit katalysiertem Basismaterial und die Vollversionen mit nicht katalysiertem Basismaterial nicht aufgeführt [3.53].

Es ist prospektiv gesehen anzunehmen, daß resistfreie Strukturierungsverfahren, sofern die Metallabscheidung störungsfrei optimierbar ist, erhebliche Bedeutung erlangen werden.

Das Verfahren ohne Zwischenverbindungsmöglichkeit ist das klassische Folienätzverfahren, meist ausgehend von einseitig kaschiertem Basismaterial, wie es weitgehend in der Unterhaltungselektronik, aber auch in der integrierten Mikrowellentechnik angewandt wird.

3.3.2 Exemplarische Darstellung

Die Strukturierungsverfahren werden in einer Übersicht exemplarisch dargestellt. Exemplarisch ist hierbei vielfältig zu verstehen. Es meint beispielhafte Verfahren, aber auch beispielhafte Alternativen zu den Verfahren; ferner beispielhafte Prozeßschritte, aber auch beispielhafte Prozeßdetails. Die Darstellung erfordert aus Gründen einer klaren Übersicht eine Verzerrung von Struktur- und Materialdicken, so daß hieraus keine Rückschlüsse auf Dimensionierungen zu ziehen sind.

1. Voll-Subtraktivverfahren. Bild 3.89a–d
Basismaterial: einseitig Cu-kaschiert
Resist: Fotoresist (Festfilmresist), R^-
Druckwerkzeug: Fotowerkzeug, B^-
Die Vielfachschichtung aus Basismaterial, Kupferkaschierung, Festfilmresist und Fotowerkzeug für den Belichtungsvorgang ist in Bild 3.89a erkenntlich. Das Fotowerkzeug zeigt das Leitungsnegativ einer Verzweigung. Die Vorzeichengleichheit von Resist und Bild deuten die Entstehung von Dämmen an. Bild 3.89b zeigt das Prozeßergebnis nach der Entwicklung. Die belichteten Resistbereiche liegen als Schutzschicht (Dämme) über der Kaschierung. Bild 3.89c zeigt das Ergebnis nach dem Ätzprozeß, Bild 3.89d nach dem Entfernen des Resist. Die Prozeßfolge ist typisch für Voll-Subtraktivverfahren. Die Verwendung eines Foto-Festfilmresist als Ätzresist ist untypisch, da wirtschaftlich aufwendig. Hier würde eher ein Foto-Flüssigresist zur Anwendung kommen.

Farblegende zu den Bildern 3.89–3.98

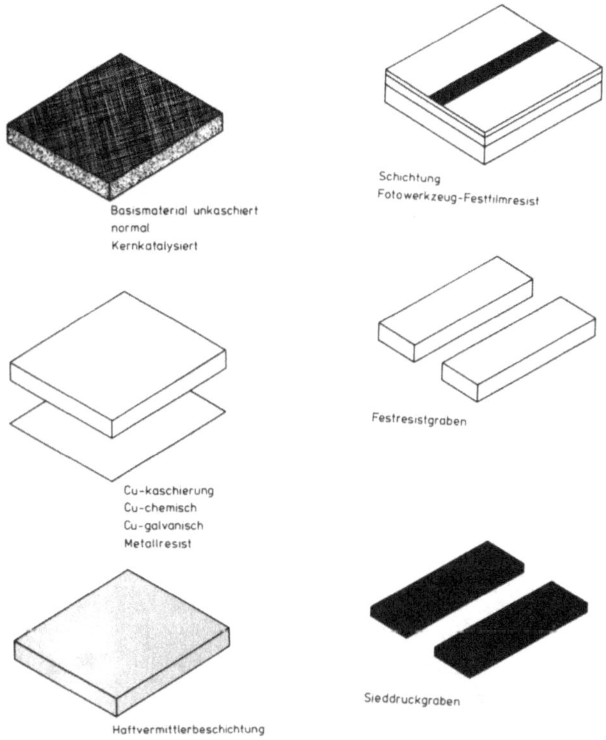

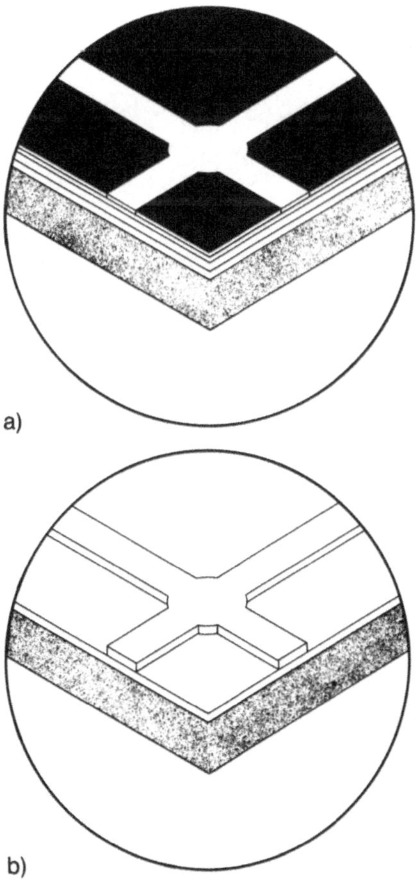

a)

b)

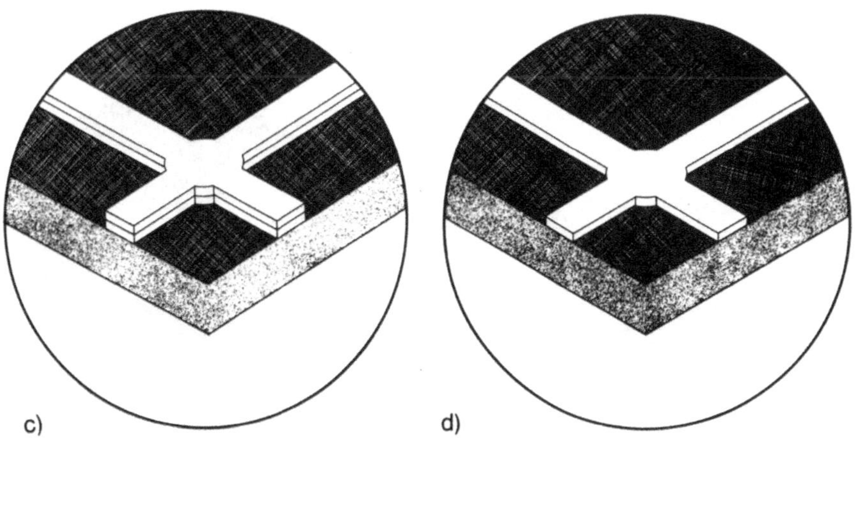

c)

d)

Bild 3.89 a)–d) Vollsubtraktivverfahren (siehe Farblegende und Texterläuterung)

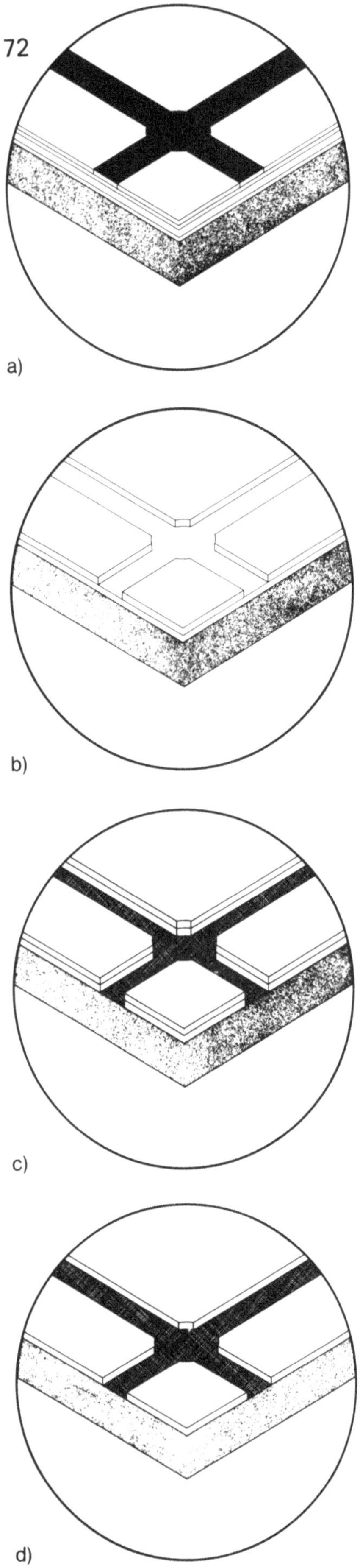

Bild 3.90 a)–d) Vollsubtraktivverfahren (siehe Farblegende und Texterläuterung)

2. Voll-Subtraktivverfahren. Bild 3.90a–d
Basismaterial: einseitig Cu-kaschiert
Resist: Fotoresist (Festfilmresist), R^-
Druckwerkzeug: Fotowerkzeug, B^+

Alternativ zum Prozeßgeschehen in Bild 3.89 wird die Anwendung eines Bildpositivs betrachtet. Die Vorzeichen deuten einen Graben an. Dies wird in Bild 3.90b deutlich, welches das Ergebnis nach der Entwicklung zeigt. Bei weiterer Anwendung des Ätzverfahrens und der Resistentfernung entsteht die negative Struktur des Bildes 3.89, der man keine Verwendung zuordnen kann. Soll mit einem Grabensystem eine dem Bild 3.89 vergleichbare Leiterstruktur entstehen, so ist ein erweiteter alternativer Prozeß erforderlich, wie ihn Bild 3.91 zeigt.

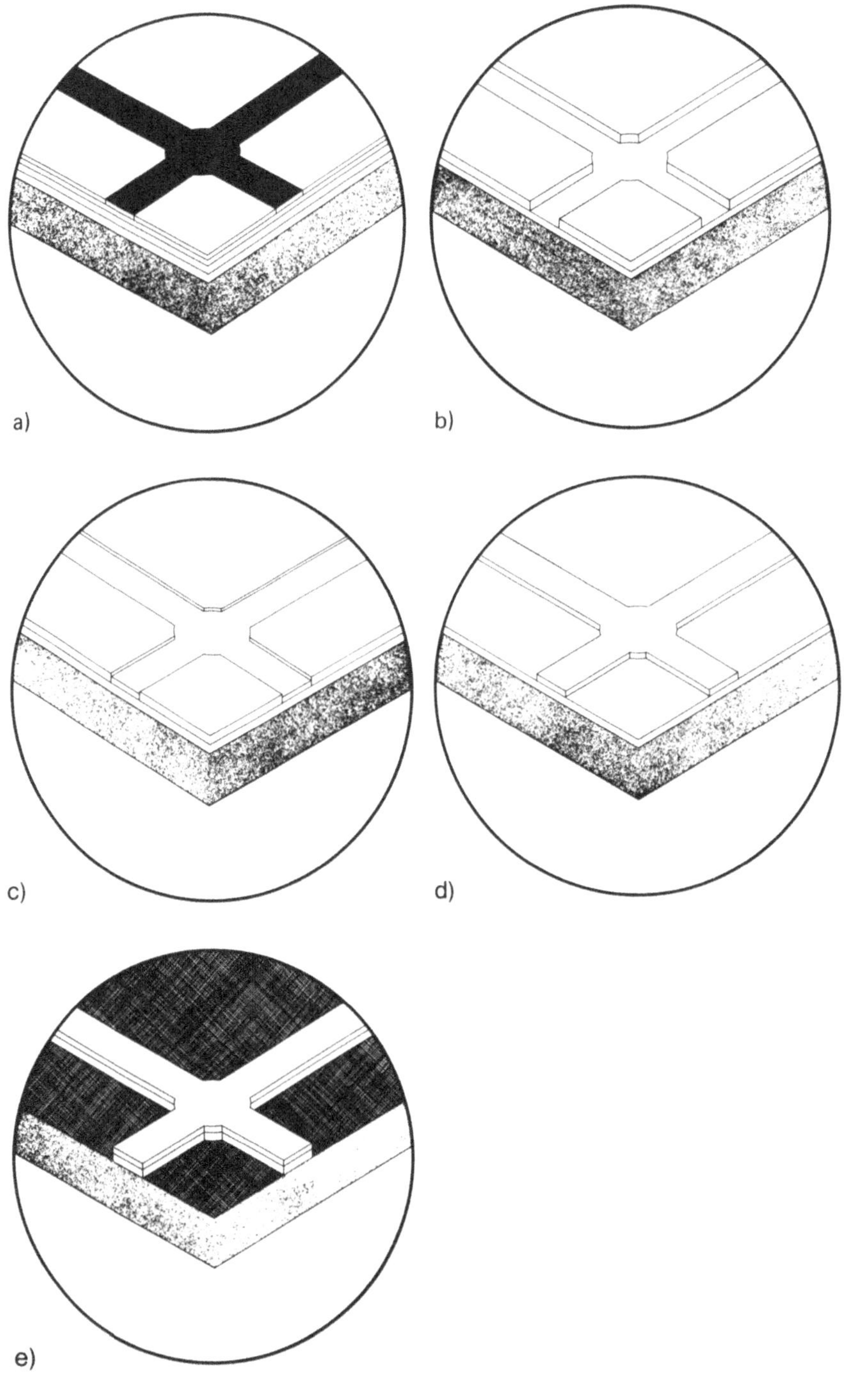

Bild 3.91 a)–e) Vollsubtraktivverfahren (siehe Farblegende und Texterläuterung)

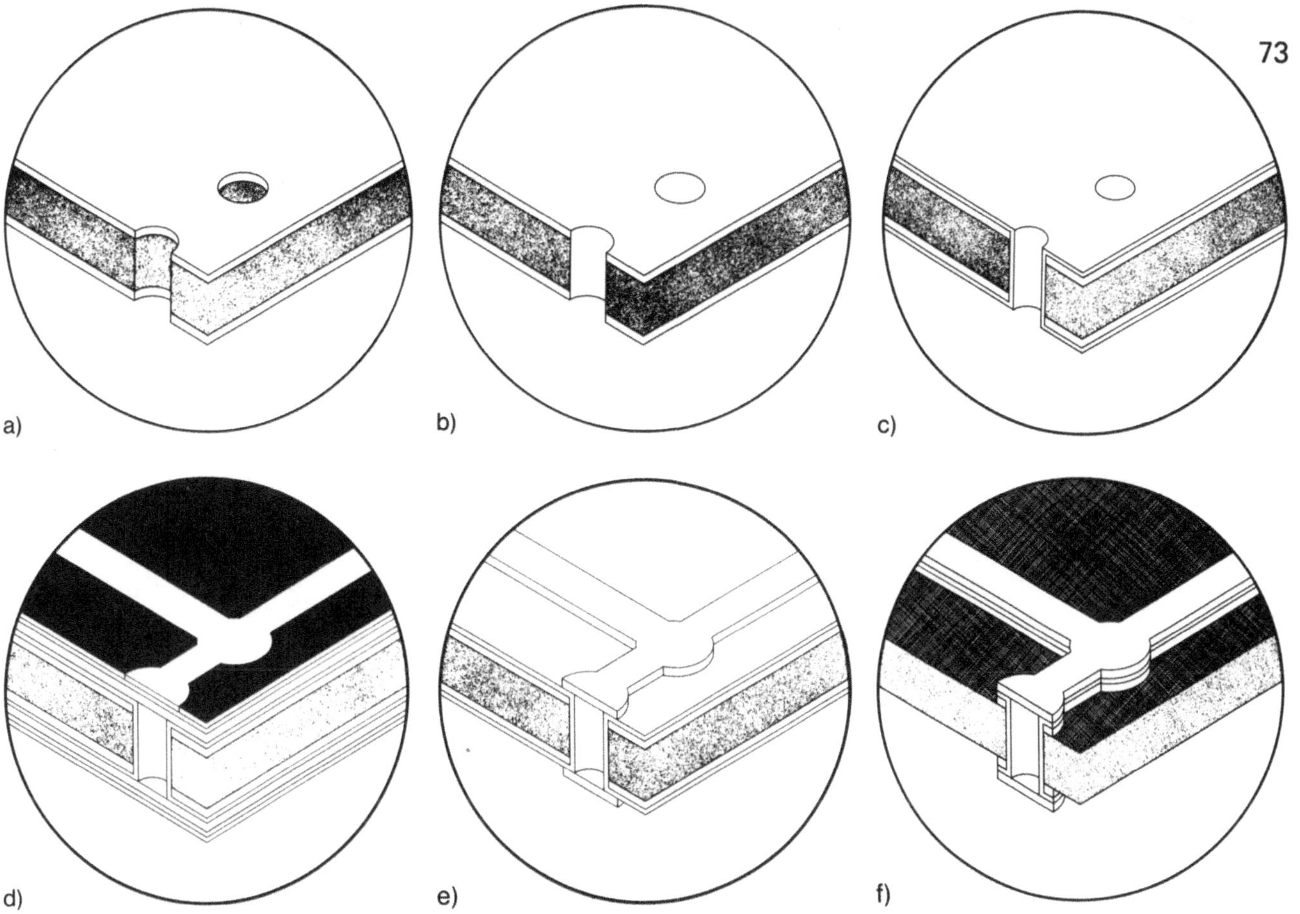

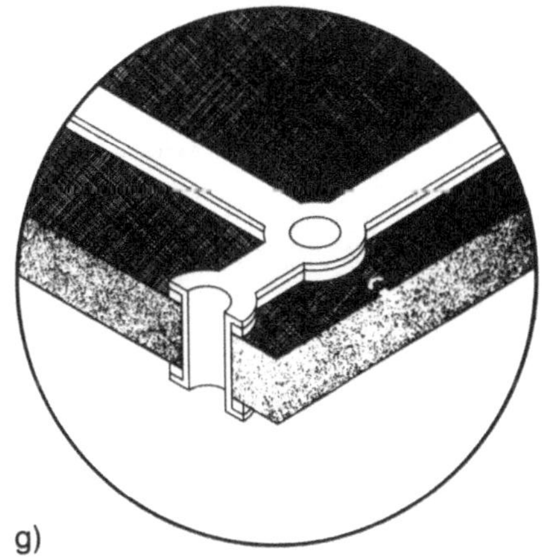

Bild 3.92 a)–g) Hybridsubtraktivverfahren (siehe Farblegende und Texterläuterung)

3. Voll-Subtraktivverfahren. Bild 3.91a–e
Basismaterial: einseitig Cu-kaschiert
Resist: Fotoresist (Festfilmresist), R^-
Druckwerkzeug: Fotowerkzeug, B^+
Die Bilder 3.91a und 3.91b geben Prozeßstufen wie im Falle 3.90a und 3.90b wieder. Dann erfolgt im Resistgraben der galvanische Aufbau eines Ätzresist, beispielsweise einer ätzresistenten Zinn/Blei-Abscheidung, Bild 3.91c. Nach dem Entfernen des Fotoresist, Bild 3.91d, können die nicht geschützten Kupferbereiche geätzt werden, Bild 3.91e. Es entsteht eine Leiterstruktur, die der des Bildes 3.89; bis auf den Metallätzresist, entspricht.

Ein Verfahren der geschilderten Art hat durchaus technische Bedeutung. Allerdings liegt diese bei Sonderanwendungen, wie beispielsweise dem Aufbau hochwertiger Leitungen der Mikrowellentechnik in Leitsilber oder der Darstellung schleiffester Schaltflächen durch Rhodiumüberzug. Für die Normalanwendung ist das Verfahren zu aufwendig.

4. Hybrid-Subtraktivverfahren. Bild 3.92a–g
Basismaterial: zweiseitig Cu-kaschiert
Resist: Fotoresist (Festfilmresist), R^-
Druckwerkzeug: Fotowerkzeug, B^-
Nunmehr ist das Verfahrensziel die Strukturierung von Leitern und Zwischenverbindungen. Das kaschierte Basismaterial wird gebohrt (gestanzt), und sodann in einem Aktivierungsprozeß, unter Adsorption von Edelmetallkeimen an der Kaschierungsoberfläche und den Lochwandungen, für die chemische Verkupferung vorbereitet, Bilder 3.92a und 3.92b. Es folgt der galvanische Aufbau der Zwischenverbindung in der gewünschten Stärke, und gleichzeitig eine vergleichbar starke Abscheidung auf der Kupferkaschierung, Bild 3.92c. Den beidseitigen Schichtaufbau für die Belichtung zeigt Bild 3.92d. Die Vorzeichengleichheit weist auf Dammstruktur des Resistsystems hin, was Bild 3.92e nach der Entwicklung deutlich macht. Die gewünschten Leiter und die durchkontaktierten Bohrungen sind für einen Ätzprozeß resistent abgedeckt, Bild 3.92f. Schließlich entsteht nach der Resistentfernung die gewünschte Struktur, Bild 3.92g.

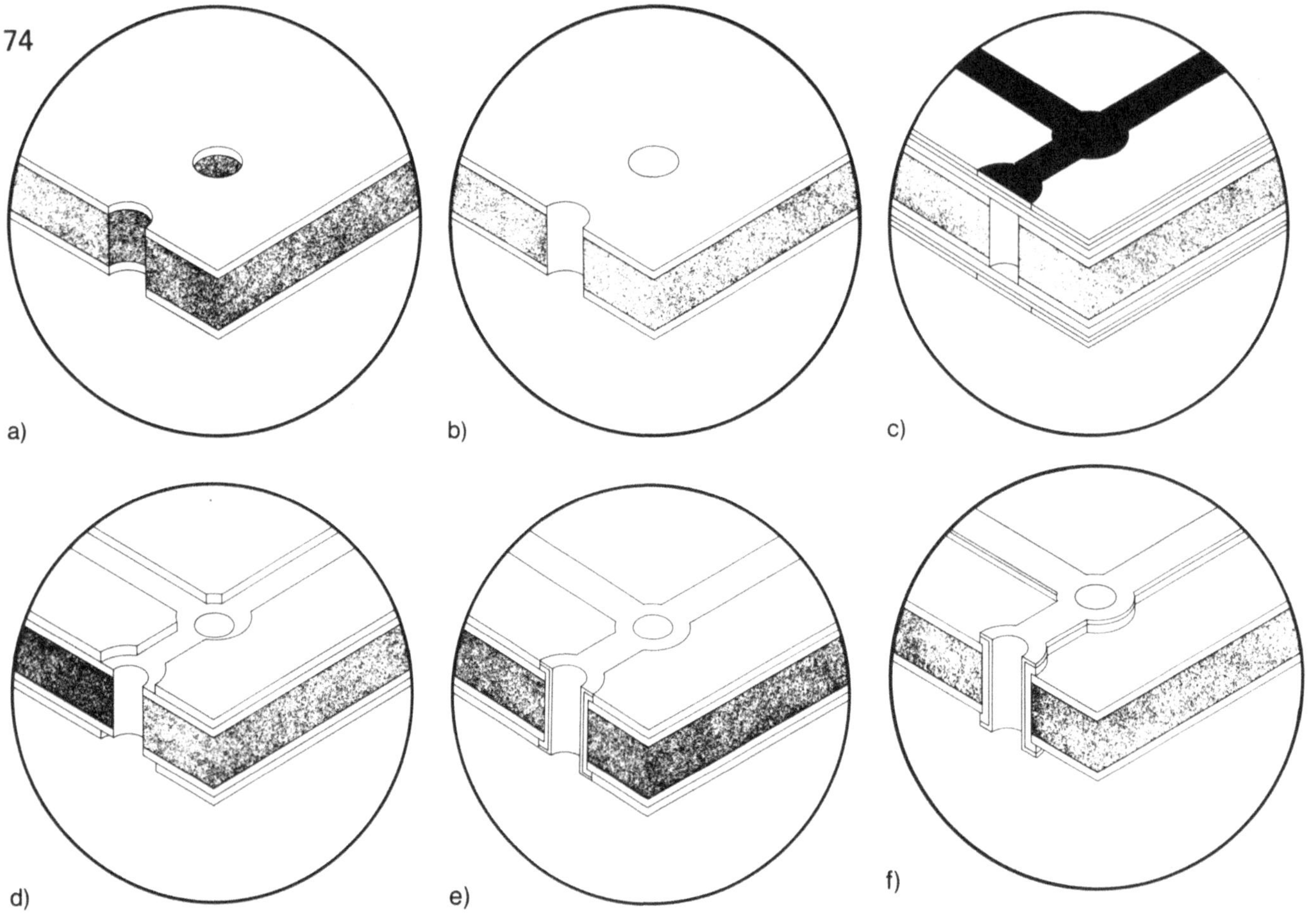

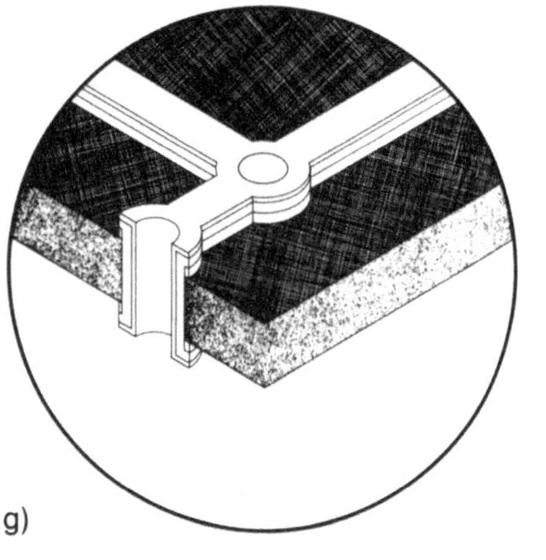

Bild 3.93 a)–g) Hybridsubtraktivverfahren (siehe Farblegende und Texterläuterung)

Bei einem Verfahren dieser Art, das bei relativ großer Schichtdicke im Bereich der Anschlußflächen und Leiter (0,060 mm bis 0,070 mm) die Strukturen durch Ätzen erzeugt, muß man mit erheblichen Flankendeformationen durch Unterätzen rechnen. Die Resistabdeckung bedarf einer ausgeprägten Ätzresistenz.

5. Hybrid-Subtraktivverfahren. Bild 3.93a–g
Basismaterial: zweiseitig Cu-kaschiert
Resist: Fotoresist (Festfilmresist), R^-
Druckwerkzeug: Fotowerkzeug, B^+
Wiederum sind Leiter und Zwischenverbindungen Ziel der Strukturierung. Das Basismaterial wird gebohrt (gestanzt), die Oberflächen und Lochwandungen werden für eine Kupfer-Abscheidung aktiviert, sodann wird chemisch Kupfer abgeschieden und eventuell galvanisch auf eine Schichtdicke von 0,005 mm bis 0,008 mm verstärkt, Bilder 3.93a und 3.93b. Nunmehr erfolgt sofort der Schaltungsdruck mit einem Leitungspositiv, Bild 3.93c. Die durch den Entwicklungsvorgang entstehenden Resistgräben, Bild 3.93d, dienen dem galvanischen Aufbau der Leiter und Zwischenverbindungen in der gewünschten Schichtstärke. Die Kupferoberfläche wird durch ein Metallätzresist in Form von Zinn/Blei- oder Nickel/Gold-Abscheidungen geschützt. Nach der Resistentfernung erfolgt die weitere Strukturierung durch Ätzen, wobei nunmehr die zu ätzende Schichtdicke erheblich reduziert ist (0,040 mm), Bilder 3.93e–g.

6. Hybrid-Subtraktivverfahren. Bild 3.94a–g
Basismaterial: zweiseitig Cu-kaschiert
Resist: Fotoresist (Festfilmresist), R^-
Druckwerkzeug: Fotowerkzeug, B^+
Eine Anwandlung des Verfahrens unter Punkt 4 bei Anwendung eines Bildpositivs, also bei Ausbildung eines Resistgrabens, zeigen die Bilder 3.94. Die Eingangsschritte, Bilder 3.94a–c sind identisch denen des Verfahrens 4. Nach

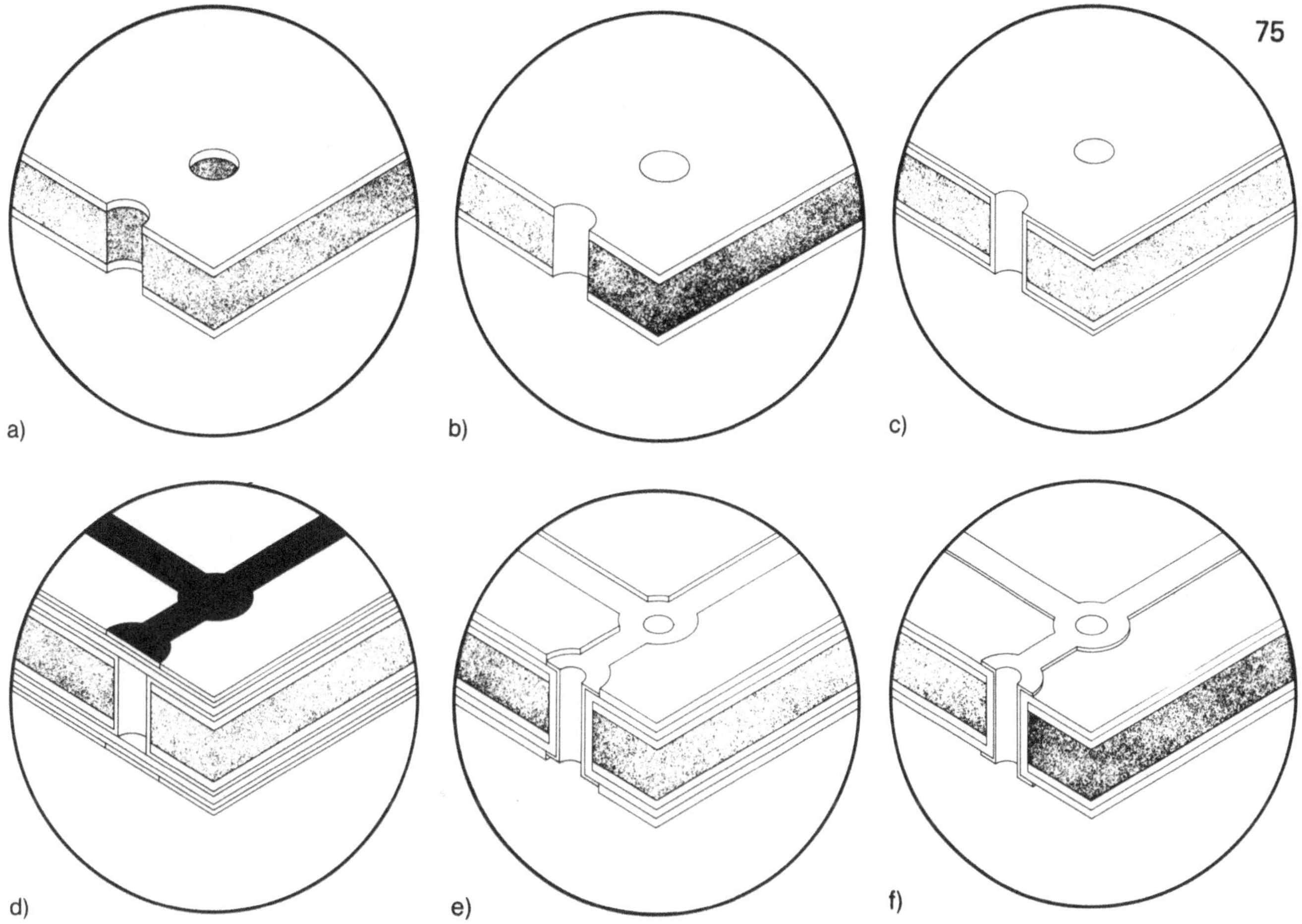

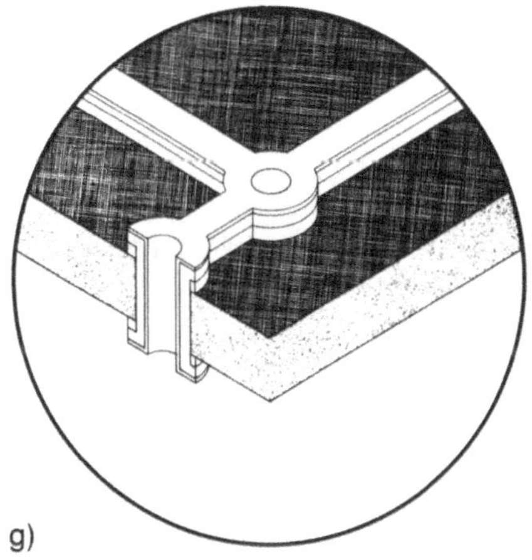

Bild 3.94 a)–g) Hybridsubtraktivverfahren (siehe Farblegende und Texterläuterung)

Belichtung und Entwicklung erfolgt in den Resistgräben die galvanische Abscheidung eines Metallätzresist der besprochenen Arten, Bilder 3.94d–e. Nach der Resistentfernung gewinnt man die endgültige Struktur durch Ätzen, Bilder 3.94f–g.

Der Aufwand des Verfahrens 6 ist um einen Schritt größer. Es bleibt die Notwendigkeit einer Dickschichtätzung (0,060 mm bis 0,070 mm) und damit eine nicht unerhebliche Ätzproblematik.

7. Hybrid-Subtraktivverfahren. Bild 3.95a–f
Basismaterial: zweiseitig Cu-kaschiert
Resist: Siebdruckfarbe, R^+
Druckwerkzeug: Sieb, B^+; (Negativdruck)

Die wirtschaftliche Anwendung von resistenten Siebdruckfarben für die Strukturierung zeigen die Bilder 3.95. Die Eingangsschritte sind denen des Verfahrens 5 vergleichbar, Bilder 3.95a–b. Dann erfolgt der Siebdruck einer ätzresisten Farbe als Leitungsnegativ, Bild 3.95c. In diese schwach ausgeprägten Gräben wird galvanisch Kupfer abgeschieden. Die geringe Höhe der Grabenkante (0,004 mm bis 0,012 mm) führt zu einem Aufpilzen der Struktur vergleichbar dem Bild 3.73. Nach der Kupferabscheidung wird ein Ätzresist aufgebracht, schließlich erfolgt nach dem Entfernen der Siebdruckfarbe die endgültige Strukturierung durch Ätzen, Bilder 3.95d–f.

8. Hybrid-Additivverfahren. Bild 3.96a–g
Basismaterial: zweiseitig beschichtet mit Haftvermittler
Resist: Fotoresist (Festfilmresist), R^-
Druckwerkzeug: Fotowerkzeug, B^+

Das mit einem Haftvermittler (Kleber) beidseitig beschichtete Basismaterial wird gebohrt und anschließend der Haftvermittler chemisch aufgeschlossen, danach werden die mit Haftvermittler bedeckten Oberflächen und die Lochwandungen durch einen Aktivator für die chemische Kupferab-

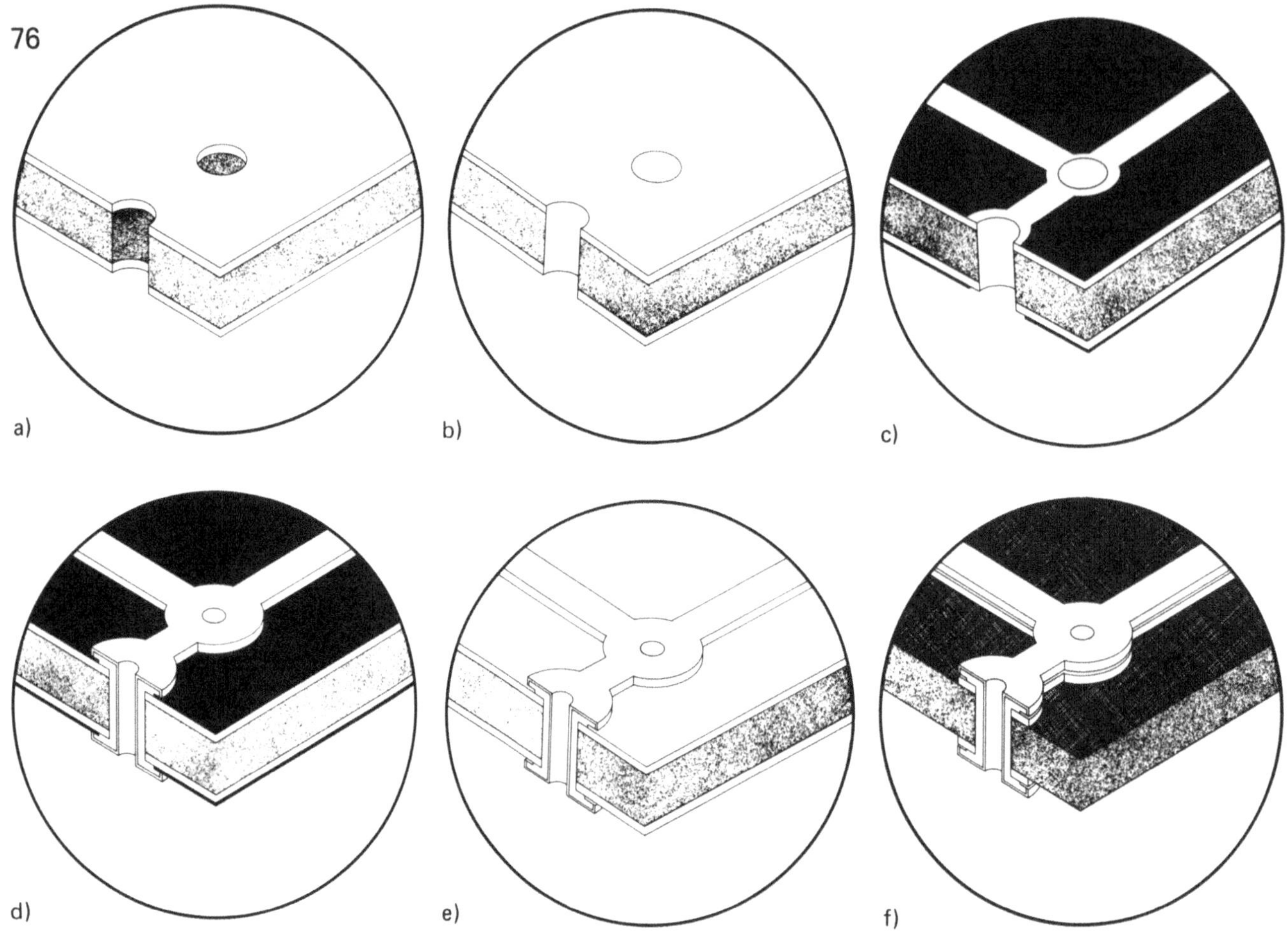

Bild 3.95 a)–f) Hybridsubtraktivverfahren (siehe Farblegende und Texterläuterung)

scheidung vorbereitet, Bild 3.96a–b. Die chemische Kupferabscheidung und eine eventuelle Zwischenverstärkung führen zu einer allseitigen Metallisierung einschließlich der Lochwandungen von 0,005 mm–0,008 mm, Bild 3.96c. Es folgt dann eine beidseitige Beschichtung mit einem Festresist und der Schaltungsdruck mit beidseitig positionierten Fotowerkzeugen als Leitungspositiv, Bild 3.96d. Die Vorzeichen deuten auf ein Grabensystem hin, das nach dem Entwicklungsvorgang verfügbar ist, Bild 3.96e. Galvanisch erfolgt der Aufbau der Leiter und Zwischenverbindung in den Resistgräben und an den Lochwandungen, Bild 3.96f. Nach dem Entfernen des Resist stellt ein Ätzvorgang, der lediglich eine Schichtdicke von 0,005 mm bis 0,008 mm strukturiert, die gewünschte Struktur mit hoher Dimensionsgenauigkeit dar, Bilder 3.96g–h. Die geringe Dicke der zu ätzenden Schicht erübrigt eine Metallresistschicht.

9. Voll-Additivverfahren. Bild 3.97a–f
Basismaterial: Vollkatalysiert, unkaschiert
Resist: Fotoresist (Festfilmresist), R^-
Druckwerkzeug: Fotowerkzeug, B^+
Ausgangsmaterial ist ein Kern- und oberflächenkatalysiertes Basismaterial, ein sog. vollkatalysiertes Basismaterial. Die zur chemischen Kupferabscheidung notwendigen Katalysatoren (Keime) sind einmal im Kernlaminat enthalten und zum anderen in einem katalysierten Haftvermittler auf der Oberfläche. Das so vorbereitete Basismaterial wird gebohrt (gestanzt) und anschließend beidseitig mit einem Festfilmresist beschichtet. Als Druckwerkzeuge werden beidseitig Fotowerkzeuge als Leitungspositive positioniert, Bilder 3.97a–c. Die Grabenform ist vorgeprägt. Nach der Entwicklung und dem chemischen Aufschluß der Grabensohlen und der Lochwandungen, erfolgt der chemische Kupferaufbau in einem durchgehenden Prozeß bis zur gewünschten Strukturstärke, Bilder 3.97d–e. Durch die Resistentfernung wird die Leitungsstruktur hoher Präzision freigelegt, Bild 3.97f. Es bedarf keiner besonderen Kommentierung, um die zukünftige Bedeutung dieses Verfahrens in technischer und wirtschaftlicher Sicht hervorzuheben.

10. Voll-Additivverfahren. Bild 3.98a–e
Basismaterial: Vollkatalysiert, unkaschiert
Resist: Siebdruckfarbe, R^+
Druckwerkzeug: Sieb, B^+; (Negativdruck)
Die volladditive Variante mit dem wirtschaftlichen Siebdruck zeigt die Bildreihe 3.98a–e. Wesentlich für das Strukturierungsergebnis ist die geringe Resisthöhe (0,004 mm bis 0,012 mm) im Vergleich zur gewünschten Höhe der Leiter und Anschlußflächen. Der dadurch unvermeidliche Über-

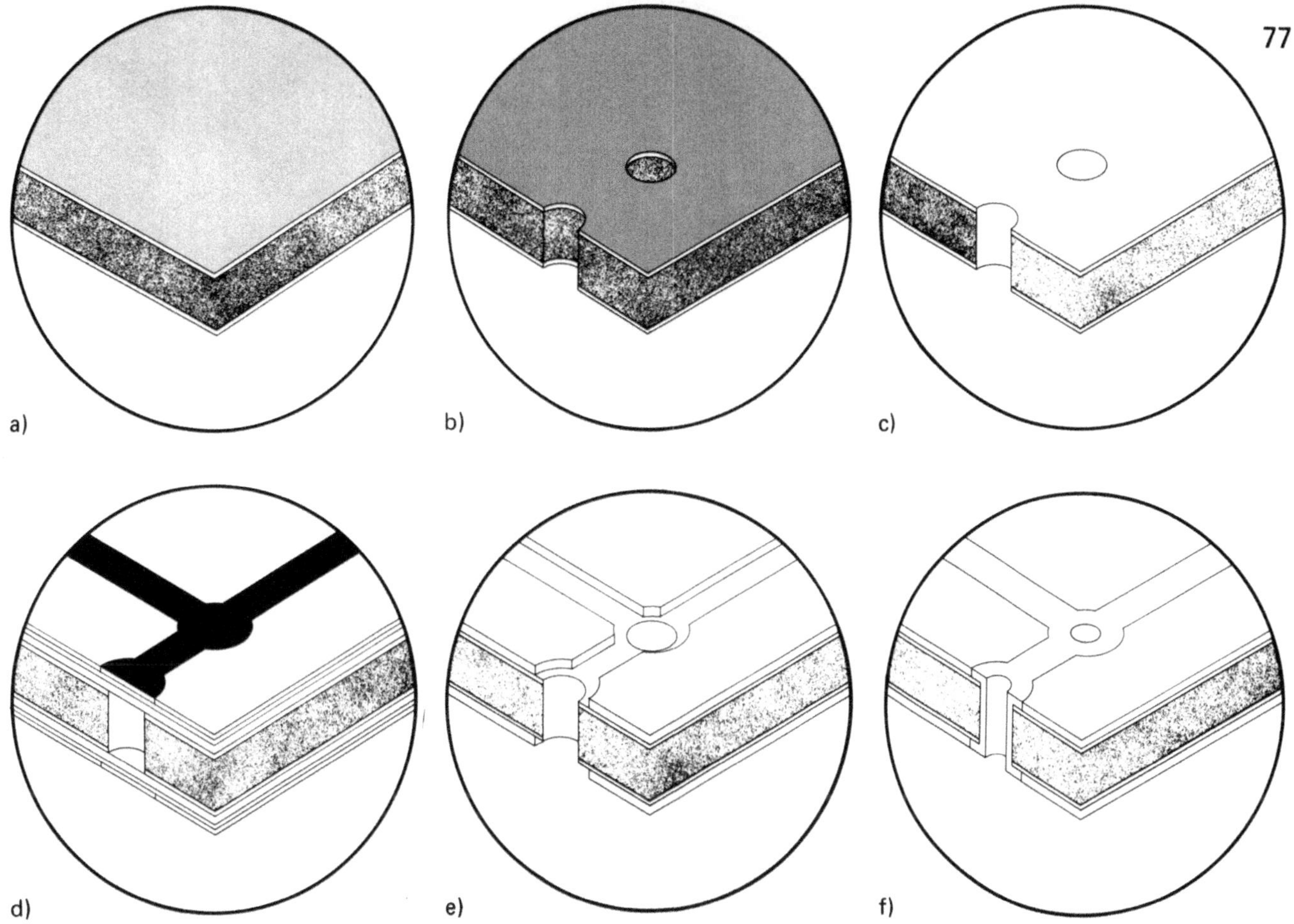

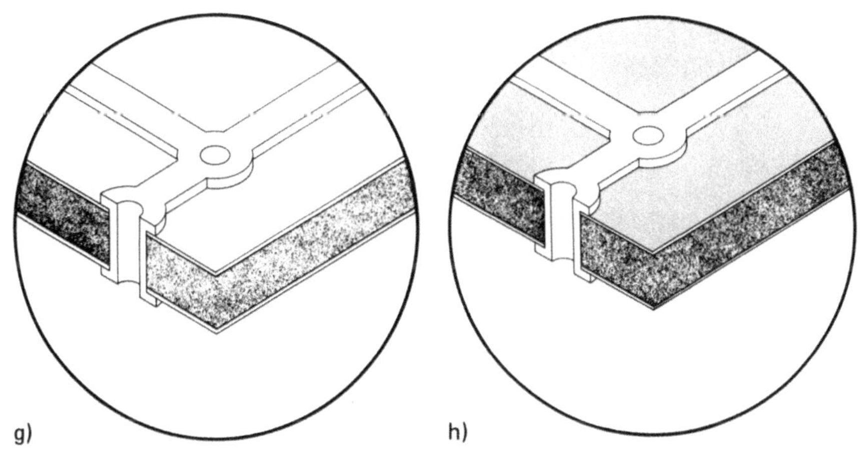

Bild 3.96 a)–g)
Hybridadditivverfahren
(siehe Farblegende
und Texterläuterung)

wuchs führt zu einer Dimensionsverzerrung. Die Prozeßfolge zeigt auch bei diesem Verfahren deutlich die Vorzüge einer volladditiven Strukturierung.

3.3.3 Strukturierung der Zwischenverbindung

Die Strukturierung einer Zwischenverbindung von der Lötseite zur Bestückungsseite stellt das Problem dar, einen elektrisch leitenden, hoch dehnungsfähigen Zylinder definierter Wandstärke, in der Bohrung eines Isolierstoffes herzustellen. Seit den frühen 60er Jahren wird das Problem der Kunststoffmetallisierung einer stetigen Lösung zugeführt. Daher sind die Haftmechanismen zwischen Kunststoff und Metall bei chemisch reduktiven Abscheidungsprozessen seit langem bekannt.

Erschwerend gestaltet sich die Haftung bei Basismaterialien, weil die Zwischenverbindungen ungleich höheren Temperaturschwankungen durch den Lötvorgang unterliegen (260 °C, < 5 s) als üblich. Neben anderen möglichen Werkstoffen, ist heute ausschließlich reduktiv abgeschiedenes Kupfer in der Anwendung.

3.3.3.1 Anforderungen

An die Zwischenverbindung sind folgende Anforderungen zu stellen, damit eine einwandfreie Schaltungsfunktion gewährleistet ist:

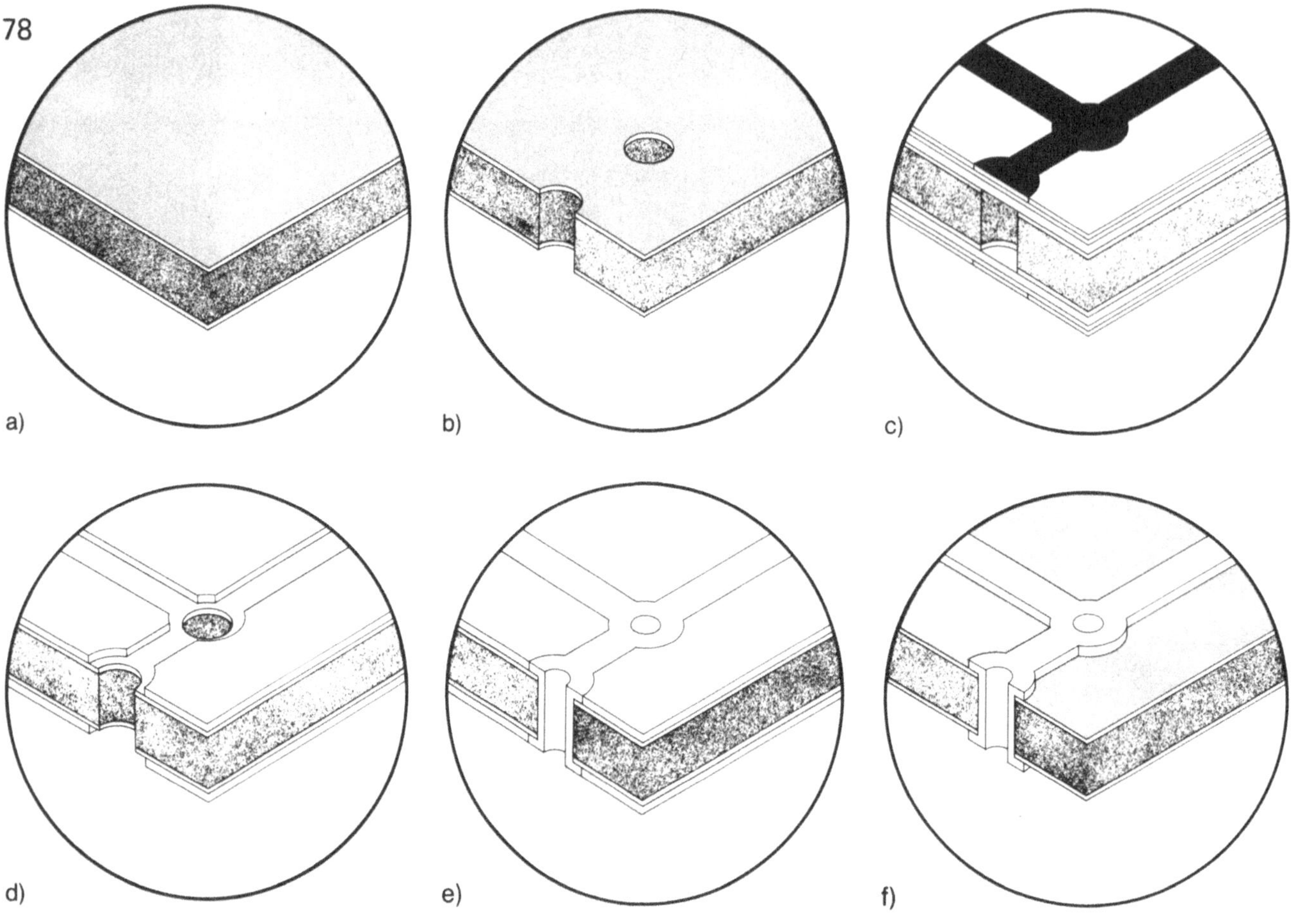

Bild 3.97 a)–f) Volladditivverfahren (siehe Farblegende und Texterläuterung)

1. Vollständige Oberflächenbedeckung,
2. Dickenverhältnis der Abscheidung Loch/Oberfläche ungefähr eins,
3. Feinstruktur der Abscheidung,
4. keine Einschlüsse,
5. keine wulstförmigen Ausbildungen an den Locheingängen,
6. keine Brüche,
7. ein Minimum der Lochschichtdicke von 0,020 mm bis 0,025 mm,
8. für Wiederentnahme der Bauelemente eine Lochschichtdicke $\geqq$ 0,040 mm.

Diese Forderungen haben weitreichende Konsequenzen für das vorgeschaltete Prozeßgeschehen. Soweit dies in den vorstehenden Abschnitten nicht gebührend berücksichtigt wurde, erfolgt dies in einer Zusammenfassung:

Druckvorlagen, Druckwerkzeuge. Die vordringlichste Aufgabe besteht darin, die Strukturtoleranzen peinlich einzuhalten und das Zeichenverfahren diesen Toleranzforderungen anzupassen. Dies betrifft nicht nur die nach Komplexität der Schaltung spezifischen Breiten und Abstände der Leiter, sondern auch die Positionierung und den Positionsbezug zu einem Referenzsystem. Insbesondere sind Klebekompositionen darauf zu prüfen, ob Überlappungen sorgfältig ausgeführt, Kreppstrukturen nicht zu übermäßiger Kantenrauheit deformiert, Anschlußflächen eindeutig und staubfrei geklebt und bei Freihandkompositionen die notwendigen Abstände der Leiter eingehalten wurden.

Fotodruck, Siebdruck. Die Problematik dieser Prozeßschritte wurde bei den Resistsystemen behandelt. Es sei aber noch einmal auf den bestimmenden Parameter, die Bohrungsexzentrizität bei Mehrebenenschaltungen hingewiesen. Diese führt bei hohen Exzentrizitätsraten dazu, daß in den Bohrungsbereich belichtet oder gedruckt wird, was zu einem vollständigen Zusammenbruch der Durchkontaktierung führt. Deshalb gilt auch hier, peinliche Beachtung der zulässigen Abweichungen.

Laminatvorbereitung. Bei der Konturengestaltung von Leiterplatten, der Gestaltung von Aussparungen, etc., kann es je nach angewandtem Fertigungsverfahren zu Delaminationen des Basismaterials kommen, was zum Eindringen chemisch abgeschiedenen Kupfers führt, in dessen Folge sich der Isolationswiderstand reduziert. Daher sind die Fertigungsverfahren und Fertigungsmittel zweckmäßig auszuwählen und zeitlich sinnvoll im Prozeßgeschehen einzuordnen.

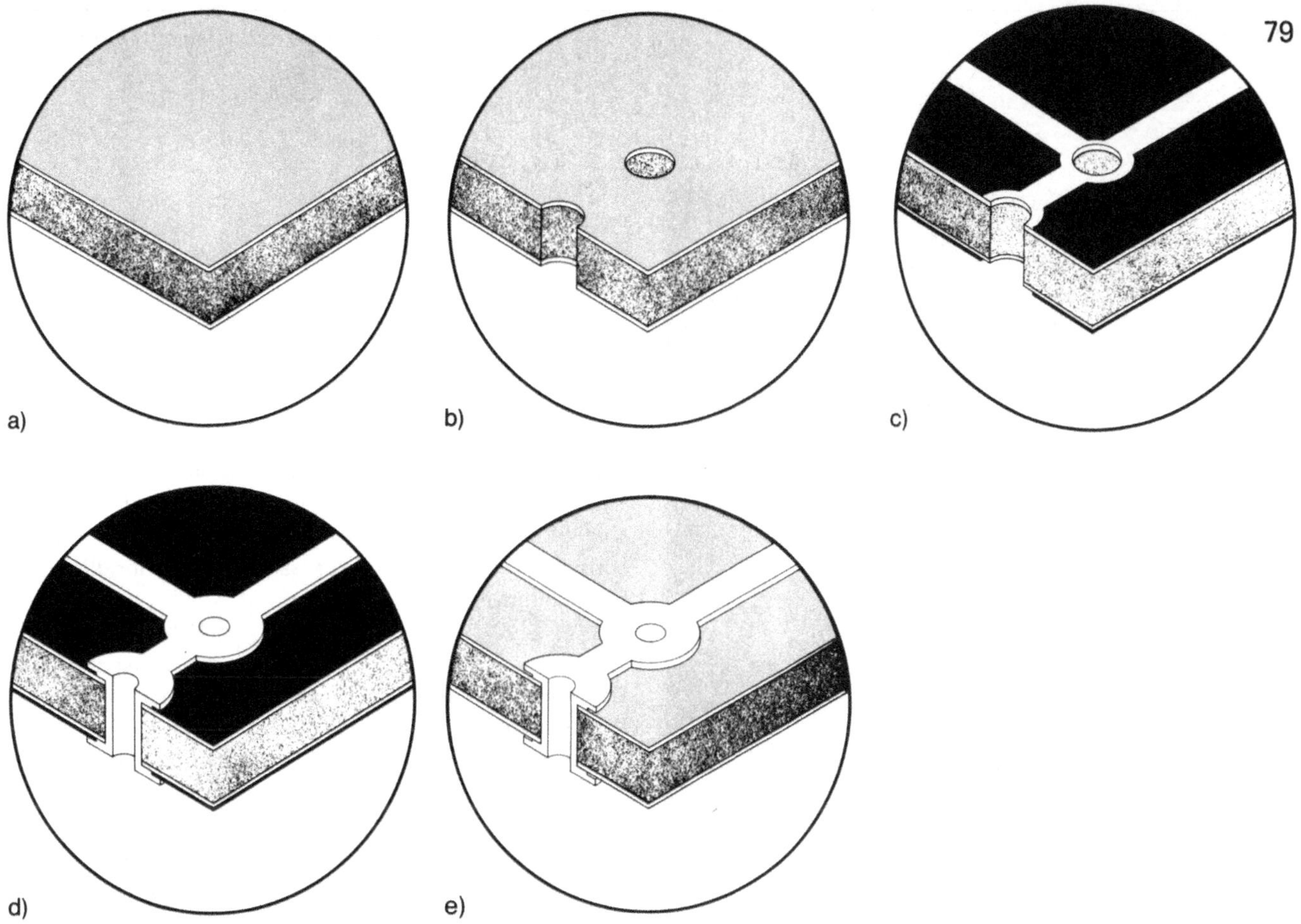

Bild 3.98 a)–e) Volladditivverfahren (siehe Farblegende und Texterläuterung)

Lochfertigung. An die Fertigung der Löcher zur Zwischenverbindung werden besondere Anforderungen gestellt. Fertigungsverfahren (Bohren, Stanzen) und Fertigungsmittel sind dem optimal anzupassen.

Ein Loch sollte rund, glatt, senkrecht, unverjüngt und frei von Delaminationen, Gratbildungen, Einbrennungen, Brucheinschlüssen, Abblätterungen und Gleitmitteln sein.

Bei rauhen Wänden besteht die Gefahr des Gaseinschlusses. Dies verhindert die kontinuierliche Bildung eines Kupferreduktionsbelages. Die dabei entstehenden Lücken nehmen nur unvollkommen oder gar nicht Resistmetall auf, wodurch dann bei Ätzprozessen die Zwischenverbindungen zusammenbrechen. Ferner besteht die Gefahr einer Ablagerung korrosiver Materialien in den Lücken. Bild 3.99 zeigt eine Durckontaktierung mit rauher Bohrung.

Gratbildungen an den Eingängen der Löcher führen zu einer Konzentrierung der Kupferabscheidung und damit zu einer Reduzierung der Lochabmessungen.

Brucheinschlüsse sind häufig die Folge von hohen Lochdichten. Hierbei bilden sich zwischen Nachbarschaften von Löchern sog. Bruchbrücken aus, in die Kupferreduktionslösungen eindringen und metallische Formierungen ermöglichen. Dieser Effekt kann auch der Grund für eine Chemikalienabsorption sein, die beim Lötprozeß zur Ausgasung führt, in deren Folge die Reduktionsschicht sich löst und schließlich bricht. Bild 3.100 zeigt einen Metallisierungsabriß nach dem Lötprozeß.

Gleit- oder Schmiermittel an der Lochwandung verhindern die Kupferabscheidung oder erschweren sie zumindest. Schmiermittel führen zu einer Durchfeuchtung und damit zu einer schlechten Haftung von Metallätzresisten.

3.3.3.2 Chemische Metallisierung

Die Metallisierung von Isolierstoffen kennt die Anwendung von Graphiten, leitenden Lacken, Metallpulvern, Vakuumabscheidungen, etc. Insbesondere aber ist die chemische Reduktion von Kupfer für die Bildung von Zwischenverbindungen und vollständigen Leiterstrukturen von entscheidender Bedeutung geworden.

Die Vorbereitungsphase zur Metallisierung besteht aus mehreren Prozeßschritten:

Entgraten
↓
Oberflächenreinigen
↓
Lochreinigen
↓
Aktivieren

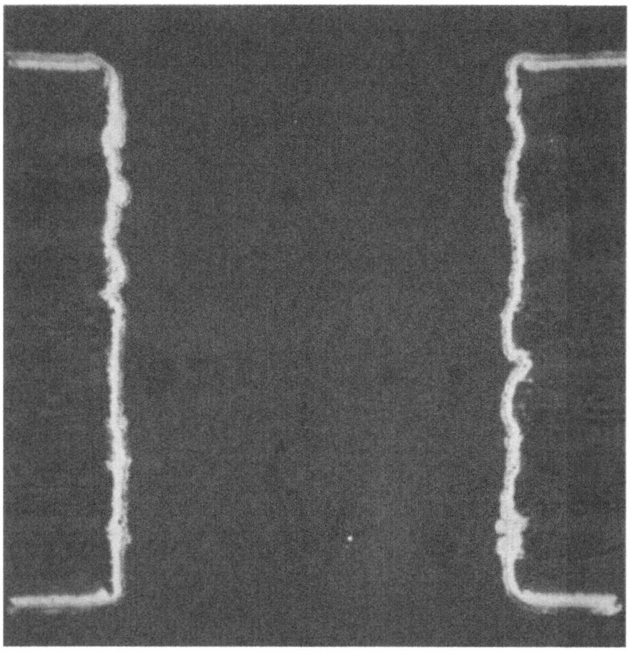

Bild 3.99 Durchkontaktierung mit rauher Bohrung.

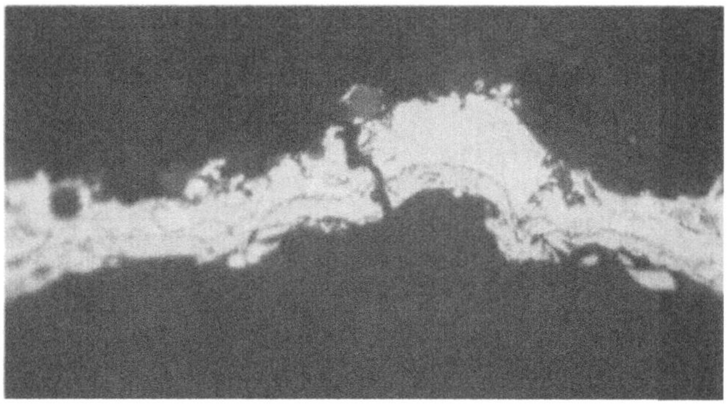

Bild 3.100 Metallisierungsabriß einer Zwischenverbindungshülse

Zum Prozeßablauf bis zur Lochreinigung siehe beispielhaft [3.54].

Unter Aktivieren soll jener Prozeß verstanden werden, bei dem die Lochwandungen oder ganz allgemein die Oberflächen des Basismaterials mit einem adsorbierbaren Katalysator für die reduktive Metallabscheidung vorbereitet werden. Als Katalysatoren dienen Schwermetallkeime. Die Aktivierung, in den Anfängen ein zweistufiger Prozeß, wird heute weitgehend durch eine Kompaktkatalysation abgelöst.

Zweistufenprozeß.

Sensibilisieren + Katalysieren Bekeimen = Aktivieren

Einstufenprozeß.

Komptaktkatalysieren = Aktivieren

3.3.3.2.1 Chemische Metallisierung bei kupferkaschiertem Basismaterial

Die Vorgänge an den Oberflächen lassen sich beim Zweistufenprozeß übersichtlich verfolgen. Zuerst wird die Sensibilisierung der vorpräparierten Oberflächen durch die Adsorption von Zinnionen aus sauren Zinnchloridlösungen vorgenommen:

$$Sn^{+2} \rightarrow Sn^{+2} \mid \text{Cu-Oberfläche} + Sn^{+2} \mid \begin{matrix}\text{Lochwandungen}\\ \text{Basismaterial}\end{matrix}$$

Dann erfolgt nach Spülvorgängen die Katalysierung mit Palladiumkeimen, die aus salzsauren Palladiumlösungen reduktiv eingebaut werden unter Ladungsaustausch:

$$Pd^{+2} + Sn^{+2} \rightarrow Pd + Sn^{+4}$$

Das so präparierte Substrat ist für die chemische Kupferabscheidung vorbereitet. Dieser Vorgang läßt sich durch folgende Prozeßgleichung beschreiben [3.55].

$$CuSO_4 + 2\,HCHO + 4\,NaOH \xrightarrow[T]{Pd} Cu + 2\,HCO_2Na + H_2$$

$$+ 2\,H_2O + Na_2SO_4$$

Bei Kompaktkatalysationen handelt es sich um Zinnchloridlösungen, in denen Palladium ionogen oder kolloidal gelöst ist.

Neben Palladium sind auch Platin- und Goldsalze angewandt worden.

Die durch chemische Reduktion erreichbaren Schichtdikken sind für bestimmte Badtypen auf 0,002 mm bis 0,005 mm begrenzt, daher ist eine galvanische Verstärkung des reduktiv abgeschiedenen Kupfers auf 0,005 mm bis 0,008 mm hier üblich und notwendig. Schnellabscheidende Bäder der jüngeren Generation gestatten eine Kupferabscheidung in den Schichtdicken von 0,005 mm bis 0,008 mm ohne galvanische Verstärkung. Diese Bäder weisen keine Schichtdickenbegrenzung auf, da sie nach einer durch die Palladiumkeime erfolgten Startreaktion autokatalytisch arbeiten.

3.3.3.2.2 Chemische Metallisierung bei haftvermittlerbeschichtetem Basismaterial

Das Basismaterial wird zunächst mit einem Haftvermittler beidseitig beschichtet. Die Haftvermittler sind wärmehärtbare Kleber auf der Basis eines Acrylnitril-Butadien-Copolymerisates (sog. ABP-Kunststoffe: Acrylnitril-Butadien-Phenol) [3.56].

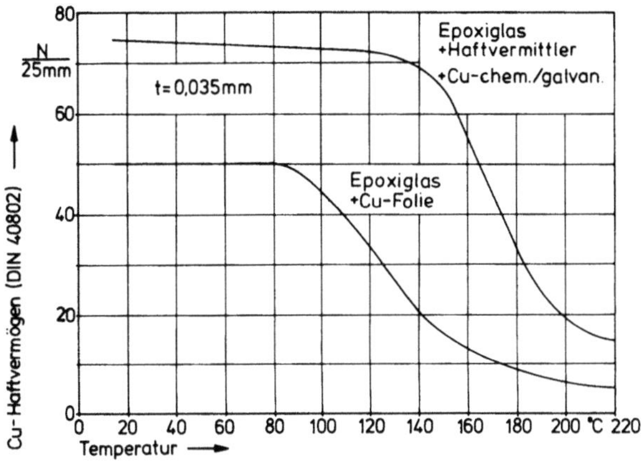

Bild 3.101 Vergleich der Kupferhaftung zwischen Folienkupfer kupferkaschierten Basismaterials und Abscheidungskupfer auf Haftvermittlern.

Nach dem Bohr- oder Stanzvorgang erfolgt die Aktivierung nach folgenden Prozeßschritten:

Kleberaufschluß + Kompaktkatalysieren = Aktivieren

Der chemische Aufschluß des Haftvermittlers erfolgt durch stark oxidierende Beizmittel auf der Basis von Chromschwefelsäure oder Kaliumpermanganatlösung. Hierbei wird die Oberflächenbindung des Haftvermittlers durch oxidierenden Angriff geändert und gleichzeitig die für die Katalysatoradsorption und Kupferhaftung wichtige Mikroporenbildung erzeugt. Im Anschluß an diesen Beizaufschluß erfolgt die Kompaktkatalysierung mit Zinnchloridlösungen, in denen Palladium ionogen oder kolloidal gelöst ist.
Die aufgrund von Patentsicherungen weitgehend lizensierte Anwendung von zinnstabilisierten Palladiumkatalysatoren führten zu einer Entwicklung von neuartigen Katalyten [3.57], [3.58].
Das so vorbereitete Basismaterial wird in meist autokatalytisch arbeitenden Kupferreduktionsbädern mit einer allseitigen Grundkupferschicht über Lochwandungen und Plattenoberflächen von 0,005 mm bis 0,008 mm versehen. Nach der Kupferabscheidung folgt eine Wärmebehandlung, bei der eingedrungene Badflüssigkeiten entfernt und der Haftvermittler nachgehärtet werden. Dieser Nachhärtevorgang ist für die endgültige Einstellung der Haftfestigkeit der Grundkupferschicht auf dem Haftvermittler wesentlich. Bei optimalem Beizaufschluß werden über weite Temperaturbereiche Haftfestigkeiten erreicht, die bei üblichem kupferkaschiertem Basismaterial unbekannt sind. Beim Ruwel-Unclad-Verfahren [3.59] beträgt die Haftfestigkeit bei Raumtemperatur 49 N/25 mm. Sie erhöht sich durch Wärmebehandlung auf 78 N/25 mm bei Raumtemperatur und nimmt bei 150 °C noch Werte von 63 N/25 mm an. In Bild 3.101 wird ein Vergleich der Kupferhaftung dargestellt [3.60].

Die Qualität des Haftvermittlers und die optimale Gestaltung des Beizaufschlusses sind der Kern dieses Prozesses und letztendlich entscheidend für die einwandfreie Funktion bei hohen Löttemperaturen und Badverweilzeiten.

3.3.3.2.3 Chemische Metallisierung bei katalysiertem Basismaterial

Bei der Strukturierung der Zwischenverbindung mit kernkatalysiertem Basismaterial ist eine Aktivierung in den beschriebenen Formen selbstverständlich nicht notwendig. Diese Substrate enthalten den Katalysator in feindisperser Form im Kernlaminat.
Vergleichbar ist bei vollkatalysiertem Basismaterial der Katalysator im Haftvermittler der Oberflächen und im Kernlaminat enthalten. Nach dem Bohr-/Stanzvorgang und dem Schaltungsdruck erfolgt die Aktivierung der Lochwandungen und der haftfähigen (freien, nicht mit Resist bedeckten) Strukturbereiche der Oberflächen durch chemischen Aufschluß:

chemischer Aufschluß = Aktivieren

Zur Aktivierung wird beispielsweise Borfluor-Wasserstoffsäure bei definierter Temperatur und Luftströmung angewandt. Die Kupferabscheidung liegt bei der CC4-Standardversion je nach Badeinstellung bei 0,0013 mm/h bis 0,0018 mm/h, so daß für eine Kupferschicht von 0,035 mm eine Entwicklungszeit von ca. 20 Stunden erforderlich ist. Die Prozeßführung der chemischen Metallisierung in Langzeitbädern ist nicht ohne Problematik und nur durch eine ausgeweitete Meß- und Regelperipherie qualitativ und wirtschaftlich lösbar [3.61].
Die Bedeutung der chemischen Metallisierung, als ausschließlicher Strukturierungsprozeß des volladditiven Bereichs, kommt in einer vergleichenden Betrachtung zum Ausdruck [3.62]. Sie ist gleichzeitig Einstieg in die Problematik der elektrochemischen Metallisierung.

3.3.4 Strukturierung durch galvanische Verfahren

Wie in Abschnitt 3.3.2 exemplarisch dargestellt, ist die Metallstrukturierung des Leiterbildes durch drei Verfahren erreichbar. Dieser Abschnitt nun behandelt die elektrochemischen oder galvanischen Verfahren, die an die chemische Metallisierung der Zwischenverbindung anschließen und den Leiteraufbau und die endgültige Vervollständigung der Zwischenverbindung der Hybridverfahren betreffen.

3.3.4.1 Anforderungen

An die Verfahrenstechnologie werden folgende Anforderungen gestellt:

1. ausreichende Haftung der galvanischen Abscheidung auf der Basismetallisierung,

2. Gleichmäßigkeit des Schichtaufbaus,
3. ebenes Plattierungsbild,
4. Schichtdickengleichverteilung in den Löchern und auf den Plattenoberflächen,
5. optimales Verhältnis von Lochdurchmesser/Lochtiefe,
6. hohe Bruchelongation der Abscheidung,
7. geringe Galvanotoleranz,
8. problemlose Metallresistabdeckung.

Haftung. Zur einwandfreien Haftung des galvanisch abzuscheidenden Materials ist eine vollständige Entfernung von Oxiden, Entwicklerrückständen und Fettresten der Basismetallisierung Voraussetzung. Hierzu stehen eine Reihe von Reinigungsverfahren zur Verfügung [3.63], [3.64].

Gleichmäßigkeit des Schichtaufbaus. An allen Stellen des Leiterbildes ist ein gleichmäßiger Strukturaufbau der Abscheidung anzustreben. Die konstruktiv vorgegebene, häufig ungleiche Stromdichteverteilung des elektrochemischen Prozesses, ist gegebenenfalls durch besondere Maßnahmen auszugleichen. Strukturunterschiede sind häufig Ursache für Rißbildungen.

Bild 3.102 Lochöffnungswulst einer Zwischenverbindung nach der galvanischen Strukturierung.

Schichtdickengleichverteilung. Die Schichtdicken der Leiter und der Zwischenverbindungen sollten gleich sein. Eine Schichtdicke von 0,020 mm bis 0,025 mm wird als ausreichend angesehen. Die Feldverteilung in einem galvanischen Bad ist nun derart, daß eine Konzentration der Abscheidung an den Lochöffnungen erfolgt. Dies kann zu der Notwendigkeit einer Durchmesservergrößerung des Loches führen, um den Solldurchmesser der Zwischenverbindung sicherzustellen. Ursächlich beeinträchtigt dieser Effekt die Leiterdicke und eine sichere Metallisierung großer Lochtiefen. In Bild 3.102 wird dies deutlich.

Optimales Verhältnis Lochdurchmesser/Lochtiefe. Die Metallisierung großer Lochtiefen bei entsprechend kleinem Lochdurchmesser ist charakteristisch für Leiterplatten mit hoher Leiterdichte und großem Packungsmodul und für Multilayer. Der vorstehend geschilderte Effekt begrenzt nun sowohl Gleichverteilung und Lochdurchmesser, wie auch Lochtiefe.

Bei Hybridverfahren des subtraktiven und additiven Bereichs kann man mit einer Gleichverteilung der Schichtdicke der Oberflächen und der Schichtdicke in Bohrungsmitte dann rechnen, wenn der Bohrungsdurchmesser $\geqq 0{,}6$ mm und die Bohrungstiefe 1,5 mm betragen. Bei Bohrungsdurchmessern $< 0{,}6$ mm reduziert sich die Oberflächen/Bohrungsmitte-Verteilung auf 1 : 0,9 bis 1 : 0,8. Im Vergleich dazu zeigen erfahrungsgemäß Abscheidungen des volladditiven Bereichs wesentlich günstigere Ergebnisse, wie Tafel 3.24 zeigt.

Ebenes Plattierungsbild. Elektroplattierungen tendieren zu einer verstärkten Abscheidung an den Rändern der Leiterplatten, so daß über alles betrachtet eine Art Wanneneffekt auftritt. Diese Erscheinung ist insbesondere bei nicht uniformen Bilddichten ausgeprägt.

Hohe Bruchelongation. Es wurde bereits darauf hingewiesen, daß die härteste Beanspruchung in der thermischen Belastung des Lötprozesses liegt. Während dieses Prozesses ist die Metallabscheidung einer starken Elongation ausgesetzt, da sich das Basismaterial 4 bis 6 mal stärker ausdehnt. Die Bruchelongation heutiger Kupferabscheidungen bei Schichtdicken von 0,020 mm bis 0,030 mm liegt bei 20 % bis 25 %.

Tafel 3.24: Vergleich der Schichtdickenverteilung

Verfahrensbereich	Schichtdickenverhältnis 1 : 1		Schichtdickenverhältnis 1 : 0,8	
	$\frac{\text{Bohrungs}\phi}{\text{Bohrungstiefe}}$	erreichbarer ϕ bei Bohrungstiefe 1,5 mm	$\frac{\text{Bohrungs}\phi}{\text{Bohrungstiefe}}$	erreichbarer ϕ bei Bohrungstiefe 1,5 mm
Hybridverfahren	$\frac{1}{2{,}5}$	0,60 mm	$\frac{1}{4}$	0,375 mm
Volladditivverfahren	$\frac{1}{6}$	0,25 mm	–	–

Galvanotoleranz. Sofern nicht eine Abscheidung in hinreichend hohen Resistgräben geschieht, sind Überwuchserscheinungen der Abscheidung typisch. Die hierbei auftretende Abscheidungsstreuung liegt bei 100 %.

Metallresistabdeckung. Hybridverfahren bedürfen nach der Metallisierung noch der endgültigen Strukturierung durch Ätzen, wobei mehr oder weniger starke Schichten freigeätzt werden müssen. Zum Schutz der gewünschten Leiterstruktur wird diese meist mit einer ätzresisten Abdeckschicht versehen, die galvanisch aufgebracht wird. Die Problemhaftigkeit besteht darin, daß beispielsweise bestimmte Ätzresiste spontane kristalline Auswachsungen zeigen, die zu Leiterkurzschlüssen führen.

3.3.4.2 Galvanische Kupfermetallisierung

Die Strukturierung der Leiter, der endgültigen Zwischenverbindungen und der passiven Bauelemente erfolgt ausschließlich durch galvanische Kupferabscheidung aus sauren und schwach alkalischen Elektrolyten. Bei den heute erprobten und weitgehend angewandten Kupferbädern handelt es sich um folgende Typen [3.65], [3.66], [3.67], [3.68]:

1. Schwefelsaure Kupferbäder (Kupfersulfatbäder). Weitgehend angewandte Bäder nicht zuletzt aus abwassertechnischen Gründen.

2. Fluoborat Kupferbäder. Gewinnen steigende Bedeutung wegen ihrer günstigen Loch/Oberflächen-Schichtdickenverteilung.

3. Pyrophosphat Kupferbäder. Dieser Badtyp weist eine gute Schichtdickenverteilung auf. Der Niederschlag ist feinkörnig jedoch spröder als bei Kupfersulfatbädern. Das Dehnungsverhalten ist befriedigend. Kupferpyrophosphatbäder weisen allerdings zwei Negativmerkmale auf, die ihre Anwendung zurückdrängt. Sie sind einmal abwassertechnisch höchst bedenklich, und wegen der Alkalität des Elektrolyten sind positiv arbeitende Fotolacke nicht anwendbar.

3.3.4.3 Galvanische Metallisierung von Abdeckschichten

Neben der eigentlichen Metallisierung der Leiter und Zwischenverbindungen bedarf es noch einer Reihe von Metallisierungsvorgängen, um einmal den Strukturierungsprozeß zu vervollständigen, und zum anderen den Leitern, Anschlußflächen, etc., eine funktional notwendige Endbeschichtung zu geben. Im ersten Fall handelt es sich um ätzresistente Beschichtungen, sog. Metallätzresiste, im zweiten Fall um Beschichtungen für ein optimales Verbindungslöten, für einen korrosiven Schutz der Leiteroberflächen oder für eine Erhöhung der Widerstandsfähigkeit der Oberflächen gegen Schleif- und Kontaktiervorgänge. In der Anwendung sind folgende Badtypen:

1. Zinnbäder. Die Zinnabscheidung dient als Metallätzresist und der Optimierung des Verbindungslötens. Die Bäder sind vornehmlich Glanzzinnbäder. Die hervorragenden Löteigenschaften werden selbst bei Schichtdicken von 0,006 mm erreicht. Leider weisen diese Bäder die Gefahr des Auftretens von kristallinen Auswüchsen (sog. whysker) auf, wodurch die Anwendung immer mehr auf Zinn-Bleibäder ausweicht.

2. Zinn-Bleibäder. Dieser Badtyp dient wiederum der Abscheidung eines Metallätzresist in der eutektischen Zusammensetzung Zinn/Blei wie 60/40. Als Ätzresist sind Schichtdicken von 0,006 mm bis 0,012 mm ausreichend. Bei Glanzbädern sind Schichtdicken um 0,006 mm ausreichend. Die Löteigenschaften sind geringfügig schlechter als die reiner Zinnbäder.

3. Nickelbäder. Wegen der großen Härte der Nickelabscheidungen bilden sie die Basis für direkte Stecker und vergleichbare Anschlußflächen. Sie bilden ferner eine Diffusionssperre für Goldabscheidungen. Die Schichtdicken liegen bei 0,005 mm bis 0,008 mm.

4. Goldbäder. Die hervorragende Anlauf- und Korrosionsbeständigkeit von Goldabscheidungen machen diese Schichten für Steckeranwendungen unentbehrlich. Die notwendige Härte bietet eine Nickelbasis. Die Goldabscheidung erfolgt vorzugsweise aus cyanidischen Elektrolyten in Schichtstärken von 0,003 mm bis 0,005 mm. Cyanid-Komplexe begrenzen allerdings die Haftfestigkeit von Festfilmresists [3.69], sie sind außerdem hochgiftig. Deshalb geht die Entwicklung in Richtung cyanidfreier Goldbäder.

5. Zinn-Nickelbäder. Bei einem Legierungsverhältnis von 50 : 50 bis 65 : 35 von Zinn zu Nickel, weisen diese Abscheidungen eine hohe Anlauf- und Korrosionsbeständigkeit, große Härte, gute Leit- und Lötfähigkeit, ein ausgezeichnetes Widerstandsverhalten gegen Ätzlösungen und geringen Reibungskoeffizient auf. Diese Eigenschaften führen zu einer verbreiteten Anwendung und lassen andere Schichtkombinationen in den Hintergrund treten. Als Ätzresist sind Schichtdicken von 0,003 mm bis 0,005 mm gebräuchlich.

6. Rhodiumbäder. Für sehr harte galvanische Kontaktüberzüge ist Rhodium in der Anwendung. Die Härte der Überzüge gleicht der von gehärtetem Stahl. Die Abriebfestigkeit ist sehr hoch, weshalb Kontaktschleifbahnen in der Meßtechnik Rhodiumüberzüge erhalten. Die Schichtdicken liegen bei 0,001 mm bis 0,005 mm. Rhodium oxidiert erst bei sehr hohen Temperaturen. Zu beachten ist, daß dicke Rhodiumschichten zu Rißbildungen neigen.

7. Silberbäder. Silber dient wie Rhodium der Herstellung von Kontakt- und Leitungsüberzügen. Es besitzt eine ausgezeichnete thermische und elektrische Leitfähigkeit und findet deshalb vornehmlich Anwendung in der Hoch- und Höchstfrequenztechnik. Unter normalen Umweltbedingun-

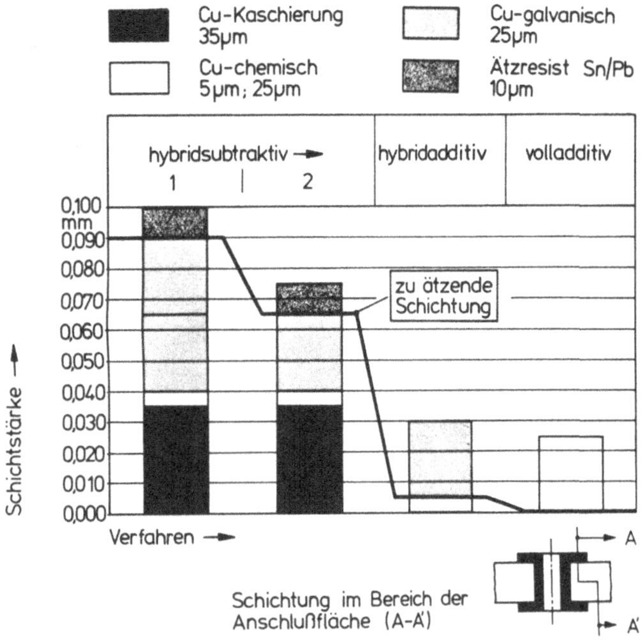

Bild 3.103 Schichtung im Bereich der Anschlußflächen bei unterschiedlichen Strukturierungsverfahren und notwendige Stärke der Ätzstrukturierung.

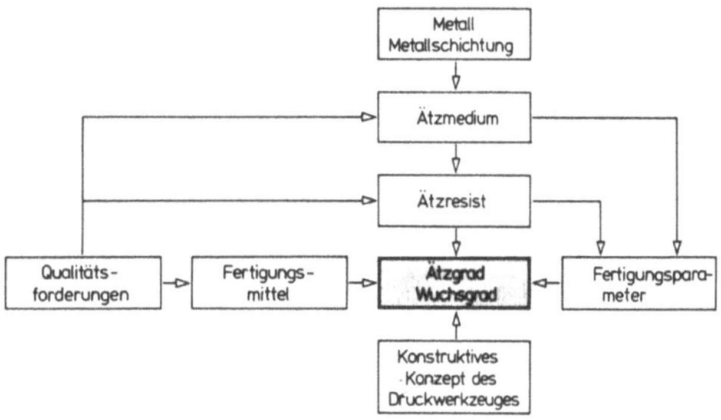

Bild 3.104 Flußdiagramm des Prozeßgeschehens Ätzen.

gen oxidiert Silber nicht, bildet jedoch oberflächlich Sulfide. Diese Neigung ist besonders bei aggressiven Atmosphären ausgeprägt und ein deutlicher Nachteil.
Silber läßt sich nicht nur chemisch und elektrochemisch aufbringen, sondern findet auch Anwendung durch Versprühen und in Form von pastosen Klebern und Dichtmassen. Bei der galvanischen Abscheidung wendet man Lösungen von Silbercyanid und Kalium- oder Natriumcyanid an. Hartsilberabscheidungen lassen sich durch Mitabscheidung von Antimon erreichen. Da ein Wechselwirkungszusammenhang zwischen Härte und Leitfähigkeit derart besteht, daß steigende Härte fallende spezifische Leitfähigkeit bedeuten, ist fallweise abzuwägen welche Härtegrade optimal erreicht werden sollen.

3.3.5 Strukturierung durch Ätzverfahren

Ätzen ist das kennzeichnende Strukturierungsverfahren des subtraktiven Prozeßbereichs. Ätzen ist fernerhin unerläßlich, wenn auch nicht kennzeichnend, für hybridadditive Verfahren. Zur Verdeutlichung der Einflußnahme des Ätzens bei der Strukturierung diene Bild 3.103. Hierin ist die Schichtung im Bereich der Anschlußfläche einer Durchkontraktierung für die wesentlichen Verfahren dargestellt. Der Strukturaufbau, chemisch oder galvanisch, geht von einer einheitlichen Schichtdicke von 0,025 mm aus. Die insgesamt zu ätzende Schichtung ist besonders gekennzeichnet. Hieran wird der Strukturunterschied zwischen hybridsubtraktiven und additiven Verfahren deutlich.
Die Probleme, die mit Ätzen verbunden sind, sind zahlreich und komplex. In vielen Fällen hängen sie ursächlich mit den vorgeschalteten Prozeßschritten zusammen. Hierbei sind die rein konstruktiven Entwurfskonzepte nicht ausgenommen. Zwei Problembereiche lassen sich unschwer analysieren:

1. die Resistenz der Abdeckschicht des Leiterbildes,
2. die formtreue ätztechnische Fertigung des Leiterbildes in Bezug auf Leiterbreite, Leiterabstand und Flankensteilheit.

Die Wechselwirkungszusammenhänge des Prozeßgeschehens Ätzen zeigt das Flußdiagramm des Bildes 3.104.

An Ätzmitteln stehen nun eine Reihe chemischer Medien zur Verfügung:

- Eisenchlorid,
- Kupferchlorid,
- Chromsäure,
- Ammoniumpersulfat,
- Wasserstoffperoxid,
- Alkalische Ätzmittel.

Vergleichbar vielfältig wie die Medien sind die Fertigungsmittel. Man unterscheidet zwischen:

- Tauchätzverfahren,
- Spritzätzverfahren,
- Blasen- oder Schaumätzverfahren,
- Sprühätzverfahren und
- Sonderätzverfahren für Mikrowellenschaltungen und flexible gedruckte Schaltungen.

3.3.5.1 Anforderungen

An den Ätzprozeß und die vorgeschalteten Prozeßschritte sind folgende Anforderungen zu stellen:

1. hinreichende Entfernung der Foto- und Siebdruckresiste,
2. hinreichende Resistenz der Abdeckschicht,

3. angepaßte Auswahl des Ätzprozesses im Hinblick auf Ätzmedium und Fertigungsmittel entsprechend den Qualitätsanforderungen,
4. kontrollierte Durchführung des Ätzprozesses im Hinblick auf die zulässigen Ätzfehler.

Resistentfernung. Über Art und Bedeutung einwandfreier Entfernung von Fotoresistsystemen und Siebdruckfarben wurde im Abschnitt 3.2.1.3 referiert. Hier bleibt festzuhalten, daß nicht ausreichende Resistentfernung zu Kupferrückständen an Leitern und Anschlußflächen führt. Die Bilder 3.105 und 3.106 zeigen diese Effekte. Resistentfernung schließt allgemein auch die Entfernung von Metallresistsystemen ein. Die Entfernung metallischer Niederschläge, notwendig bei fehlerhafter galvanischer Metallisierung oder bei partiellen Galvanisierungen, geschieht durch sog. Metallstripper, auf deren Anwendung nicht näher eingegangen wird.

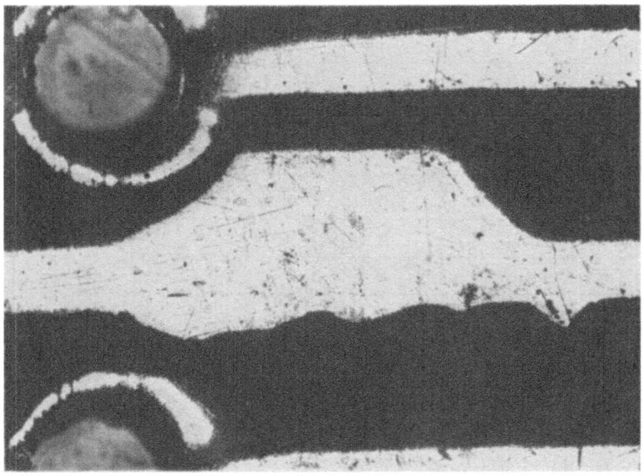

Bild 3.105 Mangelhafte Resistentfernung (Fotoresist, Siebdruckfarbe)

Resistenz der Abdeckschicht. Über die Resistenz fester und flüssiger Resistsysteme gibt der Abschnitt 3.2.1.3 Auskunft. Alle Resistsysteme sind für die heute bekannten Ätzmedien nicht uneingeschränkt anwendbar.

Dies betrifft vor allem die Laugenlöslichkeit von Fotolacken und Siebdruckfarben. In einem solchen Fall sind alkalische Ätzmethoden nicht verwendbar.

Zinn- und Zinn/Blei-Metallisierungen sind nicht beständig gegenüber Eisenchlorid, und regeneriertes Kupferchlorid ist nicht als Ätzmedium bei Zinn/Blei-Metallisierungen anwendbar. Die nachfolgenden Tafeln geben einmal eine Übersicht über die Anwendung der Ätzmedien bei variiertem Ätzresist und zum anderen die anwendungsorientierte Schichtdicke der Resiste, Tafel 3.25 und Tafel 3.26.

Bild 3.107 zeigt beispielhaft einen Leiter mit Ätzfehler infolge fehlendem Ätzresist. Diese Fehler sind typisch für unterlassene oder nicht sorgfältige Retuschen vor dem Ätzen. Vernachlässigte Retuschen liegen auch Bild 3.108 zugrunde.

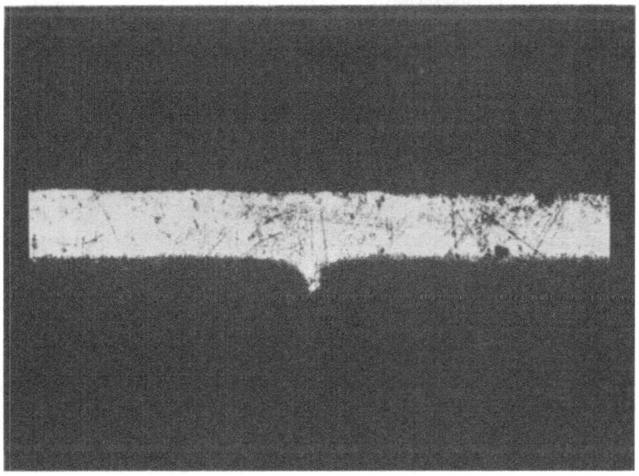

Bild 3.106 Mangelhafte Resistentfernung (Fotoresist, Siebdruckfarbe)

Angepaßte Auswahl des Ätzprozesses. Qualitätsanforderung kann heute nicht nur verstanden werden als ausschließlich auf die Funktionsparameter der Leiter und Zwischenverbindung bezogen. Qualitätsanforderung muß auch die Belastungsbreite von Mensch und Umwelt einbeziehen. Deshalb steht am Anfang eine Tafel von Prozeßcharaktika verschiedener Ätzmedien, die hierauf Bezug nimmt [3.70], Tafel 3.27.

Signifikant sind die günstigen Wirkungskennzeichen von Ammoniumpersulfat. Mit Abstand folgen alkalische Ätzmedien und Eisenchlorid, während Chromsäure erhebliche Prozeßprobleme mit sich bringt.

Die Qualität des Ätzprozesses wird üblich durch den Ätzfaktor beschrieben. Definitiv stellt er das Verhältnis der geätzten Schichtdicke zur seitlichen Unterätzung dar. Bild 3.109 zeigt die Definition in der gebräuchlichen Anwendung [3.71], [3.72]. In DIN 40804 (Entwurf) wird der Ätz-

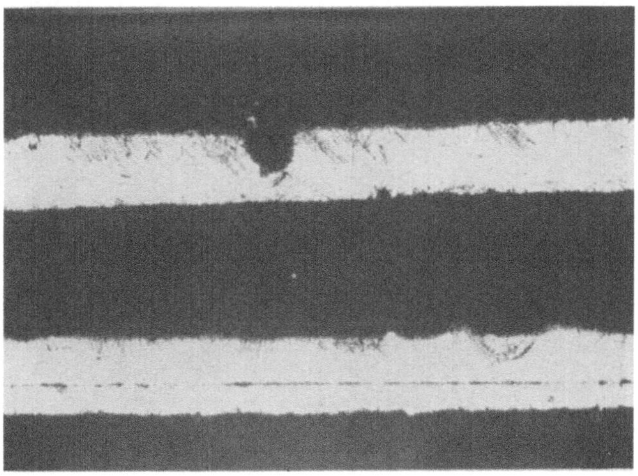

Bild 3.107 Ätzfehler infolge fehlendem Ätzresist.

Tafel 3.25: Anwendungskatalog gebräuchlicher Ätzmedien

Resist	Ätzmedien					
	Eisenchlorid	Kupferchlorid	Chromsäure	Ammoniumpersulfat	Wasserstoffperoxid	Alkalische Ätzmedien
Siebdruckfarbe	•	•	•	•	•	(•)
Fotolack	•	•	•	•	•	(•)
Fotofestfilm	•	•	•	•	•	•
Zinn		•	•	•	•	•
Zinn/Blei			•	•	•	•
Gold	•	•	•	•	•	•
Nickel/Gold	•	•	•	•	•	•
Nickel/Rhodium	•	•	•	•	•	•

• zulässig
(•) bedingt zulässig

Tafel 3.26: Resistschichtdicken (Metallresiste)

Resist	Schichtdicke
Zinn	0,010 mm
Zinn/Blei	0,010 mm
Gold	0,002 mm
Nickel/Gold	0,005/0,002 mm
Nickel/Rhodium	0,005/0,001 mm
Silber	0,005 mm

Tafel 3.27: Prozeßcharakteristika angewandter Ätzmedien

Ätzmedium	Prozeßcharakteristika				
	Toxität	Abwasserproblem	Lüftungsproblem	Korrosive Wirkung	Reinigungsproblem
Eisenchlorid	n	m	n	h	m
Kupferchlorid	m	n	m	h	m
Chromsäure	h	h	h	h	m
Ammoniumpersulfat	n	n	n	n	n
Alkalische Ätzmedien	m	n	h	n	n

n: niedrig; m: mittel; h: hoch.

Bild 3.108 Ätzfehler infolge fehlender Retuschen

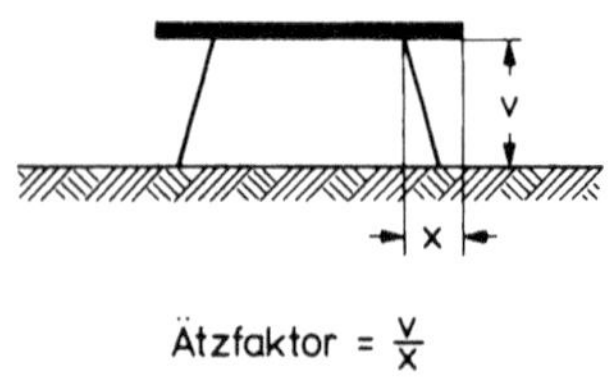

Bild 3.109 Definition des Ätzfaktors

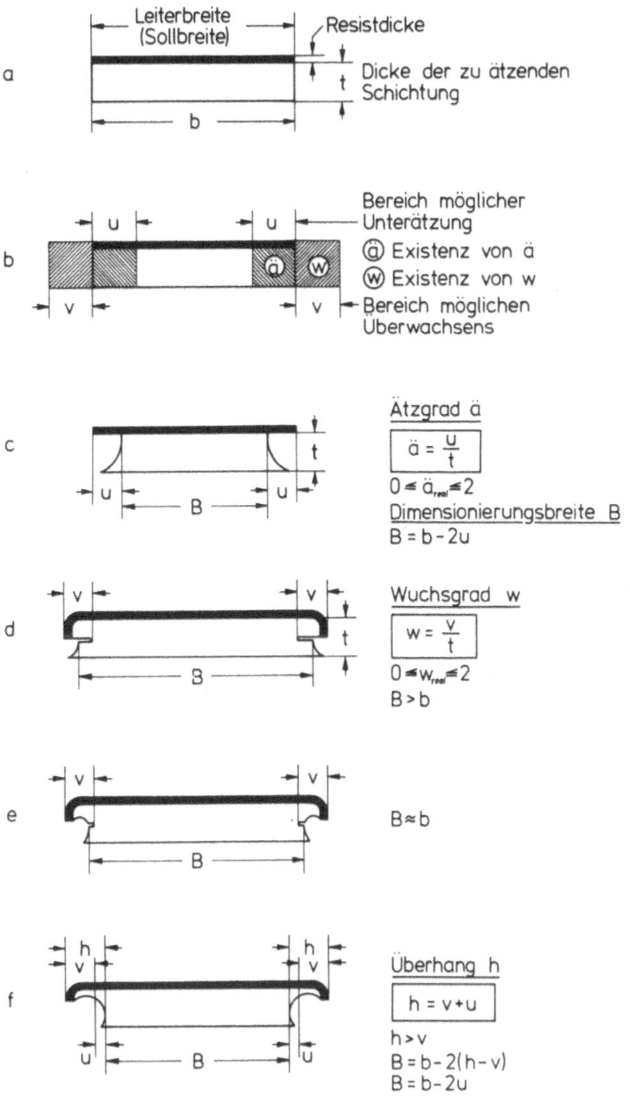

Bild 3.110 a)–f) Definition Ätzgrad ä; Wuchsgrad w; Überhang h; Dimensionierungsbreite B.

faktor sinngemäß übernommen. Die vorliegende Definition ist didaktisch schwerlich vertretbar, sagt sie doch aus, daß bei fehlender oder sehr kleiner seitlicher Ätzung der Ätzfaktor gegen unendlich strebt. Dies führt zu Fehlinterpretationen und Mißdeutungen. Mißverständlich und widersprüchlich ist auch die Anwendung des Ätzfaktors auf die modernen Strukturierungsverfahren, da die Definition aus einer frühen Entwicklungsphase des Prozeßgeschehens stammt und sich auf Vollsubtraktive und hybridsubtraktive Verfahren bezog, wie sie die Beispiele Bild 3.89 bis Bild 3.92 zeigen. Im letzteren Fall handelt es sich um Verfahren mit flächenhafter Galvanisierung, sog. panel plating Verfahren. Neue Verfahren, wie beispielsweise bildhafte Galvanisierungsverfahren, sog. pattern plating Verfahren, und neue Resiste, wie Festfilmresiste, aber auch hybridadditive Prozesse, erfordern eine Anpassung des Ätzfaktors an die geänderten Gegebenheiten. Hier gibt es gewisse Ansätze, gerade im Fall des bildhaften Strukturierens, indem ein sog. Überhang definiert wird.

Nachfolgend werden zwei neue Qualitätsmerkmale eingeführt, die den neuen Gegebenheiten Rechnung tragen sollen und diaktisch vertretbar sind. Es sind dies die Größen:

- Ätzgrad ä (Grad der Unterätzung),
- Wuchsgrad w (Grad des Überwuchses),
- ferner die Größen:
- Überhang h,
- Dimensionierungsbreite B.

Zur Definition und bildhaften Erklärung, siehe Serienbild 3.110a–f. Bild 3.110a zeigt die Idealform des Leiterquerschnitts mit der Sollbreite b, die als fehlerfrei übertragen angesehen wird. Ätzprozeß und chemisch/galvanische Strukturierungsprozesse können zur Unterätzung (u) und zum Überwuchs (v) führen. Die möglichen Bereiche sind in Bild 3.110b dargestellt. Der Ätzgrad ist nur existent im Unterätzbereich, der Wuchsgrad nur im Überwuchsbereich, Bild 3.110c zeigt das Beispiel reiner Unterätzung im Falle flächenhafter Metallisierung, ferner die Definition der Dimensionierungsbreite (B) und des Ätzgrad (ä). Dieser stellt sich bei fehlender oder vernachlässigter kleiner Unterätzung als null dar, erreicht bei Gleichheit von Unterätzweite (u) und Schichtungsdicke (t) den Wert eins und liegt mit realen Größtwerten bei kleiner als zwei. Die Dimensionierungsbreite (B), eine Größe eingeführt für kompensatorische konstruktive Maßnahmen, hat hier einen definierten Wert.

Mit Bild 3.110d beginnen nun die Darstellungen zum Fall der bildhaften Metallisierungen mit Überwuchs. Als Wuchsgrad (w) wird definitiv das Verhältnis von größtem seitlichem Überwuchs (v) zur Schichtungsdicke (t) dargestellt. Bei fehlendem Überwuchs ist der Wuchsgrad null; er erreicht bei Gleichheit von Überwuchs und Schichtungsdicke den Wert eins. Deutlich ist in Bild 3.110d die Ätzkehlung unter dem Überwuchs zu erkennen. Sie reicht bis zum Resistspalt. Die Dimensionierungsbreite ist sinngemäß zu Bild 3.110c festgelegt. Bild 3.110e zeigt beispielhaft einen anders gestalteten Ätzprozeß mit deutlicher Unterätzung der Überwuchsschulter. Diese Unterätzung ist allerdings nicht über den Ätzgrad beschreibbar, da der Ätzgrad in dem betroffenen Gebiet nicht existent ist. Mit fortschreitender Ätzung wird die Überwuchsschulter so stark unterätzt, daß die seitliche Ätzwölbung in den Unterätzbereich reicht. Nunmehr existiert neben dem Wuchsgrad ein Ätzgrad und es läßt sich der Überhang (h) definieren. Der Überhang ist nach der vorliegenden Definition nur existent, wenn eine Unterätzung besteht. Die Dimensionierungsbreite ist sinngemäß eingetragen und durch eine Beziehung konkret beschreibbar.

Die nachfolgende Tafel 3.28 gibt eine Übersicht über die Qualitätsanforderungen an die Leitergeometrie in Abhängigkeit der Sollbreite (b) nach Bild 3.110c.

Tafel 3.28: Qualitätsanforderung an die Leitergeometrie für subtraktive Verfahren

Sollbreite b	0,6 mm	0,6 ≧ b ≧ 0,3 mm	0,3 mm
zulässige Unterätzung 2u			
t = 0,035 mm	0,12 mm	0,09 mm	0,06 mm
t = 0,018 mm	0,12 mm	0,06 mm	0,04 mm

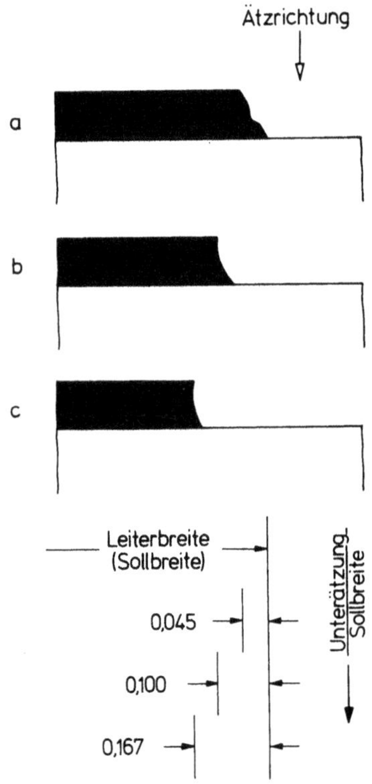

Bild 3.111 a)–c) Einfluß der Ätzdauer auf die Ätzkantenausbildung und den Ätzgrad bei flüssiger Fotoresistabdeckung und dem Ätzmedium Eisenchlorid.

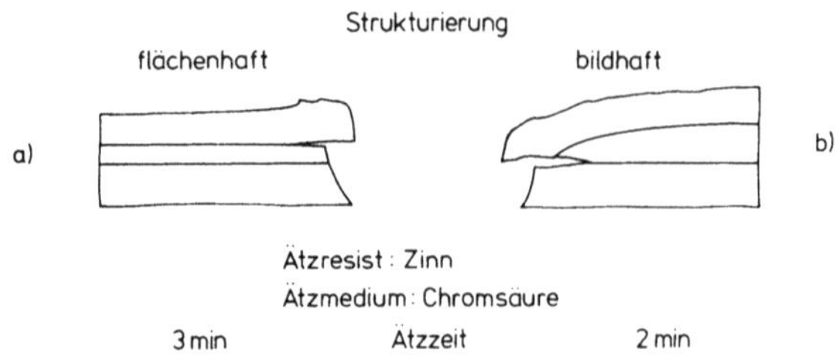

Bild 3.112 a) u. b) Einfluß der Ätzparameter bei Verwendung von Chromsäure und Zinnresist; a) flächenhafte, b) bildhafte Strukturierung.

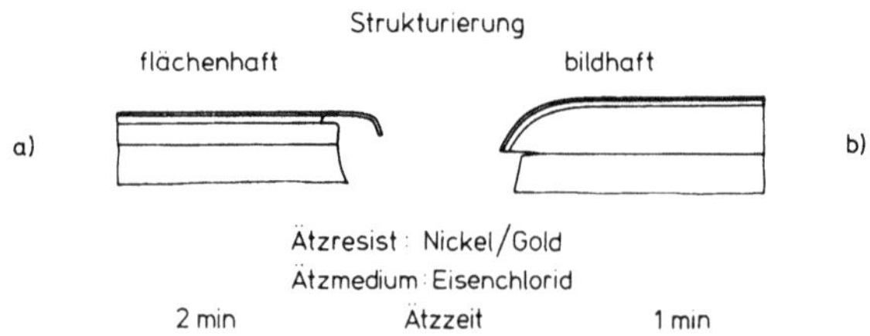

Bild 3.113 a) u. b) Einfluß der Ätzparameter bei Verwendung von Eisenchlorid und Nickel/Gold-Resist.

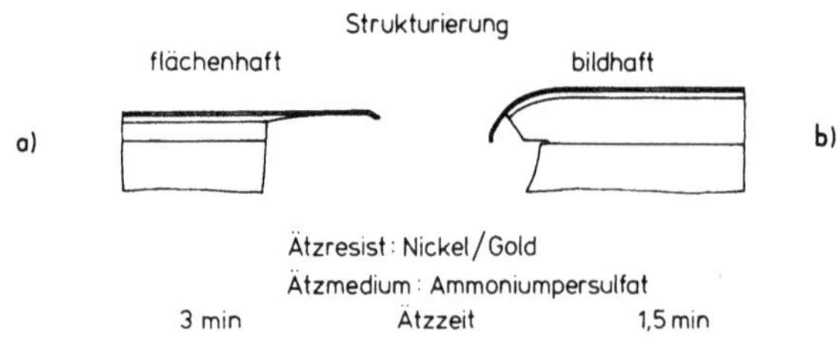

Bild 3.114 a) u. b) Einfluß der Ätzparameter bei Verwendung von Ammoniumpersulfat und Nickel/Gold-Resist.

Prozeßkontrolle. Eine kontrollierte Prozeßführung ist für hohe Qualitätsanforderungen unerläßlich. Kontrolliert meint hier sowohl das überwachte, als auch das gesteuerte Prozeßgeschehen. Wesentliche Prozeßparameter, die der Kontrolle zugeführt werden müssen sind:

- Ätzmedienkonzentration,
- Ätzzeit,
- Ätztemperatur.

Bild 3.111 zeigt in einer Schemafolge den Einfluß der Ätzdauer auf die Ätzkantenausbildung bei vollsubtraktiven Verfahren mit flüssiger Fotoresistabdeckung und dem Ätzmedium Eisenchlorid. Die Zeit wächst fortschreitend von Darstellung 3.111a zu 3.111c. Dargestellt wird ein Flankenprofil und das Verhältnis von Unterätzung zur Leitersollbreite.

Bild 3.111a zeigt ein Ergebnis, bei der die Prozeßzeit so gewählt wurde, daß die Ätzung eben voll ausgeführt ist. Die Unterätzung ist gering, die Flankenausbildung grobporig gradlinig. Mit fortschreitender Zeit, Bild 3.111b, wird die Unterätzung größer. Die Leiterflanke nimmt eine Flachwölbung an. Schließlich, mit weiter fortschreitender Zeit, wird die Flanke steilgewölbt, Bild 3.111c. Die Unterätzung hat zugenommen.

Den Einfluß der Ätzparameter bei Verwendung von Metallresistsystemen und variierten Ätzmedien zeigen folgende Bilder. Sie sind Prinzipdarstellungen, der von *C. F. Coombs, Jr.*, publizierten Schliffbilder [3.73]. Jeweils werden flächenhafte (panel plating) und bildhafte (pattern plating) Strukturierungen gegenüber gestellt. In Bild 3.112a und b wird ein Zinnresist von 0,025 mm Dicke angewandt. Die Kupferabscheidungen auf den Kaschierungsbasen sind unterschiedlich (0,050 mm und 0,066 mm). Ätzmedium ist Chromsäure. Kennzeichnend sind die flächengewölbten Ätzflanken im Unterätz- (3.112a) und Überwuchsbereich (3.112b) bei jeweils anderen Ätzzeiten (3 min und 2 min).

Im Falle 3.112b erstreckt sich die Ätzflanke noch ausschließlich im Kaschierungskupfer. Bild 3.113a und b zei-

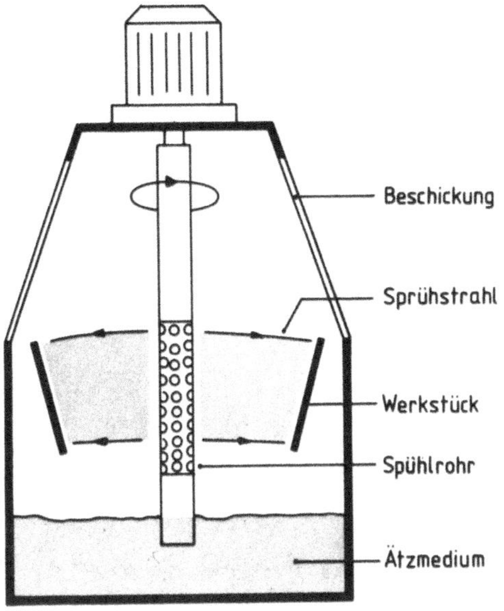

Bild 3.115 Sprühätzmaschine (Funktionsdarstellung)

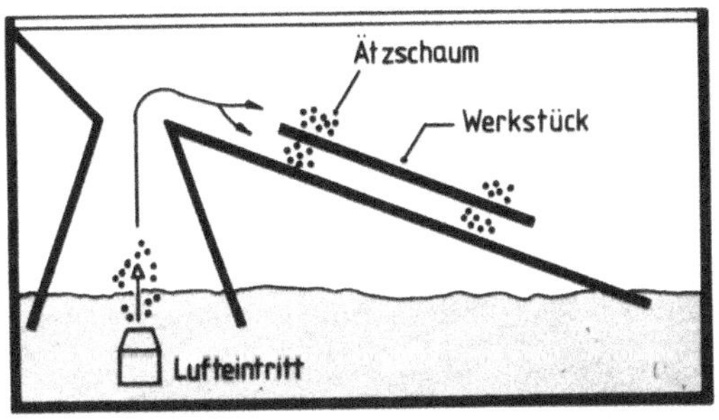

Bild 3.116 Schaumätzgerät (Funktionsdarstellung)

der Ätzung bei gleichem Ätzresist aber geänderten Ätzmedien. In diesem Falle ist Ammoniumpersulfat wirksam. Im Falle 3.114a ist die Unterätzung durch große Ätzzeit (3 min) erheblich. Typisch für Ammoniumpersulfat ist die auftretende steile Flanke und der starke Nickelangriff unter der Goldabdeckung.

3.3.5.2 Chemische Wirkungsmechanismen der Kupferätzung

In der Serienfertigung wird der Ätzprozeß fast ausschließlich mit Durchlaufsprühätzmaschinen betrieben. Diese, heute weitgehend sicher beherrschte Fertigungstechnik, erfuhr durch die Modulbauweise eine Ausweitung der Maschinen zu Transferstraßen mit automatischem Prozeßablauf. Das Prinzip der Sprühätzung besteht in einem forcierten Ätzmediensprühen, wobei für die Präzision der Ätzung die senkrechte Medienwirkung entscheidend ist. Für Kleinserien und insbesondere für die Laborfertigung von Einzelstücken sind Sprühätzmaschinen mit ruhenden oder zwangsbewegten Werkstücken in der Anwendung. In der Laborfertigung sind steigend Schaumätzgeräte zu beobachten.

Die Prinzipskizze Bild 3.115 zeigt die Funktion einer Sprühätzmaschine mit zentral gelagertem rotierendem Spülrohr. Die Werkstückhaltung ist so ausgeführt, daß ein möglichst senkrechter Ätzmedienangriff erfolgt.

Die Wirkungsweise von Schaumätzgeräten zeigt Bild 3.116. In das Ätzmedium wird Luft eingeblasen. Dadurch bildet sich ein Ätzmedienschaum, der aufsteigend eine schiefe Werkstückebene erreicht, an der er abgleitet und das Werkstück dabei benetzt und ätzt. Schließlich geben die folgen-

Bild 3.117 Ätzlinie für industrielle Fertigung.

gen Ergebnisse mit einem Nickel/Gold-Resist und dem Ätzmedium Eisenchlorid. Die Resiststärke Nickel/Gold beträgt 0,005 mm/0,0025 mm. Die durch den Resist geschützte Kupferabscheidung beträgt im Falle 3.113a 0,050 mm und im Falle b 0,075 mm. Kennzeichnend ist die Unterätzung im Falle a mit einer typischen Nickelätzung durch Eisenchlorid. Bild 3.114a und b schließlich zeigen die Ergebnisse

Bild 3.118 Ätzmodul

den Bilder einen Einblick in die Modulbauweise von Durchlaufätzmaschinen. Bild 3.117 zeigt eine vollständige Ätzlinie und Bild 3.118 ein Ätzmodul.

Die Wirkungsmechanismen der Ätzmedien unter variierten Fertigungsmitteln sind hinreichend bekannt. Teilweise ungelöst sind die Fragen der Ätzmedienregeneration allgemein und unter wirtschaftlichen Bedingungen. Über die Sachverhalte liegen umfangreiche Quellen vor: [3.74], [3.75], [3.76], [3.77], [3.78], [3.79], [3.80], [3.81].

Eisenchlorid. Als Ätzmedium hat Eisenchlorid von Anfang an große Verbreitung gefunden. Die Vorteile des Mediums liegen in dem vergleichsweise hohen Auflösungsvermögen des Kupfers, einer für weite Anwendungen ausreichenden Konturenschärfe, einer hohen Lösungsbeständigkeit und in geringen Kosten. Die Unzulässigkeit der Verwendung von Zinn und Zinn/Blei als Ätzresist und eine bisher nicht gelöste Medienregeneration sind als Nachteile zu nennen.

An der Kupferoberfläche oxidiert Kupfer zu Kupferchlorid unter Bildung von Eisen (II)-chlorid nach der Beziehung:

$FeCl_3 + Cu \rightarrow FeCl_2 + CuCl$

Im Medium selbst oxidiert Kupferchlorid zu Kupfer (II)-chlorid nach:

$FeCl_3 + CuCl \rightarrow FeCl_2 + CuCl_2$

Da Kupferchlorid sich in der Ätzlösung ständig aufbaut tritt eine überproportionierte Reaktion der Form auf:

$CuCl_2 + Cu \rightarrow 2CuCl$

Mit zunehmender Minderung des Gehalts an Eisen (III)-chlorid an der Oberfläche des zu ätzenden Werkstücks verringert sich die Abtragungsintensität. Die Geschwindigkeit des Abtragungsvorgangs hängt nun von der Diffusionsbewegung des Eisen (III)-chlorid in den Oberflächenbereich einerseits und von der Diffusionsbewegung des Eisen (III)-chlorid und Kupferchlorid andererseits ab. Dieser diffusionsgesteuerte Prozeß ist durch Temperatur und Medienbewegung (Werkstückbewegung) beeinflußbar. *P. Eisler* gibt beispielhaft für eine Ätzung einer 0,0025 mm starken Kupferschicht in einer $FeCl_3$-Lösung mit einer Konzentration von 40 Grad Baumé und 12 g/l Cu-Gehalt folgende Ätzzeiten bei ruhendem Bad und variierter Temperaturen an:

Temperatur in °C	10	16	21	27	32	41	49	65	76
Ätzzeit in min	16,7	13,0	10,9	8,5	6,9	5,7	4,8	2,9	2,3

Bild 3.119 zeigt die Abhängigkeit der Ätzzeit vom Kupfergehalt für eine Sprühätzung einer 0,035 mm starken Kupferschicht bei unterschiedlichen Konzentrationsgraden. Mit zunehmendem Kupfergehalt in der Ätzlösung steigt die Ätzzeit schließlich überproportional. Bei 60 bis 80 Gramm Kupfer je Liter Eisenchlorid sind die Grenzwerte erreicht, die anwendungsorientiert einen Austausch der Ätzlösung ratsam werden lassen.

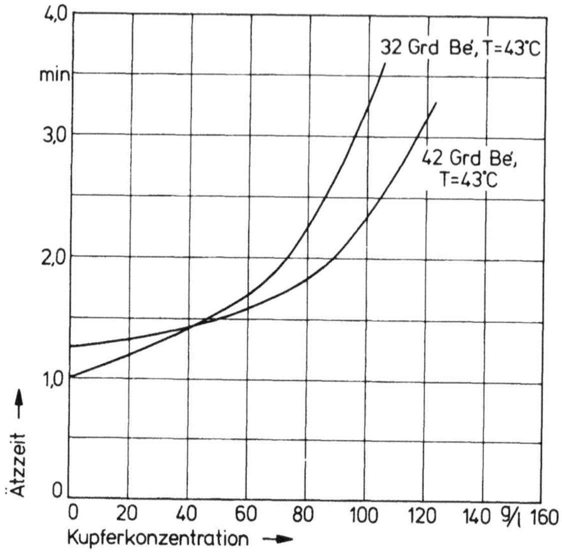

Bild 3.119 Ätzzeit in Abhängigkeit vom Kupfergehalt bei Eisenchlorid.

Kupferchlorid. Auch dieses Ätzmedium weist den Nachteil der Nichtverwendungsfähigkeit von Zinn und Zinn/Blei als Ätzresist auf. Ein besonderer Vorteil des Verfahrens ist die Möglichkeit der kontinuierlichen und diskontinuierlichen Regeneration. Die Ätzreaktion läuft nach folgender Beziehung ab:

$Cu + CuCl_2 \rightarrow Cu_2Cl_2$

Durch Zusatz von HCl, NaCl oder NH_4Cl wird das relativ unlösliche Cu_2Cl_2 gelöst und damit die Ätzeigenschaft stabil gehalten.

Die Regeneration von Kupferchlorid kann durch Chlorgas oder durch Zusätze von Salzsäure und Wasserstoffperoxid erfolgen.

Chromsäure. Zwar ist die Anwendung von Chromsäure (Chromschwefelsäure) für alle Ätzresistsysteme gegeben, wie jedoch die vorstehende Tafel 3.27 aufzeigt, ist sie nicht unproblematisch. Die Regeneration ist grundsätzlich möglich und verfahrenstechnisch gelöst. Der Investitionsaufwand für die apparative Sicherstellung ist jedoch so hoch, daß das Verfahren auf wenig Interesse stößt.

Die Ätzreaktion kann durch die Beziehung beschrieben werden:

$3\,Cu + 2\,CrO_3 + 6\,H_2SO_4 \rightarrow Cr_2(SO_4)_3 + 3\,CuSO_4 + 6\,H_2O$

Ammoniumpersulfat. Ammoniumpersulfat, $(NH_4)S_2O_8$ und Katalysatorzusätze wie H_2SO_4 und H_gCl_2 haben als Ersatz für Chromsäure und Ätzchloride steigende Bedeutung erlangt. Ammoniumpersulfat ist für alle Ätzresiste anwendbar. Eine besondere Beachtung ist dabei allerdings dem Verfahren bei Ätzresisten auf Zinnbasis zuzuwenden.

Die Ätzreaktion kann folgendermaßen beschrieben werden:

$Cu + (NH_4)_2S_2O_8 \rightarrow CuSO_4 + (NH_4)_2SO_4$

Die Ätztemperatur liegt bei 40 °C, die Ätzzeit ist von der Kupferkonzentration des Ätzmediums abhängig. Bild 3.120 gibt einen Einblick in die Zusammenhänge. Die Darstellung berücksichtigt die Variation der Fertigungsmittel und der Temperatur. Die Regeneration ist möglich und wirtschaftlich darstellbar.

Alkalische Ätzmittel. Alkalische Ätzmittel sind für alle Ätzresiste bis auf alkalilösliche Siebdruckfarben und Fotolacke anwendbar. Alkalische Ätzmittel zeichnen sich durch geringe Unterätzung aus. Dies und die Tatsache, daß Zinn- und Zinn/Blei-Metallisierungen zulässig sind, haben diesen Ätzmedien eine erhebliche Bedeutung beikommen lassen. Eine häufig verwendete alkalische Ätzlösung basiert auf Natriumchlorid, dem Ammoniak und Ammonsalze beigemischt sind. Andere Zusammensetzungen sind möglich. Die Ätztemperatur liegt bei 40 °C. Die Ätzgeschwindigkeit ist wiederum von der Kupferkonzentration im Ätzmedium abhängig. Beim Ätzprozeß selbst ist wegen möglicher Geruchsbelästigung für eine ausreichende Maschinenbelüftung und eine Entlüftung der Fertigungsregion Sorge zu tragen.

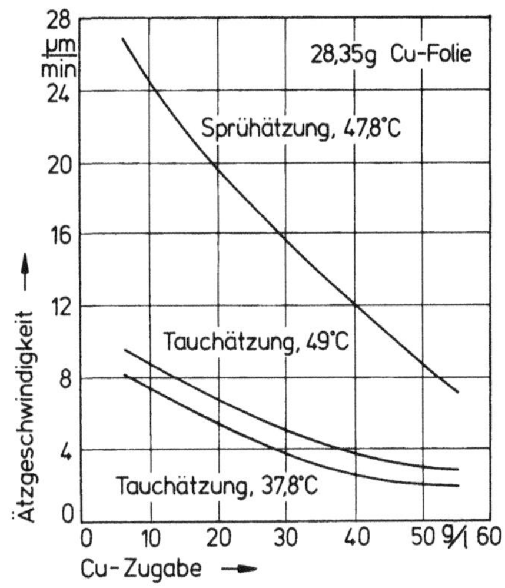

Bild 3.120 Ätzgeschwindigkeit in Abhängigkeit von der Kupferzugabe für Ammoniumpersulfat; Parameter ist die Ätztemperatur.

3.3.6 Prozeßabläufe angewandter Verfahren

Zur Vertiefung der in den Abschnitten 3.3.3 bis 3.3.5 dargelegten grundsätzlichen Prozeßfolgen sollen industriell angewandte Verfahren vorgestellt werden. Die Verfahrenspräsentation ist exemplarisch zu werten und umfaßt den subtraktiven und additiven Bereich.

3.3.6.1 Noviganth GS-Verfahren Subtraganth (Schering)

Das Verfahren ist dem subtraktiven Prozeßbereich zuzuordnen und geht von kupferkaschiertem Basismaterial als Ausgangswerkstoff durchkontaktierter Leiterplatten aus. In Tafel 3.29 ist die Prozeßfolge anhand eines Ablaufdiagrammes dargestellt. Die Prozeßschritte 1 bis 3 (Schneiden, Bohren, Stanzen etc) werden nicht näher umschrieben. Sie sind aus Darlegungen der voranstehenden Abschnitte zu ergänzen. Man beachte die alternativen Verfahrensschritte im Prozeßablauf. Sinngemäß ist der Bezeichnungsschlüssel links und rechts der Schrittfolge angegeben. Das Verfahren ist in zwei Phasen unterteilt, nämlich in die der Vorbehandlung und Durchkontraktierung, und in die des galvanischen und ätztechnischen Strukturaufbaus. Eine zugeordnete bildhafte Darstellung ist die der Bilder 3.92 und 3.95.

3.3.6.2 Noviganth GS-Verfahren Semiganth (Schering)

Dieses Verfahren ist dem additiven Prozeßbereich zuzuordnen und geht von haftvermittlerbeschichtetem Basismaterial als Ausgangswerkstoff aus. Das Ablaufdiagramm zeigt Tafel 3.30. Deutlich werden hierin die für hybridadditive Verfahren typischen Beiz- und Aktivierungsschritte. Eine zugeordnete bildhafte Verfahrensdarstellung ist die des Bildes 3.96.

3.3.6.3 Unclad-Verfahren (Ruwel)

Auch dieses Verfahren ist dem additiven Prozeßbereich zuzuordnen. Als prinzipieller Verfahrensablauf ist der des Bildes 3.96 anzusehen. Die Besonderheiten des Unclad-Verfahrens liegen in der Form des Ausgangssubstrats und der erfolgreichen Prozeßvariante der edelmetallfreien Oberflächenkatalysierung [3.82], [3.83].
Bild 3.121 zeigt das Basismaterial im Ausgangszustand. Es handelt sich um ein beidseitig haftvermittlerbeschichtetes Laminat mit einer Aluminiumfolienabdeckung. In dieses Substrat wird das gesamte Bohrungsbild eingebracht. Danach werden die Aluminiumfolien weggeätzt. Die Anwendung der Aluminiumfolien wird dadurch deutlich, daß für die Gesamthandhabe bis nach erfolgtem Bohrprozeß die Haftvermittlerschicht geschützt ist, daß die beim Bohrprozeß entstehende Wärme hinreichend abgeleitet wird, und daß dadurch kantensaubere Bohrungen ohne Haftvermittlereinlauf eingebracht werden können. Es ergeben sich für die Laborfertigung durch die Metallfolienbeschichtung weitere interessante Aspekte. Bild 3.122 zeigt den Schichtungsquerschnitt im Bereich eines Loches bei Phenolpapier. Die Schichtdicke des ausgehärteten Haftvermittlers liegt bei 0,020 mm bis 0,030 mm. Nach der Ätzung der Aluminiumfolien erfolgt der Beizaufschluß der Haftvermittleroberfläche durch oxidativen Angriff von Chromschwefelsäure. Ein Bildvergleich der Bilder 3.123 und 3.124 zeigt die geänderte Oberflächenstruktur mit der deutlichen Ausbildung von Mikroporen.

Tafel 3.29 Noviganth GS-Verfahren Subtraganth; Verfahren des subtraktiven Prozeßbereichs

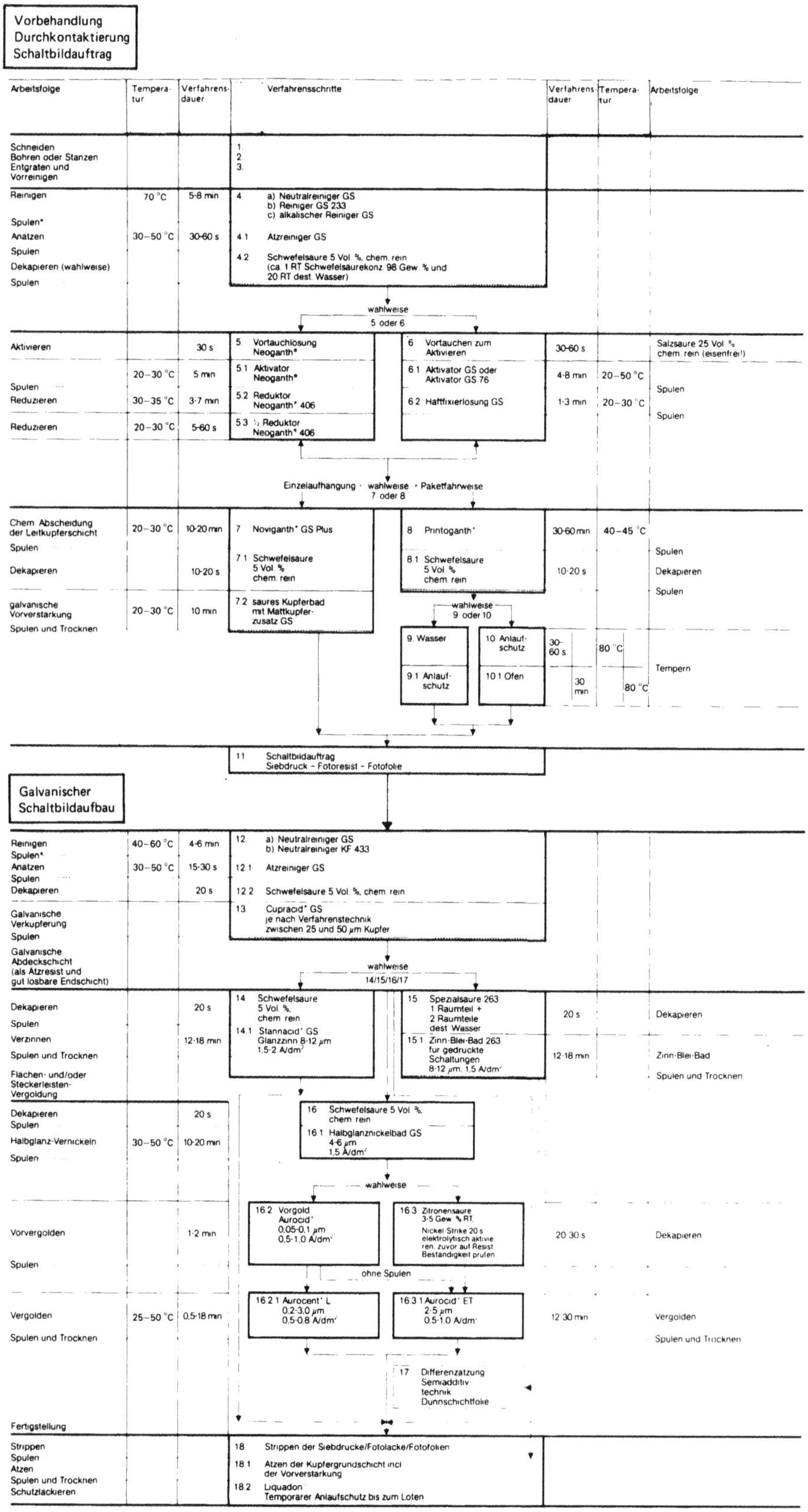

Tafel 3.30 Noviganth GS-Verfahren Semiganth; Verfahren des additiven Prozeßbereichs

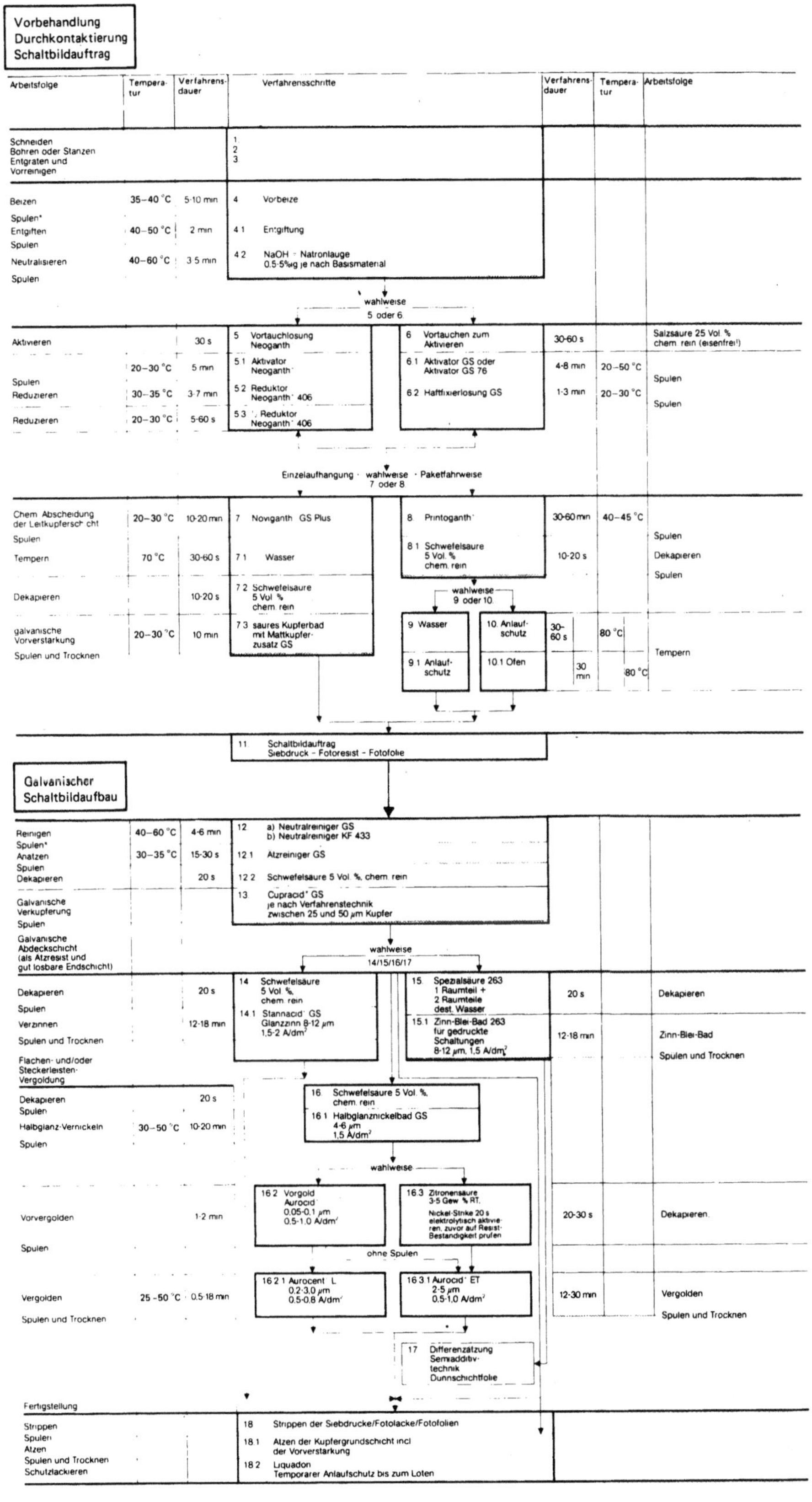

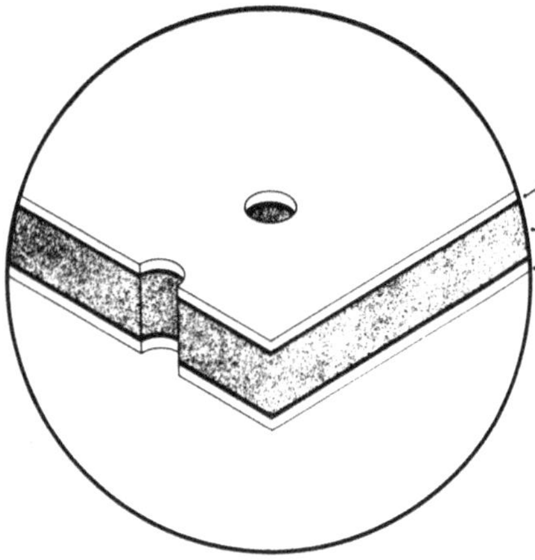

Bild 3.121 Schichtung des Basismaterials des Unclad-Verfahrens

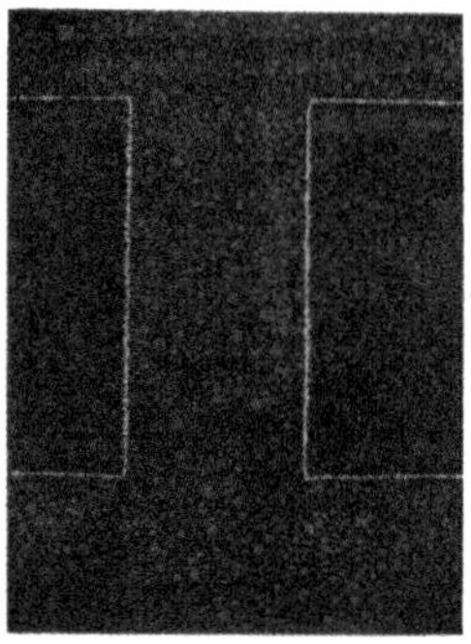

Bild 3.125 Querschnitt im Bereich eines Loches nach der chemischen Verkupferung.

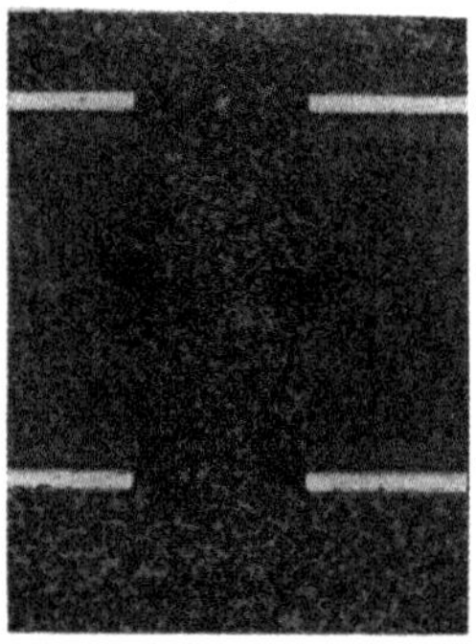

Bild 3.122 Schichtungsquerschnitt im Bereich eines Loches bei Phenolpapier.

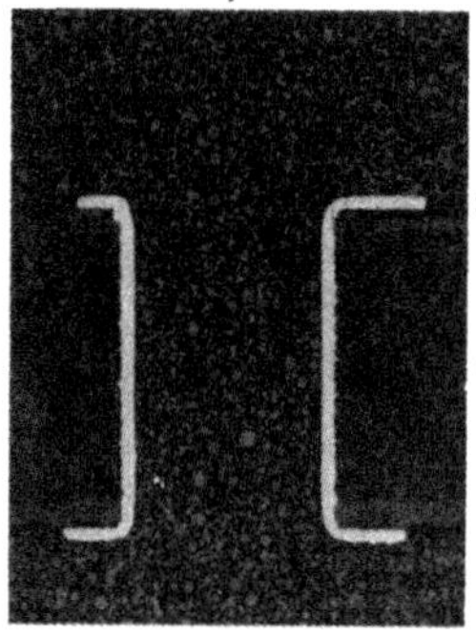

Bild 3.126 Querschnitt im Bereich eines Loches mit vollständig strukturierter Zwischenverbindung.

Bild 3.123
Oberfläche des Haftvermittlers.

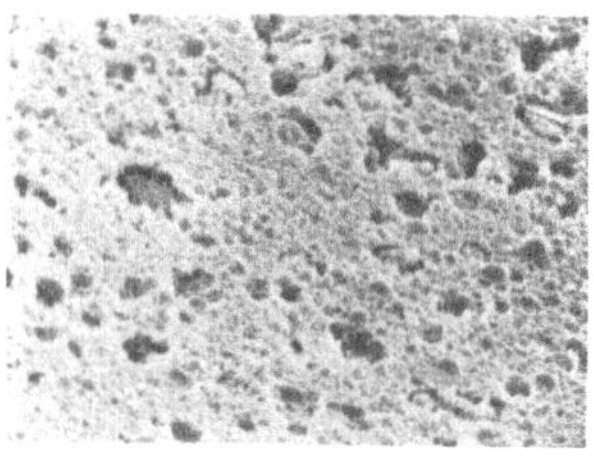

Bild 3.124
Oberfläche des Haftvermittlers nach erfolgtem Beizaufschluß; deutlich ist die Ausbildung von Mikroporen sichtbar.

Tafel 3.31: Verfahren der Strukturbehandlung

Verfahrensbereich	Einzelverfahren
Oberflächenschutz Oberflächenveredlung	Aufschmelzen Chem. Verzinnen Selekt. Verzinnen Rollverzinnen Abdeckbeschichten (Lötstoppbeschichten) Lötlackbeschichten
Kennzeichnung	Bestückungsdruck Kennzeichnungsdruck

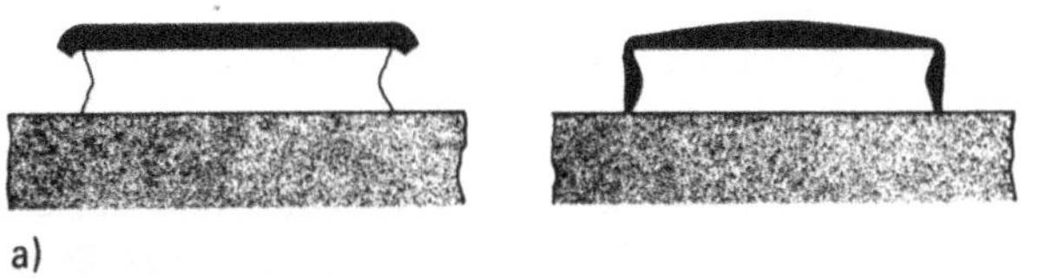

a)

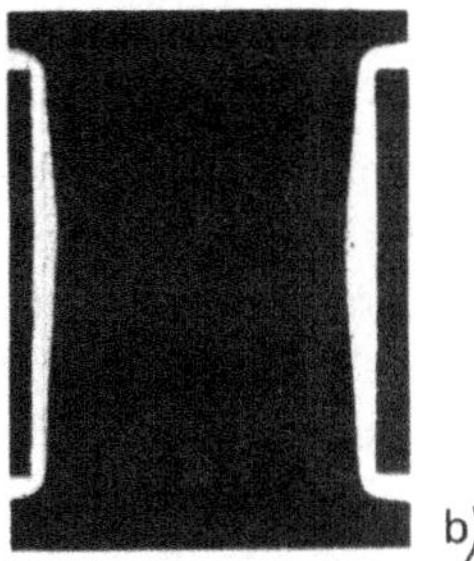

b)

Bild 3.127
Vergleich bildhaft strukturierter Leiter mit Zinn/Blei-Metallisierungen vor und nach dem Aufschmelzen (a); aufgeschmolzene Zinn/Blei-Metallisierung in einer Zwischenverbindung (b).

Nach der Katalysierung der Oberflächen beginnt die chemische Verkupferung bis zu Schichtstärken von 0,004 mm. Bild 3.125 stellt einen Querschnitt im Bereich eines gestanzten Loches eines Phenolpapierlaminates dar, bei dem die Oberflächen chemisch verkupfert sind.

Nunmehr folgt der Resistauftrag, wie auch immer gestaltet, mit der Ausbildung eines Grabensystems zum Aufbau der Leiterstruktur auf den freien Kupferflächen. Den endgültigen Leiteraufbau erreicht man elektrochemisch mit Schichtstärken bis 0,035 mm. Nach der Resistentfernung wird in einem kurzen Ätzprozeß ohne Anwendung eines Metallätzresist die überflüssige Kupferschicht von 0,004 mm Stärke geätzt. Die Leiterstruktur ist damit erstellt. Bild 3.126 zeigt in einem vergleichbaren Bildbereich wie Bild 3.125 eine vollständig strukturierte Zwischenverbindung mit einem gestanzten Loch eines Phenolpapierlaminats.

3.3.7 Ausgewählte Kapitel der Strukturbehandlung

Strukturbehandlung betrifft die Oberflächenveredelung und den Oberflächenschutz der Struktur. Hinzuzufügen ist die Endbehandlung durch Strukturkennzeichnung. Die nachfolgende Tafel 3.31 führt die Einzelverfahren auf:

Zwei Verfahren aus dem Bereich des Oberflächenschutzes/der Oberflächenveredelung werden beispielhaft vorgestellt.

3.3.7.1 Aufschmelzen von Zinn/Blei-Metallisierungen

Die Porösität galvanisch abgeschiedener Zinn/Blei-Metallisierungen und die damit zusammenhängende Korrosionsempfindlichkeit der Leiterstruktur stellen ein besonderes Problem dar. Durch kurzzeitiges Erhitzen der Zinn/Blei-Schicht über die Schmelztemperatur, sog. Aufschmelzen, erreicht man eine Strukturverfestigung und eine Neuverteilung der Schicht, wie beispielsweise ein Abschmelzen der Ätzüberhänge. Bild 3.127 zeigt in einem Vergleich Schliffbilder bildhaftstrukturierter Leiter mit Zinn/Blei-Metallisierungen vor und nach dem Aufschmelzen. Man erkennt die Flankenbedeckung und die Ausbildung eines Zinn/Blei-Meniskus auf der Leiteroberfläche.

Die Aufschmelztechnik (reflow-Technik) wird durch heiße Flüssigkeiten oder Infrarotstrahlung dargestellt, wobei Aufschmelzen durch Flüssigkeiten, insbesondere durch Ölbäder, heute bedeutungslos ist.

Die physikalisch-metallurgische Änderung der Zinn/Blei-Auflage und die Neuverteilung der Schichtung sind von einer Reihe von Faktoren abhängig. So muß die Verweilzeit der Temperatur über dem Schmelzpunkt so bemessen sein, daß eine vollständige Rekristallisation der meist vorherrschenden Zinnauflage mit bleireichen Einschlüssen zu einer homogenen Struktur möglich ist. Hierbei ist die Formierung intermetallischer Verbindungen, meist Cu_6Sn_5, von Wichtigkeit. Die Neuverteilung hängt von der Viskosität, der Oberflächenspannung, aber wesentlich auch von der Reinheit der Kupferoberflächen ab.

Donald A. Elliot und *Manfred E. Keck* referieren über Untersuchungen von Aufschmelzverfahren und geben anwendungsorientierte Problemlösungen an [3.84]. Die Autoren nennen eine Reihe von Problembereichen für unvollständiges Aufschmelzen:

1. die Menge der Zinn/Blei-Plattierung, die aufzuschmelzen ist,
2. die Zusammensetzung der Zinn/Blei-Plattierung,
3. die Plattierungsvariation über der Struktur,
4. die Feinleiter/Großflächenverteilung der Struktur,
5. die Wärmequelle,
6. die Durchlaufgeschwindigkeit.

Für die Variablen unter Punkt 5 und 6, die eigentlichen Aufschmelzvariablen, können entsprechend der spezifischen Schaltungsstruktur, optimierte Aufschmelzkurven ermittelt werden. Für die verbleibenden Variablen ist die Problemlösung komplex.

Für die konstruktive Gestaltung der Zwischenverbindungen und Leiter und die Steuerung der Prozeßparameter der Metallisierung sind folgende Problembereiche zu nennen:

1. Blockieren der Zwischenverbindung,
2. Eckenausprägung der Zwischenverbindung,
3. Reinheit der Flanke,
4. Profil der Flanke.

Blockieren der Zwischenverbindung. Die Blockierung der Zwischenverbindung durch Zinn/Blei-Zulauf während des Aufschmelzens, ist eine häufig zu beobachtende Erscheinung. Hierfür lassen sich drei Ursachen nennen. Die erste ist eine zu große Stärke der Zinn/Blei-Auflage. Es hat sich experimentell erwiesen, daß Zwischenverbindungsdurchmesser bis 0,5 mm bei Auflagen im Dickenbereich von 0,0075 mm bis 0,0125 mm nicht zulaufen und die Durchmesserverringerung annehmbar ist. Bei Zwischenverbindungen mit Durchmesser größer als 0,75 mm ist die zulässige

Plattierungsdicke 0,025 mm. Die zweite Ursache des Zusammenlaufens liegt in einer übermäßigen Unterätzung (Überhang). Dieses Problem ist gebunden an Feinleiterstrukturen, beispielsweise Zwischenverbindungen von 0,5 mm und Leiterbreiten von 0,25 mm. Bei einem solchen Feinleitersystem führt ein Zinn/Blei-Überhang von 0,050 mm zu einer Neuverteilung des Aufschmelzgutes in die Löcher. Die dritte Ursache ist in der Wahl der Aufschmelztemperatur und der Transportgeschwindigkeit zu suchen.

Eckenausprägung der Zwischenverbindung. Untersuchungen zeigten, daß die Aufschmelzungen im Übergangsbereich des Lötauges in den Zwischenverbindungszylinder über eine Länge von 0,025 mm eine minimale Dicke von 0,001 mm bis 0,0025 mm aufweisen. Derartige Dicken sind charakteristisch für vollständig aufgeschmolzene Plattierungen und werden immer dann in Erscheinung treten, wenn optimal verfahren wird. Es hat sich aber gezeigt, daß solche Minimaldicken die Kapillarwirkung beim Löten nicht beeinflussen.

Reinheit der Flanken. Zuverlässig läßt sich eine Flankenbedeckung mit Zinn/Blei nur erreichen, wenn sie vollständig von Plattierungs- und Ätzresten frei sind. Aus diesem Grund weisen Aufschmelzanlagen für die Reinigungsphase Beizbereiche auf.

Profil der Flanken. Die Ausbildung des Flankenprofils ist entscheidend für die Bedeckung. Man unterscheidet zwischen drei Profilarten, dem vertikalen oder neutralen, dem nach vorn schrägen oder positiven und dem nach hinten schrägen oder negativen Profil. Hinzu kommen konkave/konvexe-Ausprägungen. Nach hinten schräge oder negative Flanken machen die Bedeckung schwierig. Insbesondere ist das Aufschmelzen bildhaft strukturierter Leiterplatten (pattern plating) problematisch. Die hier auftretenden kavernenförmigen Überhänge mit negativen Flankenbereichen, sind nur sehr unvollkommen zu bedecken. Überhänge sind häufig gekennzeichnet durch den Einschluß von Resistspalten. Auch hier tritt das Problem der Bedeckung auf.
Aus Aufschmelzgründen sollte ein Überhang nicht größer als 0,025 mm betragen. Hiermit ist auch der Gefahr der Lochblockierung begegnet, Tafel 3.32.

Tafel 3.32: Zulässige Auflagendicke und maximaler Überhang für Aufschmelzverfahren

Zwischenverbindungs-ϕ $\leqq$ 0,5 mm	zulässige Auflagendicke 0,0075 mm bis 0,0125 mm
Zwischenverbindungs-ϕ $\geqq$ 0,75 mm	zulässige Auflagendicke 0,025 mm
empfohlener Überhang maximal	0,025 mm

3.3.7.2 Lotselektive Leiterstrukturen

Bei Leiterstrukturen der Digitalelektronik mit hoher Pakkungsdichte und extrem kleinen Leiterbreiten und Abständen (beispielsweise je 0,250 mm; üblich in Zinn- und Zinn/Blei-Metallisierung) besteht das Problem des brückenfreien Verbindungslötens. Eine Problemlösung erster Art kann die Anwendung des bekannten Verfahrens der Abdeckbeschichtung (Lötstopplackbeschichtung) sein. Eine Problempräzisierung zeigt aber, daß eine Leiterstruktur der angesprochenen Art nicht nur aus Feinleitern, sondern sehr häufig aus Grobleitern der Stromzuführung (3 mm bis 5 mm) und aus Schirmungsflächen besteht. Dies kann bei Abdeckbeschichtungen über zinnplattierten Leitern zu einem Wegschwemmen und Platzen der Schicht infolge Zinnaufschmelzung durch den Lötprozeß führen. Die Problemlösung zweiter Art muß demnach in der Anwendung einer Leitermetallisierung bestehen, die gegenüber der Löttemperatur und möglicherweise gegenüber Ätzprozessen resistent ist.
H. Nitsch berichtet über eine angepaßte Lösung mit selektiver Verzinnung und Lötstoppmaske [3.85]. Bei diesem Verfahren wird als Metallisierung Nickel verwandt. Die spezifischen Eigenschaften dieses Werkstoffes sind:

1. ein hoher Schmelzpunkt, 1452 °C,
2. Ätzresistenz bei Schichtdicken $\geqq 6\,\mu m$,
3. eine hohe mechanische Festigkeit, ca. $441\,\frac{N}{mm^2}$,
4. ein Elastizitätsmodul von $193 \cdot 10^3\,\frac{N}{mm^2}$.

Diese Eigenschaften geben den Zwischenverbindungshülsen eine solche Festigkeit, daß ein Reißen bei härtesten Löttemperaturschocks nicht auftritt. Weiterhin wird der Leiterüberhang so stabilisiert; daß ein Abbrechen verhindert wird.

Unter der Bezeichnung „Technik III-Leiterplatten mit Metallaufbau Cu-Ni-Cu-Sn" wird eine Verfahrensvariante beschrieben, die nach folgenden Schritten abläuft:

1. Bohren des kupferkaschierten Basismaterials (Kaschierungsdicke 0,035 mm, beidseitig),
2. Chemisch Verkupfern (Schichtdicke 0,005 mm bis 0,008 mm),
3. Fotodruck (1) des Leiterbildes,
4. Metallisieren mit Nickel (Auflagenstärke 0,008 ± 0,002 mm, Metallisierung aus Mattnickelbädern),

Die Verfahrensschritte 1 bis 4 sind in Bild 3.128 zusammenfassend dargestellt.

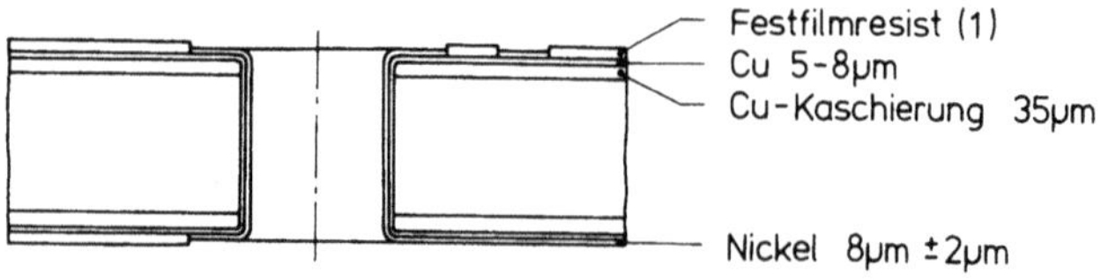

Bild 3.128 Lotselektive Leiterstrukturen in der Schichtungsfolge Cu-Ni-Cu-Pb/Sn-(Sn); Strukturdarstellung nach 4 Verfahrensschritten.

5. Strippen des Fotoresist (1),
6. Fotodruck (2) des Anschlußflächenbildes,
7. Verkupfern,
8. Selektivverzinnen,

Die Verfahrensschritte 5 bis 8 sind in Bild 3.129 zusammenfassend dargestellt.

9. Strippen des Fotoresist (2),
10. Ätzen,
11. Aufbringen der Lötstoppabdeckung und der aus gleichem Material bestehenden Isolationsabdeckung.

Bild 3.130 zeigt den endgültigen Strukturaufbau.

Eine weitere Verfahrensvariante weist einen Metallaufbau Cu-Ni-Sn/Pb auf. Hierzu sind die Untersuchungen der Haftfähigkeit und die Lötfähigkeit von Zinn/Blei auf Nickel interessant. Hinsichtlich des Lötverhaltens zeigt die Metallisierung vergleichbar gute Ergebnisse wie eine Kupfermetallisierung. Aufgrund von Diffusionsbetrachtungen und Haftfestigkeitsuntersuchungen kann gefolgert werden, daß eine einwandfreie Haftung gesichert ist.

3.4 Elementbestückung und Verbindung

Definitiv ist Elementbestückung jener Fertigungsvorgang, bei dem diskrete Bauelemente in die Leiterstruktur eingefügt werden. Einfügen umfaßt häufig auch ein Fixieren der Bauelemente an den Aufnahmeplätzen, wie beispielsweise in Bohrungen und Zwischenverbindungen.
Elementverbindung ist die elektrisch leitetende Verbindung der Bauelemente mit der Leiterstruktur. Bei gedruckten Schaltungen erfolgt die Elementverbindung durch Verbindungslöten.
Zwischen Elementbestückung und Elementverbindung besteht konstruktiv ein enger Wechselwirkungszusammenhang.
Unter diskreten Bauelementen sind nicht nur Widerstände, Spulen, Kondensatoren und Transistoren zu verstehen, sondern auch integrierte und hybridintegrierte Schaltungen, sofern sie in einer gehäusemäßigen Verpackung Einzelelemente darstellen. Diskret meint allerdings nicht nur sog. elektronische Bauelemente, sondern auch Elemente mit elektromechanischem Charakter, wie Mikroschalter und Steckerleisten.

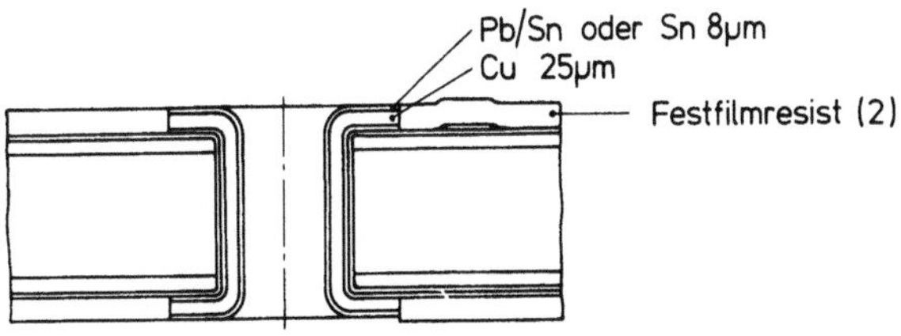

Bild 3.129 Lotselektive Leiterstrukturen; Strukturdarstellung nach 8 Verfahrensschritten.

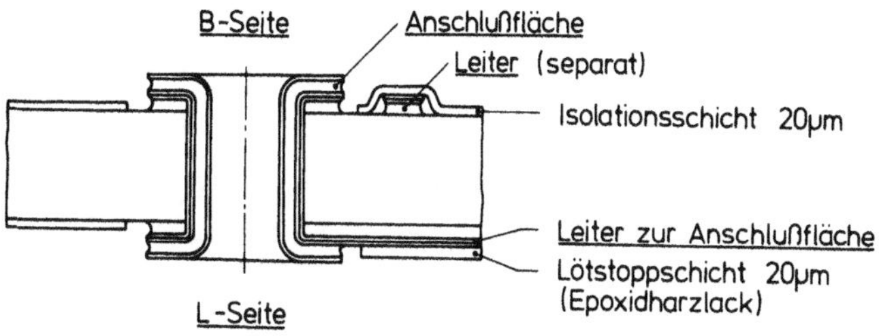

Bild 3.130 Lotselektive Leiterstrukturen; endgültiger Strukturaufbau (Technik III-AEG-Telefunken)

3.4.1 Grundzüge der Bestückung

Eine Analyse der Bauelemente, die der Bestückung dienen, führt nun auf eine solche Fülle an Formen, Abmessungen, Zuführungsleitern und Zuführungsprinzipien, daß die Problematik des Fertigungsgeschehens evident wird [3.86]. Einen Zugang zu der Problematik soll die folgende Bildserie 3.131 schaffen. Sie zeigt einen Ausschnitt aus dem weit gefächerten Bauelementeangebot eines Herstellers. Jedes Bild demonstriert eine zusammengehörige Bauelementegruppe. Die vielfältige Variation der Form, Abmessung, und Zuführung wird deutlich.
In der praktischen Anwendung haben sich drei Bestückungsmethoden herausgebildet:

1. manuelle Bestückung,
2. manuelle Bestückung mit programmierten Hilfsmitteln (teilautomatische Bestückung),
3. automatische Bestückung.

Ein Einblick in die Methoden gibt die Übersichtsdarstellung des Bildes 3.132. Hierin wird eine ausgeweitete Vorbereitungsphase deutlich, die für manuelle Verfahren in Ordnen, Schneiden, Biegen und Magazinieren besteht und sich bei automatischen Verfahren auf Entgurten, Ordnen und programmiertes Gurten erstreckt. *W. Göhs* und *R. Katz* geben einen dezidierten Einblick in die Vorbereitung der Bauelemente und die manuellen Bestückungsmethoden einschließlich ihrer Hilfsmittel [3.87].
Während anfänglich die automatische Bestückung nur zögernde Anwendung fand, ist in jüngster Zeit eine steigende Verbreitung zu beobachten, die nicht zuletzt auf die Erreichung besonderer Rationalisierungseffekte zurückzuführen ist. Allerdings bleibt die grundsätzliche Problematik automatischen Bestückens bestehen, nämlich eine für weite Schaltungsbereiche zur Zeit nicht lösbare Ordnungssystematik und eine dringend erforderliche Rationalisierung der Bauelemente. So ist die automatische Bestückung nach heutigem Kenntnisstand nur für bestimmte Elementgruppen möglich, so daß generell immer Mischbestückungen vorliegen.
Diese Tatsache gibt der teilautomatischen Bestückung ihre besondere Bedeutung. In Bild 3.133 wird ein Bestückungsteilautomat neuerer Entwicklung gezeigt, der über eine

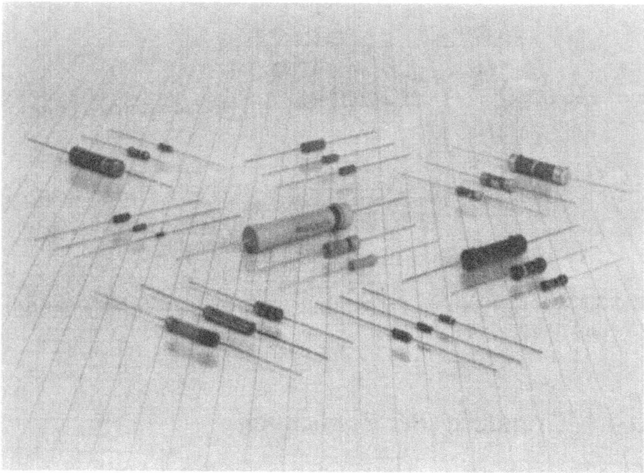

a)

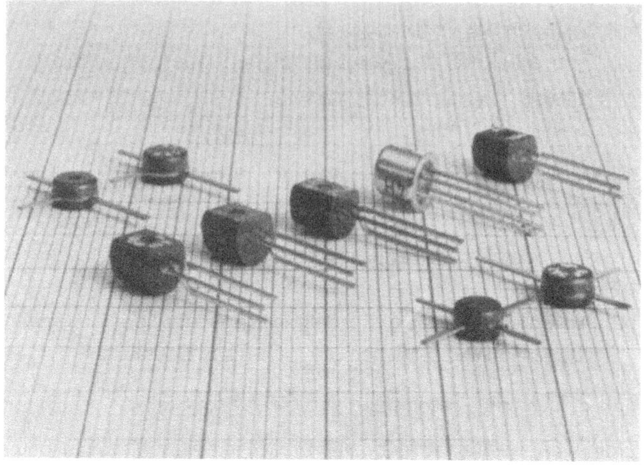

d)

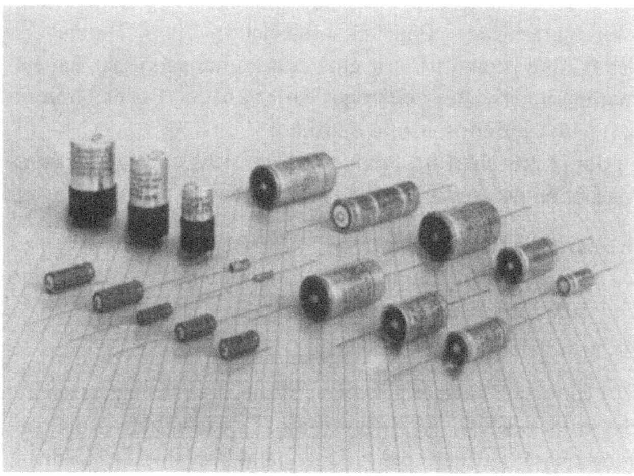

b)

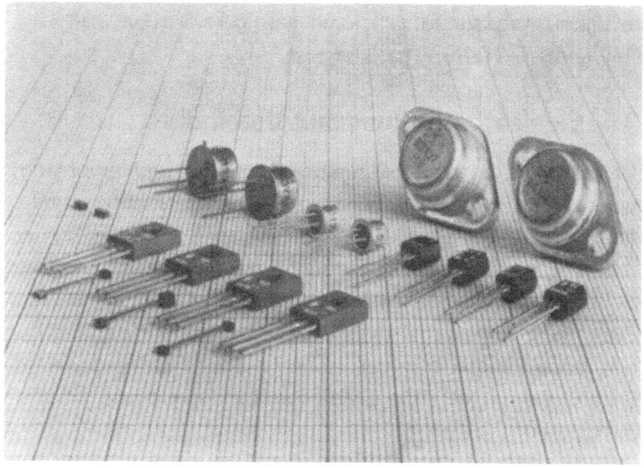

e)

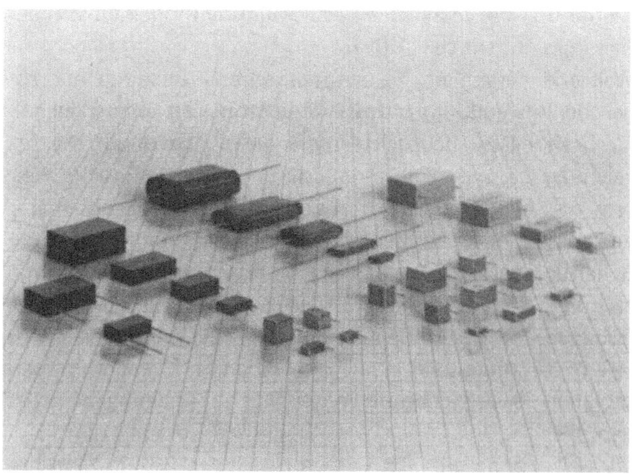

c)

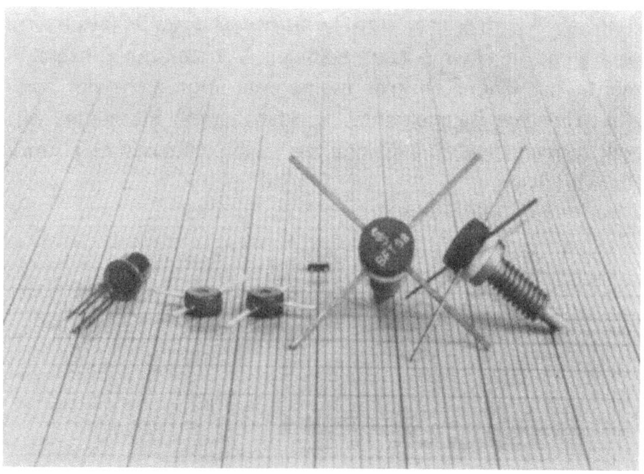

f)

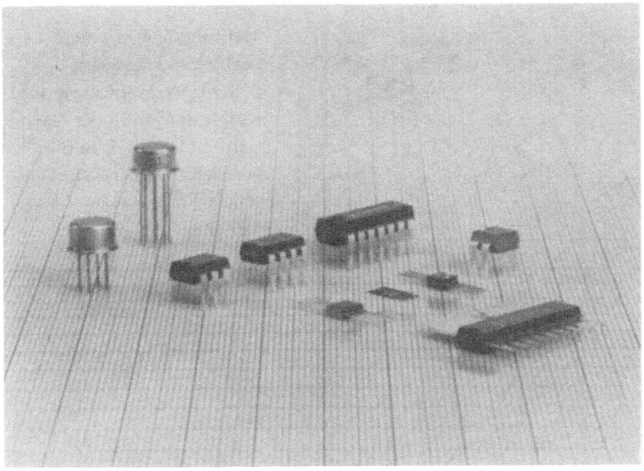
g)

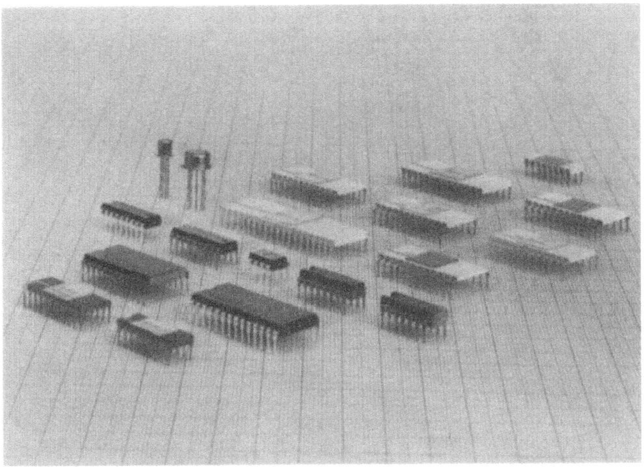
h)

i)

Bild 3.131 Ausschnitthafte Bildserie über Bestückungselemente; jede Darstellung demonstriert eine zusammengehörige Bauelementegruppe.

dynamische Lichtpunktanzeige hoher Positionierungsgenauigkeit (± 0,2 mm) die bandgespeicherte Bestückungsinformation abgibt. Es können 96 bzw. 144 verschiedene Bauelemente magaziniert werden. Auch extern untergebrachte Bauteile werden in den programmierten Bestükkungsablauf integriert. Die mittlere Bestückungszeit je Bauteil liegt bei 2,4 s. Bild 3.134 zeigt einen Ausschnitt mit Platinenhalter, Griffmulde und Anzeigeeinheit.
Das Beispiel dieses Halbautomaten ist kennzeichnend für die besondere ingenieurwissenschaftliche Herausforderung, die die Elementbestückung darstellt. Sie scheint erst dann vollständig lösbar, wenn Elementrationalisierungen erreicht und Ordnungssystematiken gefunden werden, in die sich vielfältige Schaltungskonzepte einpassen lassen. Dies dürfte für digitalelektronische Schaltungen gegenwärtig erreichbar sein; für analogelektronische Schaltungen zukünftig dann, wenn digitalelektronische Übertragungs- und Verarbeitungsprinzipien und entsprechende Elementintegration Verbreitung finden.

3.4.2 Beispielhafte Elementformen und Präparationen

In Bezug auf das Zuleitungssystem läßt sich zwischen axialen und radialen Anschlüssen bei zylinderförmigen und quasizylinderförmigen Bauelementen unterscheiden. Für alle weiteren Elemente ist die Bezeichnung uneinheitlich, meist jedoch durch den fremdsprachlichen Terminus "in line" belegt, wie beispielsweise:

in line (IL): System nebeneinanderliegender Anschlüsse einseitig,

dual in line (DIL): System nebeneinanderliegender Anschlüsse, zweiseitig,

multi in line (MIL): System nebeneinanderliegender und hintereinandergestaffelter Anschlüsse in verschiedenen Ebenen.

In-line-Formen sind weitgehend verbreitet. Typische Vertreter sind die dual-in-line-Gehäuse integrierter Schaltungen, aber auch die Plastikgehäuseformen moderner Transistoren. Bild 3.135 zeigt die Zylinderform eines Widerstandes mit axialem und radialem Zuleitungssystem und Bild 3.136 ein 16-poliges multi-in-line-Gehäuse eines Leistungs-IC mit Kühlflächenanschluß.
In Bezug auf die Lage der Bauelemente zur Leiterplattenoberfläche, kann man von einer quasistehenden und einer quasiliegenden Orientierung sprechen. In Bild 3.137 ist dies

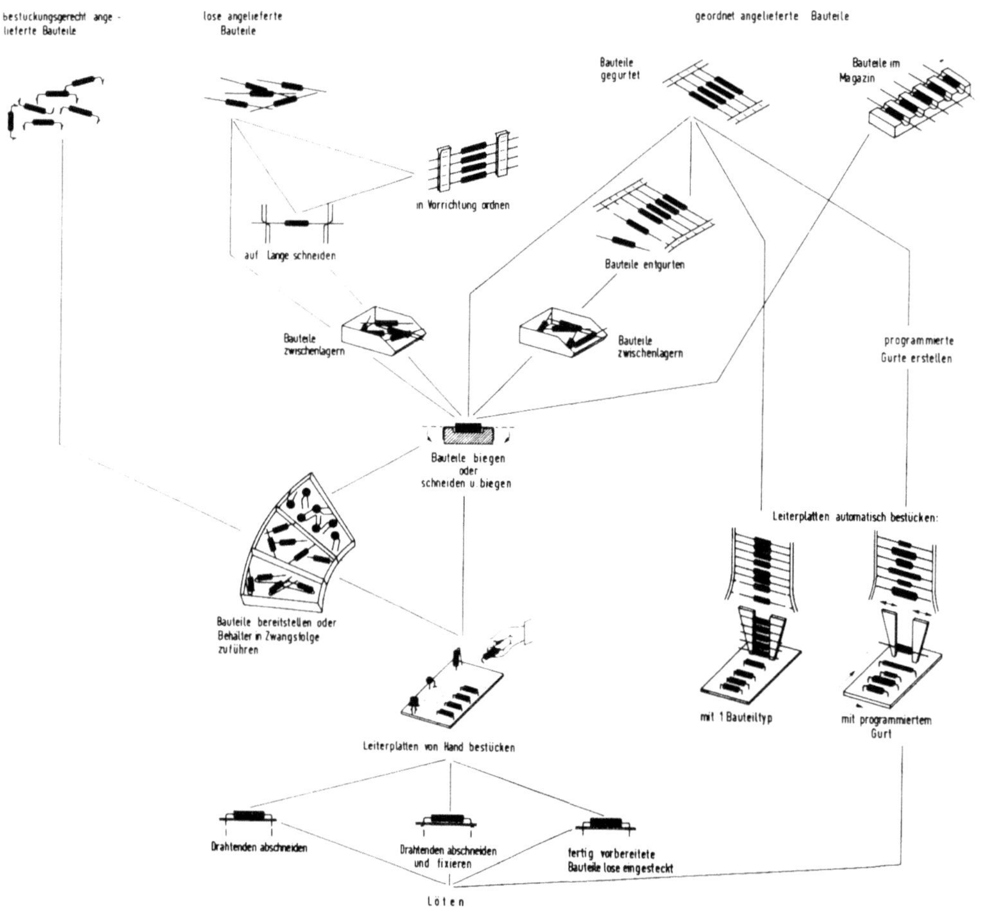

Bild 3.132 Methoden der Elementbestückung (aus Faas/Swozil, Verdrahtungen und Verbindungen in der Nachrichtentechnik, Bild 6-2, Akademische Verlagsgesellschaft Frankfurt am Main, 1974)

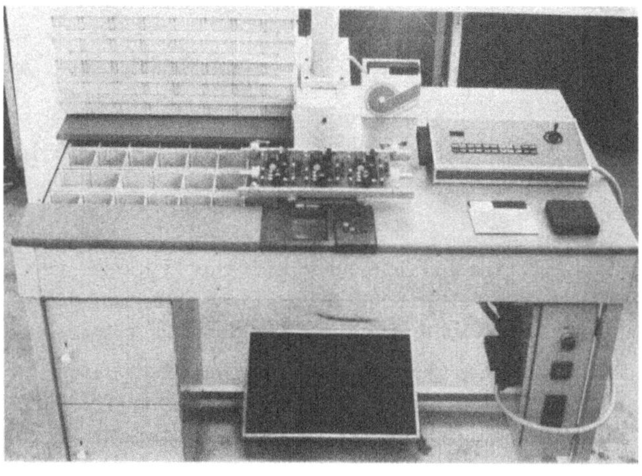

Bild 3.133 Anlage zur teilautomatischen Bestückung mit der Möglichkeit der Magazinierung von bis zu 144 verschiedenen Bauelementen.

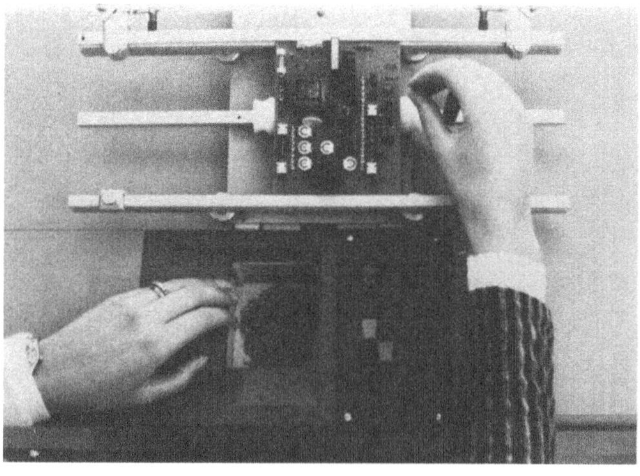

Bild 3.134 Ausschnitt des Teilautomaten mit Darstellung des Platinenhalters, der Griffmulde und der Anzeigeeinheit.

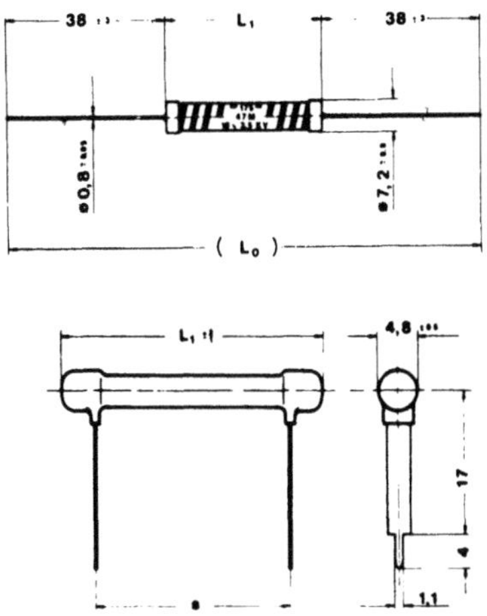

Bild 3.135 Zylinderform des Widerstandes mit axialem und radialem Zuleitungssystem.

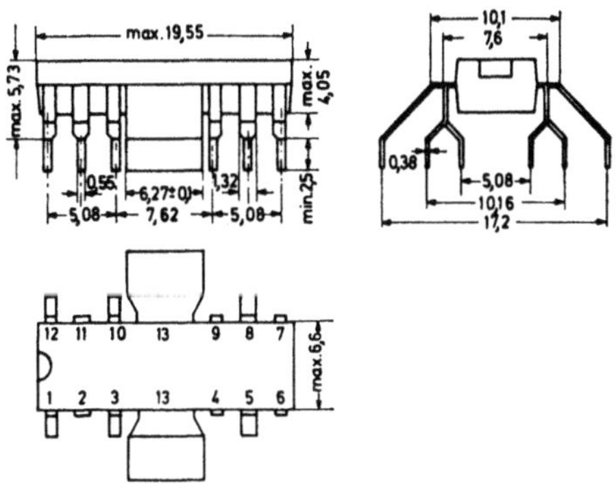

Bild 3.136 Leistungs-IC mit 16-poligem multi-in-line Gehäuse.

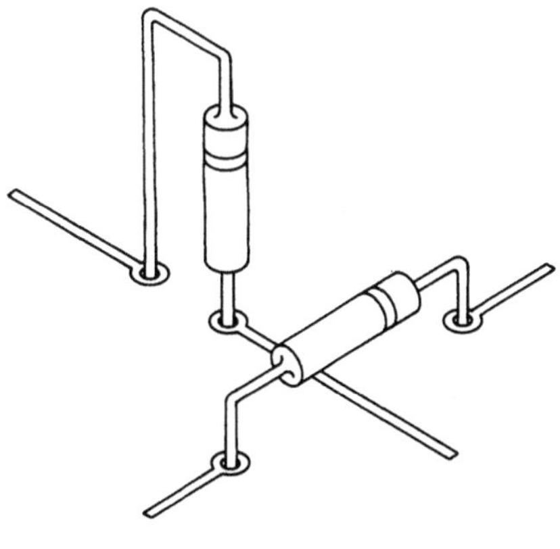

Bild 3.137 Zylinderförmiges Bauelement in quasistehender/quasiliegender Bestückungsorientierung.

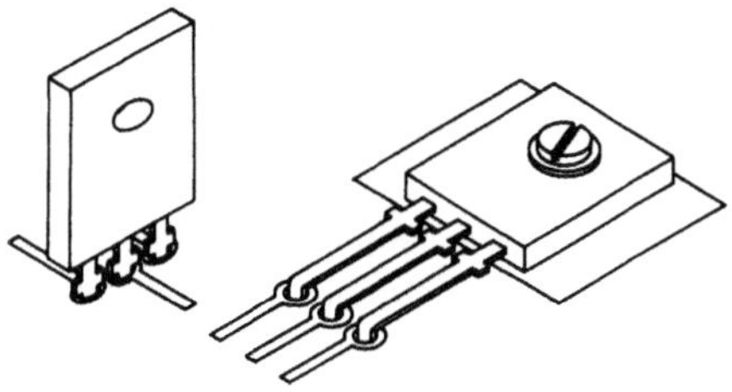

Bild 3.138 Bauelement mit in-line Gehäuse in quasistehender/quasiliegender Bestückungsorientierung.

beispielhaft demonstriert. Hierbei ist zu erkennen, daß das zylinderförmige Element mit axialen Anschlüssen in jedem Fall zur Bestückung gebogen werden muß und dadurch sowohl eine liegende und eine stehende Orientierung ermöglicht. Das zylinderförmige radiale Element erlaubt nur den liegenden Einbau. Bei in-line-Gehäusen trifft Vergleichbares zu. Die Orientierung ist entweder stehend oder liegend, oder sowohl stehend als auch liegend. In Bild 3.138 wird dies für einen Leistungstransistor gezeigt.

Die Biegepräparation ist vielfältig, je nach Notwendigkeit einer Fixierung des Bauelements in der Bohrung oder/und je nach Sicherstellung eines definierten Abstandes zur Leiterplattenoberfläche aus löttechnisch/thermischen Gründen.

Vor allem die Hersteller von Halbleiterbauelementen haben letzterem durch bestimmte Formgebungen des Anschlußsystems Rechnung getragen (siehe Bild 3.138). Auch das passive Bauelement hat vielfältige Präparationen erfahren, die ein dichtes und ortsfestes Bestücken ermöglichen. Die nachfolgenden Bilder geben eine Übersicht der angesprochenen Sachverhalte.

In Bild 3.139 sind passive Bauelemente (R, C) mit Biegepräparationen und Fixierprägungen dargestellt. Bild 3.140 zeigt Halbleiterelemente mit Abstandsstegen und Fixierausprägungen. Bild 3.141 stellt gebräuchliche IC-Gehäuse mit Abstands- und Fixierkeil dar; und schließlich zeigt Bild 3.142 Steckverbinder mit gebogenem Anschlußsystem.

Bei allen Biegepräparationen, insbesondere bei Abkantungen aus einer Axial- in eine Radialrichtung, sind die zulässigen Biegeradien und Abstände vom Gehäuse unbedingt einzuhalten. Das Abbiegen ist bei Glaskörpern (z.B. Glasdioden) besonders problematisch.

3.4.3 Ordnungsprinzipien und automatische Bestückung

Auf die vielfältigen Probleme, die sich bei der Verwirklichung automatischer Bestückung einstellen, wurde hingewiesen, auch auf den Problembereich einer notwendigen Ordnungssystematik. Es wurde ferner dargelegt, daß dies in unterschiedlichen Bereichen der Schaltungsentwicklung von unterschiedlichem Schwierigkeitsgrad ist.

Unter einem Ordnungsprinzip ist die Anordnung der Bauelemente nach einem System von Orientierungsachsen unter der Randbedingung der Elementform oder der Anschlußtopologie zu verstehen.
Für den Fall einer Anschlußtopologie in der Art einer Zweipunktplazierung (2 Lötaugen-Plazierung) zylinderförmiger axialgeknickter Anschlußsysteme, ergeben sich beispielhaft folgende Fälle; Bildserie 3.143a bis f.

Den Darstellungen liegt ein Ordnungsindex (n, m) ≙ (Orientierungsachsen, Elementform oder Topologie) zugrunde. Die Anzahl der Orientierungsachsen erstreckt sich von 1 bis n, die der Elementformen von 1 bis m. Hier ist Elementform gleichzusetzen mit dem die Anschlußtopologie bestimmenden Abbiegemaß der präparierten Bauelemente.
In Bild 3.143a existieren eine Orientierungsachse und eine Anschlußtopologie (n = 1, m = 1). Dementsprechend ist der

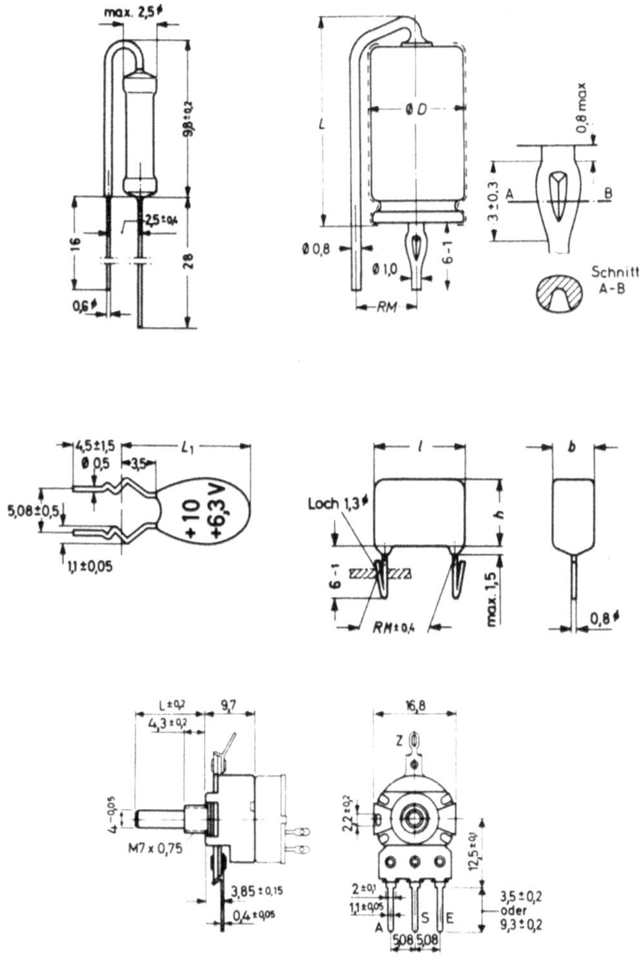

Bild 3.139 Passive Bauelemente mit Biegepräparationen und Fixierprägungen.

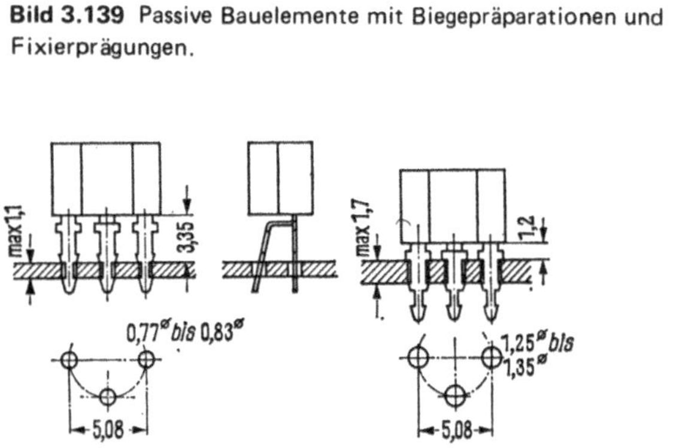

Bild 3.140 Halbleiterbauelemente mit Abstandsstegen und Fixierprägungen.

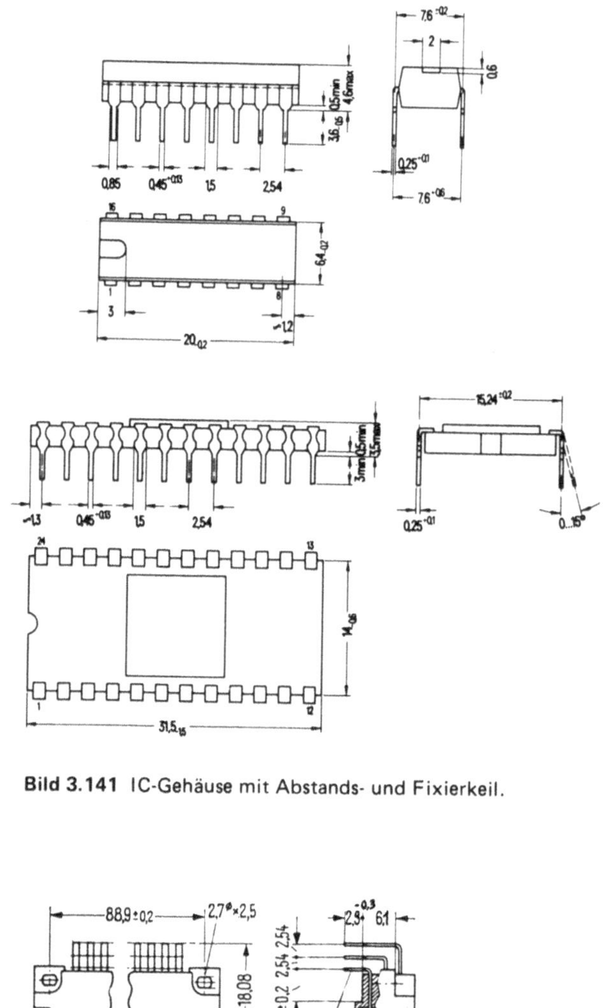

Bild 3.141 IC-Gehäuse mit Abstands- und Fixierkeil.

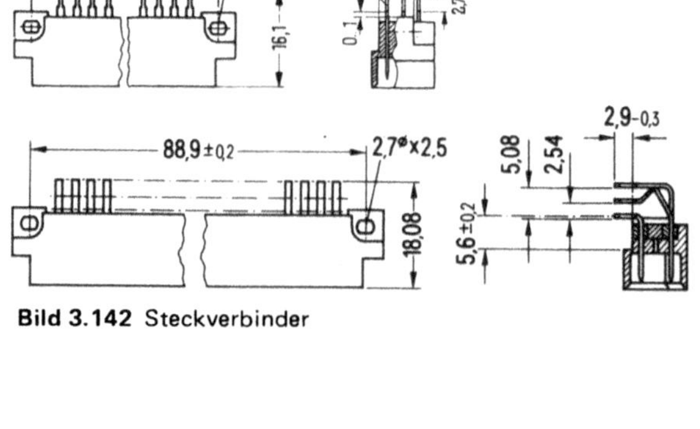

Bild 3.142 Steckverbinder

Bild 3.143 a)–f) Ordnungsprinzip für eine Anschlußtopologie in Form einer Zweipunktplazierung.

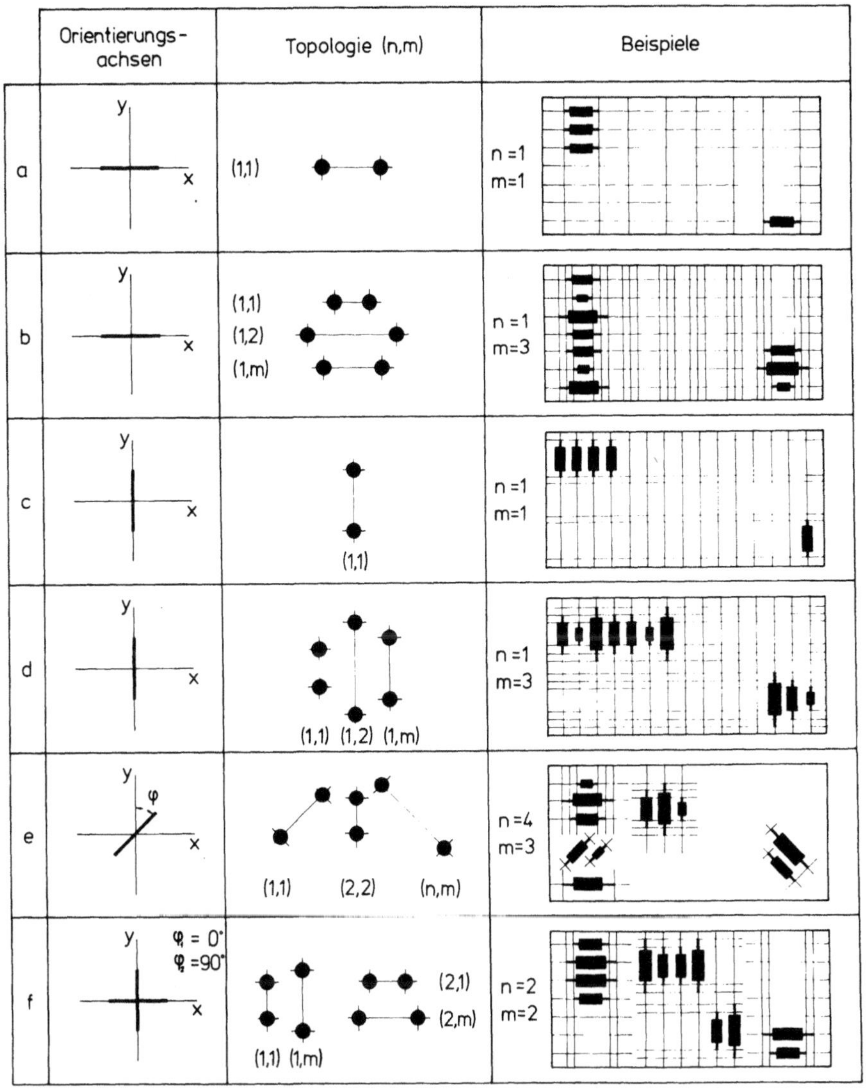

Bild 3.144 Bestückte Leiterplatte; Ordnungsindex n = 1; m = 1

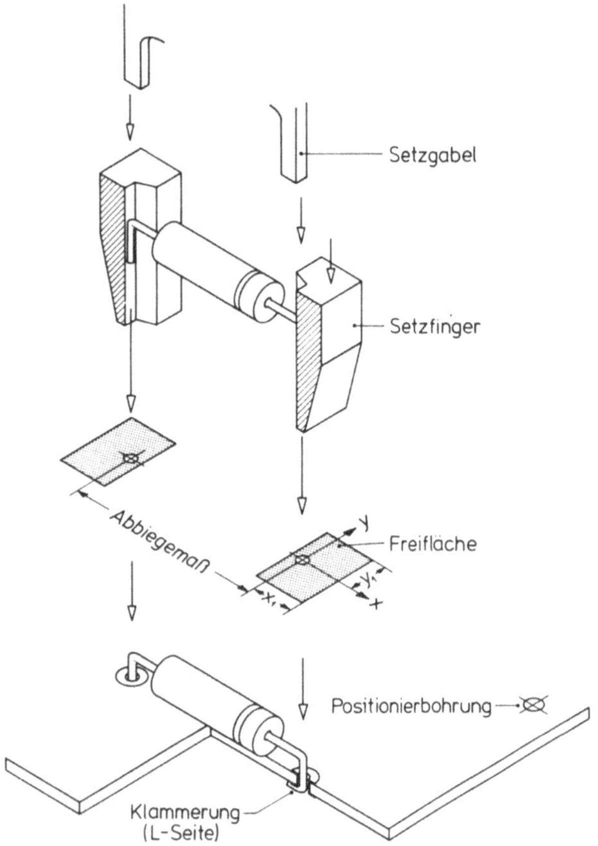

Bild 3.145 Funktionsprinzip der maschinellen Bestückung.

beispielhafte Bestückungsaufbau aus Elementen gleicher Form elementar und wird besonders bevorzugt. Der Aufbau des Bildes 3.143c ist bei gedrehter Orientierungsachse dem vorstehenden Beispiel vergleichbar. Diese für die Bestückung so günstigen Ordnungsprinzipien, sind nicht nur auf Elemente gleicher Form (Körperdicke und Körperlänge) beschränkt. Die heutigen automatischen Bestückungsmaschinen erlauben eine gleichbleibende Anschlußtopologie für Elemente mit weiter Längen- und Durchmesservariation. Dies wird in Bild 3.144 deutlich, das eine bestückte Leiterplatte des Ordnungsindex (1,1) mit vier unterschiedlichen Elementformen zeigt. In Bild 3.143b existieren eine Achse und m Topologien. Beispielhaft sind drei Topologien dargestellt. Auch dieser Bestückungsfall ist nach heutigem Erfahrungsstand durchaus annehmbar. Bild 3.143d ist Bild 3.143b vergleichbar. In Bild 3.143e schließlich wird der allgemeine Fall von n Orientierungsachsen und m Topologien beispielhaft für n = 4 und m = 3 dargestellt. Ein derartiges uneingeschränktes Prinzip ist zwar fertigungstechnisch erfüllbar, jedoch wirtschaftlich nach heutigem Kenntnisstand nicht realisierbar. Den Sonderfall des allgemeinen Prinzips nach Bild 3.143f, mit zwei Achsen und m Topologien je Achse, ist mit eingeschränkter Topologie je Achse annehmbar und auch verbreitet. Der dabei je Achse notwendige Fertigungsdurchlauf bedeutet selbstverständlich höheren Fertigungsaufwand.

Die konstruktive Gestaltung der Gesamttopologie erfordert die Berücksichtigung einer Reihe von Fertigungsmaßnahmen, die anhand des Bildes 3.145 prinzipiell demonstriert werden.

B- und L-seitiger Freiraum. Das Zuführungswerkzeug (Bestückungskopf), bestehend aus Setzfinger und Setzgabel, positioniert das Bauelement über den Bestückungslöchern. Über die Führungsnuten der Setzfinger führt die Setzgabel das Bauelement in die Bohrungen ein. Auf der Plattenrückseite (L-Seite) werden die Anschlußdrähte durch ein Schneide/Biege-Werkzeug auf Länge geschnitten und geklammert. Die Werkzeugdimensionen und -Funktionen erfordern in der Umgebung des Bestückungsloches je einen Freiraum, der durch ein Nachbarelement nicht besetzt werden darf. Dieser Freiraum läßt sich im wesentlichen durch die im Bild 3.145 ausgewiesene Freifläche mit den Kantenlängen x_1 und $2y_1$ beschreiben. Über die exakte Anwendung der Freifläche ist in [3.88] berichtet. Die absoluten Größen der Dimensionen x_1 und y_1 sind maschinenspezifisch und abhängig vom Drahtdurchmesser [3.89].

Positionierungsbohrungen. Bestückungsmaschinen erfordern exakt positionierte Bohrungen, durch die die Leiterplatten auf den Bestückungstischen mittels Fangstiften gehalten werden. Vergleichbar dem allgemeinen Bezugssystem für die konstruktive und fertigungstechnische Gestaltung, können diese Positionierungsbohrungen als Positionier- und Bezugsbohrungen eigenständig oder als reine Positionierbohrungen integrativ aufgefaßt werden. Der Durchmesser sollte bei $3\,^{+0{,}050}_{-0{,}000}$ mm liegen.

Im Falle von Anschlußtopologien integrierter Schaltungen in DIL-Gehäusen zeigt die Bildserie 3.146a bis d die Ordnungsmöglichkeiten. Zum Ordnungsindex ist hier erklärend einzufügen, daß ein geschlossenes Anschlußsystem (eine zusammengehörende Gruppe von Anschlußfahnen) eine einzige Topologie (m = 1) darstellt.

In Bild 3.146a existieren eine Orientierungsachse und eine Topologie (14 poliges DIL-Gehäuse). Beispelhaft dargestellt ist eine Leiterplatte mit m = 1, n = 1, also eine gleichförmige Bestückung. Bild 3.146c entspricht diesem Bild bei gedrehter Achse. In Bild 3.146b existieren eine Achse und allgemein m Topologien, die eingeschränkt, bei konstantem line-Abstand (7,62 mm oder 10,16 mm oder 15,24 mm) in m^* Topologien entarten. Beispielhaft dargestellt ist eine Leiterplattenbestückung mit n = 1, m = 3.

Die Darstellung des Bildes 3.146d ist bei gedrehter Orientierungsachse vergleichbar.

Diese vier Darstellungsformen demonstrieren den DIL-Bestückungsfall hinreichend, wobei die Fälle b und d, die Anwendung gemischt ungleichförmiger Gehäuse, als Son-

Bild 3.146 a)–d) Ordnungsprinzip für eine Anschlußtopologie in Form von DIL-Plazierungen.

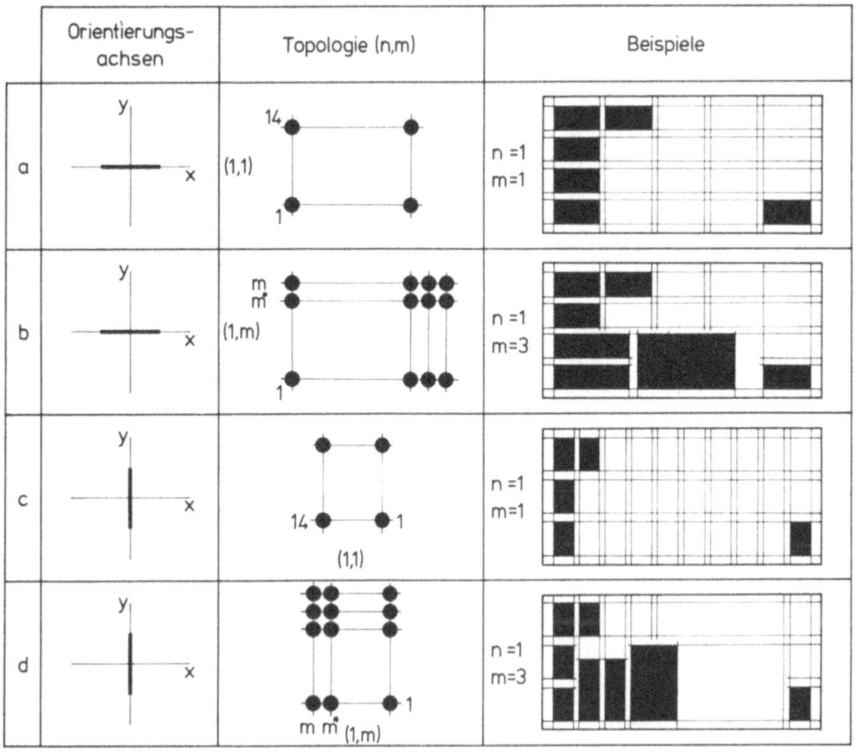

derfälle, beispielsweise Mikroprozessoranwendungen, anzusehen sind. Der allgemeine Anwendungsfall von n-Orientierungsachsen und m-Topologien ist wegen der Zuordnung zu einem Raster ausgeschlossen. Der hierin eingeschlossene, von *G. Büttner* publizierte Sonderfall eines um 45° geneigten Rasters [3.90] scheint keine Anwendung zu finden.

In Bezug auf die Bestückungsdichte erreicht man bei DIL-Gehäusen allgemein hohe Werte und bei Schaltungen mit einer einzigen Topologie (m = 1) nahezu Flächendeckung. Siehe hierzu Bild 3.147. In Gehäuselängsrichtung ist der Minimalabstand auf 2 X 2,54 mm Stiftabstand benachbarter Gehäuse und in Querrichtung auf den Rasterabstand 2,54 mm begrenzt.

Eine vergleichende Betrachtung zur Ordnungssystematik zylinderförmiger Bauelemente zeigt:

1. die starre Kopplung von Anschlußtopologie und Bauform,
2. die Begrenzung auf zwei Orientierungsachsen, die alternativ angewandt werden,
3. die hohe Flächendichte bei Verwendung gleichförmiger DIL-Gehäuse.

Bild 3.147 Optimale Flächendeckung bei DIL-Gehäusen und m = 1

Hier ist hinzuzufügen, daß DIL-Gehäuse konstruktiv wesentliche Merkmale einer möglichen Elementrationalisierung aufweisen, wie:

1. eine tolerierte Gehäuseform,
2. ein toleriertes, auf ein festes Raster bezogenes Zuleitungssystem,
3. keine Biegepräparation,
4. keine Zuleitungsschnitte,
5. einfache Magazinierung.

Wenn es gelingt, die Zahl der DIL-Gehäuseformen auf ein geringes Maß einzuschränken, so dürften die Rationalisierungschancen künftig bei diesen Elementformen liegen.

Die gegenwärtig konzipierten und angewandten Bestükkungsmaschinen mit automatischem Betriebsablauf sind rechnergesteuerte Anlagen mit der Bestückungsmöglichkeit für folgende Elemente:
Zylinderförmige Bauelemente mit axialem Anschlußsystem, quasizylinderförmige Bauelemente mit axialem Anschlußsystem, Bauelemente mit DIL-Gehäusen, Transistoren mit gurtfähigem Dreifach-Anschlußsystem, Stiftkörper (Wire-Wrap-Stifte, Lötstifte, Prüfstifte, etc.), spezifische Bauelemente großer Stückzahl.
Das Prozeßgeschehen läßt sich in folgende Stufen einteilen:

1. Ordnen der Elemente entsprechend der Bestückungsreihenfolge aus einem bereitgestellten Vorrat,
2. Präparation der Elemente vor der Bestückung (Schneiden, Biegen),
3. Positionierung der Leiterplatte (Leiterplatten) auf dem Bestückungstisch,
4. Bestücken der Leiterplatte (Leiterplatten),
5. Endpräparation der Elemente (Schneiden, Klammern).

Bei zylinderförmigen und quasizylinderförmigen Elementen erfolgt das Ordnen durch Auswählen und Umgurten mittels Sortiermaschinen, sog. Sequenzer. Bild 3.148 zeigt einen solchen Maschinentyp, der bis zu 95 Gurtstationen aufweisen kann, eine Leistung bis zu 18.000 Elemente je Stunde erbringt, eine vollautomatische Prüfung der Bauteilewahl vornimmt und zwei Bestückungsköpfe bestückt. Bild 3.149 zeigt eine Doppelkopfbestückungsmaschine mit einer Leistung von 2 X 8500 Bestückungen je Stunde. Die Positioniergeschwindigkeit liegt bei 20 m/min, die Positioniergenauigkeit beträgt ± 0,030 mm. Die Setzwerkzeuge werden fortlaufend auf ein programmiertes Abbiegemaß von 7,5 mm bis 33 mm eingestellt. Die Einsetztiefe ist entsprechend dem Körperdurchmesser programmiert einstellbar. Gegurtete Bauelemente mit einem Körperdurchmesser von 6,4 mm bzw. 9,0 mm, einer Körperlänge von maximal 25 mm und einem Drahtdurchmesser von 0,4 mm bis 1,0 mm sind verarbeitbar.

Bild 3.150 zeigt den Anlagetyp einer Bestückungsmaschine für DIL-Gehäuse mit Abbiegemaßen von 7,62 mm (3 X 2,54 mm) 10,16 mm (4 X 2,54 mm) und 15,24 mm (6 X 2,54

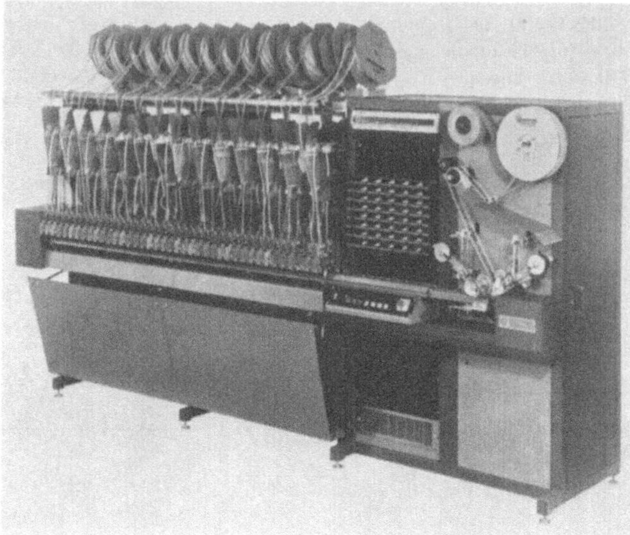

Bild 3.148 Sortiermaschine, sogn. Sequenzer.

Bild 3.149 Doppelkopfbestückungsmaschine

Bild 3.150 Bestückungsmaschine für DIL-Gehäuse

Werkstoffe	Kupfer	Grundwerkstoff der Leiterstruktur
	Zinn/Blei Gold	Metallisierungen des Grundwerkstoffes (Metallresiste)
	Gold Zinn	Metallisierungen der Anschlußsysteme der Bauelemente
Werkstoffdicken	ϕ ≧ 0,2mm d ≧ 0,02mm	Minimalabmessungen (löten relativ dünner Schichtdicken und Durchmesser)
Werkstückformen 1. Verbindungsformen		Flach/Rund-Form Flach/Flach-Form
		Zylinderspaltform
2. Plattierungsformen		Lotplattierung von Leitern
		Lotplattierung von reinen Zwischenverbindungen
Fertigungsmethoden	Kolbenlöten Tauchlöten Schwallöten	vorherrschende Fertigungsmethoden

Bild 3.151 Problembereich Verbindungslöten

Bild 3.152 Fertigungsstraße mit Schlepplötanlagen

mm). Die Leistung dieser Maschine liegt bei 2000 bis 3500 Bestückungen je Stunde. Die Rechnersteuerung erlaubt den freien Zugriff der Vorratsmagazine.

3.4.4 Grundzüge der Elementverbindung durch Weichlöten

Die Problemstellung der Elementverbindung bei gedruckten Schaltungen läßt sich anhand des Bildes 3.151 aufzeigen. Unterschiedliche Werkstoffpartner als Voll- oder Plattierungsmaterial sind durch Lötverfahren mit sog. Weichloten oder Weichlotlegierungen (Arbeitstemperatur $< 450\,^{\circ}C$) so miteinander metallisch zu verbinden, daß eine mechanisch feste, dauerhafte und elektrisch hinreichende Bindung des Anschlußsystems der Bauelemente mit der Leiterstruktur entsteht. Die Werkstoffdicken weisen darauf hin, daß bei gedruckten Schaltungen das Problem des Lötens relativ dünner Schichten und Durchmesser vorherrscht.

Bei den Werkstückformen muß man zwischen reinen Verbindungsformen und reinen Plattierungsformen unterscheiden. Bei den Verbindungsformen besteht die Aufgabe flache und runde Werkstücke flach zu verbinden. Diese Verbindungsform ist beispielsweise beim Anschluß von Flat-Pack-IC gegeben. Die weitaus häufigste Verbindungsform ist die Zylinderspaltform. Nahezu alle Bestückungselemente bilden derartige Verbindungsspaltformen in den Zwischenverbindungshülsen. Neben dem Verbindungslöten tritt das reine Lotplattieren von Leitern und unbestückten Zwischenverbindungen auf.

Die Problemstellung wird dadurch aktualisiert, daß komplexe gedruckte Schaltungen durchaus bis zu 10 000 Lötstellen aufweisen können.

An Fertigungsmethoden sind neben dem Kolbenlöten für kleine Stückzahlen und Laborfertigungen die automatisierten Verfahren des Schlepplötens (Tauchlöten) und des Wellenlötens (Schwallöten) gebräuchlich. Bild 3.152 zeigt eine moderne Schlepplötanlage für die Serienfertigung.

Der Lötprozeß. Das Prozeßgeschehen des Verbindungslötens besteht nun darin, daß die zu verbindenden Werkstücke mit Hilfe eines geschmolzenen Verbindungsmetalles, dem Lot, zu einer adhäsiven Haftung geführt werden. Dabei liegt die Schmelztemperatur des Lotes unterhalb der Schmelztemperatur der zu verbindenden Werkstoffpartner. Dieser

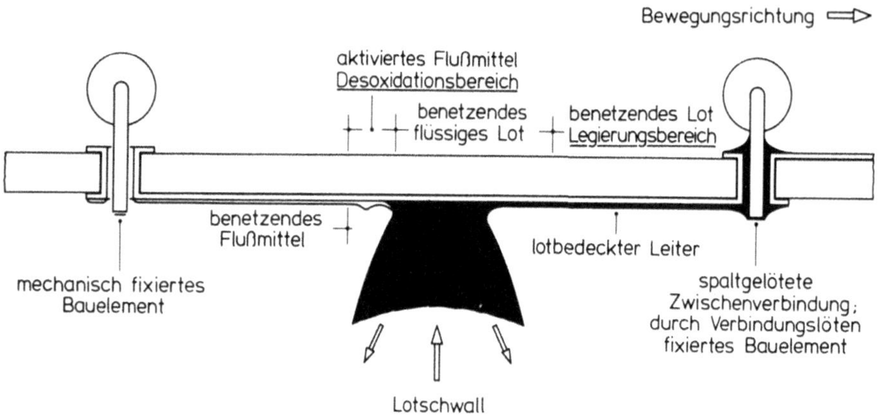

Bild 3.153
Prozeßgeschehen Löten (Schwallöten)

Tafel 3.33: Hauptlegierungsmetalle und Zusatzmetalle von Lotlegierungen

Hauptlegierungsmetalle	Symbol	Schmelztemperatur
Wismut	Bi	271 °C
Indium	In	155 °C
Blei	Pb	327 °C
Zinn	Sn	232 °C
Zink	Zn	419 °C
Zusatzmetalle		
Silber	Ag	960 °C
Gold	Au	1 063 °C
Kupfer	Cu	1 083 °C
Antimon	Sb	630 °C

Tafel 3.34: Legierungen der Sn/Pb-Familie

Legierungszusammensetzung in Masse – %		Liquidus-temperatur	Solidus-temperatur	Bezeichnung (Sn-Bezug)
Sn	Pb	°C	°C	
70	30	186	183	Sn 70 Pb
60	40	188	183	Sn 60 Pb
50	50	215	183	Sn 50 Pb
40	60	236	183	Sn 40 Pb

Vorgang wird entscheidend durch die Benetzbarkeit zwischen geschmolzenem Lot und festem Metall bestimmt.

Die Hauptlegierungsmetalle für Lotlegierungen und die Zusatzmetall sind mit Symbol und Schmelztemperatur in Tafel 3.33 aufgeführt.

Zinn/Blei-Legierungen sind die in der Leiterplattentechnik am häufigsten angewandten Lote. Sie sind nach DIN 1707 genormt. In Tafel 3.34 sind einige Legierungen dieser Familie aufgeführt.

Infolge hoher thermischer Anregung kommt es während des Lötprozesses zu Diffusionsvorgängen der Atome der Verbindungspartner an den Grenzschichten. Bei gedruckten Schaltungen ist der Diffusionsvorgang verbunden mit der Ausbildung intermetallischer Phasen.

Die für eine vollständige Verbindung notwendige Benetzbarkeit der Verbindungspartner wird durch Oxidhäute und adsorbierte Glasmoleküle an den Metalloberflächen behindert. Zum Entfernen der Oxidschichten werden die Oberflächen der Metalle mit chemischen Medien, den Flußmitteln, aktiviert, die die Oxidschichten aufbrechen und eliminieren.

Zur Demonstration des Prozesses diene Bild 3.153, das gleichzeitig ein Beispiel für die Schwallötmethode abgibt. Die Leiterplatte wird mit der L-Seite nach unten über einen Lotschwall oder eine Lotwelle in der angegebenen Bewegungsrichtung mit definierter Transportgeschwindigkeit bewegt. Die Kontaktzeit liegt hierbei vorzugsweise ≦ 5 s. Das bewegte Lot garantiert eine oxidfreie Lotoberfläche. Das meist ebenfalls in einem Schwallbad unter Luftbeimengung aufgebrachte Flußmittel hat die Oberflächen der Verbindungspartner benetzt und ist in einer Trockenstrecke in zweifacher Hinsicht für den Lötvorgang präpariert. Einmal sind die Lösungsmittel verdampft und zum anderen ist die Leiterstruktur vorgewärmt worden.

Das Lot benetzt die so vorbereiteten Oberflächen, beispielsweise die Leiter, und dringt durch Kapillareffekte in die Spalten der Zwischenverbindungshülsen, so daß auch auf der Plattenoberseite, der B-Seite, ein Verbindungskontakt gegeben ist.

Um eine einwandfreie Lötung zu erzielen, wird die Lottemperatur beim Standardlot Sn 60 Pb nach DIN 1707 beispielsweise auf 230 °C bis 270 °C gehalten. Üblich ist eine Einstellung auf eine Arbeitstemperatur von 240 °C ± 3 °C.

Den Funktionszusammenhang zwischen min./max.-Lötzeit und der Lötbadtemperatur des Schlepplötverfahrens zeigt Bild 3.154. Die Darstellung stammt aus einer EIPC-Publikation [3.91] und verdeutlicht in Kurve 1 die durchschnittliche und in Kurve 2 die optimale Lötfreudigkeit. Hierher ist die min./max.-Zeitbedingung ableitbar.

Diffusionsvorgänge, Verbindungsbildung. Über diesen Sachverhalt informieren die Quellen [3.92], [3.93], [3.94], [3.95], [3.96] und die dort weiter ausgewiesenen Hinweise.

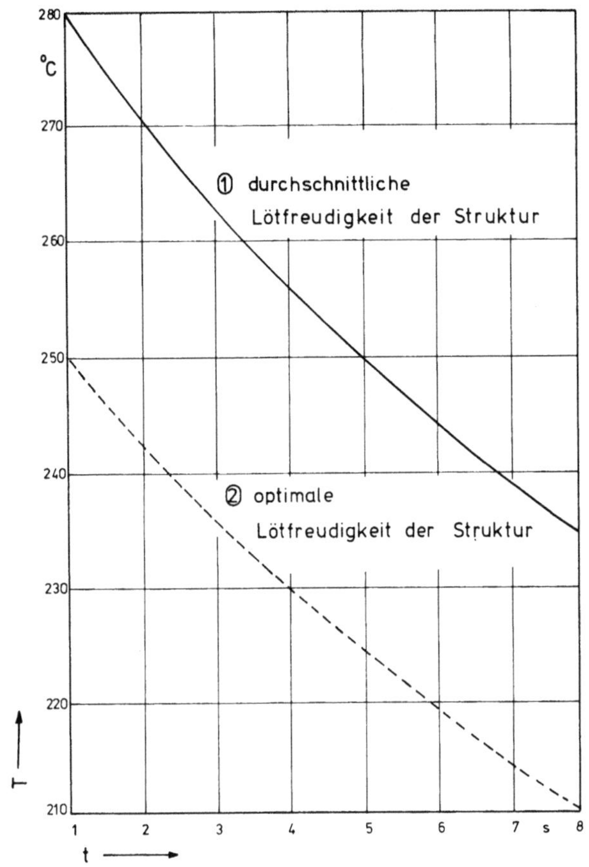

Bild 3.154 Funktionszusammenhang zwischen min./max.-Lötzeit und der Lötbadtemperatur des Schlepplötverfahrens.

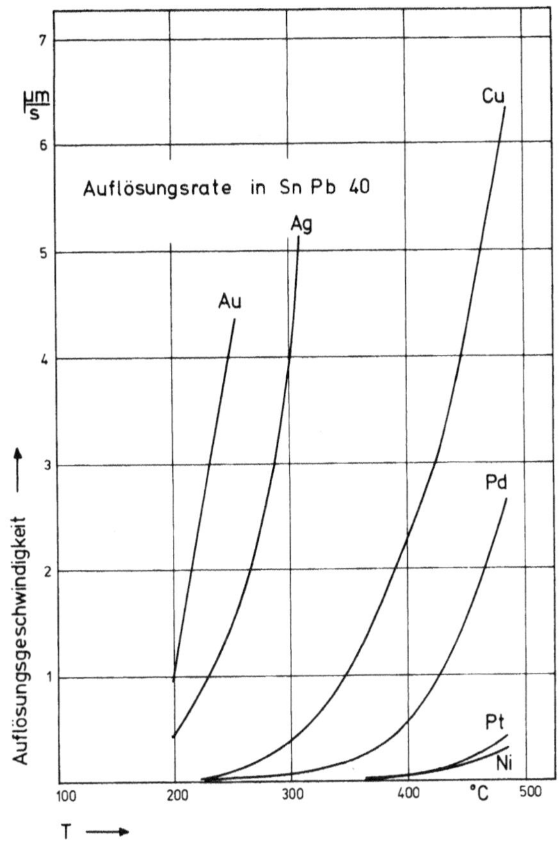

Bild 3.155 Lösungsverhalten verschiedener Metalle in SnPb 40.

Die infolge thermischer Anregung beim Lötprozeß ausgelösten Diffusionsvorgänge, sind wegen der Anwesenheit von Zinn in Weichloten und dessen Legierungsfreudigkeit mit anderen Metallen an diesen Werkstoff gebunden. In Bild 3.155 ist das Lösungsverhalten verschiedener Metalle in einer Lotlegierung Sn 40 Pb in Abhängigkeit von der Temperatur dargestellt. Deutlich wird das hohe Lösungsverhalten von Gold bei relativ niedrigen Temperaturen im Vergleich zu Kupfer und die außerordentlich geringe Diffusionsneigung von Nickel.

Neben der Legierungsbildung tritt eine Verbindungsbildung mit im wesentlichen zwei intermetallischen Phasen auf. Mit Kupfer entstehen die Phasen Cu_3Sn und Cu_6Sn_5 mit der Phase Cu_3Sn als dem Kupfer benachbart. Mit Gold entsteht mindestens die Phase $AuSn_4$. In diesem Zusammenhang sei auf die Darstellung des Bildes 4.30 verwiesen.

Für die Qualität einer Lötstelle entstehen folgende Fragen:

1. Haftfestigkeit Verbindungsschicht-Verbindungsmetall,
2. Haftfestigkeit Verbindungsschicht-Lot,
3. Duktilität der Verbindungsschicht,
4. Leitfähigkeit der Verbindungsschicht,
5. Lötfähigkeit der Verbindungsschicht,
6. Langzeitverhalten der Verbindungen.

Eine detaillierte Antwort auf diese Fragen geben die Quellen [3.93], [3.95]. Generell kann man feststellen, daß die Verbindungsschichten die Lötfähigkeit negativ beeinflussen. Dies ist besonders bei Goldplattierungen ausgeprägt.

Konstruktive Gestaltung der Lötstelle. Die Frage nach einer qualitativ hochwertigen Lötstelle ist nicht nur eine Prozeß- und Werkstoffrage, sondern berührt in gleichem Maße auch die konstruktive Gestaltung der Elemente einer Lötstelle und steht in einem Wirkungszusammenhang zu ihren elektrischen Eigenschaften. In Bild 3.156 wird diese Frage am Beispiel eines zylinderförmigen Anschlußsystems einer zylinderförmigen Zwischenverbindung deutlich. Bild 3.156a zeigt die Lötstelle bei zweiseitiger Struktur, idealer Lotbenetzung und Anwendung einer Lötstoppbeschichtung. Das Anschlußsystem ist bei dieser konstruktiven Auslegung ideal gebunden. In Bild 3.156b wird das gleiche Prinzip für eine einseitige Leiterstruktur angewandt. Hier liegt eine vollständige Zwischenverbindung vor, obwohl die B-Seite keine Leiter aufweist. Den Vorzug solcher Verfahrensweise zeigt Bild 3.156c. Die einseitige Struktur erlaubt nur eine vergleichsweise geringe Lotbenetzung des Anschlußsystems und stellt somit eine höhere Gefahr einer Fehlstelle dar.

a)
b)
c)

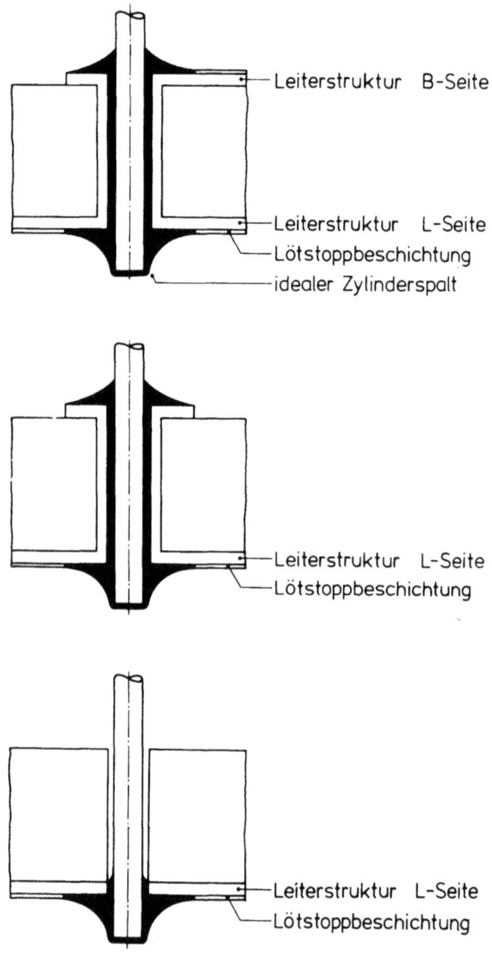

Bild 3.156 a)–c) Konstruktive Gestaltung der Lötstelle eines zylinderförmigen/quasizylinderförmigen Anschlußsystems

Anschlußflächen			Anwendungsbemerkungen
1		Quadratform	optimale Verbindungsfläche
2		Rechteckform	Anwendung bei dichten Leiterstrukturen
3		Rechteckform	Anwendung bei flatt packs
4		Kreisform	optimale Verbindungsfläche übliche Anwendung
5		Tropfenform	günstig bei großen Klammerlängen
6		Schnittformen d. Kreisfläche	Anwendung bei dichten Leiterstrukturen

Bild 3.157 Gestaltung der Anschlußflächen

Die Gestaltung der Anschlußflächen selbst ist Bild 3.157 entnehmbar. Neben den Optimalformen Quadrat- und Kreisfläche, gibt es gewisse Abwandlungen, die auf Gestaltungs- oder Fertigungsgründe zurückzuführen sind. Angeschnittene Formen sollte man meiden.
Die Anwendung von Lötstopplack zur selektiven Lötung ist uneinheitlich, ebenfalls die Vorstellung über dessen Notwendigkeit. Es gibt Gründe, die für die Anwendung sprechen wie:

1. Maske für selektive Lötung und damit gegen hohen Lotverbrauch,
2. Maske gegen Kriechströme, allgemein eine Isolationsmaske,
3. Maske zur Vermeidung von Lotbrücken,
4. Maske als Kontrollhilfe bei optischen Prüfvorgängen wegen erhöhter Übersichtlichkeit,
5. Maske als Korrosionsschutz.

Die Gründe, die gegen eine Anwendung angeführt werden sind im wesentlichen:

1. Verteuerung des Fertigungsprozesses durch Lötstoppmasken,
2. Verringerung des Leiterwiderstandes durch Lotauflagen.

In Bezug auf die elektrischen Eigenschaften einer Lötverbindung gibt Tafel 3.35 einen ersten Hinweis der spezifischen Leitfähigkeit von Lotlegierungen [3.97].
Auf dieser Basis lassen sich theoretische Widerstandsbetrachtungen der Lötverbindungen anstellen, die allerdings den Einfluß von Legierungszonen und intermetallischen Phasen nicht erfassen und von idealisierten Spalt- und Flachformen ausgehen.
Das Verhältnis des spezifischen Widerstandes von Lot- zu Leitermaterial ist in Bild 3.158 über dem spezifischen Widerstand verschiedener Lotlegierungen aufgetragen. Wählt man eine Rund/Flach-Verbindungsform nach Bild 3.159, so entspricht das Flächenverhältnis von Lotfläche und Querschnittsfläche des Anschlußsystems diesem Widerstandsverhältnis nach den folgenden Beziehungen:

mit

$$R_{Lot} \equiv R_{Leiter}$$

wird:

$$\rho_{Lot} \frac{\Delta l}{A_{Lot}} = \rho_{Leiter} \frac{\Delta l}{A_{Leiter}}$$

$$\frac{\rho_{Lot}}{\rho_{Leiter}} = \frac{A_{Lot}}{A_{Leiter}} = \frac{L\, D_{Leiter}}{\pi/4\, (D_{Leiter})^2}$$

$$L = \frac{\pi}{4} D_{Leiter} \frac{\rho_{Lot}}{\rho_{Leiter}}$$

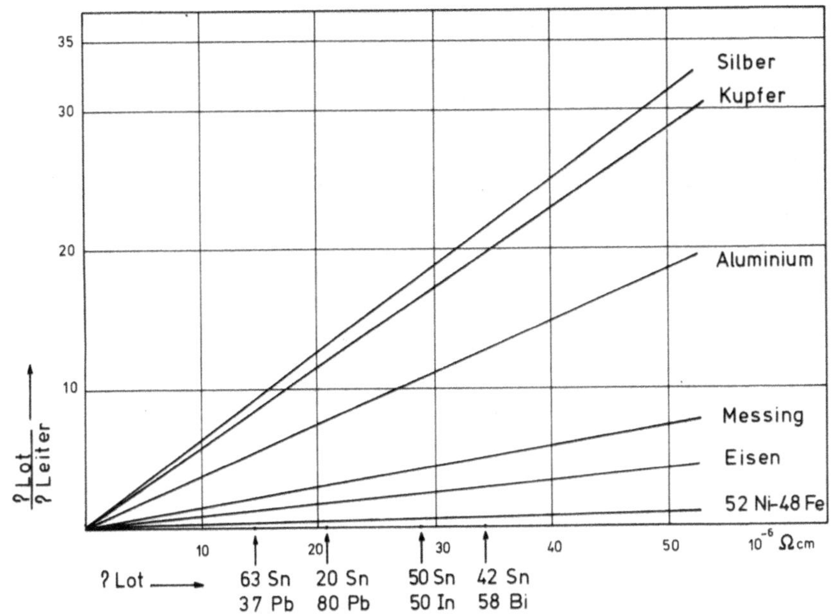

Bild 3.158
Funktionsverhalten ρ_{Lot}/ρ_{Leiter} in Abhängigkeit vom spezifischen Widerstand des Verbindungswerkstoffs.

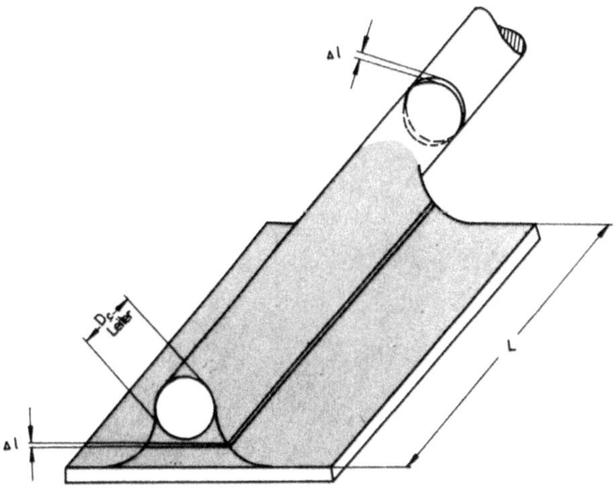

Bild 3.159 Rund/Flach-Verbindungsform der Beispielberechnung.

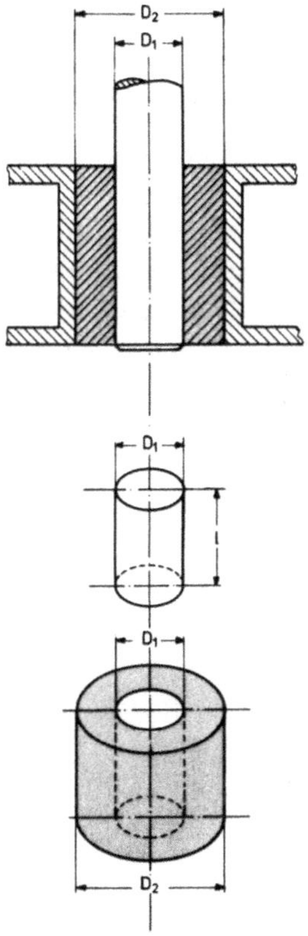

Bild 3.160 Lotzylinder, Anschlußsystem und Zwischenverbindung; idealisierte Formen für die Beispielberechnung.

Tafel 3.35: Spezifische Leitfähigkeit von Lotlegierungen

Lotlegierung Zinn/Blei	spezifische Leitfähigkeit in % von Kupfer
25/75	9,4
30/70	9,8
35/65	10,1
40/60	10,5
45/55	10,8
50/50	11,3
55/45	11,6
60/40	12,0
63/37	12,5

Tafel 3.36: Verbindungslänge L unterschiedlicher Durchmesser der Anschlußsysteme für den Fall $R_{Lot} \equiv R_{Leiter}$

Lotlegierung Sn/Pb	$\frac{\rho_{Lot}}{\rho_{Leiter}}$	$\frac{D_{Leiter}}{mm}$	$\frac{L}{mm}$
60/40	8,25	0,6	3,89
		0,8	5,18
		1,0	6,48
20/80	11,75	0,6	5,54
		0,8	7,38
		1,0	9,22

L ist die Verbindungslänge für den Fall gleicher Widerstände R_{Lot} und R_{Leiter}. Hieraus läßt sich ein Schätzkriterium für die Verbindungslänge L gewinnen. In Tafel 3.36 sind die Ergebnisse für zwei Lotlegierungen und unterschiedliche Drahtdurchmesser des Anschlußsystems aufgeführt.

Von weiterem Interesse ist der Widerstandswert des Lotzylinders für den idealistischen Fall nach Bild 3.160 und unterschiedliche Durchmesser des Anschlußsystems im Vergleich zum Widerstand des eingeschlossenen Anschlußleiters. Tafel 3.37 listet die Ergebnisse auf.

Es wird aus der Tafel erkenntlich, daß bei sehr engen Verbindungsspalten der Widerstand des Lotzylinders in die Größe des Widerstandes des umschlossenen Leiterstücks kommt oder darüber liegt.

Verbindungsprüfung, Qualitätssicherung. Die Qualität des Verbindungslötens und der Lotplattierungen werden optisch und mit elektronischen Prüfprogrammen kontrolliert. Die optische Überprüfung ist fast durchgehend verbreitet. Sie setzt jedoch eine besondere Erfahrung und Vertrautheit mit fehlerhaften Verbindungs- und Plattierungsbildern voraus. Zur Einübung sind die Darstellungen der Publikationen [3.98], [3.99], [3.100] zu empfehlen, wobei insbesondere auf das IPC Assembley-And-Joining-Handbook verwiesen wird.

Tafel 3.37: Widerstand des Lotzylinders für variierte Durchmesser des Anschlußsystems im Vergleich zum umschlossenen Leiterwiderstand

$\frac{l}{mm}$	$\frac{D_1}{mm}$	$\frac{R_{Leiter}}{10^{-4}\Omega}$	$\frac{D_2}{mm}$	$\frac{R_{Lot}}{10^{-4}\Omega}$
1,6	0,6	8,24	0,8	10,6
			1,2	2,75
			1,6	1,35
			2,6	0,46
	0,8	4,64	1	8,24
			1,4	2,25
			1,8	1,14
			2,8	0,41
	1,0	2,97	1,2	6,75
			1,6	1,9
			2	0,99
			3	0,37

4 Gestaltungsparameter der Druckvorlagen

4.1 Normen, Standards, Empfehlungen

Ein umfangreiches internationales Vorschriftenwerk beschäftigt sich mit den Gestaltungsfragen gedruckter Schaltungen. Wegen des engen Wechselwirkungszusammenhangs zwischen Konstruktion und technologischem Prozeßgeschehen, sind Normen, Standards und Empfehlungen nicht nur in einzelnen Entwicklungsbereichen wirksam. Hierher ist es gerechtfertigt, die Gestaltungsparameter der Druckvorlagen sowohl unter dem Aspekt der Konstruktion, wie auch unter dem des technologischen Prozesses oder des Fertigungsprozesses zu betrachten.

Das deutsche Normenwerk nach DIN stützt sich im wesentlichen auf folgende Normen:

DIN 1707 Weichlote für Schwermetalle; Zusammensetzung Verwendung. Technische Lieferbedingungen.
7184 Form- und Lagetoleranzen; Begriffe Zeichnungseintragungen. (Blatt 1).
7735 Bestimmung für die Schichtpreßstofferzeugnisse Hartpapier, Hartgewebe, Hartmatte.
8511 Flußmittel zum Löten metallischer Werkstoffe. Flußmittel zum Weichlöten von Schwermetallen.
40045 Richtlinien für die Bildung von klimatischen Prüfklassen elektrischer Bauelemente der Nachrichtentechnik.
40046 Klimatische und mechanische Prüfung für elektrische Bauelemente und Geräte der Nachrichtentechnik. (Blatt 1–14).
40801 Gedruckte Schaltungen, Grundlagen, Raster. (Blatt 1).
40801 Gedruckte Schaltungen; Grundlagen, Löcher, Nenndicken. (Blatt 2).
40802 Metallkaschiertes Basismaterial für gedruckte Schaltungen; Prüfung. (Teil 1).
40802 Metallkaschiertes Basismaterial für gedruckte Schaltungen; Typen. (Teil 2).
40802 Dünne metallkaschierte Schichtstoffe zum Aufbau von Mehrlagen-Leiterplatten: Typen, Anforderungen, Entwurf. (Teil 3).
40802 Metallkaschierte Basismaterialien für gedruckte Schaltungen; Ergänzungen, Entwurf. (Blatt 10).
40803 Gedruckte Schaltungen; Leiterplatten, Allgemeine Anforderungen und Prüfungen. (Blatt 1).
40803 Gedruckte Schaltungen; Leiterplatten; Unterlagen. (Blatt 2).
40803 Gedruckte Schaltungen; Leiterplatten; Allgemeine Anforderungen und Prüfungen, Toleranztabellen. (Blatt 1 Beiblatt).
40803 Gedruckte Schaltungen; Leiterplatten; Allgemeine Anforderungen und Prüfungen, Entwurf. (Teil 101).
40804 Gedruckte Schaltungen; Begriffe.
41099 Prüfung der Abmessung von elektrischen Bauelementen; Länge von Bauelementen mit axialen Drahtanschlüssen. (Blatt 1).
41099 Prüfung der Abmessung von elektrischen Bauelementen; Außendurchmesser von zylindrischen Bauelementen. (Blatt 2).
41099 Prüfung der Abmessung von elektrischen Bauelementen; Höhe von Bauelementen mit zwei einseitig herausgeführten Drahtanschlüssen. (Blatt 3).
41099 Prüfung der Abmessungen von elektrischen Bauelementen. (Blatt 4).
41494 Leiterplatten; Maße. (Blatt 2).
41640 Meß- und Prüfverfahren für elektrisch-mechanische Bauelemente. Entwurf.
53481 Prüfung von Isolierstoffen. (Blatt 2).

Das amerikanische Normenwerk basiert vornehmlich auf dem Vorschriftenwerk der MIL-Standards und auf Empfehlungen des Institute of Printed Circuits (IPC). Ferner auf Spezifikationen und Standards des American National Stantdards Institute (ANSI) und der International Electrotechnical Commission (IEC). Daneben existieren Herstellervereinbarungen von US-Firmen.
Das letztere ist in der Form von Herstellerspezifikationen auch in Europa verbreitet. Die anfänglich fehlenden landeseigenen Normen führten frühzeitig zu firmengebundenen Vorschriftensystemen, die bei größeren Herstellern von gedruckten Schaltungen immer in Klassifikationskatalogen münden, die die gesamte technologische Bandbreite des Herstellbaren wiedergeben. Auf europäischer Ebene arbeitet das European Institute of Printed Circuits (EIPC) an Empfehlungen.

4.1.1 Konstruktiver Einflußbereich

4.1.1.1 Das Raster

DIN 40801 definiert Raster als ein rechtwinkliges Netz aus gedachten Linien gleichen Abstandes zur Festlegung der Lage der Verbindungen auf einer Leiterplatte. Verbindungen sollen auf dem Kreuzungspunkt der Rasterlinien liegen. Dagegen ist die Leitungsführung unabhängig vom Raster. Siehe hierzu auch die Betrachtungen des Abschnitts 3.1.1.
Als Rastermaß wird der Abstand zweier benachbarter Rasterlinien bezeichnet. Tafel 4.1 gibt die Rastermaße wieder. Die Rastermaße 2,54 oder 0,635 sind umgerechnet Zollrastermaße. In IEC-Publikationen werden die unterteilten Rastermaße 0,625 und 0,635 als Sekundärrastermaße bezeichnet. Eine weitere Unterteilung ist nicht zulässig. Sind weitere feinere Unterteilungen notwendig, so sind die Rastermaße 0,5 oder 0,1 oder falls erforderlich $\frac{1}{10} \cdot 0{,}1$ zu wählen.

Tafel 4.1: Rastermaße in mm

2,50	0,625	0,5	0,1
2,54	0,635		

4.1.1.2 Referenzsysteme

DIN 40803, Blatt 1 legt fest, daß auf der Leiterplattenzeichnung zwei senkrecht aufeinanderstehende Bezugslinien zu kennzeichnen sind, auf die sich das gesamte Lochbild der Struktur beziehen soll (Bezugssystem). Die Lage des

Bezugssystems ist nicht näher fixiert. Sie kann grundsätzlich in der Struktur, an deren Rand oder außerhalb liegen. Die Lagetoleranz T_m der Lochachsen wird nach DIN 7184 festgelegt. Im Sinne der Darstellung des Bildes 3.12 muß die Lochachse innerhalb eines Zylinders mit dem Durchmesser 2 T_m liegen, dessen Achse sich am geometrisch idealen Ort befindet. Bild 4.1 stellt den Sachverhalt grafisch dar.
Tafel 4.2 führt die Toleranzklassen der Lagetoleranz T_m auf.
Die Lage des Strukturbildes zum Bezugssystem wird wegen der relevanteren Versatzgröße Loch/Anschlußfläche meist nicht toleriert. Für besondere Anforderungen sollen folgende zulässigen Abweichungen angewendet werden, Tafel 4.3.

Tafel 4.2: Toleranzklassen der Lagetoleranz T_m

Toleranzklasse	Lagetoleranz T_m bei Abstand zwischen Bezugslinie und Nennlage Loch	
	≦ 150 mm	≧ 150 mm
grob	0,2 mm	0,4 mm
mittel	0,1 mm	0,2 mm
fein	0,05 mm	0,01 mm

Tafel 4.3: Toleranzklassen der Strukturbildabweichung

Toleranzklasse	Abweichung des Bildes von der Bezugslinie
grob I	± 0,25 mm
grob II	± 0,2 mm
mittel	± 0,1 mm
fein	± 0,05 mm

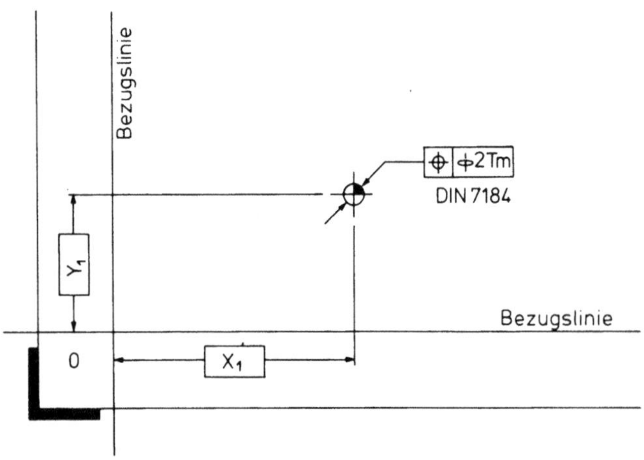

Bild 4.1 Bezugssystem nach DIN 40803 und Festlegung der Lagetoleranz nach DIN 7184

Ein Referenzsystem geht nun in seiner Anwendungsbedeutung über den Rahmen des Bezugssystems hinaus. Es verbindet ein normales Bezugssystem mit einem Positionierungssystem für die Druckwerkzeugpositionierung zweiseitiger Strukturen, einem Reduktionsmaßstab für reprografische Arbeiten nach DIN 40803, einem Testsystem für Strukturtests und fotografische Tests. Dabei benutzt das Referenzsystem eine Reihe unterschiedlicher Referenzzeichen (Passerzeichen).
Ein an der FH-Dortmund entwickeltes Referenzsystem [4.1] zeigt Bild 4.2. Zugrunde liegt ein System orthogonaler Bezugsachsen, die quasi einen Konstruktionsquadranten aufspannen. Hier wurde aus zweckmäßigen Gründen der 4. Quadrant gewählt. Die Achsen entsprechen zwei ausgewählten Rasterlinien eines Präzisionsrasters. Der Ursprung des Systems ist durch ein besonderes Passerzeichen markiert. Die Achsen sind durch stärkere Auszugslinien angedeutet. Es sei noch einmal hervorgehoben, daß die Grundlage des Referenzsystems ein Präzisionsraster als geometrisch ideale Strukturvorlage darstellt. Im Verlauf der Bezugsachsen, diagonal zum Strukturbild, befinden sich zwei Passer, die der Positionierung dienen (Positionierungspasser als Fadenkreuz). An diesen geometrischen Orten werden die Druckwerkzeuge präzise gestanzt und können über Fangstifte mit dem Basismaterial hochgenau positioniert werden. Das Basismaterial hat hierzu an gleichen geometrischen Orten Aufnahmebohrungen. Die endgültige Verbindung der Druckwerkzeuge mit dem Basismaterial erfolgt über Klebestreifen an den dafür vorgesehenen (schwarzen) Perforationsflächen. Auf einer Mittenachse zur Bildstruktur befinden sich zwei Passer, die den Reduktionsbereich fixieren. Die Zeichen sind modifizierte Fadenkreuze mit Pfeilzuordnung des gewünschten Reduktionsmaßes (Einstellmaßes) in 1 : 1. Am oberen Bildrand des Zeichnungsblattes befinden sich zwei Passer, die sog. Übernahmepasser, für die beabsichtigte Verbindung eines Strukturmakros mit dem jeweiligen Leiterbild. Hierbei wird eine positiv/negativ-Dekkung von Fadenkreuzen vorgenommen. Der endgültigen Verbindung dienen wieder die Perforationsflächen. Am unteren Bildrand erscheint das Testfeld für Strukturtests. Ein Testzeichen für den fotografischen Test (Fotopasser) ist nicht aufgeführt. Zweckmäßig würde man solche an den Ekken des Referenzsystems und im Bereich des Zentrums anbringen.

4.1.1.3 Strukturmakros

Unter einem Strukturmakro versteht man die Druckvorlage einer wiederkehrenden Struktur. Dies kann beispielsweise das Strukturbild aller Anschlußflächen von DIL-Gehäusen auf einer Europakarte sein, die wiederkehrend angewandt wird. In einem solchen Fall ist es zweckmäßig die Druckvorlage des Anschlußflächenbildes vorzufabrizieren und in Form von Tochtervorlagen für die Konstruktion des Leiter-

Bild 4.2
Referenzsystem
FH-Dortmund

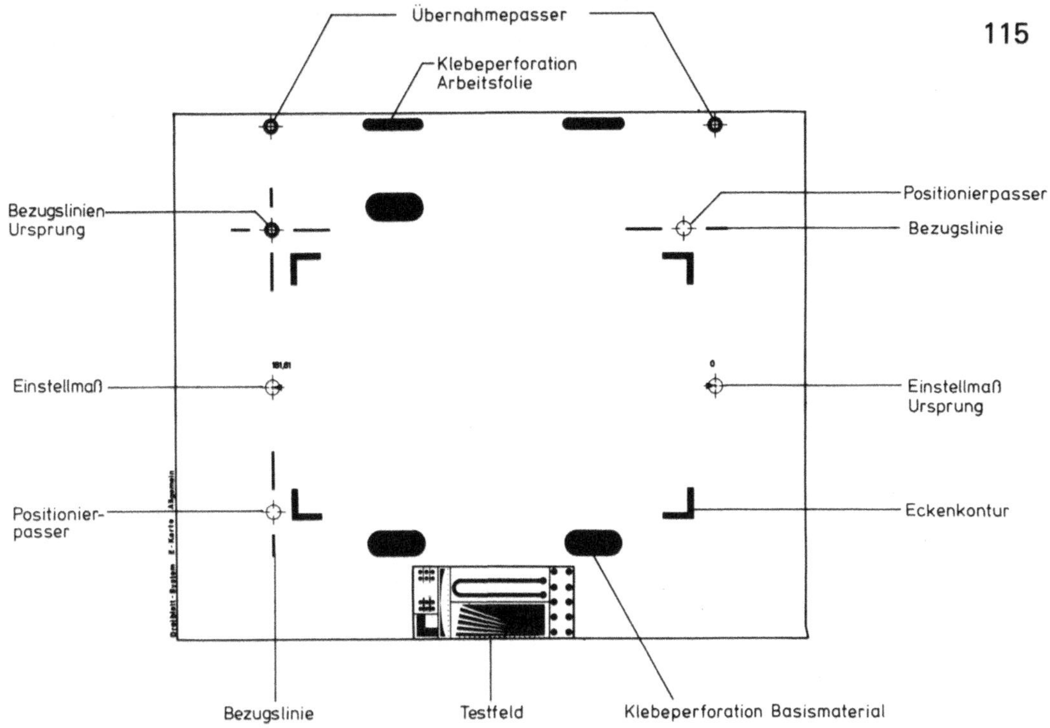

bildes verfügbar zu halten. In den Bildern 4.3 und 4.4 werden Strukturmakros für digitalelektronische Anwendungen gezeigt, die neben den Anschlußflächen der DIL-Gehäuse auch die der Stecker aufweisen. Ferner sind die Eckenkonturzeichen und das vollständige Referenzsystem aufgeführt. Das Strukturmakro des Bildes 4.3 ist für ein Taschenpositioniersystem entwickelt.

4.1.2 Fertigungstechnischer Einflußbereich

4.1.2.1 Vorschriften nach DIN

Basis der Betrachtung ist DIN 40803, Blatt 1, Beiblatt. Zur Verdeutlichung der Normensymbolik diene Bild 4.5. Tafel 4.4 führt die Toleranzklassen auf. Man erkennt, daß die Norm gewisse Freiräume der Strukturgestaltung läßt (Buchstabe E und H). Hier müssen Herstellerspezifikationen die endgültige Festlegung treffen. Zu Ziffer (1) ist anzumerken, daß die Toleranzangabe abweichend zur IEC-Empfehlung erfolgt, und daß die in die Nennmaßbereiche fallenden Lochdurchmesser nach DIN 40803, Blatt 1, die Werte der Tafel 4.5 annehmen dürfen.
Zu Ziffer (2) ist zu ergänzen, daß in der angegebenen Beziehung gilt:

- d_{min} Kleinstmaß des metallisierten Loches. Dieses Kleinstmaß muß dem Kleinstmaß des nichtmetallisierten Loches entsprechen (A min).
- ΔS Dickenunterschied zwischen Größt- und Kleinstmaß der Metallisierung des Loches.
- Δh Unterschied zwischen Größt- und Kleinstmaß des Loches vor dem Metallisieren.

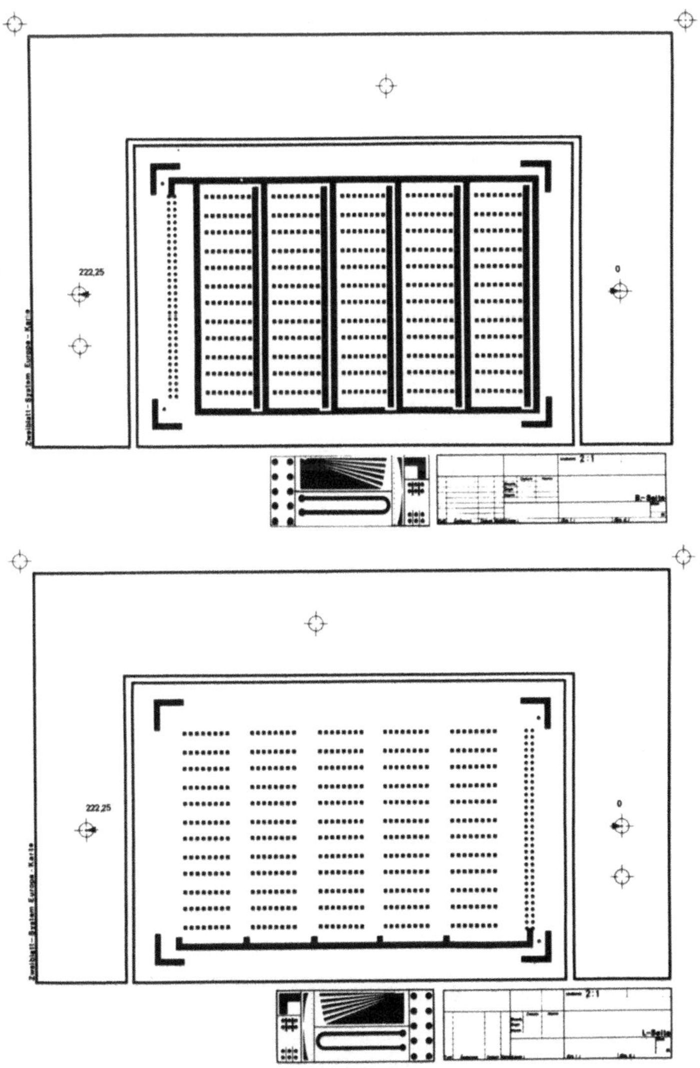

Bild 4.3 Strukturmakro für ein Taschenpositioniersystem; Makro für digitalelektronische Anwendungen

Tafel 4.4: Toleranzklassen nach DIN 40803

Kennbuchstabe der Zeichnung	Kennzeichnung des Nennmaßes	Bereich des Nennmaßes mm	zulässige Abweichung in mm Klasse fein	Klasse mittel	Klasse grob	Bemerkung
A	Lochdurchmesser nichtmetallisiert	≦ 0,8	± 0,05			
		≧ 0,8	+ 0,1 (1) 0			
d_{max}	Lochdurchmesser metallisiert (Größtmaß)		$d_{max} = d_{min} + 2\Delta S + \Delta h$ (2)			
C	Abstand Lochachse/ Bezugslinie	≦ 150	0,05	0,1	0,2	
		> 150	0,1	0,2	0,4	
D	Lochabstand	≦ 150	± 0,07	± 0,14	± 0,28	
		> 150	± 0,14	± 0,28	± 0,56	
	Lochabstand (bes. Anforderung)		± 0,05	± 0,1		
E	Versatz Loch/Anschlußfläche					ist jeweils festzulegen
F	Lage Bild/Bezugssystem		± 0,05	± 0,1	grob II: ± 0,2 grob I: ± 0,25	
G	Leiterbreite metallisch verstärkt		± 0,1	+ 0,2 − 0,13	+ 0,4 − 0,2	
	Leiterbreite nicht metalisch verstärkt		+ 0,05 − 0,1	+ 0,1 − 0,13	+ 0,15 − 0,25	
G_1	Verminderung der Leiterbreite bei Beschädigung (maximal)		20 %	30 %		
H	Leiterabstand metallisch verstärkt		kann aus den Abweichungen unter G ermittelt werden			ist jeweils festzulegen
	Leiterabstand nicht metallisch verstärkt					
I	Lagegenauigkeit der Bilder zueinander		kann aus den Abweichungen unter F ermittelt werden			ist jeweils festzulegen Kennbuchstabe nicht festgelegt

Tafel 4.5: Nennmaße für Lochdurchmesser

Lochdurchmesser mm								
0,4	0,5	0,6	0,8	0,9	1,0	1,3	1,6	2,0

Unter Beachtung des Erfahrungswertes der Dickenabweichung der Metallisierung von + 100 % vereinfacht sich die Beziehung.

Der Kennbuchstabe I ist in der Norm nicht festgelegt.

Es sei noch vermerkt, daß die hier aufgeführten Normungen selbstverständlich ihre Wechselwirkung im konstruktiven Bereich zeigen.

4.1.2.2 US-Standards und Empfehlungen

Bei der Fülle der Abmessungen der Anschlußsysteme der Bauelemente, kommt eine entscheidende Frage der Bohrungsnormung zu, damit die Zahl notwendiger Bohrungen bei komplexen Strukturen auf 3–5 begrenzt bleibt. Auf der Basis von 0,070 mm dickem metallkaschiertem Basismaterial und einer Blei/Zinn-Metallisierung von 0,025 mm, ist nachfolgender Katalog empfohlener Bohrungen und Anschlußflächen erarbeitet, Tafel 4.6 und 4.7.

Zur Bestimmung des minimalen Anschlußflächendurchmessers TA_{min} wird die Beziehung angegeben:

$$TA_{min} = H_{max} + HL\ Tol. + FL\ Tol. + |-W\ Tol.| + 2\ AR_{min}$$

mit:

H_{max}	maximaler Bohrungsdurchmesser
HL Tol.	Bohrungs-Positionstoleranz
FL Tol.	Bild-Positionstoleranz
|–W Tol.|	Betrag der Minustoleranz der Leiterbreite
AR_{min}	minimale Anschlußflächenringbreite.

Eine zusammenfassende Klassifizierung für Material und Prozeßgeschehen führt die Tafel 4.8 auf. Zur Verdeutlichung der Kennzeichensymbole diene Bild 4.6.

Anmerkungen zu Tafel 4.8

(1) Die Dickentoleranz bezieht sich auf kupferkaschiertes glasfaserverstärktes Basismaterial.

(2) Die Anzahl der Leiterebenen sollte im Hinblick auf die Schaltungsfunktion und die Herstellbarkeit getroffen werden.

(3) Leiterdicke und Leiterbreite sollten von der Strombelastbarkeit her getroffen werden. Andere Kriterien der Dimensionsbestimmung sind der Wellenwiderstand, die Leitungsdämpfung, die Umwelteinflüsse und die Herstellbarkeit.

(4) Die Breiten- und Abstandstoleranzen repräsentieren ein typisches Prozeßgeschehen. Bei speziellen Toleranzforderungen sind spezielle Prozeßparameter erforderlich. Die Toleranzangaben basieren auf einer Kupferkaschierung von t = 70 µm. Für eine Kaschierungsstärke von t = 35 µm kann mit einer Toleranzreduktion von 0,001 (0,025 mm) je Leiterkante gerechnet werden.

(5) Der minimale Leiterabstand wird durch die Spannungsfestigkeit in Variation zur Abdeckung und durch Kopplungsparameter bestimmt.

(6) Die aufgeführten Toleranzen gelten für Basismaterialstärken bis einschließlich 0,0625 (1,59 mm). Für Materialstärken über diese Dicke hinaus ist jeweils ± 0,001 (± 0,025 mm) hinzuzufügen.

(7) Die Toleranzen beziehen sich auf die fertigen Lochdurchmesser nach der Strukturierung.

(8) Die Toleranzen gelten für Lochdurchmesser die nicht kleiner sind als 1/3 der Basismaterialdicke. Für Verhältnisse von Lochdurchmesser/Materialdicke von > 1/3 sind ± 0,001 (± 0,025 mm) und > 1/4 ± 0,002 (± 0,050 mm) hinzuzufügen.

(9) Diese Angaben sind als Bezugswerte zu interpretieren.

(10) Die Toleranzen beziehen sich auf ein angewandtes Referenzsystem.

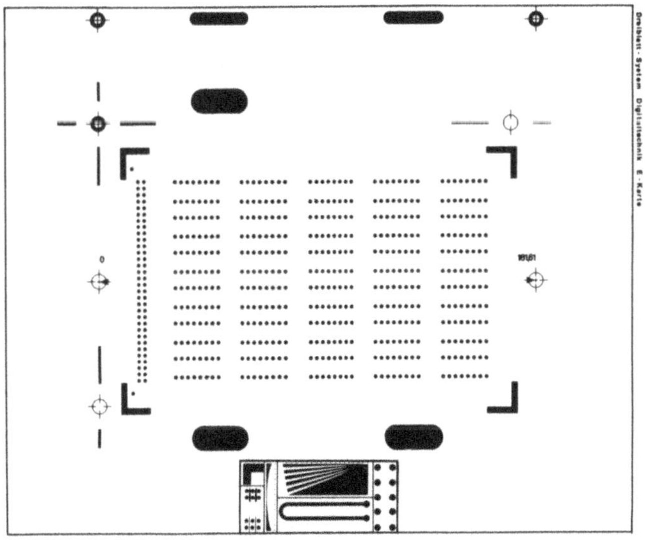

Bild 4.4 Strukturmakro für digitalelektronische Anwendungen

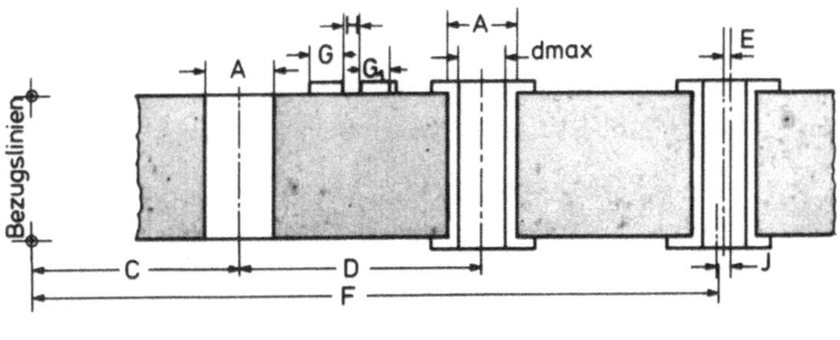

Bild 4.5
Bildinterpretation der Normensymbolik nach DIN 40803

Tafel 4.6: Empfohlene Anschlußflächen für nicht durchkontaktierte Bohrungen (Löcher)

Anschlußsystem Durchmesser		empfohlene Bohrung				Durchmesser der Anschlußflächen					
		Durchmesser		zulässige Abweichung		bevorzugter ϕ		Standard-ϕ		minimaler ϕ	
inch.	mm	inch.	mm	inch.	mm	inch.	mm	inch.	mm	inch.	mm
0,0063 0,0071 0,0080 0,0089 0,0100 0,0113	0,160 0,180 0,203 0,226 0,254 0,297	0,0145	0,368	± 0,003	± 0,076	0,085	2,16	0,075	1,91	0,0625	1,59
0,0126 0,0142 0,0159 0,0179 0,0201 0,0226	0,320 0,361 0,404 0,455 0,511 0,574	0,026	0,66	± 0,003	± 0,076	0,100	2,54	0,085	2,16	0,075	1,91
0,0253 0,0258 0,0320	0,634 0,724 0,813	0,036	0,92	± 0,004	± 0,102	0,109	2,77	0,093	2,36	0,085	2,16
0,0359 0,0403 0,0453	0,912 1,024 1,151	0,052	1,32	± 0,004	± 0,102	0,125	3,18	0,109	2,77	0,100	2,54
0,0508 0,0571	1,290 1,450	0,0625	1,59	± 0,004	± 0,102	0,140	3,56	0,125	3,18	0,109	2,77

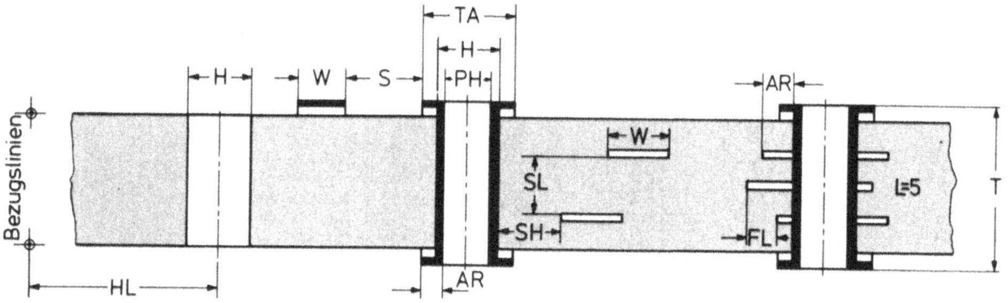

Bild 4.6
Bildinterpretation der Symbolik nach US-Standards

4.2 Das Zeichnungswerk

In DIN 40803 ist unter dem Begriff Unterlagen lediglich von der Druckvorlage die Rede. DIN 40804 ist hier umfassender und gibt immerhin eine begriffliche Sachdefinition über Druckvorlagenentwurf, Druckvorlage, Druckoriginal und Druckwerkzeug. Diese machen allerdings den Gesamtumfang des Zeichnungswerkes nicht aus. Vollständig liegt das Zeichnungswerk dann vor, wenn es umfaßt:

1. **den Stromlaufplan** (DIN 40719 Teil 3). Die nach Stromkreisen aufgelöste vollständige Darstellung der Schaltung mit allgemeinen Schaltsymbolen oder bei digitalelektronischen Schaltungen mit Logiksymbolen (sog. Logikdiagramm) oder Mischformen aus beiden, möglichst in einer auf Kreuzungsfreiheit der Leiter optimierten Form,

2. **die Liste der Bestückungselemente**. Eine tabellarische Auflistung aller Bestückungselemente in modifizierter Form der Stücklistenvorlagen nach DIN 6771/2 mit Abbiegemaß, Drahtdurchmesser, Freiraumabstand und Rastercodierung,

3. **den Druckvorlagen-Entwurf** (Layout). Der in vergrößerter Form (DIN 40803) dargestellte Entwurf (Entwürfe) der Schaltungsstruktur, mit allen Details, unter Berücksichtigung der Abmessungen der präparierten Bestückungselemente, grobzeichnerisch in symbolhafter Manier,

4. **die Strukturliste**. Eine Liste zur Interpretation der im Layout angewandten Symbole und deren maßbehaftete Aufschlüsselung,

Tafel 4.7: Empfohlene Anschlußflächen für durchkontaktierte Bohrungen (Löcher)

Anschlußsystem Durchmesser		empfohlene Bohrung				Durchmesser der Anschlußflächen					
		Durchmesser		zulässige Abweichung		bevorzugter ϕ		Standard-ϕ		minimaler ϕ	
inch.	mm	inch.	mm	inch.	mm	inch.	mm	inch.	mm	inch.	mm
0,0063 0,0071 0,0080 0,0089 0,0100 0,0113	0,160 0,180 0,180 0,203 0,254 0,287	0,020	0,51	± 0,005	± 0,127	0,085	2,16	0,070	1,79	0,059	1,50
0,0126 0,0142 0,0159 0,0179 0,0201 0,0226	0,320 0,361 0,404 0,455 0,511 0,573	0,030	0,76	± 0,005	± 0,127	0,093	2,36	0,080	2,03	0,070	1,79
0,0253 0,0258 0,0320	0,634 0,724 0,813	0,040	1,02	± 0,006	± 0,152	0,109	2,77	0,093	2,36	0,080	2,03
0,0359 0,0403 0,0453	0,912 1,024 1,151	0,052	1,32	± 0,006	± 0,152	0,115	2,92	0,100	2,54	0,093	2,36
0,0508 0,0571	1,290 1,450	0,067	1,70	± 0,007	± 0,178	0,140	3,56	0,115	2,92	0,109	2,77

5. die Druckvorlage. Die maßstabgerechte Darstellung der vollständigen Schaltungsstruktur in einem Referenzsystem; hinreichend ausgeführt zur reprografischen Umsetzung in ein Druckoriginal,

6. die Fertigungszeichnung (modifizierter Bauschaltplan im Sinne DIN IEC 113 Teil 6). Eine maßgerechte Darstellung aller Struktur- und Plattendetails, in allen Ansichten, geeignet den Fertigungsprozeß durchzuführen oder über Zusatzzeichnungen zu steuern,

7. das Druckoriginal als positive oder negative Darstellung, auf Film oder Glas, im Maßstab 1 : 1 umgesetztes Strukturbild,

8. das Druckwerkzeug als Positiv oder Negativ auf Film oder Druckschablone umgesetztes Strukturbild, geeignet zur Bildübertragung auf das Übertragungsmittel des Basismaterials,

9. die Bestückungszeichnung eine Zusatzzeichnung zur Fertigungszeichnung, geeignet die Bestückungslage zu verdeutlichen oder den Bestückungsvorgang zu steuern,

10. die Maskenzeichnungen. Zusatzzeichnungen zur Fertigungszeichnung zur Herstellung von Fertigungsmasken für die Lötlack-, Lötstopplack- oder vergleichbare Behandlung.

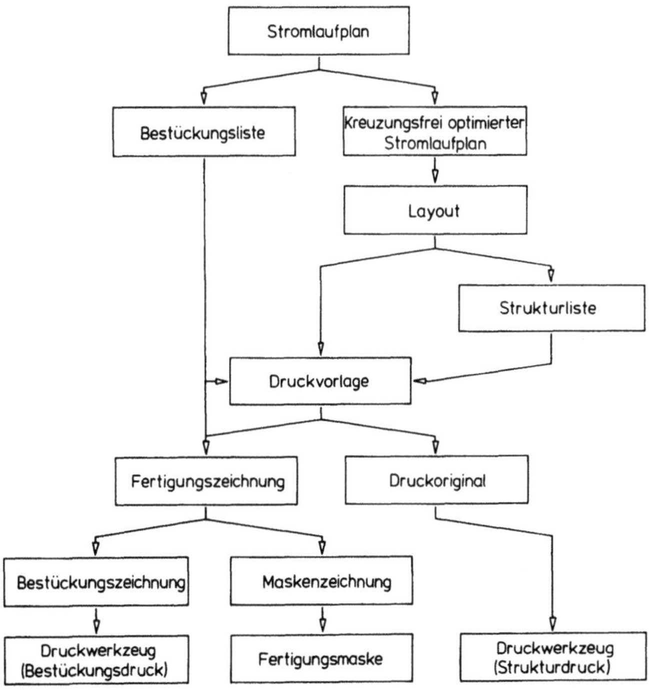

Bild 4.7 Das Zeichnungswerk

Tafel 4.8: Zusammenfassende Klassifizierung für US-Standards und Empfehlungen

Kennbuchstabe der Zeichnung	Kennzeichnung des Nennmaßes	Bereich des Nennmaßes	Quelle	zulässige Abweichungen für Material und Prozeßgeschehen				
				empfohlene Klassen		Standard	erhöhte Anforderung	
				Klasse 1	Klasse 2	Klasse 3	Klasse 4	Klasse 5
		inch., (mm)		inch., (mm)	inch., (mm)	inch., (mm)	inch., (mm)	inch., (mm)
T	Plattendicke ein- oder zweiseitig			0,062, (1,57)			0,031, (0,79)	
	Multilayer		MIL-STD-1495	0,100, (2,54)		0,150, (3,81)	0,200, (5,03)	
T Tol.	Dickentoleranz (1) ein- oder zweiseitig	0,031, (0,79)	MIL-P-13949D	± 0,0065, (0,17)		± 0,004, (0,10)	± 0,003, (0,08)	
		0,062, (1,57)		± 0,0075, (0,19)		± 0,005, (0,13)	± 0,003, (0,08)	
		0,093, (2,36)		± 0,0090, (0,23)		± 0,007, (0,18)	± 0,004, (0,10)	
		0,125, (3,18)		± 0,0120, (0,30)		± 0,009, (0,23)	± 0,005, (0,13)	
		0,250, (6,35)		± 0,0220, (0,56)		± 0,012, (0,30)	± 0,006, (0,15)	
	Multilayer		MIL-STD-1495 JPC-ML-910	± 10 % des nominalen Wertes von T oder im Minimum ± 0,007, (0,18)				
L	maximale Zahl der Leiterebenen bei Multilayer (2)		MIL-STD-1495	6		12	20	
W	minimale Leiterbreite ein- oder zweiseitig		MIL-STD-275C	0,010, (0,25)				
	Multilayer intern		MIL-STD-1495	0,015, (0,38)		0,010, (0,25)	0,010, (0,25)	
	extern		MIL-STD-1495	0,020, (0,51)		0,015, (0,38)	0,010, (0,25)	
	(3)		JPC-ML-910	0,020, (0,51)		0,010, (0,25)	0,005, (0,13)	
W Tol.	Breitentoleranz (4) ohne Plattierung		JPC-D-300F	+ 0,007, (0,18) − 0,011, (0,28)	+ 0,005, (0,10) − 0,006, (0,15)	+ 0,003, (0,08) − 0,005, (0,10)	+ 0,002, (0,05) − 0,003, (0,08)	± 0,002, (0,05)
	mit Plattierung			+ 0,016, (0,41) − 0,018, (0,28)	+ 0,009, (0,23) − 0,006, (0,15)	± 0,004, (0,10)	± 0,004, (0,10)	± 0,003, (0,08)
	ohne Plattierung		MIL-STD-1495	+ 0,004, (0,10) − 0,005, (0,13)		+ 0,002, (0,05) − 0,004, (0,10)	+ 0,001, (0,03) − 0,002, (0,05)	
	mit Plattierung			± 0,0075, (0,19)		± 0,005, (0,13)	± 0,003, (0,08)	
S	minimaler Leiterabstand (5)		MIL-STD-1495	0,02, (0,51)		0,010, (0,25)	0,005, (0,13)	
			JPC-ML-910	0,015, (0,38)		0,010, (0,25)	0,005, (0,13)	
STol.	Abstandtoleranz (4) ohne Plattierung		JPC-D-300F	+ 0,012, (0,30) − 0,008, (0,20)	+ 0,007, (0,18) − 0,006, (0,15)	+ 0,006, (0,15) − 0,004, (0,10)	+ 0,004, (0,10) − 0,003, (0,08)	± 0,003, (0,080)
	mit Plattierung			+ 0,012, (0,30) − 0,017, (0,43)	+ 0,007, (0,18) − 0,010, (0,25)	± 0,006, (0,15)	± 0,005, (0,13)	± 0,004, (0,10)
	ohne Plattierung		MIL-STD-1495	+ 0,005, (0,13) − 0,004, (0,10)		+ 0,004, (0,10) − 0,002, (0,05)	+ 0,002, (0,05) − 0,001, (0,03)	
	mit Plattierung			± 0,0075, (0,19)		± 0,05, (0,13)	± 0,003, (0,08)	
S H	minimaler Leiter/ Lochabstand		JPC-ML-910	0,010, (0,25)				

Tafel 4.8: Zusammenfassende Klassifizierung für US-Standards und Empfehlungen

Kennbuchstabe der Zeichnung	Kennzeichnung des Nennmaßes	Bereich des Nennmaßes	Quelle	zulässige Abweichungen für Material und Prozeßgeschehen				
				empfohlene Klassen		Standard	erhöhte Anforderung	
				Klasse 1	Klasse 2	Klasse 3	Klasse 4	Klasse 5
		inch., (mm)		inch., (mm)	inch., (mm)	inch., (mm)	inch., (mm)	inch., (mm)
S L	minimaler Abstand innerer Leiter		JPC-ML-910	0,004, (0,10)		0,003, (0,08)	0,002, (0,05)	
H	maximaler Lochdurchmesser		MIL-STD-275C	minimaler Durchmesser des Anschlußsystems + 0,020, (0,51)				
H Tol.	Lochtoleranz (6)	0–0,032, (0–0,81) φ	JPC-D-300F MIL-STD-1495 JPC-ML-910	± 0,003, (0,08)	± 0,002, (0,05)	+ 0,001, (0,03) − 0,002, (0,05)	± 0,001, (0,03)	± 0,001, (0,03)
		0,033–0,063, (0,82–1,60) φ		± 0,004, (0,10)	± 0,003, (0,08)	± 0,002, (0,05)	+ 0,001, (0,03) − 0,002, (0,05)	± 0,001, (0,03)
		0,064–0,188, (1,61–4,78) φ		± 0,005, (0,13)	± 0,004, (0,10)	± 0,003, (0,08)	± 0,002, (0,05)	+ 0,001, (0,03) − 0,002, (0,05)
PH	Durchmesser der Zwischenverbindung minimal		MIL-STD-1495 JPC-ML-910	1/3 T_{max}		1/4 T_{max}	1/5 T_{max}	
	maximal		MIL-STD-275C	minimaler Durchmesser des Anschlußsystems + 0,028, (0,71)				
PH Tol.	Durchmessertoleranz der Zwischenverbindung (7), (8)	0–0,032, (0–0,81) φ	JPC-D-300F	± 0,005, (0,13)	± 0,003, (0,08)	± 0,002, (0,05)	± 0,001, (0,03)	± 0,001, (0,03)
		0,033–0,063, (0,82–1,60) φ		± 0,006, (0,15)	± 0,004, (0,10)	± 0,003, (0,08)	± 0,002, (0,05)	± 0,001, (0,03)
		0,064–0,188, (1,61–4,78) φ		± 0,007, (0,18)	± 0,005, (0,13)	± 0,004, (0,10)	± 0,004, (0,10)	± 0,002, (0,05)
HL Tol.	Lochpositionstoleranz Bezugslinienabstand	< 6,0, (152)	JPC-D-300F	0,010, (0,25)	0,007, (0,18)	0,005, (0,13)	0,003, (0,08)	0,002, (0,05)
		> 6,0, (152)	MIL-STD-1495	0,014, (0,36)	0,010, (0,25)	0,007, (0,18)	0,005, (0,13)	0,003, (0,08)
AR	minimale Ringbreite der Anschlußfläche extern		MIL-STD-1495	0,005, (0,13)				
	intern			0,002, (0,05)				
	extern		JPC-ML-910	0,002, (0,05)				
	intern			0,001, (0,03)				
TA	minimaler Durchmesser der Anschlußfläche (9)		MIL-STD-275C	H_{max} + 0,040, (1,02) PH_{max} + 0,020, (0,51)				
FL Tol.	Bildpositionstoleranz Bildabstand (10)	< 12,0, (305)	MIL-STD-1495	0,008, (0,20)		0,007, (0,18)	0,006, (0,15)	
		> 12,0, (305)		0,010, (0,25)		0,009, (0,23)	0,008, (0,20)	
		< 6,0, (152)	JPC-D-300F	0,021, (0,53)	0,014, (0,36)	0,010, (0,25)	0,007, (0,18)	0,0045, (0,11)
		> 6,0, (152)		0,025, (0,64)	0,018, (0,46)	0,014, (0,36)	0,010, (0,25)	0,007, (0,18)

Der Ablauf in der Arbeitsfolge der Erstellung des Zeichnungswerkes läßt sich durch Bild 4.7 verdeutlichen. Es sei hier noch einmal daran erinnert, daß rechnergestützte Entwurfsysteme ihre eigene Zeichensystematik aufweisen und weder bedingt alle Zeichnungen erforderlich machen noch alle Zeichnungen generieren.

Über Layout, Druckvorlage, Druckwerkzeug wurde bereits in Kapitel 3 berichtet und wird noch weiterhin zu berichten sein. Erstmalig allerdings ist detailliert von der Fertigungszeichnung die Rede, so daß dieser Zeichnungsform hier besondere Aufmerksamkeit zu kommen soll. Bild 4.8 zeigt das Grundprinzip dieser Zeichnungsform. Eine einfache Leiterstruktur ist auf einer bemaßten Basismaterialplatte in ihrem Raster dargestellt. Das Raster überdeckt die Platte von Kante zu Kante. Jede 5. Rasterlinie ist in x- und y-Richtung bezeichnet. Alle Bohrungen liegen auf Rasterkreuzungen. Sie sind in beiden Achsrichtungen einwandfrei codierbar. Es tritt nur ein Bohrungsdurchmesser auf. Die Leiter und

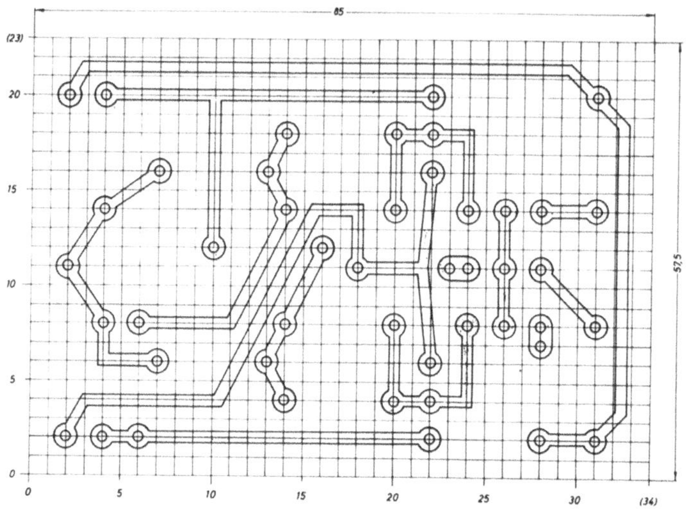

Bild 4.8 Grundprinzip einer Fertigungszeichnung. Alle Bohrungen ϕ $1{,}3^{+0{,}1}$

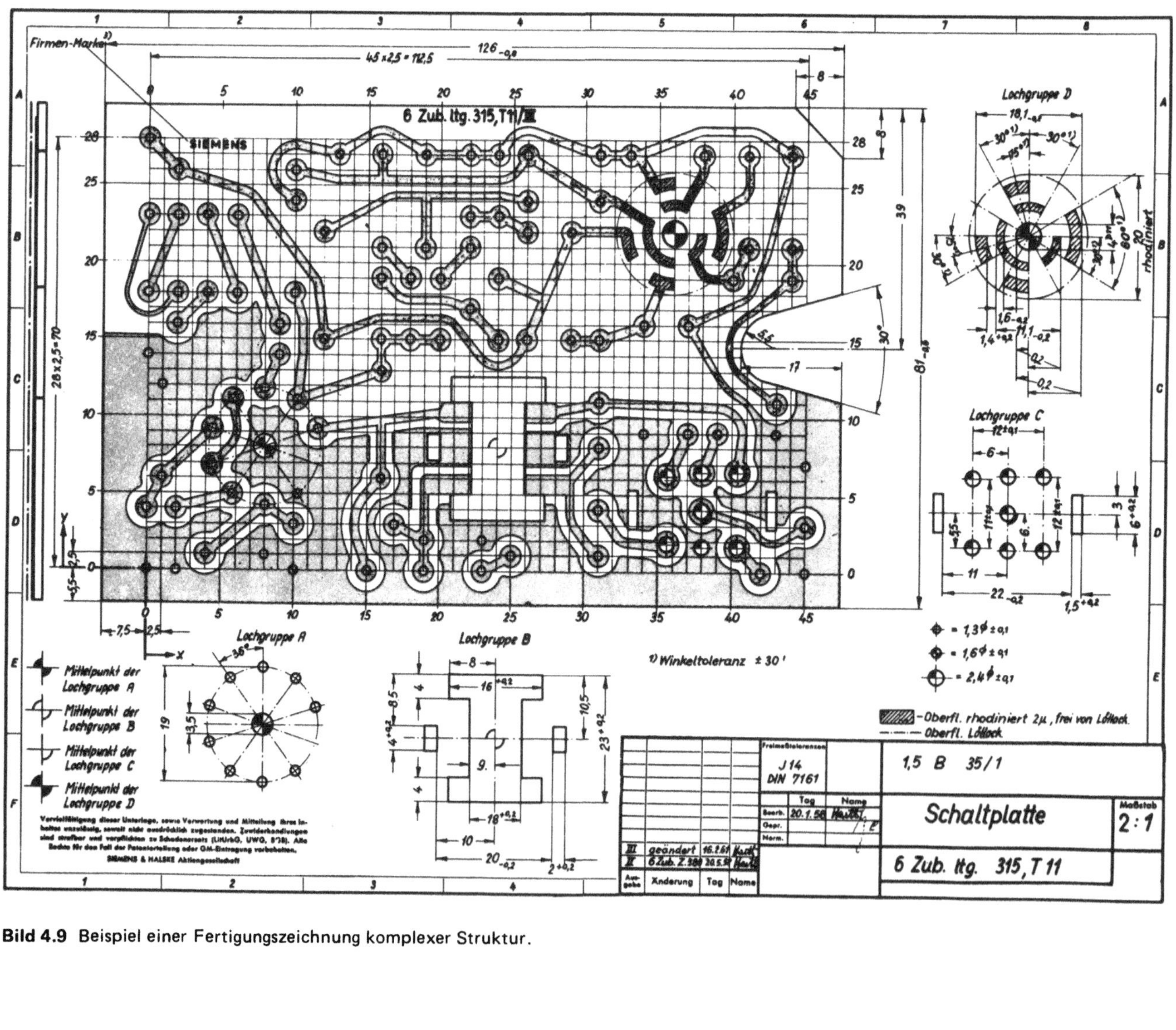

Bild 4.9 Beispiel einer Fertigungszeichnung komplexer Struktur.

Anschlußflächen sind konturenhaft ausgezogen. Für den Bohrprozeß und die Konturengestaltung der Platte sind damit alle notwendigen Informationen gegeben.
Der Informationsgehalt muß notwendigerweise größer sein, je komplexer die Leiterplatte strukturiert ist. Hierzu gibt Bild 4.9 ein umfassendes Beispiel. Es handelt sich dabei um eine Leiterstruktur, die teils geschirmt, teils ungeschirmt auf einer mit Aussparungen versehenen Basismaterialplatte angelegt ist und durch eine Reihe von Sonderbauelementen (Transformator, Spulenkörper, Vakuumröhrenfassung, gedruckter Schalter) bestückt wird. Ein Raster bedeckt das Bohrungsbild. Ein Bezugsachsensystem (x; y) ist durch die Randbohrungen fixiert. Jede 5. Rasterlinie ist herausgeführt und bezeichnet. Die Bemaßung ist vollständig, einschließlich der Toleranzangaben. Bemaßt ist auch der Ursprung des Bezugssystems. Leiter, Anschlußflächen und Schirmungsflächen sind konturenhaft und in Grauwerten dargestellt.
Um die Leiterplattendarstellung gruppieren sich eine Reihe von Zeichensymbolen und bemaßte Bohrungs- oder Lochgruppen, eben jene der Sonderbauelemente. Über dem Schriftfeld rechts befinden sich die Bohrungssymbole. Es werden drei Bohrungen angewandt. Am Zeichnungsrand links sind vier Mittelpunktsymbole der Lochgruppen aufgeführt. Diese Symbole erscheinen wieder in den jeweiligen Lochgruppen der Leiterplatte und am Zeichnungsrand. Sie kennzeichnen den Mittelpunkt einer Gruppe von Anschlußflächen, Schaltsegmenten oder Aussparungen, die keinen Bezug zum Raster haben, bis auf den des Lochgruppenmittelpunktes. Daher erfolgt immer eine sorgfältige Bemaßung betroffener Lochgruppen außerhalb der Leiterplatte bezogen auf den Lochgruppenmittelpunkt. Über dem Schriftfeld ist weiterhin durch Flächenschraffur und Text die Bearbeitung der Schaltsegmente verzeichnet.

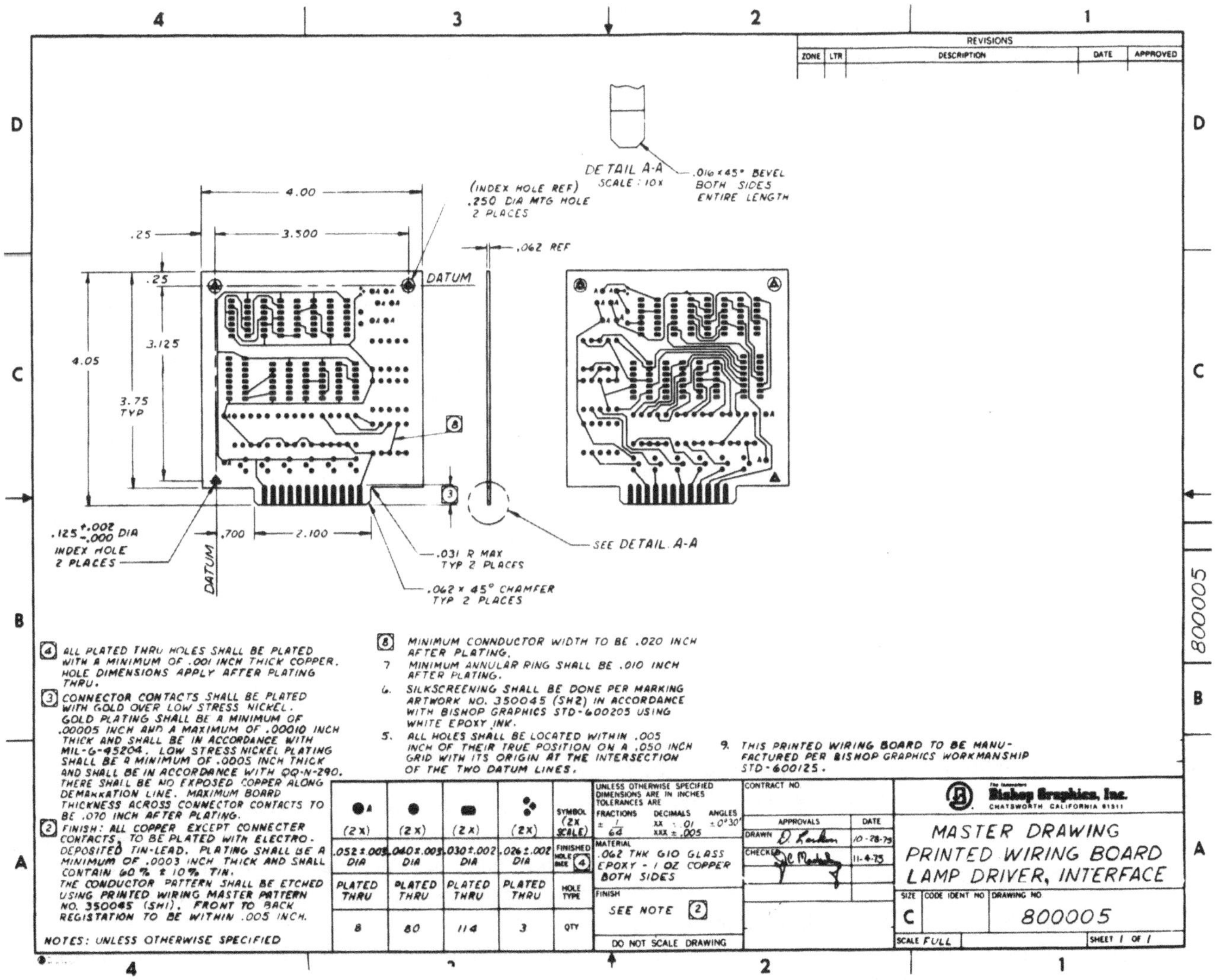

Bild 4.10 Umfassendes Beispiel einer Fertigungszeichnung einer zweiseitigen Struktur.

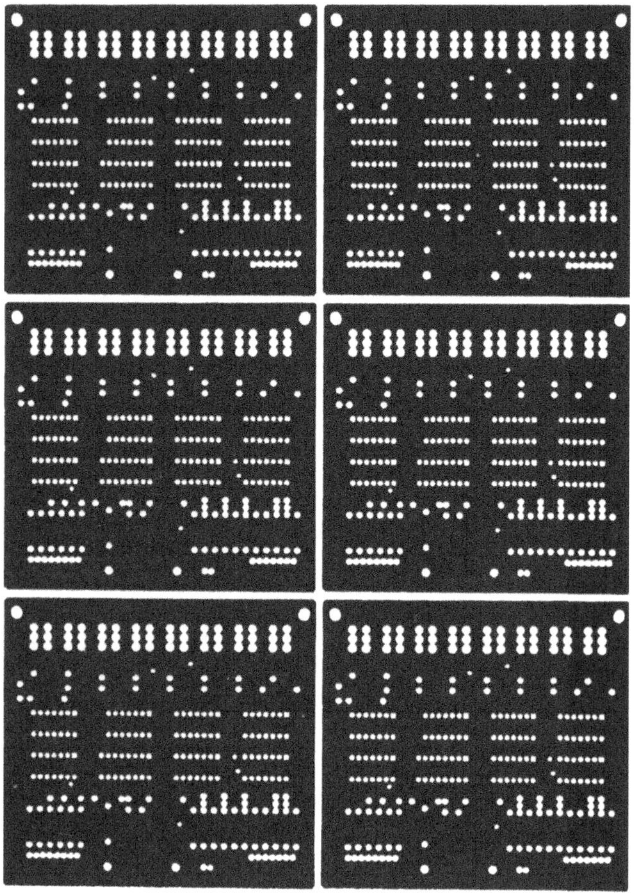

Bild 4.11 Siebdruck einer Lötstoppmaske im Nutzenverfahren.

Die vorliegende Zeichnung weist keine Information über das Basismaterial und die angestrebten Strukturdaten auf. Dies sollte zweifellos notwendiger Bestandteil der Fertigungszeichnung sein. Bild 4.10 zeigt abschließend ein Beispiel für eine Fertigungszeichnung einer zweiseitigen Struktur. Jede Strukturseite ist dargestellt mit Positionierungsbohrungen und Bezugssystem. Durch Ziffern und Text sind die vollständigen Strukturdaten ausgewiesen. Ferner wird über das Basismaterial und allgemeine Toleranzen Aussage gemacht.

Aus der Fertigungszeichnung lassen sich die Zusatzzeichnungen für den Fertigungsprozeß, wie Bestückungszeichnung oder Maskenzeichnung, leicht ableiten. Hierzu zeigt Bild 4.11 den Siebdruck einer Lötstoppmaske und Bild 4.12 die Bestückungszeichnung eines Stereoverstärkers.

4.3 Miniaturisierungseinflüsse

Den Notwendigkeiten die Zahl der Bauelemente je Flächeneinheit stetig steigern oder ein Leitungsvielfach auf kleinster Fläche strukturieren zu müssen, begegnet die Leiterplattentechnik mit:

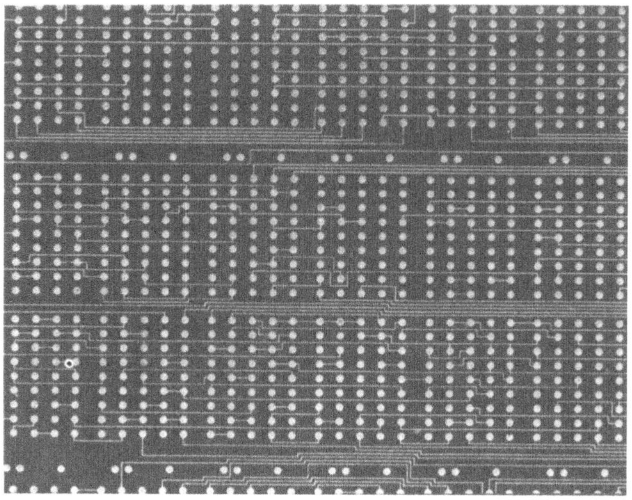

Bild 4.13 Feinstleiterstruktur; Leiterbreite min. 0,1 mm.

1. einer hohen Bestückungsdichte bis hin zu einer nahezu vollständigen Flächenbedeckung, siehe Bild 3.147,
2. einer Feinstleitertechnik, die die Anwendung von 0,1 mm Leiterbreiten und Leiterabständen als zukünftig realistisch ansieht, siehe Bild 4.13,
3. sich stetig steigernder Ebenenzahl bei Mehrebenenschaltungen.

Diese Entwicklung hat die analoge Elektronik nahezu unberührt gelassen, während sie für die Digitalelektronik geradezu existentiell ist.

Die Dichte der Bauelemente oder die Bestückungsdichte, läßt sich durch den Packungsmodul PM beschreiben.

$$PM = \frac{\text{Zahl der bestückten Bauelemente}}{\text{Bestückungsfläche}}$$

Die Forderung nach hoher Bestückungsdichte und damit nach großem Packungsmodul, haben in der Digitalelektronik zur Entwicklung von besonderen Bestückungsmethoden geführt, die einen erhöhten Leiterzugriff zu den IC-Anschlußflächen gewährleisten. So ist die von *G. Büttner* vorgestellte 45°-Technik eine Antwort in diese Richtung [4.2]. Bild 4.14 zeigt ausschnitthaft das Bestückungsprinzip und die Leiterstruktur einer zweiseitigen Anordnung.

Die Fein- und Feinstleitertechnik ist gekennzeichnet durch extrem schmale Ringbreiten der Anschlußflächen und extrem kleine Leiterbreiten und Abstände. Beispielhafte Strukturfälle sind der Tafel 4.9 zu entnehmen, die sowohl Beispiele in metrischer Darstellung wie in Zolldarstellung liefert.

Ohne den Problembereich Feinstleitertechnik verwischen zu wollen, derartige Strukturen sind technologisch durchaus herstellbar; nur ergeben sich ganz eminent kritische elek-

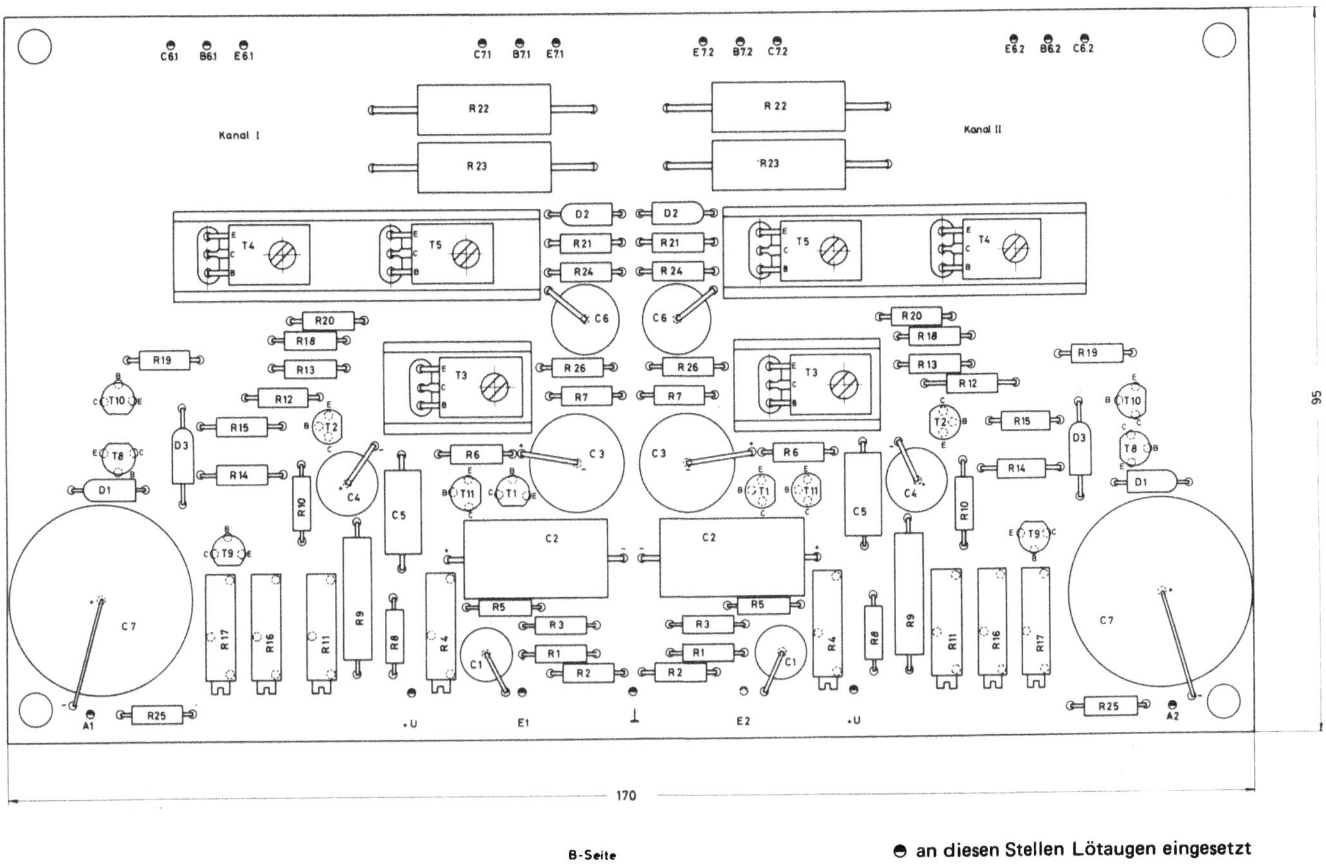

Bild 4.12 Bestückungszeichnung eines Stereoverstärkers (2 × 40 W)

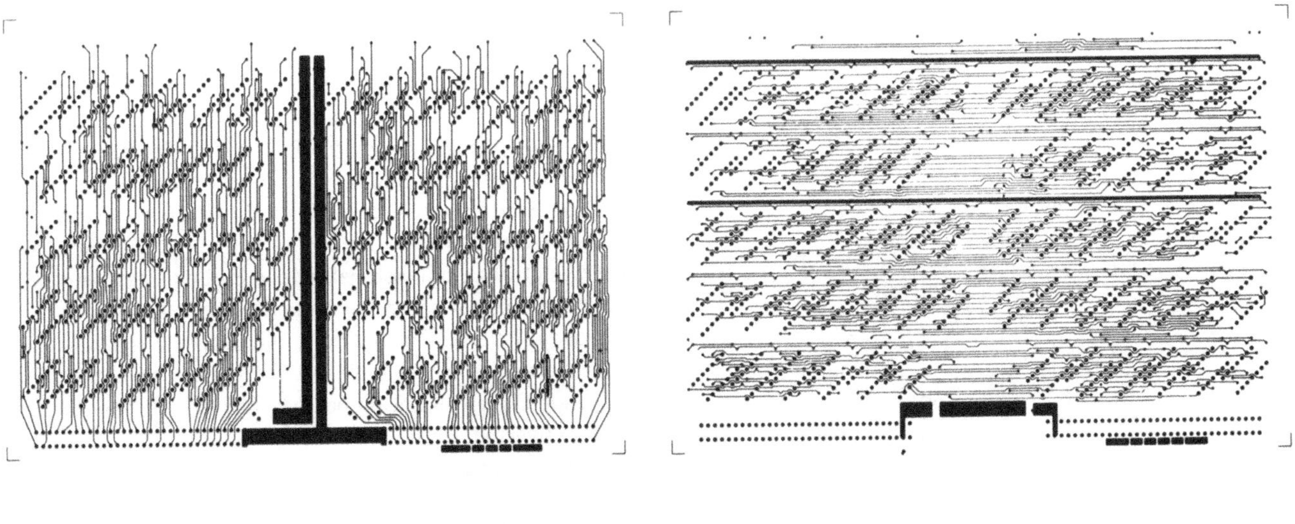

Bild 4.14 Leiterstruktur bei Anwendung der Elementplazierung | unter 45°.

Tafel 4.9: Beispielhafte Strukturfälle

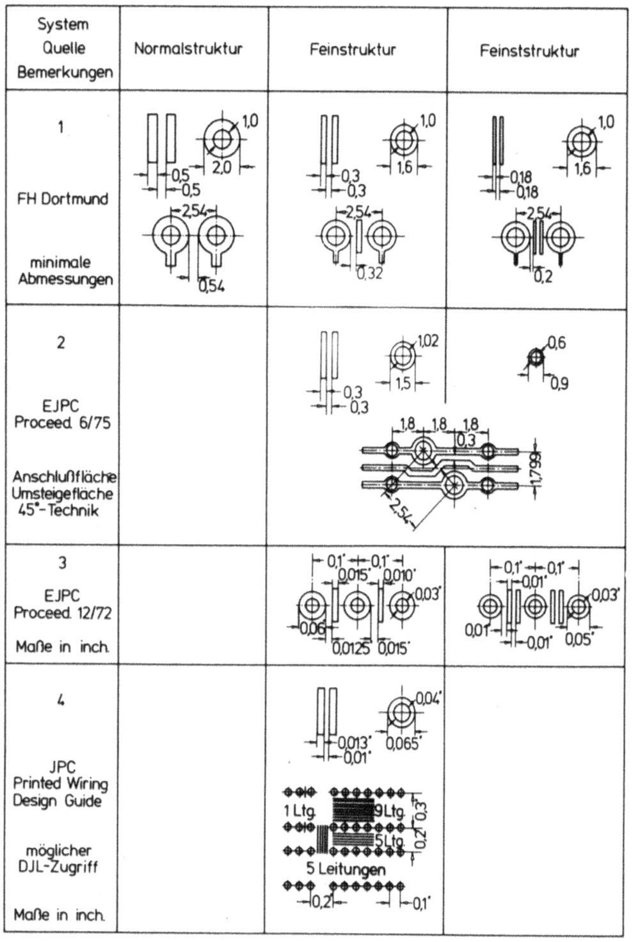

Tafel 4.10: Wärmedehnung von Laminaten und Metallkaschierung

Werkstoff	Wärmedehnzahl; $\frac{1}{K} 10^{-6}$		
	Temperaturbereiche		
	< 90°C		90°C–150°C
	Ausdehnungsrichtungen nach Bild 2.12		
	z und x	y	y
PF-CP	10–20		< 350
EP-CP	≈ 10	60	< 300
EP-GC	≈ 10	60	< 300
Kupfer	17,6		17,6

trotechnische Fragen, wie beispielsweise nach der Funktionssicherheit bei Wärmeschocks oder bei hoher Verlustwärme, nach der Übersprechdämpfung benachbarter Leiter, nach der Spannungsfestigkeit benachbarter Leiter vor allem bei verschmutzten Zwischenzonen. Die Frage der Anwendung von Feinstleiterstrukturen ist primär eine Frage der sorgfältigen Beachtung der Gesetzmäßigkeiten und Regeln der Elektrotechnik bei der Strukturkonzeption.

4.4 Thermische Einflüsse

Dieser Problembereich ist gekennzeichnet durch die hohe Wärmeleitfähigkeit des Werkstoffes Kupfer der Leiterstruktur und die extrem schlechte Wärmeleitfähigkeit des diese Struktur tragenden oder umgebenden Basismaterials einerseits und die inhomogene achsabhängige Wärmedehnung des Basismaterials andererseits, Tafel 4.10.

Die Elementare Form der thermischen Beeinflussung ist die der Stromwärme des einzelnen Leiters, gefolgt von der Einflußnahme der Verlustwärme der bestückten Bauelemente und einer hohen Betriebstemperatur der umgebenden Luft, bis hin zu einer komplexen thermischen Verkopplung aller Einflußgrößen. Letzteres ist ein Erscheinungsbild, daß mit zunehmender Bauelementedichte je Flächeneinheit, zunehmender Zahl der Ebenen von Mehrebenenschaltungen und mit dem Übergang auf extrem feine Leiterbreiten und Abstände das Wärmeproblem erst hat evident werden lassen.

Thermografisch ist nachgewiesen [4.3], daß infolge intensiver thermischer Verkopplung die Verformungsbewegungen der Leiterplatten so ausgeprägt sind, daß es zu Strukturrissen und damit zu Fehlfunktionen kommt, die kaum diagnostizierbar sind.

4.4.1 Stromwärmeeinfluß bei Einzelleitern, Nachbarschaftseffekt

Empirische Untersuchungen der Temperaturerhöhung über Raumtemperatur auf Einzelleitern infolge von Stromwärmeverlusten wurden an der FH-Dortmund in großem Umfang durchgeführt [4.4]. In Bild 4.15 ist ein Diagramm dargestellt, daß die Übertemperatur in Abhängigkeit von der Stärke des Leiterstromes für Phenolharz-Hartpapier zeigt. Bild 4.16 stellt den gleichen Zusammenhang dar für ausgewählte Breiten im Vergleich zu Epoxidharz-Hartgewebe. Für alle Darstellungen ist die Leiterdicke 0,035 mm. Bild 4.17 zeigt das empirisch gefundene Ergebnis des Vergleichs Phenol/Epoxi für eine Übertemperatur von 40 Kelvin.

Vordergründig scheint die hohe thermische Kapazität eines Einzelleiters selbst bei kleinen Leiterbreiten beachtlich. Das tragende Dielektrikum ist nur bei großen Leiterbreiten von nennenswertem Einfluß.

Die Untersuchung der Temperaturerhöhung über der Leiterlänge unterschiedlicher Testplatten stellt Bild 4.18 in einem Diagramm dar. Hierin wird deutlich, daß die Anfangs/End-

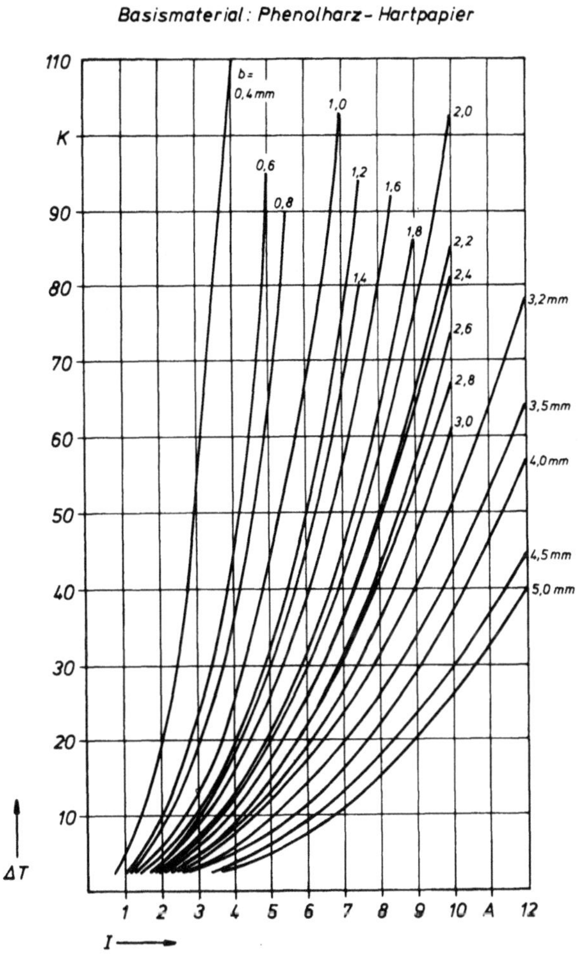

Bild 4.15 Übertemperatur in Abhängigkeit von der Leiterstromstärke; Basismaterial Phenolpapier

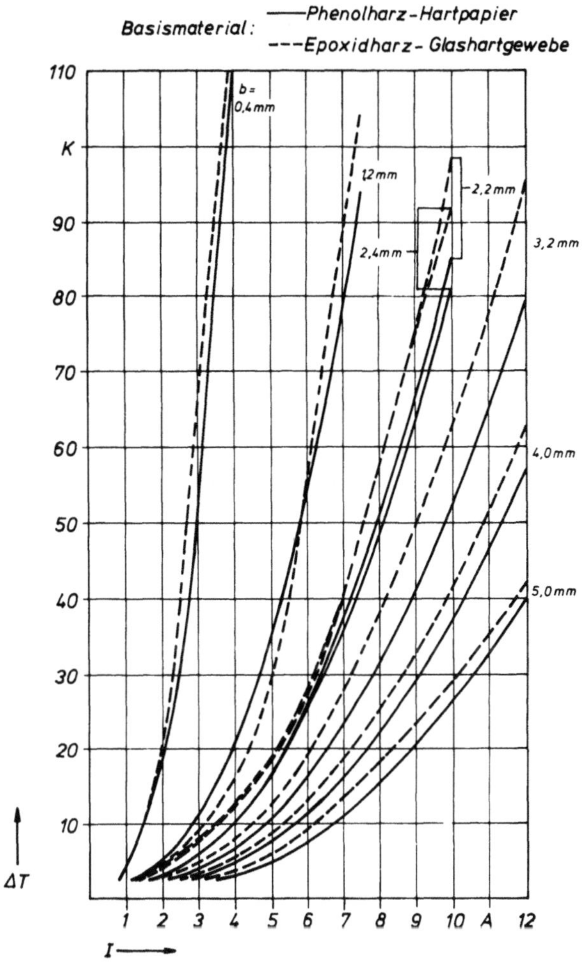

Bild 4.16 Übertemperatur in Abhängigkeit von der Leiterstromstärke; Vergleich Phenolpapier/Epoxiglas für ausgewählte Leiterbreiten.

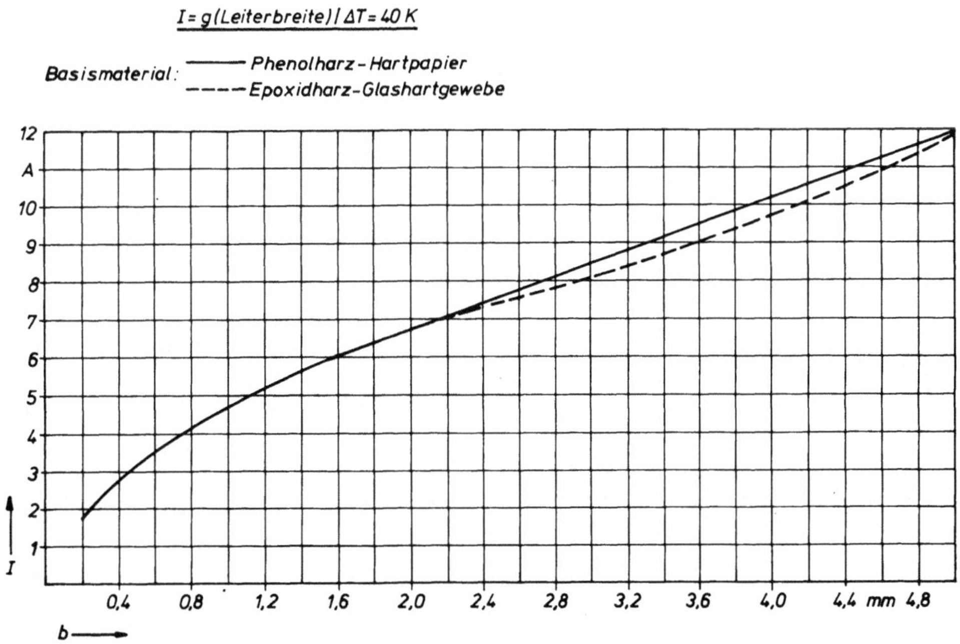

Bild 4.17
Leiterstrom als Funktion der Breite für eine Übertemperatur von 40 Kelvin

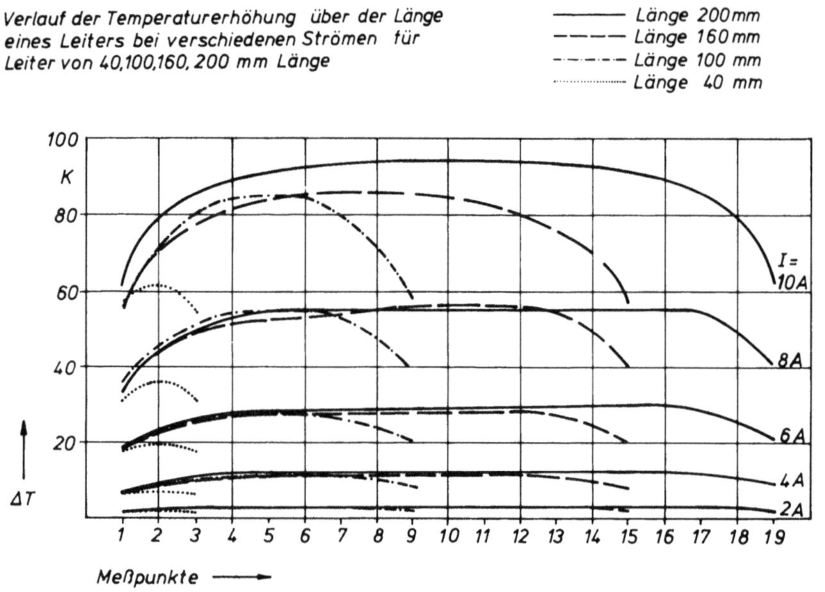

Bild 4.18
Übertemperatur über der Leiterlänge

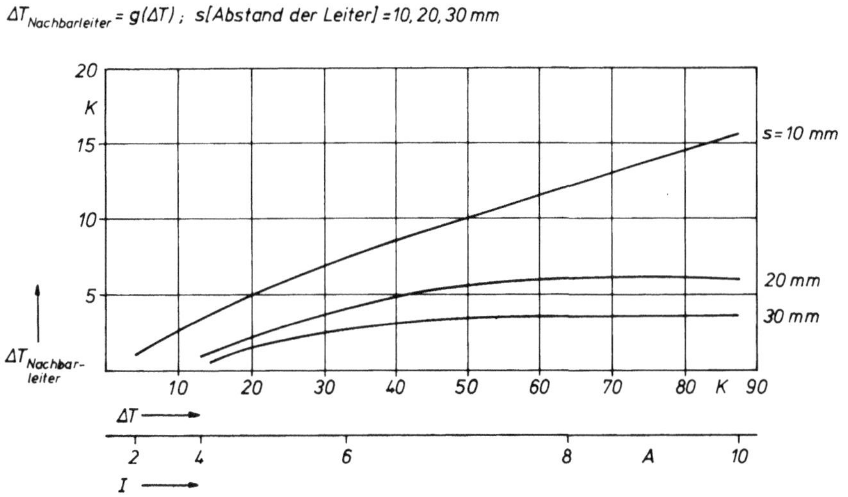

Bild 4.19
Thermische Kopplung eines stromdurchflossenen Leiters zu einem Nachbarleiter.

Termination des Testleiters und deren Konvektionseffekt wesentlichen Einfluß auf die Temperaturverteilung nimmt.

Dies wird umso deutlicher je höher der Strom wird. Hieraus ist zu schließen, daß bei Leiterstrukturen der gedruckten Schaltungen vergleichbare Verhältnisse auftreten, sofern die Anschlußflächen hinreichend groß sind.

Einen Einblick in die thermischen Kopplungsverhältnisse gibt Bild 4.19. Das Diagramm zeigt die thermische Kopplung eines strombelasteten Leiters zu unbelasteten Leitern in seiner Nachbarschaft. Bei kleinem Leiterabstand läuft die Überkopplung quasi linear ab und erreicht bei einem Abstand von 10 mm ein Verhältnis von $\frac{1}{4}$ bis $\frac{1}{5}$. Bei größeren Abständen ist das Verhalten nichtlinear mit Sättigungseffekt.

4.4.2 Leiterplattenkühlung

Einblick in die Effekte der Leiterplattenkühlung unter Anwendung der zweiten Kaschierungsschicht als Kühlfläche geben die Bilder 4.20 und 4.21. Der Kühleffekt der zweiten Metallschicht ist vor allem bei großen Leiterbreiten erheblich.

Die Bemühungen um Kühlflächenanwendung bei Leiterplatten führten zur Verwendung von Aluminiumflächen in variierter Form. Die relativ gute Wärmeleitfähigkeit des Aluminiums von 230 $\frac{W}{m \cdot K}$ und der günstige Materialpreis geben diesem Werkstoff den Vorzug. Dort, wo die höhere Leitfähigkeit des Kupfers von 400 $\frac{W}{m \cdot K}$ notwendig wird, ist die Anwendung dieses Werkstoffes weiterhin gerechtfertigt.

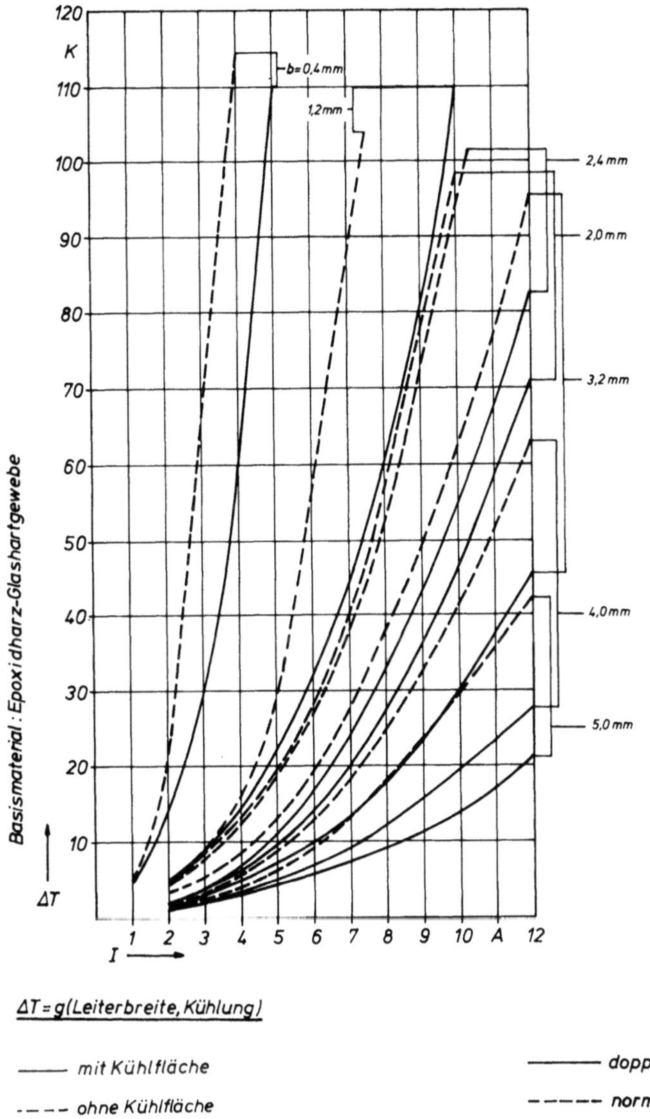

Bild 4.20
Übertemperatur in Abhängigkeit von der Kühlung.

G. L. Ginsberg referiert über ein Aluminium/Epoxiglas-Laminat [4.5] und entwickelt hierzu eine Wärmeanalyse einschließlich einer Systemkonzeption mit Luftkühlung. In Bild 4.22 ist dieser Schichtaufbau dargestellt. Eine weitere Variante der Kühlflächenanwendung ist die eines Laminats mit Aluminiumkern. Bild 4.23 stellt eine Schnittform im Bereich einer Zwischenverbindung dar [4.6], [4.7]. Obwohl die Entwicklungsarbeiten hieran nicht abgeschlossen sind, verspricht diese Laminatform sich in größerem Maß durchzusetzen. Das günstige thermische Verhalten von Metallkernlaminaten zeigt das Vergleichsbild 4.24.

4.4.3 Thermische Verkopplung

P. Marto und *M. Kelleher* haben in einer empirischen Untersuchung die thermische Verkopplung bei Leiterplatten analysiert. Im Vergleich einer Metallkernplatte zu einer Epoxiglas-Leiterplatte, je bestückt mit 9 DIL-Widerständen, zeigten sich die Ergebnisse des Bildes 4.25. Der Versuch war so angelegt, daß je Leiterplatte eine Verlustleistung von 13 W, gleichmäßig über die Platte verteilt, aufgebracht wurde und jede Leiterplatte in einer Luftströmung variierter Stärke lag. Die Ergebnisse zeigen eine wesentlich niedrigere Temperatur, wie auch eine günstigere Gleichverteilung der Temperatur für Metallkernlaminate, was auch in der Isothermenverteilung zum Ausdruck kommt. Die unterschiedlichen Temperaturangaben an den Gehäusen beziehen sich auf Ober- und Unterseite. Sie sind bedingt durch den Strömungsverlauf der Kühlluft während des Tests. Auch hierbei zeigt das Metallkernlaminat günstigere Werte. In der Untersuchung

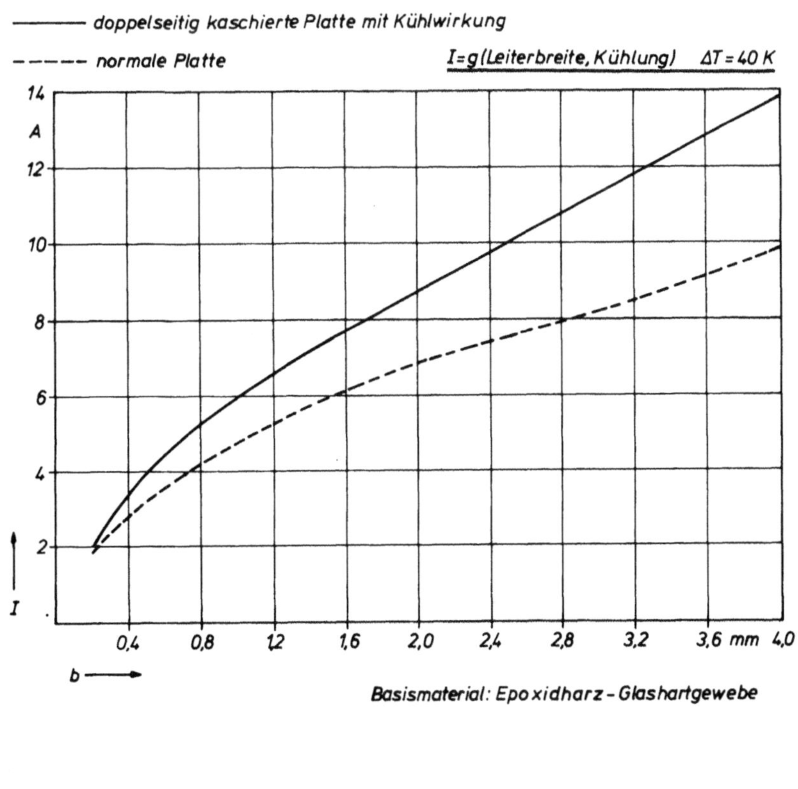

Bild 4.21
Übertemperatur in Abhängigkeit von der Kühlung

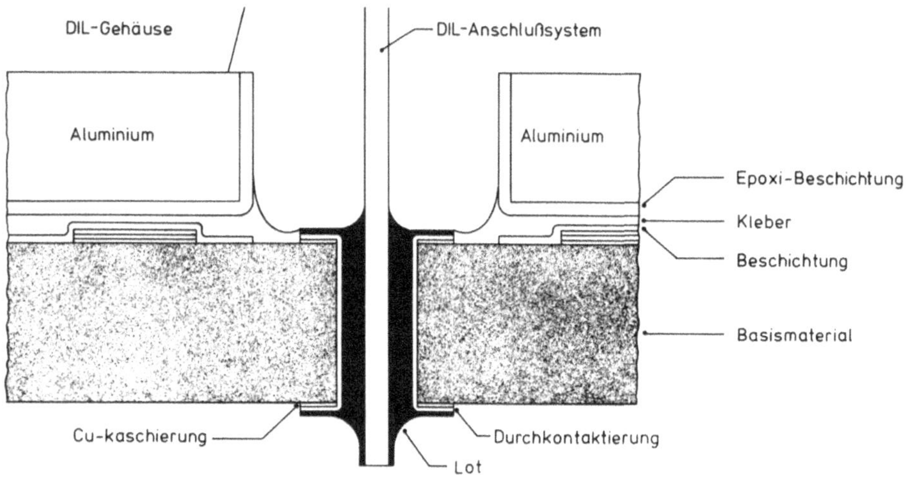

Bild 4.22
Aluminium/Epoxiglaslaminat; Schichtungsaufbau einer Leiterplattenkühlung mit Aluminium-Kühlfläche.

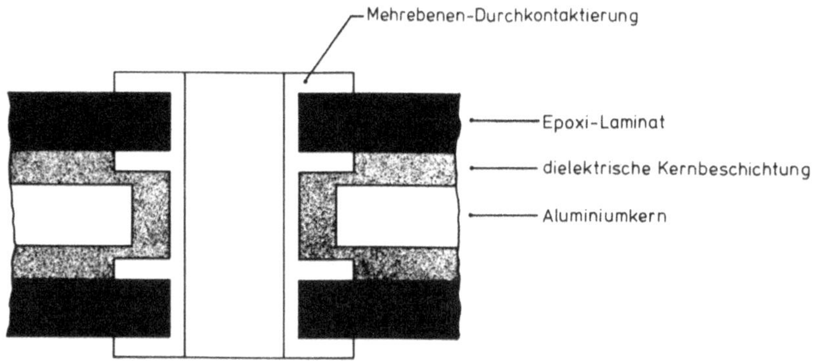

Bild 4.23
Schnittdarstellung eines Aluminiumkernlaminats im Bereich einer Zwischenverbindung.

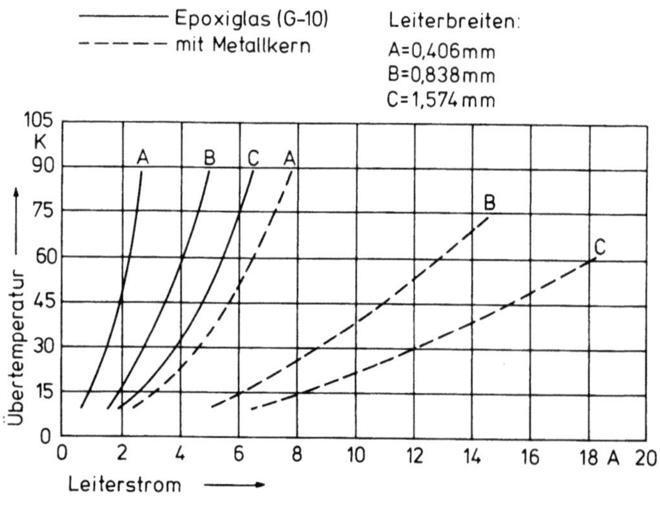

Bild 4.24
Übertemperatur in Abhängigkeit von der Leiterstromstärke für bestimmte Leiterbreiten; Vergleichsdarstellung zwischen normalem Basismaterial (Epoxiglas – G10) und Metallkernlaminat.
Quelle: Proceedings JPC Metal Core Boards

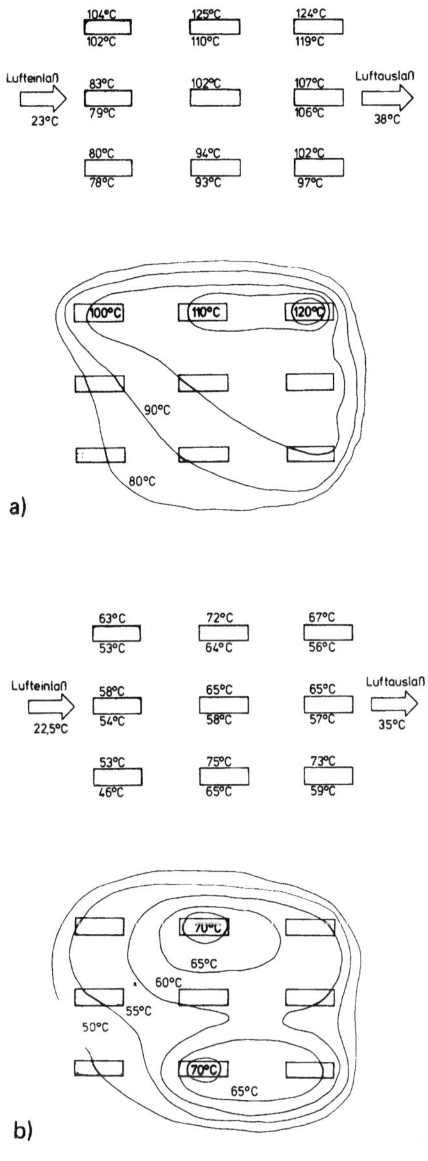

Bild 4.25 Ergebnisdarstellung über empirische Untersuchungen der thermischen Verkopplung bei Epoxiglaslaminaten und Metallkernlaminaten.

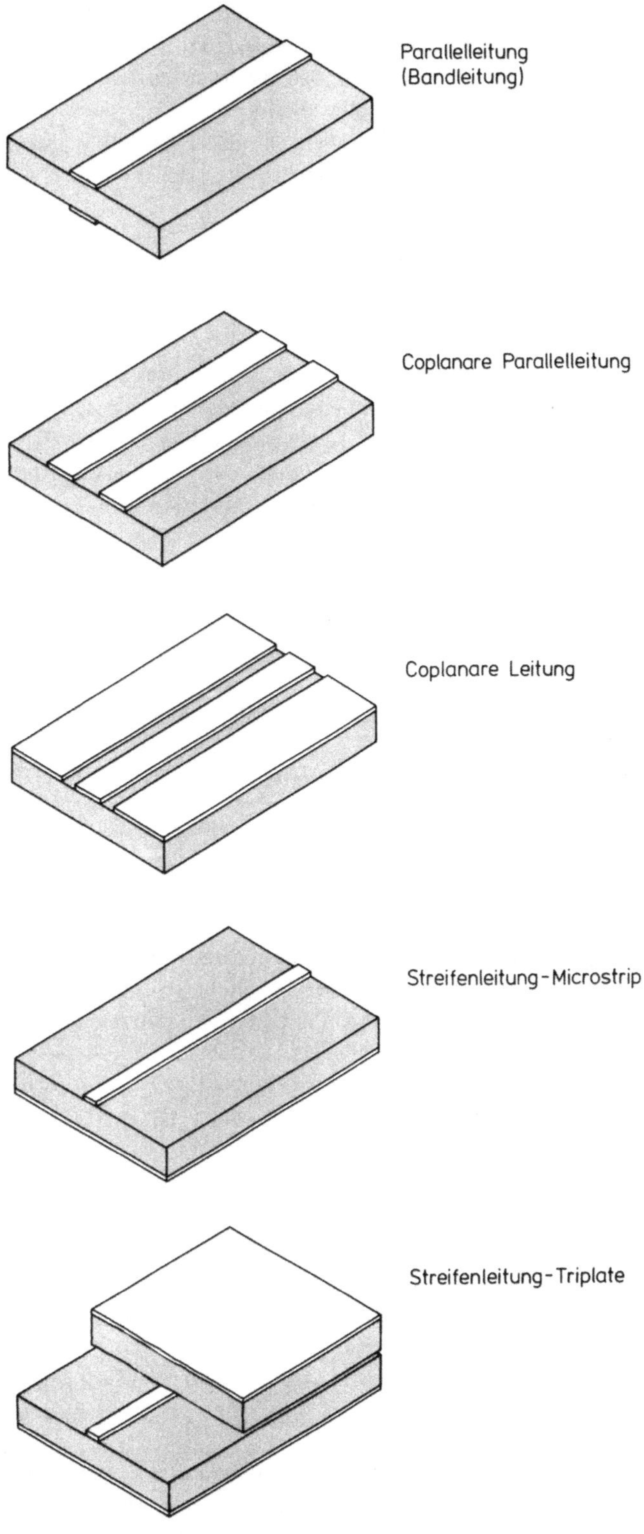

Bild 4.26 Übersicht der anwendungsbedeutsamen Leitungstypen elementarer integrierter Strukturen.

wurde weiterhin gefunden, daß bei Kernlaminaten die Stärke der Kühlströmung ohne nennenswerten Einfluß auf die Temperaturreduktion ist, ja, daß die forcierte Kühlung bei Kernlaminaten häufig entfallen kann.
Sofern Diagramme als Arbeitsmittel bedeutsam erscheinen, sind sie im Anhang A 4 aufgeführt.

4.5 Leitungseigenschaften definierter Strukturen

4.5.1 Klassifikationen

Unter definierten Strukturen sind Leiterstrukturen gemeint die eindeutig bestimmbare Leitungseigenschaften, beschreibbar durch Kapazitätsbelag, Induktivitätsbelag, Wellenwiderstand und Dämpfungsbelag, aufweisen. Im Hinblick auf die Anwendungsmöglichkeit in der Leiterplattentechnik sind dies die Leitungstypen:

- Parallelleitung
- Coplanare Parallelleitung
- Coplanare Leitung
- Streifenleitung
  unsymmetrische, ungeschirmte Streifenleitung (Microstrip)
  symmetrische, geschirmte Streifenleitung (Triplate).

Bild 4.26 zeigt eine Übersicht der anwendungsbedeutsamen Leitungstypen. Zur Vervollständigung gehört die Erwähnung der Existenz definierter Versorgungs-Netzebenen die an anderer Stelle besprochen werden.
Die Parallelleitung findet im wesentlichen Anwendung bei Versorgungsnetzen zweiseitiger Schaltungsstrukturen. Um die Leitungsinduktivität klein zuhalten, werden die Leiterbreiten relativ groß dimensioniert.
Die coplanare Parallelleitung ist topografisch eine Leiterstruktur der einseitigen Schaltung. Dort ist ihre konsequente Anwendung nicht sehr verbreitet.

Die coplanare Leitung findet vielfältig Anwendung dort, wo es um Schirmungen von Leitern oder generell um die Schirmungsproblematik geht.
Die Streifenleitung ist ein Leitungstyp der Mikrowellentechnik. Beide Leitungsformen sind hervorragend geeignet für schnelle digitalelektronische Schaltungen auch in Mehrebenenstruktur (Multilayer). Dabei ist die Vollfläche des Grundleiters (der Grundleiter) durch eine gerasterte Fläche (Flächen) ersetzbar.
Analysen der Leiterstrukturen ausgeführter gedruckter Schaltungen zeigen nun sehr deutlich eine weitgehende Freiheit von definierten Strukturen. Dies ist teilweise in bestimmten festgeprägten Entwurfskonzepten der Leiterstruktur begründet und steht in engem Wechselwirkungszusammenhang zur Ordnungssystematik der Bauelemente, wie beispielsweise bei digitalelektronischen Schaltungen. Dieser Sachverhalt findet weitere Förderung durch automatisierte Entwurfsverfahren mit begrenzten Freiheitsgraden der

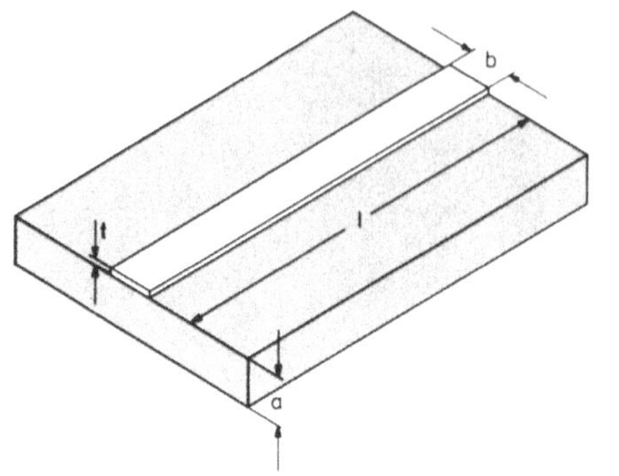

Bild 4.27 Der Einzelleiter und seine Dimensionierungsgrößen.

Strukturgestaltung. Häufig jedoch liegt der Grund für ein freizügiges Gestalten der Leiterstruktur in einer eher grafischen Auffassung der Gestaltung, ohne Berücksichtigung übertragungstechnischer Belange.
Mit der Ausweitung der gedruckten Schaltungen in Systemkomponenten mit hoher Betriebsfrequenz, extremer Flankensteilheit und steigender Schaltfrequenz der Übertragungsgrößen, wird allerdings die Anwendung definierter Leiterstrukturen unabwendbar. Dieser Sachverhalt ist dadurch charakterisierbar, daß Leiterstrukturen nicht nach mehr oder weniger bezugslosen Breiten- und Abstandskriterien dimensioniert werden, sondern nach Wellenwiderstand, Übersprechdämpfung und gewünschtem Ersatzverhalten.

Steigende Betriebsfrequenzen der Übertragungsgrößen machen die Metallstrukturierung gedruckter Schaltungen nach den Kriterien eines definierten Wellenwiderstandes, einer zulässigen Übersprechdämpfung, eines gewünschten Ersatzverhaltens erforderlich.

4.5.2 Einzelleiter

Es ist angezeigt, dem Einzelleiter und seinen Eigenschaften besondere Aufmerksamkeit entgegenzubringen, da bei nicht definierten Strukturen zumindest Abschätzungen der Einflußnahme von Leitungsstücken auf das Funktionsverhalten der Schaltung möglich sind. Bild 4.27 zeigt den Einzelleiter und seine Dimensionierungsgrößen.

Induktivitätsbelag L'. Der Berechnung des Induktivitätsbelages liegen Beziehungen von *H. Hertwig* zugrunde [4.8].

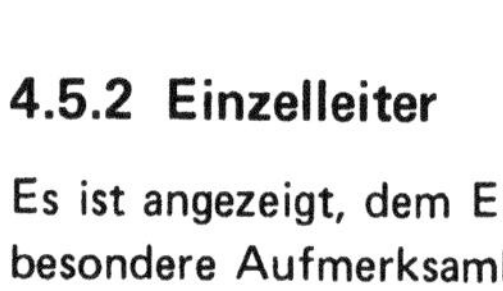

$$\frac{L'}{\mathrm{nH/cm}} = 2\left(\ln\frac{2\,l}{b+c} + 0{,}5 + 0{,}2235\,\frac{b+c}{l}\right)$$

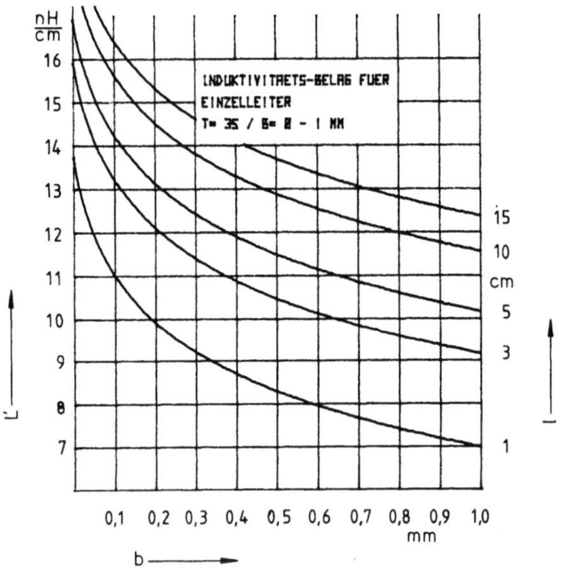

Bild 4.28 Induktivitätsbelag L' von Einzelleitern

Einer rechnerunterstützten Auswertung [4.9] wurden folgende Größenvariationen zugeführt:

$\frac{t}{mm}$: 0,018; 0,035; 0,070

$\frac{b}{mm}$: 0,1; 0,2; 0,3; 0,5; 1,0; 2,0; 3,0; 5,0; 10,0; 50,0; 100,0; 200,0

$\frac{l}{mm}$: 10,0; 30,0; 50,0; 100,0; 150,0

Die Plotterdiagramme des Bildes 4.28 zeigen einen Teil der Auswertung für eine Kaschierungsdicke von 0,035 mm.

Da es sich bei den angegebenen Beziehungen um Approximationen handelt, sind Fehler zu berücksichtigen. Ferner zeigt sich, daß für kleine Leitungslängen ab einer bestimmten Leiterbreite der Induktivitätsbelag wiederum ansteigt. Daher ist für kleine Leitungslängen ein Gültigkeitsbereich zu berückrichtigen. Die Fehlerrate zeigt Tafel 4.11.

Die Gültigkeitsbereiche der Diagramme liegen bei:

$\frac{l}{mm}$: $\leqq$ 10	$\leqq$ 30
$\frac{b}{mm}$: < 30	< 100

Die gezeigten und weitere Diagramme sind, sofern sie für die konstruktive Gestaltung von Bedeutung sind, als Arbeitsdiagramme in vergrößertem Maßstab im Anhang A 4 aufgeführt.

Wirkwiderstandsbelag R'. Basisleiterwerkstoff ist Kupfer. Bedingt durch Metallresistbeschichtungen und Beschichtung zum Korrosions- und Abriebschutz treten Schichtwerkstoffe auf, die gegenüber Reinkupfer zu erheblich veränderten Leitungseigenschaften führen. Als Schichtwerkstoff sind gebräuchlich: Cu – Sn; Cu – Pb/Sn; Cu – Au; Cu – Ni – Au; Cu – Rh; Cu – Ni – Rh.

Tafel 4.11: Fehlerrate der L'-Berechnung

Breitenbereich	Bedingung	Fehlerrate
b $\leqq$ 1 mm	b > 0,1 mm	± 3 %
b $\leqq$ 5 mm	b > 0,5 mm	± 1 %
b $\leqq$ 50 mm	b > 5 mm	± 0,2 %
b $\leqq$ 200 mm	b > 20 mm	± 0,1 %

Kupfer ist für die elektrotechnische Anwendung unter DIN 40500 Bl. 1–4 (E. 2.68) genormt. Für die Anwendung als Folienkupfer bei metallkaschierten Basismaterialien wird nach DIN 40802 Teil 2 gefordert:

Kupferfolie: Elektrolytkupfer

Reinheitsgrad: mindestens 99,5 %

Spezifischer Widerstand: mindestens ein Wert von 95 % des spezifischen Widerstandes von $1{,}7241 \cdot 10^{-6}$ Ωcm bei 20 °C.

Die IPC-Empfehlung IPC-CF 150 D [4.10] und Empfehlungen des IPC-Assembly And Joning Handbook [4.11] weisen aus:

Volume Resistivity: 0,017241 $\frac{\Omega mm^2}{m}$ bei 20 °C und 100 % IACS

Weight Resistivity: max. 0,16359 $\frac{\Omega g}{m^2}$ bei 153 $\frac{g}{m^2}$-Folien

max. 0,15940 $\frac{\Omega g}{m^2}$ bei 305 $\frac{g}{m^2}$-Folien

Nach Publikationen des Deutschen Kupferinstituts [4.12] wird in Weich- und Hartkupfer unterschieden.

Spezifischer Widerstand bei 20 °C:

Weichkupfer: 0,01754 $\frac{\Omega mm^2}{m}$

Hartkupfer: 0,01786 $\frac{\Omega mm^2}{m}$

> Die anwendungsorientierten Berechnungen beim Basiswerkstoff Kupfer gehen meist von einem spezifischen Widerstand von $1{,}724 \cdot 10^{-6}$ Ωcm oder von einer spezifischen Leitfähigkeit von $58 \cdot 10^4 \frac{S}{cm}$ aus.

Die in diesem Merksatz getroffenen Angaben beziehen sich auf 20 °C. Bei der temperaturabhängigen Dehnung des Werkstoffes ist ein quasi linearer Temperaturkoeffizient des spezifischen Widerstandes zu berücksichtigen [4.13].

In Bild 4.29 ist ein auf dieser Basis erstelltes Diagramm dar-

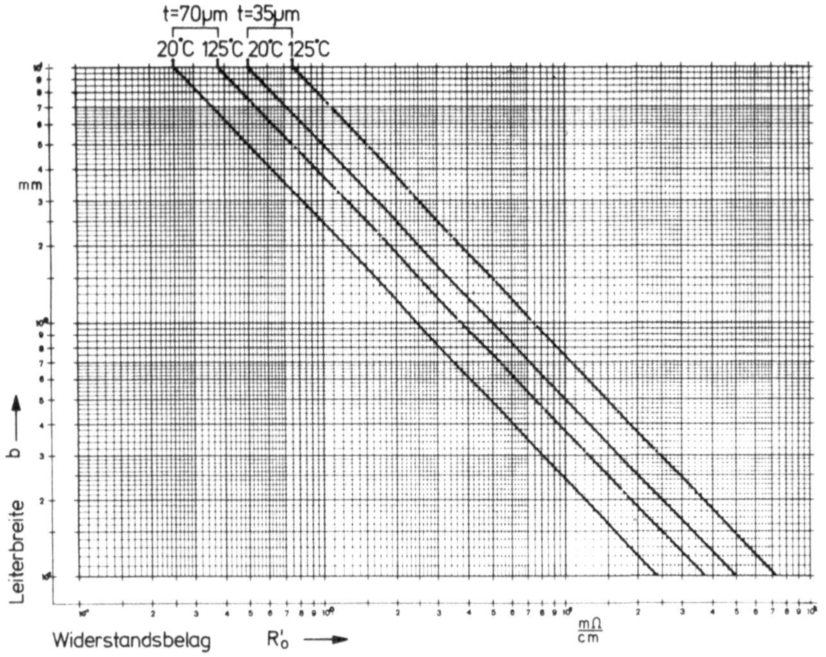

Bild 4.29
Wirkwiderstandsbelag R_0' in Abhängigkeit von der Leiterbreite.

gestellt, daß eine rasche überschlägige Ermittlung des Widerstandes erlaubt. Aufgeführt ist der Wirkwiderstandsbelag Ro' für den Gleichstromfall in Abhängigkeit von der Leiterbreite.

Die bisher gemachten Betrachtungen beziehen sich auf einen frequenzunabhängigen Widerstand (Gleichstrom-Wirkwiderstand Ro). Mit steigender Betriebsfrequenz ist eine solche Betrachtung nicht mehr zulässig. Das Stromverdrängungsverhalten in Leiterwerkstoffen (Skineffekt, Proximityeffekt) machen eine revidierte Behandlung notwendig. Die Stromverdrängung in einer ebenen Platte der Querschnittdimensionen b und t nach Bild 3.11 und der Länge l führt nach *H. Schunk* [4.14] auf den komplexen Leiterwiderstand:

$$\underline{Z} = \frac{l}{\kappa\, b}\,(1 + j)\,\frac{1}{2\,\upsilon}\,\coth\,(1 + j)\,\frac{t}{2\,\upsilon}$$

mit υ äquivalente Leitschichtdicke
κ spezifische Leitfähigkeit

$$\upsilon = \sqrt{\frac{2}{\omega\kappa\mu}}$$

Durch Einführung des Gleichstromwiderstandes

$$Ro = \frac{l}{\kappa\, b\, t}$$

und Division ergibt sich:

$$\frac{\underline{Z}}{Ro} = \frac{R_\sim}{Ro} + j\,\frac{\omega Li}{Ro}$$

Der Wirkanteil $\frac{R_\sim}{Ro}$ des komplexen bezogenen Widerstandes ergibt sich zu:

$$\frac{R_\sim}{Ro} = \frac{t}{2\,\upsilon}\;\frac{\sinh\frac{t}{\upsilon} + \sin\frac{t}{\upsilon}}{\cosh\frac{t}{\upsilon} - \cos\frac{t}{\upsilon}}$$

Das Funktionsverhalten $\frac{R_\sim}{Ro}\left(\frac{t}{\upsilon}\right)$ zeigt ab $\frac{t}{\upsilon} \geqq 2$ ein monotones Ansteigen des Wertes von $\frac{R_\sim}{Ro}$. Bei $\frac{t}{\upsilon} = 10$ ist $\frac{R_\sim}{Ro} = 5$ erreicht. Dieser $\frac{t}{\upsilon}$ Wert wird häufig als Grenzwert für die ausschließliche Berücksichtigung des Wechselstromwirkwiderstandes $R_\sim$ herangezogen [4.15]. Für die Berechnung des Wirkwiderstandsbelages R' lassen sich die in Tafel 4.12 angegebenen Bereiche nennen und beschreiben.

Tafel 4.12: Anwendungsbereiche für die Berechnung von R'

Anwendungsbereich	empfohlene Beziehung für R'
$\upsilon \geqq \frac{t}{2}$	R' = Ro'
$\frac{t}{2} > \upsilon > \frac{t}{10}$	vollständige Beziehung nach Text
$\upsilon \leqq \frac{t}{10}$	$R' = R'_\sim$

Eine äquivalente Leitschichtdicke von $\frac{t}{10}$ ist für t = 0,035 mm Kupferleiter bei f = 355 MHz und die von $\frac{t}{2}$ bei f = 19,36 MHz erreicht.

Für äquivalente Leitschichtdicken $\leqq \frac{t}{10}$ läßt sich eine vereinfachte Berechnungsbeziehung angeben:

$$R_{\sim} = \frac{l}{\langle 2\upsilon\,(b+t)\rangle\,\kappa} \approx \frac{l}{2\,\upsilon b\kappa}$$

mit $Ro = \frac{l}{bt\kappa}$ ergibt sich näherungsweise:

$$\frac{R_{\sim}}{Ro} \approx \frac{t}{2\,\upsilon}$$

$$R' = R'_{\sim} \approx Ro' \frac{t}{2\,\upsilon}$$

Schichtungsproblematik. Die bisherigen Betrachtungen beziehen sich auf Kupfer als ausschließlichem Leiterwerkstoff. Es ist aber schon an anderer Stelle dargelegt worden, daß Metallstrukturierungsverfahren notwendigerweise auf Metallätzresiste zurückgreifen müssen. Die hierbei häufig angewandten Resiste sind galvanisch abgeschiedene Zinn/Blei- oder Nickel/Gold-Schichten. Diese zunächst adhäsiv haftenden Schichtungen führen in ihrem Prozeß- und Alterungsverhalten zu Diffusionszonen mit der Bildung intermetallischer Phasen, also von Schichtungen, mit anderen physikalischen Eigenschaften als die der Ausgangswerkstoffe.

Bei Zinn/Blei-Plattierungen treten Phasen Cu_6Sn_5 und folgend Cu_3Sn auf. Bei Goldplattierungen ist zwar die hohe Diffusionsneigung des Goldes in das Kupfer durch die Nickelsperrschicht unterbunden, aber beim Löten kommt es zu intermetallischen Phasen zwischen Gold und Lot. Gold geht dabei mit hoher Geschwindigkeit in Lösung und bildet bei genügender Konzentration die Phase $AuSn_4$, die hochbeständig ist und nadelförmige Kristalle ausbildet.
Ist die Plattierung an sich schon eine Einschränkung der Leitungseigenschaften des Kupferleiters, insbesondere durch die ferromagnetisch wirksame Nickelsperrschicht, so führen die Diffusionsphasen zu weiterer Komplizierung. Generell muß man von einem Leiterwerkstoff mit geschichtetem spezifischem Leitvermögen sprechen. Beispielhaft sind die Verhältnisse in Bild 4.30 dargestellt. Bei der Berechnung der Leitungseigenschaften der Struktur ist abzuwägen, inwieweit die allgemeinen Berechnungsbeziehungen, die auf dem Leiterwerkstoff Kupfer basieren, zulässig anwendbar sind.

4.5.3 Parallelleitung

Dieser Leitungstyp ist auch als ungeschirmte Bandleitung bekannt. Bei elementaren integrierten Strukturen liegt die zentrale Bedeutung bei der Anwendung als Versorgungsleiter zweiseitiger Strukturen. Die dabei auftretenden Leiterbreiten liegen bei 2 mm bis 5 mm. Bild 4.31 zeigt die Leiteranordnung und ihre Dimensionierungsgrößen.

Induktivitätsbelag L'. Nach *H. Hertwig* läßt sich zur Berechnung eine Näherungsbeziehung angeben:

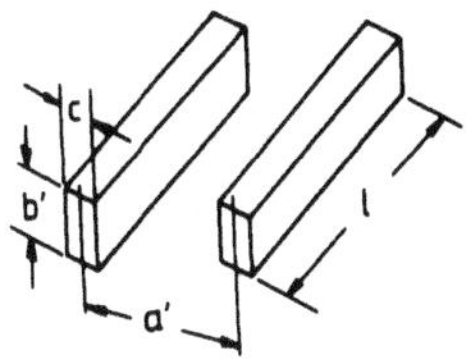

$$\frac{L}{nH} = 4\,\frac{l}{cm}\left(\ln\frac{a'}{b'+c} + 1{,}5 - \frac{a'}{l} + 0{,}2235\,\frac{b'-c}{l}\right)$$

Diese Näherung läßt sich für $l > a'$ und $l > (b'-c)$ weiter vereinfachen zu:

$$\frac{L}{nH} = 4\,\frac{l}{cm}\left(\ln\frac{a'}{b'+c} + 1{,}5\right)$$

mit $a' = a + t$
$b' = b$
$c = t$

ergibt sich dann der Induktivitätsbelag zu:

$$\frac{L'}{nH/cm} = 4\left(\ln\frac{a+t}{b+t} + 1{,}5\right)$$

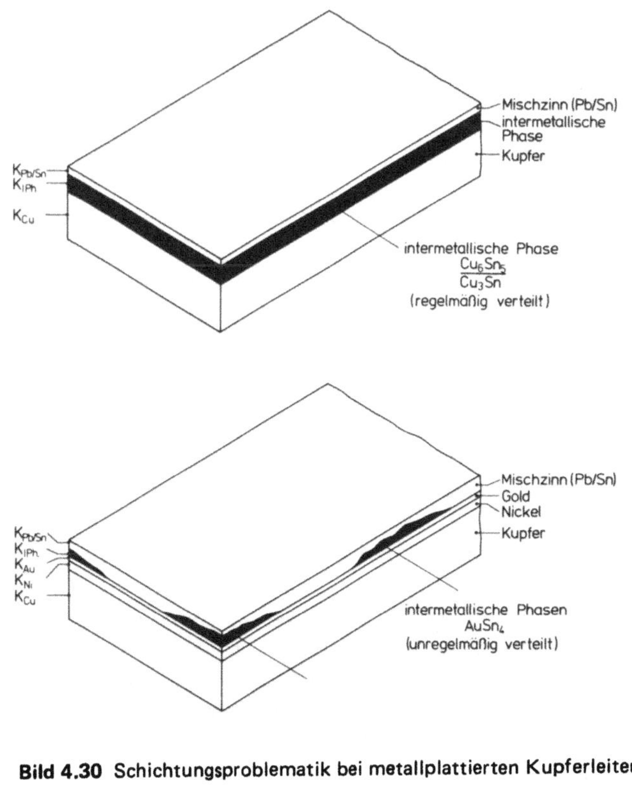

Bild 4.30 Schichtungsproblematik bei metallplattierten Kupferleitern.

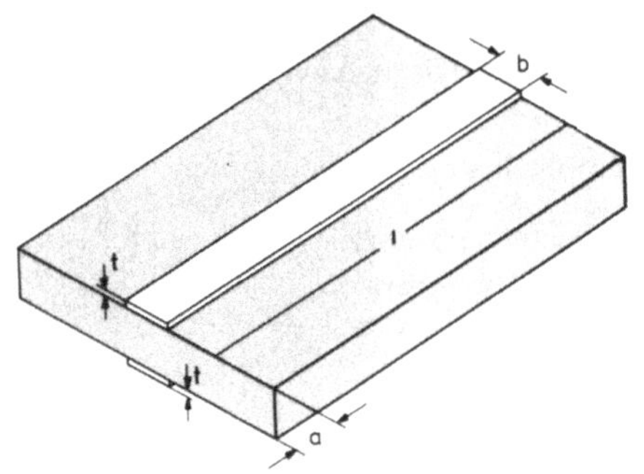

Bild 4.31 Die Parallelleitung und ihre Dimensionierungsgrößen.

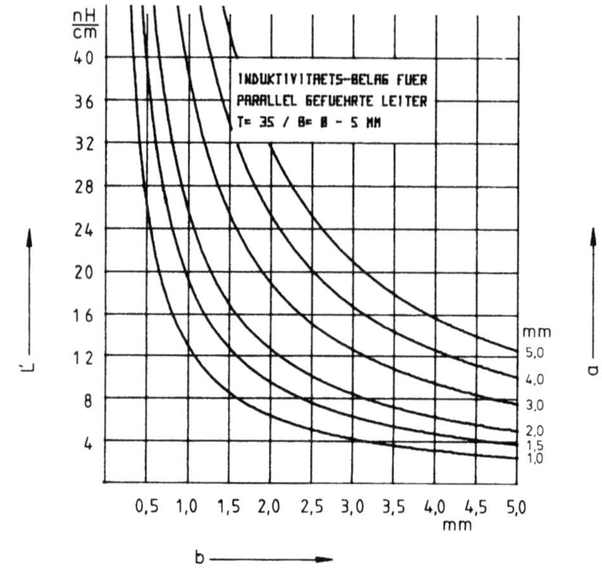

Bild 4.32 Induktivitätsbelag L' der Parallelleitung.

Eine Auswertung dieser Beziehung zeigt über weite Abmessungsbereiche negative Induktivitätswerte. Das Versagen der Näherungsbeziehung für die hier auftretenden Strukturdaten ist dann gegeben, wenn:

$(b + t) > (a + t)$ und

$$\ln \frac{a+t}{b+t} < (-1{,}5)$$

Bei *K. Steinbuch* [4.16] ist eine Beziehung zu entnehmen, die die L'-Berechnung so darstellt:

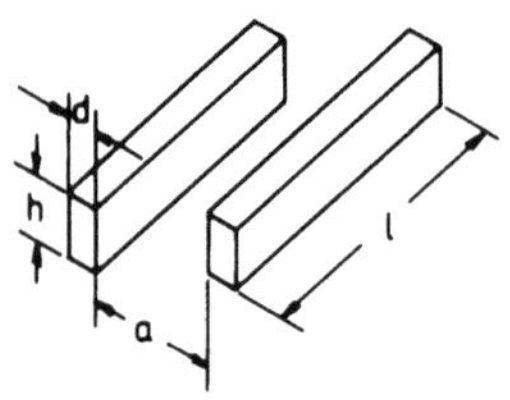

$$\frac{L'}{\text{nH/cm}} = 12{,}5\,\frac{d}{h}\left(\frac{a}{d} + \frac{2}{3}\right)$$

Hier gilt mit:
a = a
h = b
d = t

$$\frac{L'}{\text{nH/cm}} = 12{,}5\,\frac{t}{b}\left(\frac{a}{t} + \frac{2}{3}\right)$$

Dieser Funktionszusammenhang wird für eine konstante Leiterdicke und einen konstanten Leiterabstand:

$$\frac{L'}{\text{nH/cm}} = K\,\frac{1}{b} \quad \text{mit} \quad K = (12{,}5\,a + 8{,}33\,t)$$

Der Induktivitätsbelag ist umgekehrt proportional zur Breite b. Aus dieser Tatsache lassen sich auf einfache Weise Skalierungen über eine interessierende Breitenvariation b durchführen. Bild 4.32 zeigt Plotterdiagramme für die Kaschierungsdicke von 0,035 mm. Das vollständige Tabellen- und Diagrammwerk ist im Anhang A 4 niedergelegt.

Kapazitätsbelag C'. Die Berechnung des Kapazitätsbelages ist bei angewandten Strukturbreiten wegen des hohen Streufeldanteils schwierig. Die wesentlichen Berechnungsmethoden wenden die Schwartz-Christoffel Transformation an. Auf der Basis der nachfolgenden Beziehung für C' lassen sich anwendungsorientierte Diagramme erstellen:

$$\frac{C'}{\text{pF/cm}} = 8{,}23 \cdot 10^{-3}\,\epsilon_r\,\frac{b}{a}\left\langle 1 + \frac{a}{b\,\pi}\left(1 + 2{,}3\,\lg\frac{2\,\pi\,b}{a}\right)\right\rangle$$

Bild 4.33 zeigt ein solches Kapazitätsdiagramm, das für Strukturbreiten erstellt wurde, die in Versorgungsnetzen Anwendung finden. Im Anhang A 4 sind weitere Arbeitsdiagramme aufgeführt. Eine Diagrammauswertung führt zu der Erkenntnis, daß Parallelstrukturen nur sehr geringe kapazitive Stützungseigenschaften aufweisen, eine Tatsache, die für die Auslegung von Versorgungsnetzen von großer Wichtigkeit ist.

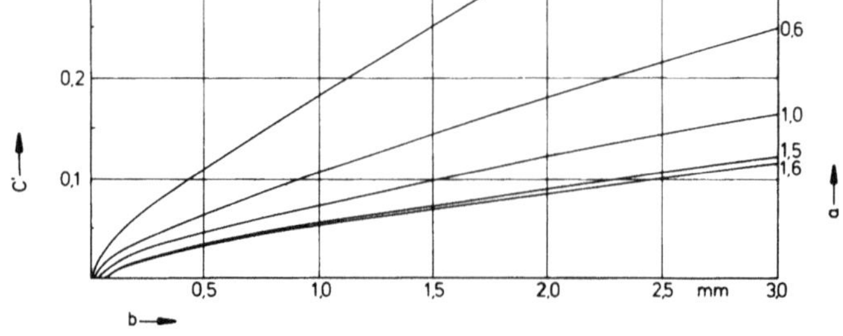

Bild 4.33 Kapazitätsbelag C' der Parallelleitung.

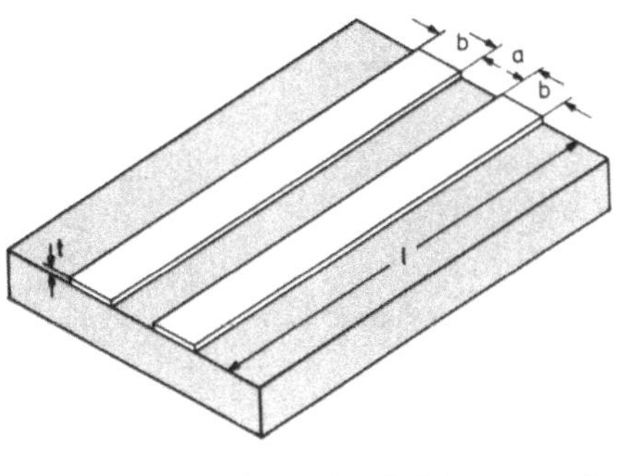

Bild 4.34 Die coplanare Parallelleitung und ihre Dimensionierungsgrößen.

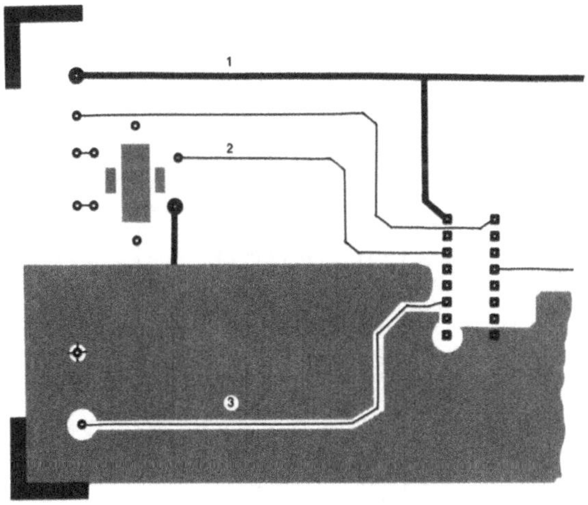

Bild 4.35 Strukturformen inhomogener Leitungen

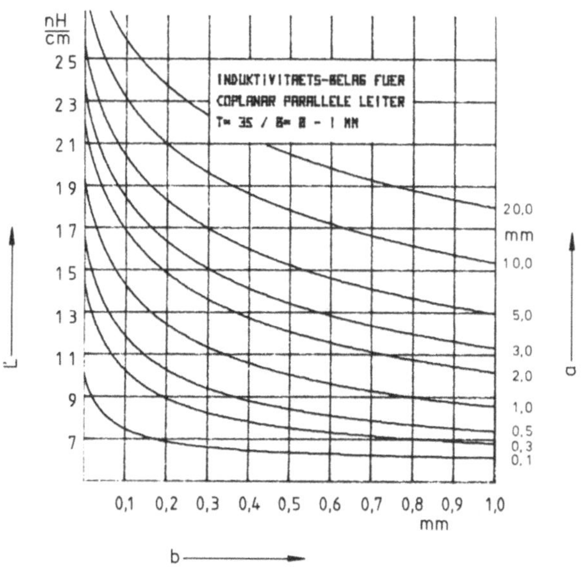

Bild 4.36 Induktivitätsbelag L' der coplanaren Parallelleitung.

Wellenwiderstand Z_L. Unter der Annahme einer verlustfreien Leiterstruktur läßt sich der Wellenwiderstand vereinfacht berechnen:

$$Z_L = \sqrt{\frac{L'}{C'}}$$

Widerstandsbelag R'. Der Widerstandsbelag läßt sich vergleichbar den Betrachtungen im Abschnitt 4.5.2 ermitteln. Die Betrachtungen sind für den Hin- und Rückleiter anzustellen.

4.5.4 Coplanare Parallelleitung

Bild 4.34 zeigt die Leiteranordnung und ihre Dimensionierungsgrößen. Die konsequente Anwendung dieses Leitungstyps ist nicht verbreitet. Dies hat verschiedene Ursachen. Von der Topografie her ist die coplanare Parallelleitung ein Leitungstyp der einseitigen Technik. Gleichwohl ist sie auch bei zweiseitigen Strukturen anwendbar. In beiden Techniken ist die Entwurfskonzeption die, daß die Signalrückleitung häufig der allen Leitern gemeinsame Masseleiter ist. Dieser wiederum wird in der analogen und digitalen Elektronik nach sehr unterschiedlichen Konzepten dimensioniert und geführt. Klassifiziert, treten inhomogene coplanare Parallelleitungen auf, die im schlechtesten Fall durch fortgesetzte Abstands- und Querschnittssprünge gekennzeichnet sind. Solche Inhomogenitäten sind einer exakten Berechnung nicht mehr zuführbar. Bild 4.35 zeigt Strukturformen inhomogener Leitungen bei analogen und digitalen Schaltungen. Diese Entwurfspraxis ist zwar typisch und bei niederfrequenten Anwendungen zu akzeptieren, aber sie ist keineswegs zwingend notwendig und bei hochfrequenten Anwendungen problematisch.

Induktivitätsbelag L'. Die unter 4.5.3 angegebene Beziehung von *H. Hertwig* läßt sich hier wiederum anwenden. Ein Symbolvergleich ergibt:

$a' = a + b$
$b' = t$
$c = b$

damit wird:

$$\frac{L'}{\text{nH/cm}} = 4\left(\ln \frac{a+b}{t+b} + 1{,}5\right)$$

Die Plotterdiagramme der Kaschierungsdicke 0,035 mm zeigt Bild 4.36. Das gesamte Tabellen- und Diagrammwerk ist im Anhang A 4 aufgeführt. Bei der Anwendung der Diagramme sollte in jedem Fall die Einschränkung der Anwendbarkeit beachtet werden, denn es muß gelten:

$l > a + b$ und $l > |t - b|$

Ein Vergleichsdiagramm rechnerisch und empirisch ermittelter Induktivitätsbeläge zeigt Bild 4.37.

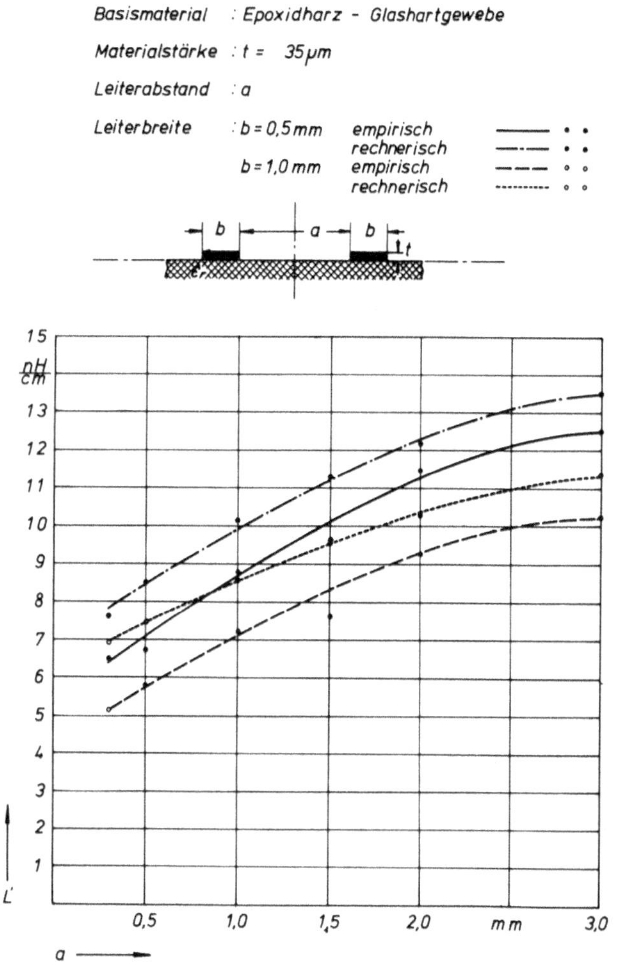

Bild 4.37 Vergleichsdiagramm rechnerisch und empirisch gefundener Induktivitätsbeläge der coplanaren Parallelleitung.

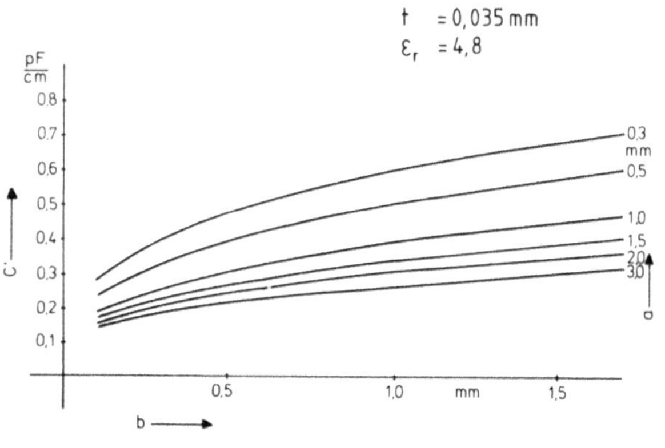

Bild 4.38 Kapazitätsbelag C′ der coplanaren Parallelleitung.

Kapazitätsbelag C′. *Yu Ching Lim* und *Robert A. Moore* geben eine Berechnungsmethode der Kapazität coplanarer paralleler Leiterstreifen an [4.17], die auf die Kantenkapazität ausgeweitet wurde [4.18]. Plotterdiagramme der rechnerunterstützten Behandlung der ausgeweiteten Beziehung zeigt Bild 4.38. Das gesamte interessierende Diagrammwerk ist wiederum im Anhang A 4 niedergelegt. Die Diagramme sind für die Dielektrizitätszahlen $\epsilon_r = 4{,}8$ (Epoxiglas) und $\epsilon_r = 5{,}5$ (Epoxipapier) ermittelt.

Wellenwiderstand Z_L. Die verlustfreie Annahme der Leiterstruktur läßt den Wellenwiderstand über die vereinfachte Beziehung $Z_L = \sqrt{\frac{L'}{C'}}$ bestimmen. Tafel 4.13 führt in einem Vergleich die experimentell gefundenen und errechneten Werte von L′, C′ und Z_L auf. Im Anhang A 4 ist ein Wellenwiderstandsdiagramm wiedergegeben, das von *R. F. Frazita* aufgestellt wurde [4.19]. Die Dimensionierungsbezeichnungen weichen hierbei von denen des Bildes 4.34 ab.

Tafel 4.13: Vergleich experimentell gefundener und errechneter Werte von L′, C′ und Z_L

	a mm		0,3	0,5	1,0	1,5	2,0	3,0
b = 0,1 mm	L nH/cm	emp.						
		rech.	11,41	13,03	15,45			19,60
	C pF/cm	emp.						
		rech.	0,28	0,235	0,19			0,14
	Z_L Ω	rech.	202	235	285			374
b = 0,2 mm	L nH/cm	emp.						
		rech.	9,60	10,35	12,52			16,45
	C pF/cm	emp.						
		rech.	0,35	0,29	0,23			0,165
	Z_L Ω	rech.	166	188	233			316
b = 0,5 mm	L nH/cm	emp.	6,50	6,70	8,85	9,65	11,05	12,50
		rech.	7,60	8,50	10,12	11,27	12,16	13,50
	C pF/cm	emp.	0,485	0,448	0,38	0,36	0,313	0,278
		rech.	0,48	0,395	0,305			0,21
	Z_L Ω	rech.	128	147	182			254
b = 1,0 mm	L nH/cm	emp.	5,15	5,85	7,25	7,55	9,25	10,25
		rech.	6,91	7,48	8,63	9,51	10,25	11,40
	C pF/cm	emp.	0,595	0,525	0,448	0,418	0,36	0,315
		rech.	0,60	0,50	0,39			0,265
	Z_L Ω	rech.	108	122	149			208
b = 1,5 mm	L nH/cm	emp.						
		rech.	6,72	7,06	7,95			10,30
	C pF/cm	emp.						
		rech.	0,68	0,375	0,45			0,30
	Z_L Ω	rech.	99	111	133			185

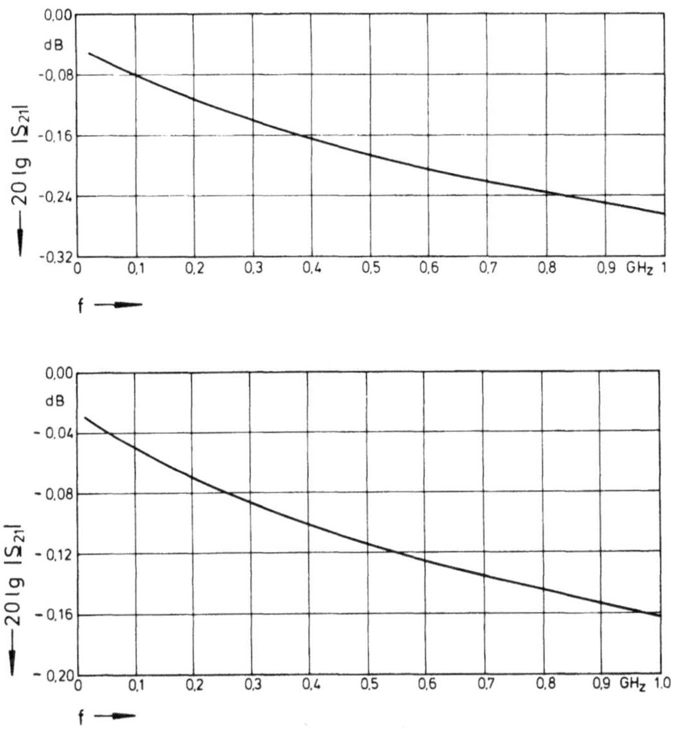

Bild 4.39 a) u. b) Längsdämpfung der coplanaren Parallelleitung in Abhängigkeit der Frequenz für unterschiedliche Leitergeometrien.

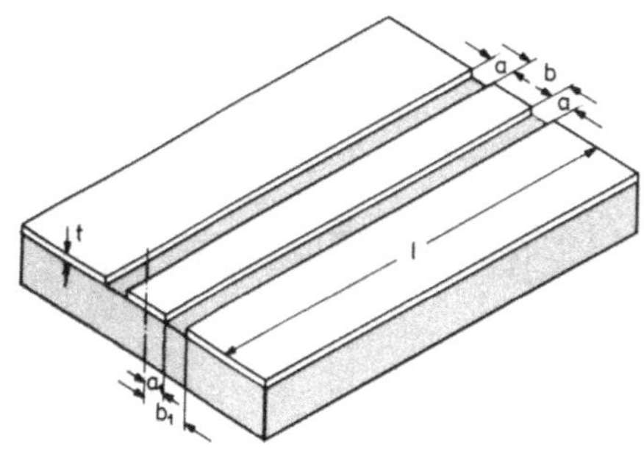

Bild 4.40 Die coplanare Leitung und ihre Dimensionierungsgrößen.

Widerstandsbelag R'. Der Widerstandsbelag ist vergleichbar den Betrachtungen in Abschnitt 4.5.2 für Hin- und Rückleiter zu ermitteln. Rechnerunterstützte Untersuchungen [4.20] über die Übertragungseigenschaften der verlustbehafteten coplanaren Parallelleitung der Länge l = 200 mm, aus kleinen Elementlängen in Kette geschaltet, zeigen für den Transmissionsfaktor S_{21} die in Bild 4.39 a und b dargestellten Dämpfungsverläufe. Den Darstellungen liegen folgende Leiterdimensionen zugrunde:

Bild 4.39a: t = 0,035 mm, a = 0,5 mm, b = 0,2 mm, ϵ_r = 4,8
Bild 4.39b: t = 0,035 mm, a = 0,3 mm, b = 0,1 mm, ϵ_r = 4,8

Die Dämpfungswerte sind als reine Längsdämpfungswerte zu betrachten und weisen bei f = 1 GHz 0,16 dB resp. 0,26 dB auf. Sie dürfen als vernachlässigbar klein angesehen werden, was wiederum den verlustfreien Ansatz des Wellenwiderstandes rechtfertigt.

Von Interesse sind die weiteren S-Parameter der Leitungen und ihre Frequenzabhängigkeit. Es zeigt sich, daß die Reflexionsfaktoren S_{11} und S_{22} bei zwei signifikanten Frequenzen null werden und dabei gleichzeitig die Phasen von S_{12} und S_{21} Werte von 180° bzw. 0° annehmen. Dies deutet auf Resonanzeigenschaften des offenen Leitungstyps hin. Jenes allgemein bekannte Phänomen ist auch für Leitungsauslegungen gedruckter Schaltungen bedeutsam und wird noch Gegenstand der Erörterungen bei Abschirmfragen sein. Immerhin sollte deutlich werden, daß Leiterstrukturen gedruckter Schaltungen ganz allgemein den Gesetzmäßigkeiten der Leitungstheorie unterliegen.

Im Anhang A 4 sind die Datenlisten und Diagramme niedergelegt.

Spannungsfestigkeit. Die zulässige Spannung zwischen Leitern ist vielfältig abhängig. In DIN 40803, Blatt 1, Seite 13 wird ein Diagramm angegeben, das die Nennspannung zwischen Leitern vom minimalen Leiterabstand abhängig macht. Dieses Diagramm stützt sich auf die IEC-Publikation 326. Nachfolgend wird in Tafel 4.14 eine Bestimmungsmöglichkeit des minimalen Leiterabstandes gegeben, die auf den Publikationen MIL-STD 275 C, MIL-STD 1495 und IPC-ML-910 aufbaut.

4.5.5 Coplanare Leitung

Die coplanare Leitung ist ein Wellenleitertyp der Mikrowellentechnik. Wegen der Existenz einer magnetischen Längskomponente ist dieser Leitungstyp für nichtreziproke Mikrowellenbauteile bedeutsam geworden. Bild 4.40 zeigt die Leiteranordnung und ihre Dimensionierungsgrößen.

Bei gedruckten Schaltungen wird schon immer, zwar nicht eine Längsfeldkomponente nutzend und bei relativ niedrigen Frequenzen betrieben, mit dieser Leitungsform strukturiert, wenn es um die Schirmung eines Leiters oder Leitergruppen geht. Insbesondere ist in der analogen Technik einseitiger Strukturen die Freilegung eines Leiters in einem größeren flächenhaften Masseumfeld die einzige strukturadäquate Schirmungsmöglichkeit. Diese Tatsache ist nicht nur auf den Leiter, sondern auch auf Leiterformen wie Spulen oder gar auf das Bestückungselement selbst bezogen.

Leitungsgrößen. Empirische Untersuchungen an coplanaren Leitern führten zu Leitungskenngrößen wie sie in Bild 4.41 aufgeführt sind. Die Darstellung gibt ferner die Abmessungen der Meßplatine und die Dimensionsbezeichnungen wieder. Die Meßergebnisse zeigen eine relativ geringe Änderung des Wellenwiderstandes von der Leiterbreite. Von Interesse

Tafel 4.14: Spannungsfestigkeit nach MIL und IPC

<table>
<tr><td rowspan="3">Spannung zwischen den Leitern $\frac{U_{DC}}{V}; \frac{U_{ACP}}{V}$</td><td colspan="6">empfohlener Leiterabstand (Maße in mm)</td></tr>
<tr><td colspan="2">unbeschichtet 0–3000 m Höhe</td><td>unbeschichtet > 3000 m Höhe</td><td colspan="2">beschichtet und innere Lagen Multilayer</td><td>innere Lagen Multilayer</td></tr>
<tr><td>MIL-STD-275C</td><td>IPC-ML-910</td><td>MIL-STD-275C IPC-ML-910</td><td>MIL-STD-275C</td><td>IPC-ML-910</td><td>MIL-STD-1495</td></tr>
<tr><td>0
9</td><td rowspan="6">0,64</td><td rowspan="4">0,38</td><td rowspan="4">0,64</td><td rowspan="3">0,25</td><td rowspan="2">0,13</td><td rowspan="2">0,13</td></tr>
<tr><td>10
15</td></tr>
<tr><td>16
30</td><td>0,25</td><td>0,25</td></tr>
<tr><td>31
50</td><td colspan="2">0,38</td><td>0,38</td></tr>
<tr><td>51
100</td><td rowspan="2">0,64</td><td>1,52</td><td colspan="2">0,51</td><td>0,51</td></tr>
<tr><td>101
150</td><td rowspan="2">3,18</td><td colspan="2" rowspan="4">0,76</td><td rowspan="4">0,76</td></tr>
<tr><td>151
170</td><td colspan="2" rowspan="3">1,27</td></tr>
<tr><td>171
250</td><td>6,35</td></tr>
<tr><td>251
300</td><td rowspan="2">12,70</td></tr>
<tr><td>301
500</td><td colspan="2">2,54</td><td colspan="2">1,52</td><td>1,52</td></tr>
<tr><td>> 500</td><td colspan="2">0,0051 mm/V</td><td>0,025 mm/V</td><td colspan="2">0,0030 mm/V</td><td>0,0030 mm/V</td></tr>
</table>

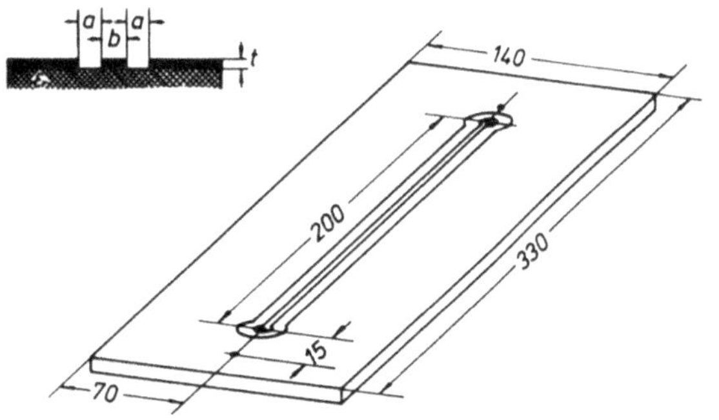

Basismaterial : *Epoxidharz - Glashartgewebe*

Materialstärke : *t = 35 µm*

Dielektrizitätszahl : $\varepsilon_r = 4{,}8$

Leiterbreite : *b = 0,5 mm*

Leiterlänge : *l = 200 mm*

Leiterabstand : *a*

$\frac{a}{mm}$	0,5	1,0	2,0	5,0
$\frac{C}{pF}$	13,2	11,4	9,7	6,9
$\frac{L}{nH}$	108	128	141	197
$\frac{Z_L}{\Omega}$	90,45	105,96	120,56	168,96

Bild 4.41 Empirisch gefundene Leitungskenngrößen der coplanaren Leitung.

dürften die nahezu konstanten Werte der Induktivitätsmessung vom Ort des Kurzschlusses auf einem Kreisbogen mit dem Radius von 15 mm sein.

Die theoretische Erfassung des Wellenwiderstandes Z_L wurde von *Cheng P. Wen* [4.21] beschrieben. Für den Kapazitätsbelag ergibt sich eine Beziehung

$$C' = (\epsilon_r + 1)\,\epsilon_o\, 2\,\frac{u}{v}$$

Dabei sind u und v Lösungen eines elliptischen Integrals. Die Phasengeschwindigkeit ergibt sich zu:

$$v_{ph.} = \frac{c_0}{\sqrt{\epsilon_{r_{eff}}}}$$

Hierbei wird die effektive Dielektrizitätszahl $\epsilon_{r_{eff}}$ in erster Näherung aus dem arithmetischen Mittel der Dielektrizitätszahl in Luft und im Basismaterial gebildet:

$$\epsilon_{r_{eff}} = \frac{\epsilon_r + 1}{2}$$

Schließlich ergibt sich hieraus der Wellenwiderstand Z_L zu:

$$Z_L = \frac{1}{C'\, v_{ph}}$$

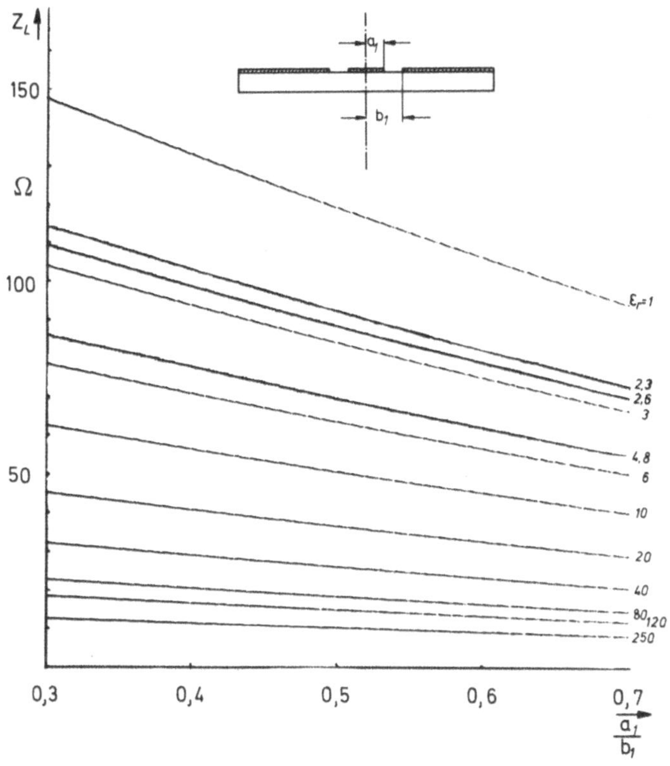

Bild 4.42 Wellenwiderstandsdiagramm der coplanaren Leitung für anwendungsorientierte Dimensionierungswerte.

Im Anhang A 4 ist ein Wellenwiderstandsdiagramm nach *Ch. P. Wen* wiedergegeben. Es sei hier darauf hingewiesen, daß die Dimensionsbezeichnungen gegenüber Bild 4.40 unterschiedlich sind.

In einer Anwendung der Beziehungen von *Ch. P. Wen* [4.22] wurde eine Berechnung des Wellenwiderstandes für anwendungsbedeutsame Dielektrizitätszahlen durchgeführt. Bild 4.42 zeigt das Wellenwiderstandsdiagramm in Abhängigkeit vom Breiten/Abstandsverhältnis. Auf die relative Konstanz des Wellenwiderstandes sei noch einmal hingewiesen.

Zur frequenzabhängigen Überprüfung des Wellenwiderstandes wurde in eben dieser Arbeit [4.22] für gebräuchliche Abmessungen coplanarer Strukturen der Eingangsreflexionsfaktor S_{11} angepaßter Leitungen untersucht. Dabei zeigen die nachfolgend dokumentierten Ergebnisse, die auf ein Meßsystem von 50 Ω bezogen sind, ein interessantes Abhängigkeitsverhalten. Je größer der Wellenwiderstand, bedingt durch die größere Spaltbreite, desto größer ist die Frequenzvariation des Wellenwiderstandes und die Abweichung vom theoretischen Wert. Bei den Ergebnissen ist der Frequenzbereich der Untersuchung zu beachten. Die Bilder 4.43 bis 4.45 demonstrieren den angesprochenen Sachverhalt. Sie geben gleichzeitig Auskunft über die Leiterstruktur und die Leitungsgrößen.

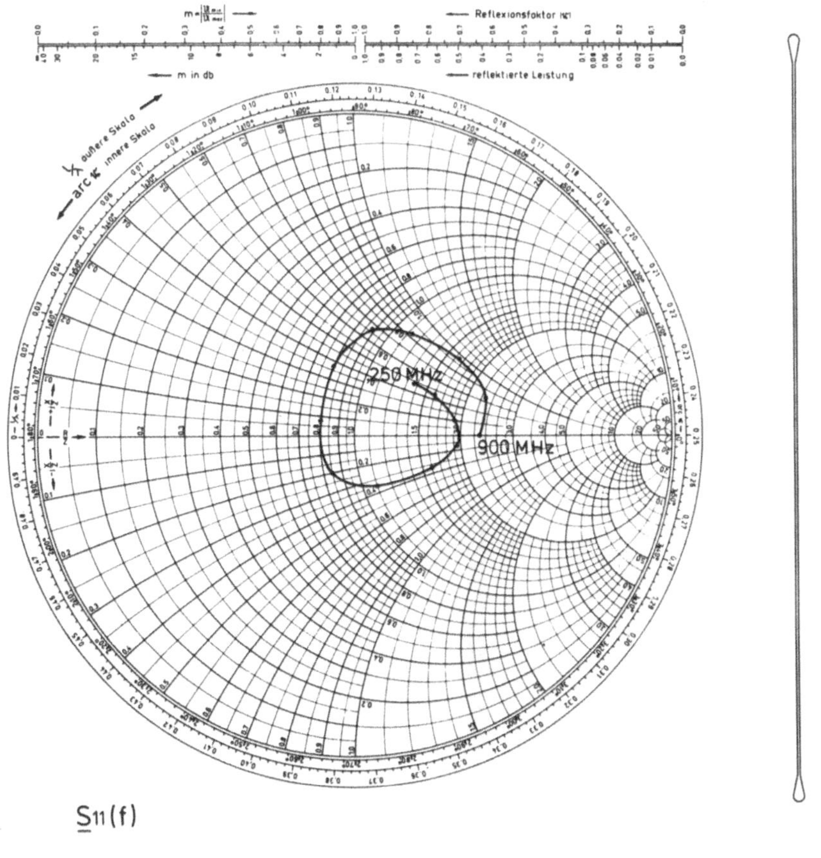

Bild 4.43
Eingangsreflexionsfaktor $\underline{S}_{11}$ der coplanaren Leitung in Abhängigkeit von der Frequenz für Z_L = 70 Ω.

Z_L = 70,73 Ω
L' = 402,00 nH/m
C' = 80,25 pF/m
a_1 = 0,25 mm
b_1 = 0,50 mm
ϵ_r = 4,80

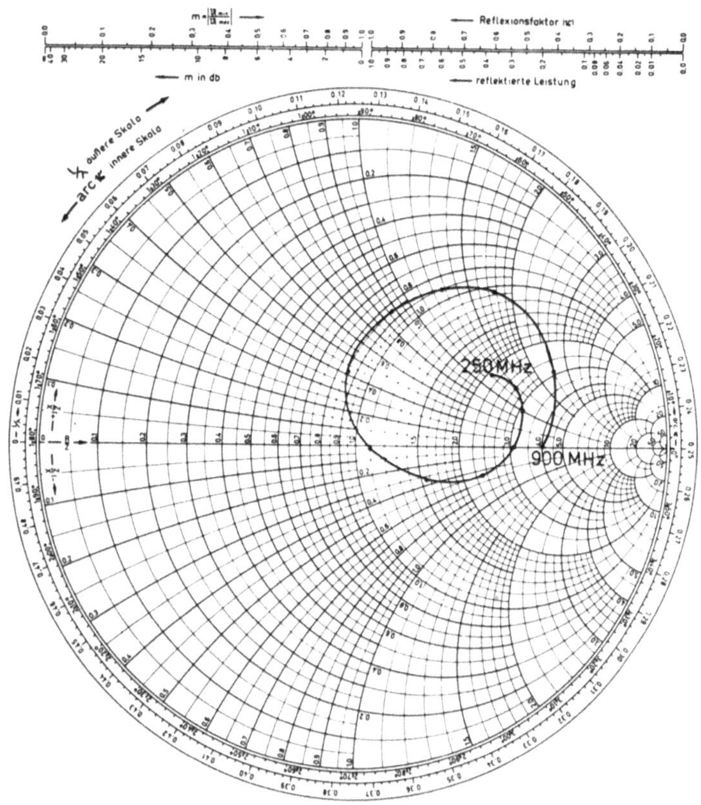

$\underline{S}_{11}$ (f)

Bild 4.44
Eingangsreflexionsfaktor $\underline{S}_{11}$ der coplanaren Leitung in Abhängigkeit von der Frequenz für $Z_L = 105\ \Omega$.

Z_L = 105, 32 Ω
L = 598,41 nH/m
C = 53,94 pF/m
a_1 = 0,25 mm
b_1 = 1,25 mm
ϵ_r = 4,80

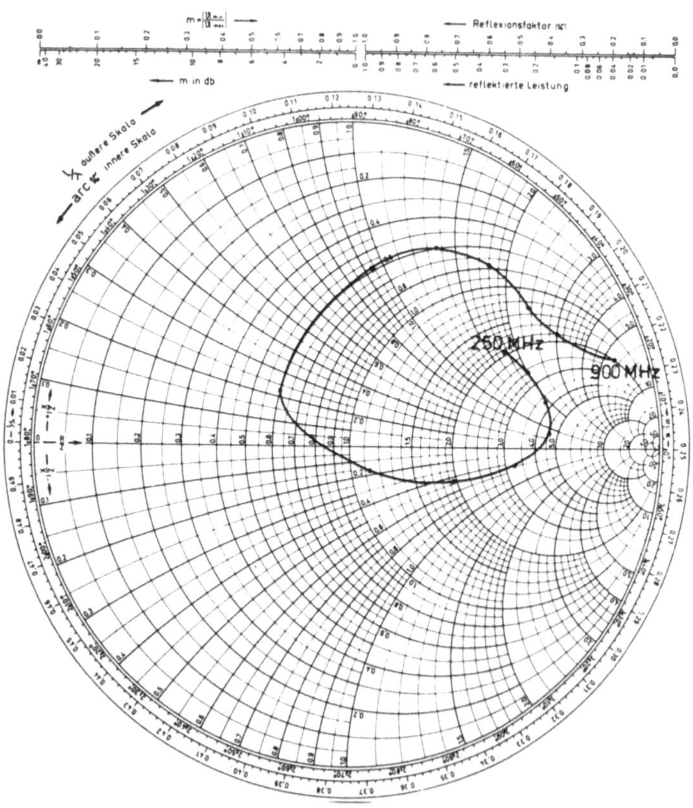

$\underline{S}_{11}$ (f)

Bild 4.45
Eingangsreflexionsfaktor $\underline{S}_{11}$ der coplanaren Leitung in Abhängigkeit von der Frequenz für $Z_L = 126\ \Omega$.

Z_L = 126,02 Ω
L' = 716,00 nH/m
C' = 45,01 pF/m
a_1 = 0,25 mm
b_1 = 2,25 mm
ϵ_r = 4,80

4.5.6 Streifenleitungen

4.5.6.1 Ungeschirmte, unsymmetrische Streifenleitung, Microstrip

Streifenleitungen der hier vorgestellten Form wurden als Wellenleiter der Mikrowellentechnik konzipiert. Sie sind Teil weitgehender Integrationsinnovationen (MIC-Microwave Integrated Circuits). Man kann davon ausgehen, Tendenzentwicklungen lassen den Schluß zu, daß Streifenleitungsformen Zugang zu gedruckten Schaltungen finden, insbesondere bei schnellen digitalelektronischen Schaltungen. Im Vergleich zur Mikrowellentechnik werden die Unterschiede nur in der Anwendung unterschiedlicher Substrate liegen. Während die Mikrowellentechnik Substrate auf der Basis von Fluorkunststoffen und Keramik anwendet, wird die Leiterplattentechnik aus Kostengründen bei dem Substrat Epoxidharz-Glashartgewebe bleiben.
Die Microstrip-Leitung ist der Basistyp aller Streifenleiter. Ihre Wirkungsweise ist hinreichend bekannt und theoretisch abgesichert. Die Leitung und ihre Elementformen lassen sich in ihrer Funktionsweise beschreiben. Die Verwandtschaft zu elementaren integrierten Leiterstrukturen in technologischer und fertigungstechnischer Hinsicht ist eng. Bild 4.46 zeigt eine Microstrip-Leitung und ihre Dimensionierungsgrößen. Abweichend von den bisherigen Bezeichnungen werden hier die international üblichen benutzt.

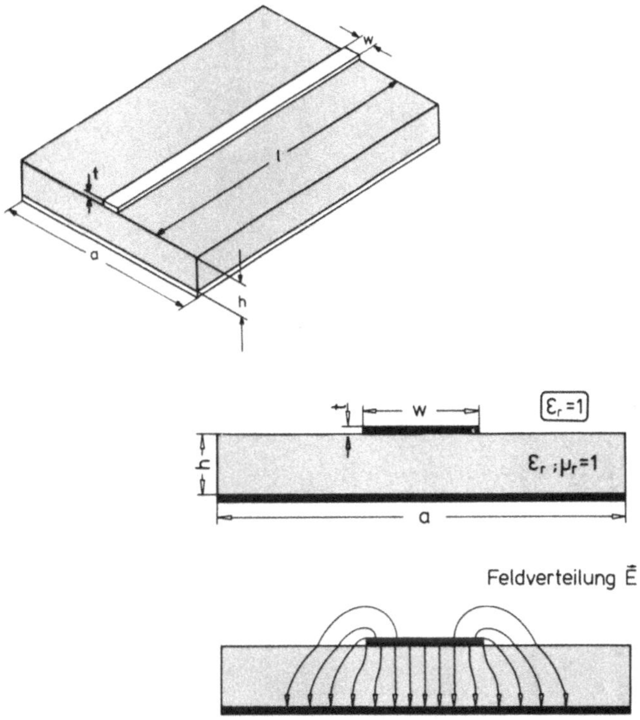

Bild 4.46 Microstrip-Leitung, ihre Dimensionierungsgrößen und die Feldform $\vec{E}$.

Kapazitätsbelag C'. Ausgehend von der sich im Mischdielektrikum Luft/Basismaterial ausbildenden Feldform nach Bild 4.46 ist von einer wirksamen, effektiven Dielektrizitätszahl $\epsilon_{r_{eff}}$ auszugehen. Entsprechend existiert eine Phasengeschwindigkeit auf der Leitung von:

$$v_{ph} = \frac{c_0}{\sqrt{\epsilon_{r_{eff}}}}$$

und die Wellenlänge auf der Leitung beträgt:

$$\lambda = \frac{\lambda o}{\sqrt{\epsilon_{r_{eff}}}}$$

mit c_0: Lichtgeschwindigkeit des freien Raumes
λo: Wellenlänge des freien Raumes.

Mehrere Theorien beschäftigen sich mit der Bestimmung des $\epsilon_{r_{eff}}$ als einer zentralen Dimensionierungsgröße u.a. [4.23], [4.24]. *M. V. Schneider* gibt in seiner Arbeit [4.25] für den Bereich $0{,}1 \leqq \frac{w}{h} \leqq 10$ eine Beziehung mit der Genauigkeit von ± 2 % an:

$$\epsilon_{r_{eff}} = \frac{\epsilon_r + 1}{2} + \frac{\epsilon_r - 1}{2}\left(1 + 10\,\frac{h}{w}\right)^{-\frac{1}{2}}$$

Wegen der praxisnahen Interpretationsmöglichkeit sei diese als einzige genannt. Aus eben diesem Grund wird bei weiteren Leitungskenngrößen im wesentlichen auf die Dimensionierungsmethoden von *Schneider* bezuggenommen.

Der Kapazitätsbelag läßt sich nach folgender Beziehung für den Bereich $10^{-2} \leqq \frac{w}{h} \leqq 10^2$ berechnen:

$$\frac{C'}{\text{pF/m}} = \frac{56{,}33\,\epsilon_{r_{eff}}}{\ln\left[1 + \frac{6{,}283}{w/h}\left(1 + 0{,}27\,\tanh^2\left(\frac{1{,}4}{w/h}\right)\right)\right]}$$

Wellenwiderstand Z_L. Der Wellenwiderstand wird wiederum als verlustfreie Größe angesetzt:

$$Z_L = \sqrt{\frac{L'}{C'}}$$

Durch Einführung von v_{ph} und Elimination von L' bei Berücksichtigung von $\epsilon_{r_{eff}}$ ergibt sich:

$$Z_L = \frac{\sqrt{\epsilon_{r_{eff}}}}{c_0 C'}$$

und als zugeschnittene Größengleichung:

$$\frac{Z_L}{\Omega} = \frac{10^4\,\sqrt{\epsilon_{r_{eff}}}}{3\,\frac{C'}{\text{pF/m}}}$$

Das Einsetzen der zutreffenden Beziehungen führt zu einem umfangreichen Ausdruck, dessen Lösung zweckmäßig rechnerunterstützt durchgeführt wird. Dies ist um so notwendiger, als die Lösungen den Anwendungsbelangen entsprechen

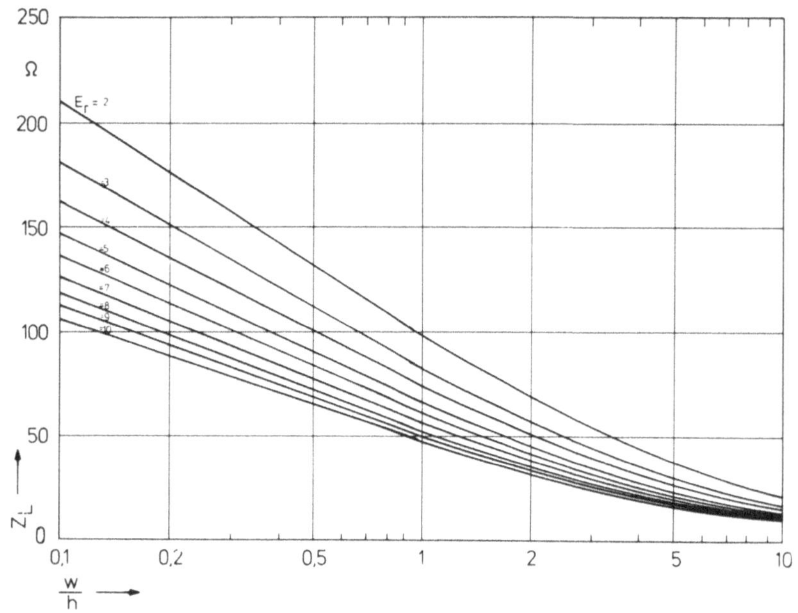

Bild 4.47
Wellenwiderstand Z_L der Microstrip-Leitung in Abhängigkeit von dem Dimensionsgrößenverhältnis w/h.

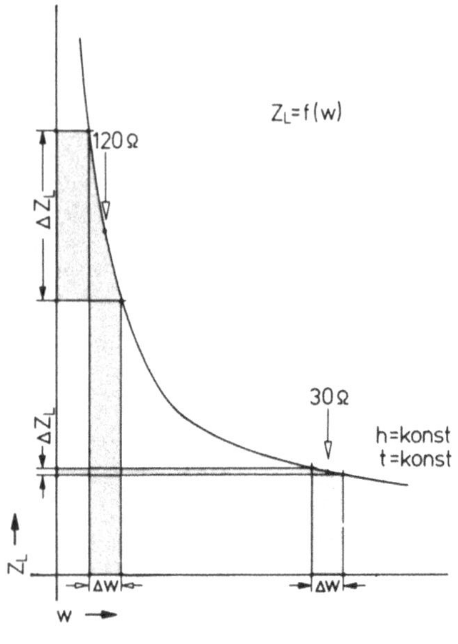

Bild 4.48 Linearzusammenhang Z_L (w) der Microstrip-Leitung.

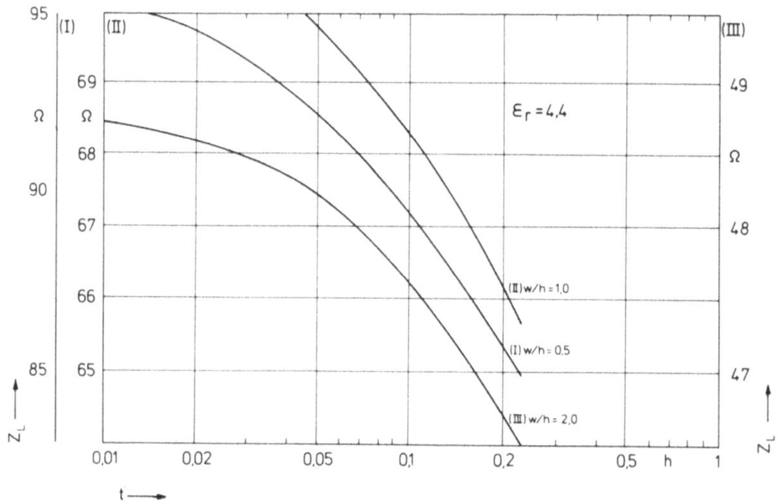

Bild 4.49 Wellenwiderstand Z_L der Microstrip-Leitung in Abhängigkeit von dem Dimensionierungsgrößenverhältnis t/h.

sollten. Bild 4.47 zeigt ein Plotterdiagramm der Wellenwiderstandsabhängigkeit von $\frac{w}{h}$. Im Anhang A 4 sind Arbeitsdiagramme niedergelegt, die auf gebräuchliche Werkstoffe eingehen.

Bei der Abschätzung des Wellenwiderstandes ist zu beachten, daß die Abhängigkeit in linearem Funktionszusammenhang den in Bild 4.48 gezeigten Verlauf annimmt. Das bedeutet für schmale Leiterbreiten und hohen Wellenwiderstand eine extreme Toleranzanforderung an die Strukturierungsverfahren, die in die Größenordnung von ± 0,030 mm kommen können.

Bei allen Streifenleitungsbeziehungen ist anzumerken, daß sie für die theoretische Metalldicke t = 0 gelten. In der Anwendung führt dies bei kleinen Streifenbreiten und endlichen Metalldicken zu erheblichen Fehlern. Ein Diagramm dieser Abhängigkeit zeigt Bild 4.49. In dieser Darstellung [4.26] wird deutlich, daß die Wellenwiderstandsabnahme mit kleiner werdenden $\frac{w}{h}$-Werten stark zunimmt. Um diese Fehlerursache auszuschließen sind Korrekturdiagramme erarbeitet worden. Mit Hilfe dieser Diagramme läßt sich eine effektive Breite ermitteln:

$$w_{eff} = \Delta w + w$$

Im Anhang A 4 ist ein solches Korrekturdiagramm als Arbeitsunterlage niedergelegt [4.27]. Es ist in jedem Fall abzuwägen, wie groß die Widerstandsänderung ist, und welche Breitenänderung zur Abhilfe kompensatorisch notwendig wird.

Ein weiterer wesentlicher Beachtungspunkt ist die Frequenzabhängigkeit der effektiven Dielektrizitätszahl. *M. V. Schneider* gibt hierzu die Näherungsbeziehung an:

$$\frac{1}{\sqrt{\epsilon_{r_{eff}}(f)}} = \frac{\frac{1}{\sqrt{\epsilon_r}}\left(\frac{f}{fc}\right)^2 + \frac{1}{\sqrt{\epsilon_{r_{eff}}}}}{\left(\frac{f}{fc}\right)^2 + 1}$$

$$\text{mit: } fc = \frac{c_0}{4\,h\sqrt{\epsilon_r - 1}}$$

G. Kompa gibt ein Gleichungssystem zur Berechnung von $\epsilon_{r_{eff}}$ (f) an, daß empirisch erhärtet ist [4.28]. In Bild 4.50 ist ein Berechnungsvergleich dargestellt. Deutlich wird, daß die Abhängigkeiten von *Kompa* stärker ansteigen, und daß unterhalb von 1 GHz die Frequenzabhängigkeiten vernachlässigbar sind.

Widerstandsbelag R'. Grundsätzlich sind die unter 4.5.1 dargelegten Beziehungen anwendbar. Weiterhin sei auf die Berechnung der Leitungsdämpfung unter 4.5.3 hingewiesen. Für Betrachtungen im Betriebsfrequenzbereich oberhalb von 1 GHz sind Berechnungsmtehoden nach *W. Wiesbeck* [4.29] empfehlenswert. Diese Arbeit trifft auch über das widerstandsgünstige Profil des Leiters interessante Feststellungen.

Dimensionierung des Grundleiters. Die Dimensionierung des Grundleiters oder Basisleiters ist geknüpft an die Grundbedingung der Wellenausbreitung. Ausgehend von der Tatsache, daß bei großer Leiterbreite w (kleines Z_L) die effektive Dielektrizitätszahl $\epsilon_{r_{eff}}$ gegen ϵ_r strebt, wird erfahrungsgemäß die Grundleiterbreite a nach Tafel 4.15 gewählt.

4.5.6.2 Geschirmte, symmetrische Streifenleitung, Triplate

Wie die Dimensionszeichnung des Bildes 4.51 zeigt, liegt der Streifenleiter symmetrisch in einem Dielektrikum. Rückleiter sind die beiden Metallflächen auf der Paketoberseite und Unterseite. Eine eindeutige Potentialgleichlage zwischen Ober- und Unterseite ist sicherzustellen. Nach den technologischen Möglichkeiten der Leiterplattentechnik ist eine Triplate-Leitung aus einer einseitigen und einer zweiseitigen kupferkaschierten Basismaterialplatte herstellbar. Der Streifenleiter ist auf einer Seite der zweiseitigen Kaschierung ätztechnisch zu strukturieren und kann nötigenfalls auch vergraben werden.

Die Triplate-Struktur ist theoretisch einfacher zu behandeln als eine Microstrip-Struktur. Es entfällt beispielsweise wegen des homogenen Feldaufbaus in einem einzigen Dielektrikum die Berücksichtigung einer effektiven Dielektrizitätszahl. Die wesentlichen theoretischen Arbeiten zur Kenngrößenbestimmung stammen von *S. B. Cohn* [4.30]. Über die anwendungstechnisch wichtigen Fälle eines Streifenleiter-Offset und über Streifenleiter-Multilayer berichten *A. Rosenzweig* [4.31] und *H. Howe* [4.32].

Tafel 4.15: Dimensionierung des Grundleiters

Wellenwiderstand Z_L	Grundleiterbreite a
$Z_L \leqq 60\,\Omega$	$a \geqq 3\,w$
$60\,\Omega < Z_L < 120\,\Omega$	$3\,w < a < 10\,w$
$Z_L \geqq 120\,\Omega$	$a \geqq 10\,w$

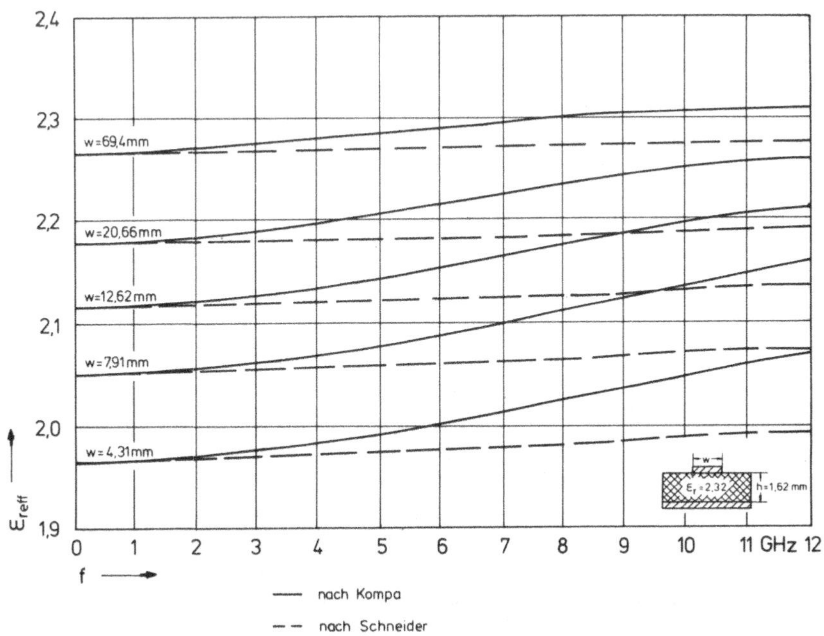

Bild 4.50 Vergleichsdiagramm $\epsilon_{r_{eff}}$(f)

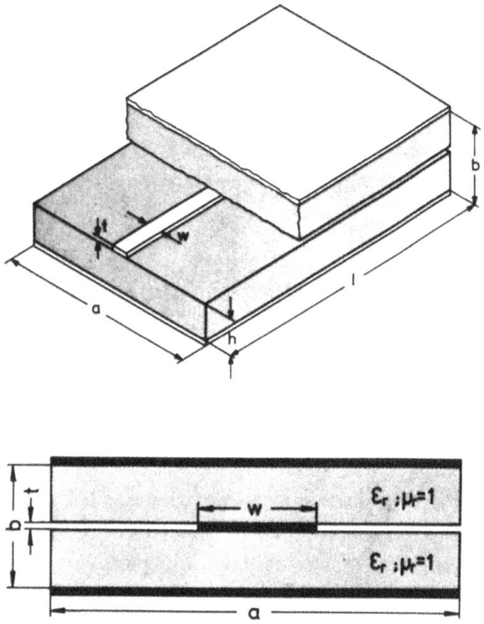

Bild 4.51 Die Triplate-Leitung und ihre Dimensionierungsgrößen.

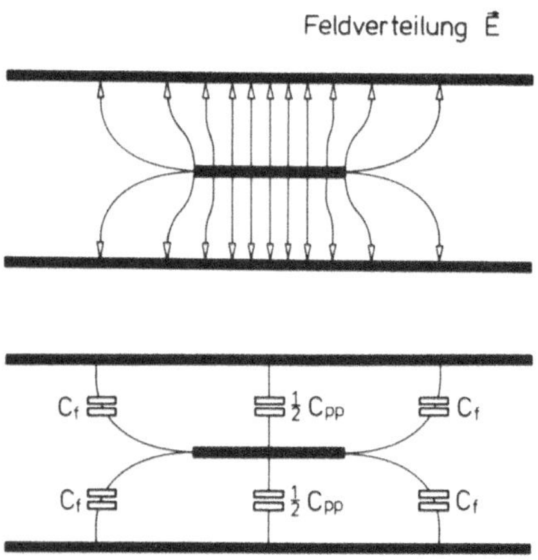

Bild 4.52 Feldstruktur $\vec{E}$ und Kapazitätsäquivalent.

Kapazitätsbelag C'. Entsprechend der Feldstruktur läßt sich ein Kapazitätsäquivalent nach Bild 4.52 angeben, in dem Cpp die Kapazität des Streifenleiters gegen die Rückleiter und C_f die Streukapazitäten darstellen. Die Gesamtkapazität je Längeneinheit ergibt sich nach *S. B. Cohn* aus der Parallelanordnung zu:

$$C' = C'pp + 4\,C'_f$$

Dabei sind die Teilkapazitäten:

$$\frac{C'pp}{\text{pF/m}} = 35{,}4\,\frac{w/b}{1-t/b}\,\epsilon_r$$

$$\frac{C'_f}{\text{pF/m}} = \frac{8{,}85\,\epsilon_r}{\pi}\left\langle \frac{2}{1-t/b}\ln\left(\frac{1}{1-t/b}+1\right) - \left(\frac{1}{1-t/b}-1\right)\ln\left(\frac{1}{(1-t/b)^2}-1\right)\right\rangle$$

Die Beziehung für C'pp stellt den Kapazitätsbelag vorliegender Anordnung für den Fall vernachlässigbarer Streuung dar. Sie wird häufig dann angewandt, wenn sehr breite Streifenleiter ($Z_L < 25\,\Omega$) vorliegen.

Wellenwiderstand Z_L. Mit Hilfe des Kapazitätsbelages C' errechnet sich Z_L allgemein zu:

$$\frac{Z_L}{\Omega} = \frac{10^4\sqrt{\epsilon_r}}{3\,\dfrac{C'}{\text{pF/m}}}$$

Für den Fall eines w/b-Verhältnisses ≧ 0,35 gibt *S. B. Cohn* die Näherungsbeziehung an.

$$\frac{Z_L}{\Omega} = \frac{94{,}15}{\sqrt{\epsilon_r}\left(\dfrac{w/b}{1-t/b} + \dfrac{C'_f/\text{pF/cm}}{0{,}0885\,\epsilon_r}\right)}$$

Es ist zu beachten, daß C'_f hier in pF/cm einzusetzen ist.

In Bild 4.53 ist diese Beziehung grafisch dargestellt. Der Graph gilt mit absoluter Genauigkeit für t/b = 0; für die weiteren Parameter mit einem größten Fehler von 1,3 %. Ein auf die Anwendungsbelange direkt bezogenes Diagramm zeigt Bild 4.54. Weitere Arbeitsdiagramme sind unter Anhang A 4 aufgeführt.

Für den Fall sehr schmaler Streifenbreiten, beispielsweise für $\frac{w}{b-t} \leqq 0{,}35$ und $\frac{t}{b} \leqq 0{,}25$, ist der Wellenwiderstand sehr ähnlich dem einer Anordnung mit rundem Innenleiter (Durchmesser d_0). Die Berechnungsbeziehung für diesen Fall lautet:

$$\frac{Z_L}{\Omega} = \frac{60}{\sqrt{\epsilon_r}}\ln\frac{4b}{\pi\,d_0}$$

Für die äquivalente Umrechnung des rechteckigen Leiterquerschnitts des Streifenleiters in den runden Querschnitt der Rechnungsbeziehung weist der Anhang entsprechende Diagramme auf.

Widerstandsbelag R'. Hierzu gelten vergleichbare Betrachtungen wie im Abschnitt 4.5.6.1. *S. B. Cohn* gibt eine Methode der Berechnung des Dämpfungsbelages an, die an das Diagramm Bild 4.55 geknüpft ist. Hierbei wird ein Dämpfungsbelag α_R in einer Mischgröße in Abhängigkeit von Z_L und t/b grafisch ermittelt und anschließend durch Umrechnung freigestellt.

Die errechnete Größe α_R ist durch Addition mit dem Dämpfungsbelag des Dielektrikums α_6 zur Gesamtdämpfung ergänzbar:

$$\alpha = \alpha_R + \alpha_6$$

mit:

$$\frac{\alpha_6}{\text{dB/cm}} = \frac{27{,}3\sqrt{\epsilon_r}\,\tan\delta}{\lambda/\text{cm}}$$

wird:

$$\frac{\alpha}{\text{dB/cm}} = \frac{\alpha_R}{\text{dB/cm}} + \frac{27{,}3\sqrt{\epsilon_r}\,\tan\delta}{\lambda/\text{cm}}$$

Dimensionierung der Grundleiter. Zur Dimensionierung der Grundleiter gilt das unter Tafel 4.15 Gesagte.

Bild 4.53
Wellenwiderstand Z_L der Triplate-Leitung in Abhängigkeit von dem Dimensionsgrößenverhältnis w/b.

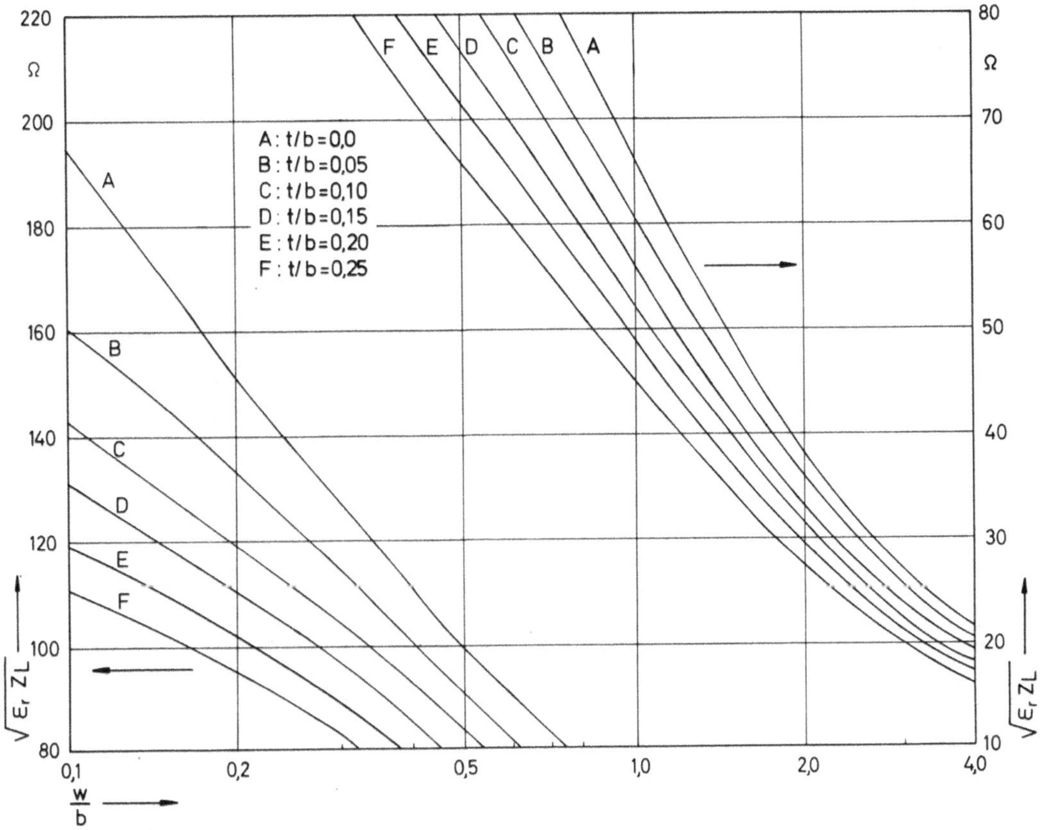

Bild 4.54
Wellenwiderstand Z_L der Triplate-Leitung für anwendungsorientierte Dimensionierungsgrößen.

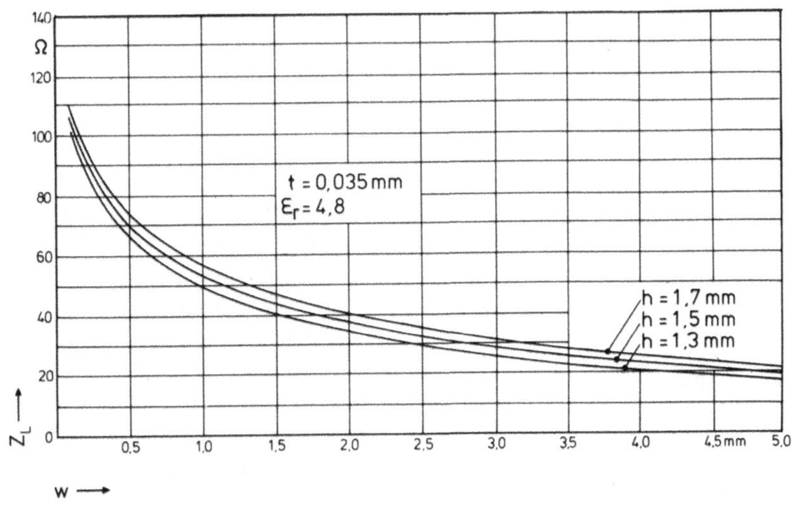

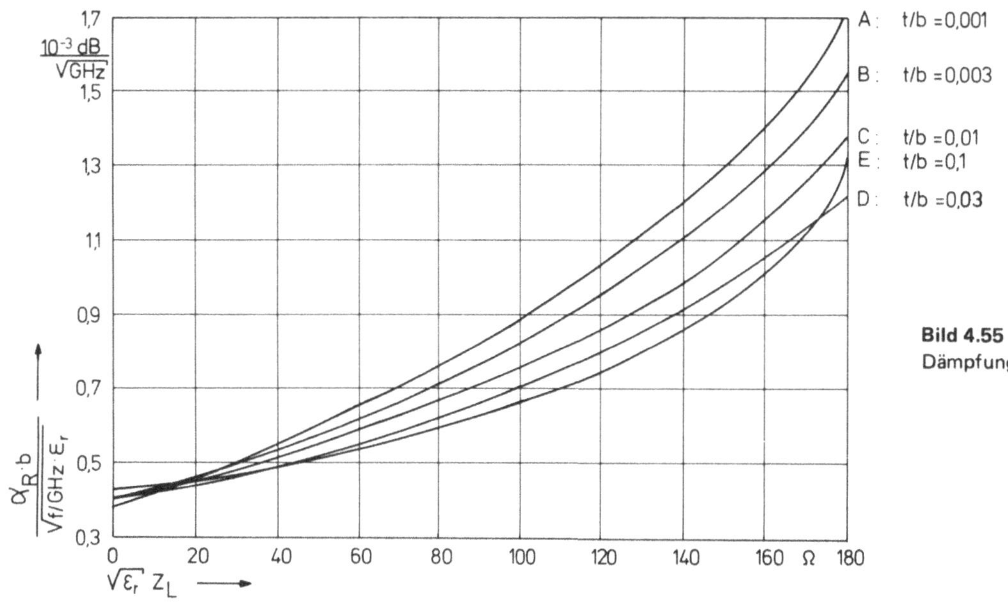

Bild 4.55
Dämpfungsbelag α_R der Triplate-Leitung.

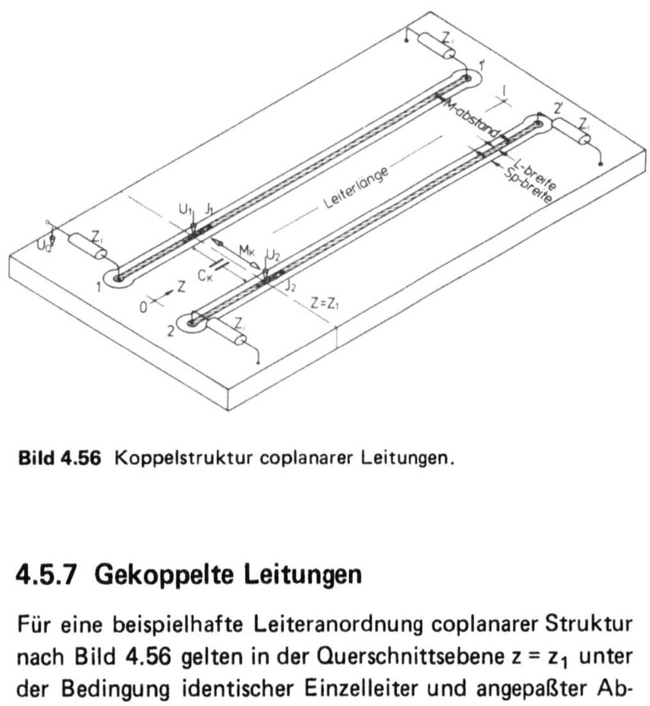

Bild 4.56 Koppelstruktur coplanarer Leitungen.

4.5.7 Gekoppelte Leitungen

Für eine beispielhafte Leiteranordnung coplanarer Struktur nach Bild 4.56 gelten in der Querschnittsebene $z = z_1$ unter der Bedingung identischer Einzelleiter und angepaßter Abschlüsse die Gleichungspaare:

$$\frac{\partial U_1}{\partial z} = (M_k - L)\frac{\partial J_1}{\partial t} - M_k\frac{\partial J_2}{\partial t}$$

$$\frac{\partial U_2}{\partial z} = -M_k\frac{\partial J_1}{\partial t} + (M_k - L)\frac{\partial J_2}{\partial t}$$

$$\frac{\partial J_1}{\partial z} = -(C + C_k)\frac{\partial U_1}{\partial t} + C_k\frac{\partial U_2}{\partial t}$$

$$\frac{\partial J_2}{\partial z} = C_k\frac{\partial U_1}{\partial t} - (C + C_k)\frac{\partial U_2}{\partial t}$$

Darin stellen M_k und C_k die Kopplungsgegeninduktivität und Kopplungskapazität der Leitersysteme dar. Bei entsprechender Strukturauslegung (Leiterbreite, Spaltabstand, Leiterlänge, Abstand der Hinleiter) nehmen die Kopplungsgrößen solche Werte an, daß von einer Beeinträchtigung des Leitersystems 2 durch System 1 und umgekehrt gesprochen werden kann.

Zur Beurteilung der Kopplung hat die Übertragungstechnik die Nah- und Fernnebensprechdämpfung definiert und deren meßtechnische Bestimmung festgelegt. Diese weitgehend angewandten Beurteilungsgrößen sind, aus Gründen der bei gedruckten Schaltungen vorliegenden sehr kleinen Strukturlängen/Wellenlängen-Verhältnisse, nicht immer anwendbar. In den IPC-Publikationen [4.33], [4.34], [4.35] werden Nebensprechbedingungen für Microstrip und bestimmte Teststrukturen angegeben, die auf konkrete Leiterplattenbelange kaum anwendbar erscheinen. Schirmungshinweise für flexible gedruckte Schaltungen brauchbarer Art finden sich in der Publikation [4.36].

Die theoretische Erfassung der Kopplungseigenschaften stößt insofern auf Schwierigkeiten, als die Leiterstrukturen der gedruckten Schaltungen meist nicht eindeutig definiert sind. Deshalb sind in umfangreichen empirischen Untersuchungen für charakteristische Leiterstrukturen Koppeldämpfungsdiagramme in Abhängigkeit von der Frequenz ermittelt worden [4.37], [4.38], [4.39], die für die Anwendung als hinreichende Hilfsmittel angesehen werden dürfen. Bei der Interpretation der Diagramme und ihrer Ermittlungsverfahren stößt man fallweise auf das Phänomen der Resonanzerscheinungen auf Leitungen, die das Kopplungsverhalten überdecken. Die angewandten definierten Leitungssysteme haben einen Wellenwiderstand, der im Mittel als bei 100 Ω liegend angesehen werden darf. Die Leitungsbelastung ist dagegen in den meisten Fällen hochohmig. So

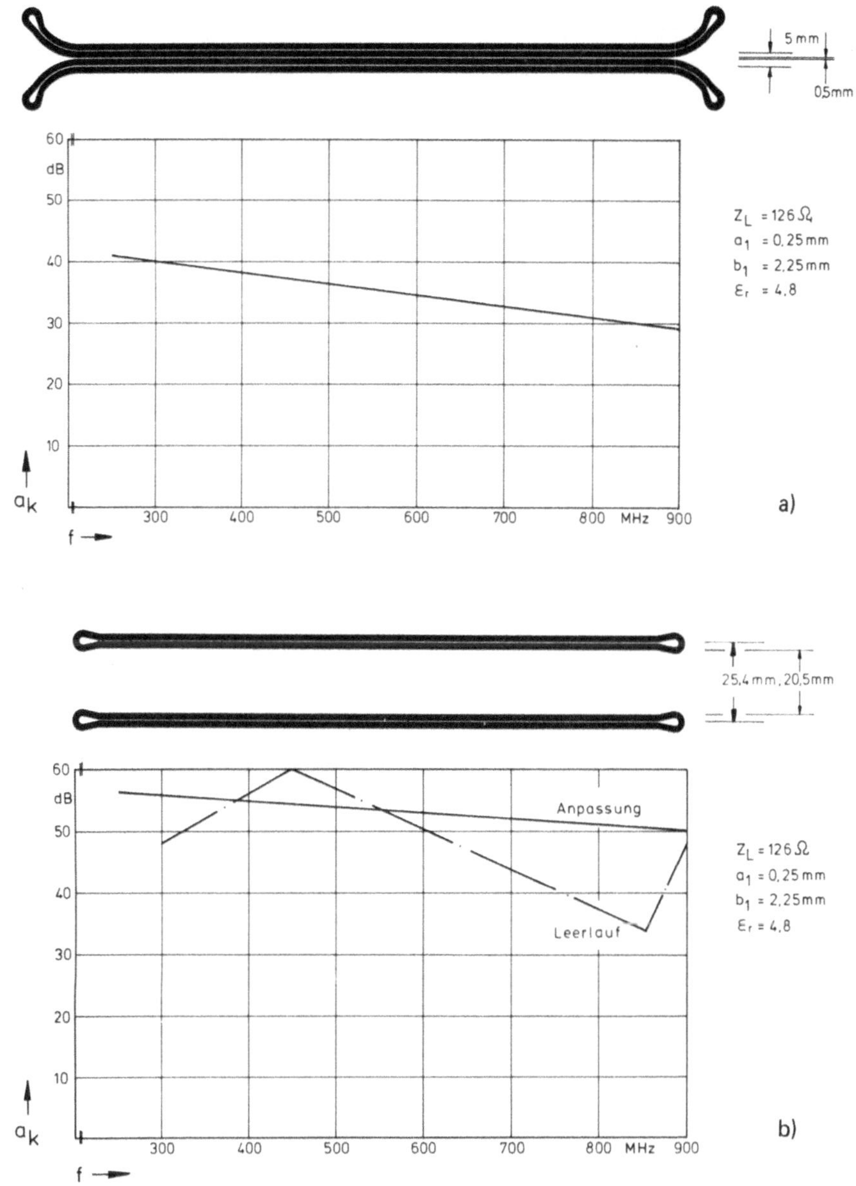

Bild 4.57 a) u. b)
Koppeldämpfung $a_k(f)$ coplanarer Leitungen; a) Fall Anpassung, Schirmungsbreite 0,5 mm und 20,5 mm; b) Fall Leerlauf und Anpassung.

kommt es vielfach zu quasi leerlaufenden Leitungen, die bei entsprechendem Struktur/Wellenlängen-Verhältnis spürbare Resonanzerscheinungen zeigen und das Kopplungsgeschehen wesentlich beeinflussen. Bei undefinierten Leiterstrukturen werden die Verhältnisse dann vollends unübersichtlich.

Die erste Diagrammserie wurde an charakteristischen coplanaren Leiterstrukturen ermittelt. Die Ergebnisse wurden mit einem Vektorvoltmeter gewonnen. Die Diagramme sind als Arbeitsdiagramme so konzipiert, daß sie die Erwartungsbreiten der Meßpunkte berücksichtigen und approximativ dargestellt wurden.

Bild 4.57a und b zeigt die Koppeldämpfung je zweier Leitersysteme mit variiertem Abstand der Leitermitten bei Anpassung, so daß die Kupferkaschierungsbereiche 0,5 mm und 20,5 mm betragen. Dazu zeigt Bild 4.57b den angesprochenen Sachverhalt der Resonanzerscheinung der leerlaufenden zweiten Leitung. Deutlich wird der erhebliche Einfluß der Schirmungsfläche zwischen den Leitern und der günstige Einfluß breiter Schirmungsflächen.

Bei beibehaltener Leiterbreite, jedoch variiertem Spalt- und Mittenabstand zeigt das Diagramm des Bildes 4.58 ein relativ günstiges, nahezu gleiches Dämpfungsverhalten eines gekoppelten Leitersystems wie im Falle Bild 4.57a. Hieraus ist abzuleiten, daß große Spaltbreiten und schmale Schirmungsflächen die Kopplung erhöhend beeinflussen. Diese Feststellung wird gestützt durch das Dämpfungsverhalten des Leitersystems nach Bild 4.59. Obwohl die Spaltbreite relativ klein ist (0,5 mm), ist die Koppeldämpfung gering, da der Leitermittenabstand nur eine Schirmungsfläche von 0,5 mm Breite zuläßt.

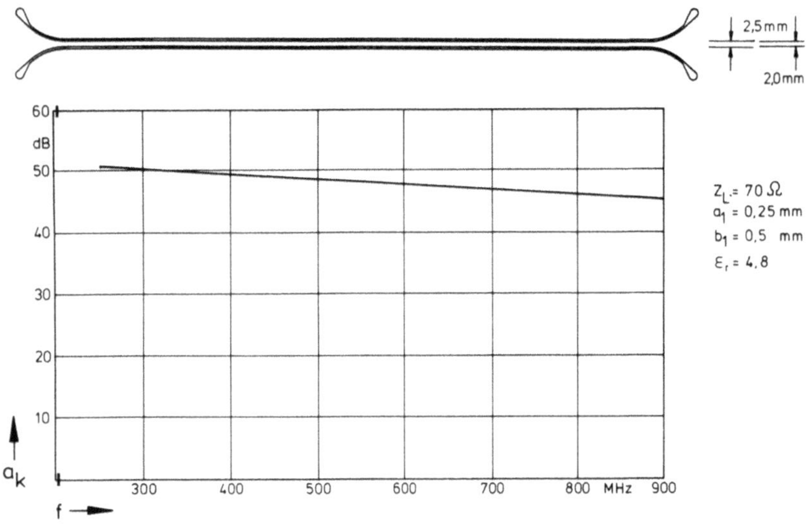

Bild 4.58
Koppeldämpfung a_k (f) coplanarer Leitungen.

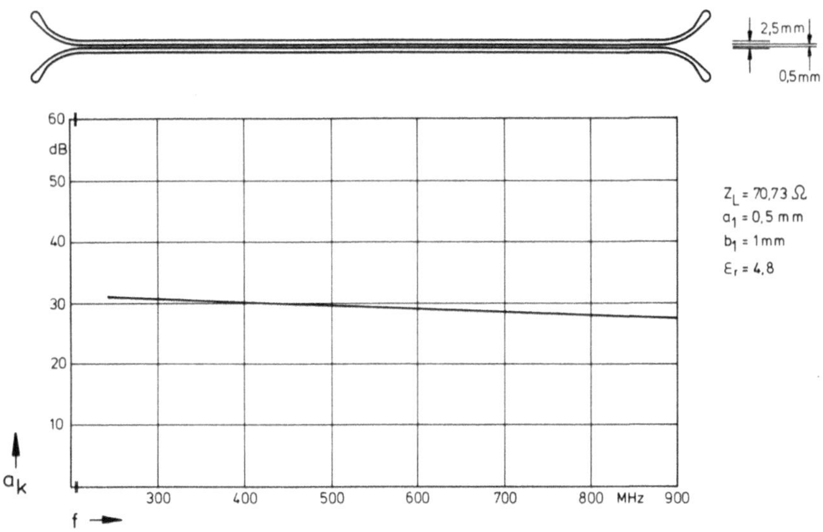

Bild 4.59
Koppeldämpfung a_k (f) coplanarer Leitungen.

Ein Vergleich des Kopplungsverhaltens coplanarer Parallelleitungen und coplanarer Leitungen bei Frequenzen < 50 MHz zeigen die Bilder 4.60, 4.61 und 4.62.
Verglichen werden Leitungen mit folgenden Abmessungen:

Leiterbreite b = 1 mm
Leiterabstand (copl. Parallelleit.) a = 5 mm; 20 mm
Spaltabstand (copl. Leit.) b = 5 mm; 20 mm
Kurzlänge l = 50 mm
Mittellänge l = 200 mm

Die Leitungssysteme wurden zur Untersuchung allseitig mit:

Z = 60 Ω oder
Z = 10 kΩ oder
Z = 1 MΩ beschaltet.

Der Aufbau der einzelnen Platinen erfolgte in einem Metallgehäuse mit dem Volumen eines 19"-Gehäuses. Die Meßfrequenz wurde bis 50 MHz variiert.
Bild 4.63 zeigt den Platinenaufbau einer Parallelleitung für den Testfall. Der Koppelabstand der beiden Hinleiter beträgt für alle Testplatten entweder 5 mm oder 20 mm.
Es sei noch einmal festgehalten, daß die empirische Untersuchung an unterschiedlichen Leiterstrukturen bei Variation von Länge, Koppelabstand, Belastung und Frequenz erfolgte.
Beurteilungskriterium ist eine Koppeldämpfung a_k, gebildet aus den an den generatorfernen Enden auftretenden Wechselgrößen.

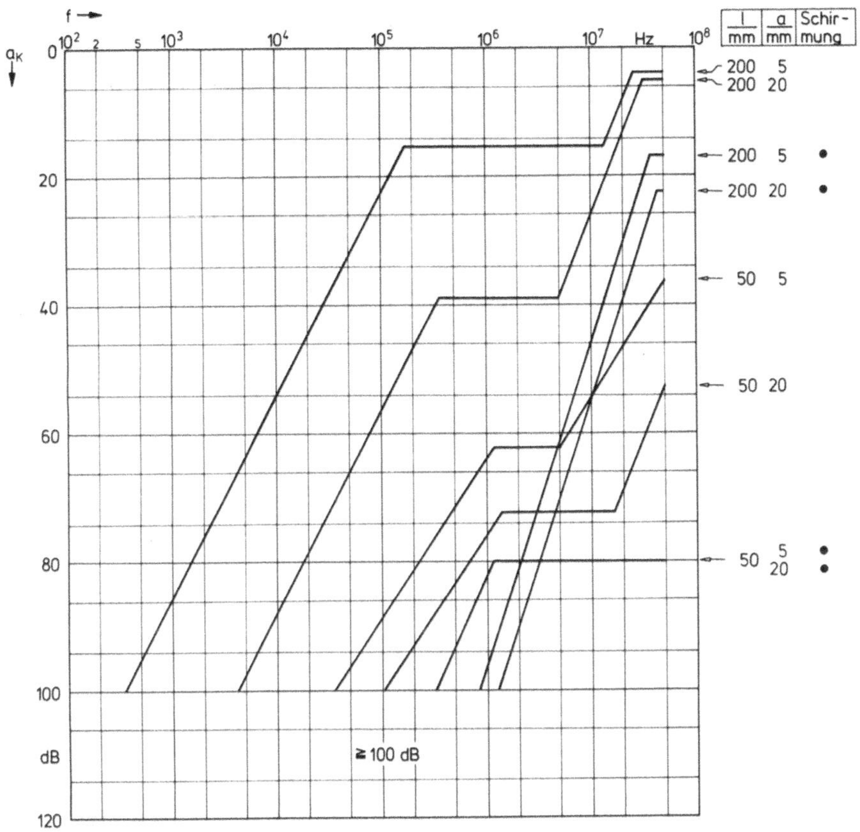

Bild 4.60
Koppeldämpfung a_k (f) coplanarer Parallelleitungen; Quelle/Lastwiderstände 60 Ω.

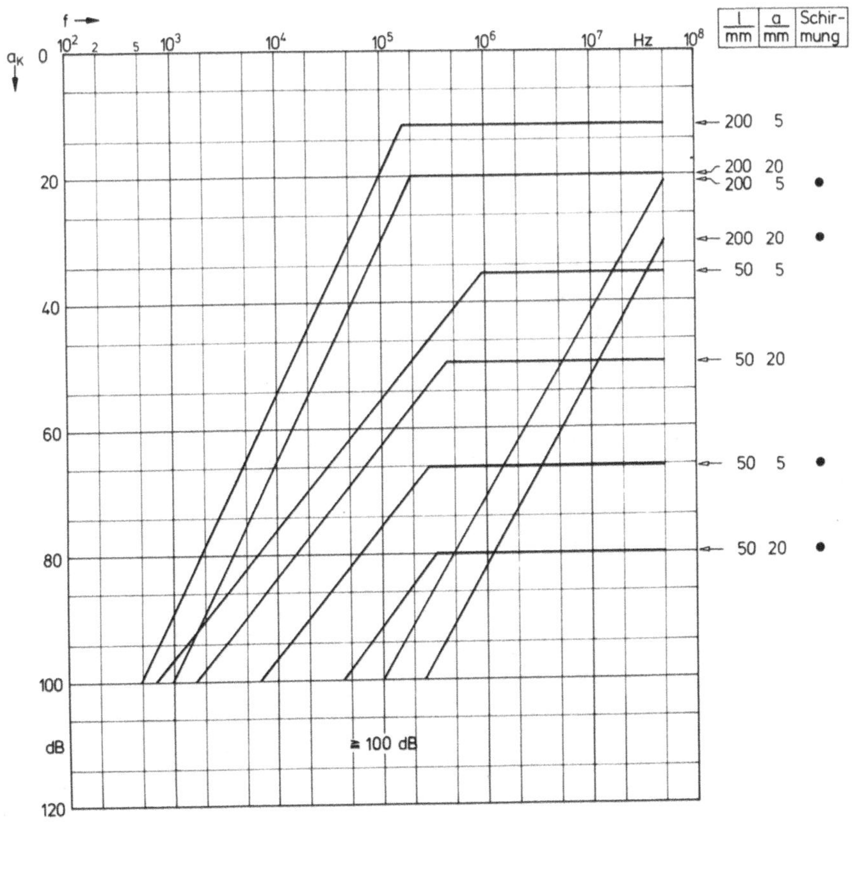

Bild 4.61
Koppeldämpfung a_k (f) coplanarer Parallelleitungen; Quelle/Lastwiderstände 10 kΩ.

Bild 4.62
Koppeldämpfung a_K (f) coplanarer Parallelleitungen; Quelle/Lastwiderstände 1 MΩ.

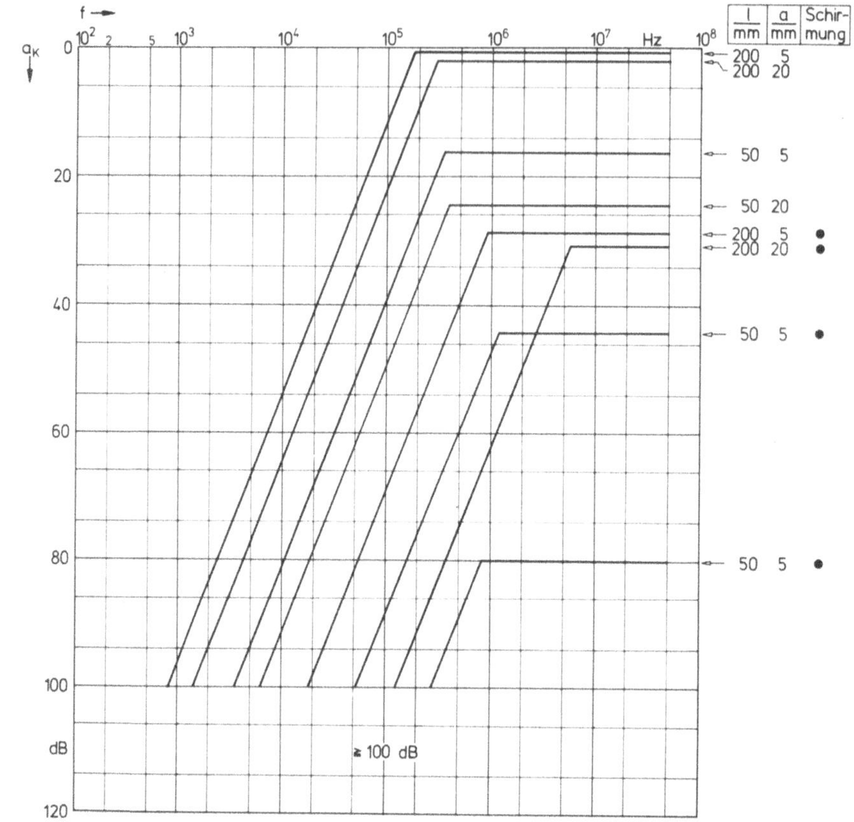

Bild 4.63 Testplatine coplanarer Parallelleitungen.

Die Meßergebnisse zeigen:

1. Die Wirkung der schirmenden Kupferflächen ist ausgeprägt. Der Kopplungseffekt benachbarter coplanarer Parallelleitungen ist erheblich größer als der coplanarer Leitungen.
2. Die unterschiedlichen Leitungslängen zeigen ein unterschiedliches Erscheinungsbild.
3. Bei Kurzlängen (50 mm) und coplanaren Leitungen wird bei niederohmiger Belastung (60 Ω) die Schirmungsbreite bedeutungslos. Bei steigender Belastung wird der Schirmungsflächeneinfluß spürbar.
4. Ein Vergleich von Kurzlängen (50 mm) und Mittellängen (200 mm) mit Schirmung zeigt, daß Mittellängen erst bei höheren Frequenzen Koppeleinsatz aufweisen, dann aber über kleine Frequenzänderungen zu geringen Koppeldämpfungen führen.
5. Bei hochohmiger (1 MΩ) und mittelohmiger (10 kΩ) Belastung tritt ein eindeutiger Sättigungseffekt auf, während bei niederohmiger Belastung ein zweiter Wirkungsanstieg (zu niederen Koppeldämpfungen) zu beobachten ist.
6. Niederohmige und hochohmige Belastung führen bei Mittellängen (200 mm) ab einer bestimmten Betriebsfrequenz zu sehr geringer Koppeldämpfung bei fehlender Schirmung.
7. Bei coplanaren Parallelleitungen entsprechender Länge (200 mm) ist bereits bei niederen Frequenzen eine die Funktion beeinträchtigende Koppeldämpfung vorhanden (60 dB, 10 kHz). Auch bei NF-Anwendung ist die Beachtung der Kopplung angezeigt.

Die bisherigen Betrachtungen gingen von der Kopplung benachbarter parallel verlaufender Leitungen in einer Ebene aus. Verbreitet sind auch Strukturen die die Leiter in einer Ebene bevorzugt in einer Richtung und in einer zweiten Ebene orthogonal dazu aufweisen. Derartige Strukturen sind in der Digitalelektronik üblich, wo beispielsweise in einer Steckkartenebene die Signalleitungen in Kartenlängsrichtung und in der zweiten Ebene die IC-Verbindungsleitungen in Kartenquerrichtung verlaufen. Dieses Leitungssystem ist häufig noch eingebettet in ein zweiseitiges Versorgungsmaschennetz.

Einen Einblick in die Kopplungserscheinungen einer orthogonalen Netzstruktur gibt eine empirische Untersuchung [4.40]. Die zweiseitige Netzstruktur gibt Bild 4.64 wieder. Durch schrittweises Beschalten der mit 1, 2, 4, 8, 16 und 1, 2, 4, 8 bezeichneten Leitungsabschnitte entstehen Koppelflächen A von unterschiedlicher Größe. Die Strukturgröße insgesamt entspricht näherungsweise der einer Europakarte. Das Diagramm des Bildes 4.65 stellt die Koppeldämpfung a_k bei sinusförmiger Erregung in Abhängigkeit von der Frequenz für die Erregerleitungen/gestörten Leitungen in der Schaltungsfolge 8/1 bis 8/8 dar. Der Störeffekt ist sehr deutlich und a_k weist quantitativ und tendenziell Werte und Abhängigkeiten im Sinne der bisherigen Betrachtungen auf. Ein Zusammenhang zwischen gleicher Koppelfläche, unterschiedlicher Beschaltung und Koppeldämpfung konnte nicht festgestellt werden.

Eine häufig übersehene Koppelursache ist die des Leitungsübergriffs durch Bestückungselemente, beispielsweise durch Schaltwiderstände nach Bild 3.137. Es läßt sich nachweisen, daß mit fortschreitender Erregerfrequenz die Koppeldämpfung nicht unerheblich absinkt. In Bild 4.66 ist ein empirisch gefundenes Koppelergebnis dargestellt. Die Leiterstrukturen und die Elementgeometrie sind in Bild 4.67 aufgeführt.

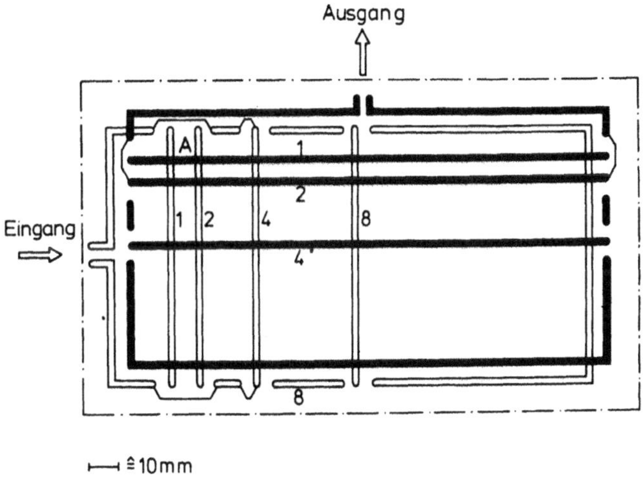

Bild 4.64 Orthogonale zweiseitige Netzstruktur zur empirischen Untersuchung von Koppelerscheinungen.

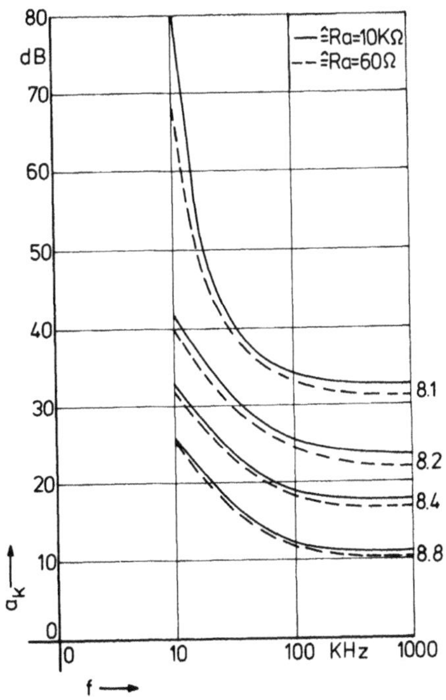

Bild 4.65 Koppeldämpfung a_k (f) in Abhängigkeit von der Koppelfläche (Leitungsbeschaltung).

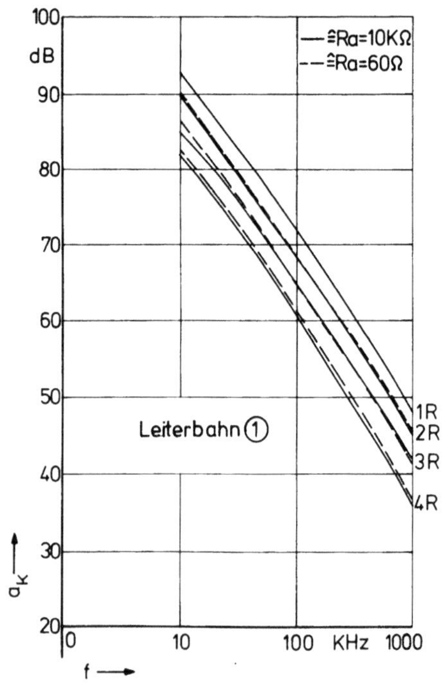

Bild 4.66 Koppeldämpfung a_k (f) bei Elementübergriff (Schaltwiderstände)

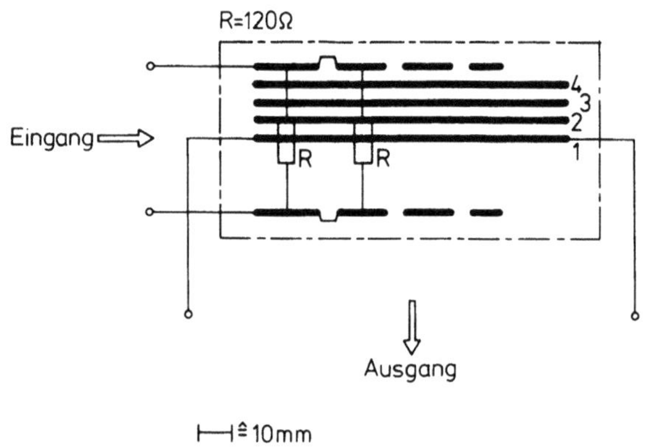

Bild 4.67 Leiterstruktur und Elementgeometrie für die empirische Untersuchung nach Bild 4.66.

4.5.8 Schirmungsproblematik

Großflächige Kupferbereiche zu Schirmungszwecken auszunutzen ist von Anfang an in der Leiterplattentechnik versucht worden. Zwar wies die Betrachtung des Abschnittes 4.5.7 nach, daß diese Methode günstige Ergebnisse erwarten läßt, jedoch zeigt die Anwendung häufig ein unerwartetes und insgesamt schlechtes Funktionsverhalten der Schaltung. Hierzu sind im wesentlichen zwei Gründe zu nennen:

1. wahllose Nutzung der Schirmungsfläche als Massefläche und damit verbunden, die Entstehung koppelnder Massestromkreise,
2. Aufrasterung von Großflächen aus löttechnischen und galvanotechnischen Gründen.

Um ein Teilproblem zu verdeutlichen, sind für die Schaltung nach Bild 3.08 die hypothetischen Massestromkreise in Bild 4.68 dargestellt. Kommt es im Verlauf solcher Stromkreise zu Verkopplungen, so kann dies regional zum Fehlverhalten der Schaltung führen. Die Rückbesinnung auf die anerkannten Regeln der Massegestaltung bei konventionellen Verdrahtungen führt häufig zu adäquaten Strukturlösungen, wie sie bei konkreten Schaltungen noch näher zu besprechen sein werden.

4.5.9 Grundprinzipien der Strukturgestaltung

Es ist deutlich geworden, daß die einzelnen Elemente einer Leiterstruktur durch eine Vielfalt von Parametern beeinflußt werden. Diese Zusammenhänge sollen in Tafel 4.16 noch einmal aufgelistet werden. Unbeeinflußt von einer konkreten Dimensionierung sollen gleichzeitig einige prinzipielle Strukturbilder dargelegt werden, die für die Druckvorlagengestaltung empfehlenswert erscheinen oder zwingend sind. Dabei sei an dieser Stelle in diesem Zusammenhang auf Publikationen verwiesen, die empfehlenswerte Strukturelemente vorstellen, die aus der Anfangsphase der Folienätztechnik mit totaler Strukturlötung übernommen werden, und die den technologischen und fertigungstechnischen Möglichkeiten der gegenwärtigen Entwicklungsphase nicht mehr entsprechen. Letztlich kann die konkrete Auslegung eines Strukturelements und einer vollständigen Struktur nur unter Berücksichtigung aller Einflußparameter und nicht durch Empfehlungslisten getroffen werden.

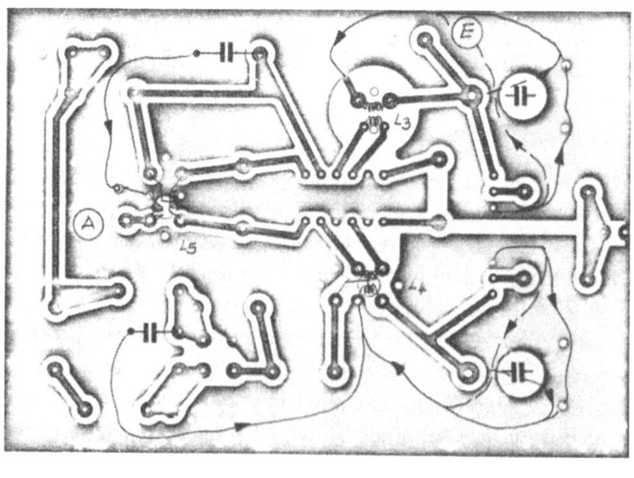

Bild 4.68 Schirmungsproblematik; hypothetische Massestromkreise einer Empfängerschaltung in coplanarer Technik.

Tafel 4.16: Prinzipielle Strukturbilder und ihre Einflußparameter

Strukturelement	Problemstellung	Darstellung empfehlenswert, zwingend	Einflußparameter		
			entwurfstechnisch	elektrisch	technologisch
Anschlußfläche	Auslegung der Flächengröße und Form	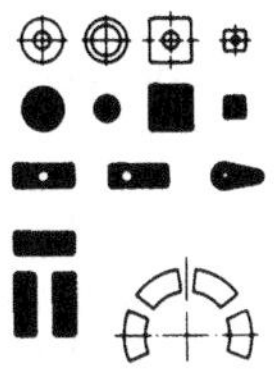	Digitalisieren, Lichtzeichnen, Klebepositionieren	Flächenwiderstand	Strukturierungsverfahren, Haftfähigkeit zum Basismaterial, Größe d. Anschlußsystems, Festigkeit der Elementverbindung, Bestückungsverfahren, Verbindungsverfahren, Abriebfestigkeit
Zwischenverbindung	Auslegung des Verbindungszylinders		Tolerierung	Zylinderwiderstand	Strukturierungsverfahren, Größe d. Anschlußsystems, Bruchdehnung b. thermischer Beanspruchung
	Breitenauslegung		Tolerierung Klebepositionieren Klebekomponieren	Dämpfungsbelag, Induktivitätsbelag, Thermische Belastbarkeit	Strukturierungsverfahren, Haftfestigkeit
Leiter	Längenauslegung		Digitalisieren, Programmieren	Dämpfungsbelag, Induktivitätsbelag, Kopplungseinfluß, Resonanzlänge, Thermische Belastbarkeit	
	Abstandsauslegung		Digitalisieren, Tolerierung, Klebepositionieren	Übersprechdämpfung, Wellenwiderstand, Feldbelastung, Spannungsfestigkeit	Strukturierungsverfahren, Verfahren des Verbindungslötens
	Winkelführung Rasterführung		Digitalisieren, Programmieren, Klebepositionieren		
	Spitzführung		Lichtzeichnen, Klebekomponieren	Feldbelastung, Spannungsfestigkeit	Haftfestigkeit, Lotplattierung
Leitungsführung	Rundführung			Feldbelastung, Spannungsfestigkeit	
	Verengung	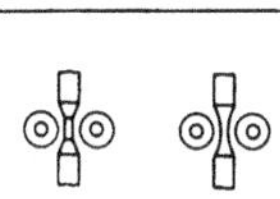	Programmieren, Lichtzeichnen, Klebekomponieren, Tolerierung	Leitungsdiskontinuität, Thermische Belastbarkeit	Strukturierungsverfahren
Anschlußflächengruppen	Auslegung von Gruppen und deren Formgestaltung	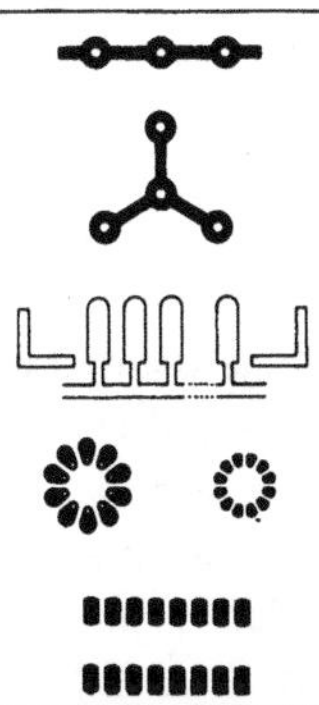	Lichtzeichnen, Klebepositionieren		Strukturierungsverfahren, Verbindungsverfahren
Großflächenanschluß	Gestaltung verbindungsgerechter Anschlußflächen				Verbindungsverfahren

5 Gestaltungsverfahren für Druckvorlagen, Druckoriginale und Druckwerkzeuge

Thematisch läßt sich das Sachgebiet in zwei Verfahrensbereiche gliedern. Einmal in einen Verfahrensbereich, der durch eine besonders ausgeprägte Phase alleiniger Anwendung intellektueller Fertigkeiten der entwerfenden Person geprägt ist und zum anderen durch einen Bereich, dessen bestimmende Phase in einer Interaktion der entwerfenden Person mit einem Rechner oder in der automatisierten Hilfe durch einen Rechner besteht. Je nach Verfahrensbereich sind auch die folgenden Phasen unterschiedlich. Im ersten Fall werden sie bestimmt durch manuelle Tätigkeiten, im zweiten durch automatische Vorgänge.

Nachfolgend seien die Bereiche dargestellt und typische Methodologien exemplarisch behandelt. Vorab aber wird eine Gestaltungssystematik vorgestellt, die allen Bereichen gemeinsam ist.

5.1 Gestaltungssystematik

Die Gestaltungssystematik soll im wesentlichen den konstruktiven Notwendigkeiten dienen. Sie geht aus von einer Schaltungsanalyse, die in zwei Teilbereiche gegliedert ist und führt dann über eine Elementanalyse zur Fertigungssynthese. Tafel 5.1 zeigt die Systematik. Im Zentrum stehen die Schrittfolgen des Gestaltungsablaufs. Ableitbare Entwurfsdaten oder Systemdaten und Kriterien der Wahl sind rechts verzeichnet. Jeder Schritt ist links mit einer Kennziffer versehen. Die Wechselwirkungszusammenhänge sind durch zugeordnete Ziffern symbolisiert und müssen am entsprechenden Folgeplatz thematisch bestimmt werden. Anzumerken ist, daß nicht alle, sondern nur die wesentlichen Zusammenhänge verzeichnet sind, und daß ökonomische Aspekte der Gestaltung nicht berücksichtigt werden konnten.

Diese Systematik ist als Handlungsanweisung und Entscheidungshilfe zu verstehen. Wie noch näher darzulegen sein wird, ist beispielsweise die Schaltungsanalyse so durchzuführen, daß der Stromlaufplan im Sinne der Ziffern ① – ⑨ behandelt und gekennzeichnet, dann im Sinne der Ziffern ⑩ – ⑬ auf Kreuzungsfreiheit hin optimiert wird.

> Diese Hinweise deuten an, daß die Gestaltungssystematik im besonderen für Gestaltungsverfahren zugeschnitten ist, die einen Eingriff der entwerfenden Person noch zulassen.

Die Entscheidungshilfe sei am Beispiel der Wellenwiderstandsbestimmung ⑥ fallweise erläutert.

Ein vorgegebener oder ermittelter Wert des Wellenwiderstandes soll durch eine bestimmte Leitungsart realisiert werden (coplanare Parallelleitung). Die geforderte Höhe des Widerstandswertes (120 Ω) legt eine bestimmte Strukturtoleranz fest (± 0,050 mm). Die Leiterstruktur soll durch ein einfaches Strukturierungsverfahren dargestellt werden (Subtraktivverfahren).

Diese Entscheidungen stehen im Zusammenhang mit anderen Wahlkriterien.

① – Die Leiterstruktur ist mit vertretbaren Dimensionen nur mit einem Basismaterial mit ϵ_r = 4,8 realisierbar (Epoxi-Glas).

② – Die Potentialstruktur ist so, daß der Leiterabstand hinreichend ist.

③ – Die Dimensionierung der Struktur erlaubt eine durch die Stromwärme bedingte Belastung.

⑱ ⑲ – Das gewählte Strukturierungsverfahren erlaubt auf Grund seiner erreichbaren Strukturtoleranzen (Ätzgrad) nicht die zulässige Abweichung von 0,050 mm. Eine neue Auswahl des Strukturierungsverfahrens ist erforderlich. Die Wahl fällt auf ein Hybrid-Additivverfahren mit Festfilmresist und vollständigem Aufbau der Leiter in Resistkanälen (kein Überwuchs).

㉒ – Die durch den Fotodruckprozeß zu erwartenden Strukturierungsfehler werden durch konstruktive Maßnahmen bei der Druckvorlagenherstellung (Druckwerkzeugherstellung) kompensiert.

5.2 Iteratives Gestaltungsverfahren für Druckvorlagen manueller Art

Hierunter sind alle jene Verfahren zu verstehen, die durch ausschließliche Anwendung intellektueller Fertigkeiten der Entwurfsperson zu Problemlösungen führen und sich hierbei schrittweise durch mehr oder weniger wiederholte Versuche dem Gestaltungsziel nähern. Iterative Verfahren sind nicht eindeutig determinierbar. Ihr Erfolg ist abhängig von einem Fundus an Erfahrung. Am ehesten scheint sich iteratives Vorgehen einüben zu lassen, wenn man den in Tafel 5.2 aufgezeichneten Schritten folgt.

Ausgehend vom Stromlaufplan, ist dieser auf seine Vollständigkeit hin zu überprüfen und fehlende Stromkreisanteile sind zu ergänzen. Dies betrifft insbesondere die Masseleiter und bei Logikplänen häufig den vollständigen Netzversorgungsteil. Ein derart vorbereiteter Stromlaufplan wird im Sinne der Schrittfolgen der Tafel 5.1 behandelt. Die gefundenen Systemdaten werden symbolisch in den Stromlaufplan eingetragen. Für iteratives Gestalten ist hierbei eine besonders sorgfältige Analyse der Potentialstruktur durchzuführen, da sich häufig hieraus Gestaltungsstrategien finden lassen. Besonders hilfreich sind Umzeichnungen des Stromlaufplanes in der Absicht, einen weitgehend kreuzungsfreien Plan zu erreichen. Ein solches Vorgehen hat seine Berechtigung deshalb, weil Stromlaufpläne im allgemeinen nach Gesichtspunkten der Funktionsübersicht angefertigt werden und nicht nach dem Prinzip der Kreuzungsfreiheit. Die Leitungskreuzungen der Stromlaufpläne sind

Tafel 5.1: Gestaltungssystematik

Wechselwirkungen	Nr.	Schrittfolge der Systematik	Auswahlkriterien, Systemdaten
		Schaltungsanalyse	
		1. Präparation des Stromlaufplanes	
23 18 13 6	1	Betriebsfrequenzbereich,	Wahl des Basismaterials, ϵ_r (f)
22	2	Potentialstruktur bei gleich- u. wechselförmiger Erregung	Leiterabstand, Leitungsführungsprinzip
22 2	3	Thermische Belastung durch Stromwärme u. Klima	Leiterbreite, Leiterdicke, Leiterabstand, Kühlung, Wahl des Basismaterials
22 3	4	Leitungsinduktivität	Leiterbreite, Leiterlänge, Leiterdicke
22 18 4 3	5	Dämpfungsbelag	Leiterbreite, Leiterdicke, Schichtaufbau, Strukturierungsverfahren
22 19 18 3 2 1	6	Wellenwiderstand	Leitungsart, Toleranzen der Strukturierung, Wahl des Basismaterials
22 6 2	7	Leitungskopplung	Leitungsart, Abstand der Leiter, Länge der Leiter, Betriebsrichtung
26 18 14 5	8	Flächenwiderstand der Anschlußflächen	Durchmesser, Schichtaufbau, Strukturierungsverfahren
26 18 14 8 5	9	Zylinderwiderstand der Zwischenverbindung	Durchmesser, Schichtaufbau, Strukturierungsverfahren
		2. Kreuzungsfreie Optimierung des Stromlaufplanes	
25 14	10	Platzorientierung der Bestückungselemente	Orientierungsachsen, Ordnungsindex, Versorgungszugriff, Signalzugriff
7	11	Anwendung des Prinzips des Elementübergriffs	Kopplung
22 19 18 17 9 8 7 6 5 4 3 2	12	Anwendung des Miniaturisierungsprinzips	Fein- und Feinststrukturierung, Strukturierungsverfahren, Toleranz der Strukturierung
18 8 6 1	13	Wahl der Zahl der Strukturebenen	Ebenenzahl, Wahl des Basismaterials, Strukturierungsverfahren

Tafel 5.1: Gestaltungssystematik (Fortsetzung)

Wechselwirkungen		Schrittfolge der Systematik	Auswahlkriterien, Systemdaten
		Elementanalyse	
18, 13, 12, 9, 8	→ 14	Analyse der Anschlußsysteme	Dimensionierung der Anschlußflächen, Dimensionierung der Zwischenverbindungen
25, 14	→ 15	Präparation der Bestückungselemente	Fixierpräparation, Bestückungspräparation, Bestückungsart
25, 10	→ 16	Ordnungsindex	Zahl der Orientierungsachsen, Elementformen und Anschlußtopologien, Bestückungsarten
25, 18, 16, 14, 12, 11, 10, 9, 8	→ 17	Packungsmodul	Elementdichte, Bestückungsart, Strukturierungsverfahren, Miniaturisierungsverfahren
		Fertigungssynthese	
17, 14, 13, 12, 9, 8, 6, 5, 1	→ 18	Wahl des Strukturierungsverfahrens	Subtraktivverfahren, Additivverfahren, Hybridverfahren
12, 9, 8, 7, 6, 5, 4, 3, 2	→ 19	Tolerierung des Strukturierungsverfahrens	Schichtdicken, Ätzgrad, Wuchsgrad, Überhang, Dimensionierungsbreite
19, 18	→ 20	Toleranzanforderung an das Druckverfahren	Lochbild/Strukturbild-Abweichung, Strukturbild/Strukturbild-Abweichung, Genauigkeit der Druckvorlage (Vergrößerungsmaßstab), Genauigkeit der Digitalisierung, Genauigkeit der Transformation in das Druckwerkzeug
20	→ 21	Wahl des Druckverfahrens	Siebdruck, Fotodruck, Präzisions-Siebdruck, Präzisionsfotodruck, Positionierungssysteme
21, 20, 19, 18	→ 22	Konstruktive Toleranzkompensation	Kompensation von Leiterbreite, Leiterabstand und Leiterlänge
20, 19, 18, 14, 13, 12, 9, 1	→ 23	Verfahren der Lochbildfertigung	Stanzverfahren, Bohrungsverfahren, Dimensionierung der Lochdurchmesser, Tolerierung des Lochbildes
9, 8, 6, 5, 4	→ 24	Wahl der Strukturendbehandlung	Lotselektivverfahren, Aufschmelzverfahren, Lotstoppmaskierung, Lötmaskierung, Rollverzinnung
17, 16, 15, 14, 12, 11, 10	→ 25	Wahl des Bestückungsverfahrens	manuelle Bestückung, manuelle Bestükkung mit programmierten Hilfsmitteln, automatische Bestückung
18, 17, 16, 13, 9, 8, 3	→ 26	Wahl des Verfahrens zur Elementverbindung	Handlötverfahren, automatisierte Lötverfahren, Dimensionierung der Anschlußfläche, Dimensionierung der Zwischenverbindung, Stabilität der Elementverbindung, Bruchdehnung bei thermischer Belastung, Langzeitlötfähigkeit, Bildung intermetallischer Phasen

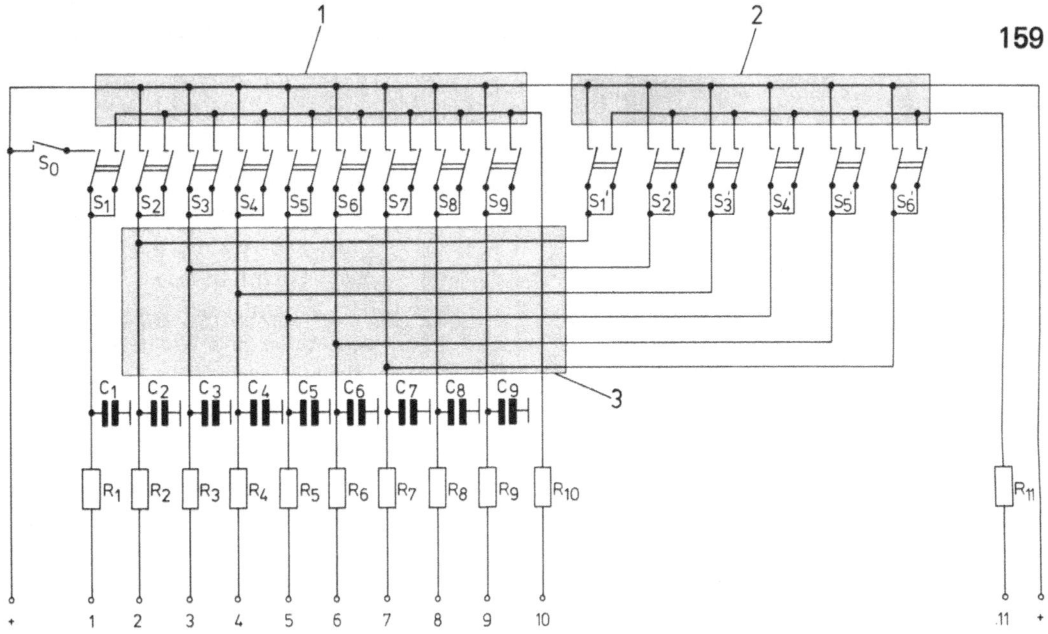

Bild 5.1
Stromlaufplan einer Schalterkombination; die schraffierten Bereiche 1–3 deuten zeichnungsimmanente Kreuzungen an. Der Stromlaufplan ist unvollständig.

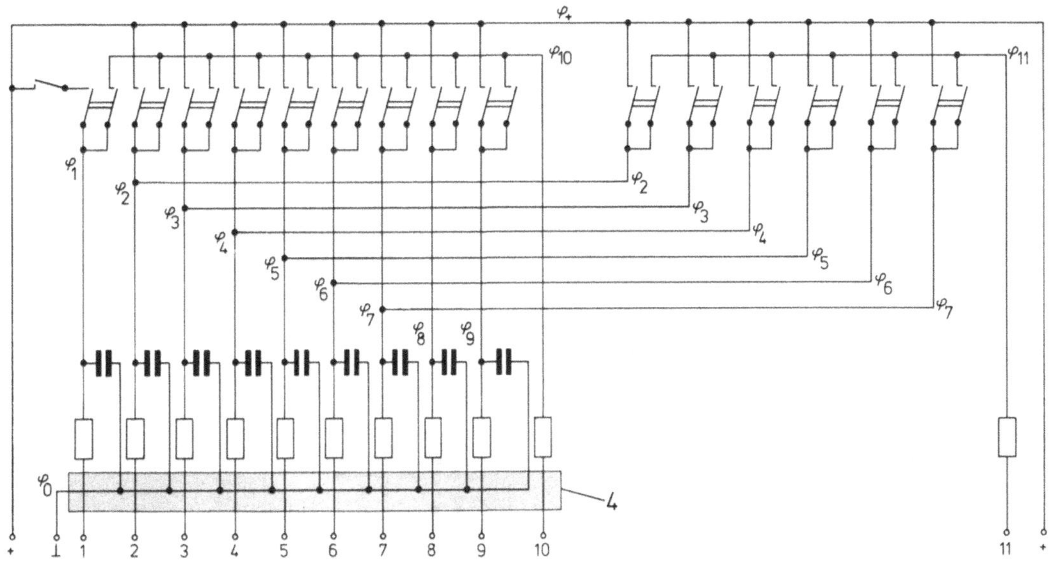

Bild 5.2
Vervollständigung des Stromlaufplanes nach Bild 5.1 um den Massestromkreis und Präparation der Potentialstruktur

Tafel 5.2: Methodologie iterativen Gestaltens

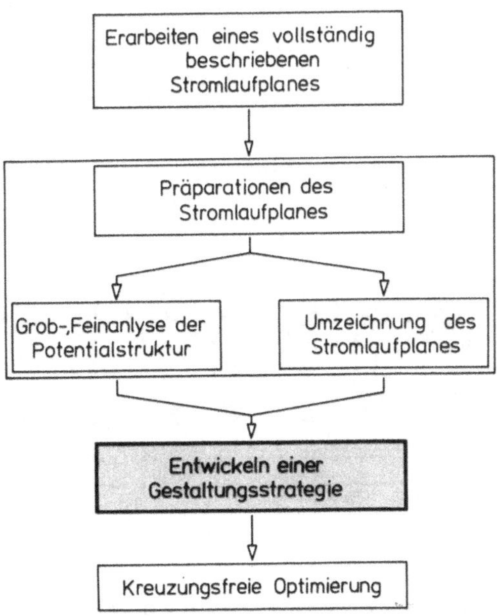

fast immer zeichnungsbedingt. So vorbereitet, ist die Suche nach einer Gestaltungsstrategie der nächste Schritt für eine kreuzungsfreie Optimierung. Hierbei ist es zweckmäßig, die Gestaltungssystematik, Schrittfolge (10) – (13), nachzuvollziehen. Die Optimierung wird natürlich je nach der Zahl der zugelassenen Strukturebenen unterschiedlich kompliziert ausfallen. Es ist ein eminenter Unterschied im Schwierigkeitsgrad, ob eine Struktur ausschließlich einseitig ausgelegt werden soll oder der Übergang in Mehrebenenstrukturen freigestellt ist.

Beispielhaft soll iterative Vorgehensweise erläutert werden. Bild 5.1 zeigt den Stromlaufplan einer einfachen Widerstands-Kondensator-Schalterkombination. Die erste Übersicht deutet auf einen hohen Grad an Kreuzungen hin (schraffierte Bereiche 1–3). Der Plan ist unvollständig, da der Masseleiter der Kondensatoren C_{1-9} fehlt. Bild 5.2 zeigt nun den vervollständigten und präparierten Stromlaufplan. Um eine Platzorientierung der Bestückungselemente durchführen zu können ist das Anschlußflächensystem ana-

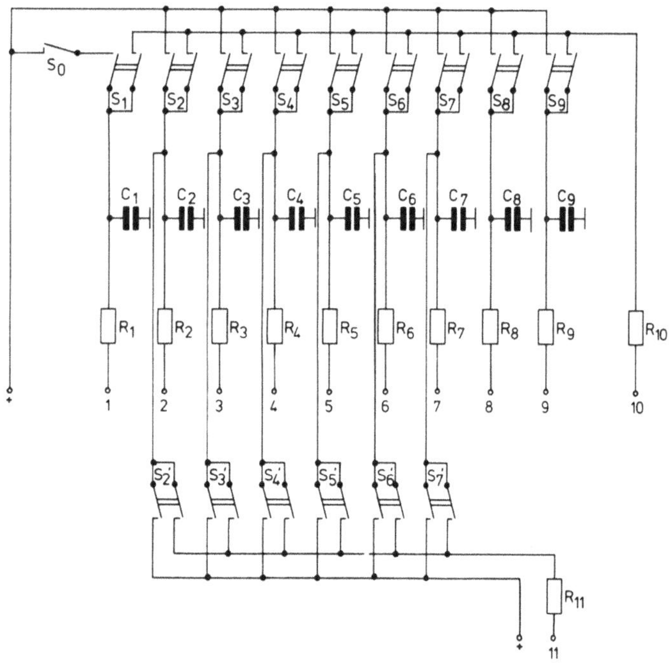

Bild 5.3 Aus der Potentialstruktur ableitbare Umzeichnung des Stromlaufplanes

lysiert und festgelegt worden. Besondere Sorgfalt wurde der Analyse der Potentialstruktur gewidmet. Hierbei wird erkenntlich, daß die Basisebenen je zweier Schalter auf gleichem Potential liegen. Dieses Potential ist identisch gleich dem Potential der jeweiligen Verbindungspunkte der Kondensatoren und Widerstände. Eine hierauf basierende Umzeichnung zeigt Bild 5.3. Die ableitbare Gestaltungsstrategie für eine einseitige Strukturauslegung ist folgende:

1. bei benachbart liegenden Basisebenen betroffener Schalter entfällt eine wesentliche Kreuzungsregion (Bereich 3),

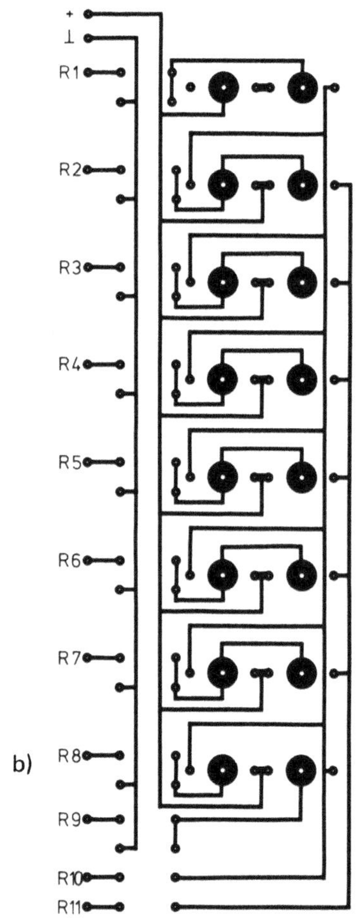

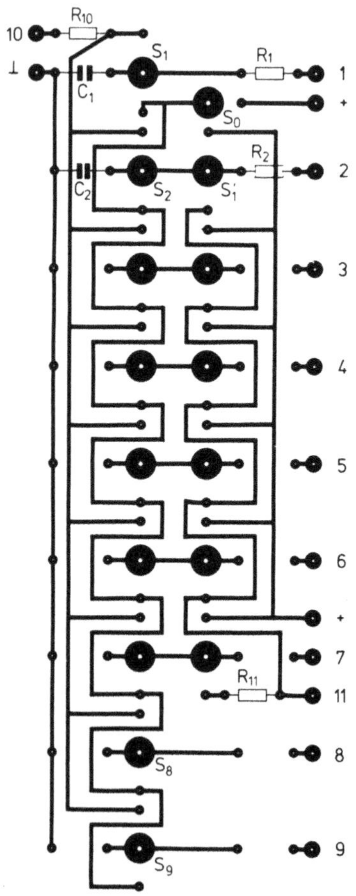

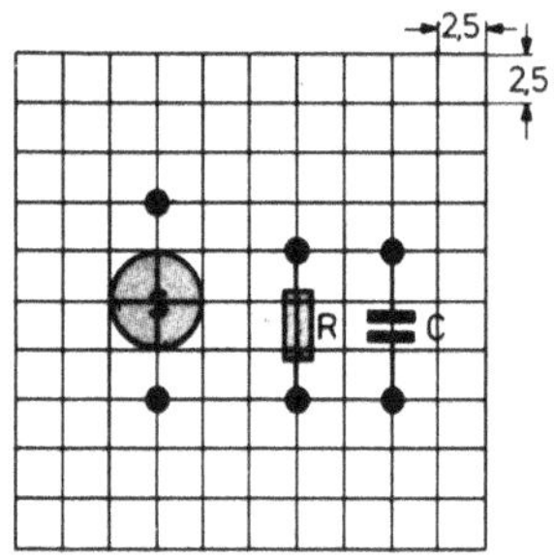

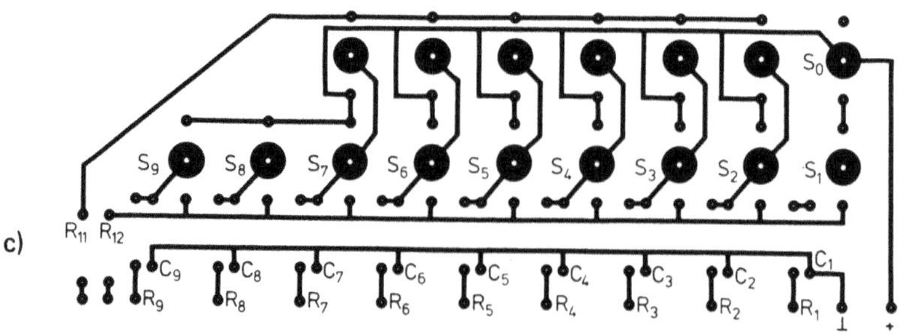

Bild 5.4 a)–c) Layouts der Leiterstruktur der Schalterkombination; die Entwürfe folgen einer gemeinsamen Lösungsstrategie.

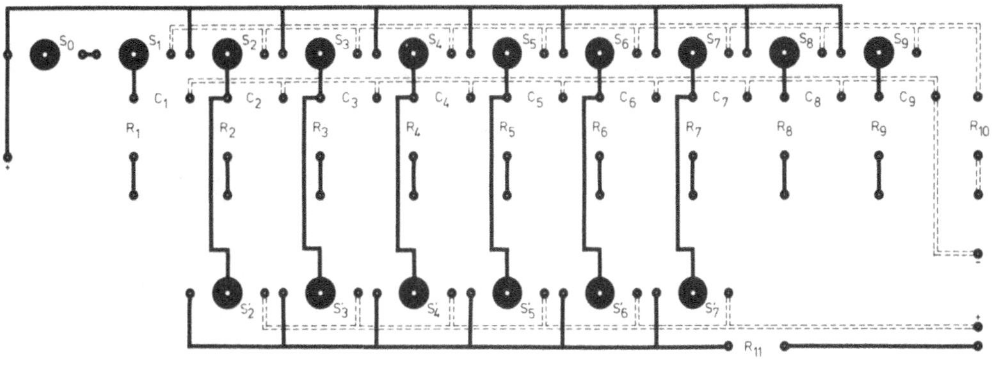

Bild 5.5 Layout der Leiterstruktur der Schalterkombination als zweiseitige gedruckte Schaltung

2. die Anschlußtopologie der Bestückungselemente läßt bei Anwendung der Feinleitertechnik einen Elementübergriff zu und erlaubt damit die Auflösung der Kreuzungsregionen Bereich 1–2 und der Massekreuzungen.

Auf dieser Strategie entwickelte Layouts zeigt Bild 5.4a–c. Bild 5.5 zeigt dagegen eine Lösung in zweiseitiger Struktur, die in ihrer Strategie nur der Erkenntnis der Potentialgleichheit der Schaltbasen folgt, ansonsten aber alle weiteren Kreuzungsbereiche in die zweite Strukturebene übernimmt. Alle Lösungen sind von unterschiedlichen Entwurfspersonen gefunden worden. Dabei war eine besondere funktionale Schalteranordnung nicht vorgegeben.

5.3 Druckvorlagen/Druckwerkzeug-Transformation manueller Art

Nachdem die kreuzungsfreie Optimierung gelungen und die zeichnerische Dokumentation, der Druckvorlagenentwurf oder das Layout, durchgeführt ist, wird die Druckvorlage nach dem bereits dargestellten Verfahren des Kapitels 3 erstellt und hieraus Druckoriginal und Druckwerkzeug gewonnen. Für den Fall einer manuellen Druckvorlagenerstellung durch Klebekomposition und die reprografische Transformation in ein Druckwerkzeug hoher Genauigkeit, soll beispielhaft ein an der FH-Dortmund entwickeltes Verfahren für zweiseitige Strukturen herangezogen werden.

Das Strukturmakro. Ausgehend von den in Abschnitt 3.1.4 dargelegten Genauigkeitserwartungen des angesprochenen Klebeverfahrens, wird im Maßstab 2 : 1 die Druckvorlage eines Speichersystems aus dem Layout entwickelt. Das Darstellungsprinzip ist dem von [3.5] vergleichbar, weicht jedoch in wesentlichen Arbeitsschritten davon ab.

Das Strukturmakro weist neben dem Referenzsystem nach Abschnitt 4.1.1.2 das vollständige auf hochpräziser Rasterfolie erstellte Anschlußflächenbild auf. Es besteht aus den Anschlußflächen der DIL-Gehäuse, denen der Durchsteigeverbindungen und den Anschlußflächen der 64-poligen Steckerleiste nebst Befestigungslöchern. Bild 5.6 zeigt die geklebte Komposition des Makros.

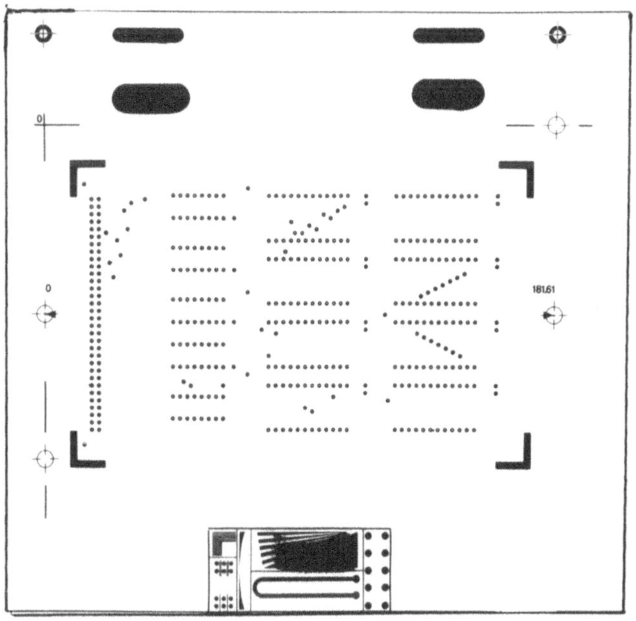

Bild 5.6 Strukturmakro einer digitalelektronischen gedruckten Schaltung (Speichersystem); geklebte Druckvorlagenkomposition mit vollständigem Referenzsystem

Bohrschablone, Justiernormal. Das Strukturmakro dient bei manuellen Bohrvorgängen direkt der Herstellung einer Bohrschablone oder eines Justiernormals. Hierzu wird meist eine kupferkaschierte Basismaterialplatte, die das Anschlußflächen- und Passerbild ätztechnisch eingeprägt erhält, benutzt. Diese Platte dient als Justiernormal der optischen Bohrungszentrierung der zu strukturierenden Leiterplatte oder bei größeren Stückzahlen der Herstellung einer Bohrschablone. Zweckmäßig wählt man Justiernormal und Bohrschablone aus dem Basismaterial, das der Leiterplatte zugrunde liegt. Wichtig ist, daß die Bohrungen im Zentrum der Positionierpasser auch durchgeführt werden, damit eine Positionierung der Druckwerkzeuge möglich ist. In Bild 5.7 ist das Fotowerkzeug des Justiernormals dargestellt.

Druckvorlagen, B-Seite. Zur Darstellung der Leiterstruktur der B-Seite wird über dem seitenrichtig aufgespannten Makro eine Klarsichtfolie fixiert. Diese endgültige Befestigung kann nun auf zwei Weisen erfolgen, einmal mittels Übernahmestiften, zum anderen durch Klebestreifen. An den Stellen der Übernahmepasser wird die Klarsichtfolie mit einem eigenen Passer versehen. Dies geschieht durch Anwendung inverser Passer wie es Bild 5.8 zeigt. Nach Fertigstellung der Klebekomposition der Signal- und Versorgungsleiter und der Ergänzung des Testfeldes und Schriftfeldes, werden beide Arbeitsfolien an den Orten der Übernahmepasser präzise gestanzt. Nach Fertigstellung der L-Seite und entsprechender Stanzung der Klarsichtfolie dieser Leiterstruktur, kann mittels zweier Übernahmestifte jeweils zur Folie des Makros die entsprechende Leiterfolie übernommen und im Aufspannrahmen der Reprokamera fixiert werden. Hierzu sind die Stiftflächen mit klebefähigem Material versehen.

Diese Methode erlaubt, daß beiden Strukturseiten immer das gleiche Anschlußflächenbild zugrunde liegt und stellt somit ein hohes Maß an Übereinstimmung zwischen Bohrungsbild und Anschlußflächenbild bei vertretbarem Vergrößerungsmaßstab sicher.

Die zweite Befestigungsart ist die über Klebestreifen. Nachdem die Leiterstruktur auf der Klarsichtfolie erstellt ist, wird an den gekennzeichneten Stellen die Klarsichtfolie geschnitten und mit der Folie des Makros verklebt. In einem solchen Fall muß sofort die Folienanordnung reprografisch behandelt werden, da eine Trennung der Folien eine erneute Deckung der Bilder nur fehlerhaft erreicht. Trotzdem hat sich diese Methode bei Laborfertigungen von Einzelexemplaren hinreichend bewährt.

Druckvorlage, L-Seite. Zur seitengerechten Darstellung des Fotowerkzeugs der L-Seite wird das Strukturmakro so gewendet, daß es seitenverkehrt liegt. Die Klarsichtfolie wird wiederum darüber gespannt, die Leiterstruktur geklebt, das Schriftfeld gesetzt und eine Befestigungsart ausgewählt. Besondere Beachtung bedarf die Überklebung der freien Anschlußflächen je nach angewandtem Verfahren, Bild 5.9.

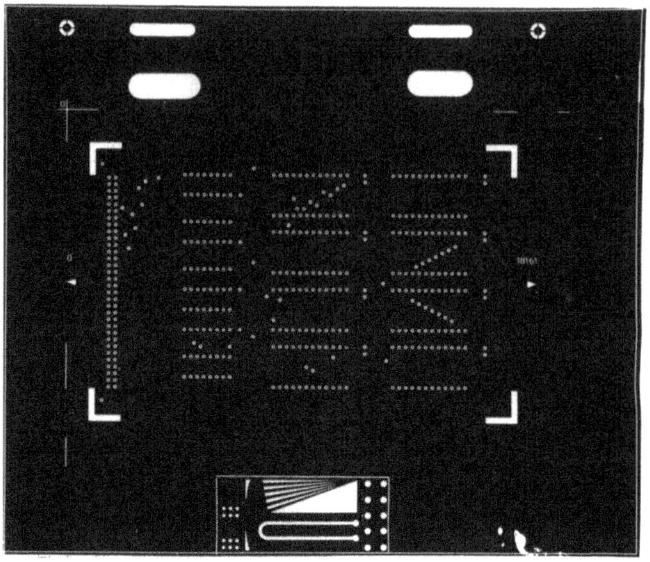
Bild 5.7 Fotowerkzeug des Justiernormals

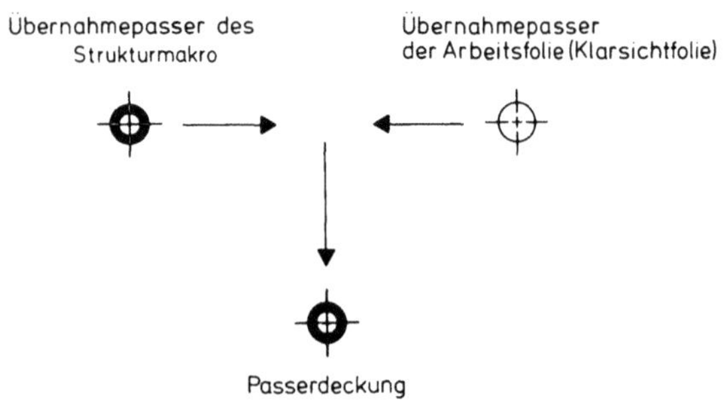

Bild 5.8 Methode der Positionierung der Klebevorlage der Strukturseite über dem Makro mittels inverser Passer.

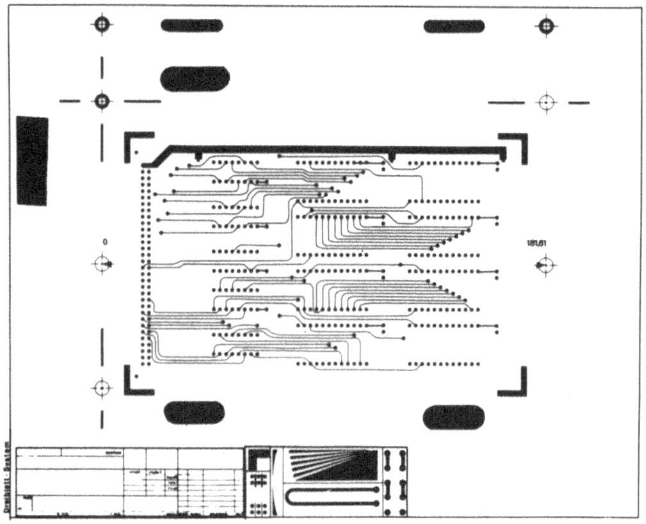

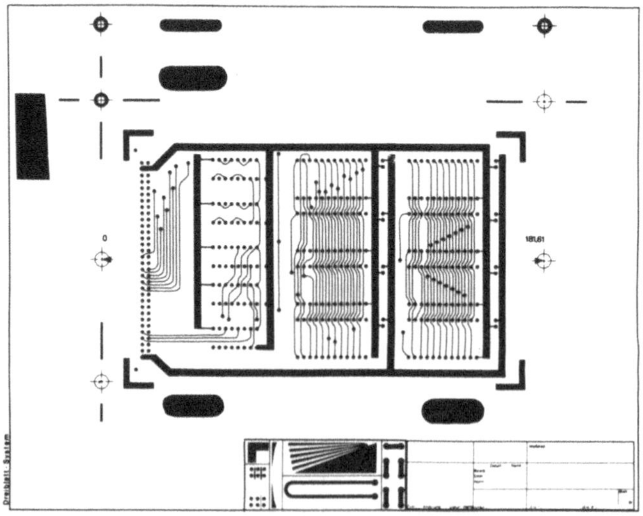
Bild 5.9 Druckoriginale der B- und L-Seite

Bild 5.10 Komponierte Druckvorlage der B-Seite des Speichersystems (Klebekomposition der Leiterstruktur der B-Seite mit unterlegtem Makro); Klebevorlage der reinen Leiterstruktur der L-Seite.

In Bild 5.10 sind die Druckvorlage der L-Seite und die Leiterstrukturen der B-Seite dargestellt. Eine Befestigung nach der Methode der Übernahmestifte zeigt Bild 5.11.

Druckwerkzeuge. Nach reprografischer Umsetzung entstehen Filme in Negativform (Leitungsnegative). Sofern sich hieraus Fotowerkzeuge ableiten lassen, bezeichnet man sie als Druckwerkzeuge. Wenn Kontaktkopierverfahren erst zu den eigentlichen Druckwerkzeugen führen, ist die Bezeichnung Druckoriginal gebräuchlich. Bei Druckoriginal und Druckwerkzeug ist der Dimenionsmaßstab immer 1 : 1. In Bild 5.12 sind die Druckwerkzeuge des besprochenen Beispiels dargestellt.

An den Orten der Positionierpasser werden die Druckwerkzeuge sodann präzise gestanzt und an den Perforationsplätzen geschnitten. Die Verbindung zum präparierten Basismaterial geschieht über Fangstifte, die an gleichen Orten des Basismaterials sitzen. Dann erfolgt die endgültige Fixierung mit dem Basismaterial über Klebestreifen an den vorgesehenen Perforationsstellen.

Genauigkeitserwartung. Mit diesem Verfahren wurde ein Versatz des Loch/Anschlußflächenbildes über die Gesamtfläche von im Mittel 0,150 mm erreicht.

5.4 Planungsbeispiel einer Betriebseinrichtung zur Fertigung von Leiterplatten nach iterativ-manuellem Verfahren

Als Beispiel für eine Betriebseinrichtung zur Laborfertigung von Leiterplatten nach iterativ-manuellem Verfahren zeigen die Raumpläne der Bilder 5.13 und 5.14 die entsprechende apparative Auslegung. Das Konzept basiert auf vergrößert

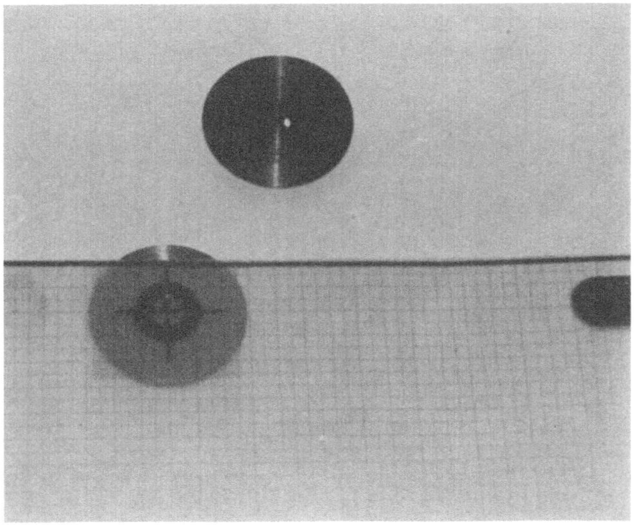

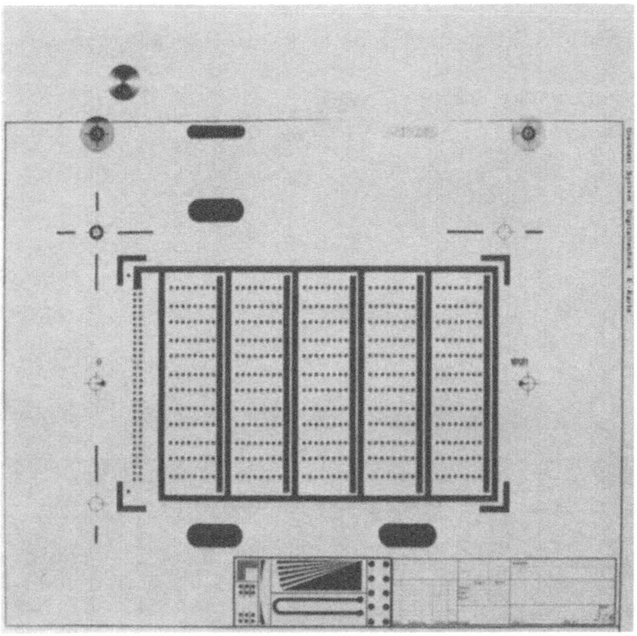

Bild 5.11 Methode der Übernahme von Makro und Klebevorlage (Klarsichtfolie) mittels Übernahmestiften.

hergestellten Druckvorlagen, die reprografisch in Druckoriginale umgesetzt werden. Zur Arbeitserleichterung und Genauigkeitssteigerung wird ein Entwicklungsautomat eingesetzt. Da die Betriebseinrichtung sowohl für durchkontaktierte Leiterplatten, als auch für Mikrowellenschaltungen eingesetzt wird, sind Lackbeschichtungen wie auch Festresistbeschichtungen möglich. Entsprechend ist die Ätzeinrichtung für saure und basische Ätzungen ausgelegt. Die Galvanik erlaubt die chemische und elektrochemische Kupfer-, die Zinn/Blei- und die Nickel/Gold-Plattierung. Die Abwässer der Galvanik werden gespeichert und dann kontrolliert abgelassen.

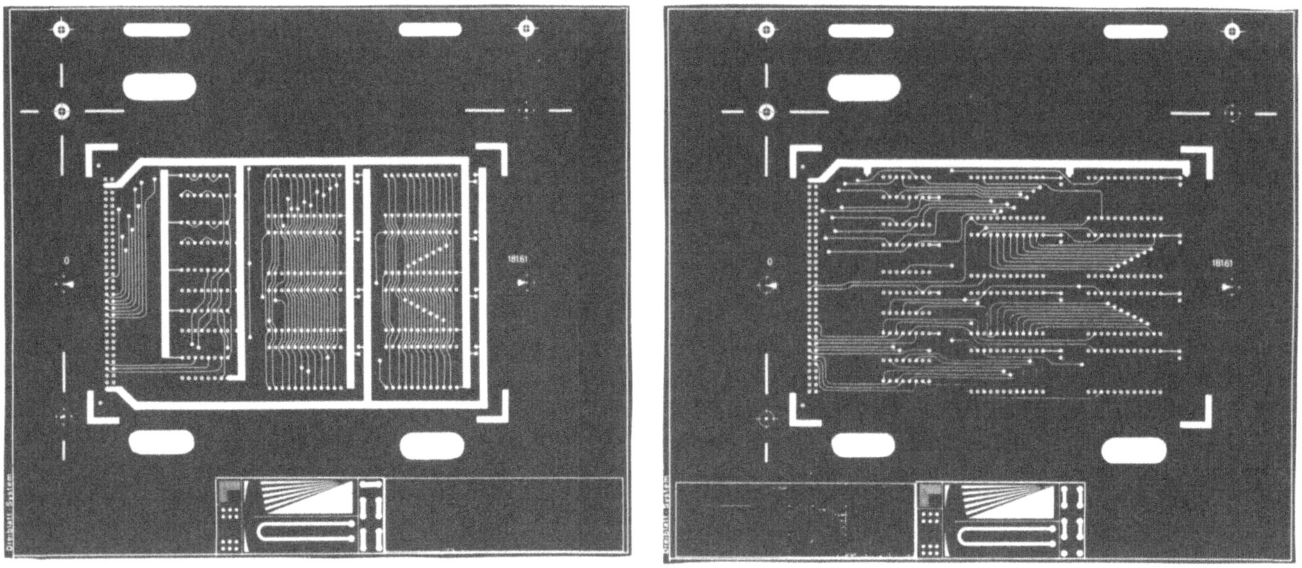

Bild 5.12 Druckwerkzeuge (Leitungsnegative) der gedruckten Schaltung des Speichersystems.

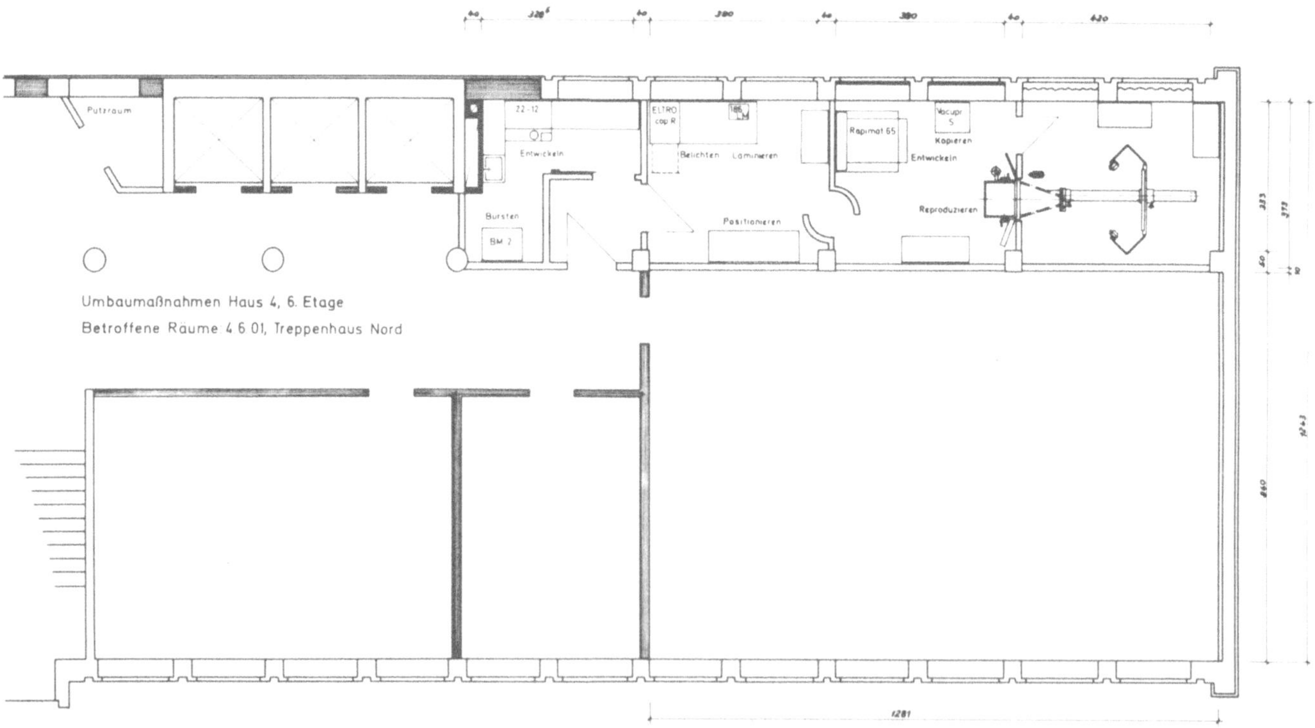

Bild 5.13 Planungsbeispiel einer Betriebseinrichtung zur Fertigung von Leiterplatten nach iterativ-manuellem Verfahren; Raumkomplex I.

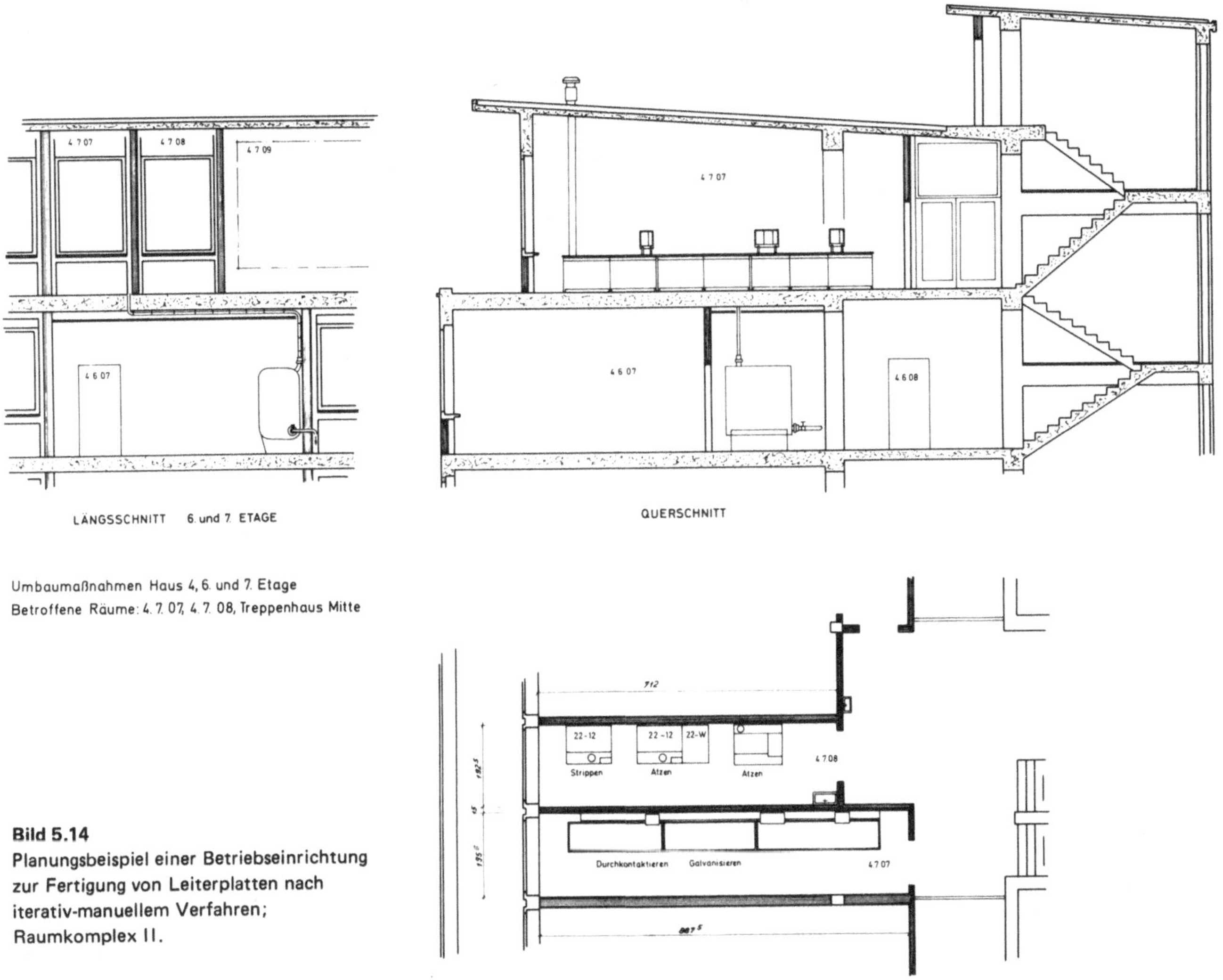

Bild 5.14
Planungsbeispiel einer Betriebseinrichtung zur Fertigung von Leiterplatten nach iterativ-manuellem Verfahren; Raumkomplex II.

5.5 Rechnergestützte Gestaltungsverfahren für Druckoriginale, Druckwerkzeuge und Fertigungsunterlagen

Den folgenden Betrachtungen seien zwei Aspekte vorangestellt:

Der Entwurfsprozeß ist eine entscheidende Phase im Prozeßgeschehen der Herstellung elementarer integrierter Strukturen. Soweit diese Phase von Personen gestaltet wird, ist hierin kaum eine Effektivitätssteigerung erreichbar, da die gestalterischen Arbeiten mit ihrer hohen Rate an kreativen Anteilen sich der Formalisierung entziehen. Damit sind manuelle Entwurfsverfahren weitgehend rationalisierungshemmend, und alle Überlegungen in dieser Richtung werden zwangsläufig auf rechnergestützte automatisierte und teilautomatisierte Entwurfsprozesse geführt.

Die Problematik eines Strukturentwurfs spiegelt sich im Beschreibungsumfang des Strukturbildes wieder. Bei Anwendung des Konstruktionsprinzips eines Rasterentwurfs für Zwischenverbindungen und Leitungsführung liegt die theoretisch zu erwartende Lösungsvielfalt bei $2^{20\,000}$ möglichen Entwürfen für eine zweiseitige Leiterplatte im Europaformat. Dies ist nicht nur Hinweis auf die Diskretisierbarkeit des Entwurfs, sondern auch auf die Möglichkeit der Problemlösung mit Digitalrechnern.

> Die Problemlösung rechnergestützter Entwurfsverfahren besteht darin, aus der Menge der theoretisch möglichen Entwürfe den herauszufinden, der den Anforderungen entspricht.

5.5.1 Systemspezifisches

Eine Problempräzisierung führt zu der Erkenntnis, daß das methodologisch Verfügbare zur vollständigen Lösung des Entwurfsproblems, unter der Berücksichtigung hoher Strukturkomplexität, nicht ausreicht. Dies zeichnet zwei Lösungsmöglichkeiten auf:

1. Rechnergestützte Problemlösung unter Beibehaltung aller Anforderungen an eine komplexe Struktur mit dem Risiko, lediglich Teillösungen zu erreichen.
   Die Teillösungen sind in einem zweiten Lösungsweg parallel oder nachfolgend interaktiv zu ergänzen.
2. Rechnergestützte, weitgehend vollständige Problemlösung unter Einschränkung der Anforderungen an die Struktur.

Eine Analyse der bekannten Entwurfsverfahren läßt den Schluß zu, daß interaktiven Systemen eine zentrale Bedeutung zu kommen wird. Systeme, bei denen die Interaktion zwischen Entwurfsperson und Rechner zwangsläufig ist, werden teilautomatisierte Systeme genannt.

Beim Entwurf von Leiterstrukturen ist generell die Aufgabe gegeben, ein System miteinander verbundener Bauelemente optimal in einer begrenzten Region zu plazieren, wobei eine hohe Bauelementdichte je Flächeneinheit angestrebt wird. Die leitenden Verbindungen zwischen den Elementen sind nach mechanischen und elektrischen Randbedingungen optimal zu führen (trassieren).

Als zweckmäßig hat sich der Lösungsweg nach Bild 5.15 erwiesen. Da ein enger Wirkungszusammenhang zwischen Aufbereiten, Plazieren und Trassieren besteht, ist eine zusammengefaßte einheitliche mathematische Formulierung des Problems kaum möglich.

Die Schaltungsaufbereitung besteht in der datenmäßigen Erfassung aller Bauelemente, ihrer Verbindungswege und der Plattengeometrie auf der die Elemente und Verbindungen anzuordnen sind. Dieser Prozeß findet seinen Niederschlag in den Eingabedatenlisten, die sich in eine Bauelementeliste, eine Verbindungsliste, eine Plattenliste und zugeordnet, in eine Bibliothekliste aufteilen. Der Aufbereitungsprozeß geht nicht nur von einem stiftbelegten oder anschlußsystembehafteten vollständigen Element aus, häufig werden auch reine Schaltungsfunktionen, wie sie in Logikplänen vorkommen, aufbereitet und in Partitionsverfahren technischen Bausteinen zugeordnet. In der Aufbereitungsphase sind weiterhin Generierungen vollständiger Stromlaufpläne üblich.

Verfahren der Plazierung sind weitgehend mathematisch beschrieben [5.1], [5.2], [5.3], [5.4], [5.5]. Hier ist zu unterscheiden zwischen dem Fall einer Plazierung geometrisch gleichartiger Bauelemente, wie beispielsweise IC, und dem wesentlich komplizierteren einer Plazierung von Elementen mit unterschiedlichen geometrischen Abmessungen.

Bei geometrisch gleichartigen Bauelementen, wie beispielsweise denen mit DIL-Gehäusen, ist die Möglichkeit des Platztausches gegeben. Der Algorithmus ist hier meist so aufgebaut, daß ausgehend von einer zufälligen Anfangsplazierung, iterativ eine optimale Plazierung unter dem Entwurfsziel kurzer Verbindungswege und gleichmäßiger Bauelemente- und Leiterbelegung gefunden wird. Dieser Optimierungsprozeß wird vor Beginn der Trassierung vollständig abgewickelt.

Bild 5.15
Lösungsweg rechnergestützter Entwurfsverfahren

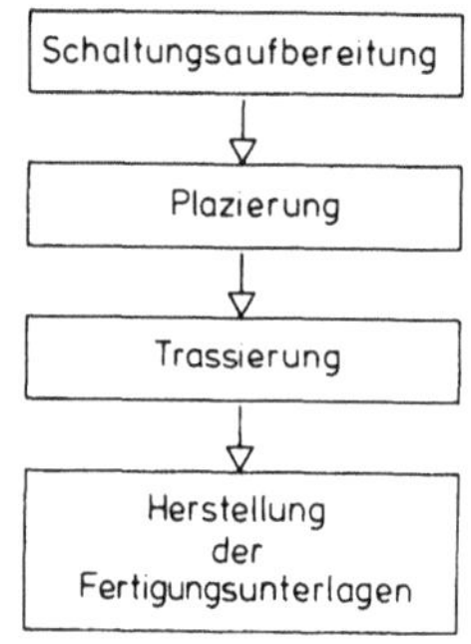

Bei der Plazierung geometrisch ungleicher Bauelemente mit rechteckiger Projektionsfläche in einem begrenzten zweidimensionalen Raum ist der Algorithmus häufig ein Folgealgorithmus, der eine Anfangsverteilung einer begrenzten Menge von Bauelementen voraussetzt. Bei jedem Arbeitsschritt werden auf den Positionen die Elemente vorläufig plaziert, wobei die günstigste Position nach der minimalen Summe der Verbindungslängen mit früher plazierten Bauelementen ermittelt wird. Als weiteres Kriterium für die Auswahl des Elementes aus der Menge der noch nicht endgültig plazierten dient die maximale Summe der Verbindungslängen.

Bei der Trassierung der Leitungsführung stützen sich die Entwurfsverfahren im wesentlichen auf den Lee'schen Algorithmus [5.6]. Obwohl dieser jeden möglichen Weg zwischen zwei Punkten eines Labyrinths erkennt, wird er aus Gründen der Einsparung von Rechenzeiten und Speicherkapazität modifiziert angewandt. Dabei läßt sich die Rechenzeit durch eine gezielte Wegsuche im Labyrinth erheblich reduzieren. Eine gezielte Wegsuche setzt eine gewisse Kenntnis der Labyrinthstruktur voraus, wodurch die Vorgabe einer Vorzugsrichtung des Weges und bestimmter Marken zur kürzesten Umgehung von Hindernissen möglich wird. Die Leitungsführung steht dabei unter den teilweise schon besprochenen Bedingungen:

1. Kreuzungsfreiheit mit potentialfremden Leitern und Anschlußflächen,
2. Verwirklichung der vollständigen Struktur durch Ebenenwechsel oder interaktiven Prozeß,
3. Erhöhung der Kompliziertheit eines Labyrinths durch jeden festgelegten Leiterzug,
4. Darstellung möglichst kurzer Leiter.

Die Optimierung einer möglichst kurzen kreuzungsfreien Leiterstruktur nutzt häufig graphentheoretische Methoden [5.7], [5.8], für die Bildserie 5.16 eine Aussage macht [5.9]. Hierbei wird die Diodenmatrix der Schaltung nach Bild 7.85 optimiert.

Einschränkende Randbedingungen, wie kritische Leiterlängen und kritische Abstände, können häufig im Sinne eines störsicheren Aufbaus als Schwellwerte eingegeben werden, um Entwurfskorrekturen zu ermöglichen.

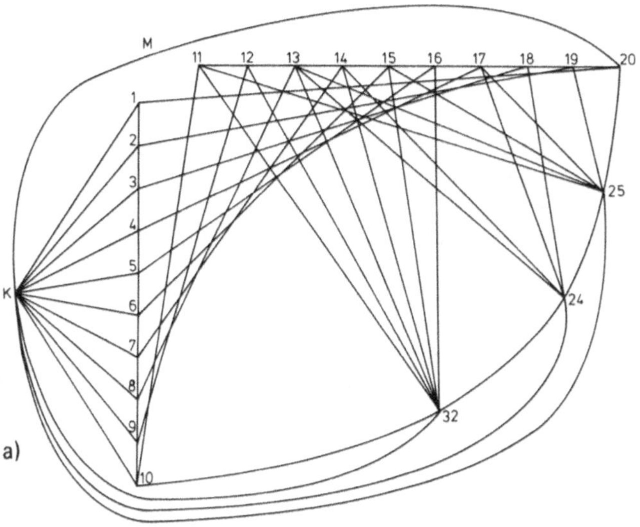

a)

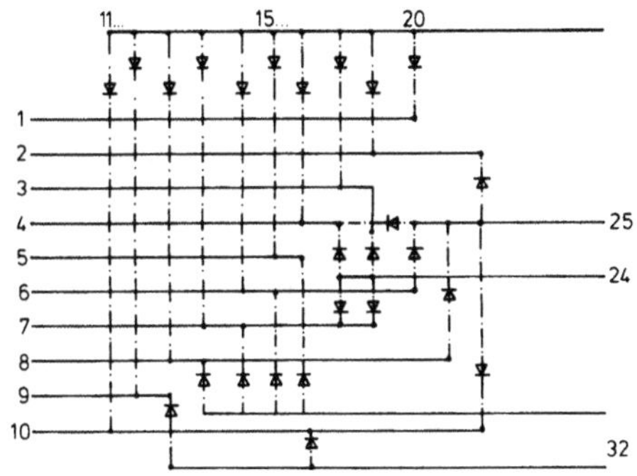

d)

Bild 5.16 a)–d) Beispiel einer graphentheoretischen Methode der kreuzungsfreien Optimierung der Schaltung nach Bild 7.85.

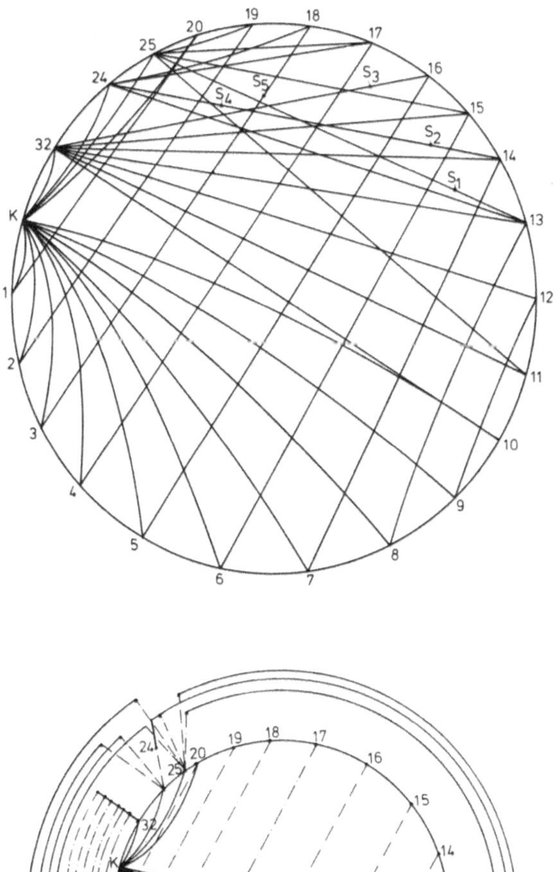

b)

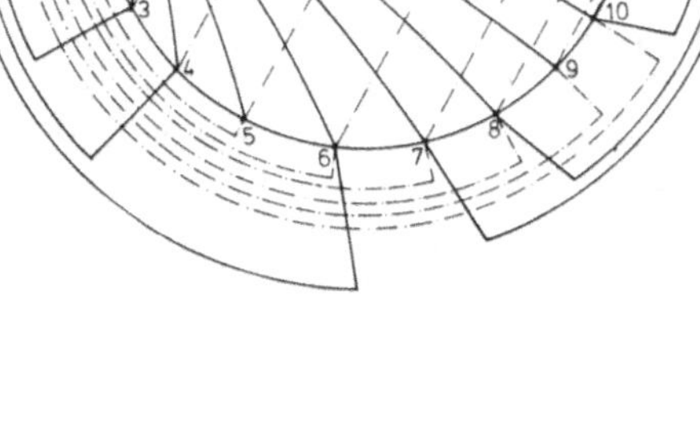

c)

5.5.2 Exemplarische Verfahrensbeschreibungen

Eine Analyse rechnergestützter Gestaltungsverfahren zeigt nun sehr variante Spezifika, die grob bewertet, teils zu automatisierten Verfahren mit mehr oder weniger starker Einschränkung der Anforderungen tendieren, teils eine mehr oder weniger ausgeprägte Interaktion erfordern. Um einen Einblick in die Verfahrensweise zu geben, werden je ein Verfahren aus den Bereichen der automatisierten und teilautomatisierten Entwurfsverfahren besprochen.

5.5.2.1 Programmsystem LAYKA

Das Programmsystem LAYKA wurde bei AEG-Telefunken unter Förderung durch die Bundesrepublik Deutschland entwickelt [5.10]. Es wurde für die automatische Entwurfsauslegung zweiseitiger Leiterplatten mit geometrisch ähnlichen integrierten Bausteinen in DIL-Gehäusen und einigen Pseudo-IC für die Leiterbreite 0,3 mm und den Rasterabstand 1,27 mm erarbeitet. Das Programmsystem enthält eine Listenausgabe (Stückliste, Signalführungsliste, Steckerbelegungsplan, Bestückungsplan) und eine graphische Ausgabe für Pen-Plotter und automatische Zeichenmaschine (Lichtzeichenmaschine).

Der Entwurfsprozeß ist in eine Folge von Teilaufgaben, sog. Konstruktionsmodulen, gegliedert, die sequentiell aufeinander folgen. Für jeden Konstruktionsmodul muß eine vollständige Lösung gefunden werden.

Die Konstruktionsmodulen in der Arbeitsfolge sind:

KM 1-Partition. Zusammenfassung von logischen Funktionen zu Gruppen derart, daß eine Gruppe in einem technischen Baustein realisiert werden kann.

KM 2-Plazierung. Anordnung der Bausteine auf der Leiterplatte in einem Grobraster.

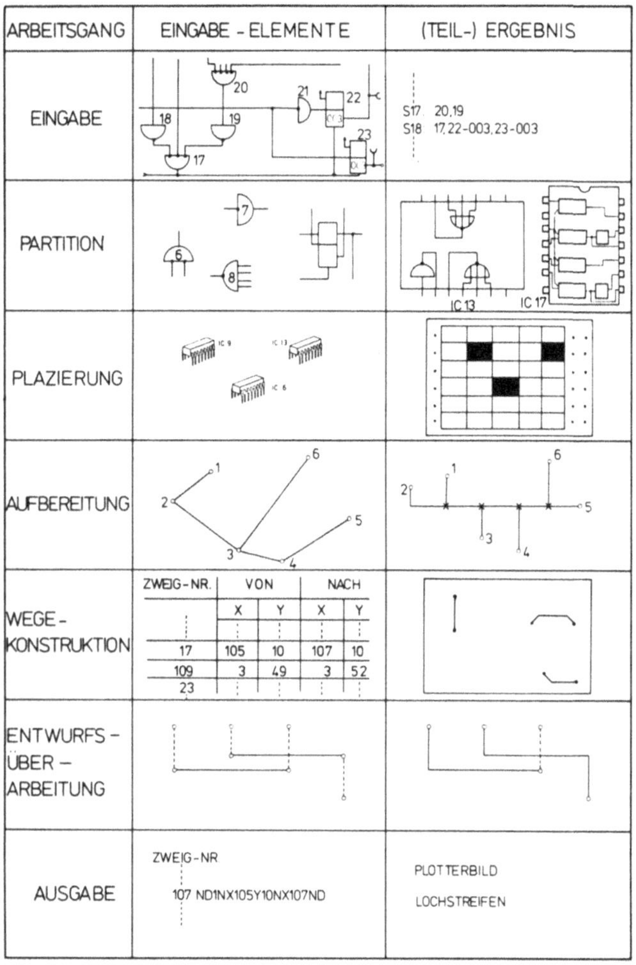

Bild 5.17 Prinzip des sequentiellen Entwurfsverfahrens des Programmsystems LAYKA.

KM 3-Aufbereitung. Zerlegung der Signalnetze in Zweipunktverbindungen und Festlegung der Reihenfolge für die Konstruktion dieser Verbindungen.

KM 4-Leiterbahnkonstruktion. Konstruktion der Zweipunktverbindungen.

In Bild 5.17 sind die Prinzipien dieses sequentiellen Entwurfsverfahrens graphisch aufgelistet.

Partition. Die logischen Funktionen der Schaltung, so wie sie symbolhaft dem Stromlaufplan entnehmbar sind, werden nach ihrem Typ sortiert. Hierzu wird jeder Funktion bei der Eingabe eine Bezeichnung mitgegeben, die auf einen physikalischen Bausteintyp verweist. Die Konstruktionsvorschrift für den Aufbau eines physikalischen Bausteins wird einem Katalog entnommen. Nach dieser Vorschrift werden die Funktionen zu Gruppen versuchsweise zusammengesetzt und geprüft, wie hoch der innere Vermaschungsgrad der Gruppe ist. Die Gruppierung mit dem höchsten Vermaschungsgrad wird ausgewählt.

Plazierung. LAYKA benutzt zur Plazierung ein iteratives Verfahren, das sich in folgende unterscheidbare Schritte gliedert:

- Anfangsplazierung,
- Transformation,
- Bewertung der Transformation,
- Ausführung der ausgewählten Transformation,
- Platztausch ausgewählter Bausteine,
- Abfrage des Abbruchkriteriums.

Die Anfangsplazierung erfolgt zufällig in vorgebbarem Grobraster mit dem Platzbedarf eines 14-Stift- oder 16-Stift-DIL-Gehäuses. Platzvorgaben oder Sperrungen können berücksichtigt werden. Diese Anfangsplazierung wird durch die Berechnung eines Maßes für die Gesamtleitungslänge und/oder der längsten Verbindung innerhalb jedes Signalnetzes bewertet.

Hiernach werden aus der Menge der Bausteine Untermengen in der Art gebildet, daß die Elemente der Untermengen keine elektrischen Verbindungen miteinander haben und somit ihre Neuplazierung keine Rückwirkung auf die restlichen Elemente dieser Mengen hat. Damit wird das quadratische Zuordnungsproblem der Plazierung der Gesamtmenge zu einem linearen nicht verbundener Bausteine. Dieses Teilverfahren ist lediglich als Approximation der optimalen Anordnung aller Bausteine anzusehen und wird ergänzt durch iterative Optimierungsverfahren im Hinblick auf die Wahl der Leitungslängen und ein heuristisches Verfahren, in dem die elektrisch verbundenen Bausteine die Möglichkeit des Platztausches haben.

Die Grenzen dieses Verfahrens sind dadurch aufgezeigt, daß die Leitungsführungen nur idealisiert berücksichtigt werden können. Durch sog. Auslastdiagramme werden daher im Modul KM 3 Beurteilungskriterien der Plazierung aufgestellt, die dann die Möglichkeit der interaktiven Plazierung eröffnen können.

Aufbereitung. Vor der Konstruktion der Leiterbahnen wird durch Aufbereitung der Liste der Signalleitungen ein Modell aller Signalleitungsführungen entworfen. Dieses Modell dient der Abschätzung der Länge der Leiterzweige. Die Leiterzweige gewinnt man, indem die Anschlußpunkte der Bausteine eines determinierbaren Signalleitungsnetzes durch eine Baumstruktur verbunden werden. Die Zweige dieser Bäume verlaufen parallel zu den Rasterlinien, sog. Steinerbaum [5.11]. Diese Modelldarstellung ist für den Erfolg der Leiterbahnkonstruktion entscheidend, da hier die Reihenfolge, in der die Leiter konstruiert werden (kurze Leiter vor langen Leitern) bestimmend ist. Eine Untersuchung der Schnittliniendichte der Leiter ist von weiterer Wichtigkeit. Längs dem Grobraster für die Plazierung von Bausteinen werden Schnittlinien definiert und die entsprechenden Belastungen in Richtung x der Leiterplatte (z.B. B-Seite) und in Richtung y (z.B. L-Seite) ermittelt, Bild 5.18. Aus Analysen manuell erstellter Druckvorlagen weiß man, daß die

Bild 5.18
Schnittliniendefinition längs dem Grobraster für die Bausteinplazierung; Methode der Ermittlung von Schnittlinienbelastungen.

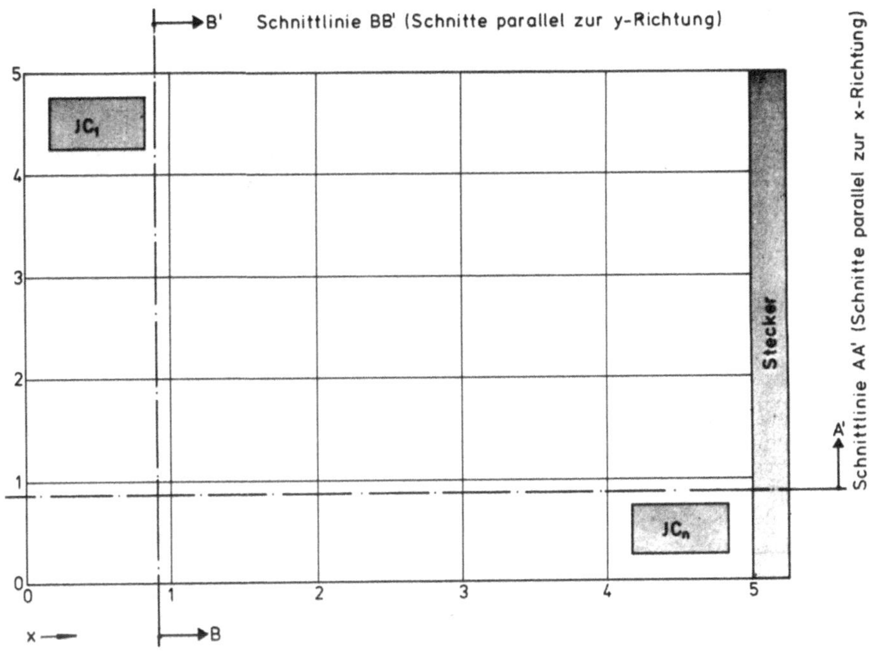

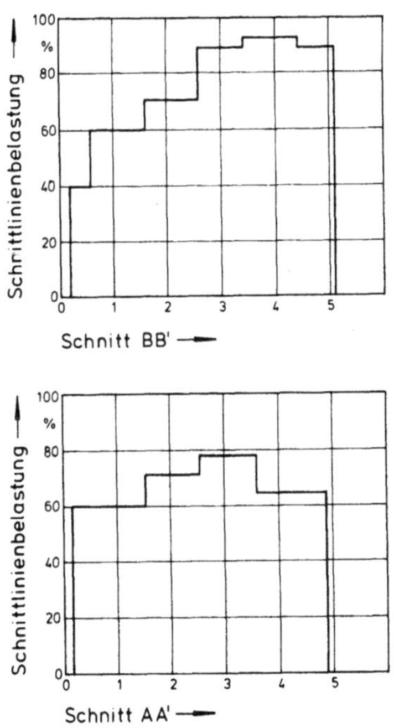

Bild 5.19 Typischer Verlauf von Schnittlinienbelastungen digitalelektronischer Schaltungen

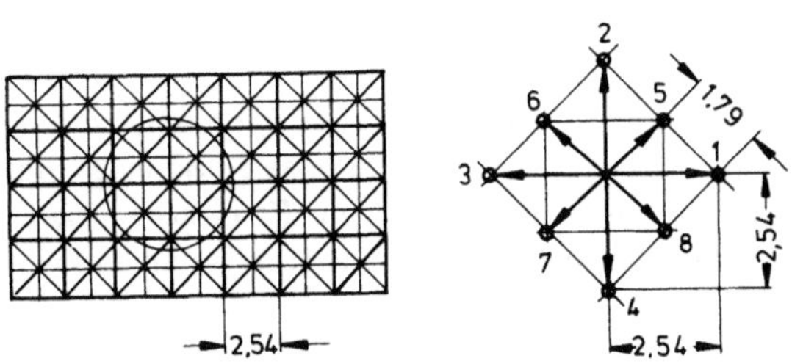

Bild 5.20 Konstruktionsraster LAYKA

Anzahl der Sollverbindungen, die eine Schnittlinie kreuzen, nicht mehr als 70 % der Anzahl der theoretisch verfügbaren Rasterlinien betragen darf. Den typischen Verlauf von Schnittliniendiagrammen zeigt Bild 5.19.
Ergeben sich Schnittlinienbelastungen > 70 % sollte der Plazierungsentwurf interaktiv abgeändert werden.

Leiterbahnkonstruktion. Die Konstruktion der Leiterführung erfolgt rastergebunden. Das bei LAYKA verwendete Raster ist eine Überlagerung aus 3 Basisrastern, Bild 5.20. Die Leiterbahnen werden in einem systematischen Verfahren aus elementaren Wegelementen aufgebaut. Das Verfahren basiert auf einem modifizierten Lee'schen Algorithmus.
Zwei Phasen sind zu unterscheiden:

In der Phase 1 werden virtuelle Leitungen vom Startpunkt in 4 Richtungen konstruiert, bis entweder der Zielpunkt gefunden wurde oder die ganze Leiterplatte mit elementaren Wegstücken bedeckt ist.

Bei Erreichung des Zielpunktes wird in Phase 2 die virtuelle Leitung zum Startpunkt zurückverfolgt und in einen realen Leiterzug umgewandelt.

Durch Setzen eines fiktiven Rahmens um die zu verbindenden Punkte verhindert man, daß virtuelle Leitungen vom Zielpunkt weglaufen.
Neben den beschriebenen Konstruktionsmodulen enthält LAYKA Hilfsprogramme zur:

1. Katalogverwaltung,
2. Eingabedatenprüfung,
3. Listenausgabe,
4. graphischen Ausgabe,
5. Schnittstellengenerierung.

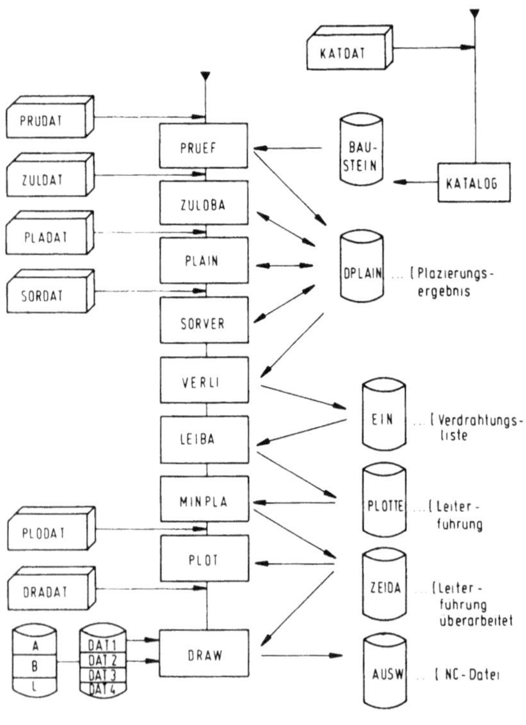

Bild 5.21 Programmsystem LAYKA

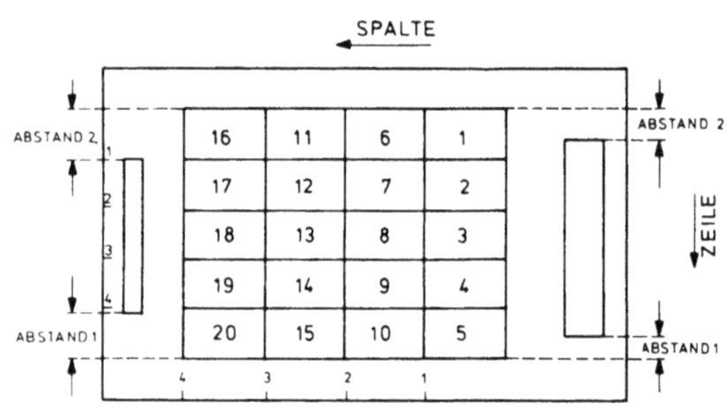

Bild 5.22 Plazieren von IC-Bausteinen im Grobraster des Programmsystems LAYKA

In Bild 5.21 ist das Programmsystem mit seinen Eingabe- und Ergebnisdaten grobübersichtlich wiedergegeben. LAYKA ist in Algol programmiert. Der Kernspeicherbedarf liegt bei 40 k. Auf einzelne Subsysteme und ihre Spezifika sei hier verwiesen:

PLAIN. Dieses Programm plaziert die in ZULOBA definierten IC-Bausteine auf der Leiterplatte in einem Grobraster, Bild 5.22. Hierzu müssen über die Eingabedatei PLADAT folgende Informationen einfließen:

- Format der Leiterplatte,
- Art und Lage der Steckverbinder,
- feste Steckerbelegung,
- feste Platzvorgabe,
- Einbaulage der Bausteine in einer Spalte,
- gesperrte Plätze.

SORVER. Das Programm SORVER erfüllt mehrere Aufgaben. Es führt das Feinraster ein und definiert die Lage der Bausteine in diesem Feinraster. Es zerlegt die Signalnetze in Zweipunktverbindungen und sortiert nach voraussichtlichen Leitungslängen. Hieraus ergibt sich die Verbindungsliste, nach der das Leiterkonstruktionsprogramm LEIBA arbeitet. Ferner wird die Signalführungsliste um die extern vorgegebenen Netzstrukturen, wie beispielsweise die Versorgungsnetze, erweitert.

PLOT. Dieses Programm gibt den automatischen Entwurf in Form einer Plotterzeichnung aus. Der Parameter MODUS steuert die Art der Ausgabe.

DRAW. Das Programm DRAW gibt den Entwurf als Lochstreifen zur Steuerung einer AEG-Lichtzeichenmaschine Geograph 2000 aus. Dem Lochstreifen können beliebige Kommentare oder Daten über Standardleitungen und Bohrungen eingeblendet werden. Diese Informationen müssen vor Programmstart in den Dateien DAT 1–4 enthalten sein.
Zur graphischen Überarbeitung der Rechnerentwürfe mittels eines autonomen Bildschirmarbeitsplatzes mit Digitalisierungseinrichtung werden die Daten auf Magnetband übertragen. Für LAYKA-Entwürfe stehen CALMA-Arbeitsplätze zur Verfügung. In Bild 5.23 ist ein solcher Arbeitsplatz dargestellt.
Abschließend zeigen die Bilder 5.24 und 5.25 die Plotterzeichnung und die Lichtzeichnungen der B- und L-Seite (Fotowerkzeuge) von LAYKA-Entwürfen.
Als Nutzenbewertung mögen folgende Betriebdaten gelten. Für einen LAYKA-Entwurf mit 26 integrierten Schaltkreisen und 110 Signalnetzen (250 Wegen) liegt die Rechenzeit etwa bei 10 Minuten.

5.5.2.2 Interaktives Entwurfssystem Redac-Mini

Bei dem Redac-System [5.12] handelt es sich um ein vollständiges Leiterplattenentwurfssystem, das von den Informationen des Stromlaufplanes, der Anschlußtopologie der Bauelemente und der Leiterplattengeometrie die Fotowerkzeuge erstellt. Das System setzt sich hardwaremäßig aus der Entwurfsstation, einem Rechner mit 48 K-Worte, einer Verarbeitungs/Steuereinheit für graphische Informationen, einem Lochstreifen-Leser/Stanzer, und einer Präzisionslichtzeichenmaschine zusammen. Es bestehen die Optionen für den Anschluß eines Digitalisierers und eines Pen-Plotters.
Die Entwurfsstation besteht aus einem dynamischen graphischen Terminal, einem Lichtstift, einem Tastaturtableau

Bild 5.23 Autonomer Bildschirmarbeitsplatz und Digitalisiergerät des Systems CALMA

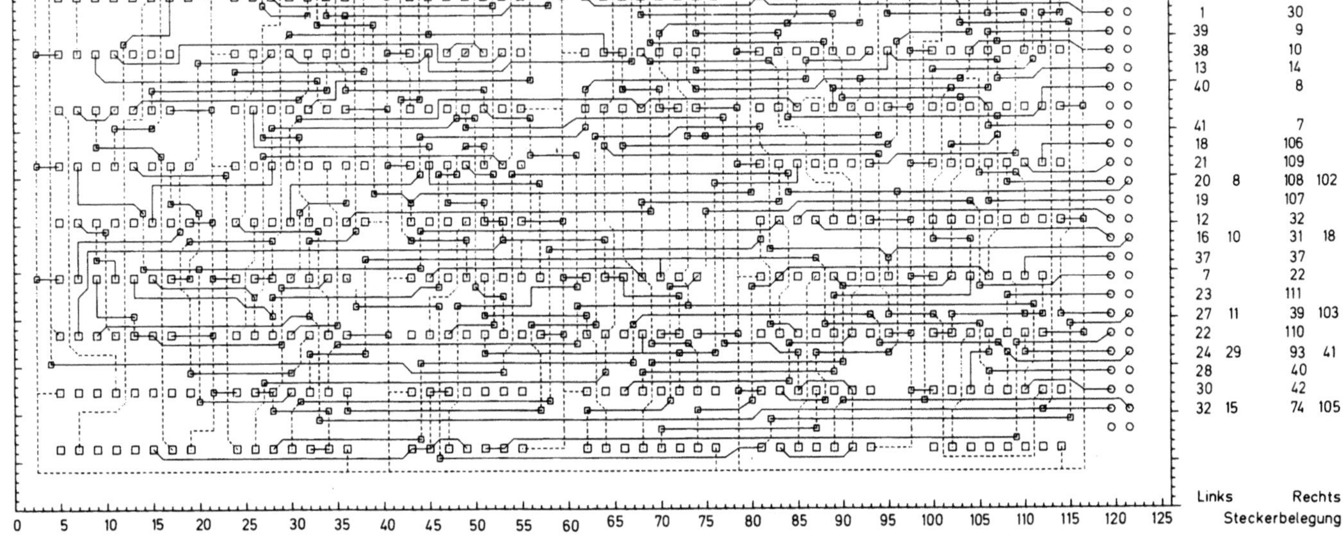

Bild 5.24 Plotterzeichnung eines zweiseitigen Druckvorlagenentwurfs nach LAYKA

und einem Drucker. Das graphische Terminal wird vom Entwurfsingenieur, dies ist typisch für viele interaktive Systeme, in folgender Weise genutzt:

1. als dynamische Zeicheneinrichtung, auf der er geometrische Informationseinheiten hinzufügen, streichen oder auch bewegen kann,
2. als Kontrolleinrichtung, wobei er das System zu verschiedenen Entwurfsschritten anweisen kann,
3. als Empfänger, über den ihn der Rechner im Hinblick auf den Ablauf und Stand bestimmter Prozeßabläufe informieren und über Verletzungen der Entwurfsregeln unterrichten kann.

Bild 5.26 zeigt die Systemkonzeption des Grundsystems.

Die Leistungsmerkmale des Systems lassen sich wie folgt zusammenfassen:

Anzahl der strukturierbaren Ebenen	8
Bereich der Datenstruktureinheiten des Entwurfs je Zoll (DSU je Zoll)	1 E–127 E
Übliche Zahl der Struktureinheiten	40 E
Maximale Kantenlänge der Leiterplatten	1032 E
Typische Leiterplattengröße maximal	580mmx630mm
Maximale Anzahl der Bauelemente je Leiterplatte	511
Maximale Bauelementelänge	255 E
Maximale Anzahl von Lötaugen je Bauelement	63
Anzahl der Lötaugengrößen	32
Anzahl der Leiterbreiten	8

Maximale Anzahl von Netzverzweigungen je Leiternetz	
bei rechtwinkligem Führungsprinzip	127
bei beliebigem Führungsprinzip	63
Anzahl der Textgrößen	4
Maximale Zahl von Zeichen je Bauteilenamen	4

Anzahl der automatischen Plazierungsroutinen	3
Anzahl der automatischen Trassierungsroutinen	2

Automatischen Dimensionsüberprüfung,
Entwurfsinteraktion über Ein/Ausgabedrucker,
Lichtgriffelmanipulation in Zusammenhang mit 7 Routinen,
Schalteinheit zur Auswahl von Subroutinen.

Maximale Strukturdaten des Standardsystems,	
Bauelemente	400
Verbindungen	800
IC	ca. 100

Maximale Strukturdaten des Supersystems,	
Bauelemente	400
Verbindungen	2000
IC	ca. 200

Datenausgabe:
Bohrlochstreifen,
Fotoplotterstreifen,
Bestückungsstreifen.

Die Wirtschaftlichkeit des Entwurfssystems wird vom Systemhersteller in einem Kosten/Zeitvergleich mit manuellem und manuell/digitalisiertem Entwurfsverfahren analysiert [5.13]. Die Untersuchungen basieren auf einer zweiseitig strukturierten Leiterplatte von 160 mm x 200 mm, bestückt mit 50 IC (14/16 polig), 26 Kondensatoren, 5 Dioden, 22 Widerständen und einer Steckerleiste. Danach ergeben sich für:

1. das manuelle Verfahren (Klebetechnik)	123 Stunden
2. das manuell/digitaliserte Verfahren	100 Stunden
3. das Verfahren nach Redac-Mini	36 Stunden

Einen Einblick in die operatorbezogene Entwurfsmethode nach Redac-Mini mit automatisierten und interaktiven Arbeitsphasen gibt die nachfolgende Bildserie von Schirmbildaufnahmen. Den Bildern liegt eine zweiseitige Leiterplatte vergleichbar mit den in Bild 5.27 ausschnittweise dargestellten Strukturdaten zugrunde. Das Bild zeigt fernerhin die codierten Lötaugendurchmesser und Leiterbreiten des umfangreichen Datenaufbereitungsprozesses.

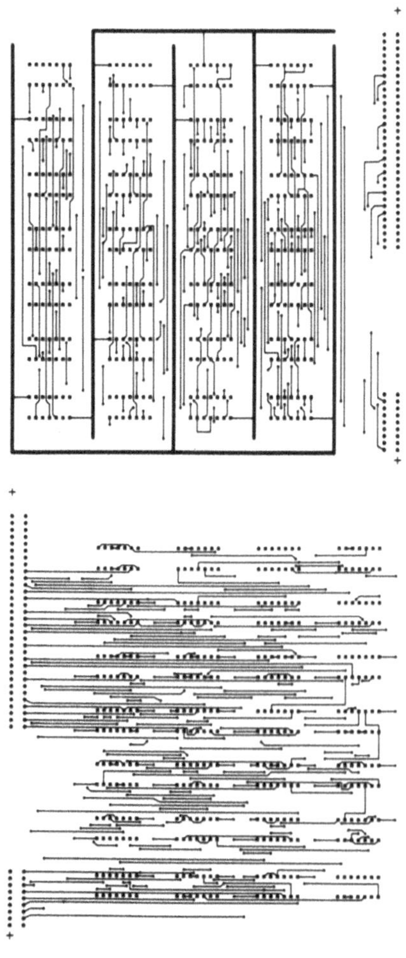

Bild 5.25 Lichtzeichnungen (Fotowerkzeuge) der B- und L-Seite einer digitalelektronischen Schaltung nach LAYKA.

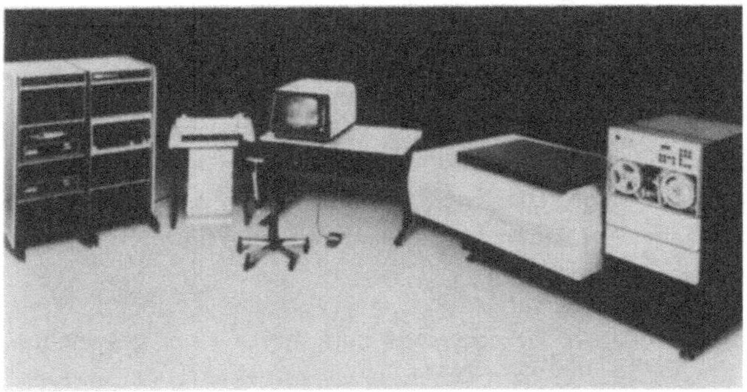

Bild 5.26 Systemkonzeption des Grundsystems Redac-Mini

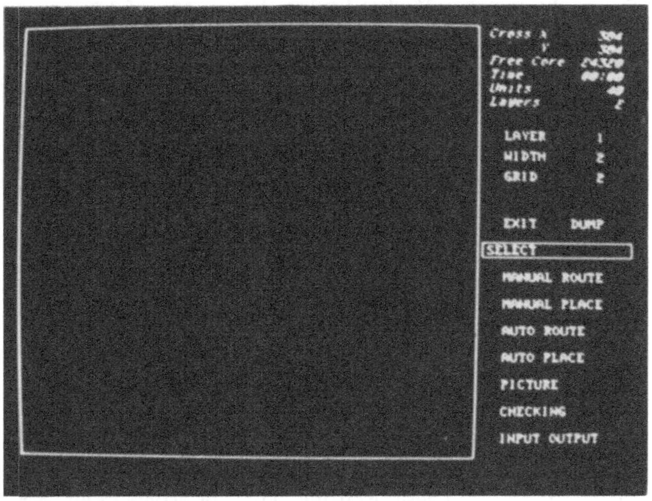

Bild 5.28 Bildschirm des graphischen Terminals mit Arbeitsfeld (links) und Informationsfeld und Menufeld (rechts)

```
PROGRAM REDOO1 MARK 106     BOARD ANALYSIS
-----------------------     --------------

FILE NAME      : DEM41 .PCB

CREATION DATE : 23-MAY-76          ELAPSED TIME : 00:42

NUMBER OF COMPONENTS                :      48
NUMBER OF CONNECTIONS               :     115
NUMBER OF ROUTED CONNECTIONS        :     110
NUMBER OF PADS                      :     271
NUMBER OF VIAS                      :      86
BOARD AREA IN D.S.U.                :   19584
RECTILINEAR CONNECTION LENGTH       :    5718
RECTILINEAR TRACK LENGTH ON    1    :    2636
RECTILINEAR TRACK LENGTH ON    2    :    2812
TOTAL TRACK TO CONNECTION RATIO     :      95
TOTAL TRACK TO BOARD RATIO          :      13
COMPONENT TO BOARD AREA RATIO       :      56


2
*DEM3

PROGRAM REDOO1 MARK 106     ASSIGNMENT TABLE LISTINGS
-----------------------     -------------------------

FILE NAME      : DEM3  .PCB

CREATION DATE : 23-MAY-76          ELAPSED TIME : 01:51

PAD ASSIGNMENTS   [CODE 0 USED FOR VIA HOLES]
---------------
```

CODE	DIAMETERS ON SIDE:1	SIDE:2	OTHERS	SHAPES ON SIDE:1	SIDE:2	OTHERS	DRILL DIAM.	FINGER ORIENT	LENGTH
0	50	50		1	1		28		
1	40	40		1	1		28		
2	50	50		1	1		28		
3	50	50		3	3		28		
4	50	50		2	2		28		
5	50	50		1	1		12		
6	75	75		3	3		28		
7	75	75		2	2		28		
8	80	80		1	1		28		
9	100	100		1	1		32		
10	100	100		3	3		32		
11	100	100		2	2		32		
12	125	125		1	1		40		
13	125	125		3	3		40		
14	125	125		2	2		40		
15	150	150		1	1		40		
16	150	150		3	3		40		
17	150	150		2	2		40		
18	60	60		1	1		28		
19	60	60		3	3		28		
20	60	60		2	2		28		
21	200	200		1	1		40		
22	200	200		3	3		40		
23	200	200		2	2		40		
24	62	0		0	1		0	0	269
25	62	0		0	1		0	1	269
26	62	0		0	1		0	0	269
27	62	0		0	1		0	1	269
28	50	50		0	1		28	0	250
29	50	50		0	1		28	1	250
30	50	50		0	0		0	0	175
31	50	50		0	0		0	1	175

```
PAGE  1
TRACK ASSIGNMENTS   [CODE 0 USED FOR COPPER SPOT]
-----------------
```

CODE	WIDTH ON SIDE:1	SIDE:2	OTHERS
0	50	50	
1	12	12	
2	20	20	
3	25	25	
4	50	50	
5	75	75	
6	100	100	
7	150	150	

Bild 5.27 Strukturdaten des Systems Redac-Mini

Bild 5.28 zeigt den Bildschirm des graphischen Terminals. Links ist das eigentliche Arbeitsfeld (8 inch. x 8 inch.), rechts das Informationsfeld und das aktive ‚Menufeld'. Im einzelnen sind folgende Informationen erreichbar und nachstehende Entwurfsroutinen wählbar:

Cross x, y: Die Angabe bezieht sich auf die tatsächliche Position des Ortungskreuzes relativ zum Ursprung des Arbeitsfeldes in der linken unteren Ecke. Der Bereich beträgt 1023x und y. Mit Hilfe der Koordinaten x, y lassen sich die Positionen angeben und Abstände bestimmen.

Free Core: Die Angabe bezieht sich auf das noch freie Speichervolumen.

Time: Diese Angabe bezieht sich auf die tatsächlich abgearbeitete Zeit. Die Bestimmung beginnt nach dem die Eingangsdaten geladen sind.

Units: Diese Angabe zeigt die Zahl der Rastereinheiten je Zoll, die ausgewählt wurden.

Layers: Die Angabe verzeichnet die Anzahl der Strukturierungsebenen.

Die folgenden drei Auswahlmerkmale werden größenmäßig über den Drucker aktiviert:

LAYER: Die Angabe zeigt die Ebene, auf der die manuelle Trassierung erfolgt.

WIDTH: Die Angabe zeigt die Leiterbreite in einem Code.

GRID: Diese Angabe basiert auf der gewählten Rastereinheit.

Die verbleibenden Merkmale des aktiven Menufeldes werden durch Berühren mit dem Lichtstift aktiviert:

EXIT: Durch Auswahl EXIT schließt der Entwurfsingenieur die laufende Routine ab und die unter SELECT angezeigte Information verschwindet. Hiernach ist eine neue Routinenwahl möglich.

DUMP: Durch Auswahl DUMP wird der gegenwärtige Status des Entwurfs für spätere Anwendungen gespeichert.

Unter der Umrandung SELECT sind die Auswahlmerkmale der Hauptroutinen verfügbar. Die Verfügung erfolgt wieder über Lichtstiftberührung:

MANUAL ROUTE: Diese Routine gibt die Möglichkeit der Trassierung von Verbindungen mit dem Lichtstift.

MANUAL PLACE: Mit dieser Routine besteht die Möglichkeit die Bauelemente frei zu plazieren und zu fixieren.

AUTO ROUTE: Diese Routine sorgt für automatische Leitungstrassierungen, speziell ausgerichtet für bestimmte Platinentypen. Das Entwurfssystem setzt die Verbindungen in Leiterstrukturen um.

AUTO PLACE: Diese Routine eröffnet die Möglichkeit einer optimalen Bauelementeplazierung unter Anwendung einer Reihe automatischer Plazierungsverfahren.

PICTURE: Diese Routine wird genutzt, um die Datenpräsentation auf dem Bildschirm zu steuern, wie beispielsweise Linientyp, Intensität, Bildausschnitt.

CHECKING: Hierdurch eröffnen sich ausgeweitete Möglichkeiten der Überprüfung des Entwurfs nach Verletzung der Entwurfsregeln.

INPUT/OUTPUT: Diese Routine gibt dem Entwurfsingenieur die Möglichkeit, Daten einzugeben, neue Daten zu erzeugen und Daten auszugeben.

Der Lichtstift wird wie bei den Routinen des Menufeldes wie angedeutet als Auswahlhilfe benutzt, indem man auf das Auswahlmerkmal mit dem Lichtstift hinweist und gleichzeitig einen Schalter betätigt. Darüber hinaus wird der Lichtstift benutzt um Bauelemente zu bewegen, sie zu fixieren oder neue Bauelemente zu erzeugen. Ferner dient er dazu, Verbindungen oder Leiterbahnen zu zeichnen oder zu modifizieren und zu verwerfen.

Das Tastentableau mit insgesamt 8 Tasten gibt dem Entwurfsingenieur Auswahlkriterien in die Hand, bestimmte Subroutinen zu benutzen, die von der Wahl der Hauptroutinen abhängen.

Nachdem die Eingangsdaten eingelesen, verifiziert und eventuell korrigiert sind, kann mit der Bildschirmphase des Entwurfs begonnen werden. Als erste Routine wählt der Entwurfsingenieur die Routine INPUT/OUTPUT. Bild 5.29 zeigt die Bildschirminformation, die auf diesen Merkmalaufruf erfolgt. Die Entwurfsperson kann nun unter einer Vielzahl von Möglichkeiten wählen, die für den INPUT-Bereich aussagen:

DUMP: Angewandt zum Abruf einer gespeicherten Datenmenge von einer Datei, wie beispielsweise eines Teils der Daten einer strukturierten Leiterplatte.

INITIAL: Angewandt zur Eingabe der Anfangsdaten von einer Datei.

INSERT: Angewandt um neue Anteile in den Leiterplattenentwurf einzugeben, wie beispielsweise Bauelemente, Verbindungen oder Text.

REMOVE: Angewandt um verschiedene Basisdaten auszutauschen.

ASSIGNMENTS: Angewandt um Daten einzugeben, wie beispielsweise Abmessungen der Anschlußflächen und Leiterbahnen oder auch Abstände zwischen Leiter/Leiter und Leiter/Anschlußflächen.

PARAMETERS: Angewandt um bestimmte Entwurfsparameter zu definieren.

Durch Auswahl des Merkmals INITIAL mit dem Lichtstift und Dateneingabe entsteht die Bildschirminformation nach Bild 5.30. Sie zeigt im Arbeitsfeld die Leiterplattenabmessungen mit fester Steckerleiste. Alle Bauelemente sind im Ursprung des Arbeitsfeldes fixiert.

Durch die Auswahl von PICTURE und gefolgt durch EXPAND erscheint die Leiterplatte über das Arbeitsfeld ausgedehnt, Bild 5.31. Deutlich werden die Verbindungen der außen fixierten Bauelemente zu der Steckerleiste.

Verschiedene Möglichkeiten sind vorgesehen eine hinreichende Bauelementeplazierung zu erreichen. Zuerst wird der Entwurfsingenieur aber die diskreten Bauelemente im Ursprung fixieren und die IC zur Plazierung freigeben. Sodann werden durch die Auswahl des Entwurfsmerkmals MATRIX im AUTO PLACE Programm die IC in einem definierten Plazierungsraster angeordnet. Zur Rasterdefinition gibt es verschiedene Möglichkeiten. Bild 5.32 zeigt die IC-Plazierung und das Verbindungsgerüst zwischen den IC, den IC und dem Stecker, und zu den außen fixierten diskreten Elementen. Durch Auswahl CONN LENGTH wird im umrandeten Menufeld die gesamte Verbindungslänge zwischen den Bauelementen und dem Stecker angezeigt. Die Entwurfsperson nutzt diese Information als Aussage über die Qualität der Plazierung.

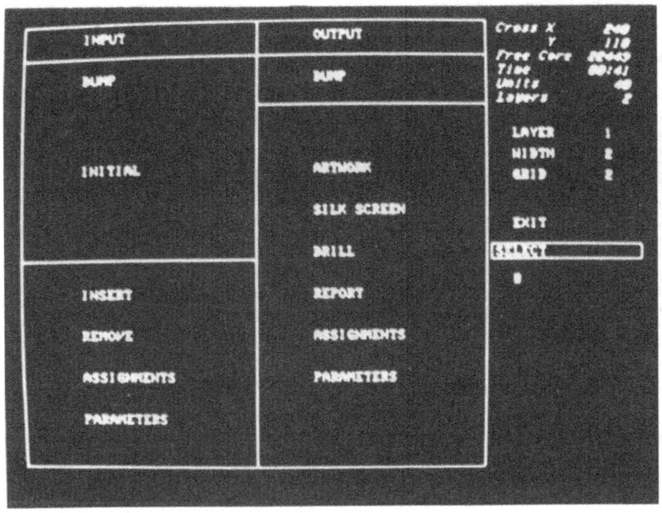

Bild 5.29 Bildschirminformation des Merkmalaufrufs INPUT / OUTPUT

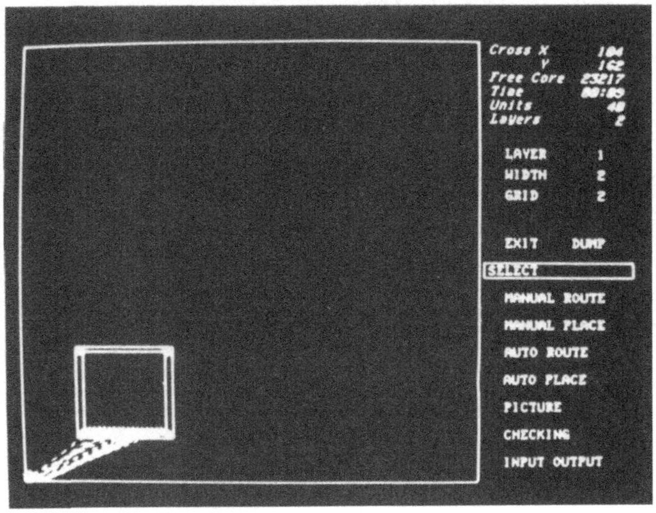

Bild 5.30 Anfangsinformation des Leiterplattenumrisses im Arbeitsfeld; alle Bauelemente sind im Ursprung des Arbeitsfeldes orientiert (links unten).

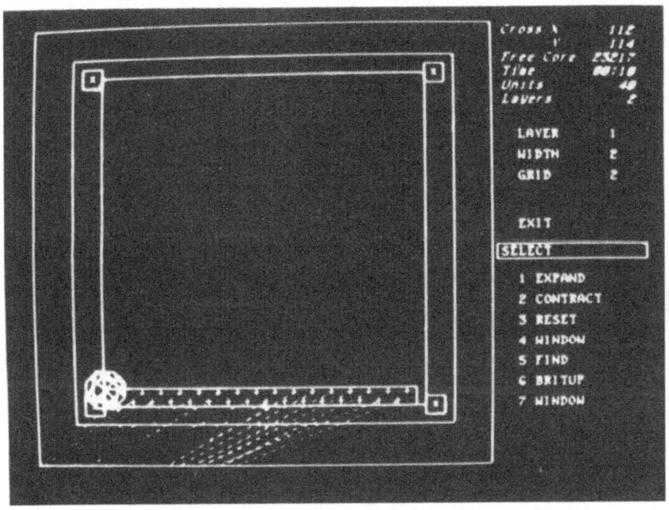

Bild 5.31 Anwendung der Routinen PICTURE / EXPAND; der Leiterplattenumriß mit Steckerleistenorientierung erscheint über das Arbeitsfeld gedehnt.

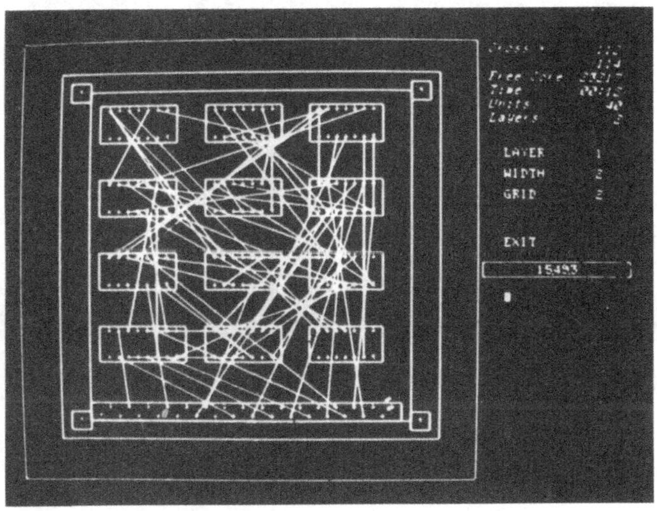

Bild 5.32 Erste Plazierung der IC im Programmablauf AUTO PLACE / MATRIX.

Durch die Auswahl von COLLAPSE im AUTO PLACE Programm wird die Gesamtverbindungsverteilung aller IC derart optimiert, daß die Positionen relativ zueinander angeglichen werden. Dies soll sicher stellen, daß IC, die durch lange Verbindungsleitungen verbunden sind, nach erneuter Plazierung im Plazierungsraster dichter benachbart liegen. Bild 5.33 zeigt die Operation COLLAPSE und Bild 5.34 die darauf folgende Plazierung bei erneuter Anwendung von MATRIX. Man erkennt optimierte Plazierungswechsel.

Durch die Wahl der Subroutine RECONNECT werden die Verbindungsbäume der Signalnetze so erneuert, daß sie in ihrer Gesamtlänge minimisiert auftreten. Bild 5.35 zeigt das Ergebnis mit der gleichzeitigen Anzeige der neuen Gesamtverbindungslänge, die nunmehr merklich reduziert ist.

Die Auswahl der Subroutine EXCHANGE führt zu einem Platztausch der IC in x- und y-Richtung derart, daß die Gesamtlänge zwischen angrenzenden Bauelementen minimisiert wird. Bild 5.36 zeigt das Ergebnis.

Eine erneute Anwendung von RECONNECT reduziert die Gesamtlänge der Verbindungen abschließend, Bild 5.37. Diese Plazierung soll als für das Stadium der Weiterbearbeitung optimal angesehen werden. Der Entwurfsingenieur kann jedoch die bisher beschriebenen Routinen beliebig oft anwenden, um eine weitere Optimierung der Plazierung zu erreichen. Er kann fernerhin jederzeit im Programmablauf MANUAL PLACE mit Hilfe des Lichtstiftes in die Plazierung eigenständig eingreifen.

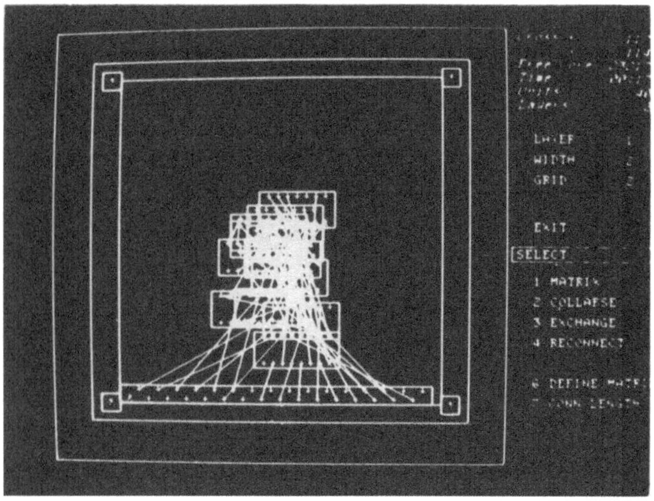

Bild 5.33 Anwendung der Routinen AUTO PLACE / COLLAPSE; die Positionen der IC werden bindungskonform einander angeglichen.

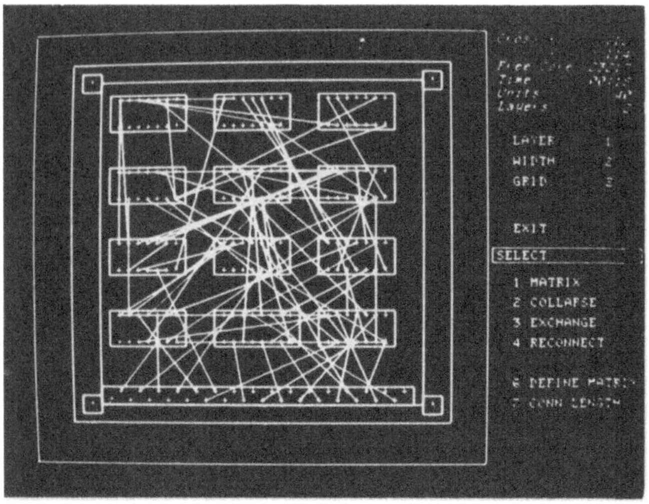

Bild 5.34 Erneute Anwendung von AUTO PLACE / MATRIX

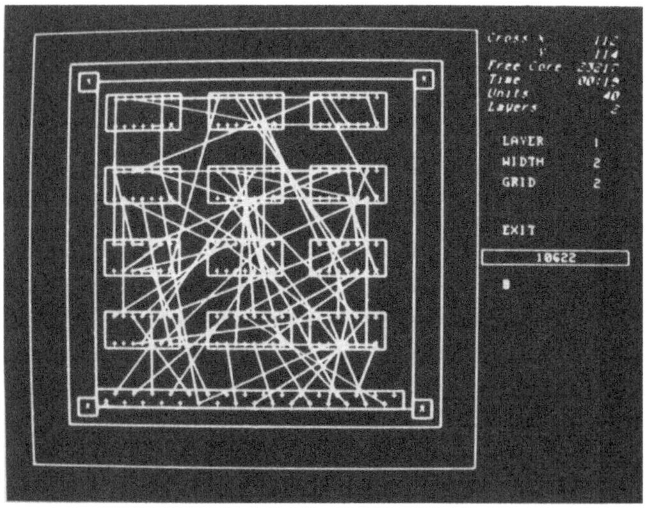

Bild 5.35 Anwendung der Subroutine RECONNECT; die Verbindungsbäume der Signalnetze werden weiter minimisiert.

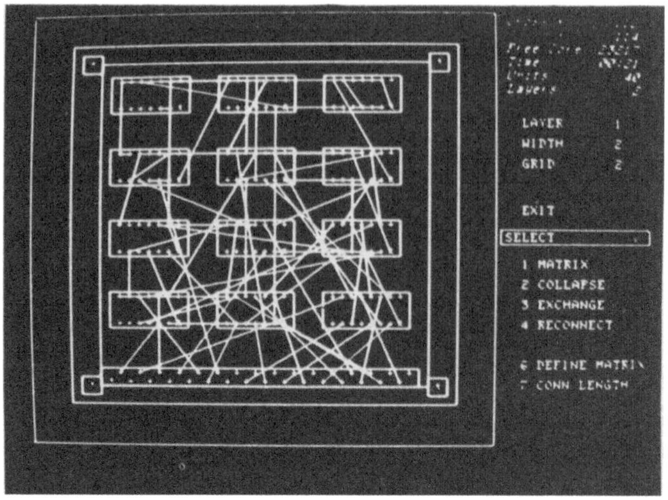

Bild 5.36 Anwendung der Subroutine EXCHANGE; durch Platztausch der IC wird die Verbindungsgesamtlänge angrenzender Bauelemente minimisiert.

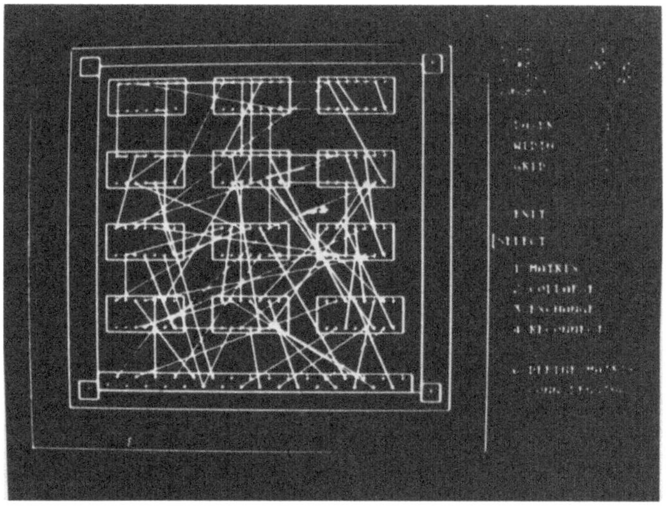

Bild 5.37 Erneute Anwendung von RECONNECT

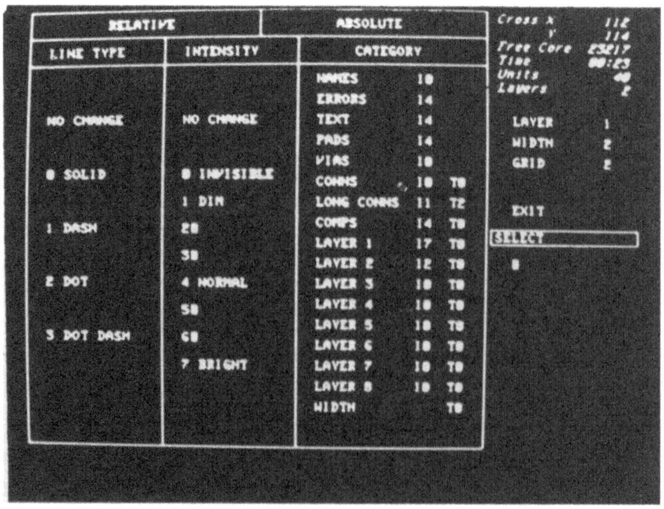

Bild 5.38 Anwendung der Routinen PICTURE / BRITUP; Auswahl der Löschung der Anzeige der Elementverbindungen.

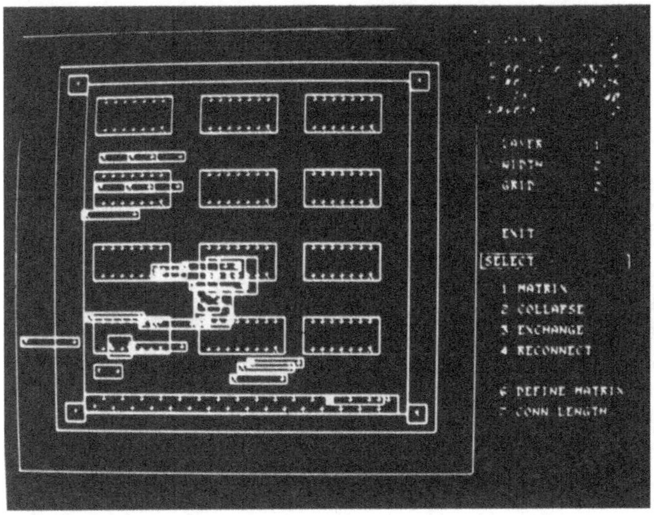

Bild 5.39 Plazierung der diskreten Bauelemente unter Anwendung von AUTO PLACE und optimierte Positionierung derselben durch COLLAPSE.

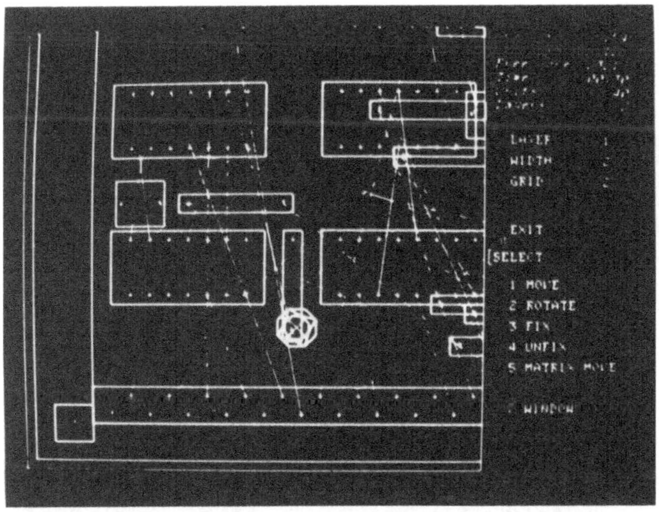

Bild 5.40 Interaktiver Eingriff der Entwurfsperson zur Plazierung der diskreten Elemente unter Anwendung von MANUAL PLACE.

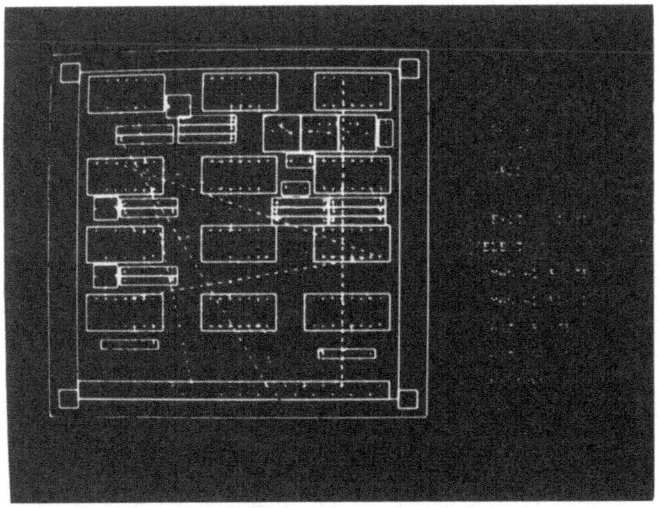

Bild 5.41 Endgültige Plazierung aller Bauelemente

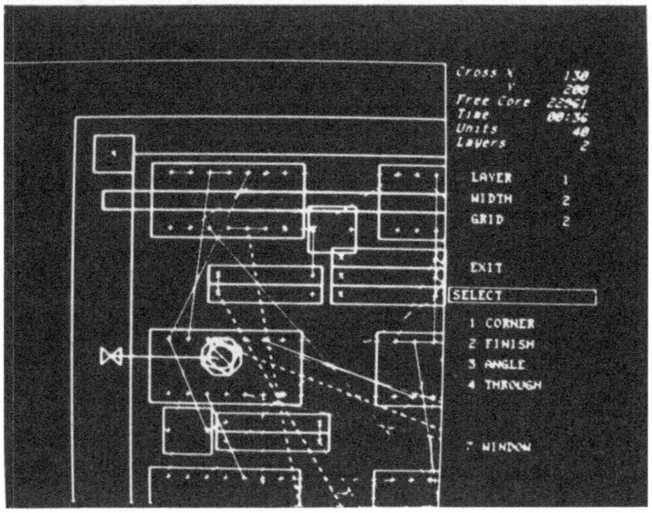

Bild 5.42 Festlegung von Netzversorgungsleitungen durch Interaktion der Entwurfsperson unter Anwendung von MANUAL ROUTE.

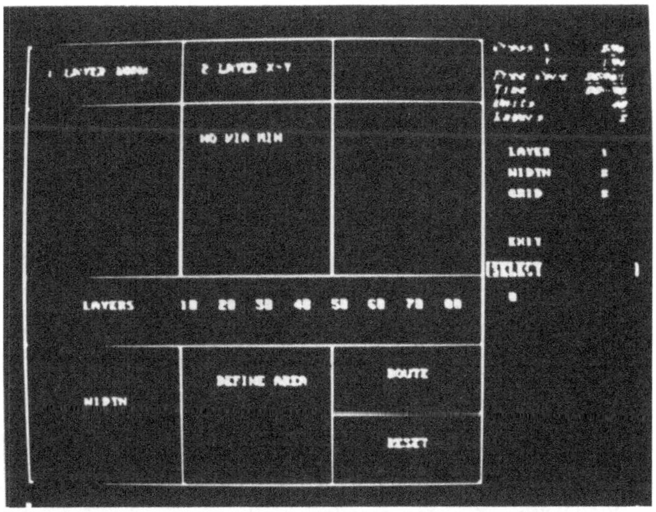

Bild 5.43 Merkmalfeld für die Hauptroutine AUTO ROUTE

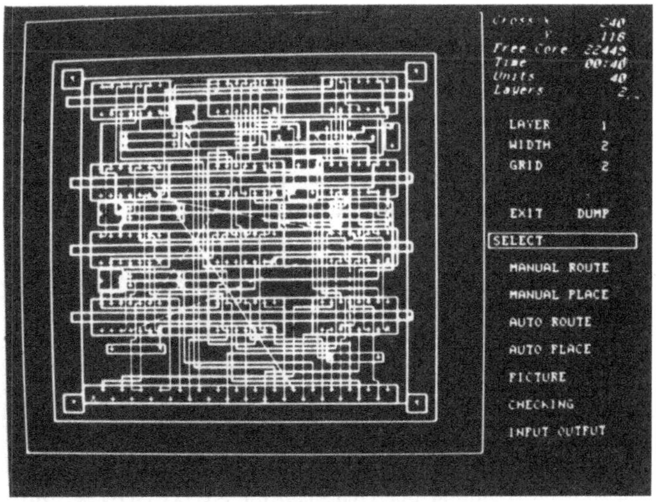

Bild 5.44 Ergebnis der automatischen Trassierung unter AUTO ROUTE; alle trassierbaren Verbindungen sind zu Leitungsführungen gewandelt, einige Verbindungen konnten nicht trassiert werden.

Durch Anwendung von EXIT wird die laufende Routine abgeschlossen.
Durch die Wahl der Hauptroutine PICTURE und hierin der Wahl von BRITUP bestimmt der Entwurfsingenieur den Linientyp und die Intensität aller Darstellungen des Bildschirms. Die Wahl fällt auf die Auslöschung der Verbindungen, um die diskreten Bauelemente anfänglich plazieren zu können, Bild 5.38.
Durch Anwendung von EXIT und Übergang zu AUTO PLACE mit gleichzeitiger Fixierung der IC und Lösung der diskreten Elemente, kann die letztgenannte Bauelementegruppe plaziert werden. Die Anwendung von COLLAPSE auf die diskreten Elemente führt zur optimierten Lage derselben zu den fixierten IC. Dabei kollidieren die Positionen wie Bild 5.39 zeigt und müssen manuell entflochten werden.

Bevor der Entwurfsingenieur zu MANUAL PLACE übergeht tritt er noch einmal in die Programmphase PICTURE/BRITUP ein, um die Verbindungen sichtbar zu machen und mit hinreichender Intensität darstellen zu können.

In der Phase MANUAL PLACE besteht nun die Möglichkeit verschiedene Subroutinen auszuwählen:

MOVE:	Angewandt um mittels Lichtstift das Element auf jede Position zu bewegen.
ROTATE:	Angewandt um ein Bauelement in 90°-Schritten gegen den Uhrzeiger zu drehen.
FIX/UNFIX:	Angewandt um Bauelemente auf Positionen festzulegen oder zu lösen.
MATRIX MOVE:	Angewandt um ein Bauelement im Bereich der Matrixplazierung zu bewegen.
WINDOW:	Angewandt zur Bewegung des Betrachtungsfeldes des Schirmbildes um die freigewählte Position der Ortungsmarke.

Bild 5.40 zeigt die vergrößerte, ausschnitthafte Darstellung der linken unteren Leiterplatte. Die Ortungs- und Bewegungsmarke ist auf einer Stiftposition eines diskreten Bauelementes zu sehen, dessen Position neu festgelegt wird. Andere diskrete Elemente wurden bereits manuell positioniert, während am rechten Bildrand weitere der Positionierung harren. Deutlich wird bei den Elementen die besondere Markierung (Stern) des Stiftes mit der Anschlußmarkierung 1. Bild 5.41 zeigt die endgültige Plazierung.
Als nächster Programmschritt legt der Entwurfsingenieur eventuell notwendige Netzversorgungsleitungen schematisch fest, in dem er MANUAL ROUTE anwendet. Bild 5.42 stellt die Trassierungsmethode dar. Interaktiv werden Begrenzungen (reservierte Regionen) im Bereich der IC mit dem Lichtstift gezeichnet, die die spätere Kupferstrukturierung für die Versorgungsnetze sicherstellen.
Durch Anwendung der Hauptroutine AUTO ROUTE wird das Programmsystem zur automatischen Trassierung aufgefordert. Die Auswahlmerkmale dieser Entwurfsphase werden auf einem Merkmalfeld angezeigt, Bild 5.43, und von der Entwurfsperson sinnvoll genutzt. Die Möglichkeiten der Entwurfsauslegung bei AUTO ROUTE sind:

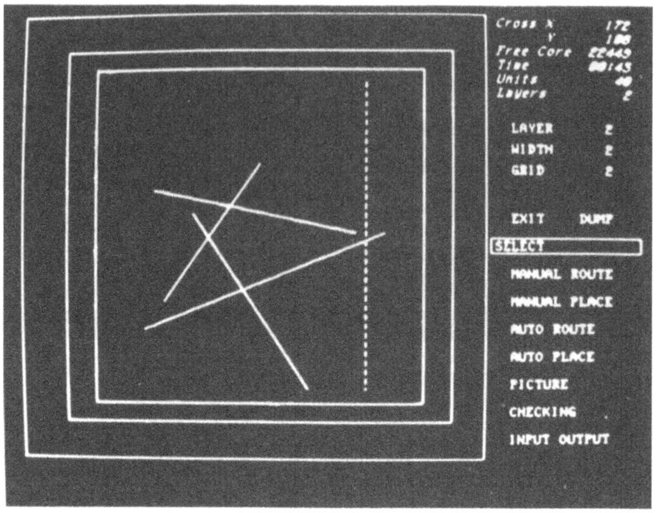

Bild 5.45 Hervorgehobene nicht trassierte Verbindungen

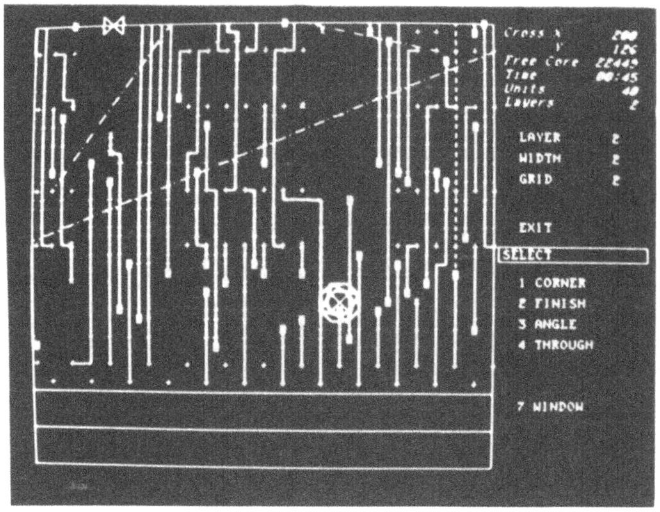

Bild 5.46 Trassierung der Verbindungen durch die Entwurfsperson unter Anwendung von MANUAL ROUTE (Ausschnitt).

1. Die Routine arbeitet mit einem Leitungsführungsprinzip, das rastergebunden ist. Das Führungsraster ist vom Grundraster ableitbar.
2. Die maximale Anzahl der Zweipunktverbindungen je Verbindungsnetz ist fünf.
3. Die Routine legt sequentiell die Zweipunktverbindungen eines Verbindungsnetzes auf entgegengesetzte Seiten der Leiterplatte. Die Zweipunktverbindungen werden durch Zwischenverbindungen verbunden.

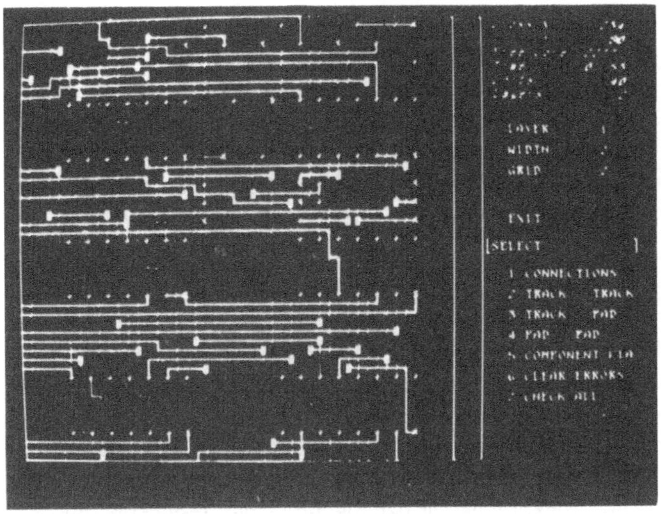

Bild 5.47 Vervollständigte Trassierung (Ausschnitt).

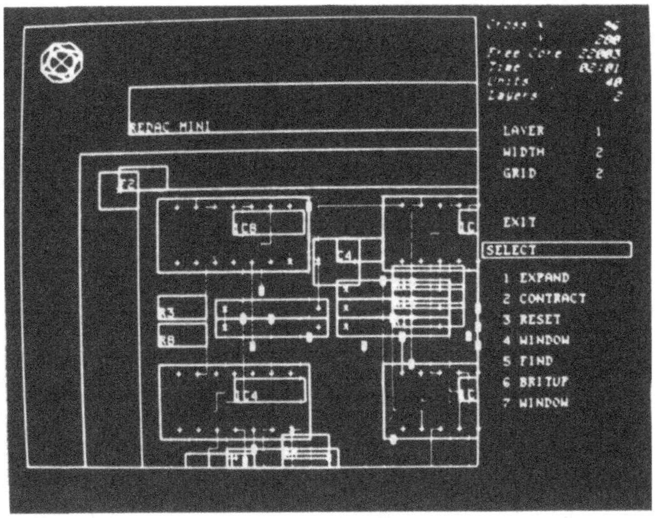

Bild 5.49 Einfügen von Text

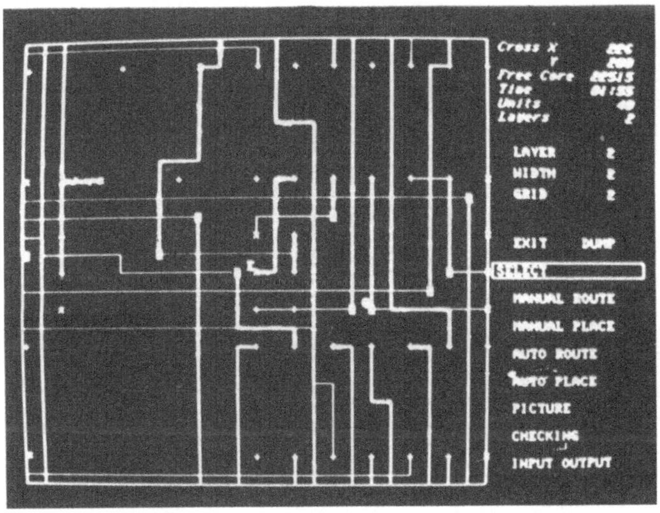

Bild 5.48 Fehlerüberprüfung mit der Hauptroutine CHECKING; Anzeige der Fehler durch Codebuchstaben (zu geringer Abstand der Anschlußflächen).

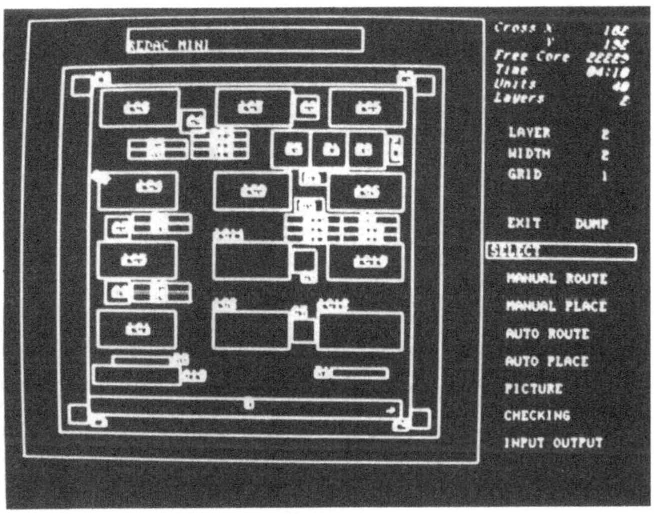

Bild 5.50 Textkomplettierter Entwurf

4. Die Routine erlaubt eine operatorbezogene Auswahl zur Minimisierung der Zwischenverbindungen, in dem Zweipunktverbindungen von einer Trassierung auf der Leiterplattengegenseite ausgeschlossen werden, sofern keine Kreuzungen generiert werden.
5. Vorkehrungen werden getroffen um sicherzustellen, daß Leiterverbindungen und Zwischenverbindungen nicht in den gekennzeichneten reservierten Regionen trassiert werden.

Bild 5.44 zeigt das Ergebnis der automatischen Trassierung. Alle automatisch trassierbaren Verbindungen sind zu Leitungsführungen im Führungsraster gewandelt. Lediglich 5 Verbindungen konnten nicht trassiert werden. Sie müssen interaktiv bearbeitet werden.

Durch Anwendung von PICTURE/BRITUP können die manuell zu trassierenden Verbindungen hervorgehoben werden, Bild 5.45. Hierbei werden lange und in der Trassierung schwierige Leitungen unterschiedlich dargestellt.

Sodann wird der Entwurfsingenieur in einer Arbeitsphase MANUAL ROUTE die nicht trassierten Verbindungen manuell zu endgültigen Leitungsführungen wandeln. Dabei zeigt ihm ein Lichtsignal den Trassierungsendpunkt, so daß Trassierungsfehler ausgeschlossen sind. Bild 5.46 demonstriert den Vorgang. Es zeigt ferner die nach B- und L-Seite unterschiedene Trassierungsdarstellung der othogonal geführten Leitungen und die unterschiedliche Symbolik der Zwischenverbindungen mit der Aufnahme eines IC-Anschlußsystems (Kreuze) und der reiner Durchsteige-Zwischenverbindungen (Rechtecke).

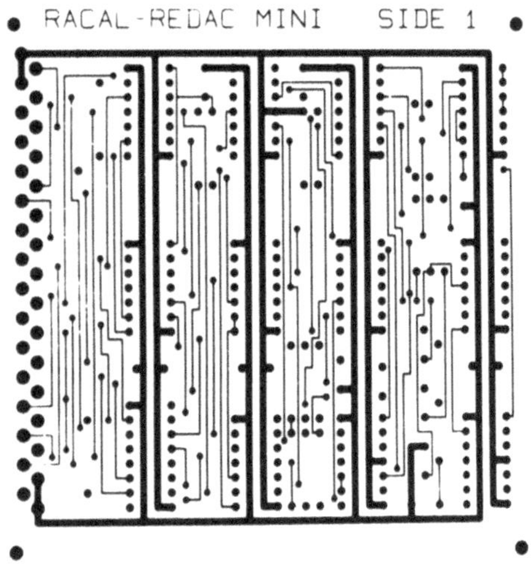

Bild 5.51 Druckoriginal B-Seite

Bild 5.47 zeigt ausschnitthaft die vervollständigte Trassierung mit dem Merkmalfeld der ausgewählten Hauptroutine CHECKING. In der Subroutine PAD-PAD wird ermittelt, daß einige Anschlußflächen einen zu geringen Abstand zueinander aufweisen. Diese Fehler werden durch Codebuchstaben angezeigt, Bild 5.48, und können vom Entwurfsingenieur durch manuelle Interaktion korrigiert werden.

Nach diesen Verfahrensschritten werden Titel und Beschriftungen in den Entwurf eingefügt. Hierzu werden die Routinen PICTURE und INPUT/OUTPUT angewandt. Bild 5.49 zeigt einen Ausschnitt der Texteinfügung und Bild 5.50 den textkomplettierten Entwurf.

Anschließend zeigen die Bilder 5.51 und 5.52 die Druckoriginale der B- und L-Seite als Leitungspositive und Bild 5.53 das Druckoriginal für den Siebdruck des Bestückungsbildes.

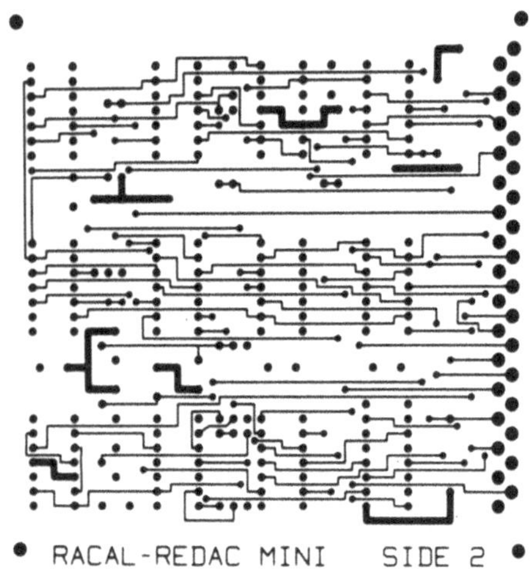

Bild 5.52 Druckoriginal L-Seite

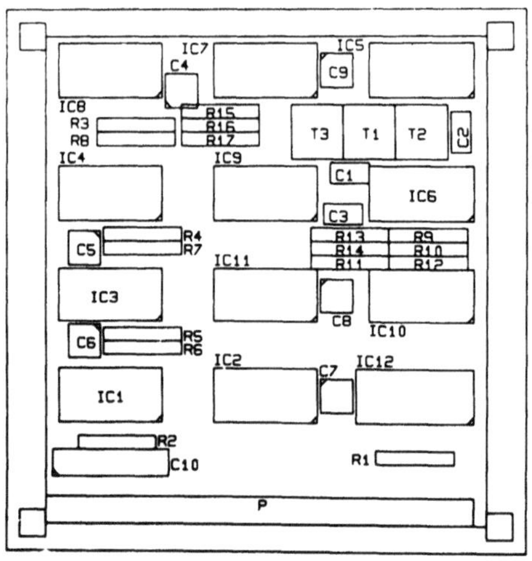

Bild 5.53 Druckoriginal für den Siebdruck des Bestückungsbildes

6 Gedruckte Bauelemente

6.1 Schichtwiderstände

Auf der Basis von Kaschierungslaminaten in der Schichtenfolge Epoxidharzglashartgewebe-Widerstandsschicht-Metallschicht hoher Leitfähigkeit lassen sich durch selektive Ätzverfahren Schichtwiderstände und vergleichbare Elemente wie Dehnungsmeßstreifen, Schmelzsicherungen und Heizelemente strukturieren. In Bild 6.1 sind Laminatformen des kaschierten Basismaterials für die Strukturierung von Schaltwiderständen wiedergegeben. Die Widerstandsschicht besteht hierbei aus einer Chrom-Nickel-Schichtung, die durch eine hochleitfähige Kupferschicht vollständig kontaktierend bedeckt ist. Durch selektive Anwendung von Vollsubtraktivverfahren [6.1] lassen sich streifenförmige oder mäanderförmige Widerstände in Schichtstruktur herstellen. In Bild 6.2 sind die beiden Widerstandsformen dargestellt. Dabei ist wichtig zu erkennen, daß die Anschlußflächen der Widerstände je aus einem Zweischichtwerkstoff bestehen, für den in erster Näherung immer angesetzt wird, daß er aus dem ideal leitenden Werkstoff Kupfer besteht. Diese Annahme impliziert jedoch, daß die Gestaltung der Anschlußflächen nicht unproblematisch ist, und daß für eine Leiterstruktur, die den Schichtwiderstand integrativ enthält, auch die Leiterstruktur aus einem Zweischichtwerkstoff besteht, wie Bild 6.3 zeigt.

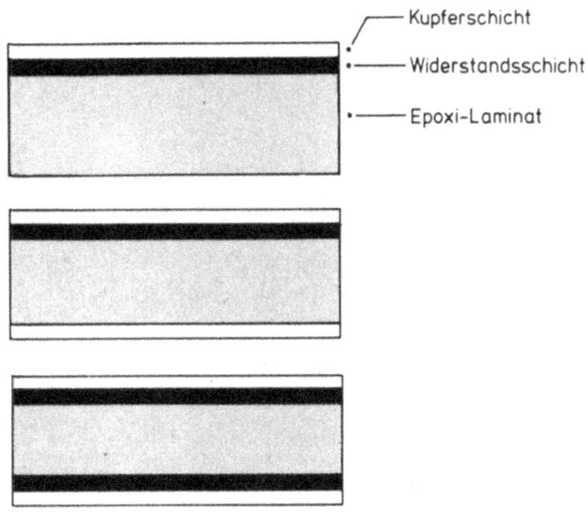

Bild 6.1 Laminatformen zur Herstellung gedruckter Widerstände

Bild 6.2 Widerstandsformen; streifenförmig, mäanderförmig

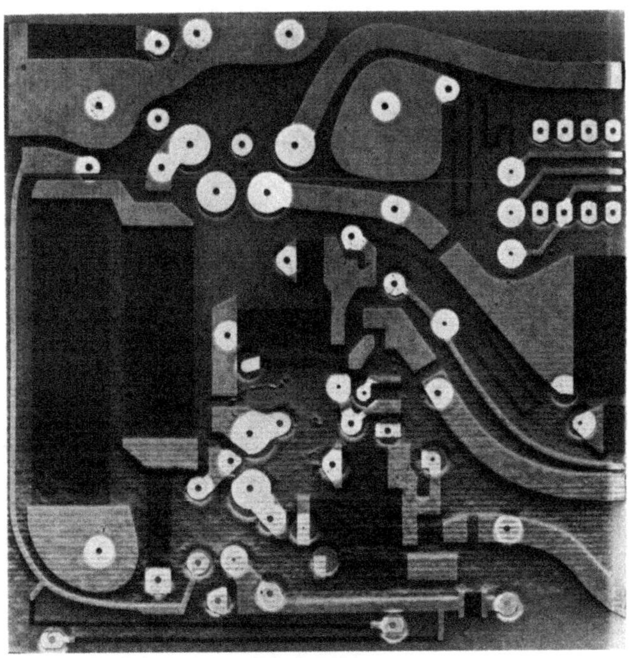

Bild 6.3 Integrative Leiterstruktur mit Schichtwiderständen

Schichtwiderstand $R^{\square}$. Die Berechnung eines Widerstandsstreifens der Breite b, Länge l und Dicke t führt von der allgemeinen Beziehung

$$R = \frac{1}{\kappa} \frac{l}{t \cdot b}$$

für den Fall einer quadratförmigen Oberfläche mit l = b zu:

$$R = \frac{1}{\kappa \cdot t}$$

Mit der Annahme einer konstanten Schichtungsdicke t läßt sich zusammenfassen und definieren:

$$\frac{1}{\kappa \cdot t} = \frac{1}{\kappa_S} = R^{\square}$$

$R^{\square}$ ist der spezifische Oberflächenwiderstand oder der Schichtwiderstand der quadratförmigen Schichtung in der Einheit Ω.

Jede Formabwandlung von diesem Streifenelement führt zu dem Schichtwiderstand

$$R = R^{\square} \frac{l}{b}$$

in einer zweiten Interpretation sind streifenförmige Schichtwiderstände berechenbar, indem sie aus Kettenschaltungen des Grundelements gebildet werden:

$$R = \Sigma R^{\square} = n R^{\square}$$

Gebräuchliche Werte für $R^{\square}$ sind 25 Ω und 100 Ω.

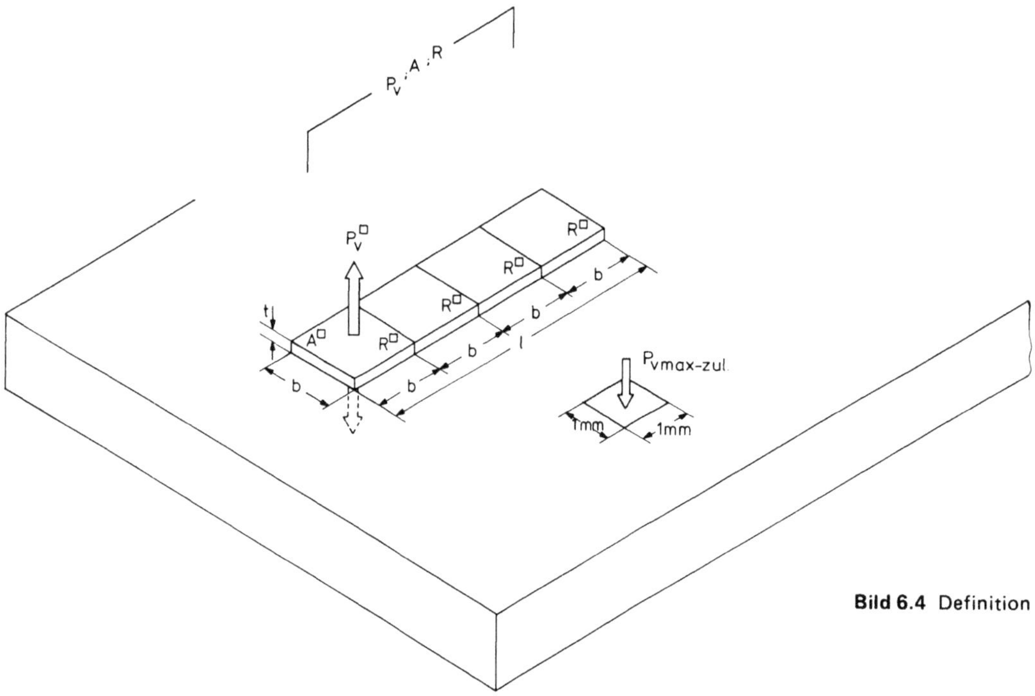

Bild 6.4 Definition des Schichtwiderstandes $R^□$

Tafel 6.1: Daten gebräuchlicher Widerstandslaminate

Kennbuchstabe	Bezeichnung	Widerstandswerkstoff 1	Widerstandswerkstoff 2
$R^□$	Spezifischer Oberflächenwiderstand	25 Ω	100 Ω
$Pv^□_{max.\,zul.}$	maximal zulässige Verlustleistung je Flächeneinheit bei 70°C Umgebungstemperatur		
	Epoxiglas 1,59 mm einseitig Cu; 35 μm einseitig Widerstandsschicht	$7{,}7\ \frac{mW}{mm^2}$	$3{,}9\ \frac{mW}{mm^2}$
	Epoxiglas 1,59 mm zweiseitig Cu; 35 μm einseitig Widerstandsschicht	$17\ \frac{mW}{mm^2}$	$8{,}6\ \frac{mW}{mm^2}$

Die geschilderten Sachverhalte sind in Bild 6.4 demonstriert. Das Bild gibt gleichzeitig den Einsteig in die thermischen Abhängigkeiten bei der Widerstandsberechnung.

Thermische Belastbarkeit. Jedes Schichtelement erzeugt die Verlustwärme $Pv^□$, durch die die Umgebung, die Widerstandsschichtung und das Basismaterial erwärmt werden. Die thermische Grenzbelastung wird durch das Basismaterial bestimmt, wobei als Grenztemperatur 125°C bei einer Umgebungstemperatur von 70°C für Epoxilaminate anzusetzen ist. Diese thermische Lastgrenze legt die notwendige Fläche A der Schichtung mit Hilfe der für die verschiedenen Laminatformen ermittelten maximal zulässigen Verlustleistungen $Pv^□_{max.\,zul.}$ fest:

$$A = l \cdot b$$

$$A_{erfordl.} \geq \frac{Pv}{Pv^□_{max.\,zul.}}$$

$$Pv = \Sigma\, Pv^□$$

Hierbei stellt Pv die geforderte Belastbarkeit des Schichtwiderstandes dar. Die maximal zulässige Verlustleistung ist für gebräuchliche Oberflächenwiderstände und Laminatformen in Tafel 6.1 angegeben. Zur Berechnung des äquivalenten Flächenbedarfs bei mäanderförmigen Schichtwiderständen siehe [6.2].

Abschließend sei hervorgehoben, daß Betrachtungen mit spezifischen Oberflächenwiderständen oder quadratförmigen Schichtwiderständen zu einfachen Abschätzungen zu dimensionierender Widerstände führen. Die erforderliche Belastbarkeit der Schicht gibt dann Aufschluß über die endgültige Schichtungsfläche. Eine überschlägige Analyse zeigt, daß ausgehend von einer geforderten Belastbarkeit von 100 mW die erreichbaren Widerstandswerte bei einer verfügbaren Länge von 100 mm für den Widerstandswerkstoff 2 bei 39 kΩ liegen. Insgesamt muß man davon ausgehen, daß man bei vertretbaren Flächen niedrige bis mittlere Widerstandswerte erreicht.

6.2 Schichtreaktanzen

6.2.1 Kondensatoren

Die durch sinnvolle Elektrodenanordnung darstellbaren Kondensatorformen zeigt Bild 6.5. Form 1 stellt den Plattenkondesator bei rechteckigem oder quadratischem Elektrodenformat, Form 2 den Plattenkondensator mit theoretisch unendlich ausgedehnter Grundplatte dar. Die Form 3 zeigt den sog. Differentialkondensator bei entsprechendem Elektrodenzugriff. Die Formen 4 und 5 sind einseitige Strukturen. Form 4 ist im weitesten Sinn eine Abwandlung der coplanaren Parallelleitung. Form 5 stellt einen Kamm- oder Interdigitalkondensator dar. Grundsätzlich muß man also zwischen einseitigen und zweiseitigen Strukturen unterscheiden, eine Tatsache, die für den Elektrodenzugriff bedeutsam ist.

Die Berechnung der Kapazität der Anordnungen gestaltet sich schwierig, da in den meisten Anwendungsfällen die Dicke des Dielektrikums nicht mehr gegen die Abmessungen der Elektrodenflächen vernachlässigt werden kann und folglich wesentliche Feldenergieanteile in Streufeldern (Randfeldern) orientiert sind. Die Problematik wurde in Kapitel 4 deutlich.

Eine Analyse der spezifischen Kapazität C^* interessierender Anordnungen zeigt Tafel 6.2. Die Übersicht weist die Kapazität je Flächeneinheit für unterschiedliche Basismaterialien und Materialstärken aus. Insgesamt ist die spezifische Kapazität gering. Sie erlaubt bei vertretbaren Elektrodenflächen die Realisation von Kapazitätswerten im pF-Bereich. Damit ist die Anwendung von Schichtkondensatoren auf den Bereich der Hoch- und Höchstfrequenztechnik beschränkt.

Bei zweiseitigen Strukturen, dem Plattenkondensator, ist die spezifische Kapazität deutlich zu steigern, wenn auf Laminatdicken übergegangen wird, die in der Multilayer-Technik gebräuchlich sind. Die erreichbare spezifische Kapazität für die Kondensatorform 4 hängt von der Spaltbreite a wie von der Flächenbreite b ab. Steigerungen der Kapazität je Fläche sind bei einseitigen Strukturen durch kammförmige Auslegung der Elektroden zu erreichen. Neben den schon angesprochenen Abhängigkeitsvariablen Spaltbreite und Leiterbreite (Zahnbreite) tritt die Zahnzahl N auf.

Kapazitätsberechnung zweiseitiger Strukturen. Für die Kondensatorformen 1 und 2 mit den Kantendimensionen b und l (siehe Bild 6.5) können Näherungen angegeben werden. Die Kondensatorform 1 läßt sich nach folgender Beziehung errechnen:

$$C = \frac{\epsilon_0\,\epsilon_r\,b \cdot l}{h} + \frac{\epsilon_0\,\epsilon_r\,b}{\pi}\,\ln\frac{l\pi}{h} + \frac{\epsilon_0\,\epsilon_r\,l}{\pi}\,\ln\frac{b\pi}{h}$$

$h \mathrel{\hat{=}} d$ (siehe Bild 6.5)

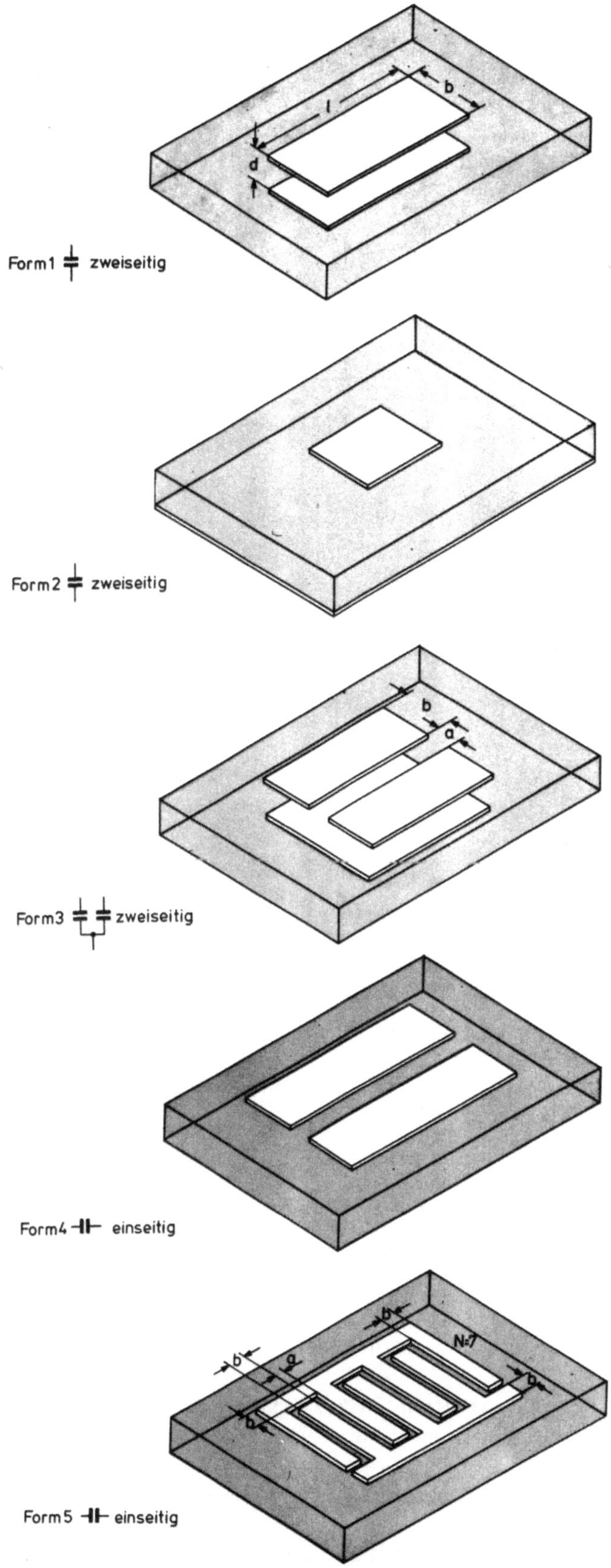

Bild 6.5 Bei elementaren integrierten Strukturen darstellbare Kondensatorformen.

Tafel 6.2: Spezifische Kapazität C* interessierender Elektrodenanordnungen

Basismaterial			Elektrodenstruktur mm		Bereich der spezifischen Kapazität C* in pF/cm^2
Benennung	ϵ_r bei 1 MHz	Materialdicken mm	einseitig	zweiseitig	
Phenol-Papier	4,4	1,6		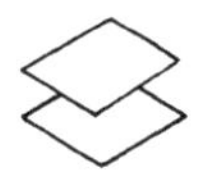	3,1
Epoxidharz-Glasgewebe	4,8	1,6			3,4
	4,8	0,3			15,2
Epoxidharz-Glasgewebe	4,8	1,6	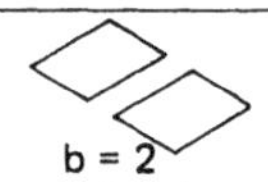 b = 2 0,3 ≦ a ≦ 1,0		1,0 ≦ C* ≦ 1,5
Phenol-Papier	4,4	1,6	 0,25 ≦ b ≦ 0,6 0,25 ≦ a ≦ 0,6 N = 37		2,1 ≦ C* ≦ 4,3
Epoxidharz-Glasgewebe	4,8				2,3 ≦ C* ≦ 4,9
Phenol-Papier	4,4	1,6	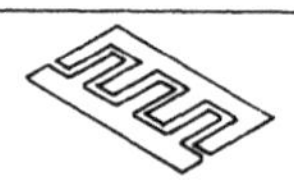 b = 0,25 a = 0,25 N = 61		5,1
Epoxidharz-Glasgewebe	4,8				5,7

N = 3

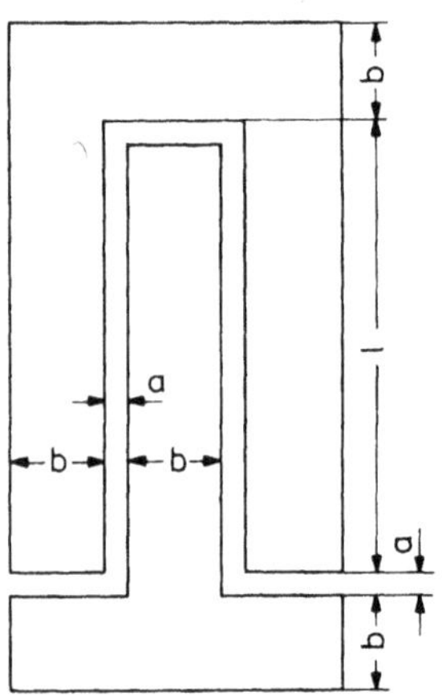

Bild 6.6 Strukturelement des Interdigitalkondensators

Der erste Term stellt die Beziehung des idealen Plattenkondensators dar. Bei gleicher Kantenlänge (b = l) vereinfacht sich obige Beziehung zu:

$$C = \frac{\epsilon_0 \, \epsilon_r \, b^2}{h} + \frac{2 \, \epsilon_0 \, \epsilon_r \, b}{\pi} \ln \frac{b\pi}{h}$$

Die Kondensatorform 2 läßt sich für den Fall der unendlich ausgedehnten Grundelektrode näherungsweise errechnen:

$$C = \frac{\epsilon_0 \, \epsilon_r \, b \cdot l}{h} + \frac{2 \, \epsilon_0 \, \epsilon_r \, b}{\pi} \ln \frac{l\pi}{2\,h} + \frac{2 \, \epsilon_0 \, \epsilon_r \, l}{\pi} \ln \frac{b\pi}{2\,h}$$

Bei Kantengleichheit gilt die Vereinfachung:

$$C = \frac{\epsilon_0 \, \epsilon_r \, b^2}{h} + \frac{4 \, \epsilon_0 \, \epsilon_r \, b}{\pi} \ln \frac{b\pi}{2\,h}$$

Kapazitätsberechnung einseitiger Strukturen. Für die Kondensatorform 4 sind die in Kapitel 4 dargelegten Berechnungsergebnisse nebst den Arbeitsdiagrammen des Anhangs A 4 anwendbar. Bei nicht hinreichender Abmessungsdarstellung sind Kennlinienextrapolationen oder eigenständige rechnerunterstützte Berechnungen zu empfehlen.

Die Form 5 ist gleichermassen berechenbar nach der Methode von *Y. C. Tim* und *R. A. Moore*, wobei die Randbedingungen der Berechnung zu beachten sind, insbesondere auch die endliche Dicke des Elektrodenmaterials und die Kapazität der Stirnflächen. Für einen Wertebereich von $\frac{a}{b} = 0{,}5$ bis $\frac{a}{b} = 2{,}0$ läßt sich die Berechnung nach folgender Näherungsbeziehung durchführen:

$$\frac{C}{pF} = F \, \frac{l/cm}{1 + \frac{a}{b}} \, (N - 1)$$

mit

$$1{,}0 \leqq F \leqq 1{,}2$$

N: Zähnezahl

Ausgehend von einem Strukturgrundelement nach Bild 6.6 und unter Berücksichtigung der Stirnstreukapazität, der Längsstreukapazität, der Querkapazität und empirisch gefundener Korrekturkoeffizienten sind in [6.3] in einer anwendungsorientierten rechnerunterstützten Behandlung Dimensionierungsdiagramme entwickelt worden, von denen Bild 6.7 einen Ausschnitt darstellt. Die vollständigen Dia-

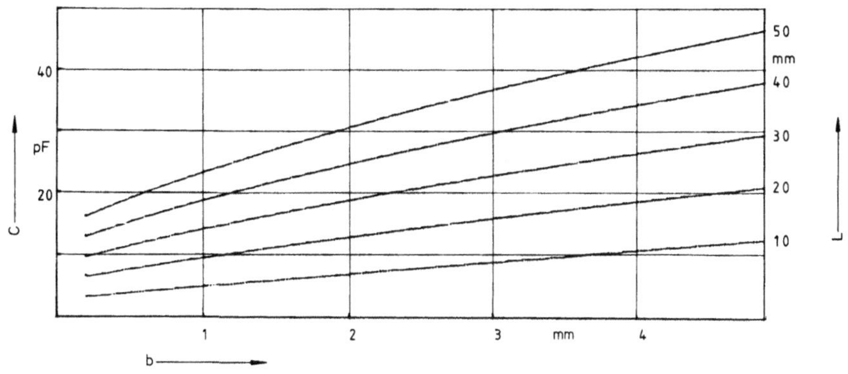

Bild 6.7 Kapazität des Interdigitalkondensators in Abhängigkeit von den Geometriedaten t = 0,035 mm; a = 1 mm; e_r = 4,8; Zähne: 20

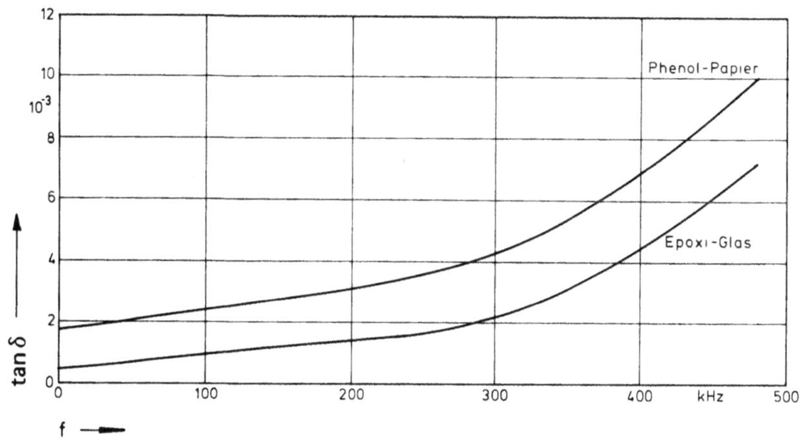

Bild 6.8 Verlustfaktor eines Interdigitalkondensators in Abhängigkeit von der Frequenz b = 0,25 mm; N = 61, a = 0,25 mm; d = 1,6 mm

gramme sind in Anhang A6 als Arbeitsdiagramme aufgeführt. Die Berechnungen basieren auf dem Basismaterial Epoxiharz-Glashartgewebe mit ϵ_r = 4,8 und Teflon-Glasgewebe mit ϵ_r = 2,6.

Verlustfaktor der Kondensatoren. Die Verlustursachen bei Schichtkondensatoren sind bedingt durch:

1. ohmsche Verluste der Elektroden und Zuleitungen,
2. Isolationsverluste durch die endliche Leitfähigkeit κ des Dielektrikums,
3. dielektrische Verluste.

Das Verhältnis von Wirk- zu Blindleistungsaufnahme definiert den Verlustfaktor tanδ_c nach der Beziehung:

$$\tan \delta_c = \frac{1}{Q_c} = \frac{P_W}{P_B}$$

mit Qc der Kondensatorgüte.
Grundsätzlich ist der Verlustfaktor und damit die Güte frequenzabhängig.
Für zweiseitige Kondensatoren sind die in Kapitel 2 dargelegten und in Anhang A 2 weiter ergänzten Diagramme der Verlustfaktoren mit guter Annäherung heranzuziehen. Die zu erwartenden Verlustfaktoren liegen im Mittel bei 1 MHz bei folgenden Werten, Tafel 6.3.

Tafel 6.3: Mittlerer Verlustfaktor für unterschiedliches Basismaterial

Werkstoff h = 1,6 mm	mittlerer Verlustfaktor tan δ_c bei: 1 MHz, Raumtemperatur
Phenol-Papier	$33 \cdot 10^{-3}$
Epoxi-Papier	$36 \cdot 10^{-3}$
Epoxi-Glas	$20 \cdot 10^{-3}$

Bei einseitigen Kondensatorstrukturen in Kammform zeigen empirische Untersuchungen [6.4] ein Verhalten nach Bild 6.8 für einen unteren Frequenzbereich. Hier ist das Verlustverhalten entscheidend von der Reinigung nach dem Strukturierungsverfahren und möglichen dielektrischen Beschichtungen abhängig.

6.2.2 Spulen

Weit mehr als gedruckte Kondensatoren haben gedruckte Spulen als konzentrierte Schichtreaktanzen Bedeutung erlangt. In der Unterhaltungselektronik ist die gedruckte Spule fester Bestandteil in Siebschaltungen. Aber auch die Empfängertechnik des kommerziellen HF-Bereichs wendet

Tafel 6.4: Mittlere A, L, Q-Daten gedruckter Spulen

mittlerer Flächenbedarf der Spule (Gesamtfläche) cm^2	Leiterbreite b mm	Leiterdicke t mm	Windungszahl N	mittlere Induktivität L nH	mittlere Spulengüte Q bei 10 MHz
0,6	0,1	0,035	3	170	20
2,25	0,4	0,035	6	450	38
4,8	0,2	0,035	10	3600	38

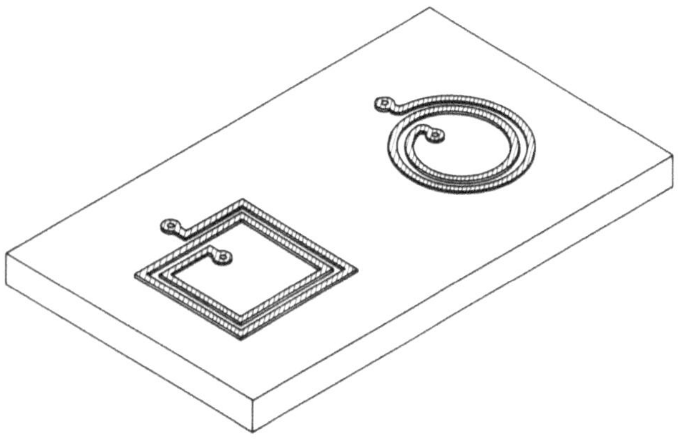

Bild 6.9 Spulenformen; Rechteckspiralspule, Kreisspiralspule

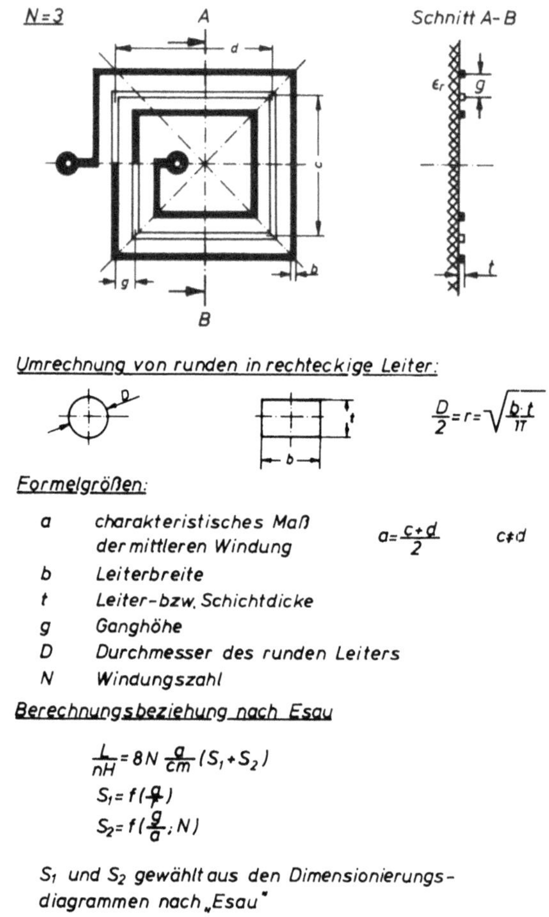

Bild 6.10 Rechteckspiralspule; charakteristische Geometriedaten zur Induktivitätsberechnung

Schichtinduktanzen mit Erfolg an. Die Anwendung ist dabei nicht nur auf die Einzelspule beschränkt, sondern sie umfaßt auch den Spulentransformator bis hin zu komplizierten gekoppelten Spulengebilden in Filterbausteinen. Auch die Mikrowellentechnik bedient sich fallweise konzentrierter gedruckter Spulen, hier allerdings bei hochwertigen Substraten und Leiterstrukturen.

Die gebräuchlichen Spulenformen sind die Rechteckspiralspule und die Kreisspiralspule nach Bild 6.9. Die jeweilige Anwendung ist von den Genauigkeitserwartungen des verwendeten Berechnungsverfahrens und von der Zeichenmöglichkeit und Genauigkeit abhängig.

Die Angabe von spezifischen Induktivitäten ist wegen der Vielfalt der Einflußparameter nicht möglich, jedoch läßt sich das Erreichbare durch folgende Datengruppe verdeutlichen, Tafel 6.4. Eine Tafelanalyse zeigt, daß bei vertretbarem Flächenbedarf Induktivitätswerte bis zu einigen μH erreichbar sind, und daß die bestimmbaren Spulengüten die Spulenanwendung ab 10 MHz für realistisch erscheinen läßt. Diese Frequenzangabe trifft mit der ZF des UKW-Bereiches überein, so daß Gerätekonzeptionen mit den ZF-Verstärkern des VHF-Bereichs beginnend möglich sind.

Induktivitätsberechnung der Rechteckspiralspule. Abgesehen von einer in [6.5] vorgestellten vollständigen Berechnungsmethode für bestimmte Strukturformen, haben für spiralförmige Spulen empirische Näherungsbeziehungen Bedeutung erlangt. Das für die Rechteckspiralspule nachfolgend angegebene Verfahren ist nach den von *Esau* angegebenen Beziehungen für Rahmenspulen entwickelt [6.6]. Bild 6.10 zeigt die Rechteckspule und charakteristische Geometriedaten. Die Induktivität einer solchen Anordnung ergibt sich aus der bezogenen Beziehung:

$$\frac{L}{nH} = 8\,N\,\frac{a}{cm}\,(S_1 + S_2)$$

Hierbei sind S_1 und S_2 empirisch gefundene Dimensionierungsgrößen, die den Diagrammen Bild 6.11 und 6.12 entnommen werden müssen. Von Bedeutung ist das charakte-

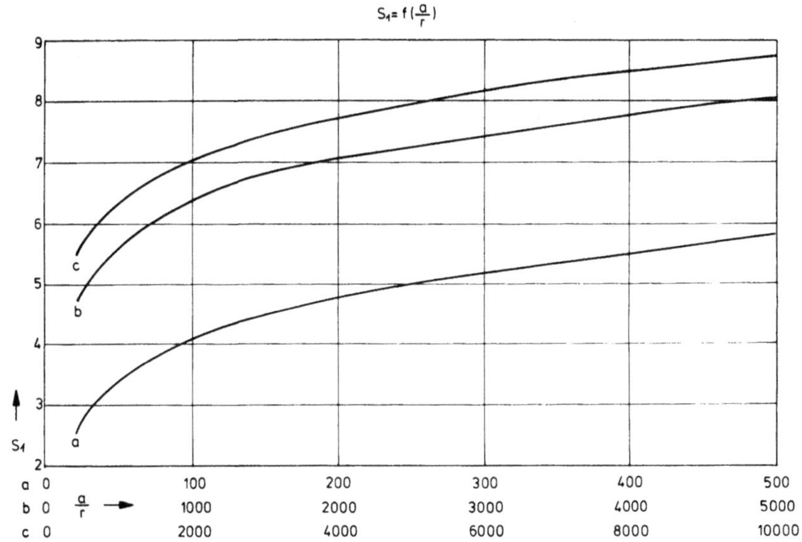

Bild 6.11 Diagramm der empirisch gefundenen Dimensionierungsgröße S_1 zur Induktivitätsberechnung von Rechteckspiralspulen

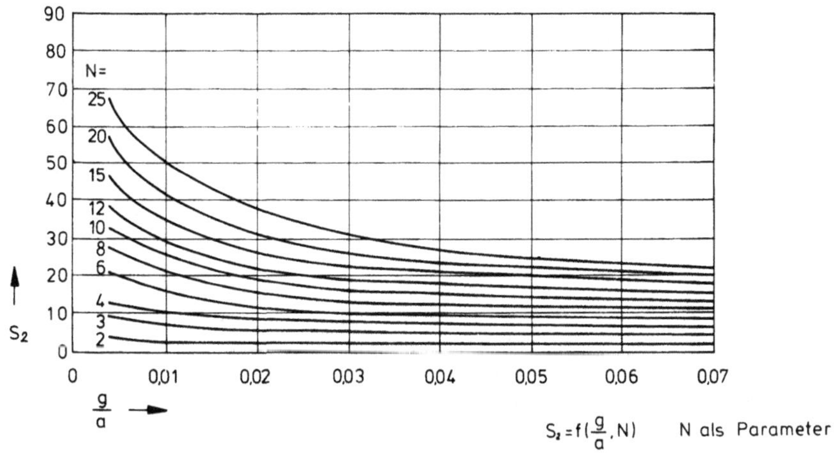

Bild 6.12 Diagramm der empirisch gefundenen Dimensionierungsgröße S_2 zur Induktivitätsberechnung von Rechteckspiralspulen

ristische Maß der mittleren Windung a. Eine mittlere Windung aber ist nur eindeutig definierbar bei ungeraden Windungszahlen. Bei geraden Windungszahlen ist a von gedachten mittleren Windungszahlen her bestimmbar. Die Anwendung auf Leiterquerschnitte mit Rechteckform macht eine Umrechnung nach Flächenäquivalenz erforderlich:

$$r = \sqrt{\frac{b \cdot t}{\pi}}$$

Die Berechnung der Induktivität L ist wegen zu treffender Annahmen mühsam und nur über Wertgruppen iterativ auf vorgegebene L-Werte hin durchzuführen. Aus diesem Grunde ist durch Rechnerunterstützung ein Tabellenwerk ermittelt worden [6.7], das für feste Werte a bei bestimmten, praxisnahen Werten b, g und N eine leichtere Ermittlung ermöglicht. Das Tabellenwerk ist in Anhang A 6 niedergelegt. Die Genauigkeit des Berechnungsverfahrens nach *Esau* und damit auch der Tabellenausnutzung, ist geknüpft an die Problematik der Bestimmung eines hinreichenden inneren Spulenfreiraums. Da die Beziehung und die empirisch gefundenen Kurven sich in der ursprünglichen Anwendung auf streifenförmige Windungsanordnungen (z.B. Peilrahmen) beziehen, müssen sie bei flächenhafter Windungsanordnung versagen. Bild 6.13 zeigt für ein festes a, b und g die auftretenden Windungsanordnungen bis hin zur vollständigen Flächenbedeckung. Tafel 6.5 zeigt eine Vergleichsbetrachtung zwischen berechneten und gemessenen L-Werten einer Spulenserie. Die Spulen 1–4 stellen eine Serie dar, die im Sinne des Bildes 6.13 entwickelt wurden. Deutlich wird ein steigender Fehler bis zu 20 % bei N = 11. Vergrößert man bei nahezu gleicher Windungszahl die charakteristische Größe a so weit, daß wieder eine streifenförmige Anordnung entsteht, ist der Fehler relativ klein; Spule 5. Die aufgezeigte Problematik ist nicht eindeutig lösbar. Empirische Untersuchungen zeigen, daß nicht nur die Größe a, sondern auch Leiterbreite und Ganghöhe entscheidend sind. So treten die dargestellten Effekte insbesondere bei Leiterbreiten 0,3 mm auf. Für eine anwendungsmäßige Fehlerbetrachtung ist das Freiflächen/Gesamtflächenverhältnis der Spule zu berücksichtigen wie es Tafel 6.6 aufweist.

Innere Freiflächen sind demnach für die Genauigkeit der Spulenberechnung entscheidend wichtig. In den meisten

Tafel 6.5: Datenvergleich ausgeführter Rechteckspiralspulen bei t = 0,035 mm und ϵ_r = 4,8

Spule	Windungszahl N	Leiterbreite b mm	Ganghöhe g mm	char. Maß a mm	$L_{Rechnung}$ nH	$L_{Messung}$ nH	Prozent. Fehler |F| %
1	3	0,1	0,5	7,25	169,7	170	0,15
2	5	0,1	0,5	7,25	374,1	310	17,06
3	7	0,1	0,5	7,25	604,9	500	17,34
4	11	0,1	0,5	7,25	1 205	960	20,33
5	10	0,1	0,5	20	3 656	3 460	5,36

Tafel 6.6: Prozentualer Fehler der Induktivität (nach *Esau*) in Abhängigkeit zur Freifläche A_F

$\frac{\text{innere Freifläche}}{\text{Gesamtfläche}}$; $\frac{A_F}{A_G}$	prozentualer Fehler |F| der Induktivität
$\frac{A_F}{A_G} \geqq 0{,}4$	$\lvert F \rvert \leqq 5\,\%$
$0 \leqq \frac{A_F}{A_G} \leqq 0{,}4$	$5\,\% \leqq \lvert F \rvert \leqq 20\,\%$

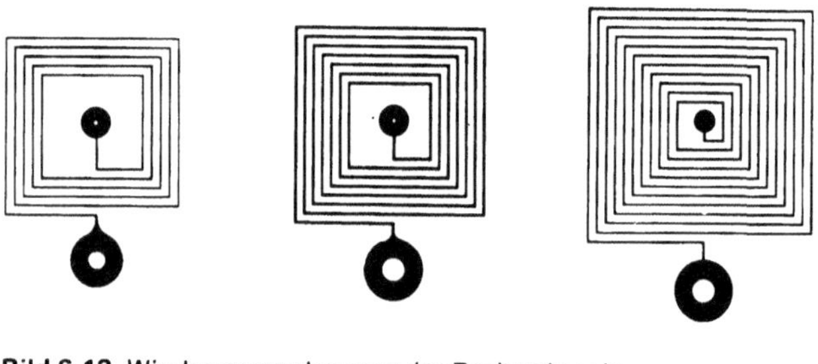

Bild 6.13 Windungsanordnungen der Rechteckspule

Anwendungsfällen sind diese Freiflächen zwangsläufig durch die Notwendigkeit der Unterbringung eines Abstimmkerns im Zentrum der Gesamtfläche gegeben.

Güte der Rechteckspiralspule. Die verlustbehaftete Spule läßt sich durch eine Reihenersatzdarstellung beschreiben und die Güte oder der Verlustfaktor aus dieser Ersatzdarstellung sinngemäß ableiten:

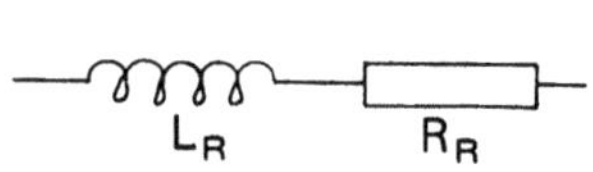

$$Q_L = \frac{1}{\tan \delta_L} = \frac{\omega L_R}{R_R}$$

Die Beziehung für Q_L läßt den Schluß einer linearen Abhängigkeit $Q_L(\omega)$ zu. Eine solche Betrachtung ist nur zulässig für relativ niedrige Frequenzen. Beide Größen, sowohl L_R als auch R_R sind vielfältig frequenzabhängig. Unter R_R ist insbesondere ein Reihenwiderstand zu verstehen, der sich aus folgenden Teilwiderständen zusammensetzt:

$$R_R = R_L + R_D + R_k + R_A$$

R_L: Leiterwiderstand
R_D: Verlustwiderstand des Dielektrikums
R_k: Kernverlustwiderstand
R_A: Verlustwiderstand infolge Abschirmung

Es läßt sich empirisch nachweisen, daß die Induktivität oberhalb von 1 MHz frequenzabhängig wird und die Güte der Spule merklich beeinflußt wird durch Spulenschirmungsmaßnahmen über die Einbettung in Kupferflächen [6.8].

Folglich ist die Beziehung für die Spulengüte beschreibbar durch:

$$Q_L = \frac{1}{\tan \delta_L} = \frac{\omega L_R(\omega)}{R_R(\omega)}$$

Dieser komplexe Sachverhalt ist nur empirisch erfaßbar. Bild 6.14 und 6.15 zeigen für typische Leiterbreiten (b = 0,1 mm, b = 0,2 mm, b = 0,4 mm, b = 0,8 mm) die Güte in Abhängigkeit von der Frequenz. In Bild 6.14 ist die Güte für konstantes N, a und g bei variiertem b aufgetragen. Wie zu erwarten, steigt mit zunehmender Leiterbreite und damit mit sinkendem Leistungsverlustwiderstand die Spulengüte. Bild 6.15 zeigt bei konstantem b, a und g für eine Spulenserie (N = 3; 5; 11) die Abnahme der Güte mit steigendem N. Trotz der durch steigendes N bedingten Induktivitätssteigerung ist die Verlustwiderstandszunahme derart, daß die Güte absinkt. Diese Erscheinung wird bereits bei N = 5 deutlich und bleibt bei Steigerung auf N = 11 (Vollflächenwicklung) erhalten. Bei Übergang auf eine größere Spulengesamtfläche (a = 20 mm) ändert sich das Güteverhalten bei gleichbleibender Leiterbreite und merklich gesteigerter Induktivität (3600 nH) zu weiterem Absinken infolge erheblichen Anstiegs der Leitungsverluste. Erst bei Steigerung der Leiterbreite auf b = 0,2 mm nimmt die Spulengüte zu. Das Erscheinungsbild des Güteverhaltens ist bei kleinen Leiterbreiten (≦ 0,3 mm) auch unter dem Gesichtspunkt der Strukturtoleranzen zu betrachten.

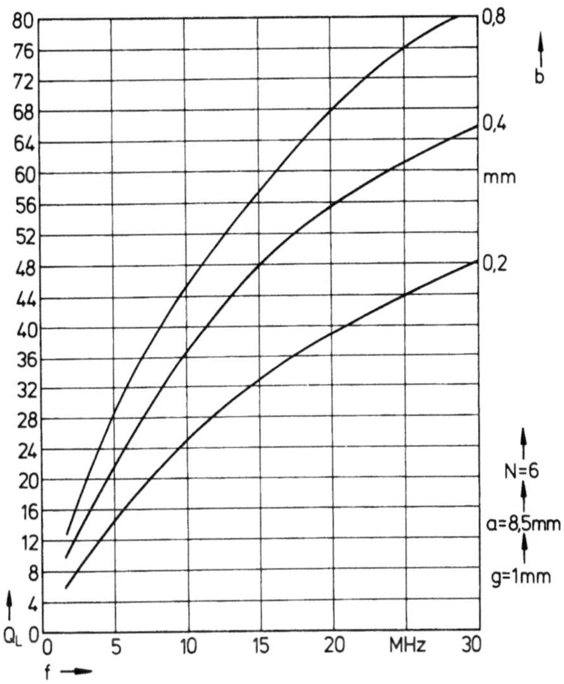

Bild 6.14 Abhängigkeiten der Spulengüte; N, a, g = konst., b variabel

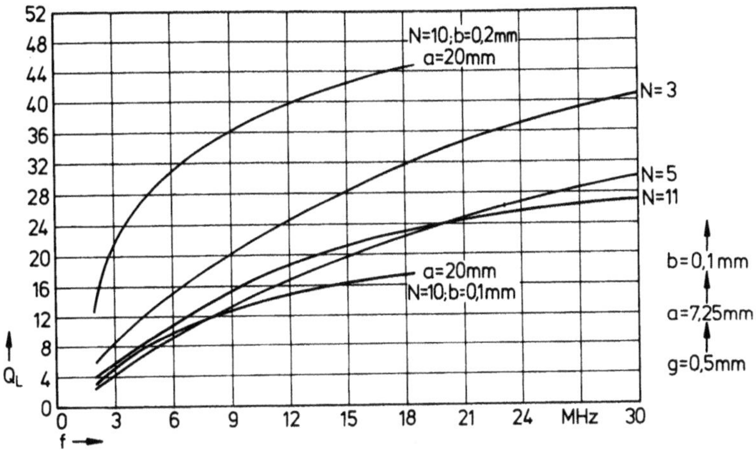

Bild 6.15 Abhängigkeiten der Spulengüte; b, a, g = konst., N variabel

Induktivitätsberechnung der Kreisspiralspule. Für diese Spulenform werden zwei Näherungsbeziehungen angegeben, die von *Wheeler* und *Bryan* stammen [6.9], [6.10]. Bild 6.16 zeigt die Kreisspiralspule, ihre charakteristischen Geometriedaten und die Berechnungsbeziehungen. Beiden Beziehungen ist gemeinsam, daß die Leiterbreite b und die Ganghöhe g nicht auftreten. Vergleichbar den Rechteckspiralspulen ist wieder das charakteristische Maß a der mittleren Windung eingeführt und sinngemäß zu interpretieren.

Für die leichtere Induktivitätsermittlung ist wiederum ein Tabellenwerk erstellt worden [6.11], das in Anhang A 6 niedergelegt ist.

Die Genauigkeit der Berechnungsmethoden wird im Falle der Bryan'schen Beziehung demonstriert. Hierbei bleibt die Problematik des Spulenfreiraums bestehen. Tafel 6.7 zeigt eine Vergleichsbetrachtung berechneter und gemessener Induktivitätswerte einer Spulenserie nach Bild 6.17. Ein übergreifender Vergleich zu den Ergebnissen der Berechnung der Rechteckspiralspulen nach *Esau* macht deutlich, daß die Bryan'sche Beziehung eine geringere Fehlerrate aufweist und das Problem der Freifläche nicht so evident werden läßt.

Trotz dieser günstigen Aspekte bleibt die Anwendung der Kreisspiralspule gering. Dies mag an der vergleichsweise komplizierten Konstruktion der Spule liegen. Dies sollte kein Hindernis sein, denn die Spiralform läßt sich aus Halbkreisen um versetzte Mittelpunkte M, nach Bild 6.18, sehr einfach approximieren.

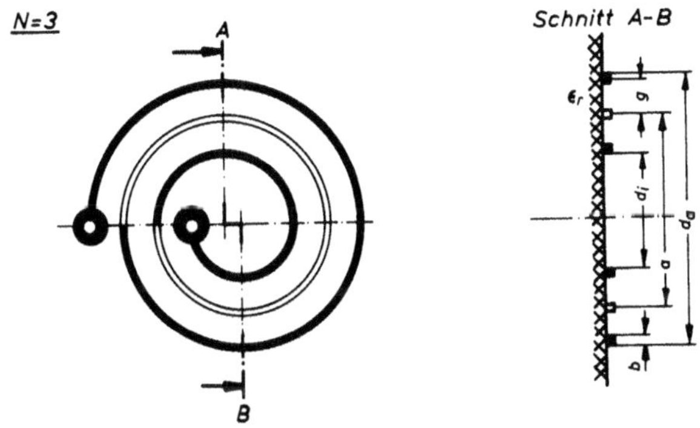

Formelgrößen:

a	Durchmesser der mittleren Windung	
b	Leiterbreite	
d_a	Außendurchmesser	$d_a = a + (N-1) \cdot g + b$
d_i	Innendurchmesser	$d_i = a - (N-1) \cdot g - b$
g	Ganghöhe	
N	Windungszahl	

Berechnungsbeziehungen:

1. nach „Wheeler"

$$\frac{L}{nH} = 0{,}703 \cdot N^2 \cdot \frac{\left(\frac{d_a}{mm} + \frac{d_i}{mm}\right)^2}{2{,}14\left(\frac{d_a}{mm} - \frac{d_i}{mm}\right)}$$

2. nach „Bryan"

$$\frac{L}{nH} = 1{,}24\left(\frac{d_a}{mm} + \frac{d_i}{mm}\right) N^{\frac{5}{3}} \cdot \lg 4 \cdot \frac{\frac{d_a}{mm} + \frac{d_i}{mm}}{\frac{d_a}{mm} - \frac{d_i}{mm}}$$

Bild 6.16 Kreisspiralspule; charakteristische Geometriedaten und Berechnungsbeziehungen zur Induktivitätsermittlung

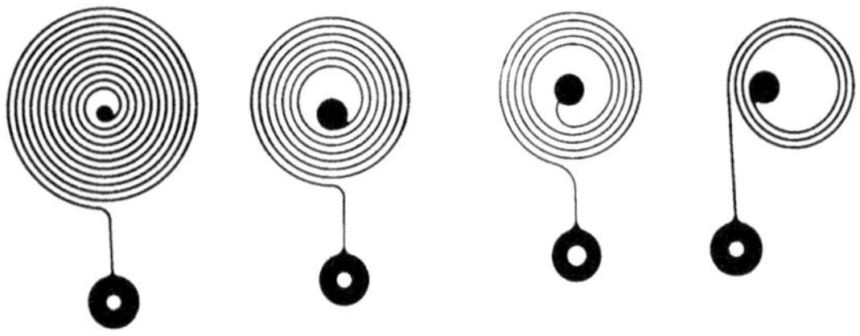

Bild 6.17 Windungsanordnungen der Kreisspiralspule

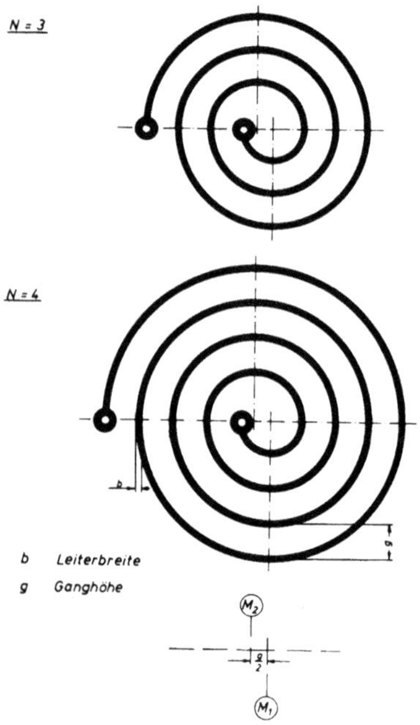

Bild 6.18
Spiralkonstruktion bei Kreisspiralspulen

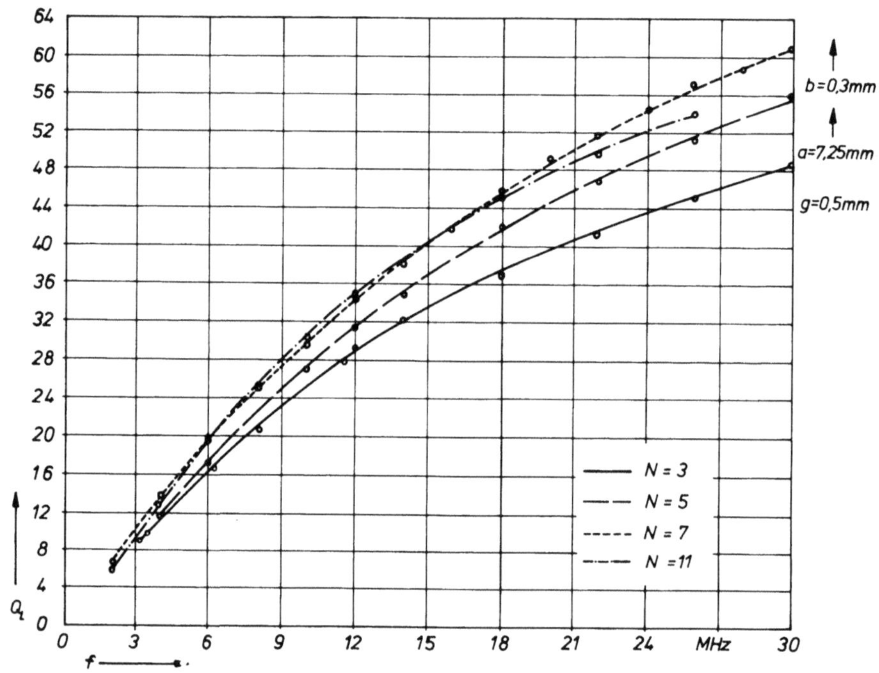

Bild 6.19 Abhängigkeit der Spulengüte; b = konst., N variabel

Bild 6.20 Abhängigkeiten der Spulengüte; b = konst., N variabel

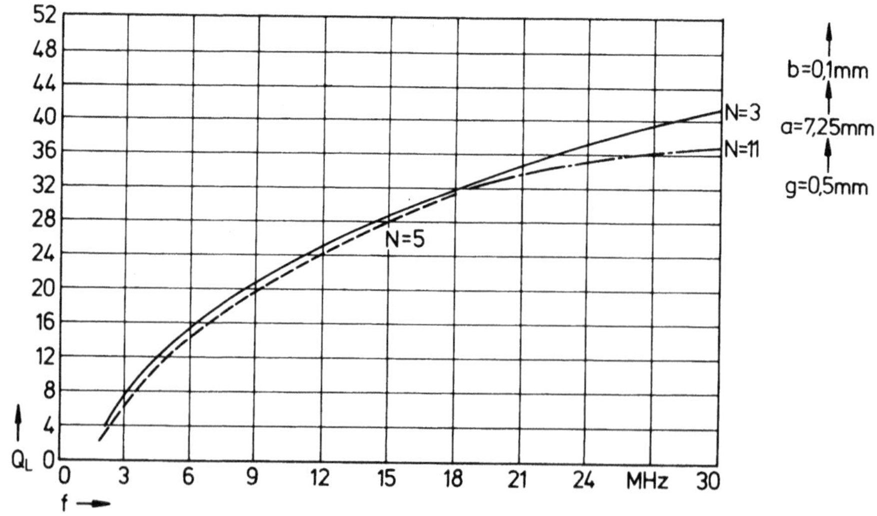

Tafel 6.7: Datenvergleich ausgeführter Kreisspiralspulen bei t = 0,035 mm und ϵ_r = 4,8

Spule	Windungszahl N	Leiterbreite b mm	Ganghöhe g mm	Durchmesser di mm	Durchmesser da mm	$L_{Rechnung}$ nH	$L_{Messung}$ nH	Prozent. Fehler |F| %
1	3	0,1	0,5	6,15	8,4	159,98	162	1,2
2	5	0,1	0,5	5,15	9,6	299,96	306	1,9
3	7	0,1	0,5	4,15	10,1	444,21	456	2,5
4	11	0,1	0,5	2,2	12,45	741,27	836	11,3

Güte der Kreisspiralspule. Die generellen Feststellungen zu Rechteckspiralspulen bleiben auch hier gültig. Empirische Untersuchungen der Güte in Abhängigkeit von der Frequenz zeigen die Bilder 6.19 und 6.20. In Bild 6.19 ist die Güte für konstante Leiterbreite b = 0,3 mm und variierter Windungszahl aufgetragen. Bei relativ großer Leiterbreite steigt die Güte bis N = 7. Bei weiterer Steigerung zu N = 11 tritt die Erscheinung überproportionalen Anwachsens der Verluste auf; die Güte sinkt ab. Bild 6.20 stellt den Zusammenhang für eine Leiterbreite b = 0,1 mm dar. Hier ist der gleiche Sachverhalt wie in Bild 6.15 erkenntlich, nämlich sinkende Güte bei steigender Windungszahl, nur ist der Effekt hier weniger ausgeprägt. Die Güten aller Windungszahlen liegen sehr nahe beieinander.

Induktivitätsabstimmung. Die Frage nach der Notwendigkeit einer Spulenabstimmung ist die Frage nach der Genauigkeit des Berechnungsverfahrens. Die kommerzielle Technik des HF- und Mikrowellenbereichs operiert meist ohne Abstimmittel, während die Empfängertechnik der Konsumelektronik mit Ferritgewindekernen abstimmt. Diese Maßnahme ist bei selektiven Systemkomponenten weitgehend eingeführt und hat sich bewährt. Sie bedeutet natürlich eine Erhöhung der Zahl der Bestückungselemente (Gewindekern und Führungskörper). Aus einer Analyse von Industrieschaltungen zeigt Bild 6.21a und b Ergebnisse der L-Variation bei herein- und herausgedrehtem Kern. Gleichzeitig zeigen die Diagramme den Güteverlauf mit und ohne Kern.

Spulenschirmung. Zur Abschirmung einer Spule gegen Fremd- und Eigenwirkung kann man sie in eine größere Massefläche einbetten oder mit einem Schirmungsring umgeben, Bild 6.22. In der Wirkung sind die Maßnahmen denen des Kapitels 4 vergleichbar. Solche Schirmungsmaßnahmen führen zu Gütereduktionen bis zu 10 %. Häufig wird die Wirkung der Spulenschirmung überschätzt und überdeckt durch Eigenresonanzerscheinungen durch die nicht unerheblichen Eigenkapazitäten der Spulen.

6.2.3 Spulentransformatoren, Übertrager

Mit der Anwendung von Schichtreaktanzen bei Siebschaltungen war umfassend natürlich auch die der gekoppelten Spulen vorgezeichnet. Von den Strukturierungsmöglichkeiten her sind folgende Übertragerformen darstellbar:

1. einseitige Strukturierung:
   Sparübertrager,
   Trennübertrager mit lateraler Spulenanordnung,
   Trennübertrager mit konzentrischer Spulenanordnung,
2. zweiseitige Strukturierung:
   Trennübertrager

C. Hentschel gibt über Übertragerformen einseitiger Struktur strenge Berechnungsbeziehungen an, die die Anwendung eines Rechners für eine maximal zweifach numerische Integration erforderlich macht [6.12]. Über Ausführungen verschiedener Spulentransformatoren sei nachfolgend berichtet [6.13], [6.14], [6.15].

Sparübertrager. Dort wo eine galvanische Trennung nicht erforderlich oder unerwünscht ist und zudem nur geringe Übersetzungsverhältnisse angestrebt werden, beispielsweise in der HF-Meßtechnik, wird der Sparübertrager durch Spulenanzapfung angewandt. Ein solcher Übertrager entsteht, wie das Anzapfprinzip es ausweist, durch direkten Zugriff in die Wicklung einer Spule. In Bild 6.23 ist das Schaltsymbol, die Klemmenzuordnung und das zutreffende Ersatzbild des verlustfreien, streubehafteten Übertragers angegeben. Bild 6.24 zeigt den konstruktiven Entwicklungsgang zu einem Sparübertrager aus einer Einfachspule. Die Spulengesamtfläche wird nicht verändert, ebenso bleibt die Größe a konstant. Durch Verschieben des anschlußseitigen Bereiches der 1. und 2. Windung in den Freiraum entsteht eine regionale Wicklungsaufweitung und damit eine Möglichkeit eine Feindurchkontaktierung anzubringen. Im Bereich zwischen 1 MHz und 20 MHz liegt die Leerlaufspannungsübersetzung der gezeigten Anordnung bei 0,29.

Trennübertrager. In Bild 6.25 ist das Schaltsymbol, die Klemmenzuordnung und das zutreffende Ersatzbild des verlustfreien, streubehafteten Trennübertragers angegeben. Längs- und Querinduktivitäten sind dabei als Streu- und Hauptinduktivitäten interpretierbar.

Trennübertrager, lateral. Von den drei Formen des Trennübertragers ist die laterale ohne wesentliche Bedeutung. Erfahrungsgemäß ist die Kopplung so lose, daß eine Anwendung nicht möglich ist. Bild 6.26 zeigt eine Strukturzeichnung einer Testplatine mit seitlich angeordneten Spulen. Die Spulen haben alle gleichen Aufbau. Der Außenkantenabstand beträgt jeweils 1 mm, 2 mm, 4 mm und

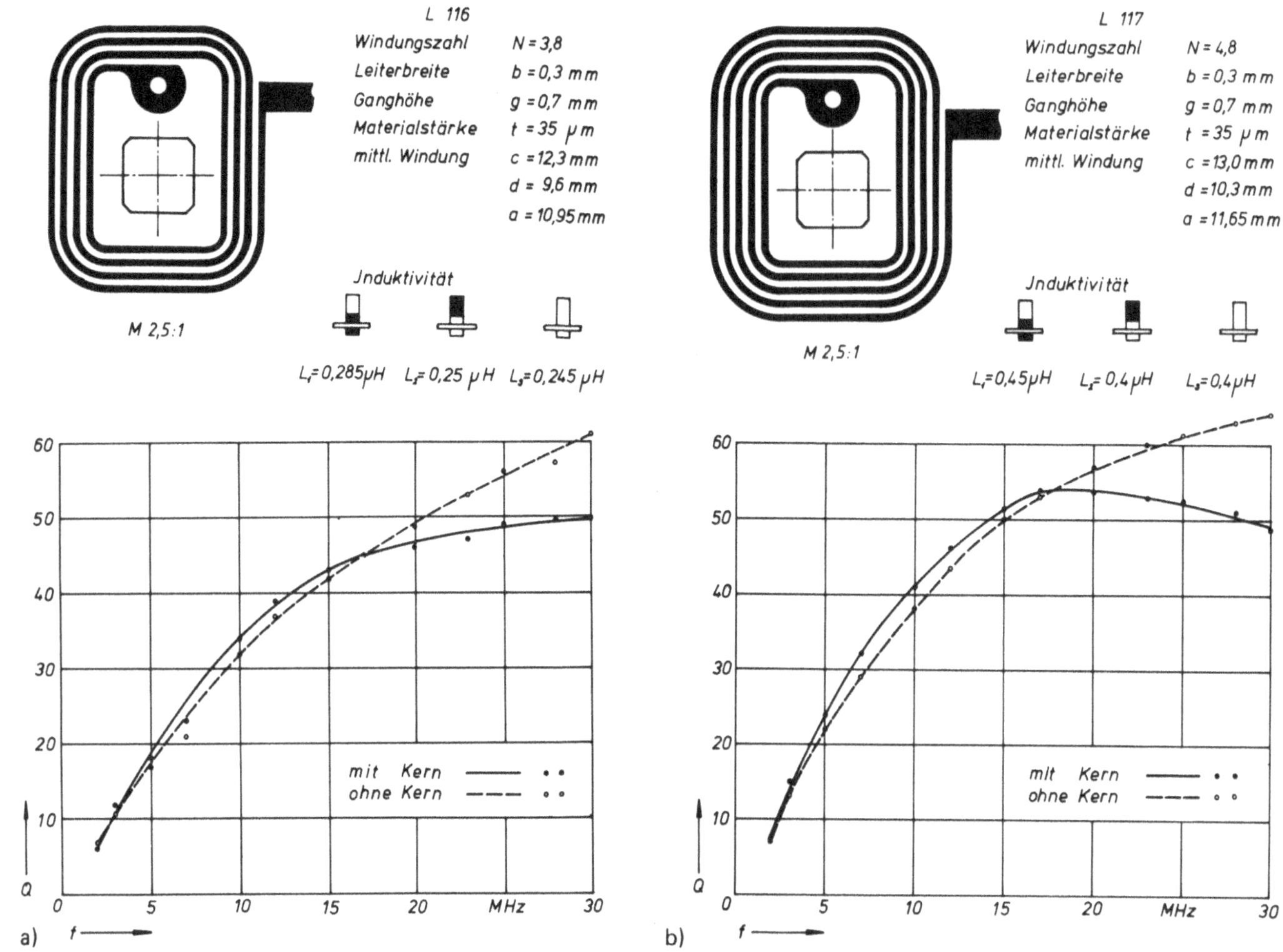

Bild 6.21 a)–b) Induktivitätsvariation bei Kernspulen; Güteverlauf mit und ohne Kern

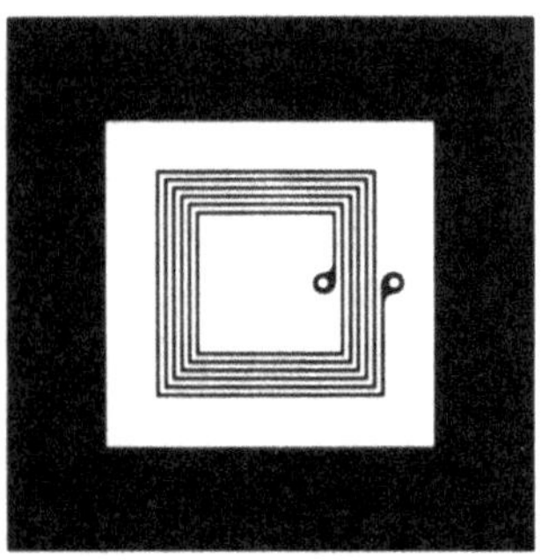

Bild 6.22
Spule mit Schirmungsring

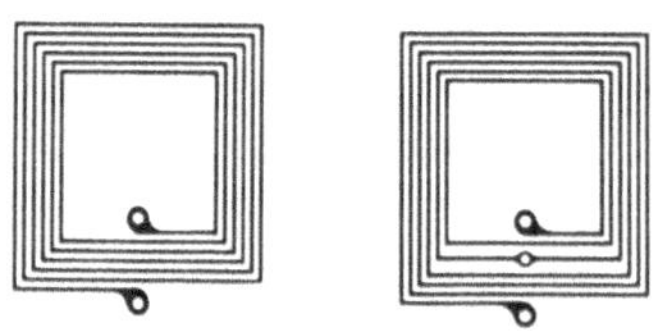

Bild 6.24 Konstruktionsgang zu einem Sparübertrager

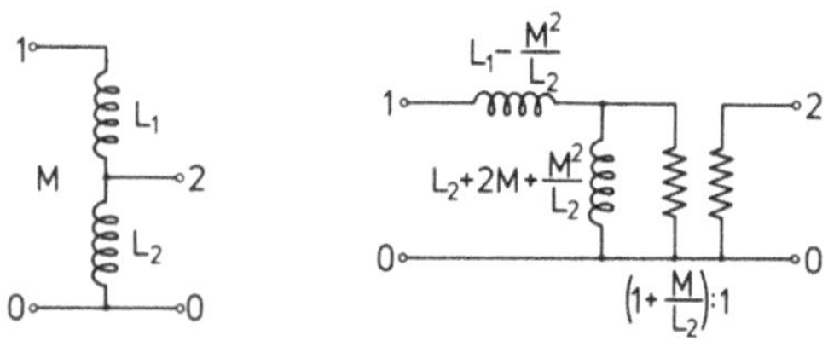

Bild 6.23 Schaltsymbol, Klemmenzuordnung und Ersatzbild des verlustfreien, streubehafteten Sparübertragers

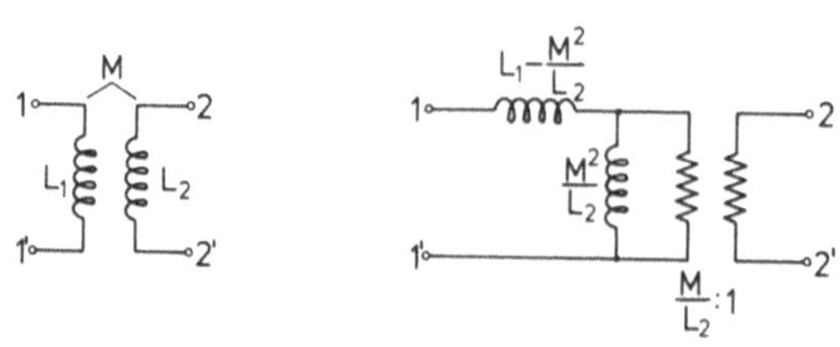

Bild 6.25 Schaltsymbol, Klemmenzuordnung und Ersatzbild des verlustfreien, streubehafteten Trennübertragers

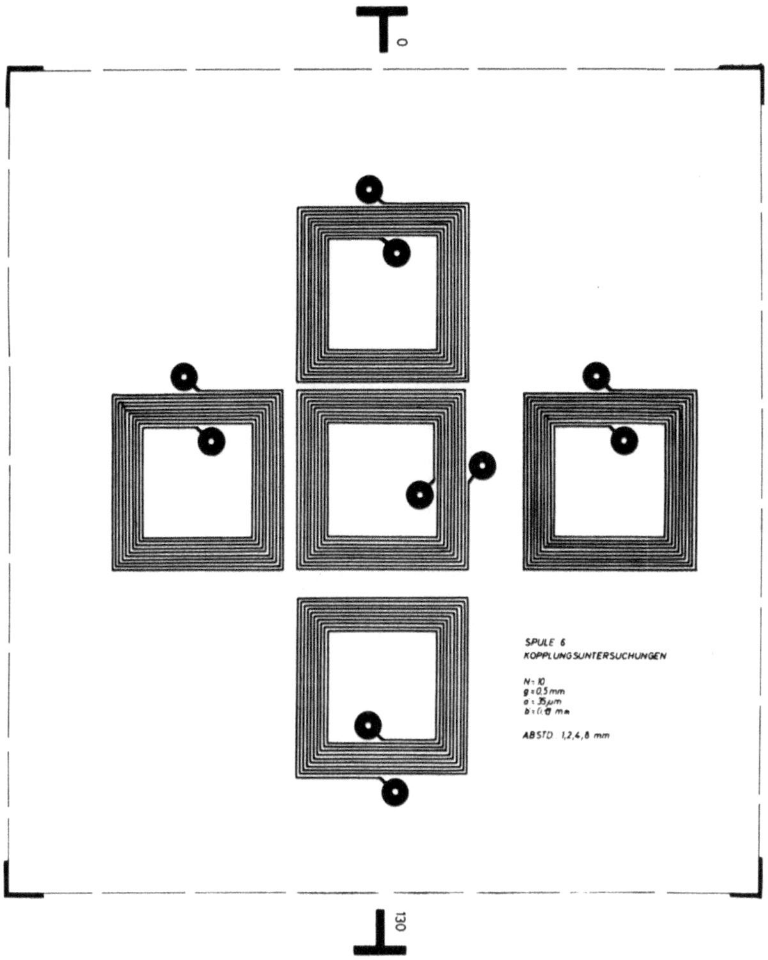

Bild 6.26
Strukturzeichnung einer Testplatine lateraler Trennübertrager

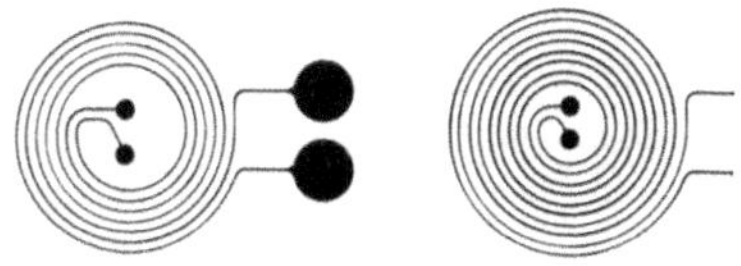

Bild 6.27
Trennübertrager aus konzentrischen Kreisspiralspulen

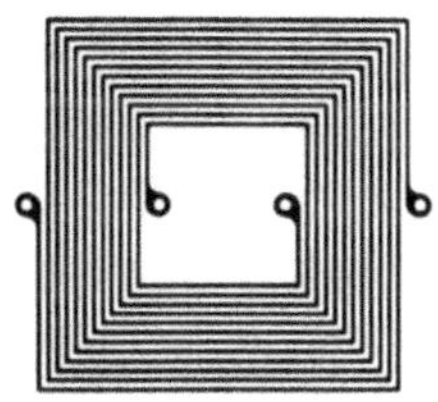

Bild 6.28
Trennübertrager aus konzentrischen Rechteckspiralspulen

8 mm zur mittleren Spule. Bereits bei einem Abstand der Außenkanten von 2 mm ist die Kopplung < 4 %. Derartig lose gekoppelte Spulensysteme sind in der Anwendung selten.

Trennübertrager, konzentrisch. Bild 6.27 zeigt zwei Spulentransformatoren mit jeweils 3 oder 5 Windungen der primären und sekundären Wicklung aus konzentrischen Kreisspiralspulen. Für eine solche Anordnung versagen die Berechnungsmethoden nach *Bryan* und *Wheeler*. Nur überschlägig sind die Einzelinduktivitäten bestimmbar, dabei bleibt die kritische Bestimmgröße die Ganghöhe. Untersuchungen der Kopplung bei 10 MHz führen auf Werte von 0,45 und 0,60 je nach Windungszahl.

In Bild 6.28 ist ein Trennübertrager aus konzentrischen Rechteckspiralspulen dargestellt. Die erreichte Kopplung beträgt 0,75.

Trennübertrager, ebenenversetzt. Während bei konzentrischen Anordnungen eine durch die Wicklungsgeometrie vorgegebene unveränderliche Kopplung existiert, ist bei Wicklungsanordnung in zwei Strukturebenen durch Induktionsflächenversatz eine Variation der Kopplung möglich. Bild 6.29 zeigt eine Spulenanordnung bei zweiseitiger Strukturierung. Maximale Kopplung tritt dann auf, wenn beide Spulenflächen deckungsgleich übereinander liegen. Für die in Bild 6.29 angegebenen Übertragerwicklungen und die verzeichnete Induktionsflächenvariation wurde bei 10 MHz die Kopplungsvariation ermittelt. Hierbei wird deutlich, daß bei einem seitlichen Abstand der Spulenzentren von 16 mm die Kopplung ≦ 0,10 ist und bei übereinanderliegenden, jeweils rechten und linken Wicklungsstreifen, die Kopplung vernachlässigbar klein wird. Bild 6.30 zeigt die Kopplungsvariation.

Analysen von Industrieschaltungen mit gekoppelten Spulen zeigen im Ergebnis die Bilder 6.31 und 6.32. Bild 6.31 stellt eine Spule dar, bei der zur Induktivitätserhöhung großflächiger und damit verlustarmer Spulen eine Hintereinanderschaltung gekoppelter Spulenteile in versetzter Ebene erfolgt. In Bild 6.32 wird eine Koppelanordnung dreier Spulen gezeigt, bei der konzentrische Kopplung und versetzte Kopplung in einer Mischung auftreten. In beiden Fällen sind die Änderungen durch Kernabstimmung angegeben.

Über Konstruktionsmethoden zur Herstellung von mehrlagigen Spulen berichtet *P. Eisler*.

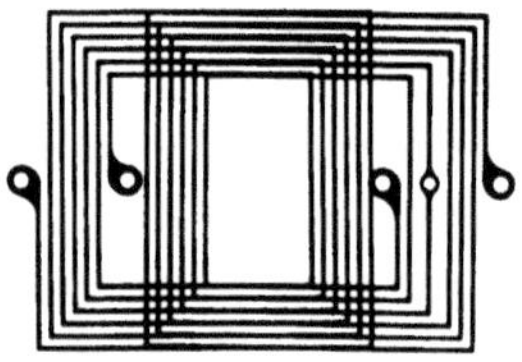

Bild 6.29
Trennübertrager aus ebenenversetzten (zweiseitigen) Rechteckspiralspulen

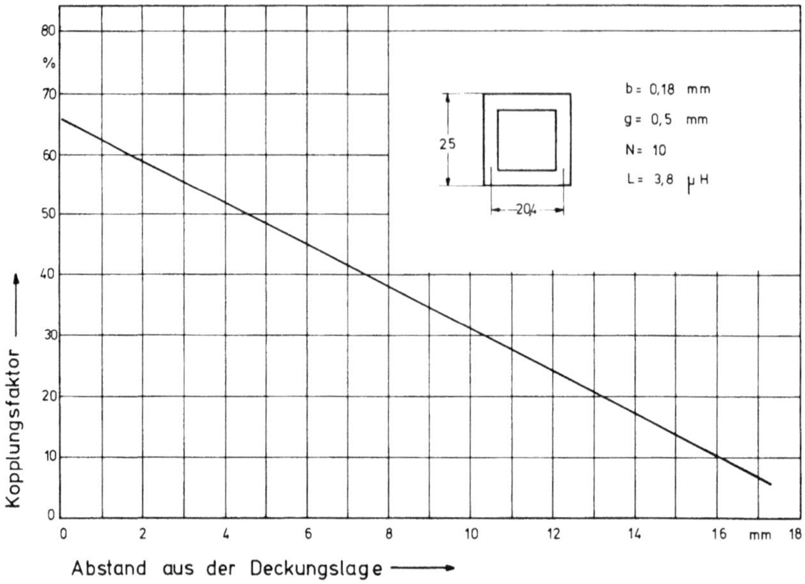

Bild 6.30 Abhängigkeit der Spulenkopplung eines ebenenversetzten Trennübertragers vom Teilspulenversatz

L 132

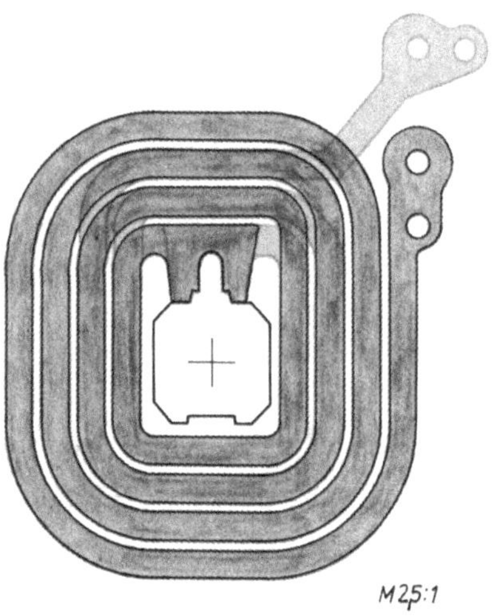

Windungszahl	*: N = 5,8*		
Leiterbreite	*: b = 1,2 mm*		
Ganghöhe	*: g = 1,6 mm*		
Materialstärke	*: t = 35 µm*		
mittl. Windung	*: c = 13,6 mm*		*c = 10,4 mm*
N = 3,8	*d = 12 mm*	*N = 2*	*d = 8,8 mm*
	a = 12,8 mm		*a = 9,6 mm*

Induktivität

L_1 = 0,602 µH *L_2 = 0,412 µH* *L_3 = 0,388 µH*

Bild 6.31 Hintereinanderschaltung gekoppelter Spulenteile in versetzten Ebenen zur Induktivitätserhöhung

L 111 L 112 L 113

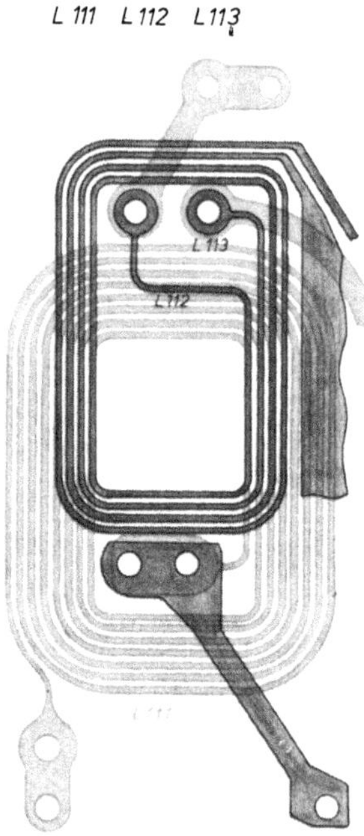

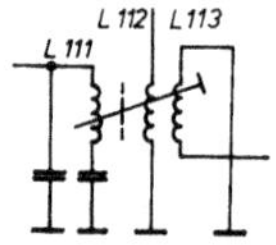

	N	b mm	g mm	t µm	a mm	L µH (Kern 1)	L µH (Kern 2)	L µH (ohne Kern)
L 111	8	0,25	0,5	35	11,75	1,342	1,102	1,082
L 112	≈ 2	0,25	1	35	10,55	0,107	0,087	0,084
L 113	2	0,25	1	35	11,55	0,120	0,105	0,104

Bild 6.32 Koppelanordnung dreier Spulen; Mischform aus konzentrischer und versetzter Kopplung

7 Gedruckte Schaltungen

Thematisch ist dieses Kapitel beispielhaften Schaltungen gewidmet, die wiederum beispielhaften Schaltungsbereichen zugeordnet sind. Hierbei wird die Unterscheidung nach Signaltypen getroffen. Grundlage der exemplarischen Behandlung von Schaltungen ist die Gestaltungssystematik des Kapitels 5.

7.1 Gedruckte Schaltungen bei kontinuierlichen Signalen (analogelektronische Schaltungen)

7.1.1 Niederfrequenzschaltungen

Hierunter sind im wesentlichen Schaltungen der Unterhaltungselektronik im Frequenzbereich ≦ 20 KHz zu verstehen, denen eine spezifische Gestaltungssystematik eigen ist.

7.1.1.1 Merkmale der Entwurfssystematik

Ausgehend von den Schrittfolgen der Systematik, Tafel 5.1, sind folgende Gestaltungsmerkmale signifikant:

① Der Betriebsfrequenzbereich macht keine besondere Materialauswahl erforderlich.

② Leiterabstände sind unkritisch; ein bestimmtes Leitungsführungsprinzip ist nicht erforderlich.

③ Die thermische Belastung durch Stromwärme ist teilweise bedeutend (Endstufen), sodaß die Breitenauslegung der Leiter, ihre Dicke und Abstand, Kühlmaßnahmen und die Wahl des Basismaterials sorgfältig durchgeführt werden müssen.

④ Wenn nicht Signalquellen mit hochohmigen Lastimpedanzen angewandt werden, ist die Leitungsinduktivität ohne Belang.

⑤ u. ⑥ Beide Punkte sind ohne Bedeutung.

⑦ Leitungskopplung ist bedeutsam bei Mehrkanalanordnungen.

⑧ Der Flächenwiderstand und damit die Durchmesserauslegung spielen eine Rolle bei den thermisch hochbelasteten Schaltungsabschnitten und beim Anschluß der peripheren Elemente.

⑨ Sinngemäßes gilt wie bei Punkt ⑧.

⑩ Bei diesen Schaltungen ist mit einem hohen Ordnungsindex zwangsläufig zu rechnen. Der Anschluß peripherer Geräte und Elemente (Stellglieder, Taster, Antriebe, Schallgeber) macht einen vielfältigen Zugriff erforderlich.

⑪ Das Prinzip ist anwendbar.

⑫ Dieses Prinzip ist nur in Sonderschaltungen von Bedeutung (Hörgeräte).

⑬ Eine Strukturebene wird zwar aus wirtschaftlichen Gründen bevorzugt und ist häufig hinreichend, jedoch sollte eine qualitativ hochwertige Schaltung auf eine Durchkontaktierung zur Verbesserung der Elementverbindung nicht verzichten.

Sieht man von Sonderschaltungen ab, so ist durch die Katalogisierung deutlich geworden, daß NF-Schaltungen relativ unkritische Schaltungen sind. Ihre Leiterstruktur folgt daher häufig der traditionellen Streifenanordnung der konventionellen Verdrahtungstechnik, wie sie der Bauschaltplan, Bild 7.1, zeigt. Beginnend beim Signaleingang (links) und endend beim Signalausgang (rechts), folgt Bauelement nach Bauelement in Form eines Elementstreifens, der durch Lötleisten vorgeprägt ist. Die Aufbauform der Transistoren und Transformatoren macht noch einmal den Sachverhalt der Punkte ③ und ⑩ deutlich.

7.1.1.2 Stereoverstärker

Die Druckvorlage nach Bild 7.2 stellt das Leiterbild eines Stereoverstärkers dar, für dessen Kanalauslegung Bild 7.3 den Stromlaufplan angibt. Auffallend ist ein zum Masseleiter symmetrischer Aufbau der beiden Kanäle und in jedem Kanal ein elementhaftes Aneinanderreihen vom Eingang E zu den Anschlußflächen der Komplementärtransistoren der Endstufen. Die Bestückungselemente der Kanalverstärker sind vielfältig und von sehr unterschiedlichem Volumen, wie es die Bestückungszeichnung des Bildes 7.4 verdeutlicht. Zwar existieren nur zwei Orientierungsachsen, wobei noch zwischen liegender und stehender Bestückung zu unterscheiden ist, jedoch sind die Elementformen und Anschlußtopologien groß (m = 10). Hinzu kommen Kühlkörper für Leistungstransistoren und der schon angesprochene Sachverhalt eines vielfältigen Zugriffs für periphere Geräte. Dies sind hier die Kühlanordnungen der Endstufentransistoren, wie sie aus dem Montageplan nach Bild 7.5 hervorgehen. Damit wird deutlich, daß NF-Leiterplatten häufig nur Bestandteil eines größeren aber schaltungsmäßig zugeordneten Systemkomplexes sind.
Auf die signifikanten Merkmale eingehend läßt sich folgendes festhalten (Schrittmerkmale in Bild 7.2 verdeutlicht):

② Als Leitungsführungsprinzip wird eine Führung im Raster mit Richtungsänderung um 45° angewandt.

③ Da die Endstufen peripher angeordnet sind, wird für alle Leiter eine einheitliche Breite von 1 mm vorgesehen.

⑦ Die Auslegung der Abstände der Kanaleingänge ist so getroffen, daß die Übersprechdämpfung > 60 dB beträgt.

⑧ Die Anschlußflächen sind für den Anschluß der Endstufentransistoren hinreichend groß dimensioniert (2,5 mm), jedoch infolge der Beibehaltung dieses Maßes für die Gesamtstruktur und in Anbetracht der Leiterbreite, im Vorstufenbereich mit unzulässigen Anschnitten und Formungen versehen

⑬ Es liegt eine Strukturebene ohne Durchkontaktierung vor.

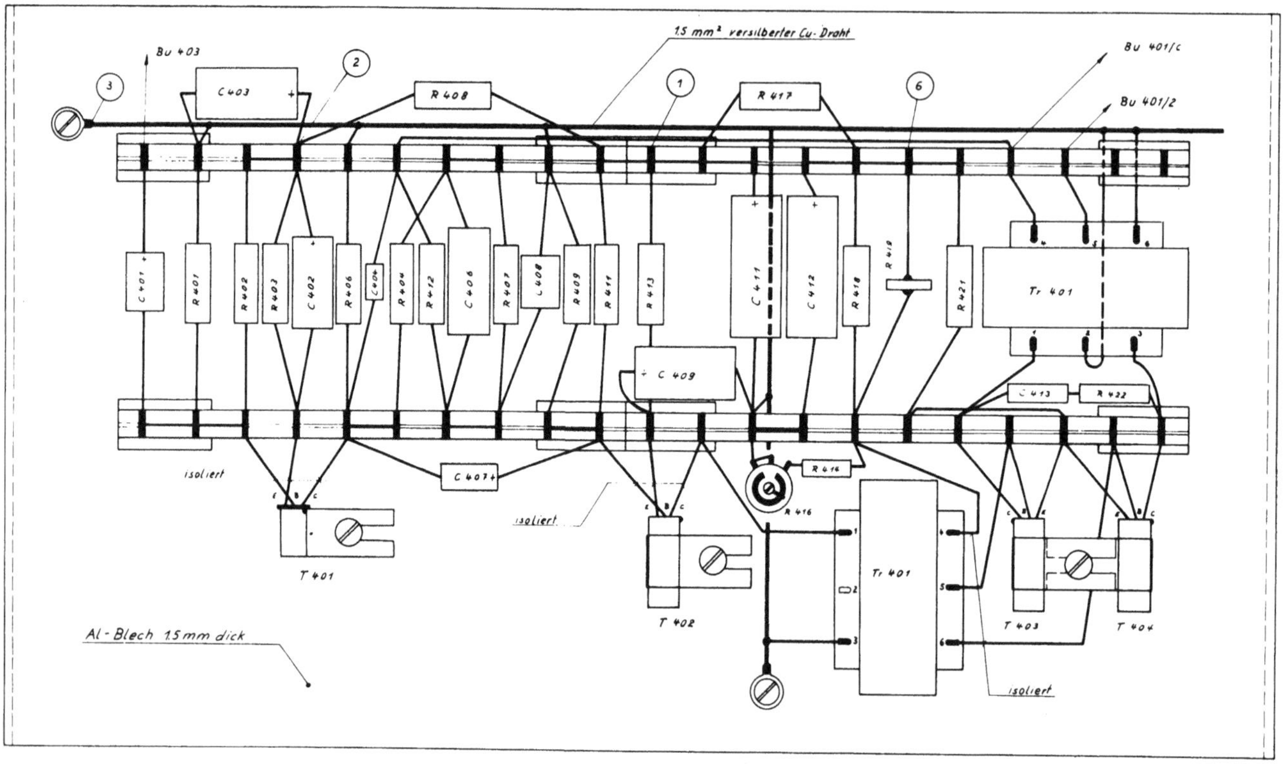

Bild 7.1 Bauschaltplan der konventionellen Verdrahtungstechnik

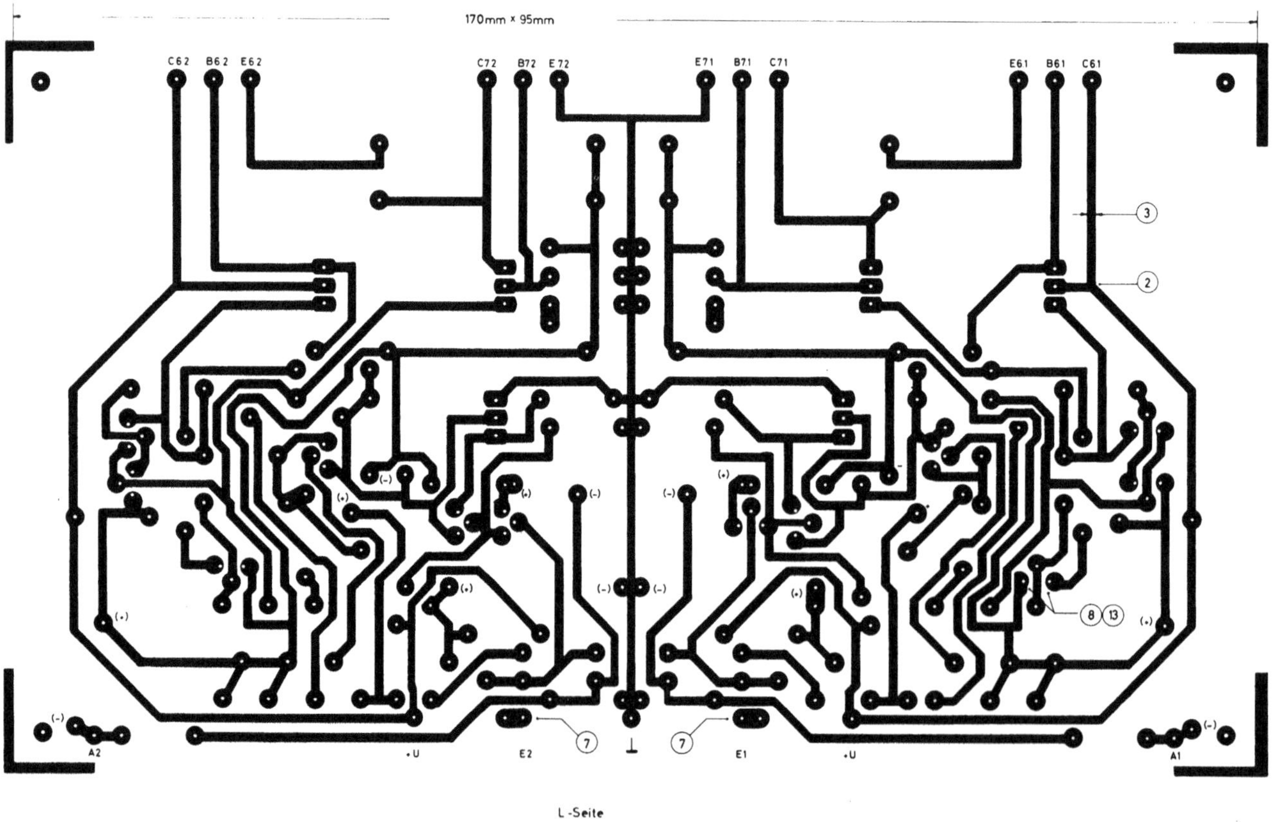

Bild 7.2 Druckvorlage eines Stereoverstärkers (2 X 40 W)

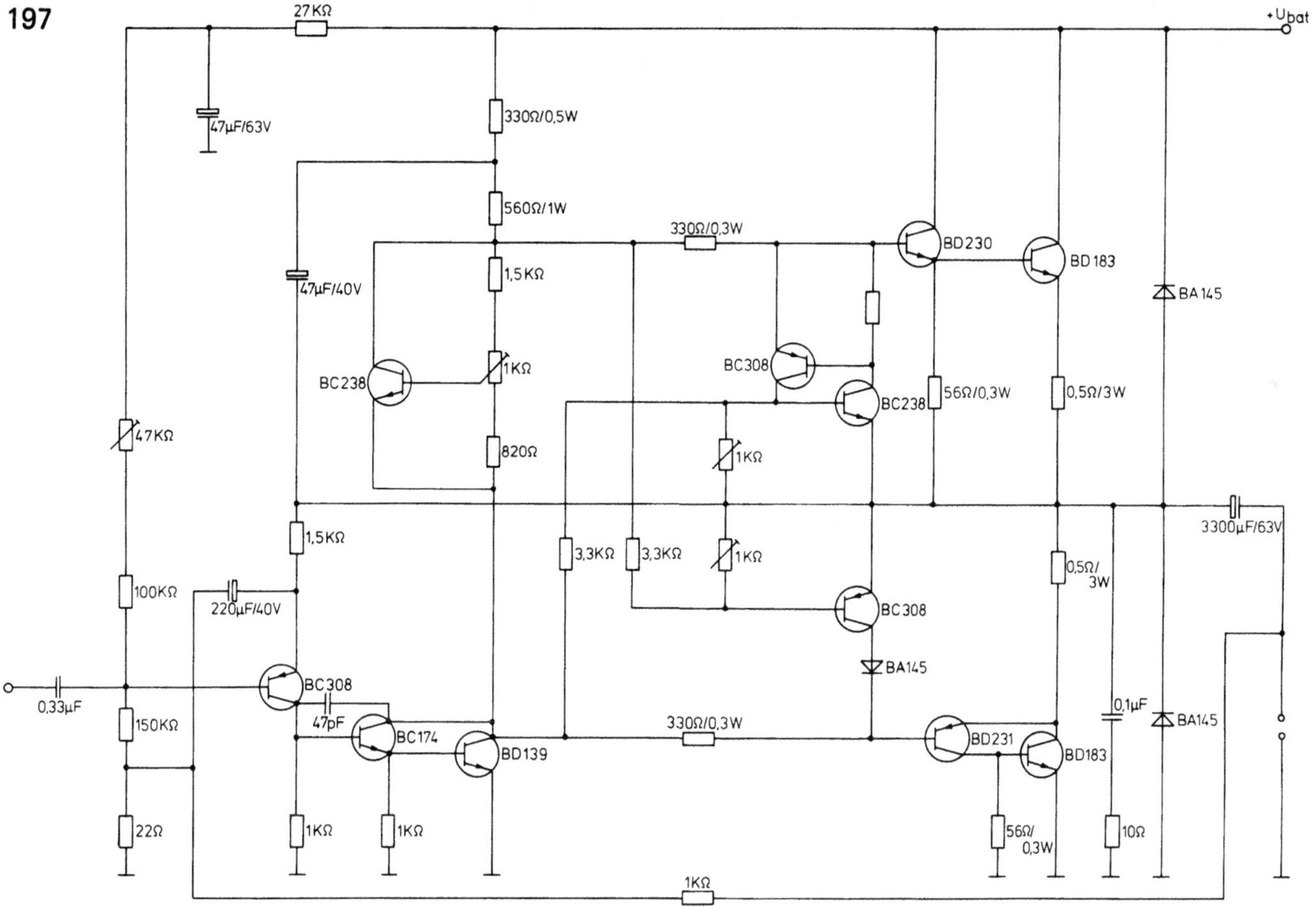

Bild 7.3 Stromlaufplan (Plan der Kanalauslegung) des Stereoverstärkers nach Bild 7.2

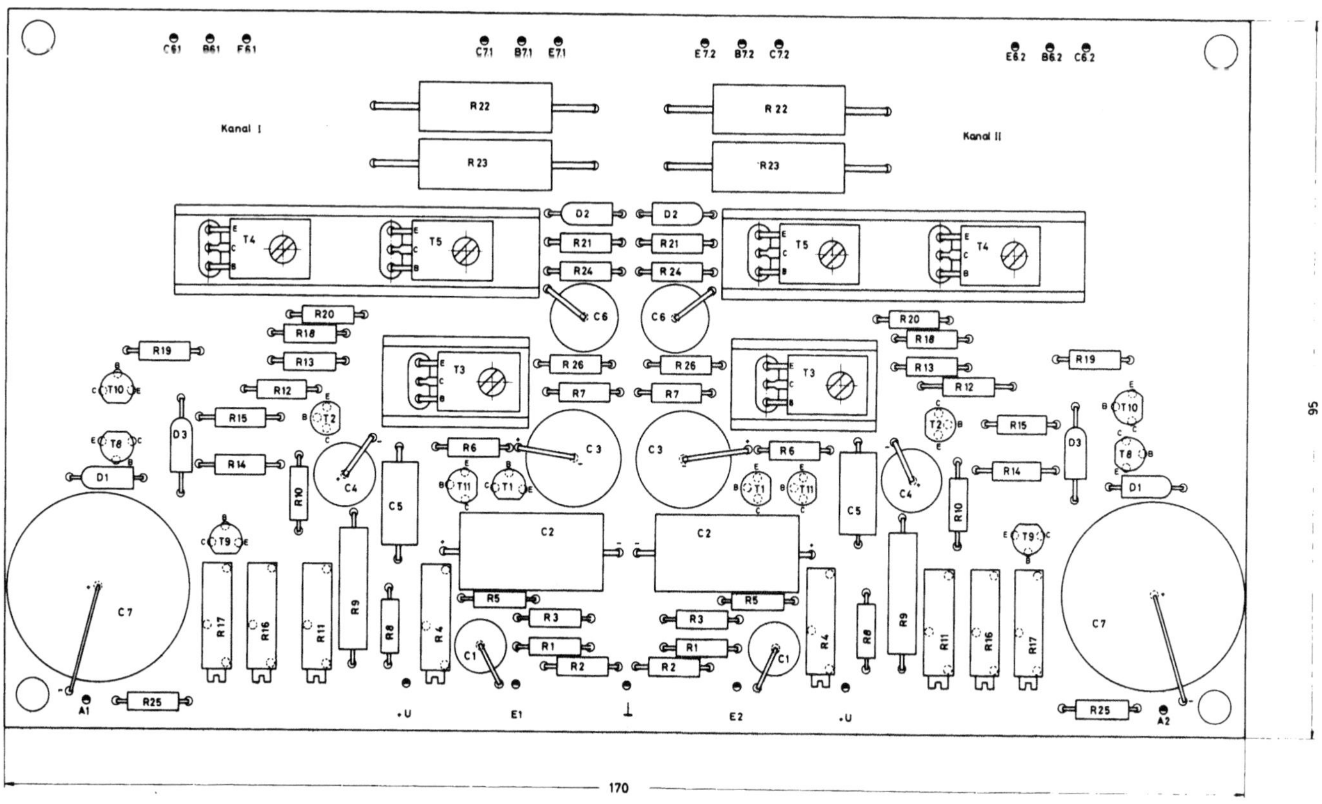

B-Seite

Bild 7.4 Zeichnung der Elementbestückung des Stereoverstärkers nach Bild 7.2

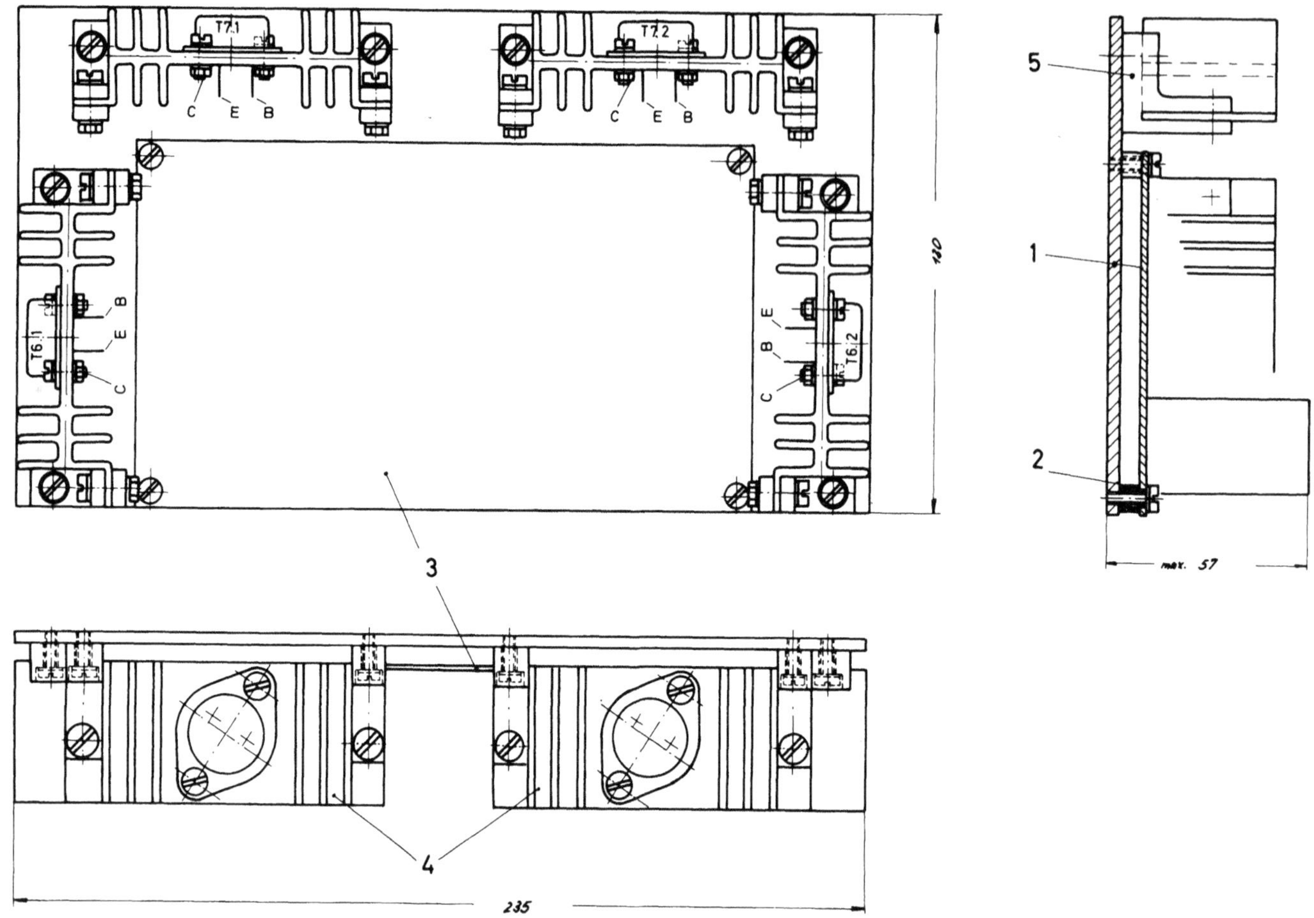

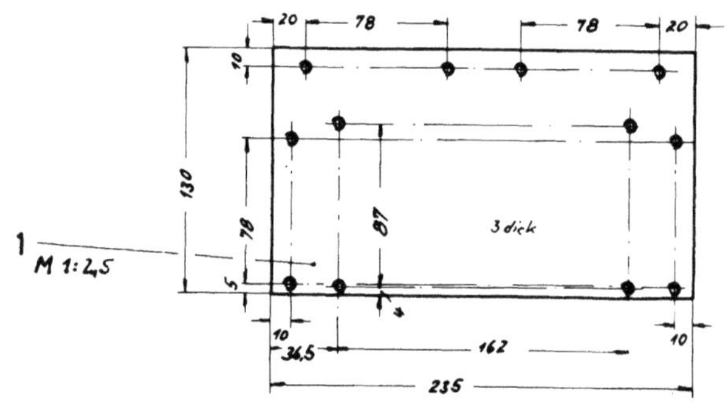

Pos.	Anz.	Benennung	Halbzeug	Werkstoff	Bemerk.
(11)	2	Kühlkörper für T4, T5 KL 109 / 50 lg			Fa. Seifert
(10)	2	Kühlkörper für T3 KL 109 / 20 lg			"
		Montagematerial		Div	
5	8	Fußwinkel KM-300		Polyamid GV	Fa. Seifert
4	4	Kühlkörper für T6 und T7 KL-104 / 37,5 lg			Fa. Seifert
3	1	Leiterplatte N5-1.01 bestückt nach N5-1.02			
2	4	Distanzrohr 7×1 , 5 lg	Rohr 7×1	Alu	DIN 1794
1	1	Montageplatte 3 × 130 × 235	Alu 3 dick	Alu	

Gez.: 17.03.74	Bemerkung	Fachhochschule Dortmund	
Gepr.:			
Maßstab: 1:1 ; 1:2,5	Montageplan für Stereoverstärker 2 x 40 W	N5-1.03	

Bild 7.5 Montageplan der Endstufenanordnung des Stereoverstärkers nach Bild 7.2

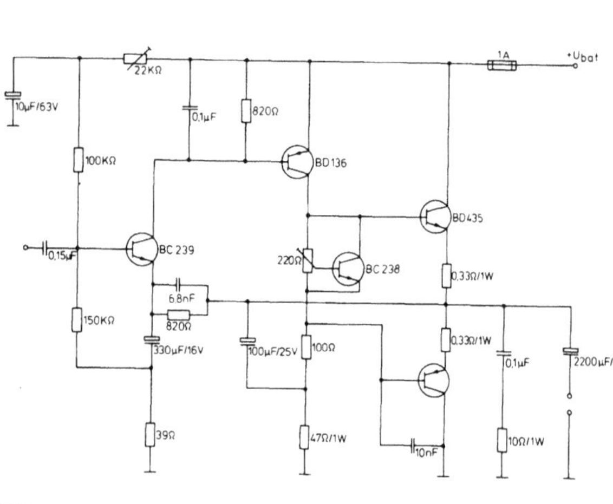

Bild 7.6 Stromlaufplan eines Leistungsverstärkers

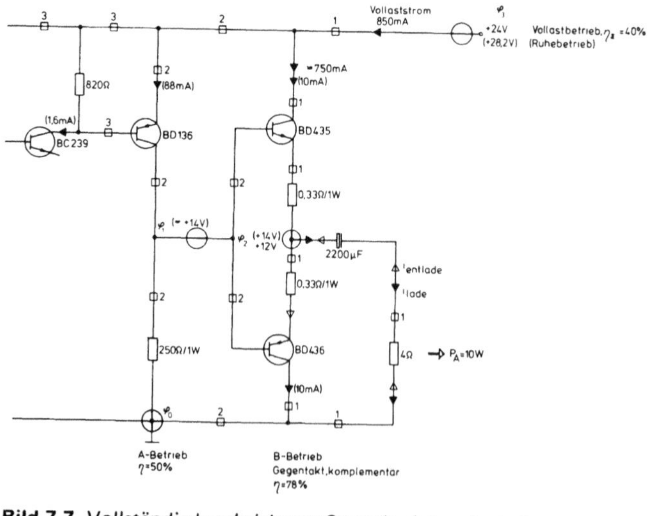

Bild 7.7 Vollständig beschriebener Stromlaufplan des Leistungsverstärkers nach Bild 7.6 mit Potential- und Strömungsanalyse

Verstärkerplatte

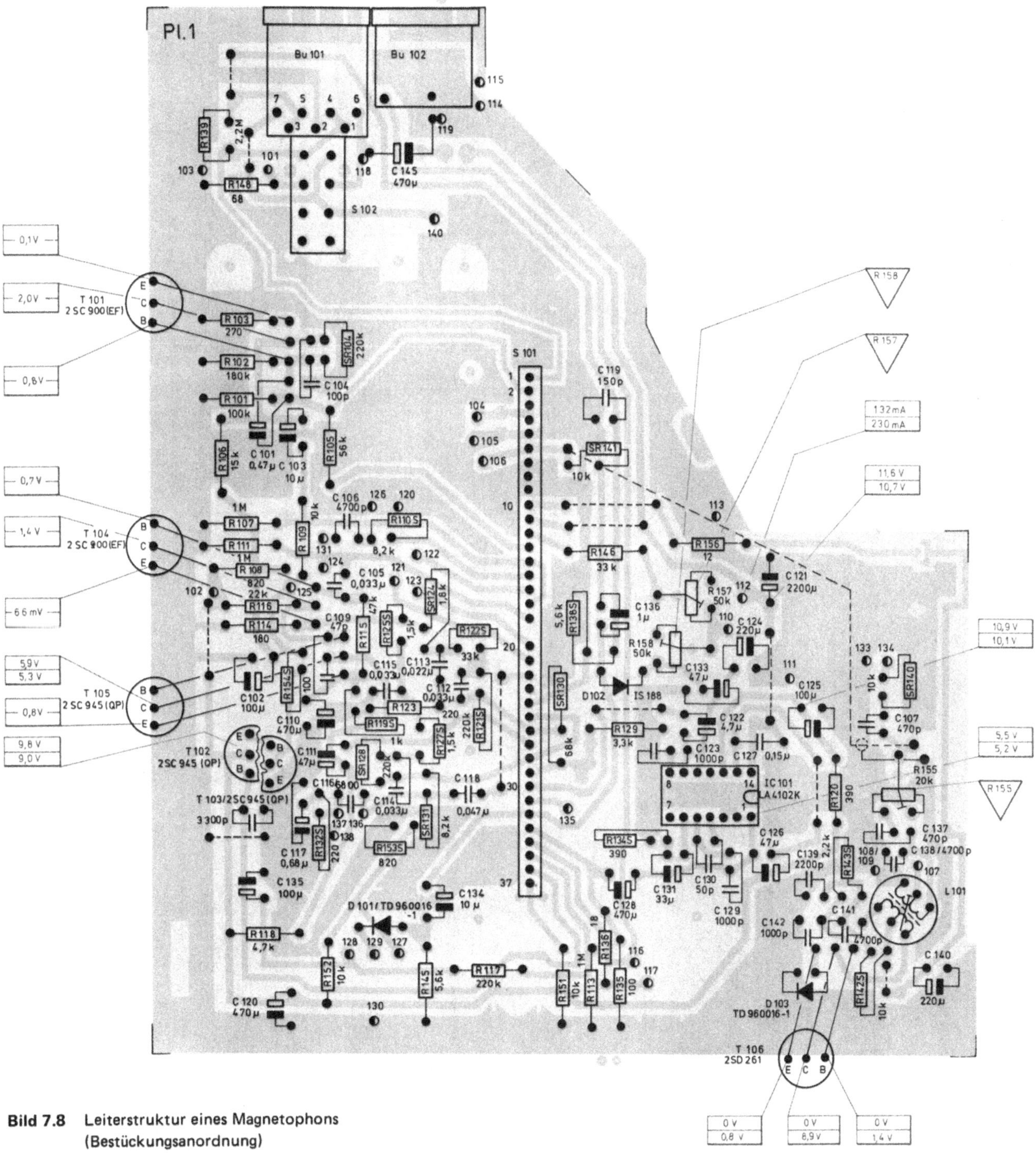

Bild 7.8 Leiterstruktur eines Magnetophons (Bestückungsanordnung)

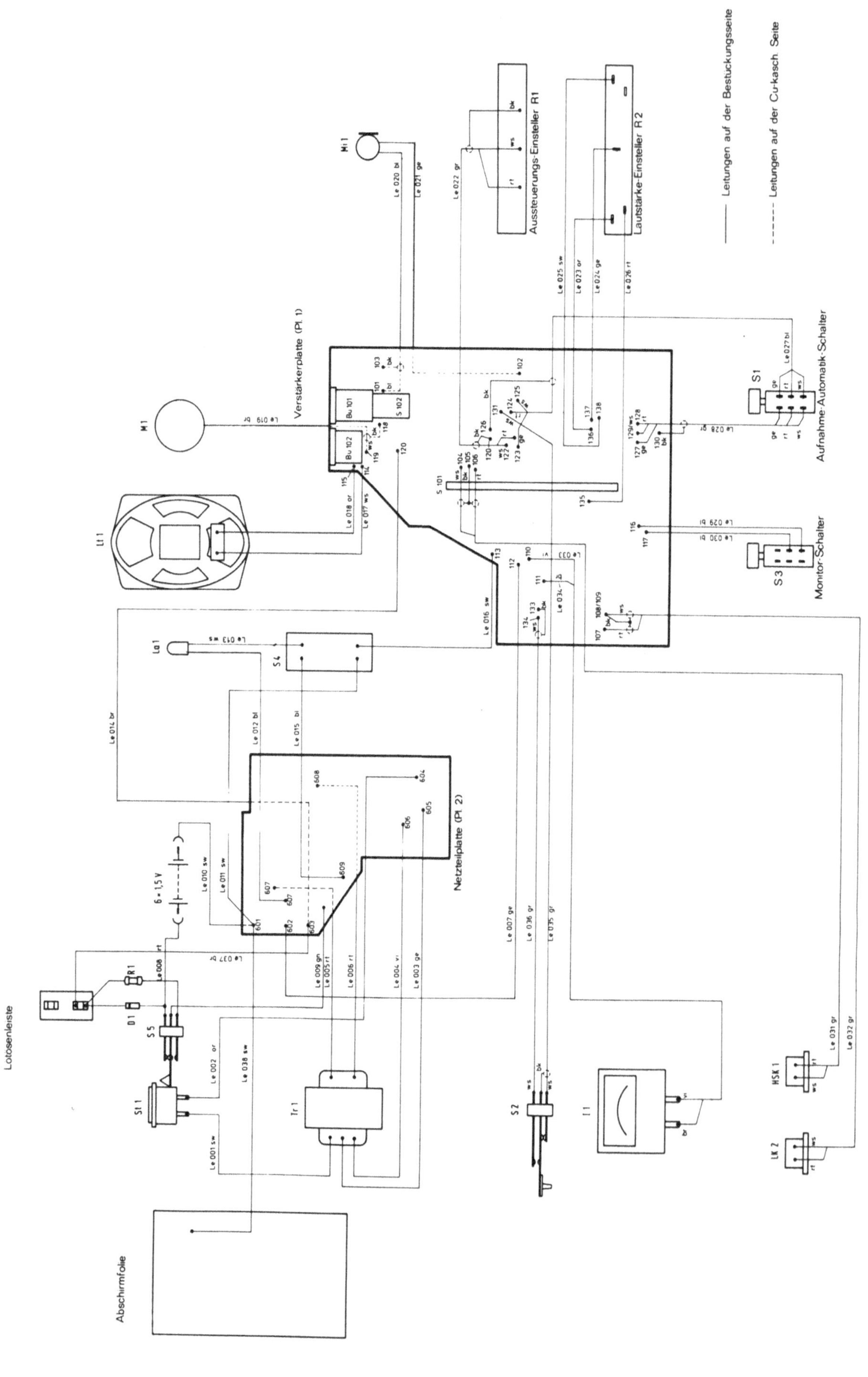

Bild 7.9 Systemumfeld mit notwendigem Zugriff zur Leiterplatte

7.1.1.3 Leistungsverstärker

Für einen NF-Verstärker hoher Qualität und einer Ausgangsleistung von 10 W zeigt Bild 7.6 den Stromlaufplan neben einigen Funktionsdaten. Nach der Erarbeitung des vollständig beschriebenen Stromlaufplanes erfolgt die Präparation und in deren Abfolge insbesondere die Analyse der Potentialstruktur. Im Rahmen der Analyse von Schaltungen mit Leistungscharakter empfiehlt sich auch eine sehr sorgfältige Strömungsanalyse. Über diesen Prozeßschritt gibt Bild 7.7 Auskunft. Die Darstellung zeigt die Potentialstruktur und die Strömungsverhältnisse bei Ruhe- und Vollastbetrieb und verzeichnet die daraus abgeleiteten Strukturdaten für Leiterbreite, Leiterabstand und Anschlußflächenauslegung, wie sie aus den Informationen der Kapitel 4 und 5 findbar sind.

7.1.1.4 Sonderbeispiele

Wie umfangreich der Zugriff zu NF-Leiterplatten sein kann, zeigt die in Bild 7.8 wiedergegebene Darstellung eines Magnetophones [7.1]. Das Systemumfeld ist aus Bild 7.9 ersichtlich. Deutlich wird, daß neben Stellgliedern, Schaltern, Signalquellen und Senken, auch Laufwerkantriebe und Anzeigeeinrichtungen angeschlossen werden. Auffallend ist auch eine den mechanischen Gegebenheiten angepaßte vielfältige Kontur der Leiterplatte.

Die Komplexität einer NF-Schaltung wird vollends dann ersichtlich, wenn es sich beispielsweise um einen Anteil einer HF/ZF/NF-Konfiguration eines Tonrundfunkempfängers handelt, der auf einer Platine die gesamte Struktur integrativ enthält. Bild 7.10 zeigt eine solche Leiterstruktur [7.2]. Soweit erforderlich, sind ergänzende Hinweise am Rand verzeichnet. Ohne eine analytische Bewertung geben zu wollen, sei auf die quer durch die Struktur laufende extrem lange Leiterregion und auf die Vielzahl von Buchsenleisten verwiesen.

7.1.2 Hochfrequenzschaltungen

7.1.2.1 Merkmale der Entwurfssystematik

Der Systematik Tafel 5.1 folgend, erweisen sich Hochfrequenzschaltungen als Schaltungen, die mit hohem Schwierigkeitsgrad der Strukturauslegung behaftet sind. Gestaltungsmerkmale sind folgende:

① Die Betriebsfrequenz der Schaltung macht eine Kenntnis der frequenzabhängigen Größen ϵ_r und $\tan \delta_c$ erforderlich.

②,⑦ Die Potentialstruktur bei wechselförmiger Erregung und die daraus ableitbaren Wechselwirkungen zwischen den Leitern bestimmen maßgeblich den Leiterabstand, das Leitungsführungsprinzip und Schirmungsmaßnahmen. Über die Leitungsart wird hierbei eine Vorauswahl getroffen.

③ Die thermische Belastung spielt eine untergeordnete Rolle.

④ Bei Schaltungen ohne definierte Leitungsart ist die zulässige Leitungsinduktivität ein wesentliches Auswahlmerkmal für die Leiterbreite und die Leiterlänge.

⑤ Der zulässige Dämpfungsbelag bestimmt das Strukturierungsverfahren mit.

⑥ Bei definierten Leitungsarten bestimmt die Größe des schaltungsmäßig notwendigen Wellenwiderstandes wesentlich die Toleranz des Strukturierungsverfahrens.

⑧,⑨ Die Wahl des Flächen- und Zylinderwiderstandes ist bei Durchsteigekontaktierungen (Mehrebenenschaltungen) von Bedeutung im Sinne der Merkmale④,⑤,⑥.

⑩ Die Platzorientierung der Bestückungselemente ist besonders wichtig. Hierbei ist eine formale Beschränkung auf eine oder zwei Orientierungsachsen schwierig.

⑪ Das Prinzip des Elementübergriffs sollte nur unter Abwägung des Kopplungseinflusses zugelassen werden.

⑫ Sicherlich ist die Anwendung des Miniaturisierungsprinzips auch für Hochfrequenzschaltungen erstrebenswert. Häufig jedoch lassen die Leitungskenngrößen dies nicht zu.

⑬ Bevorzugt wird eine einzige Strukturebene. Abweichungen hiervon beziehen sich auf bestimmte Leitungsarten, gedruckte Bauelemente oder Kombinationen beider in Mehrebenenstrukturen. Das Prinzip der Kreuzungsfreiheit ist weniger ausschlaggebend für Mehrebenenschaltungen.

⑲ Die Tolerierung des Strukturierungsverfahrens ist wesentlich für definierte Strukturen.

⑳ Die Toleranzanforderungen an das Druckverfahren sind hoch. Sie sind aus den zulässigen Toleranzen der Leiterstruktur ableitbar und stehen in Zusammenhang mit der Gesamttoleranzkette.

㉒ Bei extremen Toleranzanforderungen sind konstruktive Toleranzkompensationen notwendig.

Beispielhafte Studien zur Entwicklung von Druckvorlagen seien nachfolgend demonstriert und interpretiert.

7.1.2.2 UKW-Mischer mit konzentrierten Selektionskreisen

Bild 7.11 zeigt den Stromlaufplan einer VHF-Mischstufe mit einem aktiven multiplikativen Mischer und getrenntem Oszillator. Die Resonanzkreise mit L3 und L4 werden elektronisch über Kapazitätsdioden abgestimmt. Der ZF-Kreis mit L5 ist ein Festkreis. Der aktive Mischer ist in einem 14-poligen DIL-Gehäuse untergebracht und hat den in Bild 7.12 dargelegten halbleiterelektronischen Aufbau mit

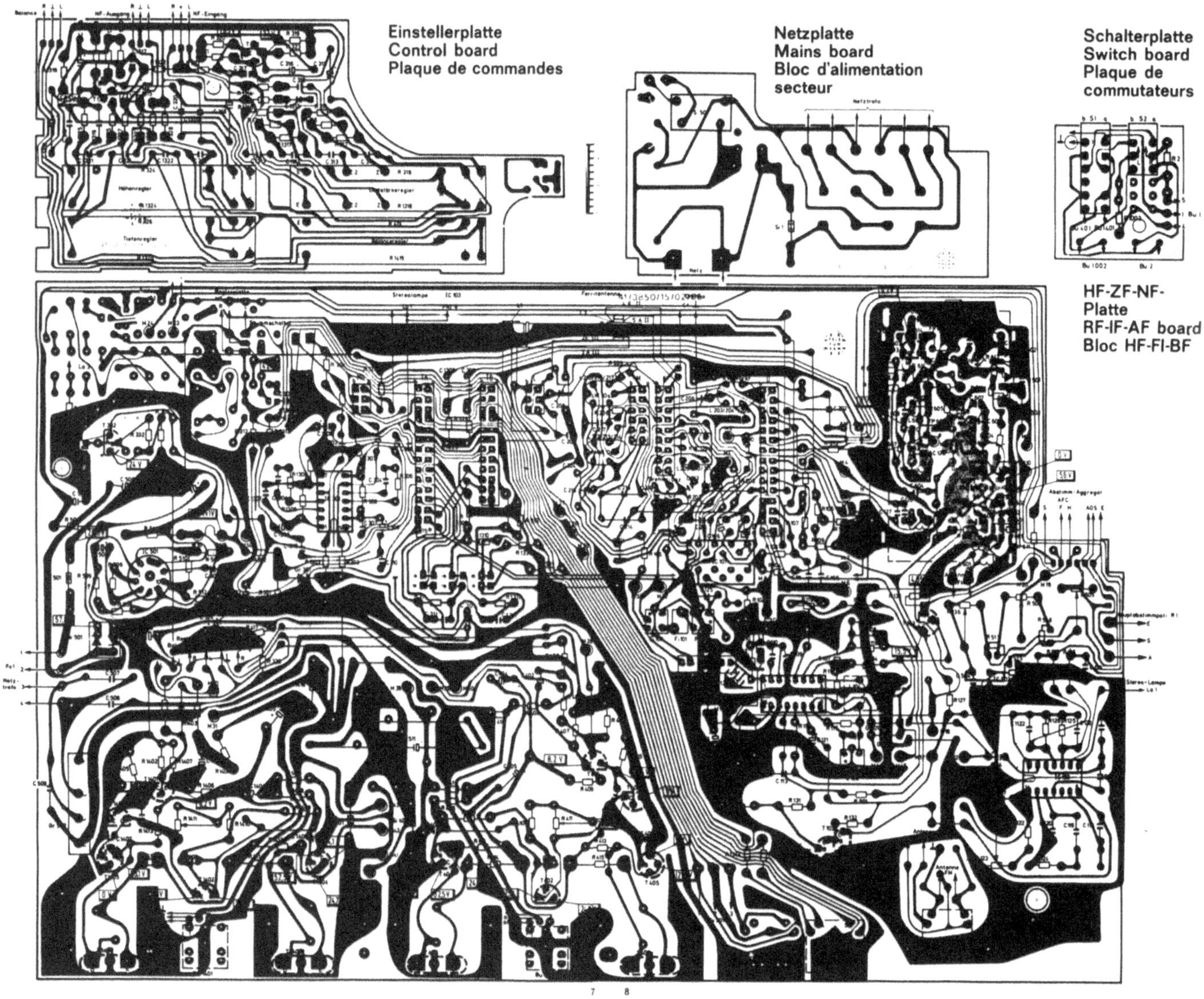

Bild 7.10 Leiterstruktur einer HF/ZF/NF-Konfiguration eines Tonrundfunkempfängers

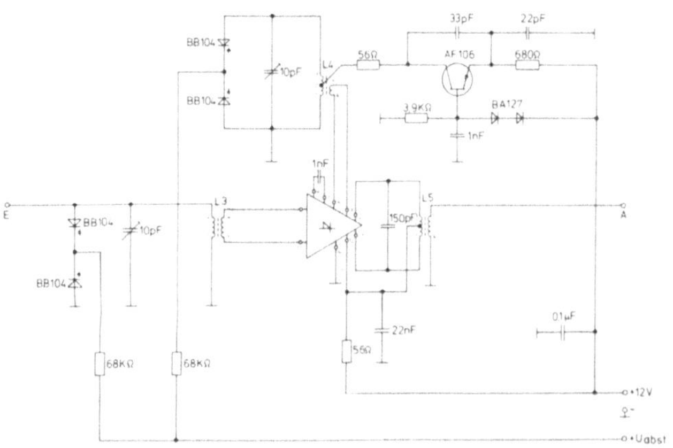

Bild 7.11 Stromlaufplan eines UKW-Mischers mit konzentrierten Selektionskreisen

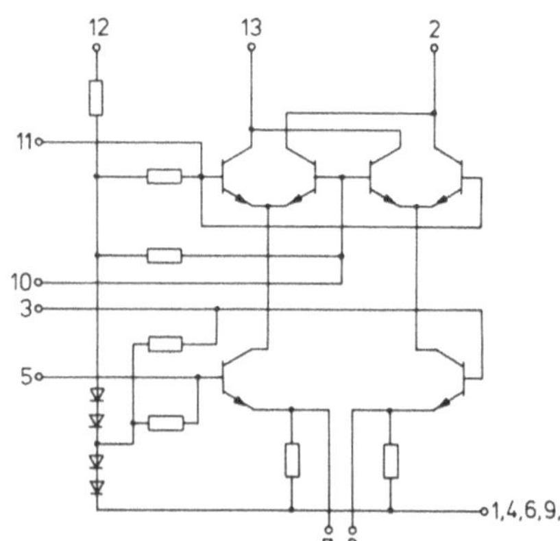

Bild 7.12 Aktiver Mischerbaustein; Aufbauprinzip und Stiftbelegung

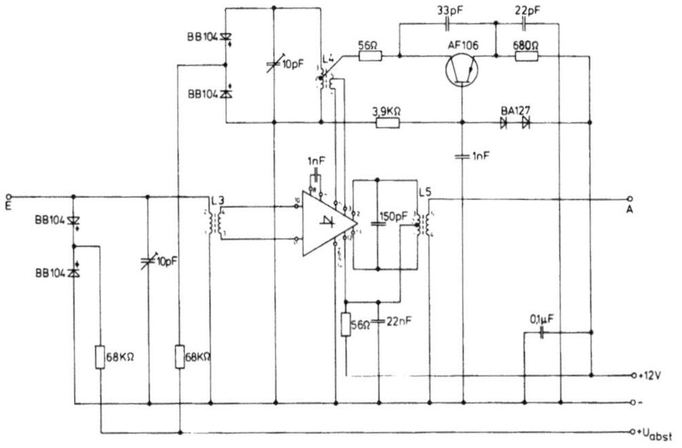

Bild 7.13 Vervollständigter Stromlaufplan nach Bild 7.11

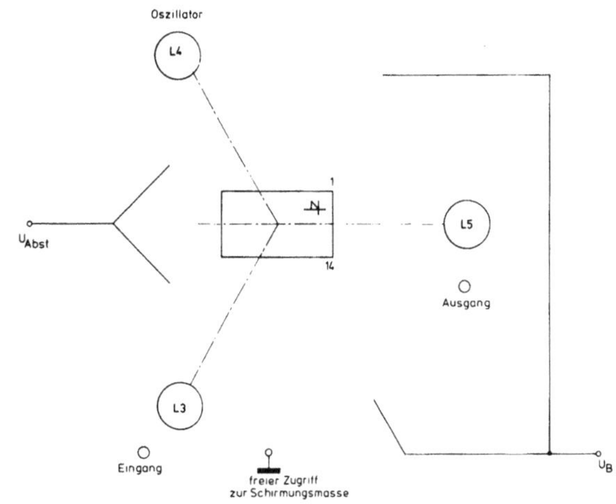

Bild 7.15 Gestaltungsstrategie für die Druckvorlage; unreflektierte Anwendung der coplanaren Technik

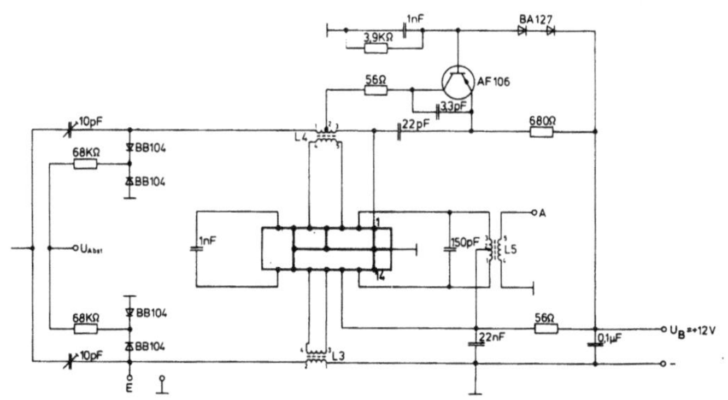

Bild 7.14 Umzeichnung des Stromlaufplans nach der Gestaltungsstrategie des Bildes 7.15

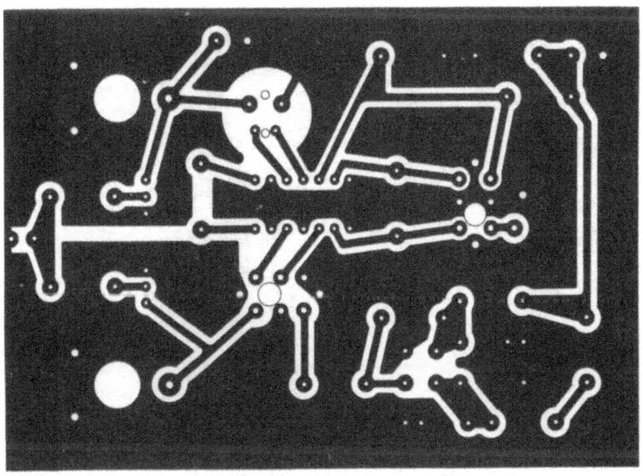

Bild 7.16 Druckvorlage des Mischers nach Bild 7.11

der angegebenen Stiftbelegung. Die Induktivitäten werden durch Spulenbausätze realisiert. Quelle und Senke sind nicht näher beschrieben.

Diese Schaltung ist in eine einseitige Leiterstruktur hoher Funktionssicherheit umzusetzen, wobei bei der höchsten Betriebsfrequenz von 120 MHz die Koppeldämpfung > 60 dB sein soll.

In einer ersten Studie [7.3] wird zunächst der Stromlaufplan vervollständigt, Bild 7.13. Hieraus erfolgt eine Umzeichnung unter dem Grundgedanken, daß für die Gesamtstruktur die coplanare Leitung angewandt wird. Es unterbleibt eine Analyse der Potentialstruktur und eine besondere Präparation des Stromlaufplanes. In Bild 7.14 ist der Stromlaufplan in seiner umgezeichneten Form dargestellt. Da die coplanare Leitung gewählt wird, ist der Massezugriff der jeweiligen Elemente und Schaltungsbereiche symbolisch verzeichnet, ohne besondere Konsequenzen hieraus näher zu reflektieren. Wie angedeutet, unterbleibt eine besondere Präparation des Stromlaufplanes im Hinblick auf die Gestaltungsmerkmale ① – ⑬ . Diese werden in der Studie auf andere Art fixiert.

Die Umzeichnung ist derart konzipiert, daß hieraus eine Gestaltungsstrategie findbar ist. Dies zeigt Bild 7.15. Der Grundgedanke ist deutlich ablesbar. Im Zentrum der Struktur ist der Mischer plaziert. Die Spulenanordnungen sind um diesen gruppiert, wobei der Eingangs- und Oszillatorkreis möglichst weit voneinander entfernt sein sollen. Bei möglichst kurzer Leitungsführung zum Mischer ist eine 120°-Anordnung ins Auge gefaßt. Mit dieser Festlegung sind auch die Netzversorgung und die Abstimmversorgung festgelegt.

Aus Bild 7.14 wurde erkenntlich, daß Überkreuzungen nicht vermeidbar waren. Die kreuzungsfreie Optimierung unter Anwendung der Gestaltungsstrategie wird nun in Layoutstudien unternommen, bis die Druckvorlage nach Bild 7.16 mit dem Bestückungsschema nach Bild 7.17 entwickelt sind.

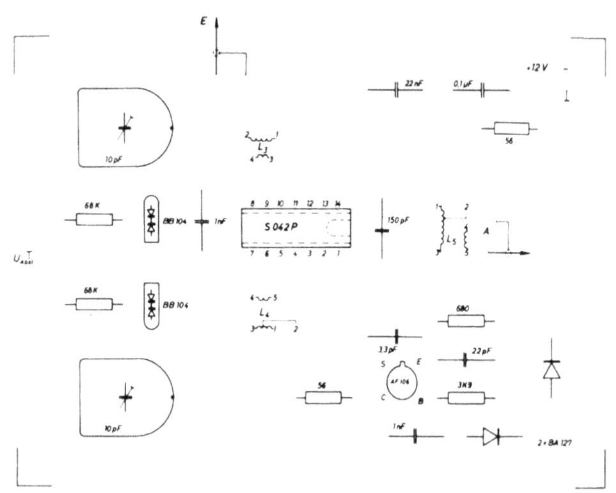

Bild 7.17 Bestückungsschema des Mischers

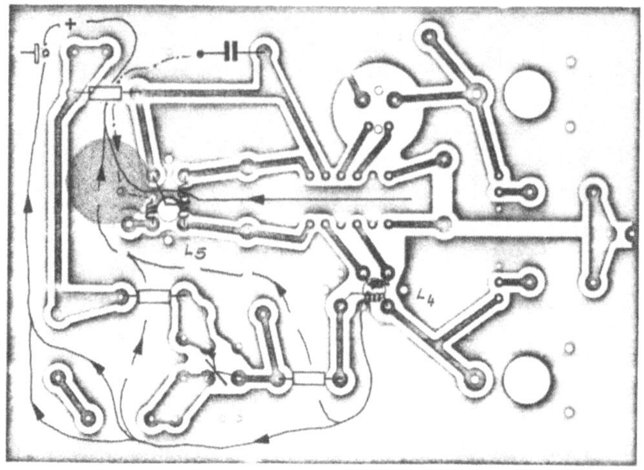

Bild 7.20 Mögliche Koppelbereiche im Verlauf von HF- und Gleichstrommassekreisen

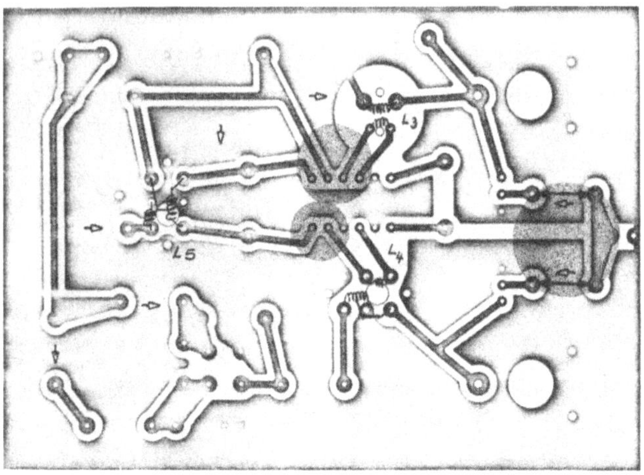

Bild 7.18 Kritische Leitungen, kritische Beeinflussungsstrecken, Koppelzonen der Mischerstruktur

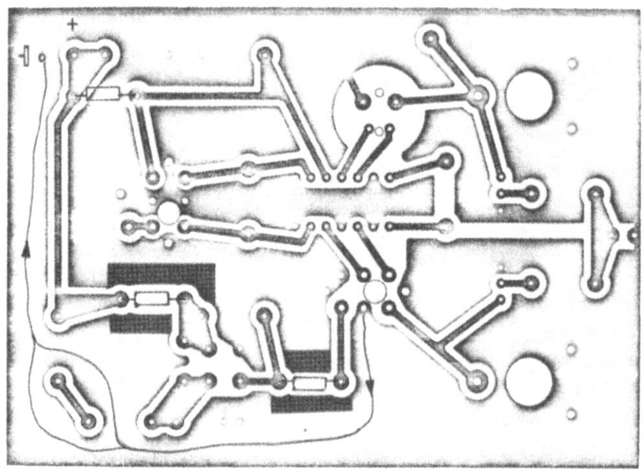

Bild 7.21 Korrektur der Druckvorlage zur Festlegung eines definierten störungsfreien Massestromweges

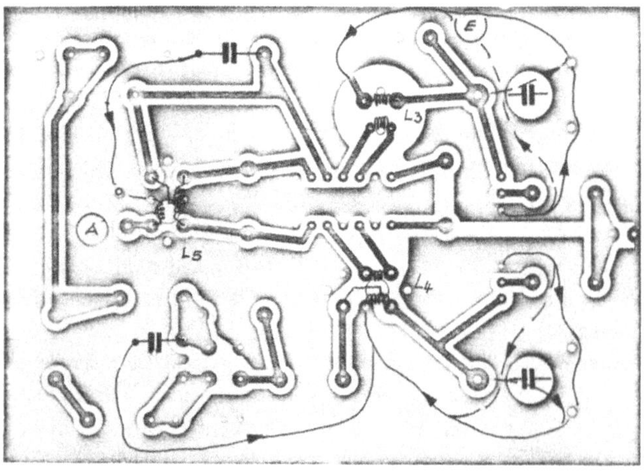

Bild 7.19 Hypothetische HF-Massestromkreise in der Schirmungsmasse des Mischers

Eine Bewertung kritischer Leitungen und kritischer Leitungsbereiche, möglicher Koppelzonen und Beeinflussungsstrecken, demonstriert Bild 7.18. Kritische Leitungslängen sind insbesondere die Leitungen zwischen den Spulen L_3, L_4 und dem IC. Mögliche Beeinflussungen über die Versorgungsleitungen deuten die Pfeile an. Eine mögliche Verkoppelung besteht in den umrandeten Bereichen. Wie bereits angesprochen, wird der Massebezug der jeweiligen Bauelemente durch direkten Zugriff zur Massefläche genommen. Dies erfordert eine sorgfältige Überprüfung der HF-Massestromwege, um mögliche Kopplungen über Masseleiter auszuschließen. Bild 7.19 zeigt eine Darstellung hypothetischer Massestromkreise der wesentlichen Bereiche. Stellt man diesen die Massestromkreise der Gleichversorgung gegenüber, wie dies Bild 7.20 aufführt, so werden mögliche Koppelbereiche grobübersichtlich deutlich. Dies führte in dem end-

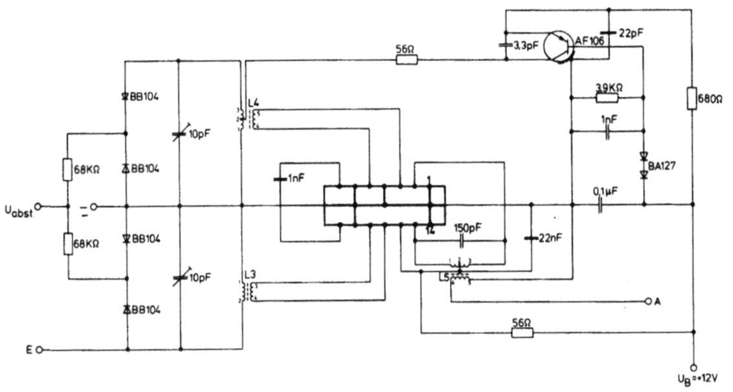

Bild 7.22 Umzeichnung des Stromlaufplanes nach Bild 7.11 im Sinne der Gestaltungsstrategie des Bildes 7.23

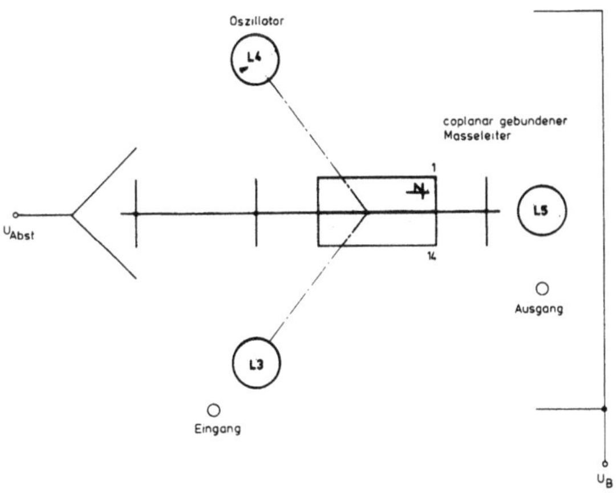

Bild 7.23 Gestaltungsstrategie für die Druckvorlage; Anwendung der coplanaren Technik unter Führung eines zentralen Masseleiters

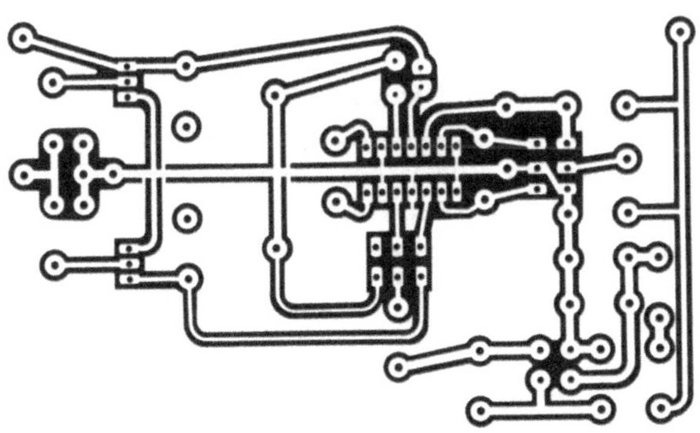

Bild 7.24 Druckvorlage des Mischers nach Bild 7.11

gültigen Druckvorlagenkonzept dazu, die Massefläche des Oszillatorbereiches bei R = 56 Ω und R = 680 Ω zu unterbrechen, um einen eindeutigen störfreien Masseweg des Oszillators sicherzustellen. Diese Korrektur ist in Bild 7.21 verdeutlicht.

In einer zweiten Studie [7.4] wird der vervollständigte Stromlaufplan nach Bild 7.13 einer sorgfältigen Potentialanalyse unterzogen. Dies führt zu einer Umzeichnung nach Bild 7.22 mit einer im Prinzip symmetrischen Anordnung der Schaltungselemente zum Masseleiter. Hierbei werden die meisten Kreuzungen aufgehoben. Noch vorhandene Kreuzungen müssen in einer kreuzungsfreien Optimierung in Layoutstudien behandelt werden.

Die vorliegende Umzeichnung gibt eine Gestaltungsstrategie frei, die in Bild 7.23 dargestellt ist. Sie ist der Strategie nach Bild 7.15 bis auf die zentrale Masseleiterkonzeption sehr ähnlich. Nach Layoutstudien entstand dann eine Konzeption der Druckvorlage nach Bild 7.24. Hierbei wird das Prinzip der Schirmungsmasse coplanarer Technik in modifizierter Form angewandt. Alle Elementbezüge zur Masse sind auf den zentralen Masseleiter geführt und nicht zur Massefläche. Der Masseleiter ist ebenfalls coplanar gebunden. Die Massefläche, die sich auf 5 Teilflächen aufteilt, ist an 5 Stellen mit dem Masseleiter galvanisch verbunden. Die Sachverhalte sind in Bild 7.25 näher verzeichnet. Ebenfalls ist hierin die Elementbestückung aufgetragen, die eine günstige Lösung der noch bestehenden Kreuzungen nach Bild 7.22 ausweist.

7.1.2.3 UKW-Mischer mit gedruckten Selektionskreisen

Während die beiden vorstehenden Beispiele Selektionskreise mit bestückten Spulen und Kondensatoren aufweisen, wird nunmehr eine Version mit gedruckten Spulen vorgestellt. In einer Entwurfsstudie [7.5] sind diese Spulen nach Bryan dimensioniert worden. Die Spulentransformatoren L_3–L_5 wurden durch versetzte Spulen in zwei Ebenen realisiert. In diesem Problemdetail liegt der besondere Reiz der Aufgabenstellung. Der Spulenversatz ist aus dem Diagramm Bild 6.30 durch Umrechnung auf die spezifische Spulengeometrie, die hier zur Anwendung kommt, gewonnen worden. Hierzu wurden praxisnahe Kopplungsfaktoren herangezogen. In Tafel 7.1 sind die Daten der Spulen aufgeführt.

Da die Spulenanordnung in zwei Ebenen erfolgt, wird grundsätzlich das Prinzip der zweiseitigen Schaltung mit Durchkontaktierung angewandt. Um allerdings die Leiterstruktur als coplanare Struktur zu konzipieren, soll der Leitungsanteil der zweiten Strukturseite möglichst gering und aus Gründen der Beibehaltung einer definierten coplanaren Struktur der ersten Seite ohne jedes Masseumfeld sein. Für die Spulenkontaktierung werden Drahtbrücken als Bestükkungselemente gewählt. Hierdurch werden undefinierte Spulenrückführungen (Leiterrückführungen) vermieden und ein hohes Maß an Induktivitätsgenauigkeit erreicht.

Diese Methode wirft die Frage nach der Zulässigkeit oder der Konformität im Sinne der gedruckten Verdrahtungen auf. Sofern die Drahtbrücke nicht Ausfluß des Unvermögens ist, eine kreuzungsfreie Leiterstruktur zu konzipieren, ist ihre Anwendung durchaus angemessen.

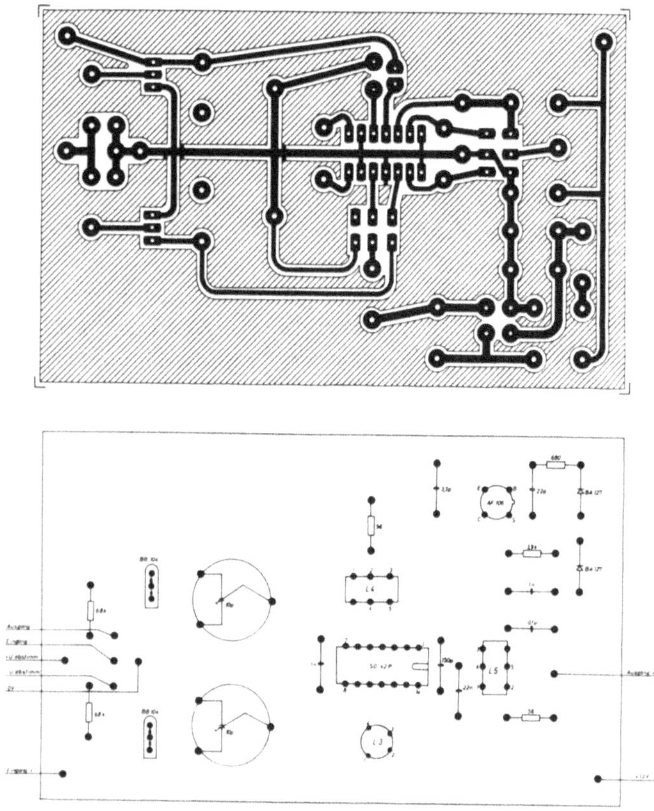

Bild 7.25 Nähere Demonstration der Gestaltungsstrategie der Druckvorlage des Mischers; coplanare Bindung des Masseleiters, Masseflächenbindung an den Masseleiter.

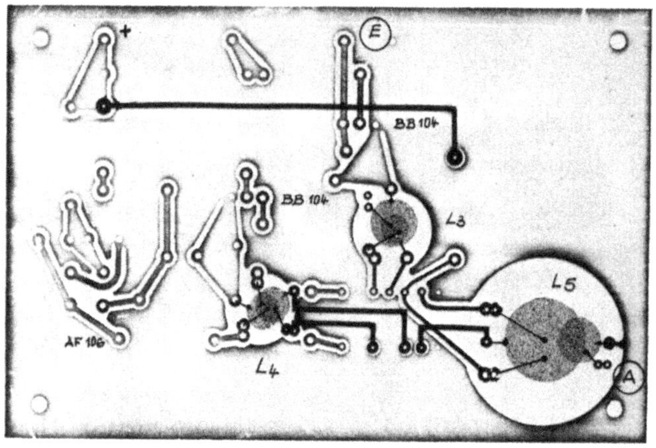

Bild 7.27 Darstellung der Strukturdetails der Lötseite des UKW-Mischers; Leiterstruktur und schematische Spulenanordnung

Tafel 7.1: Spulendaten des UKW-Mischers mit gedruckten Selektionskreisen (Berechnung nach Bryan)

Spule,	Abgriff	L_{soll} / nH	N	da / mm	di / mm	g / mm	L_{ist} / nH
L_3	1,2	46,4	1,75	7,2	4,4	1,12	44,7
	3,4	13,9	1	4,1	3,2	0,9	13,7
L_4	1,3	28,8	2	4,4	2,2	0,9	28,1
	1,2	15,2	1	4,4	3,5	0,9	15,1
	4,5	13,9	1	4,1	3,2	0,9	13,7
L_5	1,3	367	6,5	12,6	3,0	0,8	358,2
	1,2	92	3,25	7,6	3,0	0,8	90,8
	4,5	40,8	1,5	7,1	4,8	1,15	38,2

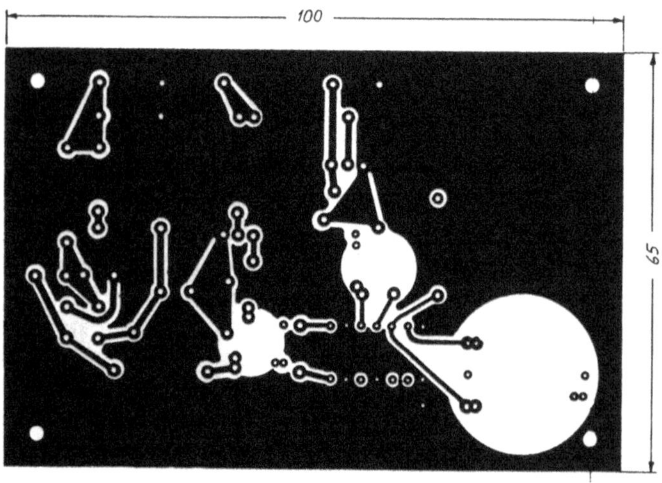

Bild 7.26 Layout der Bestückungsseite eines UKW-Mischers mit gedruckten Spulen

Bild 7.26 zeigt das Layout der Bestückungsseite. Die Schirmungsstruktur und die in dieser Ebene liegenden Spulenanteile werden schematisch deutlich. In Bild 7.27 ist die Lötseite, die darin liegende Leitungsführung, und die Spulenanteile beider Ebenen erkenntlich. Das Bild weist auch die Bestückungselemente auf. Ohne auf die Leitungsführung im Detail einzugehen, das Grundkonzept der Elementanordnung ist dem der vorangestellten Entwürfe vergleichbar.
Die Bilder 7.28 bis 7.30 zeigen schließlich die Spulendetails. Die notwendigen Kontaktierungsbrücken sind in Korrespondenz mit den Bildern 7.26 und 7.27 zu ergänzen.

7.1.2.4 Selektiver Verstärker mit Einzelstufen

Bild 7.31 zeigt die Schaltung eines 3-stufigen FS-ZF-Verstärkers mit Einzeltransistoren [7.6]. Bei dieser Schaltungskonzeption handelt es sich um ein typisches Beispiel selektiver Verstärker der ersten Generation, aufgebaut aus einer Kette separater, kapazitiv gekoppelter Bandfilterstufen.

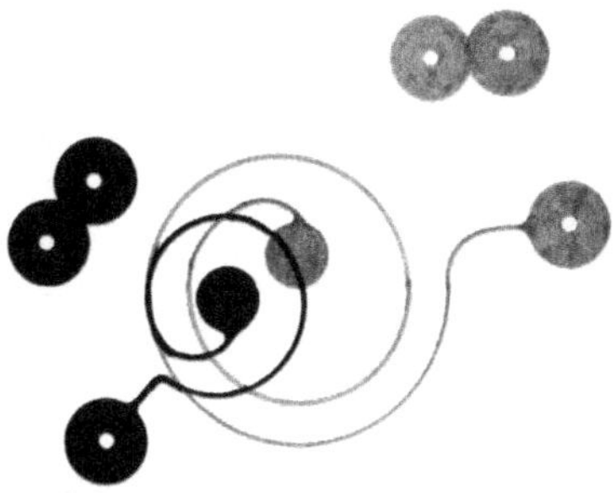

Bild 7.28 Detail der Spulengeometrie des UKW-Mischers; (L_3)

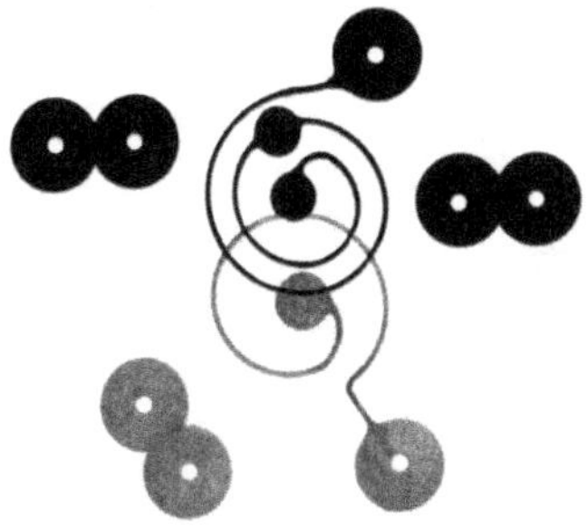

Bild 7.29 Detail der Spulengeometrie des UKW-Mischers; (L_4)

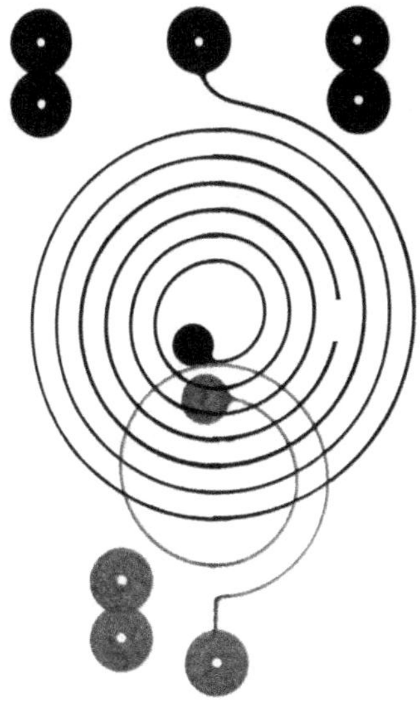

Bild 7.30 Detail der Spulengeometrie des UKW-Mischers; (L_5)

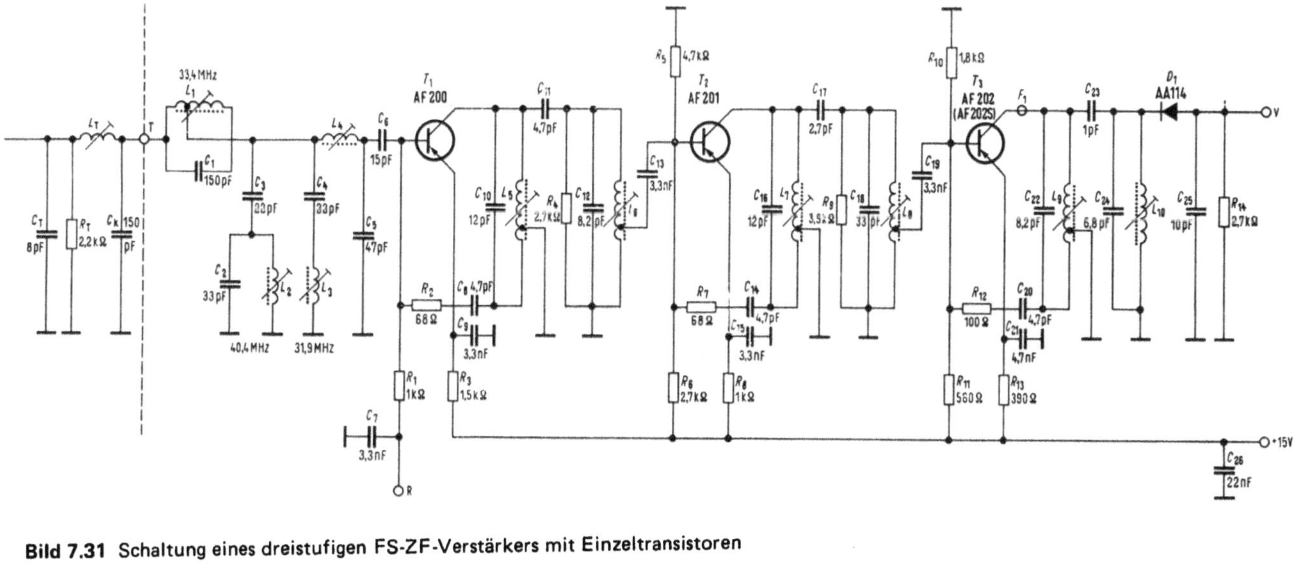

Bild 7.31 Schaltung eines dreistufigen FS-ZF-Verstärkers mit Einzeltransistoren

Wesentliche Selektionsfunktionen werden bereits hier dem Eingangsfilter zugeordnet (Fallen für Eigen- und Nachbarträger).
Die Umsetzung dieses Schaltungsentwurfes in eine zweiseitige Leiterstruktur mit gedruckten Spulen zeigen die Bilder 7.32–7.34 einer Entwurfsstudie [7.7], die realisiert wurde. Bild 7.32 zeigt das Leitungsnegativ der B-Seite mit den in coplanarer Technik aufgebauten Spulen. Die Spulen sind über Gewindekerne abstimmbar, die Berechnung erfolgte nach der Methode-Esau. Bild 7.33 stellt die Leiterstruktur der L-Seite als Leitungspositiv dar. In der Schaltungsfolge vom Punkt T nach Punkt V (das Eingangs-π-Glied ist nicht realisiert) wird deutlich, daß Stufe auf Stufe folgt. Das Strukturkonzept folgt dem Schaltungskonzept gleichsinnig (in der Darstellung des Bildes 7.33 von rechts nach links) und umgeht Leitungskreuzungen durch Übergang in die zweite Strukturebene oder durch Elementübergriff. In Bild 7.34 ist in einer Positiv-/Negativmontage der Strukturaufbau beider Seiten sichtbar.

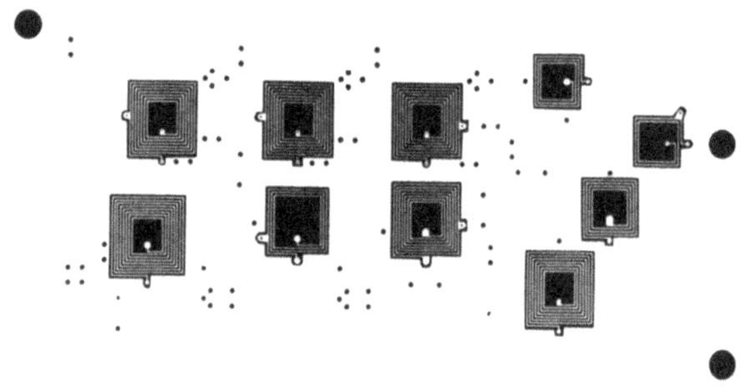

Bild 7.32 Leiterstruktur der B-Seite des ZF-Verstärkers nach Bild 7.31; coplanare Technik mit Spulenanordnungen

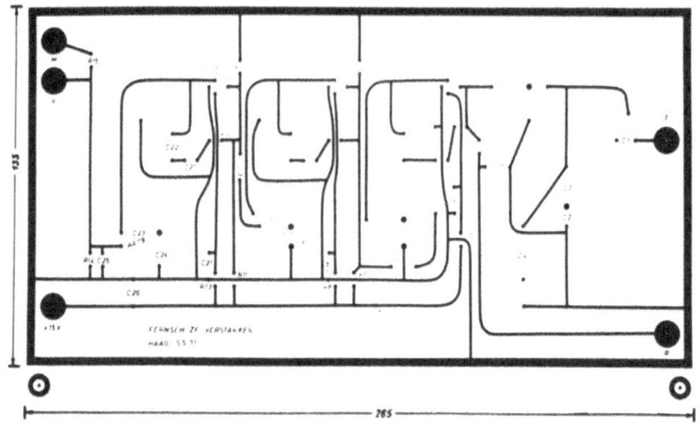

Bild 7.33 Leiterstruktur der L-Seite des ZF-Verstärkers nach Bild 7.31

Die erreichte Funktion der realisierten Schaltung wird durch das Übertragungsverhalten nach Bild 7.35 dokumentiert. Vor dem Hintergrund der CCIR-Normkurve wird deutlich, daß das Durchlaßverhalten in weiten Bereichen nicht der Norm entspricht, wohl aber tendenziell das gewünschte Verhalten erreicht wurde. Bei kritischer Analyse des Bildes 7.34 werden folgende verbesserungswürdige Strukturdetails sichtbar:

1. teilweise ungünstiger Verlauf der Spulenzuführung,
2. Gefahr des Überkoppelns im Bereich der Spulen durch zu enge Leiterabstände zu Spulenleitern und direkt querende Leiter (insbesondere beim Eingangsfilter),
3. Kopplung durch häufigen Elementübergriff,
4. zu lange Leitungen im Basisbereich der Transistoren,
5. Kopplungen über Masseleiter (Ringleiter).

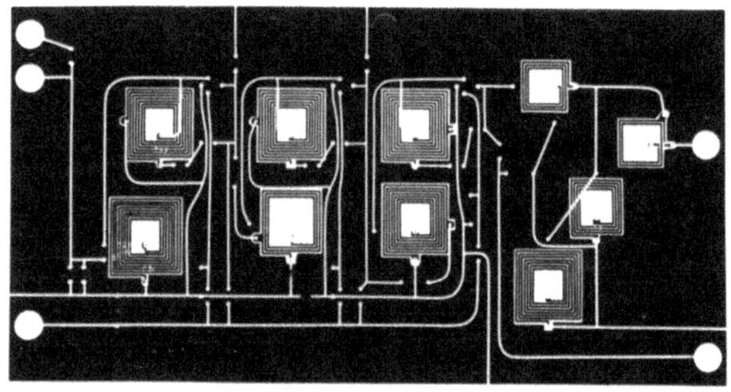

Bild 7.34 Positiv/Negativmontage der Gesamtstruktur des ZF-Verstärkers nach Bild 7.31

7.1.2.5 Selektiver Verstärker mit Kompaktfilter

Die gegenwärtige Konzeption der FS-ZF-Verstärker wird geprägt durch integrierte Schaltkreise, genauer durch einen einzigen integrierten Schaltkreis und ein Kompaktfilter, das alle Selektionsspezifika aufweist und vornehmlich in gedruckter Technik aufgebaut wird. Gedruckt sind hierbei die Spulen. Diese Konzeption ist typisch für den Wechselwirkungszusammenhang zwischen Elementbestückung, Elementnormung und Strukturauslegung und dessen fortschreitende Optimierung. Hierauf wurde bereits in Abschnitt 3 hingewiesen.

Bild 7.36 zeigt eine Leiterplatte nach obigem Konzept [7.8] mit den wesentlichen Bestückungselementen IC, Gewindekern und Spulenzugriff (Drahtbrücke). Als typisch hervorzuheben ist, daß die Struktur streng einseitig aufgebaut ist und zur EM-Schirmung eines hermetischen Schirmungsgehäuses bedarf.

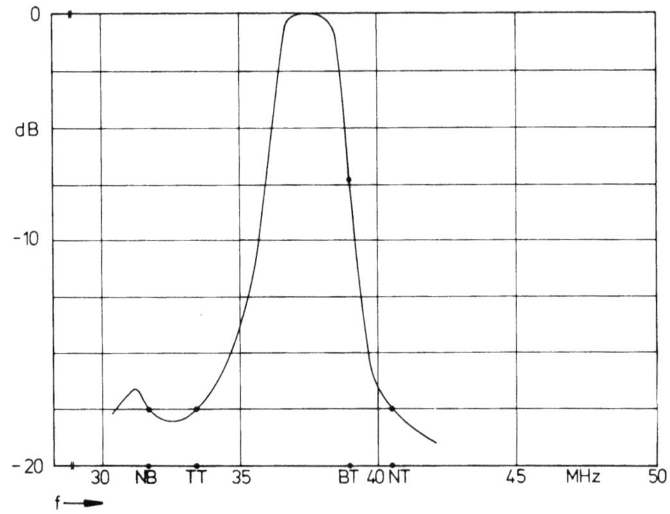

Bild 7.35 Übertragungsverhalten des ZF-Verstärkers

7.1.2.6 Gedruckte Filter

Der Bau von Filtern gedruckter Form ist nicht verbreitet. Insbesondere ist der Druck von Kondensatoren wegen der erreichbaren geringen Kapazitätswerte ein Hindernis. Die Filterstruktur ist im Bedarfsfalle immer so auszulegen, daß die notwendigen Kapazitätswerte mit vertretbaren Leiterflächen erreichbar sind. Eine kapazitive Abstimmung ist zwar möglich, aber nur mit wenig tauglichen Mitteln. Bild 7.37 zeigt den Stromlaufplan eines Filters, das als Studie in vollständiger gedruckter Form aufgebaut wurde [7.9]. Bild 7.38 gibt die eine Strukturebene wieder und Bild 7.39 die

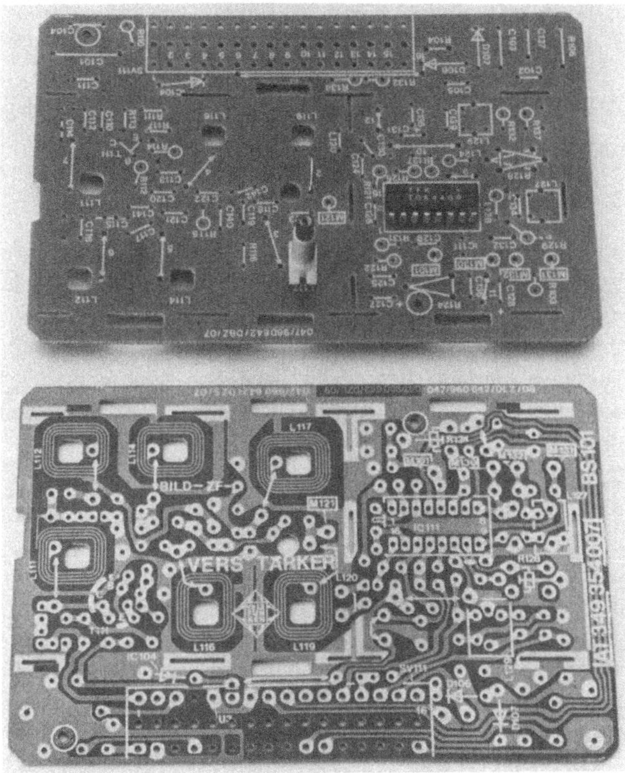

Bild 7.36 Leiterplatte (Struktur- und Bestückungsseite) eines ZF-Verstärkers mit Kompaktfilter und integriertem Schaltkreis

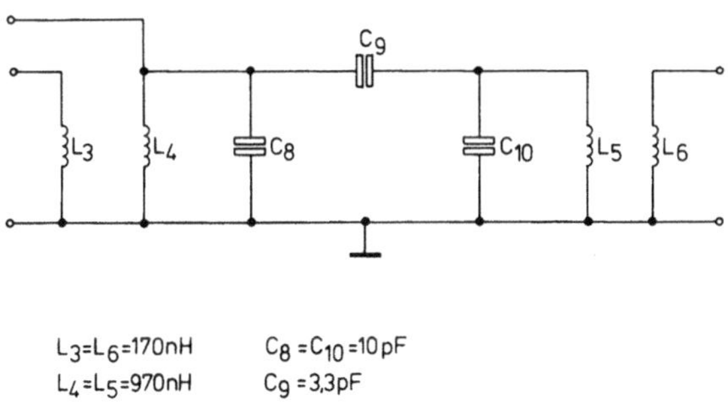

Bild 7.37 Stromlaufplan eines Filters

Strukturebene mit den Ein- und Auskoppelspulen L_3 und L_6. Die Kondensatoren sind als Kammkondensatoren (C_8; C_{10}) und als Parallelleitungskondensatoren (C_9) realisiert. Einzelne Zwischenverbindungen sind nicht dargestellt, sie werden durch Drahtbrücken gebildet. Der vollständig ausgewickelte Innenraum der Spulen L_4 und L_5 macht eine Anwendung von Gewindekernen zur Abstimmung nicht möglich. Die Spulen müssen daher in ihrem Wert exakt erreichbar sein. Dies gilt auch für die Kondensatoren, da sonst die gewünschte Filterfunktion nicht darstellbar ist.

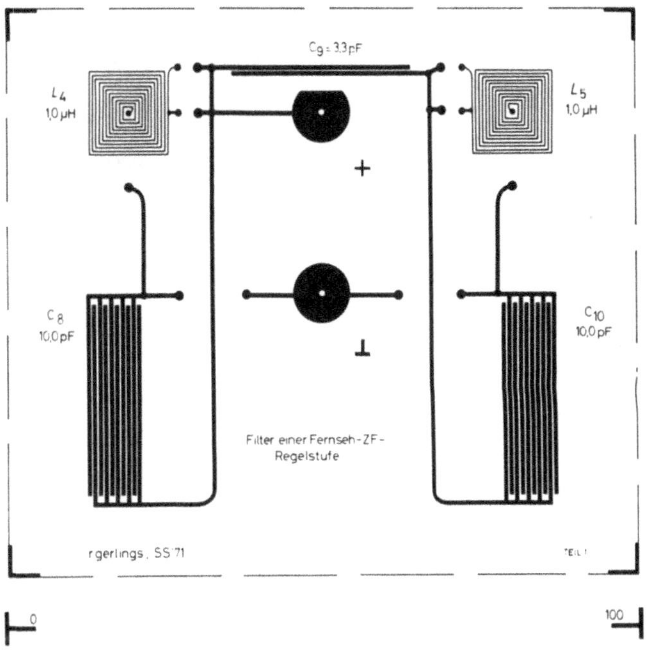

Bild 7.38 Strukturseite 1 der inneren Schaltungsstruktur des gedruckten Filters nach Stromlaufplan 7.37

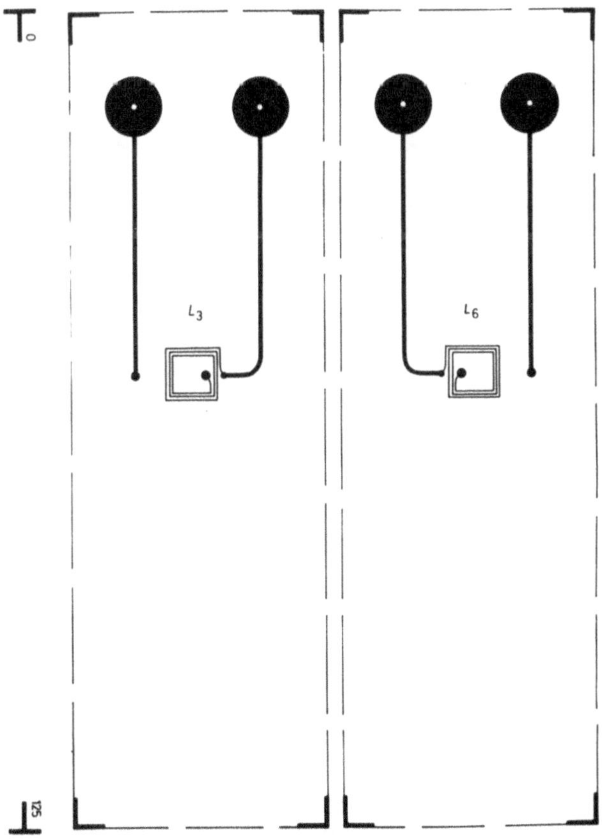

Bild 7.39 Strukturseite 2 der Ein/Auskoppelstruktur des gedruckten Filters nach Stromlaufplan 7.37

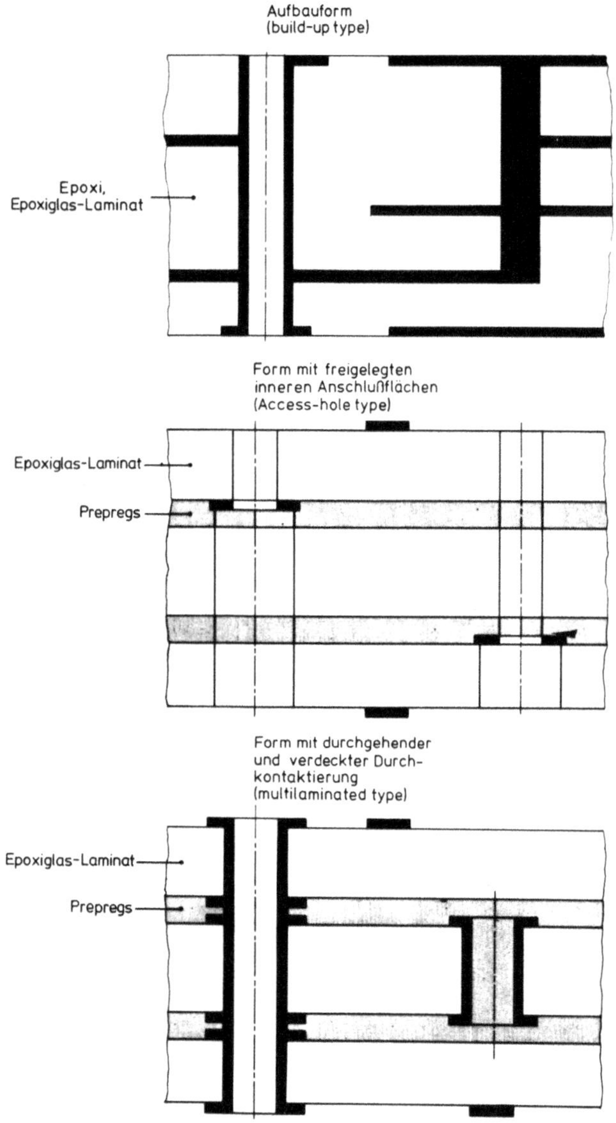

Bild 7.40 Multilayerformen

7.1.3 Mikrowellenmultilayer, Mikrowellenpreßlaminate

7.1.3.1 Definitionen, Klassifikationen, beispielhafte Bauformen

Definitiv versteht man unter einem Multilayer eine gedruckte Schaltung, die aus mehr als zwei strukturierten Leiterebenen oder Schaltungsebenen besteht, die durch eine spezielle Laminiertechnik zu einer Einheit verbunden sind. Die einzelnen Leiterebenen sind durch innere oder durchgängige Zwischenverbindungen, je nach den Erfordernissen der Schaltung, der Bestückung und des äußeren Anschlusses, verbunden. Ausgehend vom Aufbau der Zwischenverbindung unterscheidet man drei Formen des Multilayer oder der Mehrebenenschaltung:

1. Multilayer mit reiner Durchkontaktierung (plated-through-hole type), auch im Falle innerer, verdeckter Durchkontaktierung (multilaminated type),
2. Multilayer mit freigelegten inneren Anschlußsystemen oder inneren Durchkontaktierungen (acces-hole type, clearance-hole type),
3. Multilayer in Aufbauform (built-up type).

Bild 7.40 demonstriert die angesprochenen Formen. Multilayer garantieren eine hohe Zahl an diskreten Leitern je Volumenelement. Sie sind die adäquate Antwort auf die steigenden Großintegrationen der Halbleiterelektronik. Multilayer ermöglichen völlig neue Schaltungskonzeptionen, die mit den bisherigen Techniken nicht darstellbar sind.

Beispielhaft zeigt Bild 7.41 einen Multilayer mit 6 strukturierten Leiterebenen, also einen 6-Ebenen-Multilayer [7.10]. Der Schichtaufbau besteht aus drei zweiseitig kupferkaschierten Epoxilaminaten, die ätztechnisch strukturiert werden. Dabei werden auch zwei Potentialflächen strukturiert, zu denen von der Bestückungsebene aus durch Zwischenverbindungen Zugriff genommen wird. Zwischenverbindungen, die keinen Zugriff zu einer Potentialebene haben sollen, sind durch freigeätzte kreisförmige Anschluß-

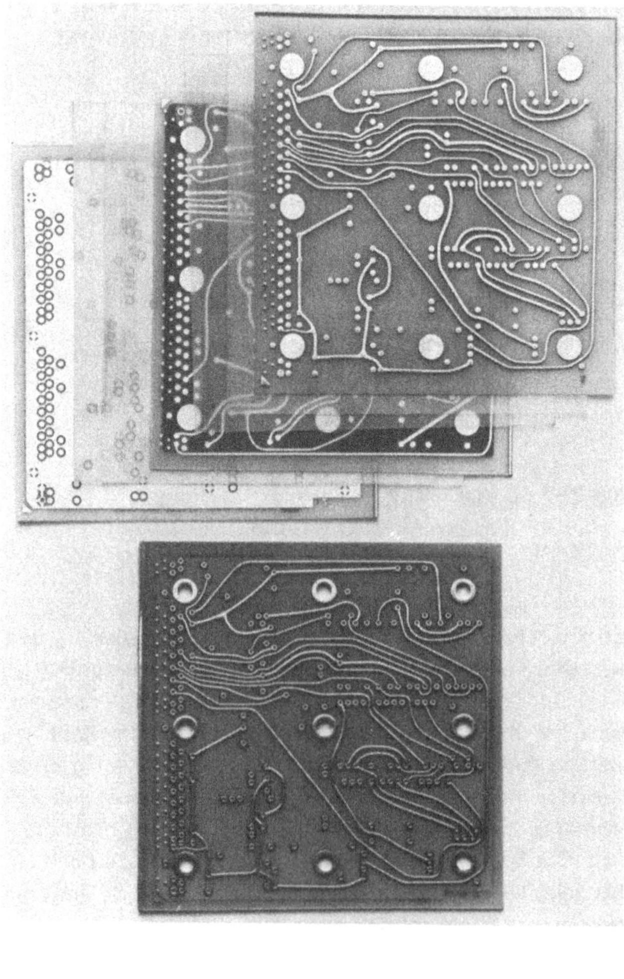

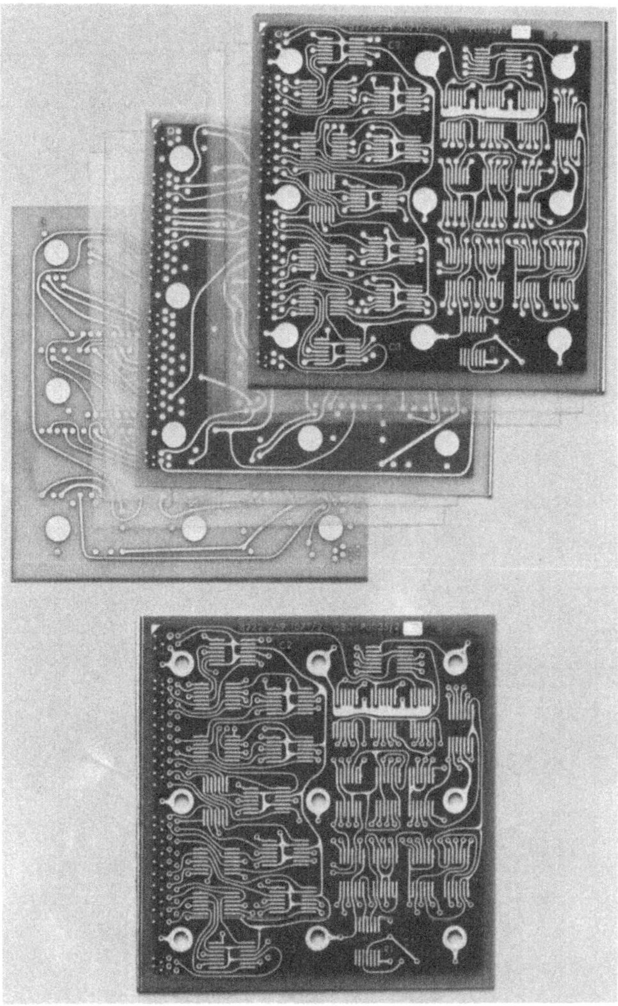

Bild 7.41 6-Ebenen Multilayer; Schichtungsaufbau aus ätztechnisch strukturierten Epoxilaminaten und je zwei Isolierfolien (Klebeprepregs)

flächen angedeutet. Die beiden äußeren strukturierten Epoxilaminate werden zum inneren durch je zwei Isolierfolien, sog. Klebeprepregs, getrennt.

Prepregs (pre impregnated materials) sind mit Epoxidharz imprägnierte Glasgewebe, deren Harzkomponente in einem Zwischenzustand der Vernetzung gehalten wird. Wird die Multilayerschichtung unter der Einwirkung definierter Temperatur einem definierten Druck ausgesetzt, so entwickelt das Harz seine hervorragenden Klebeeigenschaften und die Schichtungseinheit ist gebildet. Im Anschluß an diesen Prozeß, der in Bild 7.42 für einen 4-Ebenen-Multilayer von seiner prinzipiellen Schichtungsfolge dargestellt ist, erfolgt die Kontaktierung der Ebenen untereinander; häufig nach der Form der durchgängigen Zwischenverbindung durch hybridadditive oder additive Verfahren.

Multilayer werden fast nur in Verbindung zur Digitalelektronik gebracht. Auch Bild 7.41 stellt einen Multilayer für digitalelektronische Anwendungen dar. Daher werden auch die wesentlichen Aufbauformen und deren Behandlung einem späteren Abschnitt vorbehalten bleiben.

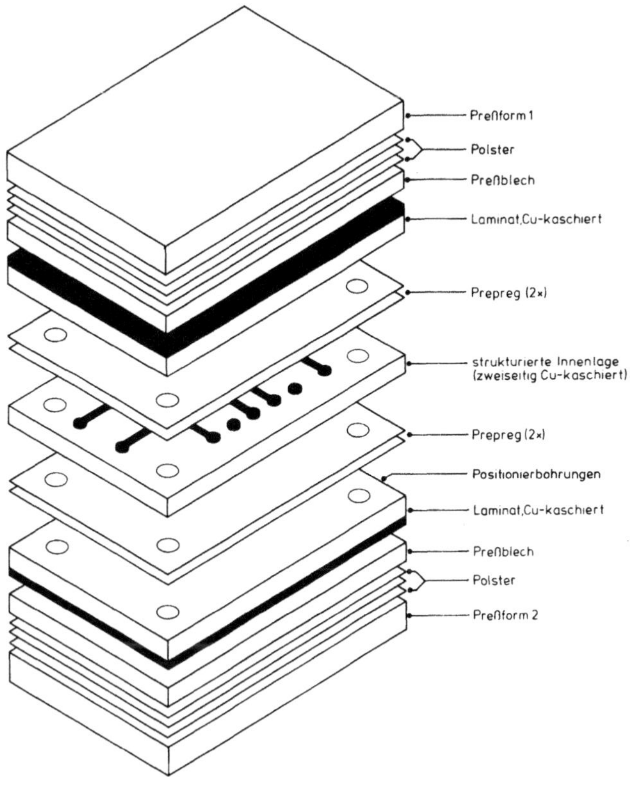

Bild 7.42 Prinzipielle Schichtungsfolge für einen Preßlaminiervorgang eines Multilayer

Immerhin läßt sich eine Entwicklungstendenz aufzeigen, die den Multilayer auch in die analoge Elektronik einführt. Hier sind es vor allem Anwendungen im Hoch- und Höchstfrequenzbereich mit dem Merkmal einer deutlichen Reduktion des Gewichts der Systemkomponenten und ihrer umweltsicheren hermetischen Kapselung. Diese Tendenz führt stark in die Anwendungsgebiete der Luft- und Raumfahrt [7.11], [7.12], [7.13]. Möglichkeiten scheinen sich auch für den Konsumerbereich zu eröffnen [7.14]. Sofern es sich um reine Leiterstrukturen handelt, auch im Sinne von passiven verteilten Elementen, darf die Entwicklungsproblematik als gelöst angesehen werden. Bei der Laminatintegration von aktiven Elementen, wie Transistoren und Dioden oder auch von passiven konzentrierten Elementen, ist noch Entwicklungsarbeit erforderlich.

Die anfänglich getroffene Definition Multilayer bedarf für analogelektronische Anwendungen der Ergänzung. Leiterebene kann eine Vollfläche im Sinne einer Schirmungsfläche sein, und Zwischenverbindungen zum äußeren Anschluß der Schaltungsstruktur sind Verbindungen für koaxiale Anschlußsysteme und damit sehr viel komplexer als bei reinen Steckleistensystemen.

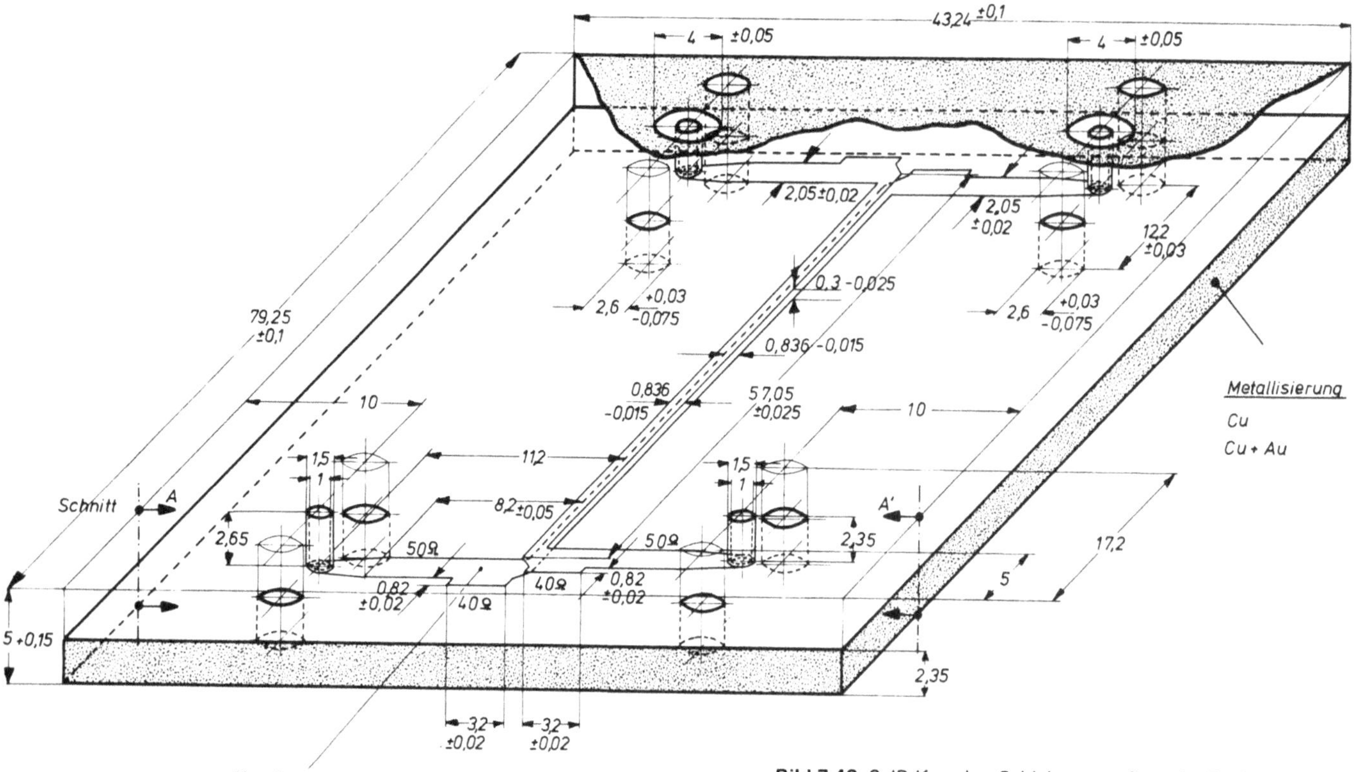

Bild 7.43 3 dB-Koppler, Schichtungsaufbau des Preßlaminats

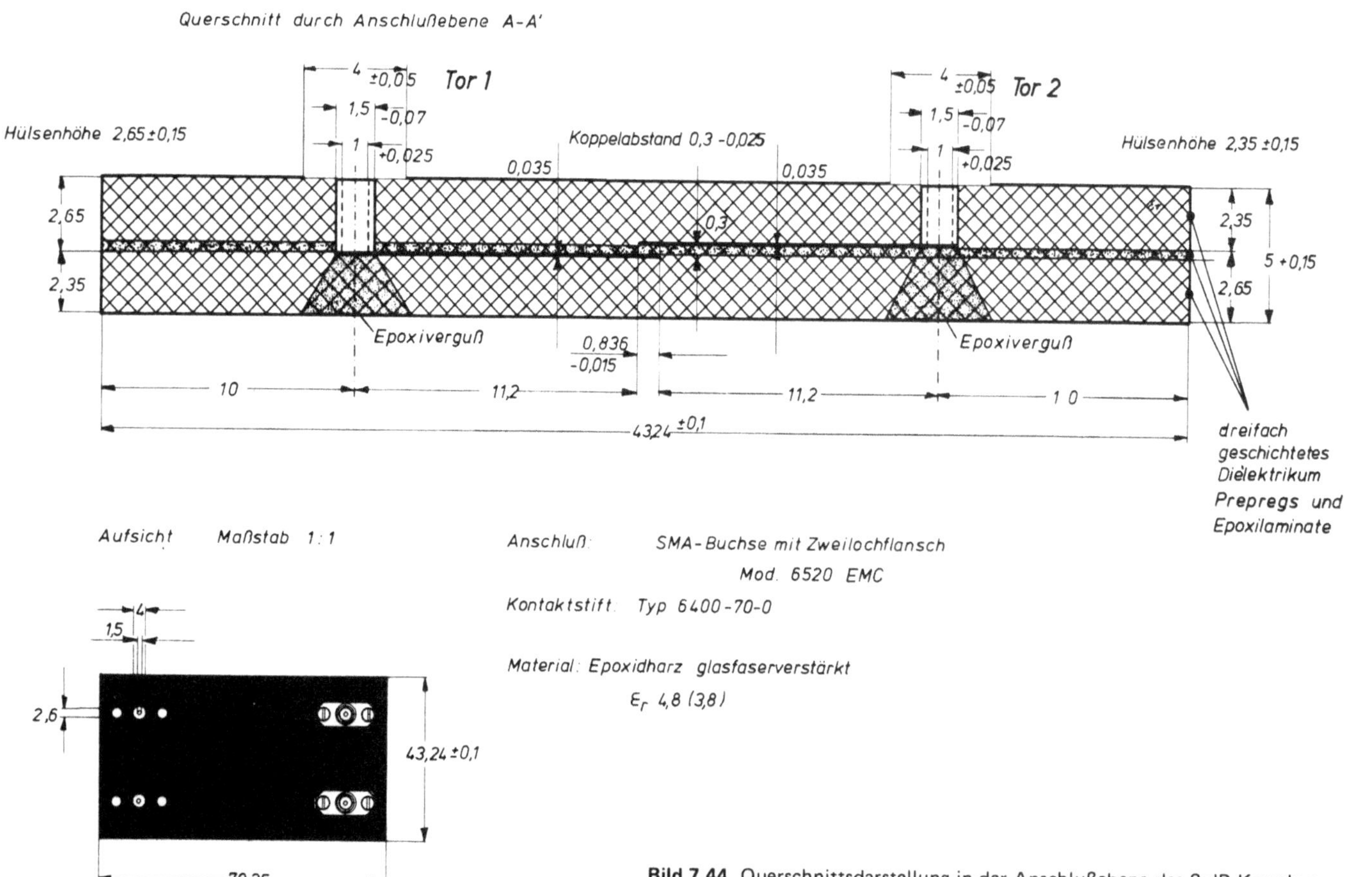

Bild 7.44 Querschnittsdarstellung in der Anschlußebene des 3 dB-Kopplers

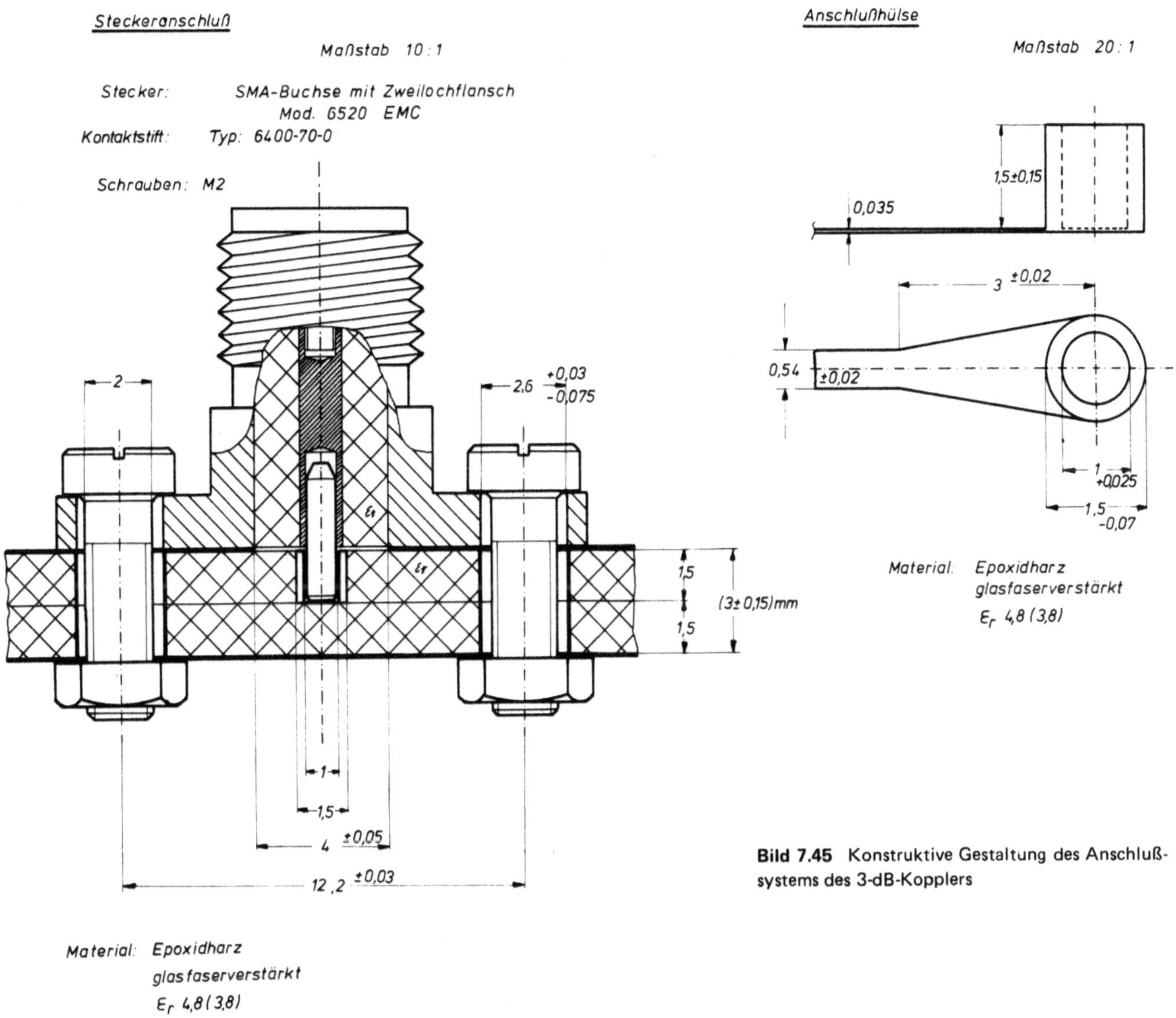

Bild 7.45 Konstruktive Gestaltung des Anschlußsystems des 3-dB-Kopplers

7.1.3.2 3 dB-Koppler

Die Mikrowellentechnik erfordert für spezifische Schaltungsaufgaben, wie Leistungsteilung, Auf- und Abwärtsmischung, Entkopplung und Anpassung, sog. Richtungskoppler. Der 3 dB-Koppler ist ein solcher Richtungskoppler in Viertor-Struktur, bei dem eine Koppeldämpfung von 3 dB vorherrscht.

Bild 7.43 zeigt den Aufbau des Kopplers in der Form eines Preßlaminates. Die nähere Schichtungsanalyse zeigt, daß es sich um einen 3-Ebenen-Multilayer handelt.

Der Gesamtaufbau ist in symmetrischer Streifenleitungstechnik (Triplate-Technik) erstellt. In der Koppelzone sind die Koppelleitungen übereinander geführt. Die Anschlußleitungen sind 50 Ω-Leitungen mit Kompensationsstufen. Eine Querschnittdarstellung in der Anschlußebene AA' gibt einen näheren Einblick in die Multilayerschichtung und die Systemabmessungen und Anschlußsysteme, Bild 7.44.

Da der Koppler für 600 MHz dimensioniert ist, wird Epoxidharz-Glashartgewebe als Basismaterial eingesetzt. Die Dielektrizitätszahl wird auf diese Betriebsfrequenz hin umgerechnet. Die eigentliche Kopplerstruktur wird auf einer beidseitig kupferbeschichteten Basismaterialplatte von 0,3 mm Dicke ätztechnisch hergestellt. Unter Zwischenlage je zweier Prepregs wird diese Leiterplatte mit zwei einseitig kupferbeschichteten Basismaterialplatten (Kupferseite nach außen) zu einem Block laminiert. Sodann werden die Bohrungen für den Anschluß an die Kopplerstruktur (4 Bohrungen) und die Bohrungen für die Flanschbefestigung der SMA-Buchsen (8 Bohrungen) in das Preßpaket eingebracht. In der Folge werden dann Bohrungen und Paketränder aktiviert, chemisch verkupfert und galvanisch verstärkt. Das gesamte Preßpaket ist damit hermetisch metallisch gekapselt (3. Multilayer-Ebene) und alle Bohrungen sind mit Zwi-

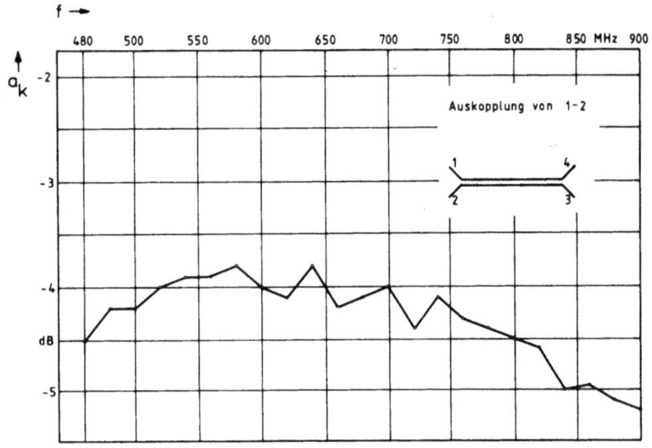

Bild 7.46 Koppeldämpfung a_k (f); Auskopplung von 1–2

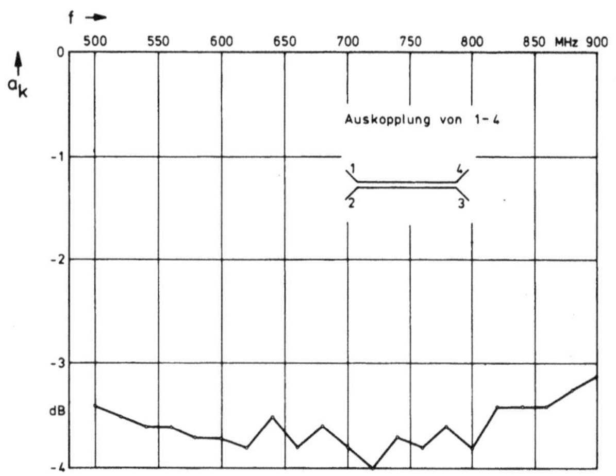

Bild 7.47 Koppeldämpfung a_k (f); Auskopplung von 1–4

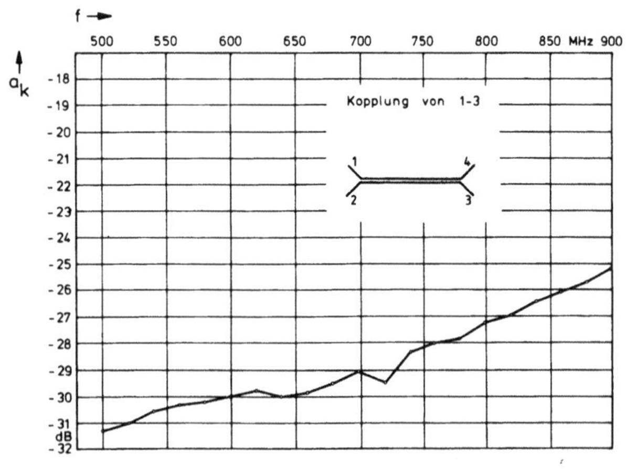

Bild 7.48 Koppeldämpfung a_k (f); Auskopplung von 1–3

schenverbindungshülsen versehen und mit der Kapselung galvanisch verbunden. Für die Bohrungen der Flanschverbindungen sind die Zwischenverbindungshülsen geeignet, für die Koppleranschlüsse nicht. Diese werden einseitig bis nahe der jeweiligen Strukturebene ausgefräst und der Fräskegel mit Epoxiverguß geschlossen. Sodann wird der gesamte Block galvanisch vergoldet. Nunmehr fehlt noch die Freilegung der Verbindungshülsen der Kopplertore, die durch freifräsen gewonnen wird. In die Verbindungshülsen werden Kontaktstifte einer montagefähigen SMA-Buchse eingelötet und die Buchse montiert, Bild 7.45.

Die montagefähige SMA-Buchse ist eines der zentralen Elemente zur Realisation des Mikrowellen-Multilayer. In Bild 7.45 wird ferner deutlich, daß Mikrowellen-Multilayer, durch die Anschlußtopologie bedingt, andere und komplexere Anschlußsysteme aufweisen als Multilayer der Digitalelektronik.

Die Eigenschaften des Kopplers zeigen die Diagramme der Bilder 7.46 bis 7.48. Insbesondere weist Bild 7.48 das hervorragende Funktionsverhalten des Kopplers aus, was auf die Preßlaminiertechnik zurückzuführen ist. Die Gewichtsersparnis gegenüber Konstruktionen mit Messing-Preßgehäusen liegt bei 80 %.

An dieser Stelle sei erwähnt, daß andere als der dargestellte Schichtungsaufbau technologisch möglich sind, so zum Beispiel der über eine Multilaminiertechnik, wodurch der Fräs- und Vergußprozeß entfällt.

7.1.3.3 Bandfilter

Das folgende Schaltungsbeispiel eines Mikrowellenpreßlaminats ist definitiv kein Multilayer, da nur zwei Strukturebenen einschließlich der der Schirmung vorliegen. Vom Schichtungsaufbau und Fertigungsverfahren her ist allerdings eine direkte Beziehung zum Multilayer gegeben. In Bild 7.49 wird der Strukturaufbau des Bandpasses gezeigt. Es handelt sich um einen 5-stufigen Aufbau aus $\lambda/4$-Invertoren im Längszweig und aufgeteilten Resonatoren im Querzweig mit Masseanschluß. Die Mittenfrequenz ist für 810 MHz fixiert. Bild 7.50 zeigt das Fotowerkzeug (Druckwerkzeug) der Filterstruktur. Die Druckvorlage wurde im Maßstab 20 : 1 in Schneidetechnik erstellt. Die Toleranzanforderungen an die Struktur sind sehr hoch. Die Strukturlänge ist bei der gewünschten Selektion und in Anbetracht der relativ niedrigen Mittenfrequenz groß (ca. 300 mm), so daß eine hohe Grunddämpfung zu erwarten ist. Als Basismaterial wird Epoxidharz-Glashartgewebe verwandt.

Ausgang der Strukturherstellung ist ein haftvermittlerbeschichtetes Basismaterial, das in bekannten hybridadditiven Verfahren strukturiert wird, also die Filterstruktur, die Abschirmfläche und die Durchkontaktierung enthält. Mittels Prepreg wird dann die zweite Basismateriallage aufgepreßt, die einseitig kupferkaschiert ist. Die weitere Bearbeitung ist der des Kopplers verwandt, allerdings entfällt hier die Notwendigkeit der Hülsenausfräsung und des Epoxidvergusses.

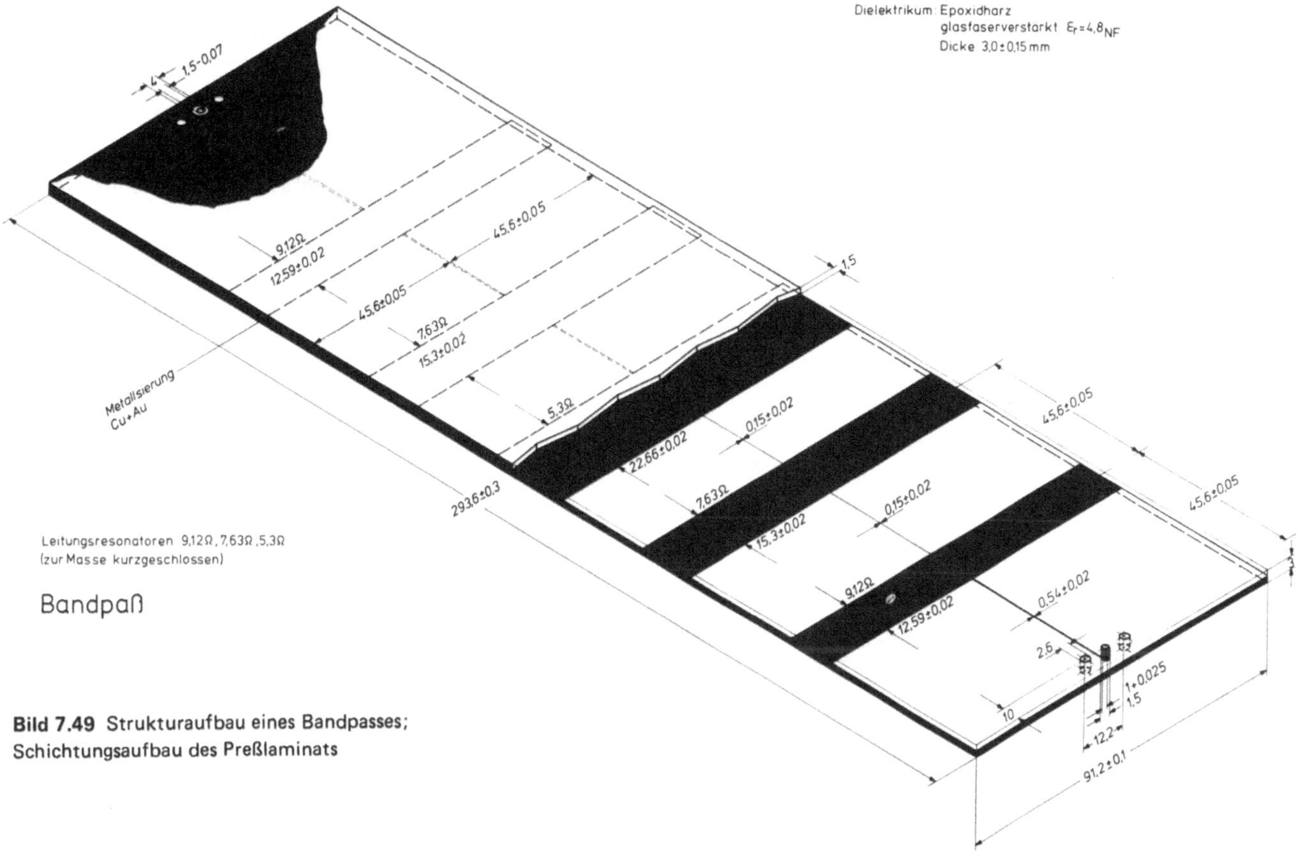

Bild 7.49 Strukturaufbau eines Bandpasses; Schichtungsaufbau des Preßlaminats

Bild 7.50
Fotowerkzeug der Filterstruktur

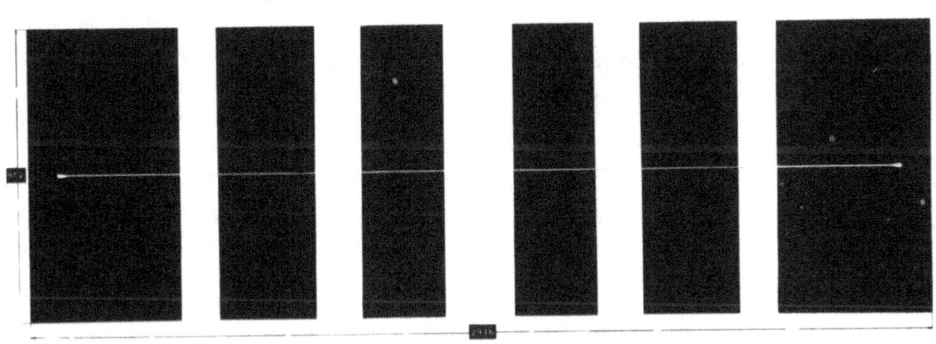

Bild 7.51 zeigt die Filterkurve. Die Frequenzmitte der Filterkurve liegt bei 815 MHz, die Bandbreite bei 50 MHz. Die Grunddämpfung des Durchlaßbereiches ist wie zu erwarten war hoch.
Bild 7.52 zeigen Filter und Koppler in ihrer realisierten Form. Die Bauformen bestechen durch ihren tableauhaften leichten Aufbau.

7.1.3.4 *Empfangsmischer*

Bild 7.53 zeigt die Topologie eines Eintaktempfangsmischers für den terrestrischen FS-Funk im 12 GHz-Bereich. Die Frequenz des Lokaloszillators liegt bei 11,3 GHz, die ZF bei 0,7 GHz. Das radiofrequente Signal und das Oszillatorsignal werden über einen 3 dB-Richtkoppler zur resistiven Mischung an einer Mikrowellendiode eingespeist. Das ZF-Signal wird über einen weiteren Richtkoppler gewonnen. Ein Anpaß- und Blockiersystem im Bereich der Diode und der RF-Zuleitung sorgen weiterhin für eine einwandfreie Funktion. Die Topologie wurde in der angegebenen Bemaßung in Triplatetechnik mit einem konventionellen Gehäuse realisiert und erprobt. Als Ergebnis können die als gut zu bezeichnenden Mischverluste von 12 dB genannt werden. Bei allen Untersuchungen sind die freien Tore der Koppler mit äußeren Anschlüssen versehen.

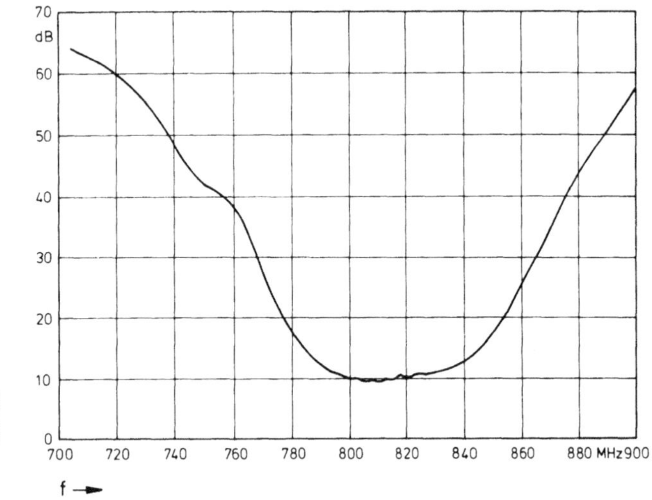

Bild 7.51 Übertragungsverhalten des Bandpasses

Bild 7.52 Realisierte Produktformen für Bandpaß und 3 dB-Koppler

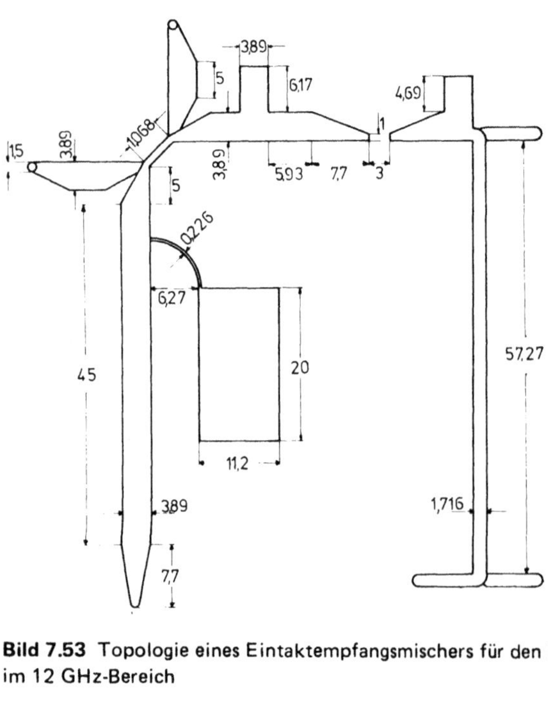

Bild 7.53 Topologie eines Eintaktempfangsmischers für den FS-Funk im 12 GHz-Bereich

In einer Konstruktionsstudie wurde dieser Empfangsmischer als Mikrowellen-Multilayer mit im Laminat integrierten Abschlüssen und Diode entworfen. Dabei treten die noch nicht völlig gelösten Probleme auf:

1. Anwendung eines temperaturfesten leitenden Klebers unter Langzeitbedingungen,
2. Verpressen von Halbleiterbauelementen in präparierten Kavernen unter Einfluß der Laminiertemperatur,
3. Verpressen spezifischer passiver Bauelemente in präparierten Kavernen oder kavernenfrei unter Einfluß des Laminierdruckes und der Laminiertemperatur.

In Bild 7.54 ist der Empfangsmischer als Preßlaminat dargestellt. Es handelt sich wiederum um einen 3-Ebenen-Multilayer, wobei die dritte Ebene die äußere hermetische Metallisierung darstellt. Neben den bereits aus Beispiel Bild 7.44 bekanten Kontaktierungsnotwendigkeiten tritt hierbei eine weitere auf, nämlich die der Massekontaktierung der Anschlußwiderstände. Dem Verständnis des Schichtaufbaus dienen die Schnittdarstellungen 7.55 bis 7.57, die sich auf die Topologiebereiche nach Bild 7.58 beziehen. Anschlußsystem ist wieder ein SMA-Buchsensystem mit montagefähigem Stift.
Auch zu diesem Entwurf ist zu ergänzen, daß die Multilaminiertechnik andere Kontaktierungsmöglichkeiten eröffnet.

7.1.3.5 UHF-Tuner

Nicht nur in der kommerziellen Mikrowellentechnik, sondern auch in der Konsumerelektronik sind Trends zu beobachten, die die bisherigen Mikrowellenbauteile durch Preßlaminate ersetzten. Hierbei handelt es sich um die UHF-Tuner von FS-Empfängern, die in einer Mischtechnik realisiert werden.
Die in Bild 7.59 angegebene Turnerschaltung mit Pin-Dioden Regelnetzwerk und Hochstrom-Eingangstransistor wurde in einer Entwicklungsstudie in Form eines Schaltungshybrids aus konzentrierten, konzentrierten gedruckten und verteilten Elementen (Leitungselementen in Triplatetechnik) realisiert und konventionell in einem Messinggehäuse aufgebaut. Das Fotowerkzeug dieser Schaltungstopologie zeigt Bild 7.60. Einzelne Bausteine sind dabei durch leitende Trennstege voneinander getrennt.
Diese realisierte Entwicklung wurde in einer folgenden Konstruktionsstudie als Mikrowellen-Preßlaminat unter Zugrundelegung der Entwicklungserkenntnisse entworfen. Bild 7.61 zeigt das Layout der Konstruktionsstudie. Die Elementbezeichnung läßt Rückschluß auf die hybride Elementbenutzung zu. Erkenntlich sind gedruckte Kondensatoren (z.B. C_2, C_4), gedruckte Spulen (z.B. L_1, L_2, HF-Dr. 4), gedruckte Spulentransformatoren (z.B. L_3, L_4), kapazitiv abstimmbare Leitungskreise (BB 105 A), Koppelleitungen (C_{10}, ⊥) und konzentrierte Elemente (z.B. C_1, R_1, AF 379, D_1). Massepunkte und Schirmungstrennstege

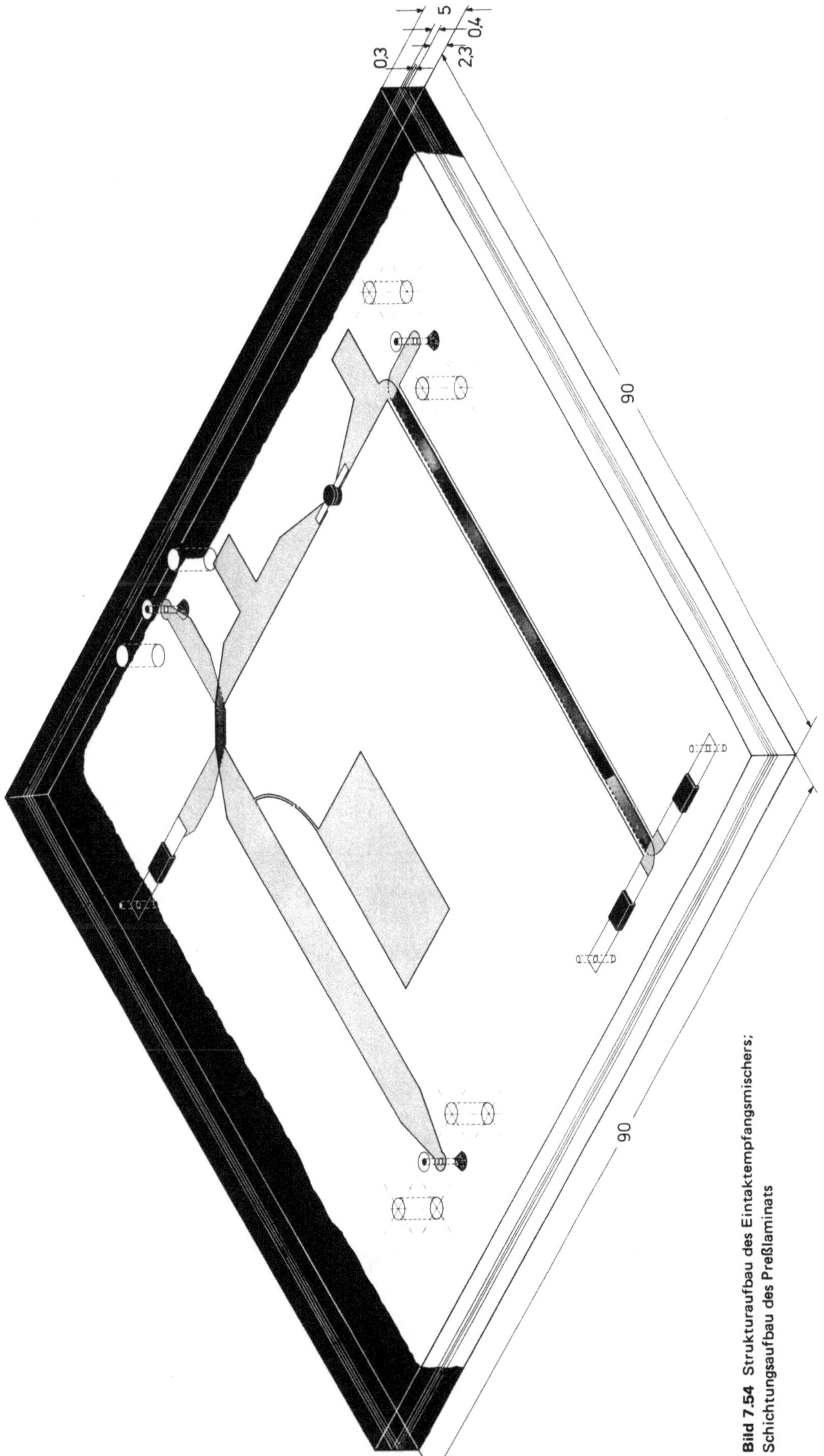

Bild 7.54 Strukturaufbau des Eintaktempfangsmischers; Schichtungsaufbau des Preßlaminats

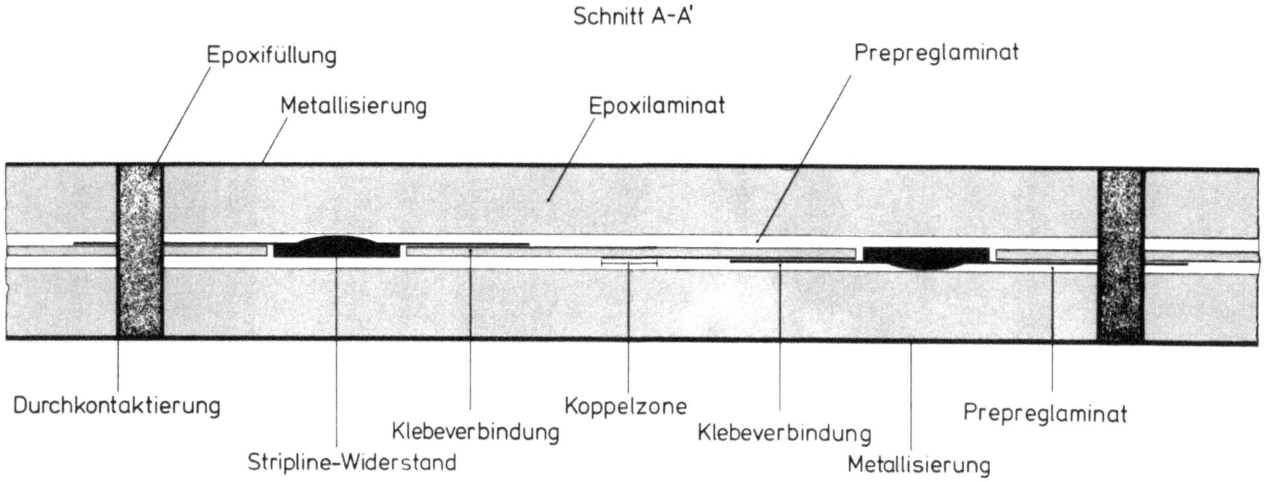

Bild 7.55 Schichtungsdetail im Topologiebereich nach Bild 7.58

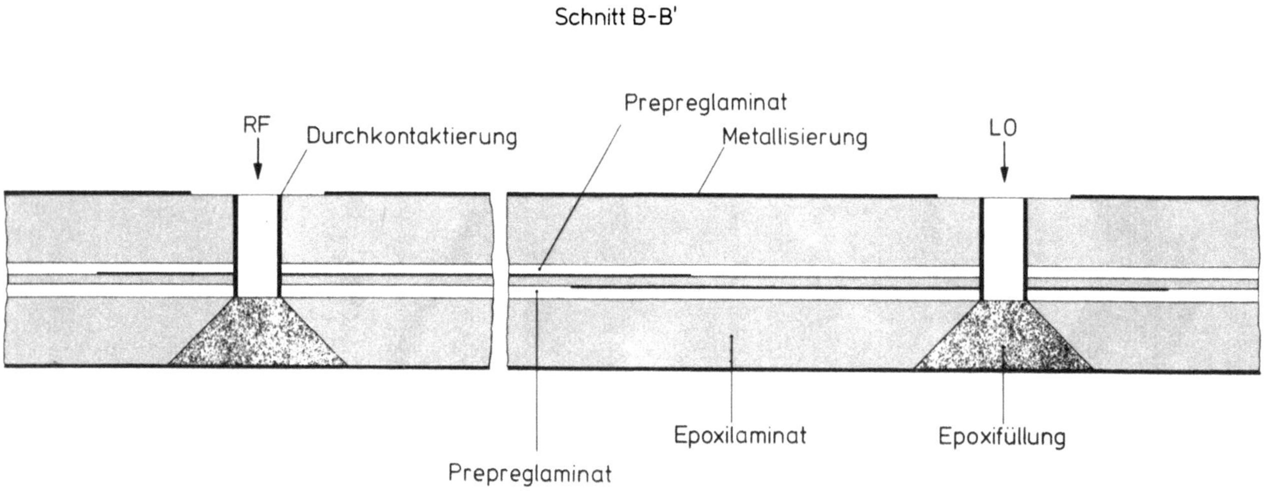

Bild 7.56 Schichtungsdetail im Topologiebereich nach Bild 7.58

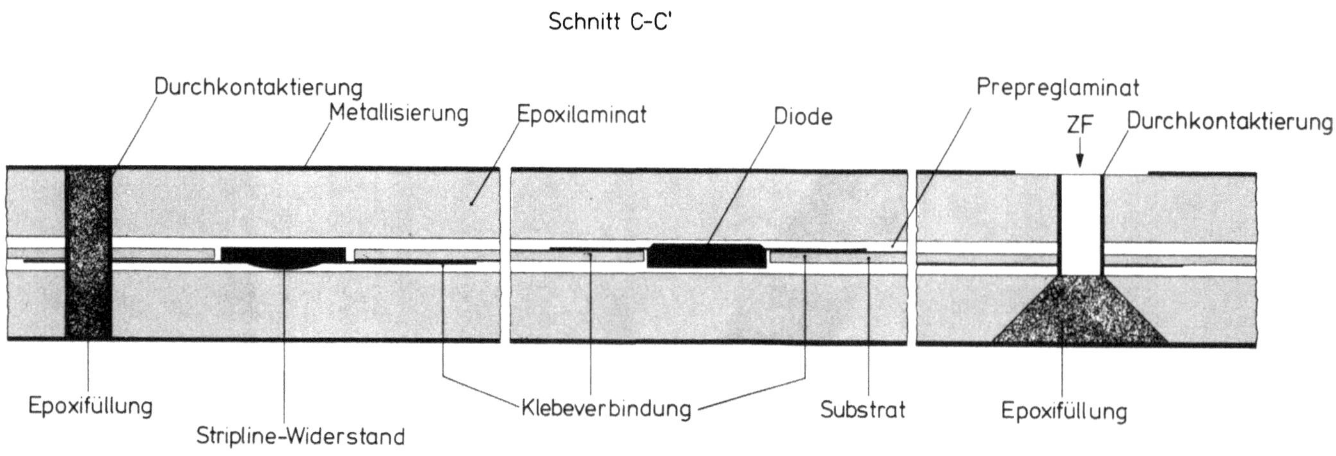

Bild 7.57 Schichtungsdetail im Topologiebereich nach Bild 7.58

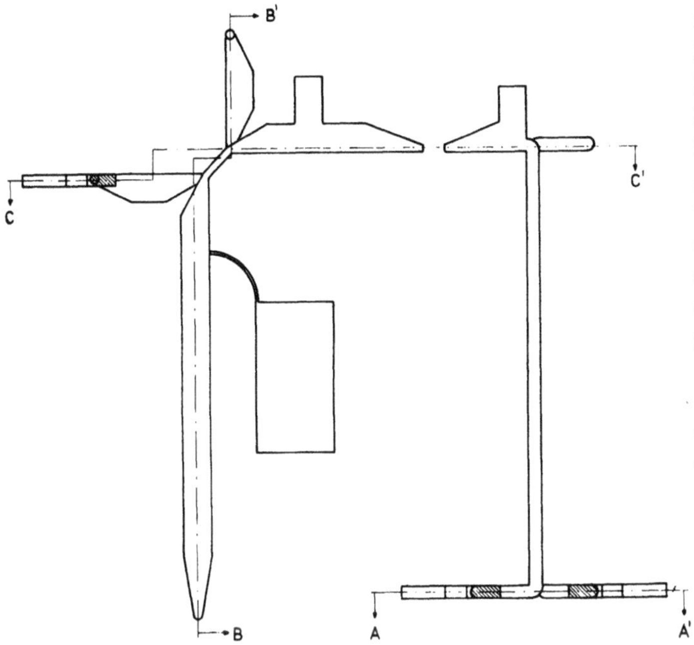

Bild 7.58 Schaltungstopologie und betroffene Schnittbereiche

sind durch kreisförmige Kontaktierungen vorgegeben. Die Zuführung der Versorgungsspannungen erfolgt über DC-Blocks, die Signalzu- und -abfuhr über SMA-Buchsen. Der Zwischenhochpaß ist im Entwurf nicht berücksichtigt.

Bild 7.62 zeigt schließlich den Konstruktionsentwurf. Die Analyse läßt erkennen, daß es sich um einen 3-Ebenen-Multilayer handelt, bestehend aus zwei Schaltungsebenen und der hermetischen Massemetallisierung. Den bisherigen Beispielen folgend ist das Preßpaket aus zwei Epoxilaminaten mit nach innen liegender Leiterstruktur und einer Prepregzwischenlage aufgebaut. Die Spulen L_3, L_4 und die drei Zwischenverbindungen sind nur um die Stärke der Prepreglagen getrennt. In diesem Multilayer treten drei Varianten von Kontaktierungen auf, die in der Konstruktionsstudie verzeichnet (1, 2, 3) und aus dem bisher Gezeigten verständlich sind. Die Elementbezeichnungen sind aus dem Layout zu entnehmen.

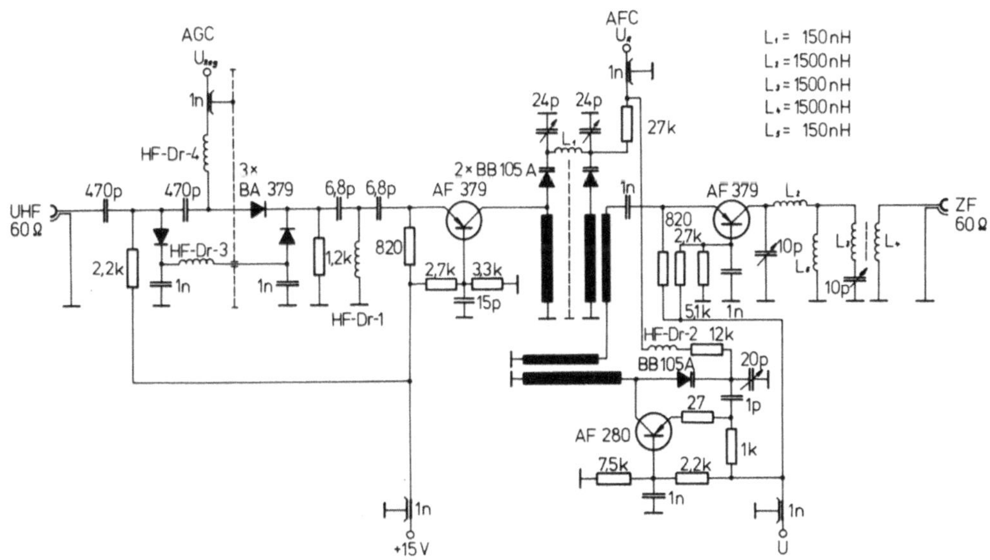

Bild 7.59
Stromlaufplan eines UHF-Tuners

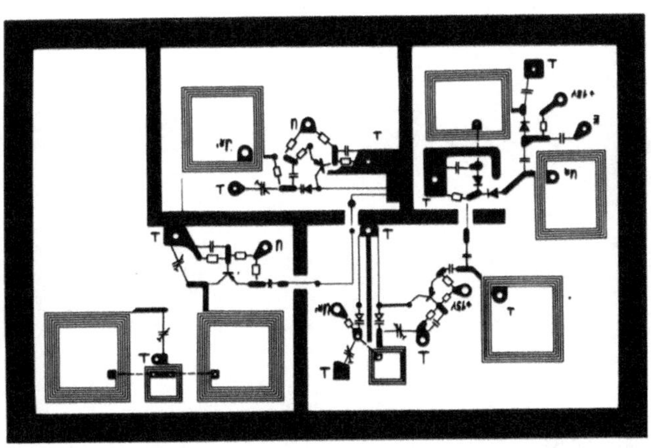

Bild 7.60
Fotowerkzeug der Schaltungstopologie des UHF-Tuners

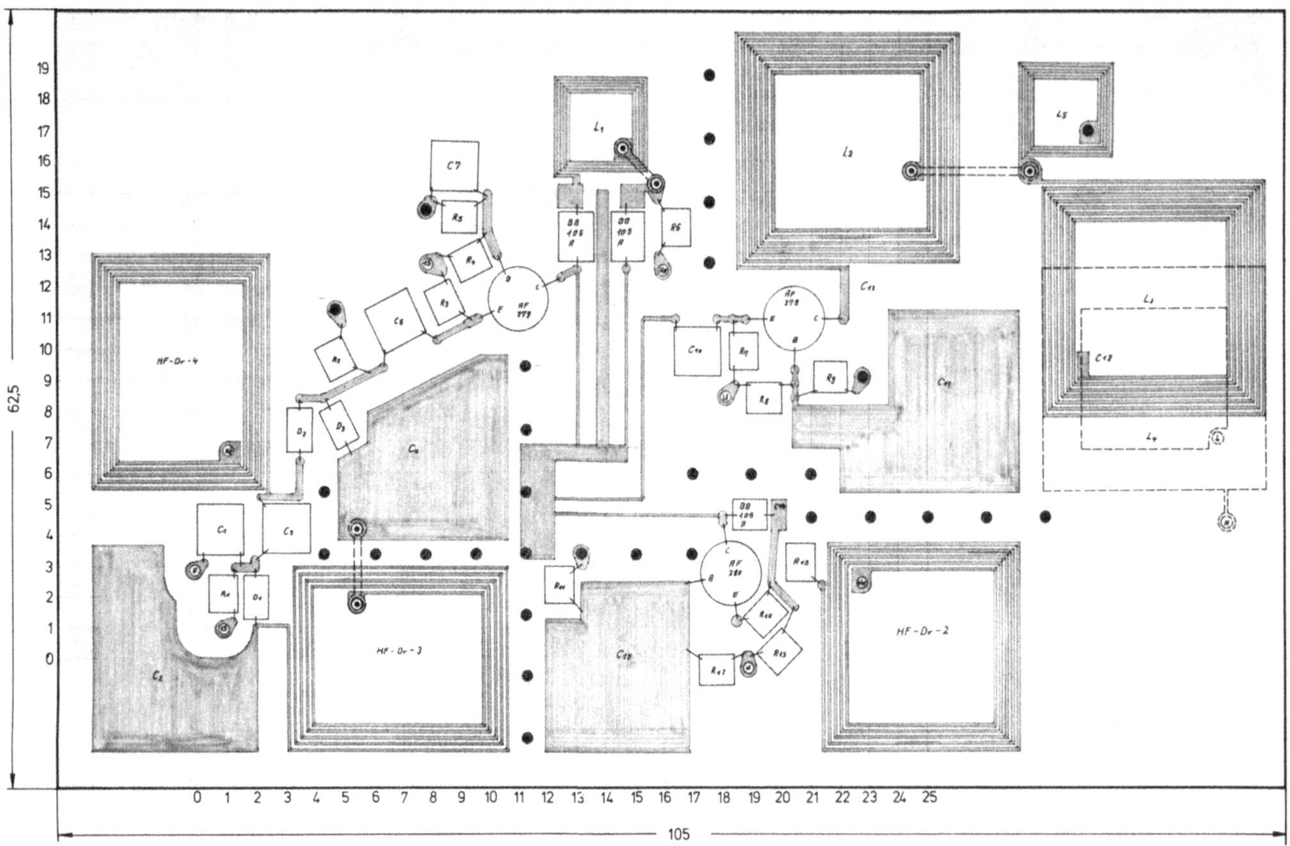

Bild 7.61 Layout einer Konstruktionsstudie für ein Preßlaminat des UHF-Tuners

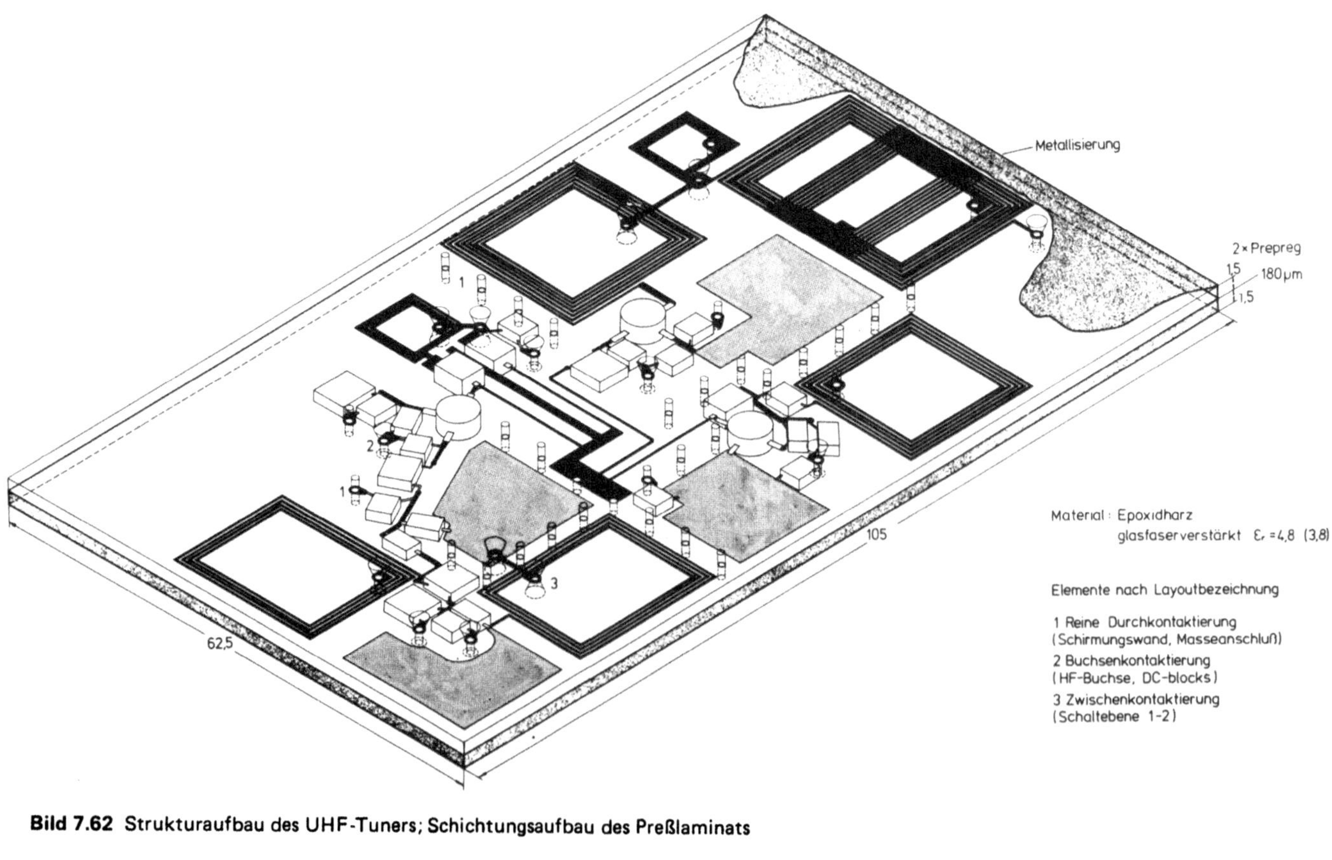

Bild 7.62 Strukturaufbau des UHF-Tuners; Schichtungsaufbau des Preßlaminats

Auch zu dieser Studie gilt das im Falle des Empfangsmischers Gesagte. Auf dem Gebiet der Kavernenpressung und der Langzeitklebung der Elemente ist noch Entwicklungsarbeit erforderlich. Es sind selbstverständlich andere Kontaktierungsmöglichkeiten anwendbar.
Man kann prospektiv sicherlich behaupten, daß nur eine völlige Laminatintegration der konzentrierten Bauelemente oder eine Vorintegration auf wenige außenbestückbare Halbleiter-IC die Anwendung eines solchen Hybrids sicherstellen wird.

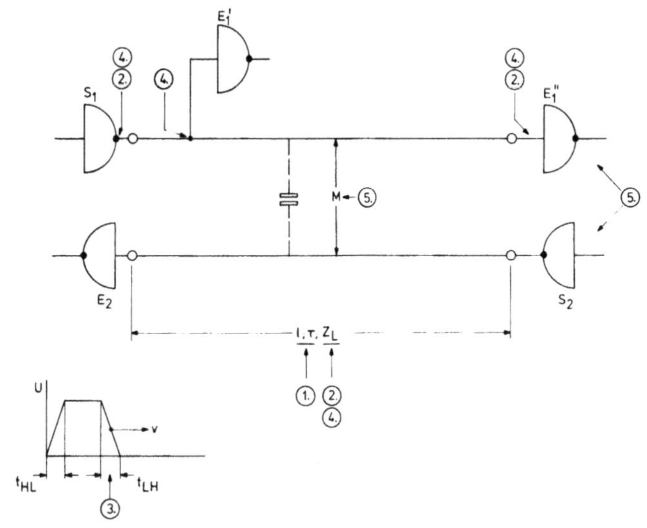

Bild 7.63 Problemkreis störsicherer digitalelektronischer Schaltungen

7.2 Gedruckte Schaltungen bei diskontinuierlichen Signalen (digitalelektronische Schaltungen)

7.2.1 Störsicherheit und Strukturaufbau

Der störsichere Aufbau von digitalelektronischen Schaltungen ist von entscheidender Bedeutung für die digitale Informationsverarbeitung. Weit mehr als bei analog arbeitenden Schaltungen, ist ein störungsbehafteter Aufbau hier mit der Gefahr schwerwiegender Fehlfunktionen verbunden. Die Konzeption einer Leiterstruktur nach dem ausschließlichen Kriterium einer kreuzungsfrei optimierten Verbindung ist nur unter bestimmten Randbedingungen zulässig. Allgemein ist die gedruckte Schaltung für digitalelektronische Schaltungen sehr komplex und der für hochfrequente analoge Anwendungen vergleichbar.
Die Problemstellung störsicherer digitalelektronischer Schaltungen ist gekennzeichnet durch einen komplexen Wechselwirkungszusammenhang von:

1. endlicher Laufzeit auf den Signalleitungen,
2. Reflexionserscheinungen durch nichtlineare Leitungsabschlüsse,
3. extrem kurzer Schaltflankendauer,
4. Mehrfachreflexionen infolge von Fehlabschlüssen,
5. Überkopplungen von Signalleitungen zu benachbarten Signalleitungen unter variierten Betriebsrichtungen und Bedingungen.

In Bild 7.63 sind die Problemkreise anhand von Schaltgliedern mit Negation demonstriert und verzeichnet.

Problem der „kurzen Leitung". Unter der ersten Annahme einer verlustfreien Leitung läßt sich die Geschwindigkeit v eines Phasenzustandes eines Impulses angeben:

$$v = \frac{c_0}{\sqrt{\epsilon_r \mu_r}} \qquad \text{mit } c_0 = \text{Lichtgeschwindigkeit}$$

Mit der weitgehenden Gültigkeit $\mu_r = 1$ wird:

$$v = \frac{c_0}{\sqrt{\epsilon_r}}$$

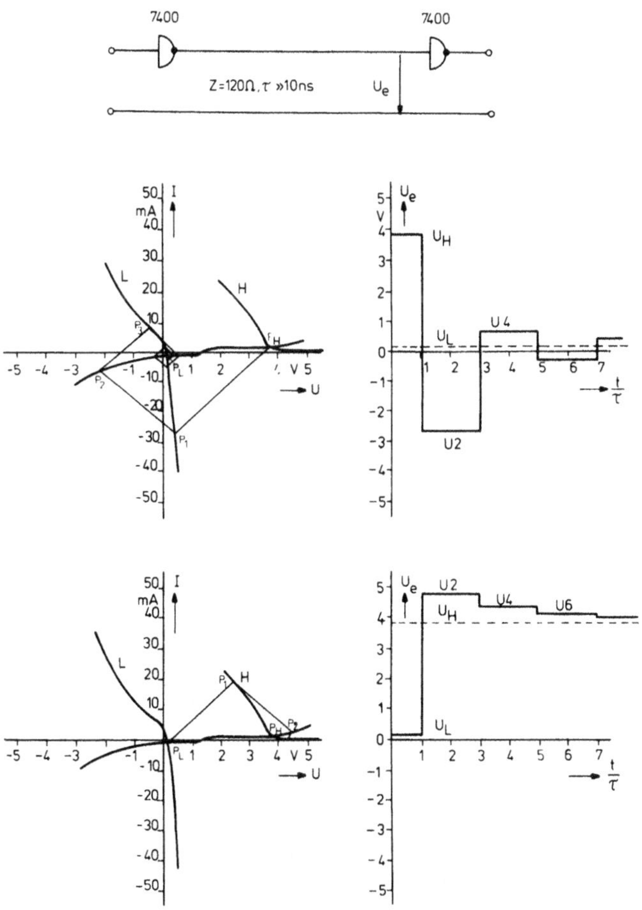

Bild 7.64 Reflexionserscheinungen bei nichtlinearen Leitungsabschlüssen

Da bei gedruckten Schaltungen von einem Schichtdielektrikum auszugehen ist, muß eine effektive Dielektrizitätszahl eingesetzt werden. Damit entsteht schließlich:

$$v = \frac{c_0}{\sqrt{\epsilon_{r_{eff}}}} = \frac{1}{\sqrt{L'C'}}$$

Als $\epsilon_{r_{eff}}$ kann näherungsweise das der Microstrip-Ableitung eingesetzt werden.

Der Wellenwiderstand ergibt sich zu:

$$Z_L = \sqrt{\frac{L'}{C'}}$$

Der Wellenwiderstand hat in der Digitalelektronik Werte von 40 Ω bis 200 Ω.

Der sich über die Leitung ausbreitende impulsförmige Wellenvorgang benötigt zum einmaligen Durchlaufen der Leitung der Länge l die Laufzeit $\tau = \frac{l}{v}$. Er erfährt am Empfangsschaltglied eine Reflexion entsprechend der Eingangsimpedanz $\underline{Z}_E$ von:

$$\underline{r}_E = \frac{\underline{Z}_E - Z_L}{\underline{Z}_E + Z_L}$$

Nach weiterer Laufzeit von τ erreicht der reflektierte Wellenvorgang das Sendeschaltglied und erfährt hier ganz allgemeint eine erneute Reflexion mit dem Reflexionsfaktor:

$$\underline{r}_A = \frac{\underline{Z}_A - Z_L}{\underline{Z}_A + Z_L}$$

Näherungsweise lassen sich die Reflexionsfaktoren durch reelle Betrachtungen angeben:

$$r_E = \frac{R_E - Z_L}{R_E + Z_L}; \quad r_A = \frac{R_A - Z_L}{R_A + Z_L}$$

Mit diesen Annahmen lassen sich über Reflexionsdiagramme modellhaft die Reflexionsvorgänge ermitteln. Grafische Methoden werden auch zur Ermittlung von Reflexionsvorgängen herangezogen, wenn nichtlineare Leitungsabschlüsse betrachtet werden. In Bild 7.64 ist ein solcher Vorgang dargestellt. Deutlich werden die dabei auftretenden Einschwingvorgänge bei fallender Schaltflanke. Diese Überschwinger sind kritisch. Sie können zu Fehlschaltungen (Positive Überschwinger) und zum Zerstören des Schaltgliedes (negative Überschwinger) führen.

Von besonderer Bedeutung sind die ersten negativen Überschwinger für den Überkopplungsvorgang auf Nachbarleitungen.

Zu dem dargestellten Sachverhalt der Reflexion sind als Schutzmaßnahmen empfehlenswert:

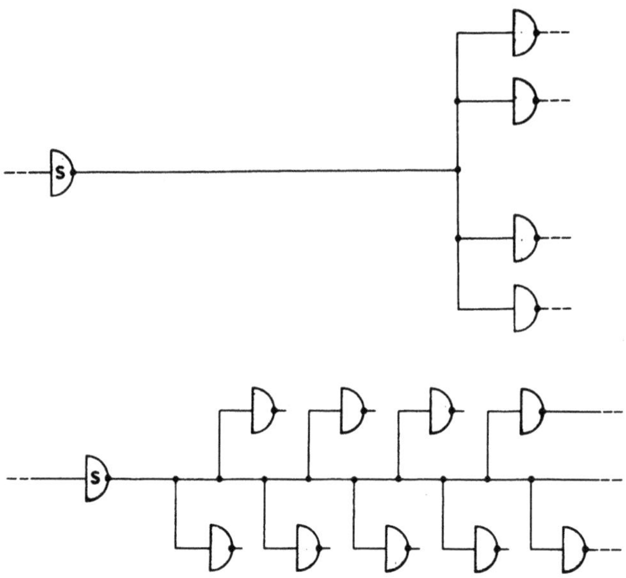

Bild 7.65 Optimierung der Lastverteilung

Tafel 7.2: Kritische Koppelkapazitäten für das Auftreten von Fehlschaltungen

Schaltgliedfamilie	Koppelkondensator
TTL (normal)	950 pF
DTL	115 pF
TTL (schnell)	750 pF

1. Anwendung von Eingangschaltdioden,
2. Anwendung von Eingangsspannungsteilern,
3. Optimierung der Leitungstopologie durch Optimierung der Lastverteilung; siehe hierzu Bild 7.65.

Stellt man die bisherigen Betrachtungen in Zusammenhang zur Laufzeit $\tau = \frac{l}{v}$ und zur Schaltflankendauer, insbesondere zu t_{HL}, so lassen sich drei Zeitbereiche oder drei Leitungslängenbereiche betrachten:

Bereich 1: $\tau \ll t_{HL}$ (Bereich extrem kurzer Leitung). In diesem Bereich sind nur die statischen Störungen der Schaltglieder zu berücksichtigen, die sich aus den DC-Störgrenzdiagrammen der Hersteller entnehmen lassen, z.B. [7.15], [7.16], [7.17]. Statisch ist einschränkend gemeint, da alle sehr langsamen Amplitudenänderungen, die zeitlich groß gegen die mittlere Verzögerungszeit sind, hierunter fallen.

Bereich 2: $\tau < t_{HL}$ (Bereich der kurzen Leitung). Im Bereich 2 sind dynamische Störungen gegeben. Bei relativ hochohmigem Abschluß der Leitung ist diese ersatzweise durch die Kapazität $C = C'l = \frac{\tau}{Z_L}$ beschreibbar. Überkopplungen treten auf und sind im wesentlichen rein elektrischer Natur. *G. Milde* hat auf dieser Basis Betrachtung angestellt und mittels Rechnerauswertung die Obergrenze der „kurzen Leitung" bestimmt [7.18]. Bei dem Basismaterial Epoxidharz-Glashartgewebe, einem $\tau' = 7{,}5 \cdot 10^{-9} \frac{s}{m}$ und einer Schaltflanke von $t_{HL} = 10^{-9}$ s liegt diese Obergrenze bei l = 120 mm. Auf dieser Basis ist festzuhalten, daß im Bereich der kurzen Leitung systemeigene und systemfremde Störungen auftreten, die insbesondere im Falle der Überkopplung auf eine im Zustand H befindliche Leitung dann auftreten, wenn die störende Leitung von H auf L geschaltet wird. Es lassen sich für einzelne Schaltgliedfamilien kritische Koppelkapazitäten für das Auftreten von Fehlschaltungen nennen [7.19], die in Tafel 7.2 aufgeführt sind.

Zur Beurteilung der Störsicherheit der Schaltglieder geben Hersteller AC-Grenzdiagramme an, die unter worst-case-Bedingungen der statischen Störsicherheit zu betrachten sind.

Bereich 3: $\tau > t_{HL}$ (Bereich der langen Leitung). Folgt man den Ergebnissen zu Bereich 2, so sind alle Leitungslängen oberhalb von l = 120 mm lange Leitungen im Sinne der zugrunde liegenden Schaltflanke. In diesem Längenbereich muß nun mit extremen Störbeeinflussungen gerechnet werden, die sich aus dem Wechselwirkungszusammenhang von Schaltflankendauer, Laufzeit, Reflexion und Überkopplung ergeben. Eine ersatzweise Beschreibung erfaßt die Verhältnisse nicht mehr. Strenge Berechnungen, beispielsweise der Kopplungsproblematik sind erforderlich, aber sehr aufwendig.

Immerhin ist der Längenbereich oberhalb von 100 mm als durchaus existent anzusehen. Erinnert sei an die Leiterplattenformate im doppelten Europaformat. Aber auch bei Plattengrößen im einfachen Europaformat sind bei unsystematischer Leiterkonzeption durchaus „lange Leitungen" gebräuchlich.

Problem Überkopplung. Das Problem der Überkopplung oder des Übersprechens auf benachbarten Leitungen läßt sich in Nebensprechen und Gegennebensprechen aufteilen.

Nebensprechen: Eine in Ruhe (L oder H) befindliche Leitung wird durch EM-Kopplung (E-Kopplung) einer Nachbarleitung gestört.

Gegennebensprechen: Zwei benachbarte Leitungen stören sich durch EM-Kopplung (E-Kopplung) gegenseitig.

Von der Betriebsrichtung her unterscheidet man Überkoppeln bei parallel oder antiparallel verlaufendem Betrieb. Sinngemäß kann man vier Überkoppelarten definieren, Bild 7.66.

Die antiparallele Betriebsrichtung ist die kritischere; Gegennebensprechen zeigt gefährlichere Auswirkungen als Nebensprechen.

Daß die antiparallele Betriebsrichtung die kritischere ist, läßt sich an Bild 7.66 ableiten. Wenn Sender S_1, eine Welle einprägt die zum Empfänger E_1 läuft, dann wird im Parallelfall die überkoppelte Welle gleicher Richtung durch den niedrigen Quellwiderstand von S_2 stark bedämpft, während sie im Antiparallelfall durch den hochohmigen Lastwiderstand von E_2 zunächst nicht abbaubar ist. Dabei kann die überkoppelte Spannung bei ungünstiger Leitungsführung die gleiche Amplitude wie auf der störenden Leitung annehmen. Beispielhaft gibt Bild 7.67 für antiparalleles Nebensprechen im Falle von TTL-Schaltgliedern und unterschiedliches Ruheverhalten der gestörten Leitung interessierende Spannungsverläufe an.

Schließlich können sich erhebliche Störungen beim Gegensprechen ergeben, die wiederum bei antiparallelem Gegensprechen besonders ausgeprägt sind. Dabei tritt ein gefährliches Überschwingen immer dann auf, wenn gleichzeitig Übersprechgrößen in die gleiche Richtung wirken.

Maßnahmen, das Übersprechen und damit die Störanfälligkeit des Systems in Grenzen zu halten, sind durch spezielle, definierte Leitungsführung oder durch synchrone Taktung gegeben.

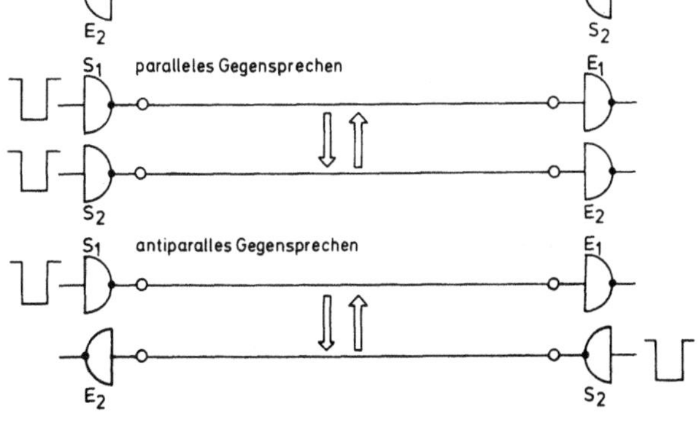

Bild 7.66 Die vier Überkoppelarten

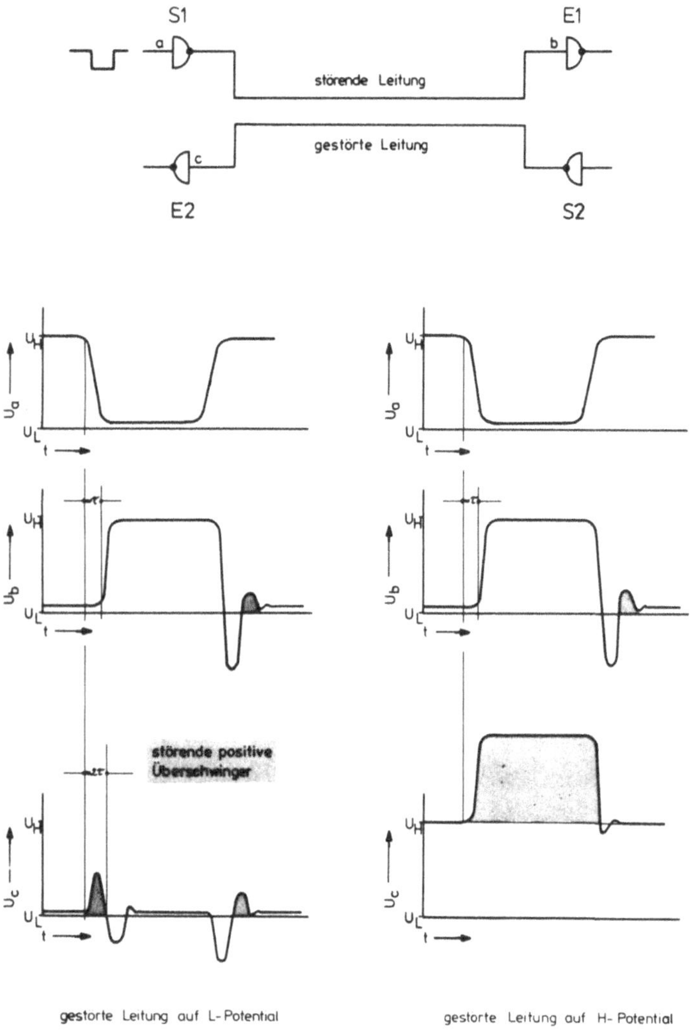

Bild 7.67 Interessierende Spannungsverläufe für den Fall des antiparallelen Nebensprechens bei TTL-Schaltgliedern

Leiter-anordnung	b/mm	a/mm	l/mm	noch sichere Leitungslänge in mm	bereits kritische Leitungslänge in mm
a	0,6	1,27	≤300	200	250
a	0,6	2,54	≤300	300	>300
b	0,6	1,27	≤300	80	100
c	0,6	1,27	≤300	300	>300
d	0,6	1,27	≤300	300	>300

S störende Leitung
G gestörte Leitung
E Erdleitung

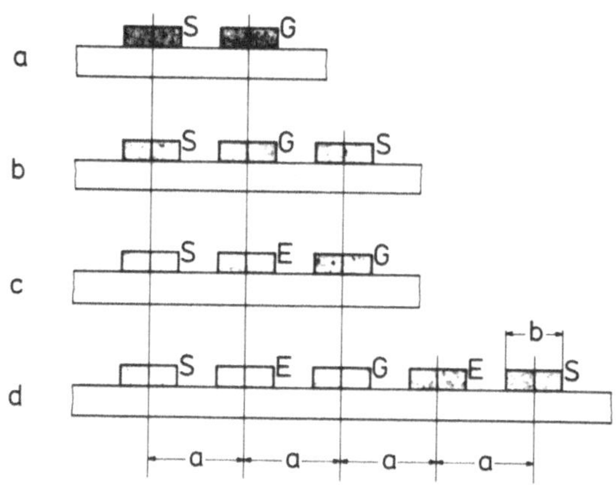

Bild 7.68 Kritische Leiterlängen für spezifische Leitungstopologien bei TTL-Schaltgliedern

Auf der Basis definierter gedruckter Leiter geben *K. Reiß*, *H. Liedl* und *W. Spichal* für Leiterbreiten von 0,6 mm „kritische Leiterlängen" auf der Materialbasis Epoxi-Glas an [7.19]. Die Ergebnisse der Untersuchung gelten für eine bestimmte TTL-Serie (FL 100) unter worst-case-Bedingungen der statischen Potentiale. Bild 7.68 zeigt die Leiterstrukturen und listet die Ergebnisse auf.

Es sei noch einmal betont, daß die Angaben, „kritische Länge" nur für die dargelegten Strukturdaten gelten und keineswegs für willkürliche Leiterkonzepte zutreffend sind.

Zieht man ein Resümee aus den Darlegungen dieses Abschnitts und erinnert die Ergebnisse der Schirmungsproblematik definierter Leiterstrukturen nach Abschnitt 4.5, so lassen sich für den störsicheren Aufbau von digitalelektronischen Schaltungen die Leiterformen coplanarer Leiter und coplanarer Feinleiter empfehlen.

7.2.2. Störsichere Versorgungsnetze

Die Problemstellung störsicherer digitalelektronischer Schaltungen nach vorigem Abschnitt ist zu ergänzen durch den Problempunkt induktivitäts- und verlustarmer Speiseleitungen. Durch die Verlustwiderstände der Leiterbahnen und deren Leitungsinduktivitäten können bei Spannungszuführungs- und Masseleitern unerwünschte Kopplungen der Schaltglieder dadurch auftreten, daß die Potentiallagen sich gegenseitig beeinflussen.

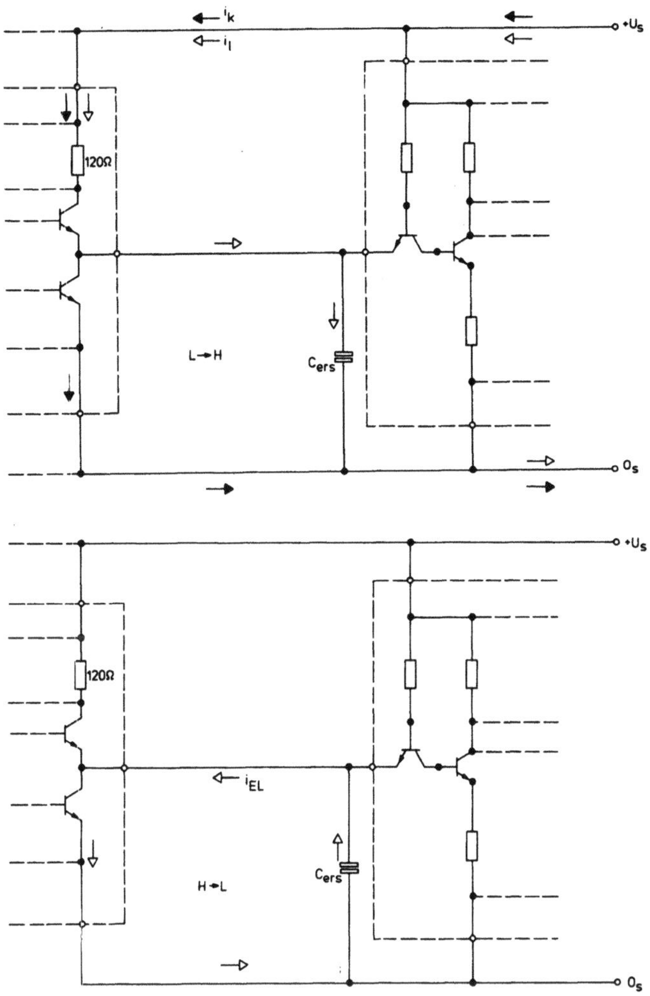

Bild 7.69 Strömungsschaubilder und Ersatzkapazität für die Schaltzustände L → H und H → L zweier TTL-Schaltglieder

Im stationären Zustand einer Schaltung sind nur die Verlustwiderstände der Versorgungsleiter von Bedeutung. Hierbei kann je nach Schaltzustand des einzelnen Schaltgliedes infolge von Spannungsabfällen in den Speiseleitungen das L-Potential angehoben werden und das H-Potential abgesenkt werden. Bei mehreren Schaltgliedern treten Mischzustände auf. Die Dimensionierung der Leiterbreite ist so zu treffen, daß alle Schaltglieder als im Schaltzustand höchster Stromaufnahme befindlich angesehen werden. Üblich sind Dimensionierungsbreiten zwischen 2 mm und 6 mm.

Bei den Schaltvorgängen der einzelnen Schaltglieder ist zur Dimensionierung das ersatzweise vorliegende Kapazitätsverhalten der betroffenen Versorgungsleiter und die daraus ableitbare Lade-/Entladeströmung zu betrachten. Für TTL-Schaltglieder ist die Lastkapazität im wesentlichen als aus der Eingangskapazität des gesteuerten Schaltgliedes und dem Kapazitätsbelag der Steuerleitung bestehend anzusetzen und ersatzweise am Eingang des gesteuerten Schaltgliedes gegen Masse anzusiedeln. Für die Schaltzustände L → H und H → L ergeben sich dann die in Bild 7.69 aufgezeichneten Strömungsschaubilder. Beim Übergang von L auf H sind die Batteriezuführungs- und die Masseleitung der Speiseleitungen belastet, dabei ist der fließende Ladestrom durch den Kollektorwiderstand bedämpft. Im Entladefall, beim Übergang von H auf L, ist nur der Masseleiter mit einem sehr hohen Entladestrom über die niederohmige Kollektor-Emitterstrecke belastet. Die entstehenden Umladestromspitzen können nun die an denselben Versorgungsleitungen angeschlossenen Schaltglieder durch Potentialverschiebung in ihrem Funktionsverhalten wesentlich beeinflussen, wenn die Versorgungsleiter nicht verlustarm und induktivitätsarm dimensioniert sind. Bei TTL-Schaltgliedern tritt zusätzlich in der Umschaltphase von L auf H wegen verzögerter Leitungszustände der Ausgangstransistoren kurzzeitig ein Kurzschlußstrom auf, der zu einer hohen Belastung der Versorgungsleiter führt. Diese Stromspitze kann zu Spannungseinbrüchen auf den Versorgungsleitung führen, was wiederum die Forderung nach verlust- und induktivitätsarmen Speiseleitungen unterstreicht, andererseits aber auch die Anwendung von Stützkondensatoren je Schaltgliedgruppe erforderlich macht. Die Stützkondensatoren sollen den Spannungseinbruch durch eine Pufferwirkung auffangen. Bei TTL-Schaltgliedern verwendet man erfahrungsgemäß je einen Kondensator von 1μF für 4 Schaltglieder.

In Bild 7.69 wird weiterhin deutlich, daß die Strombelastung der Versorgungsleiter bei einer Reihung von Schaltgliedern an einem einzigen Spannungs- und Masseleiter ungünstiger ist als eine zumindest für Gruppen von Schaltgliedern durchgeführte separate Leitungsführung. Dies spricht für eine weitgehende Vermaschung des Versorgungssystems. Zusammenfassend ist für ein störsicheres Versorgungsnetz zu fordern:

1. weitgehende Vermaschung des Versorgungssystems,
2. induktivitätsarme Leitungsauslegung auch unter der Prämisse des Punktes 1,
3. widerstandsarme Leitungsauslegung,
4. Auslegung des Versorgungsnetzes mit weitgehend kapazitiven Stützeigenschaften.

Eine Analyse von Vollflächen-Versorgungssystemen im Format der Europakarte (100 mm · 160 mm) gibt Aufschluß über erreichbare Funktionsdaten, wie sie aus den Berechnungsgrundlagen des Kapitels 4 und den Diagrammen und Arbeitsdiagrammen findbar sind. In Bild 7.70 sind die

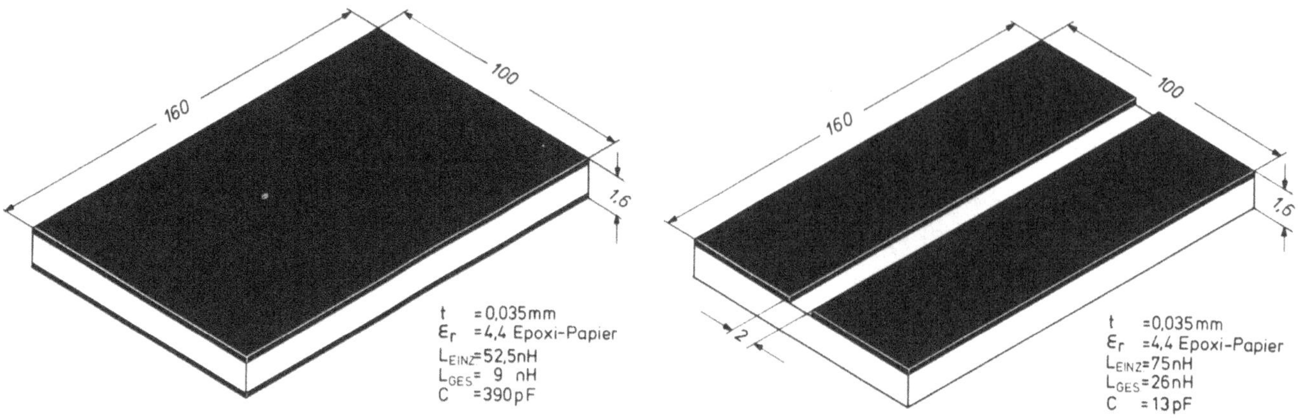

Bild 7.70 Geometriedaten und Funktionsparameter von Vollflächen-Versorgungssystemen

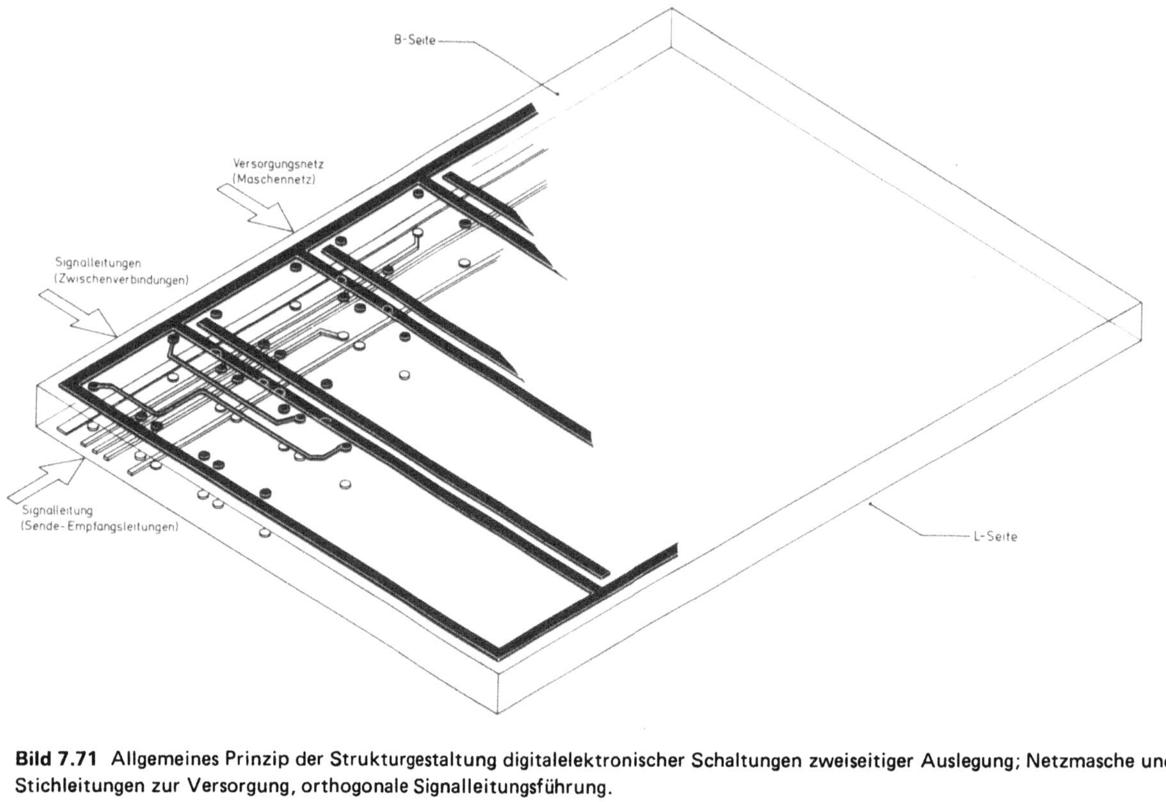

Bild 7.71 Allgemeines Prinzip der Strukturgestaltung digitalelektronischer Schaltungen zweiseitiger Auslegung; Netzmasche und Stichleitungen zur Versorgung, orthogonale Signalleitungsführung.

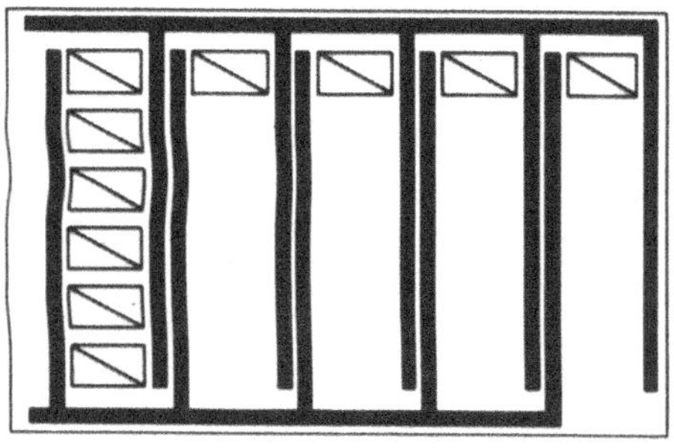

PC1
Bestückung : 30IC-14-polig
Format : E-Karte
Leiterbreite : 3mm

Bild 7.72 Versorgungssystem mit ausschließlich einseitiger Leitungsführung (PC1)

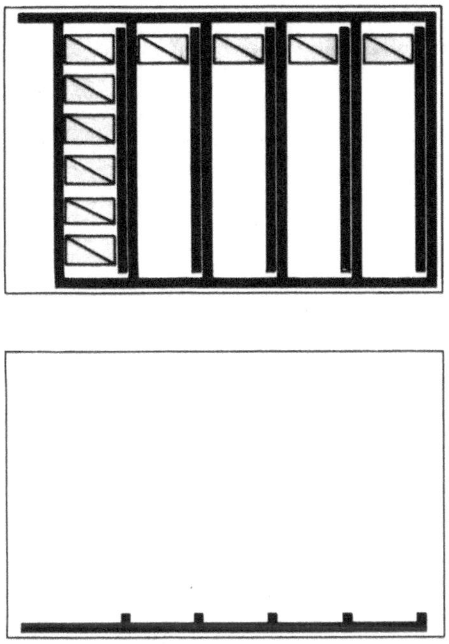

PC 2
Bestückung: 30 IC-14-polig
Format : E-Karte
Leiterbreite: 3mm

Bild 7.73 Versorgungssystem mit O_s-Maschennetz und U_s-Stichleitungen (PC 2)

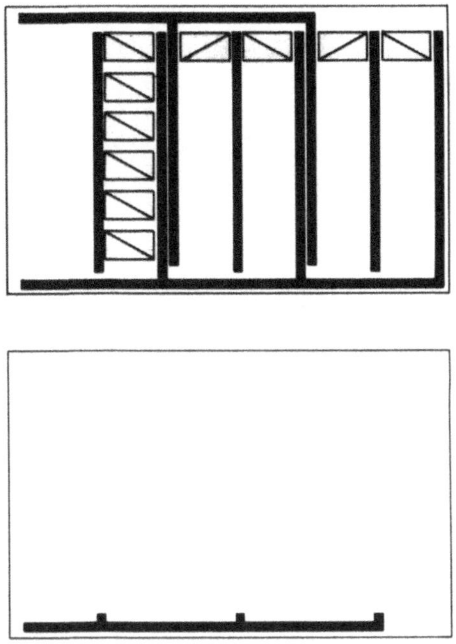

PC 3
Bestückung : 30IC-14-polig
Format : E-Karte
Leiterbreite : 3 mm

Bild 7.74 Versorgungssystem mit zweifach O_s-Fächer (PC 3)

Geometriedaten und Funktionsparameter verzeichnet. Es zeigt sich, daß der Bandleitungstyp die günstigeren Daten aufweist. Insbesondere ist die geringere Gesamtinduktivität aus Hin- und Rückleiter und die größere Stützungskapazität von Interesse. Was die Problematik der separaten Zuführung für einzelne Schaltgliedgruppen anbetrifft, so bedeuten Maschennetze einen Aufbruch der Vollfläche und damit ein Verschlechtern der Funktionsparameter. Die Art wie Vollflächen zu Maschennetzen strukturiert werden, sollte immer unter dem Gesichtspunkt der günstigen Strömungsverhältnisse auf Hin- und Rückleiter und damit auf optimale Induktivitätsauslegung hin getroffen werden.

Nachfolgend werden Versorgungssysteme besprochen und empirische Untersuchungen ihres Funktionsverhaltens angegeben. Allen Netzen liegen als Bestückungselemente 14–16 polige DIL-Gehäuse und die Schaltungspraxis zugrunde, zu diesen Elementen auf einer zweiseitig strukturierten Leiterplatte einen Signalleitungszugriff nach Bild 7.71 zu erreichen.

In den Bildern 7.72 bis 7.74 sind jeweils Versorgungssysteme dargestellt (PC 1, PC 2, PC 3), die unterschiedlichen Strukturaufbau aufweisen, aber alle für 30 DIL-IC und eine Leiterbreite von b = 3 mm ausgelegt sind. Die Struktur PC 1 ist ausschließlich einseitig ausgelegt und weist ein gleichgestaltetes Speisesystem für O_s und U_s auf. PC 2 weist ein O_s-Maschennetz mit U_s Stichleitungen auf, die von der Plattenrückseite versorgt werden. Schließlich ist PC 3 so ausgelegt, daß ein zweifaches O_s-System und U_s-Stichleitungen vorhanden sind. Um über die Leitungsinduktivität der einzelnen Systeme Aussage machen zu können, werden an den jeweiligen IC-Plätzen (6 Spalten, 5 Reihen) Kurzschlußbrücken, den Versorgungsstrompfad simulierend, gleichsinnig angeschlossen. Das Diagramm Bild 7.75 zeigt den Induktivitätsverlauf bei steigender Zeilen und Reihenbelegung in Abhängigkeit von Anzahl und Orientierung der Kurzschlußbrücken. Dabei wird deutlich, daß alle PC nach Auffüllen der 6. Spalte und 1. Zeile auf einen Endwert zustreben, und daß PC 3 die deutlich besseren Induk-

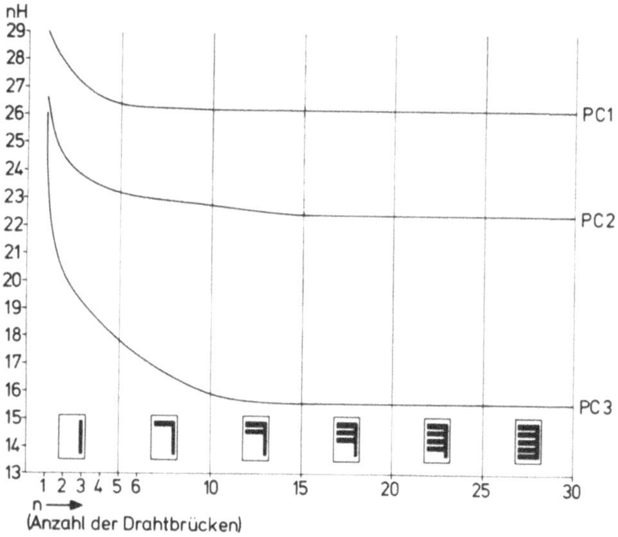

Bild 7.75 Induktivitätsverlauf der Versorgungssysteme PC 1, PC 2, PC 3 in Abhängigkeit der DIL-Zeilen- und Reihenbelegung

tivitätseigenschaften aufweist. Dies hat seine Begründung in dem günstigen Strömungsverhalten des zweifachen O_s-Fächers. Die Strukturkapazität ist erwartungsgemäß klein.

Für Leiterplatten im doppelten Europaformat zeigen die Bilder 7.76 und 7.77 je ein Versorgungssystem (PC 4, PC 5) mit einseitiger Leiterauffächerung (PC 5) und mit O_s-Maschennetz und U_s-Stichleitungen (PC 4). Die IC-Aufnahmekapazität ist unterschiedlich. Zur Untersuchung der Qualifikation der Netzwerke wird das Verfahren von PC 1 – PC 3 angewandt. Die Struktur hat eine Leiterbreite von b = 2 mm. Diagramm Bild 7.78 zeigt den Induktivitätsverlauf bei variierter Brückenzahl. Tendenziell stellt sich das zu erwartende Verhalten ein. Die absolute Höhe des Induktivitätswertes liegt weit über dem Vollflächenwert.

Die Funktionsparameter von Vollflächenversorgungssystemen werden in allen Netzstrukturen nicht erreicht. Ohnehin ist die Anwendung von Vollflächen auf Mehrebenenschaltungen beschränkt, wodurch unterstrichen wird, daß sich bei Mehrebenenschaltungen ein störsicheres Versorgungssystem aufbauen läßt. Mehrebenenschaltungen oder Multilayer erfordern bei hoher Kontaktierungsdichte zweckmäßigerweise sog. gerasterte Versorgungsnetze (gerasterte Vollflächen), bei denen die Vollfläche durch ein Maschennetz aus orthogonalen Feinleitern oder durch ein lochbehaftetes Feinleiternetz ersetzt wird. In Bild 7.79 sind Ausschnitte der Strukturgeometrie verzeichnet. Die empirisch ermittelten Funktionsdaten L, C, R in Abhängigkeit von der Flächengröße zeigen die folgenden Diagramme. Das Bild 7.80a–c zeigt die Ergebnisse für das Rasternetz ML-PC 1. Die Flächengröße von 160 cm^2 entspricht der der Europakarte. Das Bild 7.81a–b zeigt die Ergebnisse für das

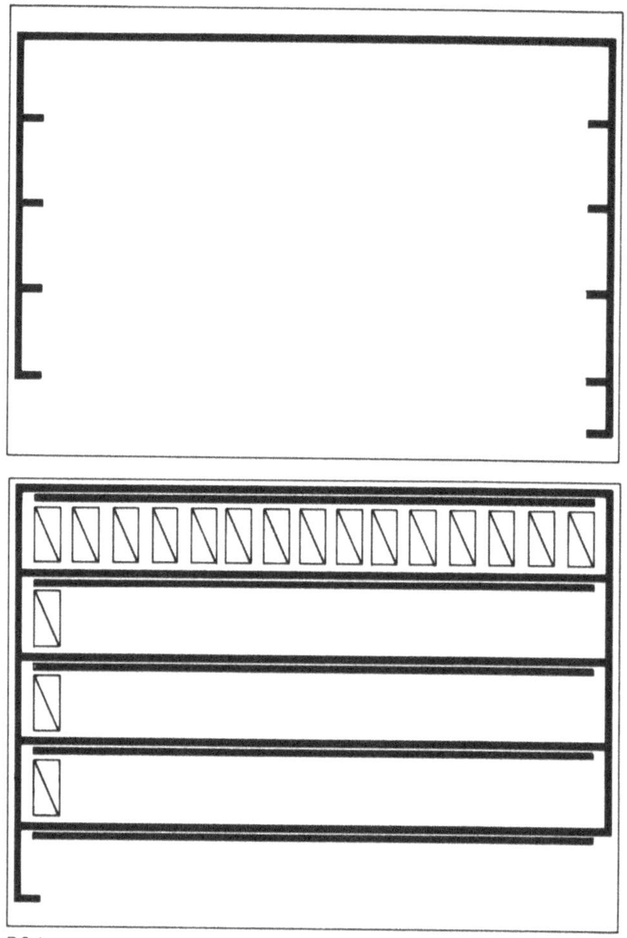

PC 4
Bestückung : 60 IC-16-polig
Format : Doppel-E-Karte
Leiterbreite : 2mm

Bild 7.76 Versorgungssystem mit O_s-Maschennetz und U_s-Stichleitungen bei Leiterplatten im doppelten Europaformat

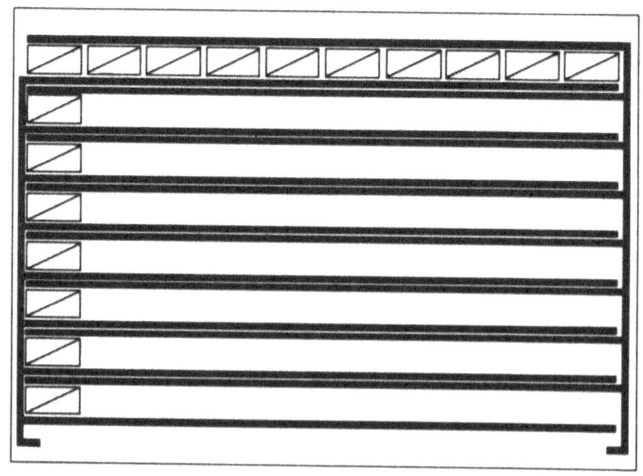

PC 5
Bestückung : 80 IC-16-polig
Format : Doppel-E-Karte
Leiterbreite : 2mm

Bild 7.77 Versorgungssystem mit einseitiger Leiterauffächerung bei Leiterplatten im doppelten Europaformat

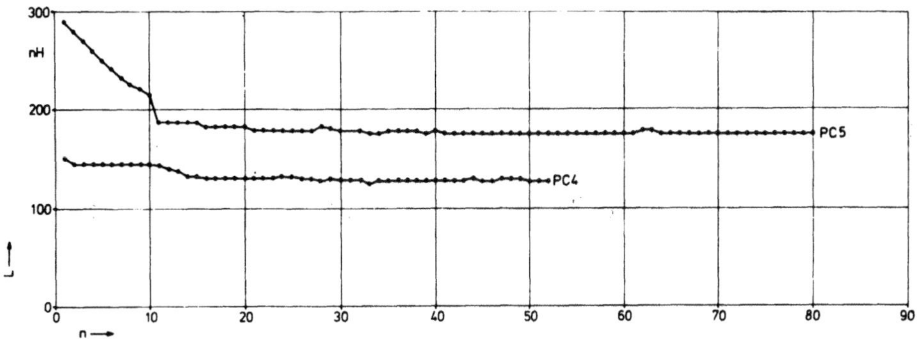

Bild 7.78
Induktivitätsverlauf der Versorgungssysteme PC 4, PC 5 in Abhängigkeit der DIL-Zeilen- und Reihenbelegung

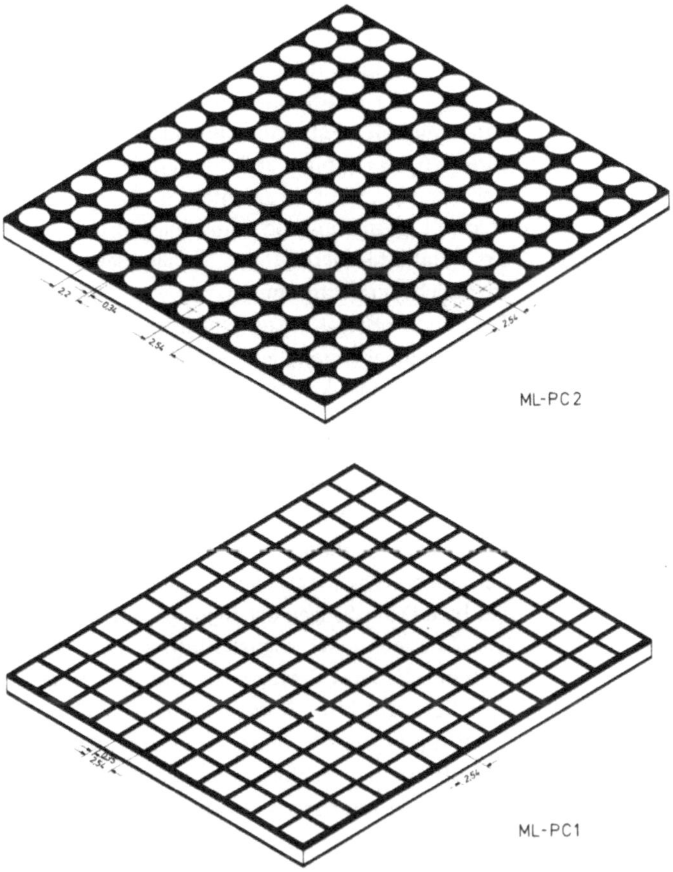

Bild 7.79 Formen gerasterter Versorgungssysteme

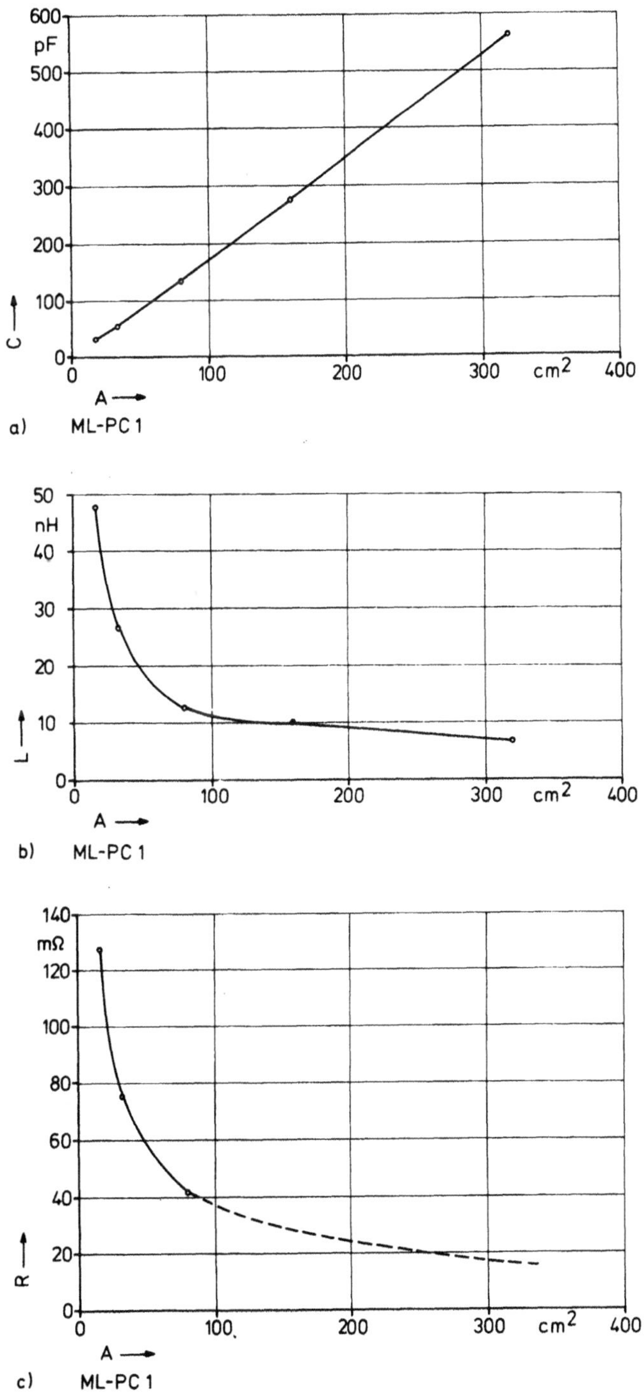

Bild 7.80 a)–c) Abhängigkeiten L(A), C(A), R(A) für das Rasternetzwerk ML-PC1

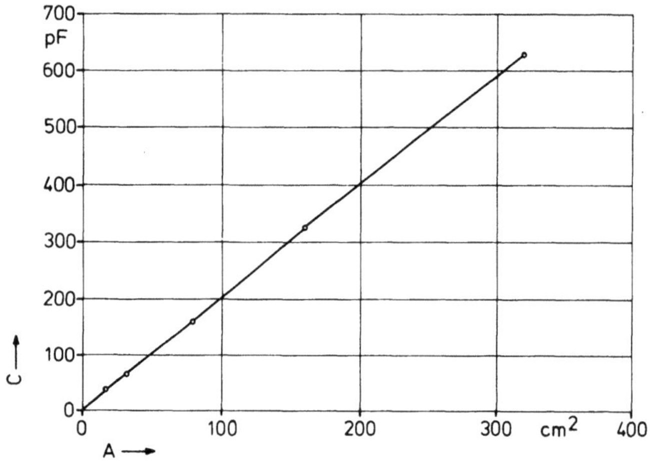

a) ML-PC 2

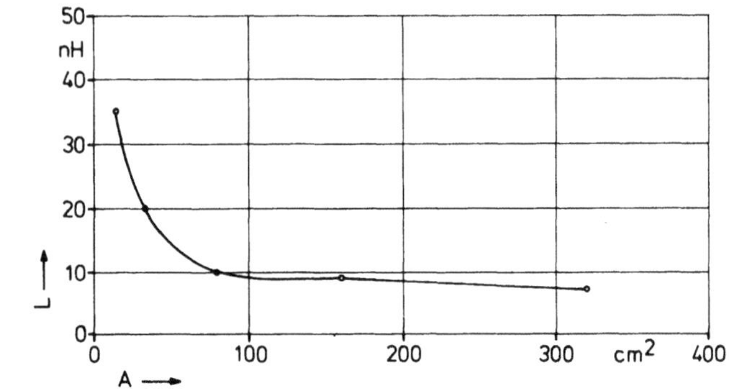

b) ML-PC 2

Bild 7.81 a)–b) Abhängigkeiten L(A), C(A) für das Lochrasternetzwerk ML-PC2

Lochrasternetz ML-PC 2. Beide Versorgungsnetze weisen ein der Vollfläche vergleichbares Induktivitätsverhalten auf. Das Kapazitätsverhalten ist um die Anteile der inneren Freiflächen geringer, wobei lochbehaftete Feinleiternetze eine geringfügig höhere Kapazität aufweisen. Die Ergebnisse entstammen Studienarbeiten über Versorgungssysteme [7.20], [7.21].

7.2.3 Zweiseitige gedruckte Schaltungen

Die weitaus häufigste Anwendung gedruckter Schaltungen in der Digitalelektronik erfolgt als zweiseitige Schaltung. (Zwei-Ebenen-Schaltung) mit Durchkontaktierung. Die Leiterplattenformate sind auf die Europakartenformate 100 mm · 160 mm und 160 mm · 233,4 mm konzentriert. Als Strukturierungsverfahren sind zur Zeit alle bekannten Durchkontaktierungsverfahren in der Anwendung.

Als Strukturdaten sind die unter Fein- und Feinstleitertechnik aufgeführten Möglichkeiten der Tafel 4.9 gebräuchlich.

7.2.3.1 Entwurfssystematik

Ausgehend von den Schrittfolgen der Systematik Tafel 5.1 sind folgende Gestaltungsmerkmale signifikant:

(1) Die Betriebsfrequenz der Schaltung (kürzeste Schaltflankendauer, Pulsfrequenz) macht die Kenntnis der frequenzabhängigen Größen ϵ_r und $\tan\delta_c$ erforderlich. Insbesondere dann, wenn definierte Leiterstrukturen bei schnellen digitalelektronischen Schaltungen angewandt werden, ist diese Kenntnis notwendig.

(2),(7) Die Potentialstruktur bei gleichförmiger Erregung bestimmt die statische Störsicherheit der Schaltung. Bei pulsförmiger Erregung führt die Analyse der Wechselwirkungszusammenhänge von Laufzeit, Schaltflankendauer und Übersprechen im Hinblick auf die dynamische Störsicherheit zu Strukturparametern wie Leitungslänge, Leitungsabstand, Leitungsführungsprinzip, Platzorientierung der Schaltglieder (Betriebsrichtungskriterium).

(3) Thermische Belastung durch Stromwärme spielt eine Rolle bei Schaltgliedendstufen.

(4) Die Leitungsinduktivität ist entscheidend für die Auslegung der Speiseleitungen.

(5) Der Dämpfungsbelag der Speiseleitungen ist für die statische und dynamische Störsicherheit mit entscheidend. Hier besteht ein Wechselwirkungszusammenhang zu (4).
Bei langen Signalleitungen (> 300 mm) treten spürbare Dämpfungen der Signalgrößen auf.

(6) Die Auslegung der Signalleitungen nach definiertem Wellenwiderstand ist nur bei eindeutiger Leiterstruktur (Kapitel 4) möglich. Die aus Quell-/Lastanalysen findbaren Werte der Wellenwiderstände machen eine sorgfältige Auswahl des Basismaterials und des Strukturierungsverfahrens erforderlich. Die Höhe des Wellenwiderstands (> 100 Ω) bestimmt ein eng toleriertes Strukturierungsverfahren. Bei der Auslegung der Signalleitungen nach definiertem Wellenwiderstand ist der Wechselwirkungszusammenhang zu (2),(7) gegeben.

(8),(9) Anschlußflächen und Zwischenverbindungen sollten die definierte Leiterstruktur nicht beeinträchtigen. Da diese Forderung für reine Zwischenverbindungen (Durchsteigeverbindungen) nicht erreichbar ist, ist die definierte Leiterstruktur von reinen Zwischenverbindungen freizuhalten.

(10) Vom Standpunkt der größtmöglichen Packungsdichte ist die Wahl von einer Orientierungsachse, die ±-Wertigkeit haben kann, optimal.

Der notwendige Zugriff zu den Anschlußelektroden der IC und Richtungskriterien (Übersprechen), lassen eine optimale Auslegung nicht immer zu. Insbesondere sind definierte Leiterstrukturen platzaufwendiger. Die Strukturdarstellung des Systems 4 nach Tafel 4.9 ist nur selten anwendbar.

⑫ Die Anwendung des Miniaturisierungsprinzips ist eine häufige Notwendigkeit der Digitalelektronik. In der extremen Auslegung sind nur Feinstrukturen nach Tafel 4.9 anwendbar oder Mischstrukturen wie System 2. Feinstrukturen erfordern präzise Strukturierung hoher Genauigkeit.

⑱, ⑲ Tendenziell sind Additivverfahren die angemessenen Verfahren.

⑳, ㉒ Die Toleranzanforderungen an das Druckverfahren sind hoch. Sie sind aus den zulässigen Toleranzen der Leiterstruktur ableitbar. Es kommen weitgehend Präzisionsverfahren in Betracht, wobei den von Lichtzeichenmaschinen erstellten Druckwerkzeugen steigende Bedeutung zukommt.

㉒ Bei extremen Toleranzanforderungen sind konstruktive Toleranzkompensationen notwendig.

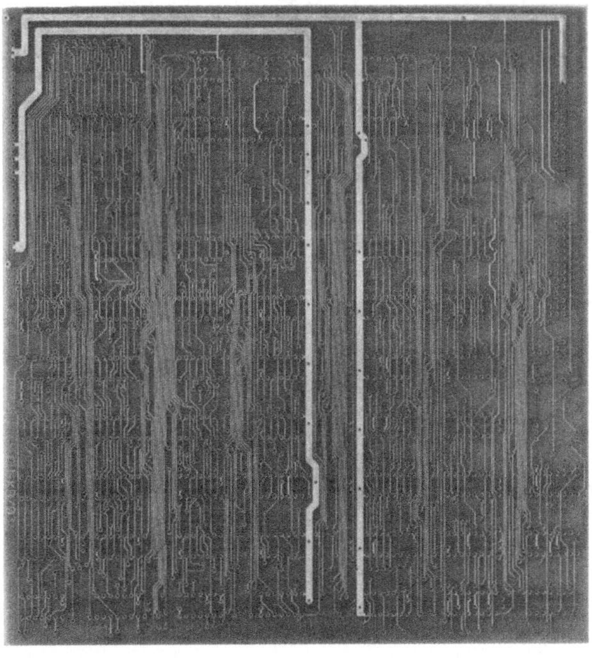

Bild 7.82 Typische Strukturgestaltung einer großformatigen Leiterplatte für digitalelektronische Anwendungen; Pb/Sn-Metallisierung aufgeschmolzen

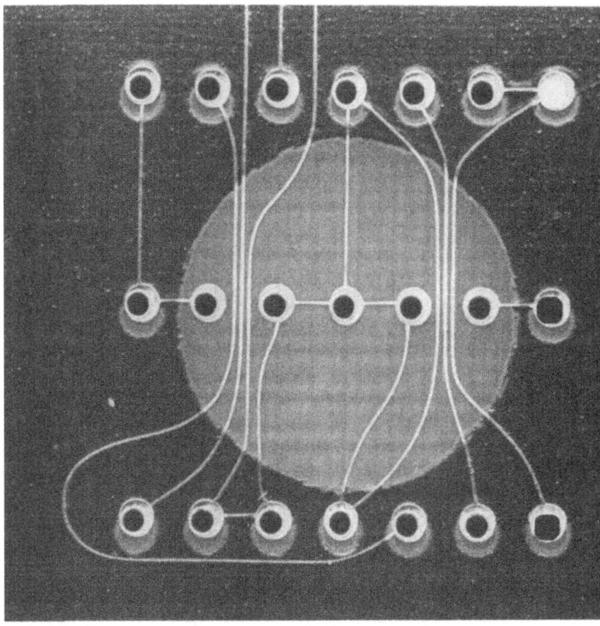

Bild 7.83 Strukturdetail der Feinstleitertechnik im Bereich der IC-Zwischenverbindungen; Feinstleiter mit 0,1 mm Breite

Bild 7.84 Strukturdetail der Feinstleitertechnik mit Leiterbreiten von 0,1 mm und Anschlußflächen von 0,8 mm Durchmesser

7.2.3.2 Strukturbeispiele

Die nachfolgenden Fotografien zeigen typische Strukturbeispiele und Details von Strukturen. Bild 7.82 stellt eine großformatige Leiterplatte dar. Alle Signalleiter und die Anschlußflächenumrandungen haben eine Breite von 0,18 mm Die Breite der Speiseleitungen beträgt 2,5 mm. Die Speiseleitungen selbst sind nur als zentrale Versorgungsleitungen anzusehen. Eine Vermaschung wird nicht durchgeführt. Alle Leiter sind mit einer Pb/Sn-Metallisierung versehen, die aufgeschmolzen ist. Das Leitungsführungsprinzip ist für die ge-

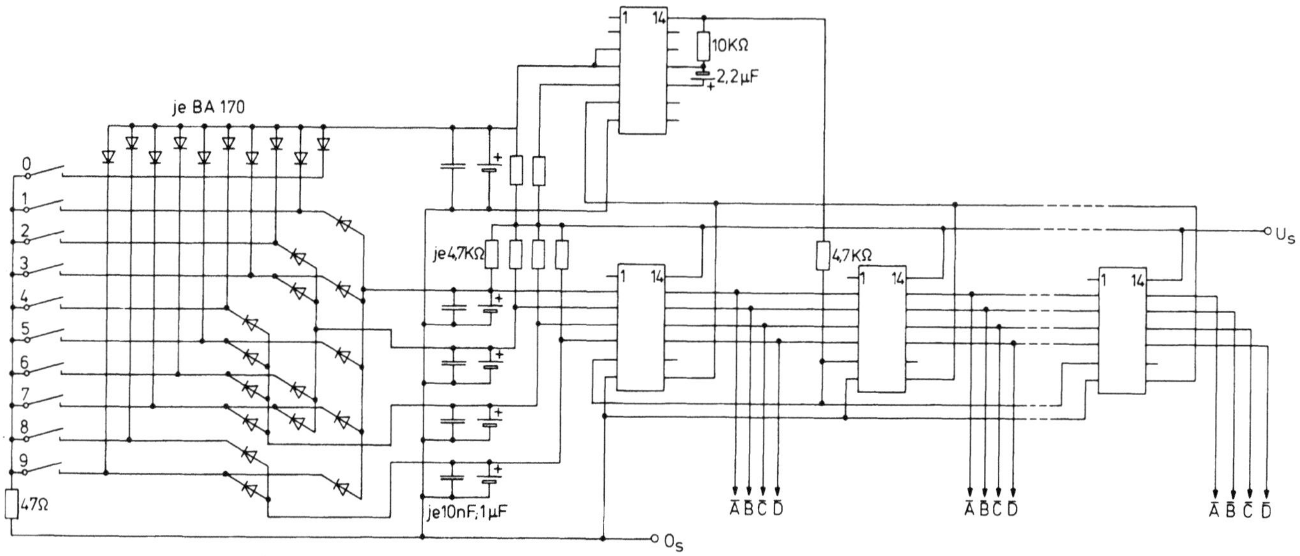

Bild 7.85 Stromlaufplan für eine Tastenvorwahl eines numerischen Tastenblocks

zeigte Seite der Längsachse folgend angelegt. Leitungsknicke werden unter 45° vorgenommen. Der engste Leiterabstand beträgt 0,4 mm. Benachbarte IC-Zwischenverbindungen werden maximal einmal durchfahren.

Bild 7.83 zeigt ein Strukturdetail dreier 0,1 mm breiter Leitungen, die zwei benachbarte IC-Zwischenverbindungen durchfahren. Dieses Detail ist als eine gegenwärtige Grenztechnologie anzusehen.

Vergleichbar dem vorstehenden Bild weist auch Bild 7.84 mit einer Leiterstruktur von 0,1 mm breiten Leitern und 0,8 mm breiten Anschlußflächen der Zwischenverbindungen den gegenwärtigen technologischen Grenzfall aus.

7.2.3.3 Druckvorlagenbeispiele

Den Stromlaufplan einer Tastenvorwahl für einen numerischen Tastenblock zeigt Bild 7.85. Der Plan ist auf die O_s-Speiseleitung hin vervollständigt. Die Stiftbelegung ist eindeutig.

An dieser Stelle sei noch einmal darauf hingewiesen, daß die Stromlaufvariante der Digitalelektronik, die sog. Logikpläne, eine besondere Präparation erforderlich machen, da hier meist jedes Versorgungssystem fehlt und der Plan nicht aus stiftbelegten IC-Blocks, sondern aus Logiksymbolen aufgebaut ist, was die Präparation erschwert.

Der Plan selbst weist eine Reihe von Kreuzungsregionen auf, für deren kreuzungsfreie Auflösung zwei Strukturseiten zur Verfügung stehen. Hierdurch ist das Kreuzungsproblem einfach lösbar.

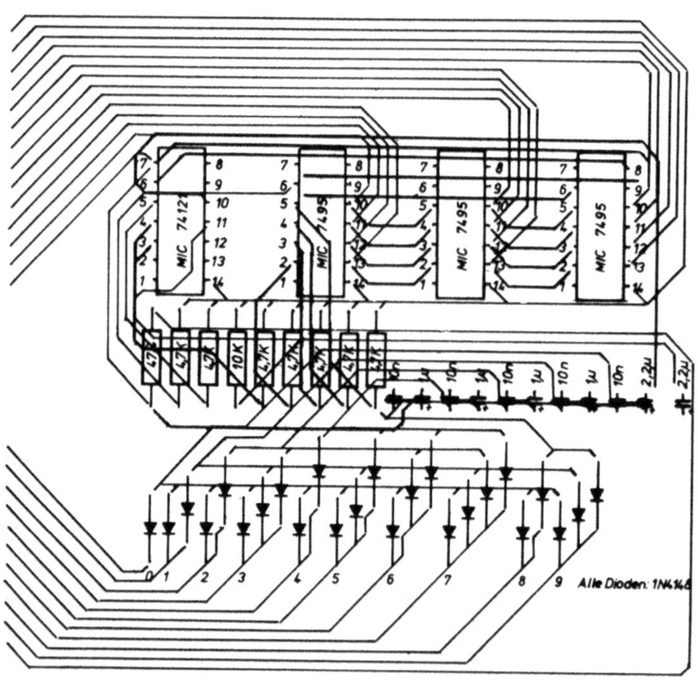

Bild 7.86 Layout der Leiterstruktur der Tastenvorwahlschaltung nach Bild 7.85

Bild 7.86 zeigt das Layout der Lösung [7.22] nebst der Strukturliste, Tafel 7.3. Der Entwurf weist folgende Merkmale auf:

- Feinleiterstruktur,
- Leitungsführungsprinzip, längs, quer,
- 45°-Knickung,
- Elementübergriff (Diodenmatrix),
- einmaliges Stiftdurchfahren,
- eine Orientierungsachse der Bestückungselemente.

Eine kritische Analyse im Hinblick auf die Entwurfssystematik erbringt:

① Da es sich um eine quasistatische Betriebsart handelt (einmalige oder in langsamer Folge getätigte Zifferneingabe), wird dem ϵ_r (f) keine Bedeutung beigemessen.

②,⑦ Die quasistatische Betriebsart läßt die Auslegung nur nach DC-Störgrenzwertkurven zu.

④,⑤ Die Speiseleitungen werden wie die Signalleitungen dimensioniert. Das zur Betriebsart Gesagte läßt diesen Schluß zu, jedoch bleibt zu berücksichtigen, ob die relativ geringe Leiterbreite der Speiseleitungen den worst-case-Fall sicherstellt. Die Signalleitungsdimensionen sind relativ unkritisch, jedoch ist die Gestaltungskonzeption so, daß sehr lange Leiter vorkommen. Zumindest ist die Obergrenze der „kurzen Leitung" erreicht oder wird überschritten.

⑥ Eine Auslegung nach definiertem Wellenwiderstand erfolgt nicht (reines Verbindungsleitungskonzept).

⑩, ⑫ Die Struktur ist im Hinblick auf einen optimalen Packungsmodul nicht ausgelegt. Auch sind die teilweise sehr langen Leitungen zur Steckerleiste (Tastaturanschluß, Vergleicheranschluß) durch die Konzeption der IC-Plazierung ungünstig.

In den Bildern 7.87 und 7.88 sind abschließend die beiden Druckvorlagenzeichnungen wiedergegeben. Die Lötseite ist Seitenverkehrt gezeichnet.

Beispiele für komplexe Schaltungen der Speichertechnik zeigen die Bilder 7.89 und 7.90. Deutlich werden die grundsätzliche Längs-/Querverdrahtung der beiden Leiterplattenseiten, die Durchkontaktierungen als Elementaufnahme und die Durchsteigekontaktierungen. Daneben aber sind vermaschte Netze mit sehr breiten O_s-Maschen sowie Schirmungsstege und coplanare Leitungsansätze erkenntlich.

Hier zeigt sich, daß die hohen Anforderungen an Störsicherheit ein hohes Maß an komplexer Strukturgestaltung erfordern.

Tafel 7.3: Strukturliste zu Layout Bild 7.86

Strukturdaten

Fachhochschule Dortmund	
Fachbereich Nachrichtentechnik	
Schwerpunkt :	
Layout - Bezeichnung :	Nr :
Bearbeiter :	Datum :
Prüfer :	Datum :

Entwurfsmaßstab :	
Rastereinteilung im Maßstab 1:1	2,50 mm ☐
	2,54 mm ☐
Anzahl der strukturierten Ebenen je Platte	1☐ 2☐

Durchkontaktierung :	ja ☐	nein ☐
Plattenabmessungen :	mm ×	mm

Ansicht auf Ebene : ☐
(Bestückungsebene B, Lötebene L)

Leiterbahnen :

Farbe	Breite	Toleranz	Fertigungskl.	auf Ebene
Rot	mm	mm		
Gelb	mm	mm		
Braun	mm	mm		
Grün	mm	mm		
Blau	mm	mm		
Schwarz	mm	mm		

Anschlußflächen :

Lötaugen :

Symbol	Bohrungs-Φ	Augen-Φ	Toleranz	Fertigungskl.
	mm	mm	mm	
	mm	mm	mm	
	mm	mm	mm	
	mm	mm	mm	

Steckerflächen : (direkte Stecker)

Farbe	Abmessungen	Mittenabstand	Polzahl
Rot	mm × mm	mm	
Blau	mm × mm	mm	
Schwarz	mm × mm	mm	

7.2.3.4 Druckvorlagenentwurf in präprariertem Makro

In Abschnitt 4.1.1.3 und angewandt in Abschnitt 5.3 wurde über die Zweckbestimmung von Makros referiert. Diese Makros wiesen neben den Anschlußflächen das Versorgungssystem auf. Der nächste Schritt ist der, daß man das Makro so weit präpariert, daß auch mögliche Signalleitungen enthalten sind. Beim Entwurf von Druckvorlagen werden diese Makros als Orientierungshilfen für die Leiterstruktur genutzt und überflüssige Leiterstücke oder Regionen während der Entwurfsarbeit entfernt. Eine solche Entwurfsmethode ist in der Digitalelektronik verbreitet.

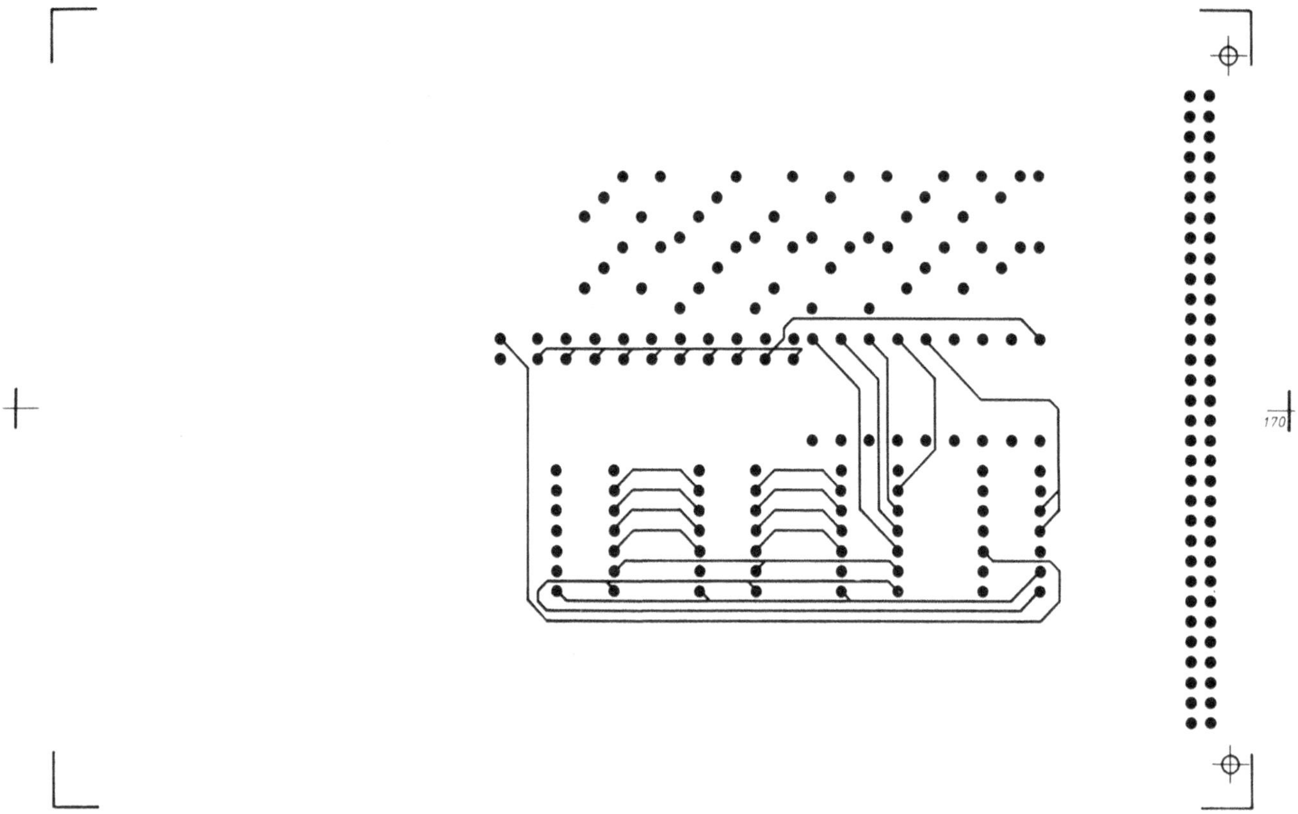

Bild 7.87 Druckvorlage B-Seite der Tastenvorwahlschaltung

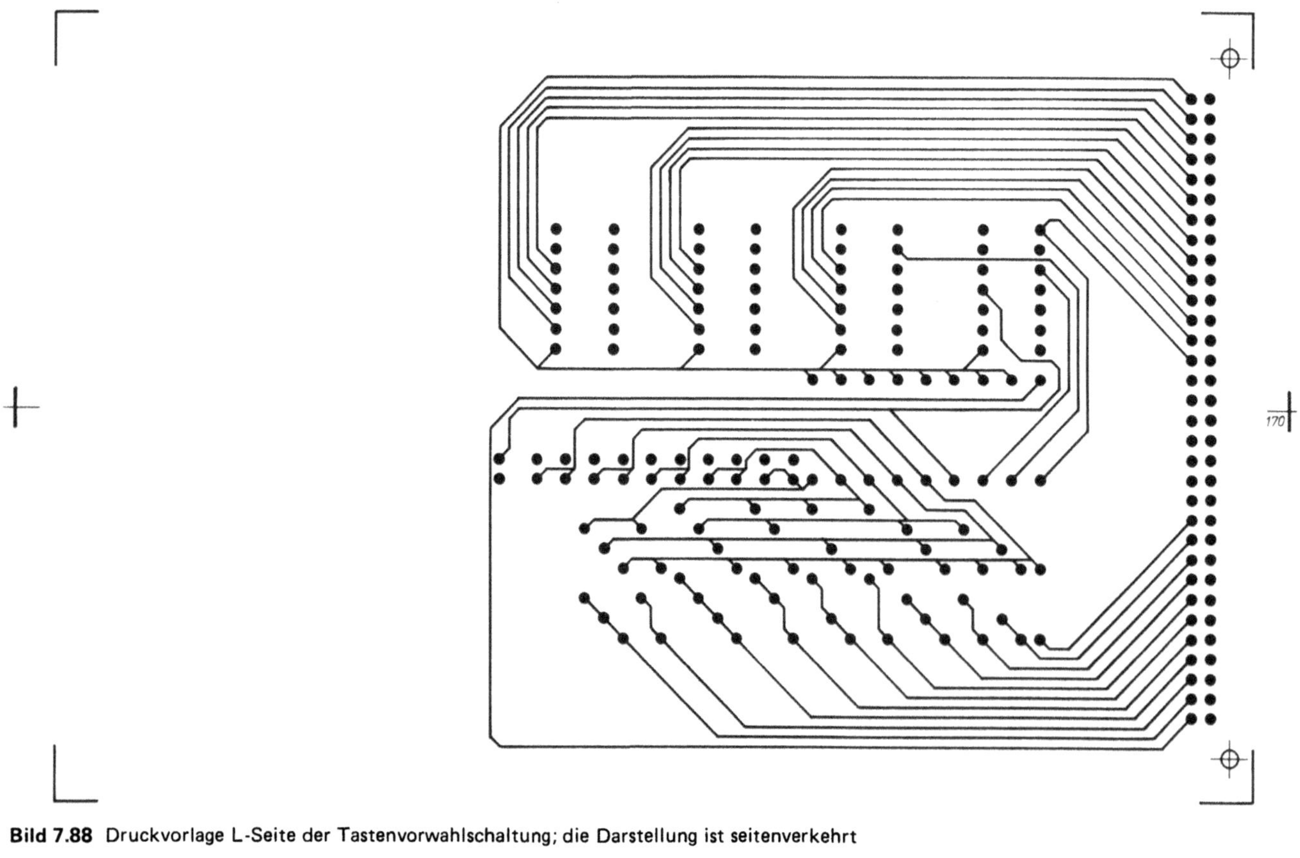

Bild 7.88 Druckvorlage L-Seite der Tastenvorwahlschaltung; die Darstellung ist seitenverkehrt

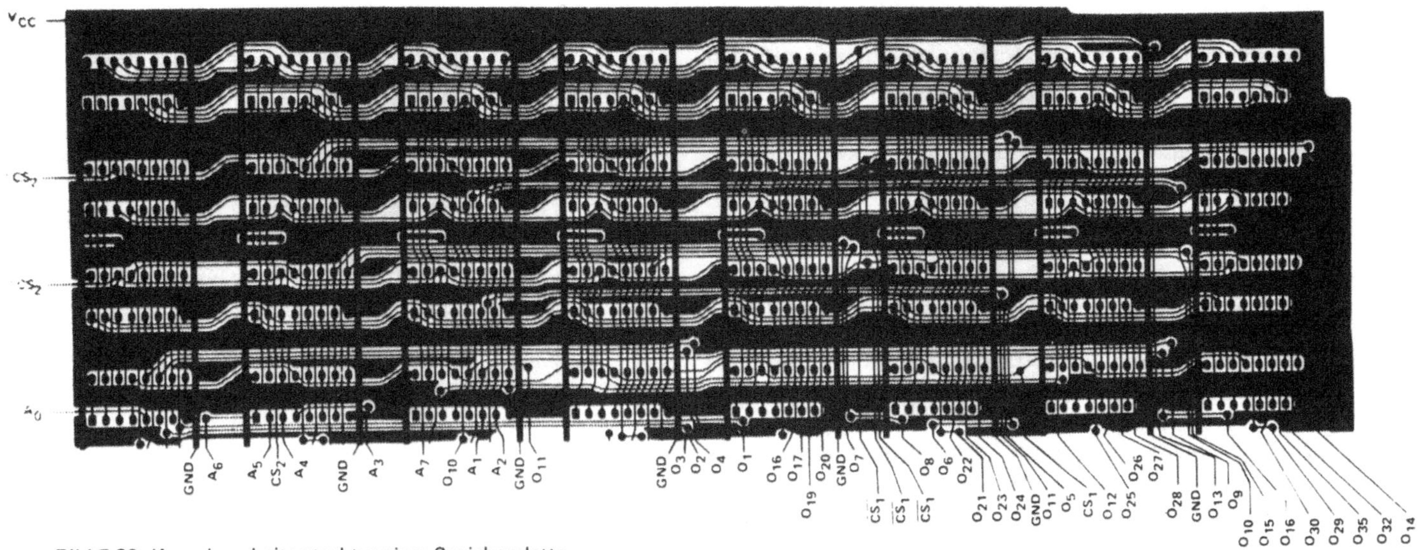

Bild 7.89 Komplexe Leiterstruktur einer Speicherplatte

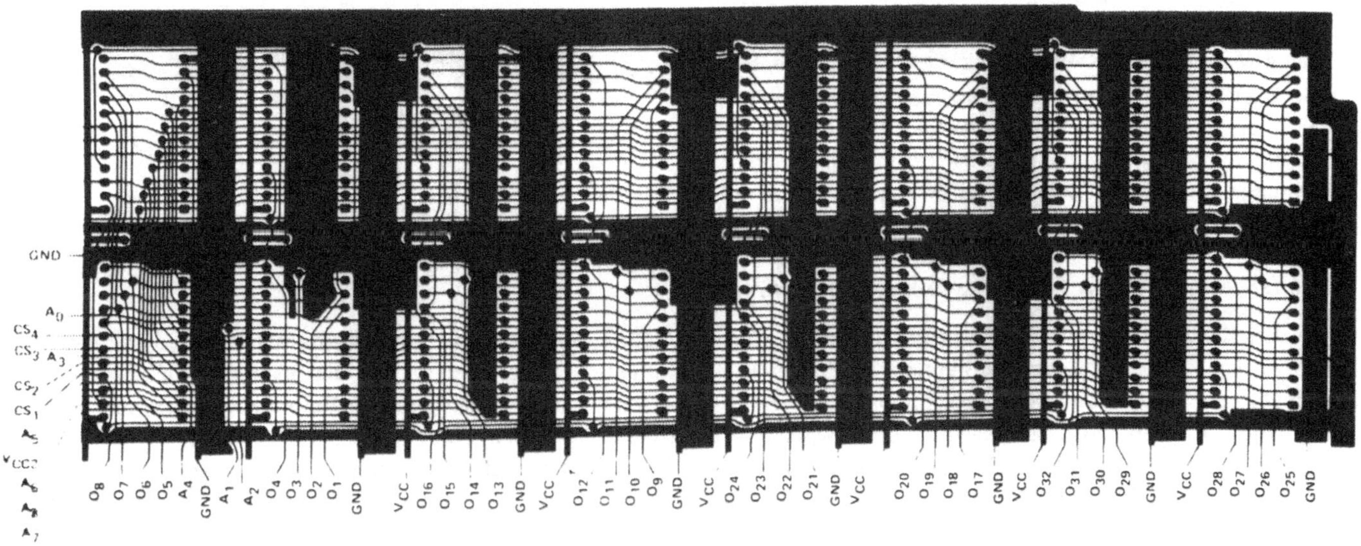

Bild 7.90 Komplexe Leiterstruktur einer Speicherplatte

Für Leiterplatten im doppelten Europaformat zeigt Bild 7.91 die B- und L-Seite eines Makros mit Feinleiter und einem gefächerten Versorgungssystem.

7.2.4 Multilayer

Im Abschnitt 7.1.3 wurde in Zusammenhang mit analogelektronischen Schaltungen die Definition Multilayer gegeben, wurden die Systemarten demonstriert und der prinzipielle Schichtungsaufbau dargestellt. An diese allgemeinen Festsetzungen sei erinnert, wenn nunmehr über Multilayer des digitalelektronischen Schaltungsbereichs berichtet wird; Leiterstrukturen also mit einem hohen Integrationsgrad und folgenden Spezifika und Anwendungsmerkmalen:

1. Reduktion der Leitungslänge und damit verbunden, Reduktion der Leitungsinduktivität und Lösung des Problems der „langen Leitung",
2. Aufbau von Leitungssystemen definierter Leitungseigenschaften,
3. Aufbau von Versorgungssystemen mit geringer Leitungsinduktivität und hohen kapazitiven Stützeigenschaften,
4. Realisierung von Schirmungsflächen zum Schutz gegen innere und äußere Störquellen,

5. Realisierung von Kühlflächen zur Verlustleistungsabfuhr,
6. Verbindungsaufbau für Integrationsmodule mit den Merkmalen einer eindeutigen, kostengünstigen, reproduzierbaren und leichten Verdrahtung,
7. Verbindungsaufbau als Steckkarten-Rückwandverdrahtung zum Ersatz für konstenungünstige und fehlerbehaftete Kabelsysteme,
8. Aufbau von Leistungsverteilungssystemen für Steckkartensysteme.

Der nachfolgende Besprechungsumfang beschränkt sich auf die anwendungstechnisch bedeutsame Form des Multilayers mit Durchkontaktierung. Sie behandelt nur die konstruktiven Sachverhalte und läßt die sehr komplexen Verfahrenstechnologien und die kritischen Werkstoffragen ohne Berücksichtigung. Die Multilayer-Technologie scheint noch nicht völlig abgeschlossen, und eine Menge firmeneigener Entwicklungsarbeit blieb bislang ohne Publikation. Zum Quellenstudium der Verfahrenstechnologie wird an älterer und neuerer Literatur empfohlen:
[7.24], [7,25], [7.26], [7.27], [7.28], weiterhin die IPC-Publikationen IPC-ML-910A, IPC-ML-950A, IPC-ML-975, IPC-ML-L-108, IPC-L-109, IPC-L-110A, IPC-L-130 und das neuere Material des IPC-Printed-Wiring—Design-Guide, Section 5 (1977/1978). In engem Zusammenhang mit Multilayer stehen die IPC-Abhandlungen über Durchkontaktierungen und die Abhandlungen über technologische Beurteilungskriterien in IPC-A-600C. Über Werkstoffragen unterrichtet [7.29], [7.30], [7.31].

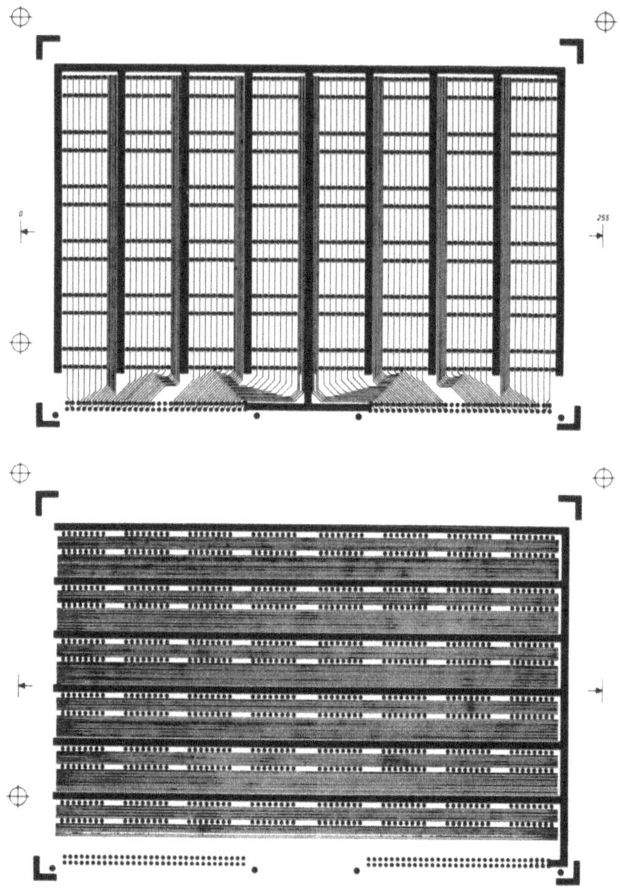

Bild 7.91 Strukturmakro mit präparierter Leiterstruktur

7.2.4.1 Multilayer in Durchkontaktierungstechnik

Die verschiedenen Formen der Multilayer in Durchkontaktierungstechnik haben ihren Ideenhintergrund in der Problematik der Reduktion des Volumens des Verbindungselementes bestehend aus Anschlußfläche und Zwischenverbindungshülse. Das in Bild 3.87 gezeigte Verbindungselement tritt in zweifacher Funktion auf; einmal als Aufnahmeelement für das Anschlußsystem eines Bestückungselementes und einmal als reines Verbindungselement zwischen den Leitungen unterschiedlicher Ebenen (Durchsteigeverbindung). Die ursprüngliche und auch heute noch praktizierte Durchkontaktierungsform des Multilayers geht von der Gestaltungsidee eines einzigen Verbindungselements aus, ob nun als Elementaufnahme oder als Leitungsverbindung. Dabei ist es im Falle der reinen Leitungsverbindung unerheblich, daß es in vielleicht 4 Strukturebenen zu keinem Anschluß an die Zwischenverbindungshülse kommt. Die so gestalteten Multilayer zeigen einen Schichtaufbau wie beispielsweise Bild 7.92.
Das Bild zeigt weiter jenes angesprochene Verbindungselement mit dem notwendigen Freifeld um die Anschlußflächen, damit in der Nachbarschaft geführte Leiter den nötigen Abstand halten. Somit entsteht ein zylinderförmiges Volumenelement, das in entsprechender Verteilung das Multilayerpaket besetzt und eine freizügige Leitungsführung in jeder Ebene einschränkt. Die erste Abhilfe schafften extrem klein dimensionierte Verbindungselemente, beispielsweise System 2 und 3, Tafel 4.9.
Dann fand man die Gestaltungsidee der separaten, nur der Leitungsverbindung dienenden Zwischenverbindung in einer Multilaminattechnik. Die dabei entstehenden Zwischenverbindungen sind völlig oder teilweise im Gesamtlaminat verdeckt. Daraus entstand der Terminus ,,vergrabene Kontaktierung" oder buried via hole [7.32]. Mit dieser Technik einher ging nun eine weitere Reduktion des vergrabenen Verbindungselements auf die Dimensionen 0,4 mm Lochdurchmesser und 0,8 mm Anschlußflächendurchmesser. In Bild 7.93 sind zwei Schichtungsformen von Multilayer in Multilaminattechnik dargestellt. Bild 7.93a zeigt einen Multilayer mit vergrabenen und durchgehenden Verbindungselementen. Diese Form entsteht aus der Gesamtlamination zweier Teilmultilayer, während Bild 7.93b eine Form darstellt, die aus der Gesamtlamination von durchkontaktierten, zweiseitig strukturierten Leiterplatten gebildet wird.
Dadurch, daß die inneren Leiterstrukturen völlig in Harz gebettet sind, reduzieren sich die Minimalabstände von Leiter zu Leiter und Leiter zu Anschlußfläche auf 0,125 mm,

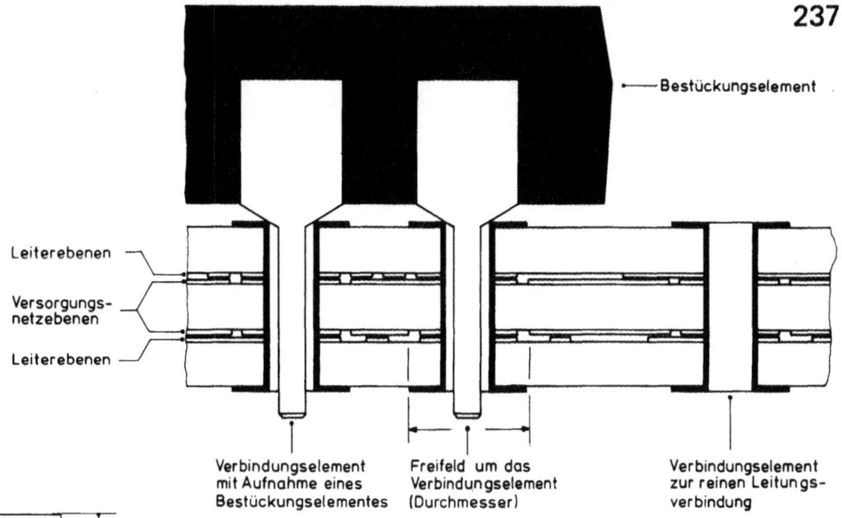

Bild 7.92
Schichtungsaufbau eines Multilayer mit durchgehender Kontaktierung für die reine Leitungsverbindung und die Elementaufnahme

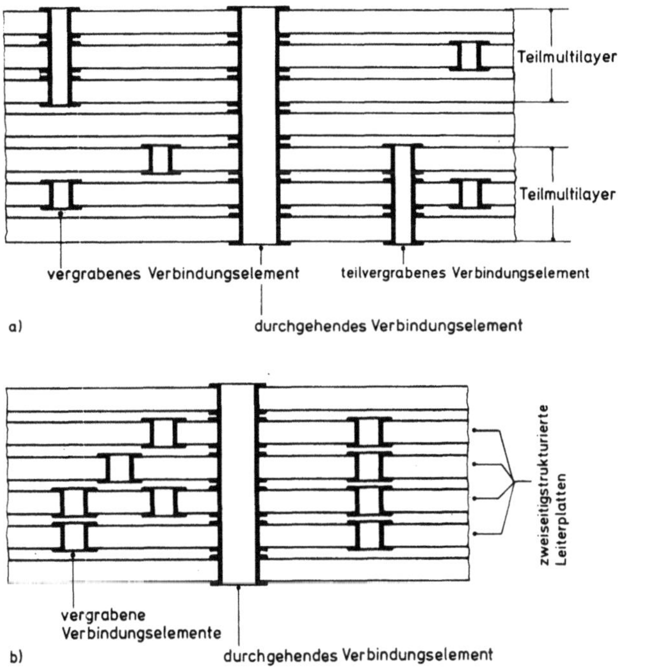

Bild 7.93 a) u. b) Schichtungsaufbau eines Multilayer mit vergrabenen Durchkontaktierungen; a) Multilayer mit vergrabenen und durchgehenden Verbindungselementen, b) Gesamtlaminat aus zweiseitig strukturierten Leiterplatten

Tafel 7.4: Minimale Dimensionen der Verbindungselemente und Abstände

	Verbindungselemente für		minimale Abstände Leiter/Leiter/ Anschlußfläche
	Bestückung	innere Leiter-verbindung	
minimaler Lochdurchmesser	0,8 mm	0,4 mm	
minimaler Durchmesser der Anschlußfläche	1,25 mm	0,8 mm	
äußere Ebenen			0,4 mm
innere Ebenen			0,125 mm

was zu einer weiteren freien Gestaltung der Leitungsführung führt. Tafel 7.4 listet Geometriedaten des Multilaminat-Multilayers zusammenfassend auf.

Beispielhafte Konstruktionsentwürfe für typische digitalelektronische Schaltungen weisen die nachfolgenden Bilder auf. Dabei wird durch schnitthaftes Vorgehen und durch Freistellen des leitfähigen Gerüstes versucht, die komplexe Struktur von Multilayern einsichtig darzustellen.

Bild 7.94 zeigt in einer freigestellten Grafik die Schichtung und die Leiter- und Verbindungsstruktur eines 6-Ebenen-Multilayer für digitalelektronische Anwendungen mit einem inneren Lochraster-Versorgungsnetz. Der Konstruktionsentwurf ist ein Entwurf nach dem Kriterium der Temperaturbezogenheit im Sinne der Abhandlungen des Abschnitts 7.2.4.2.

Deutlich wird, daß Anschlußflächen ohne erkenntliche elektrische Funktion auftreten. Diese Anschlußflächen dienen der Reduktion temperaturbedingter Dehnbeanspruchungen der Zwischenverbindungen und der Gesamtstruktur. Deutlich wird ferner die Anschlußmethode der Zwischenverbindungshülsen an die Versorgungsnetzebenen.

Bild 7.95 zeigt in einer Durchsichtaufnahme, ausschnitthaft, Strukturebenen eines 6-Ebenen-Multilayer mit Lochraster-Versorgungsnetz. Hier weist die äußere Ebene neben den Zwischenverbindungshülsen auch eine Leiterstruktur auf. Der Zugriff zu den Versorgungsnetzen ist an den Grautönen innerhalb der Rasterlöcher erkenntlich.

Bild 7.96 zeigt in einer Durchsichtfotografie die einzelnen Ebenenstrukturen eines 6-Ebenen-Multilayer. Die äußeren Ebenen weisen lediglich Anschlußflächen auf.

Die Komplexität der Leiterstrukturen innerer Ebenen wird am Beispiel des Bildes 7.97 deutlich. Sichtbar sind die Leiterstrukturen beider Seiten eines Dünnschichtlaminats. Interessanter Weise ist auf der Darstellung das ganze Umfeld der Leiterstruktur mit Referenzsystem, Testfeld und Positionierlöchern erkenntlich.

Bild 7.98 demonstriert in der Abfolge der Druckoriginale a–c die hochkomplexe Struktur eines Rückwandmultilayer.

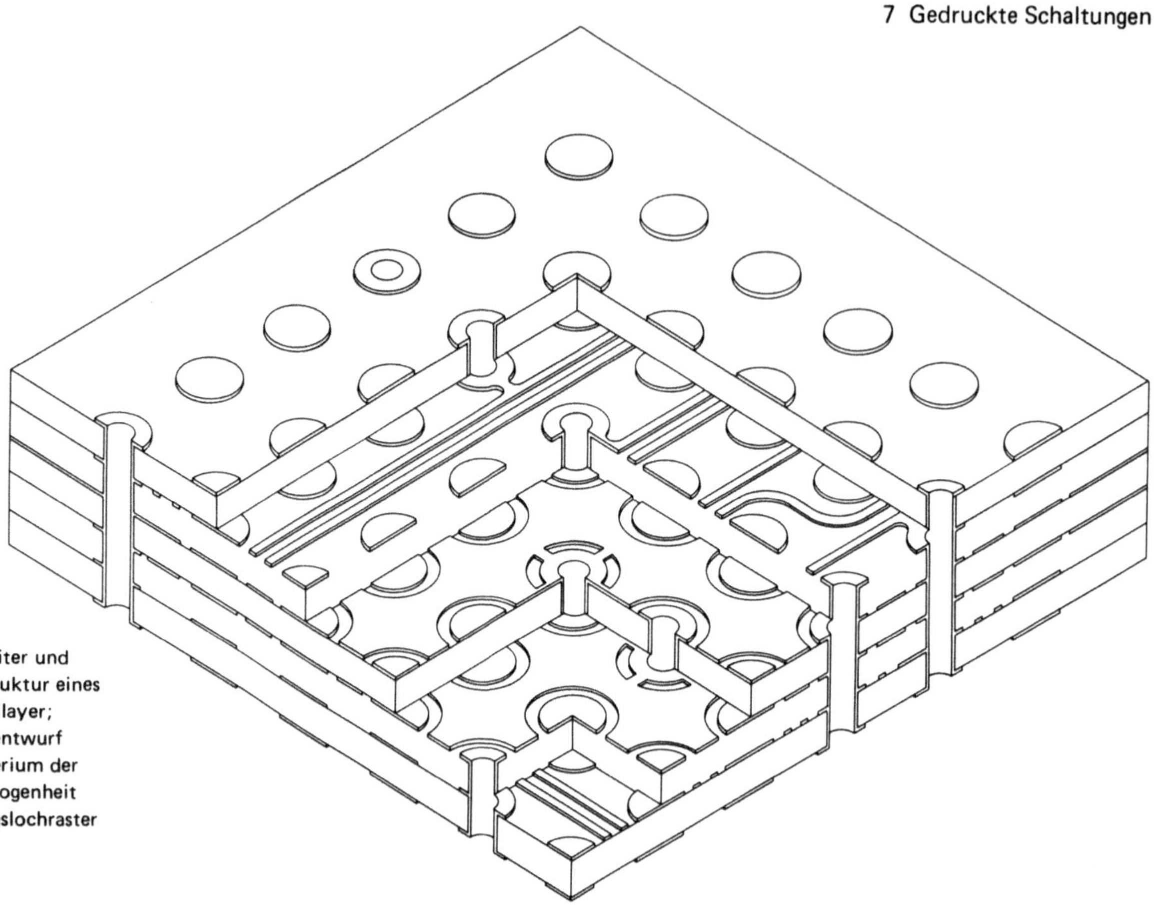

Bild 7.94
Schichtung, Leiter und Verbindungsstruktur eines 6-Ebenen Multilayer; Konstruktionsentwurf nach dem Kriterium der Temperaturbezogenheit mit Versorgungslochraster

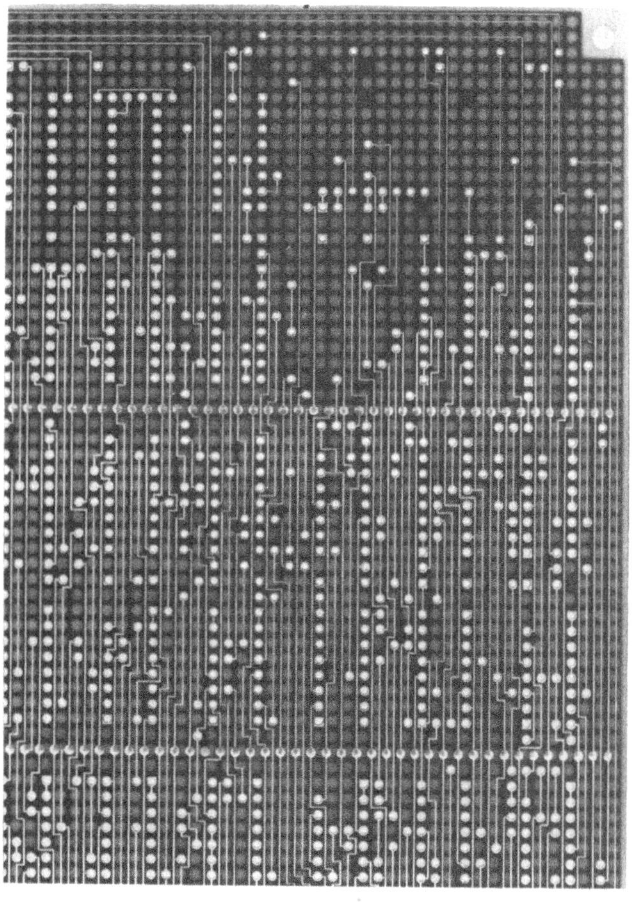

Bild 7.95 Durchsichtaufnahme der Strukturebenen eines 6-Ebenen Multilayer mit Lochrasterversorgungsnetz

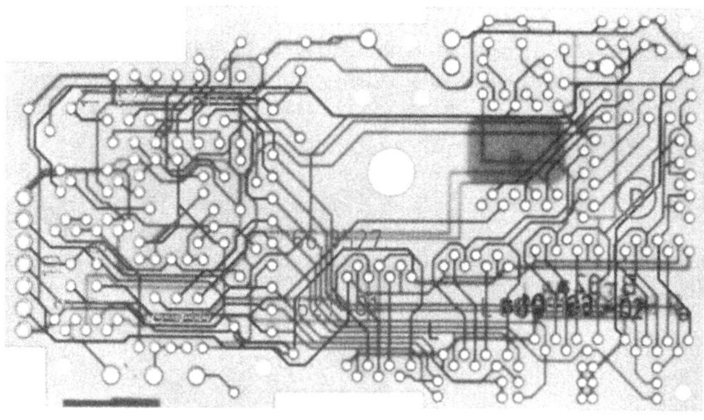

Bild 7.96 Durchsichtaufnahme der Strukturebenen eines 6-Ebenen Multilayer; die äußeren Ebenen weisen nur Anschlußflächen auf

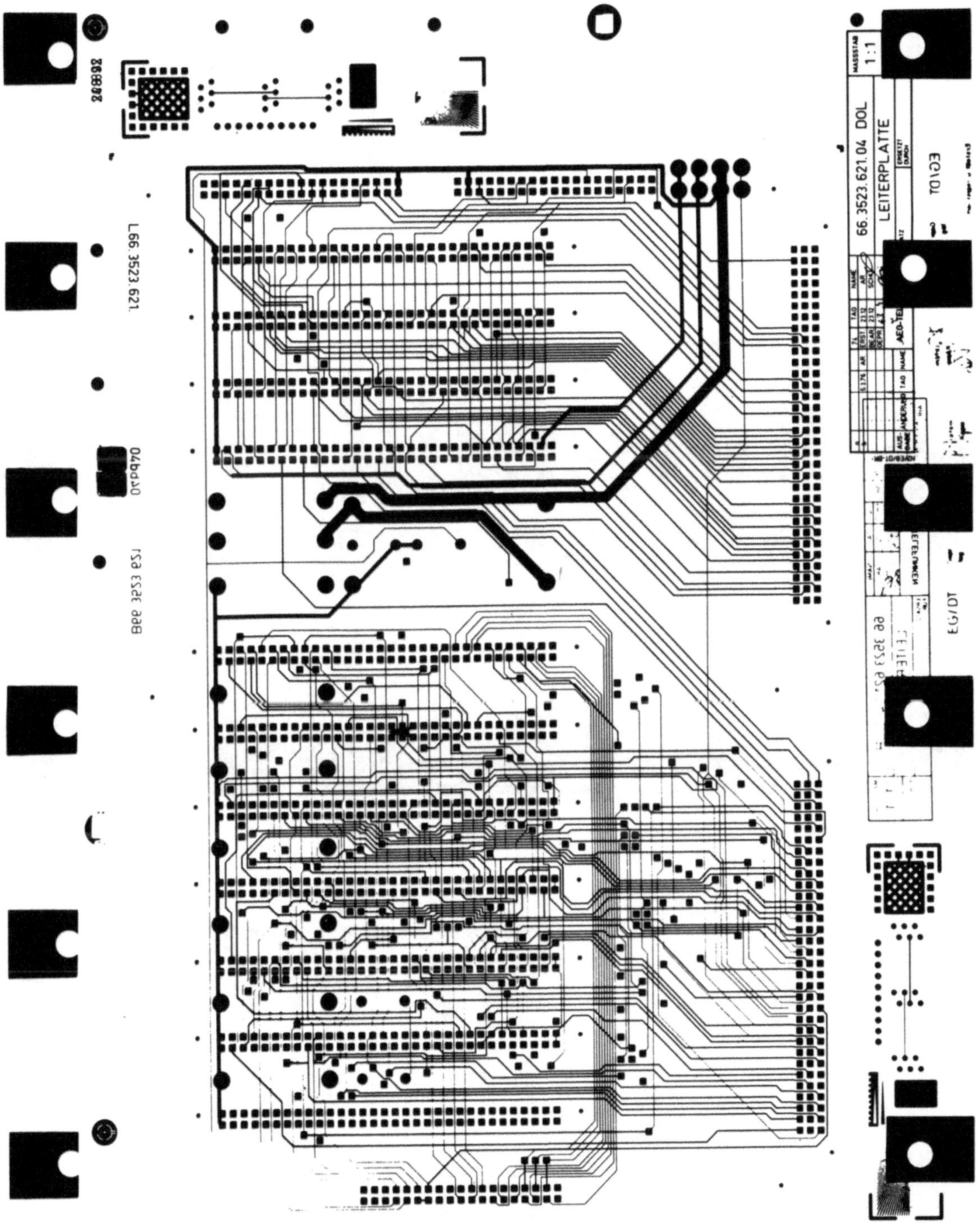

Bild 7.97 Ätzstrukturiertes Dünnschichtlaminat einer inneren Multilayerebene; Leiterstruktur mit vollständigem Referenzumfeld

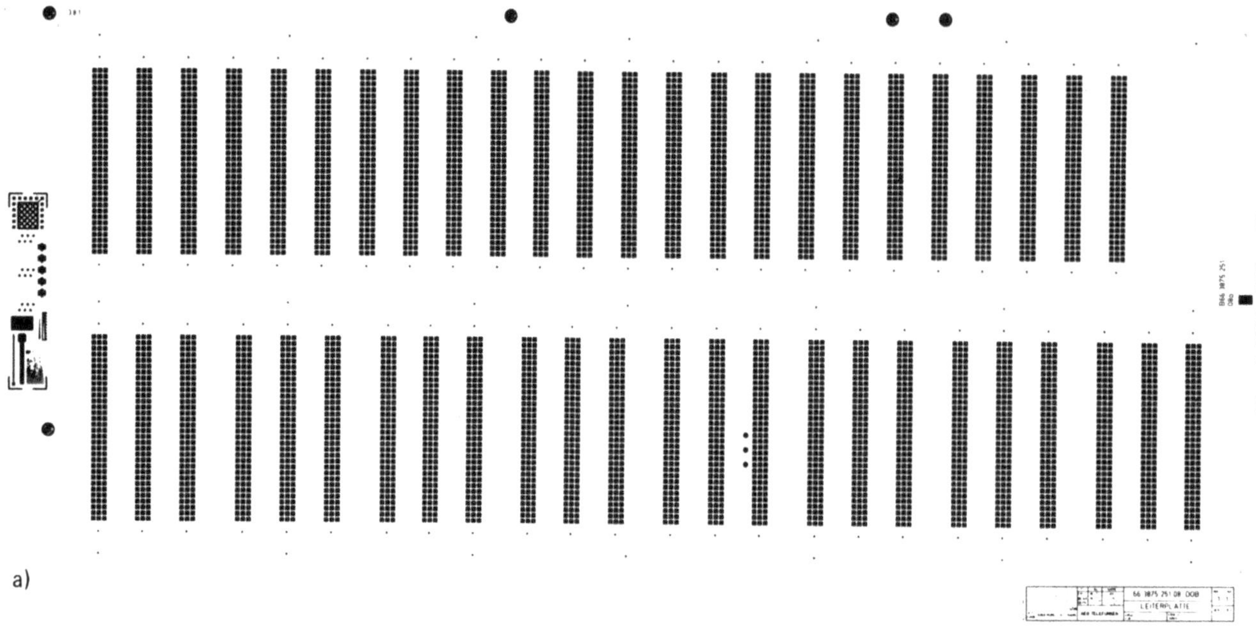

a)

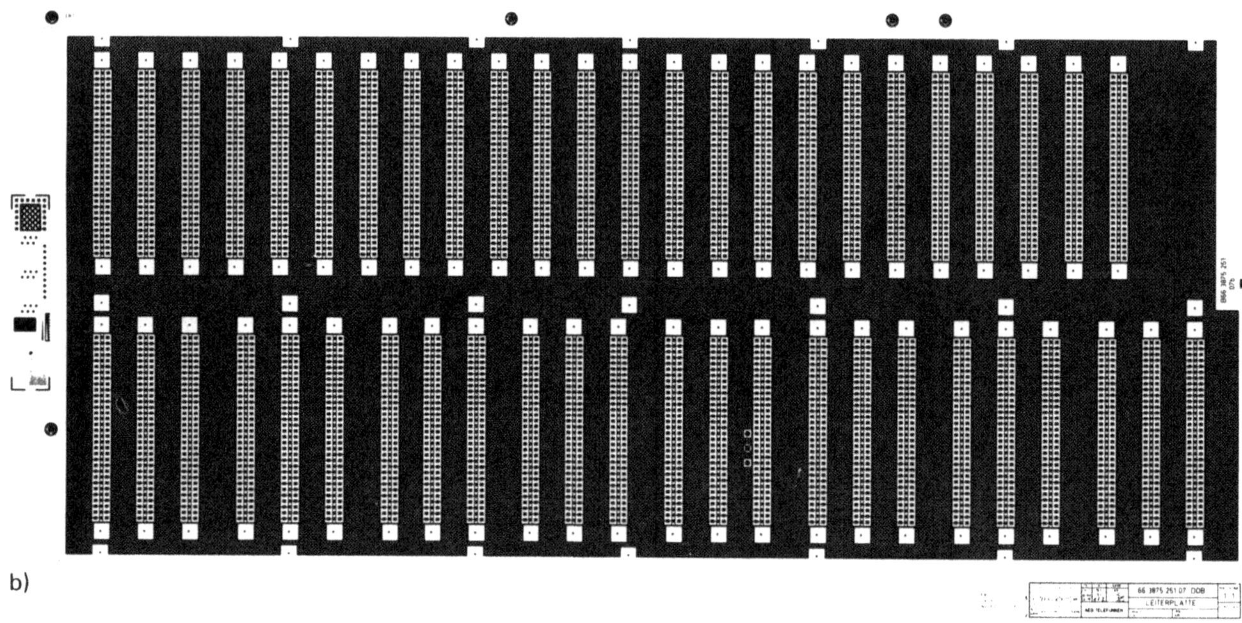

b)

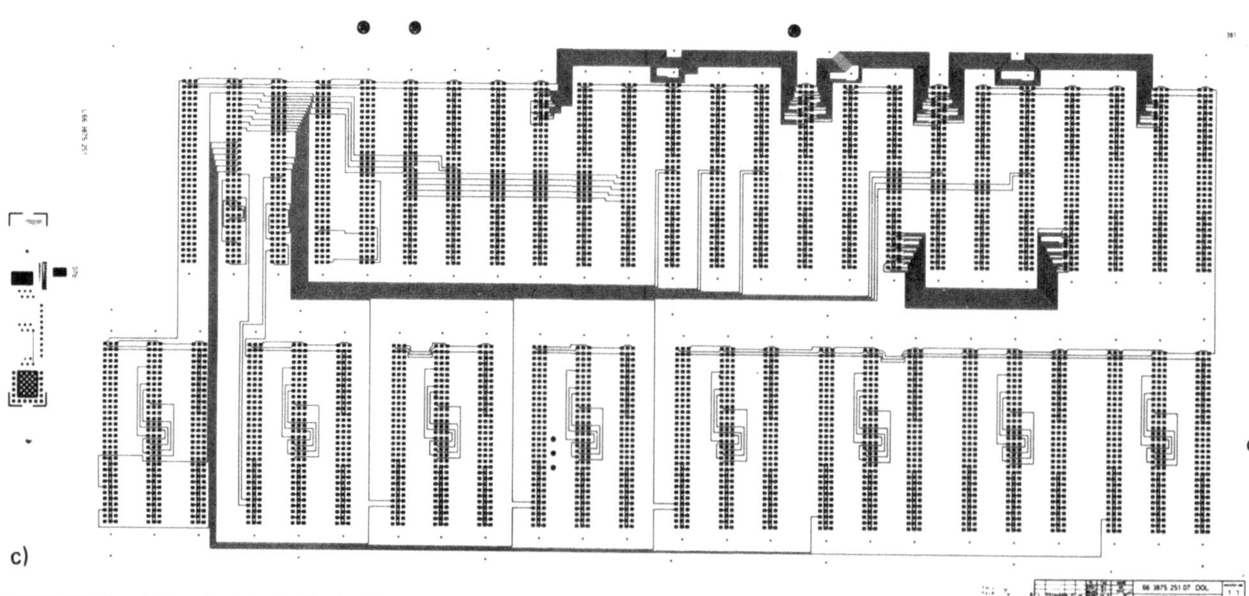

c)

Bild 7.98 a)–c) Druckoriginale für drei Strukturebenen eines Rückwandmultilayer

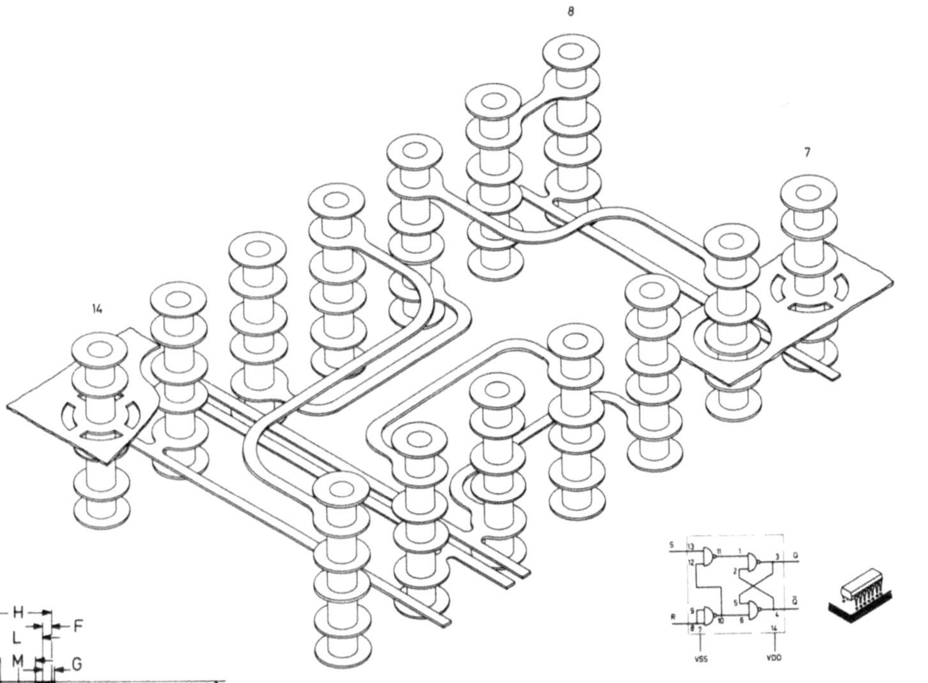

Bild 7.99
Verbindungsaufbau einer digitalelektronischen Schaltung, im Flächenbereich des IC als 6-Ebenen Multilayer

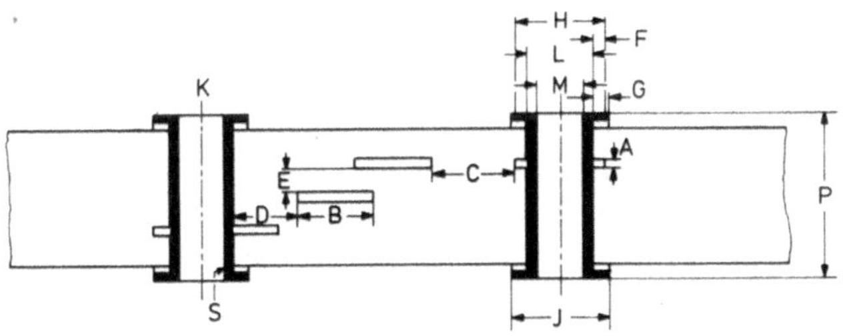

R: Rückätzung (nicht dargestellt)
B ≙ w
A ≙ t

Bild 7.100 Bildinterpretation der Fertigungsstandards nach IPC

In Bild 7.99 wird schließlich das Strukturskelett einer einfachen digitalelektronischen Schaltung gezeigt, die ihre Elementpartition in einem IC hat. Der gesamte Verbindungsaufbau ist im Flächenbereich des IC in vier inneren Ebenen (6-Ebenen-Multilayer) einschließlich der Versorgungsnetze dargestellt. Das Bild ist besonders signifikant für die Merkmale: Reduktion der Leitungslänge, Versorgungssysteme mit geringer Leitungsinduktivität und hohen Stützeigenschaften, Realisierung von Schirmungsflächen.

7.2.4.2 Grundprinzipien konstruktiver Gestaltung

Fertigungsdaten und Toleranzen. In Abschnitt 4.1.2 wurden Standards und Normen der Strukturgestaltung behandelt. Tafel 4.8 in Verbindung mit Bild 4.6 verdeutlichen Klassifizierungen für Material und Prozeßgeschehen der Leiterplattenfertigung. In ihnen enthalten sind auch die Fertigungsinformationen über Multilayer. Da die Systematik der Tafel 4.8 von einer fünffachen Klassifizierung ausgeht, bei Multilayern allgemein nur drei Klassen berücksichtigt werden, seien der eindeutigen Übersicht wegen diese hier herausgezogen und ihre Anwendung kommentiert. Grundlage ist nunmehr die Symbolik des Bildes 7.100.

Zweckmäßig beginnt man mit der Festlegung einer Fertigungsklasse in Korrespondenz zur Leiterbreite W. Diese Leiterbreite kann ermittelt sein aus Berechnungen des erforderlichen Leitungswellenwiderstandes oder aber aus Berechnungen der zulässigen Leitungsinduktivität, der resistiven Dämpfung, der thermischen Belastbarkeit, oder aus Betrachtungen maximaler Leitungsdichte. Die Entscheidung für eine bestimmte Fertigungsklasse ist gegen die Fertigungsmöglichkeiten wohl abzuwägen; siehe Tafel 7.5.

Der minimale Abstand von Leiter zu Leiter C und von Leiter zu Zwischenverbindungshülse D ist für innere coplanare Strukturen einmal aus den Gegebenheiten des Isolationsabstandes nach Tafel 4.14 zu ermitteln, zum anderen aus den Gegebenheiten der Übersprechbedingungen. Für den minimalen Abstand Leiter zu Leiter E gilt auch das im Zusammenhang mit Übersprechen Gesagte. Technologisch gelten die Grenzen nach Tafel 7.6.

Die Auswahl und die Dicke des Dielektrikums hängen bei definierten Leiterstrukturen von den gewünschten Leitungseigenschaften ab. Weitere Auswahlkriterien sind die thermische Belastbarkeit des Multilayer und die Verfahrenstechnologie. Bei den Prepegs ist zu beachten, ob das Harzvolumen zur vollständigen Strukturauffüllung ausreicht. Der Dickenschwund der Prepegs durch Preßlaminieren ist zu berücksichtigen und durch Probepressungen zu verifizieren.

Die minimalen inneren und äußeren ringförmigen Anschlußflächen F und G und die minimalen Durchmesser H und I innerer und äußerer Anschlußflächen bestimmen sich nach Tafel 7.7 und den nachfolgenden Beziehungen [7.33].

Tafel 7.5
Minimale Leiterbreite W und Breitentoleranz W_{Tol} für Leiter unterschiedlicher Dicke und Plattierung

Dicke der Leiterstruktur	minimale Leiterbreite W		
	Klasse 1	Klasse 2	Klasse 3
	inch., (mm)		
70 µm, unplattiert	0,020, (0,51)	0,015, (0,38)	0,010, (0,25)
35 µm, unplattiert	0,015, (0,38)	0,010, (0,25)	0,005, (0,13)
	Breitentoleranz W_{Tol}		
70 µm, unplattiert	+ 0,004, (0,10) – 0,006, (0,15)	+ 0,002, (0,05) – 0,005, (0,13)	+ 0,001, (0,025) – 0,003, (0,08)
35 µm, unplattiert	+ 0,002, (0,05) – 0,003, (0,08)	+ 0,001, (0,025) – 0,002, (0,050)	+ 0,001, (0,025) – 0,001, (0,025)
70 µm + Metallresist	+ 0,008, (0,20) – 0,006, (0,15)	+ 0,004, (0,10) – 0,004, (0,10)	+ 0,002, (0,05) – 0,002, (0,05)

Tafel 7.6: Grenzen für den minimalen Leiterabstand E aus technologischer Sicht

minimaler Leiterabstand E		
Klasse 1	Klasse 2	Klasse 3
inch., (mm)		
0.007 (0,18)	0.005 (0,13)	0.003 (0,08)

Tafel 7.7: Minimale Dimensionen der Anschlußflächen

Bezeichnete Größen	minimale Dimensionen der Anschlußflächen		
	Klasse 1	Klasse 2	Klasse 3
	inch., (mm)		
F_{min}	0.005, (0,13)	0.002, (0,05)	0.001, (0,025)
G_{min}	0.010, (0,25)	0.005, (0,13)	0.002, (0,05)
H_{min}	$H_{min} = Loch\phi_{max} + 2\ F_{min} + T$		
I_{min}	$I_{min} = Loch\phi_{max} + 2\ G_{min} + T$		

Tafel 7.8: Fertigungskonstante T

Abmessung der Plattenlangseite	Fertigungskonstante T		
	Klasse 1	Klasse 2	Klasse 3
	inch., (mm)		
< 300 mm	0.028, (0,71)	0.020, (0,51)	0.012, (0,31)
> 300 mm	0.034, (0,86)	0.024, (0,61)	0.016, (0,41)

Die angegebenen Beziehungen sind angenäherte Beziehungen eines komplexeren Zusammenhangs aus einer Toleranzkette die statistisch zu verarbeiten ist. Die Größe T ist eine von der Plattenabmessung her abhängige Fertigungsgröße, Tafel 7.8.
In die komplexeren Zusammenhänge gehen Größen ein wie die Lochplazierungstoleranz K, die Durchmessertoleranz des plattierten Loches M, die Lochbildtoleranz N, die Rückätzgröße des Loches R und die Plattierungsstärke S, die in Tafel 7.9 mit der Durchmessertoleranz L des unplattierten Loches aufgeführt sind.
Der Durchmessertoleranz M sind folgende Zusätze hinzuzufügen.

Für das Verhältnis $\frac{\text{Loch-}\phi\text{ min.}}{\text{Plattenstärke max.}} > \frac{1}{3}$ den Summand 0,002; (0,5) und für das Verhältnis $\frac{1}{4}$ den Summand 0,004; (0,10).

Die exakten Beziehungen ergeben sich zu:

$$H_{min} = M_{max} + 4\ S_{min} + 2\ F_{min} + 2\ R_{max} + \sqrt{k^2 + N^2 + W^2}$$

$$I_{min} = M_{max} + 4\ S_{min} + 2\ G_{min} + 2\ R_{max} + \sqrt{k^2 + N^2 + W^2}$$

Entwurfsmethoden. Entsprechend der Ebenenzahl erfordern Multilayer eine Anzahl von Druckwerkzeugen, deren Passergenauigkeit derart ist, daß der Loch-/Anschlußflächenversatz aller Strukturebenen sich in tolerierten Grenzen hält. Das angemessene Zeichenverfahren ist hier das Verfahren mit Lichtzeichenmaschinen mit stets gleichbleibendem rechnergeneriertem Referenzsystem extremer Wiederholgenauigkeit. Zeichenverfahren anderer Art, wie beispielsweise das Klebeverfahren, lassen angemessene Genauigkeiten nur unter Beachtung bestimmter Verfahrensweisen zu.

Tafel 7.9
Strukturtoleranzen und Strukturdaten zur Berechnung von H_{min} und I_{min}

Bezeichnete Größen	Klasse 1	Klasse 2	Klasse 3
	inch., (mm)		
Durchmessertoleranz L_{Tol} (einseitig, unplattiert) für Lochdurchmesser min.:			
≧ 0,032, (0,81)	0,004, (0,10)	0,003, (0,08)	0,002, (0,05)
0,033, (0,84)–0,63, (1,61)	0,006, (0,15)	0,004, (0,10)	0,002, (0,05)
0,064, (1,63)–0,188, (4,77)	0,008, (0,20)	0,006, (0,15)	0,004, (0,10)
Durchmessertoleranz M_{Tol} (einseitig, plattiert) für Lochdurchmesser min:			
0,015, (0,38)–0,030, (0,76)	0,008, (0,20)	0,005, (0,13)	0,004, (0,10)
0,031, (0,79)–0,061, (1,56)	0,010, (0,25)	0,006, (0,15)	0,004, (0,10)
0,062, (1,59)–0,186, (4,75)	0,012, (0,31)	0,008, (0,20)	0,006, (0,15)
Lochpositionstoleranz K_{Tol} für Plattenlängen < 300 mm	0,010, (0,25)	0,006, (0,15)	0,004, (0,10)
> 300 mm	0,014, (0,36)	0,010, (0,25)	0,006, (0,15)
Bildpositionstoleranz N_{Tol} für Plattenlängen < 300 mm	0,016, (0,41)	0,014, (0,36)	0,012, (0,31)
> 300 mm	0,020, (0,51)	0,018, (0,46)	0,016, (0,41)
Rückätzung R	0,002, (0,05)–0,003, (0,08)		
Plattierungsstärke S	nach Strukturierungsverfahren		

Anmerkungen:

1. Die ML-Platte soll mit den Forderungen nach IPC-ML-910, Klasse 1, übereinstimmen.
2. Das von Blickrichtung A gesehene Leiterbild wird durch die Strukturzeichnungen (Druckvorlagen, Druckoriginale) mit der Nr. xx bis xxx dargestellt.
3. Die Leiterbreiten sind in Tabelle B angegeben.
4. Die Durchkontaktierungen sollen um 0,0005" bis 0,002" rückgeätzt werden. Die Lochmetallisierung sollte aus der Folge: Kupfer, Nickel, Gold bestehen.
5. Werkstoffe
   5.1 Basismaterial: kupferkaschiert, Epoxidharz-Glashartgewebe, flammhemmend, in Übereinstimmung mit MIL-P-55617,
   5.2 Klebeprepregs: Epoxidharz-Glashartgewebe, in Übereinstimmung mit MIL-G-55636.
6. Die ML-Platte soll so konstruiert sein, daß sie bei einer Temperatur von 260 °C mindestens 7 s im Lötbad ohne Delamination und Blasenbildung verbleiben kann.
7. Die Prüfstreifen sollten mindestens fünf Durchkontaktierungen in einem Testfeld aufweisen. Die Anschlußflächen für die fünf minimalen Durchkontaktierungen je Strukturebene sind in Tabelle C aufgelistet.
8. Die Dickentoleranz einzelner Lagen soll optimiert werden, um die Dickenanforderungen der ML-Platte zu erreichen.

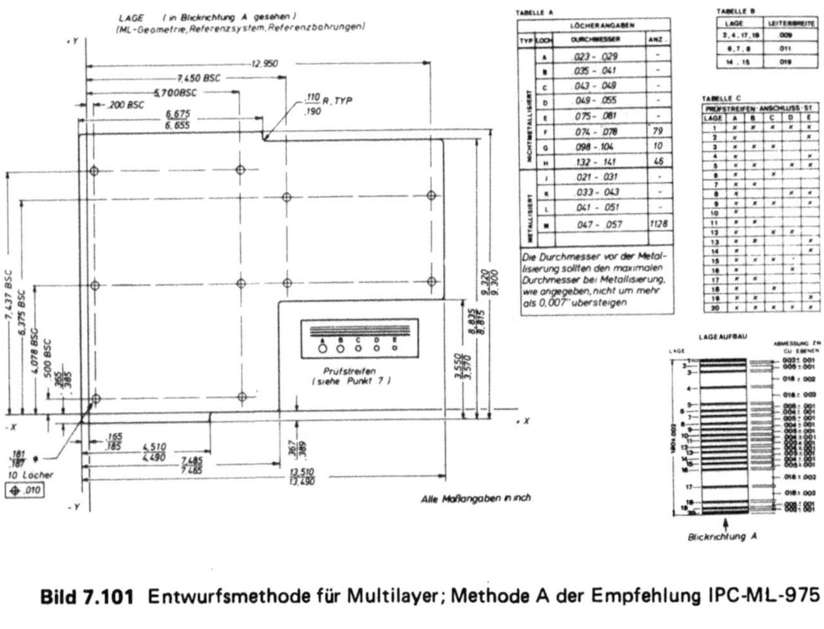

Bild 7.101 Entwurfsmethode für Multilayer; Methode A der Empfehlung IPC-ML-975

Diese sind:

1. ein ausreichender Maßstab der Druckvorlage,
2. die weitgehende Verwendung von Strukturmakros als Tochtervorlagen je Ebene,
3. die Anwendung hochwertiger Zeichenfolie,
4. die Anwendung hochwertiger Klebesymbole,
5. ein eindeutiges Referenzsystem.

In IPC-ML-975 werden vier Entwurfsmethoden vorgestellt, die auf verschiedenartige Zeichenverfahren anwendbar sind und teils die Druckvorlage teils das Druckoriginal betreffen. In Bild 7.101 ist die Methode A dieser Entwurfsmethoden dargestellt. Die Grundidee ist, daß jede Ebene oder Lage auf eine tolerierte Urzeichnung bezogen wird. Die Urzeichnung enthält die für den Fertigungsprozeß notwendigen Informationen. Als solche sind zu empfehlen und jedem Zeichenverfahren zugrunde zulegen:

1. die Toleranzklasse nach IPC oder anders,
2. der Lagenaufbau,
3. die Zeichen- oder Blickrichtung der einzelnen Entwürfe,
4. die Zahl und die Arten der Anschlußflächen,
5. die Leiterbreiten und Abstände,
6. bei Prüfstreifen, die Orientierung der Verbindungselemente,
7. die Ebenenbezeichnung möglichst gestuft und im Durchlicht sichtbar.

Aus einer Studie über Konstruktionsmethoden stammt ein Entwurf eines 8-Ebenen-Multilayer für Speicheranwendungen [7.14]. Die Systemverdrahtung zeigt der Übersichtsschaltplan Bild 7.102. Die folgende Bildserie 7.103 demonstriert in einer Plazierungszeichnung und in den Ebenenzeichnungen diese Methode.
Zeichenverfahren ist ein Klebeverfahren, das in dem in Abschnitt 5.3 beschriebenen Transformationsprozeß behandelt wird und ein Referenzsystem nach Abschnitt 4.1.1.2 aufweist. Hierzu wird die beschriftungsfreie Druckvorlage Ebene 8 (L-Seite) benutzt. Damit die Druckwerkzeuge der einzelnen Ebenen bei der durchgeführten Zeichenmethode seiten- und emulsionsgerecht angewandt werden können, dienen fototechnische Umsetzungen. Der Prüfstreifen ist in seinem Positionsbereich angedeutet, aber nicht näher ausgeführt.
Die Leiterstruktur wendet ein Versorgungssystem mit je einem Speise-Rasternetz an, dessen Zugriff an den ausgefüllten Flächen einer Masche erkenntlich ist. Auf diese sehr günstige Versorgungsmethode wurde bereits hingewiesen.

Temperaturbezogener Entwurf. Der in Abschnitt 4.4 beschriebene Problembereich temperaturbedingter Einflüsse ist bei Vielschichtstrukturen besonders ausgeprägt und für die Schaltungsfunktion kritisch. Erscheinungsformen, die zum Zerstören der Struktur führen, sind Delaminationen innerer Ebenen und Risse der Verbindungselemente. Die Randbedingungen hierzu sind:

1. Anwendungs- und Umweltbedingungen,
2. Wahl des Basismaterials,
3. Strukturauslegungen.

Die bei Multilayern angewandten Basismaterialien sind ausschließlich Isolierstoffe mit wärmehärtbaren Harzen unter Verwendung von Trägerstoffen. Epoxidharze mit Glasfaserträger sind die weitaus häufigsten Multilayermaterialien starrer Platten. Von der Harzseite her sind den thermischen Eigenschaften nach noch hervorragend geeignet, Polytetrafluoraethylene und Polyimide.
Die Anwendung von Anschlußflächen ohne elektrische Funktion ist ein besonderes Strukturmerkmal durchgehender Durchkontaktierungen bei Multilayer. Diese Anschlußflächen reduzieren die temperaturbedingte Dehnbeanspruchung der Durchkontaktierung. Dabei sind die Anschlußflächen nahe den Schichtungsoberflächen im Vergleich zu denen des Schichtungszentrums von besonderer Bedeutung. Häufig ist die Anwendung von stärkeren Metallkaschierungen im Oberflächenbereich empfehlenswert.
In diesem Zusammenhang ist auch die Gesamtdicke des Multilayer von Bedeutung, denn mit steigender Dicke steigt die thermische Beanspruchung. Nach IPC wird die maximale Dicke je nach Klassifizierung bei 2,3 mm und 3,8 mm angesetzt [7.35]. Vergleichbar erfahren auch die maximale Rückätzung mit 0,013 mm und 0,076 mm und der minimale Lochdruchmesser mit 0,51 mm und 0,76 mm eine Begrenzung.
Die Lötfähigkeit einer durchgehenden Durchkontaktierung ist dann schwierig, wenn die an die Kontaktierungshülse angeschlossenen Leiter summarisch ein hohes Wärmeabsorbtionsvermögen aufweisen. Deshalb sollte die Summe der Querschnittsflächen aller an eine Durchkontaktierung angeschlossenen Leiter die Lochquerschnittsfläche nicht übersteigen.
In Tafel 7.10 sind thermisch bedingte Konstruktionsparameter der Multilayer zusammengefaßt.

Tafel 7.10: Thermisch bedingte Konstruktionsparameter

Konstruktionsparameter	Grenzbereich
min. Lochdurchmesser	0,51 mm–0,76 mm
max. Rückätzung	0,013 mm–0,076 mm
max. Schichtungsdicke	2,3 mm–3,8 mm
Leiteranschluß an das einzelne Verbindungselement	$A_{Loch} \geqq \Sigma A_{Leiter}$

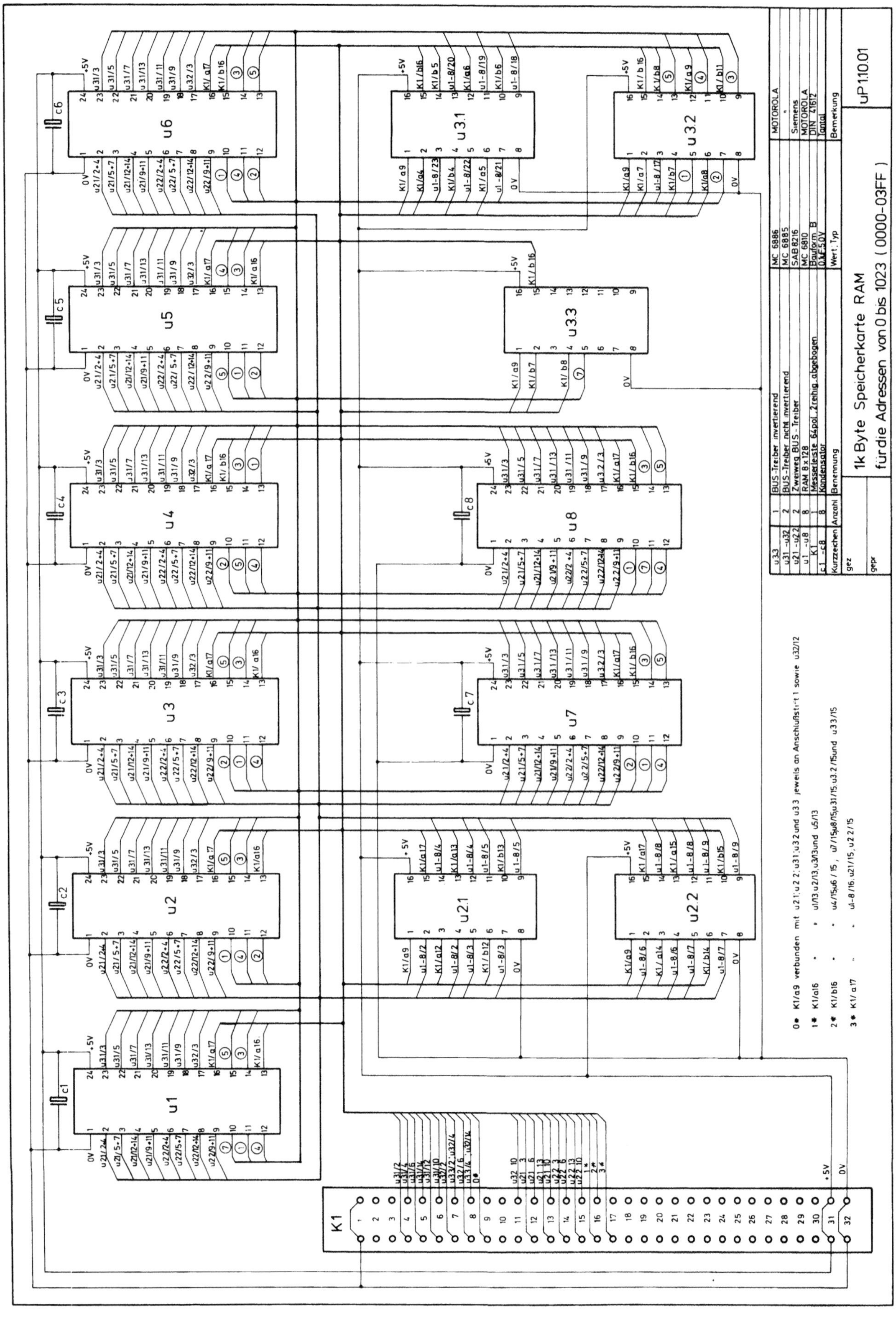

Bild 7.102 Verdrahtungsschaltplan für eine RAM-Platine

Lage 1
BESTÜCKUNGSLAGE

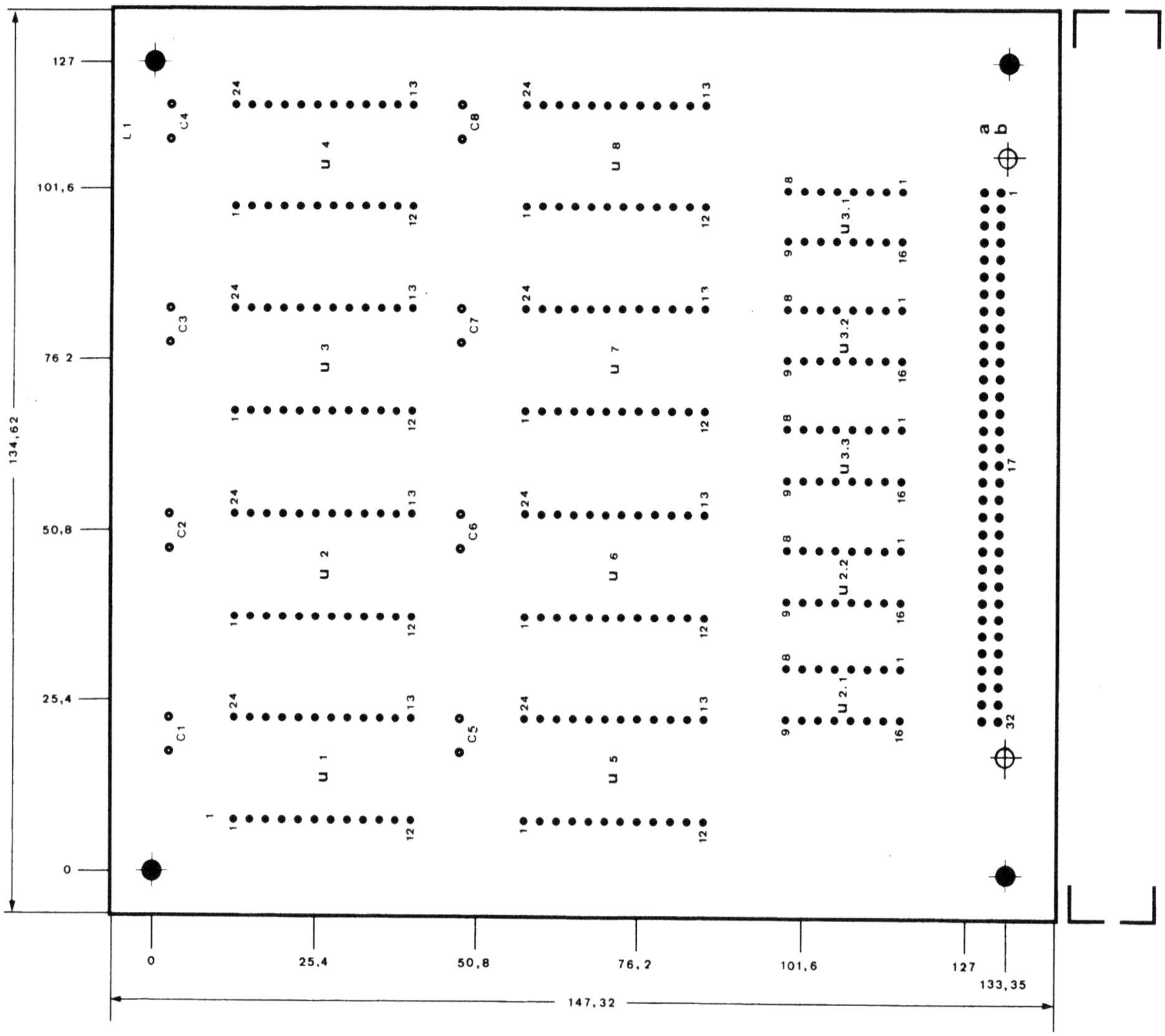

Bemerkungen

ALLE MASSANGABEN SIND IN mm !

1. LOCHER A&B SIND DURCHMETALLISIERT, DIE DURCHMESSER-ANGABEN SIND ENDGÜLTIGE GRÖSSEN (S. TABELLE).
2. ALLE LEITER SIND 0,400 BREIT.
3. MIN. LEITERABSTAND : 1,270
4. MIN. LÖCHER - LEITER - ABSTAND : 0,345
5. METALLISIERUNG IST MIT CU UND AU (CU: 0 025; AU: 0 003).
6. BASISMATERIAL : CU - KASCHIERTE EPOXIDHARZ - GLAS
   CU : 0,035
   EPOXIDH. GLAS : 0,640
7. PREPREG : EPOXIDHARZ - GLAS 0,120 DICK.

TABELLE

LOCH		DURCHMESSER
A	●	0.800
B	◉	1.000
C	⊕	2.800
D	⬤	3.170

DIE BOHRUNGEN DER DURCHM. LÖCHER SOLLEN 0,020 - 0,025 GRÖSSER ALS DIE ANGEGEBENEN GRÖSSEN SEIN

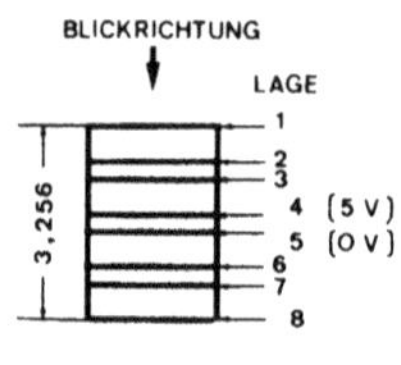

Bild 7.103 Druckvorlagen der einzelnen Ebenen eines 8-Ebenen Multilayer für eine Systemverdrahtung nach Bild 7.102

Lage 2

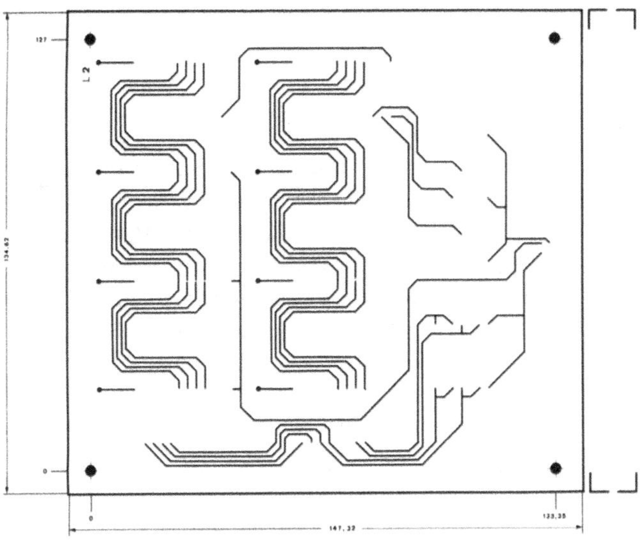

Lage 3

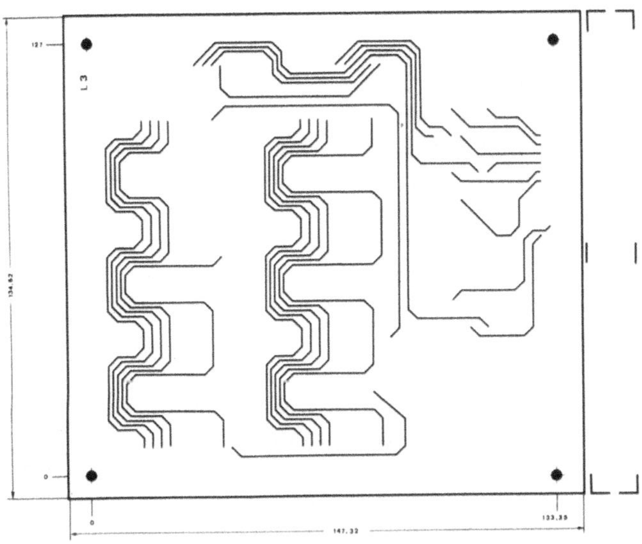

Lage 4
SPANNUNGSLAGE 5V

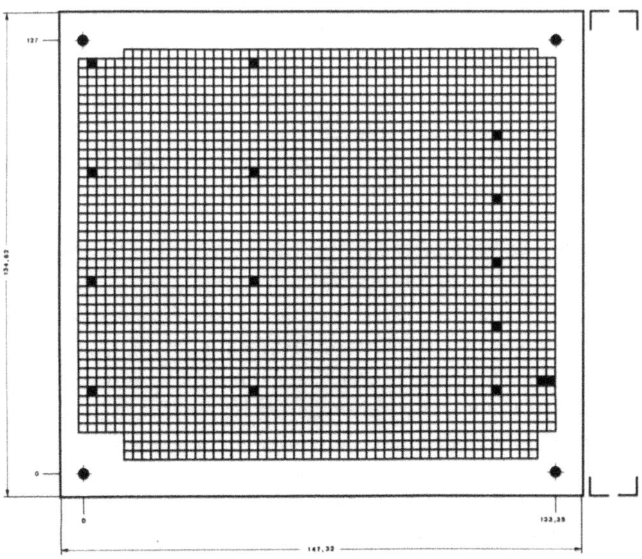

Lage 5
SPANNUNGSLAGE 0V

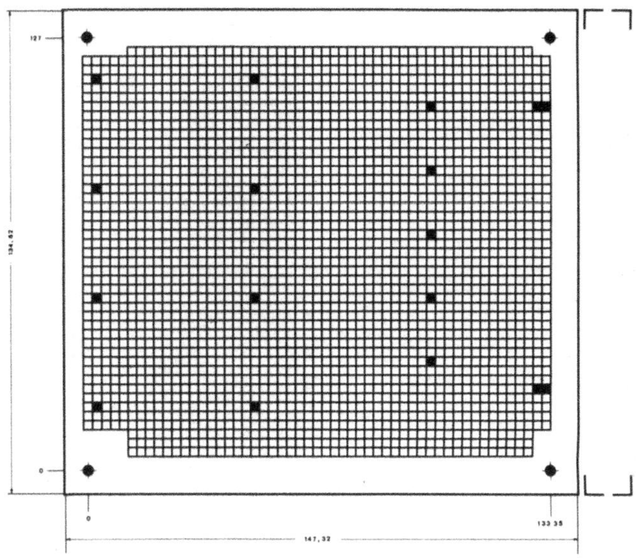

Lage 6

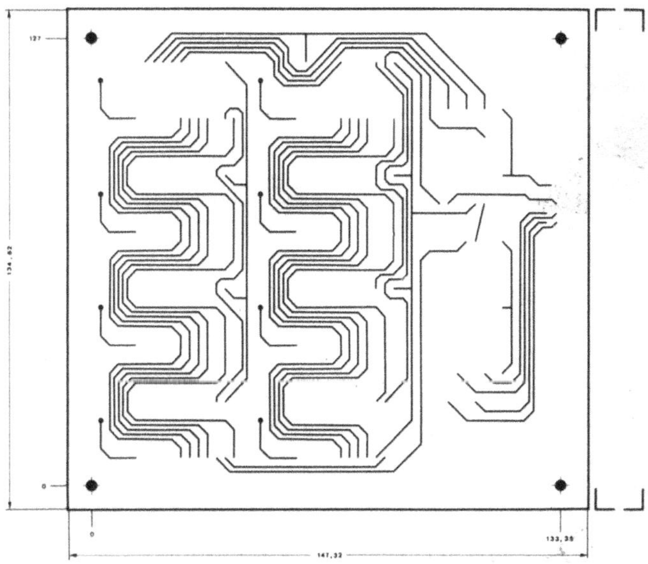

Lage 7

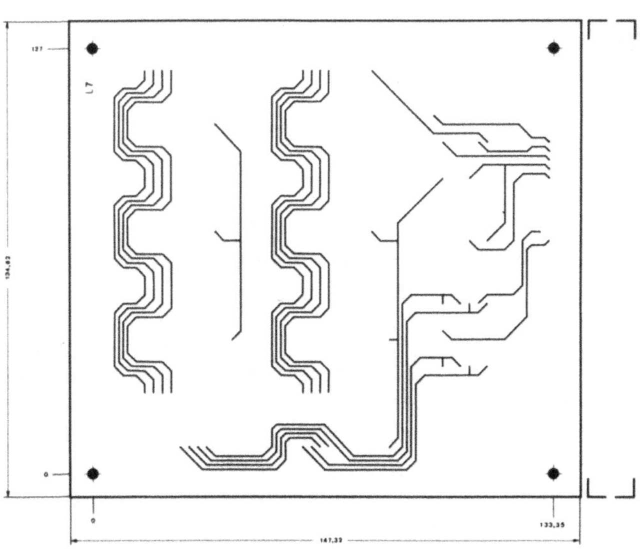

Noch zu Bild 7.103

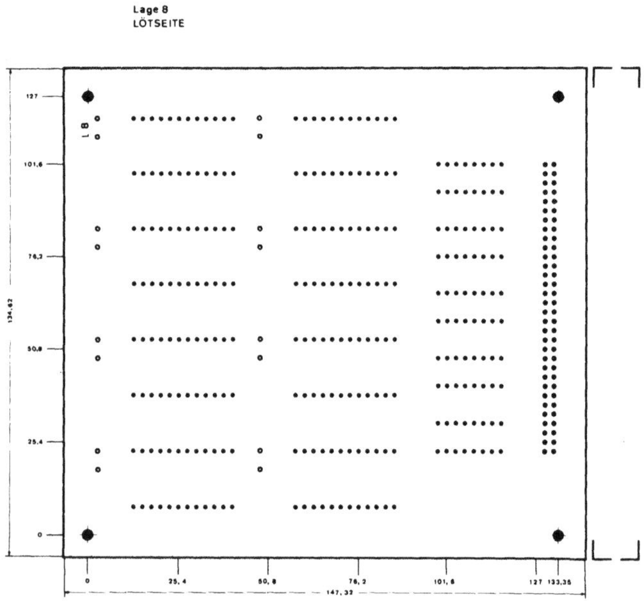

BESTÜCKUNGSPLAN

U1-U8	MC 6810	MOTOROLA
U2.1-U2.2	SAB 8216	SIEMENS
U3.1-U3.2	MC 6885	MOTOROLA
U3.3	MC 6886	MOTOROLA
C1-C8	1uF 50V	

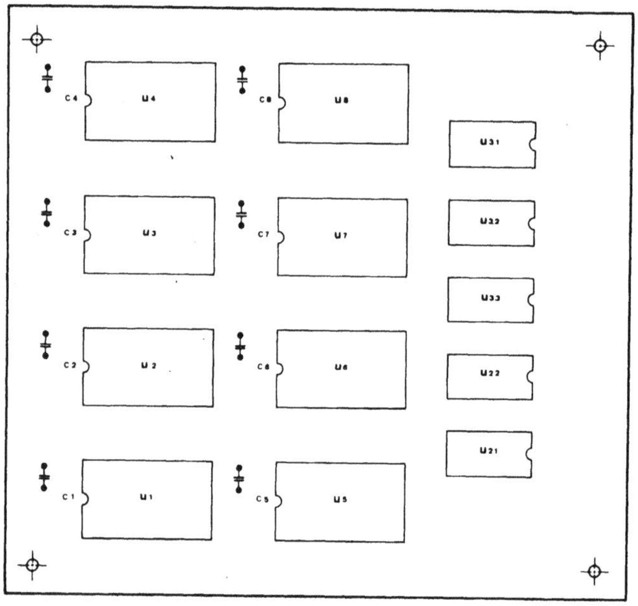

7.2.5 Strukturgestaltung schneller digitalelektronischer Schaltungen

Über die Strukturauslegung digitalelektronischer Schaltungen mit TTL- oder ECL-Schaltgliedern unter Anwendung definierter Leiterstrukturen der Mikrowellentechnik wird nachfolgend referiert. Der Bericht geht von der Anwendbarkeit bestimmter Streifenleitungsformen aus und führt zum Vorschlag eines Multilayer für schnelle digitalelektronische Schaltungen.

Die charakteristischen Werte für die mittlere Verzögerungszeit und die Schaltflankendauer der angesprochenen Schaltgliedfamilien liegen bei einigen Nanosekunden, so daß die Strukturgestaltung auf die Problematik der Handhabe der Nanosekunden-Impulstechnik geführt wird. In diesem Sekundenbereich ist der Wechselwirkungszusammenhang von Schaltflankendauer, Laufzeit, Leiterabstand, Betriebsart, Betriebsrichtung und Lastverteilung besonders ausgeprägt.

7.2.5.1 Eignung der Streifenleitungsarten

Die Untersuchungen wurden mit Schaltgliedern der Familie FLH 100 (Siemens) und SN 7400 (Texas Instruments) durchgeführt [7.36]. Die Leiterstrukturen wurden auf der Materialbasis Epoxi-Papier und Epoxi-Glas erstellt.

Für die FLH 100-Familie ergab die Analyse der angewandten Exemplare einen mittleren reellen Eingangswiderstand von $R_E = 3{,}0\ K\Omega$, für den Ausgangswiderstand im L-Zustand $R_{A_L} = 7{,}5\ \Omega$ und für den H-Zustand $R_{A_H} = 125\ \Omega$. Damit lassen sich die Ersatzschaltungen nach Bild 7.104 angeben. Die unterschiedlichen Quell-/Lastwiderstandsverhältnisse erfordern eine Optimierung des Wellenwiderstandes. Diese führt zur Auslegung des Wellenwiderstandes in der Höhe des Quellwiderstandes im Schaltzustand H. Damit entsteht für den Zeitraum von $2\ \tau$ am Leitungseingang die eingeprägte Spannung $U_Q/2$ und am Eingang des Empfangsschaltgliedes steigt die Spannung nach τ nahezu auf den Endwert an. Für den Zustand fallender Schaltflanke ergibt sich nach dieser Wellenwiderstandsauslegung ein negativer Reflexionsfaktor am Leitungseingang mit der Konsequenz eines ersten größeren negativen Überschwingers.

Für eine Wellenwiderstandsoptimierung in Richtung $Z_L = R_{A_L} = 7{,}5\ \Omega$ ist bereits vorab festzustellen, daß dieser Wellenwiderstand zu unrealistischen Leiterbreiten führt.

Microstrip-Leitungssystem. In Bild 7.105 ist die Leiterstruktur zwischen zwei Schaltgliedern dargestellt. Die Materialdaten sind verzeichnet. Der geforderte Wellenwiderstand von 120 Ω führt zu einer Leiterbreite von w = 0,740 mm bei einem $\epsilon_{r_{eff}} = 2{,}93$. Diese Leiterbreite liegt von der absoluten Größe her durchaus im Bereich des Herstellbaren. Die tolerierte Darstellung des Wertes von 0,740 mm erfordert eine präzise Verfahrensfolge.

Bei einem effektiven ϵ_r von 2,93 ergibt sich eine Laufzeitkonstante von $\tau' = 5{,}7 \frac{ns}{m}$.

Triplate-Leitungssysteme. In Bild 7.106 ist die Triplatestruktur nebst den Materialdaten dargestellt. Für den Wellenwiderstand von 120 Ω ergibt sich eine notwendige Leiterbreite von w = 0,080 mm bei einem $\epsilon_r = 4{,}2$. Damit wird eine Leiterbreite erforderlich, die von ihrer absoluten Größe her nicht ohne weiteres herstellbar ist. Es schließen sich zumindest reproduzierbare Serienanwendungen aus. Eine Leiterverbreiterung auf annehmbare Werte ist nach den Berechnungsgrundlagen des Abschnitts 4.5.6.2 durch Steigerung der Materialdicke oder durch den Übergang auf ein Basis-

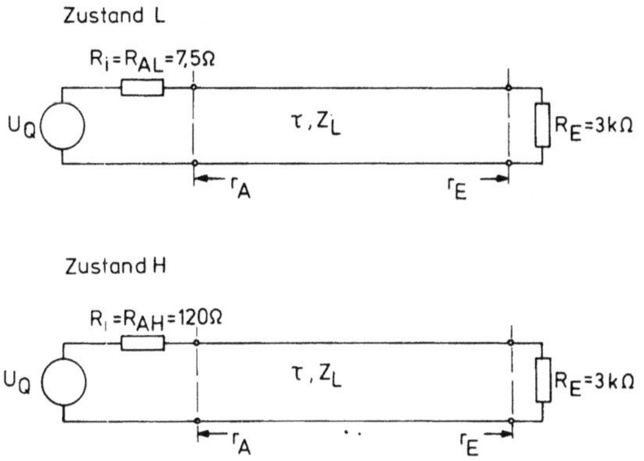

Bild 7.104 Ersatzschaltungen für die L- und H-Zustände der Schaltkreisfamilie FLH 100

Tafel 7.11: Struktur- und Übertragungsdaten von Streifenleitungen

Leitungstechnik	Z_L / Ω	ϵ_r	$\epsilon_{r\,eff}$	w / mm	τ' / ns/m
Microstrip	120	4,2	2,93	0,740	5,7
Triplate	120	4,2	4,2	0,080	6,8

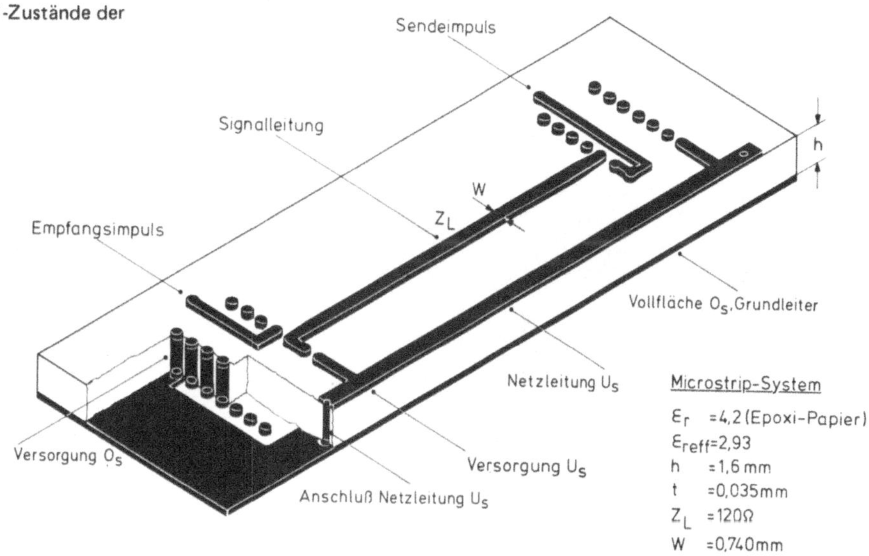

Bild 7.105
Microstrip-Leitungssystem;
Geometrie- und Werkstoffdaten

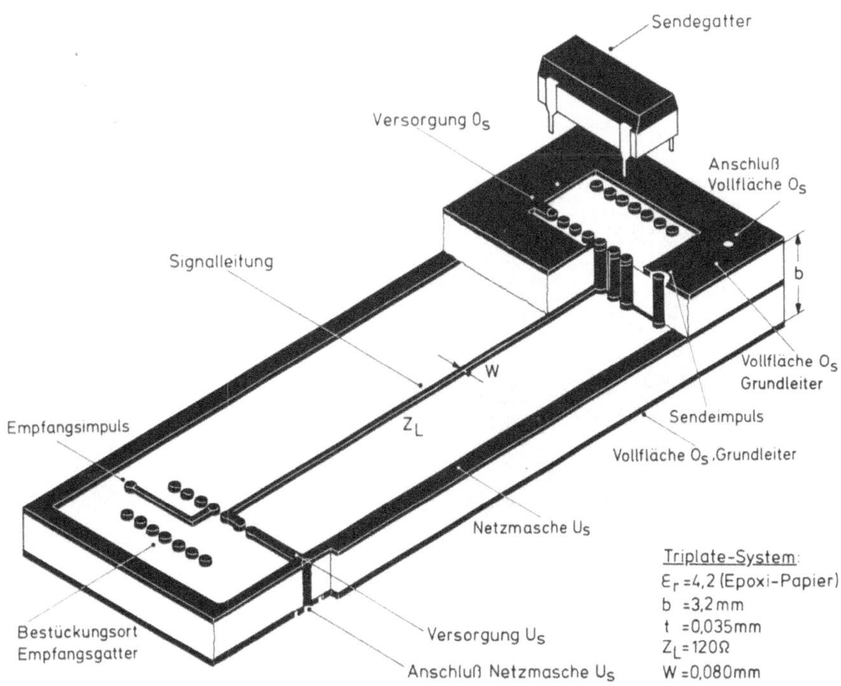

Bild 7.106
Triplate-Leitungssystem;
Geometrie- und Werkstoffdaten

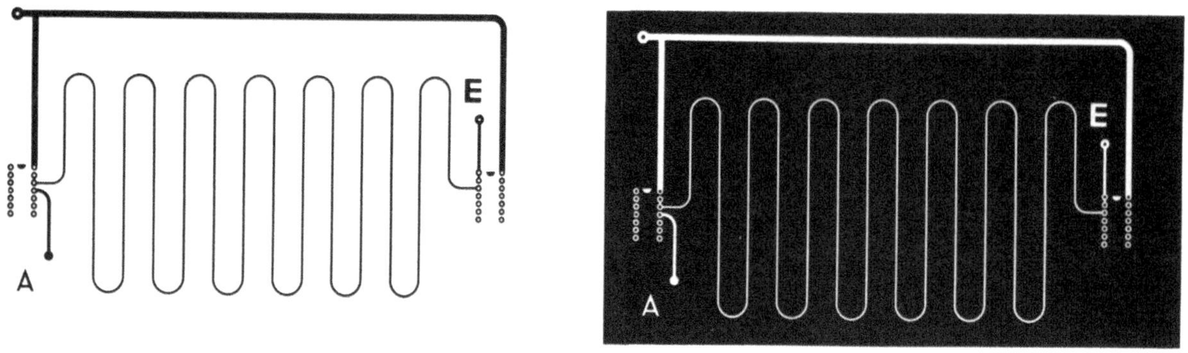

Bild 7.107 Microstrip-Übertragungssystem mit langer Signalleitung; Mäanderleitung 1000 mm

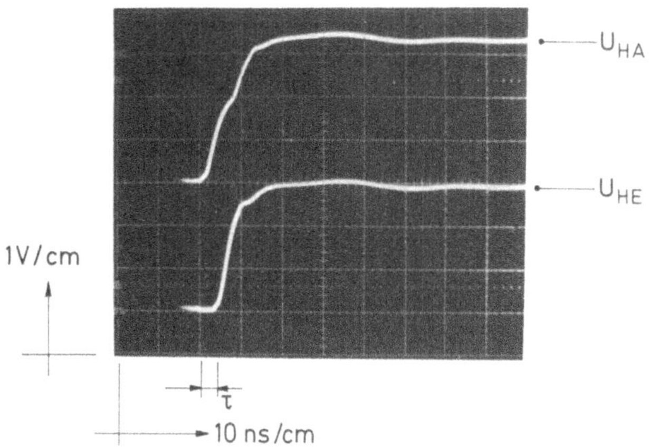

Bild 7.108 Oszillogramm der L → H Flanke am Eingang und Ausgang der langen Übertragungsleitung

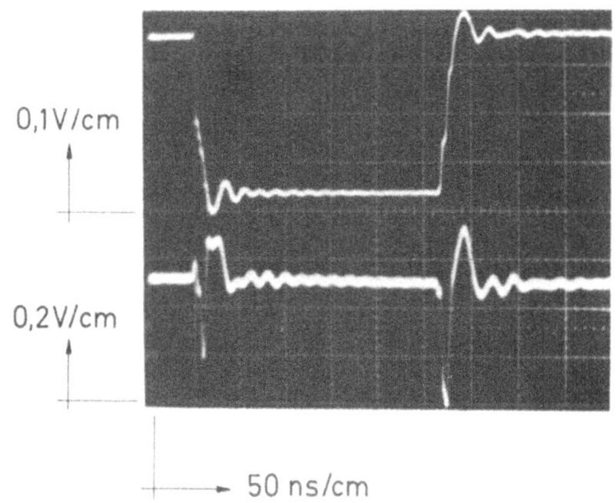

Bild 7.110 Einbruch der Versorgungsspannung beim Schaltflankenwechsel

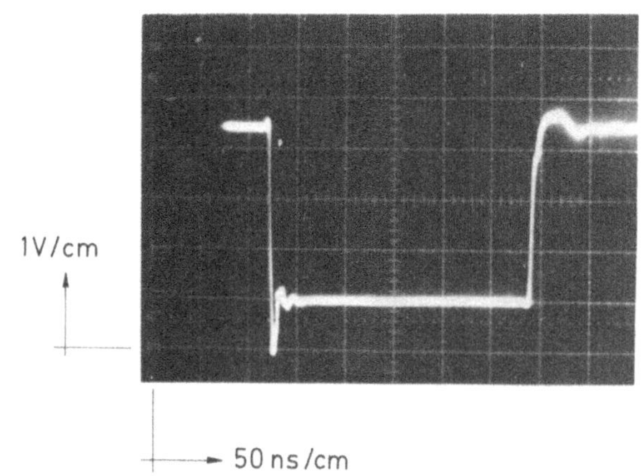

Bild 7.109 Oszillogramm eines negativen Überschwingers der Schaltflanke H → L am Eingang des Empfangsgatters

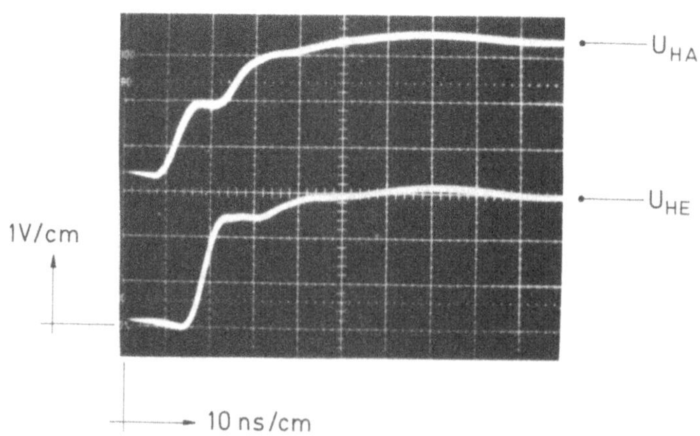

Bild 7.111 Oszillogramm der L → H Flanke bei gerastertem Basisleiter

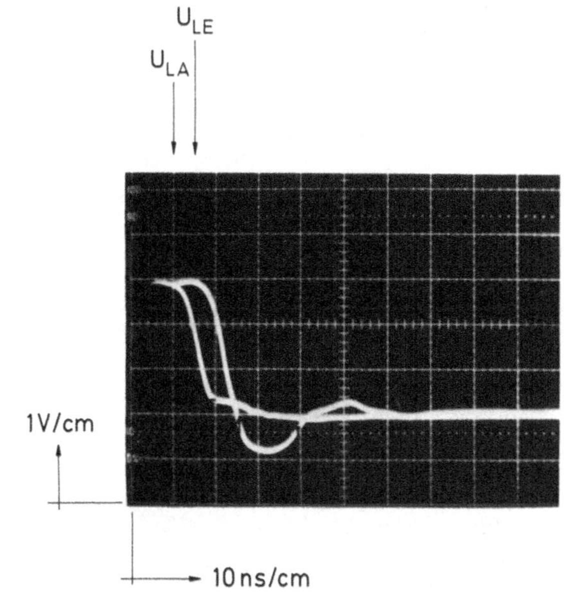

Bild 7.112
Oszillogramm der H → L Flanke bei gerastertem Basisleiter

material mit geringerem ϵ_r möglich. Beide Änderungen sind ökonomische nicht vertretbar. Die Laufzeitkonstante ergibt sich bei einem $\epsilon_r = 4{,}2$ zu $\tau' = 6{,}8\,\frac{ns}{m}$.
In Tafel 7.11 werden die vergleichenden Betrachtungen zusammengefaßt.
Über diesen Vergleich hinaus ist zur Triplate-Technik kritisch anzumerken, daß sie immer dem Erfordernis unterliegt, die beiden Grundleiterflächen auf gleichem Potential zu halten, was einer Reihe von Zwischenkontaktierungen oder einer vollständigen Umhüllung bedarf.

7.2.5.2 Microstrip-Übertragungssystem mit langer Signalleitung

Zur Untersuchung von Reflexionserscheinungen wurde eine Mäanderstruktur von 1 m Länge strukturiert, deren Laufzeit $\tau = 5{,}7$ ns beträgt. Bild 7.107 zeigt das Leitungsnegativ. Die Mäanderleitung hat die Leiterbreite nach Tafel 7.11. Die U_s-Speiseleitung hat eine Breite von 2,0 mm. Der Grundleiter ist eine Kupfervollfläche mit t = 0,035 mm. Die folgende Oszillogrammserie gibt die Ergebnisse der Untersuchung wieder. Bild 7.108 zeigt die L → H Flanke am Eingang und Ausgang der Leitung. Reflexionserscheinungen, wie auch der laufzeitverzögerte Einsatz der Welle am Ausgang sind sichtbar. Die Spannungshöhe am Eingang des Empfangsschaltgliedes ist um 0,5 dB gedämpft. Bild 7.109 demonstriert die negativen Überschwinger der Schaltflanke H → L am Eingang des Empfangsgliedes und Bild 7.110 den Einbruch der Versorgungsspannung beim Schaltflankenwechsel. Die Spannungshöhe des Einbruchs liegt bei 0,5 V und darf als unkritisch angesehen werden.

Um die Verhaltensweise des Übertragungssystems bei gerastertem Grundleiter zu untersuchen wurde dieser mit einem Orthogonalraster der Leiterbreite 0,3 mm versehen, ansonsten aber die Mäanderstruktur unverändert gelassen. Die Ergebnisse dieser Untersuchung zeigt die folgende Oszillogrammserie. Bild 7.111 zeigt ein ausgeprägtes Reflexionsverhalten für die Schaltflanke L → H und Bild 7.112 für die Schaltflanke H → L. Die variierten Reflexionsfaktoren gegenüber dem vorstehendem Fall der Vollfläche deuten auf einen variierten Wellenwiderstand der Mäanderleitung hin. Exakte Berechnungsunterlagen für gerasterte Grundleiter bei Microstrip existieren nicht. Grobabschätzend liegt hier ein Fehler im Reflexionsfaktor am Senderausgang von 0,03 vor (Vollfläche 0,06, Rasterfläche 0,09). Die Einbrüche der Versorgungsspannung liegen in der gleichen Höhe wie im Fall der Vollfläche.
Diese Untersuchung demonstriert einmal die theoretisch zu erwartenden Erscheinungen bei definierten Leiterstrukturen, zeigt aber auch den Weg auf zu neuen Schaltungskonzepten in Multilayertechnik, wie dies ein folgender Abschnitt dazustellen versucht.

7.2.5.3 Übersprechen bei Microstrip-Übertragungssystemen

Nach dem in Bild 7.113 dargestellten Leitungspositiv wurde ein antiparallel verlaufendes Übertragungssystem aufgebaut bei dem zwei Störleitungen (getaktet) die antiparallel dazu verlaufende gestörte Leitung begrenzen. Der Abstand der Leiter wird variiert, die Leitungslänge beträgt 200 mm. Die Leiter sind nach Tafel 7.11 dimensioniert. Der Grundleiter ist eine Vollfläche. Der gestörte Leiter wird auf L- oder H-Potential eingestellt.
Die Oszillogramme zeigen die Übersprechgrößen am Empfängereingang für einen Leiterabstand von 1,27 mm. Bild 7.114 gibt das Oszillogramm der gestörten Leitung auf L-Potential wieder. Man erkennt gedämpft abklingende Störschwingungen bei positiver Schaltflanke der Störer mit einer Maximalamplitude von 0,4 V. Bild 7.115 gibt das Oszillogramm im Zustand H wieder.

7.2.5.4 Microstrip-Multilayer

Aus den Erkenntnissen der Untersuchungen entstand das Konzept eines störsicheren 4-Ebenen-Multilayer in Microstrip-Technik, dessen prinzipieller konstruktiver Aufbau Bild 7.116 zeigt. Zwei gerasterte Netzebenen sind dicht benachbart zueinander geordnet. Durch den geringen Isolationsabstand ergeben sich hohe kapazitive Stützeigenschaften. Durch zwei weitere Isolationsplatten von den Netzebenen getrennt, entstehen je zwei Strukturflächen für die Streifenleiter. Eine dieser Flächen ist gleichzeitig Bestükkungsfläche. Der Zugriff zu den Bestückungselemente und den Netzebenen erfolgt durch Durchkontaktierungen.

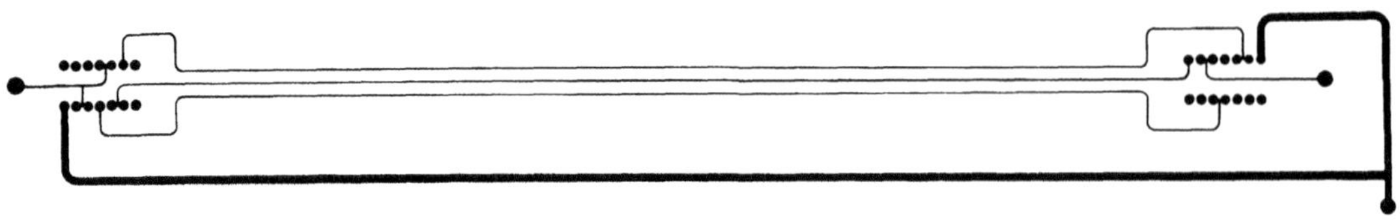

Bild 7.113 Druckwerkzeug für die Untersuchung der Erscheinungen des antiparallelen Nebensprechens; zwei Störleitungen (getaktet) begrenzen die dazu antiparallel verlaufende gestörte Leitung.

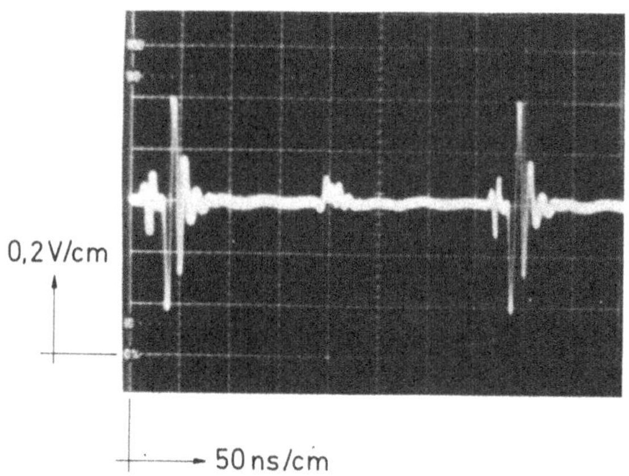

Bild 7.114 Oszillogramm der Übersprechgröße am Empfängereingang der gestörten Leitung; die Leitung befindet sich im Zustand L

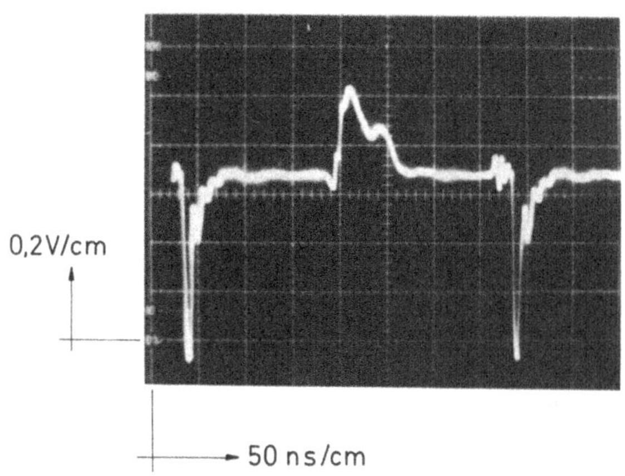

Bild 7.115 Oszillogramm der Übersprechgröße am Empfängereingang der gestörten Leitung; die Leitung befindet sich im Zustand H

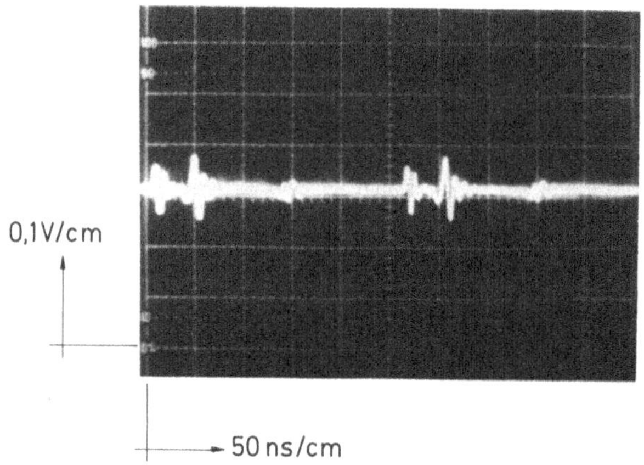

Bild 7.117 Oszillogramm der Übersprechgrößen einer gestörten Leitung auf der L-Seite des Multilayer; die Leitung befindet sich im Zustand L.

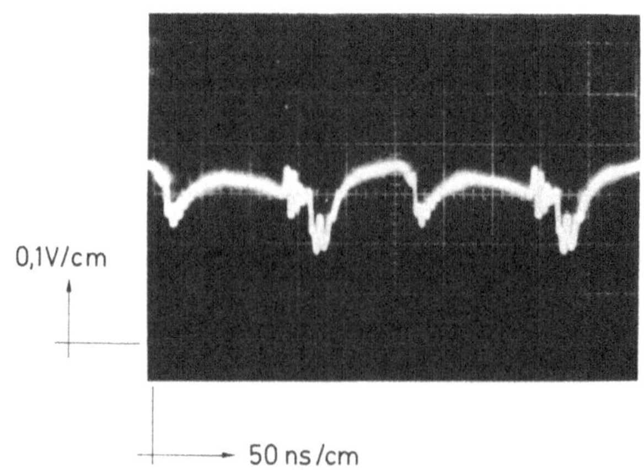

Bild 7.118 Oszillogramm der Übersprechgrößen einer gestörten Leitung auf der L-Seite des Multilayer; die Leitung befindet sich im Zustand H.

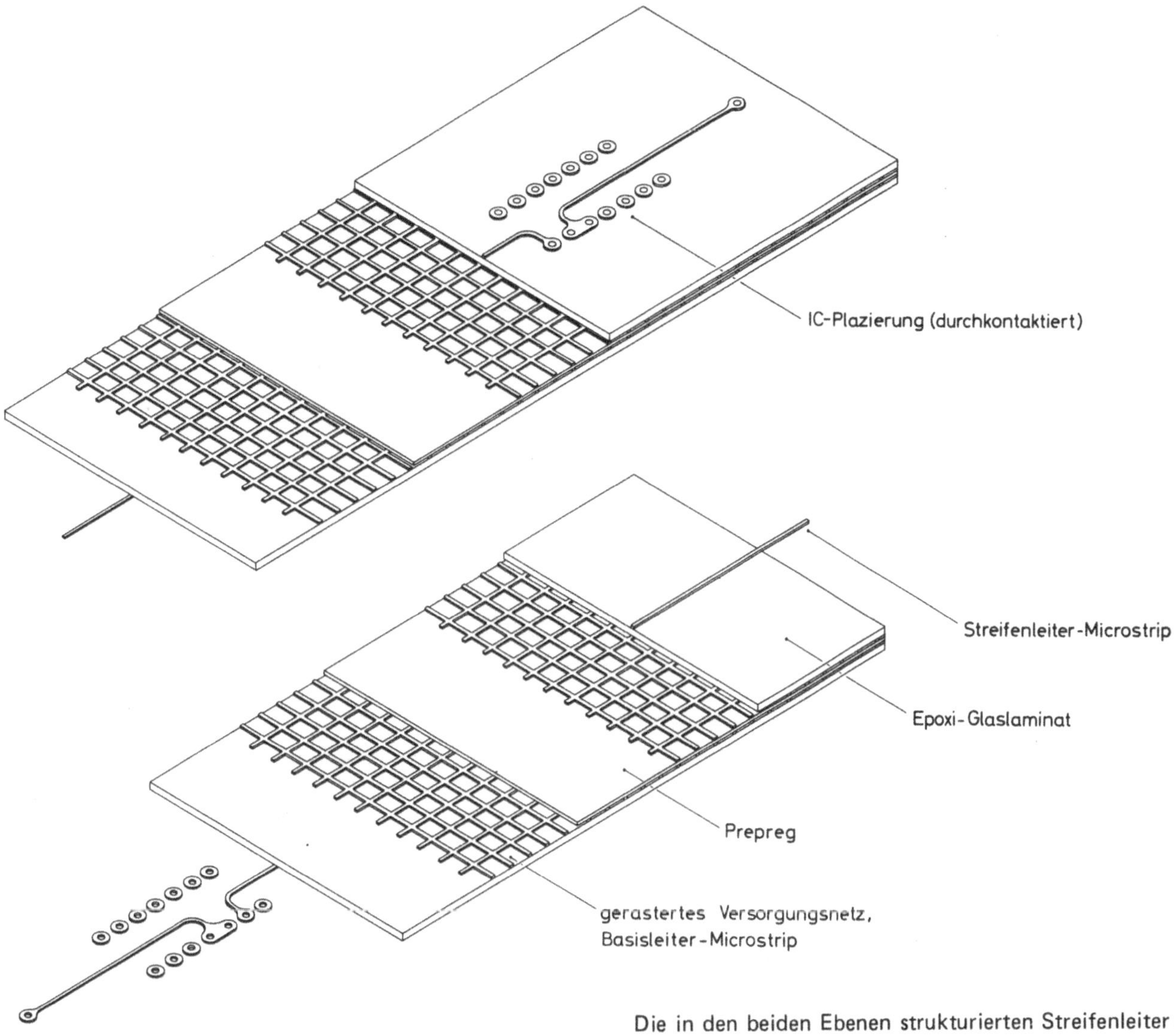

Bild 7.116 Konstruktiver Aufbau eines 4-Ebenen Multilayer in Microstrip-Technik

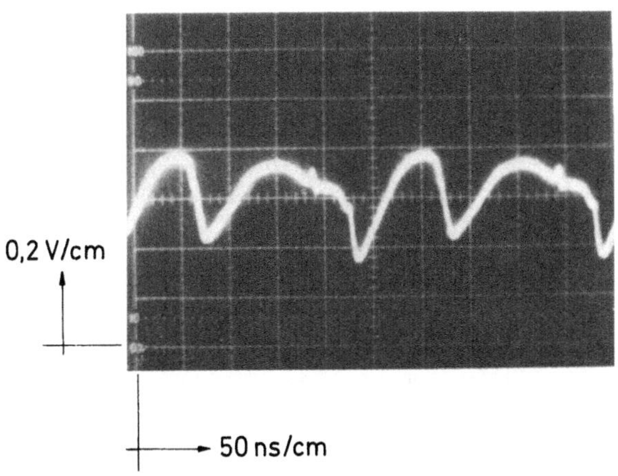

Bild 7.119 Oszillogramm über die Stützungseigenschaften des Versorgungssystems.

Die in den beiden Ebenen strukturierten Streifenleiter sind durch die Netzebenen störsicher von einander getrennt.

Zur Funktionsuntersuchung des Multilayer wurde ein Laboraufbau getestet. Die Gesamtschichtung wurde aus zweiseitig kupferkaschiertem Epoxi-Glas von 1 mm Dicke mit $\epsilon_{r_{eff}} = 3{,}24$ aufgebaut. Beide Leiterplatten wurden anschließend mit zwei Lagen Prepregs (0,2 mm) laminiert.

Oszillogramm Bild 7.117 zeigt die Übersprechgrößen auf einer gestörten Leitung der L-Seite, während sich die Störleitung auf der B-Seite befindet. Die gestörte Leitung steht im Zustand L. Oszillogramm Bild 7.118 stellt die Übersprecherscheinung im Falle des Zustandes H dar. Beide Oszillogramme weisen ein sehr geringes Übersprechverhalten auf, was auf die hervorragenden Schirmungseigenschaften der Netzebenen zurückzuführen ist. Ebenso günstig stellt sich das Verhalten des Versorgungsnetzes bezüglich seiner Stützungeigenschaften dar, was aus Oszillogramm Bild 7.119 hervorgeht.

Als Resümee der Untersuchungen darf angenommen werden, daß das vorgestellte Konzept eines Microstrip-Multilayer für die störsichere Auslegung schneller digitalelektronischer Schaltungen einen erfolgversprechenden und auch wirtschaftlich beschreitbaren Weg aufzeigt.

8. Anhang

8.1 Anhang zu Kapitel 2

A.2.1 Arbeitsdiagramme ϵ_r (f; T), Phenol-Papier

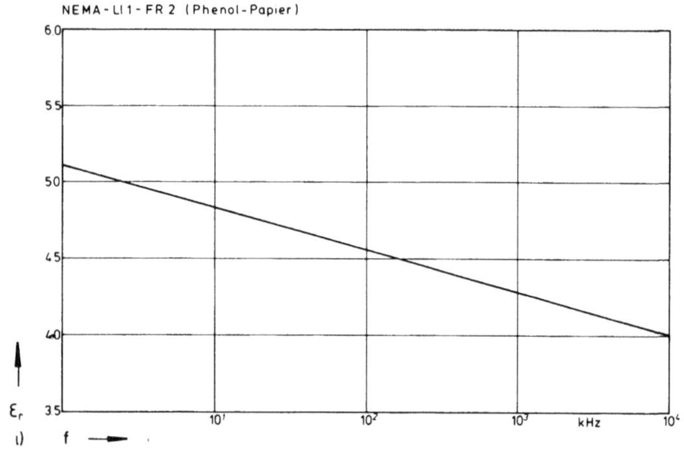

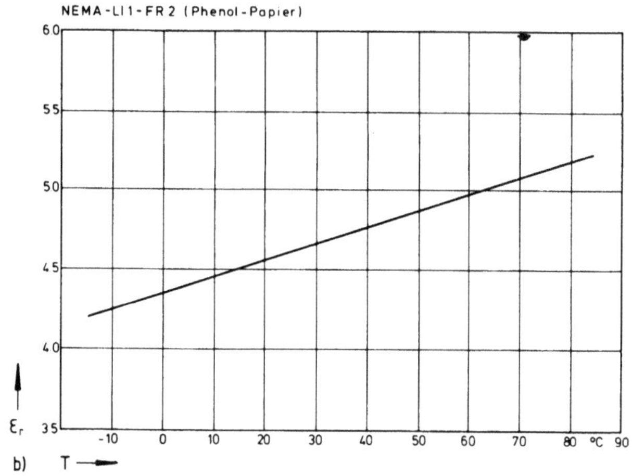

A.2.2 Arbeitsdiagramme tan δ (f; T), Phenol-Papier

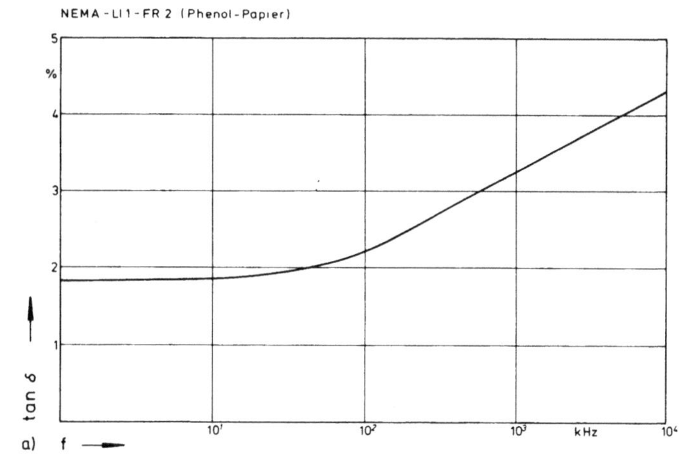

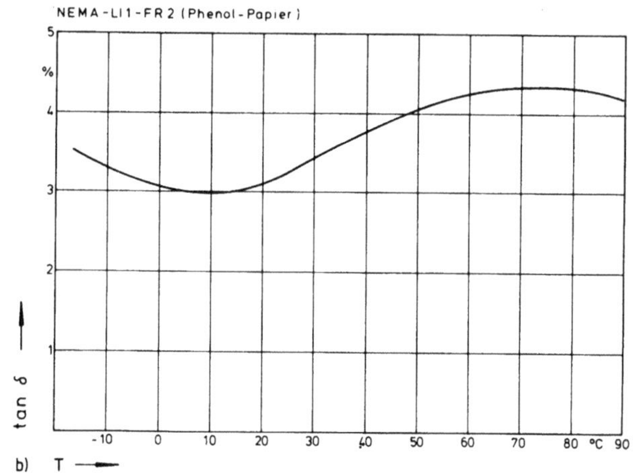

A.2.3 Arbeitsdiagramme ϵ_r (f; T), Epoxi-Papier

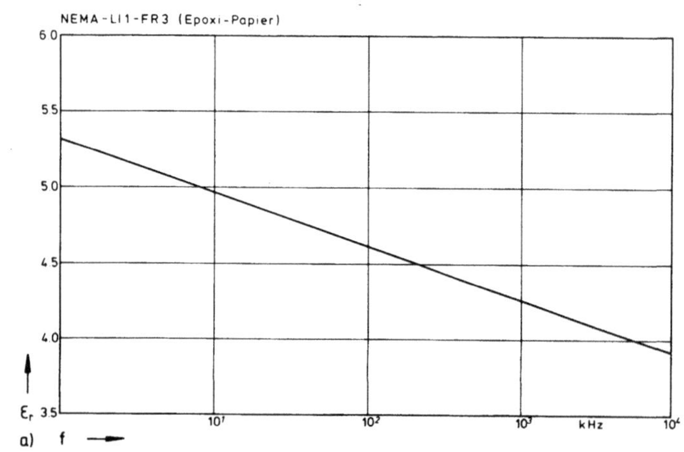

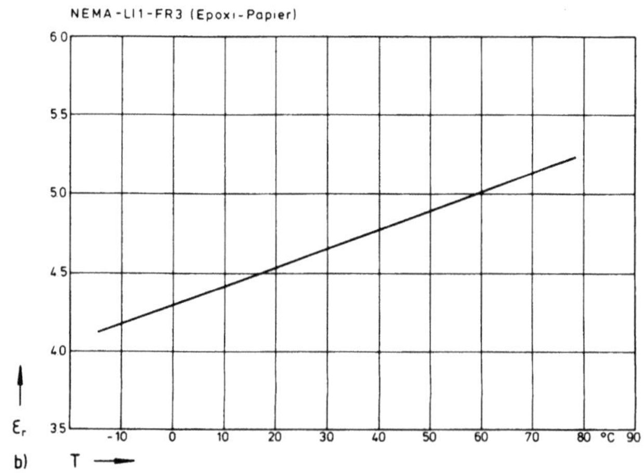

MIL-C-21097 Connectors, Electrical, Printed Wiring Board, General Purpose, General Specification for.
MIL-C-55302 Connectors, Printed Circuit Subassembly and Accessories.
IPC-C-405 General Document for Connectors, Electric, Printed Wiring Board.
IPC-TC-500A Specification for Plated Through Holes.
IPC-TC-510 Specification for Clinched Wire.
IPC-TC-550 Fused in Place Interfacial Connections.
MIL-STD-16912 Printed Circuit Shapes, Master Drawing, Precut-Process Standard. (NORD)
L-F-340 Film, Diazotype, Sensitized; Moist and Dry Process; Roll and Sheet.
L-P-519 Plastic Sheet: Tracing, Glazed and Matte Finish.
IEC 97 Grid System for Printed Circuits.

5 Qualitätssicherung

MIL-STD-202 Test Methods for Electronic and Electrical Component Parts.
MIL-STD-810 Environmental Test Methods.
MIL-Q-9858 Quality Program Requirements.
IPC-S-801 Edge Dip Solderability Test for Printed Wiring Boards.
IPC-S-803 Solderability Test for Wave Soldered Printed Wiring Board.
IPC-L-120 Inspection Procedure for Chemical Processing.
IPC-A-600 Acceptability of Printed Wiring.

6 Quellen

ANSI **AMERICAN NATIONAL STANDARDS INSTITUTE,** INC., 1430 Broadway, New York, N.Y. 10018.
EIA **ELECTRONIC INDUSTRIES ASSOCIATION,** 2001 Eye Street, N.W., Washington, D.C. 20006.
IEC **INTERNATIONAL ELECTROTECHNICAL COMMISSION,** 1, rue de Varembé, Geneve, Suisse.
IPC **INSTITUTE OF PRINTED CIRCUITS,** 1717 Howard Street, Evanston, Illinois 60202.

Armed Services Electro Standards Agency (ASESA), Fort Monmouth, Red Bank, N.J. 07703.
General Services Administration (GSA), Washington, D.C. 20405.
National Bureau of Standards (NBS), Washington D.C. 20234.
Office of Technical Services (OTS), 5285 Port Royal Road, Springfield, Va. 22171.

8.2 Anhang zu Kapitel 3

A.3.1 Schichtdickenwachstum intermetallischer Phasen.

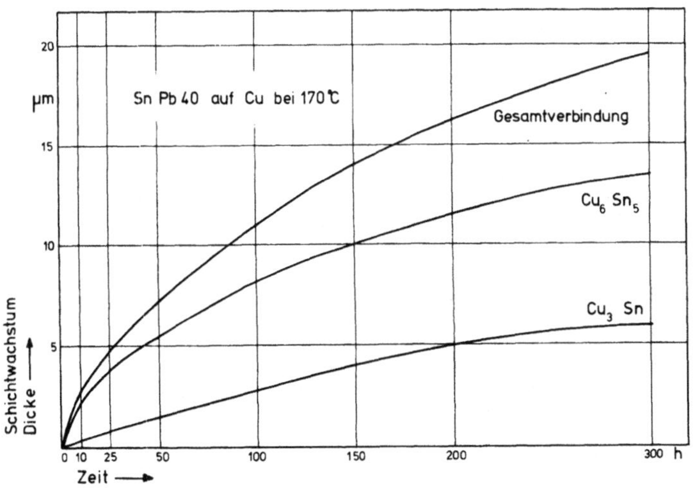

A.3.2 Alterungsabhängigkeit der Festigkeit von Zinnoberflächen.

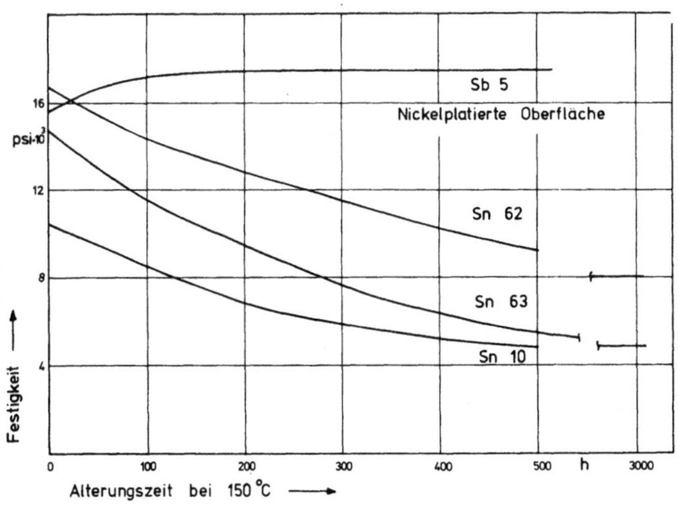

A.2.7 Arbeitsdiagramm tan δ (f), RT/duroid

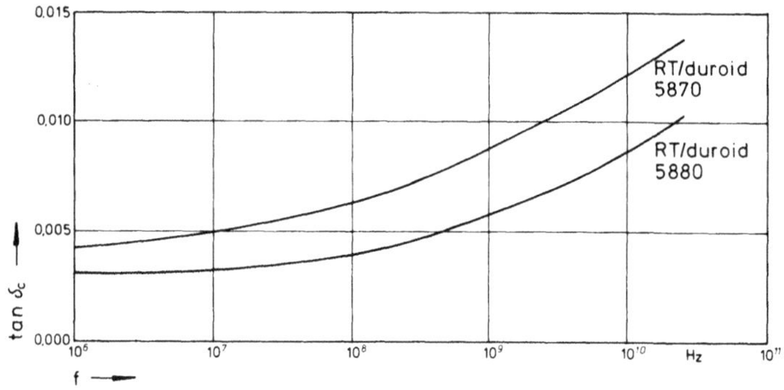

A.2.8 Bibliographie über US-Spezifikationen und Standards

1 Definitionen und Begriffe

MIL-STD-429 Printed-Wiring and Printed-Circuits Terms and Definitions.
MIL-STD-1313 Microelectronic Terms and Definitions.
IPC-T-50 Terms and Definitions.
EIA RS-208 Definition and Register, Printed Wiring.

2 Zeichnungen und allgemeine Dokumentation

MIL-STD-100 Engineering Drawing Practices.
MIL-D-1000 Drawings, Engineering and Associated Lists.
MIL-D-1000/3 Drawings, Installation Plans and Preliminary Data for Electronic and Related Equipment. (EC)
MIL-D-8510 Drawings, Undimensioned, Reproducibles, Photographic and Contact: Preparation of (Asg).
ANSI Y14.5-1966 Dimensioning and Tolerancing for Engineering Drawings.
ANSI Y14.15-1970 Electrical and Electronics Diagrams.
ANSI Y32.2-1970 Graphic Symbols for Electrical and Electronics Diagrams. (IEEE Std. # 315).
ANSI Y32.14-1973 Graphic Symbols for Logic Diagrams (Two State Devices) (IEEE Std. # 91).
ANSI Y32.16-1970 Reference Designations for Electrical and Electronic Parts and Equipments.

3 Entwurf gedruckter Schaltungen

MIL-STD-275 Printed Wiring.
MIL-P-55110 Printed Wiring Boards.
IEC 326 General Requirements and Measuring Methods for Printed Wiring Boards.
IPC-D-300 Printed Wiring Board Dimensions and Tolerances. Single and Two Sided Rigid Boards.
IPC-CM-770 Guidelines for Printed Circuit Board Component Mounting.
MIL-STD-1495 Multilayer Printed Wiring Boards for Electronic Equipment.
MIL-P-55424 Printed Wiring Boards, Multilayered. (EL)
MIL-P-55640 Printed Wiring Boards, Multilayer (Plated-Thru Hole).
IPC-ML-910 Design and End Product Spec. for Rigid Multilayer Printed Wiring Boards.
IPC-ML-950 Performance Specifications for Multilayer Printed Wiring Boards.
IPC-ML-975 End Product Documentation Spec. for Multilayer Printed Wiring Boards.
IPC-ML-990 Performance Specification for Flexible Multilayer Wiring.
MIL-STD-1495 Multilayer Printed Wiring Boards for Electronic Equipment.
IPC-FC-200 Guidelines & Test Methods for RFI-EMI Shielding of Flat Cable.
IPC-FC-201 Guidelines for Use of Flat Cables as Digital Signal Transmission Lines.
IPC-FC-220 Specification for Flat Cable, Flat Conductor. Unshielded.
IPC-FC-240 Specification for Single-Sided Flexible Wiring.
IPC-FC-250 Specification for Double-Sided Flexible Wiring with Interconnections.
IPC-FC-231 Flexible Bare Dielectrics for Use in Flexible Printed Wiring.
IPC-FC-241 Metal-Clad Flexible Dielectrics for Use in Fabrication of Flexible Printed Wiring.
IPC-FC-221 Specification of Flat-Copper Conductors For Flat Cables.
IPC-FC-225 Flat Cable Design Guide.
IPC-D-310 Guidelines for Artwork Generation & Measurement Techniques.
IPC-D-350 End Product Description in Numeric Form.
IPC-D-390 Guidelines for Design Layout and Artwork Generation on Computer Automated Equipment for Printed Wiring.

4 Werkstoffe und Prozeßverfahren

MIL-P-13949 Plastic Sheet, Laminated, Metal-Clad, (For Printed Wiring) General Specification for.
MIL-P-27538 Plastic Sheet, FEP-Fluorocarbon (Unfilled), Copper-Clad (For Printed Wiring).
MIL-P-55617 Plastic Sheet, Thin Laminated, Metal-Clad (For Printed Wiring, Primarily for Multilayer).
MIL-G-55636 Glass Cloth, Resin Preimpregnated (B-Stage) (For Multilayer Printed Wiring Boards).
IPC-L-110 Preimpregnated, B-Stage Epoxy Glass Cloth for Multilayer Printed Wiring Boards.
MIL-F-55561 Foil, Copper, Cladding for Printed Wiring Boards.
IPC-CF-150 Purchase of Copper Foil for Printed Circuits.
MIL-C-14550 Copper Plating (Electrodeposited).
MIL-G-45204 Gold Plating, Electrodeposited.
MIL-T-10727 Tin Plating; Electrodeposited or Hotdipped, for Ferrous and Nonferrous Metals.
QQ-N-290 Nickel Plated (Electrodeposited).
QQ-S-571 Solder; Tin Alloy; Tin-Lead Alloy; and Lead Alloy.
MIL-F-14256 Flux, Soldering, Liquid (Rosin Base).

A.2.4 Arbeitsdiagramme tan δ (f; T), Epoxi-Papier

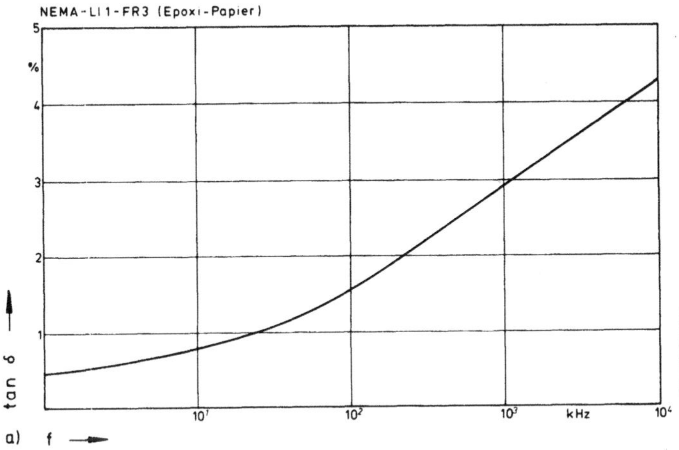

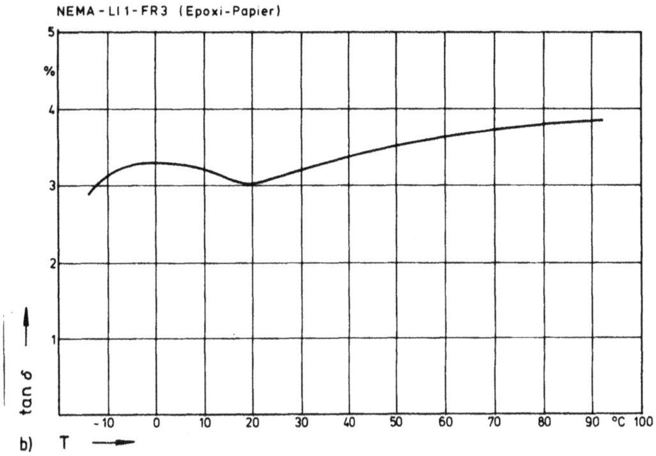

A.2.5 Arbeitsdiagramme ϵ_r (f; T), Epoxi-Glas

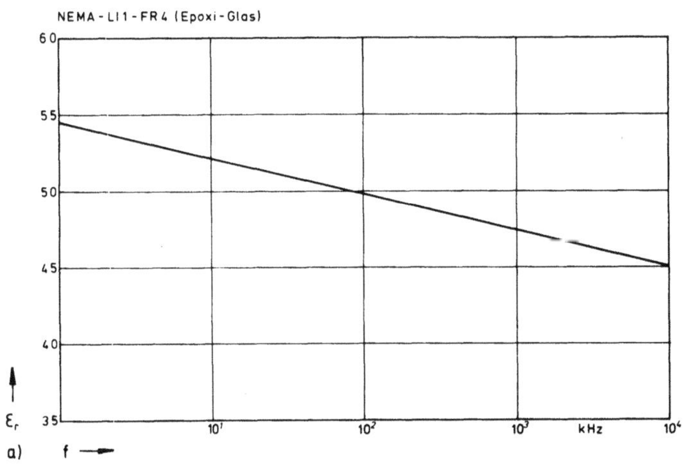

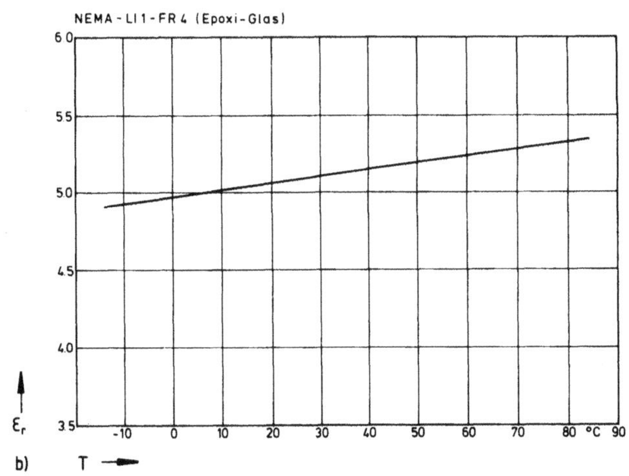

A.2.6 Arbeitsdiagramme tan δ (f; T), Epoxi-Glas

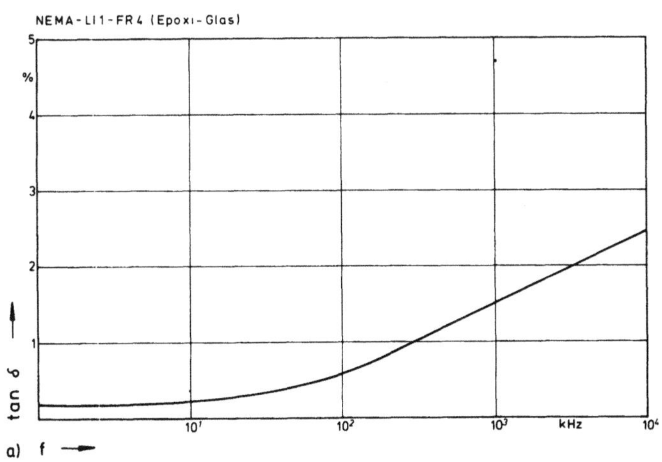

8.3 Anhang zu Kapitel 4

A.4.1 Arbeitsdiagramme L' (b; l), Einzelleiter

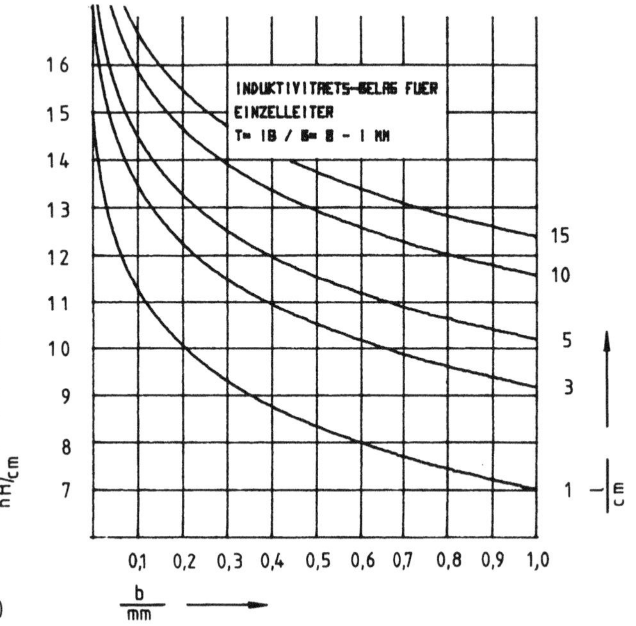

a)

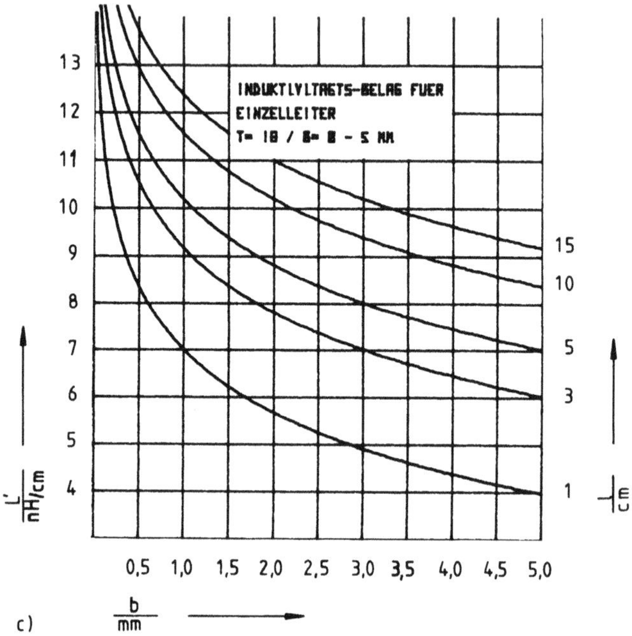

c)

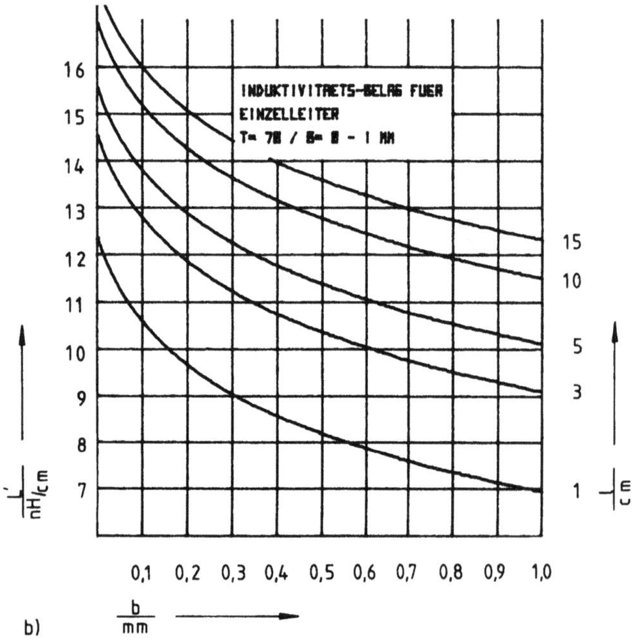

b)

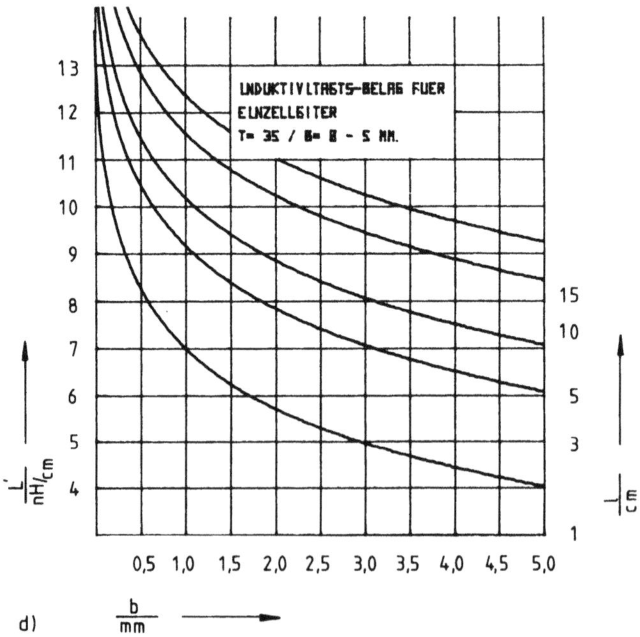

d)

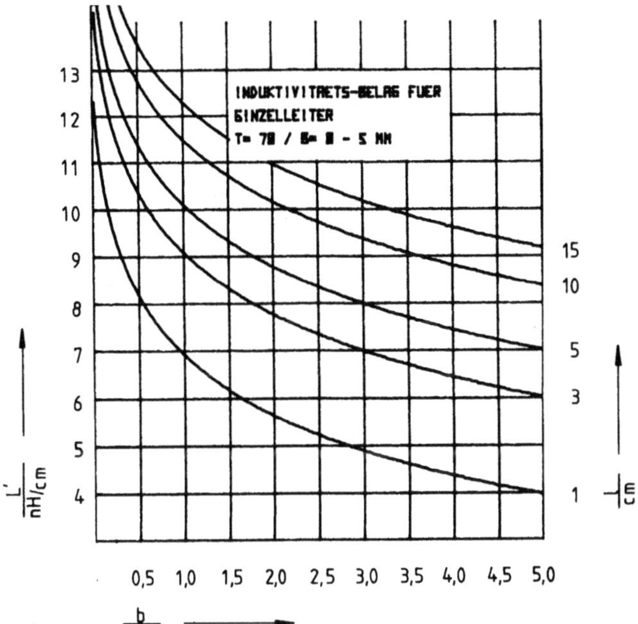
INDUKTIVITAETS-BELAG FUER
EINZELLEITER
T= 70 / B= 0 - 5 MM
L' / nH/cm
l / cm
b / mm

e)

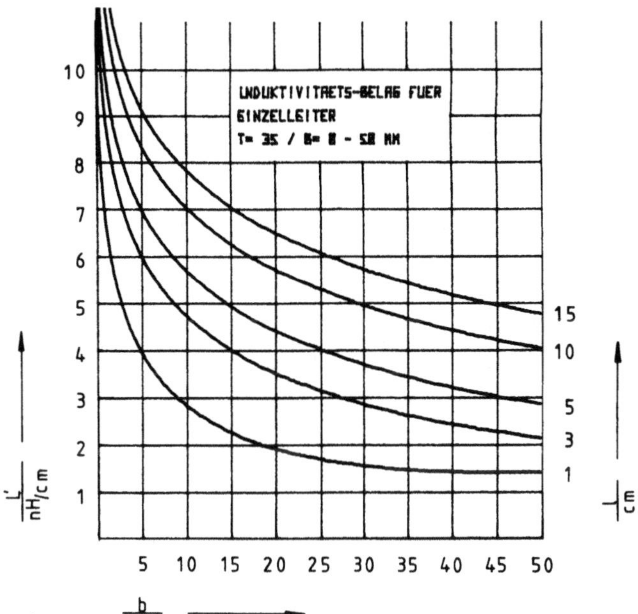
INDUKTIVITAETS-BELAG FUER
EINZELLEITER
T= 35 / B= 0 - 50 MM
L' / nH/cm
l / cm
b / mm

g)

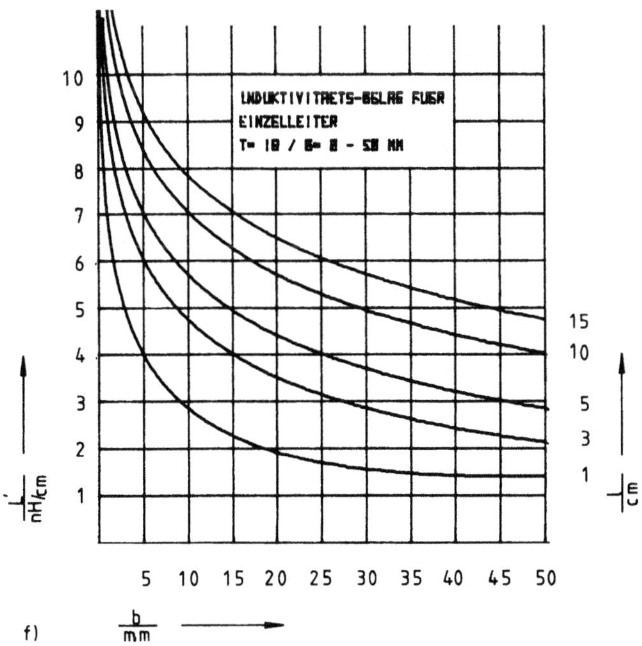
INDUKTIVITAETS-BELAG FUER
EINZELLEITER
T= 10 / B= 0 - 50 MM
L' / nH/cm
l / cm
b / mm

f)

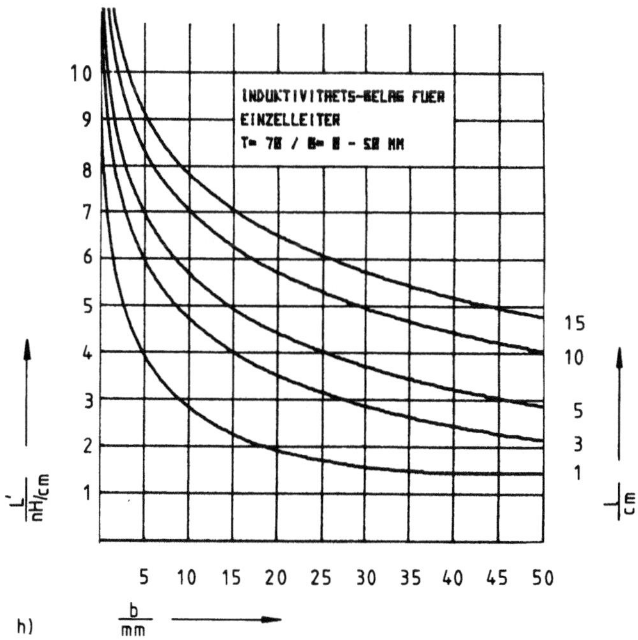
INDUKTIVITAETS-BELAG FUER
EINZELLEITER
T= 70 / B= 0 - 50 MM
L' / nH/cm
l / cm
b / mm

h)

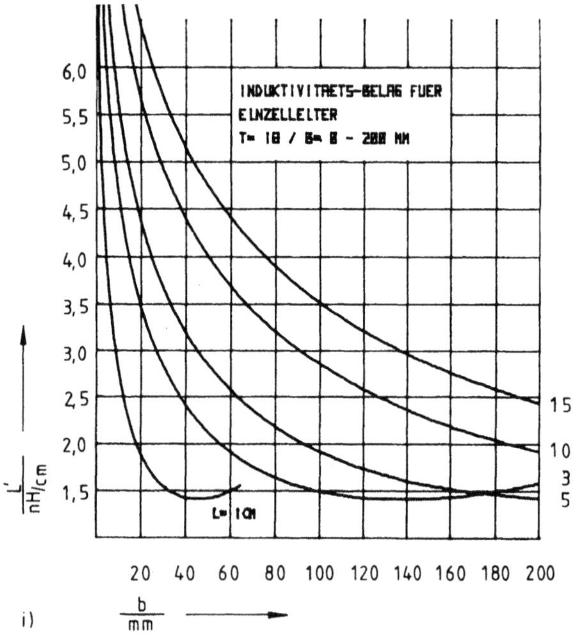

i)

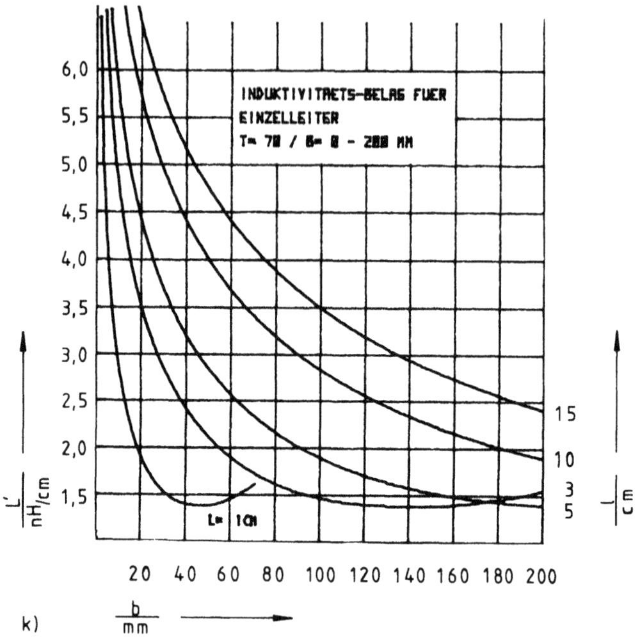

k)

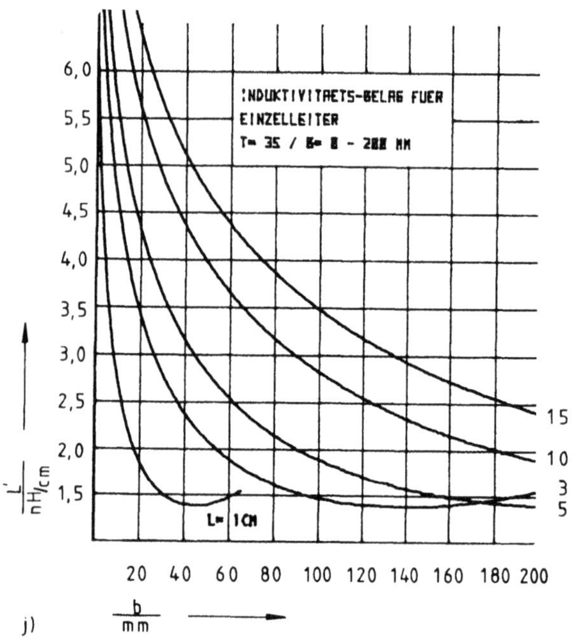

j)

A.4.2 Arbeitsdiagramme L′ (b; a), Parallelleitung

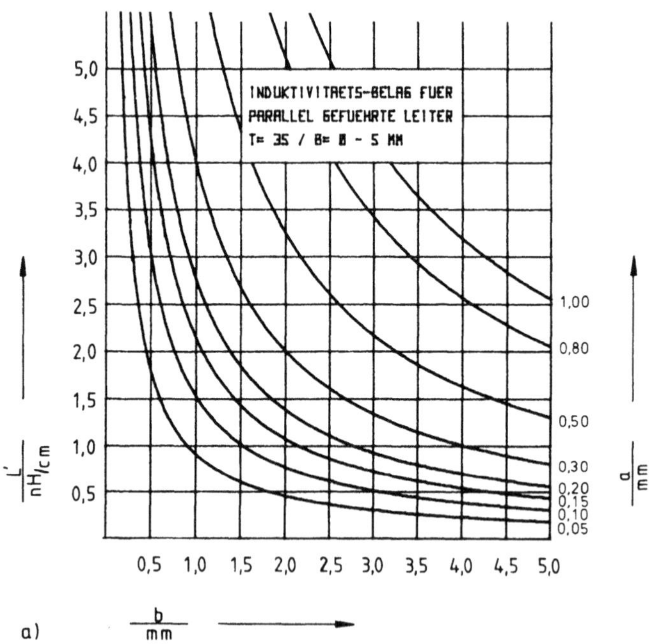

a)

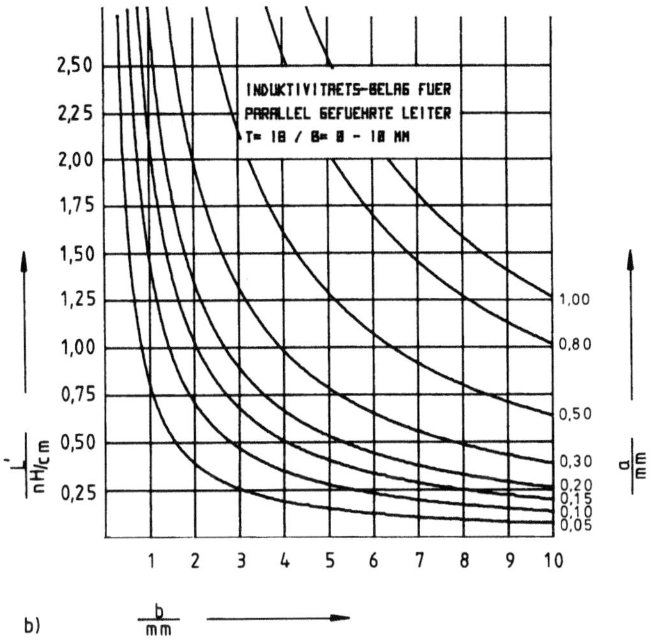
INDUKTIVITAETS-BELAG FUER
PARALLEL GEFUEHRTE LEITER
T= 10 / B= 0 - 10 MM
2,50
2,25
2,00
1,75
1,50
1,25
1,00
0,75
0,50
0,25
L' / nH/cm
1 2 3 4 5 6 7 8 9 10
b / mm
1,00
0,80
0,50
0,30
0,20
0,15
0,10
0,05
a / mm

b)

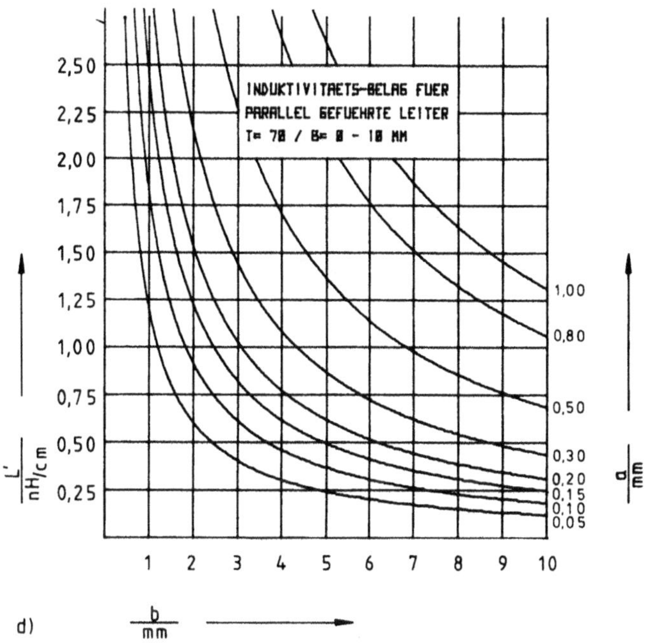
INDUKTIVITAETS-BELAG FUER
PARALLEL GEFUEHRTE LEITER
T= 70 / B= 0 - 10 MM
2,50
2,25
2,00
1,75
1,50
1,25
1,00
0,75
0,50
0,25
L' / nH/cm
1 2 3 4 5 6 7 8 9 10
b / mm
1,00
0,80
0,50
0,30
0,20
0,15
0,10
0,05
a / mm

d)

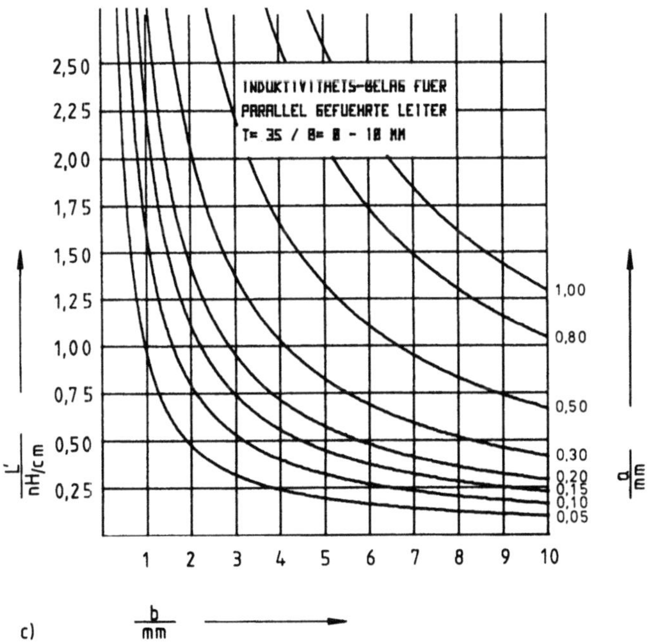
INDUKTIVITAETS-BELAG FUER
PARALLEL GEFUEHRTE LEITER
T= 35 / B= 0 - 10 MM
2,50
2,25
2,00
1,75
1,50
1,25
1,00
0,75
0,50
0,25
L' / nH/cm
1 2 3 4 5 6 7 8 9 10
b / mm
1,00
0,80
0,50
0,30
0,20
0,15
0,10
0,05
a / mm

c)

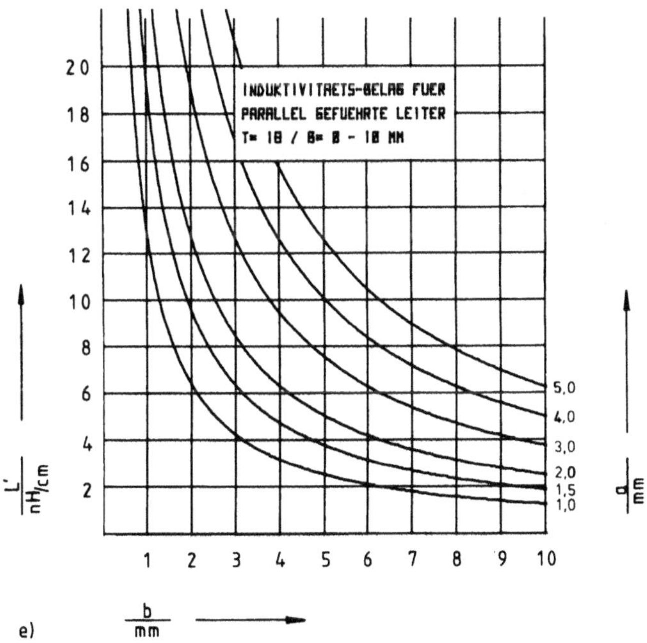
INDUKTIVITAETS-BELAG FUER
PARALLEL GEFUEHRTE LEITER
T= 10 / B= 0 - 10 MM
20
18
16
14
12
10
8
6
4
2
L' / nH/cm
1 2 3 4 5 6 7 8 9 10
b / mm
5,0
4,0
3,0
2,0
1,5
1,0
a / mm

e)

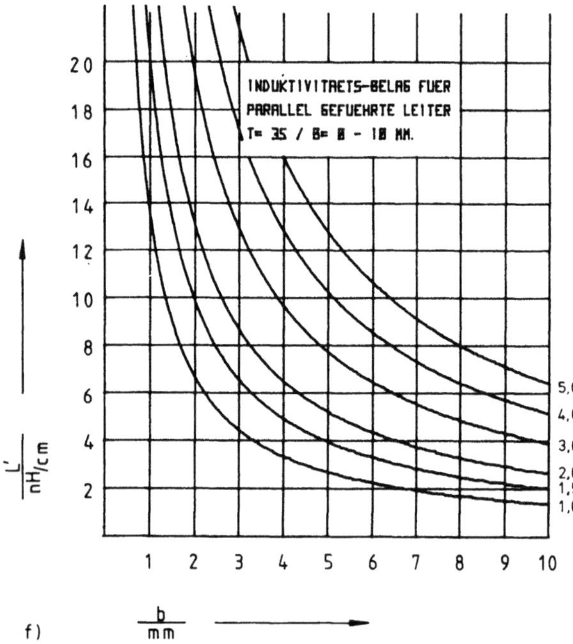

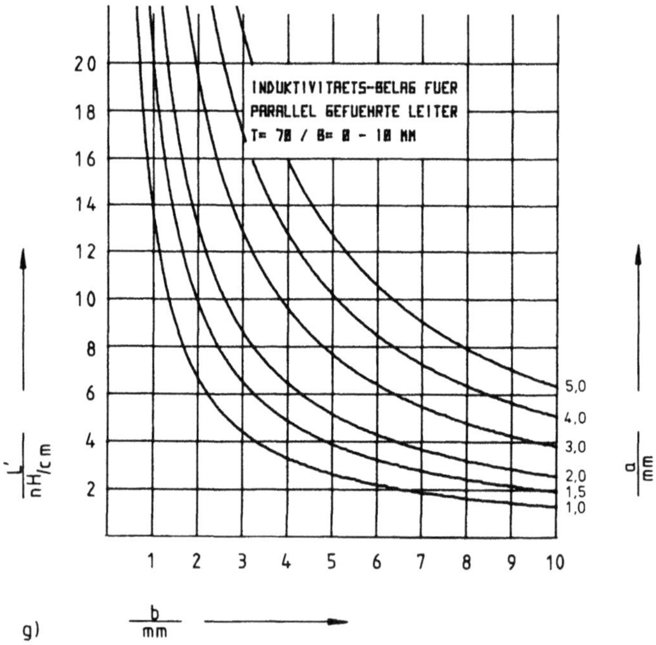

A.4.3 Arbeitsdiagramm C' (b; a), Parallelleitung

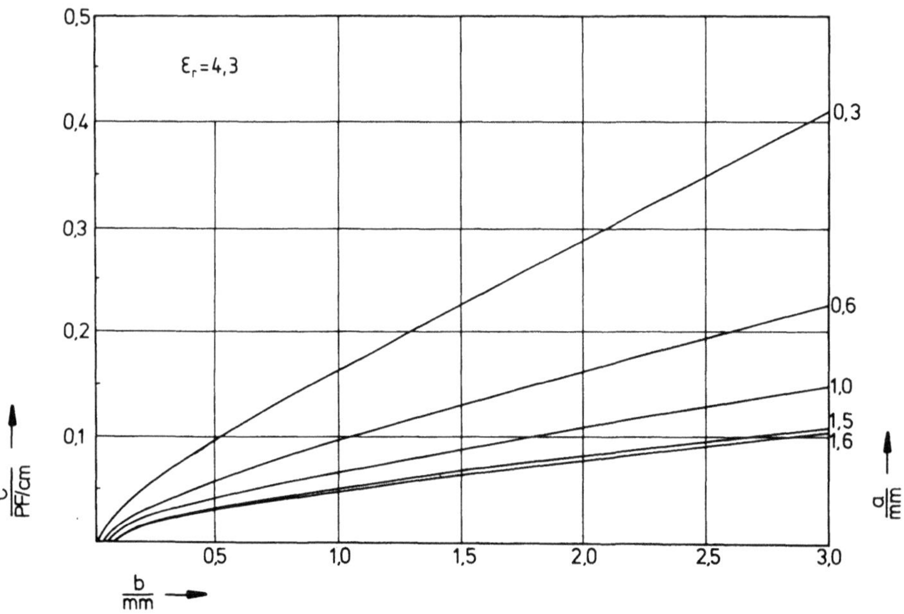

A.4.4 Arbeitsdiagramme L' (b; a), Coplanare Parallelleitung

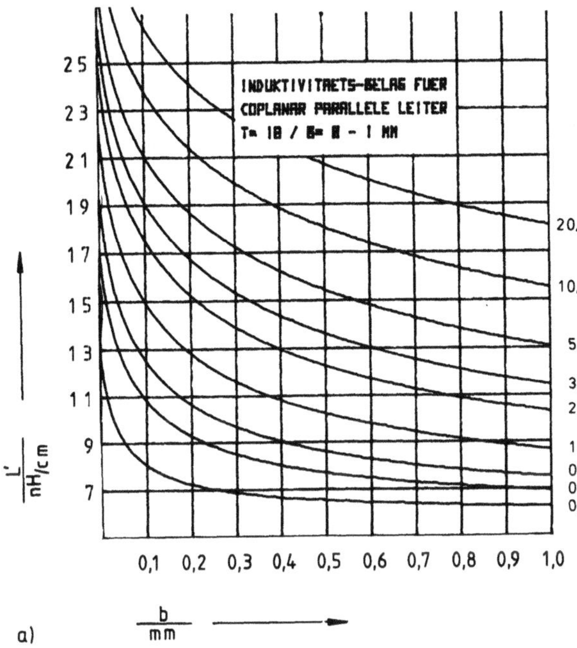

a)

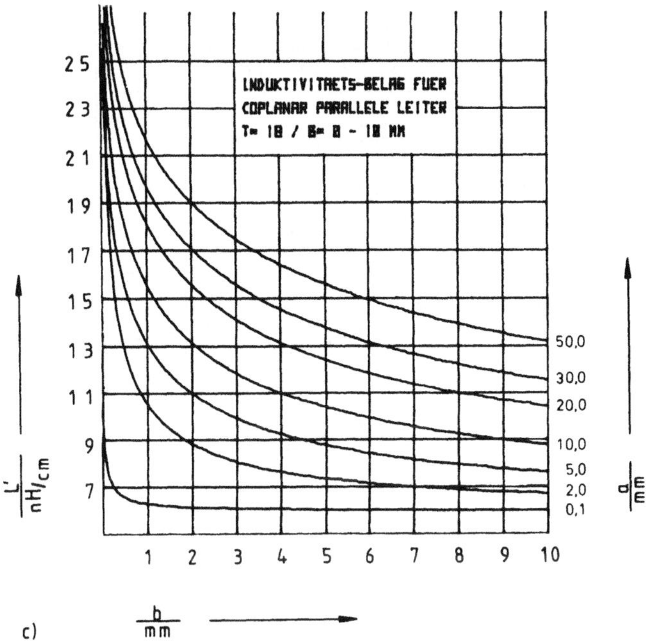

c)

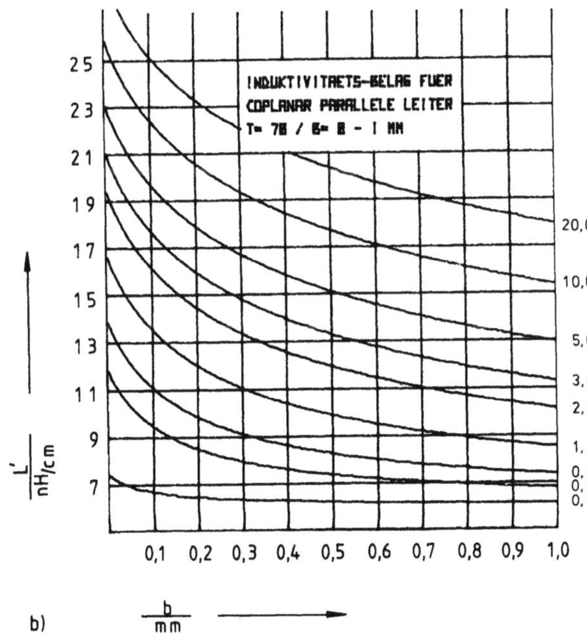

b)

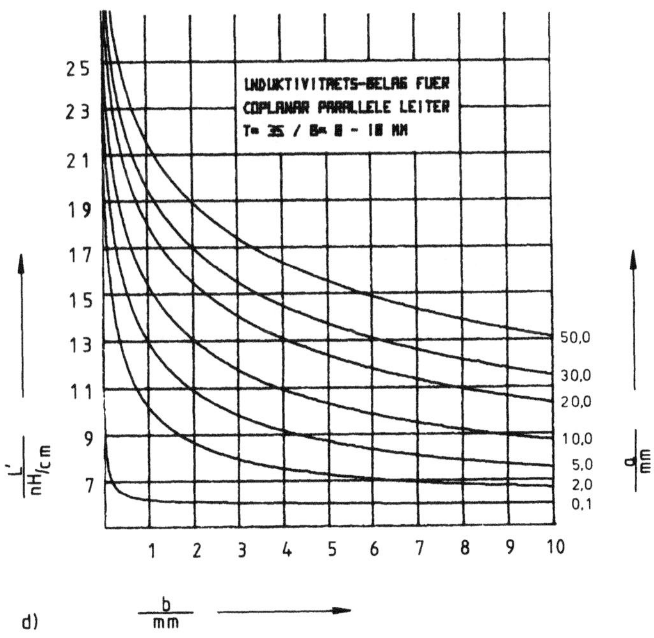

d)

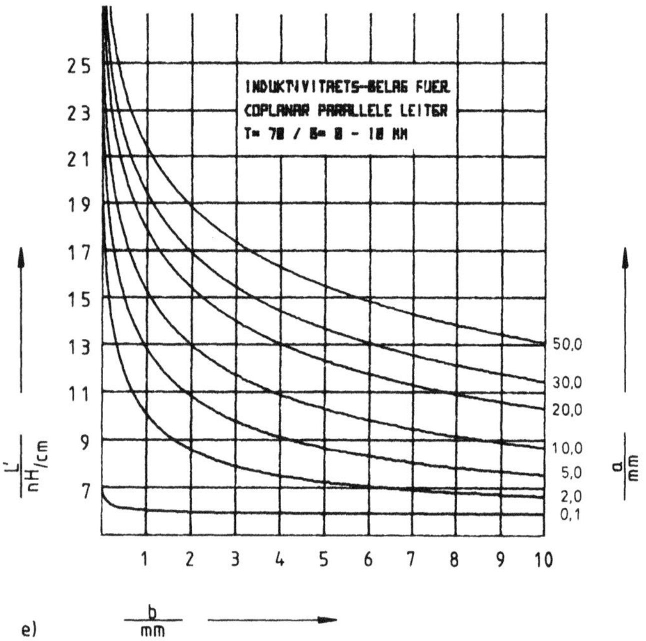

e)

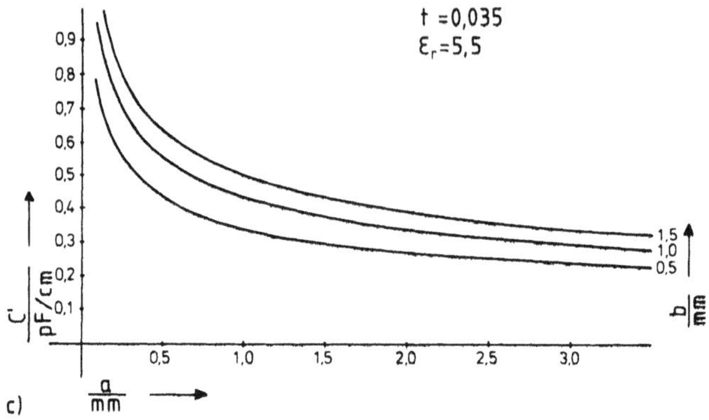

c)

A.4.5 Arbeitsdiagramme C′ (b; a), Coplanare Parallelleitung

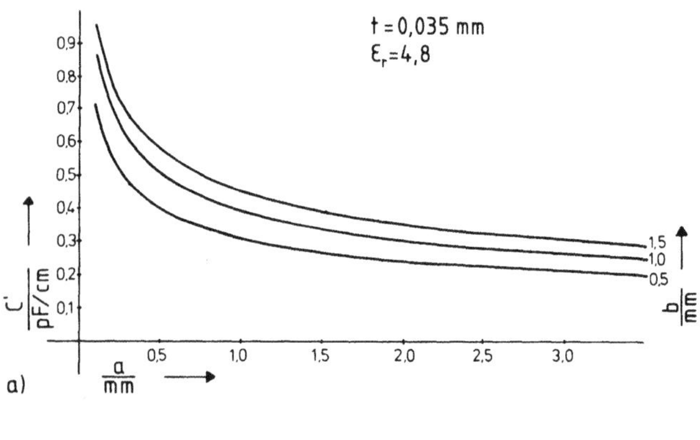

a)

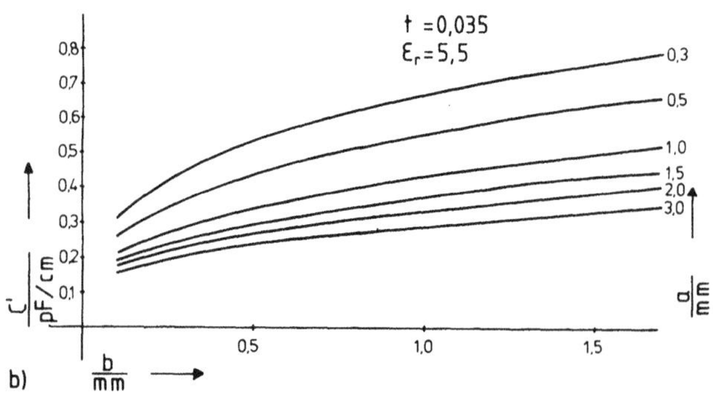

b)

A.4.6 Arbeitsdiagramm Z_L (b_1; a_1), Coplanare Parallelleitung

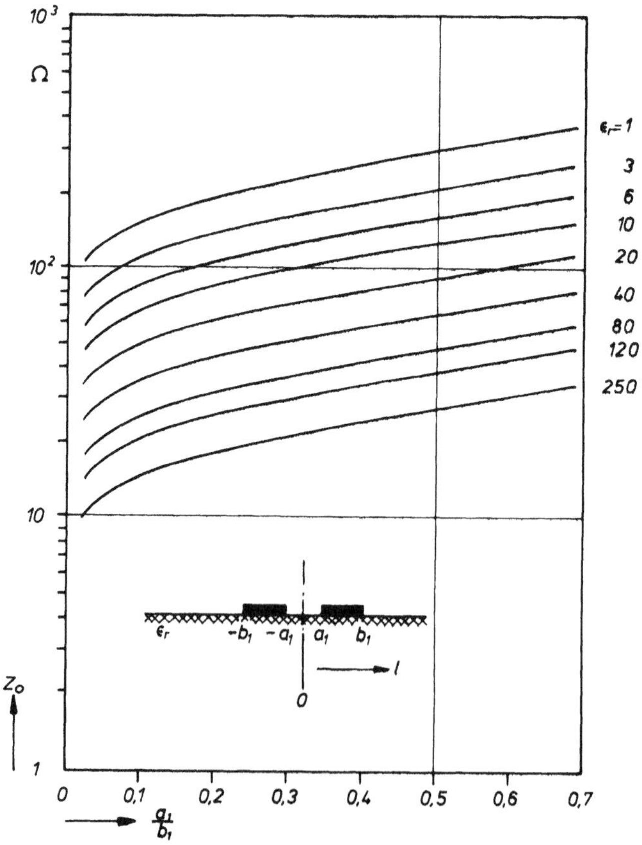

Quelle:

R.F. Frazita; M.S. thesis, Polytechnic Institute of Brooklyn 1965

A.4.7 Datenliste der Streuparameter, Coplanare Parallelleitung

S-PARAMETER DER GESAMTANORDNUNG:

F/MHZ	S11 BETRAG	S11 PHASE (GRD)	S12 BETRAG	S12 PHASE (GRD)	S21 BETRAG	S21 PHASE (GRD)	S22 BETRAG	S22 PHASE (GRD)	20LG|S21| (DB)	K	TAU (NS)
20.0	0.003	-9.2	0.997	-7.9	0.997	-7.9	0.003	-9.2	-0.02	1.000	1.10
40.0	0.004	-17.7	0.996	-15.8	0.996	-15.8	0.004	-17.7	-0.03	1.000	1.10
60.0	0.004	-26.2	0.995	-23.7	0.995	-23.7	0.004	-26.2	-0.04	1.000	1.10
80.0	0.005	-34.7	0.995	-31.6	0.995	-31.6	0.005	-34.7	-0.05	1.000	1.10
100.0	0.005	-43.3	0.994	-39.4	0.994	-39.4	0.005	-43.3	-0.05	1.000	1.10
120.0	0.006	-52.1	0.994	-47.3	0.994	-47.3	0.006	-52.1	-0.06	1.000	1.10
140.0	0.006	-60.9	0.993	-55.2	0.993	-55.2	0.006	-60.9	-0.06	1.000	1.10
160.0	0.006	-69.9	0.993	-63.1	0.993	-63.1	0.006	-69.9	-0.06	1.000	1.10
180.0	0.006	-79.1	0.992	-71.0	0.992	-71.0	0.006	-79.1	-0.07	1.000	1.10
200.0	0.006	-88.5	0.992	-78.9	0.992	-78.9	0.006	-88.5	-0.07	1.000	1.10
220.0	0.006	-98.0	0.991	-86.8	0.991	-86.8	0.006	-98.0	-0.08	1.000	1.10
240.0	0.006	-107.7	0.991	-94.7	0.991	-94.7	0.006	-107.7	-0.08	1.000	1.10
260.0	0.005	-117.6	0.991	-102.6	0.991	-102.6	0.005	-117.6	-0.08	1.000	1.10
280.0	0.005	-127.6	0.990	-110.5	0.990	-110.5	0.005	-127.6	-0.09	1.000	1.10
300.0	0.004	-137.9	0.990	-118.4	0.990	-118.4	0.004	-137.9	-0.09	1.000	1.10
320.0	0.004	-148.2	0.990	-126.3	0.990	-126.3	0.004	-148.2	-0.09	1.000	1.10
340.0	0.004	-158.6	0.989	-134.2	0.989	-134.2	0.004	-158.6	-0.09	1.000	1.10
360.0	0.003	-169.1	0.989	-142.1	0.989	-142.1	0.003	-169.1	-0.10	1.000	1.10
380.0	0.002	-179.6	0.989	-150.0	0.989	-150.0	0.002	-179.6	-0.10	1.000	1.10
400.0	0.002	170.1	0.988	-157.9	0.988	-157.9	0.002	170.1	-0.10	1.000	1.10
420.0	0.001	160.3	0.988	-165.8	0.988	-165.8	0.001	160.3	-0.10	1.000	1.10
440.0	0.001	153.1	0.988	-173.7	0.988	-173.7	0.001	153.1	-0.11	1.000	1.10
460.0	0.000	-67.8	0.987	178.4	0.987	178.4	0.000	-67.8	-0.11	1.000	1.10
480.0	0.001	-59.1	0.987	170.4	0.987	170.4	0.001	-59.1	-0.11	1.000	1.10
500.0	0.002	-67.7	0.987	162.5	0.987	162.5	0.002	-67.7	-0.11	1.000	1.10
520.0	0.002	-77.5	0.987	154.6	0.987	154.6	0.002	-77.5	-0.12	1.000	1.10
540.0	0.003	-87.4	0.986	146.7	0.986	146.7	0.003	-87.4	-0.12	1.000	1.10
560.0	0.004	-97.4	0.986	138.8	0.986	138.8	0.004	-97.4	-0.12	1.000	1.10
580.0	0.005	-107.3	0.986	130.8	0.986	130.8	0.005	-107.3	-0.12	1.000	1.10
600.0	0.006	-117.2	0.986	122.9	0.986	122.9	0.006	-117.2	-0.12	1.000	1.10
620.0	0.006	-126.9	0.985	115.0	0.985	115.0	0.006	-126.9	-0.13	1.000	1.10
640.0	0.007	-136.5	0.985	107.0	0.985	107.0	0.007	-136.5	-0.13	1.000	1.10
660.0	0.007	-146.0	0.985	99.1	0.985	99.1	0.007	-146.0	-0.13	1.000	1.10
680.0	0.008	-155.3	0.985	91.2	0.985	91.2	0.008	-155.3	-0.13	1.000	1.10
700.0	0.008	-164.6	0.985	83.2	0.985	83.2	0.008	-164.6	-0.14	1.000	1.10
720.0	0.008	-173.8	0.984	75.3	0.984	75.3	0.008	-173.8	-0.14	1.000	1.10
740.0	0.008	177.2	0.984	67.3	0.984	67.3	0.008	177.2	-0.14	1.000	1.10
760.0	0.008	168.2	0.984	59.4	0.984	59.4	0.008	168.2	-0.14	1.001	1.11
780.0	0.008	159.4	0.984	51.4	0.984	51.4	0.008	159.4	-0.14	1.001	1.11
800.0	0.007	150.7	0.983	43.4	0.983	43.4	0.007	150.7	-0.14	1.001	1.11
820.0	0.006	142.2	0.983	35.5	0.983	35.5	0.006	142.2	-0.15	1.001	1.11
840.0	0.005	133.9	0.983	27.5	0.983	27.5	0.005	133.9	-0.15	1.001	1.11
860.0	0.004	126.0	0.983	19.5	0.983	19.5	0.004	126.0	-0.15	1.001	1.11
880.0	0.002	119.4	0.983	11.5	0.983	11.5	0.002	119.4	-0.15	1.001	1.11
900.0	0.001	121.7	0.982	3.6	0.982	3.6	0.001	121.7	-0.15	1.001	1.11
920.0	0.001	-95.8	0.982	-4.4	0.982	-4.4	0.001	-95.8	-0.16	1.001	1.11
940.0	0.003	-96.1	0.982	-12.4	0.982	-12.4	0.003	-96.1	-0.16	1.001	1.11
960.0	0.005	-102.7	0.982	-20.4	0.982	-20.4	0.005	-102.7	-0.16	1.001	1.11
980.0	0.007	-110.4	0.982	-28.4	0.982	-28.4	0.007	-110.4	-0.16	1.001	1.11
1000.0	0.009	-118.4	0.981	-36.4	0.981	-36.4	0.009	-118.4	-0.16	1.001	1.11

URZ – MPI

A.4.8 Ortskurven $\underline{S}11$ (f), $\underline{S}12$ (f), Coplanare Parallelleitung

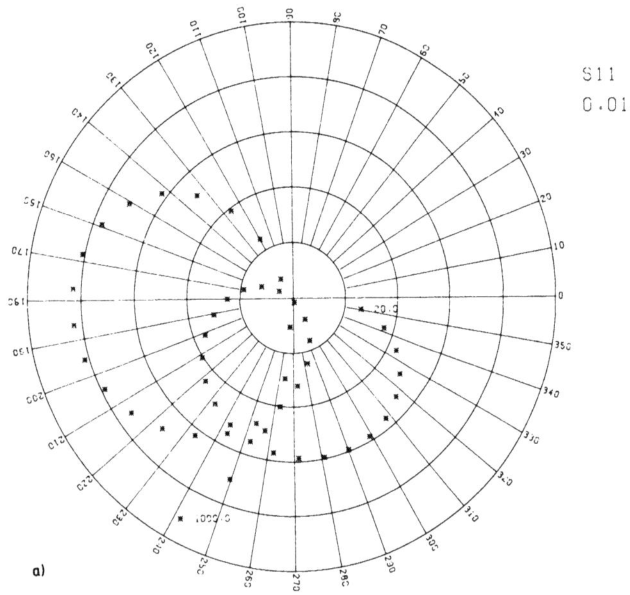

a)

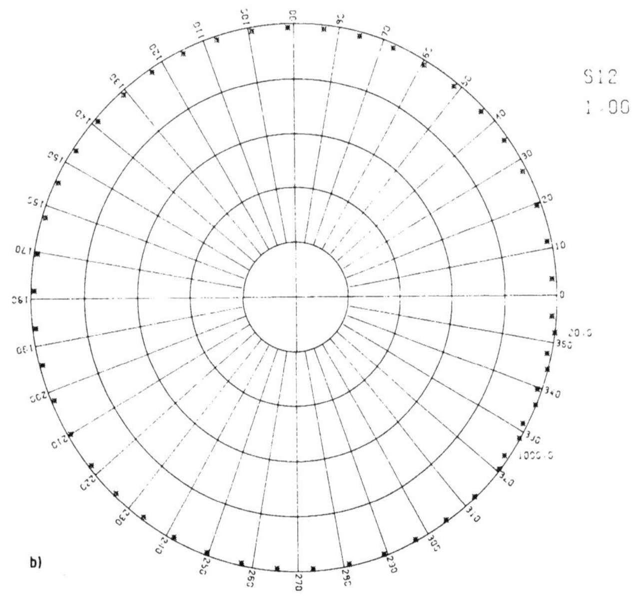

b)

A.4.9 Arbeitsdiagramm Z_L (b_1; a_1), Coplanare Leitung

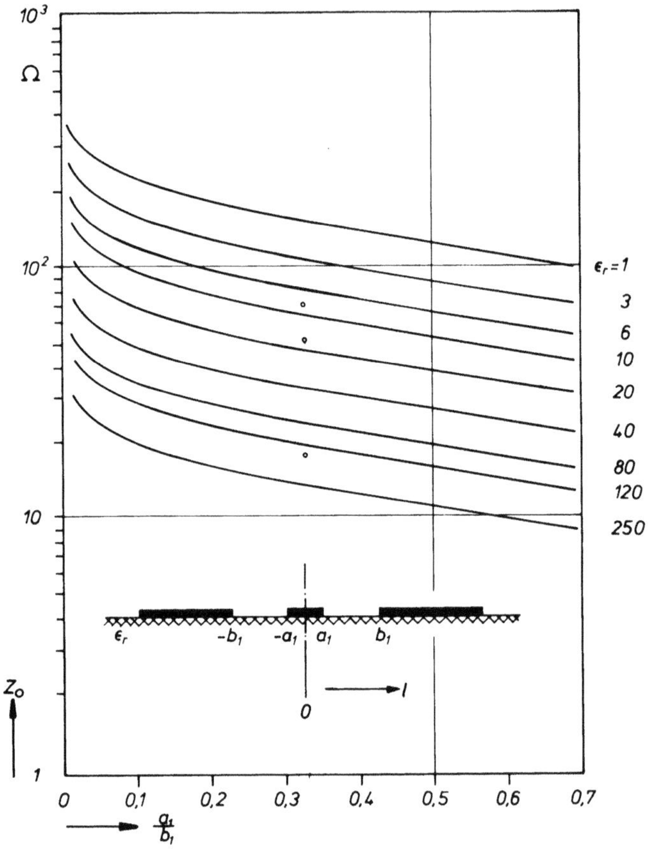

Quelle:

Cheng P. Wen; Intern. Microwave Symposium, Dallas, 1969

A.4.10 Arbeitsdiagramm $\epsilon_{r_{eff}}\left(\frac{w}{h}; \epsilon_r\right)$, Mikrostrip

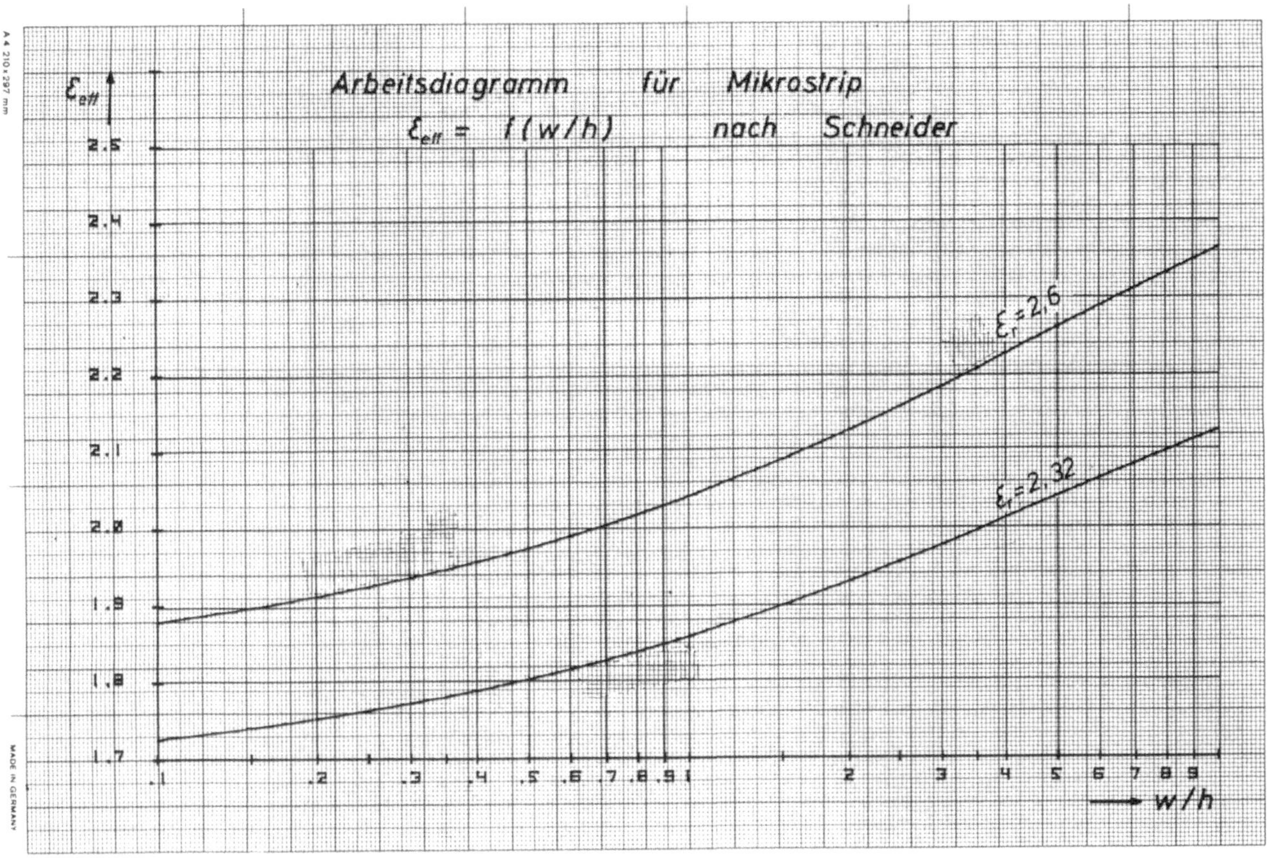

A.4.11 Arbeitsdiagramme $\epsilon_{r_{eff}}$ (Z_L; f), Mikrostrip

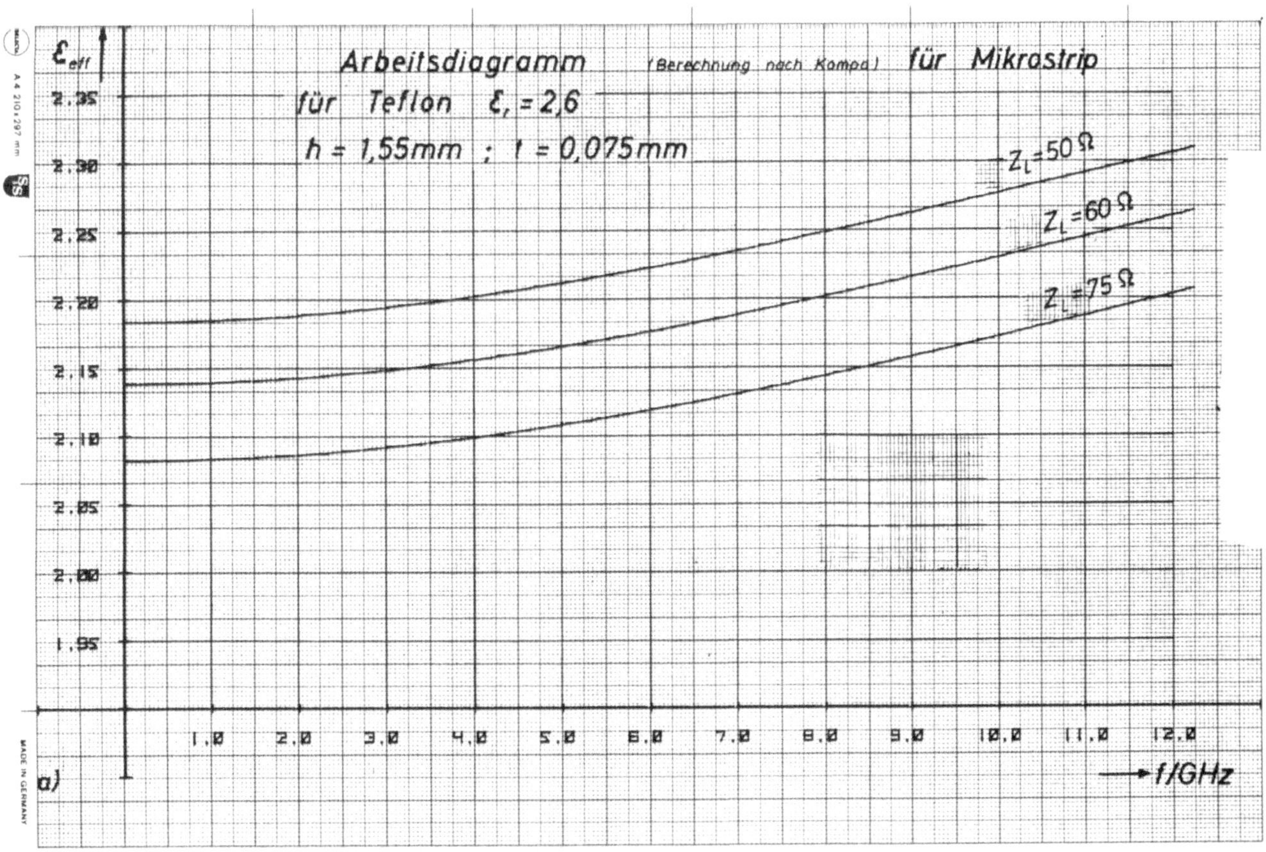

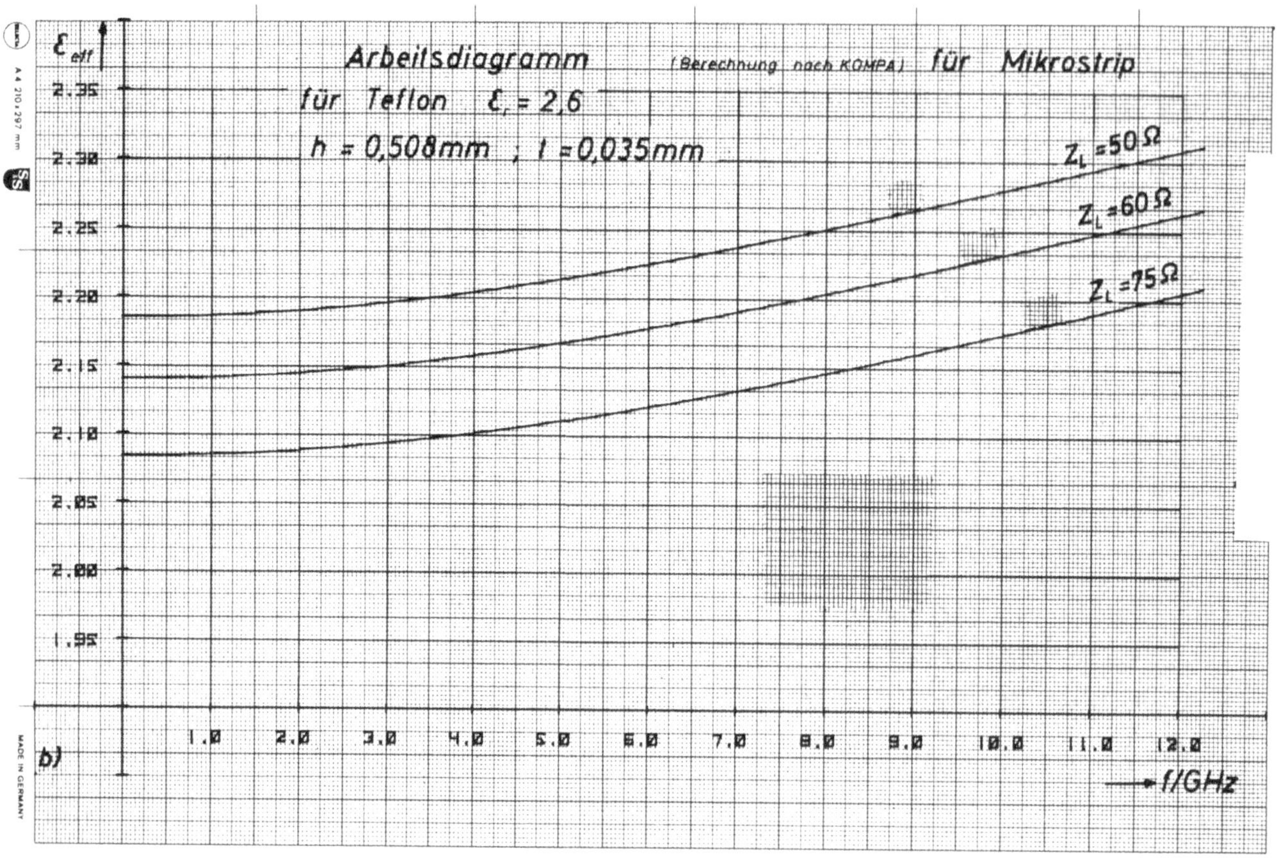

A.4.12 Arbeitsdiagramme $Z_L\left(\frac{w}{h}; \epsilon_r\right)$, Mikrostrip

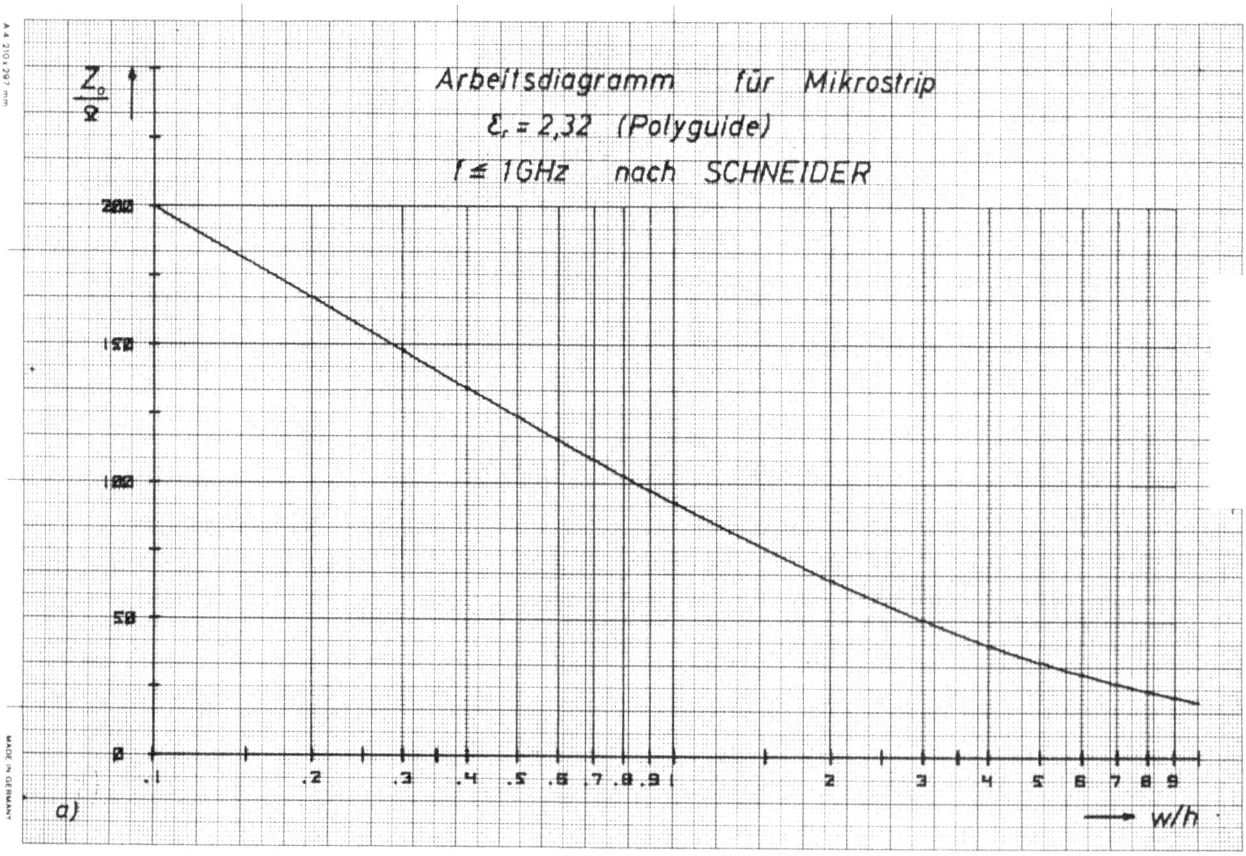

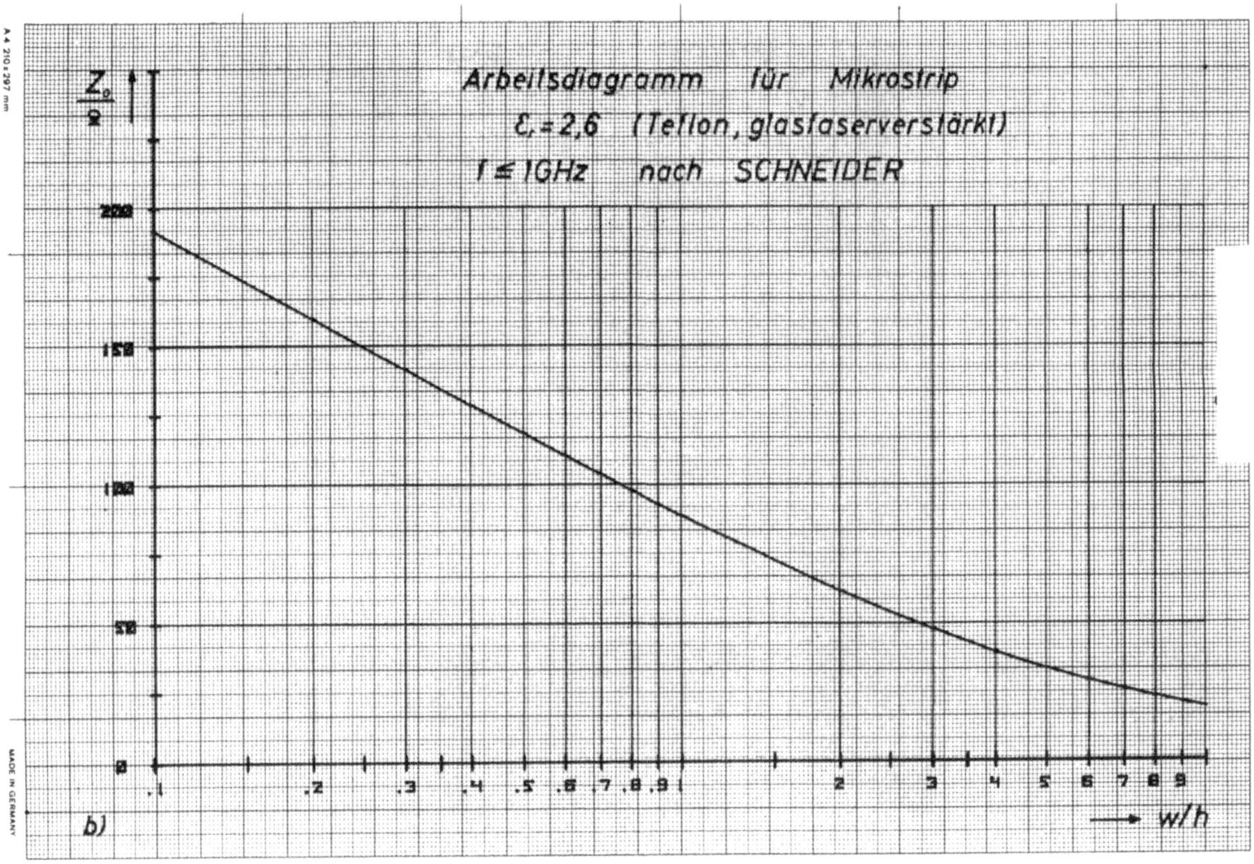
Arbeitsdiagramm für Mikrostrip
$\varepsilon_r = 2,6$ (Teflon, glasfaserverstärkt)
f ≤ 1GHz nach SCHNEIDER
Z_0/Ω
200
150
100
50
0
.1 .2 .3 .4 .5 .6 .7 .8 .9 1 2 3 4 5 6 7 8 9
w/h
b)

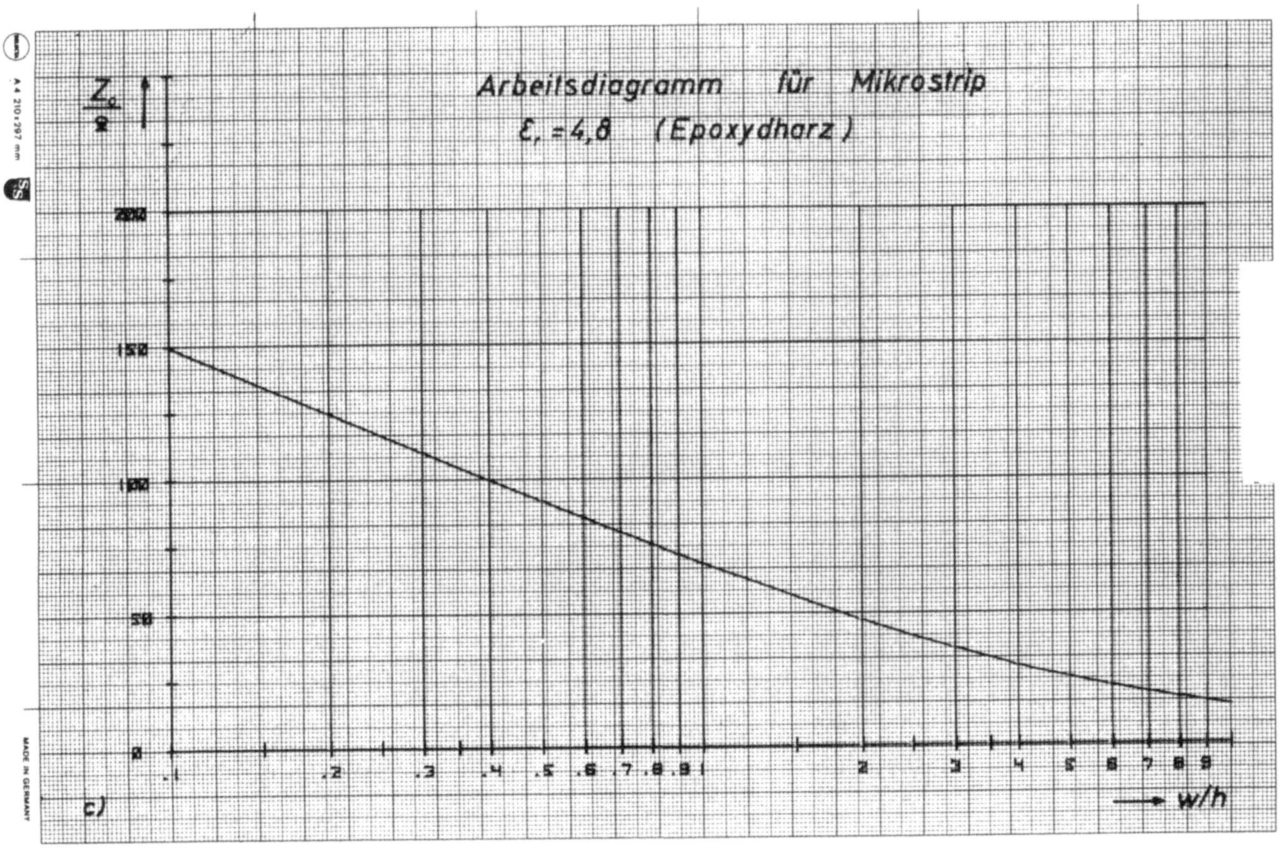
Arbeitsdiagramm für Mikrostrip
$\varepsilon_r = 4,8$ (Epoxydharz)
Z_0/Ω
200
150
100
50
0
.1 .2 .3 .4 .5 .6 .7 .8 .9 1 2 3 4 5 6 7 8 9
w/h
c)

A.4.13 Arbeitsdiagramm $\Delta W(h)$, Mikrostrip

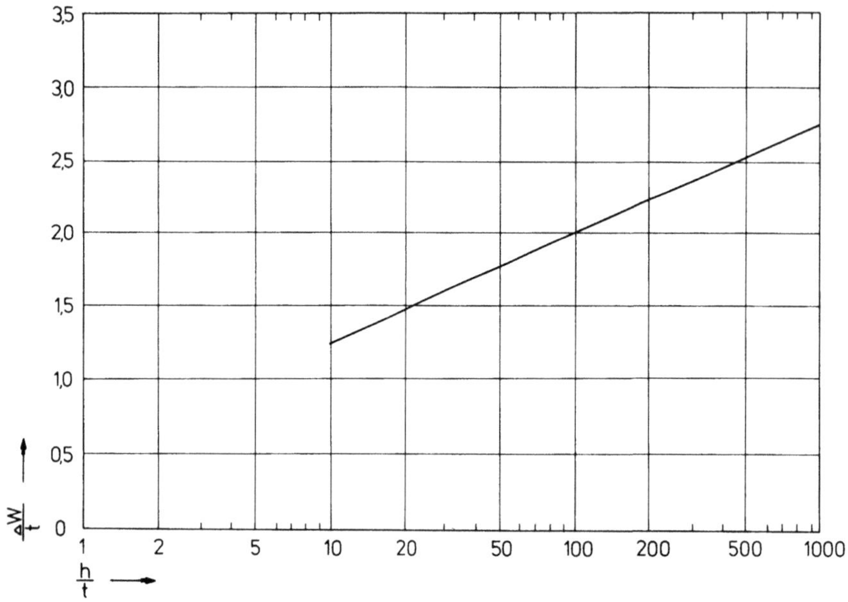

A.4.14 Arbeitsdiagramm $Z_L\left(\frac{w}{h}; \frac{t}{b}\right)$, Triplate

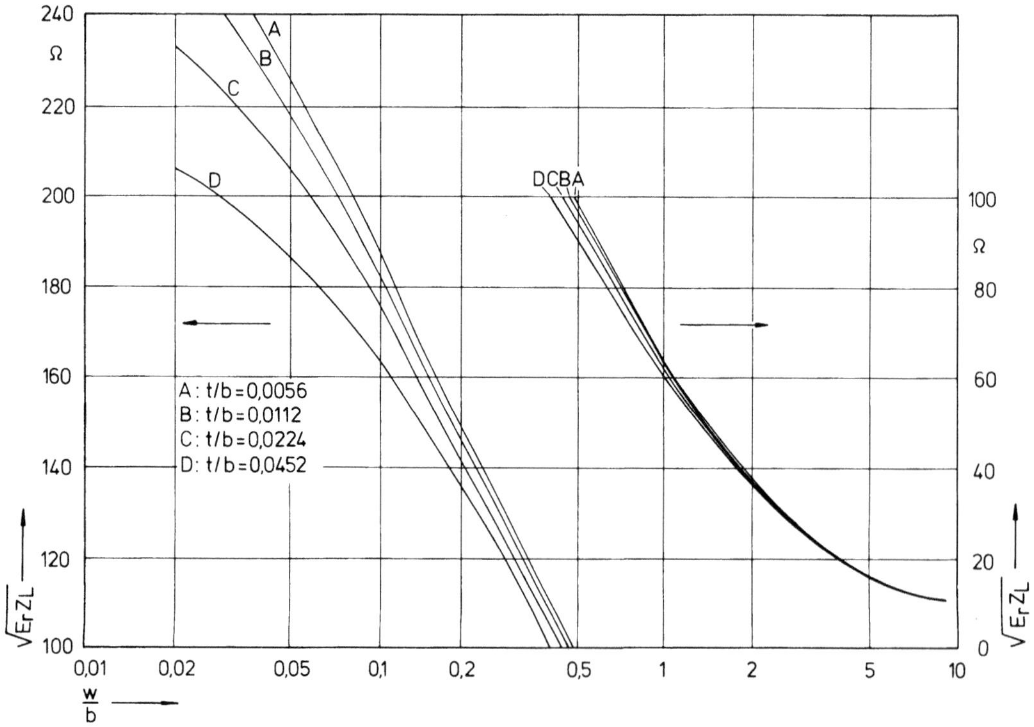

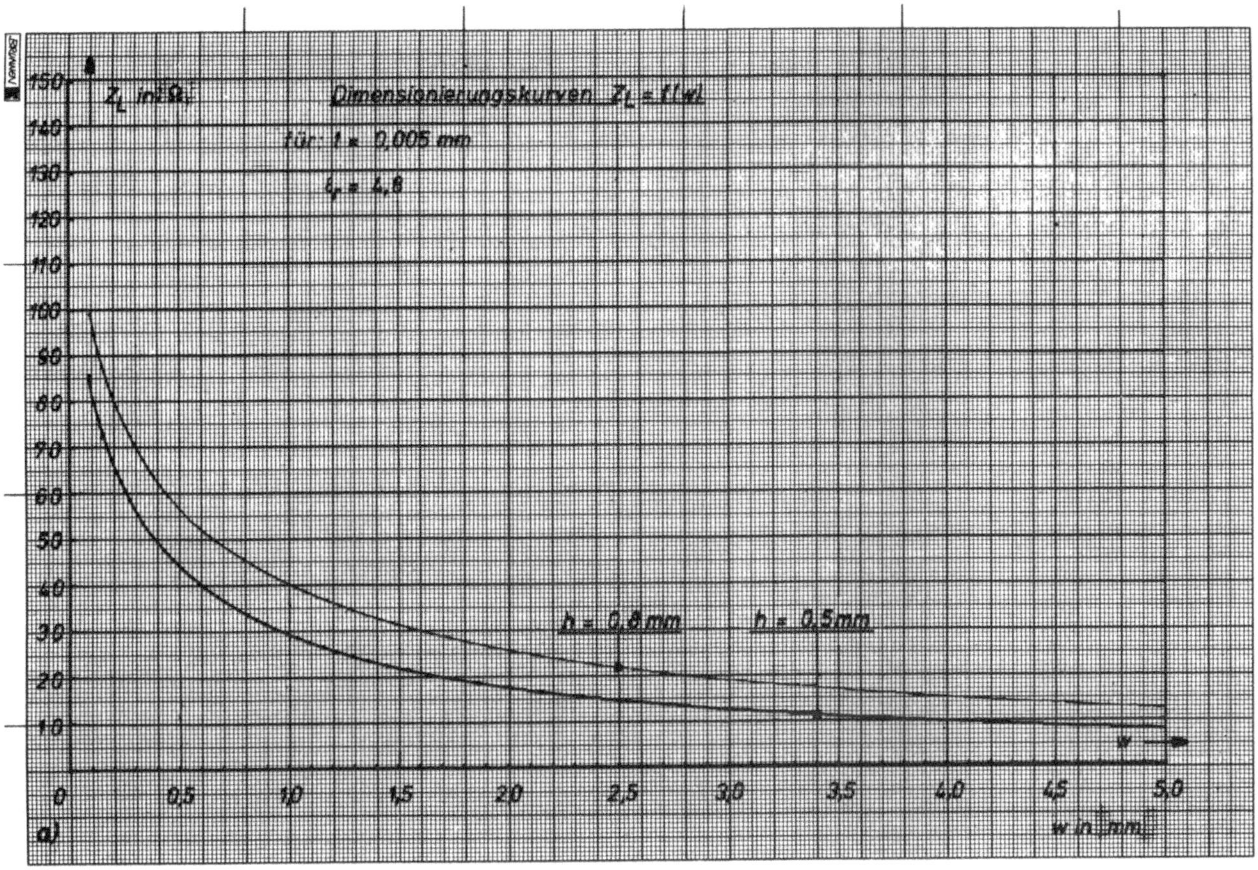
Dimensionierungskurven $Z_L = f(w)$
für: t = 0,005 mm
ε_r = 4,8
Z_L in Ω
h = 0,8 mm
h = 0,5 mm
w in mm
a)

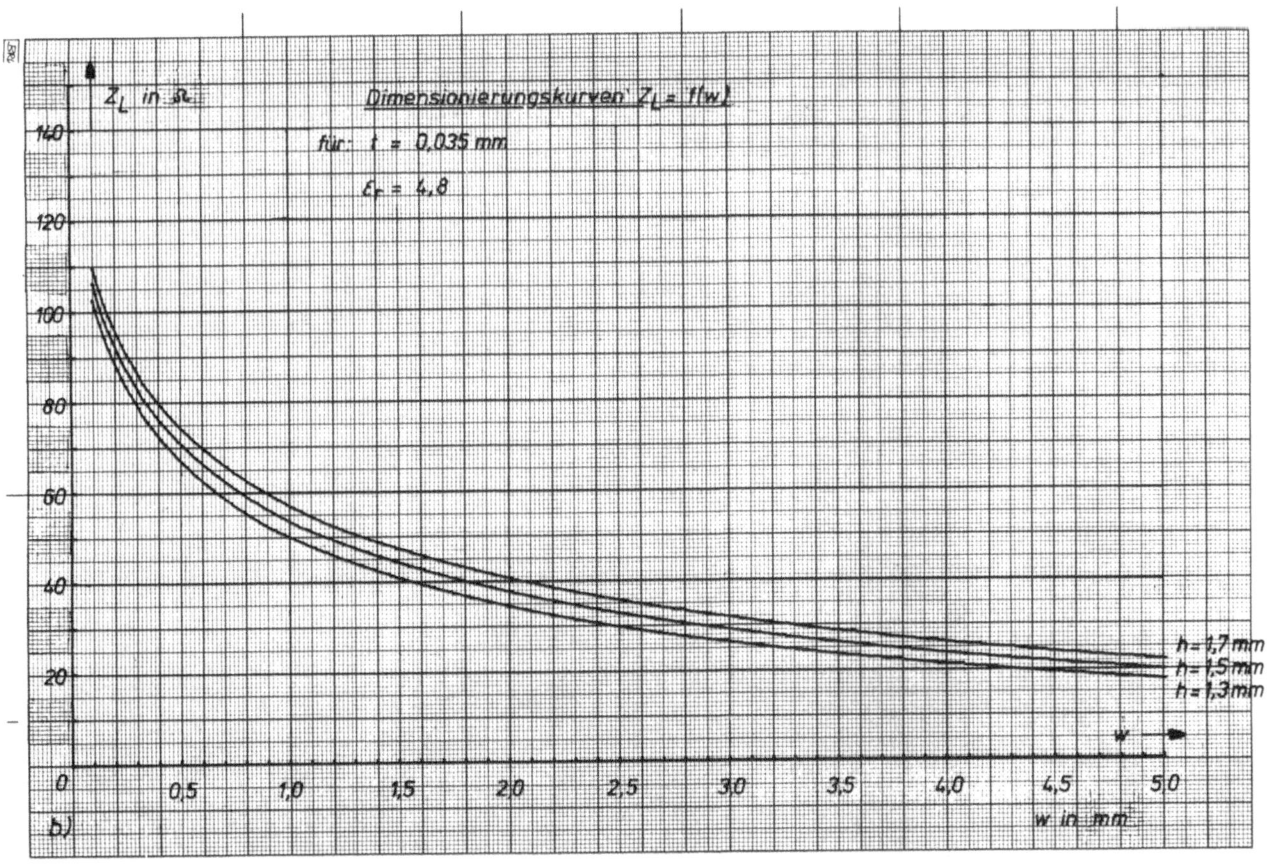
Dimensionierungskurven $Z_L = f(w)$
für: t = 0,035 mm
ε_r = 4,8
Z_L in Ω
h = 1,7 mm
h = 1,5 mm
h = 1,3 mm
w in mm
b)

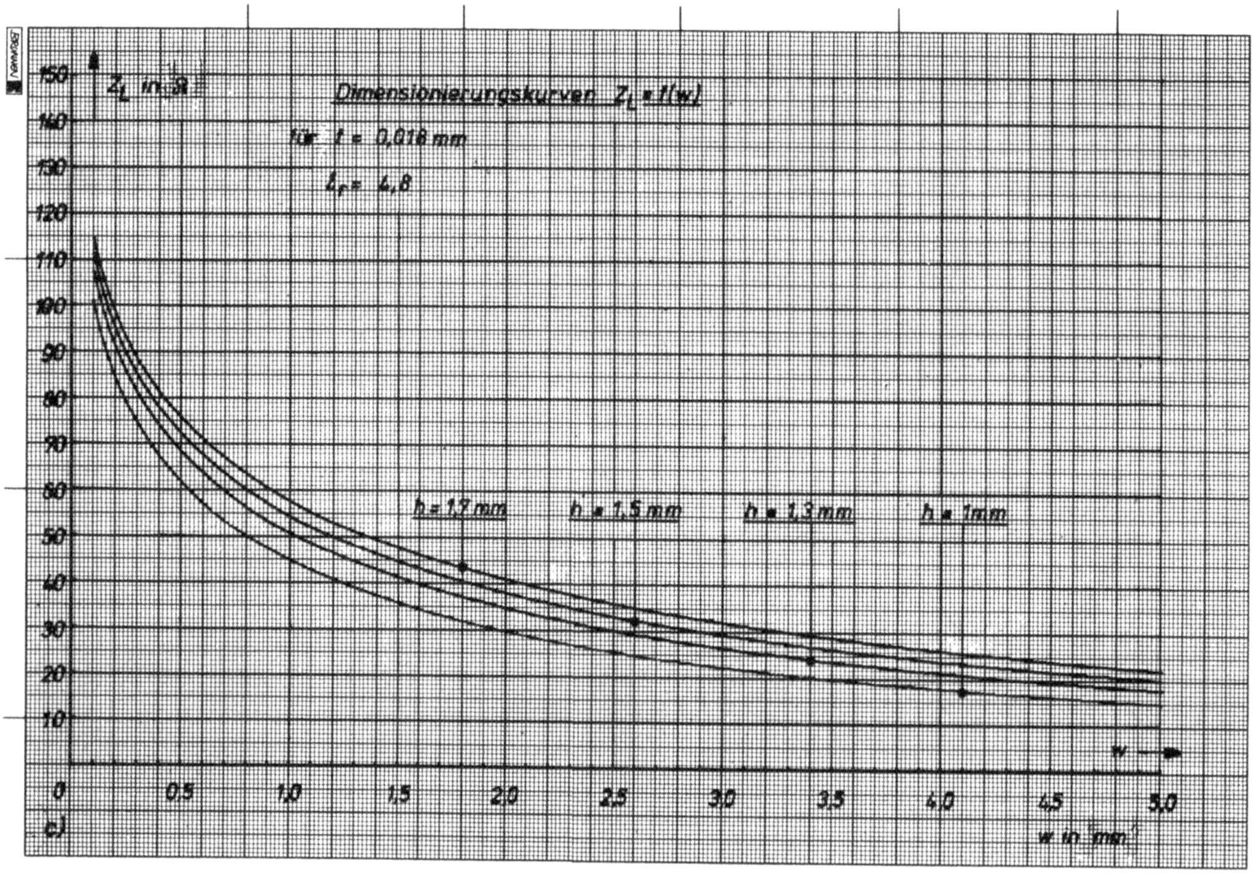

A.4.16 Arbeitsdiagramme h (w; Z_L; ϵ_r), Triplate

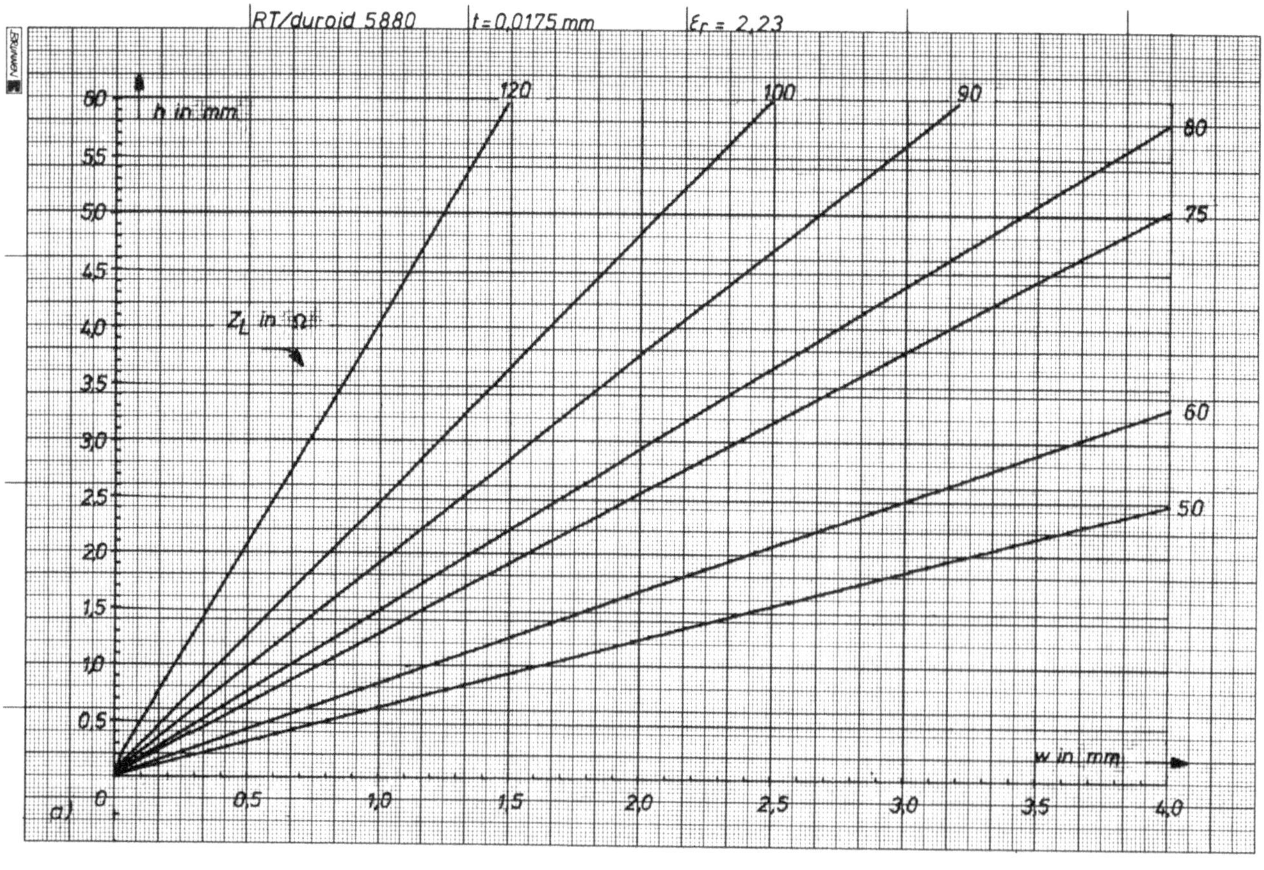

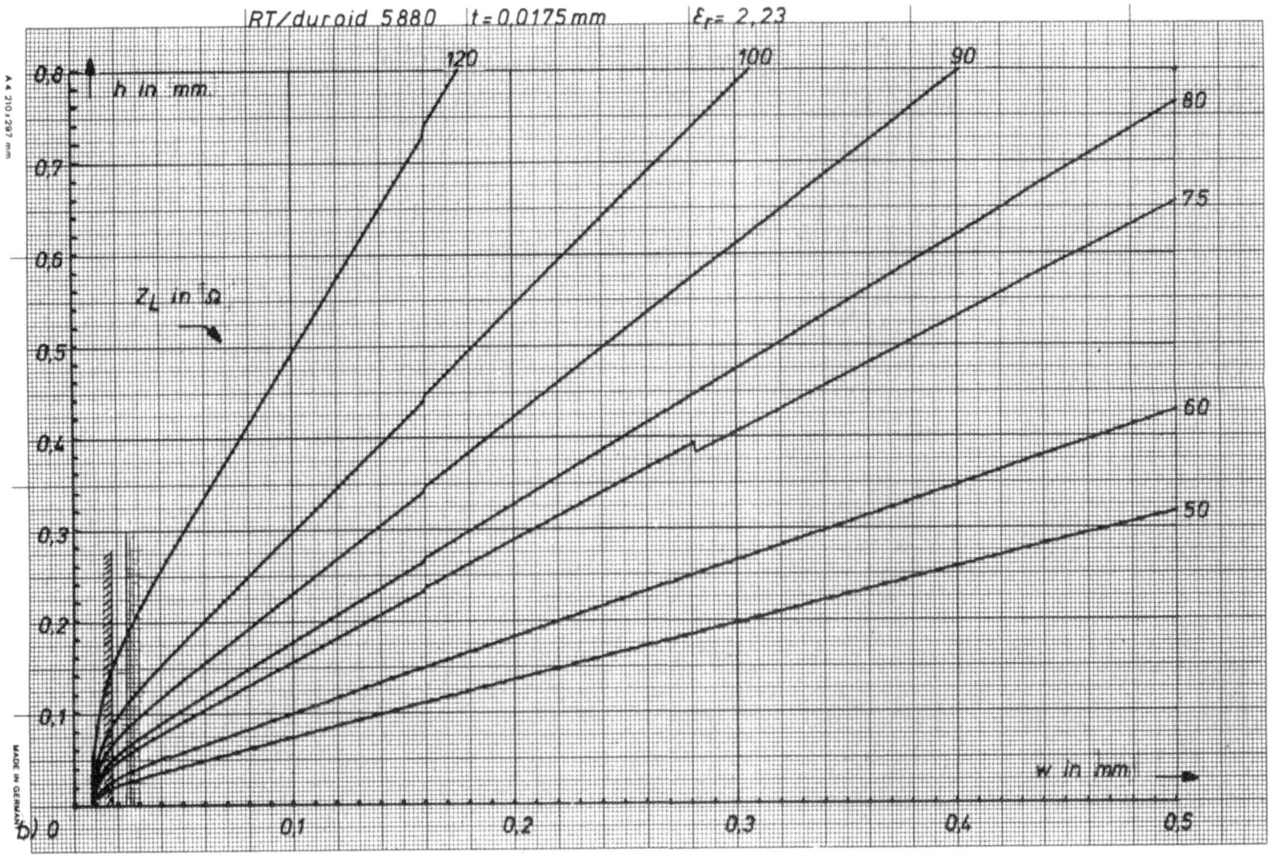
RT/duroid 5880
t = 0,0175 mm
ε_r = 2,23
h in mm
Z_L in Ω
w in mm
120
100
90
80
75
60
50
b)

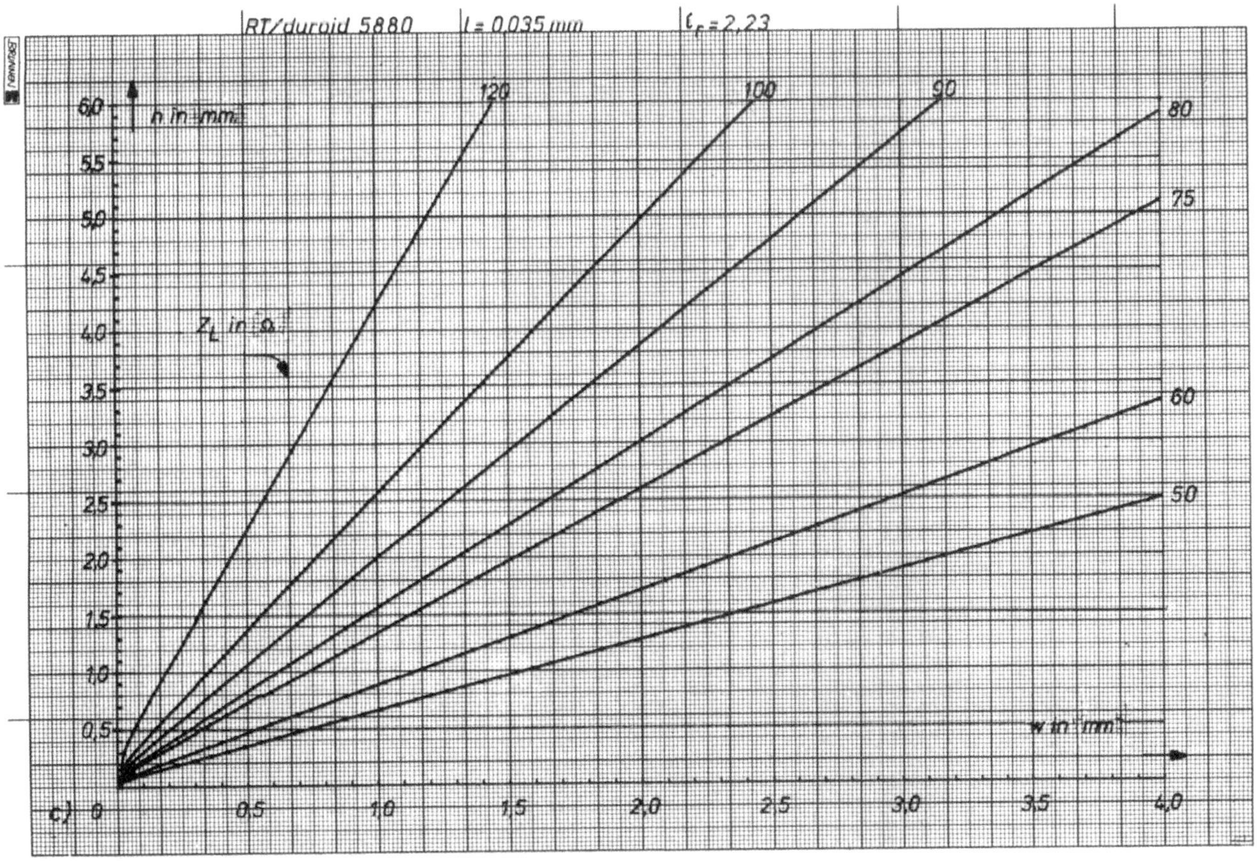
RT/duroid 5880
t = 0,035 mm
ε_r = 2,23
h in mm
Z_L in Ω
w in mm
120
100
90
80
75
60
50
c)

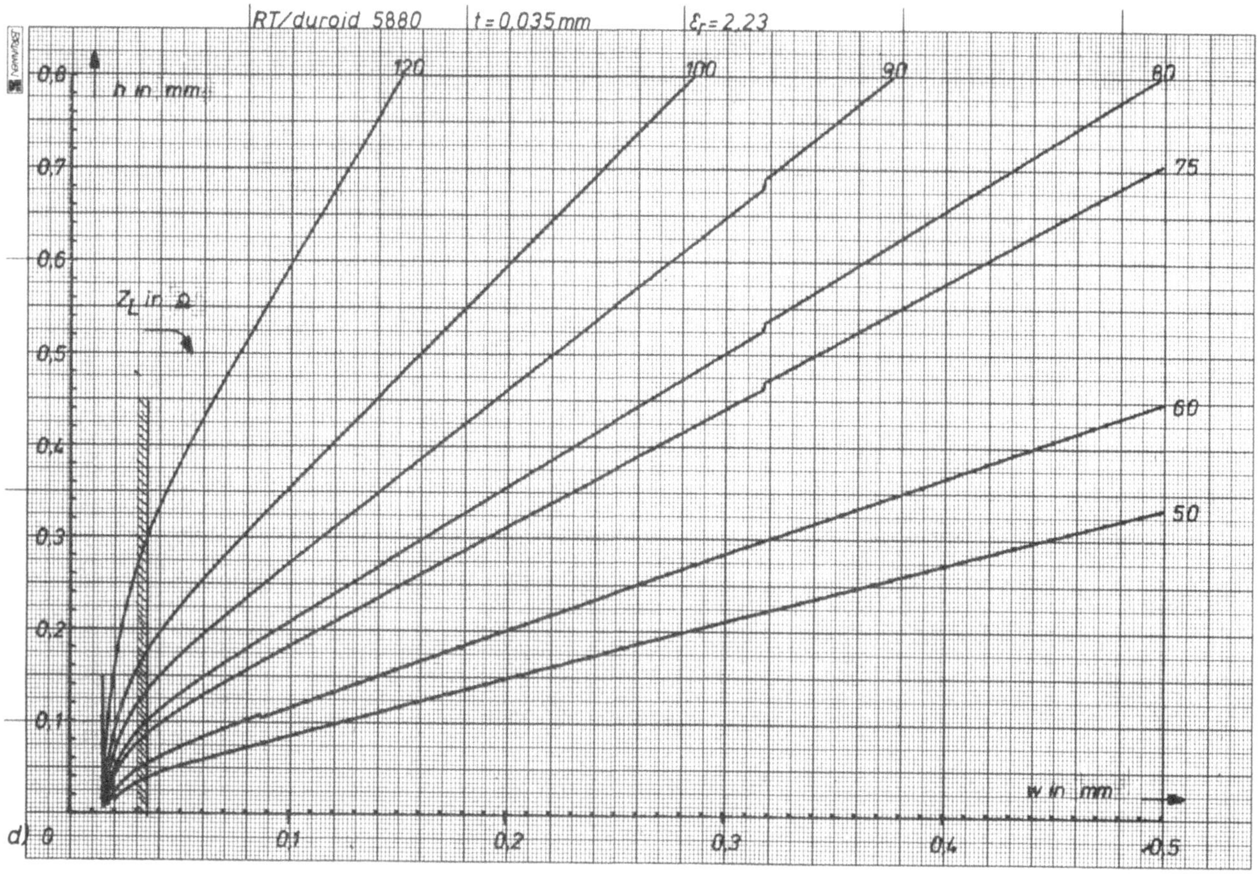
RT/duroid 5880
t = 0,035 mm
εr = 2,23
h in mm
ZL in Ω
120
100
90
80
75
60
50
w in mm
d)
0
0,1
0,2
0,3
0,4
0,5
0,6
0,7
0,8

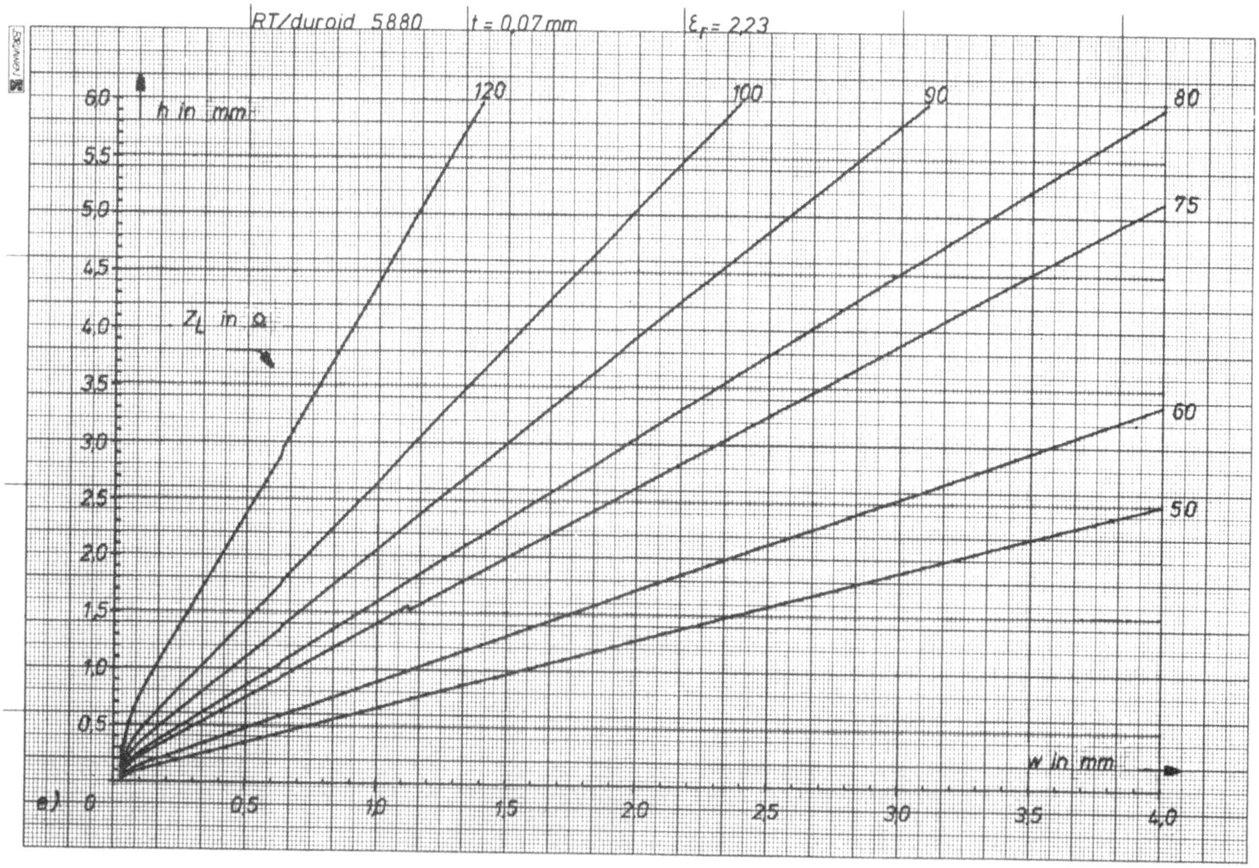
RT/duroid 5880
t = 0,07 mm
εr = 2,23
h in mm
ZL in Ω
120
100
90
80
75
60
50
w in mm
e)
0
0,5
1,0
1,5
2,0
2,5
3,0
3,5
4,0
4,5
5,0
5,5
6,0

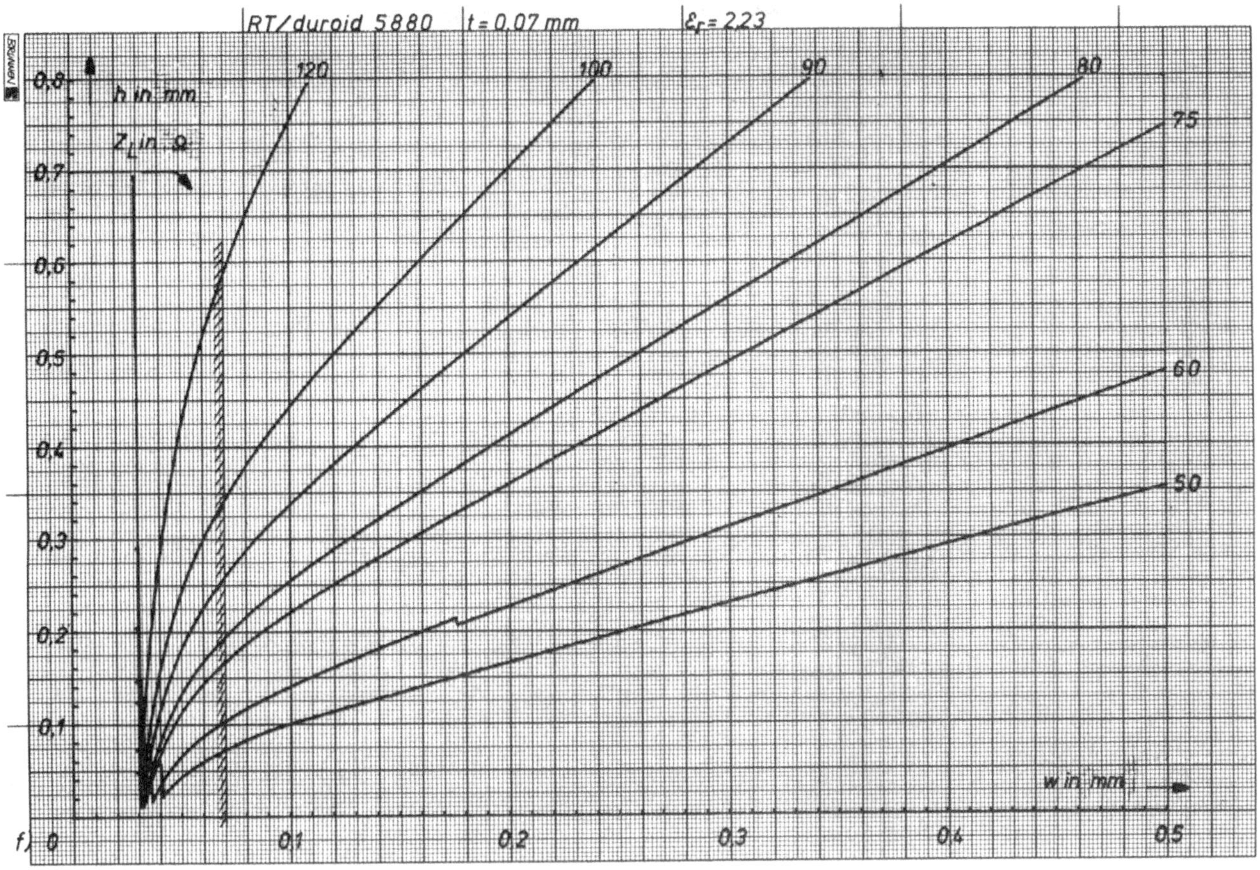
RT/duroid 5880
t = 0,07 mm
ε_r = 2,23
h in mm
Z_L in Ω
120
100
90
80
75
60
50
w in mm
0,8
0,7
0,6
0,5
0,4
0,3
0,2
0,1
f) 0
0,1
0,2
0,3
0,4
0,5

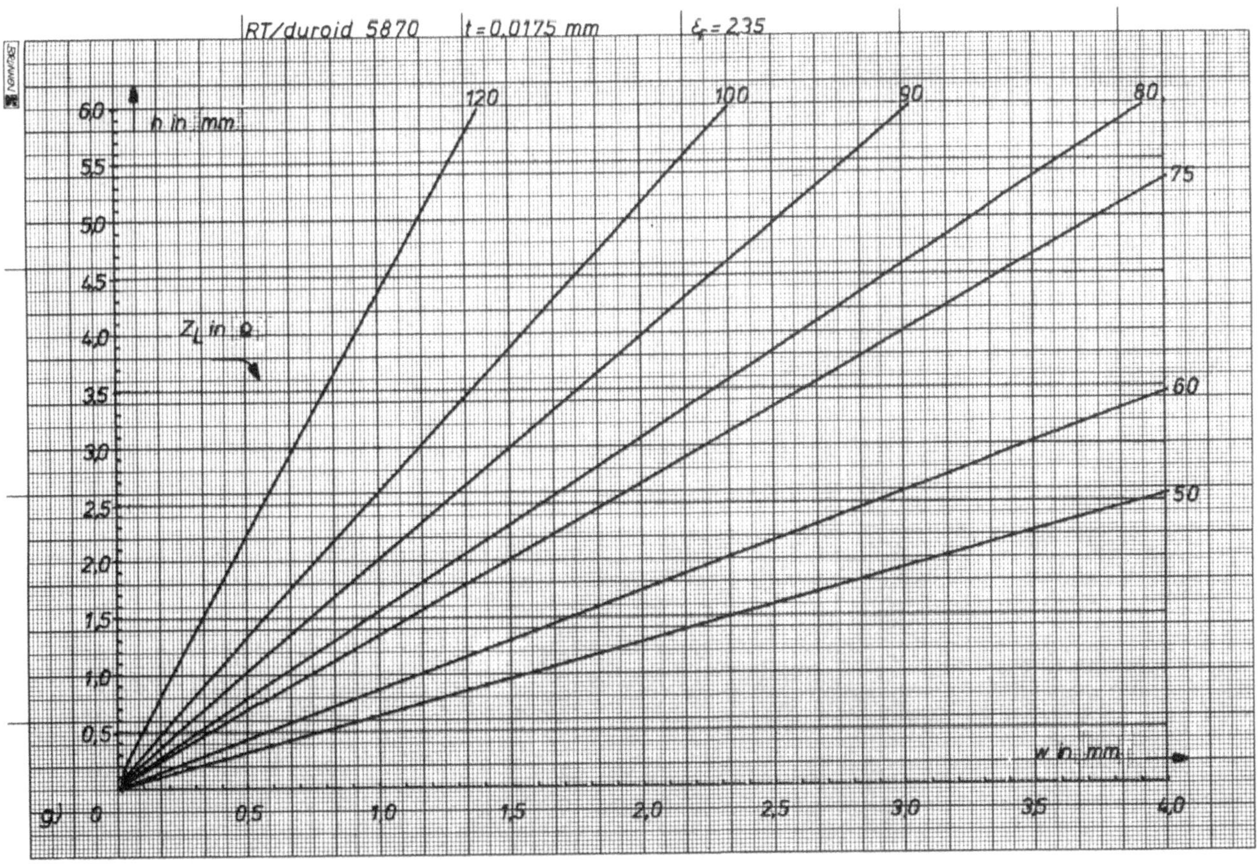
RT/duroid 5870
t = 0,0175 mm
ε_r = 2,35
h in mm
Z_L in Ω
120
100
90
80
75
60
50
w in mm
6,0
5,5
5,0
4,5
4,0
3,5
3,0
2,5
2,0
1,5
1,0
0,5
g) 0
0,5
1,0
1,5
2,0
2,5
3,0
3,5
4,0

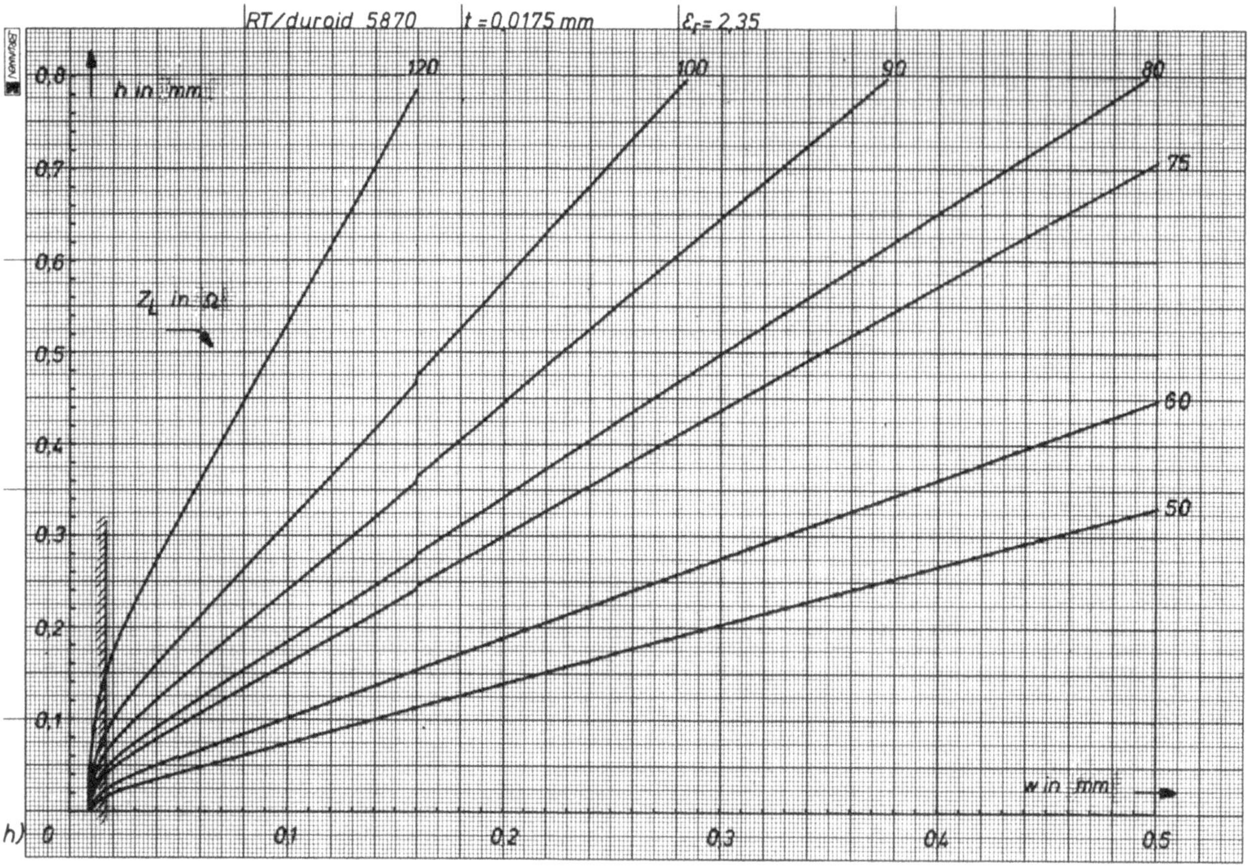
RT/duroid 5870
t = 0,0175 mm
ε_r = 2,35
h in mm
Z_L in Ω
120
100
90
80
75
60
50
w in mm
0,8
0,7
0,6
0,5
0,4
0,3
0,2
0,1
0
0,1
0,2
0,3
0,4
0,5

h)

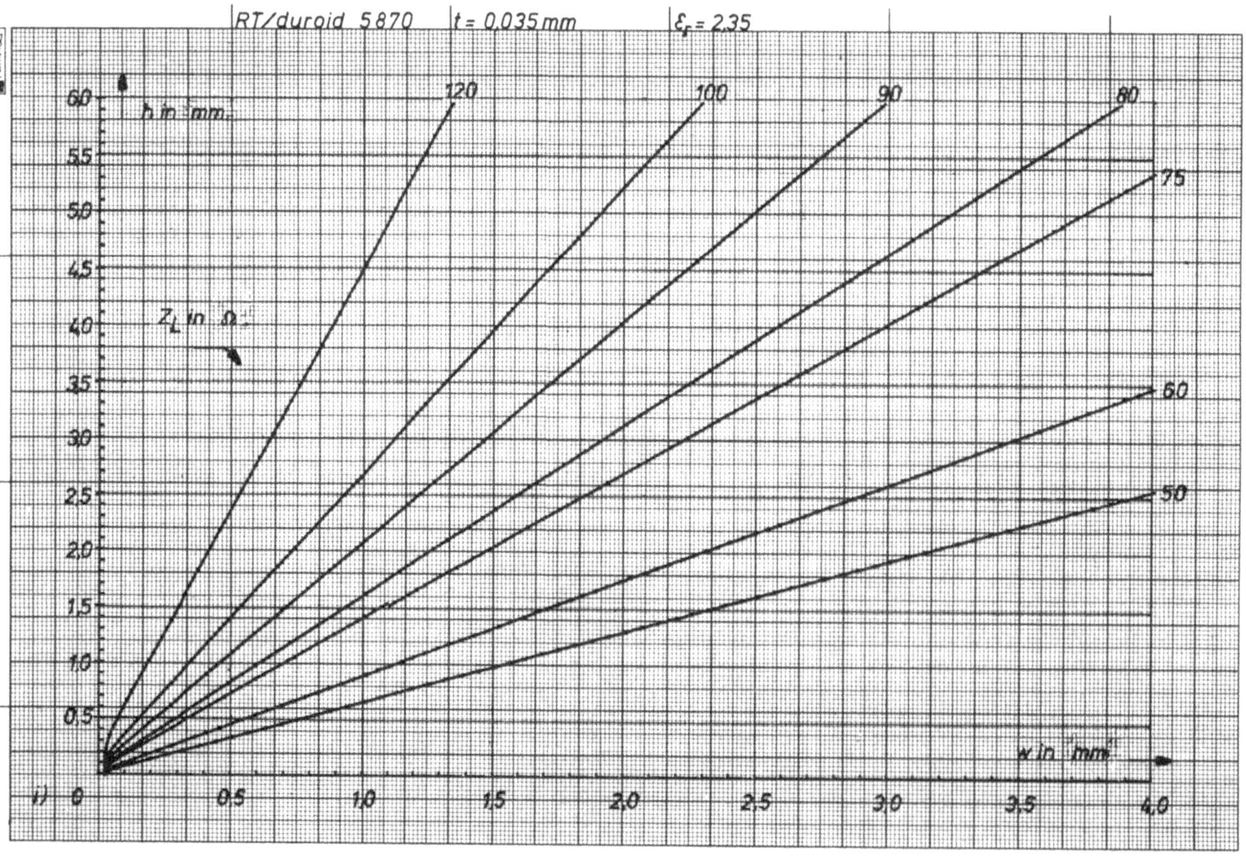
RT/duroid 5870
t = 0,035 mm
ε_r = 2,35
h in mm
Z_L in Ω
120
100
90
80
75
60
50
w in mm
6,0
5,5
5,0
4,5
4,0
3,5
3,0
2,5
2,0
1,5
1,0
0,5
0
0,5
1,0
1,5
2,0
2,5
3,0
3,5
4,0

i)

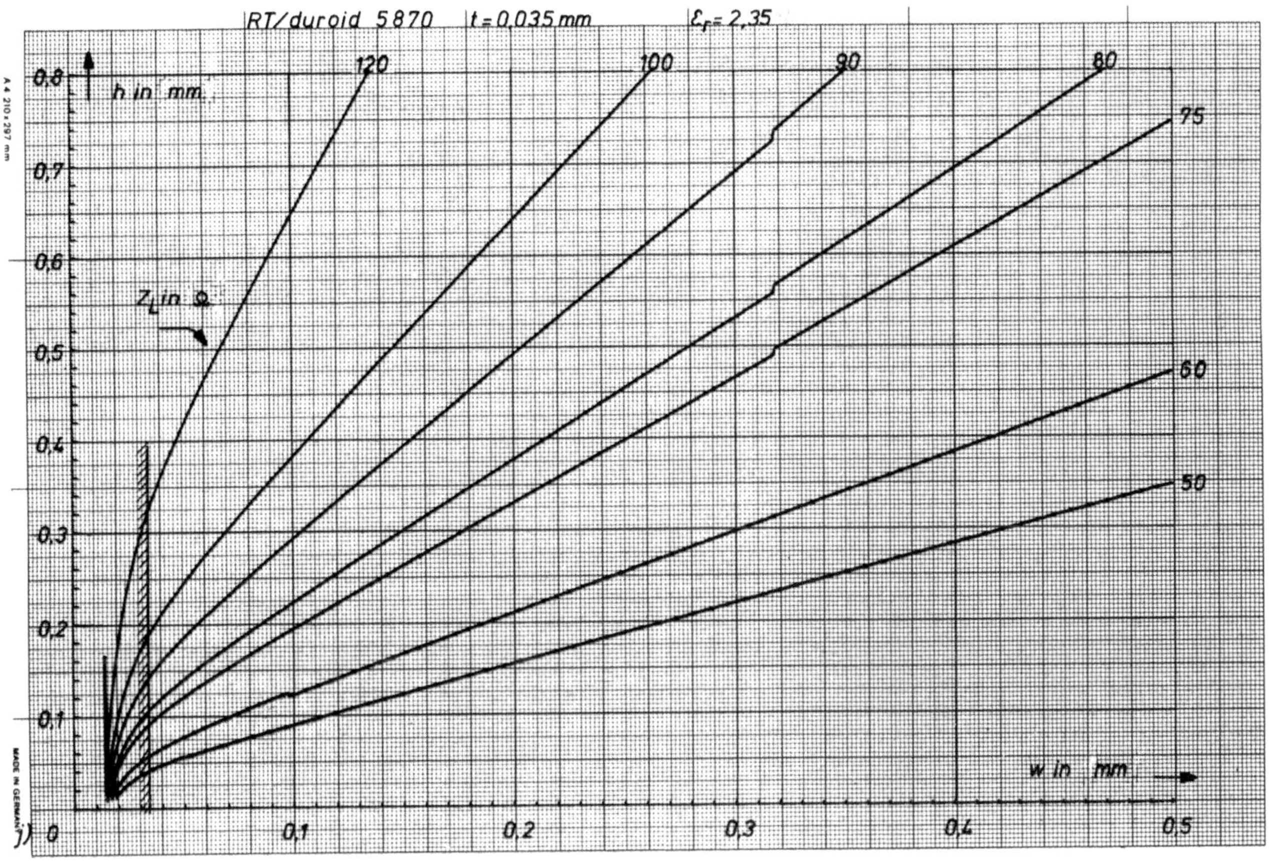
RT/duroid 5870
t = 0,035 mm
εr = 2,35
h in mm
ZL in Ω
w in mm
120
100
90
80
75
60
50
0,8
0,7
0,6
0,5
0,4
0,3
0,2
0,1
j) 0
0,1
0,2
0,3
0,4
0,5

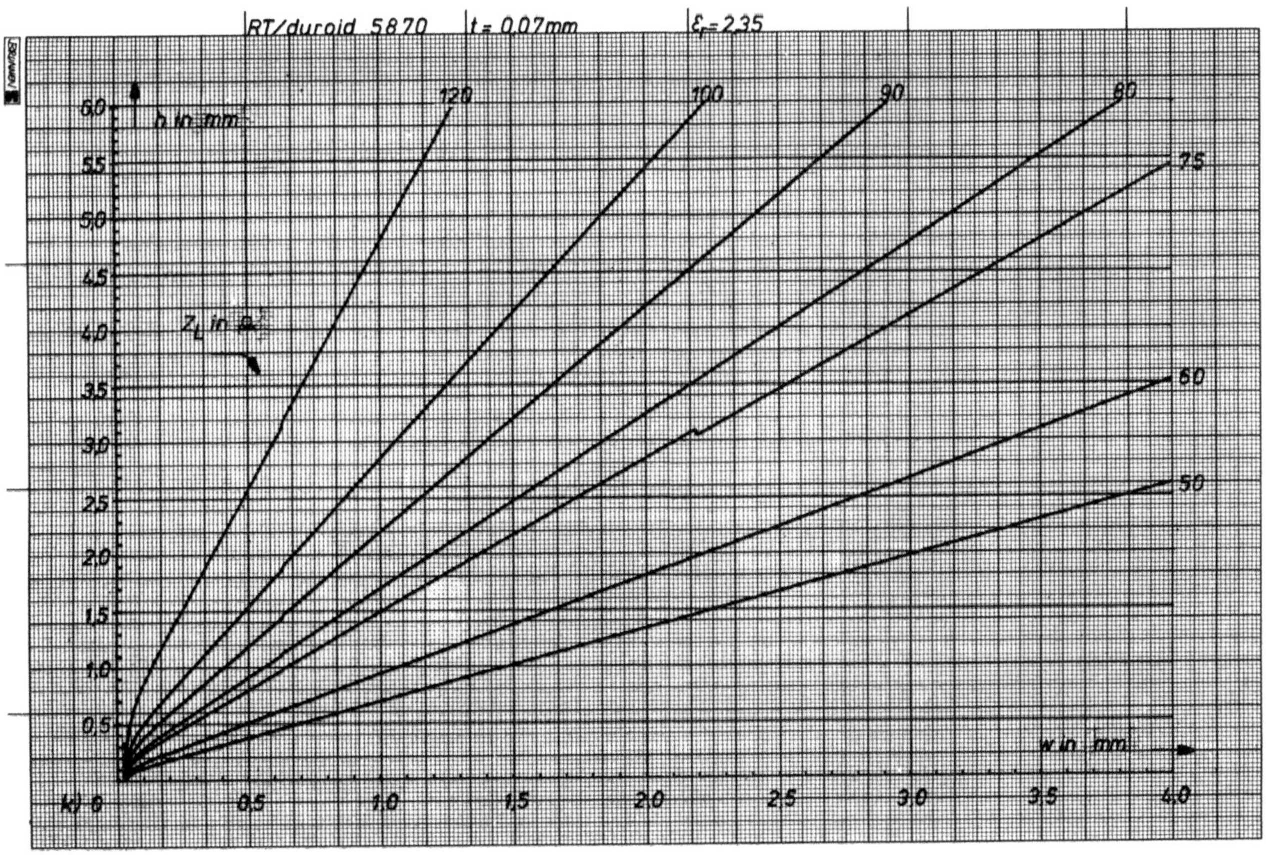
RT/duroid 5870
t = 0,07mm
εr = 2,35
h in mm
ZL in Ω
w in mm
120
100
90
80
75
60
50
6,0
5,5
5,0
4,5
4,0
3,5
3,0
2,5
2,0
1,5
1,0
0,5
k) 0
0,5
1,0
1,5
2,0
2,5
3,0
3,5
4,0

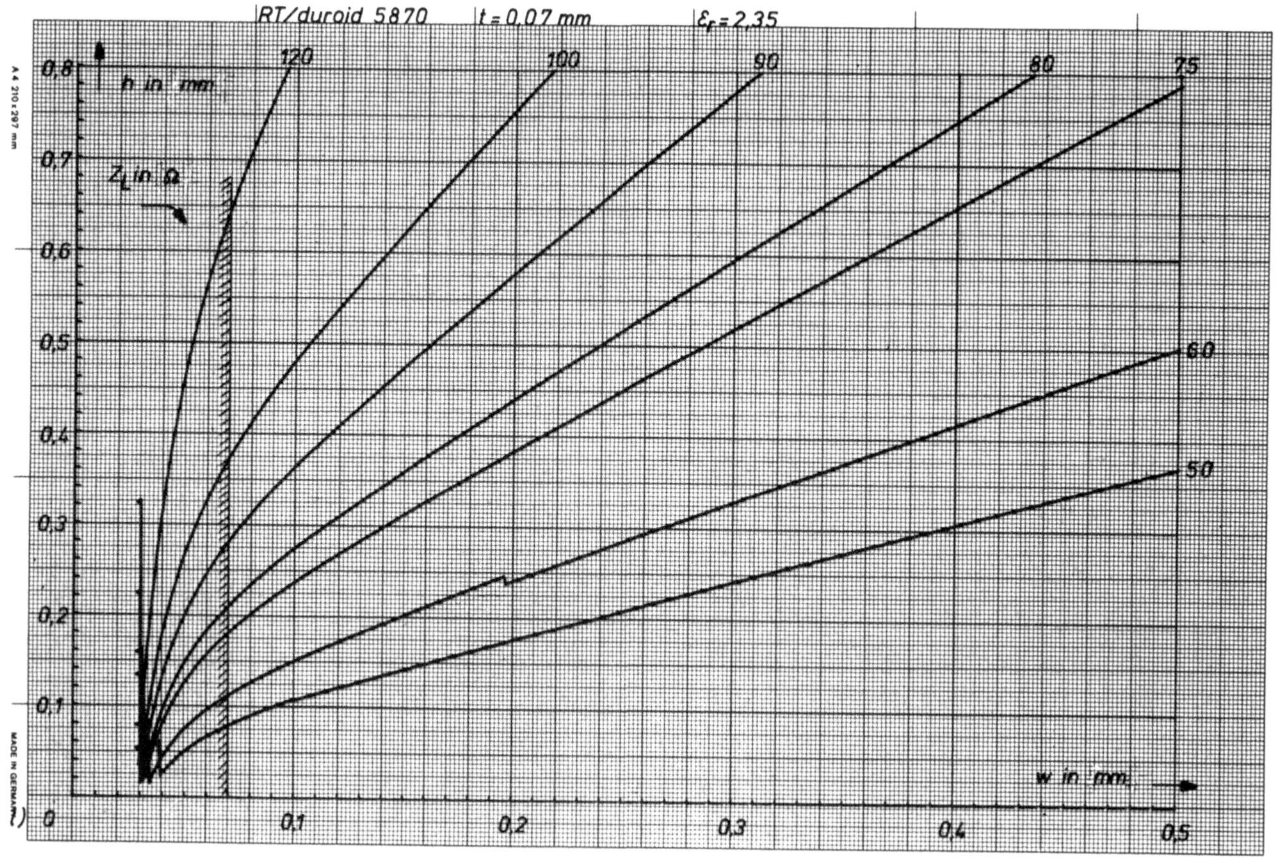

A.4.17 Arbeitsdiagramm do (t), Triplate

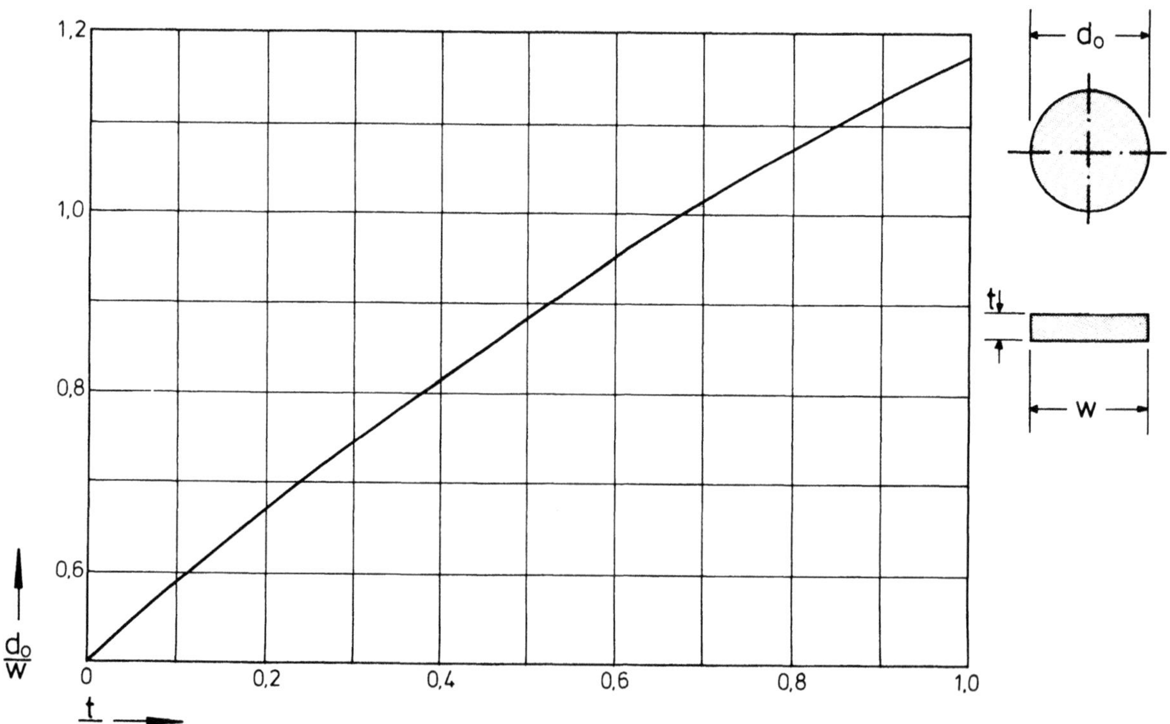

A.4.18 Arbeitsdiagramm α_G (f; ϵ), Triplate

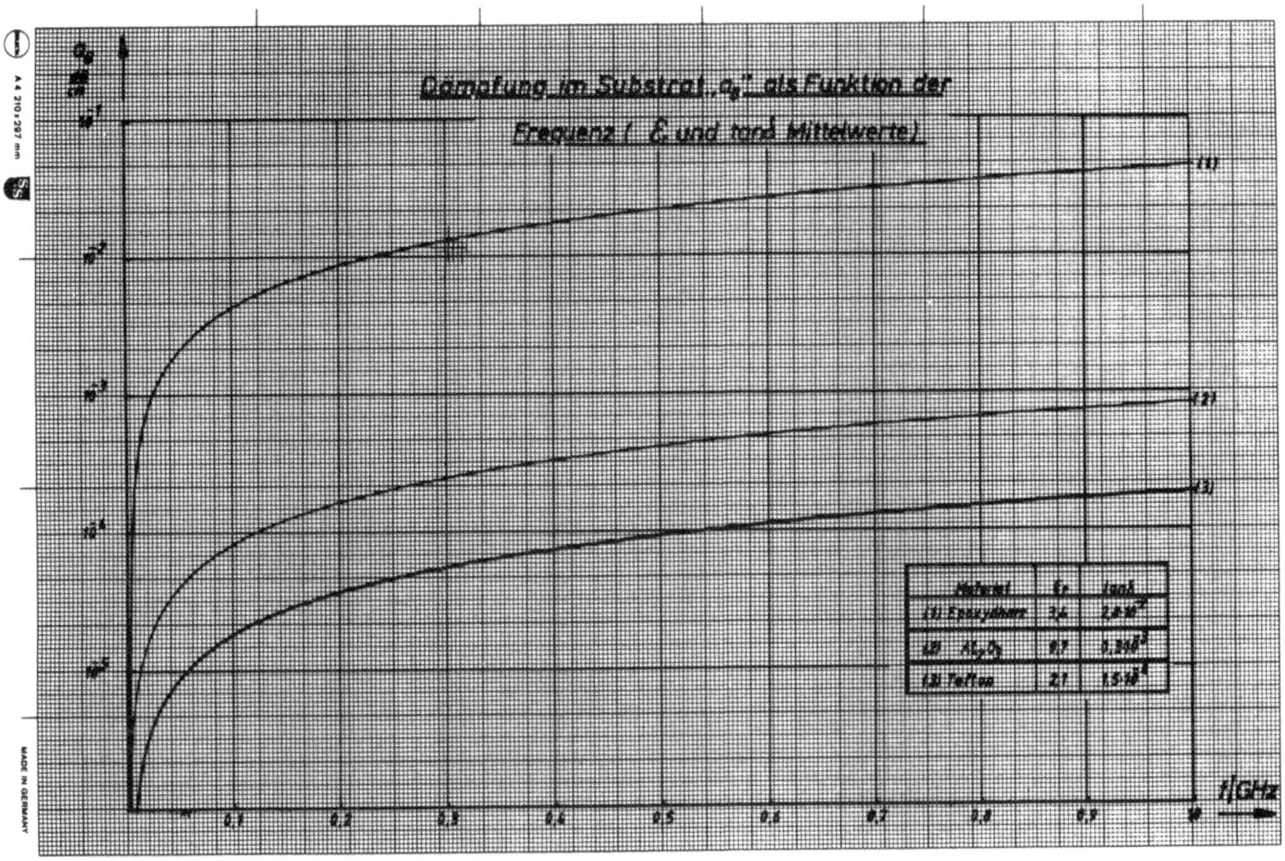

A.4.19 Arbeitsdiagramm $\alpha_R\left(f; \frac{w}{b}\right)$, Triplate

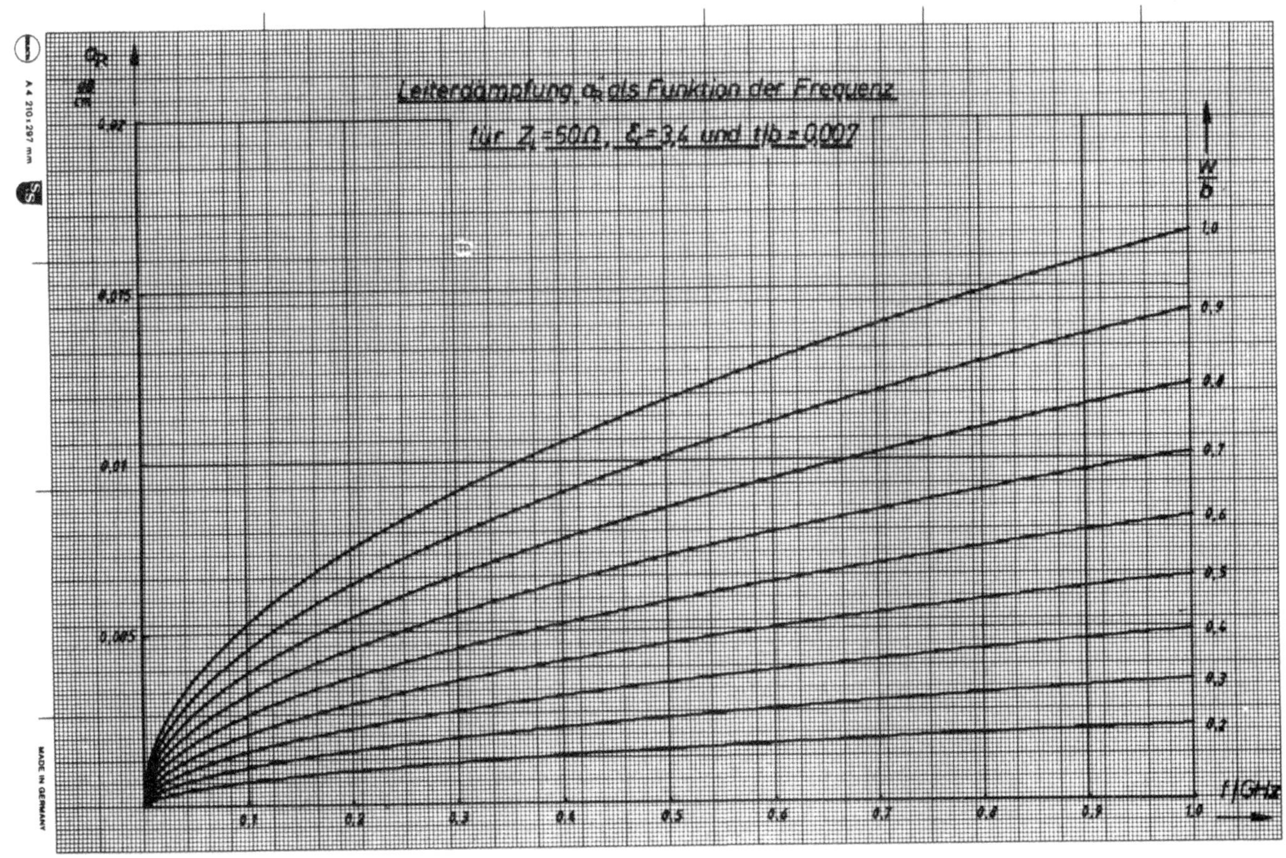

A.4.20 Arbeitsdiagramm $\alpha_R\left(\frac{w}{b}; \frac{t}{b}\right)$, Triplate

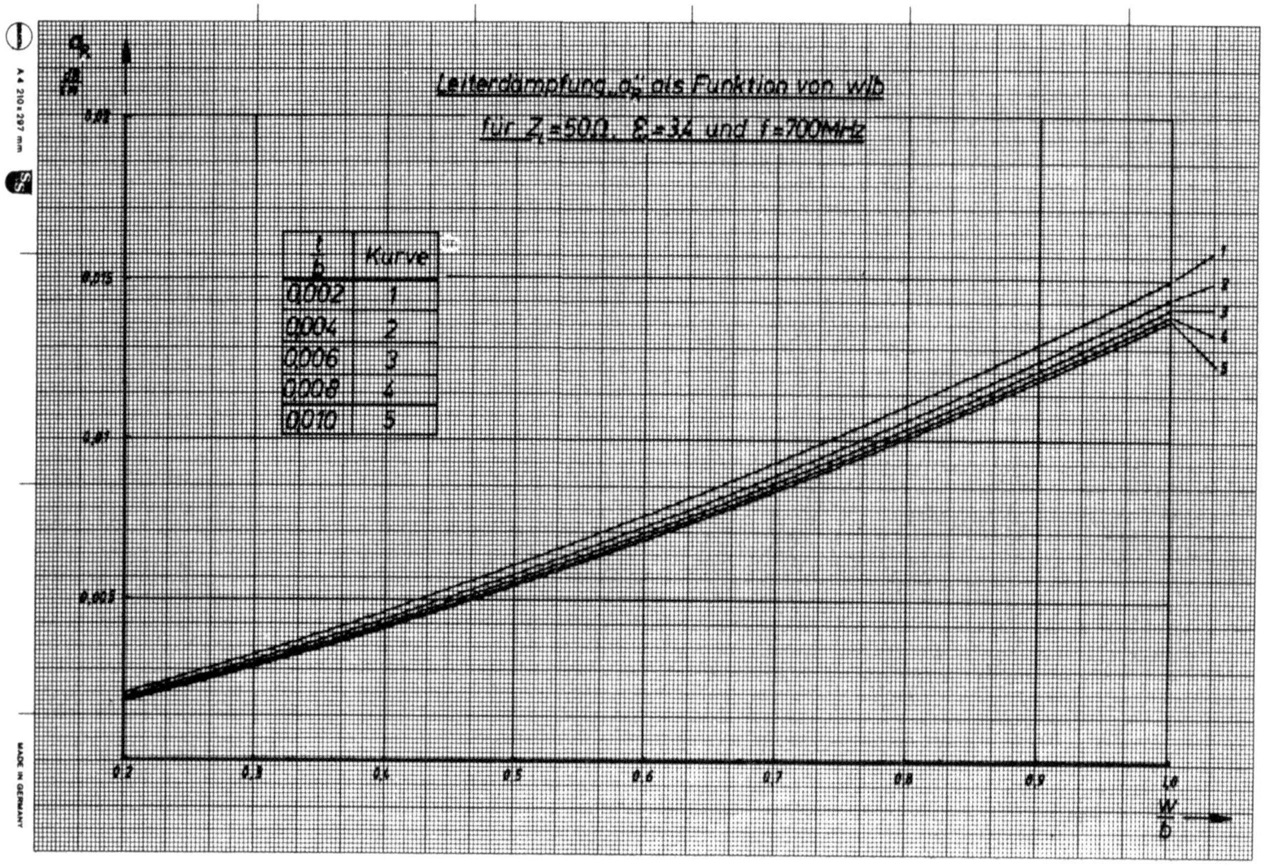

8.4 Anhang zu Kapitel 6

A.6.1 Arbeitsdiagramme C (b; l; a; N), Kammkondensator

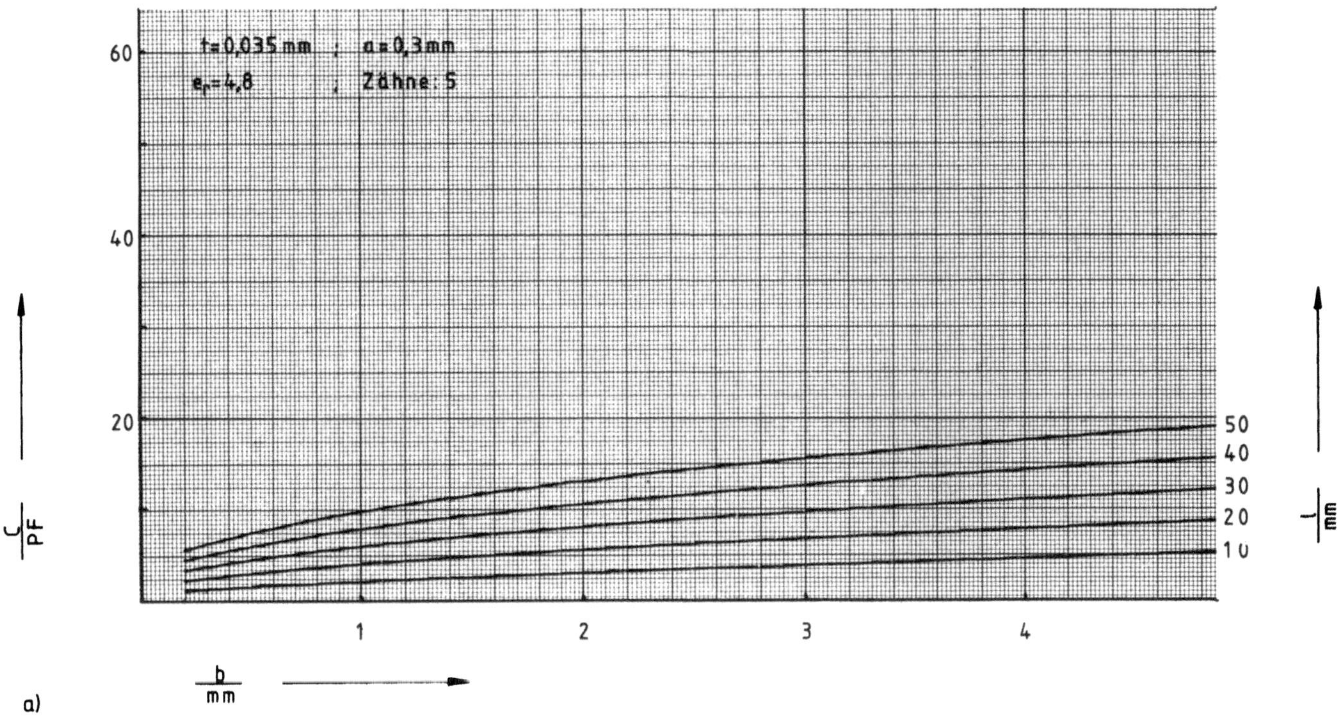

a)

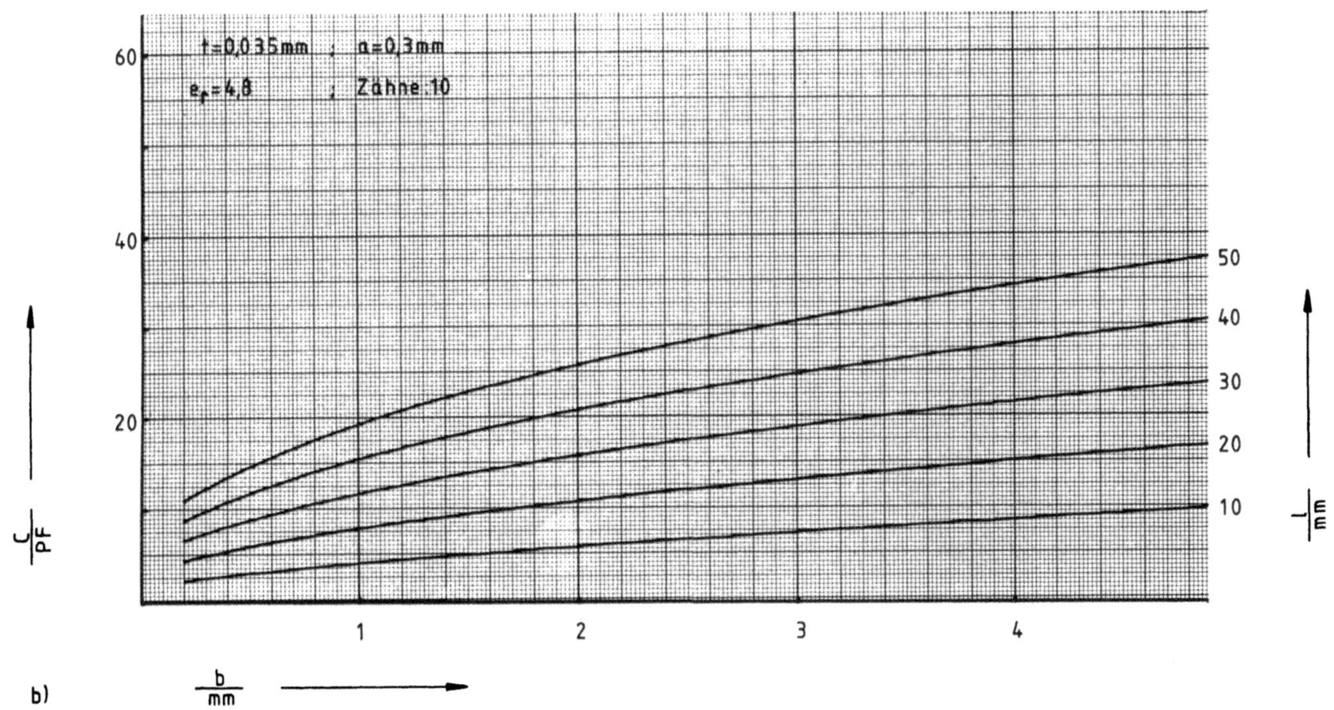

b)

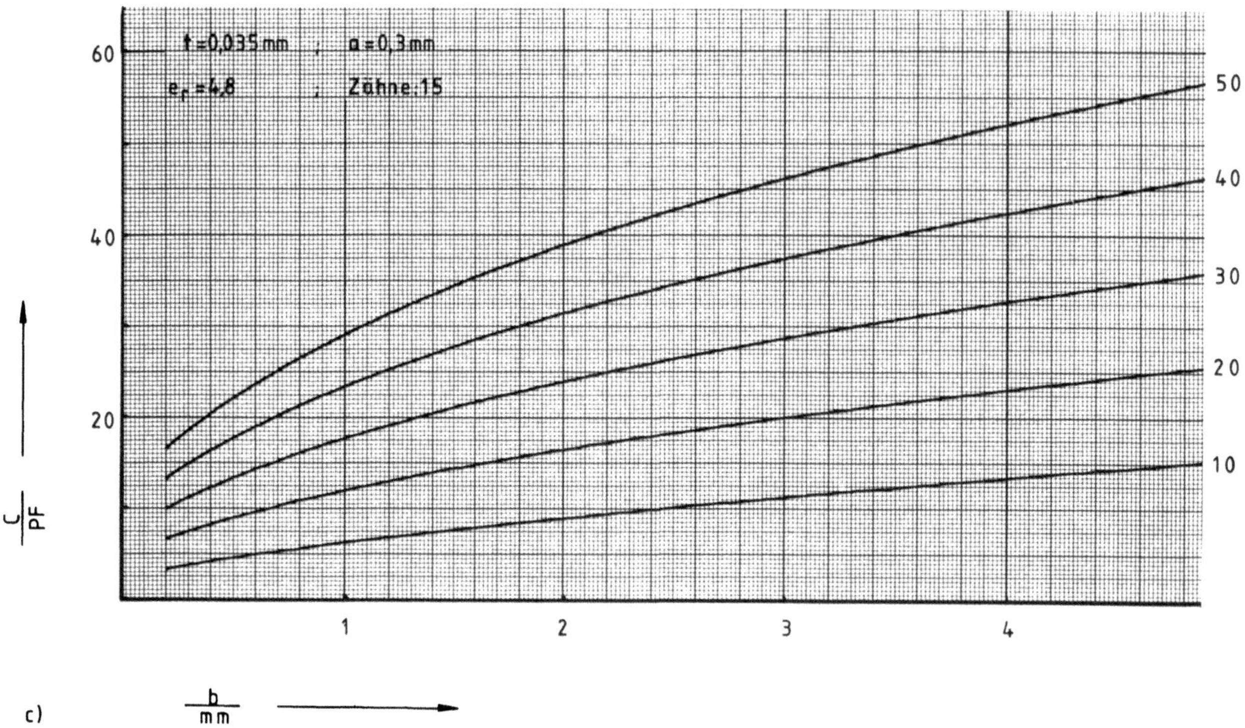
t=0,035mm ; a=0,3mm
e_r=4,8 ; Zähne 15
60
40
20
C/PF
1
2
3
4
50
40
30
20
10
l/mm

c) b/mm

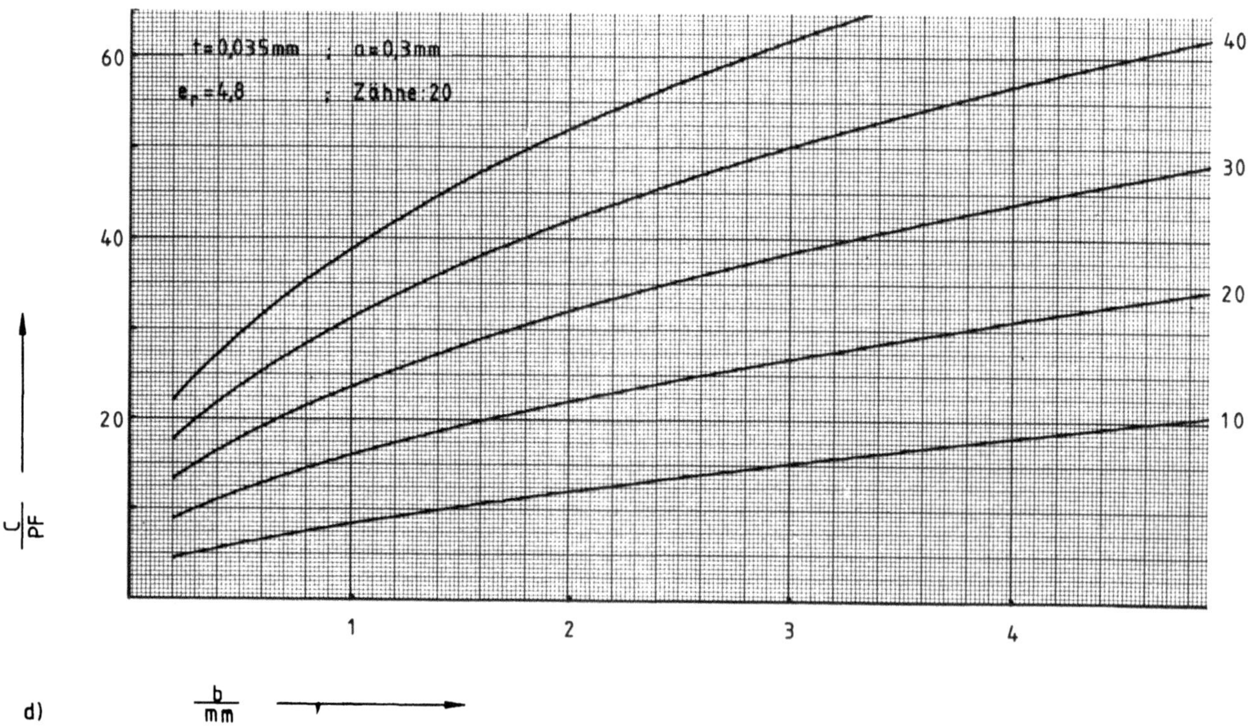
t=0,035mm ; a=0,3mm
e_r=4,8 ; Zähne 20
60
40
20
C/PF
1
2
3
4
40
30
20
10
l/mm

d) b/mm

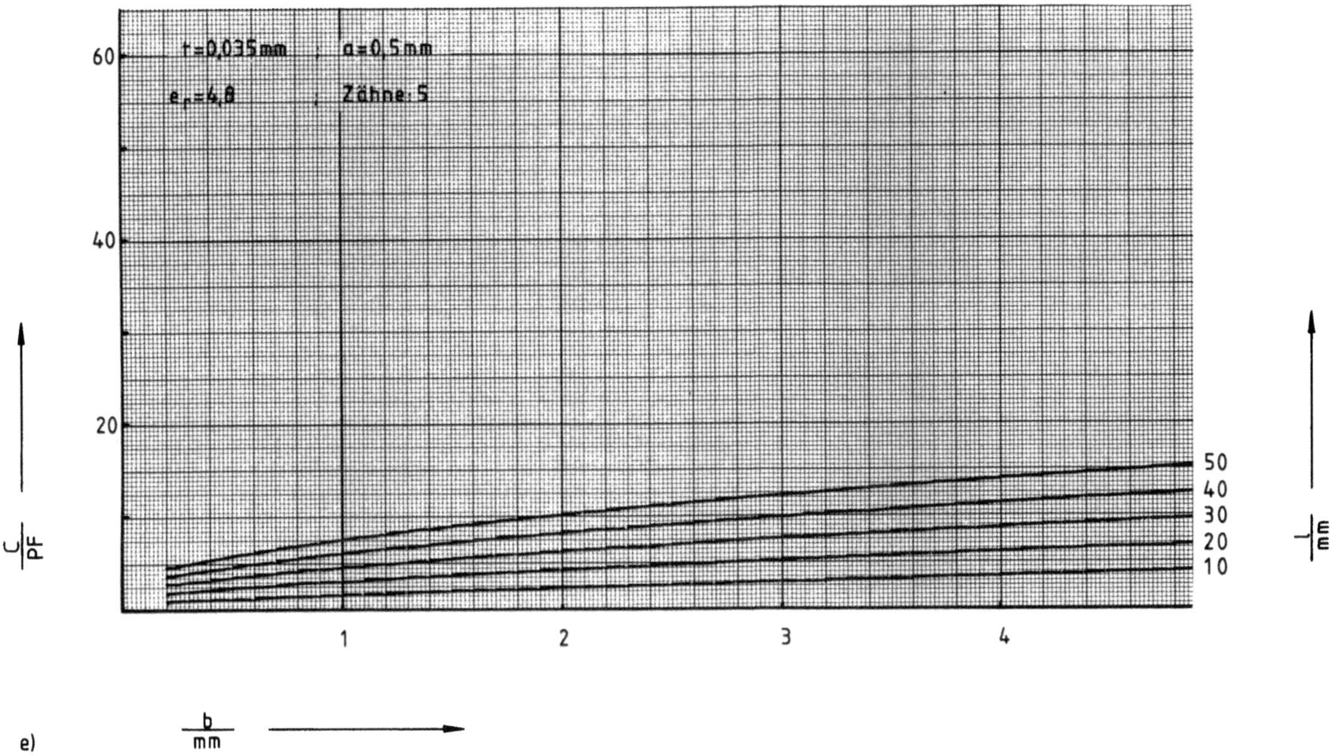
t=0,035mm ; a=0,5mm
e_r=4,8 ; Zähne:5
60
40
20
50
40
30
20
10
1
2
3
4
C/PF
l/mm
b/mm

e)

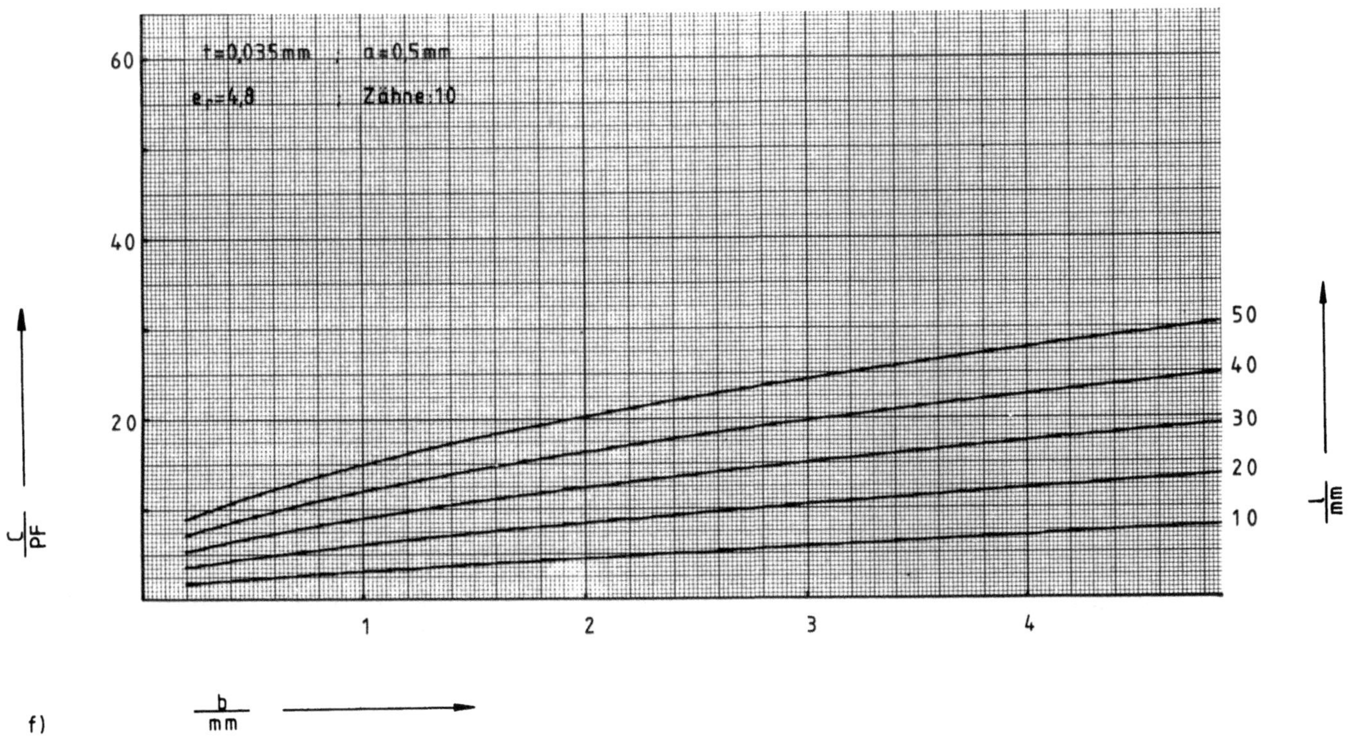
t=0,035mm ; a=0,5mm
e_r=4,8 ; Zähne:10
60
40
20
50
40
30
20
10
1
2
3
4
C/PF
l/mm
b/mm

f)

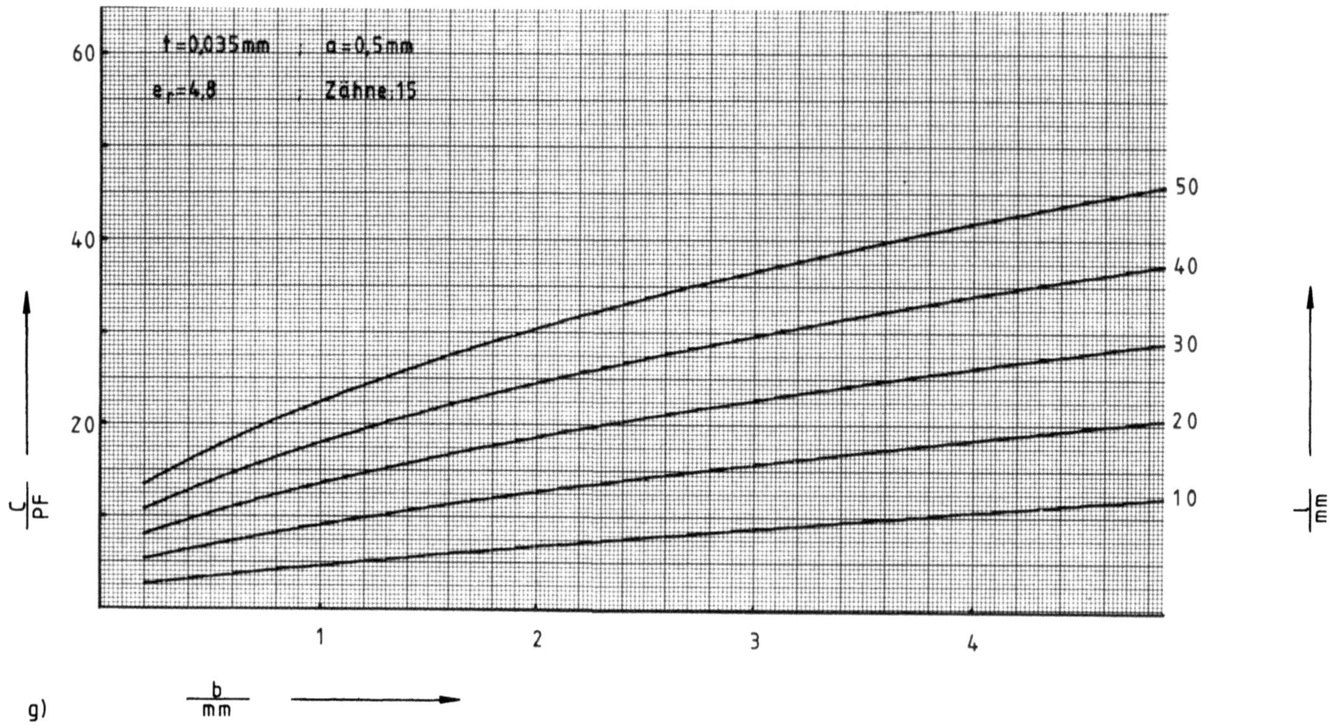

t = 0,035 mm ; a = 0,5 mm
e_r = 4,8 ; Zähne: 15
60
40
20
C / pF
1
2
3
4
b / mm
50
40
30
20
10
l / mm

g)

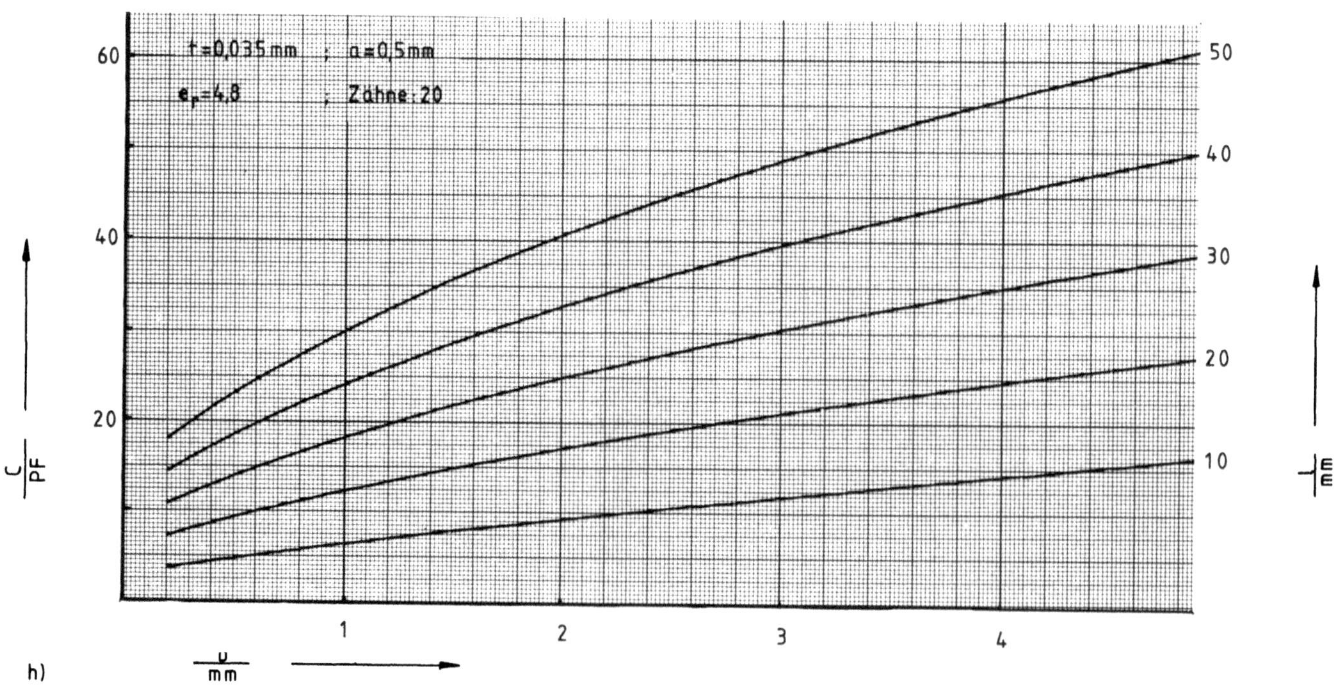

t = 0,035 mm ; a = 0,5 mm
e_r = 4,8 ; Zähne: 20
60
40
20
C / pF
1
2
3
4
b / mm
50
40
30
20
10
l / mm

h)

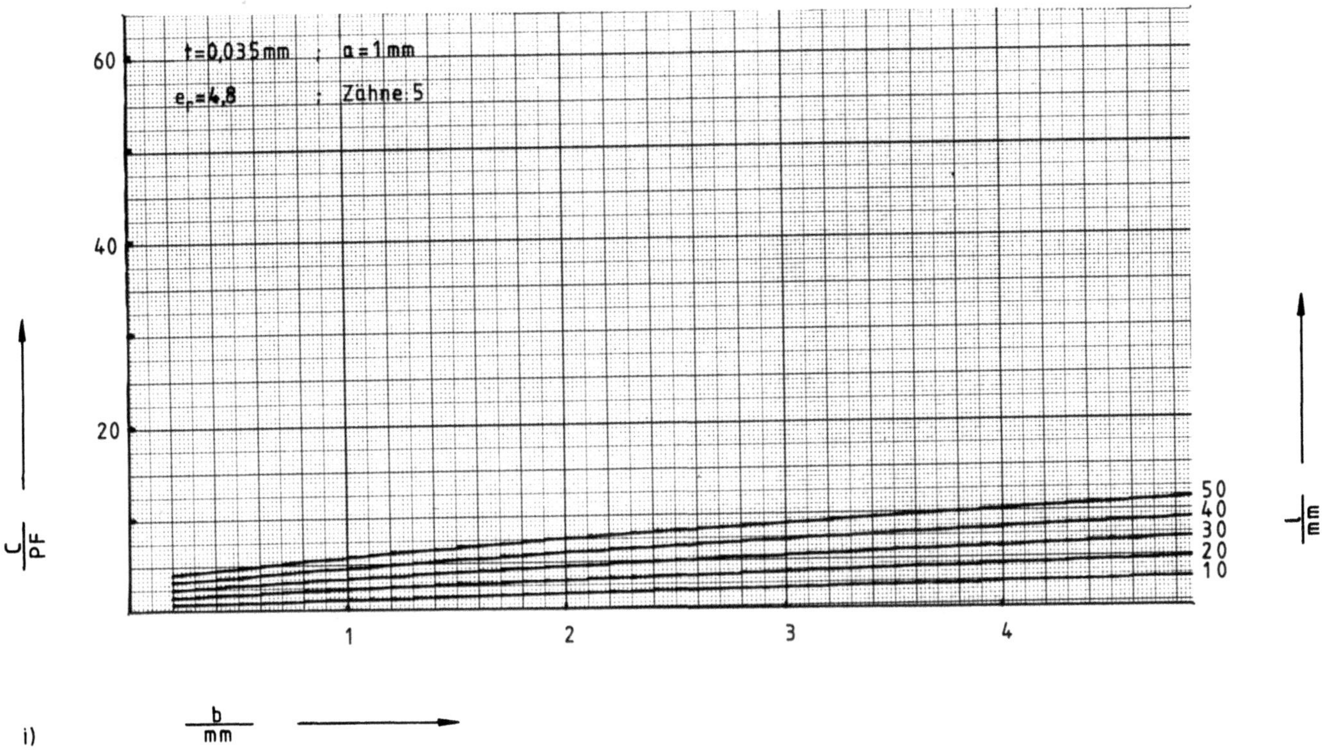
t=0,035mm ; a=1mm
e_r=4,8 ; Zähne: 5
60
40
20
C/PF
50
40
30
20
10
l/mm
1
2
3
4
b/mm

i)

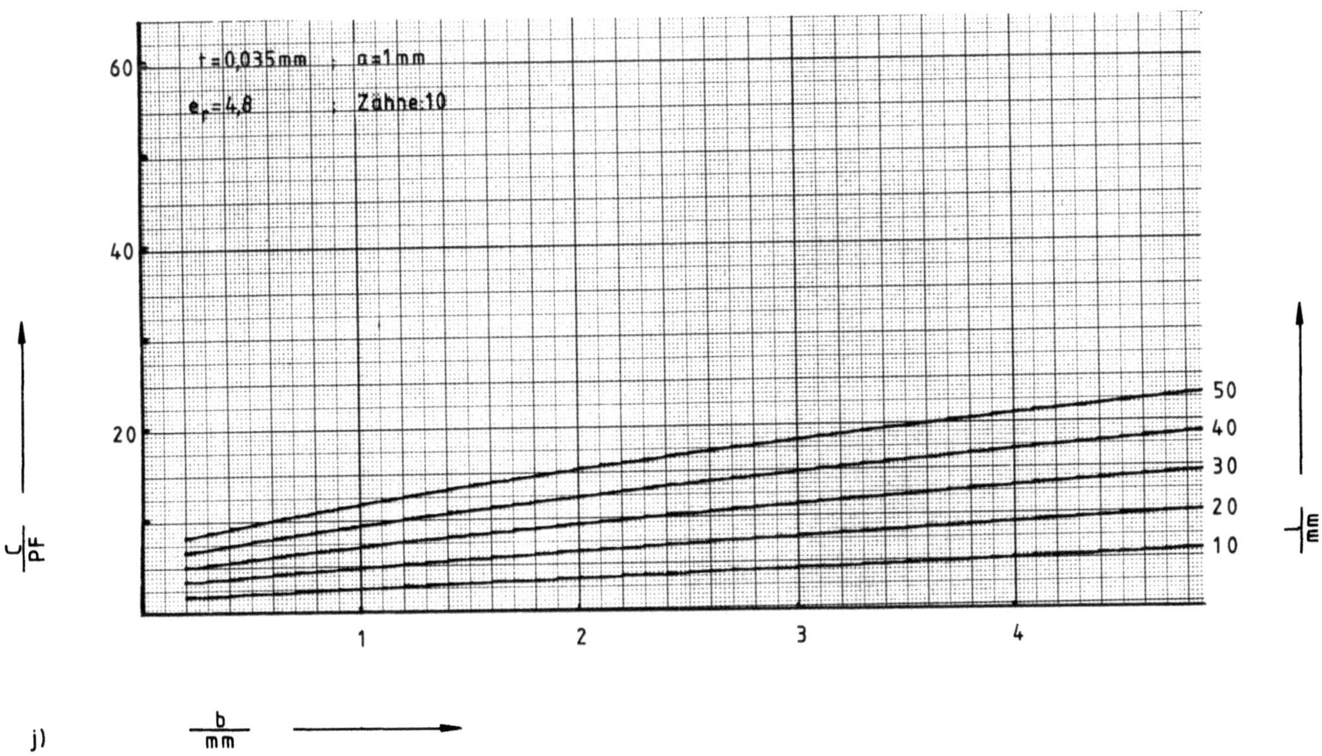
t=0,035mm ; a=1mm
e_r=4,8 ; Zähne:10
60
40
20
C/PF
50
40
30
20
10
l/mm
1
2
3
4
b/mm

j)

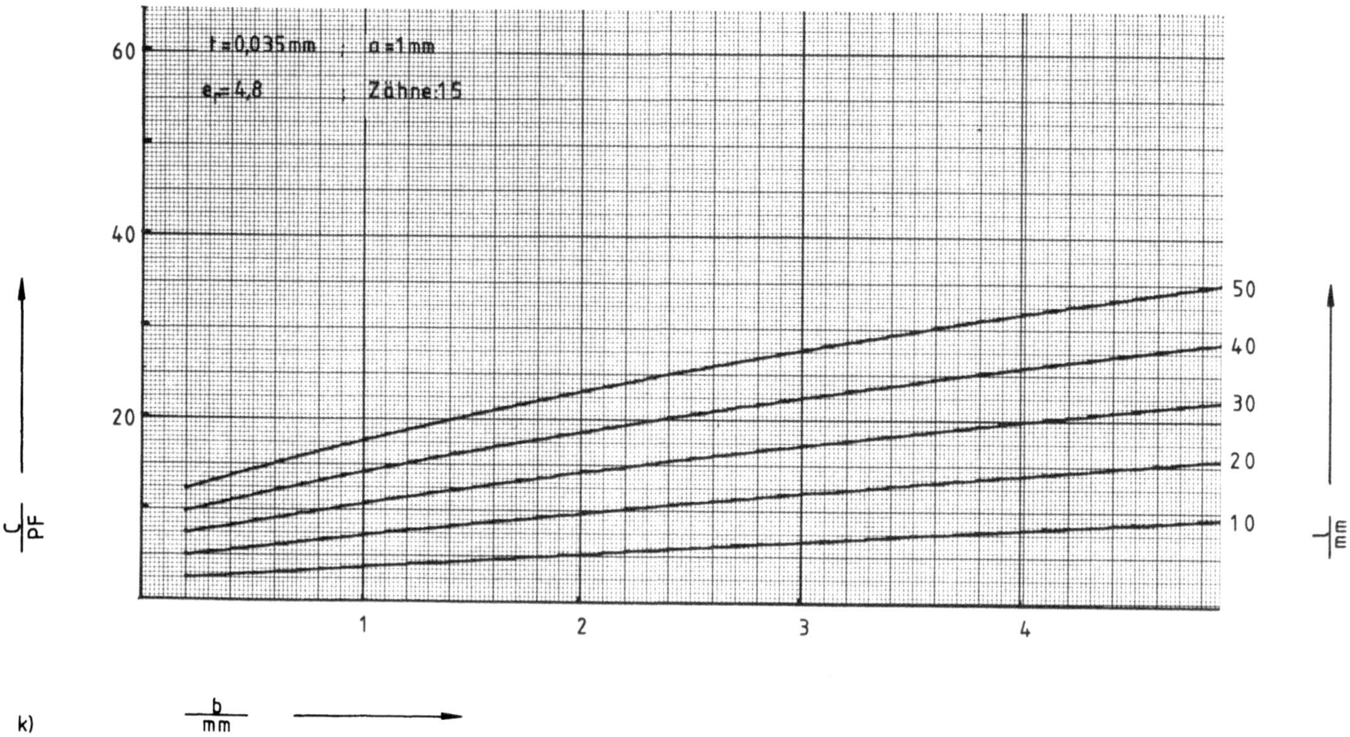
t=0,035mm ; a=1mm
e_r=4,8 ; Zähne:15
60
40
20
C/pF
1
2
3
4
b/mm
50
40
30
20
10
l/mm

k)

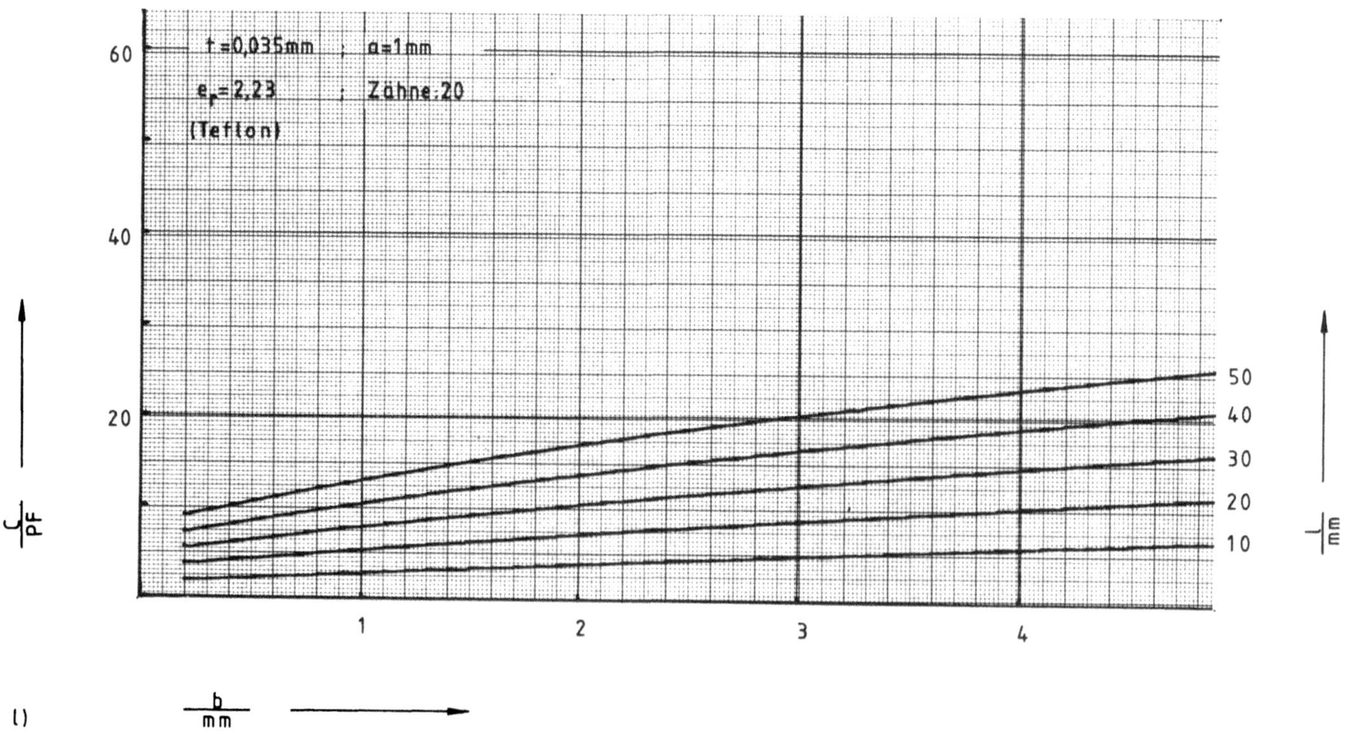
t=0,035mm ; a=1mm
e_r=2,23 ; Zähne:20
(Teflon)
60
40
20
C/pF
1
2
3
4
b/mm
50
40
30
20
10
l/mm

l)

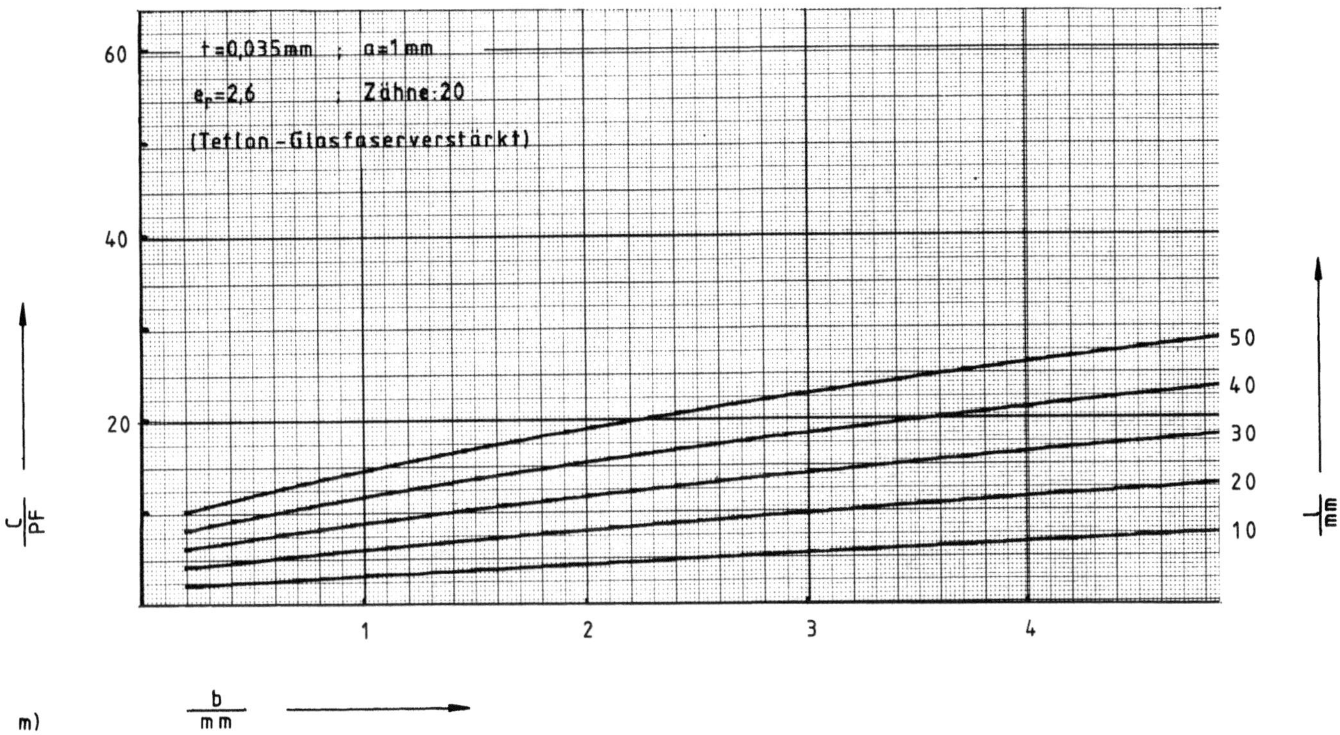

m)

A.6.2 Arbeitsdiagramm S_1 (a/r), Rechteckspiralspule (Esau)

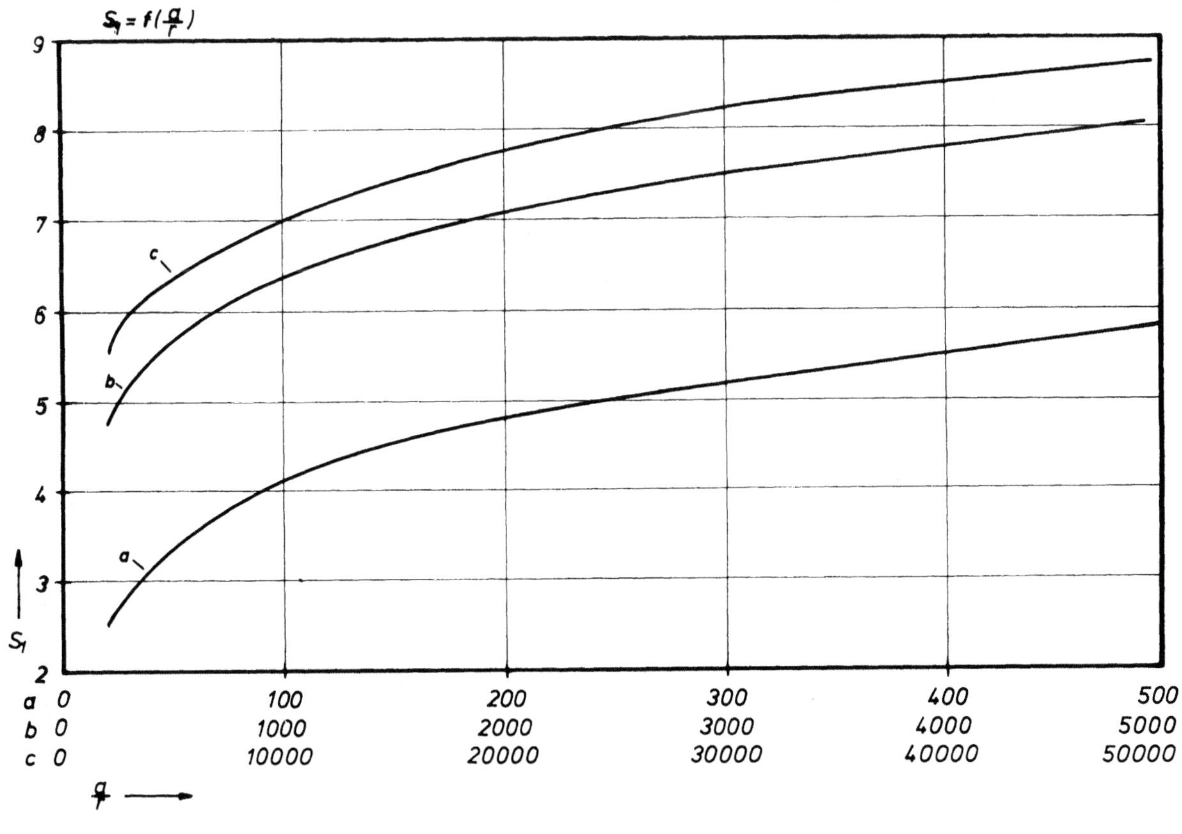

A.6.3 Arbeitsdiagramm S_2 (g/a; N), Rechteckspiralspule (Esau)

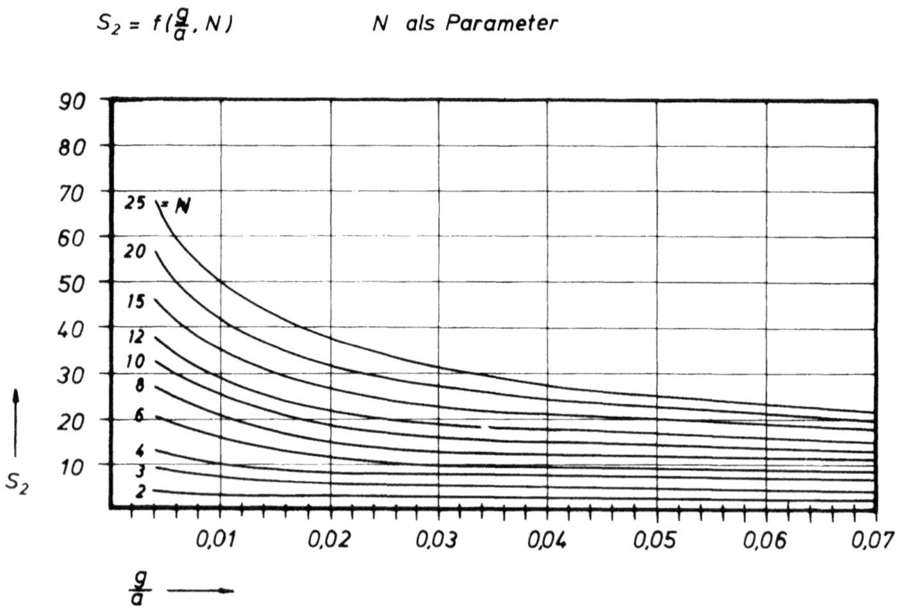

A6.4 Dimensionierungstabellen L, Rechteckspiralspule (Esau)

Breite mm .1
Ganghöhe mm .3
Windungszahl 2.0
Leiterdicke mm .0350

g/a	a/cm	a/r	r	S1	S2	L/nH
.004	7.50	2247.00	.033	7.2	4.0	1344.00
.008	3.75	1123.50	.033	6.5	3.0	570.00
.012	2.50	749.00	.033	6.1	2.6	348.00
.016	1.88	561.75	.033	5.7	2.6	249.00
.020	1.50	449.40	.033	5.4	2.6	192.00
.030	1.00	299.60	.033	5.2	2.6	124.80
.040	.75	224.70	.033	5.0	2.6	90.60
.050	.60	179.76	.033	4.7	2.6	70.08
.060	.50	149.80	.033	4.6	2.6	57.20
.070	.43	128.40	.033	4.4	2.6	48.00

Breite mm .1
Ganghöhe mm .3
Windungszahl 3.0
Leiterdicke mm .0350

g/a	a/cm	a/r	r	S1	S2	L/nH
.004	7.50	2247.00	.033	7.2	9.0	2916.00
.008	3.75	1123.50	.033	6.5	7.8	1287.00
.012	2.50	749.00	.033	6.1	6.5	756.00
.016	1.88	561.75	.033	5.7	6.0	526.50
.020	1.50	449.40	.033	5.4	5.5	392.40
.030	1.00	299.60	.033	5.2	5.0	244.80
.040	.75	224.70	.033	5.0	4.9	178.20
.050	.60	179.76	.033	4.7	4.8	136.80
.060	.50	149.80	.033	4.6	4.2	105.60
.070	.43	128.40	.033	4.4	4.0	86.40

Windungszahl 2.0
Leiterdicke mm .0700

g/a	a/cm	a/r	r	S1	S2	L/nH
.004	7.50	1588.87	.047	6.9	4.0	1302.00
.008	3.75	794.43	.047	6.1	3.0	546.00
.012	2.50	529.62	.047	5.7	2.6	332.00
.016	1.88	397.22	.047	5.5	2.6	243.00
.020	1.50	317.77	.047	5.3	2.6	188.40
.030	1.00	211.85	.047	4.8	2.6	118.40
.040	.75	158.89	.047	4.6	2.6	85.80
.050	.60	127.11	.047	4.4	2.6	66.72
.060	.50	105.92	.047	4.2	2.6	54.00
.070	.43	90.79	.047	4.0	2.6	45.26

Windungszahl 3.0
Leiterdicke mm .0700

g/a	a/cm	a/r	r	S1	S2	L/nH
.004	7.50	1588.87	.047	6.9	9.0	2862.00
.008	3.75	794.43	.047	6.1	7.8	1251.00
.012	2.50	529.62	.047	5.7	6.5	732.00
.016	1.88	397.22	.047	5.5	6.0	517.50
.020	1.50	317.77	.047	5.3	5.5	388.80
.030	1.00	211.85	.047	4.8	5.0	235.20
.040	.75	158.89	.047	4.6	4.9	171.00
.050	.60	127.11	.047	4.4	4.8	132.48
.060	.50	105.92	.047	4.2	4.2	100.80
.070	.43	90.79	.047	4.0	4.0	82.29

Breite mm .1
Ganghöhe mm .3
Windungszahl 4.0
Leiterdicke mm .0350

g/a	a/cm	a/r	r	S1	S2	L/nH
.004	7.50	2247.00	.033	7.2	13.0	4848.00
.008	3.75	1123.50	.033	6.5	10.8	2076.00
.012	2.50	749.00	.033	6.1	9.5	1248.00
.016	1.88	561.75	.033	5.7	8.8	870.00
.020	1.50	449.40	.033	5.4	8.0	643.20
.030	1.00	299.60	.033	5.2	7.8	416.00
.040	.75	224.70	.033	5.0	7.7	304.80
.050	.60	179.76	.033	4.7	7.2	228.48
.060	.50	149.80	.033	4.6	7.0	185.60
.070	.43	128.40	.033	4.4	6.8	153.60

Windungszahl 4.0
Leiterdicke mm .0700

g/a	a/cm	a/r	r	S1	S2	L/nH
.004	7.50	1588.87	.047	6.9	13.0	4776.00
.008	3.75	794.43	.047	6.1	10.8	2028.00
.012	2.50	529.62	.047	5.7	9.5	1216.00
.016	1.88	397.22	.047	5.5	8.8	858.00
.020	1.50	317.77	.047	5.3	8.0	638.40
.030	1.00	211.85	.047	4.8	7.8	403.20
.040	.75	158.89	.047	4.6	7.7	295.20
.050	.60	127.11	.047	4.4	7.2	222.72
.060	.50	105.92	.047	4.0	7.0	176.00
.070	.43	90.79	.047	4.2	6.8	150.86

Breite mm .1
Ganghöhe mm .3
Windungszahl 5.0
Leiterdicke mm .0350

g/a	a/cm	a/r	r	S1	S2	L/nH
.004	7.50	2247.00	.033	7.2	16.6	7140.00
.008	3.75	1123.50	.033	6.5	14.0	3075.00
.012	2.50	749.00	.033	6.1	12.2	1830.00
.016	1.88	561.75	.033	5.7	10.9	1245.00
.020	1.50	449.40	.033	5.4	9.7	906.00
.030	1.00	299.60	.033	5.2	8.9	562.00
.040	.75	224.70	.033	5.0	8.6	408.00
.050	.60	179.76	.033	4.7	8.1	307.20
.060	.50	149.80	.033	4.6	8.0	251.00
.070	.43	128.40	.033	4.4	7.8	209.14

Windungszahl 5.0
Leiterdicke mm .0700

g/a	a/cm	a/r	r	S1	S2	L/nH
.004	7.50	1588.87	.047	6.9	16.6	7050.00
.008	3.75	794.43	.047	6.1	14.0	3015.00
.012	2.50	529.62	.047	5.7	12.2	1790.00
.016	1.88	397.22	.047	5.5	10.9	1230.00
.020	1.50	317.77	.047	5.3	9.7	900.00
.030	1.00	211.85	.047	4.8	8.9	546.00
.040	.75	158.89	.047	4.6	8.6	396.00
.050	.60	127.11	.047	4.4	8.1	300.00
.060	.50	105.92	.047	4.2	8.0	243.00
.070	.43	90.79	.047	4.0	7.8	202.29

Breite mm .1
Ganghöhe mm .3
Windungszahl 6.0
Leiterdicke mm .0350

g/a	a/cm	a/r	r	S1	S2	L/nH
.004	7.50	2247.00	.033	7.2	20.2	9864.00
.008	3.75	1123.50	.033	6.5	17.2	4266.00
.012	2.50	749.00	.033	6.1	14.9	2520.00
.016	1.88	561.75	.033	5.7	13.1	1692.00
.020	1.50	449.40	.033	5.4	11.8	1238.40
.030	1.00	299.60	.033	5.2	9.9	724.80
.040	.75	224.70	.033	5.0	9.5	522.00
.050	.60	179.76	.033	4.7	9.0	394.56
.060	.50	149.80	.033	4.6	8.9	324.00
.070	.43	128.40	.033	4.4	8.8	271.54

Windungszahl 6.0
Leiterdicke mm .0700

g/a	a/cm	a/r	r	S1	S2	L/nH
.004	7.50	1588.87	.047	6.9	20.2	9756.00
.008	3.75	794.43	.047	6.1	17.2	4194.00
.012	2.50	529.62	.047	5.7	14.9	2472.00
.016	1.88	397.22	.047	5.5	13.1	1674.00
.020	1.50	317.77	.047	5.3	11.8	1231.20
.030	1.00	211.85	.047	4.8	9.9	705.60
.040	.75	158.89	.047	4.6	9.5	507.60
.050	.60	127.11	.047	4.4	9.0	385.92
.060	.50	105.92	.047	4.2	8.9	314.40
.070	.43	90.79	.047	4.0	8.8	263.31

Breite mm .1
Ganghöhe mm .3
Windungszahl 7.0
Leiterdicke mm .0350

g/a	a/cm	a/r	r	S1	S2	L/nH
.004	7.50	2247.00	.033	7.2	23.6	12936.00
.008	3.75	1123.50	.033	6.5	19.9	5533.50
.012	2.50	749.00	.033	6.1	17.0	3227.00
.016	1.88	561.75	.033	5.7	14.9	2163.00
.020	1.50	449.40	.033	5.4	13.4	1579.20
.030	1.00	299.60	.033	5.2	11.4	926.80
.040	.75	224.70	.033	5.0	10.8	661.50
.050	.60	179.76	.033	4.7	10.5	510.72
.060	.50	149.80	.033	4.6	10.4	418.60
.070	.43	128.40	.033	4.4	10.0	344.40

Windungszahl 7.0
Leiterdicke mm .0700

g/a	a/cm	a/r	r	S1	S2	L/nH
.004	7.50	1588.87	.047	6.9	23.6	12810.00
.008	3.75	794.43	.047	6.1	19.9	5449.50
.012	2.50	529.62	.047	5.7	17.0	3171.00
.016	1.88	397.22	.047	5.5	14.9	2142.00
.020	1.50	317.77	.047	5.3	13.4	1570.80
.030	1.00	211.85	.047	4.8	11.4	904.40
.040	.75	158.89	.047	4.6	10.8	644.70
.050	.60	127.11	.047	4.4	10.5	500.64
.060	.50	105.92	.047	4.2	10.4	407.40
.070	.43	90.79	.047	4.0	10.0	334.80

Breite mm .1
Ganghöhe mm .3
Windungszahl 8.0
Leiterdicke mm .0350

g/a	a/cm	a/r	r	S1	S2	L/nH
.004	7.50	2247.00	.033	7.2	27.0	16416.00
.008	3.75	1123.50	.033	6.5	22.9	7056.00
.012	2.50	749.00	.033	6.1	19.0	4016.00
.016	1.88	561.75	.033	5.7	16.7	2688.00
.020	1.50	449.40	.033	5.4	15.0	1958.40
.030	1.00	299.60	.033	5.2	12.8	1152.00
.040	.75	224.70	.033	5.0	12.2	825.60
.050	.60	179.76	.033	4.7	12.0	641.28
.060	.50	149.80	.033	4.6	11.8	524.80
.070	.43	128.40	.033	4.4	11.1	425.14

Windungszahl 8.0
Leiterdicke mm .0700

g/a	a/cm	a/r	r	S1	S2	L/nH
.004	7.50	1588.87	.047	6.9	27.0	16272.00
.008	3.75	794.43	.047	6.1	22.9	6960.00
.012	2.50	529.62	.047	5.7	19.0	3952.00
.016	1.88	397.22	.047	5.5	16.7	2664.00
.020	1.50	317.77	.047	5.3	15.0	1948.80
.030	1.00	211.85	.047	4.8	12.8	1126.40
.040	.75	158.89	.047	4.6	12.2	806.40
.050	.60	127.11	.047	4.4	12.0	629.76
.060	.50	105.92	.047	4.2	11.8	512.00
.070	.43	90.79	.047	4.0	11.1	414.17

Breite mm .1
Ganghöhe mm .3
Windungszahl 9.0
Leiterdicke mm .0350

g/a	a/cm	a/r	r	S1	S2	L/nH
.004	7.50	2247.00	.033	7.2	29.7	19899.00
.008	3.75	1123.50	.033	6.5	24.9	8478.00
.012	2.50	749.00	.033	6.1	21.3	4923.00
.016	1.88	561.75	.033	5.7	18.7	3294.00
.020	1.50	449.40	.033	5.4	16.8	2392.20
.030	1.00	299.60	.033	5.2	14.3	1404.00
.040	.75	224.70	.033	5.0	13.6	1004.40
.050	.60	179.76	.033	4.7	13.2	773.28
.060	.50	149.80	.033	4.6	12.6	617.40
.070	.43	128.40	.033	4.4	12.1	507.60

Windungszahl 9.0
Leiterdicke mm .0700

g/a	a/cm	a/r	r	S1	S2	L/nH
.004	7.50	1588.87	.047	6.9	29.7	19737.00
.008	3.75	794.43	.047	6.1	24.9	8370.00
.012	2.50	529.62	.047	5.7	21.3	4851.00
.016	1.88	397.22	.047	5.5	18.7	3267.00
.020	1.50	317.77	.047	5.3	16.8	2381.40
.030	1.00	211.85	.047	4.8	14.3	1375.20
.040	.75	158.89	.047	4.6	13.6	982.80
.050	.60	127.11	.047	4.4	13.2	760.32
.060	.50	105.92	.047	4.2	12.6	603.00
.070	.43	90.79	.047	4.0	12.1	495.26

Breite mm .1
Ganghöhe mm .3
Windungszahl 10.0
Leiterdicke mm .0350

g/a	a/cm	a/r	r	S1	S2	L/nH
.004	7.50	2247.00	.033	7.2	32.2	23640.00
.008	3.75	1123.50	.033	6.5	27.3	10140.00
.012	2.50	749.00	.033	6.1	23.5	5920.00
.016	1.88	561.75	.033	5.7	20.7	3960.00
.020	1.50	449.40	.033	5.4	18.5	2868.00
.030	1.00	299.60	.033	5.2	15.8	1680.00
.040	.75	224.70	.033	5.0	15.0	1200.00
.050	.60	179.76	.033	4.7	14.4	916.80
.060	.50	149.80	.033	5.6	13.4	760.00
.070	.43	128.40	.033	4.4	13.0	596.57

Windungszahl 10.0
Leiterdicke mm .0700

g/a	a/cm	a/r	r	S1	S2	L/nH
.004	7.50	1588.87	.047	6.9	32.2	23460.00
.008	3.75	794.43	.047	6.1	27.3	10020.00
.012	2.50	529.62	.047	5.7	23.5	5840.00
.016	1.88	397.22	.047	5.5	20.7	3930.00
.020	1.50	317.77	.047	5.3	18.5	2856.00
.030	1.00	211.85	.047	4.8	15.8	1648.00
.040	.75	158.89	.047	4.6	15.0	1176.00
.050	.60	127.11	.047	4.4	14.4	902.40
.060	.50	105.92	.047	4.2	13.4	704.00
.070	.43	90.79	.047	4.0	13.0	582.86

Breite mm .1
Ganghöhe mm .3
Windungszahl 11.0
Leiterdicke mm .0350

g/a	a/cm	a/r	r	S1	S2	L/nH
.004	7.50	2247.00	.033	7.2	35.1	27918.00
.008	3.75	1123.50	.033	6.5	29.3	11797.50
.012	2.50	749.00	.033	6.1	25.2	6886.00
.016	1.88	561.75	.033	5.7	22.3	4620.00
.020	1.50	449.40	.033	5.4	20.1	3359.40
.030	1.00	299.60	.033	5.2	17.4	1984.40
.040	.75	224.70	.033	5.0	16.5	1415.70
.050	.60	179.76	.033	4.7	15.7	1074.48
.060	.50	149.80	.033	4.6	14.7	849.20
.070	.43	128.40	.033	4.4	14.1	695.83

Windungszahl 11.0
Leiterdicke mm .0700

g/a	a/cm	a/r	r	S1	S2	L/nH
.004	7.50	1588.87	.047	6.9	35.1	27720.00
.008	3.75	794.43	.047	6.1	29.3	11665.50
.012	2.50	529.62	.047	5.7	25.2	6798.00
.016	1.88	397.22	.047	5.5	22.3	4587.00
.020	1.50	317.77	.047	5.3	20.1	3346.20
.030	1.00	211.85	.047	4.8	17.4	1949.20
.040	.75	158.89	.047	4.6	16.5	1389.30
.050	.60	127.11	.047	4.4	15.7	1058.64
.060	.50	105.92	.047	4.2	14.7	831.60
.070	.43	90.79	.047	4.0	14.1	680.74

Breite mm .1
Ganghöhe mm .3
Windungszahl 12.0
Leiterdicke mm .0350

g/a	a/cm	a/r	r	S1	S2	L/nH
.004	7.50	2247.00	.033	7.2	37.9	32472.00
.008	3.75	1123.50	.033	6.5	31.2	13572.00
.012	2.50	749.00	.033	6.1	26.9	7920.00
.016	1.88	561.75	.033	5.7	23.9	5328.00
.020	1.50	449.40	.033	5.4	21.6	3888.00
.030	1.00	299.60	.033	5.2	18.9	2313.60
.040	.75	224.70	.033	5.0	17.9	1648.80
.050	.60	179.76	.033	4.7	17.0	1249.92
.060	.50	149.80	.033	4.6	16.1	993.60
.070	.43	128.40	.033	4.4	15.1	802.29

Windungszahl 12.0
Leiterdicke mm .0700

g/a	a/cm	a/r	r	S1	S2	L/nH
.004	7.50	1588.87	.047	6.9	37.9	32256.00
.008	3.75	794.43	.047	6.1	31.2	13428.00
.012	2.50	529.62	.047	5.7	26.9	7824.00
.016	1.88	397.22	.047	5.5	23.9	5292.00
.020	1.50	317.77	.047	5.3	21.6	3873.60
.030	1.00	211.85	.047	4.8	18.9	2275.20
.040	.75	158.89	.047	4.6	17.9	1620.00
.050	.60	127.11	.047	4.4	17.0	1232.64
.060	.50	105.92	.047	4.2	16.1	974.40
.070	.43	90.79	.047	4.0	15.1	785.83

Breite mm .1
Ganghöhe mm .3
Windungszahl 13.0
Leiterdicke mm .0350

g/a	a/cm	a/r	r	S1	S2	L/nH
.004	7.50	2247.00	.033	7.2	40.6	37260.60
.008	3.75	1123.50	.033	6.5	33.4	15561.00
.012	2.50	749.00	.033	6.1	28.9	9100.00
.016	1.88	561.75	.033	5.7	25.6	6103.50
.020	1.50	449.40	.033	5.4	23.2	4456.28
.030	1.00	299.60	.033	5.2	20.2	2638.48
.040	.75	224.70	.033	5.0	19.0	1869.66
.050	.60	179.76	.033	4.7	18.0	1418.35
.060	.50	149.80	.033	4.6	17.1	1126.84
.070	.43	128.40	.033	4.4	16.0	910.59

Windungszahl 13.0
Leiterdicke mm .0700

g/a	a/cm	a/r	r	S1	S2	L/nH
.004	7.50	1588.87	.047	6.9	40.6	37026.60
.008	3.75	794.43	.047	6.1	33.4	15405.00
.012	2.50	529.62	.047	5.7	28.9	8996.00
.016	1.88	397.22	.047	5.5	25.6	6064.50
.020	1.50	317.77	.047	5.3	23.2	4450.68
.030	1.00	211.85	.047	4.8	20.2	2596.88
.040	.75	158.89	.047	4.6	19.0	1838.46
.050	.60	127.11	.047	4.4	18.0	1399.63
.060	.50	105.92	.047	4.4	17.1	1116.44
.070	.43	90.79	.047	4.0	16.0	892.77

Breite mm .1
Ganghöhe mm .3
Windungszahl 14.0
Leiterdicke mm .0350

g/a	a/cm	a/r	r	S1	S2	L/nH
.004	7.50	2247.00	.033	7.2	43.2	42369.60
.008	3.75	1123.50	.033	6.5	35.6	17682.00
.012	2.50	749.00	.033	6.1	30.9	10360.00
.016	1.88	561.75	.033	5.7	27.3	6930.00
.020	1.50	449.40	.033	5.4	24.9	5083.68
.030	1.00	299.60	.033	5.2	21.4	2983.68
.040	.75	224.70	.033	5.0	20.0	2103.36
.050	.60	179.76	.033	4.7	19.1	1596.67
.060	.50	149.80	.033	4.6	18.0	1267.84
.070	.43	128.40	.033	4.4	17.0	1024.80

Windungszahl 14.0
Leiterdicke mm .0700

g/a	a/cm	a/r	r	S1	S2	L/nH
.004	7.50	1588.87	.047	6.9	43.2	42117.60
.008	3.75	794.43	.047	6.1	35.6	17514.00
.012	2.50	529.62	.047	5.7	30.9	10248.00
.016	1.88	397.22	.047	5.5	27.3	6888.00
.020	1.50	317.77	.047	5.3	24.9	5066.88
.030	1.00	211.85	.047	4.8	21.4	2938.88
.040	.75	158.89	.047	4.6	20.0	2069.76
.050	.60	127.11	.047	4.4	19.1	1576.51
.060	.50	105.92	.047	4.2	18.0	1245.44
.070	.43	90.79	.047	4.0	17.0	1005.60

Breite mm .1
Ganghöhe mm .5
Windungszahl 2.0
Leiterdicke mm .0350

g/a	a/cm	a/r	r	S1	S2	L/nH
.004	12.50	3744.99	.033	7.8	4.0	2350.00
.008	6.25	1872.50	.033	7.0	3.0	1000.00
.012	4.17	1248.33	.033	6.6	2.6	610.00
.016	3.13	936.25	.033	6.4	2.6	447.50
.020	2.50	749.00	.033	6.1	2.6	348.00
.030	1.67	499.33	.033	5.7	2.6	220.00
.040	1.25	374.50	.033	5.4	2.6	159.80
.050	1.00	299.60	.033	5.3	2.6	125.60
.060	.83	249.67	.033	5.1	2.6	102.00
.070	.71	214.00	.033	4.9	2.6	85.71

Windungszahl 2.0
Leiterdicke mm .0700

g/a	a/cm	a/r	r	S1	S2	L/nH
.004	12.50	2648.11	.047	7.4	4.0	2281,00
.008	6.25	1324.05	.047	6.7	3.0	965.00
.012	4.17	882.70	.047	6.3	2.6	590.00
.016	3.13	662.03	.047	6.0	2.6	430.00
.020	2.50	529.62	.047	5.8	2.6	336.00
.030	1.67	353.08	.047	5.5	2.6	214.67
.040	1.25	264.81	.047	5.1	2.6	154.00
.050	1.00	211.85	.047	4.9	2.6	119.68
.060	.83	176.54	.047	4.7	2.6	97.07
.070	.71	151.32	.047	4.6	2.6	81.94

Breite mm .1
Ganghöhe mm .5
Windungszahl 3.0
Leiterdicke mm .0350

g/a	a/cm	a/r	r	S1	S2	L/nH
.004	12.50	3744.99	.033	7.8	9.0	5040.00
.008	6.25	1872.50	.033	7.0	7.8	2220.00
.012	4.17	1248.33	.033	6.6	6.5	1310.00
.016	3.13	936.25	.033	6.4	5.5	892.50
.020	2.50	749.00	.033	6.1	5.0	666.00
.030	1.67	499.33	.033	5.7	4.9	424.00
.040	1.25	374.50	.033	5.4	4.8	306.00
.050	1.00	299.60	.033	5.3	4.2	228.00
.060	.83	249.67	.033	5.1	4.0	182.00
.070	.71	214.00	.033	4.9	3.9	150.86

Windungszahl 3.0
Leiterdicke mm .0700

g/a	a/cm	a/r	r	S1	S2	L/nH
.004	12.50	2648.11	.047	7.4	9.0	4920.00
.008	6.25	1324.05	.047	6.7	7.8	2167.50
.012	4.17	882.70	.047	6.3	6.5	1275.00
.016	3.13	662.03	.047	6.0	5.5	862.50
.020	2.50	529.62	.047	5.8	5.0	648.00
.030	1.67	353.08	.047	5.5	4.9	414.00
.040	1.25	264.81	.047	5.1	4.8	297.00
.050	1.00	211.85	.047	4.9	4.2	217.92
.060	.83	176.54	.047	4.7	4.0	173.60
.070	.71	151.32	.047	4.6	3.9	145.20

Breite mm .1
Ganghöhe mm .5
Windungszahl 4.0
Leiterdicke mm .0350

g/a	a/cm	a/r	r	S1	S2	L/nH
.004	12.50	3744.99	.033	7.8	13.0	8320.00
.008	6.25	1872.50	.033	7.0	10.8	3560.00
.012	4.17	1248.33	.033	6.6	9.5	2146.67
.016	3.13	936.25	.033	6.4	8.8	1520.00
.020	2.50	749.00	.033	6.1	8.0	1128.00
.030	1.67	499.33	.033	5.7	7.8	720.00
.040	1.25	374.50	.033	5.4	7.7	524.00
.050	1.00	299.60	.033	5.3	7.2	400.00
.060	.83	249.67	.033	5.1	7.0	322.67
.070	.71	214.00	.033	4.9	6.8	267.43

Windungszahl 4.0
Leiterdicke mm .0700

g/a	a/cm	a/r	r	S1	S2	L/nH
.004	12.50	2648.11	.047	7.4	13.0	8160.00
.008	6.25	1324.05	.047	6.7	10.8	3490.00
.012	4.17	882.70	.047	6.3	9.5	2100.00
.016	3.13	662.03	.047	6.0	8.8	1480.00
.020	2.50	529.62	.047	5.8	8.0	1104.00
.030	1.67	353.08	.047	5.5	7.8	706.67
.040	1.25	264.81	.047	5.1	7.7	512.00
.050	1.00	211.85	.047	4.9	7.2	386.56
.060	.83	176.54	.047	4.7	7.0	311.47
.070	.71	151.32	.047	4.6	6.8	259.89

Breite mm .1
Ganghöhe mm .5
Windungszahl 5.0
Leiterdicke mm .0350

g/a	a/cm	a/r	r	S1	S2	L/nH
.004	12.50	3744.99	.033	7.8	16.6	12200.00
.008	6.25	1872.50	.033	7.0	14.0	5250.00
.012	4.17	1248.33	.033	6.6	12.2	3133.33
.016	3.13	936.25	.033	6.4	10.9	2162.50
.020	2.50	749.00	.033	6.1	9.7	1580.00
.030	1.67	499.33	.033	5.7	8.9	970.00
.040	1.25	374.50	.033	5.4	8.6	700.00
.050	1.00	299.60	.033	5.3	8.1	536.00
.060	.83	249.67	.033	5.1	8.0	435.00
.070	.71	214.00	.033	4.9	7.8	362.86

Windungszahl 5.0
Leiterdicke mm .0700

g/a	a/cm	a/r	r	S1	S2	L/nH
.004	12.50	2648.11	.047	7.4	16.6	12000.00
.008	6.25	1324.05	.047	6.7	14.0	5162.50
.012	4.17	882.70	.047	6.3	12.2	3075.00
.016	3.13	662.03	.047	6.0	10.9	2112.50
.020	2.50	529.62	.047	5.8	9.7	1550.00
.030	1.67	353.08	.047	5.5	8.9	953.33
.040	1.25	264.81	.047	5.1	8.6	685.00
.050	1.00	211.85	.047	4.9	8.1	519.20
.060	.83	176.54	.047	4.7	8.0	421.00
.070	.71	151.32	.047	4.6	7.8	353.43

Breite mm .1
Ganghöhe mm .5
Windungszahl 6.0
Leiterdicke mm .0350

g/a	a/cm	a/r	r	S1	S2	L/nH
.004	12.50	3744.99	.033	7.8	20.2	16800.00
.008	6.25	1872.50	.033	7.0	17.2	7260.00
.012	4.17	1248.33	.033	6.6	14.9	4300.00
.016	3.13	936.25	.033	6.4	13.1	2925.00
.020	2.50	749.00	.033	6.1	11.8	2148.00
.030	1.67	499.33	.033	5.7	9.9	1248.00
.040	1.25	374.50	.033	5.4	9.5	894.00
.050	1.00	299.60	.033	5.3	9.0	686.40
.060	.83	249.67	.033	5.1	8.9	560.00
.070	.71	214.00	.033	4.9	8.8	469.71

Windungszahl 6.0
Leiterdicke mm .0700

g/a	a/cm	a/r	r	S1	S2	L/nH
.004	12.50	2648.11	.047	7.4	20.2	16560.00
.008	6.25	1324.05	.047	6.7	17.2	7155.00
.012	4.17	882.70	.047	6.3	14.9	4230.00
.016	3.13	662.03	.047	6.0	13.1	2865.00
.020	2.50	529.62	.047	5.8	11.8	2112.00
.030	1.67	353.08	.047	5.5	9.9	1228.00
.040	1.25	264.81	.047	5.1	9.5	876.00
.050	1.00	211.85	.047	4.9	9.0	666.24
.060	.83	176.54	.047	4.7	8.9	543.20
.070	.71	151.32	.047	4.6	8.8	458.40

Breite mm .1
Ganghöhe mm .5
Windungszahl 7.0
Leiterdicke mm .0350

g/a	a/cm	a/r	r	S1	S2	L/nH
.004	12.50	3744.99	.033	7.8	23.6	21980.00
.008	6.25	1872.50	.033	7.0	19.9	9397.50
.012	4.17	1248.33	.033	6.6	17.0	5495.00
.016	3.13	936.25	.033	6.4	14.9	3727.50
.020	2.50	749.00	.033	6.1	13.4	2730.00
.030	1.67	499.33	.033	5.7	11.4	1591.33
.040	1.25	374.50	.033	5.4	10.9	1137.50
.050	1.00	299.60	.033	5.3	10.5	884.80
.060	.83	249.67	.033	5.1	10.4	721.00
.070	.71	214.00	.033	4.9	10.0	594.00

Windungszahl 7.0
Leiterdicke mm .0700

g/a	a/cm	a/r	r	S1	S2	L/nH
.004	12.50	2648.11	.047	7.4	23.6	21700.00
.008	6.25	1324.05	.047	6.7	19.9	9275.00
.012	4.17	882.70	.047	6.3	17.0	5413.33
.016	3.13	662.03	.047	6.0	14.9	3657.50
.020	2.50	529.62	.047	5.8	13.4	2688.00
.030	1.67	353.08	.047	5.5	11.4	1568.00
.040	1.25	264.81	.047	5.1	10.9	1116.50
.050	1.00	211.85	.047	4.9	10.5	861.28
.060	.83	176.54	.047	4.7	10.4	701.40
.070	.71	151.32	.047	4.6	10.0	580.80

Breite mm .1
Ganghöhe mm .5
Windungszahl 8.0
Leiterdicke mm .0350

g/a	a/cm	a/r	r	S1	S2	L/nH
.004	12.50	3744.99	.033	7.8	27.0	27840.00
.008	6.25	1872.50	.033	7.0	22.5	11800.00
.012	4.17	1248.33	.033	6.6	19.0	6826.67
.016	3.13	936.25	.033	6.4	16.7	4620.00
.020	2.50	749.00	.033	6.1	15.0	3376.00
.030	1.67	499.33	.033	5.7	12.8	1973.33
.040	1.25	374.50	.033	5.4	12.2	1408.00
.050	1.00	299.60	.033	5.3	12.0	1107.20
.060	.83	249.67	.033	5.1	11.8	901.33
.070	.71	214.00	.033	4.9	11.1	731.43

Windungszahl 8.0
Leiterdicke mm .0700

g/a	a/cm	a/r	r	S1	S2	L/nH
.004	12.50	2648.11	.047	7.4	27.0	27520.00
.008	6.25	1324.05	.047	6.7	22.5	11660.00
.012	4.17	882.70	.047	6.3	19.0	6733.33
.016	3.13	662.03	.047	6.0	16.7	4540.00
.020	2.50	529.62	.047	5.8	15.0	3328.00
.030	1.67	353.08	.047	5.5	12.8	1946.67
.040	1.25	264.81	.047	5.1	12.2	1384.00
.050	1.00	211.85	.047	4.9	12.0	1080.32
.060	.83	176.54	.047	4.7	11.8	878.93
.070	.71	151.32	.047	4.6	11.1	716.34

Breite mm .1
Ganghöhe mm .5
Windungszahl 9.0
Leiterdicke mm .0350

g/a	a/cm	a/r	r	S1	S2	L/nH
.004	12.50	3744.99	.033	7.8	29.7	33705.00
.008	6.25	1872.50	.033	7.0	24.9	14355.00
.012	4.17	1248.33	.033	6.6	21.3	8355.00
.016	3.13	936.25	.033	6.4	18.7	5647.50
.020	2.50	749.00	.033	6.1	16.8	4113.00
.030	1.67	499.33	.033	5.7	14.3	2400.00
.040	1.25	374.50	.033	5.4	13.6	1710.00
.050	1.00	299.60	.033	5.3	13.7	1364.40
.060	.83	249.67	.033	5.1	12.6	1059.00
.070	.71	214.00	.033	4.9	12.1	871.71

Windungszahl 9.0
Leiterdicke mm .0700

g/a	a/cm	a/r	r	S1	S2	L/nH
.004	12.50	2648.11	.047	7.4	29.7	33345.00
.008	6.25	1324.05	.047	6.7	24.9	14197.50
.012	4.17	882.70	.047	6.3	21.3	8250.00
.016	3.13	662.03	.047	6.0	18.7	5557.50
.020	2.50	529.62	.047	5.8	16.8	4059.00
.030	1.67	353.08	.047	5.5	14.3	2370.00
.040	1.25	264.81	.047	5.1	13.6	1683.00
.050	1.00	211.85	.047	4.9	13.7	1334.16
.060	.83	176.54	.047	4.7	12.6	1033.80
.070	.71	151.32	.047	4.6	12.1	854.74

Breite mm .1
Ganghöhe mm .5
Windungszahl 10.0
Leiterdicke mm .0350

g/a	a/cm	a/r	r	S1	S2	L/nH
.004	12.50	3744.99	.033	7.8	32.3	40100.00
.008	6.25	1872.50	.033	7.0	27.3	17150.00
.012	4.17	1248.33	.033	6.6	23.5	10033.33
.016	3.13	936.25	.033	6.4	20.7	6775.00
.020	2.50	749.00	.033	6.1	18.5	4920.00
.030	1.67	499.33	.033	5.7	15.8	2866.67
.040	1.25	374.50	.033	5.4	15.0	2040.00
.050	1.00	299.60	.033	5.3	14.3	1568.00
.060	.83	249.67	.033	5.1	13.3	1226.67
.070	.71	214.00	.033	4.9	13.0	1022.86

Windungszahl 10.0
Leiterdicke mm .0700

g/a	a/cm	a/r	r	S1	S2	L/nH
.004	12.50	2648.11	.047	7.4	32.3	39700.00
.008	6.25	1324.05	.047	6.7	27.3	16975.00
.012	4.17	882.70	.047	6.3	23.5	9916.67
.016	3.13	662.03	.047	6.0	20.7	6675.00
.020	2.50	529.62	.047	5.8	18.5	4860.00
.030	1.67	353.08	.047	5.5	15.8	2833.33
.040	1.25	264.81	.047	5.1	15.0	2010.00
.050	1.00	211.85	.047	4.9	14.3	1534.40
.060	.83	176.54	.047	4.7	13.3	1198.67
.070	.71	151.32	.047	4.6	13.0	1004.00

Breite mm .1
Ganghöhe mm .5
Windungszahl 11.0
Leiterdicke mm .0350

g/a	a/cm	a/r	r	S1	S2	L/nH
.004	12.50	3744.99	.033	7.8	35.1	47190.00
.008	6.25	1872.50	.033	7.0	29.3	19937.50
.012	4.17	1248.33	.033	6.6	25.2	11660.00
.016	3.13	936.25	.033	6.4	22.3	7892.50
.020	2.50	749.00	.033	6.1	20.1	5753.00
.030	1.67	499.33	.033	5.7	17.4	3380.67
.040	1.25	374.50	.033	5.4	16.5	2403.50
.050	1.00	299.60	.033	5.3	15.7	1843.60
.060	.83	249.67	.033	5.1	14.7	1452.00
.070	.71	214.00	.033	4.9	14.1	1191.14

Windungszahl 11.0
Leiterdicke mm .0700

g/a	a/cm	a/r	r	S1	S2	L/nH
.004	12.50	2648.11	.047	7.4	35.1	46750.00
.008	6.25	1324.05	.047	6.7	29.3	19745.00
.012	4.17	882.70	.047	6.3	25.2	11531.67
.016	3.13	662.03	.047	6.0	22.3	7782.50
.020	2.50	529.62	.047	5.8	20.1	5687.00
.030	1.67	353.08	.047	5.5	17.4	3344.00
.040	1.25	264.81	.047	5.1	16.5	2370.50
.050	1.00	211.85	.047	4.9	15.7	1806.64
.060	.83	176.54	.047	4.7	14.7	1421.20
.070	.71	151.32	.047	4.6	14.1	1170.40

Breite mm .1
Ganghöhe mm .5
Windungszahl 12.0
Leiterdicke mm .0350

g/a	a/cm	a/r	r	S1	S2	L/nH
.004	12.50	3744.99	.033	7.8	37.9	54840.00
.008	6.25	1872.50	.033	7.0	31.2	22920.00
.012	4.17	1248.33	.033	6.6	26.9	13400.00
.016	3.13	936.25	.033	6.4	23.9	9090.00
.020	2.50	749.00	.033	6.1	21.6	6648.00
.030	1.67	499.33	.033	5.7	18.9	3936.00
.040	1.25	374.50	.033	5.4	17.9	2796.00
.050	1.00	299.60	.033	5.3	17.0	2140.80
.060	.83	249.67	.033	5.1	16.1	1696.00
.070	.71	214.00	.033	4.9	15.1	1371.43

Windungszahl 12.0
Leiterdicke mm .0700

g/a	a/cm	a/r	r	S1	S2	L/nH
.004	12.50	2648.11	.047	7.4	37.9	54360.00
.008	6.25	1324.05	.047	6.7	31.2	22710.00
.012	4.17	882.70	.047	6.3	26.9	13260.00
.016	3.13	662.03	.047	6.0	23.9	8970.00
.020	2.50	529.62	.047	5.8	21.6	6576.00
.030	1.67	353.08	.047	5.5	18.9	3896.00
.040	1.25	264.81	.047	5.1	17.9	2760.00
.050	1.00	211.85	.047	4.9	17.0	2100.48
.060	.83	176.54	.047	4.7	16.1	1662.40
.070	.71	151.32	.047	4.6	15.1	1348.80

Breite mm .1
Ganghöhe mm .5
Windungszahl 13.0
Leiterdicke mm .0350

g/a	a/cm	a/r	r	S1	S2	L/nH
.004	12.50	3744.99	.033	7.8	40.6	62381.00
.008	6.25	1872.50	.033	7.0	33.4	26260.00
.012	4.17	1248.33	.033	6.6	28.9	15383.33
.016	3.13	936.25	.033	6.4	25.6	10400.00
.020	2.50	749.00	.033	6.1	24.5	7956.00
.030	1.67	499.33	.033	5.7	20.2	4484.13
.040	1.25	374.50	.033	5.4	19.0	3168.10
.050	1.00	299.60	.033	5.3	18.0	2426.32
.060	.83	249.67	.033	5.1	17.1	1921.40
.070	.71	214.00	.033	4.9	16.0	1554.80

Windungszahl 13.0
Leiterdicke mm .0700

g/a	a/cm	a/r	r	S1	S2	L/nH
.004	12.50	2648.11	.047	7.4	40.6	62361.00
.008	6.25	1324.05	.047	6.7	33.4	26032.50
.012	4.17	882.70	.047	6.3	28.9	15231.67
.016	3.13	662.03	.047	6.0	25.6	10270.00
.020	2.50	529.62	.047	5.8	24.5	7878.00
.030	1.67	353.08	.047	5.5	20.2	4440.80
.040	1.25	264.81	.047	5.1	19.0	3129.10
.050	1.00	211.85	.047	4.9	18.0	2382.64
.060	.83	176.54	.047	4.7	17.1	1885.00
.070	.71	151.32	.047	4.6	16.0	1530.29

Breite mm .1
Ganghöhe mm .5
Windungszahl 14.0
Leiterdicke mm .0350

g/a	a/cm	a/r	r	S1	S2	L/nH
.004	12.50	3744.99	.033	7.8	43.2	71456.00
.008	6.25	1872.50	.033	7.0	35.6	29820.00
.012	4.17	1248.33	.033	6.6	30.9	17500.00
.016	3.13	936.25	.033	6.4	27.3	11795.00
.020	2.50	749.00	.033	6.1	24.9	8668.80
.030	1.67	499.33	.033	5.7	21.4	5066.13
.040	1.25	374.50	.033	5.4	20.0	3561.60
.050	1.00	299.60	.033	5.3	19.1	2728.32
.060	.83	249.67	.033	5.1	18.0	2159.73
.070	.71	214.00	.033	4.9	17.0	1748.80

Windungszahl 14.0
Leiterdicke mm .0700

g/a	a/cm	a/r	r	S1	S2	L/nH
.004	12.50	2648.11	.047	7.4	43.2	70896.00
.008	6.25	1324.05	.047	6.7	35.6	29575.00
.012	4.17	882.70	.047	6.3	30.9	17336.67
.016	3.13	662.03	.047	6.0	27.3	11655.00
.020	2.50	529.62	.047	5.8	24.9	8584.80
.030	1.67	353.08	.047	5.5	21.4	5019.47
.040	1.25	264.81	.047	5.1	20.0	3519.60
.050	1.00	211.85	.047	4.9	19.1	2681.28
.060	.83	176.54	.047	4.7	18.0	2120.53
.070	.71	151.32	.047	4.6	17.0	1722.40

Breite mm .3
Ganghöhe mm .5
Windungszahl 2.0
Leiterdicke mm .0350

g/a	a/cm	a/r	r	S1	S2	L/nH
.004	12.50	2162.17	.058	7.2	4.0	2230.00
.008	6.25	1081.09	.058	6.5	3.0	945.00
.012	4.17	720.72	.058	6.0	2.6	576.00
.016	3.13	540.54	.058	5.7	2.6	417.00
.020	2.50	432.43	.058	5.6	2.6	326.00
.030	1.67	288.29	.058	5.2	2.6	207.47
.040	1.25	216.22	.058	4.9	2.6	150.00
.050	1.00	172.97	.058	4.7	2.6	116.48
.060	.83	144.14	.058	4.5	2.6	94.67
.070	.71	123.55	.058	4.3	2.6	79.09

Windungszahl 2.0
Leiterdicke mm .0700

g/a	a/cm	a/r	r	S1	S2	L/nH
.004	12.50	1528.89	.082	6.8	4.0	2156.00
.008	6.25	764.44	.082	6.1	3.0	910.00
.012	4.17	509.63	.082	5.6	2.6	549.33
.016	3.13	382.22	.082	5.5	2.6	404.50
.020	2.50	305.78	.082	5.2	2.6	312.00
.030	1.67	203.85	.082	4.9	2.6	198.67
.040	1.25	152.89	.082	4.6	2.6	143.00
.050	1.00	122.31	.082	4.3	2.6	110.08
.060	.83	101.93	.082	4.1	2.6	89.33
.070	.71	87.36	.082	4.0	2.6	75.20

Breite mm .3
Ganghöhe mm .5
Windungszahl 3.0
Leiterdicke mm .0350

g/a	a/cm	a/r	r	S1	S2	L/nH
.004	12.50	2162.17	.058	7.2	9.0	4845.00
.008	6.25	1081.09	.058	6.5	7.8	2137.50
.012	4.17	720.72	.058	6.0	6.5	1254.00
.016	3.13	540.54	.058	5.7	6.0	880.50
.020	2.50	432.43	.058	5.6	5.5	663.00
.030	1.67	288.29	.058	5.2	5.0	407.20
.040	1.25	216.22	.058	4.9	4.9	293.40
.050	1.00	172.97	.058	4.7	4.8	227.52
.060	.83	144.14	.058	4.5	4.2	174.00
.070	.71	123.55	.058	4.3	4.0	142.63

Windungszahl 3.0
Leiterdicke mm .0700

g/a	a/cm	a/r	r	S1	S2	L/nH
.004	12.50	1528.89	.082	6.8	9.0	4734.00
.008	6.25	764.44	.082	6.1	7.8	2085.00
.012	4.17	509.63	.082	5.6	6.5	1214.00
.016	3.13	382.22	.082	5.5	6.0	861.75
.020	2.50	305.78	.082	5.2	5.5	642.00
.030	1.67	203.85	.082	4.9	5.0	394.00
.040	1.25	152.89	.082	4.6	4.9	283.50
.050	1.00	122.31	.082	4.3	4.8	217.92
.060	.83	101.93	.082	4.1	4.2	166.00
.070	.71	87.36	.082	4.0	4.0	136.80

Breite mm .3
Ganghöhe mm .5
Windungszahl 4.0
Leiterdicke mm .0350

g/a	a/cm	a/r	r	S1	S2	L/nH
.004	12.50	2162.17	.058	7.2	13.0	8060.00
.008	6.25	1081.09	.058	6.5	10.8	3450.00
.012	4.17	720.72	.058	6.0	9.5	2072.00
.016	3.13	540.54	.058	5.7	8.8	1454.00
.020	2.50	432.43	.058	5.6	8.0	1084.00
.030	1.67	288.29	.058	5.2	7.8	692.27
.040	1.25	216.22	.058	4.9	7.7	503.20
.050	1.00	172.97	.058	4.7	7.2	380.16
.060	.83	144.14	.058	4.5	7.0	306.67
.070	.71	123.55	.058	4.3	6.8	254.17

Windungszahl 4.0
Leiterdicke mm .0700

g/a	a/cm	a/r	r	S1	S2	L/nH
.004	12.50	1528.89	.082	6.8	13.0	7912.00
.008	6.25	764.44	.082	6.1	10.8	3380.00
.012	4.17	509.63	.082	5.6	9.5	2018.67
.016	3.13	382.22	.082	5.5	8.8	1429.00
.020	2.50	305.78	.082	5.2	8.0	1056.00
.030	1.67	203.85	.082	4.9	7.8	674.67
.040	1.25	152.89	.082	4.6	7.7	490.00
.050	1.00	122.31	.082	4.3	7.2	367.36
.060	.83	101.93	.082	4.1	7.0	296.00
.070	.71	87.36	.082	4.0	6.8	246.40

Breite mm .3
Ganghöhe mm .5
Windungszahl 5.0
Leiterdicke mm .0350

g/a	a/cm	a/r	r	S1	S2	L/nH
.004	12.50	2162.17	.058	7.2	16.6	11875.00
.008	6.25	1081.09	.058	6.5	14.0	5112.50
.012	4.17	720.72	.058	6.0	12.2	3040.00
.016	3.13	540.54	.058	5.7	10.9	2080.00
.020	2.50	432.43	.058	5.6	9.7	1525.00
.030	1.67	288.29	.058	5.2	8.9	935.33
.040	1.25	216.22	.058	4.9	8.6	674.00
.050	1.00	172.97	.058	4.7	8.1	511.20
.060	.83	144.14	.058	4.5	8.0	415.00
.070	.71	123.55	.058	4.3	7.8	346.29

Windungszahl 5.0
Leiterdicke mm .0700

g/a	a/cm	a/r	r	S1	S2	L/nH
.004	12.50	1528.89	.082	6.8	16.6	11690.00
.008	6.25	764.44	.082	6.1	14.0	5025.00
.012	4.17	509.63	.082	5.6	12.2	2973.33
.016	3.13	382.22	.082	5.5	10.9	2048.75
.020	2.50	305.78	.082	5.2	9.7	1490.00
.030	1.67	203.85	.082	4.9	8.9	913.33
.040	1.25	152.89	.082	4.6	8.6	657.50
.050	1.00	122.31	.082	4.3	8.1	495.20
.060	.83	101.93	.082	4.1	8.0	401.67
.070	.71	87.36	.082	4.0	7.8	336.57

Breite mm .3
Ganghöhe mm .5
Windungszahl 6.0
Leiterdicke mm .0350

g/a	a/cm	a/r	r	S1	S2	L/nH
.004	12.50	2162.17	.058	7.2	20.2	16410.00
.008	6.25	1081.09	.058	6.5	17.2	7095.00
.012	4.17	720.72	.058	6.0	14.9	4188.00
.016	3.13	540.54	.058	5.7	13.1	2826.00
.020	2.50	432.43	.058	5.6	11.8	2082.00
.030	1.67	288.29	.058	5.2	9.9	1206.40
.040	1.25	216.22	.058	4.9	9.5	862.80
.050	1.00	172.97	.058	4.7	9.0	656.64
.060	.83	144.14	.058	4.5	8.9	536.00
.070	.71	123.55	.058	4.3	8.8	449.83

Windungszahl 6.0
Leiterdicke mm .0700

g/a	a/cm	a/r	r	S1	S2	L/nH
.004	12.50	1528.89	.082	6.8	20.2	16188.00
.008	6.25	764.44	.082	6.1	17.2	6990.00
.012	4.17	509.63	.082	5.6	14.9	4108.00
.016	3.13	382.22	.082	5.5	13.1	2788.50
.020	2.50	305.78	.082	5.2	11.8	2040.00
.030	1.67	203.85	.082	4.9	9.9	1180.00
.040	1.25	152.89	.082	4.6	9.5	843.00
.050	1.00	122.31	.082	4.3	9.0	637.44
.060	.83	101.93	.082	4.1	8.9	520.00
.070	.71	87.36	.082	4.0	8.8	438.17

Breite mm .3
Ganghöhe mm .5
Windungszahl 7.0
Leiterdicke mm .0350

g/a	a/cm	a/r	r	S1	S2	L/nH
.004	12.50	2162.17	.058	7.2	23.2	21217.00
.008	6.25	1081.09	.058	6.5	19.9	9205.00
.012	4.17	720.72	.058	6.0	17.0	5364.33
.016	3.13	540.54	.058	5.7	14.9	3612.00
.020	2.50	432.43	.058	5.6	13.4	2653.00
.030	1.67	288.29	.058	5.2	11.4	1542.80
.040	1.25	216.22	.058	4.9	10.9	1101.10
.050	1.00	172.97	.058	4.7	10.5	850.08
.060	.83	144.14	.058	4.5	10.4	693.00
.070	.71	123.55	.058	4.3	10.0	570.80

Windungszahl 7.0
Leiterdicke mm .0700

g/a	a/cm	a/r	r	S1	S2	L/nH
.004	12.50	1528.89	.082	6.8	23.2	20958.00
.008	6.25	764.44	.082	6.1	19.9	9082.50
.012	4.17	509.63	.082	5.6	17.0	5271.00
.016	3.13	382.22	.082	5.5	14.9	3568.25
.020	2.50	305.78	.082	5.2	13.4	2604.00
.030	1.67	203.85	.082	4.9	11.4	1512.00
.040	1.25	152.89	.082	4.6	10.9	1078.00
.050	1.00	122.31	.082	4.3	10.5	827.68
.060	.83	101.93	.082	4.1	10.4	674.33
.070	.71	87.36	.082	4.0	10.0	557.20

Breite mm .3
Ganghöhe mm .5
Windungszahl 8.0
Leiterdicke mm .0350

g/a	a/cm	a/r	r	S1	S2	L/nH
.004	12.50	2162.17	.058	7.2	27.0	27320.00
.008	6.25	1081.09	.058	6.5	22.5	11580.00
.012	4.17	720.72	.058	6.0	19.0	6677.33
.016	3.13	540.54	.058	5.7	16.7	4488.00
.020	2.50	432.43	.058	5.6	15.0	3288.00
.030	1.67	288.29	.058	5.2	12.8	1917.87
.040	1.25	216.22	.058	4.9	12.2	1366.40
.050	1.00	172.97	.058	4.7	12.0	1067.52
.060	.83	144.14	.058	4.5	11.8	869.33
.070	.71	123.55	.058	4.3	11.1	704.91

Windungszahl 8.0
Leiterdicke mm .0700

g/a	a/cm	a/r	r	S1	S2	L/nH
.004	12.50	1528.89	.082	6.8	27.0	27024.00
.008	6.25	764.44	.082	6.1	22.5	11440.00
.012	4.17	509.63	.082	5.6	19.0	6570.67
.016	3.13	382.22	.082	5.5	16.7	4438.00
.020	2.50	305.78	.082	5.2	15.0	3232.00
.030	1.67	203.85	.082	4.9	12.8	1882.67
.040	1.25	152.89	.082	4.6	12.2	1340.00
.050	1.00	122.31	.082	4.3	12.0	1041.92
.060	.83	101.93	.082	4.1	11.8	848.00
.070	.71	87.36	.082	4.0	11.1	689.37

Breite mm .3
Ganghöhe mm .5
Windungszahl 9.0
Leiterdicke mm .0350

g/a	a/cm	a/r	r	S1	S2	L/nH
.004	12.50	2162.17	.058	7.2	29.7	33120.00
.008	6.25	1081.09	.058	6.5	24.9	14107.50
.012	4.17	720.72	.058	6.0	21.3	8187.00
.016	3.13	540.54	.058	5.7	18.7	5499.00
.020	2.50	432.43	.058	5.6	16.8	4014.00
.030	1.67	288.29	.058	5.2	14.3	2337.60
.040	1.25	216.22	.058	4.9	13.6	1663.20
.050	1.00	172.97	.058	4.7	13.7	1319.76
.060	.83	144.14	.058	4.5	12.6	1023.00
.070	.71	123.55	.058	4.3	12.1	841.89

Windungszahl 9.0
Leiterdicke mm .0700

g/a	a/cm	a/r	r	S1	S2	L/nH
.004	12.50	1528.89	.082	6.8	29.7	32787.00
.008	6.25	764.44	.082	6.1	24.9	13950.00
.012	4.17	509.63	.082	5.6	21.3	8067.00
.016	3.13	382.22	.082	5.5	18.7	5442.75
.020	2.50	305.78	.082	5.2	16.8	3951.00
.030	1.67	203.85	.082	4.9	14.3	2298.00
.040	1.25	152.89	.082	4.6	13.6	1633.50
.050	1.00	122.31	.082	4.3	13.7	1290.96
.060	.83	101.93	.082	4.1	12.6	999.00
.070	.71	87.36	.082	4.0	12.1	824.40

Breite mm .3
Ganghöhe mm .5
Windungszahl 10.0
Leiterdicke mm .0350

g/a	a/cm	a/r	r	S1	S2	L/nH
.004	12.50	2162.17	.058	7.2	32.3	39450.00
.008	6.25	1081.09	.058	6.5	27.3	16875.00
.012	4.17	720.72	.058	6.0	23.5	9846.67
.016	3.13	540.54	.058	5.7	20.7	6610.00
.020	2.50	432.43	.058	5.6	18.5	4810.00
.030	1.67	288.29	.058	5.2	15.8	2797.33
.040	1.25	216.22	.058	4.9	15.0	1988.00
.050	1.00	172.97	.058	4.7	14.3	1518.40
.060	.83	144.14	.058	4.5	13.3	1186.67
.070	.71	123.55	.058	4.3	13.0	989.71

Windungszahl 10.0
Leiterdicke mm .0700

g/a	a/cm	a/r	r	S1	S2	L/nH
.004	12.50	1528.89	.082	6.8	32.3	39080.00
.008	6.25	764.44	.082	6.1	27.3	16700.00
.012	4.17	509.63	.082	5.6	23.5	9713.33
.016	3.13	382.22	.082	5.5	20.7	6547.50
.020	2.50	305.78	.082	5.2	18.5	4740.00
.030	1.67	203.85	.082	4.9	15.8	2753.33
.040	1.25	152.89	.082	4.6	15.0	1955.00
.050	1.00	122.31	.082	4.3	14.3	1486.40
.060	.83	101.93	.082	4.1	13.3	1160.00
.070	.71	87.36	.082	4.0	13.0	970.29

Breite mm .3
Ganghöhe mm .5
Windungszahl 11.0
Leiterdicke mm .0350

g/a	a/cm	a/r	r	S1	S2	L/nH
.004	12.50	2162.17	.058	7.2	35.1	46475.00
.008	6.25	1081.09	.058	6.5	29.3	19635.00
.012	4.17	720.72	.058	6.0	25.2	11454.67
.016	3.13	540.54	.058	5.7	22.3	7711.00
.020	2.50	432.43	.058	5.6	20.1	5632.00
.030	1.67	288.29	.058	5.2	17.4	3304.40
.040	1.25	216.22	.058	4.9	16.5	2346.30
.050	1.00	172.97	.058	4.7	15.7	1789.04
.060	.83	144.14	.058	4.5	14.7	1408.00
.070	.71	123.55	.058	4.3	14.1	1154.69

Windungszahl 11.0
Leiterdicke mm .0700

g/a	a/cm	a/r	r	S1	S2	L/nH
.004	12.50	1528.89	.082	6.8	35.1	46068.00
.008	6.25	764.44	.082	6.1	29.3	19442.50
.012	4.17	509.63	.082	5.6	25.2	11308.00
.016	3.13	382.22	.082	5.5	22.3	7642.25
.020	2.50	305.78	.082	5.2	20.1	5555.00
.030	1.67	203.85	.082	4.9	17.4	3256.00
.040	1.25	152.89	.082	4.6	16.5	2310.00
.050	1.00	122.31	.082	4.3	15.7	1753.84
.060	.83	101.93	.082	4.1	14.7	1378.67
.070	.71	87.36	.082	4.0	14.1	1133.31

Breite mm .3
Ganghöhe mm .5
Windungszahl 12.0
Leiterdicke mm .0350

g/a	a/cm	a/r	r	S1	S2	L/nH
.004	12.50	2162.17	.058	7.2	37.9	54060.00
.008	6.25	1081.09	.058	6.5	31.2	22590.00
.012	4.17	720.72	.058	6.0	26.9	13176.00
.016	3.13	540.54	.058	5.7	23.9	8892.00
.020	2.50	432.43	.058	5.6	21.6	6516.00
.030	1.67	288.29	.058	5.2	18.9	3852.80
.040	1.25	216.22	.058	4.9	17.9	2733.60
.050	1.00	172.97	.058	4.7	17.0	2081.28
.060	.83	144.14	.058	4.5	16.1	1648.00
.070	.71	123.55	.058	4.3	15.1	1331.66

Windungszahl 12.0
Leiterdicke mm .0700

g/a	a/cm	a/r	r	S1	S2	L/nH
.004	12.50	1528.89	.082	6.8	37.9	53616.00
.008	6.25	764.44	.082	6.1	31.2	22380.00
.012	4.17	509.63	.082	5.6	26.9	13016.00
.016	3.13	382.22	.082	5.5	23.9	8817.00
.020	2.50	305.78	.082	5.2	21.6	6432.00
.030	1.67	203.85	.082	4.9	18.9	3800.00
.040	1.25	152.89	.082	4.6	17.9	2694.00
.050	1.00	122.31	.082	4.3	17.0	2042.88
.060	.83	101.93	.082	4.1	16.1	1616.00
.070	.71	87.36	.082	4.0	15.1	1308.34

Breite mm .3
Ganghöhe mm .5
Windungszahl 13.0
Leiterdicke mm .0350

g/a	a/cm	a/r	r	S1	S2	L/nH
.004	12.50	2162.17	.058	7.2	40.6	62036.00
.008	6.25	1081.09	.058	6.5	33.4	25902.50
.012	4.17	720.72	.058	6.0	28.9	15140.67
.016	3.13	540.54	.058	5.7	25.6	10185.50
.020	2.50	432.43	.058	5.6	23.2	7482.80
.030	1.67	288.29	.058	5.2	20.2	4394.00
.040	1.25	216.22	.058	4.9	19.0	3100.50
.050	1.00	172.97	.058	4.7	18.0	2361.84
.060	.83	144.14	.058	4.5	17.1	1869.40
.070	.71	123.55	.058	4.3	16.0	1511.71

Windungszahl 13.0
Leiterdicke mm .0700

g/a	a/cm	a/r	r	S1	S2	L/nH
.004	12.50	1528.89	.082	6.8	40.6	61555.00
.008	6.25	764.44	.082	6.1	33.4	25675.00
.012	4.17	509.63	.082	5.6	28.9	14967.33
.016	3.13	382.22	.082	5.5	25.6	10104.25
.020	2.50	305.78	.082	5.2	23.2	7391.80
.030	1.67	203.85	.082	4.9	20.2	4336.80
.040	1.25	152.89	.082	4.6	19.0	3057.60
.050	1.00	122.31	.082	4.3	18.0	2320.24
.060	.83	101.93	.082	4.1	17.1	1834.73
.070	.71	87.36	.082	4.0	16.0	1486.46

Breite mm .3
Ganghöhe mm .5
Windungszahl 14.0
Leiterdicke mm .0350

g/a	a/cm	a/r	r	S1	S2	L/nH
.004	12.50	2162.17	.058	7.2	43.2	70546.00
.008	6.25	1081.09	.058	6.5	35.6	29435.00
.012	4.17	720.72	.058	6.0	30.9	17238.67
.016	3.13	540.54	.058	5.7	27.3	11564.00
.020	2.50	432.43	.058	5.6	24.9	8514.80
.030	1.67	288.29	.058	5.2	21.4	4969.07
.040	1.25	216.22	.058	4.9	20.0	3488.80
.050	1.00	172.97	.058	4.7	19.1	2658.88
.060	.83	144.14	.058	4.5	18.0	2103.73
.070	.71	123.55	.058	4.3	17.0	1702.40

Windungszahl 14.0
Leiterdicke mm .0700

g/a	a/cm	a/r	r	S1	S2	L/nH
.004	12.50	1528.89	.082	6.8	43.2	70028.00
.008	6.25	764.44	.082	6.1	35.6	29190.00
.012	4.17	509.63	.082	5.6	30.9	17052.00
.016	3.13	382.22	.082	5.5	27.3	11476.50
.020	2.50	305.78	.082	5.2	24.9	8416.80
.030	1.67	203.85	.082	4.9	21.4	4907.47
.040	1.25	152.89	.082	4.6	20.0	3442.60
.050	1.00	122.31	.082	4.3	19.1	2614.08
.060	.83	101.93	.082	4.1	18.0	2066.40
.070	.71	87.36	.082	4.0	17.0	1675.20

Breite mm .1
Ganghöhe mm .7
Windungszahl 2.0
Leiterdicke mm .0350

g/a	a/cm	a/r	r	S1	S2	L/nH
.004	17.50	5242.99	.033	8.1	4.0	3388.00
.008	8.75	2621.49	.033	7.4	3.0	1456.00
.012	5.83	1747.66	.033	7.0	2.6	891.33
.016	4.38	1310.75	.033	6.6	2.6	646.80
.020	3.50	1048.60	.033	6.4	2.6	504.00
.030	2.33	699.07	.033	6.1	2.6	322.93
.040	1.75	524.30	.033	5.7	2.6	232.40
.050	1.40	419.44	.033	5.5	2.6	181.44
.060	1.17	349.53	.033	5.4	2.6	149.33
.070	1.00	299.60	.033	5.2	2.6	124.80

Windungszahl 2.0
Leiterdicke mm .0700

g/a	a/cm	a/r	r	S1	S2	L/nH
.004	17.50	3707.35	.047	7.7	4.0	3270.40
.008	8.75	1853.68	.047	6.9	3.0	1386.00
.012	5.83	1235.78	.047	6.5	2.6	853.07
.016	4.38	926.84	.047	6.3	2.6	621.60
.020	3.50	741.47	.047	6.1	2.6	487.20
.030	2.33	494.31	.047	5.5	2.6	302.40
.040	1.75	370.74	.047	5.5	2.6	225.40
.050	1.40	296.59	.047	5.2	2.6	174.72
.060	1.17	247.16	.047	5.0	2.6	141.87
.070	1.00	211.85	.047	4.9	2.6	119.20

Breite mm .1
Ganghöhe mm .7
Windungszahl 3.0
Leiterdicke mm .0350

g/a	a/cm	a/r	r	S1	S2	L/nH
.004	17.50	5242.99	.033	8.1	9.0	7182.00
.008	8.75	2621.49	.033	7.4	7.8	3192.00
.012	5.83	1747.66	.033	7.0	6.5	1883.00
.016	4.38	1310.75	.033	6.6	6.0	1327.20
.020	3.50	1048.60	.033	6.4	6.5	1083.60
.030	2.33	699.07	.033	6.1	5.0	618.80
.040	1.75	524.30	.033	5.7	4.9	445.20
.050	1.40	419.44	.033	5.5	4.8	346.08
.060	1.17	349.53	.033	5.4	4.2	268.80
.070	1.00	299.60	.033	5.2	4.0	220.80

Windungszahl 3.0
Leiterdicke mm .0700

g/a	a/cm	a/r	r	S1	S2	L/nH
.004	17.50	3707.35	.047	7.7	9.0	7005.60
.008	8.75	1853.68	.047	6.9	7.8	3087.00
.012	5.83	1235.78	.047	6.5	6.5	1825.60
.016	4.38	926.84	.047	6.3	6.0	1289.40
.020	3.50	741.47	.047	6.1	6.5	1058.40
.030	2.33	494.31	.047	5.5	5.0	588.00
.040	1.75	370.74	.047	5.5	4.9	434.70
.050	1.40	296.59	.047	5.2	4.8	336.00
.060	1.17	247.16	.047	5.0	4.2	257.60
.070	1.00	211.85	.047	4.9	4.0	212.40

Breite mm .1
Ganghöhe mm .7
Windungszahl 4.0
Leiterdicke mm .0350

g/a	a/cm	a/r	r	S1	S2	L/nH
.004	17.50	5242.99	.033	8.1	13.0	11816.00
.008	8.75	2621.49	.033	7.4	10.8	5096.00
.012	5.83	1747.66	.033	7.0	9.5	3070.67
.016	4.38	1310.75	.033	6.6	8.8	2161.60
.020	3.50	1048.60	.033	6.4	8.0	1612.80
.030	2.33	699.07	.033	6.1	7.8	1034.13
.040	1.75	524.30	.033	5.7	7.7	750.40
.050	1.40	419.44	.033	5.5	7.2	568.96
.060	1.17	349.53	.033	5.4	7.0	462.93
.070	1.00	299.60	.033	5.2	6.8	384.00

Windungszahl 4.0
Leiterdicke mm .0700

g/a	a/cm	a/r	r	S1	S2	L/nH
.004	17.50	3707.35	.047	7.7	13.0	11580.80
.008	8.75	1853.68	.047	6.9	10.8	4956.00
.012	5.83	1235.78	.047	6.5	9.5	2994.13
.016	4.38	926.84	.047	6.3	8.8	2111.20
.020	3.50	741.47	.047	6.1	8.0	1579.20
.030	2.33	494.31	.047	5.5	7.8	993.07
.040	1.75	370.74	.047	5.5	7.7	736.40
.050	1.40	296.59	.047	5.2	7.2	555.52
.060	1.17	247.16	.047	5.0	7.0	448.00
.070	1.00	211.85	.047	4.9	6.8	372.80

Breite mm .1
Ganghöhe mm .7
Windungszahl 5.0
Leiterdicke mm .0350

g/a	a/cm	a/r	r	S1	S2	L/nH
.004	17.50	5242.99	.033	8.1	16.6	17290.00
.008	8.75	2621.49	.033	7.4	14.0	7490.00
.012	5.83	1747.66	.033	7.0	12.2	4468.33
.016	4.38	1310.75	.033	6.6	10.9	3069.50
.020	3.50	1048.60	.033	6.4	9.7	2254.00
.030	2.33	699.07	.033	6.1	8.9	1390.67
.040	1.75	524.30	.033	5.7	8.6	1001.00
.050	1.40	419.44	.033	5.5	8.1	761.60
.060	1.17	349.53	.033	5.4	8.0	623.00
.070	1.00	299.60	.033	5.2	7.8	520.00

Windungszahl 5.0
Leiterdicke mm .0700

g/a	a/cm	a/r	r	S1	S2	L/nH
.004	17.50	3707.35	.047	7.7	16.6	16996.00
.008	8.75	1853.68	.047	6.9	14.0	7315.00
.012	5.83	1235.78	.047	6.5	12.2	4372.67
.016	4.38	926.84	.047	6.3	10.9	3006.50
.020	3.50	741.47	.047	6.1	9.7	2212.00
.030	2.33	494.31	.047	5.5	8.9	1339.33
.040	1.75	370.74	.047	5.5	8.6	983.50
.050	1.40	296.59	.047	5.2	8.1	744.80
.060	1.17	247.16	.047	5.0	8.0	604.33
.070	1.00	211.85	.047	4.9	7.8	506.00

Breite mm .1
Ganghöhe mm .7
Windungszahl 6.0
Leiterdicke mm .0350

g/a	a/cm	a/r	r	S1	S2	L/nH
.004	17.50	5242.99	.033	8.1	20.2	23772.00
.008	8.75	2621.49	.033	7.4	17.2	10332.00
.012	5.83	1747.66	.033	7.0	14.9	6118.00
.016	4.38	1310.75	.033	6.6	13.1	4145.40
.020	3.50	1048.60	.033	6.4	11.8	3057.60
.030	2.33	699.07	.033	6.1	9.9	1786.40
.040	1.75	524.30	.033	5.7	9.5	1276.80
.050	1.40	419.44	.033	5.5	9.0	974.40
.060	1.17	349.53	.033	5.4	8.9	800.80
.070	1.00	299.60	.033	5.2	8.8	672.00

Windungszahl 6.0
Leiterdicke mm .0700

g/a	a/cm	a/r	r	S1	S2	L/nH
.004	17.50	3707.35	.047	7.7	20.2	23419.20
.008	8.75	1853.68	.047	6.9	17.2	10122.00
.012	5.83	1235.78	.047	6.5	14.9	6003.20
.016	4.38	926.84	.047	6.3	13.1	4069.80
.020	3.50	741.47	.047	6.1	11.8	3007.20
.030	2.33	494.31	.047	5.5	9.9	1724.80
.040	1.75	370.74	.047	5.5	9.5	1255.80
.050	1.40	296.59	.047	5.2	9.0	954.24
.060	1.17	247.16	.047	5.0	8.9	778.40
.070	1.00	211.85	.047	4.9	8.8	655.20

Breite mm .1
Ganghöhe mm .7
Windungszahl 7.0
Leiterdicke mm .0350

g/a	a/cm	a/r	r	S1	S2	L/nH
.004	17.50	5242.99	.033	8.1	23.6	31066.00
.008	8.75	2621.49	.033	7.4	19.9	13352.50
.012	5.83	1747.66	.033	7.0	17.0	7807.33
.016	4.38	1310.75	.033	6.6	14.9	5277.30
.020	3.50	1048.60	.033	6.4	13.4	3880.80
.030	2.33	699.07	.033	6.1	11.4	2273.60
.040	1.75	524.30	.033	5.7	10.9	1621.90
.050	1.40	419.44	.033	5.5	10.5	1254.40
.060	1.17	349.53	.033	5.4	10.4	1029.00
.070	1.00	299.60	.033	5.2	10.0	848.40

Windungszahl 7.0
Leiterdicke mm .0700

g/a	a/cm	a/r	r	S1	S2	L/nH
.004	17.50	3707.35	.047	7.7	23.6	30654.40
.008	8.75	1853.68	.047	6.9	19.9	13107.50
.012	5.83	1235.78	.047	6.5	17.0	7673.40
.016	4.38	926.84	.047	6.3	14.9	5189.10
.020	3.50	741.47	.047	6.1	13.4	3822.00
.030	2.33	494.31	.047	5.5	11.4	2201.73
.040	1.75	370.74	.047	5.5	10.9	1597.40
.050	1.40	296.59	.047	5.2	10.5	1230.88
.060	1.17	247.16	.047	5.0	10.4	1002.87
.070	1.00	211.85	.047	4.9	10.0	828.80

Breite mm .1
Ganghöhe mm .7
Windungszahl 8.0
Leiterdicke mm .0350

g/a	a/cm	a/r	r	S1	S2	L/nH
.004	17.50	5242.99	.033	8.1	27.0	39312.00
.008	8.75	2621.49	.033	7.4	22.5	16744.00
.012	5.83	1747.66	.033	7.0	19.0	9688.00
.016	4.38	1310.75	.033	6.6	16.7	6535.20
.020	3.50	1048.60	.033	6.4	15.0	4793.60
.030	2.33	699.07	.033	6.1	12.8	2814.93
.040	1.75	524.30	.033	5.7	12.2	2004.80
.050	1.40	419.44	.033	5.5	12.0	1568.00
.060	1.17	349.53	.033	5.4	11.8	1284.27
.070	1.00	299.60	.033	5.2	11.1	1043.20

Windungszahl 8.0
Leiterdicke mm .0700

g/a	a/cm	a/r	r	S1	S2	L/nH
.004	17.50	3707.35	.047	7.7	27.0	38841.60
.008	8.75	1853.68	.047	6.9	22.5	16464.00
.012	5.83	1235.78	.047	6.5	19.0	9534.93
.016	4.38	926.84	.047	6.3	16.7	6434.40
.020	3.50	741.47	.047	6.1	15.0	4726.40
.030	2.33	494.31	.047	5.5	12.8	2732.80
.040	1.75	370.74	.047	5.5	12.2	1976.80
.050	1.40	296.59	.047	5.2	12.0	1541.12
.060	1.17	247.16	.047	5.0	11.8	1254.40
.070	1.00	211.85	.047	4.9	11.1	1020.80

Breite mm .1
Ganghöhe mm .7
Windungszahl 9.0
Leiterdicke mm .0350

g/a	a/cm	a/r	r	S1	S2	L/nH
.004	17.50	5242.99	.033	8.1	29.7	47565.00
.008	8.75	2621.49	.033	7.4	24.9	20349.00
.012	5.83	1747.66	.033	7.0	21.3	11844.00
.016	4.38	1310.75	.033	6.6	18.7	7982.10
.020	3.50	1048.60	.033	6.4	16.8	5833.80
.030	2.33	699.07	.033	6.1	14.3	3418.80
.040	1.75	524.30	.033	5.7	13.6	2431.80
.050	1.40	419.44	.033	5.5	13.7	1930.32
.060	1.17	349.53	.033	5.4	12.6	1507.80
.070	1.00	299.60	.033	5.2	12.1	1242.00

Windungszahl 9.0
Leiterdicke mm .0700

g/a	a/cm	a/r	r	S1	S2	L/nH
.004	17.50	3707.35	.047	7.7	29.7	47035.80
.008	8.75	1853.68	.047	6.9	24.9	20034.00
.012	5.83	1235.78	.047	6.5	21.3	11671.80
.016	4.38	926.84	.047	6.3	18.7	7868.70
.020	3.50	741.47	.047	6.1	16.8	5758.20
.030	2.33	494.31	.047	5.5	14.3	3326.40
.040	1.75	370.74	.047	5.5	13.6	2400.30
.050	1.40	296.59	.047	5.2	13.7	1900.08
.060	1.17	247.16	.047	5.0	12.6	1474.20
.070	1.00	211.85	.047	4.9	12.1	1216.80

Breite mm .1
Ganghöhe mm .7
Windungszahl 10.0
Leiterdicke mm .0350

g/a	a/cm	a/r	r	S1	S2	L/nH
.004	17.50	5242.99	.033	8.1	32.3	56560.00
.008	8.75	2621.49	.033	7.4	27.3	24290.00
.012	5.83	1747.66	.033	7.0	23.5	14210.00
.016	4.38	1310.75	.033	6.6	20.7	9569.00
.020	3.50	1048.60	.033	6.4	18.5	6972.00
.030	2.33	699.07	.033	6.1	15.8	4078.67
.040	1.75	524.30	.033	5.7	15.0	2898.00
.050	1.40	419.44	.033	5.5	14.3	2217.60
.060	1.17	349.53	.033	5.4	13.3	1745.33
.070	1.00	299.60	.033	5.2	13.0	1456.00

Windungszahl 10.0
Leiterdicke mm .0700

g/a	a/cm	a/r	r	S1	S2	L/nH
.004	17.50	3707.35	.047	7.7	32.3	55972.00
.008	8.75	1853.68	.047	6.9	27.3	23940.00
.012	5.83	1235.78	.047	6.5	23.5	14018.67
.016	4.38	926.84	.047	6.3	20.7	9443.00
.020	3.50	741.47	.047	6.1	18.5	6888.00
.030	2.33	494.31	.047	5.5	15.8	3976.00
.040	1.75	370.74	.047	5.5	15.0	2863.00
.050	1.40	296.59	.047	5.2	14.3	2184.00
.060	1.17	247.16	.047	5.0	13.3	1708.00
.070	1.00	211.85	.047	4.9	13.0	1428.00

Breite mm .1
Ganghöhe mm .7
Windungszahl 11.0
Leiterdicke mm .0350

g/a	a/cm	a/r	r	S1	S2	L/nH
.004	17.50	5242.99	.033	8.1	35.1	66528.00
.008	8.75	2621.49	.033	7.4	29.3	28220.50
.012	5.83	1747.66	.033	7.0	25.2	16503.67
.016	4.38	1310.75	.033	6.6	22.3	11141.90
.020	3.50	1048.60	.033	6.4	20.1	8146.60
.030	2.33	699.07	.033	6.1	17.4	4804.80
.040	1.75	524.30	.033	5.7	16.5	3411.10
.050	1.40	419.44	.033	5.5	15.7	2605.68
.060	1.17	349.53	.033	5.4	14.7	2063.60
.070	1.00	299.60	.033	5.2	14.1	1694.00

Windungszahl 11.0
Leiterdicke mm .0700

g/a	a/cm	a/r	r	S1	S2	L/nH
.004	17.50	3707.35	.047	7.7	35.1	65881.20
.008	8.75	1853.68	.047	6.9	29.3	27835.50
.012	5.83	1235.78	.047	5.5	25.2	15779.87
.016	4.38	926.84	.047	6.3	22.3	11003.30
.020	3.50	741.47	.047	6.1	20.1	8054.20
.030	2.33	494.31	.047	5.5	17.4	4691.87
.040	1.75	370.74	.047	5.5	16.5	3372.60
.050	1.40	296.59	.047	5.2	15.7	2568.72
.060	1.17	247.16	.047	5.0	14.7	2022.53
.070	1.00	211.85	.047	4.9	14.1	1663.20

Breite mm .1
Ganghöhe mm .7
Windungszahl 12.0
Leiterdicke mm .0350

g/a	a/cm	a/r	r	S1	S2	L/nH
.004	17.50	5242.99	.033	8.1	37.9	77280.00
.008	8.75	2621.49	.033	7.4	31.2	32424.00
.012	5.83	1747.66	.033	7.0	26.9	18956.00
.016	4.38	1310.75	.033	6.6	23.9	12826.80
.020	3.50	1048.60	.033	6.4	21.6	9408.00
.030	2.33	699.07	.033	6.1	18.9	5588.80
.040	1.75	524.30	.033	5.7	17.9	3964.80
.050	1.40	419.44	.033	5.5	17.0	3024.00
.060	1.17	349.53	.033	5.4	16.1	2408.00
.070	1.00	299.60	.033	5.2	15.1	1948.80

Windungszahl 12.0
Leiterdicke mm .0700

g/a	a/cm	a/r	r	S1	S2	L/nH
.004	17.50	3707.35	.047	7.7	37.9	76574.40
.008	8.75	1853.68	.047	6.9	31.2	32004.00
.012	5.83	1235.78	.047	6.5	26.9	18726.40
.016	4.38	926.84	.047	6.3	23.9	12675.60
.020	3.50	741.47	.047	6.1	21.6	9307.20
.030	2.33	494.31	.047	5.5	18.9	5465.60
.040	1.75	370.74	.047	5.5	17.9	3922.80
.050	1.40	296.59	.047	5.2	17.0	2983.68
.060	1.17	247.16	.047	5.0	16.1	2363.20
.070	1.00	211.85	.047	4.9	15.1	1915.20

Breite mm .1
Ganghöhe mm .7
Windungszahl 13.0
Leiterdicke mm .0350

g/a	a/cm	a/r	r	S1	S2	L/nH
.004	17.50	5242.99	.033	8.1	40.6	88579.40
.008	8.75	2621.49	.033	7.4	33.4	37128.00
.012	5.83	1747.66	.033	7.0	28.9	21749.00
.016	4.38	1310.75	.033	6.6	25.6	14669.20
.020	3.50	1048.60	.033	6.4	23.2	10785.32
.030	2.33	699.07	.033	6.1	20.2	6362.72
.040	1.75	524.30	.033	5.7	19.0	4489.94
.050	1.40	419.44	.033	5.5	18.0	3425.97
.060	1.17	349.53	.033	5.4	17.1	2726.36
.070	1.00	299.60	.033	5.2	16.0	2207.92

Windungszahl 13.0
Leiterdicke mm .0700

g/a	a/cm	a/r	r	S1	S2	L/nH
.004	17.50	3707.35	.047	7.7	40.6	87815.00
.008	8.75	1853.68	.047	6.9	33.4	36673.00
.012	5.83	1235.78	.047	6.5	28.9	21500.27
.016	4.38	926.84	.047	6.3	25.6	14505.40
.020	3.50	741.47	.047	6.1	23.2	10676.12
.030	2.33	494.31	.047	5.5	20.2	6229.25
.040	1.75	370.74	.047	5.5	19.0	4444.44
.050	1.40	296.59	.047	5.2	18.0	3382.29
.060	1.17	247.16	.047	5.0	17.1	2677.83
.070	1.00	211.85	.047	4.9	16.0	2171.52

Breite mm .1
Ganghöhe mm .7
Windungszahl 14.0
Leiterdicke mm .0350

g/a	a/cm	a/r	r	S1	S2	L/nH
.004	17.50	5242.99	.033	8.1	43.2	100626.40
.008	8.75	2621.49	.033	7.4	35.6	42140.00
.012	5.83	1747.66	.033	7.0	30.9	24728.67
.016	4.38	1310.75	.033	6.6	27.3	16630.60
.020	3.50	1048.60	.033	6.4	24.9	12253.92
.030	2.33	699.07	.033	6.1	21.4	7184.05
.040	1.75	524.30	.033	5.7	20.0	5045.04
.050	1.40	419.44	.033	5.5	19.1	3851.01
.060	1.17	349.53	.033	5.4	18.0	3062.83
.070	1.00	299.60	.033	5.2	17.0	2481.92

Windungszahl 14.0
Leiterdicke mm .0700

g/a	a/cm	a/r	r	S1	S2	L/nH
.004	17.50	3707.35	.047	7.7	43.2	99803.20
.008	8.75	1853.68	.047	6.9	35.6	41650.00
.012	5.83	1235.78	.047	6.5	30.9	24460.80
.016	4.38	926.84	.047	6.3	27.3	16454.20
.020	3.50	741.47	.047	6.1	24.9	12136.32
.030	2.33	494.31	.047	5.5	21.4	7040.32
.040	1.75	370.74	.047	5.5	20.0	4996.04
.050	1.40	296.59	.047	5.2	19.1	3803.97
.060	1.17	247.16	.047	5.0	18.0	3010.56
.070	1.00	211.85	.047	4.9	17.0	2442.72

Breite mm .3
Ganghöhe mm .7
Windungszahl 2.0
Leiterdicke mm .0350

g/a	a/cm	a/r	r	S1	S2	L/nH
.004	17.50	3027.04	.058	7.5	4.0	3206.00
.008	8.75	1513.52	.058	6.8	3.0	1374.80
.012	5.83	1009.01	.058	6.4	2.6	835.33
.016	4.38	756.76	.058	6.1	2.6	605.50
.020	3.50	605.41	.058	5.8	2.6	470.40
.030	2.33	403.61	.058	5.5	2.6	300.53
.040	1.75	302.70	.058	5.2	2.6	218.40
.050	1.40	242.16	.058	5.0	2.6	170.02
.060	1.17	201.80	.058	4.8	2.6	138.13
.070	1.00	172.97	.058	4.7	2.6	116.00

Windungszahl 2.0
Leiterdicke mm .0700

g/a	a/cm	a/r	r	S1	S2	L/nH
.004	17.50	2140.44	.082	7.1	4.0	3108.00
.008	8.75	1070.22	.082	6.4	3.0	1316.00
.012	5.83	713.48	.082	6.0	2.6	805.47
.016	4.38	535.11	.082	5.7	2.6	581.00
.020	3.50	428.09	.082	5.6	2.6	456.40
.030	2.33	285.39	.082	5.2	2.6	289.33
.040	1.75	214.04	.082	4.8	2.6	207.20
.050	1.40	171.24	.082	4.7	2.6	162.40
.060	1.17	142.70	.082	4.4	2.6	130.67
.070	1.00	122.31	.082	4.3	2.6	110.40

Breite mm .3
Ganghöhe mm .7
Windungszahl 3.0
Leiterdicke mm .0350

g/a	a/cm	a/r	r	S1	S2	L/nH
.004	17.50	3027.04	.058	7.5	9.0	6909.00
.008	8.75	1513.52	.058	6.8	7.8	3070.20
.012	5.83	1009.01	.058	6.4	6.5	1799.00
.016	4.38	756.76	.058	6.1	6.0	1265.25
.020	3.50	605.41	.058	5.8	5.5	949.20
.030	2.33	403.61	.058	5.5	5.0	585.20
.040	1.75	302.70	.058	5.2	4.9	424.20
.050	1.40	242.16	.058	5.0	4.8	328.94
.060	1.17	201.80	.058	4.8	4.2	252.00
.070	1.00	172.97	.058	4.7	4.0	207.60

Windungszahl 3.0
Leiterdicke mm .0700

g/a	a/cm	a/r	r	S1	S2	L/nH
.004	17.50	2140.44	.082	7.1	9.0	6762.00
.008	8.75	1070.22	.082	6.4	7.8	2982.00
.012	5.83	713.48	.082	6.0	6.5	1754.20
.016	4.38	535.11	.082	5.7	6.0	1228.50
.020	3.50	428.09	.082	5.6	5.5	928.20
.030	2.33	285.39	.082	5.2	5.0	568.40
.040	1.75	214.04	.082	4.8	4.9	407.40
.050	1.40	171.24	.082	4.7	4.8	317.52
.060	1.17	142.70	.082	4.4	4.2	240.80
.070	1.00	122.31	.082	4.3	4.0	199.20

Breite mm .3
Ganghöhe mm .7
Windungszahl 4.0
Leiterdicke mm .0350

g/a	a/cm	a/r	r	S1	S2	L/nH
.004	17.50	3027.04	.058	7.5	13.0	11452.00
.008	8.75	1513.52	.058	6.8	10.8	4933.60
.012	5.83	1009.01	.058	6.4	9.5	2958.67
.016	4.38	756.76	.058	6.1	8.8	2079.00
.020	3.50	605.41	.058	5.8	8.0	1545.60
.030	2.33	403.61	.058	5.5	7.8	989.33
.040	1.75	302.70	.058	5.2	7.7	722.40
.050	1.40	242.16	.058	5.0	7.2	546.11
.060	1.17	201.80	.058	4.8	7.0	440.53
.070	1.00	172.97	.058	4.7	6.8	366.40

Windungszahl 4.0
Leiterdicke mm .0700

g/a	a/cm	a/r	r	S1	S2	L/nH
.004	17.50	2140.44	.082	7.1	13.0	11256.00
.008	8.75	1070.22	.082	6.4	10.8	4816.00
.012	5.83	713.48	.082	6.0	9.5	2898.93
.016	4.38	535.11	.082	5.7	8.8	2030.00
.020	3.50	428.09	.082	5.5	8.0	1512.00
.030	2.33	285.39	.082	5.2	7.8	966.93
.040	1.75	214.04	.082	4.8	7.7	700.00
.050	1.40	171.24	.082	4.7	7.2	530.88
.060	1.17	142.70	.082	4.4	7.0	425.60
.070	1.00	122.31	.082	4.3	6.8	355.20

Breite mm .3
Ganghöhe mm .7
Windungszahl 5.0
Leiterdicke mm .0350

g/a	a/cm	a/r	r	S1	S2	L/nH
.004	17.50	3027.04	.058	7.5	16.6	16835.00
.008	8.75	1513.52	.058	6.8	14.0	7287.00
.012	5.83	1009.01	.058	6.4	12.2	4328.33
.016	4.38	756.76	.058	6.1	10.9	2966.25
.020	3.50	605.41	.058	5.8	9.7	2170.00
.030	2.33	403.61	.058	5.5	8.9	1334.67
.040	1.75	302.70	.058	5.2	8.6	966.00
.050	1.40	242.16	.058	5.0	8.1	733.04
.060	1.17	201.80	.058	4.8	8.0	595.00
.070	1.00	172.97	.058	4.7	7.8	498.00

Windungszahl 5.0
Leiterdicke mm .0700

g/a	a/cm	a/r	r	S1	S2	L/nH
.004	17.50	2140.44	.082	7.1	16.6	16590.00
.008	8.75	1070.22	.082	6.4	14.0	7140.00
.012	5.83	713.48	.082	6.0	12.2	4253.67
.016	4.38	535.11	.082	5.7	10.9	2905.00
.020	3.50	428.09	.082	5.6	9.7	2135.00
.030	2.33	285.39	.082	5.2	8.9	1306.67
.040	1.75	214.04	.082	4.8	8.6	938.00
.050	1.40	171.24	.082	4.7	8.1	714.00
.060	1.17	142.70	.082	4.4	8.0	576.33
.070	1.00	122.31	.082	4.3	7.8	484.00

Breite mm .3
Ganghöhe mm .7
Windungszahl 6.0
Leiterdicke mm .0350

g/a	a/cm	a/r	r	S1	S2	L/nH
.004	17.50	3027.04	.058	7.5	20.2	23226.00
.008	8.75	1513.52	.058	6.8	17.2	10088.40
.012	5.83	1009.01	.058	6.4	14.9	5950.00
.016	4.38	756.76	.058	6.1	13.1	4021.50
.020	3.50	605.41	.058	5.8	11.8	2956.80
.030	2.33	403.61	.058	5.5	9.9	1719.20
.040	1.75	302.70	.058	5.2	9.5	1234.80
.050	1.40	242.16	.058	5.0	9.0	940.13
.060	1.17	201.80	.058	4.8	8.9	767.20
.070	1.00	172.97	.058	4.7	8.8	645.60

Windungszahl 6.0
Leiterdicke mm .0700

g/a	a/cm	a/r	r	S1	S2	L/nH
.004	17.50	2140.44	.082	7.1	20.2	22932.00
.008	8.75	1070.22	.082	6.4	17.2	9912.00
.012	5.83	713.48	.082	6.0	14.9	5860.40
.016	4.38	535.11	.082	5.7	13.1	3948.00
.020	3.50	428.09	.082	5.5	11.8	2906.40
.030	2.33	285.39	.082	5.2	9.9	1685.60
.040	1.75	214.04	.082	4.8	9.5	1201.20
.050	1.40	171.24	.082	4.7	9.0	917.28
.060	1.17	142.70	.082	4.4	8.9	744.80
.070	1.00	122.31	.082	4.3	8.8	628.80

Breite mm .3
Ganghöhe mm .7
Windungszahl 7.0
Leiterdicke mm .0350

g/a	a/cm	a/r	r	S1	S2	L/nH
.004	17.50	3027.04	.058	7.5	23.6	30429.00
.008	8.75	1513.52	.058	6.8	19.9	13068.30
.012	5.83	1009.01	.058	6.4	17.0	7611.33
.016	4.38	756.76	.058	6.1	14.9	5132.75
.020	3.50	605.41	.058	5.8	13.4	3763.20
.030	2.33	403.61	.058	5.5	11.4	2195.20
.040	1.75	302.70	.058	5.2	10.9	1572.90
.050	1.40	242.16	.058	5.0	10.5	1214.42
.060	1.17	201.80	.058	4.8	10.4	989.80
.070	1.00	172.97	.058	4.7	10.0	817.60

Windungszahl 7.0
Leiterdicke mm .0700

g/a	a/cm	a/r	r	S1	S2	L/nH
.004	17.50	2140.44	.082	7.1	23.6	30086.00
.008	8.75	1070.22	.082	6.4	19.9	12862.50
.012	5.83	713.48	.082	6.0	17.0	7506.80
.016	4.38	535.11	.082	5.7	14.9	5047.00
.020	3.50	428.09	.082	5.6	13.4	3714.20
.030	2.33	285.39	.082	5.2	11.4	2156.00
.040	1.75	214.04	.082	4.8	10.9	1533.70
.050	1.40	171.24	.082	4.7	10.5	1187.76
.060	1.17	142.70	.082	4.4	10.4	963.67
.070	1.00	122.31	.082	4.3	10.0	798.00

Breite mm .3
Ganghöhe mm .7
Windungszahl 8.0
Leiterdicke mm .0350

g/a	a/cm	a/r	r	S1	S2	L/nH
.004	17.50	3027.04	.058	7.5	27.0	38584.00
.008	8.75	1513.52	.058	6.8	22.5	16419.20
.012	5.83	1009.01	.058	6.4	19.0	9464.00
.016	4.38	756.76	.058	6.1	16.7	6370.00
.020	3.50	605.41	.058	5.8	15.0	4659.20
.030	2.33	403.61	.058	5.5	12.8	2725.33
.040	1.75	302.70	.058	5.2	12.2	1948.80
.050	1.40	242.16	.058	5.0	12.0	1522.30
.060	1.17	201.80	.058	4.8	11.8	1239.47
.070	1.00	172.97	.058	4.7	11.1	1008.00

Windungszahl 8.0
Leiterdicke mm .0700

g/a	a/cm	a/r	r	S1	S2	L/nH
.004	17.50	2140.44	.082	7.1	27.0	38192.00
.008	8.75	1070.22	.082	6.4	22.5	16184.00
.012	5.83	713.48	.082	6.0	19.0	9344.53
.016	4.38	535.11	.082	5.7	16.7	6272.00
.020	3.50	428.09	.082	5.6	15.0	4603.20
.030	2.33	285.39	.082	5.2	12.8	2680.53
.040	1.75	214.04	.082	4.8	12.2	1904.00
.050	1.40	171.24	.082	4.7	12.0	1491.84
.060	1.17	142.70	.082	4.4	11.8	1209.60
.070	1.00	122.31	.082	4.3	11.1	985.60

Breite mm .3
Ganghöhe mm .7
Windungszahl 9.0
Leiterdicke mm .0350

g/a	a/cm	a/r	r	S1	S2	L/nH
.004	17.50	3027.04	.058	7.5	29.7	46746.00
.008	8.75	1513.52	.058	6.8	24.9	19983.60
.012	5.83	1009.01	.058	6.4	21.3	11592.00
.016	4.38	756.76	.058	6.1	18.7	7796.25
.020	3.50	605.41	.058	5.8	16.8	5682.60
.030	2.33	403.61	.058	5.5	14.3	3318.00
.040	1.75	302.70	.058	5.2	13.6	2368.80
.050	1.40	242.16	.058	5.0	13.7	1878.91
.060	1.17	201.80	.058	4.8	12.6	1457.40
.070	1.00	172.97	.058	4.7	13.1	1274.40

Windungszahl 9.0
Leiterdicke mm .0700

g/a	a/cm	a/r	r	S1	S2	L/nH
.004	17.50	2140.44	.082	7.1	29.7	46305.00
.008	8.75	1070.22	.082	6.4	24.9	19719.00
.012	5.83	713.48	.082	6.0	21.3	11457.60
.016	4.38	535.11	.082	5.7	18.7	7686.00
.020	3.50	428.09	.082	5.6	16.8	5619.60
.030	2.33	285.39	.082	5.2	14.3	3267.60
.040	1.75	214.04	.082	4.8	13.6	2318.40
.050	1.40	171.24	.082	4.7	13.7	1844.64
.060	1.17	142.70	.082	4.4	12.6	1423.80
.070	1.00	122.31	.082	4.3	13.1	1249.20

Breite mm .3
Ganghöhe mm .7
Windungszahl 10.0
Leiterdicke mm .0350

g/a	a/cm	a/r	r	S1	S2	L/nH
.004	17.50	3027.04	.058	7.5	32.2	55510.00
.008	8.75	1513.52	.058	6.8	27.3	23884.00
.012	5.83	1009.01	.058	6.4	23.5	13930.00
.016	4.38	756.76	.058	6.1	20.7	9362.50
.020	3.50	605.41	.058	5.8	18.5	6804.00
.030	2.33	403.61	.058	5.5	15.8	3966.67
.040	1.75	302.70	.058	5.2	15.0	2828.00
.050	1.40	242.16	.058	5.0	14.3	2160.48
.060	1.17	201.80	.058	4.8	13.3	1689.33
.070	1.00	172.97	.058	4.7	13.0	1412.00

Windungszahl 10.0
Leiterdicke mm .0700

g/a	a/cm	a/r	r	S1	S2	L/nH
.004	17.50	2140.44	.082	7.1	32.2	55020.00
.008	8.75	1070.22	.082	6.4	27.3	23590.00
.012	5.83	713.48	.082	6.0	23.5	13780.67
.016	4.38	535.11	.082	5.7	20.7	9240.00
.020	3.50	428.09	.082	5.6	18.5	6734.00
.030	2.33	285.39	.082	5.2	15.8	3910.67
.040	1.75	214.04	.082	4.8	15.0	2772.00
.050	1.40	171.24	.082	4.7	14.3	2122.40
.060	1.17	142.70	.082	4.4	13.3	1652.00
.070	1.00	122.31	.082	4.3	13.0	1384.00

Breite mm .3
Ganghöhe mm .7
Windungszahl 11.0
Leiterdicke mm .0350

g/a	a/cm	a/r	r	S1	S2	L/nH
.004	17.50	3027.04	.058	7.5	35.1	65527.00
.008	8.75	1513.52	.058	6.8	29.3	27773.90
.012	5.83	1009.01	.058	6.4	25.2	16195.67
.016	4.38	756.76	.058	6.1	22.3	10914.75
.020	3.50	605.41	.058	5.8	20.1	7961.80
.030	2.33	403.61	.058	5.5	17.4	4681.60
.040	1.75	302.70	.058	5.2	16.5	3334.10
.050	1.40	242.16	.058	5.0	15.7	2542.85
.060	1.17	201.80	.058	4.8	14.7	2002.00
.070	1.00	172.97	.058	4.7	14.1	1645.60

Windungszahl 11.0
Leiterdicke mm .0700

g/a	a/cm	a/r	r	S1	S2	L/nH
.004	17.50	2140.44	.082	7.1	35.1	64988.00
.008	8.75	1070.22	.082	6.4	29.3	27450.50
.012	5.83	713.48	.082	6.0	25.2	16031.40
.016	4.38	535.11	.082	5.7	22.3	10780.00
.020	3.50	428.09	.082	5.6	20.1	7884.80
.030	2.33	285.39	.082	5.2	17.4	4620.00
.040	1.75	214.04	.082	4.8	16.5	3272.50
.050	1.40	171.24	.082	4.7	15.7	2500.96
.060	1.17	142.70	.082	4.4	14.7	1960.93
.070	1.00	122.31	.082	4.3	14.1	1614.80

Breite mm .3
Ganghöhe mm .7
Windungszahl 12.0
Leiterdicke mm .0350

g/a	a/cm	a/r	r	S1	S2	L/nH
.004	17.50	3027.04	.058	7.5	37.9	76188.00
.008	8.75	1513.52	.058	6.8	31.2	31936.80
.012	5.83	1009.01	.058	6.4	26.9	18620.00
.016	4.38	756.76	.058	6.1	23.9	12579.00
.020	3.50	605.41	.058	5.8	21.6	9206.40
.030	2.33	403.61	.058	5.5	18.9	5454.40
.040	1.75	302.70	.058	5.2	17.9	3880.80
.050	1.40	242.16	.058	5.0	17.0	2955.46
.060	1.17	201.80	.058	4.8	16.1	2340.80
.070	1.00	172.97	.058	4.7	15.1	1896.00

Windungszahl 12.0
Leiterdicke mm .0700

g/a	a/cm	a/r	r	S1	S2	L/nH
.004	17.50	2140.44	.082	7.1	37.9	75600.00
.008	8.75	1070.22	.082	6.4	31.2	31584.00
.012	5.83	713.48	.082	6.0	26.9	18440.80
.016	4.38	535.11	.082	5.7	23.9	12432.00
.020	3.50	428.09	.082	5.6	21.6	9122.40
.030	2.33	285.39	.082	5.2	18.9	5387.20
.040	1.75	214.04	.082	4.8	17.9	3813.60
.050	1.40	171.24	.082	4.7	17.0	2909.76
.060	1.17	142.70	.082	4.4	16.1	2296.00
.070	1.00	122.31	.082	4.3	15.1	1862.40

Breite mm .3
Ganghöhe mm .7
Windungszahl 13.0
Leiterdicke mm .0350

g/a	a/cm	a/r	r	S1	S2	L/nH
.004	17.50	3027.04	.058	7.5	40.6	87396.40
.008	8.75	1513.52	.058	6.8	33.4	36600.20
.012	5.83	1009.01	.058	6.4	28.9	21385.00
.016	4.38	756.76	.058	6.1	25.6	14400.75
.020	3.50	605.41	.058	5.8	23.2	10566.92
.030	2.33	403.61	.058	5.5	20.2	6217.12
.040	1.75	302.70	.058	5.2	19.0	4398.94
.050	1.40	242.16	.058	5.0	18.0	3351.71
.060	1.17	201.80	.058	4.8	17.1	2653.56
.070	1.00	172.97	.058	4.7	16.0	2150.72

Windungszahl 13.0
Leiterdicke mm .0700

g/a	a/cm	a/r	r	S1	S2	L/nH
.004	17.50	2140.44	.082	7.1	40.6	86759.40
.008	8.75	1070.22	.082	6.4	33.4	36218.00
.012	5.83	713.48	.082	6.0	28.9	21190.87
.016	4.38	535.11	.082	5.7	25.6	14241.50
.020	3.50	428.09	.082	5.5	23.2	10457.72
.030	2.33	285.39	.082	5.2	20.2	6144.32
.040	1.75	214.04	.082	4.8	19.0	4326.14
.050	1.40	171.24	.082	4.7	18.0	3302.21
.060	1.17	142.70	.082	4.4	17.1	2605.03
.070	1.00	122.31	.082	4.3	16.0	2114.32

Breite mm .3
Ganghöhe mm .7
Windungszahl 14.0
Leiterdicke mm .0350

g/a	a/cm	a/r	r	S1	S2	L/nH
.004	17.50	3027.04	.058	7.5	43.2	99352.40
.008	8.75	1513.52	.058	6.8	35.6	41571.60
.012	5.83	1009.01	.058	6.4	30.9	24336.67
.016	4.38	756.76	.058	6.1	27.3	16341.50
.020	3.50	605.41	.058	5.8	24.9	12018.72
.030	2.33	403.61	.058	5.5	21.4	7027.25
.040	1.75	302.70	.058	5.2	20.0	4947.04
.050	1.40	242.16	.058	5.0	19.1	3771.04
.060	1.17	201.80	.058	4.8	18.0	2984.43
.070	1.00	172.97	.058	4.7	17.0	2420.32

Windungszahl 14.0
Leiterdicke mm .0700

g/a	a/cm	a/r	r	S1	S2	L/nH
.004	17.50	2140.44	.082	7.1	43.2	98666.40
.008	8.75	1070.22	.082	6.4	35.6	41160.00
.012	5.83	713.48	.082	6.0	30.9	24127.60
.016	4.38	535.11	.082	5.7	27.3	16170.00
.020	3.50	428.09	.082	5.6	24.9	11920.72
.030	2.33	285.39	.082	5.2	21.4	6948.85
.040	1.75	214.04	.082	4.8	20.0	4868.64
.050	1.40	171.24	.082	4.7	19.1	3717.73
.060	1.17	142.70	.082	4.4	18.0	2932.16
.070	1.00	122.31	.082	4.3	17.0	2381.12

Breite mm .5
Ganghöhe mm .7
Windungszahl 2.0
Leiterdicke mm .0350

g/a	a/cm	a/r	r	S1	S2	L/nH
.004	17.50	2344.74	.075	7.2	4.0	3136.00
.008	8.75	1172.37	.075	7.0	3.0	1393.00
.012	5.83	781.58	.075	6.1	2.6	813.87
.016	4.38	586.18	.075	5.8	2.6	588.00
.020	3.50	468.95	.075	5.8	2.6	470.40
.030	2.33	312.63	.075	5.3	2.6	293.07
.040	1.75	234.47	.075	5.0	2.6	212.24
.050	1.40	187.58	.075	4.7	2.6	164.42
.060	1.17	156.32	.075	4.6	2.6	134.40
.070	1.00	133.98	.075	4.4	2.6	112.00

Windungszahl 2.0
Leiterdicke mm .0700

g/a	a/cm	a/r	r	S1	S2	L/nH
.004	17.50	1657.98	.106	6.9	4.0	3046.40
.008	8.75	828.99	.106	6.2	3.0	1285.20
.012	5.83	552.66	.106	5.8	2.6	780.27
.016	4.38	414.49	.106	5.6	2.6	574.00
.020	3.50	331.60	.106	5.3	2.6	443.52
.030	2.33	221.06	.106	4.9	2.6	280.75
.040	1.75	165.80	.106	4.6	2.6	202.16
.050	1.40	132.64	.106	4.4	2.6	156.80
.060	1.17	110.53	.106	4.2	2.6	126.93
.070	1.00	94.74	.106	4.1	2.6	107.20

Breite mm .5
Ganghöhe mm .7
Windungszahl 3.0
Leiterdicke mm .0350

g/a	a/cm	a/r	r	S1	S2	L/nH
.004	17.50	2344.74	.075	7.2	9.0	6804.00
.008	8.75	1172.37	.075	7.0	7.8	3097.50
.012	5.83	781.58	.075	6.1	6.5	1766.80
.016	4.38	586.18	.075	5.8	6.0	1239.00
.020	3.50	468.95	.075	5.8	5.5	945.00
.030	2.33	312.63	.075	5.3	5.0	574.00
.040	1.75	234.47	.075	5.0	4.9	414.96
.050	1.40	187.58	.075	4.7	4.8	320.54
.060	1.17	156.32	.075	4.6	4.2	246.40
.070	1.00	133.98	.075	4.4	4.0	201.60

Windungszahl 3.0
Leiterdicke mm .0700

g/a	a/cm	a/r	r	S1	S2	L/nH
.004	17.50	1657.98	.106	6.9	9.0	6669.60
.008	8.75	828.99	.106	6.2	7.8	2935.80
.012	5.83	552.66	.106	5.8	6.5	1716.40
.016	4.38	414.49	.106	5.6	6.0	1218.00
.020	3.50	331.60	.106	5.3	5.5	908.88
.030	2.33	221.06	.106	4.9	5.0	555.52
.040	1.75	165.80	.106	4.6	4.9	399.84
.050	1.40	132.64	.106	4.4	4.8	309.12
.060	1.17	110.53	.106	4.2	4.2	235.20
.070	1.00	94.74	.106	4.1	4.0	194.40

Breite mm .5
Ganghöhe mm .7
Windungszahl 4.0
Leiterdicke mm .0350

g/a	a/cm	a/r	r	S1	S2	L/nH
.004	17.50	2344.74	.075	7.2	13.0	11312.00
.008	8.75	1172.37	.075	7.0	10.8	4970.00
.012	5.83	781.58	.075	6.1	9.5	2915.73
.016	4.38	586.18	.075	5.8	8.8	2044.00
.020	3.50	468.95	.075	5.8	8.0	1540.00
.030	2.33	312.63	.075	5.3	7.8	974.40
.040	1.75	234.47	.075	5.0	7.7	710.08
.050	1.40	187.58	.075	4.7	7.2	534.91
.060	1.17	156.32	.075	4.6	7.0	433.07
.070	1.00	133.98	.075	4.4	6.8	358.40

Windungszahl 4.0
Leiterdicke mm .0700

g/a	a/cm	a/r	r	S1	S2	L/nH
.004	17.50	1657.98	.106	6.9	13.0	11132.80
.008	8.75	828.99	.106	6.2	10.8	4754.40
.012	5.83	552.66	.106	5.8	9.5	2848.53
.016	4.38	414.49	.106	5.6	8.8	2016.00
.020	3.50	331.60	.106	5.3	8.0	1491.84
.030	2.33	221.06	.106	4.9	7.8	949.76
.040	1.75	165.80	.106	4.6	7.7	689.92
.050	1.40	132.64	.106	4.4	7.2	519.68
.060	1.17	110.53	.106	4.2	7.0	418.13
.070	1.00	94.74	.106	4.1	6.8	348.80

Breite mm .5
Ganghöhe mm .7
Windungszahl 5.0
Leiterdicke mm .0350

g/a	a/cm	a/r	r	S1	S2	L/nH
.004	17.50	2344.74	.075	7.2	16.6	16660.00
.008	8.75	1172.37	.075	7.0	14.0	7332.50
.012	5.83	781.58	.075	6.1	12.2	4274.67
.016	4.38	586.18	.075	5.8	10.9	2922.50
.020	3.50	468.95	.075	5.8	9.7	2163.00
.030	2.33	312.63	.075	5.3	8.9	1316.00
.040	1.75	234.47	.075	5.0	8.6	950.60
.050	1.40	187.58	.075	4.7	8.1	719.04
.060	1.17	156.32	.075	4.6	8.0	585.67
.070	1.00	133.98	.075	4.4	7.8	488.00

Windungszahl 5.0
Leiterdicke mm .0700

g/a	a/cm	a/r	r	S1	S2	L/nH
.004	17.50	1657.98	.106	6.9	16.6	16436.00
.008	8.75	828.99	.106	6.2	14.0	7063.00
.012	5.83	552.66	.106	5.8	12.2	4190.67
.016	4.38	414.49	.106	5.6	10.9	2887.50
.020	3.50	331.60	.106	5.3	9.7	2102.80
.030	2.33	221.06	.106	4.9	8.9	1285.20
.040	1.75	165.80	.106	4.6	8.6	925.40
.050	1.40	132.64	.106	4.4	8.1	700.00
.060	1.17	110.53	.106	4.2	8.0	567.00
.070	1.00	94.74	.106	4.1	7.8	476.00

Breite mm .5
Ganghöhe mm .7
Windungszahl 6.0
Leiterdicke mm .0350

g/a	a/cm	a/r	r	S1	S2	L/nH
.004	17.50	2344.74	.075	7.2	20.2	23016.00
.008	8.75	1172.37	.075	7.0	17.2	10143.00
.012	5.83	781.58	.075	6.1	14.9	5885.60
.016	4.38	586.18	.075	5.8	13.2	3990.00
.020	3.50	468.95	.075	5.8	11.8	2948.40
.030	2.33	312.63	.075	5.3	9.9	1696.80
.040	1.75	234.47	.075	5.0	9.5	1216.32
.050	1.40	187.58	.075	4.7	9.0	923.33
.060	1.17	156.32	.075	4.6	8.9	756.00
.070	1.00	133.98	.075	4.4	8.8	633.60

Windungszahl 6.0
Leiterdicke mm .0700

g/a	a/cm	a/r	r	S1	S2	L/nH
.004	17.50	1657.98	.106	6.9	20.2	22747.20
.008	8.75	828.99	.106	6.2	17.2	9819.60
.012	5.83	552.66	.106	5.8	14.9	5784.80
.016	4.38	414.49	.106	5.6	13.2	3948.00
.020	3.50	331.60	.106	5.3	11.8	2876.16
.030	2.33	221.06	.106	4.9	9.9	1659.84
.040	1.75	165.80	.106	4.6	9.5	1186.08
.050	1.40	132.64	.106	4.4	9.0	900.48
.060	1.17	110.53	.106	4.2	8.9	733.60
.070	1.00	94.74	.106	4.1	8.8	619.20

Breite mm .5
Ganghöhe mm .7
Windungszahl 7.0
Leiterdicke mm .0350

g/a	a/cm	a/r	r	S1	S2	L/nH
.004	17.50	2344.74	.075	7.2	23.6	30184.00
.008	8.75	1172.37	.075	7.0	19.9	13132.00
.012	5.83	781.58	.075	6.1	17.0	7536.20
.016	4.38	586.18	.075	5.8	14.9	5071.50
.020	3.50	468.95	.075	5.8	13.4	3753.40
.030	2.33	312.63	.075	5.3	11.4	2169.07
.040	1.75	234.47	.075	5.0	10.9	1551.34
.050	1.40	187.58	.075	4.7	10.5	1194.82
.060	1.17	156.32	.075	4.6	10.4	976.73
.070	1.00	133.98	.075	4.4	10.0	803.60

Windungszahl 7.0
Leiterdicke mm .0700

g/a	a/cm	a/r	r	S1	S2	L/nH
.004	17.50	1657.98	.106	6.9	23.6	29870.40
.008	8.75	828.99	.106	6.2	19.9	12754.70
.012	5.83	552.66	.106	5.8	17.0	7418.60
.016	4.38	414.49	.106	5.6	14.9	5022.50
.020	3.50	331.60	.106	5.3	13.4	3669.12
.030	2.33	221.06	.106	4.9	11.4	2125.95
.040	1.75	165.80	.106	4.6	10.9	1516.06
.050	1.40	132.64	.106	4.4	10.5	1168.16
.060	1.17	110.53	.106	4.2	10.4	950.60
.070	1.00	94.74	.106	4.1	10.0	786.80

Breite mm .5
Ganghöhe mm .7
Windungszahl 8.0
Leiterdicke mm .0350

g/a	a/cm	a/r	r	S1	S2	L/nH
.004	17.50	2344.74	.075	7.2	27.0	38304.00
.008	8.75	1172.37	.075	7.0	22.5	16492.00
.012	5.83	781.58	.075	6.1	19.0	9378.13
.016	4.38	586.18	.075	5.8	16.7	6300.00
.020	3.50	468.95	.075	5.8	15.0	4648.00
.030	2.33	312.63	.075	5.3	12.8	2695.47
.040	1.75	234.47	.075	5.0	12.2	1924.16
.050	1.40	187.58	.075	4.7	12.0	1499.90
.060	1.17	156.32	.075	4.6	11.8	1224.53
.070	1.00	133.98	.075	4.4	11.1	992.00

Windungszahl 8.0
Leiterdicke mm .0700

g/a	a/cm	a/r	r	S1	S2	L/nH
.004	17.50	1657.98	.106	6.9	27.0	37945.60
.008	8.75	828.99	.106	6.2	22.5	16060.80
.012	5.83	552.66	.106	5.8	19.0	9243.73
.016	4.38	414.49	.106	5.6	16.7	6244.00
.020	3.50	331.60	.106	5.3	15.0	4551.68
.030	2.33	221.06	.106	4.9	12.8	2646.19
.040	1.75	165.80	.106	4.6	12.2	1883.84
.050	1.40	132.64	.106	4.4	12.0	1469.44
.060	1.17	110.53	.106	4.2	11.8	1194.67
.070	1.00	94.74	.106	4.1	11.1	972.80

Breite mm .5
Ganghöhe mm .7
Windungszahl 9.0
Leiterdicke mm .0350

g/a	a/cm	a/r	r	S1	S2	L/nH
.004	17.50	2344.74	.075	7.2	29.7	46431.00
.008	8.75	1172.37	.075	7.0	24.9	20065.50
.012	5.83	781.58	.075	6.1	21.3	11495.40
.016	4.38	586.18	.075	5.8	18.7	7717.50
.020	3.50	468.95	.075	5.8	16.8	5670.00
.030	2.33	312.63	.075	5.3	14.3	3284.40
.040	1.75	234.47	.075	5.0	13.6	2341.08
.050	1.40	187.58	.075	4.7	13.7	1853.71
.060	1.17	156.32	.075	4.6	12.6	1440.60
.070	1.00	133.98	.075	4.4	13.1	1256.40

Windungszahl 9.0
Leiterdicke mm .0700

g/a	a/cm	a/r	r	S1	S2	L/nH
.004	17.50	1657.98	.106	6.9	29.7	46027.80
.008	8.75	828.99	.106	6.2	24.9	19580.40
.012	5.83	552.66	.106	5.8	21.3	11344.20
.016	4.38	414.49	.106	5.6	18.7	7654.50
.020	3.50	331.60	.106	5.3	16.8	5561.64
.030	2.33	221.06	.106	4.9	14.3	3228.96
.040	1.75	165.80	.106	4.6	13.6	2295.72
.050	1.40	132.64	.106	4.4	13.7	1819.44
.060	1.17	110.53	.106	4.2	12.6	1407.00
.070	1.00	94.74	.106	4.1	13.1	1234.80

Breite mm .5
Ganghöhe mm .7
Windungszahl 10.0
Leiterdicke mm .0350

g/a	a/cm	a/r	r	S1	S2	L/nH
.004	17.50	2344.74	.075	7.2	32.2	55160.00
.008	8.75	1172.37	.075	7.0	27.3	23975.00
.012	5.83	781.58	.075	6.1	23.5	13822.67
.016	4.38	586.18	.075	5.8	20.7	9275.00
.020	3.50	468.95	.075	5.7	18.5	6776.00
.030	2.33	312.63	.075	5.3	15.8	3929.33
.040	1.75	234.47	.075	5.0	15.0	2797.20
.050	1.40	187.58	.075	4.7	14.3	2132.48
.060	1.17	156.32	.075	4.6	13.3	1670.67
.070	1.00	133.98	.075	4.4	13.0	1392.00

Windungszahl 10.0
Leiterdicke mm .0700

g/a	a/cm	a/r	r	S1	S2	L/nH
.004	17.50	1657.98	.106	6.9	32.2	54712.00
.008	8.75	828.99	.106	6.2	27.3	23436.00
.012	5.83	552.66	.106	5.8	23.5	13654.67
.016	4.38	414.49	.106	5.6	20.7	9205.00
.020	3.50	331.60	.106	5.3	18.5	6669.60
.030	2.33	221.06	.106	4.9	15.8	3867.73
.040	1.75	165.80	.106	4.6	15.0	2746.80
.050	1.40	132.64	.106	4.4	14.3	2094.40
.060	1.17	110.53	.106	4.2	13.3	1633.33
.070	1.00	94.74	.106	4.1	13.0	1368.00

Breite mm .5
Ganghöhe mm .7
Windungszahl 11.0
Leiterdicke mm .0350

g/a	a/cm	a/r	r	S1	S2	L/nH
.004	17.50	2344.74	.075	7.2	35.1	65142.00
.008	8.75	1172.37	.075	7.0	29.3	27874.00
.012	5.83	781.58	.075	6.1	25.2	16077.60
.016	4.38	586.18	.075	5.8	22.3	10818.50
.020	3.50	468.95	.075	5.8	20.1	7946.40
.030	2.33	312.63	.075	5.3	17.4	4640.53
.040	1.75	234.47	.075	5.0	16.5	3300.22
.050	1.40	187.58	.075	4.7	15.7	2512.05
.060	1.17	156.32	.075	4.6	14.7	1981.47
.070	1.00	133.98	.075	4.4	14.1	1623.60

Windungszahl 11.0
Leiterdicke mm .0700

g/a	a/cm	a/r	r	S1	S2	L/nH
.004	17.50	1657.98	.106	6.9	35.1	64649.20
.008	8.75	828.99	.106	6.2	29.3	27281.10
.012	5.83	552.66	.106	5.8	25.2	15892.80
.016	4.38	414.49	.106	5.6	22.3	10741.50
.020	3.50	331.60	.106	5.3	20.1	7813.96
.030	2.33	221.06	.106	4.9	17.4	4572.77
.040	1.75	165.80	.106	4.6	16.5	3244.78
.050	1.40	132.64	.106	4.4	15.7	2470.16
.060	1.17	110.53	.106	4.2	14.7	1940.40
.070	1.00	94.74	.106	4.1	14.1	1597.20

Breite mm .5
Ganghöhe mm .7
Windungszahl 12.0
Leiterdicke mm .0350

g/a	a/cm	a/r	r	S1	S2	L/nH
.004	17.50	2344.74	.075	7.2	37.9	/5768.00
.008	8.75	1172.37	.075	7.0	31.2	32046.00
.012	5.83	781.58	.075	6.1	26.9	18491.20
.016	4.38	586.18	.075	5.8	23.9	12474.00
.020	3.50	468.95	.075	5.8	21.6	9189.60
.030	2.33	312.63	.075	5.3	18.9	5409.60
.040	1.75	234.47	.075	5.0	17.9	3843.84
.050	1.40	187.58	.075	4.7	17.0	2921.86
.060	1.17	156.32	.075	4.6	16.1	2318.40
.070	1.00	133.98	.075	4.4	15.1	1872.00

Windungszahl 12.0
Leiterdicke mm .0700

g/a	a/cm	a/r	r	S1	S2	L/nH
.004	17.50	1657.98	.106	6.9	37.9	75230.40
.008	8.75	828.99	.106	6.2	31.2	31399.20
.012	5.83	552.66	.106	5.8	26.9	18289.60
.016	4.38	414.49	.106	5.6	23.9	12390.00
.020	3.50	331.60	.106	5.3	21.6	9045.12
.030	2.33	221.06	.106	5.9	18.9	5559.68
.040	1.75	165.80	.106	4.6	17.9	3783.36
.050	1.40	132.64	.106	4.4	17.0	2876.16
.060	1.17	110.53	.106	4.2	16.1	2273.60
.070	1.00	94.74	.106	4.1	15.1	1843.20

Breite mm .5
Ganghöhe mm .7
Windungszahl 13.0
Leiterdicke mm .0350

g/a	a/cm	a/r	r	S1	S2	L/nH
.004	17.50	2344.74	.075	7.2	40.6	86941.40
.008	8.75	1172.37	.075	7.0	33.4	36718.50
.012	5.83	781.58	.075	6.1	28.9	21245.47
.016	4.38	586.18	.075	5.8	25.6	14287.00
.020	3.50	468.95	.075	5.8	23.2	10548.72
.030	2.33	312.63	.075	5.3	20.2	6168.59
.040	1.75	234.47	.075	5.0	19.0	4358.90
.050	1.40	187.58	.075	4.7	18.0	3315.31
.060	1.17	156.32	.075	4.6	17.1	2629.29
.070	1.00	133.98	.075	4.4	16.0	2124.72

Windungszahl 13.0
Leiterdicke mm .0700

g/a	a/cm	a/r	r	S1	S2	L/nH
.004	17.50	1657.98	.106	6.9	40.6	86359.00
.008	8.75	828.99	.106	6.2	33.4	36017.80
.012	5.83	552.66	.106	5.8	28.9	21027.07
.016	4.38	414.49	.106	5.6	25.6	14196.00
.020	3.50	331.60	.106	5.3	23.2	10392.20
.030	2.33	221.06	.106	4.9	20.2	6088.51
.040	1.75	165.80	.106	4.6	19.0	4293.38
.050	1.40	132.64	.106	4.4	18.0	3265.81
.060	1.17	110.53	.106	4.2	17.1	2580.76
.070	1.00	94.74	.106	4.1	16.0	2093.52

Breite mm .5
Ganghöhe mm .7
Windungszahl 14.0
Leiterdicke mm .0350

g/a	a/cm	a/r	r	S1	S2	L/nH
.004	17.50	2344.74	.075	7.2	43.2	98862.40
.008	8.75	1172.37	.075	7.0	35.6	41699.00
.012	5.83	781.58	.075	6.1	30.9	24186.40
.016	4.38	586.18	.075	5.8	27.3	16219.00
.020	3.50	468.95	.075	5.8	24.9	11999.12
.030	2.33	312.63	.075	5.3	21.4	6974.99
.040	1.75	234.47	.075	5.0	20.0	4903.92
.050	1.40	187.58	.075	4.7	19.1	3731.84
.060	1.17	156.32	.075	4.6	18.0	2958.29
.070	1.00	133.98	.075	4.4	17.0	2392.32

Windungszahl 14.0
Leiterdicke mm .0700

g/a	a/cm	a/r	r	S1	S2	L/nH
.004	17.50	1657.98	.106	6.9	43.2	98235.20
.008	8.75	828.99	.106	6.2	35.6	40944.40
.012	5.83	552.66	.106	5.8	30.9	23951.20
.016	4.38	414.49	.106	5.6	27.3	16121.00
.020	3.50	331.60	.106	5.3	24.9	11830.56
.030	2.33	221.06	.106	4.9	21.4	6888.75
.040	1.75	165.80	.106	4.6	20.0	4833.36
.050	1.40	132.64	.106	4.4	19.1	3678.53
.060	1.17	110.53	.106	4.2	18.0	2906.03
.070	1.00	94.74	.106	4.1	17.0	2358.72

Breite mm .1
Ganghöhe mm 1.0
Windungszahl 2.0
Leiterdicke mm .0350

g/a	a/cm	a/r	r	S1	S2	L/nH
.004	25.00	7489.98	.033	8.5	4.0	4980.00
.008	12.50	3744.99	.033	7.8	3.0	2150.00
.012	8.33	2496.66	.033	7.3	2.6	1320.00
.016	6.25	1872.50	.033	7.0	2.6	960.00
.020	5.00	1498.00	.033	6.8	2.6	750.40
.030	3.33	998.66	.033	6.4	2.6	478.93
.040	2.50	749.00	.033	6.1	2.6	348.00
.050	2.00	599.20	.033	5.9	2.6	270.40
.060	1.67	499.33	.033	5.6	2.6	219.73
.070	1.43	428.00	.033	5.6	2.6	187.89

Windungszahl 2.0
Leiterdicke mm .0700

g/a	a/cm	a/r	r	S1	S2	L/nH
.004	25.00	5296.22	.047	8.1	4.0	4840.00
.008	12.50	2648.11	.047	7.4	3.0	2070.00
.012	8.33	1765.41	.047	7.9	2.6	1402.67
.016	6.25	1324.05	.047	6.7	2.6	925.00
.020	5.00	1059.24	.047	6.4	2.6	720.00
.030	3.33	706.16	.047	6.1	2.6	461.33
.040	2.50	529.62	.047	5.7	2.6	332.00
.050	2.00	423.70	.047	5.6	2.6	262.40
.060	1.67	353.08	.047	5.4	2.6	212.00
.070	1.43	302.64	.047	5.2	2.6	178.29

Breite mm .1
Ganghöhe mm 1.0
Windungszahl 3.0
Leiterdicke mm .0350

g/a	a/cm	a/r	r	S1	S2	L/nH
.004	25.00	7489.98	.033	8.5	9.0	10470.00
.008	12.50	3744.99	.033	7.8	7.8	4665.00
.012	8.33	2496.66	.033	7.3	6.5	2760.00
.016	6.25	1872.50	.033	7.0	6.0	1950.00
.020	5.00	1498.00	.033	6.8	5.5	1473.60
.030	3.33	998.66	.033	6.4	5.0	910.40
.040	2.50	749.00	.033	6.1	4.9	660.00
.050	2.00	599.20	.033	5.9	4.8	511.20
.060	1.67	499.33	.033	5.6	4.2	393.60
.070	1.43	428.00	.033	5.6	4.0	329.83

Windungszahl 3.0
Leiterdicke mm .0700

g/a	a/cm	a/r	r	S1	S2	L/nH
.004	25.00	5296.22	.047	8.1	9.0	10260.00
.008	12.50	2648.11	.047	7.4	7.8	4545.00
.012	8.33	1765.41	.047	7.9	6.5	2884.00
.016	6.25	1324.05	.047	6.7	6.0	1897.50
.020	5.00	1059.24	.047	6.4	5.5	1428.00
.030	3.33	706.16	.047	6.1	5.0	884.00
.040	2.50	529.62	.047	5.7	4.9	636.00
.050	2.00	423.70	.047	5.6	4.8	499.20
.060	1.67	353.08	.047	5.4	4.2	382.00
.070	1.43	302.64	.047	5.2	4.0	315.43

Breite mm .1
Ganghöhe mm 1.0
Windungszahl 4.0
Leiterdicke mm .0350

g/a	a/cm	a/r	r	S1	S2	L/nH
.004	25.00	7489.98	.033	8.5	13.0	17160.00
.008	12.50	3744.99	.033	7.8	10.8	7420.00
.012	8.33	2496.66	.033	7.3	9.5	4480.00
.016	6.25	1872.50	.033	7.0	8.8	3160.00
.020	5.00	1498.00	.033	6.8	8.0	2364.80
.030	3.33	998.66	.033	6.4	7.8	1512.53
.040	2.50	749.00	.033	6.1	7.7	1104.00
.050	2.00	599.20	.033	5.9	7.2	835.20
.060	1.67	499.33	.033	5.6	7.0	674.13
.070	1.43	428.00	.033	5.6	6.8	567.77

Windungszahl 4.0
Leiterdicke mm .0700

g/a	a/cm	a/r	r	S1	S2	L/nH
.004	25.00	5296.22	.047	8.1	13.0	16880.00
.008	12.50	2648.11	.047	7.4	10.8	7260.00
.012	8.33	1765.41	.047	7.9	9.5	4645.33
.016	6.25	1324.05	.047	6.7	8.8	3090.00
.020	5.00	1059.24	.047	6.4	8.0	2304.00
.030	3.33	706.16	.047	6.1	7.8	1477.33
.040	2.50	529.62	.047	5.7	7.7	1072.00
.050	2.00	423.70	.047	5.6	7.2	819.20
.060	1.67	353.08	.047	5.4	7.0	658.67
.070	1.43	302.64	.047	5.2	6.8	548.57

Breite mm .1
Ganghöhe mm 1.0
Windungszahl 5.0
Leiterdicke mm .0350

g/a	a/cm	a/r	r	S1	S2	L/nH
.004	25.00	7489.98	.033	8.45	16.60	25050.00
.008	12.50	3744.99	.033	7.75	14.00	10875.00
.012	8.33	2496.66	.033	7.30	12.20	6500.00
.016	6.25	1872.50	.033	7.00	10.90	4475.00
.020	5.00	1498.00	.033	6.78	9.70	3296.00
.030	3.33	998.66	.033	6.38	8.85	2030.67
.040	2.50	749.00	.033	6.10	8.60	1470.00
.050	2.00	599.20	.033	5.85	8.10	1116.00
.060	1.67	499.33	.033	5.64	7.95	906.00
.070	1.43	428.00	.033	5.62	7.80	766.86

Windungszahl 5.0
Leiterdicke mm .0700

g/a	a/cm	a/r	r	S1	S2	L/nH
.004	25.00	5296.22	.047	8.10	16.60	24700.00
.008	12.50	2648.11	.047	7.35	14.00	10675.00
.012	8.33	1765.41	.047	7.92	12.20	6706.67
.016	6.25	1324.05	.047	6.65	10.90	4387.50
.020	5.00	1059.24	.047	6.40	9.70	3220.00
.030	3.33	706.16	.047	6.05	8.85	1986.67
.040	2.50	529.62	.047	5.70	8.60	1430.00
.050	2.00	423.70	.047	5.60	8.10	1096.00
.060	1.67	353.08	.047	5.35	7.95	886.67
.070	1.43	302.64	.047	5.20	7.80	742.86

Breite mm .1
Ganghöhe mm 1.0
Windungszahl 6.0
Leiterdicke mm .0350

g/a	a/cm	a/r	r	S1	S2	L/nH
.004	25.00	7489.98	.033	8.45	20.20	34380.00
.008	12.50	3744.99	.033	7.75	17.20	14970.00
.012	8.33	2496.66	.033	7.20	14.90	8840.00
.016	6.25	1872.50	.033	7.00	13.10	6030.00
.020	5.00	1498.00	.033	6.78	11.80	4459.20
.030	3.33	998.66	.033	6.38	9.90	2604.80
.040	2.50	749.00	.033	6.10	9.50	1872.00
.050	2.00	599.20	.033	5.85	9.00	1425.60
.060	1.67	499.33	.033	5.64	8.90	1163.20
.070	1.43	428.00	.033	5.62	8.80	988.80

Windungszahl 6.0
Leiterdicke mm .0700

g/a	a/cm	a/r	r	S1	S2	L/nH
.004	25.00	5296.22	.047	8.10	20.20	33960.00
.008	12.50	2648.11	.047	7.35	17.20	14730.00
.012	8.33	1765.41	.047	7.92	14.90	9128.00
.016	6.25	1324.05	.047	6.65	13.10	5925.00
.020	5.00	1059.24	.047	6.40	11.80	4368.00
.030	3.33	706.16	.047	6.05	9.90	2552.00
.040	2.50	529.62	.047	5.70	9.50	1824.00
.050	2.00	423.70	.047	5.60	9.00	1401.60
.060	1.67	353.08	.047	5.35	8.90	1140.00
.070	1.43	302.64	.047	5.20	8.80	960.00

Breite mm .1
Ganghöhe mm 1.0
Windungszahl 7.0
Leiterdicke mm .0350

g/a	a/cm	a/r	r	S1	S2	L/nH
.004	25.00	7489.98	.033	8.45	23.60	44870.00
.008	12.50	3744.99	.033	7.75	19.85	19320.00
.012	8.33	2496.66	.033	7.30	16.95	11316.67
.016	6.25	1872.50	.033	7.00	14.90	7665.00
.020	5.00	1498.00	.033	6.78	13.40	5650.40
.030	3.33	998.66	.033	6.38	11.35	3309.60
.040	2.50	749.00	.033	6.10	10.85	2373.00
.050	2.00	599.20	.033	5.85	10.50	1831.20
.060	1.67	499.33	.033	5.64	10.35	1492.40
.070	1.43	428.00	.033	5.62	9.95	1245.60

Windungszahl 7.0
Leiterdicke mm .0700

g/a	a/cm	a/r	r	S1	S2	L/nH
.004	25.00	5296.22	.047	8.10	23.60	44380.00
.008	12.50	2648.11	.047	7.35	19.85	19040.00
.012	8.33	1765.41	.047	7.92	16.95	11606.00
.016	6.25	1324.05	.047	6.65	14.90	7542.50
.020	5.00	1059.24	.047	6.40	13.40	5544.00
.030	3.33	706.16	.047	6.05	11.35	3248.00
.040	2.50	529.62	.047	5.70	10.85	2317.00
.050	2.00	423.70	.047	5.60	10.50	1803.20
.060	1.67	353.08	.047	5.35	10.35	1465.33
.070	1.43	302.64	.047	5.20	9.95	1212.00

Breite mm .1
Ganghöhe mm 1.0
Windungszahl 8.0
Leiterdicke mm .0350

g/a	a/cm	a/r	r	S1	S2	L/nH
.004	25.00	7489.98	.033	8.45	27.00	56720.00
.008	12.50	3744.99	.033	7.75	22.50	24200.00
.012	8.33	2496.66	.033	7.30	19.00	14026.67
.016	6.25	1872.50	.033	7.00	16.70	9480.00
.020	5.00	1498.00	.033	6.78	15.00	6969.60
.030	3.33	998.66	.033	6.38	12.80	4091.73
.040	2.50	749.00	.033	6.10	12.20	2928.00
.050	2.00	599.20	.033	5.85	12.00	2284.80
.060	1.67	499.33	.033	5.64	11.80	1860.27
.070	1.43	428.00	.033	5.62	11.10	1528.69

Windungszahl 8.0
Leiterdicke mm .0700

g/a	a/cm	a/r	r	S1	S2	L/nH
.004	25.00	5296.22	.047	8.10	27.00	56160.00
.008	12.50	2648.11	.047	7.35	22.50	23880.00
.012	8.33	1765.41	.047	7.92	19.00	14357.33
.016	6.25	1324.05	.047	6.65	16.70	9340.00
.020	5.00	1059.24	.047	6.40	15.00	6848.00
.030	3.33	706.16	.047	6.05	12.80	4021.33
.040	2.50	529.62	.047	5.70	12.20	2864.00
.050	2.00	423.70	.047	5.60	12.00	2252.80
.060	1.67	353.08	.047	5.35	11.80	1829.33
.070	1.43	302.64	.047	5.20	11.10	1490.29

Breite mm .1
Ganghöhe mm 1.0
Windungszahl 9.0
Leiterdicke mm .0350

g/a	a/cm	a/r	r	S1	S2	L/nH
.004	25.00	7489.98	.033	8.45	29.65	68580.00
.008	12.50	3744.99	.033	7.75	24.90	29385.00
.012	8.33	2496.66	.033	7.30	21.25	17130.00
.016	6.25	1872.50	.033	7.00	18.70	11565.00
.020	5.00	1498.00	.033	6.78	16.75	8470.80
.030	3.33	998.66	.033	6.38	14.30	4963.20
.040	2.50	749.00	.033	6.10	13.60	3546.00
.050	2.00	599.20	.033	5.85	13.65	2808.00
.060	1.67	499.33	.033	5.64	13.55	2302.80
.070	1.43	428.00	.033	5.62	13.05	1920.34

Windungszahl 9.0
Leiterdicke mm .0700

g/a	a/cm	a/r	r	S1	S2	L/nH
.004	25.00	5296.22	.047	8.10	29.65	67950.00
.008	12.50	2648.11	.047	7.35	24.90	29025.00
.012	8.33	1765.41	.047	7.92	21.25	17502.00
.016	6.25	1324.05	.047	6.65	18.70	11407.50
.020	5.00	1059.24	.047	6.40	16.75	8334.00
.030	3.33	706.16	.047	6.05	14.30	4884.00
.040	2.50	529.62	.047	5.70	13.60	3474.00
.050	2.00	423.70	.047	5.60	13.65	2772.00
.060	1.67	353.08	.047	5.35	13.55	2268.00
.070	1.43	302.64	.047	5.20	13.05	1877.14

Breite mm .1
Ganghöhe mm 1.0
Windungszahl 10.0
Leiterdicke mm .0350

g/a	a/cm	a/r	r	S1	S2	L/nH
.004	25.00	7489.98	.033	8.45	32.30	81500.00
.008	12.50	3744.99	.033	7.75	27.30	35050.00
.012	8.33	2496.66	.033	7.30	23.50	20533.33
.016	6.25	1872.50	.033	7.00	20.70	13850.00
.020	5.00	1498.00	.033	6.78	18.50	10112.00
.030	3.33	998.66	.033	6.38	15.80	5914.67
.040	2.50	749.00	.033	6.10	15.00	4220.00
.050	2.00	599.20	.033	5.85	14.30	3224.00
.060	1.67	499.33	.033	5.64	13.30	2525.33
.070	1.43	428.00	.033	5.62	13.00	2128.00

Windungszahl 10.0
Leiterdicke mm .0700

g/a	a/cm	a/r	r	S1	S2	L/nH
.004	25.00	5296.22	.047	8.10	32.30	80800.00
.008	12.50	2648.11	.047	7.35	27.30	34650.00
.012	8.33	1765.41	.047	7.92	23.50	20946.67
.016	6.25	1324.05	.047	6.65	20.70	13675.00
.020	5.00	1059.24	.047	6.40	18.50	9960.00
.030	3.33	706.16	.047	6.05	15.80	5826.67
.040	2.50	529.62	.047	5.70	15.00	4140.00
.050	2.00	423.70	.047	5.60	14.30	3184.00
.060	1.67	353.08	.047	5.35	13.30	2486.67
.070	1.43	302.64	.047	5.20	13.00	2080.00

Breite mm .1
Ganghöhe mm 1.0
Windungszahl 11.0
Leiterdicke mm .0350

g/a	a/cm	a/r	r	S1	S2	L/nH
.004	25.00	7489.98	.033	8.45	35.10	95810.00
.008	12.50	3744.99	.033	7.75	29.25	40700.00
.012	8.33	2496.66	.033	7.30	25.20	23833.33
.016	6.25	1872.50	.033	7.00	22.30	16115.00
.020	5.00	1498.00	.033	6.78	20.05	11805.20
.030	3.33	998.66	.033	6.38	17.35	6960.80
.040	2.50	749.00	.033	6.10	16.45	4961.00
.050	2.00	599.20	.033	5.85	15.65	3784.00
.060	1.67	499.33	.033	5.64	14.70	2983.20
.070	1.43	428.00	.033	5.62	14.05	2472.80

Windungszahl 11.0
Leiterdicke mm .0700

g/a	a/cm	a/r	r	S1	S2	L/nH
.004	25.00	5296.22	.047	8.10	35.10	95040.00
.008	12.50	2648.11	.047	7.35	29.25	40260.00
.012	8.33	1765.41	.047	7.92	25.20	24288.00
.016	6.25	1324.05	.047	6.65	22.30	15922.50
.020	5.00	1059.24	.047	6.40	20.05	11638.00
.030	3.33	706.16	.047	6.05	17.35	6864.00
.040	2.50	529.62	.047	5.70	16.45	4873.00
.050	2.00	423.70	.047	5.60	15.65	3740.00
.060	1.67	353.08	.047	5.35	14.70	2940.67
.070	1.43	302.64	.047	5.20	14.05	2420.00

Breite mm .1
Ganghöhe mm 1.0
Windungszahl 12.0
Leiterdicke mm .0350

g/a	a/cm	a/r	r	S1	S2	L/nH
.004	25.00	7489.98	.033	8.45	37.90	111240.00
.008	12.50	3744.99	.033	7.75	31.20	46740.00
.012	8.33	2496.66	.033	7.30	26.90	27360.00
.016	6.25	1872.50	.033	7.00	23.90	18540.00
.020	5.00	1498.00	.033	6.78	21.60	13622.40
.030	3.33	998.66	.033	6.38	18.90	8089.60
.040	2.50	749.00	.033	6.10	17.90	5760.00
.050	2.00	599.20	.033	5.85	17.00	4387.20
.060	1.67	499.33	.033	5.64	16.10	3478.40
.070	1.43	428.00	.033	5.62	15.10	2841.60

Windungszahl 12.0
Leiterdicke mm .0700

g/a	a/cm	a/r	r	S1	S2	L/nH
.004	25.00	5296.22	.047	8.10	37.90	110400.00
.008	12.50	2648.11	.047	7.35	31.20	46260.00
.012	8.33	1765.41	.047	6.92	26.90	27056.00
.016	6.25	1324.05	.047	6.65	23.90	18330.00
.020	5.00	1059.24	.047	6.40	21.60	13440.00
.030	3.33	706.16	.047	6.05	18.90	7984.00
.040	2.50	529.62	.047	5.70	17.90	5664.00
.050	2.00	423.70	.047	5.60	17.00	4339.20
.060	1.67	353.08	.047	5.35	16.10	3432.00
.070	1.43	302.64	.047	5.20	15.10	2784.00

Breite mm .1
Ganghöhe mm 1.0
Windungszahl 13.0
Leiterdicke mm .0350

g/a	a/cm	a/r	r	S1	S2	L/nH
.004	25.00	7489.98	.033	8.45	40.57	127452.00
.008	12.50	3744.99	.033	7.75	33.40	53495.00
.012	8.33	2496.66	.033	7.30	28.90	31373.33
.016	6.25	1872.50	.033	7.00	25.60	21190.00
.020	5.00	1498.00	.033	6.78	23.23	15605.20
.030	3.33	998.66	.033	6.38	20.17	9204.00
.040	2.50	749.00	.033	6.10	18.97	6518.20
.050	2.00	599.20	.033	5.85	18.03	4967.04
.060	1.67	499.33	.033	5.64	17.07	3936.40
.070	1.43	428.00	.033	5.62	16.03	3216.57

Windungszahl 13.0
Leiterdicke mm .0700

g/a	a/cm	a/r	r	S1	S2	L/nH
.004	25.00	5296.22	.047	8.10	40.57	126542.00
.008	12.50	2648.11	.047	7.35	33.40	52975.00
.012	8.33	1765.41	.047	6.92	28.90	31044.00
.016	6.25	1324.05	.047	6.65	25.60	20962.50
.020	5.00	1059.24	.047	6.40	23.23	15407.60
.030	3.33	706.16	.047	6.05	20.17	9089.60
.040	2.50	529.62	.047	5.70	18.97	6414.20
.050	2.00	423.70	.047	5.60	18.03	4915.04
.060	1.67	353.08	.047	5.35	17.07	3886.13
.070	1.43	302.64	.047	5.20	16.03	3154.17

Breite mm .1
Ganghöhe mm 1.0
Windungszahl 14.0
Leiterdicke mm .0350

g/a	a/cm	a/r	r	S1	S2	L/nH
.004	25.00	7489.98	.033	8.45	43.24	144732.00
.008	12.50	3744.99	.033	7.75	35.60	60690.00
.012	8.33	2496.66	.033	7.30	30.90	35653.33
.016	6.25	1872.50	.033	7.00	27.30	24010.00
.020	5.00	1498.00	.033	6.78	24.86	17718.40
.030	3.33	998.66	.033	6.38	21.44	10386.13
.040	2.50	749.00	.033	6.10	20.04	7319.20
.050	2.00	599.20	.033	5.85	19.06	5579.84
.060	1.67	499.33	.033	5.64	18.04	4420.27
.070	1.43	428.00	.033	5.62	16.96	3612.80

Windungszahl 14.0
Leiterdicke mm .0700

g/a	a/cm	a/r	r	S1	S2	L/nH
.004	25.00	5296.22	.047	8.10	43.24	143752.00
.008	12.50	2648.11	.047	7.35	35.60	60130.00
.012	8.33	1765.41	.047	6.92	30.90	35298.67
.016	6.25	1324.05	.047	5.65	27.30	23065.00
.020	5.00	1059.24	.047	6.40	24.86	17505.60
.030	3.33	706.16	.047	6.05	21.44	10262.93
.040	2.50	529.62	.047	5.70	20.04	7207.20
.050	2.00	423.70	.047	5.60	19.06	5523.84
.060	1.67	353.08	.047	5.35	18.04	4366.13
.070	1.43	302.64	.047	5.20	16.96	3545.60

Breite mm .3
Ganghöhe mm 1.0
Windungszahl 2.0
Leiterdicke mm .0350

g/a	a/cm	a/r	r	S1	S2	L/nH
.004	25.00	4324.34	.058	7.85	4.00	4740.00
.008	12.50	2162.17	.058	7.15	3.00	2030.00
.012	8.33	1441.45	.058	6.74	2.60	1245.33
.016	6.25	1081.09	.058	6.40	2.60	900.00
.020	5.00	864.87	.058	6.20	2.60	704.00
.030	3.33	576.58	.058	5.81	2.60	448.53
.040	2.50	432.43	.058	5.60	2.60	328.00
.050	2.00	345.95	.058	5.40	2.60	256.00
.060	1.67	288.29	.058	5.16	2.60	206.93
.070	1.43	247.11	.058	5.04	2.60	174.63

Windungszahl 2.0
Leiterdicke mm .0700

g/a	a/cm	a/r	r	S1	S2	L/nH
.004	25.00	3057.77	.082	7.56	4.00	4624.00
.008	12.50	1528.89	.082	6.82	3.00	1964.00
.012	8.33	1019.26	.082	6.39	2.60	1198.67
.016	6.25	764.44	.082	6.10	2.60	870.00
.020	5.00	611.55	.082	5.88	2.60	678.40
.030	3.33	407.70	.082	5.50	2.60	432.00
.040	2.50	305.78	.082	5.10	2.60	308.00
.050	2.00	244.62	.082	5.00	2.60	243.20
.060	1.67	203.85	.082	4.82	2.60	197.87
.070	1.43	174.73	.082	4.65	2.60	165.71

Breite mm .3
Ganghöhe mm 1.0
Windungszahl 3.0
Leiterdicke mm .0350

g/a	a/cm	a/r	r	S1	S2	L/nH
.004	25.00	4324.34	.058	7.85	9.00	10110.00
.008	12.50	2162.17	.058	7.15	7.80	4485.00
.012	8.33	1441.45	.058	6.74	6.50	2648.00
.016	6.25	1081.09	.058	6.40	6.00	1860.00
.020	5.00	864.87	.058	6.20	5.50	1404.00
.030	3.33	576.58	.058	5.81	5.00	864.80
.040	2.50	432.43	.058	5.60	4.90	630.00
.050	2.00	345.95	.058	5.40	4.80	489.60
.060	1.67	288.29	.058	5.16	4.20	374.40
.070	1.43	247.11	.058	5.04	4.00	309.94

Windungszahl 3.0
Leiterdicke mm .0700

g/a	a/cm	a/r	r	S1	S2	L/nH
.004	25.00	3057.77	.082	7.56	9.00	9936.00
.008	12.50	1528.89	.082	6.82	7.80	4386.00
.012	8.33	1019.26	.082	6.39	6.50	2578.00
.016	6.25	764.44	.082	6.10	6.00	1815.00
.020	5.00	611.55	.082	5.88	5.50	1365.60
.030	3.33	407.70	.082	5.50	5.00	840.00
.040	2.50	305.78	.082	5.10	4.90	600.00
.050	2.00	244.62	.082	5.00	4.80	470.40
.060	1.67	203.85	.082	4.82	4.20	360.80
.070	1.43	174.73	.082	4.65	4.00	296.57

Breite mm .3
Ganghöhe mm 1.0
Windungszahl 4.0
Leiterdicke mm .0350

g/a	a/cm	a/r	r	S1	S2	L/nH
.004	25.00	4324.34	.058	7.85	13.00	16680.00
.008	12.50	2162.17	.058	7.15	10.80	7180.00
.012	8.33	1441.45	.058	6.74	9.50	4330.67
.016	6.25	1081.09	.058	6.40	8.80	3040.00
.020	5.00	864.87	.058	6.20	8.00	2272.00
.030	3.33	576.58	.058	5.81	7.80	1451.73
.040	2.50	432.43	.058	5.60	7.70	1064.00
.050	2.00	345.95	.058	5.40	7.20	806.40
.060	1.67	288.29	.058	5.16	7.00	648.53
.070	1.43	247.11	.058	5.04	6.80	541.26

Windungszahl 4.0
Leiterdicke mm .0700

g/a	a/cm	a/r	r	S1	S2	L/nH
.004	25.00	3057.77	.082	7.56	13.00	16448.00
.008	12.50	1528.89	.082	6.82	10.80	7048.00
.012	8.33	1019.26	.082	6.39	9.50	4237.33
.016	6.25	764.44	.082	6.10	8.80	2980.00
.020	5.00	611.55	.082	5.88	8.00	2220.80
.030	3.33	407.70	.082	5.50	7.80	1418.67
.040	2.50	305.78	.082	5.10	7.70	1024.00
.050	2.00	244.62	.082	5.00	7.20	780.80
.060	1.67	203.85	.082	4.82	7.00	630.40
.070	1.43	174.73	.082	4.65	6.80	523.43

Breite mm .3
Ganghöhe mm 1.0
Windungszahl 5.0
Leiterdicke mm .0350

g/a	a/cm	a/r	r	S1	S2	L/nH
.004	25.00	4324.34	.058	7.85	16.60	24450.00
.008	12.50	2162.17	.058	7.15	14.00	10575.00
.012	8.33	1441.45	.058	6.74	12.20	6313.33
.016	6.25	1081.09	.058	6.40	10.90	4325.00
.020	5.00	864.87	.058	6.20	9.70	3180.00
.030	3.33	576.58	.058	5.81	8.85	1954.67
.040	2.50	432.43	.058	5.60	8.60	1420.00
.050	2.00	345.95	.058	5.40	8.10	1080.00
.060	1.67	288.29	.058	5.16	7.95	874.00
.070	1.43	247.11	.058	5.04	7.80	733.71

Windungszahl 5.0
Leiterdicke mm 0700

g/a	a/cm	a/r	r	S1	S2	L/nH
.004	25.00	3057.77	.082	7.56	16.60	24160.00
.008	12.50	1528.89	.082	6.82	14.00	10410.00
.012	8.33	1019.26	.082	6.39	12.20	6196.67
.016	6.25	764.44	.082	6.10	10.90	4250.00
.020	5.00	611.55	.082	5.88	9.70	3116.00
.030	3.33	407.70	.082	5.50	8.85	1913.33
.040	2.50	305.78	.082	5.10	8.60	1370.00
.050	2.00	244.62	.082	5.00	8.10	1048.00
.060	1.67	203.85	.082	4.82	7.95	851.33
.070	1.43	174.73	.082	4.65	7.80	711.43

Breite mm .3
Ganghöhe mm 1.0
Windungszahl 6.0
Leiterdicke mm .0350

g/a	a/cm	a/r	r	S1	S2	L/nH
.004	25.00	4324.34	.058	7.85	20.20	33660.00
.008	12.50	2162.17	.058	7.15	17.20	14610.00
.012	8.33	1441.45	.058	6.74	14.90	8656.00
.016	6.25	1081.09	.058	6.40	13.10	5850.00
.020	5.00	864.87	.058	6.20	11.80	4320.00
.030	3.33	576.58	.058	5.81	9.90	2513.60
.040	2.50	432.43	.058	5.60	9.50	1812.00
.050	2.00	345.95	.058	5.40	9.00	1382.40
.060	1.67	288.29	.058	5.16	8.90	1124.80
.070	1.43	247.11	.058	5.04	8.80	949.03

Windungszahl 6.0
Leiterdicke mm .0700

g/a	a/cm	a/r	r	S1	S2	L/nH
.004	25.00	3057.77	.082	7.56	20.20	33312.00
.008	12.50	1528.89	.082	6.82	17.20	14412.00
.012	8.33	1019.26	.082	6.39	14.90	8516.00
.016	6.25	764.44	.082	6.10	13.10	5760.00
.020	5.00	611.55	.082	5.88	11.80	4243.20
.030	3.33	407.70	.082	5.50	9.90	2464.00
.040	2.50	305.78	.082	5.10	9.50	1752.00
.050	2.00	244.62	.082	5.00	9.00	1344.00
.060	1.67	203.85	.082	4.82	8.90	1097.60
.070	1.43	174.73	.082	4.65	8.80	922.29

Breite mm .3
Ganghöhe mm 1.0
Windungszahl 7.0
Leiterdicke mm .0350

g/a	a/cm	a/r	r	S1	S2	L/nH
.004	25.00	4324.34	.058	7.85	23.60	44030.00
.008	12.50	2162.17	.058	7.15	19.85	18900.00
.012	8.33	1441.45	.058	6.74	16.95	11055.33
.016	6.25	1081.09	.058	6.40	14.90	7455.00
.020	5.00	864.87	.058	6.20	13.40	5488.00
.030	3.33	576.58	.058	5.81	11.35	3203.20
.040	2.50	432.43	.058	5.60	10.85	2303.00
.050	2.00	345.95	.058	5.40	10.50	1780.80
.060	1.67	288.29	.058	5.16	10.35	1447.60
.070	1.43	247.11	.058	5.04	9.50	1163.20

Windungszahl 7.0
Leiterdicke mm .0700

g/a	a/cm	a/r	r	S1	S2	L/nH
.004	25.00	3057.77	.082	7.56	23.60	43624.00
.008	12.50	1528.89	.082	6.82	19.85	18669.00
.012	8.33	1019.26	.082	6.39	16.95	10892.00
.016	6.25	764.44	.082	6.10	14.90	7350.00
.020	5.00	611.55	.082	5.88	13.40	5398.40
.030	3.33	407.70	.082	5.50	11.35	3145.33
.040	2.50	305.78	.082	5.10	10.85	2233.00
.050	2.00	244.62	.082	5.00	10.50	1736.00
.060	1.67	203.85	.082	4.82	10.35	1415.87
.070	1.43	174.73	.082	4.65	9.50	1132.00

Breite mm .3
Ganghöhe mm 1.0
Windungszahl 8.0
Leiterdicke mm .0350

g/a	a/cm	a/r	r	S1	S2	L/nH
.004	25.00	4324.34	.058	7.85	27.00	55760.00
.008	12.50	2162.17	.058	7.15	23.50	24520.00
.012	8.33	1441.45	.058	6.74	19.00	13728.00
.016	6.25	1081.09	.058	6.40	16.70	9240.00
.020	5.00	864.87	.058	6.20	15.00	6784.00
.030	3.33	576.58	.058	5.81	12.80	3970.13
.040	2.50	432.43	.058	5.60	12.20	2848.00
.050	2.00	345.95	.058	5.40	12.00	2227.20
.060	1.67	288.29	.058	5.16	11.80	1809.07
.070	1.43	247.11	.058	5.04	11.10	1475.66

Windungszahl 8.0
Leiterdicke mm .0700

g/a	a/cm	a/r	r	S1	S2	L/nH
.004	25.00	3057.77	.082	7.56	27.00	55296.00
.008	12.50	1528.89	.082	6.82	23.50	24256.00
.012	8.33	1019.26	.082	6.39	19.00	13541.33
.016	6.25	764.44	.082	6.10	16.70	9120.00
.020	5.00	611.55	.082	5.88	15.00	6681.60
.030	3.33	407.70	.082	5.50	12.80	3904.00
.040	2.50	305.78	.082	5.10	12.20	2768.00
.050	2.00	244.62	.082	5.00	12.00	2176.00
.060	1.67	203.85	.082	4.82	11.80	1772.80
.070	1.43	174.73	.082	4.65	11.10	1440.00

Breite mm .3
Ganghöhe mm 1.0
Windungszahl 9.0
Leiterdicke mm .0350

g/a	a/cm	a/r	r	S1	S2	L/nH
.004	25.00	4324.34	.058	7.85	29.65	67500.00
.008	12.50	2162.17	.058	7.15	24.90	28845.00
.012	8.33	1441.45	.058	6.74	21.25	16794.00
.016	6.25	1081.09	.058	6.40	18.70	11295.00
.020	5.00	864.87	.058	6.20	16.75	8262.00
.030	3.33	576.58	.058	5.81	14.30	4826.40
.040	2.50	432.43	.058	5.60	13.60	3456.00
.050	2.00	345.95	.058	5.40	13.58	2733.12
.060	1.67	288.29	.058	5.16	13.55	2245.20
.070	1.43	247.11	.058	5.04	13.05	1860.69

Windungszahl 9.0
Leiterdicke mm .0700

g/a	a/cm	a/r	r	S1	S2	L/nH
.004	25.00	3057.77	.082	7.56	29.65	66978.00
.008	12.50	1528.89	.082	6.82	24.90	28548.00
.012	8.33	1019.26	.082	6.39	21.25	16584.00
.016	6.25	764.44	.082	6.10	18.70	11160.00
.020	5.00	611.55	.082	5.88	16.75	8146.80
.030	3.33	407.70	.082	5.50	14.30	4752.00
.040	2.50	305.78	.082	5.10	13.60	3366.00
.050	2.00	244.62	.082	5.00	13.58	2675.52
.060	1.67	203.85	.082	4.82	13.55	2204.40
.070	1.43	174.73	.082	4.65	13.05	1820.57

Breite mm .3
Ganghöhe mm 1.0
Windungszahl 10.0
Leiterdicke mm .0350

g/a	a/cm	a/r	r	S1	S2	L/nH
.004	25.00	4324.34	.058	7.85	32.30	80300.00
.008	12.50	2162.17	.058	7.15	27.30	34450.00
.012	8.33	1441.45	.058	6.74	23.50	20160.00
.016	6.25	1081.09	.058	6.40	20.70	13550.00
.020	5.00	864.87	.058	6.20	18.50	9880.00
.030	3.33	576.58	.058	5.81	15.80	5762.67
.040	2.50	432.43	.058	5.60	15.00	4120.00
.050	2.00	345.95	.058	5.40	14.30	3152.00
.060	1.67	288.29	.058	5.16	13.30	2461.33
.070	1.43	247.11	.058	5.04	13.00	2061.71

Windungszahl 10.0
Leiterdicke mm .0700

g/a	a/cm	a/r	r	S1	S2	L/nH
.004	25.00	3057.77	.082	7.56	32.30	79720.00
.008	12.50	1528.89	.082	6.82	27.30	34120.00
.012	8.33	1019.26	.082	6.39	23.50	19926.67
.016	6.25	764.44	.082	6.10	20.70	13400.00
.020	5.00	611.55	.082	5.88	18.50	9752.00
.030	3.33	407.70	.082	5.50	15.80	5680.00
.040	2.50	305.78	.082	5.10	15.00	4020.00
.050	2.00	244.62	.082	5.00	14.30	3088.00
.060	1.67	203.85	.082	4.82	13.30	2416.00
.070	1.43	174.73	.082	4.65	13.00	2017.14

Breite mm .3
Ganghöhe mm 1.0
Windungszahl 11.0
Leiterdicke mm .0350

g/a	a/cm	a/r	r	S1	S2	L/nH
.004	25.00	4324.34	.058	7.85	35.10	94490.00
.008	12.50	2162.17	.058	7.15	29.25	40040.00
.012	8.33	1441.45	.058	6.74	25.20	23422.67
.016	6.25	1081.09	.058	6.40	22.30	15785.00
.020	5.00	864.87	.058	6.20	20.05	11550.00
.030	3.33	576.58	.058	5.81	17.35	6793.60
.040	2.50	432.43	.058	5.60	16.45	4851.00
.050	2.00	345.95	.058	5.40	15.65	3704.80
.060	1.67	288.29	.058	5.16	14.70	2912.80
.070	1.43	247.11	.058	5.04	14.05	2399.89

Windungszahl 11.0
Leiterdicke mm .0700

g/a	a/cm	a/r	r	S1	S2	L/nH
.004	25.00	3057.77	.082	7.56	35.10	93852.00
.008	12.50	1528.89	.082	6.82	29.25	39677.00
.012	8.33	1019.26	.082	6.39	25.20	23166.00
.016	6.25	764.44	.082	6.10	22.30	15620.00
.020	5.00	611.55	.082	5.88	20.05	11409.20
.030	3.33	407.70	.082	5.50	17.35	6702.67
.040	2.50	305.78	.082	5.10	16.45	4741.00
.050	2.00	244.62	.082	5.00	15.65	3634.40
.060	1.67	203.85	.082	4.82	14.70	2862.93
.070	1.43	174.73	.082	4.65	14.05	2350.86

Breite mm .3
Ganghöhe mm 1.0
Windungszahl 12.0
Leiterdicke mm .0350

g/a	a/cm	a/r	r	S1	S2	L/nH
.004	25.00	4324.34	.058	7.85	37.90	109800.00
.008	12.50	2162.17	.058	7.15	31.20	46020.00
.012	8.33	1441.45	.058	6.74	26.90	26912.00
.016	6.25	1081.09	.058	6.40	23.90	18180.00
.020	5.00	864.87	.058	6.20	21.60	13344.00
.030	3.33	576.58	.058	5.81	18.90	7907.20
.040	2.50	432.43	.058	5.60	17.90	5640.00
.050	2.00	345.95	.058	5.40	17.00	4300.80
.060	1.67	288.29	.058	5.16	16.10	3401.60
.070	1.43	247.11	.058	5.04	15.10	2762.06

Windungszahl 12.0
Leiterdicke mm .0700

g/a	a/cm	a/r	r	S1	S2	L/nH
.004	25.00	3057.77	.082	7.56	37.90	109104.00
.008	12.50	1528.89	.082	6.82	31.20	45624.00
.012	8.33	1019.26	.082	6.39	26.90	26632.00
.016	6.25	764.44	.082	6.10	23.90	18000.00
.020	5.00	611.55	.082	5.88	21.60	13190.40
.030	3.33	407.70	.082	5.50	18.90	7808.00
.040	2.50	305.78	.082	5.10	17.90	5520.00
.050	2.00	244.62	.082	5.00	17.00	4224.00
.060	1.67	203.85	.082	4.82	16.10	3347.20
.070	1.43	174.73	.082	4.65	15.10	2708.57

Breite mm .3
Ganghöhe mm 1.0
Windungszahl 13.0
Leiterdicke mm .0350

g/a	a/cm	a/r	r	S1	S2	L/nH
.004	25.00	4324.34	.058	7.85	40.57	125892.00
.008	12.50	2162.17	.058	7.15	33.40	52715.00
.012	8.33	1441.45	.058	6.74	28.90	30888.00
.016	6.25	1081.09	.058	6.40	25.60	20800.00
.020	5.00	864.87	.058	6.20	23.23	15303.60
.030	3.33	576.58	.058	5.81	20.17	9006.40
.040	2.50	432.43	.058	5.60	18.97	6388.20
.050	2.00	345.95	.058	5.40	18.03	4873.44
.060	1.67	288.29	.058	5.16	17.07	3853.20
.070	1.43	247.11	.058	5.04	16.03	3130.40

Windungszahl 13.0
Leiterdicke mm .0700

g/a	a/cm	a/r	r	S1	S2	L/nH
.004	25.00	3057.77	.082	7.56	40.57	125138.00
.008	12.50	1528.89	.082	6.82	33.40	52286.00
.012	8.33	1019.26	.082	6.39	28.90	30584.67
.016	6.25	764.44	.082	6.10	25.60	20605.00
.020	5.00	611.55	.082	5.88	23.23	15137.20
.030	3.33	407.70	.082	5.50	20.17	8898.93
.040	2.50	305.78	.082	5.10	18.97	6258.20
.050	2.00	244.62	.082	5.00	18.03	4790.24
.060	1.67	203.85	.082	4.82	17.07	3794.27
.070	1.43	174.73	.082	4.65	16.03	3072.46

Breite mm .3
Ganghöhe mm 1.0
Windungszahl 14.0
Leiterdicke mm .0350

g/a	a/cm	a/r	r	S1	S2	L/nH
.004	25.00	4324.34	.058	7.85	43.24	143052.00
.008	12.50	2162.17	.058	7.15	35.60	59850.00
.012	8.33	1441.45	.058	6.74	30.90	35130.67
.016	6.25	1081.09	.058	6.40	27.30	23590.00
.020	5.00	864.87	.058	6.20	24.86	17393.60
.030	3.33	576.58	.058	5.81	21.44	10173.33
.040	2.50	432.43	.058	5.60	20.04	7179.20
.050	2.00	345.95	.058	5.40	19.06	5479.04
.060	1.67	288.29	.058	5.16	18.04	4330.67
.070	1.43	247.11	.058	5.04	16.96	3520.00

Windungszahl 14.0
Leiterdicke mm .0700

g/a	a/cm	a/r	r	S1	S2	L/nH
.004	25.00	3057.77	.082	7.56	43.24	142240.00
.008	12.50	1528.89	.082	6.82	35.60	59388.00
.012	8.33	1019.26	.082	6.39	30.90	34804.00
.016	6.25	764.44	.082	6.10	27.30	23380.00
.020	5.00	611.55	.082	5.88	24.86	17214.40
.030	3.33	407.70	.082	5.50	21.44	10057.60
.040	2.50	305.78	.082	5.10	20.04	7039.20
.050	2.00	244.62	.082	5.00	19.06	5389.44
.060	1.67	203.85	.082	4.82	18.04	4267.20
.070	1.43	174.73	.082	4.65	16.96	3457.60

Breite mm .5
Ganghöhe mm 1.0
Windungszahl 2.0
Leiterdicke mm .0350

g/a	a/cm	a/r	r	S1	S2	L/nH
.004	25.00	3349.62	.075	7.60	4.00	4640.00
.008	12.50	1674.81	.075	6.90	3.00	1980.00
.012	8.33	1116.54	.075	6.49	2.60	1212.00
.016	6.25	837.41	.075	6.08	2.60	868.00
.020	5.00	669.92	.075	5.95	2.60	684.00
.030	3.33	446.62	.075	5.68	2.60	441.60
.040	2.50	334.96	.075	5.31	2.60	316.40
.050	2.00	267.97	.075	5.07	2.60	245.44
.060	1.67	223.31	.075	4.91	2.60	200.27
.070	1.43	191.41	.075	4.72	2.60	167.31

Windungszahl 2.0
Leiterdicke mm .0700

g/a	a/cm	a/r	r	S1	S2	L/nH
.004	25.00	2368.54	.106	7.25	4.00	4500.00
.008	12.50	1184.27	.106	6.54	3.00	1908.00
.012	8.33	789.51	.106	6.11	2.60	1161.33
.016	6.25	592.14	.106	5.82	2.60	842.00
.020	5.00	473.71	.106	5.73	2.60	666.40
.030	3.33	315.81	.106	5.21	2.60	416.53
.040	2.50	236.85	.106	4.98	2.60	303.20
.050	2.00	189.48	.106	4.71	2.60	233.92
.060	1.67	157.90	.106	4.62	2.60	192.53
.070	1.43	135.35	.106	4.40	2.60	160.00

Breite mm .5
Ganghöhe mm 1.0
Windungszahl 3.0
Leiterdicke mm .0350

g/a	a/cm	a/r	r	S1	S2	L/nH
.004	25.00	3349.62	.075	7.60	9.00	9960.00
.008	12.50	1674.81	.075	6.90	7.80	4410.00
.012	8.33	1116.54	.075	6.49	6.50	2598.00
.016	6.25	837.41	.075	6.08	6.00	1812.00
.020	5.00	669.92	.075	5.95	5.50	1374.00
.030	3.33	446.62	.075	5.68	5.00	854.40
.040	2.50	334.96	.075	5.31	4.90	612.60
.050	2.00	267.97	.075	5.07	4.80	473.76
.060	1.67	223.31	.075	4.91	4.20	364.40
.070	1.43	191.41	.075	4.72	4.00	298.97

Windungszahl 3.0
Leiterdicke mm .0700

g/a	a/cm	a/r	r	S1	S2	L/nH
.004	25.00	2368.54	.106	7.25	9.00	9750.00
.008	12.50	1184.27	.106	6.54	7.80	4302.00
.012	8.33	789.51	.106	6.11	6.50	2522.00
.016	6.25	592.14	.106	5.82	6.00	1773.00
.020	5.00	473.71	.106	5.73	5.50	1347.60
.030	3.33	315.81	.106	5.21	5.00	816.80
.040	2.50	236.85	.106	4.98	4.90	592.80
.050	2.00	189.48	.106	4.71	4.80	456.48
.060	1.67	157.90	.106	4.62	4.20	352.80
.070	1.43	135.35	.106	4.40	4.00	288.00

Breite mm .5
Ganghöhe mm 1.0
Windungszahl 4.0
Leiterdicke mm .0350

g/a	a/cm	a/r	r	S1	S2	L/nH
.004	25.00	3349.62	.075	7.60	13.00	16480.00
.008	12.50	1674.81	.075	6.90	10.80	7080.00
.012	8.33	1116.54	.075	6.49	9.50	4264.00
.016	6.25	837.41	.075	6.08	8.80	2976.00
.020	5.00	669.92	.075	5.95	8.00	2232.00
.030	3.33	446.62	.075	5.68	7.80	1437.87
.040	2.50	334.96	.075	5.31	7.70	1040.80
.050	2.00	267.97	.075	5.07	7.20	785.28
.060	1.67	223.31	.075	4.91	7.00	635.20
.070	1.43	191.41	.075	4.72	6.80	526.63

Windungszahl 4.0
Leiterdicke mm .0700

g/a	a/cm	a/r	r	S1	S2	L/nH
.004	25.00	2368.54	.106	7.25	13.00	16200.00
.008	12.50	1184.27	.106	6.54	10.80	6936.00
.012	8.33	789.51	.106	6.11	9.50	4162.67
.016	6.25	592.14	.106	5.82	8.80	2924.00
.020	5.00	473.71	.106	5.73	8.00	2196.80
.030	3.33	315.81	.106	5.21	7.80	1387.73
.040	2.50	236.85	.106	4.98	7.70	1014.40
.050	2.00	189.48	.106	4.71	7.20	762.24
.060	1.67	157.90	.106	4.62	7.00	619.73
.070	1.43	135.35	.106	4.40	6.80	512.00

Breite mm .5
Ganghöhe mm 1.0
Windungszahl 5.0
Leiterdicke mm .0350

g/a	a/cm	a/r	r	S1	S2	L/nH
.004	25.00	3349.62	.075	7.60	16.60	24200.00
.008	12.50	1674.81	.075	6.90	14.00	10450.00
.012	8.33	1116.54	.075	6.49	12.20	6230.00
.016	6.25	837.41	.075	6.08	10.90	4245.00
.020	5.00	669.92	.075	5.95	9.70	3130.00
.030	3.33	446.62	.075	5.68	8.85	1937.33
.040	2.50	334.96	.075	5.31	8.60	1391.00
.050	2.00	267.97	.075	5.07	8.10	1053.60
.060	1.67	223.31	.075	4.91	7.95	857.33
.070	1.43	191.41	.075	4.72	7.80	715.43

Windungszahl 5.0
Leiterdicke mm .0700

g/a	a/cm	a/r	r	S1	S2	L/nH
.004	25.00	2368.54	.106	7.25	16.60	23850.00
.008	12.50	1184.27	.106	6.54	14.00	10270.00
.012	8.33	789.51	.106	6.11	12.20	6103.33
.016	6.25	592.14	.106	5.82	10.90	4180.00
.020	5.00	473.71	.106	5.73	9.70	3086.00
.030	3.33	315.81	.106	5.21	8.85	1874.67
.040	2.50	236.85	.106	4.98	8.60	1358.00
.050	2.00	189.48	.106	4.71	8.10	1024.80
.060	1.67	157.90	.106	4.62	7.95	838.00
.070	1.43	135.35	.106	4.40	7.80	697.14

Breite mm .5
Ganghöhe mm 1.0
Windungszahl 6.0
Leiterdicke mm .0350

g/a	a/cm	a/r	r	S1	S2	L/nH
.004	25.00	3349.62	.075	7.60	20.20	33360.00
.008	12.50	1674.81	.075	6.90	17.20	14460.00
.012	8.33	1116.54	.075	6.49	14.90	8556.00
.016	6.25	837.41	.075	6.08	13.10	5754.00
.020	5.00	669.92	.075	5.95	11.80	4260.00
.030	3.33	446.62	.075	5.68	9.90	2492.80
.040	2.50	334.96	.075	5.31	9.50	1777.20
.050	2.00	267.97	.075	5.07	9.00	1350.72
.060	1.67	223.31	.075	4.91	8.90	1104.80
.070	1.43	191.41	.075	4.72	8.80	927.09

Windungszahl 6.0
Leiterdicke mm .0700

g/a	a/cm	a/r	r	S1	S2	L/nH
.004	25.00	2368.54	.106	7.25	20.20	32940.00
.008	12.50	1184.27	.106	6.54	17.20	14244.00
.012	8.33	789.51	.106	6.11	14.90	8404.00
.016	6.25	592.14	.106	5.82	13.10	5676.00
.020	5.00	473.71	.106	5.73	11.80	4207.20
.030	3.33	315.81	.106	5.21	9.90	2417.60
.040	2.50	236.85	.106	4.98	9.50	1737.60
.050	2.00	189.48	.106	4.71	9.00	1316.16
.060	1.67	157.90	.106	4.62	8.90	1081.60
.070	1.43	135.35	.106	4.40	8.80	905.14

Breite mm .5
Ganghöhe mm 1.0
Windungszahl 7.0
Leiterdicke mm .0350

g/a	a/cm	a/r	r	S1	S2	L/nH
.004	25.00	3349.62	.075	7.60	23.60	43680.00
.008	12.50	1674.81	.075	6.90	19.85	18725.00
.012	8.33	1116.54	.075	6.49	16.95	10938.67
.016	6.25	837.41	.075	6.08	14.90	7343.00
.020	5.00	669.92	.075	5.95	13.40	5418.00
.030	3.33	446.62	.075	5.68	11.35	3178.93
.040	2.50	334.96	.075	5.31	10.85	2262.40
.050	2.00	267.97	.075	5.07	10.50	1743.84
.060	1.67	223.31	.075	4.91	10.35	1424.27
.070	1.43	191.41	.075	4.72	9.95	1173.60

Windungszahl 7.0
Leiterdicke mm .0700

g/a	a/cm	a/r	r	S1	S2	L/nH
.004	25.00	2368.54	.106	7.25	23.60	43190.00
.008	12.50	1184.27	.106	6.54	19.85	18473.00
.012	8.33	789.51	.106	6.11	16.95	10761.33
.016	6.25	592.14	.106	5.82	14.90	7252.00
.020	5.00	473.71	.106	5.73	13.40	5356.40
.030	3.33	315.81	.106	5.21	11.35	3091.20
.040	2.50	236.85	.106	4.98	10.85	2216.20
.050	2.00	189.48	.106	4.71	10.50	1703.52
.060	1.67	157.90	.106	4.62	10.35	1397.20
.070	1.43	135.35	.106	4.40	9.95	1148.00

Breite mm .5
Ganghöhe mm 1.0
Windungszahl 8.0
Leiterdicke mm .0350

g/a	a/cm	a/r	r	S1	S2	L/nH
.004	25.00	3349.62	.075	7.60	27.00	55360.00
.008	12.50	1674.81	.075	6.90	22.50	23520.00
.012	8.33	1116.54	.075	6.49	19.00	13594.67
.016	6.25	837.41	.075	6.08	16.70	9112.00
.020	5.00	669.92	.075	5.95	15.00	6704.00
.030	3.33	446.62	.075	5.68	12.80	3942.40
.040	2.50	334.96	.075	5.31	12.20	2801.60
.050	2.00	267.97	.075	5.07	12.00	2184.96
.060	1.67	223.31	.075	4.91	11.80	1782.40
.070	1.43	191.41	.075	4.72	11.10	1446.40

Windungszahl 8.0
Leiterdicke mm .0700

g/a	a/cm	a/r	r	S1	S2	L/nH
.004	25.00	2368.54	.106	7.25	27.00	54800.00
.008	12.50	1184.27	.106	6.54	22.50	23232.00
.012	8.33	789.51	.106	6.11	19.00	13392.00
.016	6.25	592.14	.106	5.82	16.70	9008.00
.020	5.00	473.71	.106	5.73	15.00	6633.60
.030	3.33	315.81	.106	5.21	12.80	3842.13
.040	2.50	236.85	.106	4.98	12.20	2748.80
.050	2.00	189.48	.106	4.71	12.00	2138.88
.060	1.67	157.90	.106	4.62	11.80	1751.47
.070	1.43	135.35	.106	4.40	11.10	1417.14

Breite mm .5
Ganghöhe mm 1.0
Windungszahl 9.0
Leiterdicke mm .0350

g/a	a/cm	a/r	r	S1	S2	L/nH
.004	25.00	3349.62	.075	7.60	29.65	67050.00
.008	12.50	1674.81	.075	6.90	24.90	28620.00
.012	8.33	1116.54	.075	6.49	21.25	16644.00
.016	6.25	837.41	.075	6.08	18.70	11151.00
.020	5.00	669.92	.075	5.95	16.75	8172.00
.030	3.33	446.62	.075	5.68	14.30	4795.20
.040	2.50	334.96	.075	5.31	13.60	3403.80
.050	2.00	267.97	.075	5.07	13.58	2685.60
.060	1.67	223.31	.075	4.91	13.55	2215.20
.070	1.43	191.41	.075	4.72	13.05	1827.77

Windungszahl 9.0
Leiterdicke mm .0700

g/a	a/cm	a/r	r	S1	S2	L/nH
.004	25.00	2368.54	.106	7.25	29.65	66420.00
.008	12.50	1184.27	.106	6.54	24.90	28296.00
.012	8.33	789.51	.106	6.11	21.25	16416.00
.016	6.25	592.14	.106	5.82	18.70	11034.00
.020	5.00	473.71	.106	5.73	16.75	8092.80
.030	3.33	315.81	.106	5.21	14.30	4682.40
.040	2.50	236.85	.106	4.98	13.60	3344.40
.050	2.00	189.48	.106	4.71	13.58	2633.76
.060	1.67	157.90	.106	4.62	13.55	2180.40
.070	1.43	135.35	.106	4.40	13.05	1794.86

Breite mm .5
Ganghöhe mm 1.0
Windungszahl 10.0
Leiterdicke mm .0350

g/a	a/cm	a/r	r	S1	S2	L/nH
.004	25.00	3349.62	.075	7.60	32.30	79800.00
.008	12.50	1674.81	.075	6.90	27.30	34200.00
.012	8.33	1116.54	.075	6.49	23.50	19993.33
.016	6.25	837.41	.075	6.08	20.70	13390.00
.020	5.00	669.92	.075	5.95	18.50	9780.00
.030	3.33	446.62	.075	5.68	15.80	5728.00
.040	2.50	334.96	.075	5.31	15.00	4062.00
.050	2.00	267.97	.075	5.07	14.30	3099.20
.060	1.67	223.31	.075	4.91	13.30	2428.00
.070	1.43	191.41	.075	4.72	13.00	2025.14

Windungszahl 10.0
Leiterdicke mm .0700

g/a	a/cm	a/r	r	S1	S2	L/nH
.004	25.00	2368.54	.106	7.25	32.30	79100.00
.008	12.50	1184.27	.106	6.54	27.30	33840.00
.012	8.33	789.51	.106	6.11	23.50	19740.00
.016	6.25	592.14	.106	5.82	20.70	13260.00
.020	5.00	473.71	.106	5.73	18.50	9692.00
.030	3.33	315.81	.106	5.21	15.80	5602.67
.040	2.50	236.85	.106	4.98	15.00	3996.00
.050	2.00	189.48	.106	4.71	14.30	3041.60
.060	1.67	157.90	.106	4.62	13.30	2389.33
.070	1.43	135.35	.106	4.40	13.00	1988.57

Breite mm .5
Ganghöhe mm 1.0
Windungszahl 11.0
Leiterdicke mm .0350

g/a	a/cm	a/r	r	S1	S2	L/nH
.004	25.00	3349.62	.075	7.60	35.10	93940.00
.008	12.50	1674.81	.075	6.90	29.25	39765.00
.012	8.33	1116.54	.075	6.49	25.20	23239.33
.016	6.25	837.41	.075	6.08	22.30	15609.00
.020	5.00	669.92	.075	5.95	20.05	11440.00
.030	3.33	446.62	.075	5.68	17.35	6755.47
.040	2.50	334.96	.075	5.31	16.45	4787.20
.050	2.00	267.97	.075	5.07	15.65	3646.72
.060	1.67	223.31	.075	4.91	14.70	2876.13
.070	1.43	191.41	.075	4.72	14.05	2359.66

Windungszahl 11.0
Leiterdicke mm .0700

g/a	a/cm	a/r	r	S1	S2	L/nH
.004	25.00	2368.54	.106	7.25	35.10	93170.00
.008	12.50	1184.27	.106	6.54	29.25	39369.00
.012	8.33	789.51	.106	6.11	25.20	22960.67
.016	6.25	592.14	.106	5.82	22.30	15466.00
.020	5.00	473.71	.106	5.73	20.05	11343.20
.030	3.33	315.81	.106	5.21	17.35	6617.60
.040	2.50	236.85	.106	4.98	16.45	4714.60
.050	2.00	189.48	.106	4.71	15.65	3583.36
.060	1.67	157.90	.106	4.62	14.70	2833.60
.070	1.43	135.35	.106	4.40	14.05	2319.43

Breite mm .5
Ganghöhe mm 1.0
Windungszahl 12.0
Leiterdicke mm .0350

g/a	a/cm	a/r	r	S1	S2	L/nH
.004	25.00	3349.62	.075	7.60	37.90	109200.00
.008	12.50	1674.81	.075	6.90	31.20	45720.00
.012	8.33	1116.54	.075	6.49	26.90	26712.00
.016	6.25	837.41	.075	6.08	23.90	17988.00
.020	5.00	669.92	.075	5.95	21.60	13224.00
.030	3.33	446.62	.075	5.68	18.90	7865.60
.040	2.50	334.96	.075	5.31	17.90	5570.40
.050	2.00	267.97	.075	5.07	17.00	4237.44
.060	1.67	223.31	.075	4.91	16.10	3361.60
.070	1.43	191.41	.075	4.72	15.10	2718.17

Windungszahl 12.0
Leiterdicke mm .0700

g/a	a/cm	a/r	r	S1	S2	L/nH
.004	25.00	2368.54	.106	7.25	37.90	108360.00
.008	12.50	1184.27	.106	6.54	31.20	45288.00
.012	8.33	789.51	.106	6.11	26.90	26408.00
.016	6.25	592.14	.106	5.82	23.90	17832.00
.020	5.00	473.71	.106	5.73	21.60	13118.40
.030	3.33	315.81	.106	5.21	18.90	7715.20
.040	2.50	236.85	.106	4.98	17.90	5491.20
.050	2.00	189.48	.106	4.71	17.00	4168.32
.060	1.67	157.90	.106	4.62	16.10	3315.20
.070	1.43	135.35	.106	4.40	15.10	2674.29

Breite mm .5
Ganghöhe mm 1.0
Windungszahl 13.0
Leiterdicke mm .0350

g/a	a/cm	a/r	r	S1	S2	L/nH
.004	25.00	3349.62	.075	7.60	40.57	125242.00
.008	12.50	1674.81	.075	6.90	33.40	52390.00
.012	8.33	1116.54	.075	6.49	28.90	30671.33
.016	6.25	837.41	.075	6.08	25.60	20592.00
.020	5.00	669.92	.075	5.95	23.23	15173.60
.030	3.33	446.62	.075	5.68	20.17	8961.33
.040	2.50	334.96	.075	5.31	18.97	6312.80
.050	2.00	267.97	.075	5.07	18.03	4804.80
.060	1.67	223.31	.075	4.91	17.07	3809.87
.070	1.43	191.41	.075	4.72	16.03	3082.86

Windungszahl 13.0
Leiterdicke mm .0700

g/a	a/cm	a/r	r	S1	S2	L/nH
.004	25.00	2368.54	.106	7.25	40.57	124332.00
.008	12.50	1184.27	.106	6.54	33.40	51922.00
.012	8.33	789.51	.106	6.11	28.90	30342.00
.016	6.25	592.14	.106	5.82	25.60	20423.00
.020	5.00	473.71	.106	5.73	23.23	15059.20
.030	3.33	315.81	.106	5.21	20.17	8798.40
.040	2.50	236.85	.106	4.98	18.97	6227.00
.050	2.00	189.48	.106	4.71	18.03	4729.92
.060	1.67	157.90	.106	4.62	17.07	3759.60
.070	1.43	135.35	.106	4.40	16.03	3035.31

Breite mm .5
Ganghöhe mm 1.0
Windungszahl 14.0
Leiterdicke mm .0350

g/a	a/cm	a/r	r	S1	S2	L/nH
.004	25.00	3349.62	.075	7.60	43.24	142352.00
.008	12.50	1674.81	.075	6.90	35.60	59500.00
.012	8.33	1116.54	.075	6.49	30.90	34897.33
.016	6.25	837.41	.075	6.08	27.30	23366.00
.020	5.00	669.92	.075	5.95	24.86	17253.60
.030	3.33	446.62	.075	5.68	21.44	10124.80
.040	2.50	334.96	.075	5.31	20.04	7098.00
.050	2.00	267.97	.075	5.07	19.06	5405.12
.060	1.67	223.31	.075	4.91	18.04	4284.00
.070	1.43	191.41	.075	4.72	16.96	3468.80

Windungszahl 14.0
Leiterdicke mm .0700

g/a	a/cm	a/r	r	S1	S2	L/nH
.004	25.00	2368.54	.106	7.25	43.24	141372.00
.008	12.50	1184.27	.106	6.54	35.60	58996.00
.012	8.33	789.51	.106	6.11	30.90	34542.67
.016	6.25	592.14	.106	5.82	27.30	23184.00
.020	5.00	473.71	.106	5.73	24.86	17130.40
.030	3.33	315.81	.106	5.21	21.44	9949.33
.040	2.50	236.85	.106	4.98	20.04	7005.60
.050	2.00	189.48	.106	4.71	19.06	5324.48
.060	1.67	157.90	.106	4.62	18.04	4229.87
.070	1.43	135.35	.106	4.40	16.96	3417.60

A6.5 Dimensionierungstabellen L, Kreisspiralspulen (Wheeler)

Breite mm .1
Ganghöhe mm .3

Windungszahl	Induktivität L/nH – mittlerer Windungsdurchmesser a/mm			
	7.5	10	15	20
1	17.84	24.01	36.33	48.66
2	64.52	88.87	137.87	187.03
3	132.45	186.12	295.07	404.96
4	216.49	309.44	500.16	693.79
5	313.04	454.08	746.74	1046.05
6	419.50	616.37	1029.52	1455.32
7	533.93	793.44	1344.07	1915.98
8	654.88	983.00	1686.64	2423.16
9	781.23	1183.23	2054.06	2972.55
10	912.09	1392.63	2443.61	3560.40
11	1046.77	1609.97	2852.97	4183.34
12	1184.71	1834.25	3280.13	4838.43
13	1325.45	2064.59	3723.32	5523.02
14	1468.61	2300.30	4181.02	6234.75
15	1613.88	2540.76	4651.90	6971.52
16	1761.02	2785.45	5134.77	7731.41
17	1909.78	3033.93	5628.59	8512.73
18	2060.00	3285.80	6132.43	9313.92
19	0.00	3540.75	6645.47	10133.59
20	0.00	3798.46	7166.97	10970.45
21	0.00	4058.69	7696.27	11823.35
22	0.00	4321.21	8232.79	12691.23
23	0.00	4585.82	8775.98	13573.14
24	0.00	4852.34	9325.36	14468.17
25	0.00	5120.62	9880.50	15375.53
26	0.00	5390.52	10441.00	16294.46
27	0.00	5661.90	11006.50	17224.28
28	0.00	0.00	11576.66	18164.36
29	0.00	0.00	12151.19	19114.10
30	0.00	0.00	12729.81	20072.97
31	0.00	0.00	13312.27	21040.46
32	0.00	0.00	13898.34	22016.12
33	0.00	0.00	14487.79	22999.50
34	0.00	0.00	15080.44	23990.20
35	0.00	0.00	15676.10	24987.85
36	0.00	0.00	16274.60	25992.10
37	0.00	0.00	16875.78	27002.62
38	0.00	0.00	17479.51	28019.10
39	0.00	0.00	18085.64	29041.26
40	0.00	0.00	18694.05	30068.84

Breite mm .1
Ganghöhe mm .3

Windungszahl	Induktivität L/nH – mittlerer Windungsdurchmesser a/mm			
	7.5	10	15	20
41	0.00	0.00	19304.62	31101.57
42	0.00	0.00	19917.25	32139.23
43	0.00	0.00	20531.82	33181.58
44	0.00	0.00	0.00	34220.43
45	0.00	0.00	0.00	35279.58
46	0.00	0.00	0.00	36334.83
47	0.00	0.00	0.00	37394.02
48	0.00	0.00	0.00	38456.90
49	0.00	0.00	0.00	39523.56
50	0.00	0.00	0.00	40593.60
51	0.00	0.00	0.00	41666.97
52	0.00	0.00	0.00	42743.54
53	0.00	0.00	0.00	43823.17
54	0.00	0.00	0.00	44905.76
55	0.00	0.00	0.00	45991.19
56	0.00	0.00	0.00	47079.34
57	0.00	0.00	0.00	48170.13
58	0.00	0.00	0.00	49263.45
59	0.00	0.00	0.00	50359.21
60	0.00	0.00	0.00	51457.33
61	0.00	0.00	0.00	0.00

Breite mm .1
Ganghöhe mm .5

Windungszahl	Induktivität L/nH – mittlerer Windungsdurchmesser a/mm: 7.5	10	15	20
1	17.84	24.01	36.33	48.66
2	60.64	84.67	133.31	182.27
3	118.59	170.38	277.04	385.59
4	186.44	273.94	457.57	646.81
5	261.12	390.69	667.57	956.66
6	340.69	517.44	901.57	1307.74
7	423.90	651.97	1155.34	1694.08
8	509.88	792.67	1425.60	2110.81
9	598.03	938.34	1709.77	2553.93
10	687.90	1088.07	2005.77	3020.08
11	779.16	1241.16	2311.91	3506.49
12	0.00	1397.07	2626.83	4010.78
13	0.00	1555.37	2949.37	4530.94
14	0.00	1715.70	3278.59	5065.27
15	0.00	1877.78	3613.68	5612.28
16	0.00	2041.38	3953.99	6170.68
17	0.00	0.00	4298.92	6739.38
18	0.00	0.00	4647.99	7317.39
19	0.00	0.00	5000.76	7903.86
20	0.00	0.00	5356.87	8498.04
21	0.00	0.00	5716.00	9099.26
22	0.00	0.00	6077.86	9706.93
23	0.00	0.00	6442.20	10320.52
24	0.00	0.00	6808.82	10939.57
25	0.00	0.00	7177.51	11563.64
26	0.00	0.00	7548.09	12192.37
27	0.00	0.00	0.00	12825.40
28	0.00	0.00	0.00	13462.43
29	0.00	0.00	0.00	14103.18
30	0.00	0.00	0.00	14747.39
31	0.00	0.00	0.00	15394.83
32	0.00	0.00	0.00	16045.29
33	0.00	0.00	0.00	16698.57
34	0.00	0.00	0.00	17354.50
35	0.00	0.00	0.00	18012.92
36	0.00	0.00	0.00	18673.66
37	0.00	0.00	0.00	0.00

Breite mm .1
Ganghöhe mm 1.0

Windungszahl	Induktivität L/nH – mittlerer Windungsdurchmesser a/mm: 7.5	10	15	20
1	17.84	24.01	36.33	48.66
2	52.71	75.72	123.13	171.37
3	94.00	140.65	240.33	344.40
4	138.42	212.89	377.25	553.17
5	184.58	289.61	527.71	788.25
6	231.81	369.27	687.84	1043.25
7	0.00	450.97	855.14	1313.71
8	0.00	534.12	1027.89	1596.38
9	0.00	0.00	1204.89	1888.89
10	0.00	0.00	1385.25	2189.43
11	0.00	0.00	1568.33	2496.62
12	0.00	0.00	1753.64	2809.37
13	0.00	0.00	1940.80	3126.81
14	0.00	0.00	0.00	3448.26
15	0.00	0.00	0.00	3773.15
16	0.00	0.00	0.00	4101.02
17	0.00	0.00	0.00	4431.49
18	0.00	0.00	0.00	4764.23
19	0.00	0.00	0.00	0.00

Breite mm .1
Ganghöhe mm 2.0

Windungszahl	Induktivität L/nH – mittlerer Windungsdurchmesser a/mm: 7.5	10	15	20
1	17.84	24.01	36.33	48.66
2	41.78	62.51	106.81	153.07
3	66.45	104.26	189.97	283.77
4	0.00	147.25	279.23	428.97
5	0.00	0.00	371.88	582.99
6	0.00	0.00	466.61	742.80
7	0.00	0.00	562.72	906.59
8	0.00	0.00	0.00	1073.25
9	0.00	0.00	0.00	1242.04
10	0.00	0.00	0.00	0.00

Breite mm .1
Ganghöhe mm .8

Windungszahl	Induktivität L/nH – mittlerer Windungsdurchmesser a/mm: 7.5	10	15	20
1	17.84	24.01	36.33	48.66
2	55.62	79.07	127.01	175.57
3	102.50	151.20	253.78	359.77
4	154.32	233.72	405.74	587.17
5	209.09	323.04	575.98	847.96
6	265.79	417.04	759.90	1135.08
7	323.80	514.40	954.33	1443.34
8	0.00	614.27	1157.00	1768.81
9	0.00	716.04	1366.27	2108.51
10	0.00	819.30	1580.88	2460.08
11	0.00	0.00	1799.89	2821.68
12	0.00	0.00	2022.57	3191.80
13	0.00	0.00	2248.33	3569.25
14	0.00	0.00	2476.72	3953.04
15	0.00	0.00	2707.34	4342.34
16	0.00	0.00	2939.91	4736.47
17	0.00	0.00	3174.15	5134.86
18	0.00	0.00	0.00	5537.01
19	0.00	0.00	0.00	5942.53
20	0.00	0.00	0.00	6351.03
21	0.00	0.00	0.00	6762.23
22	0.00	0.00	0.00	7175.85
23	0.00	0.00	0.00	7591.66
24	0.00	0.00	0.00	0.00

Breite mm .1
Ganghöhe mm 3.0

Windungszahl	Induktivität L/nH – mittlerer Windungsdurchmesser a/mm: 7.5	10	15	20
1	17.84	24.01	36.33	48.66
2	34.60	53.22	94.31	138.29
3	0.00	82.83	157.07	241.29
4	0.00	0.00	221.64	350.31
5	0.00	0.00	287.10	462.55
6	0.00	0.00	0.00	576.71
7	0.00	0.00	0.00	0.00

Breite mm .2
Ganghöhe mm .3

Windungszahl	Induktivität L/nH — mittlerer Windungsdurchmesser a/mm 7.5	10	15	20
1	17.23	23.38	35.69	48.01
2	62.52	86.72	135.55	184.62
3	128.69	181.91	290.35	399.94
4	210.83	302.89	492.52	685.49
5	305.45	445.05	735.83	1033.98
6	410.02	604.80	1015.12	1439.08
7	522.63	779.34	1326.02	1895.30
8	641.85	966.43	1664.86	2397.81
9	766.55	1164.24	2028.53	2942.41
10	895.87	1371.31	2414.33	3525.36
11	1029.10	1586.40	2819.98	4143.35
12	1165.67	1808.52	3243.46	4793.47
13	1305.13	2036.81	3683.05	5473.09
14	1447.08	2270.54	4137.23	6179.87
15	1591.23	2509.12	4604.65	6911.73
16	1737.29	2752.01	5084.16	7666.78
17	1885.05	2998.77	5574.70	8443.30
18	2034.32	3249.01	6075.36	9239.77
19	0.00	3502.39	6585.30	10054.79
20	0.00	3758.60	7103.80	10887.09
21	0.00	4017.40	7630.19	11735.52
22	0.00	4278.55	8163.87	12599.01
23	0.00	4541.85	8704.31	13476.61
24	0.00	4807.12	9251.03	14367.43
25	0.00	5074.20	9803.59	15270.66
26	0.00	5342.94	10361.58	16185.55
27	0.00	0.00	10924.64	17111.42
28	0.00	0.00	11492.44	18047.33
29	0.00	0.00	12064.68	18993.59
30	0.00	0.00	12641.08	19948.76
31	0.00	0.00	13221.38	20912.65
32	0.00	0.00	13805.34	21884.77
33	0.00	0.00	14392.76	22864.69
34	0.00	0.00	14983.43	23852.02
35	0.00	0.00	15577.17	24846.36
36	0.00	0.00	16173.80	25847.38
37	0.00	0.00	16773.17	26854.75
38	0.00	0.00	17375.12	27868.14
39	0.00	0.00	17979.54	28887.29
40	0.00	0.00	18586.27	29911.91

Breite mm .2
Ganghöhe mm .3

Windungszahl	Induktivität L/nH — mittlerer Windungsdurchmesser a/mm 7.5	10	15	20
41	0.00	0.00	19195.22	30941.76
42	0.00	0.00	19806.26	31976.59
43	0.00	0.00	20419.30	33016.18
44	0.00	0.00	0.00	34060.52
45	0.00	0.00	0.00	35108.82
46	0.00	0.00	0.00	36161.49
47	0.00	0.00	0.00	37218.14
48	0.00	0.00	0.00	38278.62
49	0.00	0.00	0.00	39342.77
50	0.00	0.00	0.00	40410.43
51	0.00	0.00	0.00	41481.47
52	0.00	0.00	0.00	42555.75
53	0.00	0.00	0.00	43633.14
54	0.00	0.00	0.00	44713.54
55	0.00	0.00	0.00	45796.81
56	0.00	0.00	0.00	46882.86
57	0.00	0.00	0.00	47971.58
58	0.00	0.00	0.00	49062.88
59	0.00	0.00	0.00	50156.65
60	0.00	0.00	0.00	51252.82
61	0.00	0.00	0.00	0.00

Breite mm .2
Ganghöhe mm .5

Windungszahl	Induktivität L/nH — mittlerer Windungsdurchmesser a/mm 7.5	10	15	20
1	17.23	23.38	35.69	48.01
2	58.87	82.72	131.14	179.98
3	115.57	166.85	272.87	381.03
4	182.23	268.80	451.16	639.59
5	255.81	383.99	658.84	946.55
6	334.41	509.27	890.50	1294.61
7	416.74	642.43	1141.97	1677.89
8	501.94	781.86	1410.01	2091.56
9	589.39	926.35	1692.05	2531.64
10	678.63	1075.01	1986.00	2994.83
11	769.32	1227.11	2290.20	3478.35
12	0.00	1382.10	2603.26	3979.83
13	0.00	1539.55	2924.04	4497.28
14	0.00	1699.09	3251.59	5028.99
15	0.00	1860.44	3585.11	5573.47
16	0.00	2023.36	3923.91	6129.44
17	0.00	0.00	4267.42	6695.79
18	0.00	0.00	4615.13	7271.54
19	0.00	0.00	4966.62	7855.84
20	0.00	0.00	5321.50	8447.93
21	0.00	0.00	5679.46	9047.14
22	0.00	0.00	6040.21	9652.88
23	0.00	0.00	6403.50	10264.61
24	0.00	0.00	6769.11	10881.87
25	0.00	0.00	7136.83	11504.22
26	0.00	0.00	7506.50	12131.29
27	0.00	0.00	0.00	12762.72
28	0.00	0.00	0.00	13398.21
29	0.00	0.00	0.00	14037.47
30	0.00	0.00	0.00	14680.24
31	0.00	0.00	0.00	15326.29
32	0.00	0.00	0.00	15975.41
33	0.00	0.00	0.00	16627.40
34	0.00	0.00	0.00	17282.08
35	0.00	0.00	0.00	17939.28
36	0.00	0.00	0.00	18598.85
37	0.00	0.00	0.00	0.00

Breite mm .2
Ganghöhe mm .8

Windungszahl	Induktivität L/nH — mittlerer Windungsdurchmesser a/mm 7.5	10	15	20
1	17.23	23.38	35.69	48.01
2	54.12	77.36	125.04	173.45
3	100.24	148.42	250.28	355.80
4	151.42	229.97	400.70	581.22
5	205.68	318.45	569.47	840.00
6	261.95	411.71	752.02	1125.18
7	319.61	508.44	945.19	1431.56
8	0.00	607.75	1146.71	1755.27
9	0.00	709.04	1354.93	2093.30
10	0.00	811.87	1568.57	2443.31
11	0.00	0.00	1786.70	2803.43
12	0.00	0.00	2008.57	3172.17
13	0.00	0.00	2233.59	3548.33
14	0.00	0.00	2461.28	3930.90
15	0.00	0.00	2691.27	4319.07
16	0.00	0.00	2923.25	4712.13
17	0.00	0.00	0.00	5109.51
18	0.00	0.00	0.00	5510.72
19	0.00	0.00	0.00	5915.34
20	0.00	0.00	0.00	6323.01
21	0.00	0.00	0.00	6733.41
22	0.00	0.00	0.00	7146.27
23	0.00	0.00	0.00	7561.37
24	0.00	0.00	0.00	0.00

Breite mm .2
Ganghöhe mm 1.0

Windungszahl	Induktivität L/nH			
	mittlerer Windungsdurchmesser a/mm			
	7.5	10	15	20
1	17.23	23.38	35.69	48.01
2	51.36	74.16	121.28	169.35
3	92.09	138.23	237.18	340.76
4	136.08	209.77	372.89	547.88
5	181.91	285.91	522.24	781.37
6	228.89	365.09	681.38	1034.88
7	0.00	446.38	847.80	1303.95
8	0.00	529.19	1019.76	1585.34
9	0.00	0.00	1196.06	1876.67
10	0.00	0.00	1375.79	2176.13
11	0.00	0.00	1558.31	2482.32
12	0.00	0.00	1743.11	2794.15
13	0.00	0.00	1929.80	3110.74
14	0.00	0.00	0.00	3431.40
15	0.00	0.00	0.00	3755.56
16	0.00	0.00	0.00	4082.76
17	0.00	0.00	0.00	4412.60
18	0.00	0.00	0.00	4744.76
19	0.00	0.00	0.00	0.00

Breite mm .2
Ganghöhe mm 2.0

Windungszahl	Induktivität L/nH			
	mittlerer Windungsdurchmesser a/mm			
	7.5	10	15	20
1	17.23	23.38	35.69	48.01
2	40.93	61.44	105.41	151.45
3	65.49	102.93	188.01	281.29
4	0.00	145.76	276.83	425.78
5	0.00	0.00	369.15	579.22
6	0.00	0.00	465.65	738.54
7	0.00	0.00	559.55	901.93
8	0.00	0.00	0.00	1068.25
9	0.00	0.00	0.00	1236.75
10	0.00	0.00	0.00	0.00

Breite mm .2
Ganghöhe mm 3.0

Windungszahl	Induktivität L/nH			
	mittlerer Windungsdurchmesser a/mm			
	7.5	10	15	20
1	17.23	23.38	35.69	48.01
2	34.02	52.44	93.22	136.97
3	0.00	81.99	155.72	239.50
4	0.00	0.00	220.13	348.18
5	0.00	0.00	285.47	460.17
6	0.00	0.00	0.00	574.14
7	0.00	0.00	0.00	0.00

Breite mm .3
Ganghöhe mm .5

Windungszahl	Induktivität L/nH			
	mittlerer Windungsdurchmesser a/mm			
	7.5	10	15	20
1	16.66	22.78	35.07	47.38
2	57.20	80.85	129.04	177.75
3	112.70	163.47	268.83	376.58
4	178.20	263.85	444.94	632.53
5	250.72	377.51	650.34	936.65
6	328.35	501.35	879.70	1281.74
7	409.82	633.16	1128.92	1662.00
8	494.25	771.34	1394.76	2072.65
9	581.00	914.67	1674.68	2509.75
10	669.61	1062.25	1966.62	2970.00
11	759.73	1213.37	2268.88	3450.66
12	0.00	1367.45	2580.11	3949.36
13	0.00	1524.05	2899.15	4464.12
14	0.00	1682.80	3225.04	4993.22
15	0.00	1843.42	3556.98	5535.19
16	0.00	2005.66	3894.29	6088.74
17	0.00	0.00	4236.37	6652.76
18	0.00	0.00	4582.73	7226.27
19	0.00	0.00	4932.93	7808.41
20	0.00	0.00	5286.60	8398.42
21	0.00	0.00	5643.39	8995.63
22	0.00	0.00	6003.03	9599.44
23	0.00	0.00	6365.26	10209.31
24	0.00	0.00	6729.86	10824.78
25	0.00	0.00	7096.61	11445.41
26	0.00	0.00	7465.36	12070.82
27	0.00	0.00	0.00	12700.65
28	0.00	0.00	0.00	13334.59
29	0.00	0.00	0.00	13972.36
30	0.00	0.00	0.00	14613.70
31	0.00	0.00	0.00	15258.36
32	0.00	0.00	0.00	15906.14
33	0.00	0.00	0.00	16556.83
34	0.00	0.00	0.00	17210.25
35	0.00	0.00	0.00	17866.24
36	0.00	0.00	0.00	18524.64
37	0.00	0.00	0.00	0.00

Breite mm .3
Ganghöhe mm .8

Windungszahl	Induktivität L/nH			
	mittlerer Windungsdurchmesser a/mm			
	7.5	10	15	20
1	16.66	22.78	35.07	47.38
2	52.71	75.72	123.13	171.37
3	98.07	145.73	246.87	351.92
4	148.63	226.34	395.78	575.38
5	202.37	313.98	563.10	832.20
6	258.22	406.52	744.30	1115.44
7	315.53	502.62	936.23	1419.98
8	0.00	601.38	1136.61	1741.93
9	0.00	702.18	1343.77	2078.31
10	0.00	804.58	1556.46	2426.75
11	0.00	0.00	1773.71	2785.41
12	0.00	0.00	1994.76	3152.79
13	0.00	0.00	2219.03	3527.65
14	0.00	0.00	2446.04	3909.02
15	0.00	0.00	2675.39	4296.04
16	0.00	0.00	2906.77	4688.04
17	0.00	0.00	0.00	5084.42
18	0.00	0.00	0.00	5484.68
19	0.00	0.00	0.00	5888.41
20	0.00	0.00	0.00	6295.23
21	0.00	0.00	0.00	6704.83
22	0.00	0.00	0.00	7116.94
23	0.00	0.00	0.00	7531.32
24	0.00	0.00	0.00	0.00

Breite mm .3
Ganghöhe mm 1.0

Windungszahl	Induktivität L/nH			
	mittlerer Windungsdurchmesser a/mm			
	7.5	10	15	20
1	16.66	22.78	35.07	47.38
2	50.09	72.65	119.48	167.37
3	90.26	135.90	234.12	337.19
4	133.92	206.75	368.63	542.69
5	179.32	282.31	516.88	774.61
6	226.04	361.00	675.04	1026.64
7	0.00	441.88	840.58	1294.33
8	0.00	524.35	1011.76	1574.45
9	0.00	0.00	1187.36	1864.61
10	0.00	0.00	1366.46	2162.99
11	0.00	0.00	1548.41	2468.19
12	0.00	0.00	1732.70	2779.09
13	0.00	0.00	1918.92	3094.84
14	0.00	0.00	0.00	3414.71
15	0.00	0.00	0.00	3738.15
16	0.00	0.00	0.00	4064.66
17	0.00	0.00	0.00	4393.87
18	0.00	0.00	0.00	4725.44
19	0.00	0.00	0.00	0.00

Breite mm .3
Ganghöhe mm 2.0

Windungszahl	Induktivität L/nH			
	mittlerer Windungsdurchmesser a/mm			
	7.5	10	15	20
1	16.66	22.78	35.07	47.38
2	40.12	60.40	104.05	149.86
3	64.56	101.63	186.08	278.86
4	0.00	144.29	274.48	422.64
5	0.00	0.00	366.47	575.50
6	0.00	0.00	460.69	734.34
7	0.00	0.00	556.37	897.32
8	0.00	0.00	0.00	1063.30
9	0.00	0.00	0.00	1231.50
10	0.00	0.00	0.00	0.00

Breite mm .3
Ganghöhe mm 3.0

Windungszahl	Induktivität L/nH			
	mittlerer Windungsdurchmesser a/mm			
	7.5	10	15	20
1	16.66	22.78	35.07	47.38
2	33.45	51.69	92.16	135.67
3	0.00	81.16	154.39	237.73
4	0.00	0.00	218.63	346.08
5	0.00	0.00	283.86	457.82
6	0.00	0.00	0.00	571.59
7	0.00	0.00	0.00	0.00

Breite mm .5
Ganghöhe mm .8

Windungszahl	Induktivität L/nH			
	mittlerer Windungsdurchmesser a/mm			
	7.5	10	15	20
1	15.63	21.68	33.89	46.16
2	50.09	72.65	119.48	167.37
3	94.00	140.65	240.33	344.40
4	143.34	219.41	386.29	564.06
5	196.07	305.41	550.79	817.01
6	251.07	396.52	729.34	1096.47
7	307.66	491.36	918.80	1397.37
8	0.00	589.02	1116.92	1715.86
9	0.00	688.84	1322.00	2048.95
10	0.00	790.38	1532.78	2394.31
11	0.00	0.00	1748.27	2750.07
12	0.00	0.00	1967.71	3114.71
13	0.00	0.00	2190.48	3487.02
14	0.00	0.00	2416.11	3865.97
15	0.00	0.00	2644.18	4250.73
16	0.00	0.00	2874.38	4640.59
17	0.00	0.00	0.00	5034.96
18	0.00	0.00	0.00	5433.33
19	0.00	0.00	0.00	5835.27
20	0.00	0.00	0.00	6240.40
21	0.00	0.00	0.00	6648.40
22	0.00	0.00	0.00	7058.99
23	0.00	0.00	0.00	0.00

Breite mm .5
Ganghöhe mm 1.0

Windungszahl	Induktivität L/nH			
	mittlerer Windungsdurchmesser a/mm			
	7.5	10	15	20
1	15.63	21.68	33.89	46.16
2	47.71	69.82	116.04	163.55
3	86.80	131.47	228.23	330.28
4	129.52	200.95	360.38	532.61
5	174.36	275.36	506.48	761.44
6	0.00	353.09	662.71	1010.55
7	0.00	433.16	826.51	1275.52
8	0.00	514.93	996.13	1553.12
9	0.00	0.00	1170.33	1840.95
10	0.00	0.00	1348.18	2137.18
11	0.00	0.00	1528.99	2440.39
12	0.00	0.00	1712.25	2749.47
13	0.00	0.00	1897.54	3063.52
14	0.00	0.00	0.00	3381.82
15	0.00	0.00	0.00	3703.79
16	0.00	0.00	0.00	4028.95
17	0.00	0.00	0.00	4355.89
18	0.00	0.00	0.00	4687.27
19	0.00	0.00	0.00	0.00

Breite mm .5
Ganghöhe mm 2.0

Windungszahl	Induktivität L/nH			
	mittlerer Windungsdurchmesser a/mm			
	7.5	10	15	20
1	15.63	21.68	33.89	46.16
2	38.58	58.43	101.43	146.79
3	62.77	99.13	182.33	274.12
4	0.00	141.44	269.88	416.50
5	0.00	0.00	361.21	568.20
6	0.00	0.00	454.91	726.07
7	0.00	0.00	550.17	888.24
8	0.00	0.00	0.00	1053.52
9	0.00	0.00	0.00	1221.13
10	0.00	0.00	0.00	0.00

Breite mm .5
Ganghöhe mm 3.0

Windungszahl	Induktivität L/nH – mittlerer Windungsdurchmesser a/mm 7.5	10	15	20
1	15.63	21.68	33.89	46.16
2	32.38	50.24	90.10	133.15
3	0.00	79.56	151.81	234.28
4	0.00	0.00	215.71	341.95
5	0.00	0.00	280.70	453.18
6	0.00	0.00	0.00	566.57
7	0.00	0.00	0.00	0.00

A.6.6 Dimensionierungstabellen L, Kreisspiralspulen (Bryan)

Breite mm .1
Ganghöhe mm .3

Windungszahl	Induktivität L/nH – mittlerer Windungsdurchmesser a/mm 7.5	10	15	20
1	46.07	64.53	103.35	143.99
2	110.72	157.47	257.00	362.34
3	189.43	271.90	448.75	636.98
4	276.93	400.46	666.72	951.42
5	370.69	539.56	905.11	1297.41
6	469.09	686.85	1160.05	1669.50
7	570.95	840.64	1428.75	2063.74
8	675.37	999.65	1709.09	2477.09
9	781.65	1162.86	1999.37	2907.14
10	889.20	1329.42	2298.19	3351.89
11	997.56	1498.66	2604.38	3809.67
12	1106.31	1669.96	2916.96	4279.06
13	1215.10	1842.83	3235.06	4758.82
14	1323.62	2016.81	3557.93	5247.86
15	1431.62	2191.52	3884.90	5745.24
16	1538.86	2366.59	4215.39	6250.09
17	1645.11	2541.73	4548.86	6761.65
18	1750.19	2716.65	4884.82	7279.22
19	0.00	2891.10	5222.85	7802.17
20	0.00	3064.83	5562.55	8329.92
21	0.00	3237.64	5903.55	8861.95
22	0.00	3409.34	6245.50	9397.75
23	0.00	3579.74	6588.11	9936.88
24	0.00	3748.68	6931.09	10478.91
25	0.00	3915.99	7274.16	11023.46
26	0.00	4081.54	7617.07	11570.15
27	0.00	4245.19	7959.59	12118.64
28	0.00	0.00	8301.49	12668.62
29	0.00	0.00	8642.59	13219.77
30	0.00	0.00	9982.66	13771.81
31	0.00	0.00	9321.55	14324.48
32	0.00	0.00	9659.06	14877.51
33	0.00	0.00	9995.03	15430.66
34	0.00	0.00	10329.32	15983.71
35	0.00	0.00	10661.77	16536.43
36	0.00	0.00	10992.24	17088.62
37	0.00	0.00	11320.60	17640.07
38	0.00	0.00	11646.71	18190.60
39	0.00	0.00	11970.46	18740.03
40	0.00	0.00	12291.74	19288.19

Breite mm .1
Ganghöhe mm .3

Windungszahl	Induktivität L/nH – mittlerer Windungsdurchmesser a/mm 7.5	10	15	20
41	0.00	0.00	12610.42	19[illegible]
42	0.00	0.00	12926.40	20380.01
43	0.00	0.00	13239.58	20923.56
44	0.00	0.00	0.00	21464.62
45	0.00	0.00	0.00	22004.23
46	0.00	0.00	0.00	22541.47
47	0.00	0.00	0.00	23076.40
48	0.00	0.00	0.00	23608.89
49	0.00	0.00	0.00	24138.03
50	0.00	0.00	0.00	24666.10
51	0.00	0.00	0.00	25190.59
52	0.00	0.00	0.00	25712.18
53	0.00	0.00	0.00	26230.77
54	0.00	0.00	0.00	26746.27
55	0.00	0.00	0.00	27258.56
56	0.00	0.00	0.00	27767.55
57	0.00	0.00	0.00	28273.16
58	0.00	0.00	0.00	28775.29
59	0.00	0.00	0.00	29273.85
60	0.00	0.00	0.00	29768.76
61	0.00	0.00	0.00	0.00

Breite mm .1
Ganghöhe mm .5

Windungszahl	Induktivität L/nH — mittlerer Windungsdurchmesser a/mm 7.5	10	15	20
1	46.07	64.53	103.35	143.99
2	100.33	143.61	236.21	334.61
3	166.34	241.53	403.17	576.23
4	238.66	349.44	590.19	849.38
5	314.06	464.04	791.83	1146.38
6	391.40	583.25	1004.65	1462.30
7	469.66	705.58	1226.16	1793.62
8	548.07	829.91	1454.49	2137.62
9	626.04	955.37	1688.15	2492.18
10	703.07	1081.24	1925.92	2855.53
11	778.76	1206.93	2166.79	3226.21
12	0.00	1331.93	2409.91	3602.98
13	0.00	1455.80	2654.52	3984.76
14	0.00	1578.19	2899.99	4370.61
15	0.00	1698.75	3145.75	4759.70
16	0.00	1817.20	3391.29	5151.30
17	0.00	0.00	3636.17	5544.73
18	0.00	0.00	3879.96	5939.41
19	0.00	0.00	4122.31	6334.79
20	0.00	0.00	4362.89	6730.37
21	0.00	0.00	4601.37	7125.71
22	0.00	0.00	4837.49	7520.39
23	0.00	0.00	5070.98	7914.02
24	0.00	0.00	5301.60	8306.25
25	0.00	0.00	5529.12	8696.75
26	0.00	0.00	5753.35	9085.20
27	0.00	0.00	0.00	9471.32
28	0.00	0.00	0.00	9854.83
29	0.00	0.00	0.00	10235.49
30	0.00	0.00	0.00	10613.05
31	0.00	0.00	0.00	10987.30
32	0.00	0.00	0.00	11358.01
33	0.00	0.00	0.00	11724.98
34	0.00	0.00	0.00	12088.04
35	0.00	0.00	0.00	12446.98
36	0.00	0.00	0.00	12801.65
37	0.00	0.00	0.00	0.00

Breite mm .1
Ganghöhe mm .8

Windungszahl	Induktivität L/nH — mittlerer Windungsdurchmesser a/mm 7.5	10	15	20
1	46.07	64.53	103.35	143.99
2	89.93	129.74	215.41	306.89
3	144.70	212.27	359.28	517.71
4	202.32	300.99	517.51	752.48
5	260.68	392.87	685.08	1004.03
6	318.50	486.06	858.86	1267.92
7	374.92	579.27	1036.69	1540.99
8	0.00	671.53	1216.92	1820.86
9	0.00	762.10	1398.24	2105.63
10	0.00	850.37	1579.61	2393.78
11	0.00	0.00	1760.15	2684.03
12	0.00	0.00	1939.13	2975.29
13	0.00	0.00	2115.92	3266.63
14	0.00	0.00	2289.97	3557.25
15	0.00	0.00	2460.80	3846.44
16	0.00	0.00	2627.99	4133.55
17	0.00	0.00	2791.15	4418.04
18	0.00	0.00	0.00	4699.38
19	0.00	0.00	0.00	4977.13
20	0.00	0.00	0.00	5250.86
21	0.00	0.00	0.00	5520.20
22	0.00	0.00	0.00	5784.79
23	0.00	0.00	0.00	6044.31
24	0.00	0.00	0.00	0.00

Breite mm .1
Ganghöhe mm 1.0

Windungszahl	Induktivität L/nH — mittlerer Windungsdurchmesser a/mm 7.5	10	15	20
1	46.07	64.53	103.35	143.99
2	84.78	122.88	205.12	293.16
3	134.05	198.07	337.98	489.31
4	184.81	277.64	482.48	705.77
5	235.04	358.69	633.81	935.67
6	283.58	439.49	789.01	1174.78
7	0.00	518.83	946.04	1420.13
8	0.00	595.84	1103.37	1669.47
9	0.00	0.00	1259.79	1921.04
10	0.00	0.00	1414.33	2173.42
11	0.00	0.00	1566.18	2425.40
12	0.00	0.00	1714.67	2676.00
13	0.00	0.00	1859.21	2924.35
14	0.00	0.00	0.00	3169.69
15	0.00	0.00	0.00	3411.39
16	0.00	0.00	0.00	3648.84
17	0.00	0.00	0.00	3881.54
18	0.00	0.00	0.00	4109.02
19	0.00	0.00	0.00	0.00

Breite mm .1
Ganghöhe mm 2.0

Windungszahl	Induktivität L/nH — mittlerer Windungsdurchmesser a/mm 7.5	10	15	20
1	46.07	64.53	103.35	143.99
2	68.20	100.77	171.95	248.94
3	100.32	153.10	270.53	399.37
4	0.00	204.16	372.26	558.81
5	0.00	0.00	472.98	721.24
6	0.00	0.00	570.31	883.18
7	0.00	0.00	662.60	1042.21
8	0.00	0.00	0.00	1196.54
9	0.00	0.00	0.00	1344.81
10	0.00	0.00	0.00	0.00

Breite mm .1
Ganghöhe mm 3.0

Windungszahl	Induktivität L/nH — mittlerer Windungsdurchmesser a/mm 7.5	10	15	20
1	46.07	64.53	103.35	143.99
2	58.21	87.45	151.97	222.31
3	0.00	126.40	230.47	345.97
4	0.00	0.00	307.13	471.96
5	0.00	0.00	378.19	594.85
6	0.00	0.00	0.00	711.55
7	0.00	0.00	0.00	0.00

Breite mm .2
Ganghöhe mm .3

Win-dungs-zahl	Induktivität L/nH			
	mittlerer Windungsdurchmesser a/mm			
	7.5	10	15	20
1	40.48	57.07	92.15	129.06
2	105.00	149.84	245.56	347.08
3	182.70	262.93	435.27	619.03
4	269.17	390.12	651.20	930.73
5	361.94	527.89	887.60	1274.07
6	459.39	673.91	1140.64	1643.63
7	560.34	826.49	1407.52	2035.43
8	663.88	984.33	1686.11	2446.45
9	769.31	1146.41	1974.69	2874.24
10	876.05	1311.88	2271.87	3316.80
11	983.61	1480.05	2576.48	3772.46
12	1091.58	1650.32	2887.51	4239.78
13	1199.61	1822.18	3204.09	4717.53
14	1307.40	1995.18	3525.49	5204.61
15	1414.68	2168.92	3851.02	5700.06
16	1521.21	2343.06	4180.09	6203.03
17	1626.77	2517.28	4512.17	6712.74
18	1731.17	2691.29	4846.78	7228.49
19	0.00	2864.84	5183.47	7749.66
20	0.00	3037.70	5521.85	8275.66
21	0.00	3209.65	5861.55	8805.96
22	0.00	3380.50	6202.24	9340.06
23	0.00	3550.06	6543.59	9877.51
24	0.00	3718.17	6885.33	10417.90
25	0.00	3884.67	7227.17	10960.81
26	0.00	4049.41	7568.88	11505.89
27	0.00	0.00	7910.20	12052.80
28	0.00	0.00	8250.93	12601.21
29	0.00	0.00	8590.86	13150.81
30	0.00	0.00	8929.79	13701.31
31	0.00	0.00	9267.53	14252.46
32	0.00	0.00	9603.92	14803.99
33	0.00	0.00	9938.78	15355.65
34	0.00	0.00	10271.96	15907.23
35	0.00	0.00	10603.31	16458.49
36	0.00	0.00	10932.70	17009.23
37	0.00	0.00	11259.98	17559.25
38	0.00	0.00	11585.03	18108.36
39	0.00	0.00	11907.73	18656.38
40	0.00	0.00	12227.95	19203.14

Breite mm .2
Ganghöhe mm .3

Win-dungs-zahl	Induktivität L/nH			
	mittlerer Windungsdurchmesser a/mm			
	7.5	10	15	20
41	0.00	0.00	12545.59	19748.47
42	0.00	0.00	12860.54	20292.20
43	0.00	0.00	13172.70	20834.19
44	0.00	0.00	0.00	21374.30
45	0.00	0.00	0.00	21912.37
46	0.00	0.00	0.00	22448.27
47	0.00	0.00	0.00	22981.88
48	0.00	0.00	0.00	23513.06
49	0.00	0.00	0.00	24041.69
50	0.00	0.00	0.00	24567.67
51	0.00	0.00	0.00	25090.86
52	0.00	0.00	0.00	25611.18
53	0.00	0.00	0.00	26128.50
54	0.00	0.00	0.00	26642.72
55	0.00	0.00	0.00	27153.76
56	0.00	0.00	0.00	27661.50
57	0.00	0.00	0.00	28165.87
58	0.00	0.00	0.00	28666.76
59	0.00	0.00	0.00	29164.10
60	0.00	0.00	0.00	29657.79
61	0.00	0.00	0.00	0.00

Breite mm .2
Ganghöhe mm .5

Win-dungs-zahl	Induktivität L/nH			
	mittlerer Windungsdurchmesser a/mm			
	7.5	10	15	20
1	40.48	57.07	92.15	129.06
2	96.37	138.33	228.30	324.07
3	162.26	235.68	394.39	564.53
4	233.72	342.86	580.31	836.21
5	308.56	456.72	780.85	1131.73
6	385.36	575.19	992.57	1446.20
7	463.09	696.82	1213.02	1776.10
8	540.99	820.47	1440.32	2118.73
9	618.46	945.27	1672.99	2471.96
10	695.01	1070.49	1909.79	2834.02
11	770.23	1195.55	2149.72	3203.45
12	0.00	1319.93	2391.92	3579.00
13	0.00	1443.22	2635.64	3959.59
14	0.00	1565.02	2880.24	4344.27
15	0.00	1685.00	3125.14	4732.22
16	0.00	1802.89	3369.84	5122.69
17	0.00	0.00	3613.89	5515.02
18	0.00	0.00	3856.87	5908.62
19	0.00	0.00	4098.43	6302.94
20	0.00	0.00	4338.21	6697.48
21	0.00	0.00	4575.93	7091.79
22	0.00	0.00	4811.28	7485.46
23	0.00	0.00	5044.02	7878.09
24	0.00	0.00	5273.90	8269.33
25	0.00	0.00	5500.70	8658.85
26	0.00	0.00	5724.21	9046.34
27	0.00	0.00	0.00	9431.51
28	0.00	0.00	0.00	9814.09
29	0.00	0.00	0.00	10193.82
30	0.00	0.00	0.00	10570.46
31	0.00	0.00	0.00	10943.80
32	0.00	0.00	0.00	11313.61
33	0.00	0.00	0.00	11679.70
34	0.00	0.00	0.00	12041.87
35	0.00	0.00	0.00	12399.94
36	0.00	0.00	0.00	12753.75
37	0.00	0.00	0.00	0.00

Breite mm .2
Ganghöhe mm .8

Win-dungs-zahl	Induktivität L/nH			
	mittlerer Windungsdurchmesser a/mm			
	7.5	10	15	20
1	40.48	57.07	92.15	129.06
2	87.23	126.14	210.00	299.68
3	141.82	208.45	353.52	510.03
4	199.13	296.73	511.13	743.96
5	257.15	388.17	678.02	994.63
6	314.65	480.92	851.15	1257.64
7	370.74	573.69	1028.33	1529.85
8	0.00	665.54	1207.93	1808.87
9	0.00	755.70	1388.63	2092.83
10	0.00	843.57	1569.41	2380.18
11	0.00	0.00	1749.37	2669.65
12	0.00	0.00	1927.78	2960.15
13	0.00	0.00	2104.01	3250.75
14	0.00	0.00	2277.52	3540.65
15	0.00	0.00	2447.82	3829.12
16	0.00	0.00	2614.48	4115.54
17	0.00	0.00	0.00	4399.34
18	0.00	0.00	0.00	4680.01
19	0.00	0.00	0.00	4957.10
20	0.00	0.00	0.00	5230.18
21	0.00	0.00	0.00	5498.88
22	0.00	0.00	0.00	5762.84
23	0.00	0.00	0.00	6021.74
24	0.00	0.00	0.00	0.00

Breite mm .2
Ganghöhe mm 1.0

Windungszahl	Induktivität L/nH – mittlerer Windungsdurchmesser a/mm			
	7.5	10	15	20
1	40.48	57.07	92.15	129.06
2	82.55	119.90	200.65	287.21
3	131.70	194.94	333.29	483.05
4	182.22	274.19	477.32	698.38
5	232.20	354.90	628.11	928.08
6	280.47	435.34	782.79	1166.49
7	0.00	514.35	939.31	1411.15
8	0.00	591.02	1096.14	1659.83
9	0.00	0.00	1252.08	1910.75
10	0.00	0.00	1406.14	2162.49
11	0.00	0.00	1557.52	2413.86
12	0.00	0.00	1705.56	2663.85
13	0.00	0.00	1849.65	2911.61
14	0.00	0.00	0.00	3156.37
15	0.00	0.00	0.00	3397.50
16	0.00	0.00	0.00	3634.39
17	0.00	0.00	0.00	3866.55
18	0.00	0.00	0.00	4093.49
19	0.00	0.00	0.00	0.00

Breite mm .2
Ganghöhe mm 2.0

Windungszahl	Induktivität L/nH – mittlerer Windungsdurchmesser a/mm			
	7.5	10	15	20
1	40.48	57.07	92.15	129.06
2	67.01	99.18	169.56	245.76
3	99.11	151.48	268.10	396.13
4	0.00	202.39	369.61	555.28
5	0.00	0.00	470.08	717.38
6	0.00	0.00	567.15	878.97
7	0.00	0.00	659.20	1037.66
8	0.00	0.00	0.00	1191.67
9	0.00	0.00	0.00	1339.61
10	0.00	0.00	0.00	0.00

Breite mm .2
Ganghöhe mm 3.0

Windungszahl	Induktivität L/nH – mittlerer Windungsdurchmesser a/mm			
	7.5	10	15	20
1	40.48	57.07	92.15	129.06
2	57.40	86.37	150.34	220.13
3	0.00	125.30	228.83	343.78
4	0.00	0.00	305.35	469.59
5	0.00	0.00	376.24	592.26
6	0.00	0.00	0.00	708.74
7	0.00	0.00	0.00	0.00

Breite mm .3
Ganghöhe mm .5

Windungszahl	Induktivität L/nH – mittlerer Windungsdurchmesser a/mm			
	7.5	10	15	20
1	37.20	52.70	85.60	120.33
2	92.95	133.77	221.45	314.94
3	158.22	230.30	386.32	553.77
4	229.07	336.65	571.01	823.80
5	303.31	449.72	770.35	1117.73
6	379.54	567.43	980.93	1430.68
7	456.72	688.33	1200.29	1759.12
8	534.10	811.28	1426.54	2100.35
9	611.06	935.40	1658.18	2452.22
10	687.11	1059.97	1894.00	2812.97
11	761.86	1184.39	2132.98	3181.13
12	0.00	1308.15	2374.25	3555.44
13	0.00	1430.83	2617.06	3934.82
14	0.00	1552.04	2860.77	4318.32
15	0.00	1671.45	3104.81	4705.11
16	0.00	1788.77	3348.66	5094.45
17	0.00	0.00	3591.88	5485.68
18	0.00	0.00	3834.05	5878.19
19	0.00	0.00	4074.80	6271.43
20	0.00	0.00	4313.80	6664.92
21	0.00	0.00	4550.73	7058.20
22	0.00	0.00	4785.33	7450.84
23	0.00	0.00	5017.31	7842.47
24	0.00	0.00	5246.45	8232.72
25	0.00	0.00	5472.51	8621.26
26	0.00	0.00	5695.30	9007.79
27	0.00	0.00	0.00	9392.00
28	0.00	0.00	0.00	9773.64
29	0.00	0.00	0.00	10152.44
30	0.00	0.00	0.00	10528.16
31	0.00	0.00	0.00	10900.59
32	0.00	0.00	0.00	11269.50
33	0.00	0.00	0.00	11634.69
34	0.00	0.00	0.00	11995.98
35	0.00	0.00	0.00	12353.18
36	0.00	0.00	0.00	12706.12
37	0.00	0.00	0.00	0.00

Breite mm .3
Ganghöhe mm .8

Windungszahl	Induktivität L/nH – mittlerer Windungsdurchmesser a/mm			
	7.5	10	15	20
1	37.20	52.70	85.60	120.33
2	84.78	122.88	205.12	293.16
3	139.09	204.79	348.07	502.76
4	196.05	292.64	504.98	735.77
5	253.73	383.60	671.18	985.50
6	310.88	475.89	843.62	1247.60
7	366.65	568.23	1020.14	1518.92
8	0.00	659.65	1199.09	1797.09
9	0.00	749.39	1379.17	2080.21
10	0.00	836.86	1559.34	2366.73
11	0.00	0.00	1738.71	2655.44
12	0.00	0.00	1916.55	2945.18
13	0.00	0.00	2092.23	3235.03
14	0.00	0.00	2265.18	3524.20
15	0.00	0.00	2434.94	3811.96
16	0.00	0.00	2601.08	4097.68
17	0.00	0.00	0.00	4380.79
18	0.00	0.00	0.00	4660.79
19	0.00	0.00	0.00	4937.21
20	0.00	0.00	0.00	5209.63
21	0.00	0.00	0.00	5477.69
22	0.00	0.00	0.00	5741.01
23	0.00	0.00	0.00	5999.29
24	0.00	0.00	0.00	0.00

Breite mm .3
Ganghöhe mm 1.0

Win-dungs-zahl	Induktivität L/nH			
	mittlerer Windungsdurchmesser a/mm			
	7.5	10	15	20
1	37.20	52.70	85.60	120.33
2	80.50	117.17	196.55	281.74
3	129.46	191.95	328.80	477.08
4	179.72	270.85	472.30	692.20
5	229.42	351.19	622.56	920.67
6	277.42	431.28	776.70	1158.37
7	0.00	509.95	932.69	1402.33
8	0.00	586.26	1089.01	1650.32
9	0.00	0.00	1244.45	1900.58
10	0.00	0.00	1398.03	2151.68
11	0.00	0.00	1548.95	2402.42
12	0.00	0.00	1696.52	2651.81
13	0.00	0.00	1840.17	2898.97
14	0.00	0.00	0.00	3143.15
15	0.00	0.00	0.00	3383.70
16	0.00	0.00	0.00	3620.04
17	0.00	0.00	0.00	3851.65
18	0.00	0.00	0.00	4078.05
19	0.00	0.00	0.00	0.00

Breite mm .3
Ganghöhe mm 2.0

Win-dungs-zahl	Induktivität L/nH			
	mittlerer Windungsdurchmesser a/mm			
	7.5	10	15	20
1	37.20	52.70	85.60	120.33
2	65.87	97.66	167.28	242.72
3	97.92	149.90	265.72	392.97
4	0.00	200.65	367.01	551.80
5	0.00	0.00	467.22	713.56
6	0.00	0.00	564.03	874.81
7	0.00	0.00	655.02	1033.16
8	0.00	0.00	0.00	1186.84
9	0.00	0.00	0.00	1334.45
10	0.00	0.00	0.00	0.00

Breite mm .3
Ganghöhe mm 3.0

Win-dungs-zahl	Induktivität L/nH			
	mittlerer Windungsdurchmesser a/mm			
	7.5	10	15	20
1	37.20	52.70	85.60	120.33
2	56.61	85.31	148.77	218.03
3	0.00	124.23	227.22	341.63
4	0.00	0.00	303.59	467.24
5	0.00	0.00	374.31	589.69
6	0.00	0.00	0.00	705.94
7	0.00	0.00	0.00	0.00

Breite mm .5
Ganghöhe mm .8

Win-dungs-zahl	Induktivität L/nH			
	mittlerer Windungsdurchmesser a/mm			
	7.5	10	15	20
1	33.07	47.20	77.35	109.32
2	80.50	117.17	196.55	281.74
3	134.05	198.07	337.98	489.31
4	190.24	284.88	493.34	720.25
5	247.17	374.85	658.05	968.00
6	305.31	466.19	829.07	1228.20
7	358.39	557.32	1004.22	1497.70
8	0.00	648.16	1181.85	1774.11
9	0.00	737.06	1360.67	2055.54
10	0.00	823.70	1559.60	2340.44
11	0.00	0.00	1717.70	2627.53
12	0.00	0.00	1894.46	2915.72
13	0.00	0.00	2069.00	3204.07
14	0.00	0.00	2240.85	3491.76
15	0.00	0.00	2409.53	3778.07
16	0.00	0.00	2574.60	4062.38
17	0.00	0.00	0.00	4344.10
18	0.00	0.00	0.00	4622.74
19	0.00	0.00	0.00	4897.82
20	0.00	0.00	0.00	5168.94
21	0.00	0.00	0.00	5435.70
22	0.00	0.00	0.00	5697.75
23	0.00	0.00	0.00	0.00

Breite mm .5
Ganghöhe mm 1.0

Win-dungs-zahl	Induktivität L/nH			
	mittlerer Windungsdurchmesser a/mm			
	7.5	10	15	20
1	33.07	47.20	77.35	109.32
2	76.83	112.27	189.21	271.95
3	125.26	186.35	320.40	465.87
4	174.93	264.46	462.72	679.42
5	224.05	344.03	611.82	906.36
6	0.00	423.37	764.84	1142.56
7	0.00	501.31	919.76	1385.08
8	0.00	576.95	1075.04	1631.59
9	0.00	0.00	1229.47	1880.61
10	0.00	0.00	1382.08	2130.40
11	0.00	0.00	1532.04	2379.08
12	0.00	0.00	1678.70	2628.04
13	0.00	0.00	1821.45	2873.99
14	0.00	0.00	0.00	3117.01
15	0.00	0.00	0.00	3356.41
16	0.00	0.00	0.00	3591.62
17	0.00	0.00	0.00	3822.12
18	0.00	0.00	0.00	4047.44
19	0.00	0.00	0.00	0.00

Breite mm .5
Ganghöhe mm 2.0

Win-dungs-zahl	Induktivität L/nH			
	mittlerer Windungsdurchmesser a/mm			
	7.5	10	15	20
1	33.07	47.20	77.35	109.32
2	63.73	94.81	163.01	237.02
3	95.63	146.84	261.14	386.86
4	0.00	197.26	361.92	545.02
5	0.00	0.00	461.60	706.06
6	0.00	0.00	557.87	866.60
7	0.00	0.00	649.14	1024.26
8	0.00	0.00	0.00	1177.26
9	0.00	0.00	0.00	1324.22
10	0.00	0.00	0.00	0.00

Breite mm .5
Ganghöhe mm 3.0

Windungszahl	Induktivität L/nH – mittlerer Windungsdurchmesser a/mm: 7.5	10	15	20
1	33.07	47.20	77.35	109.32
2	55.10	83.30	145.75	214.01
3	0.00	122.15	224.07	337.43
4	0.00	0.00	300.12	462.62
5	0.00	0.00	370.50	584.61
6	0.00	0.00	0.00	700.39
7	0.00	0.00	0.00	0.00

Bildquellennachweis

Kapitel 1
Bild 1.7 Konstruktionsentwurf AEG-Telefunken
Bild 1.10 Produktfoto Universal Instruments; GmbH

Kapitel 2
Bild 2.13 Produktfoto Schmoll

Kapitel 3
Bild 3.17 Werkfoto Bishop Graphics; Inc.
Bild 3.18 Werkfoto Bishop Graphics; Inc.
Bild 3.19 Werkfoto Bishop Graphics; Inc.
Bild 3.20 Werkfoto Bishop Graphics; Inc.
Bild 3.21 Werkfoto Bishop Graphics; Inc.
Bild 3.22 Werkfoto Bishop Graphics; Inc.
Bild 3.32 Produktfoto Aristo, Dennert u. Pape K.G.
Bild 3.36 Produktfoto Aristo, Dennert u. Pape K.G.
Bild 3.37 Produktfoto Aristo, Dennert u. Pape K.G.
Bild 3.38 Produktfoto Aristo, Dennert u. Pape K.G.
Bild 3.39 Produktfoto Aristo, Dennert u. Pape K.G.
Bild 3.40 Produktfoto Aristo, Dennert u. Pape K.G.
Bild 3.42 AEG-Telefunken
Bild 3.51 Werkfoto Klimsch u. Co.
Bild 3.58 Prinzipdarstellung Klimsch u. Co.
Bild 3.66 Produktfoto Nütro, Hirsch u. Co.
Bild 3.72 Produktinformation AGFA-GEVAERT
Bild 3.75 Fotoobjekt AEG-Telefunken
Bild 3.79 Werkfoto DUPONT DE NEMOURS
Bild 3.82 Produktfoto Albert-Frankenthal A.G.
Bild 3.85 Produktfoto Schweizerische Seidengazefabrik A.G.
Bild 3.117 Produktfoto FSL-Deutschland GmbH
Bild 3.118 Produktfoto FSL-Deutschland GmbH
Bild 3.122 Ruwel-Werke
Bild 3.123 Ruwel-Werke
Bild 3.124 Ruwel-Werke
Bild 3.125 Ruwel-Werke
Bild 3.126 Ruwel-Werke
Bild 3.131 Produktfotos Siemens A.G.
Bild 3.132 Aus Göhs/Katz, Bestücken von Leiterplatten, mit Genehmigung d. Akadem. Verlagsgesellschaft, Frankfurt
Bild 3.133 Produktfoto Royonic GmbH
Bild 3.134 Produktfoto Royonic GmbH
Bild 3.144 Bildobjekt Tandberg
Bild 3.148 Produktfoto Universal Instruments GmbH
Bild 3.149 Produktfoto Universal Instruments GmbH
Bild 3.150 Produktfoto Universal Instruments GmbH
Bild 3.152 Werkfoto Zevatron GmbH

Kapitel 4
Bild 4.13 Bildobjekt Ramaer B.V.

Kapitel 5
Bild 5.23 Werkfoto AEG-Telefunken
Bild 5.26 Werkfoto Racal-Redac, Limited
Bild 5.27–5.53 Racal-Redac, Limited

Kapitel 6
Bild 6.03 Bildobjekt EL-ME-TE, GmbH u. Co KG

Kapitel 7
Bild 7.8 Produktinformation AEG-Telefunken
Bild 7.9 Produktinformation AEG-Telefunken
Bild 7.10 Produktinformation AEG-Telefunken
Bild 7.31 Applikationsinformation Siemens A.G.
Bild 7.36 Bildobjekt AEG-Telefunken
Bild 7.41 Bildobjekt Ramaer B.V.
Bild 7.59 Applikationsinformation Siemens A.G.
Bild 7.82 Bildobjekt EL-ME-TE GmbH u. Co KG
Bild 7.83 Bildobjekt Korsten u. Goossens
Bild 7.84 Bildobjekt Ramaer B.V.
Bild 7.89 Applikationsinformation Microdata Inc.
Bild 7.90 Applikationsinformation Microdata Inc.
Bild 7.95 Bildobjekt Ramaer B.V.
Bild 7.96 Bildobjekt AEG-Telefunken
Bild 7.97 Bildobjekt AEG-Telefunken
Bild 7.98 Bildobjekt AEG-Telefunken

Literaturverzeichnis

Kapitel 1

[1.1] National Bureau of Standards: Printed Circuits, Finalreport, Jan., 1950

[1.2] *Sargrove, J. A.:* New Methods of Radio Production, Journal B.I.R.E., 7 (1), 1947

[1.3] *Messner, G., Powers, D. W.,* Additive Processes for Large Volume Circuit Board Manufacture, Proceedings IPC, 4, 1971

[1.4] *Wheeler, H. A.:* Transmission-Line Properties of Parallel Strips Seperated by Dielectric Sheet, MTT-13, 2, 1965

[1.5] *Cohn, S. B.:* Characteristic Impedance of Shielded Strip Transmission Line, JRE Trans., 6, 1954

[1.6] *Müller, H., Hrsg., Aschoff, D. M., Uhlenbruch, M.:* Anwendung der Streifenleitertechnik für schnelle digitalelektronische Schaltungen, Grad.-Arbeit FH-Dortmund, 1977

[1.7] *Müller, H., Hrsg., Wille, R.:* Mikrowellenschaltungen in Triplatetechnik unter Verwendung von Multilayerstrukturen, Grad.-Arbeit FH-Dortmund, 1977

[1.8] *Mansveld, J. F.:* PD-R, The Answer in Additive, Proceedings EIPC, 12, 1975

Kapitel 2

[2.1] *Fasbender, H.:* Glasfaserverstärkte Kunststoffe für Mehrebenenschaltungen, ETZ-B, 24/4, 1972

[2.2] *Fasbender, H.:* Basismaterial für die Leiterplattenfertigung, Industrie-Elektrik + Elektronik, 20, 1975

[2.3] *Franz, A.:* Epoxidglasgewebe der zweiten Generation für gedruckte Schaltungen, Elektronik Journal, München, 1976

[2.4] *Tillessen, R.:* Entwicklungen beim Basismaterial – Rückblick und Ausblick, Proceedings EIPC, 5, 1977

[2.5] Epoxy Smear and Delamination, Proceedings IPC, 1974

[2.6] *Bolleter, F.:* Neue Trends bei den flexiblen Laminaten, Proceedings EIPC, 12, 1975

[2.7] *Rouillier, D.:* Multicouches flex-rigides et circuits souples, Proceedings EIPC, 12, 1975

[2.8] Acceptability of Printed Boards, IPC-A-600 C, 1978

[2.9] *Haferkamp. H.:* Physikalische Eigenschaften glasfaserverstärkter Kunststoffe, in *Selden, P. H., Hrsg.:* Glasfaserverstärkte Kunststoffe, Verlag Springer, Berlin, 1967

[2.10] Ferrozell-Gesellschaft Sachs u. Co GmbH.: Produktinformation, Augsburg, 1977

[2.11] *Haferkamp, H.:* Physikalische Eigenschaften glasfaserverstärkter Kunststoffe, in *Selden, P. H., Hrsg.:* Glasfaserverstärkte Kunststoffe, Verlag Springer, Berlin, 1967

[2.12] Felten u. Guilleaume, Carlswerk AG: Produktinformation, Köln, 1977

[2.13] *Fawer, W., Schweizer, D.:* Probleme bei der Untersuchung der elektrischen Eigenschaften von Mikrostreifenleitern, Technische Mitteilung PTT, 3, 1975

[2.14] Studienarbeiten, Grad.-Arbeiten FH-Dortmund

[2.15] Rogers Corporation: Produktinformation, Chandler Ar., 2, 1975

[2.16] Felten u. Guilleaume, Carlswerk A.G.: Produktinformation, Köln, 1977

[2.17] Rogers Corporation: Produktinformation, Chandler Ar., 2, 1975

[2.18] *Franz, A.:* Epoxidglasgewebe der zweiten Generation für gedruckte Schaltungen, Elektronik Journal, München, 1976

[2.19] Felten u. Guilleaume, Carlswerk A.G.: Produktinformation, Köln, 1977

[2.20] *Weng, G.:* Bohren von gedruckten Schaltungen, Proceedings EIPC, 2, 1970

[2.21] EIPC Publication MEC-002: Investigation of Drilling Tolerances and Quality of Holes in Printed Boards, 12, 1974

[2.22] *Herrmann, G.:* Leiterplatten, E.G. Leuze Verlag, Saulgau, 1978

Kapitel 3

[3.1] EIPC Publication MEC-001: Manufacture of Photo-Tools, 1, 1974

[3.2] IPC Publication IPC-D-310A: Artwork Generation and Measurement Techniques, 9, 1969, 12, 1977

[3.3] EIPC Publication MEC-001: Manufacture of Photo-Tools, 1, 1974

[3.4] Bishop Graphics, Inc.: Produktinformation, Chatsworth Cal., 1, 1976

[3.5] *Ellis, B. N., Wollner, F., Savill, M.:* A New Method of Manual Printed Circuit Draughting, Proceedings EIPC, 12, 1974

[3.6] Bishop Graphics, Inc.: Produktinformation, Chatsworth Cal., 1, 1976

[3.7] Chartpak Limited: Produktinformation, Didcot Oxf., 6, 1975

[3.8] Mecanorma: Produktinformation, 1975

[3.9] Chartpak Limited: Produktinformation, Didcot Oxf., 6, 1975

[3.10] Chartpak Limited: Produktinformation, Didcot Oxf., 6, 1975

[3.11] Aristo AG, Produktinformation, Hamburg, 12, 1978

[3.12] Aristo AG: Produktinformation, Hamburg, 12, 1978

[3.13] *Atherton, B. G.:* Digitizing Procedures – Seperating Fact from Fiction, Proceedings EIPC, 4, 1971

[3.14] *Brembs, P.:* Numerisch gesteuerte Lichtzeichner zur Erzeugung von präzisen geometrischen Strukturen, Proceedings EIPC, 4, 1971

[3.15] *Büttner, G., Pabst, W.* in *Faas / Swozil, Hrsg.:* Verdrahtungen und Verbindungen in der Nachrichtentechnik, Akadem. Verlagsgesellschaft, Frankfurt, 1974

[3.16] Aristo A.G.: Produktinformation, Hamburg, 1978

[3.17] Xynetics Inc.: Produktinformation, Canoga Park Cal., 1978

[3.18] AEG-Telefunken/Aristo: Produktinformation, 1978

[3.19] Aristo A.G.: Produktinformation, Hamburg, 12, 1978

[3.20] Xynetics Inc.: Produktinformation, Canoga Park Cal., 1978

[3.21] Gerber Scientific Instrument Comp.: Produktinformation, 1976

[3.22] Ferranti Limited: Produktinformation, Edinburgh, 1976

[3.23] DIN 40 804: Gedruckte Schaltungen, Begriffe

[3.24] Klimsch u. Co.: Reproduktion von Zeichnungen und Karten für Industrie und Kartographie – Herstellung von Photowerkzeugen, Frankfurt

[3.25] Klimsch u. Co.: Reproduktion von Zeichnungen und Karten für Industrie und Kartographie – Einstellung mit extrem hoher Genauigkeit, Frankfurt

[3.26] Klimsch u. Co.: Reproduktionskameras für die elektronische Industrie – Technische Daten für den Ingenieur, Frankfurt

[3.27] *Folkers, I.:* Manufacture of Photo-Tools, EIPC-Publication MEC-001, 1, 1974

[3.28] Klimsch u. Co.: Reproduktion von Zeichnungen und Karten für Industrie und Kartographie – Herstellung von Photowerkzeugen, Frankfurt

[3.29] *Frieser, H.:* Photographische Informationsaufzeichnung, Verlag Oldenbourg, München, 1975

[3.30] *Folkers, I.:* Neue Filme und Filmentwicklungsmaschinen für Kameraarbeit, Plotterbelichtung und Kontaktkopie, Proceedings EIPC, 6, 1975

[3.31] Agfa-Gevaert A.G.: Produktinformation, Leverkusen, 2, 1977

[3.32] *Budig, K. P.:* Fachwörterbuch Elektrotechnik-Elektronik, Verlag Hüthig, Heidelberg, 1976

[3.33] *Bogenschütz, A. F., Hrsg.:* Fotolacktechnik, Verlag E. G. Leuze, Saulgau, 1975

[3.34] *Clark, K. G.:* Negative und positive Fotoresist-Systeme, in *Bogenschütz, A. F., Hrsg.:* Fotolacktechnik, Verlag E. G. Leuze, Saulgau, 1975

[3.35] *Stockley, F.:* Die Anwendung positiv arbeitender Photoresistlacke, in *Bogenschütz, A. F., Hrsg.:* Fotolacktechnik, Verlag E. G. Leuze, Saulgau, 1975

[3.36] *Stevens, G. W. W.*: Fotografische Materialien und Prozesse in der Mikroelektronik, in *Bogenschütz, A. F., Hrsg.*: Fotolacktechnik, Verlag E. G. Leuze, Saulgau, 1975

[3.37] *Clark, K. G.*, in *Bogenschütz, A. F., Hrsg.*: Fotolacktechnik, Verlag E. G. Leuze, Saulgau, 1975

[3.38] *Stockley, F.*, in *Bogenschütz, A. F., Hrsg.*: Fotolacktechnik, Verlag E. G. Leuze, Saulgau, 1975

[3.39] *Stockley, F.*, in *Bogenschütz, A. F., Hrsg.*: Fotolacktechnik, Verlag E. G. Leuze, Saulgau, 1975

[3.40] *Delzenne, G. A.*: Chemische Grundlagen der Negativ-Fotolacke, in *Bogenschütz, A. F., Hrsg.*: Fotolacktechnik, Verlag E. G. Leuze, Saulgau, 1975

[3.41] *Kolf, G.*: Über die Galvanoresistenz von Photolacken, Proceedings EIPC, 2, 1970

[3.42] Agfa-Gevaert A.G.: Produktinformation, Leverkusen, 2, 1977

[3.43] *Coombs, C. F.*: Printed Circuits Handbook, McGraw-Hill, New York, 1967

[3.44] Du Pont de Nemours: Produktinformation, Frankfurt, 1977

[3.45] *v. Unger, F.*: Photopolymer Resist Film Riston – Haftungs-, Belichtungs- und Entwicklungsfragen, Proceedings EIPC, 2, 1970

[3.46] *Maurischat, K.*: Nichtflüssige Fotopolymer – Resiste in der Anwendung, in *Bogenschütz, A. F., Hrsg.*: Fotolacktechnik, Verlag E. G. Leuze, Saulgau, 1975

[3.47] *Nitsch, H.*: Festfilmfolie oder Flüssigresist in der Leiterplattenfertigung, in *Bogenschütz, A. F., Hrsg.*: Fotolacktechnik, Verlag E. G. Leuze, Saulgau, 1975

[3.48] *Maurischat, K.*, in *Bogenschütz, A. F., Hrsg.*: Fotolacktechnik, Verlag E. G. Leuze, Saulgau, 1975

[3.49] *Maurischat, K.*, in *Bogenschütz, A. F., Hrsg.*: Fotolacktechnik, Verlag E. G. Leuze, Saulgau, 1975

[3.50] Du Pont de Nemours: Produktinformation, Riston Exposure – Chart 13, 15, Frankfurt, 11, 1975

[3.51] *Nitsch, H.*, in *Bogenschütz, A. F., Hrsg.*: Fotolacktechnik, Verlag E. G. Leuze, Saulgau, 1975

[3.52] *Weinhold, M.*: Trockenresist für das Additiv-Verfahren, Proceedings EIPC, 12, 1974

[3.53] Proceedings IPC: An Analysis of the Additive Process, 4, 1971

[3.54] *Faas, K. G., Swozil, J.*: Verdrahtungen und Verbindungen in der Nachrichtentechnik, Akadem. Verlagsgesellschaft, Frankfurt, 1974

[3.55] *Coombs, C. F.*: Printed Circuits Handbook, McGraw Hill, New York, 1967

[3.56] *Fasbender, H.*: Additiv-Verfahren und Basismaterialien zur Herstellung durchkontaktierter Leiterplatten, Industrie-Elektrik + Elektronik, 9/10, 1976

[3.57] *Eggerer, K. A.*: Weiterentwicklung der Additiv-Technik – Neue Foto-Verfahren – Neue Aktivatoren, Techn. Akademie Esslingen, 1976

[3.58] *Heymann, K., Ehrich, H.-J.*: Fertigungstechniken für semiadditive und additive Verfahren zur Leiterplattenherstellung, Techn. Akademie Esslingen, 1976

[3.59] *Steffen, H.*: Unclad-Technik – Metalboard-Technik – Multilayer-Technik, Techn. Akademie Esslingen, 1976

[3.60] *Fasbender, H.*: Additiv-Verfahren und Basismaterialien zur Herstellung durchkontaktierter Leiterplatten, Industrie-Elektrik + Elektronik, 9/10, 1976

[3.61] *Herrmann, G.*: CC4-Standardverfahren – Prozeßführung mit Meß- und Regelautomatik – Optimierte Badführung – Recycling, Techn. Akademie Esslingen, 1976

[3.62] Proceedings IPC: An Analysis of the Additive Process, 4, 1971

[3.63] *Faas, K. G., Swozil, J.*: Verdrahtungen und Verbindungen in der Nachrichtentechnik, Akadem. Verlagsgesellschaft, Frankfurt, 1974

[3.64] *Bogenschütz, A. F.*: Fotolacktechnik, Verlag E. G. Leuze, Saulgau, 1975

[3.65] *Coombs, C. F.*: Printed Circuits Handbook, McGraw-Hill, New York, 1967

[3.66] *Faas, K. G., Swozil, J.*: Verdrahtungen und Verbindungen in der Nachrichtentechnik, Akadem. Verlagsgesellschaft, Frankfurt, 1974

[3.67] *Shemilt, H. R.*: Printed Circuit Troubleshooting, Electrochemical Publications Ltd., Ayr, 1974

[3.68] Acceptability of Printed Boards, IPC-A-600 C, 1978

[3.69] *Maurischat, K.*: Nichtflüssige Fotopolymer-Resiste in der Anwendung, in *Bogenschütz, A. F., Hrsg.*: Fotolacktechnik, Verlag E. G. Leuze, Saulgau, 1975

[3.70] *Decker, G.*: Ätzmaschinen und Ätzverfahren zur Herstellung gedruckter Schaltungen, Proceedings EIPC, 2, 1970

[3.71] *Coombs, C. F.*: Printed Circuits Handbook, McGraw-Hill, New York, 1967

[3.72] Acceptability of Printed Boards, IPC-A-600 C, 1978

[3.73] *Coombs, C. F.*: Printed Circuits Handbook, McGraw-Hill, New York, 1967

[3.74] *Eisler, P.*: Gedruckte Schaltungen, Verlag Hanser, München, 1961

[3.75] *Coombs, C. F.*: Printed Circuits Handbook, McGraw-Hill, New York, 1967

[3.76] *Radimer, K. J.*: Electronic Packaging and Production, 10, 1966

[3.77] *Ayerst, G. G.*: Institute of Metal Finishing Transactions, 44, 1966

[3.78] *King, E., Weidenhammer, H.*: Journal of American. Chem. Society, 58, 602 A, 36

[3.79] *Bogenschütz, A. F.*: Oberflächentechnik und Galvanik in der Elektronik, Verlag E. G. Leuze, Saulgau, 1971

[3.80] *Decker, G.*: Ätzmaschinen und Ätzverfahren zur Herstellung gedruckter Schaltungen, Proceedings EIPC, 2, 1970

[3.81] The Analysis of Etching Solutions, EIPC-Publication, 10, 1973

[3.82] *Steffen, H.*: DOS 2409251, 8, 1975

[3.83] *Steffen, H.*: Untersuchungen zur Aktivierung von Kunststoffoberflächen für die chemische Metallisierung, Dissertation TH-Aachen, 1978

[3.84] *Elliot, D. A., Keck, M. E.*: Aufschmelzen von Galvanischen Zinn/Blei-Plattierungen bei gedruckten Schaltungen, Proceedings EIPC, 6, 1972

[3.85] *Nitsch, H.*: Durchmetallisierte Leiterplatten mit selektiver Verzinnung und Lötstoppmaske, Proceedings EIPC, 6, 1975

[3.86] *Müller, H., Hrsg., Herrmann, H.*: Statistische Untersuchung der Anschlußmaße von Bauelementen der Nachrichtentechnik, FH-Dortmund, 1974

[3.87] *Göhs, W., Katz, R.*: Bestücken von Leiterplatten, in *Faas, K. G., Swozil, J., Hrsg.*: Verdrahtungen und Verbindungen in der Nachrichtentechnik, Akadem. Verlagsgesellschaft, Frankfurt, 1974

[3.88] IPC Publication CM-770A: Guidlines for Printed Board Component Mounting, 3, 1976

[3.89] *Meese, H.*: Automatische Bestückung von Leiterplatten, Proceedings EIPC, 12, 1972

[3.90] *Büttner, G.*: Orthogonale Rastersysteme zur optimalen Anwendung der 45°-Konstruktionstechnik, Proceedings EIPC, 6, 1975

[3.91] Proceedings EIPC: Solderability and Repairability of PC Boards, 6, 1972

[3.92] *Fasching, G. M.*: Weichlöten, in *Faas, K. G., Swozil, J., Hrsg.*: Verdrahtungen und Verbindungen in der Nachrichtentechnik, Akadem. Verlagsgesellschaft, Frankfurt, 1974

[3.93] *Müller, B. F.*: Metallurgische Aspekte des Weichlötens, Proceedings EIPC, t, 1972

[3.94] *Pashswöll, H.:* Konservierung der Lötfreudigkeit bei gedruckten Schaltungen, Proceedings EIPC, 6, 1972

[3.95] *Vogt, G.:* Der Einfluß einiger metallurgischer Vorgänge auf die Lötfähigkeit von zinn- und goldbeschichteten Komponenten, Proceedings EIPC, 6, 1972

[3.96] Proceedings IPC: Soldering of Printed Wiring Boards, 9, 1972

[3.97] IPC-Assembly-Joining Handbook: Nr. 4.01, 6, 78

[3.98] IPC-Assembly-Joining Handbook

[3.99] IPC Publication A-600C: Acceptability of Printed Boards, 1978

[3.100] Workmanship Standards, Martin Marietta Aerospace, 1974

Kapitel 4

[4.1] *Müller, H., Hrsg., Schmidt, H.:* Hochgenaue Zeichen- und Positionierverfahren für gedruckte Schaltungen, Grad.-Arbeit FH-Dortmund, 1977

[4.2] *Büttner, G.:* Orthogonale Rastersysteme zur optimalen Anwendung der 45°-Konstruktionstechnik, Proceedings EIPC, 6, 1975

[4.3] *Feiertag, R.:* Verformungsbewegung von gedruckten Leiterplatten bei elektrischer Belastung, Feinwerktechnik und Meßtechnik 84, 2, 1976

[4.4] *Müller, H., Hrsg., Neuhaus, W.:* Temperaturbelastung von gedruckten Leitern, Kopplung gedruckter Leiter, Grad.-Arbeit FH-Dortmund, 1971

[4.5] *Ginsberg, G. L.:* Thermal Analysis of Conduction – Only Cooled Printed Wiring Assemblies, Proceedings IPC, Metal Core Boards, 9, 1974

[4.6] *Messner, G.:* Application of Additive Technology to Metal Core Boards, Proceedings IPC, Metal Core Boards, 9, 1974

[4.7] *Laffin, J. P.:* The Thermal Advantages of a Metal Core Circuit Board, Proceedings IPC, Metal Core Boards, 9, 1974

[4.8] *Hertwig, H.:* Induktivitäten, Verlag für Radio-Foto-Kinotechnik, Berlin, 1954

[4.9] *Müller, H., Hrsg., Igel, B., Petrolle, W.:* Induktivitätsbeläge gedruckter Leitungen, Studienarbeit FH-Dortmund, 1977

[4.10] IPC Publication IPC-CF-150D: Copper Foil for Printed Wiring Applications, 3, 1976

[4.11] IPC-Assembly and Joining Handbook

[4.12] Publikation Deutsches Kupferinstitut: Kupferwerkstoffe in der Elektrotechnik, i 10

[4.13] *v. Münch, W.:* Werkstoffe der Elektrotechnik, Verlag Teubner, Stuttgart, 1972

[4.14] *Schunk, H.:* Stromverdrängung, Verlag Hüthig, Heidelberg, 1974

[4.15] *Meinke, H. H.:* Einführung in die Elektrotechnik höherer Frequenzen, Band 1, Verlag Springer, Berlin, 1965

[4.16] *Steinbuch, K., Hrsg.:* Taschenbuch der Nachrichtenverarbeitung, Verlag Springer, Berlin, 1965

[4.17] *Lim, Yu Chin, Moore, R. A.:* Properties of Alternately Charged Coplanar Parallel Strips by Conformal Mappings, IEEE Transactions on Electron Devices, 3, 1968

[4.18] *Müller, H., Hrsg., Enzmann, R., Hinkel, L.:* Rechnerprogramme zur Kapazitätsberechnung von gedruckten parallelen Leitern, Studienarbeit FH-Dortmund, 1976

[4.19] *Frazita, R. F.:* Transmission line properties of coplanar parallel strips on a dielectric sheet, M.S. thesis, Polytechnic Institute of Brooklyn, Brooklyn N.Y., 1965

[4.20] *Müller, H., Hrsg., Beyer, J.:* Analyse von Mikrowellenschaltungen mit Rechnern, Grad.-Arbeit FH-Dortmund, 1976

[4.21] *Wen, Cheng P.:* Coplanar Waveguide – A Surface Strip Transmission Line Suitable for Nonreciprocal Gyromagnetic Device Applications, IEEE Transactions on MTT, 12, 1969

[4.22] *Müller, H., Hrsg., Golfels, A.:* Anwendung coplanarer Leiterstrukturen auf MIC und PC, Grad.-Arbeit FH-Dortmund, 1977

[4.23] *Wheeler, H. A.:* Transmission-line properties of parallel wide strips by a conformal-mapping approximation, IEEE Transactions on MTT, 5, 1964

[4.24] *Wheeler, H. A.:* Transmission-line properties of parallel strips seperated by a dielectric sheet, IEEE Transactions on MTT, 3, 1965

[4.25] *Schneider, M. V.:* Microstrip Lines for Microwave Integrated Circuits, BSTJ, 5/6, 1969

[4.26] *Guston, M. A. R., Weale, J. R.:* Variation of Microstrip Impedance with Strip Thickness, Electronic Letters, 1969

[4.27] Microwave Engineers' Handbook, Volume 1, Artech House Inc., Dedham Mass., 1971

[4.28] *Kompa, G.:* Die frequenzabhängigen Übertragungseigenschaften von Streifenleitungs-Wellenwiderstandssprüngen, Filtern und Stichleitungen in Microstrip-Technik, Dissertation TH Aachen, 1975

[4.29] *Wiesbeck, W.:* Berechnung und Messung der Stromverteilung auf ungeschirmten Streifenleitungen, NTZ, 1, 1972

[4.30] *Cohn, S. B.:* Characteristic Impedance of Shielded Strip Transmission Line, IRE Trans., 6, 1954

[4.31] *Rosenzweig, A.:* Determining the Characteristic Impedance of Non-Symmetrical Strip Transmission Line, Technical Memo, LEL Div., 4, 1967

[4.32] *Howe, H.:* Stripline Circuit Design, Artech House, Dedham Mass., 1974

[4.33] IPC Printed Wiring Design Guide, Number 4.3.21, Microstrip Transmission Lines, 8, 1970

[4.34] IPC Publication IPC-FC-200: Guidlines and Test Methods for RFI-EMI Shielding of Flat Cable, 6, 1973

[4.35] IPC Publication IPC-FC-201: Guidlines and Test Methods for Use of Flat Cables as Digital Signal Transmission Lines, 8, 1973

[4.36] IPC Printed Wiring Design Guide, Number 6.2.2.1, Shielding FPW, 6, 1973

[4.37] *Müller, H., Hrsg., Golfels, A.:* Anwendung coplanarer Leiterstrukturen auf MIC und PC, Grad.-Arbeit FH-Dortmund, 1977

[4.38] *Müller, H., Hrsg., Neuhaus, W.:* Kopplung gedruckter Leiter, Temperaturbelastung von gedruckten Leitern, Grad.-Arbeit FH-Dortmund, 1971

[4.39] *Müller, H., Hrsg., Pitter, F. J.:* Fernnebensprechdämpfung bei gedruckten Leitern, Studienarbeit FH-Dortmund, 1974

[4.40] *Müller, H., Hrsg., Sojka, H., Voss, H.:* Kopplung gekreuzter Leiterstrukturen in zweiseitiger Technik, Studienarbeit FH-Dortmund, 1974

Kapitel 5

[5.1] *Steinberg, L.:* The Backboard Wiring Problem: A Placement Algorithm, SIAM Rev., Vol. 3, 1, 1961

[5.2] *Rutman, R. A.:* An Algorithm for Placement of Interconected Elements Based on Minimum Wire Length, Proceedings SJCC, 1964

[5.3] *Bernstein, L. S., Kursjcik, V. M., Melichov, A. N.:* Primenenie grafov dlja proektirovanija diskretnych ustrojstv, IZD-vo Nauka, 1974

[5.4] *Saedler, J., Schäller, K.:* Maschinelles Entwurfssystem für Leiterplatten mit zwei Verdrahtungsebenen, Dissertation Humboldt-Universität Berlin, 1974

[5.5] *Stein, M. E., Stein, B. E.:* Metody masinogo proektirovanija cifrovoj apparatury, IZD-vo Sovetskoe radio, 1973

[5.6] *Lee, C. Y.:* An Algorithm for Path Connections and its Applications, IRE Trans. on Electronic Computers, Vol. EC-10, No. 3, 9, 1961

[5.7] *Baader, W.:* Das topologische Problem der gedruckten Schaltung und seine Lösung, A.f.E. 49, 1964

[5.8] *Engl, W. L., Mlynski, D.:* Die Schaltungsintegration als graphentheoretisches Syntheseproblem, A.f.E. 54, 1972

[5.9] *Müller, H., Hrsg., Goeke, J.:* Analyse von Mikrowellennetzwerken und die sinnvolle Planarisierung von Schaltungsgraphen, Grad.-Arbeit FH-Dortmund, 1977

[5.10] *Geiger, S., Otter, H., Weber, H.:* Programmsystem für Aufbau und Verbindung, Schlußbericht AEG-Telefunken, Backnang, 1976

[5.11] *Hanan, M.:* On Steiner's Problem with Rectilinear Distance, J. SIAM App. Math., Vol. 14, No. 2, 1966

[5.12] Racal-Redac Limited, Produktinformation, Tewkesbury, 1978

[5.13] Racal-Redac G.m.b.H., Produktinformation: Wirtschaftliche Leiterplattenkonstruktion, München, 1978

Kapitel 6

[6.1] *Eisler, P.:* Gedruckte Schaltungen, Verlag C. Hanser, München, 1961

[6.2] IPC Printed Wiring Design Guide, Number 2.3.2.4, Resistors – Polyfunctional Laminate –, 1, 1973

[6.3] *Müller, H., Hrsg., Goeke, J.:* Modell zur Berechnung von Interdigitalkondensatoren, Studienarbeit FH-Dortmund, 1977

[6.4] *Müller, H., Hrsg., Haag, E.:* Gedruckte Kapazitäten, Grad.-Arbeit FH-Dortmund, 1971

[6.5] *Hentschel, C.:* Konzentrierte Dünnfilmreaktanzen, Dissertation TH Aachen, 1971

[6.6] *Vilbig, F.:* Lehrbuch der Hochfrequenztechnik, Band 1, Akadem. Verlagsgesellschaft, Frankfurt 1960

[6.7] *Müller, H., Hrsg., Schlipkötter, M., Winkelsatt, K.:* Rechnerunterstützte Induktivitätsermittlung nach Esau, Studienarbeit FH-Dortmund, 1976

[6.8] *Müller, H., Hrsg., Bruhns, H., Hartmann, H., Wesselmann, H.:* Kenngrößen gedruckter Spulen, Studienarbeit FH-Dortmund, 1966

[6.9] *Wheeler, H. A.:* Simple inductance formulas for radiocoils, Proceedings IRE 16, 1928

[6.10] *Bryan, H. E.:* Printed inductors and capacitors, Tele-Techn. a. Electronic Industries 12, 1955

[6.11] *Müller, H., Hrsg., Beyer, J., Körner, R., Vahle, M.:* Rechnerunterstützte Induktivitätsermittlung nach Wheeler und Bryan, Studienarbeit FH-Dortmund, 1975

[6.12] *Hentschel, C.:* Konzentrierte Dünnfilmreaktanzen, Dissertation TH-Aachen, 1971

[6.13] *Müller, H., Hrsg., Bruhns, H., Hartmann, H., Wesselmann, H.:* Kenngrößen gedruckter Spulen, Studienarbeit FH-Dortmund, 1966

[6.14] *Müller, H., Hrsg., Köbbing, H., Schäfer, R.:* Spulentransformatoren in gedruckter Technik, Studienarbeit FH-Dortmund, 1974

[6.15] *Müller, H., Hrsg., Gerlings, R.:* Entwicklung gedruckter Spulen, Grad.-Arbeit FH-Dortmund, 1971

Kapitel 7

[7.1] AEG-Telefunken: Schaltungsunterlagen, Service Information

[7.2] AEG-Telefunken: Schaltungsunterlagen, Service Information

[7.3] *Müller, H., Hrsg., Zerna, K. H.:* UKW-Mischer, Studienarbeit FH-Dortmund, 1975

[7.4] *Müller, H., Hrsg., Scheer, A.:* UKW-Mischer, Studienarbeit FH-Dortmund, 1975

[7.5] *Müller, H., Hrsg., Bredenhagen, K.-P.:* UKW-Mischer mit gedruckten Selektionskreisen, Studienarbeit FH-Dortmund, 1975

[7.6] Siemens: Techn. Mitteilung Halbleiter, 1-6300-120

[7.7] *Müller, H., Hrsg., Haag, E.:* ZF-Verstärker mit gedruckten Induktivitäten, Grad.-Arbeit FH-Dortmund, 1971

[7.8] AEG-Telefunken: Produktdarstellung

[7.9] *Müller, H., Hrsg., Gerlings, R.:* Gedruckte Filter, Grad.-Arbeit FH-Dortmund, 1971

[7.10] Ramaer B.V.: Produktdarstellung, Helmond, Nederland

[7.11] *Müller, H., Hrsg., Wille, R.:* Mikrowellenschaltungen in Triplatetechnik unter Verwendung von Multilayerstrukturen, Grad.-Arbeit FH-Dortmund, 1977

[7.12] *Müller, H., Hrsg., Kortendick, W.:* X-Bandmischer als Preßlaminat, Grad.-Arbeit FH-Dortmund, 1978

[7.13] *Müller, H., Hrsg., Noelle, M., Pantwich, W.:* UHF-Tuner als Mikrowellenpreßlaminat, Grad.-Arbeit FH-Dortmund, 1978

[7.14] *Müller, H., Hrsg., Evermann, M., Keller, J.:* Rundfunkempfänger als Preßlaminate und DIL-Bestückung, Grad.-Arbeit FH-Dortmund, 1979

[7.15] *Schwab, H.:* Elektrische Eigenschaften und Störverhalten der TTL-Serie SN 54/74/84, TI-Report, Teil 1, 5, 1969

[7.16] *Furch, R.:* Elektrische Eigenschaften und Störverhalten der TTL-Serie SN 54/74/84, TI-Report, Teil 2, 1969

[7.17] *Allan, A.:* Noise Immunity Comparison of CMOS Versus Popular Bipolar Logic Families, Motorola Application Note AN-707, 1973

[7.18] *Milde, G.:* Ein einfaches Näherungsverfahren zur Berechnung von Übersprechspannungen auf Flachbaugruppen mit Hilfe der elektrisch kurzen Leitung, NTZ 10, 1971

[7.19] *Liedl, H., Reiß, K., Spichal, W.:* Integrierte Digitalbausteine, Siemens AG., 2. Auflage, 1972

[7.20] *Müller, H., Hrsg., Maulhardt, M., Sohns, H. P., Groß, P.-R., Klinghöfer, J., Oberhellmann, U.:* Elektrische Eigenschaften von Versorgungsnetzen, Studienarbeiten FH-Dortmund, 1977

[7.21] *Müller, H., Hrsg., Pantwich, W., Schirlinger, F., Meisel, H., Langmesser, H.:* Elektrische Eigenschaften von Versorgungsrasternetzen, Studienarbeiten FH-Dortmund, 1977

[7.22] *Müller, H., Hrsg., Nimphius, P.:* Layoutstudie, FH-Dortmund, 1977

[7.23] *Müller, H., Hrsg., Grundmann, D.:* Layoutstudie, FH-Dortmund, 1978

[7.24] *Coombs, C. F.:* Printed Circuits Handbook, McGraw-Hill, New York, 1967

[7.25] *Macleod Ross, W.:* Modern Circuit Technology, Portcullis Press Limited, London, 1975

[7.26] *Faas, K. G., Swozil, J., Hrsg.:* Verdrahtungen und Verbindungen in der Nachrichtentechnik, Akadem. Verlagsgesellschaft, Frankfurt, 1974

[7.27] *Wilson, C. G.:* Printed Wiring Boards for Digital Systems, Proceedings EIPC, 12, 1972

[7.28] *Schaller, P.:* Conception d'un Circuit Multicouche Economique, Realisation des Originaux, Proceedings EIPC, 12, 1974

[7.29] *Fasbender, H.:* Basismaterial für die Leiterplattenfertigung, Industrie – Elektrik + Elektronik, 20, 1975

[7.30] *Fasbender, H.:* Additivverfahren und Basismaterialien zur Herstellung durchkontaktierter Leiterplatten, Industrie – Elektrik + Elektronik, 9/10, 1976

[7.31] *Tillessen, R.:* Entwicklungen beim Basismaterial-Rückblick und Ausblick, Proceedings EIPC, 5, 1977

[7.32] *Wilson, C. G.:* Printed Wiring Board for Digital Systems, Proceedings EIPC, 12, 1972

[7.33] IPC Printed Wiring Design Guide, Nr. 5.3, 12, 1977

[7.34] *Müller, H., Hrsg., Nguyen Nhu Anh:* Konstruktionsmethoden von Multilayer-Schaltungen, Grad.-Arbeit FH-Dortmund, 1977

[7.35] IPC Printed Wiring Design Guide, Nr. 5.3.3.1, 12, 1977

[7.36] *Müller, H., Hrsg., Aschoff, D. M., Uhlenbruch, M.:* Anwendung der Streifenleitertechnik für schnelle digitalelektronische Schaltungen, Grad.-Arbeit FH-Dortmund, 1977

Sachwortverzeichnis

GPSR Compliance

The European Union's (EU) General Product Safety Regulation (GPSR) is a set of rules that requires consumer products to be safe and our obligations to ensure this.

If you have any concerns about our products, you can contact us on ProductSafety@springernature.com

In case Publisher is established outside the EU, the EU authorized representative is:

Springer Nature Customer Service Center GmbH
Europaplatz 3
69115 Heidelberg, Germany

Batch number: 10578403

Printed by Printforce, the Netherlands